Springer-Lehrbuch

Karl Mosler · Rainer Dyckerhoff
Christoph Scheicher

Mathematische Methoden für Ökonomen

3., verbesserte und erweiterte Auflage

Springer Gabler

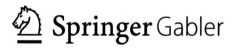

Karl Mosler
Rainer Dyckerhoff
Christoph Scheicher

Universität zu Köln
Institut für Ökonometrie und Statistik
Köln, Deutschland

ISSN 0937-7433
Springer-Lehrbuch
ISBN 978-3-662-54245-3 ISBN 978-3-662-54246-0 (eBook)
https://doi.org/10.1007/978-3-662-54246-0

Die Deutsche Nationalbibliothek verzeichnet diese Publikation in der Deutschen Nationalbibliografie; detaillierte bibliografische Daten sind im Internet über http://dnb.d-nb.de abrufbar.

Springer Gabler

Planung: Iris Ruhmann

Gedruckt auf säurefreiem und chlorfrei gebleichtem Papier

Springer Gabler ist Teil von Springer Nature
Die eingetragene Gesellschaft ist Springer-Verlag GmbH, Deutschland
Die Anschrift der Gesellschaft ist: Heidelberger Platz 3, 14197 Berlin, Germany

Vorwort

Im Wirtschaftsleben wird gerechnet. Es geht um Stückzahlen und Preise, Umsätze und Gewinne und um ihre Beziehungen untereinander. Viele ökonomische Probleme lassen sich lösen, indem man Zahlen addiert und multipliziert und Prozente berechnet, aber nicht alle! Die moderne Wirtschaftswissenschaft benutzt mathematische Symbole und Begriffe, um ökonomische Sachverhalte allgemein und knapp darzustellen. Sie bedient sich dabei vor allem der Differential- und Integralrechnung sowie der linearen Modelle und Gleichungssysteme. Die ökonomische Literatur ist deshalb voller Formeln und mathematischer Herleitungen. Wer Betriebswirtschaftslehre oder Volkswirtschaftslehre studiert, mag das anfangs schrecklich finden oder zumindest gewöhnungsbedürftig. Doch braucht es für die Grundbegriffe kein vertieftes mathematisches Verständnis, und der Nutzen ist leicht einzusehen. Grundsätzlich kann man zwar alles, was sich durch eine mathematische Formel beschreiben lässt, auch mit bloßen Worten ausdrücken, doch braucht man dafür in der Regel sehr viel mehr Platz. Und: Wer will das alles – so wie dieses Vorwort – lesen und sich auch noch merken? Die mathematische Notation dient weitgehend lediglich als Kurzschrift, um Sachverhalte knapp und einprägsam zu formulieren. Hinzu kommt, dass die mathematische Sprache präziser ist als die gewöhnliche Sprache. Schließlich erlaubt die mathematische Formulierung Kalküle und Rechenverfahren, um etwa mit Hilfe der Differentialrechnung oder der linearen Programmierung optimale Lösungen für ein ökonomisches Problem zu berechnen. In diese Dinge soll das vorliegende Buch einführen. Es soll die Studierenden in die Lage versetzen, wirtschaftswissenschaftliche Texte zu lesen, ökonomische Modelle zu verstehen und Optimierungsverfahren einzusetzen.

Das Buch richtet sich an Studierende im Bachelor- und Masterstudium der wirtschaftswissenschaftlichen Fächer. Es soll die Studierenden im gesamten Studium begleiten und als Nachschlagewerk neben Veranstaltungen zur Mikro- und Makroökonomie, zur Ökonometrie, zum Operations Research, zur Wahrscheinlichkeitsrechnung und zu volks- und betriebswirtschaftlichen Spezialthemen dienen. Zahlreiche Lernhilfen, durchgerechnete Beispiele und

Aufgaben mit Kurzlösungen ermöglichen ein Selbststudium.

Voraussetzung für dieses Lehrbuch ist ein Grundkurs Mathematik, wie er an deutschen Gymnasien zum Abitur üblich ist, wobei die inhaltlichen Schwerpunkte des Abiturs (Funktionen, Grenzprozesse und Approximation, Modellierung, algorithmische Berechnung, Darstellung und Messung im Euklidischen Raum) in knapper Form aufgegriffen und wiederholt werden. Streng genommen setzen wir lediglich eine gewisse Erfahrung und Gewandtheit im Umgang mit mathematischen Begriffsbildungen und Formeln voraus. Anhänge über Mengen, Summen und Produkte sowie komplexe Zahlen enthalten Zusammenfassungen von speziellem Schulstoff. Das Literaturverzeichnis verweist auf geeignete Lehrbücher zu dessen Wiederholung sowie auf weiterführende Literatur.

Eine Besonderheit des Buches ist die enge Verknüpfung von mathematischen Begriffen mit solchen der Volkswirtschaftslehre und des Operations Research. Produktions- und Nutzenfunktionen werden frühzeitig eingeführt, ebenso wie Modelle der Verzinsung und des Wachstums einer Volkswirtschaft. Dies soll die Rolle der mathematischen Methoden als Teil der Grundausbildung in den Wirtschaftswissenschaften klären und den Transfer in die übrigen ökonomischen Disziplinen erleichtern.

Das Lehrbuch ist aus Vorlesungen entstanden, die die Autoren regelmäßig und seit vielen Jahren für Studierende der Wirtschaftswissenschaften in Hamburg und Köln gehalten haben und weiterhin halten. Der Stoff der Kapitel 1 bis 6 ist so aufgebaut, dass man in einem einführenden Kurs möglichst frühzeitig zur Optimierung in mehreren Variablen gelangt, wie sie in einem gegebenenfalls parallel dazu studierten Kurs „Mikroökonomie“ benötigt wird. Falls die „Mikroökonomie“ in ein späteres Semester fällt, kann es sich empfehlen, die in den Kapiteln 8 und 9 dargestellte lineare Algebra nach vorne zu ziehen.

Außer für einführende Veranstaltungen im Bachelor- und Masterstudium der Wirtschaftswissenschaften eignet sich das Lehrbuch auch für speziellere Kurse, so etwa für einen Kurs „Optimierung linearer Systeme“, der aus Kapitel 2 und den Kapiteln 8 bis 11 besteht, oder einen Kurs „Dynamische Systeme in stetigen Veränderlichen“ aus den Kapiteln 1, 3, 4, 7 und 12. Ebenso können die Kapital 2, 8, 9, 10 und 13 die Basis für einen Kurs „Dynamische Systeme in diskreten Veränderlichen“ bilden.

Dies ist die dritte, erheblich erweiterte Auflage des Lehrbuchs. Der gesamte Text wurde durchgesehen, korrigiert und ergänzt. Insbesondere werden nun die für die Analyse dynamischer Systeme benötigten Differential- und Differenzengleichungen sehr viel ausführlicher als zuvor in zwei eigenen Kapiteln dargestellt. Ergänzt wurden auch Anhänge zur Kombinatorik sowie zur Logik und Beweistechnik.

Bei der Bearbeitung und Korrektur der verschiedenen Auflagen des Lehrbuchs haben uns die wissenschaftlichen Mitarbeiter und studentischen Hilfskräfte des Instituts für Ökonometrie und Statistik der Universität zu Köln stets tatkräftig unterstützt. Frau Ruhmann und Frau Herrmann vom Springer-Verlag haben das Entstehen der vorliegenden Auflage mit viel Engagement und großer Geduld begleitet. Ihnen allen gilt unser herzlicher Dank.

Köln, im August 2017

Rainer Dyckerhoff
Karl Mosler
Christoph Scheicher

Inhaltsverzeichnis

1 Funktionen **1**

1.1 Grundbegriffe 2
1.2 Umkehrfunktion, Verkettung 11
1.3 Bivariate Funktionen 15
1.4 Multivariate Funktionen 18
1.5 Weitere Eigenschaften multivariater Funktionen 20
1.6 Ordnungen und Äquivalenzrelationen 22
Selbsttest 29
Aufgaben 30

2 Matrizen und Vektoren **33**

2.1 Matrizen 34
2.2 Addition und Skalarmultiplikation von Matrizen 37
2.3 Multiplikation von Matrizen 41
2.4 Inverse Matrizen 44
2.5 Lineare Abbildungen 46
2.6 Geometrie des $\mathbb{R}^n$ 49
2.7 Weitere Eigenschaften von Mengen im $\mathbb{R}^n$ 54
2.8 Orthogonale Matrizen und Abbildungen 57
Selbsttest 61
Aufgaben 62

3 Folgen und Reihen **65**

3.1 Zahlenfolgen 67
3.2 Mehrdimensionale Folgen 75
3.3 Weitere Eigenschaften von Folgen 77
3.4 Reihen 79
3.5 Geometrische Reihe 80
3.6 Anwendung: Finanzmathematik 81
3.7 Konvergenzkriterien für Reihen 86
3.8 Stetigkeit von Funktionen 90
3.9 Weitere Eigenschaften stetiger Funktionen 96

3.10 Fixpunkte einer Funktion 99
3.11 Stetigkeit von Funktionen mehrerer Veränderlicher 102
Selbsttest 106
Aufgaben 107

4 Differenzierbare Funktionen einer Variablen 109
4.1 Ableitung, Differential, Elastizität 110
4.2 Ableitungsregeln 118
4.3 Erste und zweite Ableitung 122
4.4 Nullstellen und Extrema 124
4.5 Wendepunkte 128
4.6 Monotonie, Konkavität, Konvexität 131
4.7 Höhere Ableitungen und Taylor-Polynom 134
4.8 Regel von L'Hospital 136
4.9 Mittelwertsatz 137
4.10 Numerische Verfahren zur Nullstellenbestimmung 139
Selbsttest 148
Aufgaben 150

5 Differenzierbare Funktionen mehrerer Variablen 153
5.1 Ableitung, Differential, Elastizitäten 154
5.2 Ableitungsregeln 161
5.3 Ableitung vektorwertiger Funktionen 163
5.4 Kettenregel und totale Ableitung 167
5.5 Homogenität 170
5.6 Implizite Funktionen 175
5.7 Richtungsableitung 182
5.8 Lokale lineare Approximation 184
Selbsttest 188
Aufgaben 189

6 Optimierung von Funktionen mehrerer Variablen 193
6.1 Extrema im Innern des Definitionsbereichs 194
6.2 Extrema am Rand des Definitionsbereichs 199
6.3 Globale Extrema 200
6.4 Extrema unter Nebenbedingungen 205
6.5 Enveloppentheorem 214
6.6 Hinreichende Bedingungen für Extrema unter Nebenbedingungen 219
6.7 Karush-Kuhn-Tucker-Bedingungen 223
6.8 Taylor-Polynom 233
Selbsttest 235
Aufgaben 237

7 Integralrechnung 241
7.1 Stammfunktionen . . . 242
7.2 Unbestimmte Integrale . . . 247
7.3 Bestimmte Integrale . . . 250
7.4 Weitere Rechenregeln für bestimmte Integrale . . . 251
7.5 Berechnung von Flächen . . . 253
7.6 Partielle Integration . . . 257
7.7 Integration durch Substitution . . . 260
7.8 Uneigentliche Integrale . . . 262
7.9 Integralrechnung in mehreren Variablen . . . 267
7.10 Ableitung unter dem Integral . . . 274
Selbsttest . . . 276
Aufgaben . . . 277

8 Lineare Gleichungen 281
8.1 Lösung einer linearen Gleichung . . . 281
8.2 Elementare Zeilenumformungen . . . 282
8.3 Das Gauß-Jordan-Verfahren . . . 283
8.4 Inversion einer Matrix . . . 291
Selbsttest . . . 294
Aufgaben . . . 295

9 Grundbegriffe der linearen Algebra 297
9.1 Linearkombinationen und Erzeugnis . . . 297
9.2 Lineare Unterräume . . . 300
9.3 Lineare Unabhängigkeit . . . 301
9.4 Basis und Dimension . . . 303
9.5 Rang einer Matrix . . . 306
9.6 Mehr über lineare Gleichungen . . . 309
9.7 Vektorräume . . . 314
Selbsttest . . . 316
Aufgaben . . . 317

10 Determinanten und Eigenwerte von Matrizen 319
10.1 Determinanten . . . 319
10.2 Eigenwerte und Eigenvektoren . . . 330
10.3 Eigenwerte symmetrischer Matrizen . . . 339
10.4 Komplexe Eigenwerte . . . 341
Selbsttest . . . 347
Aufgaben . . . 348

11 Lineare Optimierung 351
11.1 Grafische Lösung . . . 354
11.2 Das Simplexverfahren . . . 356

11.3 Die Mathematik des Simplexverfahrens 359
11.4 Das Simplexverfahren in Tableauform 364
11.5 Die Zweiphasenmethode zur Gewinnung einer Anfangslösung 371
11.6 Dualität 377
Selbsttest 387
Aufgaben 388

12 Differentialgleichungen **391**
12.1 Differentialgleichungen erster Ordnung 395
12.2 Lineare Differentialgleichungen m-ter Ordnung 410
12.3 Stabilität von Differentialgleichungen 427
12.4 Systeme von Differentialgleichungen erster Ordnung 432
12.5 Stabilität von Differentialgleichungssystemen 454
Selbsttest 457
Aufgaben 457

13 Differenzengleichungen **461**
13.1 Lineare Differenzengleichungen 1.Ordnung 466
13.2 Lineare Differenzengleichungen m-ter Ordnung 469
13.3 Stabilität von Differenzengleichungen 487
13.4 Systeme linearer Differenzengleichungen erster Ordnung . . . 495
13.5 Stabilität von Differenzengleichungssystemen 515
Selbsttest 518
Aufgaben 518

A Das griechische Alphabet **523**

B Mengen **525**

C Summen und Produkte **531**

D Kombinatorik **537**

E Komplexe Zahlen **541**

F Aussagenlogik **549**

G Beweistechnik **555**

H Kurzlösungen zu den Selbsttests **561**

I Kurzlösungen zu den Aufgaben **565**

Ausgewählte Lehrbücher **591**

Index **593**

Kapitel 1

Funktionen

Ökonomische Modelle bringen Mengen, Preise und andere Größen in einen quantitativen Zusammenhang. Wir beginnen mit einem Beispiel aus der Produktion.

Beispiel 1.1 (Produktion). Ein Betrieb stellt einen Milchdrink aus zwei Zutaten (Inputs) her, Vollmilch und Milchpulver. Dabei entstehen aus x_1 Litern Vollmilch und x_2 Kilogramm Milchpulver

$$q = 0.7x_1 + 0.1x_2$$

Liter des Drinks. Die Anteile von Vollmilch und Milchpulver sind frei wählbar. Unter einer **Isoquante** versteht man den Ort aller Input-Kombinationen in der (x_1, x_2)-Ebene, mit denen eine bestimmte Menge q produziert werden kann. Abbildung 1.1 zeigt die Isoquanten der Produktion für $q = 100$, 200, 300.

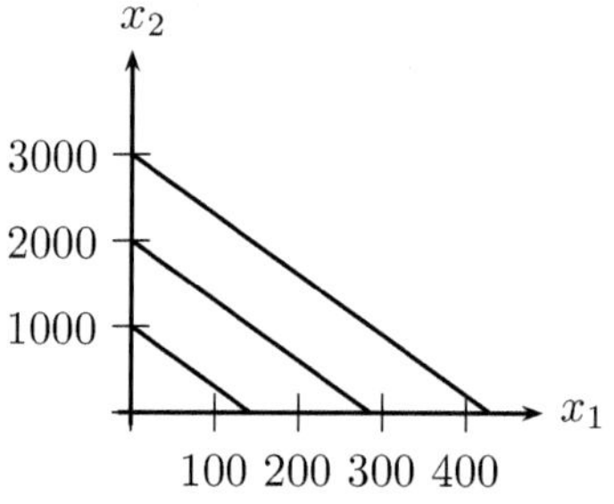

Abbildung 1.1: Isoquanten einer Produktionsfunktion.

Allgemeiner betrachtet man ein Gut, das aus einem oder mehreren Produktionsfaktoren hergestellt wird. Wenn die technischen Bedingungen der Produktion gegeben sind, hängt die produzierte Menge (Output) nur von den Mengen der eingesetzten Faktoren (Inputs) ab. Typische Fragestellungen sind: Um wie viel verändert sich der Output, wenn alle Inputs um ein Prozent erhöht werden? Wie kann man einen Produktionsfaktor durch einen anderen ersetzen, um den selben Output zu erhalten? Wie kann ein gegebener Output zu minimalen Kosten produziert werden?

1.1 Grundbegriffe

Um mit Zuordnungen von ökonomischen Größen präzise umgehen zu können, benötigen wir zunächst den mathematischen Begriff der Funktion.

Definition 1.1: Funktion

Seien A und B nichtleere Mengen. Jedem Element $x \in A$ sei genau ein Element $y = f(x) \in B$ zugeordnet. Dies bezeichnet man als **Funktion** f von A nach B, symbolisch

$$\begin{aligned} f: A &\to B\,, \\ x &\mapsto f(x)\,. \end{aligned}$$

A wird **Definitionsbereich**, B wird **Wertebereich** der Funktion f genannt, x bezeichnet die Variable und $f(x)$ den Funktionswert an der Stelle x.

Eine Funktion besteht also aus dreierlei: Definitionsbereich, Wertebereich und eindeutiger Zuordnung. Statt Definitions- und Wertebereich sagt man auch **Quelle** und **Ziel**. Bei den meisten uns interessierenden Funktionen ist der **Funktionswert** $f(x)$ eine reelle Zahl, und das **Argument** x besteht aus einer oder mehreren reellen Zahlen; eine solche Funktion wird kurz **reelle Funktion** genannt.

Im Folgenden bezeichnet $\mathbb{R}$ die Menge der **reellen Zahlen**; sie entspricht den Punkten der Zahlengeraden. $\mathbb{R}^2$ steht für die Menge aller Paare (x_1, x_2) von reellen Zahlen, also die Punkte der Zahlenebene. $\mathbb{R}_+$ bezeichnet die Menge aller nichtnegativen reellen Zahlen und $\mathbb{R}^2_+$ die Menge aller Paare solcher Zahlen. $\mathbb{N}$ steht für die **natürlichen Zahlen**, $\mathbb{N} = \{1, 2, 3, \ldots\}$, und $\mathbb{Z}$ für die **ganzen Zahlen**, $\mathbb{Z} = \{\ldots, -2, -1, 0, 1, 2, \ldots\}$. Ein abgeschlossenes Intervall der Zahlengeraden wird mit $[a, b]$ bezeichnet, ein offenes mit $]a, b[$; halboffene Intervalle sind $]a, b]$ und $[a, b[$. Dabei sind a, b Zahlen aus $\mathbb{R}$ mit $a < b$.[1]

[1]Mehr über Intervalle und andere spezielle Teilmengen von $\mathbb{R}$ findet man im Anhang B.

Beispiel 1.2 (Wurzelfunktion). Die Funktion

$$\begin{aligned} f_1 : \mathbb{R}_+ &\to \mathbb{R} \\ x &\mapsto y = \sqrt{x} \end{aligned}$$

bezeichnet man als **Wurzelfunktion**. Die Wurzelfunktion lässt sich durch ihren Graphen in der (x, y)-Ebene veranschaulichen (Abbildung 1.2):

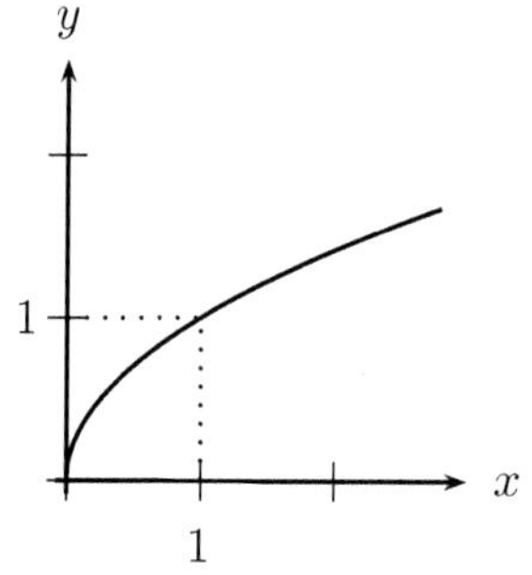

Abbildung 1.2: Wurzelfunktion $f : \mathbb{R}_+ \to \mathbb{R}, x \mapsto \sqrt{x}$.

Beispiel 1.3. Die Funktion

$$\begin{aligned} f_2 : \mathbb{R}_+^2 &\to \mathbb{R} \\ (x_1, x_2) &\mapsto y = x_1\sqrt{x_2} \end{aligned}$$

ist ein Beispiel einer Funktion von zwei Argumenten. Den Graphen einer solchen Funktion kann man sich als „Gebirge“ über der (x_1, x_2)-Ebene veranschaulichen; siehe Abbildung 1.3.

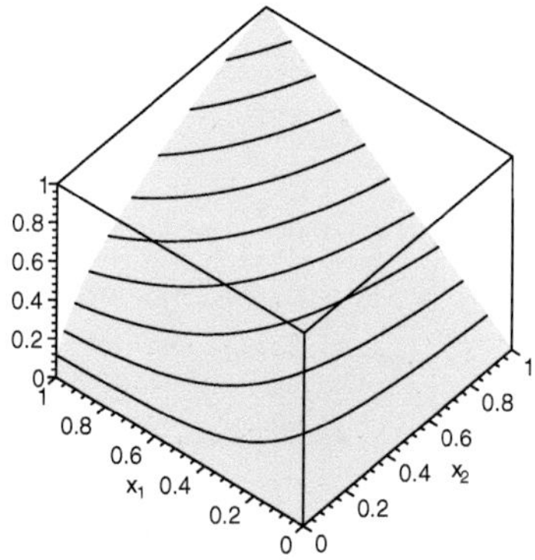

Abbildung 1.3: Graph der Funktion $f(x_1, x_2) = x_1\sqrt{x_2}$.

Beispiel 1.4 (Cobb-Douglas-Funktion). Eine Funktion, die in vielen Bereichen der Wirtschaftswissenschaften eine große Rolle spielt, ist die sogenannte **Cobb-Douglas-Funktion**[2]. Sie wird häufig als Produktions- oder Nutzenfunktion verwendet.

$$\begin{aligned} f_3 : \mathbb{R}_+^2 &\to \mathbb{R} \\ (x_1, x_2) &\mapsto y = c\, x_1^\alpha x_2^\beta \end{aligned}$$

mit Parametern $\alpha, \beta, c > 0$.

Wenn, wie in diesen drei Beispielen, der Wertebereich einer Funktion gleich den gesamten reellen Zahlen $\mathbb{R}$ ist, schreibt man die Funktion auch in der Form $f(x), x \in A$. Dann lauten die Beispielfunktionen

$$\begin{aligned} f_1(x) &= \sqrt{x}\,, & x &\in \mathbb{R}_+\,, \\ f_2(x_1, x_2) &= x_1\sqrt{x_2}\,, & (x_1, x_2) &\in \mathbb{R}_+^2\,, \\ f_3(x_1, x_2) &= c x_1^\alpha x_2^\beta\,, & (x_1, x_2) &\in \mathbb{R}_+^2\,. \end{aligned}$$

Beispiel 1.2 stellt eine reelle Funktion einer Variablen dar, die beiden anderen Beispiele sind reelle Funktionen zweier Variablen. Eine Funktion kann wie in Beispiel 1.4 zusätzlich von Parametern abhängen; wählt man hier speziell $\alpha = 1, \beta = \frac{1}{2}$ und $c = 1$, entsteht Beispiel 1.3 . Betrachtet man in Beispiel 1.3 die Funktion nur in Abhängigkeit von x_2 bei konstantem $x_1 = 1$, so erhält man Beispiel 1.2 .

Zwei reelle **Funktionen**, deren Definitionsbereiche übereinstimmen, kann man **addieren**, indem man die Funktionswerte addiert. Aus den beiden Funktionen $f : A \to \mathbb{R}$ und $g : A \to \mathbb{R}$ entsteht so die Funktion

$$f + g : A \to \mathbb{R}\,, \quad x \mapsto f(x) + g(x)\,.$$

Beispiel 1.5. Die Funktion $h : x \mapsto x^2 - 2x + 1$ ergibt sich als Summe der Funktionen $f : x \mapsto x^2$ und $g : x \mapsto -2x + 1$.

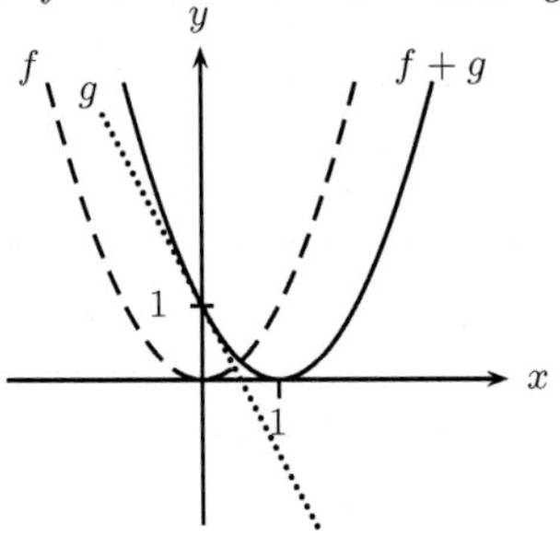

Abbildung 1.4: Summe zweier Funktionen, $h = f + g$.

[2]Charles Wiggins Cobb (1875-1949) und Paul Howard Douglas (1892-1976)

Ebenso kann man zwei Funktionen mit gemeinsamem Definitionsbereich A **subtrahieren**, **multiplizieren** und **dividieren**:

$$\begin{aligned} f-g : A \to \mathbb{R}\,, &\quad x \mapsto f(x)-g(x)\,,\\ f\cdot g : A \to \mathbb{R}\,, &\quad x \mapsto f(x)\cdot g(x)\,,\\ \tfrac{f}{g} : A \to \mathbb{R}\,, &\quad x \mapsto \tfrac{f(x)}{g(x)}\,. \end{aligned}$$

Den Quotienten $\frac{f}{g}$ darf man natürlich nur unter der Voraussetzung bilden, dass $g(x) \neq 0$ für alle $x \in A$, ansonsten muss man den Definitionsbereich geeignet einschränken.

Ähnlich sind das **Minimum** und das **Maximum** von f und g definiert,

$$\begin{aligned} \min\{f,g\} : A \to \mathbb{R}\,, &\quad x \mapsto \min\{f(x),g(x)\}\,,\\ \max\{f,g\} : A \to \mathbb{R}\,, &\quad x \mapsto \max\{f(x),g(x)\}\,, \end{aligned}$$

d.h. für jedes x wird der kleinere bzw. der größere der beiden Funktionswerte $f(x)$ und $g(x)$ angenommen.

Beispiel 1.6. Wir betrachten die Funktionen $f(x) = x$ und $g(x) = -x$, jeweils für $x \in \mathbb{R}$; vgl. Abbildung 1.5. Ihr Maximum ist die für $x \in \mathbb{R}$ definierte **Betragsfunktion** $\mathbb{R} \to \mathbb{R}$,

$$x \mapsto |x| = \max\{x,-x\} = \begin{cases} x\,, & \text{falls } x \geq 0\,,\\ -x\,, & \text{falls } x < 0\,. \end{cases} \tag{1.1}$$

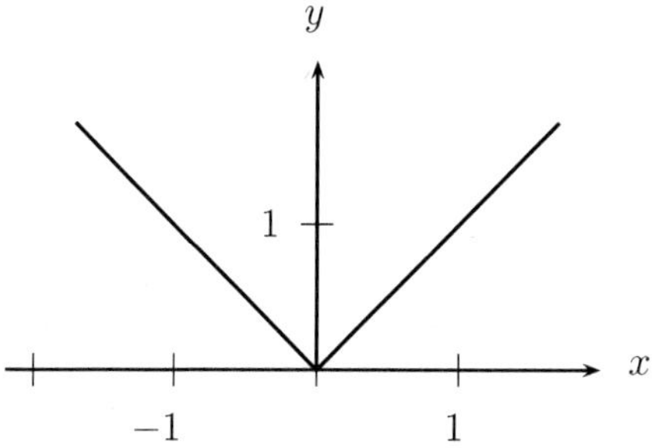

Abbildung 1.5: Betragsfunktion $f : \mathbb{R} \to \mathbb{R}, x \mapsto |x|$.

Es folgen weitere Beispiele reeller Funktionen einer Variablen. Ihr Definitionsbereich ist jeweils ganz $\mathbb{R}$ oder eine echte Teilmenge von $\mathbb{R}$, ihr Wertebereich, soweit nicht anders angegeben, gleich $\mathbb{R}$.

Beispiel 1.7 (Polynom r-ten Grades). Eine Funktion der Form $p : \mathbb{R} \to \mathbb{R}$,

$$p(x) = \alpha_r x^r + \alpha_{r-1} x^{r-1} + \ldots + \alpha_1 x + \alpha_0 ,$$

mit Koeffizienten $\alpha_r, \alpha_{r-1}, \ldots, \alpha_1, \alpha_0 \in \mathbb{R}$ und $r \in \mathbb{N}$ wird **Polynom** genannt, und zwar Polynom r-ten Grades, wenn $\alpha_r \neq 0$ ist. Beispielsweise ist die Funktion in Beispiel 1.5 ein Polynom zweiten Grades. Die Funktion $p(x) = -5x^4 + x$ ist ein Polynom vierten Grades.

Definition 1.2: Graph, Bild einer Funktion

Bei einer gegebenen Funktion $f : A \to B$ wird die Menge

$$G_f = \{(x, y) \, : \, y = f(x), x \in A\}$$

Graph von f, die Menge

$$f(A) = \{y \in B \, : \, y = f(x), x \in A\}$$

Bild von A unter f genannt.

Das Bild einer Funktion ist also eine Teilmenge ihres Wertebereichs. Der Graph einer reellen Funktion in einer Variablen ist eine Teilmenge des $\mathbb{R}^2$. Er lässt sich in der Ebene veranschaulichen, etwa für die Beispiele 1.2 und 1.5 in Abbildung 1.2 bzw. 1.4.

Wir kommen nun zu Begriffen, die das Wachstumsverhalten einer reellen Funktion qualitativ beschreiben.

Definition 1.3: Monoton wachsende, fallende Funktion

Sei $f : A \to B$ mit $A, B \subset \mathbb{R}$. Die Funktion f **wächst monoton**, wenn sich der Funktionswert bei jeder Erhöhung des Variablenwerts ebenfalls erhöht oder gleich bleibt, formal: wenn für alle $x, x' \in A$ die Implikation[3]

$$x < x' \quad \Longrightarrow \quad f(x) \leq f(x')$$

gilt.
f **wächst streng monoton**, wenn sich der Funktionswert bei jeder Erhö-

[3]Als **Implikation** bezeichnet man einen Wenn-Dann-Satz der Art: Wenn Aussage P gilt, dann gilt auch Aussage Q, in Symbolen $P \Longrightarrow Q$. P heißt in diesem Fall **hinreichende Bedingung** für Q, und Q heißt **notwendige Bedingung** für P. Man schreibt $P \Longleftrightarrow Q$, wenn sowohl $P \Longrightarrow Q$ als auch $Q \Longrightarrow P$ gilt und sagt dann, die Aussagen P und Q seien **äquivalent** (vgl. Anhang F).

hung des Variablenwerts ebenfalls erhöht, formal: wenn

$$x < x' \quad \Longrightarrow \quad f(x) < f(x')\,.$$

f **fällt monoton** bzw. **fällt streng monoton**, wenn aus $x < x'$ die Ungleichung $f(x) \geq f(x')$ bzw. $f(x) > f(x')$ folgt.

Beispiel 1.8 (Gauß[4]-Klammer). Jedem $x \in \mathbb{R}$ wird die größte ganze Zahl $\lfloor x \rfloor$ zugeordnet, die kleiner oder gleich x ist.[5] Abbildung 1.6 zeigt diese Funktion; sie ist monoton wachsend, aber nicht streng monoton wachsend.

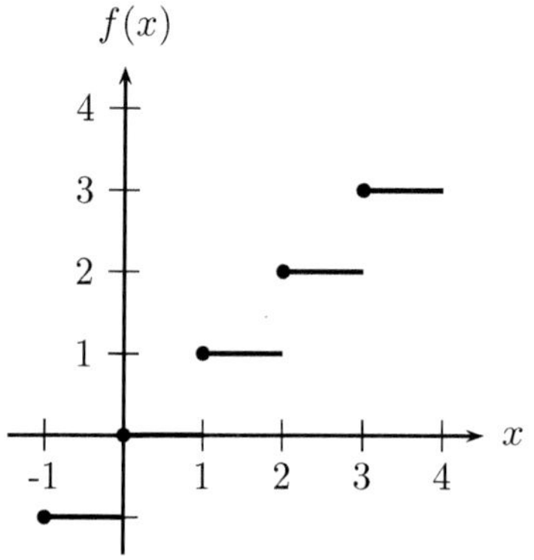

Abbildung 1.6: Treppenfunktion $f : \mathbb{R} \to \mathbb{R}, x \mapsto \lfloor x \rfloor$.

Die **Gauß-Klammer** ist eine spezielle **Treppenfunktion**. Die Sprünge einer Treppenfunktion müssen nicht gleichmäßig hoch sein. Ebenso können die „Stufen", also die Intervalle auf denen die Funktion konstant ist, unterschiedlich lang sein.

Ob eine gegebene Funktion monoton wächst oder fällt, kann man häufig direkt an ihrem Graphen ablesen. So wächst offenbar die Wurzelfunktion (Abbildung 1.2) streng monoton. Die Funktion h in Abbildung 1.4 ist weder monoton wachsend noch monoton fallend. Schränkt man jedoch ihren Definitionsbereich auf das Intervall $[1, \infty[$ ein, so erhält man die monoton wachsende Funktion

$$\widetilde{h} : [1, \infty[\to \mathbb{R}\,, \quad x \mapsto x^2 - 2x + 1\,.$$

Entsprechend liefert ihre **Einschränkung** auf den Definitionsbereich $]-\infty, 1]$ eine monoton fallende Funktion.

[4] Carl Friedrich Gauß (1777-1855)

[5] Gelegentlich verwendet man statt $\lfloor x \rfloor$ auch $[x]$. Statt Gauß-Klammer spricht man auch von unterer Gauß-Klammer und im Gegensatz dazu von oberer Gauß-Klammer, $\lceil x \rceil$, bei der x auf die nächsthöhere ganze Zahl aufgerundet wird.

Die Graphen der Beispiele 1.2 und 1.5 weisen weitere qualitative Eigenschaften auf: Die gerade Verbindung zweier Punkte des Graphen der Wurzelfunktion (Abbildung 1.2) liegt stets unterhalb des Graphen. Eine solche Funktion nennt man **konkav**. Beim Graphen der quadratischen Funktion (Abbildung 1.4) verhält es sich umgekehrt: Die Verbindungsstrecke von je zwei Punkten liegt oberhalb des Graphen. Eine Funktion mit dieser Eigenschaft heißt **konvex**. Um mit der Konkavität und Konvexität von Funktionen rechnen zu können, benötigen wir eine formale Definition: Sei f eine auf einem Intervall A definierte Funktion. Wir betrachten zwei beliebige Punkte des Graphen von f, $(x, f(x))$ und $(z, f(z))$, und die Strecke, die sie verbindet (Abbildung 1.7). Jeder Punkt der Verbindungsstrecke hat die Form

$$(\alpha x + (1-\alpha)z, \alpha f(x) + (1-\alpha)f(z))$$

mit einer Zahl $\alpha \in [0, 1]$.

Definition 1.4: Konkave, konvexe Funktion

Die Funktion $f : A \to \mathbb{R}$ heißt **konkav**, falls für alle $x, z \in A$ und für alle $\alpha \in]0, 1[$ gilt

$$f(\alpha x + (1-\alpha)z) \geq \alpha f(x) + (1-\alpha)f(z).$$

f heißt **konvex**, falls für alle $x, z \in A$ und für alle $\alpha \in]0, 1[$ gilt:

$$f(\alpha x + (1-\alpha)z) \leq \alpha f(x) + (1-\alpha)f(z).$$

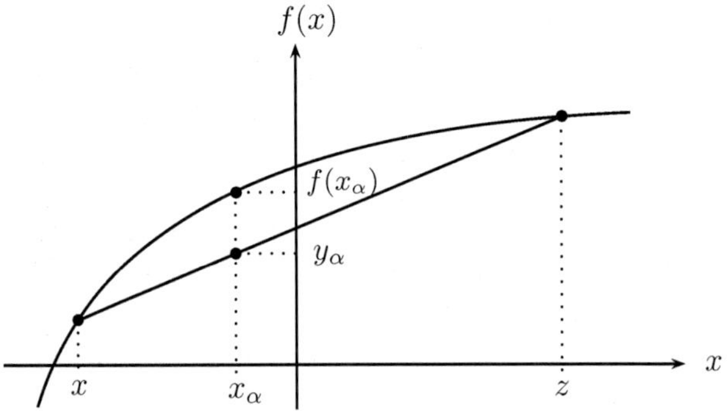

Abbildung 1.7: Zur Definition 1.4 einer konkaven Funktion.

Abbildung 1.7 veranschaulicht die Definition der Konkavität: An jeder Stelle $x_\alpha = \alpha x + (1-\alpha)z$ zwischen x und z liegt der Funktionswert $f(\alpha x + (1-\alpha)z)$ über dem entsprechenden Wert $y_\alpha = \alpha f(x) + (1-\alpha)f(z)$ auf der Verbindungsstrecke.

Eine weitere qualitative Eigenschaft von Funktionen ist die **Beschränktheit**. Manche Funktionen, etwa die Wurzelfunktion und die Logarithmusfunktion nehmen beliebig große und/oder kleine Werte an; andere, wie die folgende Funktion, dagegen nicht.

Beispiel 1.9 (Negativ-exponentielle Funktion). Die Funktion

$$f : \mathbb{R}_+ \to \mathbb{R}, \quad x \mapsto 1 - \exp(-\lambda x),$$

heißt **negativ-exponentielle Funktion.**[6] Ihre Funktionswerte liegen für jede Wahl des Parameters $\lambda > 0$ zwischen null und eins.

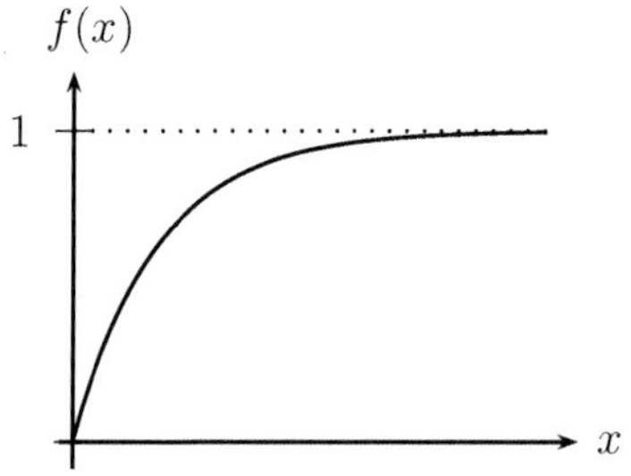

Abbildung 1.8: Negativ-exponentielle Funktion, $f(x) = 1 - \exp(-\lambda x), x \geq 0$, mit $\lambda = 2$.

Eine Funktion $f : A \to \mathbb{R}$ heißt **beschränkt**, wenn es eine Zahl M gibt, sodass

$$|f(x)| \leq M \quad \text{für alle } x \in A$$

gilt. Offenbar ist dies für die negativ-exponentielle Funktion mit $M = 1$ erfüllt, aber auch mit jeder Zahl $M > 1$. Die Wurzelfunktion $x \mapsto \sqrt{x}, x \in \mathbb{R}$, und die Logarithmusfunktion $x \mapsto \ln x, x \in \mathbb{R}$, sind dagegen nicht beschränkt. Betrachtet man nämlich bei der Wurzelfunktion bzw. der Logarithmusfunktion eine beliebige Schranke $M > 0$, so nimmt die Funktion an allen Stellen $x > M^2$ bzw. $x > e^M$ Werte größer als $\sqrt{M^2} = M$ bzw. $\ln(e^M) = M$ an.

Beispiel 1.10. Die Einschränkung der Wurzelfunktion auf ein endliches Intervall, etwa

$$f : [0, 100] \to \mathbb{R}, \quad x \mapsto \sqrt{x},$$

ist beschränkt. Hier liegen nämlich alle Funktionswerte zwischen $\sqrt{0} = 0$ und $\sqrt{100} = 10$.

[6] Hier bezeichnet $\exp(z) = e^z$ die Exponentialfunktion, $z \in \mathbb{R}$. Zur Definition der Exponentialfunktion durch eine unendliche Reihe siehe Definition 3.7.

Beispiel 1.11. Die **Hyperbelfunktion** $f(x) = \frac{1}{x}$ ist für alle $x \neq 0$, d.h. $x \in \mathbb{R} \setminus \{0\}$ definiert. Sie ist nicht beschränkt, da sie für $x > 0$ beliebig große und für $x < 0$ beliebig kleine Werte annimmt.

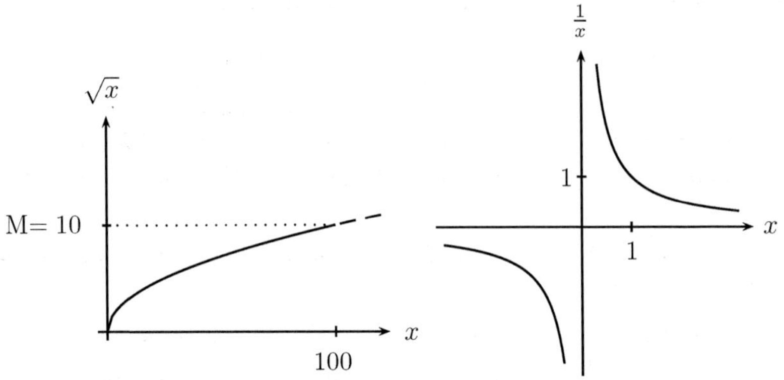

Abbildung 1.9: Eingeschränkte Wurzelfunktion und Hyperbelfunktion.

Es folgen Beispiele ökonomischer Fragestellungen.

Beispiel 1.12 (Verzinsung eines Kapitals). Sei K ein Kapital, das im Zeitablauf verzinst wird. Das Kapital, das nach Ablauf der Zeit t vorhanden ist, wird mit $f(t)$ bezeichnet. Je nachdem, ob die Zinsen periodisch (etwa am Ende jedes Jahres) oder laufend gutgeschrieben werden, unterscheidet man die folgenden beiden Fälle.

a) **Periodische Verzinsung**:

$$\boxed{f(t) = K(1+p)^t\,, \quad t \in \mathbb{N}\,.}$$

Die Zeit t wird in ganzen Zahlen (= Perioden) gemessen. p ist der Zinsfuß pro Periode. Die Zinsen werden nachschüssig, d.h. am Ende jeder Periode t, dem Kapital zugeschlagen.

b) **Stetige Verzinsung** (= exponentielles Wachstum):

$$\boxed{f(t) = Ke^{pt}\,, \quad t \in]0, \infty[\,.}$$

Hier wird der Zins kontinuierlich, d.h. in jedem Augenblick, dem Kapital zugerechnet. p ist der stetige Zinsfuß.

Periodische Verzinsung ist Gegenstand des Abschnitts 3.6 .

Beispiel 1.13. (Wachstum mit Sättigung). Bei manchen Wachstumsprozessen wird eine gewisse Sättigungsgrenze nicht überschritten, etwa bei der Ausstattung von Haushalten eines Landes mit einer bestimmten Technik (z.B. einem DSL-Anschluss). Ein solches Wachstum kann durch die **logistische Funktion**

$$\boxed{f(x) = \frac{G}{1+\alpha e^{-\lambda G x}}\,, \quad x \geq 0\,,}$$

beschrieben werden; sie hat die Parameter $\alpha > 0$, $G > 0$ und $\lambda > 0$. Das Sättigungsniveau ist G. Typische Fragestellungen beim Wachstum mit Sättigung sind:

- Wie hoch ist der maximale Anstieg, in welcher Weise hängt er von λ ab und wann tritt er auf?
- Ab welchem Zeitpunkt nimmt das Wachstum wieder ab?

Fragen wie diese werden in Kapitel 4 mit Hilfe der Differentialrechnung beantwortet. Im Beispiel 12.16 werden wir auf die logistische Funktion zurückkommen.

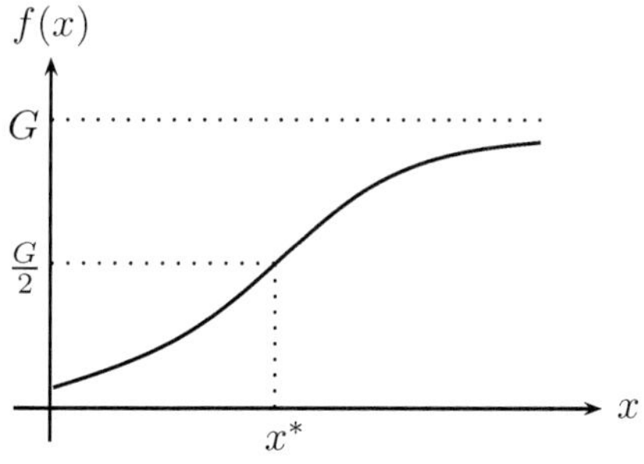

Abbildung 1.10: Logistische Wachstumsfunktion, $x^* = \frac{\ln a}{\lambda G}$.

1.2 Umkehrfunktion, Verkettung

Von besonderem Interesse ist, ob eine gegebene Funktion f eine „Umkehrung“ besitzt, das heißt, ob jedem Element y des Wertebereichs ein und nur ein Element x des Definitionsbereichs zugeordnet ist, für das $y = f(x)$ gilt. Das ist offenbar dann der Fall, wenn jedes Element des Wertebereichs als Wert angenommen wird und die Werte $y = f(x)$ der Funktion alle verschieden sind. Letzteres ist insbesondere dann gegeben, wenn die Funktion in ihrem gesamten Definitionsbereich streng monoton wächst (oder dort streng monoton fällt). Allgemein definiert man für Funktionen auf beliebigen Mengen:

Definition 1.5: Umkehrfunktion

Sei $f : A \to B$ eine Funktion. f heißt **umkehrbar**, wenn es für jedes $y \in B$ genau ein $x \in A$ gibt, für das $f(x) = y$ gilt. Die Funktion

$$f^{-1} : B \to A, \quad y = f(x) \mapsto x,$$

wird dann **Umkehrfunktion** von f genannt.

Umkehrbar heißt also, dass jeder Punkt des Wertebereichs als Funktionswert erreicht wird und außerdem keine zwei Argumente denselben Funktionswert besitzen.

Wenn es eine Umkehrfunktion f^{-1} gibt, ist diese wiederum umkehrbar, und ihre Umkehrfunktion ist die ursprüngliche Funktion f. Bei reellen Funktionen einer Variablen lässt sich die Frage der Umkehrbarkeit meist leicht am Bild des Graphen untersuchen: Der Graph G_f muss für jedes y des Wertebereichs von f die horizontale Gerade der Höhe y genau einmal schneiden. Der Graph der Umkehrfunktion ergibt sich dann durch Spiegelung von G_f an der Hauptdiagonalen, mit anderen Worten, durch Vertauschung der x- mit der y-Achse. Dies wird in den folgenden Beispielen mit den Abbildungen 1.11 und 1.12 illustriert.

Beispiel 1.14. Die Quadratfunktion $f(x) = x^2$, $x \in \mathbb{R}$, ist umkehrbar, wenn man den Definitionsbereich A und den Wertebereich B auf die nichtnegativen Zahlen beschränkt,

$$f : \mathbb{R}_+ \to \mathbb{R}_+, \quad x \mapsto y = x^2.$$

Ihre Umkehrfunktion ist dann die Wurzelfunktion (Abbildung 1.11),

$$f^{-1} : \mathbb{R}_+ \to \mathbb{R}_+, \quad y \mapsto x = \sqrt{y}.$$

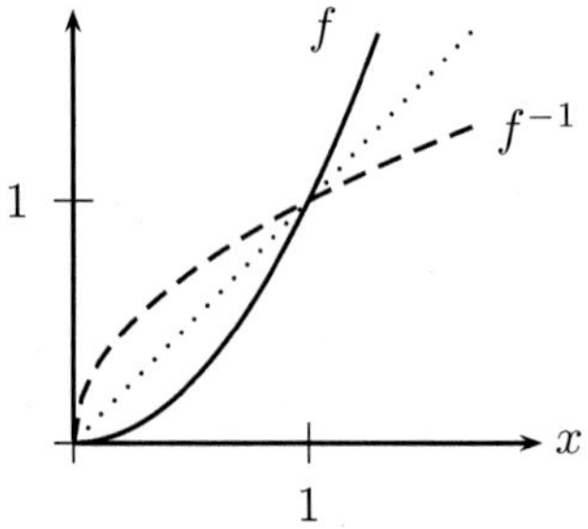

Abbildung 1.11: Quadratfunktion und Wurzelfunktion.

Beispiel 1.15. Der **natürliche Logarithmus** $\ln(x)$ ist die Zahl, mit der man die Eulersche Konstante ($e \approx 2.71828$) potenzieren muss, um x zu erhalten; er ist für $x > 0$ definiert. Die Logarithmusfunktion

$$\ln :]0, \infty[\to \mathbb{R}, \quad x \mapsto y = \ln(x),$$

ist (siehe Abbildung 1.12) streng monoton wachsend und umkehrbar. Ihre Umkehrfunktion ist die **Exponentialfunktion**, $\ln^{-1} = \exp$,

$$\exp : \mathbb{R} \to]0, \infty[, \quad y \mapsto x = \exp(y) = e^y.$$

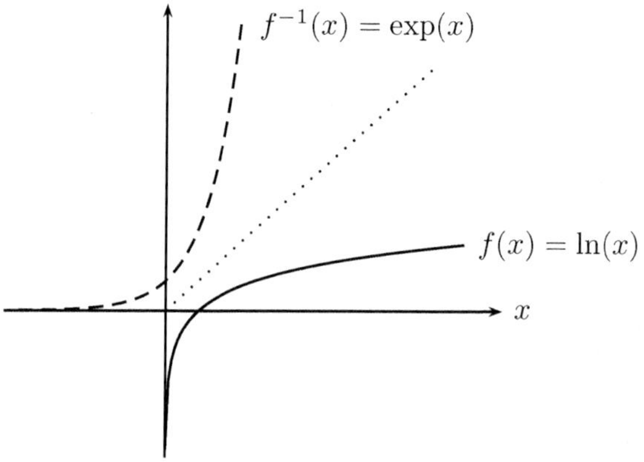

Abbildung 1.12: Logarithmusfunktion und Exponentialfunktion.

Das folgende Beispiel zeigt, wie man zu einer gegebenen Funktion die Umkehrfunktion berechnet.

Beispiel 1.16. Gegeben ist die Funktion $f(x) = \frac{1}{x^2+1}$, $x \in \mathbb{R}_+$. Um die Umkehrfunktion von f zu bestimmen, löst man die Gleichung

$$y = \frac{1}{x^2 + 1}$$

nach x auf:

$$x^2 + 1 = \frac{1}{y} \quad \Longleftrightarrow \quad x^2 = \frac{1}{y} - 1 = \frac{1-y}{y} \quad \overset{x \geq 0}{\Longleftrightarrow} \quad x = \sqrt{\frac{1-y}{y}}$$

Der Definitionsbereich von f ist durch $x \geq 0$ gegeben; er entspricht dem Bild der Umkehrfunktion f^{-1}. Das Bild von f bzw. der Definitionsbereich von f^{-1} umfasst alle Werte y mit $0 < y \leq 1$. Also besitzt die entsprechend eingeschränkte Funktion f,

$$f : \mathbb{R}_+ \to]0, 1], \quad x \mapsto \frac{1}{x^2 + 1},$$

die Umkehrfunktion

$$f^{-1} :]0,1] \to \mathbb{R}_+ , \quad y \mapsto \sqrt{\frac{1-y}{y}} .$$

Es kann vorkommen, dass die Variable einer Funktion selbst wieder eine Funktion einer anderen Variable ist. Zwei Funktionen werden **verkettet**, indem man die Funktionswerte der einen in die andere einsetzt. Voraussetzung ist, dass das Bild der ersten Funktion im Definitionsbereich der zweiten Funktion enthalten ist. Man erhält dann eine neue Funktion, genannt **Verkettung** (oder **Komposition**) der beiden ursprünglichen Funktionen.

Definition 1.6: Verkettung von Funktionen

Sei $f : A \to B^*$, und $g : B \to C$ mit $B^* \subset B$. Man definiert

$$(g \circ f)(x) := g(f(x)) \quad \text{für } x \in A$$

und erhält die Funktion „g nach f“,

$$g \circ f : A \to C .$$

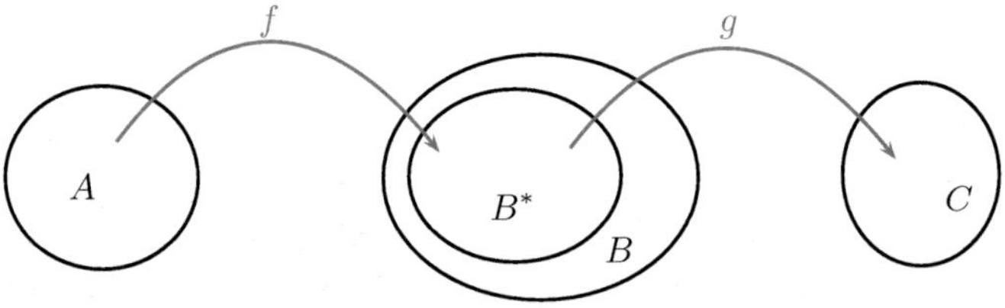

Abbildung 1.13: Verkettete Funktion $g \circ f$.

Beispiel 1.17.
a) Seien $f : \mathbb{R} \to \mathbb{R}_+$, $x \mapsto y = x^2 + 1$, und $g : \mathbb{R}_+ \to \mathbb{R}_+$, $y \mapsto \sqrt{y}$. Dann ist

$$g \circ f : \mathbb{R} \to \mathbb{R}_+ , \quad x \mapsto \sqrt{x^2 + 1} .$$

b) Seien $h : \mathbb{R}_+ \to \mathbb{R}_+$, $x \mapsto x^2$, und g wie zuvor. Dann ist

$$\begin{aligned} g \circ h : \mathbb{R}_+ \to \mathbb{R}_+ , &\quad x \mapsto \sqrt{x^2} = x , \\ h \circ g : \mathbb{R}_+ \to \mathbb{R}_+ , &\quad y \mapsto (\sqrt{y})^2 = y . \end{aligned}$$

Wenn man, wie in Beispiel 1.17 b) eine umkehrbare Funktion $f : A \to B$ mit ihrer Umkehrfunktion zusammensetzt, erhält man $f^{-1}(f(x)) = x$ für jedes $x \in A$. Ebenso liefert die Zusammensetzung in umgekehrter Reihenfolge $f(f^{-1})(y) = y$ für jedes $y \in B$. Die Komposition einer umkehrbaren Funktion mit ihrer Umkehrfunktion ist also die **identische Funktion** $x \mapsto x$, $x \in A$, bzw. umgekehrt $y \mapsto y$, $y \in B$.

Beispiel 1.18. Die **allgemeine Potenzfunktion** zur Basis $a > 0$ ist durch

$$a^x = e^{x \cdot \ln a} = \exp(x \cdot \ln a)\,, \qquad x > 0\,,$$

definiert. Sie ist die Komposition der Funktion $x \mapsto x \cdot \ln a$, $x > 0$, mit der Exponentialfunktion.

1.3 Bivariate Funktionen

Die meisten bisherigen Beispiele bezogen sich auf **univariate Funktionen**, d.h. reelle Funktionen einer Variablen, und ihre graphische Darstellung. Unter einer **bivariaten Funktion** versteht man eine reelle Funktion zweier Variablen. Auch eine bivariate Funktion $f : A \to \mathbb{R}$ mit $A \subset \mathbb{R}^2$ lässt sich graphisch darstellen. Ihr Graph hat die Form

$$G_f = \{(x_1, x_2, f(x_1, x_2)) \,:\, (x_1, x_2) \in A\}\,,$$

wobei $A \subset \mathbb{R}^2$ ist.

G_f ist eine Teilmenge des $\mathbb{R}^3$, das ist die Menge aller Tripel von reellen Zahlen. Der $\mathbb{R}^3$ entspricht anschaulich unserem dreidimensionalen physikalischen Raum. G_f lässt sich – ähnlich wie auf einer physikalischen Landkarte die Erdoberfläche – durch seine **Höhenlinien** beschreiben. Die **Höhenlinie** $H_f(c)$ ist der Ort aller Punkte (x_1, x_2), die die gleiche „Höhe“, das heißt den gleichen Funktionswert c besitzen,

$$H_f(c) = \{(x_1, x_2) \in \mathbb{R}^2 \,:\, f(x_1, x_2) = c\}\,,$$

wobei c alle Werte $c = f(x_1, x_2)$ durchläuft, die die Funktion annimmt. In Abbildung 1.14 bzw. Abbildung 1.15 werden allerdings nur einige ausgewählte Höhenlinien eingezeichnet. Die Höhenlinien einer Produktionsfunktion bezeichnet man als **Isoquanten**; vgl. Beispiel 1.1 .

Die Höhenlinie der Höhe null ist die Menge der **Nullstellen** der Funktion. Am Bild der Lage der Höhenlinien kann man das Steigungsverhalten der Funktion erkennen und feststellen, wo ungefähr sich Maxima und Minima befinden.

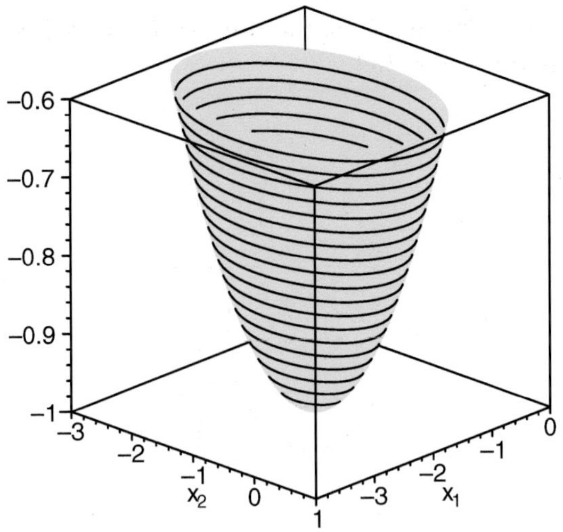

Abbildung 1.14: Graph der bivariaten Funktion aus Beispiel 1.19 .

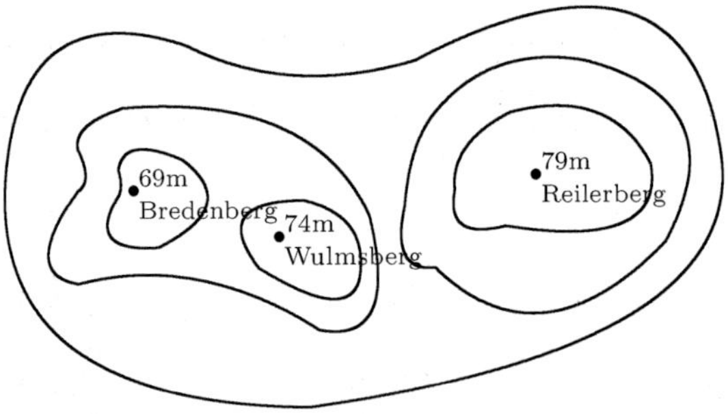

Abbildung 1.15: Höhenlinien einer Landkarte.

Beispiel 1.19. Die folgende bivariate Funktion ist auf ganz $\mathbb{R}^2$ definiert,

$$\begin{aligned} f : \mathbb{R}^2 &\longrightarrow \mathbb{R}\,, \\ (x_1, x_2) &\longmapsto \tfrac{(x_1+2)^2}{4} + \tfrac{(x_2+1)^2}{9} - 1\,. \end{aligned}$$

Abbildung 1.14 zeigt den Graphen von f. Einige Höhenlinien sind in Abbildung 1.16 dargestellt. Die Menge der Nullstellen von f,

$$\left\{ (x_1, x_2) : \frac{(x_1+2)^2}{4} + \frac{(x_2+1)^2}{9} = 1 \right\},$$

ist eine Ellipse um $\binom{-2}{-1}$ mit Hauptachsen der Länge 2 bzw. 3, die zu den Koordinatenachsen parallel sind.

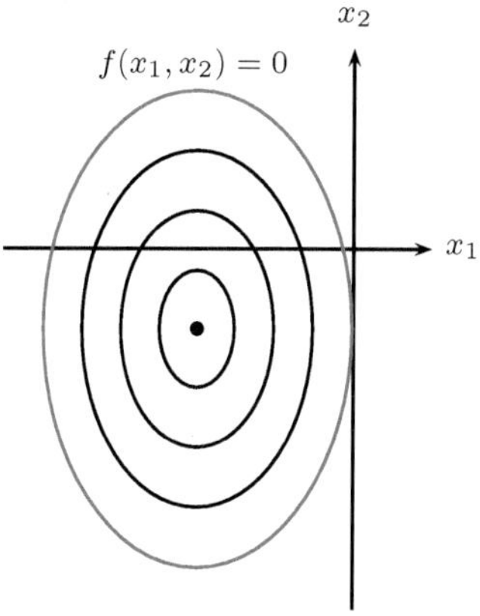

Abbildung 1.16: Höhenlinien der Funktion f.

Beispiel 1.20. Wir betrachten die drei Funktionen $f, g, h : \mathbb{R}_+^2 \to \mathbb{R}$,

$$f(x_1, x_2) = x_1 \cdot x_2 , \qquad g(x_1, x_2) = x_1 + x_2 , \qquad h(x_1, x_2) = \min\{x_1, x_2\} .$$

Alle drei Funktionen nehmen in $(x_1, x_2) = (0, 0)$ ihren kleinsten Wert an; siehe Abbildungen 1.17 und 1.18.

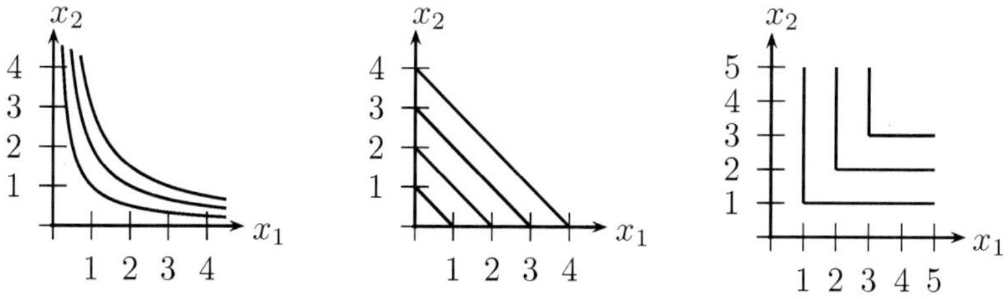

Abbildung 1.17: Höhenlinien der Funktionen f, g und h.

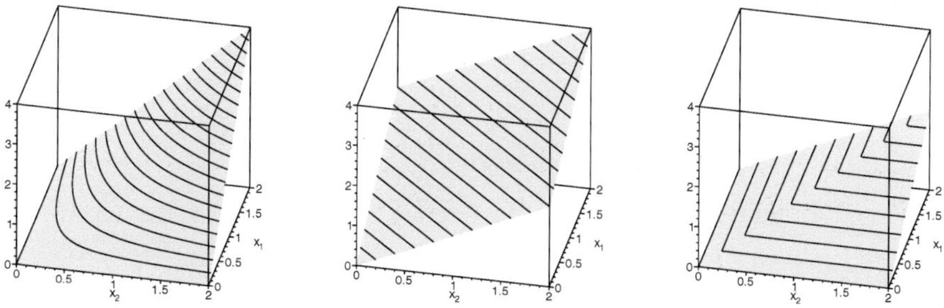

Abbildung 1.18: Graphen der Funktionen f, g und h.

Definition 1.7: Monoton wachsende, fallende Funktion im $\mathbb{R}^2$

Eine bivariate reelle Funktion **wächst monoton**, wenn sie bezüglich jeder der beiden Variablen (bei konstant gehaltener anderer Variablen) monoton wächst. Sie **wächst streng monoton**, wenn sie bezüglich jeder der beiden Variablen streng monoton wächst. Entsprechend sagt man, die Funktion **fällt (streng) monoton**, wenn sie bezüglich der einzelnen Variablen (streng) monoton fällt.

So ist die Funktion f in Beispiel 1.20 streng monoton wachsend; das Gleiche gilt für die Funktion g. Die Funktion h ist monoton wachsend, jedoch nicht streng. Dies sieht man an den Höhenlinien in Abbildung 1.17: Höhere Linien liegen immer rechts oberhalb niedrigerer Linien.

Definition 1.8: Konkave, konvexe Funktion im $\mathbb{R}^2$

Eine bivariate reelle Funktion heißt **konkav**, wenn die gerade Verbindungslinie zweier Punkte ihres Graphen stets unterhalb des Graphen liegt. Die Funktion heißt **konvex**, wenn diese Verbindungslinie stets oberhalb des Graphen liegt.

Beispielsweise ist die Funktion in Beispiel 1.19 (Abbildung 1.14) eine konvexe Funktion.

1.4 Multivariate Funktionen

Die in ökonomischen Modellen auftretenden Funktionen sind häufig Funktionen von mehr als zwei Variablen: Die Produktion eines Gutes erfordert den Einsatz von n Faktoren, der Nutzen eines Individuums speist sich aus dem Verbrauch von n Gütern, wobei n eine beliebige natürliche Zahl darstellt, $n \in \mathbb{N}$. Eine solche reelle Funktion von mehreren Veränderlichen bezeichnet man als **multivariate Funktion**.

Analog zu den Punkten (x_1, x_2) im $\mathbb{R}^2$ und (x_1, x_2, x_3) im $\mathbb{R}^3$ fasst man n reelle Zahlen gemeinsam als „Punkt" auf und bezeichnet die Menge aller solchen „Punkte" als n-dimensionalen **Euklidischen[7] Raum** $\mathbb{R}^n$,

$$\mathbb{R}^n = \{(x_1, x_2, \ldots, x_n) \, : \, x_i \in \mathbb{R}, \; i = 1, 2, \ldots, n\} .$$

Eine reelle Funktion in n Variablen hat als Definitionsbereich eine Menge $A \subset \mathbb{R}^n$,

$$f : A \to \mathbb{R} , \quad (x_1, \ldots, x_n) \mapsto y = f(x_1, \ldots, x_n) .$$

[7] Euklid von Alexandria (ca. 365 v. Chr. - ca. 300 v. Chr.)

Einige spezielle Teilmengen des $\mathbb{R}^n$ sind von besonderem Interesse: Da ökonomische Variable meist positiv sind (Mengen, Preise, usw.), tritt der **nichtnegative Orthant** des $\mathbb{R}^n$,

$$\mathbb{R}^n_+ = \{(x_1, x_2, \ldots, x_n) \in \mathbb{R}^n \,:\, x_i \geq 0,\ i = 1, 2, \ldots, n\}\,.$$

als Definitionsbereich zahlreicher n-variater ökonomischer Funktionen auf. Häufig ist jede einzelne Komponente x_i auf ein offenes Intervall $]a_i, b_i[$ beschränkt; dann bilden die entsprechenden Punkte ein offenes **n-dimensionales Intervall** der Form

$$]\boldsymbol{a}, \boldsymbol{b}[\; = \;]a_1, b_1[\times \ldots \times]a_n, b_n[\,.$$

Analog bildet man n-dimensionale abgeschlossene und halboffene Intervalle. Solche Intervalle können endlich oder unendlich sein. So stellt auch der ganze $\mathbb{R}^n$ ein Intervall dar, und ebenso der $\mathbb{R}^n_+$. Ein endliches zweidimensionales Intervall ist ein Rechteck (siehe Abbildung 1.19), ein endliches dreidimensionales Intervall ist ein Quader.

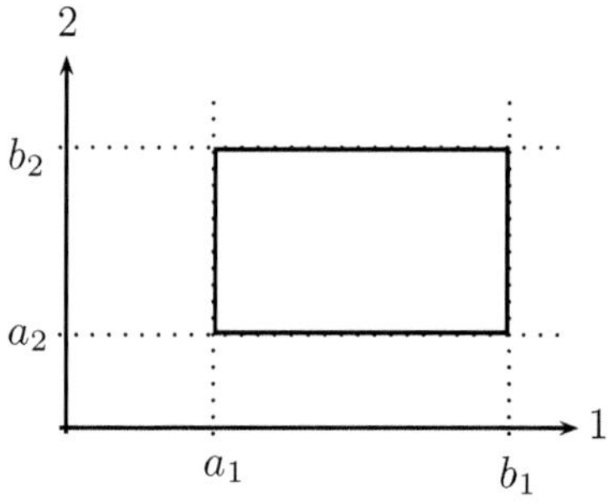

Abbildung 1.19: Zweidimensionales abgeschlossenes Intervall.

Beispiel 1.21. (Cobb-Douglas-Produktionsfunktion mit n Inputs). Die allgemeine Form der Cobb-Douglas-Funktion, die wir bereits in Beispiel 1.4 für zwei Inputs kennengelernt haben, lautet

$$\boxed{f(x_1, x_2, \ldots, x_n) = c\, x_1^{\alpha_1} x_2^{\alpha_2} \cdot \ldots \cdot x_n^{\alpha_n}\,, \quad (x_1, x_2, \ldots, x_n) \in \mathbb{R}^n_+\,,}$$

mit Parametern $c > 0$, $\alpha_1, \ldots, \alpha_n > 0$.

Beispiel 1.22 (Nutzen eines Güterbündels). Sei $f(x_1, \ldots, x_n)$ der Nutzen, den ein Konsument aus den Mengen x_1 des Gutes 1 usw. bis x_n des Gutes n erzielt. Eine spezielle Nutzenfunktion ist die **additiv-logarithmische Funktion**,

$$f(x_1, \ldots, x_n) = b_1 \ln(x_1) + \ldots + b_n \ln(x_n), \quad x_1, \ldots, x_n > 0,$$

mit Parametern $b_1, \ldots, b_n > 0$. Es gilt $f(x_1, \ldots, x_n) = \ln(x_1^{b_1} \cdot \ldots \cdot x_n^{b_n})$, also ist diese Nutzenfunktion eine logarithmierte Cobb-Douglas-Funktion.

Eine reelle Funktion mehrerer Variablen **wächst** bzw. **fällt (streng) monoton**, wenn sie bezüglich jeder einzelnen Variablen bei konstant gehaltenen übrigen Variablen (streng) monoton wächst bzw. fällt.

Die Cobb-Douglas-Funktion in Beispiel 1.21 ist offenbar streng monoton wachsend. Sie nimmt ihr Minimum an, wenn $(x_1, x_2, \ldots, x_n) = (0, 0, \ldots, 0)$ ist; ein Maximum existiert nicht. Die Isoquante zu einem vorgegebenen Output q besteht aus allen Input-Bündeln $(x_1, x_2, \ldots, x_n)$, mit denen der Output q erzielt werden kann. Mit jedem Input-Bündel sind bestimmte Kosten verbunden. Eine typische Fragestellung lautet: Wie kann ein vorgegebener Output zu minimalen Kosten produziert werden?

Da die Nutzenfunktion in Beispiel 1.22 eine logarithmierte Cobb-Douglas-Funktion ist, ist sie ebenfalls streng monoton wachsend mit Minimum bei $(x_1, x_2, \ldots, x_n) = (0, 0, \ldots, 0)$. Hier lautet eine analoge Fragestellung: Wie lässt sich ein vorgegebenes Nutzenniveau zu minimalen Kosten erreichen? Fragen wie diese lassen sich mit Hilfe der Differentialrechnung in mehreren Variablen beantworten. Sie ist Gegenstand der Kapitel 5 und 6.

1.5 Weitere Eigenschaften multivariater Funktionen

Sei A nun ein n-dimensionales Intervall.

Definition 1.9: Konkave, konvexe Funktion im $\mathbb{R}^n$

Eine reelle Funktion in n Variablen $f : A \to \mathbb{R}$ heißt **konkav**, falls für alle $\boldsymbol{x}, \boldsymbol{z} \in A$ und für alle $\lambda \in]0, 1[$ gilt

$$f(\lambda \boldsymbol{x} + (1 - \lambda)\boldsymbol{z}) \geq \lambda f(\boldsymbol{x}) + (1 - \lambda) f(\boldsymbol{z}).$$

f heißt **konvex**, falls für alle $\boldsymbol{x}, \boldsymbol{z} \in A$ und für alle $\lambda \in]0, 1[$ gilt

$$f(\lambda \boldsymbol{x} + (1 - \lambda)\boldsymbol{z}) \leq \lambda f(\boldsymbol{x}) + (1 - \lambda) f(\boldsymbol{z}).$$

Die Cobb-Douglas-Produktionsfunktion in Beispiel 1.21 und die Nutzenfunktion in Beispiel 1.22 sind konkave Funktionen; siehe Abbildung 1.20.

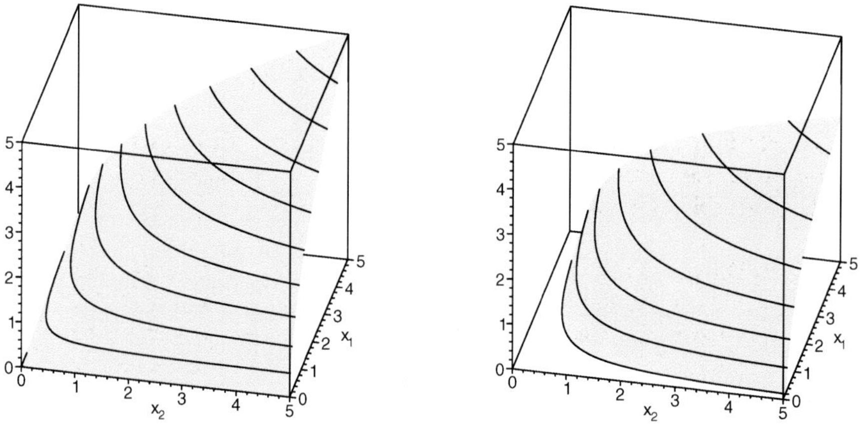

Abbildung 1.20: Graph der Cobb-Douglas-Funktion $f(x_1, x_2) = x_1^{\frac{1}{2}} x_2^{\frac{1}{2}}$ und der Nutzenfunktion $f(x_1, x_2) = \ln(x_1) + \ln(x_2)$.

Beispiel 1.23. Jede **lineare Funktion** $f : \mathbb{R}^n \to \mathbb{R}$,

$$f(x_1, x_2, \ldots, x_n) = \alpha_1 x_1 + \alpha_2 x_2 + \ldots + \alpha_n x_n\,,$$

mit Koeffizienten $\alpha_1, \alpha_2, \ldots, \alpha_n \in \mathbb{R}$ ist sowohl konkav als auch konvex.

Definition 1.10: Quasikonkave Funktion im $\mathbb{R}^n$

Eine reelle Funktion in n Variablen $f : A \to \mathbb{R}$ heißt **quasikonkav**, falls für jeden Funktionswert y die Menge

$$\{\boldsymbol{x} \in A : f(\boldsymbol{x}) \geq y\}$$

konvex[8] ist.

Allgemein gilt: Jede konkave Funktion ist quasikonkav, aber nicht umgekehrt. So ist beispielsweise jede lineare Funktion nicht nur konkav, sondern auch quasikonkav.

Eine monoton wachsende Funktion zweier Variablen ist quasikonkav, wenn ihre Höhenlinien vom Nullpunkt aus gesehen konvex verlaufen. Dies ist bei allen drei Funktionen in Beispiel 1.20 der Fall; vgl. Abbildung 1.17. Dabei

[8]Zur Definition der Konvexität einer Menge vergleiche Abschnitt 2.7, Seite 56.

ist die Funktion f, $f(x_1, x_2) = x_1 x_2$ zwar quasikonkav, aber nicht konkav, während die Funktionen g und h auch konkav sind; vgl. Abbildung 1.18.

1.6 Ordnungen und Äquivalenzrelationen

Eine Grundaufgabe der mathematischen Wirtschaftsanalyse ist es, Objekte zu ordnen, um Sachverhalte wie die folgenden formal zu charakterisieren: Ein Konsument zieht den Konsum eines Gutes dem eines anderen Gutes vor; ein Investor hält eine Investition, die durch bestimmte Kennzahlen beschrieben ist, für riskanter als eine andere. Auch die Gleichwertigkeit von Objekten soll in allgemeiner Weise charakterisiert werden, etwa der Sachverhalt, dass zwei Güter in gleicher Weise begehrt bzw. dass zwei Investitionen für ebenso riskant gehalten werden.

Ordnung oder Gleichwertigkeit von Objekten werden im Folgenden durch sogenannte Relationen auf einer Menge formal beschrieben.

Definition 1.11: Relation

Man betrachtet eine nichtleere Menge A. Eine **Relation** R auf A ist eine Menge von Paaren aus A.

Wenn $(x, y) \in R$ ist, sagt man, dass das Element $x \in A$ in Relation R zu dem Element $y \in A$ steht. Dies wird auch durch das Symbol xRy zum Ausdruck gebracht.

Der Begriff der Relation ist sehr allgemein. Wir illustrieren seine Reichweite durch unterschiedliche Beispiele.

Beispiel 1.24.

a) Sei A die Menge aller Studenten in einem Hörsaal, R bedeute „ist jünger als".

b) Sei A die Menge aller Studenten in einem Hörsaal, R bedeute „wohnt im gleichen Haus".

c) **Gleichheitsrelation** auf einer Menge A: Sei A eine nichtleere Menge. $R_1 = \{(x, x) : x \in A\}$ heißt Gleichheitsrelation auf A. Speziell für $A = \{1, 2, 3\}$ erhalten wir $R_1 = \{(1, 1), (2, 2), (3, 3)\}$.

d) **Graph einer Funktion** $f : A \to A$. Der Graph $R_2 = \{(x, y) : y = f(x)\}$ von f ist eine Relation auf A. Für die Funktion $f : \mathbb{R}_+ \to \mathbb{R}_+, f(x) = \sqrt{x}$, ergibt sich die Relation $R_2 = \{(x, y) : x \in \mathbb{R}_+, y \in \mathbb{R}, y = \sqrt{x}\}$. Sie ist eine Relation auf $\mathbb{R}_+$; siehe die folgende Abbildung.

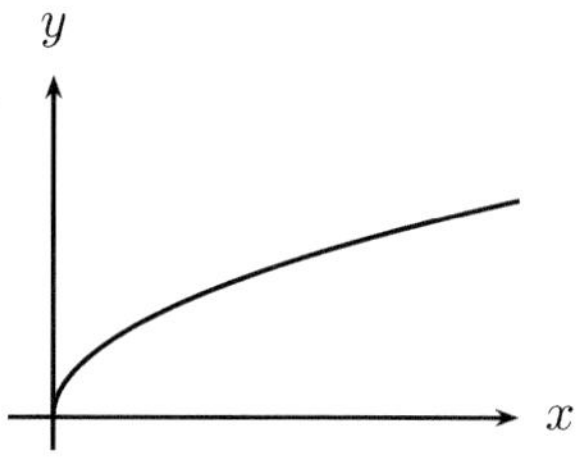

e) **Betragsrelation**. $R_3 = \{(x, y) \in \mathbb{R}^2 : \ |x| = |y|\}$ ist eine Relation auf $\mathbb{R}$. Als Teilmenge der (x, y)-Ebene besteht sie aus den beiden Diagonalen; siehe die folgende Abbildung.

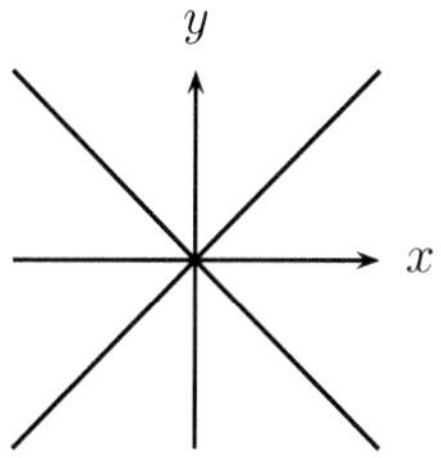

f) **Kleiner-Gleich-Relation**. Für $x, y \in \mathbb{R}$ definiert man xR_4y, falls $x \leq y$. R_4 ist eine Relation auf $\mathbb{R}$. Graphisch handelt es sich um die Nordwest-Halbebene, die durch die Hauptdiagonale begrenzt wird:

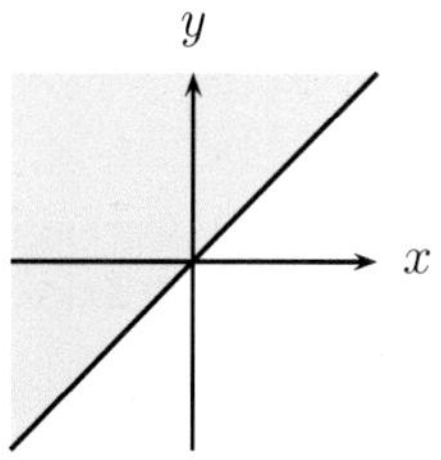

g) **Präferenzrelation**. Ein Student besitzt eine Bar, die zwei Flaschen Rum (r_1, r_2), eine Flasche Whiskey (w) und eine Flasche Likör (l) enthält. Ein Besucher äußert seine Präferenzen auf $A = \{r_1, r_2, w, l\}$ wie folgt:

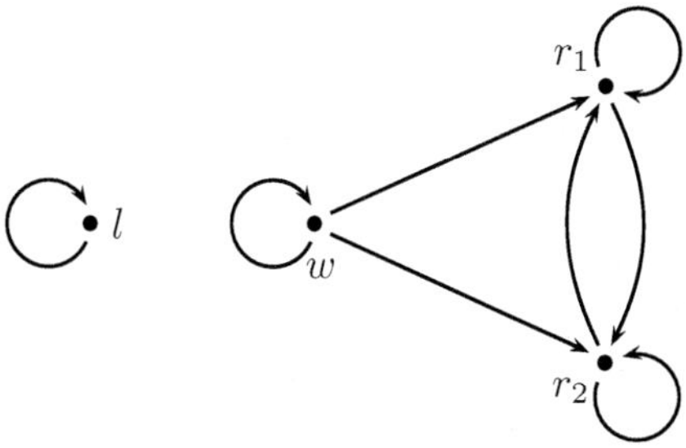

Auf diese Weise wird eine Relation P auf A definiert. Der Pfeil von w nach r_1 bedeutet etwa, dass die erste Flasche Rum der Flasche Whiskey vorgezogen wird, genauer: dass sie mindestens so stark präferiert wird, symbolisch wPr_1. Natürlich wird jede Flasche mindestens so stark präferiert wie sie selbst, daher die Zirkularpfeile von jeder Flasche zu sich selbst. Ein solcher Graph heißt **Relationsgraph**.

Bemerkung: Jede **Relation auf einer endlichen Menge** lässt sich graphisch durch Punkte und Pfeile darstellen. Ebenso kann man sie durch eine **Relationstabelle** beschreiben. Die Relationstabelle zu P im letzten Beispiel lautet:

	r_1	r_2	w	l
r_1	1	1		
r_2	1	1		
w	1	1	1	
l				1

Generell entsprechen die Zeilen einer Relationstabelle, ebenso wie die Spalten, den Elementen der Menge A. Eine 1 bedeutet, dass das zur Zeile gehörige Element x in Relation zu dem zur Spalte gehörigen Element y steht, xRy. Relationstabellen eignen sich zur Darstellung von Relationen insbesondere dann, wenn die Relationsgraphen zu umfangreich oder unübersichtlich werden.

Wir betrachten nun allgemeine Eigenschaften von Relationen und beziehen sie auf die obigen Beispiele.

Definition 1.12: Reflexivität, Symmetrie, Transitivität

(i) Eine Relation R auf A ist **reflexiv**, wenn

$$xRx \quad \text{für alle } x \in A$$

gilt. D.h. jedes x steht in Relation zu sich selbst.

(ii) R ist **symmetrisch**, wenn für alle $x, y \in A$ gilt

$$xRy \implies yRx\,.$$

D.h., wenn x in Relation zu y steht, dann steht auch y in Relation zu x.

(iii) R ist **transitiv**, wenn für alle $x, y, z \in A$ gilt

$$xRy \text{ und } yRz \implies xRz\,.$$

D.h., wenn x in Relation zu y und y in Relation zu z steht, dann steht auch x in Relation zu z.

Beispiel 1.25. Wir betrachten die Relationen aus Beispiel 1.24.

- „Ist jünger als" ist transitiv.
- „Wohnt im gleichen Haus" ist reflexiv, transitiv und symmetrisch.
- R_1 ist reflexiv, symmetrisch und transitiv.
- R_2 ist nicht reflexiv (z.B. $2 \neq \sqrt{2}$), nicht symmetrisch (z.B. $2 = \sqrt{4} \not\Longrightarrow 4 = \sqrt{2}$) und auch nicht transitiv (z.B. $2 = \sqrt{4}, 4 = \sqrt{16} \not\Longrightarrow 2 = \sqrt{16}$).
- R_3 ist reflexiv ($|x| = |x|$ für alle x), symmetrisch ($|x| = |y| \Longrightarrow |y| = |x|$) und transitiv ($|x| = |y|, |y| = |z| \Longrightarrow |x| = |z|$).
- R_4 ist reflexiv ($x \leq x$ gilt für alle x), transitiv ($x \leq y, y \leq z \Longrightarrow x \leq z$), jedoch nicht symmetrisch ($3 \leq 5, 5 \not\leq 3$).
- Die Präferenzrelation P ist transitiv, reflexiv, aber nicht symmetrisch.

Die Relationen der Beispiele 1.24 b), c) und e) drücken eine gewisse Gleichwertigkeit oder Austauschbarkeit der Objekte aus. Sie stellen sogenannte Äquivalenzrelationen dar, deren allgemeine Definition wie folgt lautet:

Definition 1.13: Äquivalenzrelation

Eine Relation R auf A heißt **Äquivalenzrelation**, wenn sie symmetrisch, reflexiv und transitiv ist.

Als Symbol einer Äquivalenzrelation verwendet man meist $\sim$ statt R und sagt, x sei **äquivalent** y, wenn $x \sim y$ gilt. Zu gegebenem $x \in A$ heißt

$$B_x = \{y \in A : x \sim y\}$$

Äquivalenzklasse von x bzgl. $\sim$. Beispielsweise gilt für die obige Äquivalenzrelation R_3, dass $B_5 = \{-5, 5\}$ die Äquivalenzklasse von 5 und allgemein $B_x = \{-x, x\}$ die Äquivalenzklasse von $x \in \mathbb{R}$ ist.

Durch eine Äquivalenzrelation wird die Menge A in Teilmengen zerlegt, die aus jeweils zueinander äquivalenten Elementen bestehen.

Eine Menge $\mathcal{Z}$ von Teilmengen von A heißt **Zerlegung** von A, wenn A gleich der Vereinigung dieser Mengen ist und die Teilmengen sämtlich nichtleer und paarweise disjunkt[9] sind.

[9] Siehe dazu Anhang B.

Satz 1.1: Zerlegung in Äquivalenzklassen

Sei A eine nichtleere Menge.

(i) Jede Zerlegung $\mathcal{Z}$ von A definiert eine Äquivalenzrelation durch $x \sim y$, falls x und y Elemente der gleichen Menge der Zerlegung sind.

(ii) Jede Äquivalenzrelation auf A definiert eine Zerlegung $\mathcal{Z}$, nämlich die zu R gehörige Zerlegung in Äquivalenzklassen,

$$\mathcal{Z} = \big\{B_x \,:\, B_x = \{y \in A \,:\, xRy\}, x \in A\big\}\,.$$

Beispiel 1.26.

- $\mathcal{Z} = \big\{\{a,b\},\{c\}\big\}$ ist eine Zerlegung der Menge $A = \{a,b,c\}$. Die zugehörige Äquivalenzrelation lautet $R = \{(a,a),(b,b),(a,b),(b,a),(c,c)\}$.
- Sei $A = \{1,2,\ldots,9\}$. xRy gelte genau dann, wenn $x+y$ eine gerade Zahl ist. Die zugehörige Zerlegung ist $\mathcal{Z} = \big\{\{1,3,5,7,9\},\{2,4,6,8\}\big\}$.
- Sei A eine beliebige nichtleere Menge. $\mathcal{Z}_1 = \{\{x\} \,:\, x \in A\}$ ist eine Zerlegung von A. Sie gehört zur Äquivalenzrelation R_1.
- Sei $A = \mathbb{R}$. $\mathcal{Z}_3 = \{\{x,-x\} \,:\, x \in \mathbb{R}\}$ ist die Zerlegung von $\mathbb{R}$, die zur Relation R_3 gehört.

Wir wenden uns nun solchen Relationen zu, die eine Ordnung zwischen Elementen einer Menge ausdrücken.

Definition 1.14: Präordnung, Ordnung

Eine Relation R auf A heißt **Präordnung**, wenn sie reflexiv und transitiv ist. Statt xRy schreibt man dann $x \preceq y$.

R heißt **Ordnung**, wenn R außerdem **antisymmetrisch** ist, d.h. wenn für alle $x,y \in A$ gilt

$$x \preceq y \text{ und } y \preceq x \quad\Longrightarrow\quad x = y\,.$$

R heißt **vollständig**, wenn für alle $x,y \in A$ gilt

$$x \preceq y \text{ oder } y \preceq x\,.$$

Die Eigenschaft der Asymmetrie besagt, dass das Bestehen einer wechselseitigen Relation zwischen x und y die Ausnahme darstellt, nämlich auf den Fall $x = y$ beschränkt bleibt. Eine Ordnung, die vollständig ist, wird auch **totale Ordnung** oder **lineare Ordnung** genannt. In einer vollständigen Ordnung können alle Elemente von A miteinander verglichen werden.

Beispiel 1.27.

- P und R_4 sind Präordnungen.
- Jede Äquivalenzrelation ist eine Präordnung.
- R_4 ist antisymmetrisch ($x \leq y, y \leq x \implies x = y$), also eine Ordnung.
- R_4 ist vollständig (für alle $x, y \in \mathbb{R}$ gilt $x \leq y$ oder $y \leq x$).
- P ist weder antisymmetrisch noch vollständig.

Offenbar ist die gewöhnliche Ordnung $\leq$ der reellen Zahlen eine vollständige Ordnung der Menge $\mathbb{R}$. Die **gewöhnliche Ordnung des** $\mathbb{R}^2$ ist komponentenweise definiert:

$$(x_1, x_2) \leq (y_1, y_2)\,, \quad \text{falls } x_1 \leq y_1 \text{ und } x_2 \leq y_2\,.$$

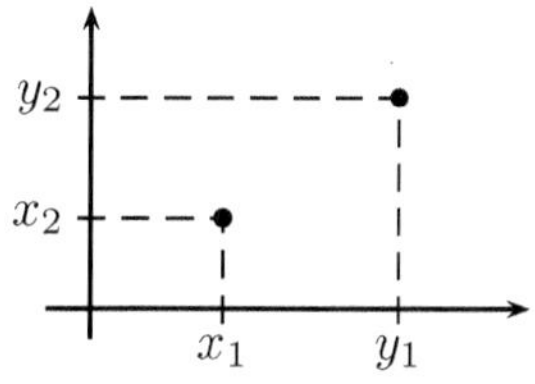

Man sieht leicht, dass die Relation $\leq$ im $\mathbb{R}^2$ reflexiv, antisymmetrisch und transitiv, also eine Ordnung ist. Sie ist jedoch nicht vollständig, da z.B. die Punkte $(1, 2)$ und $(3, 1)$ nicht miteinander verglichen werden können. Entsprechendes gilt für die **gewöhnliche Ordnung des** $\mathbb{R}^n$, $n \geq 2$:

$$(x_1, x_2, \ldots, x_n) \leq (y_1, y_2, \ldots, y_n)\,, \quad \text{falls } x_i \leq y_i \quad \text{für alle } i = 1, 2, \ldots, n\,.$$

$\leq$ ist eine Ordnung auf $\mathbb{R}^n$, aber nicht vollständig für $n \geq 2$.

Eine vollständige Ordnung auf $\mathbb{R}^n$ ist die **lexikographische Ordnung** $\leq_L$:

$$\begin{aligned}(x_1, \ldots, x_n) \leq_L (y_1, \ldots, y_n)\,, \quad & \text{falls } x_1 < y_1 \\ & \text{oder } (x_1 = y_1 \text{ und } x_2 < y_2) \\ & \text{oder } (x_1 = y_1, x_2 = y_2 \text{ und } x_3 < y_3) \\ & \quad \vdots \\ & \text{oder } (x_1 = y_1, \ldots, x_{n-1} = y_{n-1}, x_n \leq y_n)\end{aligned}$$

Beispielsweise gilt $(0, 0) \leq_L (0, 3)$, $(0, 3) \leq_L (\frac{1}{1000}, 0)$. Die lexikographische Ordnung $\leq_L$ ist eine vollständige Ordnung. Sie umfasst die gewöhnliche Ordnung, da $x \leq y \implies x \leq_L y$. Der Name „lexikographische Ordnung“ kommt so zustande: Betrachtet man statt der Punkte $(x_1, ..., x_n)$ Wörter aus n Buchstaben und ordnet diese Wörter nach dem Alphabet, so entspricht die lexikographische Ordnung der Punkte im $\mathbb{R}^n$ der Anordnung von Wörtern, wie man sie in Lexika findet.

In Anwendungen stellt sich häufig die Frage nach einem – bezüglich einer gegebenen Präordnung – größten oder kleinsten Element: Gibt es ein Gut, das ein Konsument am höchsten schätzt, oder eine Investition, deren Risiko für minimal erachtet wird? Da wir nicht nur vollständige Relationen betrachten, müssen wir bei der Definition besondere Unterscheidungen treffen.

Definition 1.15: Kleinstes, größtes, maximales, minimales Element

Sei „$\preceq$“ eine Präordnung auf A. Sei $B \subset A$ und $a \in B$. Dann heißt

(i) a **kleinstes Element** von B, falls $a \preceq y$ für alle $y \in B$.

(ii) a **größtes Element** von B, falls $y \preceq a$ für alle $y \in B$.

(iii) a **maximales Element** von B, falls für alle $y \in B$ $(a \preceq y \Longrightarrow y \preceq a)$ gilt. In Worten: Wenn für ein $y \in B$ die Relation $a \preceq y$ gelten sollte, dann gilt auch $y \preceq a$, d.h. y und a sind äquivalent.

(iv) a **minimales Element** von B, falls für alle $y \in B$ $(y \preceq a \Longrightarrow a \preceq y)$ gilt. In Worten: Wenn für ein $y \in B$ die Relation $y \preceq a$ gelten sollte, dann gilt auch $a \preceq y$, d.h. y und a sind äquivalent.

Man beachte: Damit ein Element größtes Element genannt werden kann, muss es notwendigerweise mit allen anderen Elementen vergleichbar sein. Das Gleiche gilt für ein kleinstes Element.

Beispiel 1.28. Wir betrachten die Menge B gemäß der folgenden Zeichnung und die beiden Ordnungen „$\leq$“ und „$\leq_L$“ im $\mathbb{R}^2$.

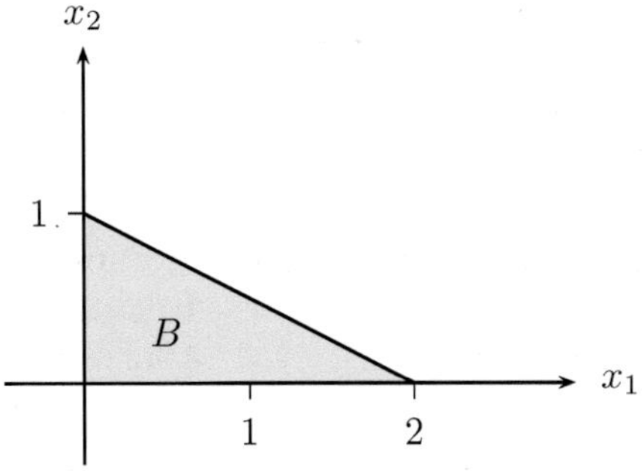

zu (i): Es gilt $(0,0) \leq (x_1, x_2)$ für alle $(x_1, x_2) \in B$, also ist $(0,0)$ kleinstes Element von B bzgl. „$\leq$“. $(0,0)$ ist ebenfalls kleinstes Element bzgl. „$\leq_L$“.

zu (ii): Wenn $(x_1, x_2) \leq (b_1, b_2)$ für alle $(x_1, x_2) \in B$, dann muss $2 \leq b_1, 1 \leq b_2$ gelten. Es gibt kein solches b in B, also kein größtes Element bzgl. „$\leq$“. $(2,0)$ ist größtes Element bzgl. „$\leq_L$“.

zu (iii): Jeder Punkt auf der Verbindungsstrecke der Punkte $(2,0)$ und $(0,1)$

ist maximal bzgl. „$\leq$“, da er jeweils von keinem anderen Punkt aus A bzgl. „$\leq$“ übertroffen wird. $(2, 0)$ ist maximales Element bzgl. „$\leq_L$“.

zu (iv): $(0, 0)$ ist minimal bzgl. „$\leq$“. $(0, 0)$ ist minimales Element bzgl. „$\leq_L$“.

Wichtige Begriffe zur Wiederholung

Nach der Lektüre dieses Kapitels sollten folgende Begriffe geläufig sein:

- Funktion, Isoquante
- Treppenfunktion, beschränkte Funktion
- monoton wachsende bzw. fallende Funktion
- konvexe Funktion, konkave Funktion
- Umkehrfunktion, Verkettung von Funktionen
- Exponentialfunktion, Logarithmus
- bivariate Funktion, multivariate Funktion
- Höhenlinien einer bivariaten Funktion
- Cobb-Douglas-Funktion
- Ordnung, Relation, Äquivalenzrelation

Selbsttest

Anhand folgender Ankreuzaufgaben können Sie Ihre Kenntnisse zu diesem Kapitel überprüfen. Beurteilen Sie dazu, ob die Aussagen jeweils wahr (W) oder falsch (F) sind. Kurzlösungen zu diesen Aufgaben finden Sie in Anhang H.

I. Gegeben seien zwei Funktionen $f : \mathbb{R} \to \mathbb{R}$ und $g : \mathbb{R} \to \mathbb{R}$. Dann gilt für alle $x \in \mathbb{R} \ldots$

	W	F
$\ldots f(x) + g(x) = \max\{f(x), g(x)\} + \min\{f(x), g(x)\}$.	☐	☐
$\ldots \lvert f(x) \rvert = f(\lvert x \rvert)$.	☐	☐
$\ldots f^{-1}(x) = \frac{1}{f(x)}$, falls f umkehrbar ist.	☐	☐
$\ldots f(g(x)) = (g \circ f)(x)$.	☐	☐

II. Sind folgende Aussagen wahr oder falsch?

	W	F
Die Funktion $f : \mathbb{R} \to \mathbb{R}$ mit $f(x) = x^3$ ist sowohl konvex als auch konkav.	☐	☐
Es gibt keine Funktion $f : \mathbb{R} \to \mathbb{R}$ die sowohl konvex als auch konkav ist.	☐	☐
Für $x, y \in \mathbb{R}$ gilt: $e^x = e^y \implies x = y$.	☐	☐
Für $x, y > 0$ gilt: $\ln(x) = \ln(y) \implies x = y$.	☐	☐
Für $x, y \in \mathbb{R}$ gilt: $x^2 = y^2 \implies x = y$.	☐	☐
Für $x, y \in \mathbb{R}$ gilt: $x^3 = y^3 \implies x = y$.	☐	☐

III. Sind folgende Aussagen über eine beliebige Funktion $\mathbb{R}^2 \to \mathbb{R}$ wahr oder falsch?

	W	F
Mit einigen „Höhenlinien“, lässt sich die Funktion grob in einer zweidimensionalen Abbildung darstellen.	☐	☐
Eine „Höhenlinie“ kann nicht gleich dem ganzen $\mathbb{R}^2$ sein.	☐	☐
Eine „Höhenlinie“ kann gleich der leeren Menge sein.	☐	☐

IV. Sind folgende Aussagen wahr oder falsch?

	W	F
Die Ordnungsrelation „$\leq$“ in den reellen Zahlen ist transitiv.	☐	☐
Die Relation „gewinnt gegen“ beim jeweils einmaligem Aufeinandertreffen von drei Fußballmannschaften ist immer transitiv.	☐	☐
Die Relation „$\geq$“ auf den ganzen Zahlen ist symmetrisch.	☐	☐

Aufgaben

Aufgabe 1

Gegeben seien die Funktionen

a) $f_1(x) = e^x, \quad x \in \mathbb{R}\,,$

b) $f_2(x) = 4x^4 - 4, \quad x \in \mathbb{R}_+\,,$

c) $f_3(x) = 4x^2 - 4, \quad x \in [-1, 1]\,,$

d) $f_4(x) = \ln x + \sqrt{2x}, \quad x \in [1, \infty)$,

e) $f_5(x) = \sqrt[3]{x^2} + x, \quad x \in [1, 4]$.

Zeichnen Sie die Graphen und geben Sie das Bild an. Überlegen Sie sich mit Hilfe des Graphen, ob die Funktionen jeweils monoton steigend, konvex und/oder beschränkt sind.

Aufgabe 2

Prüfen Sie, ob die folgenden Funktionen umkehrbar sind und geben Sie, wenn möglich, die Umkehrfunktion an:

a) $f_1(x) = \frac{1}{4}x^3 - 2, \quad x \in \mathbb{R}$,

b) $f_2(x) = \ln(x+1)^2, \quad x \in \mathbb{R}_+$,

c) $f_3(x) = x^3 - x^2 + 4, \quad x \in \mathbb{R}$.

Aufgabe 3

Bestimmen Sie für die folgenden Produktionsfunktionen die Isoquanten (Höhenlinien der Produktionsfunktion) und skizzieren Sie diese für Outputs der Höhe 1, 2 und 3:

a) $f_1(x, y) = 2x^2 y$,

b) $f_2(x, y) = 2x + \frac{1}{2}y$,

c) $f_3(x, y) = \min\{2x, 4y\}$.

(Für die Inputs gilt jeweils $x, y \geq 0$.)

X **Aufgabe 4**

Nehmen Sie an, ein Brauer würde zur Herstellung eines Hektoliters [hl] Kölsch folgende Zutaten verwenden:

- 18 kg Pilsener Malz,
- 4 kg Weizenmalz,
- 0.2 kg Hopfen.

Stellen Sie die Produktionsfunktion auf und skizzieren Sie die Faktoreinsatzkombinationen, mit denen ein Output von 5 [hl] hergestellt werden kann. Dabei muss das Mischungsverhältnis genau eingehalten werden. (Weitere hier nicht genannte Produktionsfaktoren sind zu vernachlässigen.)

Kapitel 2

Matrizen und Vektoren

Eine Matrix ist ein rechteckiges Schema, in dem Zahlen zusammengefasst werden. Matrizen haben vielfältige Anwendungen, etwa bei der Beschreibung von Produktionsprozessen oder dem Lösen linearer Gleichungssysteme. Mit Hilfe der sogenannten Matrix-Vektor-Notation können komplizierte Zusammenhänge oftmals in einfacher und übersichtlicher Form dargestellt werden.

Wir beginnen dieses Kapitel mit zwei Beispielen, an denen wir die Nützlichkeit der Matrix-Vektor-Schreibweise illustrieren.

Beispiel 2.1 (Lineare Produktionsfunktion). Ein Betrieb stellt ein Gut her. Für die Produktion dieses Gutes werden n verschiedene Faktoren benötigt. Der Output y des Gutes bei gegebenen Inputs $x_1, \ldots, x_n$ werde beschrieben durch

$$y = f(x_1, \ldots, x_n) = a_1 x_1 + a_2 x_2 + \ldots + a_n x_n \,.$$

Die Funktion $f : \mathbb{R}^n \to \mathbb{R}$ ist eine sogenannte **lineare Produktionsfunktion.**

Beispiel 2.2 (Offenes Input-Output-Modell von Leontief[1]). Wir betrachten eine Volkswirtschaft, die aus n Sektoren $1, \ldots, n$ (Landwirtschaft, Energiewirtschaft, Baugewerbe, Bankgewerbe, usw.) besteht. In jedem Sektor wird ein einziges Gut als **Output** erzeugt. Die Sektoren sind miteinander verflochten, sodass zur Produktion eines Gutes **Inputs** aus den anderen Sektoren benötigt werden. Es bezeichne x_i den Output des i-ten Sektors und d_i die Endnachfrage nach dem i-ten Gut, die sogenannte **exogene Nachfrage**.

[1] Wassily Leontief (1906-1999); Wirtschaftsnobelpreis 1973.

Mit a_{ij} werde die Menge des i-ten Gutes bezeichnet, die zur Produktion einer Einheit des j-ten Gutes benötigt wird. Die Menge des Gutes i, das als Input für die Sektoren $1, \ldots, n$ verwendet wird, die sogenannte **endogene Nachfrage**, ist also insgesamt

$$a_{i1}x_1 + a_{i2}x_2 + \ldots + a_{in}x_n \,.$$

Damit die Nachfrage d_i gedeckt werden kann, muss der Output des i-ten Sektors gleich der Summe aus exogener und endogener Nachfrage, d.h.

$$x_i = (a_{i1}x_1 + a_{i2}x_2 + \ldots + a_{in}x_n) + d_i$$

sein. Es stellt sich nun die Frage, ob eine gegebene exogene Nachfrage befriedigt werden kann und wie groß ggf. die Outputs x_i der einzelnen Sektoren sein müssen. Formal führt dies auf das Problem, ob das folgende Gleichungssystem eine Lösung besitzt, und, wenn ja, für welche Werte $x_1, \ldots, x_n$ es erfüllt ist:

$$\begin{array}{ccccccccccc} x_1 & = & a_{11}x_1 & + & a_{12}x_2 & + & \ldots & + & a_{1n}x_n & + & d_1 \\ x_2 & = & a_{21}x_1 & + & a_{22}x_2 & + & \ldots & + & a_{2n}x_n & + & d_2 \\ \vdots & & \vdots & & \vdots & & & & \vdots & & \vdots \\ x_n & = & a_{n1}x_1 & + & a_{n2}x_2 & + & \ldots & + & a_{nn}x_n & + & d_n \end{array}$$

Um Gleichungssysteme wie dieses in übersichtlicher Form zu schreiben und zu lösen, verwendet man Matrizen und Vektoren. Im Folgenden definieren wir Matrizen und Vektoren und geben Rechenregeln für ihre Addition und Multiplikation an.

2.1 Matrizen

Definition 2.1: Matrix, transponierte Matrix

Seien $m, n \in \mathbb{N}$. Ein rechteckiges Zahlenschema

$$\boldsymbol{A} = \begin{bmatrix} a_{11} & a_{12} & \cdots & a_{1n} \\ a_{21} & a_{22} & \cdots & a_{2n} \\ \vdots & \vdots & & \vdots \\ a_{m1} & a_{m2} & \cdots & a_{mn} \end{bmatrix}$$

von Zahlen $a_{ij} \in \mathbb{R}$, $i = 1, \ldots, m$, $j = 1, \ldots, n$, heißt **Matrix** mit m **Zeilen** und n **Spalten** oder Matrix des **Formats** $m \times n$, kurz $m \times n$-Matrix. Die

Menge aller $m \times n$-Matrizen bezeichnet man mit $\mathbb{R}^{m \times n}$.

Man schreibt dafür auch $\boldsymbol{A} = (a_{ij})_{\substack{i=1,\dots,m \\ j=1,\dots,n}}$ bzw. $\boldsymbol{A} = (a_{ij})$ oder $\boldsymbol{A} = (a_{ij})_{mn}$.

Die $n \times m$-Matrix

$$\boldsymbol{A}^T = \begin{bmatrix} a_{11} & a_{21} & \cdots & a_{m1} \\ a_{12} & a_{22} & \cdots & a_{m2} \\ \vdots & \vdots & & \vdots \\ a_{1n} & a_{2n} & \cdots & a_{mn} \end{bmatrix}$$

nennt man die zu A **transponierte Matrix**.

Wir bezeichnen Matrizen mit großen lateinischen Buchstaben in Fettdruck, also $\boldsymbol{A}$, $\boldsymbol{B}$, $\boldsymbol{A}_1$, $\boldsymbol{A}_2$, usw. Beim Übergang zur transponierten Matrix werden Zeilen und Spalten vertauscht: Die Spalten der transponierten Matrix sind gerade die Zeilen der ursprünglichen Matrix und umgekehrt.

Beispiel 2.3.

$$\boldsymbol{A} = \begin{bmatrix} 9 & 10 \\ 6 & 4 \\ 2 & 0 \end{bmatrix}, \qquad \boldsymbol{A}^T = \begin{bmatrix} 9 & 6 & 2 \\ 10 & 4 & 0 \end{bmatrix}.$$

Transponiert man eine bereits transponierte Matrix erneut, so erhält man wieder die ursprüngliche Matrix; es gilt $(\boldsymbol{A}^T)^T = \boldsymbol{A}$. Die Elemente $a_{11}, a_{22}, \dots$ einer Matrix bilden die sogenannte **Hauptdiagonale**. Die Hauptdiagonalen einer Matrix und ihrer transponierten Matrix sind identisch.

Die Matrix, deren Komponenten alle gleich null sind, heißt **Nullmatrix**. Wir bezeichnen die Nullmatrix vom Format $m \times n$ mit $\mathbf{0}_{m \times n}$,

$$\mathbf{0}_{m \times n} = \begin{bmatrix} 0 & \cdots & 0 \\ \vdots & & \vdots \\ 0 & \cdots & 0 \end{bmatrix}.$$

Eine Matrix $\boldsymbol{A}$ mit gleich vielen Zeilen und Spalten, d.h. mit $m = n$, heißt **quadratische Matrix**. Sie heißt **symmetrisch**, wenn $\boldsymbol{A} = \boldsymbol{A}^T$ ist, also wenn $a_{ij} = a_{ji}$ für alle Indizes i, j gilt. Beispielsweise ist

$$\boldsymbol{A} = \begin{bmatrix} 1 & 2 & 5 \\ 2 & 3 & 8 \\ 5 & 8 & 4 \end{bmatrix}.$$

eine symmetrische Matrix. Die quadratische Matrix, deren Hauptdiagonalelemente alle gleich eins und deren restliche Elemente alle gleich null sind, heißt

Einheitsmatrix. Wir bezeichnen die Einheitsmatrix vom Format $n \times n$ mit $\boldsymbol{I}_n$,

$$\boldsymbol{I}_n = \begin{bmatrix} 1 & 0 & \cdots & 0 \\ 0 & 1 & \cdots & 0 \\ \vdots & \vdots & \ddots & \vdots \\ 0 & 0 & \cdots & 1 \end{bmatrix} .$$

Eine quadratische Matrix heißt **Diagonalmatrix**, wenn die Elemente außerhalb der Hauptdiagonalen alle gleich null sind ($a_{ij} = 0$, falls $i \neq j$), während in der Hauptdiagonalen beliebige Zahlen $a_{11}, a_{22}, \ldots, a_{nn}$ stehen. Für eine solche Matrix schreibt man kurz $\operatorname{diag}(a_{11}, a_{22}, \ldots, a_{nn})$.

Eine quadratische Matrix heißt **obere Dreiecksmatrix**, wenn die Elemente unterhalb der Hauptdiagonalen alle gleich null sind, d.h. $a_{ij} = 0$, falls $i > j$. Sie heißt **untere Dreiecksmatrix**, wenn die Elemente oberhalb der Hauptdiagonalen alle gleich null sind, d.h. $a_{ij} = 0$, falls $i < j$.

Beispiel 2.4.

$$\boldsymbol{D} = \begin{bmatrix} 2 & 0 & 0 \\ 0 & 5 & 0 \\ 0 & 0 & 1 \end{bmatrix}, \quad \boldsymbol{U} = \begin{bmatrix} 2 & 6 & 4 \\ 0 & 5 & 3 \\ 0 & 0 & 1 \end{bmatrix}, \quad \boldsymbol{L} = \begin{bmatrix} 2 & 0 & 0 \\ 3 & 5 & 0 \\ 4 & 6 & 1 \end{bmatrix} .$$

$\boldsymbol{D}$ ist Diagonalmatrix, $\boldsymbol{U}$ ist obere und $\boldsymbol{L}$ ist untere Dreiecksmatrix.

Definition 2.2: Spaltenvektor, Zeilenvektor

Eine Matrix des Formats $n \times 1$ wird als **Spaltenvektor** mit n Komponenten bezeichnet,

$$\boldsymbol{x} = \begin{bmatrix} x_1 \\ x_2 \\ \vdots \\ x_n \end{bmatrix} = [x_1, x_2, \cdots x_n]^T .$$

x_i nennt man die i**-te Komponente** von $\boldsymbol{x}$, $i = 1, \ldots, n$. Entsprechend wird eine Matrix $\boldsymbol{y}$ des Formats $1 \times n$ als **Zeilenvektor** mit n Komponenten bezeichnet,

$$\boldsymbol{y} = [y_1, y_2, \cdots, y_n] .$$

Wenn es auf den Unterschied zwischen Zeilen- und Spaltenform nicht ankommt, sagt man einfach **Vektor**. Wir bezeichnen Vektoren mit kleinen lateinischen Buchstaben in Fettdruck, $\boldsymbol{x}, \boldsymbol{y}, \boldsymbol{z}, \boldsymbol{u}, \boldsymbol{v}, \boldsymbol{a}, \boldsymbol{b}$, usw. Das gleiche Symbol ohne Fettdruck mit angehängtem Index j bezeichnet dann die j-te Komponente des Vektors. Beispielsweise ist u_4 die vierte Komponente des Vektors $\boldsymbol{u}$.

Beispiel 2.5. Beispiele für Vektoren sind

$$\boldsymbol{x} = \begin{bmatrix} 2 \\ 1 \\ 3 \end{bmatrix} \in \mathbb{R}^3, \quad \boldsymbol{a} = \begin{bmatrix} 2 \\ 1 \\ 3 \\ 0 \end{bmatrix} \in \mathbb{R}^4, \quad \boldsymbol{a}^T = [2,1,3,0] = (2,1,3,0) \in \mathbb{R}^4 .$$

Der Spaltenvektor mit n Komponenten, $\boldsymbol{x} = [x_1, x_2, \cdots, x_n]^T$, entspricht einem Punkt $(x_1, x_2, \cdots, x_n) \in \mathbb{R}^n$. (Das Gleiche gilt natürlich auch für den Zeilenvektor $[x_1, x_2, \cdots, x_n]$.) Im Folgenden identifizieren wir die Punkte des n-dimensionalen Euklidischen Raumes $\mathbb{R}^n$ mit den Spaltenvektoren des Formats $n \times 1$. Der Raum $\mathbb{R}^n$ ist also die Menge aller Spaltenvektoren mit n Komponenten.

Der Ursprung des $\mathbb{R}^n$ entspricht dem **Nullvektor** $[0, 0, \cdots, 0]^T$. Der Vektor, dessen i-te Komponente gleich eins ist und dessen andere Komponenten alle den Wert null haben, heißt **i-ter Einheitsvektor**. Er wird mit $\boldsymbol{e}_i$ bezeichnet. Im $\mathbb{R}^n$ gibt es n solche Einheitsvektoren $\boldsymbol{e}_1, \ldots, \boldsymbol{e}_n$, etwa im $\mathbb{R}^3$ die Einheitsvektoren

$$\boldsymbol{e}_1 = \begin{bmatrix} 1 \\ 0 \\ 0 \end{bmatrix}, \quad \boldsymbol{e}_2 = \begin{bmatrix} 0 \\ 1 \\ 0 \end{bmatrix}, \quad \boldsymbol{e}_3 = \begin{bmatrix} 0 \\ 0 \\ 1 \end{bmatrix}.$$

2.2 Addition und Skalarmultiplikation von Matrizen

Mit Matrizen kann man fast wie mit Zahlen rechnen. Die einfachsten Operationen sind die Addition und die Subtraktion zweier Matrizen sowie die Multiplikation einer Matrix mit einer reellen Zahl.

Die Addition zweier Matrizen erfolgt in sehr naheliegender Weise. Man addiert zwei Matrizen, indem man die Komponenten an den entsprechenden Positionen addiert.

Definition 2.3: Addition von Matrizen

Seien $\boldsymbol{A}$ und $\boldsymbol{B}$ $m \times n$-Matrizen, $\boldsymbol{A} = (a_{ij})$, $\boldsymbol{B} = (b_{ij})$. Die Summe von $\boldsymbol{A}$ und $\boldsymbol{B}$ ist so definiert:

$$\boldsymbol{A} + \boldsymbol{B} = (a_{ij} + b_{ij}) = \begin{bmatrix} a_{11} + b_{11} & a_{12} + b_{12} & \cdots & a_{1n} + b_{1n} \\ a_{21} + b_{21} & a_{22} + b_{22} & \cdots & a_{2n} + b_{2n} \\ \vdots & \vdots & & \vdots \\ a_{m1} + b_{m1} & a_{m2} + b_{m2} & \cdots & a_{mn} + b_{mn} \end{bmatrix}.$$

Bemerkung: Zu beachten ist, dass zwei Matrizen nur dann addiert werden können, wenn sie *dasselbe Format*, d.h. die gleiche Anzahl von Zeilen und die gleiche Anzahl von Spalten besitzen!

Beispiel 2.6.

$$\boldsymbol{A} = \begin{bmatrix} 2 & 0 \\ 1 & 5 \\ 3 & 2 \end{bmatrix}, \quad \boldsymbol{B} = \begin{bmatrix} -2 & 0 \\ 7 & 1 \\ -5 & 2 \end{bmatrix}, \quad \boldsymbol{A} + \boldsymbol{B} = \begin{bmatrix} 0 & 0 \\ 8 & 6 \\ -2 & 4 \end{bmatrix}.$$

Addiert man zu einer Matrix des Formats $m \times n$ die Nullmatrix desselben Formats, so erhält man wieder die ursprüngliche Matrix, d.h. $\boldsymbol{A} + \boldsymbol{0}_{m\times n} = \boldsymbol{0}_{m\times n} + \boldsymbol{A} = \boldsymbol{A}$.

Die Subtraktion zweier Matrizen erfolgt wie die Addition komponentenweise.

Definition 2.4: Subtraktion von Matrizen

Seien $\boldsymbol{A}$ und $\boldsymbol{B}$ $m \times n$-Matrizen, $\boldsymbol{A} = (a_{ij})$, $\boldsymbol{B} = (b_{ij})$. Die Differenz von $\boldsymbol{A}$ und $\boldsymbol{B}$ ist so definiert:

$$\boldsymbol{A} - \boldsymbol{B} = (a_{ij} - b_{ij}) = \begin{bmatrix} a_{11} - b_{11} & a_{12} - b_{12} & \cdots & a_{1n} - b_{1n} \\ a_{21} - b_{21} & a_{22} - b_{22} & \cdots & a_{2n} - b_{2n} \\ \vdots & \vdots & & \vdots \\ a_{m1} - b_{m1} & a_{m2} - b_{m2} & \cdots & a_{mn} - b_{mn} \end{bmatrix}.$$

Subtrahiert man eine Matrix von sich selbst, so erhält man die Nullmatrix des entsprechenden Formates: $\boldsymbol{A} - \boldsymbol{A} = \boldsymbol{0}_{m\times n}$.

Eine weitere Rechenoperation ist die Multiplikation einer Matrix mit einer reellen Zahl. Man bezeichnet sie als **Skalarmultiplikation**. Die Skalarmultiplikation einer Matrix erfolgt, indem jede Komponente der Matrix mit der reellen Zahl multipliziert wird.

Definition 2.5: Skalarmultiplikation

Sei $\boldsymbol{A}$ eine $m \times n$-Matrix und $\lambda \in \mathbb{R}$. Das Skalarprodukt aus λ und $\boldsymbol{A}$ ist so definiert:

$$\lambda \boldsymbol{A} = (\lambda a_{ij}) = \begin{bmatrix} \lambda a_{11} & \lambda a_{12} & \cdots & \lambda a_{1n} \\ \lambda a_{21} & \lambda a_{22} & \cdots & \lambda a_{2n} \\ \vdots & \vdots & & \vdots \\ \lambda a_{m1} & \lambda a_{m2} & \cdots & \lambda a_{mn} \end{bmatrix}.$$

Beispiel 2.7 (Fortsetzung von Beispiel 2.6).

$$\left(-\frac{1}{2}\right) \cdot \boldsymbol{A} = \begin{bmatrix} -1 & 0 \\ -\frac{1}{2} & -\frac{5}{2} \\ -\frac{3}{2} & -1 \end{bmatrix}$$

Unter der Matrix $-\boldsymbol{A}$ versteht man die Matrix $(-1) \cdot \boldsymbol{A}$.

Bemerkung: Offensichtlich ist $\boldsymbol{A} - \boldsymbol{B} = \boldsymbol{A} + (-1) \cdot \boldsymbol{B}$. Man hätte also die Differenz zweier Matrizen auch mithilfe von skalarer Multiplikation und Addition definieren können.

Wir fassen die wichtigsten Rechenregeln zur Addition und Skalarmultiplikation von Matrizen in dem folgenden Satz zusammen.

Satz 2.1: Rechenregeln für Matrizen

Seien $\boldsymbol{A}, \boldsymbol{B}$ und $\boldsymbol{C}$ $m \times n$-Matrizen, $\lambda, \mu \in \mathbb{R}$. Dann gelten die folgenden Aussagen:

(i)	$\boldsymbol{A} + \boldsymbol{B}$	$=$	$\boldsymbol{B} + \boldsymbol{A}$,	kommutativ (für „+“)
(ii)	$(\boldsymbol{A} + \boldsymbol{B}) + \boldsymbol{C}$	$=$	$\boldsymbol{A} + (\boldsymbol{B} + \boldsymbol{C})$,	assoziativ (für „+“)
(iii)	$\boldsymbol{A} + \boldsymbol{0}_{m \times n}$	$=$	$\boldsymbol{A}$,	neutrales Element (für „+“)
(iv)	$\boldsymbol{A} + (-\boldsymbol{A})$	$=$	$\boldsymbol{0}_{m \times n}$,	negatives Element (für „+“)
(v)	$\lambda(\boldsymbol{A} + \boldsymbol{B})$	$=$	$\lambda \boldsymbol{A} + \lambda \boldsymbol{B}$,	distributiv
(vi)	$(\lambda + \mu)\boldsymbol{A}$	$=$	$\lambda \boldsymbol{A} + \mu \boldsymbol{A}$,	distributiv
(vii)	$\lambda(\mu \boldsymbol{A})$	$=$	$(\lambda\mu)\boldsymbol{A}$,	assoziativ (für „·“)
(viii)	$1 \cdot \boldsymbol{A}$	$=$	$\boldsymbol{A}$.	neutrales Element (für „·“)

Addition und Skalarmultiplikation von Punkten des $\mathbb{R}^n$ Da Vektoren spezielle Matrizen sind (nämlich solche mit nur einer Spalte bzw. Zeile) sind Addition, Subtraktion und Skalarmultiplikation von Vektoren wie bei Matrizen definiert. Die obigen Rechenregeln gelten daher auch für Vektoren und in gleicher Weise für Punkte des $\mathbb{R}^n$. Insbesondere werden zwei Punkte $\boldsymbol{x} = (x_1, \cdots, x_n)$ und $\boldsymbol{y} = (y_1, \cdots, y_n)$ komponentenweise addiert,

$$\boldsymbol{x} + \boldsymbol{y} = (x_1, \cdots, x_n) + (y_1, \cdots, y_n) = (x_1 + y_1, \cdots, x_n + y_n).$$

Die Addition von $\boldsymbol{x}$ und $\boldsymbol{y}$ entspricht dem Aneinandersetzen der beiden zugehörigen Pfeile von $\mathbf{0}$ bis $\boldsymbol{x}$ bzw. $\boldsymbol{y}$ (Abbildung 2.1).

Komponentenweise geht man auch vor, wenn man den Punkt $\boldsymbol{y}$ vom Punkt $\boldsymbol{x}$ subtrahiert und wenn man den Punkt $\boldsymbol{x}$ mit einer Zahl $\lambda \in \mathbb{R}$ multipliziert,

$$\begin{aligned} \boldsymbol{x} - \boldsymbol{y} = (x_1, \cdots, x_n) - (y_1, \cdots, y_n) &= (x_1 - y_1, \cdots, x_n - y_n), \\ \lambda \boldsymbol{x} = (\lambda x_1, \cdots, \lambda x_n). \end{aligned}$$

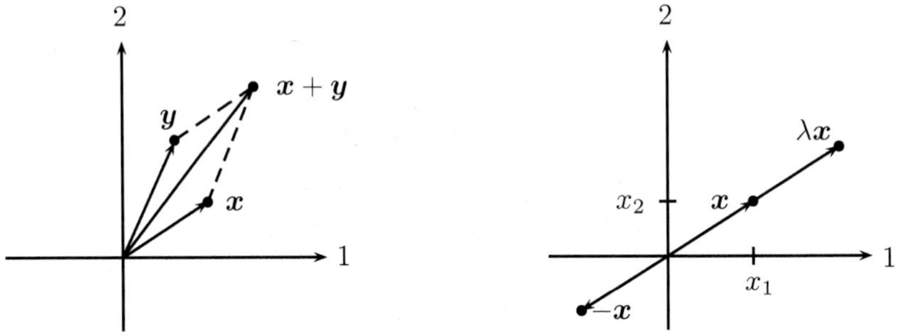

Abbildung 2.1: Summe von Vektoren, $\boldsymbol{z} = \boldsymbol{x} + \boldsymbol{y}$, und Vielfaches eines Vektors, $\boldsymbol{z} = \lambda \boldsymbol{x}$.

Beispiel 2.8. (Aggregation von Produktbündeln). Ein Unternehmen produziert vier Produkte, die an drei verschiedenen Standorten gelagert werden. Zu einem bestimmten Zeitpunkt befanden sich $[100, 2000, 300, 0]$ Stück in Lager A, $[40, 0, 0, 700]$ in Lager B und $[400, 200, 0, 0]$ in Lager C. Hierbei sind für jedes Lager die Stückzahlen der vier Produkte zu einem Stückvektor im $\mathbb{R}^4$ zusammengefasst. Insgesamt waren also

$$[100, 2000, 300, 0] + [40, 0, 0, 700] + [400, 200, 0, 0] = [540, 2200, 300, 700]$$

Stück vorhanden. Durch ein Unwetter wurden sodann 80% der Produkte in Lager A zerstört, das sind

$$0.8 \cdot [100, 2000, 300, 0] = [80, 1600, 240, 0]$$

Stück. Insgesamt sind danach noch

$$[540, 2200, 300, 700] - [80, 1600, 240, 0] = [460, 600, 60, 700]$$

Stück der vier Produkte auf Lager.

Beispiel 2.9. In der folgenden Abbildung ist $n = 2$, $\boldsymbol{x} = (3, 1)$, $\boldsymbol{y} = (2, 2)$, $\boldsymbol{z} = (-2, 6)$, also $\boldsymbol{x} + \boldsymbol{y} = (5, 3)$, $\boldsymbol{x} - \boldsymbol{z} = (5, -5)$. Für beliebige Zahlen λ betrachten wir die Vielfachen $\lambda\boldsymbol{x}$. Sie bilden die Menge

$$U = \{(3\lambda, \lambda) \,:\, \lambda \in \mathbb{R}\} = \left\{(x_1, x_2) \,:\, x_2 = \frac{1}{3}x_1\right\}.$$

Dies ist die Gerade durch den Nullpunkt und den Punkt $(3, 1)$ im $\mathbb{R}^2$.

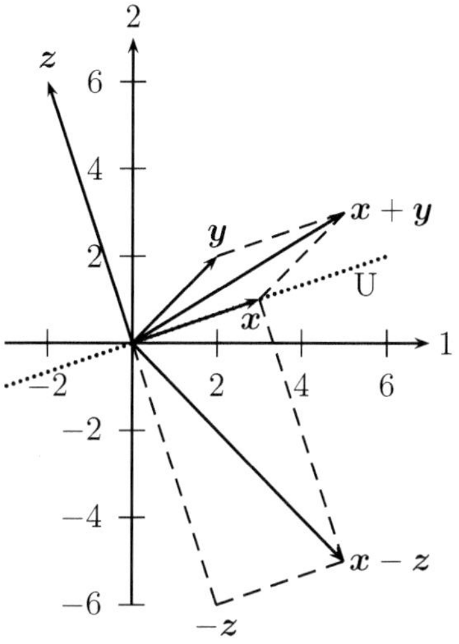

2.3 Multiplikation von Matrizen

Für Matrizen sind nicht nur die linearen Operationen – Multiplikation mit einer Zahl und Addition von Matrizen gleichen Formats – definiert. Man kann Matrizen auch miteinander multiplizieren. Voraussetzung ist, dass sie im Format zusammenpassen, indem die linke Matrix so viele Spalten hat wie die rechte Matrix Zeilen.

Definition 2.6: Matrizenprodukt

Sei $\boldsymbol{A} \in \mathbb{R}^{m\times k}$ und $\boldsymbol{B} \in \mathbb{R}^{k\times n}$ mit $\boldsymbol{A} = (a_{il})$ und $\boldsymbol{B} = (b_{lj})$. Das **Produkt** von $\boldsymbol{A}$ und $\boldsymbol{B}$ ist die $m \times n$-Matrix $\boldsymbol{AB} = (c_{ij})$ mit den Elementen

$$c_{ij} = a_{i1}b_{1j} + a_{i2}b_{2j} + \ldots + a_{ik}b_{kj} = \sum_{l=1}^{k} a_{il}b_{lj}.$$

Das Element c_{ij} ergibt sich also durch Multiplikation der i-ten Zeile der Matrix $\boldsymbol{A}$ mit der j-ten Spalte der Matrix $\boldsymbol{B}$.

Beispiel 2.10. Gegeben seien die Matrizen

$$\boldsymbol{A} = \begin{bmatrix} 1 & 0 \\ 0 & 1 \\ 2 & 1 \end{bmatrix} \quad \text{und} \quad \boldsymbol{B} = \begin{bmatrix} -1 & 2 \\ -3 & 0 \end{bmatrix}.$$

Dann ist $n = 2$, $m = 3$, $k = 2$ und

$$\begin{array}{ccc|ccc}
 & & & -1 & 2 & \boldsymbol{B} \\
 & & & -3 & 0 & \\ \cline{2-5}
 & 1 & 0 & -1 & 2 & \\
\boldsymbol{A} & 0 & 1 & -3 & 0 & \\
 & 2 & 1 & -5 & 4 & \\
 & & & & & \boldsymbol{AB}
\end{array}, \quad \text{also} \quad \boldsymbol{AB} = \begin{bmatrix} -1 & 2 \\ -3 & 0 \\ -5 & 4 \end{bmatrix}.$$

Das Element in der ersten Zeile und der ersten Spalte der Matrix $\boldsymbol{AB}$ berechnet man beispielsweise als

$$1 \cdot (-1) + 0 \cdot (-3) = -1\,.$$

Entsprechend berechnet man die anderen Elemente von $\boldsymbol{AB}$.

Ferner sei $\boldsymbol{x} = [3, 7]^T$. Wir erhalten

$$\boldsymbol{Ax} = \begin{bmatrix} 3 \\ 7 \\ 13 \end{bmatrix} \in \mathbb{R}^3, \ \boldsymbol{Bx} = \begin{bmatrix} 11 \\ -9 \end{bmatrix} \in \mathbb{R}^2, \ \boldsymbol{x}^T\boldsymbol{x} = 3^2 + 7^2 = 58\,.$$

Das Produkt $\boldsymbol{BA}$ ist nicht definiert, da die Anzahl der Spalten von $\boldsymbol{B}$ nicht mit der Anzahl der Zeilen von $\boldsymbol{A}$ übereinstimmt. Wir berechnen $\boldsymbol{AA}^T$ und $\boldsymbol{A}^T\boldsymbol{A}$. Beide Produkte sind definiert, aber im Allgemeinen verschieden, wie das folgende Zahlenbeispiel zeigt. Es gilt

$$\begin{array}{ccc|cccc}
 & & & 1 & 0 & 2 & \boldsymbol{A}^T \\
 & & & 0 & 1 & 1 & \\ \cline{2-6}
 & 1 & 0 & 1 & 0 & 2 & \\
\boldsymbol{A} & 0 & 1 & 0 & 1 & 1 & \\
 & 2 & 1 & 2 & 1 & 5 & \\
 & & & & & & \boldsymbol{AA}^T
\end{array}, \quad \text{aber} \quad
\begin{array}{cccc|ccc}
 & & & & 1 & 0 & \\
 & & & & 0 & 1 & \boldsymbol{A} \\
 & & & & 2 & 1 & \\ \cline{2-6}
\boldsymbol{A}^T & 1 & 0 & 2 & 5 & 2 & \\
 & 0 & 1 & 1 & 2 & 2 & \\
 & & & & & & \boldsymbol{A}^T\boldsymbol{A}
\end{array}.$$

Satz 2.2: Rechenregeln für die Matrizenmultiplikation

Sei $\boldsymbol{A} \in \mathbb{R}^{m\times n}$, $\boldsymbol{B}$ und $\boldsymbol{C} \in \mathbb{R}^{n\times k}$, $\boldsymbol{D} \in \mathbb{R}^{k\times r}$, $\lambda \in \mathbb{R}$. Dann gelten die folgenden Aussagen:

$$\begin{array}{rrcll}
\text{(i)} & \boldsymbol{A}(\boldsymbol{BD}) & = & (\boldsymbol{AB})\boldsymbol{D}\,, & \text{assoziativ} \\
\text{(ii)} & \boldsymbol{AI}_{n\times n} & = & \boldsymbol{A}\,, & \left.\right\} \text{neutrales Element} \\
\text{(iii)} & \boldsymbol{I}_{m\times m}\boldsymbol{A} & = & \boldsymbol{A}\,, & \\
\text{(iv)} & \boldsymbol{A}(\boldsymbol{B}+\boldsymbol{C}) & = & \boldsymbol{AB}+\boldsymbol{AC}\,, & \left.\right\} \text{distributiv} \\
\text{(v)} & (\boldsymbol{B}+\boldsymbol{C})\boldsymbol{D} & = & \boldsymbol{BD}+\boldsymbol{CD}\,, & \\
\text{(vi)} & \boldsymbol{A}(\lambda\boldsymbol{B}) & = & \lambda(\boldsymbol{AB})\,, & \\
\text{(vii)} & (\boldsymbol{AB})^T & = & \boldsymbol{B}^T\boldsymbol{A}^T\,. &
\end{array}$$

Bemerkung: Während Addition und Subtraktion von Vektoren im Wesentlichen dieselben Eigenschaften besitzen wie Addition und Subtraktion reeller Zahlen, gilt dies nicht für die Multiplikation von Matrizen. Wir wollen an dieser Stelle zwei Punkte hervorheben, in denen sich die Matrizenmultiplikation grundlegend von der Multiplikation reeller Zahlen unterscheidet.

- Die Matrizenmultiplikation ist **nicht kommutativ**, d.h. es kommt sehr wohl auf die Reihenfolge der Faktoren an. Wenn man das Produkt $\boldsymbol{AB}$ zweier Matrizen bilden kann, heißt dies nicht, dass auch das Produkt $\boldsymbol{BA}$ gebildet werden kann. Aber selbst wenn das Produkt $\boldsymbol{BA}$ definiert ist, müssen die Matrizen $\boldsymbol{AB}$ und $\boldsymbol{BA}$ nicht übereinstimmen. Wir geben dazu ein weiteres Beispiel:

$$\boldsymbol{AB} = \begin{bmatrix} 1 & 2 \\ 3 & 4 \end{bmatrix} \begin{bmatrix} 1 & 1 \\ 1 & 2 \end{bmatrix} = \begin{bmatrix} 3 & 5 \\ 7 & 11 \end{bmatrix},$$
$$\boldsymbol{BA} = \begin{bmatrix} 1 & 1 \\ 1 & 2 \end{bmatrix} \begin{bmatrix} 1 & 2 \\ 3 & 4 \end{bmatrix} = \begin{bmatrix} 4 & 6 \\ 7 & 10 \end{bmatrix}.$$

- Ist das Produkt zweier reeller Zahlen gleich null, so bedeutet dies, dass einer der Faktoren gleich null ist. Das Produkt zweier Matrizen kann jedoch die Nullmatrix ergeben, ohne dass einer der Faktoren eine Nullmatrix ist. So ist z.B.

$$\boldsymbol{AB} = \begin{bmatrix} 1 & 2 \\ 2 & 4 \end{bmatrix} \begin{bmatrix} 2 & -4 \\ -1 & 2 \end{bmatrix} = \begin{bmatrix} 0 & 0 \\ 0 & 0 \end{bmatrix} = \boldsymbol{0}_{2\times 2}\,,$$

  obwohl weder $\boldsymbol{A}$ noch $\boldsymbol{B}$ eine Nullmatrix ist.

2.4 Inverse Matrizen

Jede Zahl x, die ungleich null ist, hat einen sogenannten Kehrwert, nämlich die Zahl $1/x = x^{-1}$. Multipliziert man x von rechts oder links mit seinem Kehrwert, so ist das Ergebnis immer gleich eins; es gilt $x \cdot x^{-1} = x^{-1} \cdot x = 1$.

Die Frage ist, ob es etwas Vergleichbares bei Matrizen gibt. Hat jede Matrix, die nicht die Nullmatrix ist, einen „Matrixkehrwert", sodass die Multiplikation der Matrix mit ihrem „Kehrwert" die Einheitsmatrix ergibt? Wenn eine Matrix $\boldsymbol{A}$ nicht quadratisch ist, so lässt sich in der Tat keine Matrix $\boldsymbol{B}$ finden, für die sowohl $\boldsymbol{AB}$ als auch $\boldsymbol{BA}$ gleich der Einheitsmatrix ist. In einer großen Klasse quadratischer Matrizen existiert jedoch ein Analogon zum Kehrwert, die sogenannte **inverse Matrix**.

Definition 2.7: Inverse Matrix

Sei $\boldsymbol{A}$ eine quadratische $n \times n$-Matrix. Gibt es eine $n \times n$-Matrix $\boldsymbol{B}$, sodass $\boldsymbol{AB} = \boldsymbol{I}_n$ ist, dann heißt $\boldsymbol{B}$ **inverse Matrix** zu $\boldsymbol{A}$ oder **Inverse** von $\boldsymbol{A}$. Man schreibt $\boldsymbol{A}^{-1} = \boldsymbol{B}$. Es gilt dann

$$\boldsymbol{A}\boldsymbol{A}^{-1} = \boldsymbol{A}^{-1}\boldsymbol{A} = \boldsymbol{I}_n .$$

Existiert zu einer Matrix $\boldsymbol{A}$ die inverse Matrix $\boldsymbol{A}^{-1}$, so heißt $\boldsymbol{A}$ **invertierbar** oder **regulär**. Existiert zu $\boldsymbol{A}$ keine inverse Matrix, so heißt $\boldsymbol{A}$ **nicht invertierbar** oder **singulär**.

Beispiel 2.11.

- Die Matrix $\boldsymbol{A} = \left[\begin{smallmatrix} 4 & 7 \\ 1 & 2 \end{smallmatrix}\right]$ ist invertierbar mit

$$\boldsymbol{A}^{-1} = \begin{bmatrix} 2 & -7 \\ -1 & 4 \end{bmatrix} .$$

  Man prüft dies durch Ausmultiplizieren nach:

$$\boldsymbol{A}\boldsymbol{A}^{-1} = \begin{bmatrix} 4 & 7 \\ 1 & 2 \end{bmatrix} \cdot \begin{bmatrix} 2 & -7 \\ -1 & 4 \end{bmatrix} = \begin{bmatrix} 1 & 0 \\ 0 & 1 \end{bmatrix} .$$

- Die Matrix $\boldsymbol{B} = \left[\begin{smallmatrix} 1 & 2 \\ 2 & 4 \end{smallmatrix}\right]$ ist nicht invertierbar.
- Die Einheitsmatrix $\boldsymbol{I}_n$ ist regulär. Es gilt $\boldsymbol{I}_n^{-1} = \boldsymbol{I}_n$.
- Die Nullmatrix $\boldsymbol{0}_{n \times n}$ ist nicht invertierbar.

Eine 1×1-Matrix $\boldsymbol{A} = [a_{11}]$ ist offensichtlich genau dann invertierbar, wenn $a_{11} \neq 0$ ist. Die Inverse ist dann $\boldsymbol{A}^{-1} = [a_{11}^{-1}]$. Auch für 2×2-Matrizen kann man leicht entscheiden, ob die Matrix invertierbar ist, und ggf. die inverse Matrix in sehr einfacher Weise bestimmen.

Satz 2.3: Inverse, $n = 2$

Für $\boldsymbol{A} = \left[\begin{smallmatrix} a & b \\ c & d \end{smallmatrix}\right]$ existiert $\boldsymbol{A}^{-1}$ genau dann, wenn $ad - bc \neq 0$ ist. Dann ist

$$\boldsymbol{A}^{-1} = \frac{1}{ad - bc} \begin{bmatrix} d & -b \\ -c & a \end{bmatrix}.$$

Die Größe $ad - bc$ ist die sogenannte Determinante[2] der Matrix $\boldsymbol{A}$. Damit lautet die Merkregel für die Inversion einer 2×2-Matrix:

Merkregel: Inverse, $n = 2$

Hauptdiagonalelemente vertauschen, bei den Nebendiagonalelementen das Vorzeichen umkehren, und die Matrix durch die Determinante dividieren.

Beispiel 2.12. Die Inverse der Matrix $\boldsymbol{A} = \left[\begin{smallmatrix} 4 & 7 \\ 1 & 2 \end{smallmatrix}\right]$ aus Beispiel 2.11 lässt sich so leicht ausrechnen:

$$\boldsymbol{A}^{-1} = \frac{1}{4 \cdot 2 - 7 \cdot 1} \begin{bmatrix} 2 & -7 \\ -1 & 4 \end{bmatrix} = 1 \cdot \begin{bmatrix} 2 & -7 \\ -1 & 4 \end{bmatrix} = \begin{bmatrix} 2 & -7 \\ -1 & 4 \end{bmatrix}.$$

Auch für größere Matrizen kann man – zumindest im Prinzip – Formeln für die Inverse angeben. So ist die Inverse einer 3×3-Matrix

$$\begin{bmatrix} a & b & c \\ d & e & f \\ g & h & i \end{bmatrix}^{-1} = \frac{1}{\lambda} \begin{bmatrix} ei - fh & ch - bi & bf - ce \\ fg - di & ai - cg & cd - af \\ dh - eg & bg - ah & ae - bd \end{bmatrix},$$

wobei $\lambda = aei + bfg + cdh - gec - hfa - idb$ die entsprechende Determinante darstellt. Die Inverse existiert, wenn $\lambda \neq 0$ ist. Offensichtlich kann man sich diese Formel aber nur schwer merken, was in der Tat auch nicht nötig ist. Wir werden in Abschnitt 8.4 ein einfaches Verfahren kennenlernen, mit dem man nicht nur entscheiden kann, ob eine Matrix invertierbar ist oder nicht, sondern auch im Fall der Existenz direkt die Inverse berechnet.

Es folgen weitere Eigenschaften der Inversen einer Matrix.

Satz 2.4: Inverse eines Produktes

Seien $\boldsymbol{A}$ und $\boldsymbol{B}$ invertierbare $n \times n$-Matrizen. Dann ist auch $\boldsymbol{AB}$ invertierbar und es gilt

$$(\boldsymbol{AB})^{-1} = \boldsymbol{B}^{-1}\boldsymbol{A}^{-1}.$$

[2] Zu Determinanten siehe Kapitel 10.

Beweis: Zu zeigen ist, dass $(\boldsymbol{AB})(\boldsymbol{B}^{-1}\boldsymbol{A}^{-1}) = \boldsymbol{I}_n$ gilt:

$$(\boldsymbol{AB})(\boldsymbol{B}^{-1}\boldsymbol{A}^{-1}) = \boldsymbol{A}(\boldsymbol{BB}^{-1})\boldsymbol{A}^{-1} = \boldsymbol{AI}_n\boldsymbol{A}^{-1} = \boldsymbol{AA}^{-1} = \boldsymbol{I}_n \,. \qquad \square$$

Diesen Satz kann man sich leicht mit der **Socke-Schuh-Regel** merken: Beim Anziehen zieht man erst die Socke an ($\boldsymbol{A}$) und dann den Schuh ($\boldsymbol{B}$). Das Inverse vom Anziehen ($\boldsymbol{AB}$) ist das Ausziehen ($(\boldsymbol{AB})^{-1}$). Dabei muss man zuerst den Schuh ausziehen ($\boldsymbol{B}^{-1}$) und dann die Socke ausziehen ($\boldsymbol{A}^{-1}$). Also ist $(\boldsymbol{AB})^{-1} = \boldsymbol{B}^{-1}\boldsymbol{A}^{-1}$, siehe Abbildung 2.2.

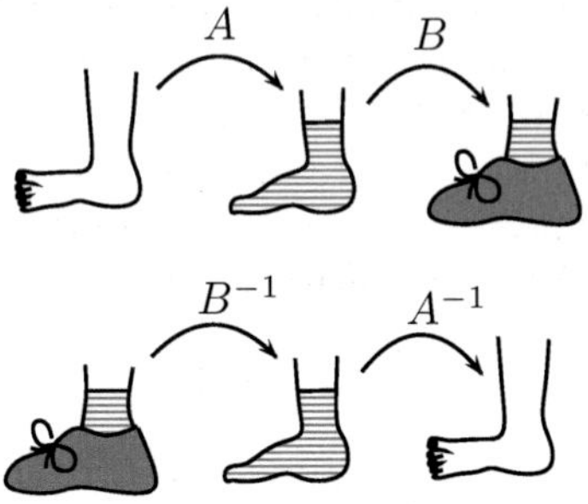

Abbildung 2.2: Illustration $(AB)^{-1} = B^{-1}A^{-1}$.

Satz 2.5: Rechenregeln für die Inversion

Falls $\boldsymbol{A}$ invertierbar ist, gilt:

(i) $(\boldsymbol{A}^{-1})^{-1} = \boldsymbol{A}$,

(ii) $(\boldsymbol{A}^T)^{-1} = (\boldsymbol{A}^{-1})^T$,

(iii) Ist $\boldsymbol{A}$ symmetrisch, so ist auch $\boldsymbol{A}^{-1}$ symmetrisch,

(iv) Für jede reelle Zahl $\lambda \neq 0$ ist $(\lambda\boldsymbol{A})^{-1} = \frac{1}{\lambda}\boldsymbol{A}^{-1}$.

2.5 Lineare Abbildungen

Wir wissen also nun, was Matrizen bzw. Vektoren sind und wie man mit ihnen rechnet. Vektoren dienen insbesondere dazu, Punkte im mehrdimensionalen Raum zu beschreiben und mit ihnen zu rechnen. Worin liegt aber nun der Nutzen von Matrizen? Um dies zu sehen, betrachten wir wieder die Beispiele 2.1 und 2.2 vom Beginn dieses Kapitels.

Beispiel 2.13 (Lineare Produktionsfunktion). Fasst man die Koeffizienten $a_1, \ldots, a_n$ der linearen Produktionsfunktion zu einem Zeilenvektor $\boldsymbol{a} = [a_1, \cdots, a_n]$ und die Inputs $x_1, \ldots, x_n$ zu einem Spaltenvektor $\boldsymbol{x} = [x_1, \cdots, x_n]^T$ zusammen, so kann man die lineare Produktionsfunktion in der Form

$$y = f(\boldsymbol{x}) = \boldsymbol{a}\boldsymbol{x}$$

schreiben. Hier wird die Analogie zu linearen Funktionen von $\mathbb{R}$ nach $\mathbb{R}$, die bekanntlich die Form $y = ax$ besitzen, deutlich.

Beispiel 2.14 (Offenes Input-Output-Modell von Leontief). Wie im vorigen Beispiel fassen wir die Produktionskoeffizienten zusammen, jedoch statt zu einem Zeilenvektor zu einer Matrix $\boldsymbol{A} = (a_{ij})$. Die Matrix $\boldsymbol{A}$ heißt **Produktionsmatrix**. Entsprechend fassen wir die exogene Nachfrage $d_1, \ldots, d_n$ und die Outputs $x_1, \ldots, x_n$ zu Spaltenvektoren $\boldsymbol{d} = [d_1, \cdots, d_n]^T$ bzw. $\boldsymbol{x} = [x_1, \cdots, x_n]^T$ zusammen. In dieser Notation wird das Gleichungssystem des Leontief-Modells eine Gleichung zwischen Vektoren des $\mathbb{R}^n$,

$$\boldsymbol{x} = \boldsymbol{A}\boldsymbol{x} + \boldsymbol{d}.$$

Wegen $\boldsymbol{I}\boldsymbol{x} = \boldsymbol{x}$ kann man die Gleichung auch als

$$\boldsymbol{I}\boldsymbol{x} = \boldsymbol{A}\boldsymbol{x} + \boldsymbol{d}$$

schreiben und mit Hilfe der Rechenregeln für Matrizen zu

$$(\boldsymbol{I} - \boldsymbol{A})\boldsymbol{x} = \boldsymbol{d}$$

umformen. Dies ist die bekannte Gleichung des offenen Input-Output-Modells in Matrix-Vektor-Schreibweise. Es handelt sich um eine sogenannte **lineare Gleichung**. Um zu prüfen, ob eine gegebene exogene Nachfrage $\boldsymbol{d}$ gedeckt werden kann und welcher Gesamtoutput $\boldsymbol{x}$ dazu nötig ist, muss lediglich diese Gleichung gelöst werden. Wie man lineare Gleichungen löst, werden wir ausführlich in Kapitel 8 behandeln.

Der tiefere Nutzen von Matrizen liegt darin begründet, dass sie lineare Funktionen von $\mathbb{R}^n$ nach $\mathbb{R}^m$ beschreiben.

Definition 2.8: Lineare Funktion

Eine Funktion $f : \mathbb{R}^n \to \mathbb{R}^m$ heißt **linear**, wenn für alle $\boldsymbol{x}, \boldsymbol{y} \in \mathbb{R}^n$ und $\lambda \in \mathbb{R}$ gilt:

Lin1: $f(\boldsymbol{x} + \boldsymbol{y}) = f(\boldsymbol{x}) + f(\boldsymbol{y})$,

Lin2: $f(\lambda \boldsymbol{x}) = \lambda f(\boldsymbol{x})$.

Statt linearer Funktion sagt man auch **lineare Abbildung**.

Durch eine gegebene $m \times n$-Matrix $\boldsymbol{A}$ wird eine Funktion $f_{\boldsymbol{A}} : \mathbb{R}^n \to \mathbb{R}^m$,

$$\boldsymbol{x} \mapsto f_{\boldsymbol{A}}(\boldsymbol{x}) = \boldsymbol{A}\boldsymbol{x},$$

definiert. Aus den Rechenregeln für Matrizen ergibt sich unmittelbar, dass $f_{\boldsymbol{A}}$ eine lineare Abbildung ist. Die grundlegende Bedeutung von Matrizen rührt nun daher, dass sogar *jede* lineare Abbildung die Form $f_{\boldsymbol{A}}$ mit einer geeignet gewählten Matrix $\boldsymbol{A}$ hat. Mit Hilfe von Matrizen lassen sich also alle linearen Abbildungen von $\mathbb{R}^n$ nach $\mathbb{R}^m$ in einfacher Form beschreiben.

Wie findet man aber zu einer gegebenen linearen Funktion f die zugehörige Matrix $\boldsymbol{A}$? Ist $\boldsymbol{A}$ die zu f gehörige Matrix, und sind $\boldsymbol{a}_1, \boldsymbol{a}_2, \ldots, \boldsymbol{a}_n$ die Spalten der Matrix $\boldsymbol{A}$, so folgt, dass der Funktionswert des j-ten Einheitsvektors $\boldsymbol{e}_j$ gleich

$$f(\boldsymbol{e}_j) = \boldsymbol{A}\boldsymbol{e}_j = [\boldsymbol{a}_1, \cdots, \boldsymbol{a}_i, \cdots, \boldsymbol{a}_m]\, \boldsymbol{e}_j = \boldsymbol{a}_j$$

ist. Mit anderen Worten: Die j-te Spalte der Matrix $\boldsymbol{A}$ ist das Bild des j-ten Einheitsvektors. Wir formulieren dies als Merksatz.

Merkregel: Matrix und zugehörige lineare Abbildung

Sei $f : \mathbb{R}^n \to \mathbb{R}^m$ eine lineare Abbildung und $\boldsymbol{A}$ die zugehörige $m \times n$-Matrix. Dann sind die Spalten $\boldsymbol{a}_j$ von $\boldsymbol{A}$ die Bilder der Einheitsvektoren, $\boldsymbol{a}_j = f(\boldsymbol{e}_j), j = 1, \ldots, n$.

Hieraus folgt unmittelbar, dass eine lineare Funktion durch die Funktionswerte der Einheitsvektoren eindeutig festgelegt ist.

Beispiel 2.15. Sei $f : \mathbb{R}^3 \to \mathbb{R}^4$ eine lineare Abbildung und gelte

$$f(\boldsymbol{e}_1) = [1,\ 3,\ 4,\ 2]^T, \quad f(\boldsymbol{e}_2) = [2,\ 0,\ 5,\ 1]^T, \quad f(\boldsymbol{e}_3) = [0,\ 3,\ 2,\ 4]^T.$$

Dann ist $f(\boldsymbol{x}) = \boldsymbol{A}\boldsymbol{x}$ mit

$$\boldsymbol{A} = \begin{bmatrix} 1 & 2 & 0 \\ 3 & 0 & 3 \\ 4 & 5 & 2 \\ 2 & 1 & 4 \end{bmatrix}.$$

Lineare Funktionen von $\mathbb{R}$ nach $\mathbb{R}$ haben die Form $f(x) = ax$. Diese haben – sofern $a \neq 0$ ist – immer eine Umkehrfunktion, nämlich $f^{-1}(x) = \frac{1}{a}x$. Unter welchen Bedingungen besitzt nun eine lineare Funktion $f_{\boldsymbol{A}} : \mathbb{R}^n \to \mathbb{R}^m$, $\boldsymbol{x} \mapsto \boldsymbol{A}\boldsymbol{x}$, eine Umkehrfunktion und wie sieht diese aus? Wenn $m = n$ und $\boldsymbol{A}$ invertierbar ist, dann ist die lineare Funktion $f_{\boldsymbol{A}^{-1}}$ offenbar die Umkehrfunktion von $f_{\boldsymbol{A}}$, denn es gilt

$$f_{\boldsymbol{A}^{-1}}\big(f_{\boldsymbol{A}}(\boldsymbol{x})\big) = \boldsymbol{A}^{-1}\boldsymbol{A}\boldsymbol{x} = \boldsymbol{I}_n\boldsymbol{x} = \boldsymbol{x},$$

$$f_{\boldsymbol{A}}\big(f_{\boldsymbol{A}^{-1}}(\boldsymbol{x})\big) = \boldsymbol{A}\boldsymbol{A}^{-1}\boldsymbol{x} = \boldsymbol{I}_n\boldsymbol{x} = \boldsymbol{x}\,.$$

Dass die lineare Abbildung auch nur in diesem Fall eine Umkehrfunktion besitzt, ist die Aussage des folgenden Satzes.

Satz 2.6: Umkehrfunktion einer linearen Funktion

Ist $f_{\boldsymbol{A}} : \mathbb{R}^n \to \mathbb{R}^m$, $\boldsymbol{x} \mapsto \boldsymbol{A}\boldsymbol{x}$, eine lineare Funktion, so besitzt $f_{\boldsymbol{A}}$ genau dann eine Umkehrfunktion, wenn $m = n$ und $\boldsymbol{A}$ invertierbar ist. In diesem Fall ist die Umkehrfunktion gegeben durch

$$f_{\boldsymbol{A}^{-1}} : \mathbb{R}^n \to \mathbb{R}^n\,, \quad \boldsymbol{x} \mapsto \boldsymbol{A}^{-1}\boldsymbol{x}\,.$$

Eine weitere wichtige Klasse von Abbildungen sind die sogenannten **affin-linearen** Abbildungen $\mathbb{R}^n \to \mathbb{R}^m$. Diese haben die Form

$$\boldsymbol{x} \mapsto \boldsymbol{A}\boldsymbol{x} + \boldsymbol{b}$$

mit geeigneter Wahl einer $m \times n$-Matrix $\boldsymbol{A}$ und eines Spaltenvektors $\boldsymbol{b} \in \mathbb{R}^m$. Geometrisch stellt die Addition des Vektors $\boldsymbol{b}$ eine Verschiebung dar.

2.6 Geometrie des $\mathbb{R}^n$

Den $\mathbb{R}^2$ kann man sich anschaulich als eine zweidimensionale Zeichenebene vorstellen, den $\mathbb{R}^3$ als den uns umgebenden dreidimensionalen Raum. Für die Ebene und den dreidimensionalen Raum wissen wir, was unter Begriffen wie „Länge“, „Abstand“, „Winkel“ oder auch „senkrecht“ zu verstehen ist. Der $\mathbb{R}^n$ ist die natürliche Verallgemeinerung des $\mathbb{R}^2$ und des $\mathbb{R}^3$, doch fehlt ihm im Gegensatz zu diesen beiden die direkte Anschaulichkeit. Einige geometrische Eigenschaften des $\mathbb{R}^2$ und des $\mathbb{R}^3$ lassen sich allerdings auf den allgemeinen $\mathbb{R}^n$ übertragen.

In diesem Abschnitt definieren wir diese Begriffe allgemein für den Euklidischen Raum $\mathbb{R}^n$. Zunächst definieren wir das **innere Produkt** zweier Vektoren. Es ist, wie wir zeigen werden, grundlegend für die Verallgemeinerung der eingangs genannten geometrischen Begriffe.

Definition 2.9: Inneres Produkt

Für $\boldsymbol{x}, \boldsymbol{y} \in \mathbb{R}^n$ heißt $\boldsymbol{x}^T\boldsymbol{y}$ **inneres Produkt**. Es ist

$$\boldsymbol{x}^T\boldsymbol{y} = \boldsymbol{y}^T\boldsymbol{x} = x_1y_1 + x_2y_2 + \ldots + x_ny_n = \sum_{i=1}^{n} x_iy_i \in \mathbb{R}\,.$$

Das innere Produkt von $\boldsymbol{x}$ und $\boldsymbol{y}$ ist gleich dem Matrizenprodukt des Zeilenvektors $\boldsymbol{x}^T$ mit dem Spaltenvektor $\boldsymbol{y}$.

Beispiel 2.16. Sei

$$\boldsymbol{a} = \begin{bmatrix} 1 \\ 2 \\ 3 \end{bmatrix}, \quad \boldsymbol{b} = \begin{bmatrix} -2 \\ 0 \\ 2 \end{bmatrix} \quad \boldsymbol{c} = \begin{bmatrix} \frac{1}{\sqrt{2}} \\ 0 \\ \frac{1}{\sqrt{2}} \end{bmatrix}.$$

Dann ist $\boldsymbol{a}^T\boldsymbol{b} = 1 \cdot (-2) + 2 \cdot 0 + 3 \cdot 2 = 4$ und $\boldsymbol{b}^T\boldsymbol{c} = 0$.

Beispiel 2.17 (Fortsetzung: Beispiel 2.8). Die vier Produkte des Unternehmens A haben pro Stück einen Wert von 500, 700, 200 bzw. 100 €. Der Gesamtwert der durch das Unwetter zerstörten Produkte beträgt

$$\begin{aligned} [80,\ 1600,\ 240,\ 0] \begin{bmatrix} 500 \\ 700 \\ 200 \\ 100 \end{bmatrix} &= 80 \cdot 500 + 1600 \cdot 700 + 240 \cdot 200 + 0 \cdot 100 \\ &= 1\,208\,000 \text{ €}. \end{aligned}$$

Der Lagerbestand hat nach dem Unwetter nur noch einen Wert von

$$[460,\ 600,\ 60,\ 700][500,\ 700,\ 200,\ 100]^T = 732000 \text{ €}.$$

Ist $\boldsymbol{x} = (x_1, x_2)$ ein Punkt im $\mathbb{R}^2$, so kann man den Abstand von $\boldsymbol{x}$ zum Ursprung $\mathbf{0}$ mit dem Satz von Pythagoras[3] berechnen; er beträgt $\sqrt{x_1^2 + x_2^2}$. Analog gilt für einen Punkt $\boldsymbol{x} \in \mathbb{R}^3$, dass der Abstand des Punktes von $\mathbf{0}$ durch $\sqrt{x_1^2 + x_2^2 + x_3^2}$ gegeben ist. Den Abstand eines Punktes oder Vektors $\boldsymbol{x}$ vom Nullpunkt nennt man auch **Norm** von $\boldsymbol{x}$. Auch wenn wir für den $\mathbb{R}^4$ und höhere Dimensionen keine anschauliche Vorstellung mehr besitzen, so lässt sich doch der Begriff der Norm durch eine entsprechende Formel verallgemeinern.

Definition 2.10: Norm

Für $\boldsymbol{x} \in \mathbb{R}^n$ heißt

$$\|\boldsymbol{x}\| := \sqrt{\sum_{i=1}^{n} x_i^2} = \sqrt{x_1^2 + x_2^2 + \ldots + x_n^2} = \sqrt{\boldsymbol{x}^T\boldsymbol{x}}$$

(Euklidische) Norm von $\boldsymbol{x}$.

[3] Pythagoras von Samos (ca. 570 v. Chr. - ca. 500 v. Chr.)

Im Fall $n = 1$, also wenn x eine reelle Zahl ist, gilt $\|x\| = \sqrt{x^2} = |x|$. Die Norm ist in diesem Fall gleich dem Betrag. Man kann die Norm also auch als Verallgemeinerung des Betrages ansehen. Betrachtet man im $\mathbb{R}^2$ oder $\mathbb{R}^3$ einen Vektor als Pfeil, der vom Ursprung $\mathbf{0}$ zum Punkt $\boldsymbol{x}$ führt, so entspricht $\|\boldsymbol{x}\|$ der Länge des Pfeiles.

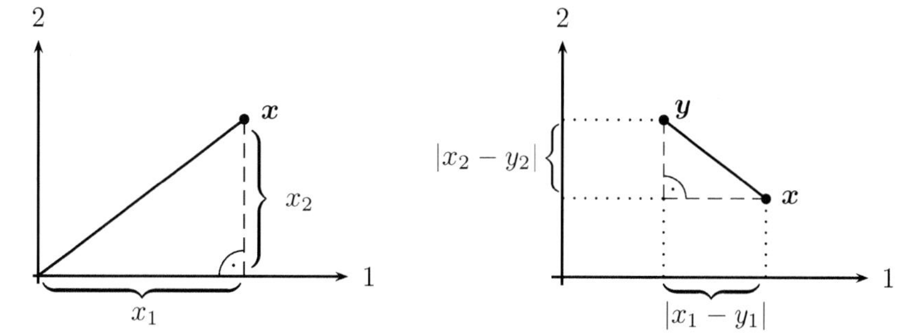

Abbildung 2.3: Norm und Distanz von Vektoren im $\mathbb{R}^2$.

Satz 2.7: Eigenschaften der Norm

Für alle $\boldsymbol{x}, \boldsymbol{y} \in \mathbb{R}^n$ gilt

(i) $\|\boldsymbol{x}\| \geq 0$,

(ii) $\|\boldsymbol{x}\| = 0$ genau dann, wenn $\boldsymbol{x} = \mathbf{0}$,

(iii) $\|\lambda\boldsymbol{x}\| = |\lambda|\|\boldsymbol{x}\|$ für jede reelle Zahl λ,

(iv) $\|\boldsymbol{x} + \boldsymbol{y}\| \leq \|\boldsymbol{x}\| + \|\boldsymbol{y}\|$.

Eigenschaft (iv) bezeichnet man als **Dreiecksungleichung**. Geometrisch bedeutet sie, dass in einem Dreieck eine Seite höchstens so lang ist, wie die Summe der beiden anderen Seiten, vgl. die folgende Abbildung.

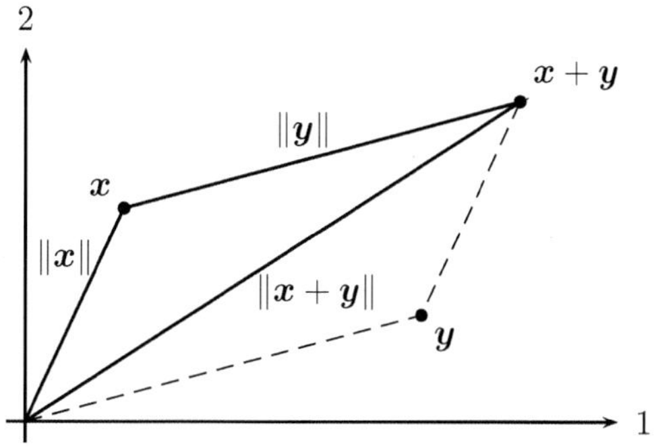

Mit dem Begriff der Norm haben wir festgelegt, was wir im $\mathbb{R}^n$ unter dem

Abstand eines Punktes vom Ursprung verstehen wollen. Wie soll man aber nun den Abstand zwischen zwei Punkten $\boldsymbol{x}, \boldsymbol{y} \in \mathbb{R}^n$ definieren? Die Abbildung 2.3 zeigt, dass im $\mathbb{R}^2$ der Abstand zwischen zwei Punkten $\boldsymbol{x}$ und $\boldsymbol{y}$ durch $\sqrt{(x_1 - y_1)^2 + (x_2 - y_2)^2} = \|\boldsymbol{x} - \boldsymbol{y}\|$ gegeben ist. Entsprechendes gilt für den Abstand zweier Punkte im $\mathbb{R}^3$.

Allgemein definiert man deshalb den Abstand zweier Punkte $\boldsymbol{x}, \boldsymbol{y} \in \mathbb{R}^n$ als die Norm ihrer Differenz,

$$\|\boldsymbol{x} - \boldsymbol{y}\| = \sqrt{(x_1 - y_1)^2 + (x_2 - y_2)^2 + \ldots + (x_n - y_n)^2}\,.$$

Man bezeichnet $\|\boldsymbol{x} - \boldsymbol{y}\|$ als **Euklidische Distanz** oder **Euklidischen Abstand**. Offenbar ist dieser Abstand symmetrisch; es gilt $\|\boldsymbol{x} - \boldsymbol{y}\| = \|\boldsymbol{y} - \boldsymbol{x}\|$. Für $n = 1, 2, 3$ stimmt der Begriff der Euklidischen Distanz mit unserer gewöhnlichen Anschauung überein.

Wir kommen nun zum Begriff des **Winkels** zwischen zwei Vektoren. Grundlegend hierfür ist der folgende Satz.

Satz 2.8: Cauchy-Schwarzsche Ungleichung[4]

Für $x, y \in \mathbb{R}^n$ gilt

$$|\boldsymbol{x}^T \boldsymbol{y}| \le \|\boldsymbol{x}\| \cdot \|\boldsymbol{y}\|\,.$$

Aus der Cauchy-Schwarzschen Ungleichung folgt, dass für Vektoren $\boldsymbol{x}, \boldsymbol{y} \neq \boldsymbol{0}$ stets

$$-1 \le \frac{\boldsymbol{x}^T \boldsymbol{y}}{\|\boldsymbol{x}\| \cdot \|\boldsymbol{y}\|} \le 1$$

gilt. Man verwendet diesen Quotienten, um den **Öffnungswinkel** $\alpha(\boldsymbol{x}, \boldsymbol{y})$ zweier Vektoren $\boldsymbol{x}, \boldsymbol{y} \neq \boldsymbol{0}$ zu definieren:

$$\boxed{\cos\alpha(\boldsymbol{x}, \boldsymbol{y}) = \frac{\boldsymbol{x}^T \boldsymbol{y}}{\|\boldsymbol{x}\| \cdot \|\boldsymbol{y}\|}\,.}$$

Diese Definition entspricht im $\mathbb{R}^2$ der klassischen Definition des Kosinus (Ankathete durch Hypotenuse) am rechtwinkligen Dreieck. In der folgenden Abbildung hat die Hypotenuse die Länge $\|\boldsymbol{y}\|$, die Ankathete die Länge $\boldsymbol{x}^T \boldsymbol{y} / \|\boldsymbol{x}\|$.

[4] Augustin Louis Baron Cauchy (1789-1857) und Hermann Amandus Schwarz (1843-1921)

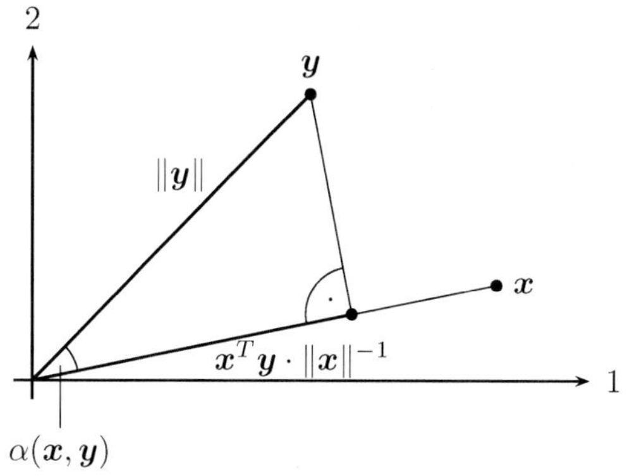

Abbildung 2.4: $\cos(\alpha(\boldsymbol{x}, \boldsymbol{y})) = \frac{\text{Ankathete}}{\text{Hypotenuse}} = \frac{\boldsymbol{x}^T\boldsymbol{y} \cdot \|\boldsymbol{x}\|^{-1}}{\|\boldsymbol{y}\|}$

Die Definition der Länge eines Vektors sowie des Öffnungswinkels zweier Vektoren ermöglicht es, das Skalarprodukt zweier Vektoren geometrisch zu interpretieren. Es gilt

$$\boxed{\boldsymbol{x}^T\boldsymbol{y} = \|\boldsymbol{x}\| \cdot \|\boldsymbol{y}\| \cdot \cos\alpha(\boldsymbol{x}, \boldsymbol{y})\,.}$$

Das Skalarprodukt ist also das Produkt der Längen (Normen) der Vektoren mit dem Kosinus des Öffnungswinkels.

Wenn der von zwei Vektoren $\boldsymbol{x}$ und $\boldsymbol{y}$ gebildete Öffnungswinkel 90° beträgt, sagt man, dass die Vektoren zueinander orthogonal sind, d.h. senkrecht aufeinander stehen. Das innere Produkt $\boldsymbol{x}^T\boldsymbol{y}$ und damit der Kosinus sind in diesem Fall null. Man nutzt diesen Umstand zur formalen Definition des Begriffes „orthogonal“.

Definition 2.11: Orthogonale Vektoren

Ist $\boldsymbol{x}^T\boldsymbol{y} = 0$, so heißen $\boldsymbol{x}$ und $\boldsymbol{y}$ **orthogonal** oder auch **senkrecht** zueinander, kurz: $\boldsymbol{x}\perp\boldsymbol{y}$.

Beispiel 2.18. In Beispiel 2.16 ist $\boldsymbol{b}\perp\boldsymbol{c}$.

Sei $\boldsymbol{d} = [2, 1]^T$ und $\boldsymbol{e} = [2, -4]^T$, dann ist $\boldsymbol{d}\perp\boldsymbol{e}$. Die folgende Abbildung zeigt $\boldsymbol{d}$ und $\boldsymbol{e}$ sowie die beiden Mengen $G = \{\boldsymbol{x} \in \mathbb{R}^2 : \boldsymbol{d}^T\boldsymbol{x} \geq 0\}$ (hellgrau) und $H = \{\boldsymbol{x} \in \mathbb{R}^2 : \boldsymbol{d}^T\boldsymbol{x} \leq 0\}$ (dunkelgrau). Die Menge $U = \{\boldsymbol{x} \in \mathbb{R}^2 : \boldsymbol{x} = \lambda\boldsymbol{e}, \lambda \in \mathbb{R}\}$ ist die Gerade (gestrichelt), auf der alle Vektoren, die orthogonal zu $\boldsymbol{d}$ sind, liegen.

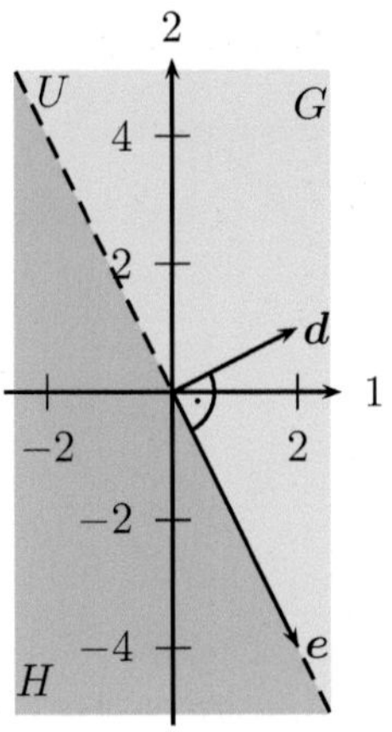

Die folgende Tabelle fasst die in diesem Abschnitt entwickelten geometrischen Begriffe sowie ihre Formalisierung im $\mathbb{R}^n$ zusammen.

Geometrischer Begriff	Formalisierung
Länge eines Vektors $\boldsymbol{x}$	$\lVert\boldsymbol{x}\rVert$,
Abstand zwischen $\boldsymbol{x}$ und $\mathbf{0}$	$\lVert\boldsymbol{x}\rVert$,
Abstand zwischen $\boldsymbol{x}$ und $\boldsymbol{y}$	$\lVert\boldsymbol{x}-\boldsymbol{y}\rVert$,
Winkel zwischen $\boldsymbol{x}$ und $\boldsymbol{y}$	$\cos\alpha(\boldsymbol{x},\boldsymbol{y}) = \frac{\boldsymbol{x}^T\boldsymbol{y}}{\lVert\boldsymbol{x}\rVert\,\lVert\boldsymbol{y}\rVert}$,
$\boldsymbol{x}$ und $\boldsymbol{y}$ sind orthogonal	$\boldsymbol{x}^T\boldsymbol{y} = 0$.

2.7 Weitere Eigenschaften von Mengen im $\mathbb{R}^n$

Die Menge aller Punkte, deren Norm höchstens 1 beträgt, bildet die **abgeschlossene Einheitskugel** des $\mathbb{R}^n$, das ist die „Kugel“ mit „Radius“ 1 um den Nullpunkt des $\mathbb{R}^n$,

$$K(\mathbf{0},1) = \{\boldsymbol{x} = (x_1, x_2, \ldots, x_n) \in \mathbb{R}^n \, : \, \lVert\boldsymbol{x}\rVert \leq 1\}\,.$$

Offenbar ist dies für $n = 2$ die abgeschlossene Kreisscheibe mit Radius 1,

$$\left\{(x_1, x_2) \in \mathbb{R} \, : \, \sqrt{x_1^2 + x_2^2} \leq 1\right\}.$$

Für $n = 3$ ist es die gewöhnliche Kugel mit Radius 1, und für $n = 1$ ist es das Intervall $[-1, 1]$.

Allgemein betrachtet man die **Kugel** $K(\boldsymbol{a}, \varepsilon)$ mit Mittelpunkt $\boldsymbol{a} \in \mathbb{R}^n$ und Radius $\varepsilon > 0$,

$$K(\boldsymbol{a}, \varepsilon) = \{\boldsymbol{x} = (x_1, x_2, \ldots, x_n) \in \mathbb{R}^n \, : \, ||\boldsymbol{x} - \boldsymbol{a}|| \le \varepsilon\} \, ,$$

das ist die Menge aller Punkte im $\mathbb{R}^n$, die vom Punkt $\boldsymbol{a}$ höchstens den Abstand ε besitzen.

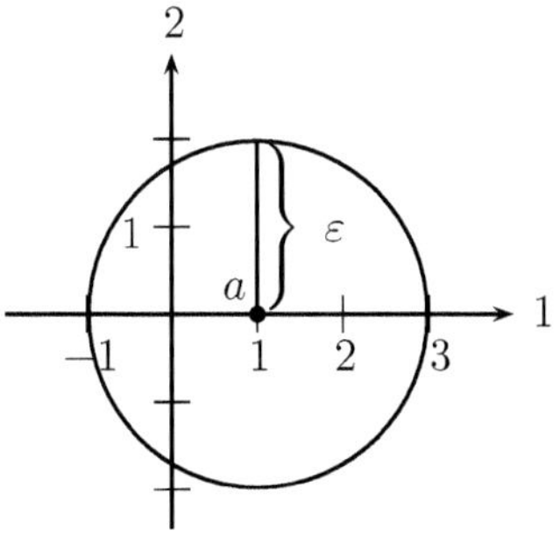

Abbildung 2.5: Kugel $K(\boldsymbol{a}, \varepsilon)$ im $\mathbb{R}^2$ (= Kreisscheibe) mit $\boldsymbol{a} = (0, 1), \varepsilon = 2$.

Eine Menge $A \subset \mathbb{R}^n$ heißt **beschränkt**, wenn sie in eine hinreichend große Kugel um $\mathbf{0}$ passt, d.h. wenn es eine Zahl M gibt, sodass

$$A \subset K(\mathbf{0}, M) \, .$$

Beispielsweise ist jede Kugel $K(\boldsymbol{a}, \varepsilon)$ mit gegebenem Mittelpunkt $\boldsymbol{a} \in \mathbb{R}^n$ und Radius ε beschränkt. Für jedes $\boldsymbol{x} \in K(\boldsymbol{a}, \varepsilon)$ gilt nämlich $||\boldsymbol{x} - \boldsymbol{a}|| \le \varepsilon$, also

$$||\boldsymbol{x}|| = ||\boldsymbol{x} - \boldsymbol{a} + \boldsymbol{a}|| \le ||\boldsymbol{x} - \boldsymbol{a}|| + ||\boldsymbol{a}|| \le \varepsilon + ||\boldsymbol{a}|| \, .$$

Demnach liegt $K(\boldsymbol{a}, \varepsilon)$ in der Kugel um $\mathbf{0}$ mit Radius $M = \varepsilon + ||\boldsymbol{a}||$.

Auch jedes endliche n-dimensionale Intervall $[\boldsymbol{a}, \boldsymbol{b}]$ mit $\boldsymbol{a}, \boldsymbol{b} \in \mathbb{R}^n$ ist eine beschränkte Menge.

Als Nächstes betrachten wir die Randpunkte einer Menge $A \subset \mathbb{R}^n$. Ein Punkt $\boldsymbol{z}$ heißt **Randpunkt** von A, wenn jede noch so kleine Kugel um $\boldsymbol{z}$ sowohl Punkte von A als auch Punkte des Komplements von A enthält. Die Menge aller Randpunkte wird als **Rand** $\mathrm{rd}(A)$ bezeichnet.

Beispielsweise hat die Einheitskugel $K(\mathbf{0}, \mathbf{1})$ im $\mathbb{R}^2$ den Rand

$$\{(x_1, x_2) \, : \, x_1^2 + x_2^2 = 1\} \, ,$$

das ist die Kreislinie um $\mathbf{0}$ mit Radius 1. Für $a, b \in \mathbb{R}$ besitzt das gewöhnliche abgeschlossene Intervall $[a, b] \subset \mathbb{R}$ die Randpunkte a und b. Ebenso haben

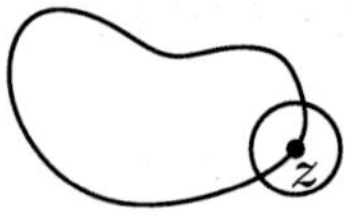

Abbildung 2.6: Randpunkt einer Menge.

das offene Intervall $]a, b[$ und die halboffenen Intervalle $[a, b[$ und $]a, b]$ die Randpunkte a und b. Offenbar können Randpunkte zur Menge dazugehören oder auch nicht.

Eine Menge $A \subset \mathbb{R}^n$ heißt **abgeschlossen**, wenn alle Randpunkte von A auch Elemente von A sind. Die Menge heißt **offen**, wenn keiner der Randpunkte Element von A ist. $A \setminus \mathrm{rd}(A)$ wird als **Inneres** von A bezeichnet, $A \cup \mathrm{rd}(A)$ als **abgeschlossene Hülle** von A. Eine Menge $A \subset \mathbb{R}^n$, die abgeschlossen und beschränkt ist, nennt man **kompakt**.

So ist zum Beispiel das gewöhnliche abgeschlossene Intervall $[a, b] \subset \mathbb{R}$ eine abgeschlossene Menge, das entsprechende offene Intervall $]a, b[$ eine offene Menge. Die halboffenen Intervalle $[a, b[$ und $]a, b]$ sind weder abgeschlossene noch offene Mengen. Die Einheitskugel $K(\mathbf{0}, \mathbf{1})$ im $\mathbb{R}^2$ ist eine abgeschlossene Menge. Allgemeiner ist jede Kugel $K(\boldsymbol{a}, \varepsilon)$ im $\mathbb{R}^n$ abgeschlossen. Der nichtnegative Orthant $\mathbb{R}^n_+$ ist abgeschlossen.

Eine Menge $A \subset \mathbb{R}^n$ nennt man **konvex**, wenn zu je zwei Punkten in A auch deren Verbindungsstrecke ganz in A liegt, d.h. wenn für alle $\boldsymbol{x}, \boldsymbol{y} \in A$ und alle $\lambda \in [0, 1]$ gilt

$$\lambda \boldsymbol{x} + (1 - \lambda)\boldsymbol{y} \in A\,.$$

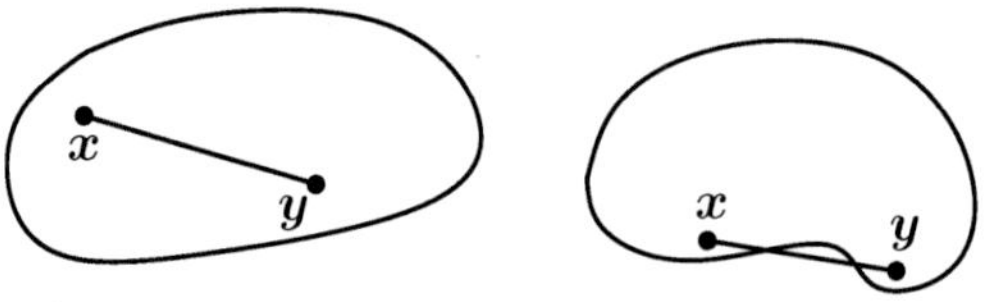

Abbildung 2.7: Eine konvexe und eine nichtkonvexe Menge.

Beispiele für konvexe Mengen sind die Intervalle in $\mathbb{R}$, aber auch alle n-dimensionalen Intervalle $[\boldsymbol{a}, \boldsymbol{b}]$. Weiter ist jede Kugel $K(\boldsymbol{a}, \varepsilon)$ im $\mathbb{R}^n$ konvex. Auch der $\mathbb{R}^n_+$ und der $\mathbb{R}^n$ sind konvex.

2.8 Orthogonale Matrizen und Abbildungen

Eine wichtige Klasse von Matrizen sind die sogenannten orthogonalen Matrizen.

Definition 2.12: Orthogonale Matrix

Eine $n \times n$-Matrix $\boldsymbol{Q}$ heißt **orthogonal**, wenn alle Spalten von $\boldsymbol{Q}$ die Norm eins haben und je zwei verschiedene Spalten orthogonal sind.

Bezeichnet $\boldsymbol{q}_i$ die i-te Spalte von $\boldsymbol{Q}$, so gilt

$$\boldsymbol{Q} \text{ orthogonal} \quad \Longleftrightarrow \quad \boldsymbol{q}_i^T \boldsymbol{q}_j = \begin{cases} 1, & \text{falls } i = j, \\ 0, & \text{falls } i \neq j. \end{cases}$$

Orthogonale Matrizen haben einige sehr schöne Eigenschaften. Betrachten wir zunächst das Produkt $\boldsymbol{Q}^T\boldsymbol{Q}$. Da sich das Element an der Position (i, j) des Produktes als inneres Produkt der i-ten Zeile von $\boldsymbol{Q}^T$ und der j-ten Spalte von $\boldsymbol{Q}$ ergibt, ist dies offensichtlich gleich $\boldsymbol{q}_i^T\boldsymbol{q}_j$. (Die Spalten von $\boldsymbol{Q}$ sind die Zeilen von $\boldsymbol{Q}^T$!) Aus der Definition folgt dann, dass $\boldsymbol{Q}^T\boldsymbol{Q}$ auf der Hauptdiagonalen Einsen und an allen anderen Positionen Nullen enthält. Mit anderen Worten: $\boldsymbol{Q}^T\boldsymbol{Q}$ ist die Einheitsmatrix. Das bedeutet, dass $\boldsymbol{Q}^T$ die Inverse von $\boldsymbol{Q}$ ist. Dann ist aber auch $\boldsymbol{Q}\boldsymbol{Q}^T$ die Einheitsmatrix. Hieraus folgt, dass auch $\boldsymbol{Q}^T$ eine orthogonale Matrix ist. Also sind auch die Spalten von $\boldsymbol{Q}^T$ orthogonal zueinander und haben die Norm Eins. Da die Spalten von $\boldsymbol{Q}^T$ die Zeilen von $\boldsymbol{Q}$ sind, gilt dasselbe auch für die Zeilen von $\boldsymbol{Q}$. Wir fassen diese Überlegungen in einem Satz zusammen:

Satz 2.9: Eigenschaften orthogonaler Matrizen

Sei $\boldsymbol{Q}$ eine $n \times n$-Matrix. Dann sind die folgenden Aussagen äquivalent:

(i) $\boldsymbol{Q}$ ist orthogonal,

(ii) $\boldsymbol{Q}^T$ ist orthogonal,

(iii) $\boldsymbol{Q}^T\boldsymbol{Q} = \boldsymbol{I}_n$,

(iv) $\boldsymbol{Q}\boldsymbol{Q}^T = \boldsymbol{I}_n$,

(v) $\boldsymbol{Q}$ ist invertierbar und $\boldsymbol{Q}^{-1} = \boldsymbol{Q}^T$,

(vi) die Spalten von $\boldsymbol{Q}$ sind orthogonal und haben die Norm eins,

(vii) die Zeilen von $\boldsymbol{Q}$ sind orthogonal und haben die Norm eins.

Wir haben in Abschnitt 2.5 gesehen, dass die linearen Abbildungen von $\mathbb{R}^n$ nach $\mathbb{R}^n$ gerade die Abbildungen $f_{\boldsymbol{A}} : \boldsymbol{x} \mapsto \boldsymbol{A}\boldsymbol{x}$ sind, wobei $\boldsymbol{A}$ eine $n \times n$-

Matrix ist. Lineare Abbildungen der Form $f_{\boldsymbol{Q}} : \boldsymbol{x} \mapsto \boldsymbol{Qx}$, wobei $\boldsymbol{Q}$ eine **orthogonale** Matrix ist, heißen **orthogonale Abbildungen**. Die Bedeutung der orthogonalen Abbildungen liegt in der Tatsache begründet, dass sie **längen-** und **winkeltreu** sind.

Satz 2.10: Längen- und Winkeltreue orthogonaler Abbildungen

Sei $\boldsymbol{Q}$ eine orthogonale Matrix. Dann ist die Abbildung $f_{\boldsymbol{Q}}$

(i) **längentreu**, d.h. für beliebige Vektoren $\boldsymbol{x}, \boldsymbol{y}$ gilt

$$\|\boldsymbol{Qx} - \boldsymbol{Qy}\| = \|\boldsymbol{x} - \boldsymbol{y}\|,$$

(ii) **winkeltreu**, d.h. für beliebige Vektoren $\boldsymbol{x}, \boldsymbol{y} \neq \boldsymbol{0}$ gilt

$$\alpha(\boldsymbol{Qx}, \boldsymbol{Qy}) = \alpha(\boldsymbol{x}, \boldsymbol{y}).$$

Beweis: Eigenschaft (i) ergibt sich aus

$$\begin{aligned}\|\boldsymbol{Qx} - \boldsymbol{Qy}\| &= \|\boldsymbol{Q}(\boldsymbol{x} - \boldsymbol{y})\| = \sqrt{[\boldsymbol{Q}(\boldsymbol{x} - \boldsymbol{y})]^T[\boldsymbol{Q}(\boldsymbol{x} - \boldsymbol{y})]} \\ &= \sqrt{(\boldsymbol{x} - \boldsymbol{y})^T \boldsymbol{Q}^T \boldsymbol{Q}(\boldsymbol{x} - \boldsymbol{y})} = \sqrt{(\boldsymbol{x} - \boldsymbol{y})^T(\boldsymbol{x} - \boldsymbol{y})} = \|\boldsymbol{x} - \boldsymbol{y}\|.\end{aligned}$$

Für (ii) überlegt man sich zunächst, dass

$$(\boldsymbol{Qx})^T(\boldsymbol{Qy}) = \boldsymbol{x}^T \boldsymbol{Q}^T \boldsymbol{Qy} = \boldsymbol{x}^T \boldsymbol{y}.$$

Wegen (i) ist aber auch $\|\boldsymbol{Qx}\| = \|\boldsymbol{x}\|$ und $\|\boldsymbol{Qy}\| = \|\boldsymbol{y}\|$. Eigenschaft (ii) folgt dann unmittelbar aus der Formel für den Öffnungswinkel

$$\cos\alpha(\boldsymbol{Qx}, \boldsymbol{Qy}) = \frac{(\boldsymbol{Qx})^T(\boldsymbol{Qy})}{\|\boldsymbol{Qx}\|\,\|\boldsymbol{Qy}\|} = \frac{\boldsymbol{x}^T\boldsymbol{y}}{\|\boldsymbol{x}\|\,\|\boldsymbol{y}\|} = \cos\alpha(\boldsymbol{x}, \boldsymbol{y}). \qquad \square$$

Insbesondere folgt aus der Längentreue, dass $\|\boldsymbol{Qx}\| = \|\boldsymbol{x}\|$ ist.

Orthogonale Abbildungen lassen also die Abstände sowie die Winkel zwischen zwei Punkten unverändert. Die orthogonalen Abbildungen von $\mathbb{R}^2$ nach $\mathbb{R}^2$ sind gerade die **Drehungen** um den Koordinatenursprung sowie die **Spiegelungen** an den Ursprungsgeraden.

Geometrische Interpretation orthogonaler Matrizen

Wie sehen nun die orthogonalen Abbildungen des $\mathbb{R}^2$ aus? Da zu einer orthogonalen Abbildung eine orthogonale Matrix $\boldsymbol{Q}$ gehört, müssen wir uns lediglich überlegen, wie die orthogonalen 2×2-Matrizen aussehen. Da orthogonale Abbildungen längentreu sind, muss das Bild des ersten Einheitsvektors den Abstand eins vom Ursprung haben, also irgendwo auf dem Einheitskreis liegen. Ist α der Winkel zwischen $\boldsymbol{e}_1$ und dem Bild $\boldsymbol{Q}\boldsymbol{e}_1$, so gilt also $\boldsymbol{Q}\boldsymbol{e}_1 = [\cos\alpha, \sin\alpha]^T$.

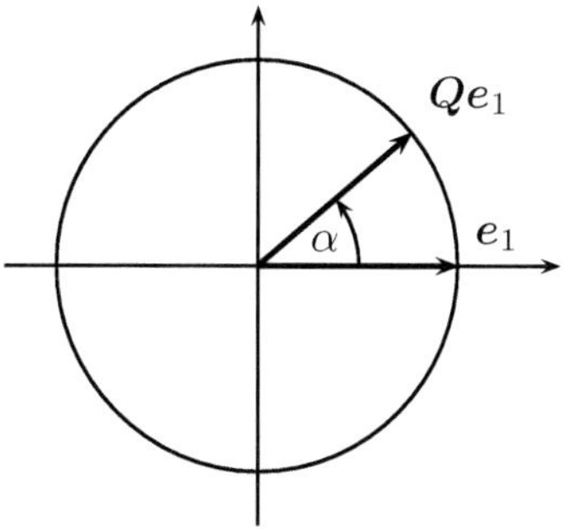

Was ist jetzt aber das Bild des zweiten Einheitsvektors? Da orthogonale Abbildungen winkeltreu sind und die beiden Einheitsvektoren einen rechten Winkel bilden, müssen auch die Bilder der Einheitsvektoren einen rechten Winkel bilden. Da das Bild des zweiten Einheitsvektors wegen der Längentreue ebenfalls auf dem Einheitskreis liegen muss, gibt es nur die folgenden beiden Möglichkeiten:

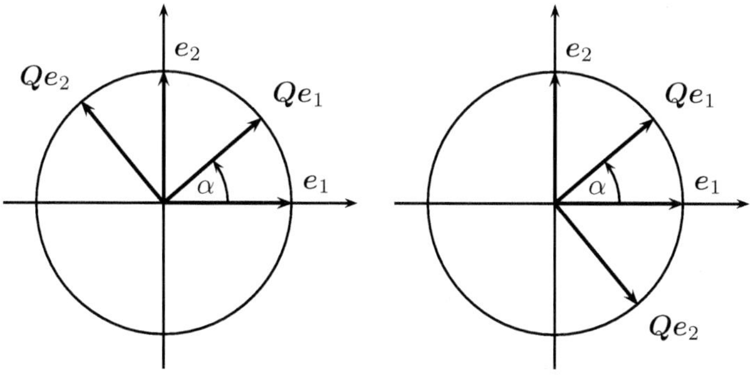

Im ersten Fall ist $\boldsymbol{Q}\boldsymbol{e}_2 = [-\sin\alpha, \cos\alpha]^T$ und im zweiten Fall entsprechend $\boldsymbol{Q}\boldsymbol{e}_2 = [\sin\alpha, -\cos\alpha]^T$. Da in den Spalten der Matrix die Bilder der Einheitsvektoren stehen, muss eine orthogonale 2×2-Matrix $\boldsymbol{Q}$ also eine der folgenden beiden Gestalten haben:

$$\boldsymbol{Q} = \begin{bmatrix} \cos\alpha & -\sin\alpha \\ \sin\alpha & \cos\alpha \end{bmatrix} \quad \text{oder} \quad \boldsymbol{Q} = \begin{bmatrix} \cos\alpha & \sin\alpha \\ \sin\alpha & -\cos\alpha \end{bmatrix}.$$

Geometrisch beschreibt eine Matrix der ersten Gestalt eine Drehung um den Winkel α im Nullpunkt des Koordinatensystems. Eine Matrix der zweiten

Gestalt liefert eine Spiegelung an der Ursprungsgeraden, die mit der x-Achse den Winkel $\alpha/2$ bildet.

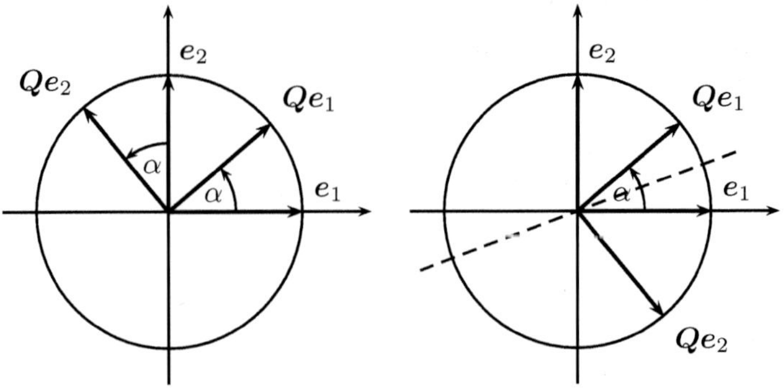

Damit haben wir die orthogonalen 2×2-Matrizen vollständig klassifiziert. Wir fassen die Ergebnisse im folgenden Satz zusammen.

Satz 2.11: Klassifikation der orthogonalen 2×2-Matrizen

Ist $\boldsymbol{Q}$ eine orthogonale 2×2-Matrix, so gibt es einen Winkel $\alpha \in]-\pi, \pi]$, sodass $\boldsymbol{Q}$ eine der folgenden Gestalten hat:

$$\boldsymbol{Q} = \begin{bmatrix} \cos\alpha & -\sin\alpha \\ \sin\alpha & \cos\alpha \end{bmatrix} \quad \text{oder} \quad \boldsymbol{Q} = \begin{bmatrix} \cos\alpha & \sin\alpha \\ \sin\alpha & -\cos\alpha \end{bmatrix}$$

Im ersten Fall beschreibt $\boldsymbol{Q}$ eine **Drehung** um den Winkel α, im zweiten Fall eine **Spiegelung** an der um $\alpha/2$ gedrehten x-Achse.

In höheren Dimensionen ist die geometrische Interpretation orthogonaler Matrizen deutlich komplizierter. Allerdings gilt allgemein, dass jede orthogonale Matrix einer Hintereinanderausführung von Drehungen und Spiegelungen entspricht.

Wichtige Begriffe zur Wiederholung

Nach der Lektüre dieses Kapitels sollten folgende Begriffe geläufig sein:

- Matrix
- Einheitsmatrix, Nullmatrix
- transponierte Matrix
- symmetrische Matrix
- Skalarmultiplikation einer Matrix

- Addition und Multiplikation zweier Matrizen
- Zeilenvektor, Spaltenvektor
- inneres Produkt von Vektoren, orthogonal
- Norm
- inverse Matrix
- lineare Abbildung

Selbsttest

Anhand folgender Ankreuzaufgaben können Sie Ihre Kenntnisse zu diesem Kapitel überprüfen. Beurteilen Sie dazu, ob die Aussagen jeweils wahr (W) oder falsch (F) sind. Kurzlösungen zu diesen Aufgaben finden Sie in Anhang H.

I. Bei der Multiplikation …

	W	F
… zweier Diagonalmatrizen entsteht eine Diagonalmatrix.	☐	☐
… einer Diagonalmatrix mit einer unteren Dreiecksmatrix entsteht eine Diagonalmatrix.	☐	☐
… zweier oberer Dreiecksmatrizen entsteht eine obere Dreiecksmatrix.	☐	☐

II. Gegeben sind die Zahl $\lambda \in \mathbb{R}$ und die Matrizen $\boldsymbol{A}, \boldsymbol{B}$ und $\boldsymbol{C}$ von jeweils geeignetem Format. Sind folgende Aussagen wahr oder falsch?

	W	F
$\boldsymbol{A}(\boldsymbol{B}+\boldsymbol{C}) = \boldsymbol{AB}+\boldsymbol{CA}$	☐	☐
$\boldsymbol{A}(\boldsymbol{B}+\lambda\boldsymbol{C}) = \boldsymbol{AB}+\lambda\boldsymbol{AC}$	☐	☐
$((\boldsymbol{BA})^{-1})^T = (\boldsymbol{B}^{-1})^T(\boldsymbol{A}^T)^{-1}$	☐	☐
$(\boldsymbol{A}+\boldsymbol{B})(\boldsymbol{C}+\boldsymbol{D}) = \boldsymbol{AC}+\boldsymbol{BC}+\boldsymbol{AD}+\boldsymbol{BD}$	☐	☐

III. Gegeben sind die Zahlen $\lambda, \mu \in \mathbb{R}$ und die Vektoren $\boldsymbol{x}, \boldsymbol{y}, \boldsymbol{z} \in \mathbb{R}^3$. Sind folgende Aussagen wahr oder falsch?

	W	F
$\|\|\lambda\boldsymbol{x}+\mu\boldsymbol{y}\|\| \leq \|\lambda\| \cdot \|\|\boldsymbol{x}\|\| + \|\mu\| \cdot \|\|\boldsymbol{y}\|\|$	☐	☐
Aus $\boldsymbol{x}\perp\boldsymbol{y}$ und $\boldsymbol{y}\perp\boldsymbol{z}$ folgt $\boldsymbol{x}\perp\boldsymbol{z}$.	☐	☐

IV. Sind folgende Aussagen wahr oder falsch?

	W	F
Die Vereinigung zweier konvexer Mengen ist wieder konvex.	☐	☒
Die Einheitsmatrix ist die einzige Diagonalmatrix, die orthogonal ist.	☐	☒
Die Matrix $\begin{bmatrix} -1 & 0 \\ 0 & -1 \end{bmatrix}$ ist orthogonal.	☒	☐

Aufgaben

Aufgabe 1
Gegeben seien folgende Vektoren im $\mathbb{R}^4$: $\boldsymbol{x} = [3, 4, 5, 1]^T$, $\boldsymbol{y} = [-1, 4, 3, -2]^T$ und $\boldsymbol{z} = [1, 1, -1, -2]^T$. Berechnen Sie

a) $\boldsymbol{x} + 3\boldsymbol{y} - \boldsymbol{z}$,

b) $\boldsymbol{x}^T \cdot (\lambda \boldsymbol{z}), \quad \lambda \in \mathbb{R}^+ \setminus \{0\}$,

c) die Entfernung zwischen dem Punkt $\mathbf{y}$ und dem Nullpunkt.

Aufgabe 2
Gegeben seien die Vektoren $\boldsymbol{a} = [1, 2, 3, 4, 5]^T$, $\boldsymbol{b} = [0, 1, 0, 1, 0]^T$, $\boldsymbol{c} = [0, -1, -2, 3]^T$ und $\boldsymbol{d} = [0, 2, 4, -1]^T$. Berechnen Sie, falls möglich,

a) $\frac{1}{2}\boldsymbol{a} + \boldsymbol{b}$,

b) $\boldsymbol{a} + \boldsymbol{c}$,

c) $(\boldsymbol{a}^T \cdot \boldsymbol{b})\boldsymbol{c}$,

d) $\boldsymbol{a}(\boldsymbol{b}^T \cdot \boldsymbol{c})$,

e) $\boldsymbol{a}^T \cdot \boldsymbol{b} + \boldsymbol{c}^T \cdot \boldsymbol{d}$.

Aufgabe 3
Gegeben sind die Matrizen und Vektoren

$$\boldsymbol{A} = \begin{bmatrix} 1 & 6 \\ 2 & 5 \\ 3 & 4 \end{bmatrix}, \quad \boldsymbol{B} = \begin{bmatrix} 4 & 1 & 2 \\ 5 & -1 & 3 \end{bmatrix}, \quad \boldsymbol{C} = \begin{bmatrix} 1 & -2 & 3 \\ -2 & 1 & -2 \\ 3 & -2 & 1 \end{bmatrix},$$

$$\boldsymbol{d} = [\ -2, \ 0, \ 1\ ], \quad \boldsymbol{e} = \begin{bmatrix} 5 \\ -1 \\ -3 \end{bmatrix}.$$

Bestimmen Sie falls möglich

a) $\boldsymbol{AB}$, b) $\boldsymbol{BA}$, c) $\boldsymbol{ABC}$, d) $3\boldsymbol{CAB}$, e) $5\boldsymbol{de}$, f) $\boldsymbol{e}^T\boldsymbol{A}$,

g) $\boldsymbol{dC}$, h) $\boldsymbol{eC}$, i) $\boldsymbol{A}+\boldsymbol{B}^T$, j) $\boldsymbol{AB}+\boldsymbol{C}-\boldsymbol{ed}$, k) $\boldsymbol{C}(\boldsymbol{d}^T+\boldsymbol{e})$.

Aufgabe 4

Nehmen Sie an, dass die im Folgenden betrachteten Matrizen alle ein geeignetes Format besitzen. Berechnen Sie

a) $(\boldsymbol{AB})^T(\boldsymbol{B}^{-1}\boldsymbol{A}^{-1})^T$,

b) $(\boldsymbol{A}(\boldsymbol{A}^{-1}+\boldsymbol{B}^{-1})\boldsymbol{B})(\boldsymbol{B}+\boldsymbol{A})^{-1}$,

c) $(\boldsymbol{I}^{-1})^T\boldsymbol{A}-(\boldsymbol{I}^T)^{-1}\boldsymbol{A}+0\cdot\boldsymbol{I}$.

Aufgabe 5

Gegeben sind die Matrizen $\boldsymbol{A}=\begin{bmatrix}1&2\\3&5\end{bmatrix}$ und $\boldsymbol{B}=\begin{bmatrix}1&2\\1&4\end{bmatrix}$. Berechnen Sie

a) $\boldsymbol{A}^{-1}+\boldsymbol{B}^{-1}$,

b) $(\boldsymbol{A}^{-1}\boldsymbol{B})^{-1}$,

c) $((\boldsymbol{A}^{-1}\boldsymbol{B})^T)^{-1}$.

Aufgabe 6

Gegeben sind die Vektoren $\boldsymbol{x}^T=[1,2,3]$, $\boldsymbol{y}^T=[0,-3,2]$, $\boldsymbol{z}^T=[-1,1,1]$.

a) Schätzen Sie $||\boldsymbol{x}||+||\boldsymbol{y}||$ und $||\boldsymbol{x}||\cdot||\boldsymbol{z}||$ nach unten ab, d.h. wie groß sind die Ausdrücke mindestens? Berechnen Sie auch die exakten Werte.

b) Wie stehen die Vektoren $\boldsymbol{x}$ und $\boldsymbol{y}$ im Raum zueinander?

Aufgabe 7

Prüfen Sie, ob die folgenden Matrizen orthogonal sind:

$$\text{a)}\ \begin{bmatrix}\frac{\sqrt{3}}{2}&\frac{1}{2}\\\frac{1}{2}&-\frac{\sqrt{3}}{2}\end{bmatrix},\qquad \text{b)}\ \begin{bmatrix}1&0&0\\0&\frac{3}{5}&-\frac{4}{5}\\0&\frac{4}{5}&\frac{3}{5}\end{bmatrix}.$$

Kapitel 3

Folgen und Reihen

In diesem Kapitel werden zunächst Folgen reeller Zahlen betrachtet und Kriterien für ihre Konvergenz angegeben. Dann untersuchen wir die Konvergenz von Reihen. Mit Hilfe der geometrischen Reihe werden Formeln der Finanzmathematik hergeleitet.

Beispiel 3.1 (Spinnweb-Modell). Das sogenannte Spinnweb-Modell (englisch: cobweb model) beschreibt die wechselseitige Anpassung von Angebot und Nachfrage auf einem Markt für ein Gut. Wir betrachten ein sogenanntes dynamisches Periodenmodell für den Preis und die Menge eines bestimmten Gutes. Der Preis des Gutes in Periode n werde mit p_n bezeichnet. Wir nehmen an, dass das Angebot s_n in Periode n linear vom **Preis der Vorperiode** abhängt, d.h. es sei $s_n = a + bp_{n-1}$ mit gewissen Konstanten a und b; dabei gelte $b > 0$, d.h. ein höherer Preis p_{n-1} führe zu einem größeren Angebot s_n. Die Nachfrage d_n in Periode n hänge linear vom **momentanen Preis** ab, d.h. es sei $d_n = c + dp_n$ mit $d < 0$, sodass ein höherer Preis p_n zu einer geringeren Nachfrage d_n führe. Hier liegt die typische Situation vor, dass der Produzent auf die Nachfrage nur mit einer zeitlichen Verzögerung reagiert. Diese sogenannte **(Time-)Lag** beträgt hier eine Periode. Der Preis werde in jeder Periode so festgesetzt, dass gerade das ganze Angebot verkauft wird, d.h. es sei $d_n = s_n$ in jeder Periode n. Der Preis in der Periode n ergibt sich dann gemäß

$$p_n = \frac{b}{d} p_{n-1} - \frac{c-a}{d} \tag{3.1}$$

aus dem Preis der Vorperiode. Die Entwicklung des Preises und des Angebotes ist in der folgenden Abbildung dargestellt. Mit q_n, $n = 1, 2, \ldots$ ist dort die in Periode n angebotene bzw. nachgefragte Menge bezeichnet. Für q_n erhält man

$$q_n = c + dp_n = c + d\left(\frac{b}{d}p_{n-1} - \frac{c-a}{d}\right) = bp_{n-1} + a$$
$$= \frac{b}{d}(c + dp_{n-1}) + \frac{ad-bc}{d} = \frac{b}{d}q_{n-1} + \frac{ad-bc}{d}.$$

Von der an ein Spinnennetz erinnernden Grafik leitet sich übrigens auch der Name des Modelles ab.

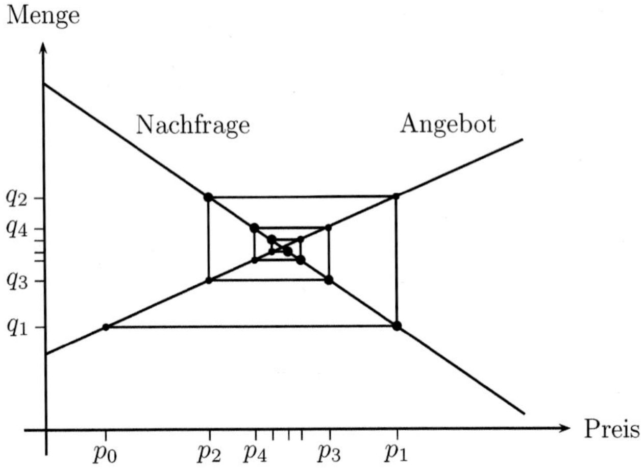

Abbildung 3.1: Das Spinnweb-Modell.

In der Periode $n = 0$ wurde das Gut zu einem Preis p_0 verkauft. Die Anbieter verwenden diesen Preis, um ihre Angebotsmenge q_1 für die Periode $n = 1$ festzulegen. Die Nachfrager sind bereit, die angebotene Menge q_1 zum Preis von jeweils p_1 zu kaufen. Diesen Preis nutzen die Anbieter wieder, um die Produktionsmenge q_2 der nächsten Periode zu planen, usw. Realisiert wird diejenige Preis-Mengen-Kombination, die auch auf der Nachfragekurve liegt.

In der in der Abbildung dargestellten Situation scheint sich die Folge der Preise einem Gleichgewichtspreis anzunähern, der sich aus dem Schnittpunkt der Angebots- und der Nachfragekurve ergibt. Den Gleichgewichtspreis $\overline{p}$, bei dem das Angebot gleich der Nachfrage ist, erhält man aus dem Ansatz $a + b\overline{p} = c + d\overline{p}$ zu

$$\overline{p} = \frac{c-a}{b-d}.$$

Interessant ist in diesem Beispiel die Frage, ob bzw. unter welchen Bedingungen eine solche Annäherung an einen Gleichgewichtspreis stattfindet.

3.1 Zahlenfolgen

Eine Folge reeller Zahlen ist mathematisch gesehen eine Funktion von den natürlichen Zahlen in die reellen Zahlen, d.h. jeder natürlichen Zahl n wird eine reelle Zahl a_n zugeordnet.

Definition 3.1: Folge in $\mathbb{R}$

Eine Funktion

$$\mathbb{N} \to \mathbb{R}, \quad n \mapsto a_n,$$

heißt **Zahlenfolge** oder Folge in $\mathbb{R}$. Als Symbol für die Folge schreibt man $(a_n)_{n\in\mathbb{N}}$ oder auch kurz (a_n). Die Zahl a_n wird als n-tes **Folgenglied** bezeichnet.

Beispiel 3.2 (Folgen in $\mathbb{R}$).

a) $(1, 4, 9, 16, \ldots)$, $a_n = n^2$.

b) $(-1, 1, -1, 1, -1, 1, \ldots)$, $a_n = (-1)^n$.

c) $(1, \frac{1}{4}, \frac{1}{9}, \frac{1}{16}, \ldots)$, $a_n = \frac{1}{n^2}$.

d) $a_1 = b$, $a_n = c\, a_{n-1} + d$ für $n \geq 2$, $(b, c, d \in \mathbb{R})$.

e) $a_1 = 2$, $a_n = 1 - \frac{1}{a_{n-1}}$ für $n \geq 2$.

Betrachtet man die Folge $(1/n)_{n\in\mathbb{N}} = (1, \frac{1}{2}, \frac{1}{3}, \frac{1}{4}, \ldots)$, so bemerkt man, dass die Folgenglieder offenbar gegen den Wert null „streben". Gleiches gilt z.B. auch für die Folge $(2^{-n})_{n\in\mathbb{N}} = (\frac{1}{2}, \frac{1}{4}, \frac{1}{8}, \frac{1}{16}, \ldots)$. Man kann also mit einer gewissen Berechtigung den Wert null als „Grenzwert" dieser Zahlenfolge bezeichnen. Obwohl man eine intuitive Vorstellung davon besitzt, was es bedeutet, dass eine Zahlenfolge gegen einen bestimmten Wert „strebt" oder einen „Grenzwert" besitzt, ist es zunächst nicht offensichtlich, wie man allgemein definieren kann, dass eine Folge einen Grenzwert besitzt.

Entscheidend sind zwei Punkte. Erstens müssen sich die Folgenglieder einem „Grenzwert" beliebig gut annähern, d.h. der Abstand zwischen dem „Grenzwert" und den Folgengliedern muss beliebig klein werden. Zweitens darf es natürlich nicht vorkommen, dass in der Folge immer wieder Glieder auftreten, die einen größeren Abstand vom „Grenzwert" haben. Der Abstand des n-ten Folgenglieds a_n von einem festen Wert a ist gegeben durch den Betrag $|a_n - a|$. Ist a Grenzwert der Folge $(a_n)_{n\in\mathbb{N}}$, so wird man also z.B. verlangen, dass ab einem bestimmten Folgenglied *alle weiteren Folgenglieder* einen kleineren Abstand als $\varepsilon = 0.1$ von a haben. Nun fordert man dies natürlich nicht nur für einen Abstand von $\varepsilon = 0.1$, sondern man verlangt vielmehr, dass, egal wie klein ε gewählt wird, ab einem bestimmten Folgenglied alle weiteren Folgenglieder weniger als ε von a entfernt sind. Formal heißt das:

Definition 3.2: Grenzwert, Konvergenz einer Folge

Eine Folge $(a_n)_{n\in\mathbb{N}}$ reeller Zahlen **konvergiert** gegen eine reelle Zahl a, wenn es für jedes beliebig gewählte $\varepsilon > 0$ eine Nummer $N_\varepsilon \in \mathbb{N}$ gibt, sodass

$$|a_n - a| < \varepsilon \quad \text{für alle } n \geq N_\varepsilon.$$

Die Zahl a heißt **Grenzwert** der Folge. Man schreibt $\lim_{n\to\infty} a_n = a$ oder kurz $\lim a_n = a$. Weitere Schreibweisen sind $a_n \xrightarrow{n\to\infty} a$ oder auch einfach nur $a_n \longrightarrow a$.

Eine Folge $(a_n)_{n\in\mathbb{N}}$ heißt **konvergent**, wenn sie gegen eine reelle Zahl a konvergiert. Eine Folge in $\mathbb{R}$ heißt **divergent**, wenn sie nicht konvergent ist.

Eine Folge mit Grenzwert null nennt man **Nullfolge**.

Ob eine Folge konvergent ist oder nicht, hängt nicht davon ab, welche Werte die ersten Folgenglieder haben, sondern nur davon, wie die späteren Folgenglieder aussehen. Ändert man also bei einer konvergenten Folge mit Grenzwert a beispielsweise die ersten zehn Folgenglieder ab, so ist die entstehende Folge nach wie vor konvergent gegen a. Allgemein kann man bei einer Folge eine endliche Anzahl von Folgengliedern ändern, ohne dass sich das Konvergenzverhalten ändert.

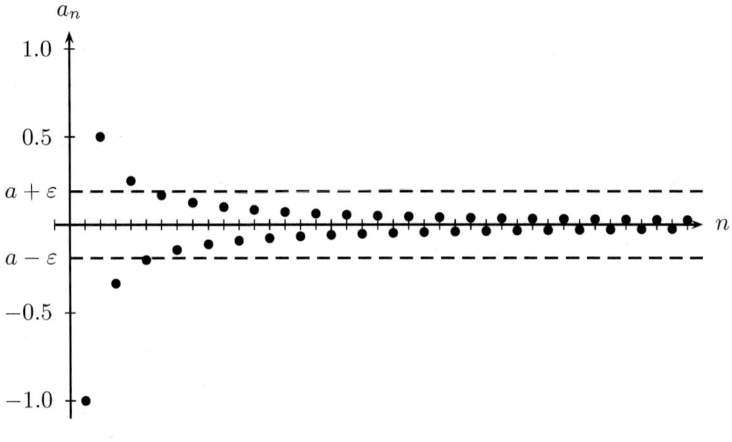

Abbildung 3.2: Veranschaulichung einer konvergenten Folge.

Bei einfachen Folgen lässt sich mit Hilfe dieser Definition nachweisen, dass eine Folge einen bestimmten Grenzwert besitzt. Dazu muss man allerdings den möglichen Grenzwert kennen oder zumindest vermuten. (Bei komplizierteren Folgen ermittelt man den Grenzwert mithilfe von Rechenregeln, die wir weiter unten erläutern.)

Beispiel 3.3. Wir betrachten die Folge $(\frac{1}{n})_{n\in\mathbb{N}} = (1, \frac{1}{2}, \frac{1}{3}, \ldots)$. Die Vermutung liegt nahe, dass der Grenzwert dieser Folge null ist. Somit müssen wir überprüfen, ob wir zu jedem (noch so kleinen) ε eine Nummer N_ε finden können, sodass

$$\left|\frac{1}{n} - 0\right| < \varepsilon \quad \text{für alle } n \geq N_\varepsilon$$

ist. Nun ist aber

$$\left|\frac{1}{n} - 0\right| = \left|\frac{1}{n}\right| = \frac{1}{n}$$

und $\frac{1}{n} < \varepsilon$ genau dann, wenn $n > \frac{1}{\varepsilon}$ ist. Wählt man also N_ε als die kleinste natürliche Zahl, die größer als $\frac{1}{\varepsilon}$ ist, so erfüllt dieses N_ε unsere Forderung.

Beispielsweise ist für $\varepsilon = 0.1$ das gesuchte $N_\varepsilon = 11$. Ab dieser Nummer haben alle weiteren Folgenglieder von null einen kleineren Abstand als 0.1. Für $\varepsilon = 0.000001$ ist das gesuchte $N_\varepsilon = 1000001$. Ab dieser Nummer haben alle Folgenglieder einen Abstand von null, der geringer als 0.000001 ist.

Beispiel 3.4.

a) Die Folge (a_n) mit $a_n = \frac{1}{n^\alpha}$ für ein $\alpha \in \mathbb{Q}$, $\alpha > 0$, ist eine Nullfolge. Man wählt N_ε als kleinstes n mit $\frac{1}{n^\alpha} < \varepsilon$, d.h. $n > \varepsilon^{-\frac{1}{\alpha}}$.

b) Die Folge (a_n) mit $a_n = (-1)^n$ ist keine Nullfolge. Für $\varepsilon = \frac{1}{2}$ gilt nämlich $|a_n| = 1 > \varepsilon$ für alle $n \in \mathbb{N}$.

Betrachtet man die Folge $(n)_{n\in\mathbb{N}} = (1, 2, 3, \ldots)$, so ist klar, dass sie nicht konvergiert. Allerdings zeigt auch diese Folge ein eindeutiges Grenzverhalten. Die Folgenglieder werden immer größer und übersteigen schließlich jede beliebig vorgegebene reelle Zahl. Eine solche Folge nennt man **bestimmt divergent**.

Definition 3.3: Bestimmte Divergenz

Eine Folge $(a_n)_{n\in\mathbb{N}}$ heißt **bestimmt divergent gegen** ∞, wenn es zu jeder reellen Zahl M eine Nummer $N_M \in \mathbb{N}$ gibt, sodass

$$a_n > M \quad \text{für alle } n \geq N_M.$$

Sie heißt **bestimmt divergent gegen** $-\infty$, wenn es zu jeder reellen Zahl M eine Nummer N_M gibt, sodass

$$a_n < M \quad \text{für alle } n \geq N_M.$$

Ist $(a_n)_{n\in\mathbb{N}}$ bestimmt divergent gegen ∞, so schreibt man $\lim_{n\to\infty} a_n = \infty$ oder kurz $\lim a_n = \infty$. Weitere Schreibweisen sind $a_n \xrightarrow{n\to\infty} \infty$ oder auch einfach nur $a_n \longrightarrow \infty$. Entsprechende Schreibweisen verwendet man für gegen $-\infty$ bestimmt divergente Folgen.

Auch wenn für bestimmt divergente Folgen die Schreibweise $\lim_{n\to\infty} a_n = \infty$ verwendet wird, so sind solche Folgen keineswegs konvergent, und ∞ kann auch nicht als Grenzwert der Folge bezeichnet werden.

Wir haben in Kapitel 1 bereits die Begriffe **Beschränktheit** und **Monotonie** für Funktionen kennengelernt. Da Folgen nichts anderes als Funktionen von $\mathbb{N}$ nach $\mathbb{R}$ sind, kann man diese Begriffe unmittelbar auf Folgen übertragen.

Eine Folge $(a_n)_{n\in\mathbb{N}}$ heißt **beschränkt**, wenn es eine reelle Zahl M gibt, sodass $|a_n| \leq M$ für alle $n \in \mathbb{N}$ gilt, d.h. wenn alle Folgenglieder zwischen $-M$ und M liegen.

Eine Folge $(a_n)_{n\in\mathbb{N}}$ heißt **monoton wachsend**, wenn $a_n \leq a_{n+1}$ für alle $n \in \mathbb{N}$ gilt. Im umgekehrten Fall, d.h., wenn $a_n \geq a_{n+1}$ für alle $n \in \mathbb{N}$ gilt, heißt sie **monoton fallend**. Eine Folge heißt **monoton**, wenn sie monoton wachsend oder monoton fallend ist.

Satz 3.1: Konvergenz und Beschränktheit I

Jede konvergente Folge reeller Zahlen ist beschränkt.

Eine beschränkte Folge muss natürlich nicht konvergent sein. Dies wird klar, wenn man z.B. die Folge $((-1)^n)_{n\in\mathbb{N}} = (-1, 1, -1, 1, \ldots)$ betrachtet. Diese Folge springt zwischen den Punkten -1 und $+1$ hin und her. Offensichtlich ist die Folge beschränkt, besitzt aber keinen Grenzwert. Ist jedoch die beschränkte Folge z.B. monoton wachsend, so werden die Folgenglieder immer größer (oder zumindest nicht kleiner). Nach oben ist dann in gewisser Weise nicht genug Platz, sodass sich die Folgenglieder schließlich bei einem Wert $a \leq M$ häufen müssen, siehe Abbildung 3.3.

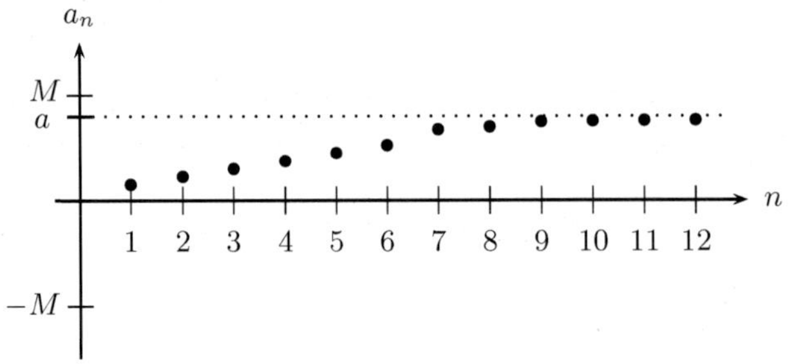

Abbildung 3.3: Eine beschränkte, monoton steigende Folge, die gegen a konvergiert.

Satz 3.2: Konvergenz und Beschränktheit II

Jede beschränkte und monotone Folge reeller Zahlen ist konvergent.

Der vorhergehende Satz sagt lediglich aus, dass eine monotone und beschränkte Folge konvergent ist. Über den Grenzwert einer solchen Folge macht dieser Satz keine Aussage.

Eine in den Anwendungen wichtige Folge ist die sogenannte geometrische Folge:

Beispiel 3.5. Für eine beliebige reelle Zahl q heißt die Folge $(q^n)_{n\in\mathbb{N}}$ **geometrische Folge**. Beispielsweise erhält man für $q = 1/2$ die Folge $(\frac{1}{2}, \frac{1}{4}, \frac{1}{8}, \ldots)$. Das Konvergenzverhalten der geometrischen Folge hängt vom Wert von q ab. Wir unterscheiden vier Fälle:

Fall 1 ($|q| < 1$): In diesem Fall ist die Folge (q^n) konvergent und es gilt $\lim_{n\to\infty} q^n = 0$.

Fall 2 ($q = 1$): Dann ist $q^n = 1$ für alle n. Die Folge ist also konvergent mit Grenzwert eins.

Fall 3 ($q = -1$): Die Folge ist divergent und nimmt abwechselnd die Werte 1 und -1 an, divergiert also.

Fall 4 ($q > 1$): Die Folge ist bestimmt divergent gegen $+\infty$.

Fall 5 ($q < -1$): Die Folge ist divergent; sie ist unbeschränkt mit alternierendem Vorzeichen.

Wie kann man nun den Grenzwert einer Folge bestimmen? Eine einfache Möglichkeit ist das folgende **Einschließungskriterium**. Kennt man nämlich zwei Folgen, die gegen einen gemeinsamen Grenzwert konvergieren, so ist anschaulich klar, dass jede Folge, die zwischen diesen beiden Folgen liegt, ebenfalls gegen diesen Grenzwert konvergieren muss.

Satz 3.3: Einschließungskriterium

Sei $(a_n)_{n\in\mathbb{N}}$ eine Folge in $\mathbb{R}$, und seien $(b_n)_{n\in\mathbb{N}}$ und $(c_n)_{n\in\mathbb{N}}$ zwei weitere Folgen. Gilt $\lim_{n\to\infty} b_n = \lim_{n\to\infty} c_n = a$ und gibt es eine Nummer N_0, sodass

$$b_n \leq a_n \leq c_n \quad \text{für alle } n \geq N_0,$$

so gilt auch $\lim_{n\to\infty} a_n = a$.

Mit diesem Satz kann man leicht für weitere Folgen die Konvergenz nachweisen und den Grenzwert bestimmen.

Beispiel 3.6.

a) Wir betrachten die Folge $(a_n)_{n\in\mathbb{N}}$ mit $a_n = \frac{1}{2^n}$. Um zu zeigen, dass $(a_n)_{n\in\mathbb{N}}$ eine Nullfolge ist, muss man a_n zwischen zwei weitere Nullfolgen einschließen. Nun ist aber

$$0 \leq \frac{1}{2^n} \leq \frac{1}{n} \quad \text{für alle } n \in \mathbb{N}\,.$$

Wählt man also $b_n = 0$ und $c_n = \frac{1}{n}$, so folgt aus dem Einschließungskriterium, dass auch $\lim_{n\to\infty} \frac{1}{2^n} = 0$ ist.

b) Als zweites Beispiel betrachten wir $(a_n)_{n\in\mathbb{N}}$ mit $a_n = \frac{1}{n!}$.[1] Hier ist ebenfalls

$$0 \leq \frac{1}{n!} \leq \frac{1}{n} \quad \text{für alle } n \in \mathbb{N}\,.$$

Nach dem Einschließungskriterium ist also auch $\lim_{n\to\infty} \frac{1}{n!} = 0$.

Satz 3.4: Rechenregeln für Grenzwerte

Seien $(a_n)_{n\in\mathbb{N}}$ und $(b_n)_{n\in\mathbb{N}}$ zwei konvergente Folgen mit $\lim_{n\to\infty} a_n = a$ und $\lim_{n\to\infty} b_n = b$. Dann gilt:

(i) Die Folge $(a_n + b_n)_{n\in\mathbb{N}}$ ist konvergent mit $\lim_{n\to\infty}(a_n + b_n) = a + b$.

(ii) Die Folge $(a_n - b_n)_{n\in\mathbb{N}}$ ist konvergent mit $\lim_{n\to\infty}(a_n - b_n) = a - b$.

(iii) Die Folge $(a_n \cdot b_n)_{n\in\mathbb{N}}$ ist konvergent mit $\lim_{n\to\infty}(a_n \cdot b_n) = a \cdot b$.

(iv) Ist $b \neq 0$, dann gibt es ein $N_0 \in \mathbb{N}$, sodass $b_n \neq 0$ für alle $n \geq N_0$ und die Folge $\left(\frac{a_n}{b_n}\right)_{n\geq N_0}$ gegen $\lim_{n\to\infty}\left(\frac{a_n}{b_n}\right) = \frac{a}{b}$ konvergiert.

Bemerkung: Warum ist Teil (iv) des vorhergehenden Satzes eigentlich so seltsam formuliert? Wir können nicht ausschließen, dass gewisse Folgenglieder b_n gleich null sind. Dann ist der Quotient a_n/b_n nicht definiert. Falls aber der Grenzwert $b \neq 0$ ist, liegen ab einer bestimmten Nummer N_0 alle Folgenglieder b_n so nahe an b, dass für diese Folgenglieder auf jeden Fall $b_n \neq 0$ ist. Für $n \geq N_0$ sind also die Folgenglieder (a_n/b_n) alle definiert. Aus diesem Grund betrachtet man die Quotienten (a_n/b_n) nur für $n \geq N_0$.

Etwas ungenauer, aber kurz und einprägsam schreibt man die vorhergehenden Aussagen als:

$$\lim_{n\to\infty}(a_n + b_n) = \lim_{n\to\infty} a_n + \lim_{n\to\infty} b_n\,,$$
$$\lim_{n\to\infty}(a_n - b_n) = \lim_{n\to\infty} a_n - \lim_{n\to\infty} b_n\,,$$
$$\lim_{n\to\infty}(a_n \cdot b_n) = \lim_{n\to\infty} a_n \cdot \lim_{n\to\infty} b_n\,,$$

[1] Das Symbol $n!$ („n Fakultät“) bezeichnet das Produkt der ersten n natürlichen Zahlen, also $n! = 1 \cdot 2 \cdot \ldots \cdot n$.

$$\lim_{n\to\infty}\left(\frac{a_n}{b_n}\right) = \frac{\lim_{n\to\infty} a_n}{\lim_{n\to\infty} b_n}.$$

Wichtig ist in diesem Zusammenhang, dass die Folgen $(a_n)_{n\in\mathbb{N}}$ und $(b_n)_{n\in\mathbb{N}}$ konvergent sein müssen. Nur dann darf man diesen Satz anwenden. Man hüte sich insbesondere davor, diesen Satz auf zwei bestimmt divergente Folgen anzuwenden und dann mit den Symbolen ∞ oder $-\infty$ wie mit reellen Zahlen zu rechnen. Wenn eine oder beide Folgen divergent sind, kann man daraus jedoch nicht schließen, dass die Folge $(a_n + b_n)_{n\in\mathbb{N}}$ divergent ist; die Folge $(a_n + b_n)_{n\in\mathbb{N}}$ kann divergieren, bestimmt divergieren oder konvergieren.

Den Satz verwendet man wie in den folgenden Beispielen, um Grenzwerte zu bestimmen.

Beispiel 3.7.

a) Zu bestimmen ist der Grenzwert der Folge $(a_n)_{n\in\mathbb{N}}$ mit

$$a_n = \frac{5}{n\cdot 2^n} - (10 + \frac{7}{\sqrt{n}}) = 5\cdot\frac{1}{n}\cdot\frac{1}{2^n} - 10 - 7\cdot\frac{1}{\sqrt{n}}.$$

Wegen

$$\lim_{n\to\infty}\frac{1}{n} = 0, \qquad \lim_{n\to\infty}\frac{1}{2^n} = 0 \quad \text{und} \quad \lim_{n\to\infty}\frac{1}{\sqrt{n}} = 0$$

erhält man

$$\lim_{n\to\infty} a_n = 5\cdot 0\cdot 0 - 10 - 7\cdot 0 = -10.$$

b) Gesucht ist der Grenzwert der Folge $(a_n)_{n\in\mathbb{N}}$ mit

$$a_n = \frac{6n^5 - 3n}{\sqrt{n} + 1 - 2n^5} = \frac{6 - \frac{3}{n^4}}{\frac{1}{n^{9/2}} + \frac{1}{n^5} - 2}$$

Hierbei wurde der Quotient mit n^5 gekürzt. Jetzt befinden sich im Zähler und Nenner lauter konvergente Folgen und man erhält

$$\lim_{n\to\infty} a_n = \frac{6-0}{0+0-2} = -3.$$

Der Fall, dass die Folge $(a_n \cdot b_n)_{n\in\mathbb{N}}$ konvergiert, obwohl eine der Folgen $(a_n)_{n\in\mathbb{N}}$ und $(b_n)_{n\in\mathbb{N}}$ divergent ist, liegt vor, wenn $(a_n)_{n\in\mathbb{N}}$ eine Nullfolge und $(b_n)_{n\in\mathbb{N}}$ beschränkt, aber divergent ist. In diesem Fall ist nämlich auch $(a_n \cdot b_n)_{n\in\mathbb{N}}$ immer eine Nullfolge.

Satz 3.5: Nullfolge mal beschränkte Folge

Seien $(a_n)_{n\in\mathbb{N}}$ und $(b_n)_{n\in\mathbb{N}}$ zwei Folgen. Ist $(a_n)_{n\in\mathbb{N}}$ eine Nullfolge und ist $(b_n)_{n\in\mathbb{N}}$ beschränkt, so ist auch $(a_n \cdot b_n)_{n\in\mathbb{N}}$ eine Nullfolge.

Wenn $(a_n)_{n\in\mathbb{N}}$ eine Nullfolge und $(b_n)_{n\in\mathbb{N}}$ nicht beschränkt ist, kann man über die Konvergenz der Folge $(a_n \cdot b_n)_{n\in\mathbb{N}}$ keine allgemeine Aussage treffen. Ob diese Folge konvergiert oder nicht, hängt grob gesprochen davon ab, ob $(a_n)_{n\in\mathbb{N}}$ „schneller gegen null geht" als $(b_n)_{n\in\mathbb{N}}$ gegen unendlich geht. Man sieht dies leicht anhand eines einfachen Beispiels.

Beispiel 3.8. Für die Folge $(a_n)_{n\in\mathbb{N}}$ wählen wir die Nullfolge $\left(\frac{1}{n^2}\right)_{n\in\mathbb{N}}$. Für die zweite Folge wählen wir zunächst $b_n = n$. Dann ist $a_n \cdot b_n = \frac{1}{n}$ und es ist $\lim_{n\to\infty}(a_n \cdot b_n) = 0$. Wählt man hingegen $b_n = n^3$, so ist $a_n \cdot b_n = n$ und es gilt $\lim_{n\to\infty}(a_n \cdot b_n) = \infty$.

Zum Schluss dieses Abschnittes untersuchen wir noch einmal das Spinnweb-Modell.

Beispiel 3.9. (Fortsetzung: Spinnweb-Modell). Statt des Preises betrachten wir jetzt die Abweichung z_n des Preises vom Gleichgewichtspreis $\overline{p} = \frac{c-a}{b-d}$, d.h. es ist $z_n = p_n - \overline{p}$. Setzt man in Gleichung (3.1) $p_n = z_n + \overline{p}$ und $p_{n-1} = z_{n-1} + \overline{p}$ ein, so erhält man

$$z_n + \overline{p} = \frac{b}{d}(z_{n-1} + \overline{p}) - \frac{c-a}{d}\,.$$

Weiter ergibt sich daraus

$$\begin{aligned} z_n &= \frac{b}{d}z_{n-1} + \frac{b}{d}\overline{p} - \overline{p} - \frac{c-a}{d} = \frac{b}{d}z_{n-1} + \frac{b-d}{d}\overline{p} - \frac{c-a}{d} \\ &= \frac{b}{d}z_{n-1} + \frac{c-a}{d} - \frac{c-a}{d} = \frac{b}{d}z_{n-1}\,. \end{aligned}$$

Damit erhält man dann schließlich

$$z_n = \left(\frac{b}{d}\right) z_{n-1} = \left(\frac{b}{d}\right)^2 z_{n-2} = \ldots = \left(\frac{b}{d}\right)^n z_0\,.$$

Wir unterscheiden hier drei Fälle:

Fall 1 ($|b| < |d|$)**:** In diesem Fall ist $|b/d| < 1$ und nach Beispiel 3.5 gilt $\lim_{n\to\infty} z_n = \lim_{n\to\infty}(b/d)^n z_0 = 0$ und somit $\lim_{n\to\infty} p_n = \lim_{n\to\infty} z_n + \overline{p} = \overline{p}$, d.h. die Folge der Preise konvergiert gegen den Gleichgewichtspreis.

Fall 2 ($|b| = |d|$): Dann ist (wegen der Voraussetzung $b > 0$, $d < 0$) $b/d = -1$ und die Preise weichen abwechselnd um z_0 nach oben und unten vom Gleichgewichtspreis ab, d.h. sie pendeln zwischen $\overline{p} + z_0$ und $\overline{p} - z_0$. Die Folge der Preise ist also divergent.

Fall 3 ($|b| > |d|$): In diesem Fall ist $|b/d| > 1$ und nach Beispiel 3.5 ist die Folge (z_n) divergent.

3.2 Mehrdimensionale Folgen

Wir haben in Definition 3.1 festgelegt, was man unter einer Folge **reeller Zahlen** versteht. Im Spinnweb-Modell ist es aber auch sinnvoll, nicht nur die Entwicklung des Preises alleine zu betrachten, sondern die Entwicklung des Preises und der Menge simultan zu betrachten. Jeder Periode werden also zwei reelle Zahlen (Preis und Menge) zugeordnet. Da ein Paar reeller Zahlen einem Punkt im $\mathbb{R}^2$ entspricht, liegt in diesem Fall eine Folge von Punkten im $\mathbb{R}^2$ vor. Allgemeiner betrachten wir in diesem Abschnitt Folgen von Punkten im $\mathbb{R}^d$. (Da der Buchstabe n bereits als laufender Index einer Folge verwendet wird, bezeichnen wir in diesem Abschnitt und im Abschnitt 3.11 den Euklidischen Raum mit $\mathbb{R}^d$ statt mit $\mathbb{R}^n$.)

Definition 3.4: Folge im $\mathbb{R}^d$

Eine Funktion

$$\mathbb{N} \to \mathbb{R}^d, \quad n \mapsto \boldsymbol{a}_n,$$

heißt Folge im $\mathbb{R}^d$. Für die Folge schreibt man $(\boldsymbol{a}_n)_{n\in\mathbb{N}}$ oder auch kurz $(\boldsymbol{a}_n)$.

Für $d = 1$ ergibt sich eine Zahlenfolge. Den Fall $d = 2$ illustrieren wir mit zwei Beispielen.

Beispiel 3.10. Sei $\boldsymbol{a}_n = \left(\frac{3}{n}, 2 \cdot (-1)^n\right)$. Dann ist $(\boldsymbol{a}_n)_{n\in\mathbb{N}}$ eine Folge im $\mathbb{R}^2$. Es ist $(\boldsymbol{a}_n)_{n\in\mathbb{N}} = \big((3, -2), (1.5, 2), (1, -2), (0.75, 2), \ldots\big)$. Die ersten vier Folgenglieder sind in der folgenden Abbildung dargestellt.

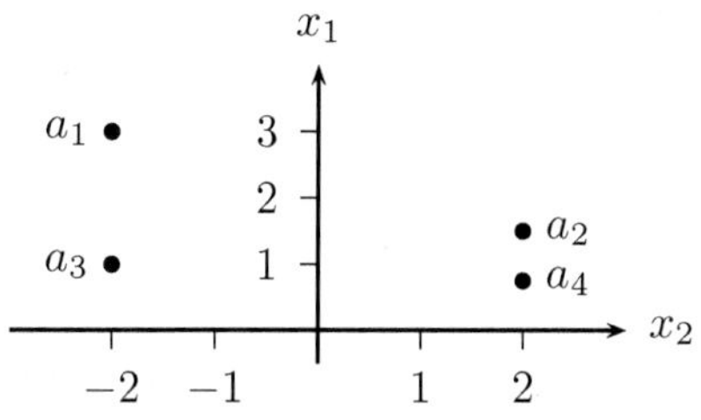

Beispiel 3.11. (Fortsetzung: Spinnweb-Modell). Im Spinnweb-Modell bilden die Preise p_n und Mengen q_n in Periode n eine Folge $(p_n, q_n)_{n\in\mathbb{N}}$ im $\mathbb{R}^2$. Mit den Bezeichnungen aus Beispiel 3.1 gilt

$$\begin{aligned} p_n &= \frac{b}{d}p_{n-1} - \frac{c-a}{d}, \\ q_n &= \frac{b}{d}q_{n-1} + \frac{ad-bc}{d}. \end{aligned}$$

Die Konvergenz einer Folge im $\mathbb{R}^d$ kann genau wie in Definition 3.2 definiert werden. Man muss lediglich wissen, wie der Abstand zweier Punkte im $\mathbb{R}^d$ definiert ist. Dies ist aber bereits aus Abschnitt 2.6 bekannt. Der Abstand zweier Punkte $\boldsymbol{x}$ und $\boldsymbol{z}$ ist danach gegeben durch die Norm $\|\boldsymbol{x}-\boldsymbol{z}\|$. Somit erhält man für die Konvergenz von Folgen im $\mathbb{R}^d$ die folgende Definition.

Definition 3.5: Grenzwert, Konvergenz einer Folge

Eine Folge $(\boldsymbol{a}_n)_{n\in\mathbb{N}}$ im $\mathbb{R}^d$ **konvergiert** gegen einen Punkt $\boldsymbol{a} \in \mathbb{R}^d$, wenn es für jedes beliebig gewählte $\varepsilon > 0$ eine Nummer $N_\varepsilon \in \mathbb{N}$ gibt, sodass

$$\|\boldsymbol{a}_n - \boldsymbol{a}\| < \varepsilon \quad \text{für alle } n \geq N_\varepsilon\,.$$

Der Punkt $\boldsymbol{a}$ heißt **Grenzwert** der Folge. Man schreibt $\lim_{n\to\infty} \boldsymbol{a}_n = \boldsymbol{a}$ oder kurz $\lim \boldsymbol{a}_n = \boldsymbol{a}$. Weitere Schreibweisen sind $\boldsymbol{a}_n \xrightarrow{n\to\infty} \boldsymbol{a}$ oder auch einfach nur $\boldsymbol{a}_n \longrightarrow \boldsymbol{a}$.

Eine Folge im $\mathbb{R}^d$ heißt **konvergent**, wenn sie gegen einen Punkt $a \in \mathbb{R}^d$ konvergiert. Eine Folge $(\boldsymbol{a}_n)_{n\in\mathbb{N}}$ im $\mathbb{R}^d$ heißt **divergent**, wenn sie nicht konvergent ist.

Auch diese Definition stimmt im Fall $d = 1$ mit der Definition der Konvergenz einer Zahlenfolge überein.

Satz 3.6: Konvergenz im $\mathbb{R}^d$

Sei $(\boldsymbol{a}_n)_{n\in\mathbb{N}} = (a_{n1}, a_{n2}, \ldots, a_{nd})_{n\in\mathbb{N}}$ eine Folge im $\mathbb{R}^d$. Die Folge $(\boldsymbol{a}_n)_{n\in\mathbb{N}}$ konvergiert genau dann gegen einen Punkt $\boldsymbol{a} = (a_1, a_2, \cdots, a_d)$, wenn für jedes $k = 1, 2, \ldots, d$ gilt

$$\lim_{n\to\infty} a_{nk} = a_k\,.$$

Dies ist ein überaus praktisches Kriterium. Es besagt nämlich, dass wir für jede Komponentenfolge (die ja eine Zahlenfolge darstellt) separat prüfen können, ob Konvergenz vorliegt. Dann und nur dann, wenn jede Komponentenfolge konvergent ist, ist auch die Folge im $\mathbb{R}^d$ konvergent und zwar gegen denjenigen Punkt, dessen Komponenten die Grenzwerte der einzelnen Komponentenfolgen sind. Wir illustrieren die Anwendung des Kriteriums an zwei Beispielen.

Beispiel 3.12.

a) Sei $\boldsymbol{a}_n = \left(\frac{3}{n}, (-2)^n\right)$. Dann ist wegen $\lim_{n\to\infty} \frac{3}{n} = 0$ zwar die erste Komponentenfolge konvergent, jedoch ist die zweite Komponentenfolge $\left((-2)^n\right)_{n\in\mathbb{N}} = (-2, 2, -2, 2, \ldots)$ divergent. Die Folge $\left(\frac{3}{n}, (-2)^n\right)_{n\in\mathbb{N}}$ ist somit ebenfalls divergent, besitzt also keinen Grenzwert.

b) Sei $\boldsymbol{a}_n = \left(1 - \frac{1}{n}, \frac{1}{n^2}\right)$. Dann gilt für die erste Komponentenfolge $\lim_{n\to\infty} 1 - \frac{1}{n} = 1$ und für die zweite Komponentenfolge $\lim_{n\to\infty} \frac{1}{n^2} = 0$. Die Folge $\left(1 - \frac{1}{n}, \frac{1}{n^2}\right)_{n\in\mathbb{N}}$ ist somit konvergent gegen den Grenzwert $(1, 0)$,

$$\lim_{n\to\infty} \left(1 - \frac{1}{n}, \frac{1}{n^2}\right) = (1, 0)\,.$$

3.3 Weitere Eigenschaften von Folgen

Ein Nachteil unserer Definition von Konvergenz – und dies gilt auch schon für die Definition der Konvergenz von Zahlenfolgen – besteht darin, dass man bereits den Grenzwert kennen muss, um mit Hilfe dieser Definition die Konvergenz einer Folge nachweisen zu können. Ein wichtiges Kriterium, mit dessen Hilfe man auch ohne die Kenntnis des Grenzwertes zwischen Konvergenz und Divergenz einer Folge entscheiden kann, ist das sogenannte **Cauchy-Kriterium**, das für Zahlenfolgen ebenso wie für Folgen im $\mathbb{R}^d, d \geq 2$, gilt.

Satz 3.7: Cauchy-Kriterium für Folgen im $\mathbb{R}^d$

Eine Folge $(\boldsymbol{a}_n)_{n\in\mathbb{N}}$ konvergiert genau dann, wenn es für jedes $\varepsilon > 0$ eine natürliche Zahl N gibt, sodass

$$\|\boldsymbol{a}_m - \boldsymbol{a}_n\| < \varepsilon \quad \text{für alle } m, n \geq N \text{ ist.}$$

Dieser Satz besagt, dass eine Folge genau dann konvergent ist, wenn unabhängig davon, wie klein ε vorgegeben ist, immer eine Nummer existiert, sodass ab dieser Nummer zwei beliebige Folgenglieder immer einen kleineren Abstand als ε besitzen.

Wir richten nun unser Augenmerk darauf, welche der Ergebnisse aus Abschnitt 3.1 auch für Folgen im $\mathbb{R}^d$ gültig sind. Dazu müssen wir zunächst definieren, wann eine Folge im $\mathbb{R}^d$ beschränkt ist. Hier ersetzt man in der entsprechenden Definition für Zahlenfolgen einfach den Betrag durch die Norm. Eine Folge $(\boldsymbol{a}_n)_{n\in\mathbb{N}}$ im $\mathbb{R}^d$ heißt somit **beschränkt**, wenn es eine reelle Zahl M gibt, sodass $||\boldsymbol{a}_n|| \leq M$ für alle Folgenglieder gilt, d.h. wenn alle Folgenglieder einen Abstand von höchstens M vom Nullpunkt besitzen. Versteht man unter dem Symbol $\boldsymbol{a} \leq \boldsymbol{b}$, dass $a_k \leq b_k$ für jede Komponente $(k = 1, \ldots, d)$ gilt, kann die Monotonie einer Folge ebenfalls allgemein definiert werden. Eine Folge $(\boldsymbol{a}_n)_{n\in\mathbb{N}}$ heißt **monoton wachsend**, wenn $\boldsymbol{a}_n \leq \boldsymbol{a}_{n+1}$ für alle $n \in \mathbb{N}$ gilt. Im umgekehrten Fall, d.h., wenn $\boldsymbol{a}_n \geq \boldsymbol{a}_{n+1}$ für alle $n \in \mathbb{N}$ gilt, heißt sie **monoton fallend**. Eine Folge heißt **monoton**, wenn sie monoton wachsend oder monoton fallend ist. Mit diesen Bezeichnungen gelten die Sätze 3.1 und 3.2 sowie das Einschließungskriterium 3.3 auch für Folgen im $\mathbb{R}^d$.

Satz 3.8: Konvergenz und Beschränktheit I

Jede konvergente Folge im $\mathbb{R}^d$ ist beschränkt.

Satz 3.9: Konvergenz und Beschränktheit II

Jede beschränkte und monotone Folge im $\mathbb{R}^d$ ist konvergent.

Mit Einschränkungen sind auch die Rechenregeln für Grenzwerte weiterhin gültig. Die Einschränkungen ergeben sich aus der Tatsache, dass der Quotient zweier Punkte im $\mathbb{R}^d$ nicht definiert sind. Deshalb kann man die Aussage (iv) in Satz 3.4 nicht auf den Fall $d \geq 2$ verallgemeinern.

Satz 3.10: Rechenregeln für Grenzwerte

Seien $(\boldsymbol{a}_n)_{n\in\mathbb{N}}$ und $(\boldsymbol{b}_n)_{n\in\mathbb{N}}$ zwei konvergente Folgen im $\mathbb{R}^d$ mit $\lim_{n\to\infty} \boldsymbol{a}_n = \boldsymbol{a}$ und $\lim_{n\to\infty} \boldsymbol{b}_n = \boldsymbol{b}$. Ferner sei $(\lambda_n)_{n\in\mathbb{N}}$ eine Zahlenfolge mit $\lim_{n\to\infty} \lambda_n = \lambda$.

(i) Die Folge $(\boldsymbol{a}_n + \boldsymbol{b}_n)_{n\in\mathbb{N}}$ ist konvergent mit $\lim_{n\to\infty}(\boldsymbol{a}_n + \boldsymbol{b}_n) = \boldsymbol{a} + \boldsymbol{b}$.

(ii) Die Folge $(\boldsymbol{a}_n - \boldsymbol{b}_n)_{n\in\mathbb{N}}$ ist konvergent mit $\lim_{n\to\infty}(\boldsymbol{a}_n - \boldsymbol{b}_n) = \boldsymbol{a} - \boldsymbol{b}$.

(iii) Die Folge $(\lambda_n \boldsymbol{a}_n)_{n\in\mathbb{N}}$ ist konvergent mit $\lim_{n\to\infty}(\lambda_n \boldsymbol{a}_n) = \lambda \boldsymbol{a}$.

(iv) Die Folge $(\boldsymbol{a}_n^T \boldsymbol{b}_n)_{n\in\mathbb{N}}$ ist konvergent mit $\lim_{n\to\infty}(\boldsymbol{a}_n^T \boldsymbol{b}_n) = \boldsymbol{a}^T \boldsymbol{b}$.

3.4 Reihen

Beispiel 3.13 (Investition und Volkseinkommen). Wir wollen die Auswirkung einer Investition auf das Volkseinkommen untersuchen. Dazu nehmen wir an, dass eine einmalige Investition der Höhe K getätigt wird. Wie stark erhöht sich dadurch das Volkseinkommen in einer Volkswirtschaft ohne Außenhandel (geschlossene Volkswirtschaft)? Das Einkommen der Bezieher der Investition steigt insgesamt um den Betrag K. Wir nehmen nun an, dass alle Individuen in der Volkswirtschaft einen Anteil q eines zusätzlichen Einkommens zu Konsumzwecken verwenden. q heißt auch **marginale Konsumquote** und liegt in der Regel zwischen null und eins. Damit geben die Bezieher der Erstinvestition insgesamt wieder einen Betrag von qK aus. Dies erhöht das Volkseinkommen um einen zusätzlichen Betrag qK. Da aber auch die Empfänger dieses Betrags einen Anteil q des zusätzlichen Einkommens zu Konsumzwecken verwenden, erhöht sich das Volkseinkommen weiter um einen zusätzlichen Betrag $q \cdot qK = q^2K$. Dieser Prozess setzt sich nun beliebig fort, sodass durch die Erstinvestition K das Volkseinkommen insgesamt um einen Betrag

$$K + qK + q^2K + q^3K + \ldots$$

erhöht wird. Wir stehen also vor der Aufgabe, eine unendliche Anzahl von Werten aufzusummieren. Naheliegend ist es, die Folgenglieder $a_n = q^nK$ nacheinander aufzusummieren und damit die Folge der sogenannten **Partialsummen** $s_n = \sum_{i=0}^{n} q^iK$ zu bilden. Diese Partialsummen bilden mit wachsendem n immer bessere Annäherungen an die zu bestimmende „unendliche Summe“. Daher wird man den Grenzwert der Folge der Partialsummen – sofern dieser existiert – als Wert der „unendlichen Summe“ bezeichnen.

Definition 3.6: Unendliche Reihe

Sei $(a_n)_{n\in\mathbb{N}}$ eine Folge reeller Zahlen. Wir bezeichnen die Summe der ersten n Folgenglieder mit s_n. Es ist also

$$s_n = a_1 + a_2 + \ldots + a_n = \sum_{i=1}^{n} a_i\,.$$

Die Größe s_n heißt n-te **Partialsumme** der Folge $(a_n)_{n\in\mathbb{N}}$. Die Folge $(s_n)_{n\in\mathbb{N}}$ der Partialsummen heißt **unendliche Reihe** und wird auch mit dem Symbol $\sum_{i=1}^{\infty} a_i$ bezeichnet. Ist die Folge der Partialsummen konvergent gegen eine reelle Zahl s, d.h. ist $\lim_{n\to\infty} s_n = s$, so heißt s **Wert der unendlichen Reihe** und man schreibt

$$\sum_{i=1}^{\infty} a_i = s\,.$$

Die untere Summationsgrenze muss natürlich nicht gleich eins sein. In vielen Fällen – so auch bei der geometrischen Reihe, die wir im folgenden Abschnitt betrachten werden – ist die untere Summationsgrenze gleich null. Allgemein kann aber auch jede andere ganze Zahl als untere Summationsgrenze vorkommen.

3.5 Geometrische Reihe

Setzt man im vorigen Beispiel $K = 1$, so stellt sich die Aufgabe, den Wert der unendlichen Reihe $\sum_{i=0}^{\infty} q^i$ zu bestimmen. Diese Reihe ist von besonderer Bedeutung und tritt in vielen Zusammenhängen auf. Man bezeichnet sie als **geometrische Reihe**. Um das Konvergenzverhalten der geometrischen Reihe zu bestimmen, untersuchen wir zunächst die Partialsummen der geometrischen Reihe. Jede Partialsumme

$$\sum_{i=0}^{n} q^i = 1 + q + q^2 + \ldots + q^n$$

der geometrischen Reihe heißt **endliche geometrische Reihe**. Es ist

$$\begin{aligned}(1-q)\sum_{i=0}^{n} q^i &= 1 + q + q^2 + \ldots + q^{n-1} + q^n \\ &\quad\; - q - q^2 - \ldots - q^{n-1} - q^n - q^{n+1} \\ &= 1 - q^{n+1}\,.\end{aligned}$$

Also gilt, sofern $q \neq 1$ ist,

$$\boxed{\sum_{i=0}^{n} q^i = \frac{1-q^{n+1}}{1-q}\,.} \tag{3.2}$$

Man bezeichnet diese Gleichung als **Summenformel für die endliche geometrische Reihe**. Mit Hilfe der Summenformel können wir nun leicht das Konvergenzverhalten der geometrischen Reihe untersuchen. Ist $|q| < 1$, so erhält man mit den Rechenregeln für Grenzwerte

$$\lim_{n\to\infty}\sum_{i=0}^{n} q^i = \lim_{n\to\infty}\frac{1-q^{n+1}}{1-q} = \frac{1-\lim_{n\to\infty} q^{n+1}}{1-q} = \frac{1}{1-q}\,,$$

d.h. die geometrische Reihe ist für $|q| < 1$ konvergent und ihr Wert beträgt

$$\boxed{\sum_{i=0}^{\infty} q^i = \frac{1}{1-q}\,, \quad \text{falls } |q| < 1\,.}$$

Man überlegt sich leicht, dass für $|q| \geq 1$ die geometrische Reihe divergiert.

Beispiel 3.14. Für $q = 1/5$ erhält man

$$\sum_{i=0}^{\infty} \frac{1}{5^i} = \sum_{i=0}^{\infty} \left(\frac{1}{5}\right)^i = \frac{1}{1-\frac{1}{5}} = \frac{5}{4} = 1.25\,.$$

Bemerkung: Gelegentlich ist die untere Summationsgrenze der geometrischen Reihe nicht null sondern eins. Man erhält dann die Formeln

$$\sum_{i=1}^{n} q^i = \frac{q - q^{n+1}}{1-q} \tag{3.3}$$

und

$$\sum_{i=1}^{\infty} q^i = \frac{q}{1-q}\,, \qquad \text{falls } |q| < 1.$$

Beispiel 3.15. (Investition und Volkseinkommen). Wie bereits oben erwähnt, geht man von einer marginalen Konsumquote q aus, die zwischen null und eins liegt, $0 < q < 1$. Daher ist die geometrische Reihe konvergent. Aus der Summenformel der geometrischen Reihe folgt, dass eine Erstinvestition der Höhe K das Volkseinkommen um

$$\sum_{i=0}^{\infty} q^i K = K \sum_{i=0}^{\infty} q^i = K \frac{1}{1-q}$$

erhöht. Die Erhöhung des Volkseinkommens ergibt sich also aus der Höhe der Investition multipliziert mit dem **Multiplikator** $1/(1-q)$. Für einen Wert $q = 0.84$ erhält man z.B. einen Multiplikator von 6.25. Eine Investition der Höhe 1 000 € erhöht demnach das Volkseinkommen um 6 250 €. Je höher die marginale Konsumquote, umso größer ist der Multiplikator.

3.6 Anwendung: Finanzmathematik

In diesem Abschnitt leiten wir einige fundamentale Formeln der Finanzmathematik her, die die Verzinsung eines Kontos zum Gegenstand haben. Sie basieren auf der endlichen geometrischen Reihe.

Wir betrachten das folgende allgemeine Modell. Ein Konto habe ein Anfangsguthaben K_0. Das Konto wird über n Zinsperioden verzinst. Dabei kann eine Zinsperiode ein Jahr, ein Quartal, ein Monat oder auch ein Tag sein. Wir nehmen vereinfachend an, dass innerhalb einer Zinsperiode keine Ein- oder Auszahlungen erfolgen, sondern lediglich am Ende einer Periode. Dann bezeichne Z_i die Höhe der Ein- oder Auszahlung (je nachdem, ob Z_i größer oder kleiner als null ist) am Ende der i-ten Periode. Das Guthaben am Ende der i-ten Periode inklusive der Ein- oder Auszahlungen und etwaiger Zinszahlungen sei K_i. Der Zinssatz sei p, d.h. ein Zinssatz von $p = 0.08$ entspricht einer Verzinsung von 8%. Wir gehen dabei davon aus, dass der Zinssatz in allen Perioden gleich bleibt. Insgesamt verwenden wir also die folgenden Bezeichnungen:

K_0	Anfangsguthaben,
n	Anzahl der Zinsperioden,
Z_i	Ein- bzw. Auszahlung am Ende der i-ten Periode,
K_i	Guthaben am Ende der i-ten Periode,
p	Zinssatz.

Bei der **nachschüssigen Verzinsung** werden dem Konto am Ende jeder Periode Zinsen gutgeschrieben, und zwar für das zu Beginn der Periode vorhandene Guthaben. Die Zinsen werden in den folgenden Perioden mit dem Konto verzinst. Neben der nachschüssigen Verzinsung gibt es auch die – seltener angewandte – vorschüssige Verzinsung[2], auf die wir jedoch hier nicht weiter eingehen. Bei nachschüssiger Verzinsung setzt sich somit das Guthaben am Ende der ersten Periode aus dem Anfangsguthaben K_0, der Zinszahlung pK_0 und der Einzahlung Z_1 zusammen:

$$K_1 = K_0 + pK_0 + Z_1 = (1+p)K_0 + Z_1 \,.$$

Entsprechend setzt sich das am Ende der i-ten Periode vorhandene Guthaben aus dem Guthaben K_{i-1} zu Beginn der i-ten Periode, der Zinszahlung pK_{i-1} und der Einzahlung Z_i zusammen:

$$\boxed{K_i = (1+p)K_{i-1} + Z_i \,.} \tag{3.4}$$

Satz 3.11: Zinseszinsformel

Für alle $n \in \mathbb{N}$ gilt

$$K_n = (1+p)^n K_0 + \sum_{i=1}^{n} (1+p)^{n-i} Z_i \,. \tag{3.5}$$

[2] Bei der **vorschüssigen Verzinsung** werden die Zinsen auf das vorhandene Guthaben zu Beginn einer Periode gutgeschrieben. Die daraus sich ergebenden Formeln unterscheiden sich von denen der nachschüssigen Verzinsung, lassen sich jedoch auf ähnliche Weise herleiten.

Beweis: Wir führen den Beweis durch vollständige Induktion[3]. Für $n = 1$ ist die Formel offensichtlich richtig. Wir gehen nun davon aus, dass das Guthaben nach $n-1$ Perioden durch Gleichung (3.5) gegeben ist. Das Guthaben nach n Perioden erhält man dann mit Gleichung (3.4) zu

$$\begin{aligned} K_n &= (1+p)K_{n-1} + Z_n \\ &= (1+p)\left[(1+p)^{n-1}K_0 + \sum_{i=1}^{n-1}(1+p)^{n-1-i}Z_i\right] + Z_n \\ &= \left[(1+p)^n K_0 + \sum_{i=1}^{n-1}(1+p)^{n-i}Z_i\right] + Z_n \\ &= (1+p)^n K_0 + \sum_{i=1}^{n}(1+p)^{n-i}Z_i\,. \end{aligned}$$

Nach dem Prinzip der vollständigen Induktion ist die Behauptung damit gezeigt. □

Der Faktor $1+p$ heißt **Aufzinsungsfaktor** (oder **Prolongationsfaktor**). Im Folgenden leiten wir aus der Zinseszinsformel (3.5) und der Summenformel für die endliche geometrische Reihe (3.2) bzw. (3.3) spezielle finanzmathematische Formeln her.

Tilgung einer Schuld. Das Konto weise zu Beginn eine Anfangsschuld W auf, d.h. das Anfangsguthaben sei $K_0 = -W$. Nach Ablauf der n Zinsperioden soll durch die Zahlungen $Z_1, \ldots, Z_n$ die Schuld vollständig getilgt sein, d.h. $K_n = 0$. Gesucht ist nun der Wert der Anfangsschuld W, die durch die Zahlungsreihe vollständig getilgt wird.

Setzt man $K_0 = -W$ und $K_n = 0$ in (3.5) ein, so erhält man

$$0 = -(1+p)^n W + \sum_{i=1}^{n}(1+p)^{n-i}Z_i\,.$$

Auflösen dieser Gleichung nach W ergibt dann

$$W = (1+p)^{-n}\sum_{i=1}^{n}(1+p)^{n-i}Z_i = \sum_{i=1}^{n}(1+p)^{-i}Z_i\,.$$

Die gesuchte Anfangsschuld ist also

$$\boxed{W = \sum_{i=1}^{n}\left(\frac{1}{1+p}\right)^{i} Z_i\,.} \tag{3.6}$$

[3]Siehe dazu Anhang G zu Beweistechniken.

Der Faktor $1/(1+p)$ heißt **Abzinsungsfaktor**. Der Wert W in (3.6) wird als **Barwert der Zahlungsreihe** $Z_1, \ldots, Z_n$ bezeichnet. Der Barwert einer Zahlungsreihe kann je nach Sichtweise unterschiedlich interpretiert werden. Aus der Sicht eines Gläubigers ist W derjenige Kredit, der durch die Zahlungen $Z_1, \ldots, Z_n$ abgetragen wird. Aus der Sicht eines Investors ist W der über die Zeit abgezinste Wert der Investitionen $Z_1, \ldots, Z_n$, und aus Sicht eines Rentenbeziehers wird W als der Barwert der künftigen Rentenzahlungen $Z_1, \ldots, Z_n$ interpretiert.

Barwert eines Kapitals Den Wert W, den ein Kapital Z_n, das erst zur Zeit n verfügbar ist, für uns heute hat, bezeichnet man als **Barwert**. Um den Barwert zu bestimmen, setzen wir in Gleichung (3.6) speziell $Z_1 = \ldots = Z_{n-1} = 0$ und erhalten

$$\boxed{W = \frac{Z_n}{(1+p)^n}.} \tag{3.7}$$

Um den Barwert von 10 000 € in fünf Jahren bei einem Zinssatz von 6 % zu bestimmen, setzen wir in (3.7) $n = 5$, $Z_5 = 10\,000$ € und $p = 0.06$ und erhalten

$$W = \frac{10\,000\text{ €}}{1.06^5} = 7472.58\text{ €}.$$

Barwert einer Rente Erfolgen zu den Zeitpunkten $1, \ldots, n$ jährlich gleichbleibende Zahlungen der Höhe R, so spricht man von einer nachschüssigen Rente der Laufzeit n. Den Barwert einer solchen Rente erhält man, indem man in Gleichung (3.6) speziell $Z_1 = \ldots = Z_n = R$ setzt. Mit der Summenformel (3.3) erhält man dann

$$W = R\sum_{i=1}^{n}\left(\frac{1}{1+p}\right)^i = R\frac{\frac{1}{1+p} - \left(\frac{1}{1+p}\right)^{n+1}}{1 - \frac{1}{1+p}}.$$

Erweitern mit $1+p$ liefert dann

$$\boxed{W = \frac{R}{p}\left[1 - \left(\frac{1}{1+p}\right)^n\right].}$$

Da der Ausdruck in eckigen Klammern kleiner als eins ist, ergibt sich, dass der Barwert $W < R/p$ ist.

Als Beispiel betrachten wir eine monatliche Rente der Höhe 1 000 € mit einer Laufzeit von sechs Jahren bei einem monatlichen Zinssatz von 0.5%. Dann ist $R = 1\,000$ €, $p = 0.005$, und $n = 6 \cdot 12 = 72$, und wir erhalten als Barwert

$$W = \frac{1\,000\text{ €}}{0.005}\left[1 - \frac{1}{1.005^{72}}\right] = 60\,339.51\text{ €}.$$

Annuität zur Tilgung einer Schuld Um eine Schuld W innerhalb von n Perioden vollständig zu tilgen, werden am Ende jeder Zinsperiode gleichbleibende Zahlungen der Höhe A geleistet. Man bezeichnet dann A als **Annuität**. Um zu bestimmen, wie hoch die Annuitäten sein müssen, um eine Schuld der Höhe W in n Perioden vollständig zu tilgen, setzt man in (3.6) $Z_1 = \ldots = Z_n = A$ für alle i und erhält analog zur Berechnung des Barwerts einer Rente

$$W = \frac{A}{p}\left[1 - \left(\frac{1}{1+p}\right)^n\right].$$

Auflösen nach A liefert dann

$$A = \frac{pW}{1 - \left(\frac{1}{1+p}\right)^n}. \tag{3.8}$$

Soll eine Schuld der Höhe 100 000 € bei einem Zinssatz von 7% in 25 Jahren getilgt werden, so beträgt die Annuität

$$A = \frac{0.07 \cdot 100\,000\text{ €}}{1 - \left(\frac{1}{1.07}\right)^{25}} = 8\,581.05\text{ €}.$$

Laufzeit eines Darlehens Sind im obigen Beispiel die Schuld W, der Zinssatz p und die Annuität A gegeben, so lässt sich die ungefähre Laufzeit des Annuitätendarlehens berechnen, indem man Gleichung (3.8) nach n auflöst. (3.8) ist äquivalent zu

$$1 - \left(\frac{1}{1+p}\right)^n = \frac{pW}{A} \quad \text{bzw.} \quad \left(\frac{1}{1+p}\right)^n = 1 - \frac{pW}{A}.$$

Logarithmieren der zweiten Gleichung liefert

$$n \ln\left(\frac{1}{1+p}\right) = \ln\left(1 - \frac{pW}{A}\right)$$

und schließlich

$$n = \frac{\ln\left(1 - \frac{pW}{A}\right)}{\ln\left(\frac{1}{1+p}\right)}. \tag{3.9}$$

Beispiel 3.16. Ein Darlehen der Höhe 100 000 € soll bei einem Zinssatz von 7% durch Annuitäten getilgt werden. Wie hoch ist die Laufzeit des Darlehens, wenn die Anfangstilgung 1% beträgt? Da der Zinssatz 7% beträgt, fallen im ersten Jahr 7 000 € Zinsen an. Soll im ersten Jahr 1% der Schuld getilgt werden, so entspricht dies einem Betrag von 1 000 €. Die Annuität im ersten Jahr – und damit auch in allen folgenden Jahren – beträgt also $A = 8\,000$ €. Setzt man nun weiter $W = 100\,000$ € und $p = 0.07$ in Gleichung (3.9) ein, so erhält man

$$n = \frac{\ln\left(1 - \frac{7\,000\text{ €}}{8\,000\text{ €}}\right)}{\ln\left(\frac{1}{1.07}\right)} = \frac{\ln(0.125)}{\ln\left(\frac{1}{1.07}\right)} = 30.7343\,.$$

Das Darlehen ist also nach 31 Jahren getilgt.

Dadurch, dass sich durch die Tilgung die Restschuld von Jahr zu Jahr verringert, wird der Zinsanteil der Annuität immer geringer und entsprechend der Tilgungsanteil immer höher. Dies kann man schön an dem folgenden Tilgungsplan erkennen. Ausgewiesen ist jeweils die Restschuld zu *Beginn* des Jahres sowie der Zins- und Tilgungsanteil der Annuität. Am Ende des 31-ten Jahres ergibt die Summe aus Restschuld und Zinsen einen geringeren Betrag als die Annuität von 8 000 €, sodass entsprechend auch die Restzahlung geringer ausfällt.

Jahr	Schuld	Zinsen	Tilgung	Annuität
1	100000.00	7000.00	1000.00	8000.00
2	99000.00	6930.00	1070.00	8000.00
3	97930.00	6855.10	1144.90	8000.00
4	96785.10	6774.96	1225.04	8000.00
5	95560.06	6689.20	1310.80	8000.00
⋮	⋮	⋮	⋮	⋮
27	31323.53	2192.65	5807.35	8000.00
28	25516.18	1786.13	6213.87	8000.00
29	19302.31	1351.16	6648.84	8000.00
30	12653.47	885.74	7114.26	8000.00
31	5539.21	387.74	5539.21	5926.96

3.7 Konvergenzkriterien für Reihen

Unter Umständen kann es schwierig sein nachzuweisen, ob eine gegebene Reihe konvergiert oder nicht. In den seltensten Fällen ist es nämlich möglich, für die Partialsummen der Reihen geschlossene Ausdrücke zu finden, so wie dies bei der geometrischen Reihe der Fall war. Also ist es wichtig, einfache Kriterien zu haben, nach denen man entscheiden kann, ob eine Reihe divergiert oder nicht, und zwar, ohne die Partialsummen der Reihe explizit bilden zu müssen. Eine notwendige Bedingung für die Konvergenz einer Reihe gibt der folgende Satz.

Satz 3.12: Notwendige Bedingung für die Konvergenz von Reihen

Wenn $\sum_{n=1}^{\infty} a_n$ konvergent ist, dann ist $(a_n)_{n\in\mathbb{N}}$ eine Nullfolge.

Wie hilft uns dieser Satz, wenn wir die Konvergenz einer Reihe überprüfen wollen? Der Satz gibt eine sogenannte **notwendige Bedingung** für die Konvergenz einer Reihe an, d.h. wir können mit diesem Satz lediglich zeigen, dass eine Reihe *nicht* konvergiert. Wenn nämlich die Folge $(a_n)_{n\in\mathbb{N}}$ keine Nullfolge ist, so können wir sicher sein, dass die Reihe nicht konvergent ist. Wichtig ist, dass der umgekehrte Schluss nicht erlaubt ist. Hat man eine unendliche Reihe, bei der die Folge $(a_n)_{n\in\mathbb{N}}$ eine Nullfolge ist, so kann man daraus nicht schließen, dass die Reihe konvergiert. Ein Beispiel einer Reihe, bei der die Folgenglieder $(a_n)_{n\in\mathbb{N}}$ eine Nullfolge bilden, die Reihe $\sum_{n=1}^{\infty} a_n$ jedoch divergiert, ist die sogenannte **harmonische Reihe** (vgl. unten Beispiel 3.17). Bevor wir zeigen können, dass die harmonische Reihe divergiert, benötigen wir noch das sogenannte **Cauchy-Kriterium für Reihen**. Dabei handelt es sich lediglich um eine Formulierung des Cauchy-Kriteriums für Folgen (Satz 3.7) für den Spezialfall unendlicher Reihen.

Satz 3.13: Cauchy-Kriterium für Reihen

Die Reihe $\sum_{n=1}^{\infty} a_n$ ist genau dann konvergent, wenn zu jedem $\varepsilon > 0$ eine Zahl N_ε existiert, sodass für alle i, j mit $j \geq i \geq N_\varepsilon$ gilt

$$\left| \sum_{n=i+1}^{j} a_n \right| < \varepsilon .$$

Beispiel 3.17 (Harmonische Reihe). Die Reihe

$$\sum_{i=1}^{\infty} \frac{1}{i}$$

wird als **harmonische Reihe** bezeichnet. Die harmonische Reihe ist bestimmt divergent gegen ∞, obwohl die Folge $(1/i)_{i\in\mathbb{N}}$ eine Nullfolge ist.

Die Divergenz der harmonischen Reihe zeigt man leicht mit dem Cauchy-Kriterium. Es ist

$$\sum_{i=2}^{2} \frac{1}{i} = \frac{1}{2},$$

$$\sum_{i=3}^{4} \frac{1}{i} = \frac{1}{3} + \frac{1}{4} \geq \frac{1}{2},$$
$$\sum_{i=5}^{8} \frac{1}{i} = \frac{1}{5} + \frac{1}{6} + \frac{1}{7} + \frac{1}{8} \geq \frac{1}{2},$$
$$\sum_{i=9}^{16} \frac{1}{i} = \frac{1}{9} + \frac{1}{10} + \frac{1}{11} + \frac{1}{12} + \frac{1}{13} + \frac{1}{14} + \frac{1}{15} + \frac{1}{16} \geq \frac{1}{2}.$$

Allgemein betrachtet man die Summe, die von $i = 2^{n-1} + 1$ bis $i = 2^n$ läuft. Diese Summe besteht aus 2^{n-1} Summanden, von denen jeder einzelne mindestens den Wert $1/2^n$ hat. Also gilt

$$\sum_{i=2^{n-1}+1}^{2^n} \frac{1}{i} \geq 2^{n-1}\frac{1}{2^n} \geq \frac{1}{2}.$$

Zu $\varepsilon = 1/2$ findet man also keine Nummer N_ε, die der Bedingung des Cauchy-Kriteriums genügt. Nach dem Cauchy-Kriterium für Reihen ist die harmonische Reihe demnach divergent.

Da Reihen ja nur eine spezielle Art von Folgen darstellen, können wir sämtliche über Folgen gewonnenen Ergebnisse auf den Spezialfall unendlicher Reihen anwenden. In Satz 3.4 haben wir z.B. gesehen, dass Summe und Differenz konvergenter Folgen wieder konvergent sind. In Analogie hierzu erhalten wir für Reihen den folgenden Satz.

Satz 3.14: Rechenregeln für Reihen

Seien $\sum_{n=1}^{\infty} a_n$ und $\sum_{n=1}^{\infty} b_n$ konvergente Reihen und sei λ eine reelle Zahl. Dann sind auch die Reihen

$$\sum_{n=1}^{\infty}(a_n + b_n), \quad \sum_{n=1}^{\infty}(a_n - b_n) \quad \text{und} \quad \sum_{n=1}^{\infty}(\lambda a_n)$$

konvergent, und es gilt

$$\sum_{n=1}^{\infty}(a_n + b_n) = \sum_{n=1}^{\infty} a_n + \sum_{n=1}^{\infty} b_n,$$
$$\sum_{n=1}^{\infty}(a_n - b_n) = \sum_{n=1}^{\infty} a_n - \sum_{n=1}^{\infty} b_n,$$
$$\sum_{n=1}^{\infty}(\lambda a_n) = \lambda \sum_{n=1}^{\infty} a_n.$$

Es folgen zwei weitere Konvergenzkriterien für Reihen, das Majorantenkriterium und das Quotientenkriterium.

Satz 3.15: Majorantenkriterium

Sei $\sum_{k=1}^{\infty} b_k$ eine konvergente Reihe mit lauter nichtnegativen Gliedern b_k. Existiert eine Nummer N_0, sodass

$$|a_k| \leq b_k \quad \text{für alle } k \geq N_0,$$

so ist $\sum_{k=1}^{\infty} |a_k|$ und damit auch $\sum_{k=1}^{\infty} a_k$ konvergent.

Satz 3.16: Quotientenkriterium

Sei $a_k \neq 0$ für alle k. Existiert eine Nummer $N_0 \in \mathbb{N}$ und eine reelle Zahl q mit $0 < q < 1$, sodass

$$\left|\frac{a_{k+1}}{a_k}\right| \leq q \quad \text{für alle } k \geq N_0$$

gilt, so ist die Reihe $\sum_{k=1}^{\infty} a_k$ konvergent.

Wir illustrieren das Quotientenkriterium an einem Beispiel.

Beispiel 3.18. Man betrachte die Reihe

$$\sum_{k=0}^{\infty} \frac{x^k}{k!}$$

für ein gegebenes $x \in \mathbb{R}$. Hier ist $a_k = x^k/k!$. Für die Quotienten a_{k+1}/a_k erhält man

$$\left|\frac{a_{k+1}}{a_k}\right| = \left|\frac{x^{k+1}/(k+1)!}{x^k/k!}\right| = \left|\frac{x^{k+1} \cdot k!}{x^k \cdot (k+1)!}\right| = \frac{|x|}{k+1} < \frac{1}{2} \quad \text{für } k > 2|x| - 1\,.$$

Folglich konvergiert $\sum_{k=0}^{\infty} \frac{x^k}{k!}$ nach Satz 3.16.

Da obige Reihe für jedes x konvergiert, definiert sie eine Funktion $\mathbb{R} \to \mathbb{R}$.

Definition 3.7: Exponentialfunktion

Die Funktion $\exp : \mathbb{R} \to \mathbb{R}$,

$$\exp(x) = \sum_{k=0}^{\infty} \frac{x^k}{k!}, \quad x \in \mathbb{R},$$

heißt **Exponentialfunktion**.

Beispiel 3.19. Die folgende Aufzählung enthält einige konvergente Reihen sowie deren Wert.

a) $\sum_{i=0}^{\infty} \frac{1}{i!} = e$, wobei $e = \exp(1)$

b) $\sum_{i=0}^{\infty} (-1)^i \frac{1}{i!} = \frac{1}{e}$

c) $\sum_{i=1}^{\infty} (-1)^{i-1} \frac{1}{i} = \ln 2$ (alternierende harmonische Reihe)

d) $\sum_{i=0}^{\infty} \frac{1}{2^i} = 2$ (geometrische Reihe, $q = \frac{1}{2}$)

e) $\sum_{i=0}^{\infty} (-1)^i \frac{1}{2^i} = \frac{2}{3}$ (geometrische Reihe, $q = -\frac{1}{2}$)

f) $\sum_{i=1}^{\infty} (-1)^{i-1} \frac{1}{2i-1} = \frac{\pi}{4}$

g) $\sum_{i=1}^{\infty} \frac{1}{i(i+1)} = 1$

h) $\sum_{i=1}^{\infty} \frac{1}{(2i-1)(2i+1)} = \frac{1}{2}$

i) $\sum_{i=2}^{\infty} \frac{1}{(i-1)(i+1)} = \frac{3}{4}$

j) $\sum_{i=1}^{\infty} \frac{1}{i^2} = \frac{\pi^2}{6}$

k) $\sum_{i=1}^{\infty} (-1)^i \frac{1}{i^2} = \frac{\pi^2}{12}$

3.8 Stetigkeit von Funktionen

In diesem Abschnitt wollen wir den Begriff der Stetigkeit einer Funktion einer Variablen mathematisch präzise formulieren und Eigenschaften stetiger Funktionen darstellen. Die intuitive Vorstellung einer stetigen Funktion ist die einer Funktion, deren Graph man „ohne abzusetzen“ zeichnen kann. Dies impliziert insbesondere, dass eine stetige Funktion keine „Sprünge“ haben darf. Allerdings gibt es neben Sprüngen weitere Typen sogenannter Unstetigkeitsstellen und umgekehrt sind auch manche Funktionen, die man intuitiv als unstetig bezeichnen würde, in einem mathematischen Sinne stetig. Den Kern des Begriffes „Stetigkeit“ kann man vage so formulieren, dass kleine Änderungen der Argumente einer Funktion auch nur kleine Änderungen des Funktionswertes zur Folge haben dürfen. Eine Funktion ist nicht stetig, wenn bei kleinen Änderungen der Argumente sprunghafte Änderungen des Funktionswertes auftreten können. Bevor die Definition der Stetigkeit behandelt wird, müssen wir zunächst definieren, was unter dem Grenzwert einer Funktion verstanden werden soll.

Es geht um die Frage, ob die Funktionswerte einer Funktion f gegen einen bestimmten Wert streben, wenn das Argument x gegen einen bestimmten Wert a strebt. Nun haben wir aber bis jetzt nur den Begriff der Konvergenz einer Folge kennengelernt. Die Idee liegt nahe, eine Folge $(x_n)_{n\in\mathbb{N}}$ zu wählen, die gegen a konvergiert und den Grenzwert $\lim_{x\to a} f(x)$ als den Grenzwert $\lim_{n\to\infty} f(x_n)$ zu definieren. Das Problem an dieser „Definition“ ist, dass dieser Grenzwert möglicherweise von der Wahl der Folge $(x_n)_{n\in\mathbb{N}}$ abhängt. Deshalb wird man nur dann davon sprechen, dass die Funktion f an der Stelle a einen Grenzwert besitzt, wenn für **jede** Folge $(x_n)_{n\in\mathbb{N}}$, die gegen a konvergiert, der Grenzwert der Funktionswerte $\lim_{n\to\infty} f(x_n)$ der selbe ist.

Beispiel 3.20. Gegeben sei eine abschnittsweise definierte Funktion

$$f(x) = \begin{cases} 0 & \text{für } x \leq a\,, \\ 1 & \text{für } x > a\,. \end{cases}$$

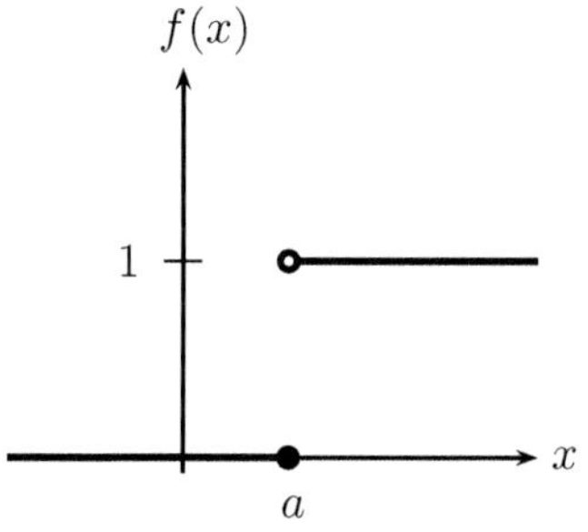

Betrachtet man eine Folge, die gegen a konvergiert und nur aus Werten kleiner als a besteht, so ist der Grenzwert 0. Betrachtet man hingegen eine Folge, die gegen a konvergiert und nur aus Werten größer als a besteht, so ist der Grenzwert 1. Offenbar existiert an der Stelle a kein Grenzwert.

Den Grenzwert einer Funktion präzisieren wir in der folgenden Definition.

Definition 3.8: Grenzwert einer Funktion

Sei $D \subset \mathbb{R}$ eine Teilmenge der reellen Zahlen und $f : D \to \mathbb{R}$ eine reelle Funktion. Wir schreiben

$$\lim_{x \to a} f(x) = c\,,$$

wenn für jede Folge $(x_n)_{n \in \mathbb{N}}$ mit $x_n \in D$ und $\lim_{n\to\infty} x_n = a$ gilt:

$$\lim_{n \to \infty} f(x_n) = c\,.$$

Für a sind auch $+\infty$ und $-\infty$ zugelassen.

Deshalb gilt ein zu Satz 3.10 analoger Satz:

Satz 3.17: Rechenregeln für Grenzwerte von Funktionen

Sei $D \subset \mathbb{R}$ eine Teilmenge der reellen Zahlen, und seien $f, g : D \to \mathbb{R}$ reelle Funktionen. Falls die Grenzwerte $\lim\limits_{x\to a} f(x)$ und $\lim\limits_{x\to a} g(x)$ existieren, gilt:

(i) $\lim\limits_{x\to a}(f(x) \pm g(x)) = \lim\limits_{x\to a} f(x) \pm \lim\limits_{x\to a} g(x)$.

(ii) $\lim\limits_{x\to a}(f(x) \cdot g(x)) = \lim\limits_{x\to a} f(x) \cdot \lim\limits_{x\to a} g(x)$.

(iii) $\lim\limits_{x\to a}\left(\dfrac{f(x)}{g(x)}\right) = \dfrac{\lim\limits_{x\to a} f(x)}{\lim\limits_{x\to a} g(x)}$, falls $\lim\limits_{x\to a} g(x) \neq 0$ ist.

Bemerkungen

1. Der Wert a muss nicht im Definitionsbereich D der Funktion f liegen. Entscheidend ist lediglich, dass mindestens eine Folge in D existiert, die gegen a konvergiert.

2. Liegt a im Definitionsbereich der Funktion, so kann man für die Folge $(x_n)_{n\in\mathbb{N}}$ immer die konstante Folge $x_n = a$ für alle n wählen. Für diese Folge erhält man $\lim_{n\to\infty} f(x_n) = \lim_{n\to\infty} f(a) = f(a)$. Liegt also a im Definitionsbereich von f, so besitzt entweder f an der Stelle a keinen Grenzwert oder der Grenzwert ist $f(a)$. Im zweiten Fall bezeichnet man f als stetig an der Stelle a. Wir werden unten in Definition 3.9 darauf zurückkommen.

3. Die Definition des Grenzwerts einer Funktion ist in der Literatur nicht einheitlich. Gelegentlich wird der Grenzwert einer Funktion auch so definiert, dass nur Folgen betrachtet werden, bei denen alle Folgenglieder x_n ungleich a sind. Bei dieser Definition kann der Grenzwert $\lim_{x\to a} f(x)$ auch von $f(a)$ verschieden sein.

Man kann nun auch **einseitige Grenzwerte** einer Funktion definieren. Wir schreiben

$$\lim_{x \nearrow a} f(x) = c\,,$$

wenn für jede Folge $(x_n)_{n\in\mathbb{N}}$ mit $x_n \in D$, $x_n < a$ und $\lim_{n\to\infty} x_n = a$ gilt:

$$\lim_{n\to\infty} f(x_n) = c\,.$$

Der Grenzwert $\lim_{x\nearrow a} f(x) = c$ heißt **linksseitiger Grenzwert** von f an der Stelle a. Statt $\lim_{x\nearrow a} f(x) = c$ schreibt man auch kürzer $f(a-) = c$.

Entsprechend schreiben wir

$$\lim_{x \searrow a} f(x) = c\,,$$

wenn für jede Folge $(x_n)_{n\in\mathbb{N}}$ mit $x_n \in D$, $x_n > a$ und $\lim_{n\to\infty} x_n = a$ gilt:

$$\lim_{n\to\infty} f(x_n) = c\,.$$

In diesem Fall heißt der Grenzwert **rechtsseitiger Grenzwert** von f an der Stelle a, und man schreibt kürzer $f(a+) = c$. Auch hier sind für a die Werte $+\infty$ und $-\infty$ zugelassen.

Wir definieren nun den Begriff der Stetigkeit einer Funktion.

Definition 3.9: Stetigkeit

Sei $D \subset \mathbb{R}$ eine Teilmenge der reellen Zahlen, $f : D \to \mathbb{R}$ eine reelle Funktion und $a \in D$. Die Funktion f heißt stetig in a, wenn gilt:

$$\lim_{x\to a} f(x) = f(a)\,.$$

f heißt stetig, wenn f in jedem Punkt des Definitionsbereichs stetig ist.

Die in der Wahrscheinlichkeitsrechnung auftretenden, so genannten Verteilungsfunktionen sind im Allgemeinen nicht stetig, sondern besitzen lediglich die schwächere Eigenschaft, dass an jeder Stelle a der rechtsseitige Grenzwert existiert und gleich dem Funktionswert an der Stelle a ist. Eine solche Funktion nennt man **rechtsstetig**:

Definition 3.10: rechtsstetige (linksstetige) Funktion

Sei $D \subset \mathbb{R}$ eine Teilmenge der reellen Zahlen, $f : D \to \mathbb{R}$ eine reelle Funktion und $a \in D$. Die Funktion f heißt **rechtsstetig** in a, wenn gilt:

$$f(a+) = f(a)\,.$$

Gilt

$$f(a-) = f(a)\,,$$

heißt f in a **linksstetig**.

f heißt rechtsstetig (linksstetig), wenn f in jedem Punkt des Definitionsbereichs rechtsstetig (linksstetig) ist.

Beispiel 3.21. Die Funktion

$$f(x) = \begin{cases} 0 & \text{für } x \leq 4\,, \\ 1 & \text{für } x > 4\,, \end{cases}$$

ist in $x = 4$ nur linksstetig, die Funktion

$$g(x) = \begin{cases} 0 & \text{für } x < 4\,, \\ 1 & \text{für } x \geq 4\,, \end{cases}$$

ist in $x = 4$ nur rechtsstetig. Ansonsten sind f und g stetig.

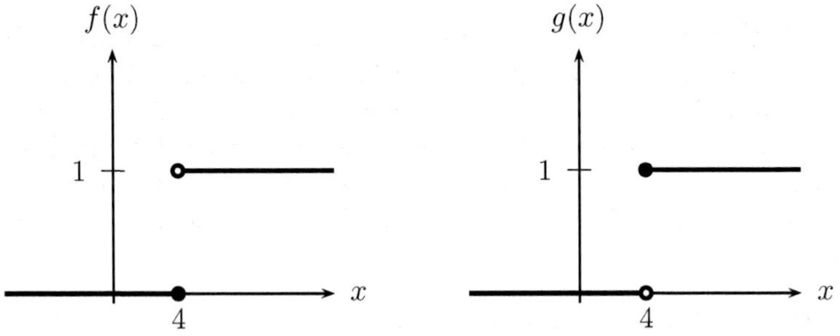

Für Punkte im Inneren des Definitionsbereichs ist die Stetigkeit äquivalent dazu, dass die Funktion dort sowohl links- als auch rechtsstetig ist.

Satz 3.18: Stetigkeit einer reellen Funktion

Es sei $D \subset \mathbb{R}$ ein Intervall und $a \in D$ kein Randpunkt von D. Die Funktion $f : D \to \mathbb{R}$ ist genau dann stetig in a, wenn

$$f(a-) = f(a) = f(a+)\,.$$

Beispiel 3.22. Die folgenden Funktionen sind stetig:

- Jede **konstante Funktion** $f : \mathbb{R} \to \mathbb{R}$, $x \mapsto c$,
- die **Identität** $id : \mathbb{R} \to \mathbb{R}$, $x \mapsto x$.

Satz 3.19: Erhaltungseigenschaften stetiger Funktionen

Seien $f, g : D \to \mathbb{R}$ Funktionen, die in $a \in D$ stetig sind, und sei $\lambda \in \mathbb{R}$. Dann sind auch die Funktionen $f \pm g$, λf, fg, $\max\{f, g\}$ und $\min\{f, g\}$ stetig in a. Die Funktion f/g ist stetig in a, sofern $g(a) \neq 0$ ist.

Wenn man stetige Funktionen addiert, subtrahiert, mit einer Zahl oder auch miteinander multipliziert, erhält man wieder stetige Funktionen. Dasselbe gilt für das Minimum und Maximum stetiger Funktionen. Aufpassen muss man lediglich bei der Division. Ist nämlich $g(a) = 0$, so ist f/g an der Stelle a nicht definiert. Sofern aber $g(a) \neq 0$ ist, liefert auch die Division stetiger Funktionen wieder eine in a stetige Funktion.

Satz 3.20: Stetigkeit der Verkettung

Seien $A, B \subset \mathbb{R}$ und $f : A \to B$, $g : B \to \mathbb{R}$. Ist f stetig im Punkt $a \in A$ und ist g stetig im Punkt $f(a)$, so ist auch die Funktion $g \circ f : A \to \mathbb{R}$ stetig im Punkt a.

Mit den Sätzen 3.19 und 3.20 kann man nun für viele Funktionen die Stetigkeit nachweisen. Nach Beispiel 3.22 sind jede konstante Funktion und die Identität stetig. Dann ist aber auch die Funktion $x \mapsto x^n$ für jedes n stetig, da sie das n-fache Produkt der Identität mit sich selbst ist. Ebenso ist natürlich auch $x \mapsto a_n x^n$ für jedes $a_n \in \mathbb{R}$ stetig. Da die Summe stetiger Funktionen wieder stetig ist, erhält man schließlich, dass auch jedes Polynom $x \mapsto a_0 + a_1 x + a_2 x^2 + \ldots + a_k x^k$ stetig ist.

Beispiel 3.23. Die folgenden Funktionen sind stetig:

- Jedes Polynom $f : \mathbb{R} \to \mathbb{R}$, $x \mapsto \sum_{i=0}^{k} a_i x^i = a_0 + a_1 x + a_2 x^2 + \ldots + a_k x^k$,
- jede rationale Funktion $f : A \to \mathbb{R}$, $x \mapsto \frac{p(x)}{q(x)}$, wobei p und q Polynome sind und $A = \mathbb{R} \setminus \{x : q(x) = 0\}$.

Schwieriger ist es, die Stetigkeit der folgenden Funktionen zu zeigen:

Beispiel 3.24. Die folgenden Funktionen sind stetig:

- Die trigonometrischen Funktionen $\sin x$, $\cos x$, $\tan x$, $\cot x$,
- die Umkehrfunktionen der trigonometrischen Funktionen $\arcsin x$, $\arccos x$, $\arctan x$, $\operatorname{arccot} x$,
- die Exponentialfunktion $\exp x$,
- der natürliche Logarithmus $\ln x$.

Beispiel 3.25. Die allgemeine Potenzfunktion $x \mapsto a^x = e^{x \ln a}$, wobei $a > 0$, ist stetig, denn sie ist die Verkettung zweier stetiger Funktionen:

$$x \mapsto x \ln a = y \mapsto e^y = e^{x \ln a}.$$

3.9 Weitere Eigenschaften stetiger Funktionen

Oftmals wird die Stetigkeit einer Funktion nicht wie in Definition 3.9 definiert, sondern durch die im folgenden Satz gegebene Bedingung.

Satz 3.21: Stetigkeit mit ε und δ

Sei $f : D \to \mathbb{R}$ eine Funktion und $a \in D$. f ist genau dann stetig in a, wenn es zu jedem $\varepsilon > 0$ ein $\delta > 0$ gibt, sodass

$$|f(x) - f(a)| < \varepsilon \quad \text{für alle } x \in D \text{ mit } |x - a| < \delta.$$

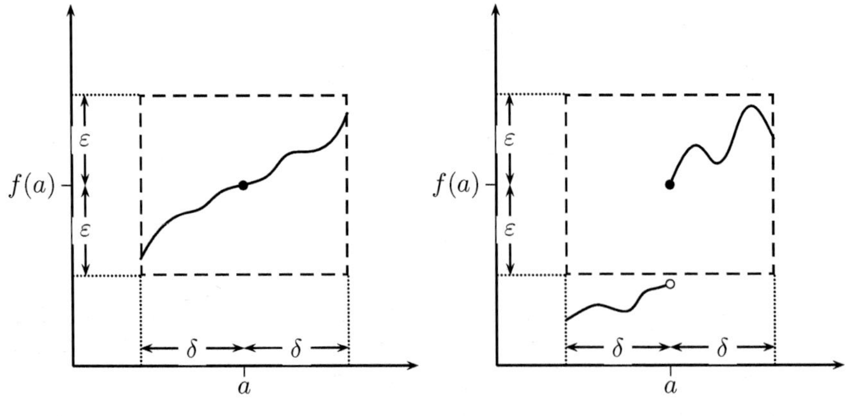

Abbildung 3.4: ε-δ-Bedingung der Stetigkeit.

Man kann die ε-δ-Bedingung der Stetigkeit sehr schön an einer Grafik verdeutlichen. In Abbildung 3.4 ist ein Rechteck mit dem Mittelpunkt $(a, f(a))$, der Höhe 2ε und der Breite 2δ eingezeichnet. f ist nun genau dann stetig in x, wenn man, egal wie klein die Höhe des Rechtecks gewählt ist, das Rechteck immer so schmal machen kann, dass der Graph der Funktion f vollständig innerhalb des Rechtecks verläuft. In der linken Abbildung ist dies offensichtlich immer möglich. In der rechten Abbildung hat die Funktion an der Stelle

x einen Sprung. Ist hier ε kleiner als die Sprunghöhe, so kann man δ nicht so klein wählen, dass die Funktion innerhalb des eingezeichneten Rechtecks verläuft.

Nehmen wir nun an, dass an einer Stelle a der Funktionswert $f(a)$ größer als null ist. Wählt man ε so klein, dass der ε-δ-Kasten nicht von der x-Achse geschnitten wird, dann kann bei einer stetigen Funktion δ immer so klein gewählt werden, dass die Funktion im Intervall $]a-\delta, a+\delta[$ vollständig innerhalb des ε-δ-Kastens verläuft. Insbesondere ist also $f(x) > 0$ für alle $x \in]a-\delta, a+\delta[$. Ist also f eine stetige Funktion und ist $f(a) > 0$, so ist für Argumente, die hinreichend nahe bei a liegen, der Funktionswert ebenfalls positiv.

Satz 3.22: Ungleich null in einer Umgebung

Sei $f : D \to \mathbb{R}$ stetig und sei $a \in D$ mit $f(a) \neq 0$. Dann gibt es eine δ-Umgebung von a, sodass $f(x) \neq 0$ für alle $x \in]a-\delta, a+\delta[$.

Eine graphische Illustration dieses Satzes gibt Abbildung 3.5.

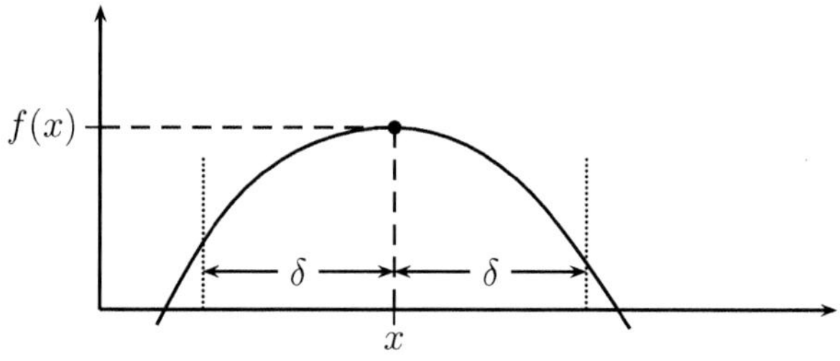

Abbildung 3.5: Illustration von Satz 3.22.

Anschaulich gesprochen hat eine stetige Funktion (innerhalb des Definitionsbereichs) keine Sprünge. Gilt für zwei Werte $a < b$ etwa $f(a) \neq f(b)$, so wird man erwarten, dass eine stetige Funktion keinen Wert zwischen $f(a)$ und $f(b)$ „überspringen" kann, d.h. jeder Wert zwischen $f(a)$ und $f(b)$ sollte an (mindestens) einer Stelle zwischen a und b angenommen werden. Dass dies wirklich so ist, ist der Inhalt des sogenannten Zwischenwertsatzes.

Satz 3.23: Zwischenwertsatz

Sei $f : [a, b] \to \mathbb{R}$ eine stetige Funktion und v ein Wert zwischen $f(a)$ und $f(b)$. Dann gibt es einen Wert $u \in [a, b]$, sodass $f(u) = v$.

Die Aussage des Zwischenwertsatzes kann anhand der Abbildung 3.6 verdeutlicht werden.

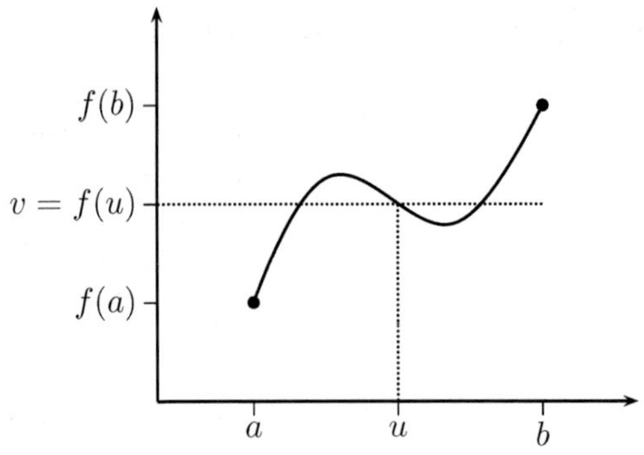

Abbildung 3.6: Illustration des Zwischenwertsatzes.

Eine weitere wichtige Eigenschaft stetiger Funktionen ist die Tatsache, dass eine stetige Funktion auf einem abgeschlossenen und beschränkten Intervall sowohl ein Maximum als auch ein Minimum besitzt.

Satz 3.24: Maximum und Minimum bei stetigen Funktionen

Sei $f : [a, b] \to \mathbb{R}$ eine stetige Funktion. Dann ist die Funktion f beschränkt und nimmt auf $[a, b]$ ihr Maximum und ihr Minimum an.

Die folgenden Beispiele zeigen, dass f im Allgemeinen kein Minimum und Maximum annimmt, wenn eine der drei Voraussetzungen (f stetig, Definitionsbereich ist abgeschlossen, Definitionsbereich ist beschränkt) verletzt ist.

Beispiel 3.26.

a) Sei $f : [1, \infty[\to \mathbb{R}$, $x \mapsto \frac{1}{x}$. Dann ist f stetig; der Definitionsbereich ist abgeschlossen, aber nicht beschränkt. $f(x)$ ist überall ≥ 0, kommt für große x beliebig nahe an 0 heran, nimmt jedoch kein Minimum an.

b) Sei $f :]0, 1] \to \mathbb{R}$, $x \mapsto \frac{1}{x}$. Dann ist f stetig; der Definitionsbereich ist beschränkt, aber nicht abgeschlossen. $f(x)$ wird für x nahe 0 beliebig groß und nimmt kein Maximum an.

c) Sei $f : [0, 1] \to \mathbb{R}$ mit

$$f(x) = \begin{cases} x\,, & \text{falls } 0 \leq x \leq \frac{1}{2}\,, \\ \frac{1}{x}\,, & \text{falls } \frac{1}{2} < x \leq 1\,. \end{cases}$$

Der Definitionsbereich von f ist abgeschlossen und beschränkt; f ist aber nicht stetig. $f(x)$ kommt für x nahe $\frac{1}{2}$ beliebig nahe an den Wert 2, nimmt aber kein Maximum an.

3.10 Fixpunkte einer Funktion

In vielen ökonomischen Anwendungen sind die **Fixpunkte** einer Funktion f von besonderem Interesse. Unter einem Fixpunkt versteht man dabei einen Wert x, derart dass $f(x) = x$ ist. Eine typische Situation liegt vor, wenn die Variable x_n den Zustand eines ökonomischen Systems zur Zeit n beschreibt. Der Zustand des Systems zur Zeit $n+1$ ergebe sich aus dem Zustand x_n zur Zeit n gemäß $x_{n+1} = f(x_n)$. Ist dann der Zustand des Systems zu irgendeiner Zeit n gleich einem Fixpunkt x, so bleibt das System zu allen folgenden Zeiten im Zustand x. Der Fixpunkt x beschreibt also in diesem Fall einen **Gleichgewichtszustand** des Systems.

Beispiel 3.27. (Fortsetzung: Spinnweb-Modell). Im Spinnweb-Modell erhält man den Preis zur Zeit n aus dem Preis der Vorperiode gemäß

$$p_n = f(p_{n-1}) = \frac{b}{d} p_{n-1} - \frac{c-a}{d}.$$

Die Funktion f, die den Preis einer Periode auf den Preis der nachfolgenden Periode abbildet, ist also gegeben durch $f(x) = \frac{b}{d}x - \frac{c-a}{d}$. Für den Preis $\overline{p} = \frac{c-a}{b-d}$, der sich aus dem Schnittpunkt der Angebots- und der Nachfragekurve ergibt, gilt

$$f(\overline{p}) = \frac{b}{d}\overline{p} - \frac{c-a}{d} = \frac{b}{d}\frac{c-a}{b-d} - \frac{c-a}{d} = \frac{c-a}{d}\left[\frac{b}{b-d} - 1\right] = \frac{c-a}{b-d} = \overline{p}.$$

$\overline{p}$ ist also ein Fixpunkt von f und wird daher als Gleichgewichtspreis bezeichnet.

Im Zusammenhang mit Fixpunkten sind zwei Fragen von besonderer Bedeutung:

1. Besitzt eine gegebene Abbildung f überhaupt einen Fixpunkt?
2. Konvergiert die gemäß $x_n = f(x_{n-1})$ gebildete Iterationsfolge gegen einen Fixpunkt?

Eine Antwort auf die erste Frage gibt der folgende Fixpunktsatz.

Satz 3.25: Fixpunktsatz

Eine stetige Funktion $f : [a,b] \to [a,b]$, die ein beschränktes abgeschlossenes Intervall auf sich selbst abbildet, besitzt mindestens einen Fixpunkt.

Beweis: Der Fixpunktsatz folgt direkt aus dem Zwischenwertsatz. Ist nämlich die Funktion $f : [a,b] \to [a,b]$ stetig, so gilt dies auch für die Funktion $g(x) = x - f(x)$. Ist $f(a) = a$ oder $f(b) = b$, so ist a bzw. b ein Fixpunkt.

Andernfalls ist $f(a) > a$ und $f(b) < b$. Dann ist aber $g(a) = a - f(a) < 0$ und $g(b) = b - f(b) > 0$. Nach dem Zwischenwertsatz hat also g eine Nullstelle z. Wegen $g(z) = z - f(z) = 0$ ist dann aber z ein Fixpunkt von f. □

Beim Fixpunktsatz ist eine wesentliche Voraussetzung, dass Definitions- und Wertebereich der Funktion übereinstimmen. Eine solche Funktion nennt man auch **Selbstabbildung**.

Man kann sich die Aussage des Fixpunktsatzes auch gut anhand der Abbildung 3.7 veranschaulichen. Der Fixpunktsatz besagt, dass jede stetige Funktion, die innerhalb des eingezeichneten Quadrates verläuft, mindestens einmal die Diagonale des Quadrates schneiden muss.

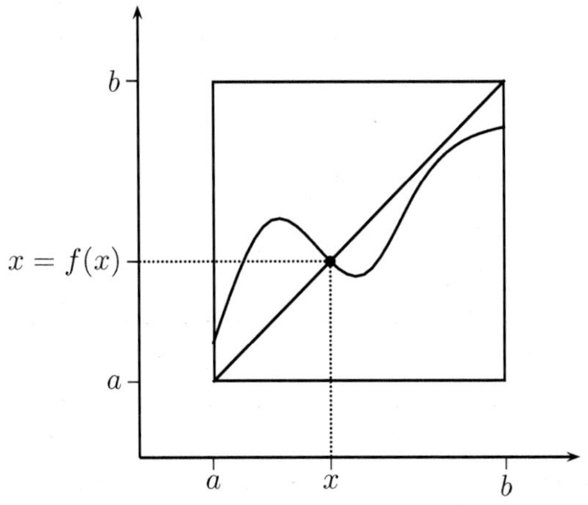

Abbildung 3.7: Illustration des Fixpunktsatzes.

Eine Antwort auf die zweite Frage gibt der sogenannte Banachsche Fixpunktsatz. Grundlegend ist bei diesem Satz der Begriff einer **kontrahierenden Abbildung**. Darunter versteht man eine Funktion, für die es eine Konstante $q < 1$ gibt, sodass für beliebige Werte x, y gilt

$$|f(x) - f(y)| < q|x - y| \qquad \text{mit } q < 1.$$

Anschaulich bedeutet dies, dass der Abstand zweier Funktionswerte immer geringer ist, als der Abstand der entsprechenden Argumente. Insgesamt wird der Definitionsbereich auf einen kleineren Bildbereich zusammengezogen, also kontrahiert. Aus der ε-δ-Bedingung der Stetigkeit (Satz 3.21) folgt mit $\delta = \varepsilon$, dass jede kontrahierende Abbildung stetig ist.

Satz 3.26: Banachscher[4] Fixpunktsatz

Jede kontrahierende Selbstabbildung f eines abgeschlossenen Intervalls $[a, b]$ besitzt genau einen Fixpunkt z. Für die durch $x_n = f(x_{n-1})$ definierte Iterationsfolge gilt bei beliebigem Startwert x_0

$$\lim_{n\to\infty} x_n = z\,.$$

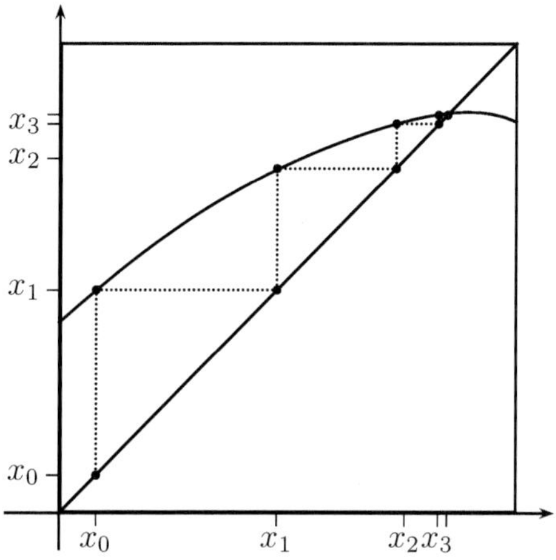

Abbildung 3.8: Illustration des Banachschen Fixpunktsatzes

Beispiel 3.28. (Fortsetzung: Spinnweb-Modell). Zwar haben wir in Beispiel 3.9 bereits gesehen, dass unter der Bedingung $|b| < |d|$ die Folge der Preise im Spinnweb-Modell gegen einen Gleichgewichtspreis konvergiert. Mit Hilfe des Banachschen Fixpunktsatzes kann man jetzt aber auch für allgemeinere als die oben betrachteten linearen Angebots- und Nachfragefunktionen die Konvergenz der Preise gegen einen Gleichgewichtspreis untersuchen. Ist $s_n = s(p_{n-1})$ und $d_n = d(p_n)$ so erhält man aus der Forderung $s_n = d_n$ die Gleichung $s(p_{n-1}) = d(p_n)$ bzw.

$$p_n = d^{-1}(s(p_{n-1}))\,.$$

Man muss nun lediglich untersuchen, ob bzw. unter welchen Bedingungen die Funktion $p \mapsto d^{-1}(s(p))$ eine kontrahierende Selbstabbildung ist und erhält dann mit dem Banachschen Fixpunktsatz, dass die Folge der Preise gegen einen Gleichgewichtspreis konvergiert.

[4] Stefan Banach (1892-1945)

3.11 Stetigkeit von Funktionen mehrerer Veränderlicher

Wir haben in Abschnitt 3.8 definiert, was man unter der Stetigkeit einer Funktion einer reellen Veränderlichen versteht und welche Eigenschaften stetige Funktionen besitzen. In diesem Abschnitt soll der Begriff der Stetigkeit auf Funktionen mehrerer reeller Veränderlicher verallgemeinert werden. Genauer werden wir Funktionen betrachten, deren Definitionsbereich im $\mathbb{R}^d$ und deren Wertebereich im $\mathbb{R}^m$ liegen. Wir werden ferner untersuchen, welche der Ergebnisse in Abschnitt 3.9 auch in diesem allgemeineren Kontext Gültigkeit besitzen.

Die grundlegende Idee, wie der Stetigkeitsbegriff zu verallgemeinern ist, haben wir bereits in Abschnitt 3.2 über Folgen im $\mathbb{R}^d$ kennengelernt. Der Schritt von Zahlenfolgen zu mehrdimensionalen Folgen gelang uns dort, indem wir den Abstandsbegriff verallgemeinert haben. Grob gesprochen bedeutet dies, dass man lediglich Beträge durch die Norm zu ersetzen hat. Dieses allgemeine Prinzip wird uns auch in diesem Abschnitt immer wieder begegnen.

Die Definition des Grenzwertes einer Funktion kann man fast wörtlich übernehmen.

Definition 3.11: Grenzwert einer Funktion

Sei $D \subset \mathbb{R}^d$ eine Teilmenge des $\mathbb{R}^d$ und $f : D \to \mathbb{R}^m$ eine Funktion. Wir schreiben

$$\lim_{\boldsymbol{x}\to\boldsymbol{a}} f(\boldsymbol{x}) = \boldsymbol{c}\,,$$

wenn für jede Folge $(\boldsymbol{x}_n)_{n\in\mathbb{N}}$ mit $\boldsymbol{x}_n \in D$, $\boldsymbol{x}_n \neq \boldsymbol{a}$ und $\lim_{n\to\infty} \boldsymbol{x}_n = \boldsymbol{a}$ gilt

$$\lim_{n\to\infty} f(\boldsymbol{x}_n) = \boldsymbol{c}\,.$$

Mit Definition 3.11 kann man die Stetigkeit von Funktionen mehrerer Variabler analog zu Definition 3.9 definieren.

Definition 3.12: Stetigkeit

Sei $D \subset \mathbb{R}^d$ eine Teilmenge des $\mathbb{R}^d$, $f : D \to \mathbb{R}^m$ eine Funktion und $\boldsymbol{a} \in D$. Die Funktion f heißt stetig in $\boldsymbol{a}$, wenn gilt:

$$\lim_{\boldsymbol{x}\to\boldsymbol{a}} f(\boldsymbol{x}) = f(\boldsymbol{a})\,.$$

f heißt stetig, wenn f in jedem Punkt des Definitionsbereichs stetig ist.

Einseitige Grenzwerte (und damit Links- und Rechtsstetigkeit), wie wir sie in Abschnitt 3.8 kennen gelernt haben, können hingegen für Funktionen mehrerer Veränderlicher nicht sinnvoll definiert werden. Dies liegt daran, dass es im $\mathbb{R}^d$ ganz unterschiedliche Folgen gibt, die gegen einen bestimmten Punkt konvergieren. Während jede reelle Zahl x nämlich entweder größer oder kleiner als eine gegebene Zahl $a \neq x$ ist, ist dies bei Vektoren im $\mathbb{R}^d$ nicht der Fall. Ein Kriterium wie Satz 3.18 existiert für Funktionen mehrerer Veränderlicher somit nicht. Weiterhin gültig bleibt jedoch das ε-δ-Kriterium, wenn man in seiner Formulierung Beträge durch die Norm ersetzt.

Satz 3.27: Stetigkeit mit ε und δ

Sei $D \subset \mathbb{R}^d$, $f : D \to \mathbb{R}^m$ eine Funktion und $\boldsymbol{a} \in D$. f ist genau dann stetig in $\boldsymbol{a}$, wenn es zu jedem $\varepsilon > 0$ ein $\delta > 0$ gibt, sodass

$$\|f(\boldsymbol{x}) - f(\boldsymbol{a})\| < \varepsilon \quad \text{für alle } \boldsymbol{x} \in D \text{ mit } \|\boldsymbol{x} - \boldsymbol{a}\| < \delta.$$

Eine Funktion $f : \mathbb{R}^d \to \mathbb{R}^m$ kann man sich als Zusammenfassung von m Funktionen $f_1, f_2, \ldots, f_m : \mathbb{R}^d \to \mathbb{R}$ vorstellen:

$$f(x_1, \ldots, x_d) = (f_1(x_1, \ldots, x_d), \ldots, f_m(x_1, \ldots, x_d)) .$$

Die Funktionen $f_1, \ldots, f_m$ werden als **Komponentenfunktionen** von f bezeichnet. Ein wichtiges Kriterium besagt, dass man die Untersuchung der Stetigkeit von Funktionen $f : \mathbb{R}^d \to \mathbb{R}^m$ auf die Untersuchung der Stetigkeit der Komponentenfunktionen zurückführen kann:

Satz 3.28: Stetigkeit einer Funktion $\mathbb{R}^d \to \mathbb{R}^m$

Eine Funktion $f : \mathbb{R}^d \to \mathbb{R}^m$ ist genau dann stetig, wenn alle ihre Komponentenfunktionen $f_1, \ldots, f_m$ stetig sind.

Der Satz 3.20 über die Stetigkeit der Verkettung gilt nun auch allgemeiner.

Satz 3.29: Stetigkeit der Verkettung

Seien $A \subset \mathbb{R}^d$, $B \subset \mathbb{R}^m$, und seien die Funktionen $f : A \to B$ und $g : B \to \mathbb{R}^n$ stetig, so ist auch die Funktion $g \circ f : A \to \mathbb{R}^n$ stetig.

Ebenso gilt Satz 3.19 nun im allgemeineren Kontext. Wir begnügen uns damit, diesen Satz für Funktionen mit reellem Wertebereich zu formulieren.

Satz 3.30: Erhaltungseigenschaften stetiger Funktionen

Sei $D \subset \mathbb{R}^d$. Sind $f, g : D \to \mathbb{R}$ Funktionen, die in $\boldsymbol{a} \in D$ stetig sind und ist $\lambda \in \mathbb{R}$, so sind auch die Funktionen $f \pm g$, λf, fg, $\max\{f, g\}$ und $\min\{f, g\}$ stetig in $\boldsymbol{a}$. Die Funktion f/g ist stetig in $\boldsymbol{a}$, sofern $g(\boldsymbol{a}) \neq 0$ ist.

Auch Satz 3.22 ist weiterhin gültig. Wir formulieren ihn hier für Funktionen mit reellem Wertebereich.

Satz 3.31: Ungleich null in einer Umgebung

Sei $D \subset \mathbb{R}^d$, $f : D \to \mathbb{R}$ stetig, und sei $\boldsymbol{a} \in D$ mit $f(\boldsymbol{a}) \neq 0$. Dann gibt es eine δ-Umgebung von $\boldsymbol{a}$, sodass $f(\boldsymbol{x}) \neq 0$ für alle $\boldsymbol{x}$ mit $\|\boldsymbol{x} - \boldsymbol{a}\| < \delta$.

Auch der Satz 3.24 über die Beschränktheit einer stetigen Funktion auf einem abgeschlossenen Intervall $[a, b]$ gilt mit geringen Modifikationen. An die Stelle von $[a, b]$ tritt ein Definitionsbereich im $\mathbb{R}^d$, der abgeschlossen und beschränkt (siehe die Definitionen in Abschnitt 2.7) ist.

Satz 3.32: Maximum und Minimum bei stetigen Funktionen

Sei $D \subset \mathbb{R}^d$ beschränkt und abgeschlossen. Ist $f : D \to \mathbb{R}$ eine stetige Funktion, so ist f beschränkt und nimmt auf D ihr Maximum und ihr Minimum an.

Den Zwischenwertsatz für Funktionen von mehreren Veränderlichen formuliert man dann in der folgenden Weise. Hier muss man neben der Kompaktheit des Definitionsbereichs noch voraussetzen, dass der Definitionsbereich keine „Lücken" hat. In der Sprache der Mathematik bedeutet dies, dass der Definitionsbereich **zusammenhängend**[5] sein muss; siehe Abbildung 3.9.

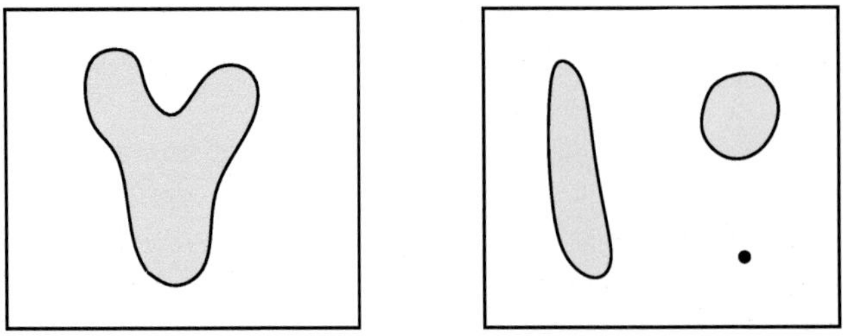

Abbildung 3.9: Links eine zusammenhängende Menge, rechts eine nicht zusammenhängende Menge.

[5] Eine Menge $D \subset \mathbb{R}^d$ heißt **zusammenhängend**, wenn man D nicht in zwei (nichtleere) Teilmengen A und B zerlegen kann, die keinen gemeinsamen Randpunkt haben.

Satz 3.33: Zwischenwertsatz

Sei $D \subset \mathbb{R}^d$ beschränkt, abgeschlossen und zusammenhängend, und sei die Funktion $f : D \to \mathbb{R}$ stetig. Ferner sei a das Minimum und b das Maximum von f auf D. Dann gibt es zu jedem Wert $y \in]a, b[$ einen Punkt $\boldsymbol{x} \in D$, sodass $f(\boldsymbol{x}) = y$ ist.

Zum Abschluss dieses Abschnittes zeigen wir noch, wie die Fixpunktsätze 3.25 und 3.26 verallgemeinert werden können. Unter einer Selbstabbildung versteht man, wie bereits dargelegt, eine Funktion, deren Definitions- und Wertebereich übereinstimmen. Der Fixpunktsatz 3.25 bleibt weiterhin gültig, wenn man das abgeschlossene Intervall $[a, b]$ durch eine Menge ersetzt, die konvex, beschränkt und abgeschlossen ist.

Satz 3.34: Brouwerscher[6] Fixpunktsatz

Jede stetige Selbstabbildung einer konvexen und kompakten Teilmenge des $\mathbb{R}^d$ besitzt mindestens einen Fixpunkt.

Den Brouwerschen Fixpunkt illustriert man am besten am Beispiel einer Tasse Kaffee. Rührt man den Kaffee um, so befindet sich mindestens ein Teilchen nach dem Umrühren an derselben Stelle wie zuvor.

Zur Verallgemeinerung des Banachschen Fixpunktsatzes definieren wir: Eine Abbildung f heißt **kontrahierend**, wenn es eine Konstante $q < 1$ gibt, sodass für beliebige Werte $\boldsymbol{x}$, $\boldsymbol{y}$ gilt

$$\|f(\boldsymbol{x}) - f(\boldsymbol{y})\| < q\|\boldsymbol{x} - \boldsymbol{y}\| .$$

Dies entspricht der Definition aus Abschnitt 3.10 mit dem Unterschied, dass die Beträge durch die Norm ersetzt wurden.

Die Kontraktionseigenschaft ist so stark, dass beim Banachschen Fixpunktsatz lediglich vorausgesetzt werden muss, dass der Definitionsbereich abgeschlossen ist:

Satz 3.35: Banachscher Fixpunktsatz

Jede kontrahierende Selbstabbildung f einer abgeschlossenen Teilmenge des $\mathbb{R}^d$ besitzt genau einen Fixpunkt $\boldsymbol{z}$. Für die durch $\boldsymbol{x}_n = f(\boldsymbol{x}_{n-1})$ definierte Iterationsfolge gilt bei beliebigem Startwert $\boldsymbol{x}_0$:

$$\lim_{n\to\infty} \boldsymbol{x}_n = \boldsymbol{z} .$$

[6] Luitzen Egbertus Jan Brouwer (1881-1966)

Wichtige Begriffe zur Wiederholung

Nach der Lektüre dieses Kapitels sollten folgende Begriffe geläufig sein:

- Zahlenfolge
- Grenzwert einer Folge, Konvergenz, Divergenz einer Folge
- bestimmte Divergenz gegen ∞ bzw. $-\infty$
- beschränkte Folge
- monotone Folge
- geometrische Folge
- mehrdimensionale Folge
- unendliche Reihe, Partialsumme
- geometrische Reihe
- Aufzinsung und Abzinsung, Barwert
- Grenzwert einer Funktion
- rechts- und linksseitiger Grenzwert
- stetige Funkion

Selbsttest

Anhand folgender Ankreuzaufgaben können Sie Ihre Kenntnisse zu diesem Kapitel überprüfen. Beurteilen Sie dazu, ob die Aussagen jeweils wahr (W) oder falsch (F) sind. Kurzlösungen zu diesen Aufgaben finden Sie in Anhang H.

I. Beurteilen Sie diese Aussagen zu Folgen:

	W	F
Die Folge $a_n = (-\frac{1}{2})^n$ ist eine Nullfolge.	☒	☐
Sind $(a_n)_{n\in\mathbb{N}}$ und $(b_n)_{n\in\mathbb{N}}$ Nullfolgen, so ist $(a_n + b_n)_{n\in\mathbb{N}}$ auch eine Nullfolge.	☒	☐
Die Folge $a_n = (-1)^n \frac{1}{n} + \ln(n)$ ist konvergent.	☐	☒
Jede Nullfolge ist konvergent.	☒	☐
Es gibt unbeschränkte Nullfolgen.	☐	☒
Die Folge $a_n = (-1)^n$ besitzt die Grenzwerte -1 und 1.	☐	☒

nimmt nur die Werte -1 und 1 an

II. Beurteilen Sie folgende Aussagen zu Reihen:

	W	F
Jede unendliche Reihe ist konvergent.	☐	☒
Ist $(a_n)_{n\in\mathbb{N}}$ eine Nullfolge, so ist $\sum_{n=0}^{\infty} a_n$ konvergent.	☐	☒
Ist $(a_n)_{n\in\mathbb{N}}$ keine Nullfolge, so ist $\sum_{n=0}^{\infty} a_n$ divergent.	☒	☐
Die geometrische Reihe konvergiert für $q = 1$.	☐	☒

III. Bestimmen Sie jeweils die Anzahl der Fixpunkte.

	W	F
Die Funktion $f : [0,1] \to [0,1]$, $f(x) = x^\alpha$, mit $\alpha > 0$ besitzt mindestens einen Fixpunkt.	☒	☐
Die Funktion $f : [0,5] \to [0,5]$, $f(x) = \lfloor x \rfloor$, besitzt genau einen Fixpunkt.	☐	☒
Die Funktion $f : [0,1] \to [0,1]$, $f(x) = x$, besitzt unendlich viele Fixpunkte.	☒	☐

Aufgaben

Aufgabe 1

Überlegen Sie, ob die Folge $(a_n)_{n\in\mathbb{N}}$ konvergent ist und geben sie den Grenzwert an, wenn er existiert.

a) $a_n = \frac{1+e^n}{e^n}$

b) $a_n = \frac{4n^3 + \sqrt[3]{-8n}}{\sqrt{n^6}+5n^2}$

c) $a_n = -\frac{\sqrt{n^3}}{n}$

d) $a_n = 2^{10000}\frac{1}{(n+1)!}\frac{1}{2^n}$

e) $a_n = \frac{1}{n^2}\sin(n)$

Aufgabe 2

Ein Anfangskapital von 700 € wird über 60 Jahre verzinst. Wie hoch ist das Endkapital, wenn

a) der nominale Jahreszins 3 % beträgt und die anteiligen Zinsen jeweils am Ende eines Monats gutgeschrieben werden (nachschüssige Zahlung), bzw. wenn

b) wie in a) verzinst wird, jedoch mit Gutschrift am Monatsersten (vorschüssige Zahlung)?

c) Wie hoch müsste der Zinssatz eines jährlich nachschüssig gezahlten Zinses sein, um das Endkapital in a) bzw. b) zu erreichen („effektiver Zinssatz“)?

Aufgabe 3

Ein Darlehen von 40.000 € ist in den ersten beiden Jahren zins- und tilgungsfrei. Ab dem dritten Jahr sind jeweils zum Quartalsende feste Raten zu zahlen. Diese bestehen aus 6% Zinsen, 2% Tilgung und 0,4% Gebühren jeweils pro Jahr, wobei Tilgung und Gebühren sich auf die anfängliche Darlehenssumme beziehen. Die Quartalsrate beträgt demnach 840 €.

Wann ist das Darlehen zurückgezahlt?

Aufgabe 4

Betrachten Sie Beispiel 3.28 (Fortsetzung: Spinnweb-Modell). Angenommen die Nachfragefunktion sei $d_n = d(p_n) = 100 - p_n$, für $p_n \in [0, 100]$ und die Angebotsfunktion sei $s_n(p_{n-1}) = \frac{p_{n-1}^2}{100}$. Konvergiert dann die Folge der Preise gegen einen Gleichgewichtspreis?

Aufgabe 5

Die Funktionen $f_1, f_2 : \mathbb{R}^2 \to \mathbb{R}$ seien gegeben durch

$$f_1(x,y) = \begin{cases} \dfrac{|x|+|y|}{\sqrt{x^2+y^2}}, & \text{falls } (x,y) \neq (0,0), \\ 1, & \text{falls } (x,y) = (0,0), \end{cases}$$

$$f_2(x,y) = \begin{cases} \dfrac{x^2y^2}{x^2+y^2}, & \text{falls } (x,y) \neq (0,0), \\ 0, & \text{falls } (x,y) = (0,0). \end{cases}$$

Prüfen Sie, ob die Funktionen f_1 und f_2 stetig sind.

Kapitel 4

Differenzierbare Funktionen einer Variablen

Dieses Kapitel behandelt die Differentialrechnung mit reellen Funktionen, die nur von einer Variablen abhängen.

Beispiel 4.1 (Produktion). Bei einem Produktionsprozess wird ein Gut aus einem oder mehreren Eingangsgütern hergestellt. Die produzierte Menge, der **Output**, hängt von den eingesetzten Mengen, den **Inputs**, ab. In diesem Kapitel beschränken wir uns auf einen Input. Beispielsweise basiert die Produktion von leichtem Heizöl im Wesentlichen auf einem Input, dem Rohöl. Typische Fragestellungen sind:

- Wie verändert sich auf einem bestimmten Niveau der Produktion der Output, wenn der Input um eine kleine Einheit erhöht wird?
- Um wie viel Prozent verändert sich der Output, wenn der Input um einen kleinen Prozentsatz erhöht wird?

Die Produktion werde durch eine Funktion $y = f(x)$, $x \in A$, beschrieben. Es interessiert die absolute und die relative Änderung der Funktion f, wenn sich der Wert der Variablen x ändert: Um wie viele Einheiten ändert sich y, wenn x um Δx Einheiten erhöht wird? Und um wie viel Prozent wächst y, wenn man x durch $\frac{\Delta x}{x} \cdot 100$ Prozent erhöht?

Mit Hilfe der Differentialrechnung untersucht man das Wachstumsverhalten einer Funktion. Die erste Ableitung beschreibt den lokalen Anstieg der Funktion, die zweite Ableitung ihre Krümmung. Durch die beiden Ableitungen werden Maximal- und Minimalstellen der Funktion sowie bestimmte qualitative Eigenschaften – Monotonie, Konvexität und Konkavität – charakterisiert.

4.1 Ableitung, Differential, Elastizität

Zunächst untersuchen wir das *lokale Wachstum* einer Funktion, das heißt, ihr Wachstum an einem bestimmten Punkt a ihres Definitionsbereichs. Dazu approximieren wir den Graphen der Funktion durch seine Tangente an einer festgelegten Stelle a. Die Steigung der Tangente heißt **Ableitung** der Funktion; sie hängt von a ab. In diesem Abschnitt werden die Ableitung und einige mit dem Anstieg und der lokalen Approximation einer Funktion zusammenhängende Begriffe definiert, und es werden Regeln zur Berechnung der Ableitung angegeben.

Abbildung 4.1 zeigt den Graphen einer Funktion $y = f(x)$, $x \in \mathbb{R}$, und die Tangente (durchgezeichnet) an den Graphen an der Stelle $x = a$. Bezeichne Δx einen Zuwachs in der Variablen x. Die relative Änderung von y bezogen auf die von x,

$$\frac{\Delta y}{\Delta x} = \frac{f(a + \Delta x) - f(a)}{\Delta x},$$

wird als **Differenzenquotient** bezeichnet. Er ist gleich der Steigung einer Geraden (gestrichelt), die durch die beiden Punkte $(a, f(a))$ und $(a + \Delta x, f(a + \Delta x))$ verläuft.

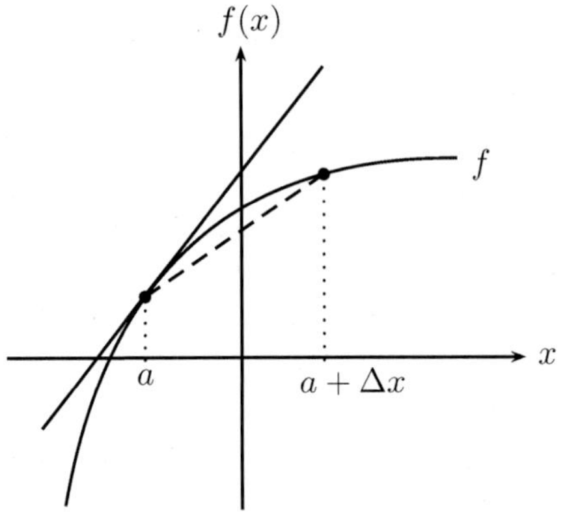

Abbildung 4.1: Differenzenquotient und Differentialquotient.

Lässt man Δx gegen 0 gehen, so wird diese Gerade im Grenzübergang zur

Tangente an den Graphen von f im Punkt $(a, f(a))$, und der Differenzenquotient wird zum Differentialquotient.

Definition 4.1: Differentialquotient, Ableitung

Wir betrachten eine Funktion $f : A \to \mathbb{R}$, definiert auf einem Intervall[1] A. Wenn für ein $a \in A$ der Grenzwert

$$\frac{d}{dx} f(a) = \lim_{\Delta x \to 0} \frac{f(a + \Delta x) - f(a)}{\Delta x} \tag{4.1}$$

existiert, heißt f differenzierbar an der Stelle a. Den Grenzwert nennt man **Differentialquotient** oder **Ableitung** an der Stelle a. Alternative Schreibweisen sind

$$f'(a)\,, \quad \frac{df(a)}{dx}\,, \quad \frac{df}{dx}(a) \quad \text{oder auch} \quad \frac{dy}{dx}(a)\,.$$

Der Grenzübergang $\Delta x \to 0$ in (4.1) ist so zu verstehen, dass für jede Folge $(h_n)_{n \in \mathbb{N}}$, die gegen null konvergiert (wobei $h_n \neq 0$ für alle n), der Differenzenquotient

$$\lim_{n \to \infty} \frac{f(a + h_n) - f(a)}{h_n}$$

konvergiert, und zwar jedes Mal gegen denselben Grenzwert. Dabei sind Folgen mit positiven und negativen Folgengliedern h_n zu berücksichtigen, und natürlich nur solche h_n, für die $a + h_n$ im Definitionsbereich A liegt. Der Differenzenquotient ist also der Grenzwert einer Funktion im Sinne von Definition 3.8. Die Ableitung ist gleich der Steigung der Tangente an den Graphen im Punkt $(a, f(a))$; vgl. Abbildung 4.1. Unter der Steigung der Funktion versteht man die Steigung der Tangente, d.h. die Ableitung.

Als Beispiel betrachten wir die Funktion $f(x) = |x|$, $x \in \mathbb{R}$; siehe Abbildung 1.5. Ihr Graph besitzt an jeder Stelle $x > 0$ eine Tangente, nämlich die Hauptdiagonale des x-y-Koordinatensystems mit Steigung 1. Ebenso besitzt er an jeder Stelle $x < 0$ eine Tangente mit Steigung -1. An der Stelle $x = 0$ existiert allerdings keine Tangente, denn in $x = 0$ ändert sich die Steigung von -1 nach 1; die Funktion ist dort nicht differenzierbar, der Graph hat dort einen Knick.

Die Tangente ist Graph einer Funktion, der **Tangentenfunktion** von f an der Stelle a. Sie lautet

$$t_{f,a}(x) = f(a) + f'(a) \cdot (x - a)\,, \quad x \in \mathbb{R}\,, \tag{4.2}$$

[1] Das Intervall kann beschränkt oder unbeschränkt sein, insbesondere kann es ganz $\mathbb{R}$ umfassen.

und ist eine besonders einfache, nämlich eine affin-lineare Funktion[2]. In der Nähe von a unterscheidet sich der Graph einer differenzierbaren Funktion f nicht allzu sehr von seiner Tangente an der Stelle a, und die Funktionswerte von f sind annähernd gleich den Werten der Tangentenfunktion. Das Wachstum einer Funktion f an einer Stelle a beschreibt man deshalb näherungsweise durch das Wachstum ihrer Tangentenfunktion, nämlich ihre Ableitung $f'(a)$. Erhöht man a um eine kleine Einheit Δx auf $a + \Delta x$, so wächst die Tangentenfunktion genau um $\Delta x \cdot f'(a)$; die Funktion selbst wächst ungefähr um $\Delta x \cdot f'(a)$. An der Stelle a stimmt die erste Ableitung der Funktion mit der ihrer Tangente überein; man sagt deshalb, dass die Funktion durch ihre Tangente **in erster Näherung** approximiert wird.

Auch macht man sich dies in komplizierteren Zusammenhängen zunutze, indem man f durch seine – einfacher zu handhabende – Tangentenfunktion ersetzt, insbesondere dann wenn f nicht explizit gegeben oder seine Werte nicht ohne Weiteres berechenbar sind. Man beachte allerdings, dass diese Näherungsaussagen *nur lokal* zutreffen; mit zunehmender Entfernung von a weicht f in der Regel stärker von seiner Tangentenfunktion in a ab.

Die folgenden beiden Beispiele behandeln eine Produktionsfunktion und eine Wachstumsfunktion. Berechnet werden Ableitung und Tangente der Wurzelfunktion bzw. der Exponentialfunktion.

Beispiel 4.2. (Marginaler Output einer Produktion). Die Ableitung einer Produktionsfunktion an einer Stelle $a \in A$ bezeichnet man als **marginalen Output** der Produktion bei gegebenem Niveau a. Er gibt an, um wie viele Einheiten Δy die Produktion annähernd steigt, wenn man den Input um Δx erhöht. Dies beantwortet die erste der beiden Fragen, die eingangs in Beispiel 4.1 gestellt wurden.

Speziell werde eine Produktion durch die **Wurzelfunktion** $y = f(x) = \sqrt{x}$, $0 \leq x \leq 100$, beschrieben. Das aktuelle Niveau des Inputs betrage $a = 60$ Einheiten. Wie hoch ist der marginale Output, und um ungefähr wie viele Einheiten ändert sich der Output, wenn man den Input um 2 Einheiten erhöht?

Wir berechnen den Differenzenquotienten, formen ihn mit der dritten binomischen Formel[3] um und führen den Grenzübergang $\Delta x \to 0$ durch:

$$\begin{aligned}\frac{\sqrt{a+\Delta x}-\sqrt{a}}{\Delta x} &= \frac{(\sqrt{a+\Delta x}-\sqrt{a})(\sqrt{a+\Delta x}+\sqrt{a})}{\Delta x(\sqrt{a+\Delta x}+\sqrt{a})}\\ &= \frac{(a+\Delta x)-a}{\Delta x(\sqrt{a+\Delta x}+\sqrt{a})} = \frac{1}{\sqrt{a+\Delta x}+\sqrt{a}}\end{aligned}$$

[2]Eine Funktion $f : \mathbb{R} \to \mathbb{R}$ ist genau dann affin-linear, wenn ihr Graph eine Gerade in der reellen Ebene darstellt.

[3]Dritte binomische Formel: $(\alpha - \beta)(\alpha + \beta) = \alpha^2 - \beta^2$.

$$\stackrel{\Delta x \to 0}{\longrightarrow} \frac{1}{\sqrt{a}+\sqrt{a}} = \frac{1}{2\sqrt{a}} = f'(a)\,.$$

Dies gilt für beliebiges $a > 0$. In $a = 60$ erhalten wir den marginalen Output

$$f'(60) = \frac{1}{2\sqrt{60}} = 0.0645\,.$$

Wenn man den Input um zwei Einheiten vergrößert, steigt der Output ungefähr um das Zweifache des marginalen Outputs. Man erhält also circa 0.1290 zusätzliche Einheiten.

Die Tangentenfunktion der Wurzelfunktion an dieser Stelle lautet

$$t_{f,60}(x) = f(60) + f'(60)\cdot(x-60) = \sqrt{60} + \frac{x-60}{2\sqrt{60}} = \frac{1}{2}\sqrt{60} + \frac{1}{2\sqrt{60}}\cdot x\,.$$

Beispiel 4.3 (Marginales Wachstum). Eine sich über die Zeit verändernde ökonomische Größe, etwa ein Anlagekapital, wird als Funktion $y = f(x)$ der Zeit x betrachtet. Die Ableitung von f an der Stelle a ist dann ungefähr der Betrag, um den die Größe in der Zeit von a bis $a+1$ wächst; man nennt die Ableitung auch **marginales Wachstum**.

Als spezielle Wachstumsfunktion betrachten wir die **Exponentialfunktion** aus Beispiel 1.12 b). Sie ist für $x \in \mathbb{R}$ durch die unendliche Reihe

$$f(x) = \exp(x) = e^x = \sum_{k=0}^{\infty} \frac{x^k}{k!}$$

gegeben; siehe Definition 3.7. An jeder Stelle $a \in \mathbb{R}$ gilt[4]

$$f'(a) = \frac{d}{dx}\exp(a) = \exp(a)\,,$$

und die Tangentenfunktion lautet

$$t_{\exp,a}(x) = \exp(a) + \exp(a)\cdot(x-a) = \exp(a)\cdot(x+1-a)\,, \quad x \in \mathbb{R}\,.$$

Als Funktion zur Beschreibung einer mit der Zeit wachsenden Größe hat die Exponentialfunktion eine besondere Eigenschaft: Das marginale Wachstum $\frac{d}{dx}\exp(a)$ der Größe ist zu jeder Zeit a gleich ihrem erreichten Niveau $\exp(a)$.

[4]Man zeigt dies anhand der Reihendarstellung der Exponentialfunktion, indem man den Differenzenquotient $(e^{a+\Delta x} - e^a)/\Delta x$ berechnet und den Grenzübergang $\Delta x \to 0$ durchführt.

Wir kommen nun zum Begriff des **Differentials**. Mit ihm beschreibt man die *Änderung einer ökonomischen Größe* auf Grund der kleinen *Änderung einer Einflussgröße*. Die Gleichung (4.2) der Tangentenfunktion lässt sich zu

$$y - f(a) = \frac{dy}{dx}(a) \cdot (x - a) \tag{4.3}$$

umformen: Der Zuwachs $y - f(a)$ in Ordinatenrichtung ist proportional dem Zuwachs $x - a$ in Abszissenrichtung mit der Ableitung als Proportionalitätsfaktor.

Definition 4.2: Differential

Die rechte Seite von (4.3) betrachtet man als Funktion von $z = x - a$,

$$df_a : z \mapsto \frac{dy}{dx}(a) \cdot z\,, \quad z \in \mathbb{R}\,,$$

und nennt sie **Differentialfunktion** von f. Der Ausdruck

$$\frac{dy}{dx}(a) \cdot dx = f'(a)dx$$

wird als **Differential** bezeichnet.

Das Differential tritt als zweiter Term der Tangentenfunktion (4.2) auf, wobei $dx = x - a$ ist. Es gibt die approximative Änderung des Funktionswertes an; siehe Abbildung 4.2.

Im Folgenden werden wir die Stelle, an der eine Funktion abgeleitet wird, mit x statt mit a bezeichnen, wenn keine Verwechslungen mit dem laufenden Argument der Funktion zu erwarten sind. So bildet man etwa das Differential der Wurzelfunktion (Beispiel 4.2) an einer beliebigen Stelle $x > 0$. Es lautet

$$\frac{1}{2\sqrt{x}}dx\,.$$

Beispiel 4.4. Das Differential der Funktion $f(x) = x^2 + x$ ist

$$df_x(dx) = f'(x) \cdot dx = (2x + 1) \cdot dx\,.$$

Nun fragt man sich beispielsweise, wie sich der Funktionswert ändert, wenn bisher $x = 2$ ist und x um $dx = 0.3$ Einheiten erhöht wird. Die approximative Änderung des Funktionswerts lässt sich mit dem Differential leicht bestimmen:

$$df_2(0.3) = (2 \cdot 2 + 1) \cdot 0.3 = 1.5\,.$$

Der Funktionswert steigt also um ca. 1.5 Einheiten.

Exakt steigt der Funktionswert um $f(2.3) - f(2) = 7.59 - 6 = 1.59$ Einheiten.

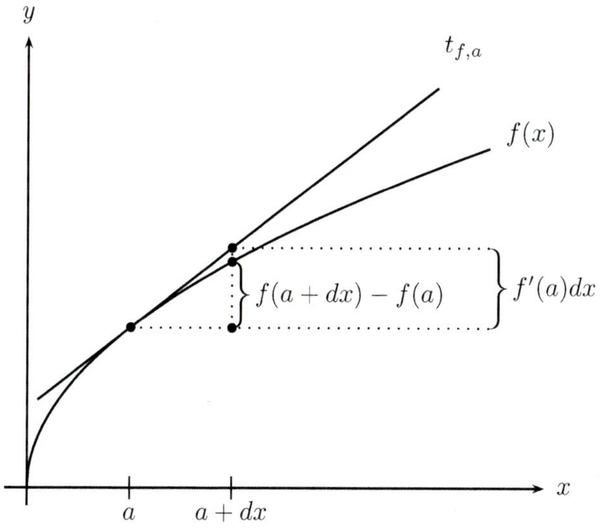

Abbildung 4.2: Änderung des Funktionswertes $f(a+dx)-f(a)$ und Differential $f'(a)dx$.

Bei diesem Beispiel ließ sich die exakte Änderung leicht ausrechnen. Wenn allerdings die Funktionsvorschrift kompliziert oder nicht konkret angegeben ist, kann es sehr hilfreich sein, das Differential zu verwenden.

Elastizität Ableitung und Differential beschreiben *absolute* Änderungen der Werte einer Funktion. Häufig ist man jedoch weniger an absoluten Änderungen als an *relativen Änderungen* der Werte interessiert. Der wichtigste Grund hierfür ist, dass relative Änderungen nicht von der gewählten Maßeinheit abhängen. Am Beispiel der Produktion: Um wie viel Prozent wächst der Output, wenn der Input um fünf Prozent erhöht wird? Dabei spielt es keine Rolle, ob etwa der Input in Tonnen und der Output in Kilogramm oder in anderen Mengeneinheiten gemessen werden. Ähnlich wie absolute Änderungen mit Hilfe der Ableitung gemessen werden, misst man relative Änderungen mit Hilfe der Elastizität, die im Folgenden definiert wird.

Definition 4.3: Elastizität

Sei f in x differenzierbar und $f(x) \neq 0$. Die Zahl

$$\varepsilon_f(x) = \frac{x}{f(x)}\, f'(x)$$

wird als **Elastizität** von f an der Stelle x bezeichnet.

Die Elastizität ergibt sich aus dem Grenzübergang

$$\varepsilon_f(x) = \lim_{\Delta x \to 0} \frac{\dfrac{f(x+\Delta x) - f(x)}{f(x)}}{\dfrac{\Delta x}{x}} = \frac{x}{f(x)} \lim_{\Delta x \to 0} \frac{f(x+\Delta x) - f(x)}{\Delta x}.$$

Im Zähler steht die relative Änderung des Funktionswertes, und im Nenner die relative Änderung des Arguments der Funktion. Die Elastizität erhält man demnach als Limes des Quotienten der relativen Änderungen. Dies beantwortet die zweite der eingangs in Beispiel 4.1 gestellten Fragen.

Beispiel 4.5. Die Elastizität von $f(x) = x^2 + x$ ist

$$\varepsilon_f(x) = \frac{x}{f(x)} f'(x) = \frac{x}{x^2 + x} \cdot (2x+1) = \frac{2x+1}{x+1}.$$

Für $x = 2$ erhält man

$$\varepsilon_f(2) = \frac{2 \cdot 2 + 1}{2 + 1} = \frac{5}{3} = 1.6667.$$

Wie lässt sich dieser Wert nun interpretieren? Die Elastizität gibt wie oben beschrieben die ungefähre relative Änderung des Funktionswerts bezüglich einer relativen Änderung der Variablen an. Erweitert man die Elastizität mit der prozentualen Änderung der Variablen, erhält man z. B.

$$\varepsilon_f(2) = 1.6667 = \frac{1.6667\%}{1\%} \quad \text{oder} \quad \varepsilon_f(2) = 1.6667 = \frac{1.6667 \cdot 3\%}{3\%} = \frac{5\%}{3\%}.$$

Ist die Variable x bisher gleich 2 und wird x um ein Prozent erhöht, ändert sich der Funktionswert um ca. 1.6667 Prozent. Wird die Variable hingegen um drei Prozent erhöht, ändert sich der Funktionswert um ca. $1.6667 \cdot 3 = 5$ Prozent.

Bisher wurde bei der Betrachtung der Elastizität nur von Änderung und nicht von Erhöhung oder Verringerung des Funktionswerts gesprochen. Dies liegt daran, dass das Vorzeichen der Elastiziät nicht mit dem Vorzeichen der Ableitung übereinstimmt, wenn entweder x oder $f(x)$ negativ ist. So ist die Logarithmusfunktion $f(x) = \ln(x)$, $x > 0$ eine streng monoton steigende Funktion mit überall positiver Ableitung $f'(x) = \frac{1}{x}$, $x > 0$. Wenn also die Variable x steigt, steigt auch der Funktionswert $f(x)$ an. Die Elastizität $\varepsilon_f(x) = \frac{x}{\ln(x)} \cdot \frac{1}{x} = \frac{1}{\ln(x)}$ ist jedoch für $0 < x < 1$ negativ, da $\ln(x)$ für $0 < x < 1$ negativ ist. Da bei vielen ökonomischen Funktionen sowohl die Variable als auch die Funktionswerte immer positiv sind, tritt dieses Problem dann glücklicherweise nicht auf.

Beispiel 4.6 (Lineare und konstante Funktionen). Wir betrachten die affin-lineare Funktion

$$f : \mathbb{R} \to \mathbb{R}, \quad x \mapsto c + bx .$$

Hier sind c und b reelle Konstanten. Der Differenzenquotient an einer Stelle x ist gleich

$$\frac{f(x + \Delta x) - f(x)}{\Delta x} = \frac{c + b(x + \Delta x) - c - bx}{\Delta x} = b ,$$

und zwar unabhängig von Δx und x. Der Grenzwert für $\Delta x \to 0$ ist demnach ebenfalls gleich b, und die Ableitung der affin-linearen Funktion beträgt $f'(x) = b$ an jeder Stelle $x \in \mathbb{R}$. Die Elastizität der affin-linearen Funktion f lautet

$$\varepsilon_f(x) = \frac{x}{f(x)} f'(x) = \frac{xb}{c + xb} .$$

Wenn $b \neq 0$ ist, hängt die Elastizität von x ab. Setzt man $c = 0$, erhält man eine **lineare Funktion**

$$f(x) = bx , \quad x \in \mathbb{R} .$$

Die lineare Funktion ist überall differenzierbar; sie besitzt die Ableitung $f'(x) = b$ und die Elastizität eins. Im Fall $b = 0$ entsteht eine **konstante Funktion**

$$f(x) = c , \quad x \in \mathbb{R} .$$

Die konstante Funktion hat an jeder Stelle $x \in \mathbb{R}$ die Ableitung null. Ihre Elastizität ist ebenfalls null, sofern $c \neq 0$.

Die Elastizität setzt die relative Änderung des Funktionswerts in Beziehung zur relativen Änderung des Arguments. Im Gegensatz zur Ableitung hängt sie nicht von den für den Funktionswert und das Argument gewählten Einheiten ab. Betrachten wir dazu das folgende Beispiel.

Beispiel 4.7. Bei einem Preis von p [€] für ein Kilogramm eines Gutes werde die Menge $q_1(p) = 2000 - 200p$ [kg] nachgefragt. Dann ist die Ableitung an einem beliebigen Punkt p gegeben durch -200 [kg/€]. Misst man dagegen den Preis in Cent und die Menge in 1000 kg, so lautet die Nachfragefunktion $q_2(p) = 2 - 0.002p$ [1000kg]. Die Ableitung dieser Funktion ist -0.002 [1000kg/Cent]. Der reine Zahlwert der Ableitung (also -200 bzw. -0.002) kann also nur dann sinnvoll interpretiert werden, wenn man die Einheiten berücksichtigt. Betrachtet man hingegen die Elastizität der Nachfrage bezüglich des Preises, die sogenannte **Preiselastizität der Nachfrage**, so erhält man für die Funktionen q_1 und q_2

$$\varepsilon_{q_1}(p) = -\frac{200p}{2000 - 200p} = -\frac{p}{10 - p}$$

und

$$\varepsilon_{q_2}(p) = -\frac{0.002p}{2 - 0.002p} = -\frac{0.01p}{10 - 0.01p}.$$

Beträgt der gegenwärtige Preis 2 [€], so muss bei q_1 ein Wert von $p = 2$, bei q_2 – da der Preis hier in Cent gemessen wird – hingegen ein Wert von $p = 200$ eingesetzt werden. Man erhält mit

$$\varepsilon_{q_1}(2) = -\frac{1}{4} \quad \text{und} \quad \varepsilon_{q_2}(200) = -\frac{1}{4}$$

dieselbe Elastizität. Der Wert der Elastizität ist unabhängig von den gewählten Einheiten.

In den Wirtschaftswissenschaften bezeichnet man eine Funktion $x \mapsto f(x)$ an einer Stelle x als

- **unelastisch**, wenn $|\varepsilon_f(x)| < 1$ ist,
- **einheitselastisch**, wenn $|\varepsilon_f(x)| = 1$ ist,
- **elastisch**, wenn $|\varepsilon_f(x)| > 1$ ist.

Ist eine Funktion f an der Stelle x unelastisch, bewirkt eine Änderung von x lediglich eine unterproportionale Änderung des Funktionswertes. Ist f an der Stelle x hingegen elastisch, so bewirkt eine Änderung von x eine überproportionale Änderung des Funktionswertes.

4.2 Ableitungsregeln

Bisher haben wir Ableitungen als Grenzwerte von Differenzenquotienten bestimmt, was oft ein mühseliges Unterfangen darstellt. Zum Glück gibt es Regeln, mit denen man auf einfache Weise aus bekannten Ableitungen von Funktionen die Ableitungen weiterer Funktionen berechnen kann. Wenn die Ableitungen zweier Funktionen an einer Stelle x bekannt sind, kann man daraus leicht die Ableitung der Summe, der Differenz, des Produkts und des Quotienten der beiden Funktionen berechnen, außerdem die Ableitung des konstanten Vielfachen einer Funktion.

Satz 4.1: Ableitungsregeln

Seien $f, g : A \to \mathbb{R}$ differenzierbar an der Stelle x. Dann sind die folgenden Funktionen ebenfalls differenzierbar an der Stelle x:

(i) $f + g$ mit Ableitung $(f+g)'(x) = f'(x) + g'(x)$,

(ii) $f - g$ mit Ableitung $(f-g)'(x) = f'(x) - g'(x)$,

(iii) αf mit Ableitung $(\alpha f)'(x) = \alpha f'(x)$ für jedes $\alpha \in \mathbb{R}$,

(iv) $f \cdot g$ mit Ableitung $(f \cdot g)'(x) = g(x)f'(x) + f(x)g'(x)$,

(v) $\dfrac{f}{g}$ mit Ableitung $\left(\dfrac{f}{g}\right)'(x) = \dfrac{g(x)f'(x) - f(x)g'(x)}{(g(x))^2}$,
sofern $g(x) \neq 0$ ist.

Merkregel

$(f \pm g)'$	$=$	$f' \pm g'$	**Summen- bzw. Differenzenregel**
$(\alpha f)'$	$=$	$\alpha f'$	**Faktorenregel**
$(f \cdot g)'$	$=$	$gf' + fg'$	**Produktregel**
$\left(\frac{f}{g}\right)'$	$=$	$\frac{gf' - fg'}{g^2}$	**Quotientenregel**

Beispiel 4.8 (Quadratfunktion). Die Funktion

$$h_2 : x \mapsto x^2, \qquad \mathbb{R} \to \mathbb{R},$$

ist differenzierbar an jeder Stelle $x \in \mathbb{R}$ mit Ableitung $h_2'(x) = 2\,x$. Um dies einzusehen, wenden wir die Produktregel mit $f(x) = x$ und $g(x) = x$ an. Aus Beispiel 4.6 wissen wir, dass $f'(x) = g'(x) = 1$ gilt. Es folgt

$$h_2'(x) = g(x)f'(x) + f(x)g'(x) = 1 \cdot x + 1 \cdot x = 2\,x.$$

Die **Potenzfunktion** $h_n(x) = x^n, x \in \mathbb{R}$, ist zunächst für Exponenten $n \in \{0, 1, 2, \ldots\}$ definiert. Sie hat die Ableitung

$$h_n'(x) = nx^{n-1} \quad \text{für alle } x \in \mathbb{R}.$$

Ein **Polynom** ist eine Summe von mit konstanten Faktoren versehenen Potenzen x^n; vgl. Beispiel 1.7. Wegen der Summen- und der Produktregel ist ein Polynom an jeder Stelle differenzierbar.

Beispiel 4.9. Beispielsweise erhält man für das Polynom

$$p(x) = x^4 - 10x^3 + 35x^2 - 50x + 24\,, \quad x \in \mathbb{R}\,,$$

an einer beliebigen Stelle $x \in \mathbb{R}$ die Ableitung

$$p'(x) = 4x^3 - 30x^2 + 70x - 50\,.$$

Beispiel 4.10. Zur Ableitung der Funktion $h_{-1}(x) = \frac{1}{x}, x \in \mathbb{R} \setminus \{0\}$, wenden wir die Quotientenregel an. Es ist $h_{-1} = \frac{f(x)}{g(x)}$ mit $f(x) = 1$ und $g(x) = x$. Die Ableitungen sind $f'(x) = 0$ und $g'(x) = 1$, also

$$h'_{-1}(x) = \frac{g(x)f'(x) - f(x)g'(x)}{(g(x))^2} = \frac{x \cdot 0 - 1 \cdot 1}{x^2} = -\frac{1}{x^2}\,.$$

Weiter betrachten wir die Potenzfunktionen $h_k(x) = x^k, x \in \mathbb{R} \setminus \{0\}$, deren Exponenten k negativ ganzzahlig sind, $k \in \{-1, -2, -3, \ldots\}$. Ihre Ableitungen lauten

$$h'_k(x) = kx^{k-1} \quad \text{für alle } x \in \mathbb{R} \setminus \{0\}\,.$$

Mit der folgenden **Kettenregel** lässt sich aus den Ableitungen zweier differenzierbarer Funktionen die Ableitung ihrer Verkettung berechnen:

Satz 4.2: Kettenregel

Seien A, B offene Intervalle in $\mathbb{R}$. Sei

$$\begin{aligned} f &: A \to B\,, & f &\text{ differenzierbar in } x \in A\,,\\ g &: B \to \mathbb{R}\,, & g &\text{ differenzierbar in } y = f(x) \in B\,. \end{aligned}$$

Wir betrachten die verkettete Funktion $g \circ f : x \mapsto g(f(x))$. Dann ist $g \circ f$ differenzierbar in x mit der Ableitung

$$(g \circ f)'(x) = g'(f(x)) \cdot f'(x)\,.$$

Beispiel 4.11. Gesucht ist die Ableitung der Funktion $h : x \mapsto \sqrt{x^2 + 1}, x \in \mathbb{R}$, an der Stelle $x = 7$. Um die Kettenregel anzuwenden, wählen wir $f(x) = x^2 + 1$ und $g(y) = \sqrt{y}$. Wir erhalten $h'(7) = g'(7^2 + 1) \cdot f'(7) = \frac{1}{2\sqrt{50}} \cdot 2 \cdot 7 = 0.9899$.

Häufig stellt sich das Problem, zu einer gegebenen Funktion $y = f(x), x \in A$, eine **Umkehrfunktion** $x = f^{-1}(y)$ zu finden. Wenn die Funktion f an einer Stelle x differenzierbar und die Ableitung von null verschieden ist, lässt sich f zumindest in der Nähe des Wertes $f(x)$ umkehren und die Ableitung der Umkehrfunktion f^{-1} wie folgt berechnen.

Satz 4.3: Existenz der Umkehrfunktion

Sei $A \subset \mathbb{R}$, $f : A \to \mathbb{R}$ differenzierbar an der Stelle x und $f'(x) \neq 0$. Dann lässt sich in einem Intervall $]y - \varepsilon, y + \varepsilon[$, $\varepsilon > 0$, um den Funktionswert $y = f(x)$ eine Umkehrfunktion

$$f^{-1} : \;]y - \varepsilon, y + \varepsilon[\quad \to \quad A$$

angeben, und f^{-1} ist an der Stelle y differenzierbar mit der Ableitung

$$f^{-1'}(y) = \frac{1}{f'(x)} = \frac{1}{f'(f^{-1}(y))}\,.$$

Merkregel

$$\frac{dx}{dy} = \frac{1}{\frac{dy}{dx}}$$

Beispiel 4.12 (Logarithmus). Die Exponentialfunktion $f(x) = \exp(x)$, $x \in \mathbb{R}$, hat als Umkehrfunktion den natürlichen Logarithmus $f^{-1}(y) = \ln(y)$, $y > 0$; siehe Abbildung 4.3.

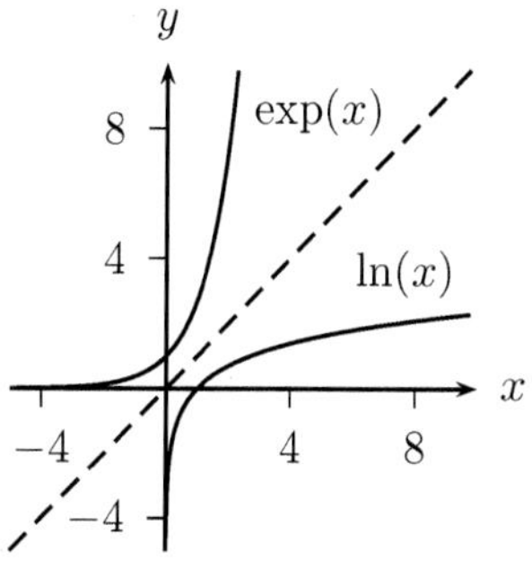

Abbildung 4.3: Exponentialfunktion $\exp(x)$ und Logarithmusfunktion $\ln(x)$.

Mit Satz 4.3 erhält man die Ableitung der Logarithmusfunktion wie folgt:

$$\ln'(y) = \frac{1}{\exp'(\ln(y))} = \frac{1}{\exp(\ln(y))} = \frac{1}{y}$$

Im folgenden Beispiel wenden wir die Kettenregel an.

Beispiel 4.13 (Allgemeine Potenzfunktion). Die **allgemeine Potenzfunktion** ist durch

$$h_\gamma(x) = x^\gamma = \exp(\gamma \ln x)\,, \quad x > 0\,,$$

definiert. Dabei ist γ eine beliebige reelle Zahl. Wenn γ gleich einer ganzen Zahl k und $x > 0$ ist, stimmt die allgemeine Potenzfunktion mit der für $k \in \mathbb{Z}$ definierten Potenzfunktion $f(x) = x^k$ überein. Um die Funktion abzuleiten, zerlegen wir $h_\gamma(x) = x^\gamma$ in $f(x) = \gamma \ln x$ und $g(x) = \exp(x)$. Dies liefert die Ableitung

$$h'_\gamma(x) = g'(\gamma \ln x) \cdot f'(x) = \exp(\gamma \ln x) \cdot \frac{\gamma}{x} = x^\gamma \cdot \frac{\gamma}{x} = \gamma\, x^{\gamma-1}$$

an beliebiger Stelle $x > 0$. Speziell, wenn $\gamma = k$ für ein $k \in \mathbb{Z}$ ist, stimmt diese Ableitungsregel mit der früher hergeleiteten Regel $\frac{d}{dx}x^k = kx^{k-1}$ überein.

4.3 Erste und zweite Ableitung

Bislang haben wir die Ableitung einer Funktion in einem Punkt des Definitionsbereichs untersucht. Sie beschreibt das *lokale Wachstumsverhalten* der Funktion. Wenn eine Funktion in allen Punkten ihres Definitionsbereichs Ableitungen besitzt, kann man diese wiederum als Funktion ansehen und durch sie das *globale Wachstumsverhalten* der Funktion, das heißt ihren gesamten Verlauf, charakterisieren.

Dann lassen sich Fragen wie diese beantworten: Wächst die Funktion in ihrem gesamten Definitionsbereich und, falls nicht, an welcher Stelle geht das Steigen in ein Fallen über, oder umgekehrt? Nimmt der Grad der Steigung der Funktion, gemessen durch ihre Ableitung, laufend ab?

Definition 4.4: Differenzierbare Funktion, erste Ableitung

Sei A ein Intervall in $\mathbb{R}$. Eine Funktion $f : A \to \mathbb{R}$ ist **stetig differenzierbar**, wenn sie an jeder Stelle $x \in A$ differenzierbar und die Funktion

$$f' : A \to \mathbb{R}\,, \quad x \mapsto f'(x)\,,$$

stetig ist.[5] Die Funktion f' heißt **erste Ableitung** von f.

[5] Im Folgenden werden wir nur Funktionen betrachten, deren Ableitungen stetig sind. Wir nennen sie kurz **differenzierbare** Funktionen.

Beispiel 4.14. Die folgenden drei Funktionen $f_i : \mathbb{R} \to \mathbb{R}$, $i = 1, 2, 3$, sind stetig differenzierbar:

$$f_1(x) = x^2\,, \qquad f_1'(x) = 2x\,,$$

$$f_2(x) = x^3\,, \qquad f_2'(x) = 3x^2\,,$$

$$f_3(x) = \begin{cases} x^2\,, & x \geq 0\,, \\ x^3\,, & x < 0\,, \end{cases} \qquad f_3'(x) = \begin{cases} 2x\,, & x \geq 0\,, \\ 3x^2\,, & x < 0\,. \end{cases}$$

Man beachte, dass f_3 an der Stelle $x = 0$ stetig ist und dass dort eine eindeutige Tangente existiert, da die Ableitung des linken wie des rechten Astes der Funktion für $x \to 0$ gegen 0 geht.

Häufig verwendete Funktionen und ihre ersten Ableitungen sind:

$f(x)$	definiert für	$f'(x)$
$ax + b$	$x \in \mathbb{R}$, $a, b \in \mathbb{R}$	a
x^n	$x \in \mathbb{R}$, $n \in \{0, 1, 2, \ldots\}$	nx^{n-1}
x^k	$x \in \mathbb{R} \setminus \{0\}$, $k \in \{-1, -2, \ldots\}$	kx^{k-1}
x^α	$x > 0$, $\alpha \in \mathbb{R}$	$\alpha x^{\alpha-1}$
$\sum_{i=0}^{r} \alpha_i x^i$	$x \in \mathbb{R}$, $\alpha_0, \ldots, \alpha_r \in \mathbb{R}$	$\sum_{i=0}^{r} i\alpha_i x^{i-1}$
$\exp(x)$	$x \in \mathbb{R}$	$\exp(x)$
$\ln(x)$	$x > 0$	$\frac{1}{x}$
a^x	$x \in \mathbb{R}$, $a > 0$	$a^x \ln(a)$
$\sin(x)$	$x \in \mathbb{R}$	$\cos(x)$
$\cos(x)$	$x \in \mathbb{R}$	$-\sin(x)$
$\tan(x)$	$x \neq (2n-1)\frac{\pi}{2}$, $n \in \mathbb{Z}$	$\frac{1}{\cos^2(x)}$
$\cot(x)$	$x \neq n\pi$, $n \in \mathbb{Z}$	$-\frac{1}{\sin^2(x)}$

Als Nächstes interessiert uns das Steigungsverhalten der ersten Ableitung f'. Es gibt Auskunft darüber, ob das Wachstum der Funktion f zu- oder abnimmt und ob etwa an einer gegebenen Stelle x ein lokales Minimum oder Maximum vorliegt.

Definition 4.5: Zweite Ableitung

Falls die erste Ableitung $f' : A \to \mathbb{R}$ an einer Stelle x differenzierbar ist, wird ihre Ableitung als **zweite Ableitung** von f an der Stelle x bezeichnet, symbolisch

$$f''(x) = \frac{d}{dx} f'(x) = \frac{d^2}{dx^2} f(x) .$$

Wenn die zweite Ableitung an jeder Stelle des Definitionsbereichs A existiert, heißt f zweimal differenzierbar, und die zweite Ableitung wird als Funktion angesehen,

$$f'' : A \to \mathbb{R}, \quad x \mapsto f''(x) .$$

Die zweite Ableitung beschreibt das Steigungsverhalten der ersten Ableitung. Ist die zweite Ableitung an einer Stelle c positiv bzw. negativ, so nimmt dort mit wachsendem x die Steigung zu bzw. ab. Der Graph der Funktion ist dort **linksgekrümmt** bzw. **rechtsgekrümmt**.

Beispiel 4.15 (Logarithmus). Die zweite Ableitung der Logarithmusfunktion $f(x) = \ln(x)$ lautet gemäß Beispiel 4.10

$$\frac{d^2}{dx^2} \ln(x) = \frac{d}{dx} \frac{1}{x} = -\frac{1}{x^2}, \quad x > 0 .$$

Also ist an allen Stellen $x > 0$ die Logarithmusfunktion rechtsgekrümmt (siehe Abbildung 4.3).

4.4 Nullstellen und Extrema

Mit Hilfe der Differentialrechnung lässt sich nicht nur das punktuelle Wachstumsverhalten, sondern der gesamte Verlauf einer Funktion analysieren. Insbesondere interessieren uns etwaige Nullstellen, Maxima und Minima, aber auch Wendepunkte, Sattelpunkte und Asymptoten einer gegebenen differenzierbaren Funktion. Bei den Maxima und Minima sind globale von lokalen Extrema zu unterscheiden.

Wir betrachten eine reelle Funktion f, die auf einem Intervall A definiert ist (Abbildung 4.4).

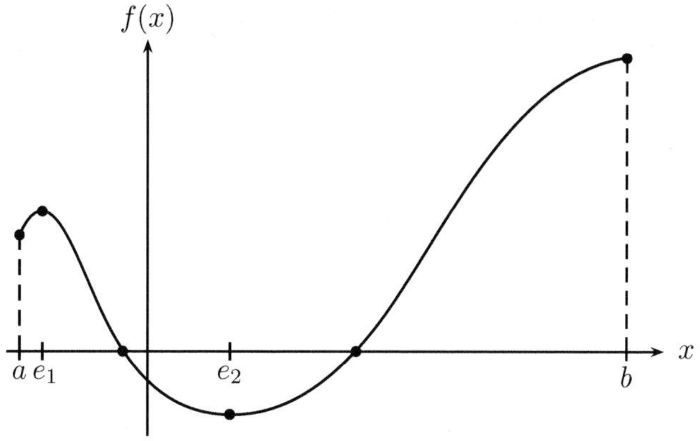

Abbildung 4.4: Funktion $[a, b] \to \mathbb{R}$ mit Nullstellen, Minima und Maxima.

Definition 4.6: Nullstelle, Maximum, Minimum

Sei $a \in A$. Man sagt,

- a ist **Nullstelle** von f, falls $f(a) = 0$ gilt,
- f hat ein **globales Maximum** in a, falls $f(a) \geq f(x)$ für alle $x \in A$ gilt,
- f hat ein **globales Minimum** in a, falls $f(a) \leq f(x)$ für alle $x \in A$ gilt,
- f hat ein **lokales Maximum** in a, falls ein $\varepsilon > 0$ existiert, sodass $f(a) \geq f(x)$ für alle $x \in A$, für die $|x - a| < \varepsilon$ gilt,
- f hat ein **lokales Minimum** in a, falls ein $\varepsilon > 0$ existiert, sodass $f(a) \leq f(x)$ für alle $x \in A$, für die $|x - a| < \varepsilon$ gilt.

Ein lokales Maximum (bzw. Minimum) nennt man auch **relatives Maximum** (bzw. **Minimum**), ein globales Maximum (bzw. Minimum) auch **absolutes Maximum** (bzw. **Minimum**). Unter einem **Extremum** versteht man ein Maximum oder ein Minimum.

Offenbar ist jedes globale Maximum bzw. Minimum zugleich lokales Maximum bzw. Minimum. Die Umkehrung hiervon gilt jedoch nicht.

Beispiel 4.16. Abbildung 4.4 zeigt ein globales Minimum im Innern an der Stelle e_2 und ein lokales Minimum am Rand bei a. Sie zeigt ein globales Maximum am rechten Randpunkt b des Intervalls und ein lokales Maximum im Innern an der Stelle e_1. Letzteres erfüllt die Definition des lokalen Maximums mit jedem $\varepsilon \leq e_1 - a$.

Satz 4.4: Notwendige Bedingung für ein Extremum

Sei $f(a)$ ein lokales Extremum, a kein Randpunkt von A und f differenzierbar in a. Dann gilt $f'(a) = 0$.

Satz 4.5: Hinreichende Bedingung für ein Extremum

Sei f differenzierbar, $f'(a) = 0$, a kein Randpunkt und f zweimal differenzierbar in a. Dann ist $f(a)$

$$\begin{array}{ll} \text{ein lokales Maximum,} & \text{falls } f''(a) < 0 \text{ ist,} \\ \text{ein lokales Minimum,} & \text{falls } f''(a) > 0 \text{ ist.} \end{array}$$

Satz 4.4 sagt, dass ein lokales Extremum von f im Innern des Definitionsbereichs nur an einer Stelle auftreten kann, an der die erste Ableitung null ist, also eine waagerechte Tangente existiert. Allerdings ist dies lediglich eine *notwendige* Bedingung für ein Extremum im Innern des Definitionsbereichs. Wenn $f'(a) = 0$ ist, kann dort auch ein sogenannter Sattelpunkt vorliegen. Beispielsweise hat die Funktion $f(x) = (x-1)^3$ an der Stelle $a = 1$ eine waagrechte Tangente mit $f'(1) = 0$, jedoch kein Extremum, sondern einen Sattelpunkt; siehe Abbildung 4.5 und Abschnitt 4.5.

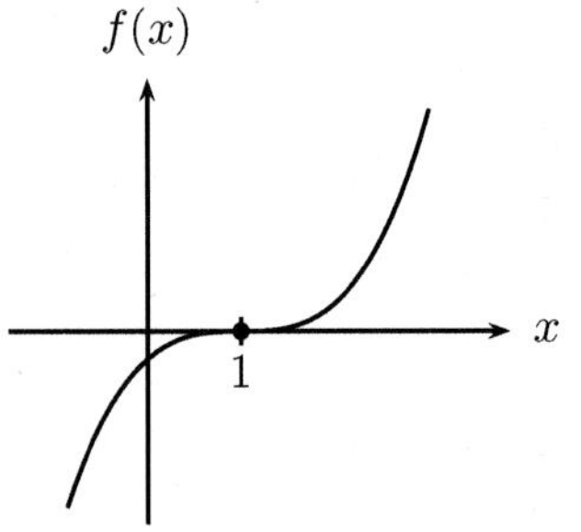

Abbildung 4.5: $f(x) = (x-1)^3$ besitzt an der Stelle 1 einen Sattelpunkt.

Satz 4.5 ergänzt die notwendige Bedingung durch eine *hinreichende*: Wenn an einer Stelle im Innern die Steigung null ist und außerdem die zweite Ableitung einen negativen Wert annimmt, bedeutet dies, dass die Steigung von f dort von positiv nach negativ wechselt, also ein lokales Maximum besteht. Ebenso, wenn die zweite Ableitung an der Stelle positiv ist, wechselt die Steigung von f von negativ nach positiv und es besteht ein lokales Minimum.

Beispielsweise besitzt die Funktion $f(x) = -4x^2 + 5x - 2$, $x \in \mathbb{R}$ an einer beliebigen Stelle $x \in \mathbb{R}$ die Ableitungen $f'(x) = -8x + 5$ und $f''(x) = -8$.

Nullsetzen von $f'(x)$ liefert als einzige Lösung $x = \frac{5}{8}$. Nur an der Stelle $x = \frac{5}{8}$ kann also ein Extremum liegen. Wegen $f''(\frac{5}{8}) < 0$ liegt dort ein lokales Maximum vor. Am Graphen der Funktion, der aus einer nach unten geöffneten Parabel besteht, sieht man, dass dieses Maximum auch ein globales ist.

Wenn der Definitionsbereich einer Funktion nicht ganz $\mathbb{R}$ umfasst, können Extrema – lokale und globale – auch an dessen Rand liegen. In diesem Fall sind spezielle Untersuchungen der Randpunkte nötig.

Beispiel 4.17 (Stückkostenfunktion). Die Kosten einer Produktion seien durch ein Polynom zweiten Grades $k(x) = ax^2 + bx + c$ beschrieben, wobei $x \in [0, S]$ die produzierte Menge darstellt und a, b und c geeignet gewählte Konstanten größer null sind. Die Kosten pro Stück folgen dann der Stückkostenfunktion

$$f(x) = \frac{k(x)}{x} = \frac{ax^2 + bx + c}{x} = ax + b + \frac{c}{x}\,.$$

Die Stückkostenfunktion ist für $0 < x \leq S$ definiert; für x nahe null nimmt sie beliebig große Werte an. Die beiden ersten Ableitungen der Stückkostenfunktion lauten für $x \in]0, S[$

$$f'(x) = a - \frac{c}{x^2}\,, \quad f''(x) = 2\frac{c}{x^3}\,.$$

Nullsetzen der ersten Ableitung führt zu $x_1 = \pm\sqrt{\frac{c}{a}}$. Da negative Werte von x ausgeschlossen sind, kann nur $x_1 = \sqrt{\frac{c}{a}}$ eine Lösung sein.

Falls x_1 im Innern des Definitionsintervalls liegt, $0 < x_1 < S$, ist die notwendige Bedingung für ein Extremum und wegen $f''(x_1) > 0$ auch die hinreichende Bedingung für ein lokales Minimum in x_1 erfüllt. Bei näherer Betrachtung der ersten Ableitung sieht man, dass $f'(x) < 0$ für $0 < x < x_1$ und $f'(x) > 0$ für $x > x_1$ gilt, die Funktion also im Intervall $]0, x_1[$ eine negative Steigung und im Intervall $]x_1, S[$ eine positive Steigung aufweist. Folglich liegt bei x_1 nicht nur ein lokales, sondern auch ein globales Minimum der Stückkostenfunktion vor.

Falls $x_1 \geq S$ ist, fällt $f(x)$ im gesamten Definitionsintervall $[0, S]$; das globale Minimum der Stückkosten liegt deshalb am rechten Rand des Intervalls an der Stelle $x = S$.

Wenn die erste Ableitung null ist, genügt statt der Bedingung „f zweimal differenzierbar und $f''(a) \neq 0$“ als hinreichende Bedingung auch die folgende: „f' wechselt in a sein Vorzeichen“. Es liegt dann ein Minimum vor, falls das Vorzeichen von $-$ nach $+$ wechselt, und ein Maximum, falls das Vorzeichen von $+$ nach $-$ wechselt, f also erst fällt und dann wächst bzw. erst wächst und dann fällt; siehe Abbildung 4.6.

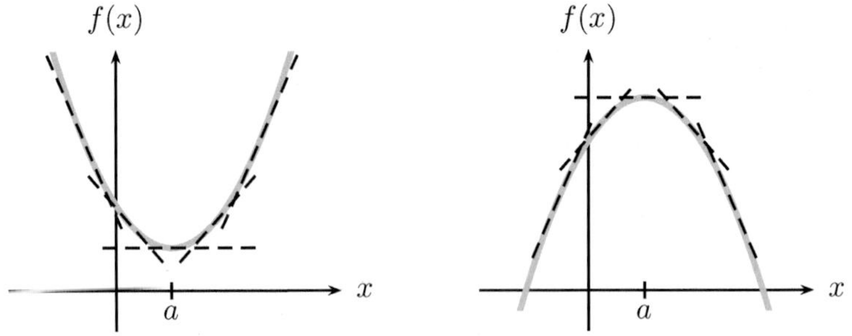

Abbildung 4.6: Links liegt ein Minimum vor; dort sind für Werte kleiner a die Steigungen der Tangenten negativ und für Werte größer a positiv.

Wenn außer der ersten Ableitung auch die zweite gleich null ist, kann ein Extremum vorliegen oder auch nicht, wie beispielsweise diese beiden Funktionen zeigen:

Die Funktion $f(x) = (x-1)^4$, $x \in \mathbb{R}$, hat in $a = 1$ die Ableitungen $f'(1) = f''(1) = 0$. Sie besitzt dort offenbar ein lokales (und globales) Minimum, da die erste Ableitung das Vorzeichen von $-$ nach $+$ wechselt.

Für die Funktion $g(x) = (x-1)^3$, $x \in \mathbb{R}$, gilt in $a = 1$ ebenfalls $g'(1) = g''(1) = 0$. Sie weist dort jedoch kein Extremum auf, da die erste Ableitung sowohl rechts wie links von der Stelle $a = 1$ positiv ist.

4.5 Wendepunkte

Um den Verlauf einer Funktion zu beschreiben, sind außer Nullstellen und Extrema weitere Punkte ihres Graphen von Bedeutung. An einer Nullstelle wechselt die Funktion ihr Vorzeichen oder hat ein lokales Extremum. Ein lokales Extremum im Innern des Definitionsintervalls ist dadurch charakterisiert, dass dort die erste Ableitung der Funktion ihr Vorzeichen wechselt. Als Nächstes betrachten wir nun etwaige Vorzeichenwechsel der zweiten Ableitung.

Definition 4.7: Wendepunkt, Sattelpunkt

f sei zweimal differenzierbar, $a \in A$ und $f''(a) = 0$. Falls f'' in a sein Vorzeichen wechselt, heißt a **Wendepunkt**. Falls außerdem $f'(a) = 0$ ist, nennt man a einen **Sattelpunkt**.

Beispielsweise hat die Funktion $f : \mathbb{R} \to \mathbb{R}, x \mapsto x^3$ einen Wendepunkt bei $x = 0$, der zugleich Sattelpunkt ist.

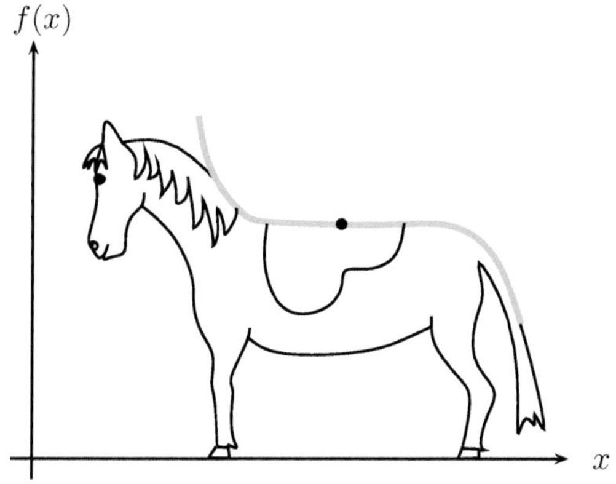

Abbildung 4.7: Ein Wendepunkt, der zugleich ein Sattelpunkt ist.

Anschaulich bedeutet ein Wendepunkt, dass sich die Krümmung des Graphen der Funktion ändert. Abbildung 4.7 zeigt einen solchen Wendepunkt, der zugleich ein Sattelpunkt ist. Vor dem Wendepunkt ist der Graph linksgekrümmt, d.h. die zweite Ableitung ist positiv, nach dem Wendepunkt ist er rechtsgekrümmt, d.h. die zweite Ableitung ist negativ.

Beispiel 4.18. (Wachstum mit Sättigung). Die **logistische Wachstumsfunktion** $f : \mathbb{R} \to \mathbb{R}$,

$$\boxed{f(x) = \frac{G}{1+\alpha e^{-\lambda G x}}, \quad x \geq 0,}$$

mit $\alpha > 0$, $G > 0$ und $\lambda > 0$ (vgl. Beispiel 1.13) hat die Ableitungen

$$\begin{aligned} f'(x) &= G^2 \alpha \lambda \frac{e^{-\lambda G x}}{(1+\alpha e^{-\lambda G x})^2}, \\ f''(x) &= G^3 \alpha \lambda^2 e^{-\lambda G x} \frac{\alpha e^{-\lambda G x} - 1}{(1+\alpha e^{-\lambda G x})^3}. \end{aligned}$$

Sowohl die Funktion als auch ihre erste Ableitung sind für alle $x \in \mathbb{R}$ positiv; es gibt also keine Nullstellen und auch keine lokalen Extrema. Die zweite Ableitung ist null bei $\alpha e^{-\lambda G x} = 1$, d.h. bei $-\lambda G x = \ln \frac{1}{\alpha} = -\ln \alpha$. Also hat die Funktion einen Wendepunkt an der Stelle $x = \frac{\ln \alpha}{\lambda G}$. Der Wendepunkt ist kein Sattelpunkt.

Die Untersuchung einer gegebenen Funktion auf Nullstellen, Extrema, Wendepunkte und weitere geometrische Charakteristika ihres Graphen nennt man **Kurvendiskussion**. Hierzu ein Beispiel:

Beispiel 4.19. Wir untersuchen die Funktion

$$f(x) = x^3 - 3x + 2, \quad x \in [-3, 2].$$

Zunächst bestimmen wir alle Nullstellen, lokalen und globalen Extrema, Wendepunkte und Sattelpunkte. Durch probeweises Einsetzen in die Funktion erkennt man relativ leicht, dass $x = 1$ eine Nullstelle von f ist. Die weiteren Nullstellen erhält man, indem man das Polynom durch den Faktor $(x-1)$ dividiert[6]:

$$\begin{array}{rrrl}
(x^3 & - & 3x & +2\ ) : (x-1) = x^2 + x - 2 \\
-(x^3 - x^2) & & & \\
\hline
x^2 & - & 3x & +2 \\
-(x^2 & - & x) & \\
\hline
 & & -2x & +2 \\
 & & -(-2x & +2) \\
\hline
 & & & 0
\end{array}$$

Die Nullstellen des Polynoms zweiten Grades $x^2 + x - 2$ werden z.B. mit der p-q-Formel[7] bestimmt:

$$x_{1,2} = -\frac{1}{2} \pm \sqrt{\frac{1}{4} + 2} = \begin{cases} 1 & \text{bzw.} \\ -2. & \end{cases}$$

Nullstellen von f sind also $x_1 = 1$ und $x_2 = -2$. Bei $x_1 = 1$ handelt es sich um eine sogenannte **doppelte Nullstelle**.

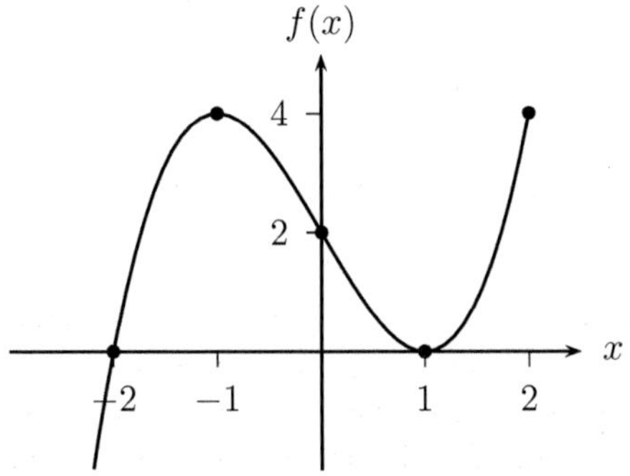

[6]Für Polynome gilt allgemein: Ist a eine Nullstelle, so lässt sich das Polynom ohne Rest durch $(x-a)$ dividieren.

[7]Allgemein gilt: Ein Polynom zweiten Grades $x^2 + px + q$ hat die beiden Nullstellen $x_{1,2} = -\frac{p}{2} \pm \sqrt{\frac{p^2}{4} - q}$.

Weiter bestimmen wir die ersten Ableitungen der Funktion und berechnen deren Nullstellen[8]:

$$f'(x) = 3x^2 - 3 \overset{!}{=} 0 \iff x^2 = 1 \iff x = \pm 1$$
$$f''(x) = 6x \overset{!}{=} 0 \iff x = 0$$

Da $f''(1) = 6 > 0$ ist, liegt bei $f(1) = 0$ ein lokales Minimum vor. Wegen $f''(-1) = -6 < 0$ ist $f(-1) = 4$ ein lokales Maximum. Am Rand des Intervalls findet man je ein lokales Extremum: $f(2) = 4$ ist lokales Maximum, $f(-3) = -16$ lokales Minimum. Ein Wendepunkt befindet sich bei $x_4 = 0$; er ist kein Sattelpunkt, da $f'(0) \neq 0$ ist. Der Vergleich der Funktionswerte der lokalen Minima ergibt, dass $f(-3) = -16$ ein globales Minimum ist. Ebenso sind $f(-1) = f(2) = 4$ globale Maxima. Die Funktion ist in obiger Abbildung dargestellt.

4.6 Monotonie, Konkavität, Konvexität

Bei einer differenzierbaren Funktion lässt sich anhand der ersten Ableitung entscheiden, ob sie monoton wächst bzw. fällt oder nicht; vgl. Definition 1.3.

Satz 4.6: Monotonie einer differenzierbaren Funktion

Eine stetige Funktion $f : A \to \mathbb{R}$, wobei $A = [a, b]$ ein abgeschlossenes Intervall ist, sei auf dem offenen Intervall $]a, b[$ differenzierbar. Dann ist f genau dann monoton wachsend, wenn

$$f'(x) \geq 0 \quad \text{für alle } x \in]a, b[\,.$$

f ist genau dann monoton fallend, wenn

$$f'(x) \leq 0 \quad \text{für alle } x \in]a, b[\,.$$

Ist die erste Ableitung sogar immer echt größer (kleiner) null, dann ist die Funktion streng monoton steigend (streng monoton fallend). Allerdings gilt die andere Richtung nicht, d.h. wenn die Funktion streng monotonen ist, folgt daraus nicht, dass die Ableitung immer größer bzw. immer kleiner null ist. Beispielsweise ist die Ableitung der streng monoton steigenden Funktion $f(x) = x^3$ an der Stelle null gleich null.

[8] Setzt man einen Term $A(x)$ gleich null, um ihn nach x aufzulösen, schreibt man kurz: $A(x) \overset{!}{=} 0$.

Eine konkave Funktion ist über ihren ganzen Verlauf rechtsgekrümmt, eine konvexe Funktion ist überall linksgekrümmt; vgl. Abschnitt 4.3. Dies lässt sich bei einer differenzierbaren Funktion anhand der zweiten Ableitungen überprüfen.

Satz 4.7: Konkavität, Konvexität einer differenzierbaren Funktion

Sei f zweimal differenzierbar auf dem offenen Intervall A. Dann gilt

$$\begin{aligned} f \quad \text{konkav} \quad &\iff \quad f''(x) \leq 0 \quad \text{für alle} \quad x \in A\,, \\ f \quad \text{konvex} \quad &\iff \quad f''(x) \geq 0 \quad \text{für alle} \quad x \in A\,. \end{aligned}$$

Beispiel 4.20. (Nutzenfunktionen). Betrachtet wird der Nutzen einer Geldeinnahme der Höhe x für eine Person. Zwei spezielle Funktionen werden besonders häufig verwendet, um den Nutzen des Geldes zu modellieren, die negativ-exponentielle Funktion und die Logarithmusfunktion. Sie sind in der folgenden Abbildung dargestellt.

a) Negativ-exponentielle Nutzenfunktion:

$$u(x) = 1 - e^{-\lambda x}\,, \qquad x > 0\,.$$

b) Logarithmische Nutzenfunktion:

$$v(x) = \ln(\lambda x)\,, \qquad x > 0\,.$$

Hierbei steht λ jeweils für einen Parameter, der größer als null ist. Der negativ-exponentielle Nutzen ist beschränkt, der logarithmische ist es nicht. Eine typische Fragestellung lautet: Wie ändert sich der Nutzen, wenn sich x um eine Geldeinheit erhöht?

Die erste Ableitung einer Nutzenfunktion bezeichnet man als **Grenznutzen**. Die Grenznutzen von u und v lauten

$$u'(x) = \lambda e^{-\lambda x} \quad \text{bzw.} \quad v'(x) = \frac{1}{x}\,, \qquad x > 0\,.$$

Sie sind überall positiv, also sind beide Nutzenfunktionen streng monoton wachsend; dies entspricht der üblichen Forderung an Nutzenfunktionen, dass nämlich jeder Zuwachs in x einen Zuwachs an Nutzen mit sich bringt. Die zweiten Ableitungen,

$$u''(x) = -\lambda^2 e^{-\lambda x} \quad \text{bzw.} \quad v''(x) = -\frac{1}{x^2}\,, \qquad x > 0\,,$$

sind überall negativ. Das bedeutet, dass der Grenznutzen mit wachsendem x abnimmt. Mit anderen Worten: Die beiden Nutzenfunktionen sind konkav.

Die negativ exponentielle Nutzenfunktion nähert sich mit wachsendem x der Konstanten 1. Man sagt, diese Funktion besitze eine **waagerechte Asymptote** bei $y = 1$.

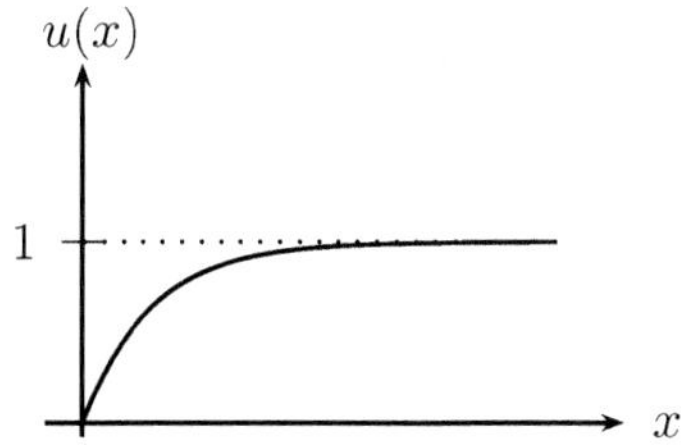

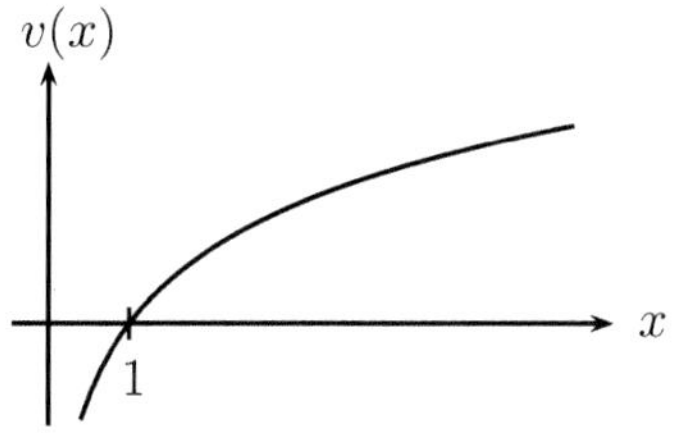

Globale Minima und Maxima Konkavität und Konvexität von Funktionen sind nützliche Begriffe bei der Bestimmung globaler Extrema. Die obigen Bedingungen an die ersten beiden Ableitungen einer Funktion erlauben lediglich die Charakterisierung lokaler Maxima und Minima. Ist eine Funktion konkav oder konvex, so ist jedes lokale Extremum auch ein globales Extremum. Der folgende Satz macht diese Aussage nicht nur für Extrema im Innern des Definitionsbereichs, sondern auch für solche am Rand.

Satz 4.8: Globale Extrema bei Konkavität und Konvexität

Sei A ein Intervall und $a \in A$. Dann gelten die folgenden Aussagen:

(i) Ist f konkav und ist $f(a)$ ein lokales Maximum, so ist $f(a)$ ein globales Maximum.

(ii) Ist f konvex und ist $f(a)$ ein lokales Minimum, so ist $f(a)$ ein globales Minimum.

Beispiel 4.21. Die folgende Abbildung zeigt $f_1(x) = 9 - (x-3)^2$, $0 \leq x \leq 2$, sowie $f_2(x) = 9 - 4(x - 1.5)^2$, $0 \leq x \leq 2$. Beide Funktionen sind konkav, f_1 besitzt ein lokales, und deshalb auch globales Maximum am Rand bei $x = 2$, f_2 ein lokales und globales Maximum im Innern des Definitionsintervalls bei $x = 1.5$. Dagegen sind die beiden Nutzenfunktionen des Beispiels 4.20 zwar konkav, doch haben sie kein lokales, und damit auch kein globales Maximum.

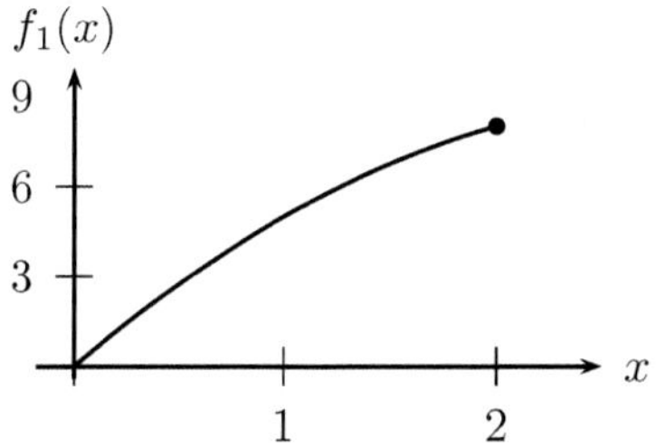

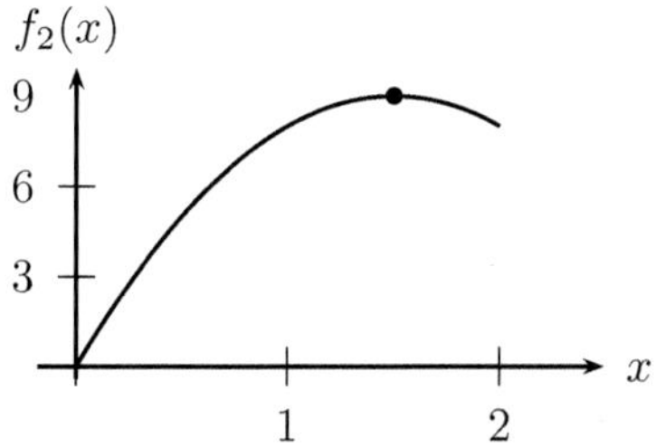

4.7 Höhere Ableitungen und Taylor-Polynom

Gelegentlich will man eine komplizierte – evtl. nicht explizit als Formel gegebene – Funktion durch eine einfachere Funktion näherungsweise ersetzen. In Abschnitt 4.1 haben wir gesehen, dass eine differenzierbare Funktion lokal, das heißt in einer Umgebung einer Stelle a, in erster Näherung durch ihre Tangentenfunktion in a (ein Polynom vom Grad 1) approximiert wird.

Besitzt die Funktion höhere Ableitungen, lässt sich die lokale Näherung verbessern, indem man sie durch Polynome höheren Grades approximiert.

Definition 4.8: Höhere Ableitungen

Man setzt zunächst $f^{(0)} = f$ und dann rekursiv für natürliche Zahlen n: Wenn $f^{(n-1)}$ eine differenzierbare Funktion ist, so heißt die Funktion $f^{(n)} = \frac{d}{dx} f^{(n-1)}$ die n**-te Ableitung** von f.

Beispiel 4.22.

a) Wir betrachten das Polynom dritten Grades $f(x) = 7x^3 - 5x^2 + 2x + 1$. Es hat die Ableitungen $f'(x) = 21x^2 - 10x + 2$, $f''(x) = 42x - 10$, $f'''(x) = 42$, sowie $f^{(n)}(x) = 0$ für alle $n \geq 4$.

b) Die Funktion $f(x) = \ln x$, $x > 0$, besitzt die ersten drei Ableitungen

$$f^{(1)}(x) = f'(x) = \frac{1}{x}, \quad f^{(2)}(x) = f''(x) = -\frac{1}{x^2}, \quad f^{(3)}(x) = f'''(x) = \frac{2}{x^3}.$$

Offenbar erhöht sich mit jeder weiteren Ableitung die Nennerpotenz um 1, es kommt jedesmal ein um eins erhöhter Faktor hinzu und das Vorzeichen wechselt. Für beliebiges $n \in \mathbb{N}$ erhalten wir daher

$$f^{(n)}(x) = (-1)^{n-1} \frac{(n-1)!}{x^n}.$$

Definition 4.9: Taylor[9]-Polynom

Ist f n-mal differenzierbar, so heißt das Polynom

$$\begin{aligned} T_{f,a,n}(x) &= \sum_{i=0}^{n} f^{(i)}(a) \frac{(x-a)^i}{i!} \\ &= f(a) + f'(a)(x-a) + f''(a)\frac{(x-a)^2}{2!} + \ldots + f^{(n)}(a)\frac{(x-a)^n}{n!} \end{aligned}$$

Taylor-Polynom n-ten Grades von f an der Stelle a.

[9] Brook Taylor (1685-1731)

Die Tangentenfunktion ist das Taylor-Polynom ersten Grades.

Das Taylor-Polynom $T_{f,a,n}$ besitzt Ableitungen beliebiger Ordnung. Bis zur n-ten Ableitung stimmen diese an der Stelle a mit den Ableitungen der Funktion f überein. Ableitungen höherer Ordnung als der Grad des Polynoms n sind – wie bei jedem Polynom – konstant gleich null.

Beispiel 4.23. Für die Logarithmusfunktion (vgl. Beispiel 4.22) berechnen wir zunächst das Taylor-Polynom dritten Grades (siehe Abbildung 4.8) und dann beliebigen Grades n an der Stelle $a = 1$. Es gilt (vgl. Beispiel 4.22)

$$f(1) = 0\,,\ f'(1) = 1\,,\ f''(1) = -1\,,\ f^{(3)}(1) = 2\,,\ldots,\ f^{(i)}(1) = (-1)^{i-1}(i-1)!\,.$$

Daher ist

$$\begin{aligned} T_{f,1,3}(x) &= 0 + 1\cdot(x-1) - 1\cdot\frac{(x-1)^2}{2!} + 2\frac{(x-1)^3}{3!} \\ &= x - 1 - \frac{(x-1)^2}{2} + \frac{(x-1)^3}{3}\,. \end{aligned}$$

Allgemein gilt für beliebige $n \in \mathbb{N}$

$$\begin{aligned} T_{f,1,n}(x) &= 0 + \sum_{i=1}^{n}(-1)^{i-1}(i-1)!\frac{(x-1)^i}{i!} \\ &= \sum_{i=1}^{n}(-1)^{i-1}\frac{(x-1)^i}{i}\,. \end{aligned}$$

Nun lassen wir den Grad des Taylor-Polynoms gegen unendlich gehen. Man kann zeigen, dass die unendliche Reihe

$$\lim_{n\to\infty}\sum_{i=1}^{n}(-1)^{i-1}\frac{(x-1)^i}{i} = \sum_{i=1}^{\infty}(-1)^{i-1}\frac{(x-1)^i}{i}$$

für $0 \leq x \leq 2$ konvergiert und den Wert $\ln x$ besitzt.

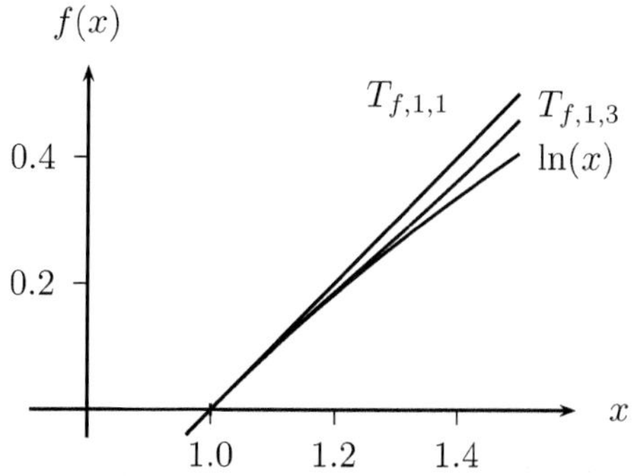

Abbildung 4.8: Logarithmus mit Taylor-Polynom ersten und dritten Grades an der Stelle 1.

Man sagt daher, dass die **Taylor-Reihenentwicklung** von $\ln x$ an der Stelle 1 für alle $0 < x \leq 2$ konvergiert. Setzt man $x = 1 + y$ ein, erhält man

$$\ln(1+y) = \sum_{i=1}^{\infty} (-1)^{i-1} \frac{y^i}{i}, \quad -1 < y \leq 1 .$$

Für $y > 1$ konvergiert die Reihe jedoch nicht.

Viele wichtige Funktionen, die wie die Logarithmusfunktion Ableitungen jeder Ordnung besitzen, lassen sich auf diese Weise durch ihr Taylor-Polynom approximieren, und zwar mit beliebig kleiner Abweichung in einem vorgegebenen Intervall $]a - \varepsilon, a + \varepsilon[$.

4.8 Regel von L'Hospital

Häufig ist der Grenzwert eines Quotienten gesucht, bei dem sowohl der Zähler als auch der Nenner gegen null konvergieren. Ein solcher Limes lässt sich in vielen Fällen mit Hilfe der Differentialrechnung bestimmen. Ähnliches trifft zu, wenn Zähler und Nenner beide (gegen $+\infty$ oder $-\infty$) bestimmt divergieren.[10]

Je nach Konvergenz oder Divergenz im Zähler und Nenner unterscheidet man drei Grundtypen,

$$\frac{0}{0}, \qquad \frac{\infty}{\infty} = \frac{-\infty}{-\infty}, \qquad \frac{-\infty}{\infty} = -\frac{\infty}{\infty} = \frac{\infty}{-\infty} .$$

Die drei Typen werden auch als „unbestimmte Ausdrücke“ bezeichnet. Die Regel von L'Hospital[11] dient dazu, die Grenzwerte solcher Quotienten im konkreten Fall zu berechnen.

Satz 4.9: Regel von L'Hospital

Seien $f, g : A \to \mathbb{R}$ differenzierbar auf dem Intervall $A =]a, b[$, $a, b \in \mathbb{R} \cup \{-\infty, \infty\}$ und es gelte entweder

$$\lim_{x \searrow a} f(x) = \lim_{x \searrow a} g(x) = 0$$

oder

$$\lim_{x \searrow a} f(x), \lim_{x \searrow a} g(x) = \pm\infty .$$

[10] Zur Definition der bestimmten Divergenz siehe Definition 3.3.

[11] Guillaume François Antoine Marquis de L'Hospital (1661-1704)

Falls $\lim\limits_{x \searrow a} \dfrac{f'(x)}{g'(x)} = c$ existiert, so folgt $\lim\limits_{x \searrow a} \dfrac{f(x)}{g(x)} = c.$

Hier ist auch die bestimmte Divergenz des Quotienten zugelassen, d.h. $c = \infty$ oder $c = -\infty$.

Entsprechendes gilt (mit Grenzwerten $\lim_{x \nearrow b}$) auch für die obere Intervallgrenze b.

In der praktischen Anwendung geht man so vor: Entsteht durch Grenzübergang beim Quotienten zweier Funktionen ein „unbestimmter Ausdruck", so ersetzt man Zähler und Nenner durch deren Ableitungen und berechnet den Limes des neuen Quotienten, sofern dieser existiert.

Beispiel 4.24. Es soll der Grenzwert

$$\lim_{x \to 1} \frac{\ln(x)}{1 - x}$$

berechnet werden. Wegen $\lim\limits_{x \to 1} \ln(x) = \lim\limits_{x \to 1}(1 - x) = 0$ ist dies zunächst ein unbestimmter Ausdruck der Form $\frac{0}{0}$. Mit der Regel von L'Hospital erhält man jedoch

$$\lim_{x \to 1} \frac{\ln(x)}{1 - x} = \lim_{x \to 1} \frac{\frac{1}{x}}{-1} = -1\,.$$

Ggf. ist – wie im folgenden Beispiel – die L'Hospitalsche Regel mehrfach anzuwenden.

Beispiel 4.25. Es gilt

$$\lim_{x \to \infty} x^2 e^{-x} = \lim_{x \to \infty} \frac{x^2}{e^x} = \lim_{x \to \infty} \frac{2x}{e^x} = \lim_{x \to \infty} \frac{2}{e^x} = 0\,.$$

4.9 Mittelwertsatz

Wie wir gesehen haben, entsteht ein Differentialquotient durch Grenzübergang aus Differenzenquotienten. Ein Differenzenquotient bezieht sich auf zwei Stellen der untersuchten Funktion und setzt die Differenz der Funktionswerte ins Verhältnis zum Abstand der beiden Stellen, an denen die Funktion ausgewertet wird. Der folgende Satz sagt nun etwas über den Wert des Differenzenquotienten aus. Er ist gleich dem Wert des Differentialquotienten, also der Ableitung der Funktion an einer Stelle, die zwischen den beiden Stellen liegt, auf die sich der Differenzenquotient bezieht.

Satz 4.10: Mittelwertsatz

Sei $f : A \to \mathbb{R}$ differenzierbar und $\alpha, \beta \in A, \alpha < \beta$. Dann gibt es mindestens ein ξ, $\alpha < \xi < \beta$, sodass

$$f'(\xi) = \frac{f(\beta) - f(\alpha)}{\beta - \alpha}$$

gilt, d.h.

$$f(\beta) = f(\alpha) + f'(\xi)(\beta - \alpha)\,.$$

Abbildung 4.9 zeigt eine Funktion, die sogar zwei Stellen, ξ_1 und ξ_2, aufweist, an denen die Ableitung denselben Wert annimmt wie die Steigung der Gerade, die durch die Punkte $(\alpha, f(\alpha))$ und $(\beta, f(\beta))$ geht.

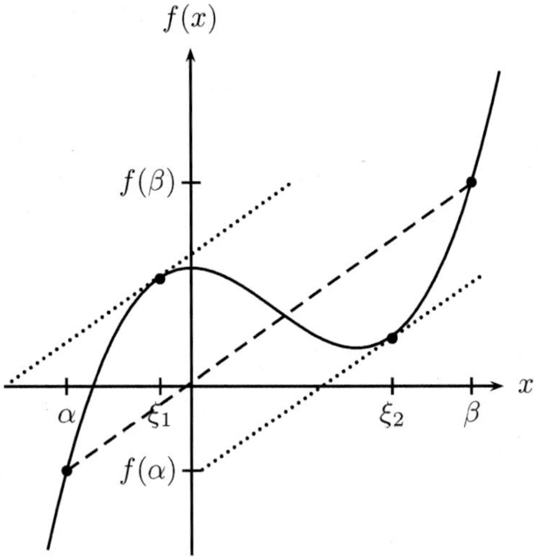

Abbildung 4.9: Mittelwertsatz.

Ein Spezialfall des Mittelwertsatzes ist der **Satz von Rolle**[12]. Gilt $f(\alpha) = f(\beta)$, so ist der Differenzenquotient gleich null und der Mittelwertsatz garantiert mindestens eine Stelle $\xi \in]\alpha, \beta[$, an der die Ableitung von f null ist. An einer dieser Stellen nimmt die Funktion notwendigerweise ein Minimum oder ein Maximum an. Insbesondere liegt zwischen zwei Nullstellen einer differenzierbaren Funktion (also wenn $f(\alpha) = f(\beta) = 0$ ist) immer eine Extremstelle.

[12]Michel Rolle (1652-1719)

4.10 Numerische Verfahren zur Nullstellenbestimmung

In vielen Anwendungen ist es nötig, die Nullstellen einer gegebenen Funktion zu bestimmen. Dieses Problem tritt beispielsweise bei der Berechnung der Umkehrfunktion einer gegebenen Funktion oder bei der Bestimmung von Extremwerten einer Funktion auf. Wir illustrieren dies anhand zweier Beispiele.

Beispiel 4.26. Die Funktion $f : \mathbb{R} \to \mathbb{R}$, $x \mapsto x + e^x$, ist streng monoton wachsend und nimmt beliebig kleine und große Werte an. Somit besitzt f eine Umkehrfunktion f^{-1}. Um beispielsweise $f^{-1}(1)$ zu berechnen, muss die Gleichung $x + e^x = 1$ nach x aufgelöst werden. Da diese Gleichung nicht explizit nach x auflösbar ist, benötigt man dazu ein numerisches Verfahren.

Beispiel 4.27. Gesucht sind die lokalen Extremstellen der Funktion $f : \mathbb{R} \to \mathbb{R}$, $f(x) = x^2 + \sin x$. Die beiden ersten Ableitungen der Funktion sind

$$f'(x) = 2x + \cos x \quad \text{und} \quad f''(x) = 2 - \sin x\,.$$

Wegen $f'(-1) < 0$ und $f'(0) > 0$ besitzt f' im Intervall $[-1, 0]$ eine Nullstelle. Da die zweite Ableitung für alle x größer als null ist, liegt dort ein globales Minimum vor. Um dieses zu finden, müssen wir die Nullstelle der ersten Ableitung finden, d.h. die Lösung der Gleichung $2x + \cos x = 0$. Auch diese Gleichung ist nicht explizit auflösbar, sodass wir erneut auf ein numerisches Verfahren angewiesen sind.

In diesem Abschnitt werden wir vier Verfahren darstellen, die es ermöglichen, Nullstellen einer reellen Funktion zu bestimmen.

Bisektion

Bei der Bisektion handelt es sich um ein sehr einfaches, aber zuverlässiges Verfahren, um eine Nullstelle einer stetigen Funktion f zu bestimmen. Die Bisektion ist anwendbar, wenn zwei Stellen a_0, b_0 bekannt sind, an denen f unterschiedliche Vorzeichen besitzt. Wir nehmen an, dass $f(a_0) < 0$ und $f(b_0) > 0$ ist; der umgekehrte Fall lässt sich analog behandeln. Nach dem Zwischenwertsatz muss sich im Intervall $]a_0, b_0[$ mindestens eine Nullstelle befinden. Man bestimmt nun den Mittelpunkt $c_0 = \frac{1}{2}(a_0 + b_0)$ des Intervalls. Ist $f(c_0) = 0$, so endet das Verfahren mit der Nullstelle c_0. Ist der Funktionswert $f(c_0) > 0$, so weiß man aus dem Zwischenwertsatz 3.23, dass sich im Intervall $]a_0, c_0[$ eine Nullstelle befindet. Ist $f(c_0) < 0$, so befindet sich im Intervall $]c_0, b_0[$ eine Nullstelle. Das Intervall $]a_0, b_0[$ wird dann – entsprechend dem Vorzeichen von $f(c_0)$ – durch $]a_0, c_0[$ bzw. $]c_0, b_0[$ ersetzt und das Verfahren fortgeführt. Der Algorithmus wird abgebrochen, wenn man die Nullstelle gefunden hat, bzw. das Intervall $]a_n, b_n[$, in dem die Nullstelle liegen muss, sehr klein ist, also $|a_n - b_n| < \varepsilon$ für ein „kleines“ $\varepsilon > 0$ gilt.

Algorithmus 4.1: Bisektion

Die Funktion $f : D \to \mathbb{R}$ sei stetig und für $a, b \in D$, $a < b$, gelte $f(a) < 0$ und $f(b) > 0$.

Start: Setze $a_0 = a$ und $b_0 = b$.

Iteration: Für $n = 0, 1, 2, \ldots$ führe die folgenden Schritte aus:

1) Setze $c_n = \frac{1}{2}(a_n + b_n)$.
2) Falls $|a_n - b_n| < \varepsilon$, beende die Iteration.
3) Falls $f(c_n) > 0$, setze $a_{n+1} = a_n$, $b_{n+1} = c_n$.
4) Falls $f(c_n) < 0$, setze $a_{n+1} = c_n$, $b_{n+1} = b_n$.
5) Falls $f(c_n) = 0$, beende die Iteration.

Ausgabe der Lösung $c_n = \frac{1}{2}(a_n + b_n)$.

Der Vorteil der Bisektion ist, dass – im Gegensatz zu anderen Verfahren – eine Nullstelle mit Sicherheit gefunden bzw. beliebig genau approximiert wird. Der Approximationsfehler kann gut abgeschätzt werden, da der Abstand von c zur Nullstelle immer kleiner als $\frac{1}{2}\varepsilon$ ist. Als Nachteil ist zu nennen, dass die Konvergenz des Verfahrens relativ langsam ist.

Beispiel 4.28. Wir betrachten die Funktion $f(x) = x^2 - 2$. Hier kann man die Nullstellen $x = \pm\sqrt{2}$ direkt ablesen. Dieses Beispiel dient also lediglich der Illustration. Als Startwerte wählen wir $a_0 = 0$ mit $f(a_0) = -2$ und $b_0 = 4$ mit $f(b_0) = 14$. Die Durchführung der Bisektion ist in folgender Tabelle dargestellt. Die Nullstelle wird auf acht Dezimalstellen genau bestimmt, d.h. $\frac{\varepsilon}{2} = 10^{-8}$ gewählt.

n	a_n	b_n	c_n	$f(c_n)$
0	0	4	2	2
1	0	2	1	−1
2	1	2	1.5	0.25
3	1	1.5	1.25	−0.4375
4	1.25	1.5	1.375	−0.109375
5	1.375	1.5	1.4375	0.06640625
6	1.375	1.4375	1.40625	−0.02246094
7	1.40625	1.4375	1.421875	0.02172852
8	1.40625	1.421875	1.4140625	−0.00042725
9	1.4140625	1.421875	1.41796875	0.01063538

10	1.4140625	1.41796875	1.41601563	0.00510025
11	1.4140625	1.41601563	1.41503906	0.00233555
12	1.4140625	1.41503906	1.41455078	0.00095391
13	1.4140625	1.41455078	1.41430664	0.00026327
14	1.4140625	1.41430664	1.41418457	−0.00008200
15	1.41418457	1.41430664	1.41424561	0.00009063
16	1.41418457	1.41424561	1.41421509	0.00000431
17	1.41418457	1.41421509	1.41419983	−0.00003884
18	1.41419983	1.41421509	1.41420746	−0.00001726
19	1.41420746	1.41421509	1.41421127	−0.00000647
20	1.41421127	1.41421509	1.41421318	−0.00000108
21	1.41421318	1.41421509	1.41421413	0.00000162
22	1.41421318	1.41421413	1.41421366	0.00000027
23	1.41421318	1.41421366	1.41421342	−0.00000041
24	1.41421342	1.41421366	1.41421354	−0.00000007
25	1.41421354	1.41421366	1.41421360	0.00000010
26	1.41421354	1.41421360	1.41421357	0.00000002
27	1.41421354	1.41421357	1.41421355	−0.00000003
28	1.41421355	1.41421357	1.41421356	−0.00000001
29	1.41421356	1.41421357	1.41421356	0.00000001

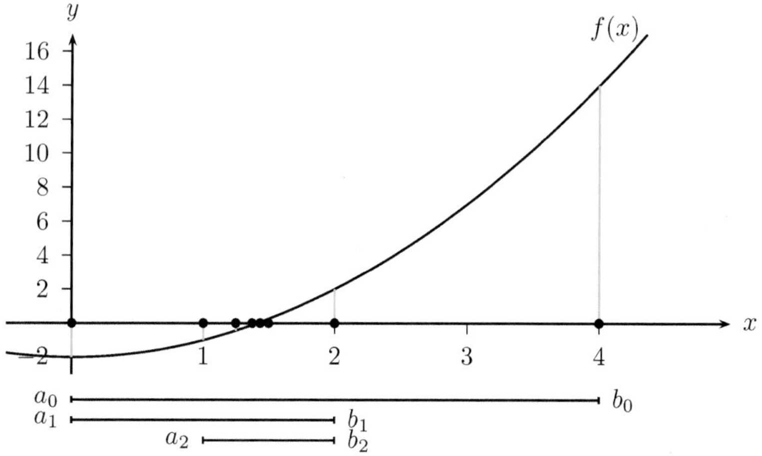

Regula falsi[13]

Die Regula falsi geht ähnlich vor wie die Bisektion. Statt des Mittelpunktes des Intervalls wird allerdings der Schnittpunkt der Sekante durch $(a_n, f(a_n))$ und $(b_n, f(b_n))$ mit der x-Achse als neuer Näherungswert c_n verwendet. Die

[13]Giuseppe Falsi (1762-1698)

Gleichung der Sekante ist

$$y = f(a_n) + \frac{f(b_n) - f(a_n)}{b_n - a_n}(x - a_n).$$

Setzt man $y = 0$ und löst nach x auf, erhält man den Schnittpunkt c_n der Sekante mit der x-Achse als

$$c_n = a_n - f(a_n)\frac{b_n - a_n}{f(b_n) - f(a_n)}.$$

Wie bei der Bisektion wird das neue Intervall $[a_{n+1}, b_{n+1}]$ so gewählt, dass es eine Nullstelle der Funktion enthält. Daraus ergibt sich das folgende Verfahren.

Algorithmus 4.2: Regula falsi

Die Funktion $f : D \to \mathbb{R}$ sei stetig und für $a, b \in D$, $a < b$, gelte $f(a) < 0$ und $f(b) > 0$.

Start: Setze $a_0 = a$ und $b_0 = b$.

Iteration: Für $n = 0, 1, 2, \ldots$ führe die folgenden Schritte aus:

1) Setze $c_n = a_n - f(a_n)\frac{b_n - a_n}{f(b_n) - f(a_n)}$.
2) Falls $|c_n - c_{n-1}| < \varepsilon$, beende die Iteration.
3) Falls $f(c_n) > 0$, setze $a_{n+1} = a_n$, $b_{n+1} = c_n$.
4) Falls $f(c_n) < 0$, setze $a_{n+1} = c_n$, $b_{n+1} = b_n$.
5) Falls $f(c_n) = 0$, beende die Iteration.

Ausgabe der Lösung c_n.

Die Regula falsi besitzt dieselben Vorteile wie die Bisektion. Die Konvergenz des Verfahrens ist zwar etwas schneller als bei der Bisektion, meist aber deutlich schlechter als die Konvergenz des Newton- und des Sekantenverfahrens, die wir weiter unten diskutieren werden.

Beispiel 4.29. Wir betrachten wieder die Funktion $f(x) = x^2 - 2$ und bestimmen die Nullstelle mit der Regula falsi. Die Durchführung des Verfahrens ($\frac{\varepsilon}{2} = 10^{-8}$) ist in folgender Tabelle dargestellt.

n	a_n	b_n	c_n	$f(c_n)$
0	0	4	0.5	−1.75
1	0.5	4	0.88888889	−1.20987654
2	0.88888889	4	1.13636364	−0.70867769
3	1.13636364	4	1.27433628	−0.37606704
4	1.27433628	4	1.34563758	−0.18925949

5	1.34563758	4	1.38104206	−0.09272283
6	1.38104206	4	1.39827345	−0.04483136
7	1.39827345	4	1.40657821	−0.02153774
8	1.40657821	4	1.41056183	−0.01031533
9	1.41056183	4	1.41246834	−0.00493318
10	1.41246834	4	1.41337979	−0.00235757
11	1.41337979	4	1.41381530	−0.00112630
12	1.41381530	4	1.41402334	−0.00053799
13	1.41402334	4	1.41412271	−0.00025696
14	1.41412271	4	1.41417017	−0.00012273
15	1.41417017	4	1.41419284	−0.00005861
16	1.41419284	4	1.41420367	−0.00002799
17	1.41420367	4	1.41420884	−0.00001337
18	1.41420884	4	1.41421130	−0.00000639
19	1.41421130	4	1.41421248	−0.00000305
20	1.41421248	4	1.41421305	−0.00000146
21	1.41421305	4	1.41421332	−0.00000070
22	1.41421332	4	1.41421344	−0.00000033
23	1.41421344	4	1.41421351	−0.00000016
24	1.41421351	4	1.41421354	−0.00000008
25	1.41421354	4	1.41421355	−0.00000004

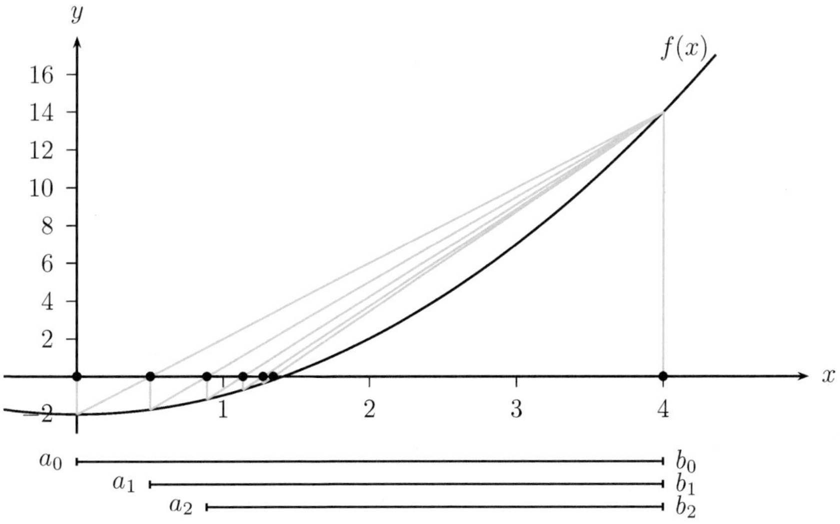

Newton[14]-Verfahren

Ein weiteres Verfahren zur numerischen Nullstellenbestimmung ist das sogenannte **Newton-Verfahren**. Die Idee des Newton-Verfahrens ist es, ausge-

[14]Sir Isaac Newton (1643-1727)

hend von einer Näherungslösung x_n, die Funktion f durch ihre Tangente t_{f,x_n} an der Stelle x_n zu ersetzen und deren Nullstelle zu bestimmen. Die Nullstelle der Tangentenfunktion wird dann als neuer (und hoffentlich besserer) Näherungswert für die Nullstelle verwendet. Ist ein geeignetes Abbruchkriterium erfüllt, wird die Iteration beendet und der letzte verfügbare Näherungswert als Lösung ausgegeben.

Die Gleichung der Tangente an die Funktion f an der Stelle x_n ist

$$t_{f,x_n}(x) = f(x_n) + f'(x_n)(x - x_n)\,.$$

Auflösen der Gleichung $t_{f,x_n}(x) \stackrel{!}{=} 0$ nach x ergibt

$$x = x_n - \frac{f(x_n)}{f'(x_n)}\,.$$

Das Newton-Verfahren wird im folgenden als Algorithmus beschrieben. Als Abbruchkriterium wird dabei verwendet, dass der Abstand zweier aufeinander folgender Näherungswerte kleiner als ein vorgegebener Wert ε ist.

Algorithmus 4.3: Newton-Verfahren

Die Funktion $f : D \to \mathbb{R}$ sei differenzierbar.

Start: Wähle $x_1 \in D$ beliebig.

Iteration: Für $n = 0, 1, 2, \ldots$ führe die folgenden Schritte aus:

1) Setze $x_{n+1} = x_n - \frac{f(x_n)}{f'(x_n)}$.
2) Falls $|x_{n+1} - x_n| < \varepsilon$, beende die Iteration.

Ausgabe der Lösung x_{n+1}.

Der Vorteil des Newton-Verfahrens ist seine im Allgemeinen sehr gute Konvergenz. Nachteilig ist, dass das Newton-Verfahren nicht notwendig konvergieren muss, d.h. es gibt keine Garantie, dass eine vorhandene Nullstelle auch tatsächlich gefunden wird. Ferner setzt das Newton-Verfahren voraus, dass f differenzierbar ist und seine Ableitung gut berechnet werden kann.

Beispiel 4.30. Die Berechnung der Nullstelle von $f(x) = x^2 - 2$ mit dem Newton-Verfahren ($\frac{\varepsilon}{2} = 10^{-8}$) benötigt deutlich weniger Iterationen als mit den beiden vorherigen Verfahren. Die Details der Rechnung sind in folgender Tabelle dargestellt.

n	x_n	$f(x_n)$	$f'(x_n)$	$-\frac{f(x_n)}{f'(x_n)}$
0	4	14	8	−1.75
1	2.25	3.0625	4.5	−0.68055556

2	1.56944444	0.46315586	3.13888889	−0.14755408
3	1.42189036	0.02177221	2.84378073	−0.00765608
4	1.41423429	0.00005862	2.82846857	−0.00002072
5	1.41421356	0.00000000	2.82842713	−0.00000000
6	1.41421356	0.00000000	2.82842712	−0.00000000

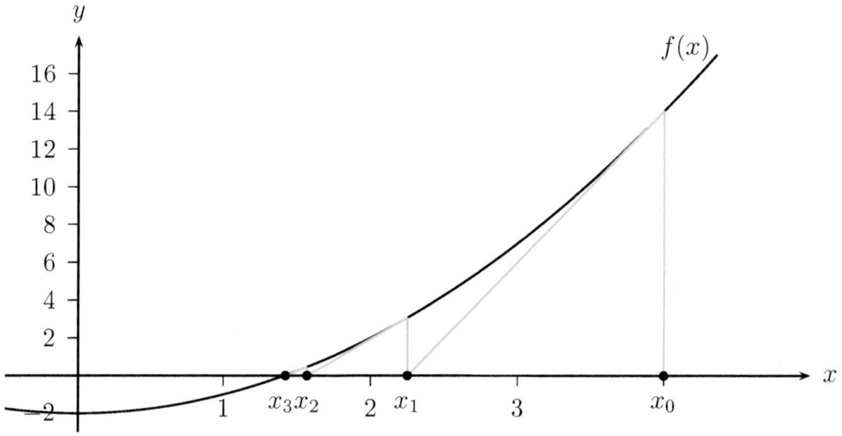

Das Newton-Verfahren kann man auch zur numerischen Berechnung von Quadratwurzeln verwenden. Dazu betrachtet man die Funktion $f(x) = x^2 - a$, deren Nullstellen $\pm\sqrt{a}$ sind, und wendet auf sie das Newton-Verfahren an. Die Iterationsvorschrift lautet dann

$$x_{n+1} = x_n - \frac{f(x_n)}{f'(x_n)} = x_n - \frac{x_n^2 - a}{2x_n} = \frac{1}{2}\left(x_n + \frac{a}{x_n}\right) .$$

Man kann zeigen, dass die Folge der x_n für jeden Startwert $x_0 > 0$ gegen die Quadratwurzel aus a konvergiert. Die Konvergenz ist dabei sehr gut und liefert schon nach wenigen Iterationen sehr genaue Werte. Dieses Verfahren wird auch als **Heron**[15]**-Verfahren** oder **babylonisches Wurzelziehen** bezeichnet.

Im Allgemeinen gibt es keine Garantie, dass das Newton-Verfahren konvergiert. Beispielsweise liefert das Newton-Verfahren für die Funktion $f(x) = x^3 - 5x$, ausgehend von dem Startwert $x_0 = 1$, die alternierende Folge $x_n = (-1)^n$; siehe Abbildung 4.10.

[15]Heron von Alexandria (1. Jahrhundert n. Chr.)

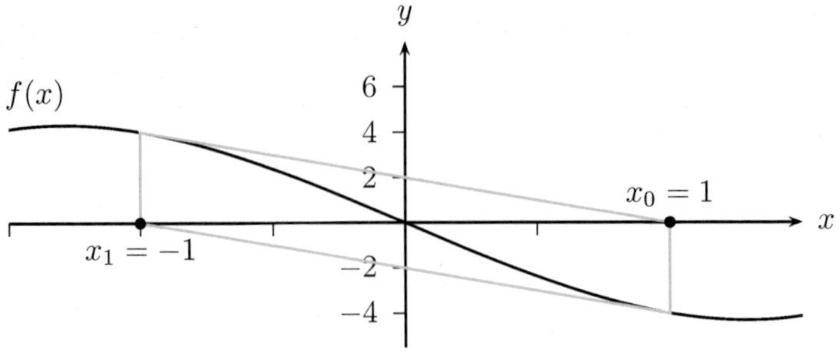

Abbildung 4.10: Keine Konvergenz beim Newton-Verfahren.

Sekantenverfahren

Das Sekantenverfahren kann als Modifikation des Newton-Verfahrens angesehen werden und hat gegenüber diesem den Vorteil, dass die Ableitung von f nicht berechnet werden muss. Anstelle der Tangente von f an der Stelle x_n verwendet das Sekantenverfahren die durch zwei aufeinander folgende Näherungswerte x_{n-1} und x_n definierte Sekante durch die Punkte $(x_{n-1}, f(x_{n-1}))$ und $(x_n, f(x_n))$. Der neue Näherungswert x_{n+1} ergibt sich dann gemäß

$$x_{n+1} = x_{n-1} - f(x_{n-1}) \frac{x_n - x_{n-1}}{f(x_n) - f(x_{n-1})} .$$

Dies ergibt den folgenden Algorithmus:

Algorithmus 4.4: Sekantenverfahren

Die Funktion $f : D \to \mathbb{R}$ sei stetig.

Start: Wähle Startwerte $x_0, x_1 \in D$ beliebig.

Iteration: Für $n = 1, 2, \ldots$ führe die folgenden Schritte aus:

1) Setze $x_{n+1} = x_{n-1} - f(x_{n-1}) \frac{x_n - x_{n-1}}{f(x_n) - f(x_{n-1})}$.

2) Falls $|x_{n+1} - x_n| < \varepsilon$, beende die Iteration.

Ausgabe der Lösung x_{n+1}.

Die Konvergenz des Sekantenverfahrens ist geringfügig schlechter als die des Newton-Verfahrens, in den meisten Fällen aber deutlich besser als bei der Regula falsi oder der Bisektion. Im Gegensatz zum Newton-Verfahren müssen beim Sekantenverfahren keine Ableitungen der Funktion berechnet werden. Allerdings kann es auch hier passieren, dass das Verfahren bei ungünstiger Wahl der Startpunkte nicht konvergiert.

Beispiel 4.31. Das Sekantenverfahren ($\frac{\varepsilon}{2} = 10^{-8}$) zur Berechnung der Nullstelle der Funktion $f(x) = x^2 - 2$ zeigt ein ähnlich gutes Konvergenzverhalten wie das Newton-Verfahren. Wir illustrieren die Durchführung des Verfahrens wieder durch eine Tabelle.

n	x_{n-1}	x_n	$f(x_{n-1})$	$f(x_n)$
1	0	4	−2	14
2	4	0.5	14	−1.75
3	0.5	0.88888889	−1.75	−1.20987654
4	0.88888889	1.76000000	−1.20987654	1.09760000
5	1.76000000	1.34563758	1.09760000	−0.18925949
6	1.34563758	1.40657821	−0.18925949	−0.02153774
7	1.40657821	1.41440381	−0.02153774	0.00053814
8	1.41440381	1.41421305	0.00053814	−0.00000146
9	1.41421305	1.41421356	−0.00000146	0.00000000
10	1.41421356	1.41421356	0.00000000	0.00000000

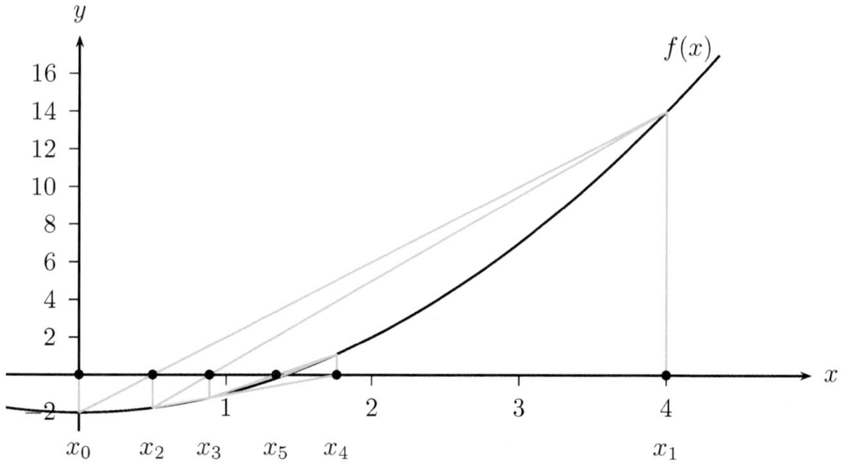

Wichtige Begriffe zur Wiederholung

Nach der Lektüre dieses Kapitels sollten folgende Begriffe geläufig sein:

- Differenzen- und Differentialquotient
- erste und zweite Ableitung
- Tangentenfunktion
- marginale Änderung
- Differential

- Elastizität
- Ableitungsregeln: Summen-, Differenzen-, Faktor-, Produkt-, Quotienten- und Kettenregel
- links- und rechtsgekrümmt
- Kurvendiskussion: lokales und globales Maximum und Minimum, Wende- und Sattelpunkt
- notwendige und hinreichende Bedingung für ein lokales Extremum
- Monotonie, Konvexität und Konkavität differenzierbarer Funktionen
- n-te Ableitung
- Taylor-Polynom
- Regel von L'Hospital
- Mittelwertsatz
- Bisektion, Regula falsi, Newton-Verfahren, Sekanten-Verfahren

Selbsttest

Anhand folgender Ankreuzaufgaben können Sie Ihre Kenntnisse zu diesem Kapitel überprüfen. Beurteilen Sie dazu, ob die Aussagen jeweils wahr (W) oder falsch (F) sind. Kurzlösungen zu diesen Aufgaben finden Sie in Anhang H.

I. Das Differential $df_a(dx) = f'(a) \cdot dx$ der Funktion $f(x)$ an der Stelle $x = a$ …

	W	F
… gibt die approximative relative Änderung des Funktionswertes an, wenn das Argument x von $x = a$ um dx Einheiten erhöht wird.	☐	☒
… gibt die exakte absolute Änderung des Funktionswertes an, wenn das Argument x von $x = a$ um dx Einheiten erhöht wird.	☐	☒
… gibt die approximative absolute Änderung des Funktionswertes an, wenn das Argument x von $x = a$ um dx Prozent erhöht wird.	☒	☒

↑ Einheiten!

II. Die Elastizität einer Funktion $f :]0, \infty[\to \mathbb{R}$ an einer beliebigen Stelle $a \ldots$

	W	F
…ist konstant für die Funktion $f(x) = x^\beta$, $x > 0$, mit $\beta \in \mathbb{R}$.	☒	☐
…gibt die approximative prozentuale Änderung des Funktionswertes an, wenn a um ein Prozent erhöht wird.	☒	☐
…ist immer positiv, wenn die Funktion monoton steigend ist.	☐	☒

III. Wenn für eine zweimal differenzierbare Funktion f an der Stelle a im Inneren des Definitionsbereichs …

	W	F
…$f'(a) = 0$ gilt, so liegt an dieser Stelle ein Minimum oder ein Maximum vor.	☐	☒
…$f'(a) \neq 0$ gilt, kann an dieser Stelle kein Extremum vorliegen	☒	☐
…$f'(a) = 0$ und $f''(a) = 0$ gelten, so kann an dieser Stelle keine Extremstelle vorliegen.	☐	☒

IV. Sind folgende Aussagen wahr oder falsch?

	W	F
Ist eine Funktion f konvex und ist $f(a)$ ein lokales Minimum, so ist $f(a)$ auch ein globales Minimum.	☒	☐
Ist eine Funktion f konkav und ist $f(a)$ ein lokales Minimum, so ist $f(a)$ auch ein globales Minimum.	☐	☒
Das Taylor-Polynom zweiten Grades der Funkion $f(x) = x^2 + 42$, entwickelt an einer beliebigen Stelle des Definitionsbereichs, stimmt exakt mit der Funktion überein.	☒	☐
Das Newton-Verfahren zur Nullstellenbestimmung lässt sich bei beliebigen Funktionen einer Variablen anwenden.	☐	☒
Besitzt eine differenzierbare Funktion genau eine Nullstelle, so findet das Newton-Verfahren diese bei beliebigem Startwert.	☐	☒

Aufgaben

Aufgabe 1

Leiten Sie die folgenden Funktionen ab:

a) $f_1(x) = 4x^2 - 7x + \frac{1}{x}$,

b) $f_2(x) = 5x^4 - 3x + 7$,

c) $f_3(x) = x(x-3)(x+3)(x-1)$,

d) $f_4(x) = x^{700} - x^{-5000} + 1$,

e) $f_5(x) = (x-4)^2(x+4)^2$.

Aufgabe 2

Bestimmen Sie die Ableitungen von:

a) $g_1(x) = \ln(e^x)$,

b) $g_2(x) = \ln((x+7)^2)$,

c) $g_3(x) = \frac{1}{(x+5)^4}$,

d) $g_4(x) = \ln(e^x + 2)$,

e) $g_5(x) = \frac{1}{(e^{(x - \ln x)} + 2)^2}$.

Aufgabe 3

Leiten Sie die folgenden Funktionen ab:

a) $h_1(x) = -4xe^{-\frac{x}{2}}$,

b) $h_2(x) = -e^x \ln(x-2)$,

c) $h_3(x) = \frac{e^x}{\ln x}$,

d) $h_4(x) = \frac{x^2 - \ln(e^x)}{-x^5}$.

Aufgabe 4

Gegeben sei eine zweimal differenzierbare Funktion f. Bestimmen Sie die ersten beiden Ableitungen (an allen Stellen, an denen dies möglich ist) der folgenden Funktionen:

a) $g_1(x) = e^{f(x)}$,

b) $g_2(x) = \sqrt[3]{f(x) + 7}$,

c) $g_3(x) = \frac{1+f(x)}{1-f(x)}$,

d) $g_4(x) = ((\pi f(x) - \sqrt{f(x)} + \ln f(x) + e)^0$.

Aufgabe 5

Die Gewinnfunktion einer kleinen Sektkellerei in einer Periode hängt von der verkauften Menge x (in hl) ab. Der genaue funktionale Zusammenhang ist allerdings unbekannt. Der Kellermeister weiß lediglich, dass ab einer abgesetzten Menge von $x = 1000$ kein Verlust mehr erzielt wird, dass die fixen Kosten 1 Mio. € betragen und dass ab einer verkauften Menge von $x = 4000$ die Kosten für eine ausreichende Rohstoffbeschaffung so hoch wären, dass kein Gewinn mehr geschrieben wird. Modellieren Sie die Gewinnfunktion mit Hilfe einer quadratischen Funktion und bestimmen Sie, wann der Gewinn maximal wäre.

Aufgabe 6

Führen Sie Kurvendiskussionen (Null-, Extrem- und Wendestellen) für die folgenden Funktionen durch und zeichnen Sie anschließend die Graphen:

a) $f_1(x) = x^3 - 3x^2 - x + 3$,

b) $f_2(x) = \frac{1}{e^{|x|}} - 0.5$. (Hinweis: Betrachten Sie zunächst $e^{|x|}$.)

Aufgabe 7

Bestimmen Sie die Nullstellen der folgenden Funktionen:

a) $f_1(x) = x^5 - 5x^3 + 4x$,

b) $f_2(x) = |x^3 - x|$,

c) $f_3(x) = e^{x^4+5x^2+7x} + \ln 2$,

d) $f_4(x) = \ln 1$,

e) $f_5(x) = \begin{cases} x^3 - x, & \text{falls } x \leq 0, \\ -x, & \text{falls } x > 0. \end{cases}$

Aufgabe 8

Differenzieren Sie folgende Funktionen:

a) $f(x_1) = 4 \cdot x_1^3 \cdot b \cdot c + x_1 \cdot b^2 \cdot c^2 + \frac{b \cdot \ln c}{d}$,

b) $f(x_2) = 4 \cdot a^3 \cdot x_2 \cdot c + a \cdot x_2^2 \cdot c^2 + \frac{x_2 \cdot \ln c}{d}$,

c) $f(x_3) = 4 \cdot a^3 \cdot b \cdot x_3 + a \cdot b^2 \cdot x_3^2 + \frac{b \cdot \ln x_3}{d}$,

d) $f(x_4) = 4 \cdot a^3 \cdot b \cdot c + a \cdot b^2 \cdot c^2 + \frac{b \cdot \ln c}{x_4}$,

wobei $c > 0$, $d \neq 0$, $x_3 > 0$, $x_4 \neq 0$ sei.

Aufgabe 9

Betrachten Sie die differenzierbaren Funktionen f, g, h , wobei $g(x) > 0$ für alle $x \in \mathbb{R}$ gelte.

a) Bestimmen Sie die Ableitung von $k(x) = \frac{f(g(h(x)))}{g(f(x))}$.

b) Seien nun $f(x) = x^2 - 4$, $g(x) = e^x$, $h(x) = \sqrt{x}$. Schreiben Sie $k(x)$ und $k'(x)$ auf.

Aufgabe 10

Bestimmen Sie die Ableitungen der folgenden Funktionen in einem beliebigen Punkt x.

a) $f_1 : \mathbb{R} \to \mathbb{R}$, $f_1(x) = \dfrac{x^5}{5} + 4x^2 - 12$,

b) $f_2 : \mathbb{R} \to \mathbb{R}$, $f_2(x) = (x^2 - 1)^{10}(2 - x^2)^6$,

c) $f_3 : \mathbb{R} \to \mathbb{R}$, $f_3(x) = \dfrac{2x}{x^2 + 1}$,

d) $f_4 : \mathbb{R} \to \mathbb{R}$, $f_4(x) = \cos^3(\sin x)$,

e) $f_5 : \mathbb{R} \to \mathbb{R}$, $f_5(x) = \dfrac{e^{x+1} - 1}{e^{x+1} + 1}$,

f) $f_6 : \mathbb{R}_+\setminus\{0\} \to \mathbb{R}_+\setminus\{0\}$, $f_6(x) = x^x$.

Aufgabe 11

Berechnen Sie die Elastizitäten der folgenden Funktionen:

a) $f_1(x) = 3x^{17}$,

b) $f_2(x) = 3e^{5x}$,

c) $f_3(x) = 3x^{17}e^{5x}$,

d) $f_4(x) = \ln(x)$,

e) $f_5(x) = \frac{1}{x^2}$,

f) $f_6(x) = \frac{1}{x^2+5}$.

Kapitel 5

Differenzierbare Funktionen mehrerer Variablen

Die meisten in ökonomischen Modellen auftretenden Funktionen, etwa Produktionsfunktionen und Nutzenfunktionen, sind Funktionen mehrerer Variablen. In diesem Kapitel behandeln wir die Differentialrechnung von reellen Funktionen in n Variablen, $n \geq 1$.

Beispiel 5.1 (Produktion). Ein Produkt werde aus mehreren Rohstoffen oder Vorprodukten hergestellt. Es stellen sich zunächst die gleichen Fragen wie in Kapitel 4: Um wie viel ändert sich der Output absolut bzw. prozentual, wenn ein oder mehrere Inputs um eine kleine Einheit bzw. einen kleinen Prozentsatz erhöht werden? Hinzu kommt die Möglichkeit der Substitution von Inputs: Um wie viel muss man einen Input erhöhen, um einen anderen Input um eine Einheit senken zu können und dennoch den gleichen Output zu erhalten? Ferner ist von Interesse, wie sich der Output verändert, wenn alle Inputs um den gleichen Faktor verändert, beispielsweise verdoppelt werden?

Diese und weitere Fragen sollen im Laufe des Kapitels beantwortet werden. Dazu benötigen wir Begriffe wie die partielle und die totale Ableitung einer Funktion in mehreren Variablen, Differential und Elastizitäten, den Grad der Homogenität einer Funktion sowie Rechenregeln für die Ableitung von vektorwertigen und impliziten Funktionen.

5.1 Ableitung, Differential, Elastizitäten

In diesem Kapitel betrachten wir reelle Funktionen $f(x_1, x_2, \ldots, x_n)$, bei denen jede der Veränderlichen $x_1, x_2, \ldots, x_n$ in einem Intervall variiert. Mit anderen Worten: Wir betrachten Funktionen $f : A \to \mathbb{R}$, bei denen A ein n-dimensionales Intervall im $\mathbb{R}^n$ darstellt. Zunächst beschränken wir uns auf den bivariaten Fall $n = 2$.

Beispiel 5.2. Wie in Beispiel 1.3 sei

$$f: \begin{array}{ccl} \mathbb{R}_+^2 & \to & \mathbb{R}\,, \\ (x_1, x_2) & \mapsto & x_1\sqrt{x_2}\,. \end{array}$$

Nun halten wir das erste Argument bei einem bestimmten Wert, beispielsweise $x_1 = 2$, fest. Es entsteht die „partielle" Funktion $x_2 \mapsto 2 \cdot \sqrt{x_2}$; sie besitzt die Ableitung $1/\sqrt{x_2}$. Abbildung 5.1 illustriert dieses Beispiel. Das linke Bild zeigt den Graphen der Funktion $f(x_1, x_2) = x_1\sqrt{x_2}$. In beiden Abbildungen ist der Graph der partiellen Funktion $x_2 \mapsto f(2, x_2)$ und deren Tangente an der Stelle $x_2 = 1$ zu sehen. Die Steigung dieser Tangente ist die partielle Ableitung von f nach x_2 im Punkt $(2, 1)$.

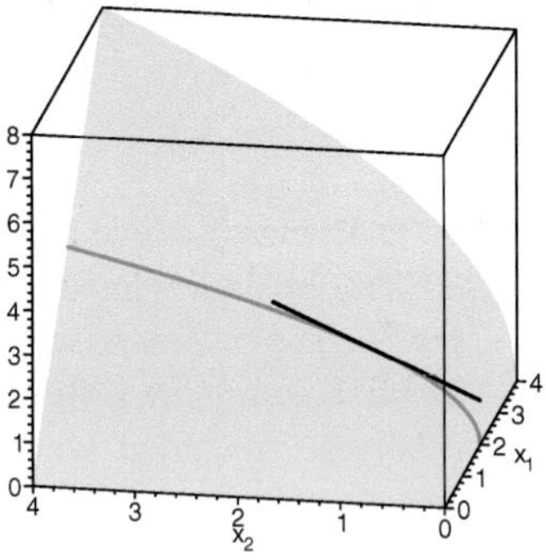

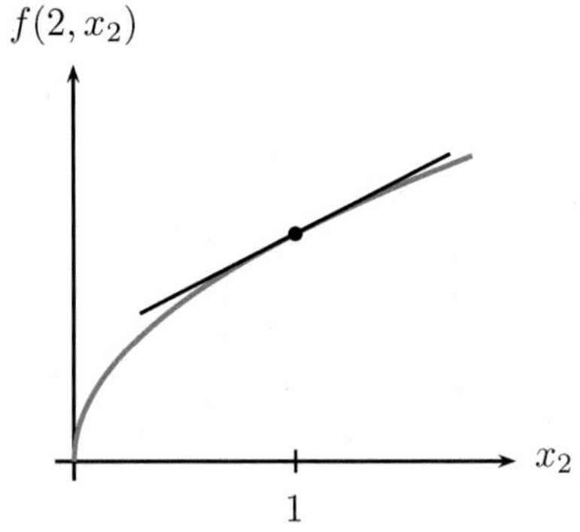

Abbildung 5.1: Graph der Funktion $f(x_1, x_2) = x_1\sqrt{x_2}$ mit Tangente.

Allgemein betrachtet man für ein festes $x_1 = a_1$ die univariate Funktion $x_2 \mapsto f(a_1, x_2)$. Wenn diese an einer Stelle a_2 differenzierbar ist, bezeichnet man ihre Ableitung als **partielle Ableitung** von f nach x_2 im Punkt (a_1, a_2) und schreibt dafür

$$f_{x_2}(a_1, a_2) = \frac{\partial f}{\partial x_2}(a_1, a_2)\,.$$

Das Symbol $\frac{\partial f}{\partial x_2}$ soll hier im Unterschied zum bisherigen $\frac{df}{dx}$ anzeigen, dass f nur partiell, nämlich bezüglich der zweiten Komponente von x differenziert wird. Ebenso erhält man, indem man die Rollen von x_1 und x_2 vertauscht, die partielle Ableitung von f nach x_1 im Punkt (a_1, a_2),

$$f_{x_1}(a_1, a_2) = \frac{\partial f}{\partial x_1}(a_1, a_2).$$

Im obigen Beispiel 5.2 gilt für alle $a_1 > 0$ und alle $a_2 > 0$

$$\frac{\partial f}{\partial x_1}(a_1, a_2) = \sqrt{a_2}, \quad \frac{\partial f}{\partial x_2}(a_1, a_2) = \frac{a_1}{2\sqrt{a_2}}.$$

Die partielle Ableitung von f nach x_1 im Punkt (a_1, a_2) gibt an, um wie viel sich der Funktionswert $y = f(a_1, a_2)$ in erster Näherung (vgl. Abschnitt 4.1) ändert, wenn man die erste Variable x_1 um eine Einheit erhöht und die zweite Variable gleich a_2 unverändert lässt. Entsprechendes gilt für die partielle Ableitung von f nach x_2. Den Zeilenvektor der partiellen Ableitungen bezeichnet man als **Gradient** oder **Ableitung** von f im Punkt (a_1, a_2),

$$\operatorname{grad} f(a_1, a_2) = \left[\frac{\partial f}{\partial x_1}(a_1, a_2), \ \frac{\partial f}{\partial x_2}(a_1, a_2)\right].$$

Allgemeiner lässt sich für die beiden Variablen x_i, $i = 1, 2$, sagen: Wenn man x_i um eine kleine Einheit dx_i auf $x_i + dx_i$ erhöht, ändert sich y in erster Näherung um

$$\frac{\partial f}{\partial x_i}(a_1, a_2) \cdot dx_i$$

Einheiten. Diesen Ausdruck nennt man **partielles Differential** nach der i-ten Variablen. Das partielle Differential gibt approximativ die Änderung des Funktionswertes an, wenn die i-te Variable um den Betrag dx_i erhöht wird und die anderen Variablen unverändert bleiben. Addiert man die partiellen Differentiale, erhält man den Ausdruck

$$\frac{\partial f}{\partial x_1}(a_1, a_2) \cdot dx_1 + \frac{\partial f}{\partial x_2}(a_1, a_2) \cdot dx_2.$$

Diesen nennt man **totales Differential** von f im Punkt (a_1, a_2). Er beziffert näherungsweise die Änderung des Funktionswerts, wenn die erste Variable um den Betrag dx_1 und zugleich die zweite Variable um den Betrag dx_2 verändert wird.

Falls f im Punkt (a_1, a_2) partielle Ableitungen sowohl nach x_1 als auch nach x_2 besitzt und diese in stetiger Weise von (a_1, a_2) abhängen, sagt man, f sei **total differenzierbar** oder kurz **differenzierbar** im Punkt (a_1, a_2). Anschaulich heißt dies: Wenn (a_1, a_2) in irgendeiner Richtung ein wenig verschoben wird, macht der Gradient $\operatorname{grad}(a_1, a_2)$ und damit auch das Differential keine „Sprünge“.

Ableitung und Differential bei n Variablen Für eine Funktion in n Variablen lassen sich die Begriffe der partiellen Ableitung, der totalen Ableitung und des Gradienten in genau der gleichen Weise definieren:

Definition 5.1: Partielle Ableitungen

Für gegebene Werte $a_2, a_3, \ldots, a_n \in \mathbb{R}$ wird die reelle Funktion $x_1 \mapsto f(x_1, a_2, \ldots, a_n)$ betrachtet. Falls diese univariate Funktion an der Stelle a_1 differenzierbar ist, heißt ihre Ableitung **partielle Ableitung** von f nach x_1 im Punkt $\boldsymbol{a} = (a_1, \ldots, a_n)$, geschrieben

$$f_{x_1}(\boldsymbol{a}) = \frac{\partial f}{\partial x_1}(\boldsymbol{a}).$$

Für $j = 2, 3, \ldots, n$ ist ebenso $f_{x_j}(\boldsymbol{a}) = \dfrac{\partial f}{\partial x_j}(\boldsymbol{a})$ als partielle Ableitung von f nach x_j im Punkt $\boldsymbol{a} = (a_1, a_2, \ldots, a_n)$ definiert.

Existieren alle partiellen Ableitungen im Punkt $\boldsymbol{a}$, nennt man f **partiell differenzierbar** in $\boldsymbol{a}$. f heißt **partiell differenzierbar**, falls die Funktion für jedes $\boldsymbol{x} \in A$ partiell differenzierbar im Punkt $\boldsymbol{x}$ ist.

Die partielle Ableitung von f nach x_1 im Punkt $(a_1, a_2, \ldots, a_n)$ gibt also an, um wie viel sich der Funktionswert in erster Näherung ändert, wenn man a_1 um eine „kleine“ Einheit ändert und $a_2, \ldots, a_n$ unverändert lässt.

Definition 5.2: Totale Differenzierbarkeit, Gradient

Wenn f im Punkt $\boldsymbol{a}$ partielle Ableitungen nach allen n Variablen besitzt und diese in stetiger Weise von $\boldsymbol{a}$ abhängen, heißt f **total differenzierbar** im Punkt $\boldsymbol{a}$. Stattdessen sagt man auch kürzer: f ist **differenzierbar** in $\boldsymbol{a}$. Der Zeilenvektor

$$\operatorname{grad} f(\boldsymbol{a}) = \left[\frac{\partial f(\boldsymbol{a})}{\partial x_1}, \ \cdots, \ \frac{\partial f(\boldsymbol{a})}{\partial x_n}\right]$$

heißt in diesem Fall **Gradient** oder **Ableitung** von f im Punkt $\boldsymbol{a}$. Übliche Schreibweisen für die Ableitung sind:

$$f'(\boldsymbol{a}) = \frac{df}{d\boldsymbol{x}}(\boldsymbol{a}) = \operatorname{grad} f(\boldsymbol{a}).$$

f heißt **total differenzierbar**, falls die Funktion für jedes $\boldsymbol{x} \in A$ differenzierbar im Punkt $\boldsymbol{x}$ ist.[1]

[1] In Büchern für Mathematiker wird der Begriff der totalen Differenzierbarkeit etwas weiter gefasst. Im Fall $n = 1$ stimmt obige Definition mit der Definition der stetigen Differenzierbarkeit einer univariaten Funktion im Abschnitt 4.3 überein.

Unter einer **differenzierbaren Funktion** verstehen wir im Folgenden stets eine total differenzierbare Funktion. Der folgende Satz besagt, dass eine differenzierbare Funktion keine „Sprünge“ macht: Jede differenzierbare Funktion ist stetig.

Satz 5.1: Stetigkeit

Sei $\boldsymbol{a} \in A \subset \mathbb{R}^n$, $f : A \to \mathbb{R}$. Dann gilt

$$f \text{ differenzierbar in } \boldsymbol{a} \quad \Longrightarrow \quad f \text{ stetig in } \boldsymbol{a}\,.$$

Man kann die Aussage des Satzes auch so formulieren: Wenn f differenzierbar in $\boldsymbol{a}$ ist und $\boldsymbol{p}$ ein beliebiger Vektor der Länge 1, dann ist die (univariate) Funktion

$$t \mapsto f(\boldsymbol{a} + t\boldsymbol{p})\,, \quad \mathbb{R} \to \mathbb{R}\,,$$

stetig an der Stelle $t = 0$. Das heißt, ein kleiner Schritt von $\boldsymbol{a}$ aus in eine beliebige Richtung $\boldsymbol{p}$ verändert den Funktionswert von f nur wenig.

Beispiel 5.3. Die partiellen Ableitungen der Funktion

$$f(\boldsymbol{x}) = f(x_1, x_2, x_3) = x_1 \cdot x_2^2 + \exp(5x_3)\,, \quad \boldsymbol{x} \in \mathbb{R}^3\,,$$

an einer beliebigen Stelle $\boldsymbol{x} = (x_1, x_2, x_3)$ lauten

$$\frac{\partial f}{\partial x_1}(\boldsymbol{x}) = x_2^2\,, \quad \frac{\partial f}{\partial x_2}(\boldsymbol{x}) = 2x_1x_2\,, \quad \frac{\partial f}{\partial x_3}(\boldsymbol{x}) = 5\exp(5x_3)\,.$$

Sie sind stetig, die Funktion f ist also (total) differenzierbar. Der Gradient ist $\operatorname{grad} f(x_1, x_2, x_3) = [x_2^2\,,\; 2x_1x_2\,,\; 5\exp(5x_3)]$.

Definition 5.3: Totales Differential

Falls f differenzierbar in $\boldsymbol{a}$ ist, heißt die lineare Funktion

$$df_{\boldsymbol{a}}(\boldsymbol{z}) = \operatorname{grad} f(\boldsymbol{a})\,\boldsymbol{z} = \sum_{i=1}^{n} \frac{\partial f}{\partial x_i}(\boldsymbol{a})\, z_i\,, \quad \boldsymbol{z} \in \mathbb{R}^n,$$

Differentialfunktion von f im Punkt $\boldsymbol{a}$. Man setzt speziell $\boldsymbol{z} = d\boldsymbol{x} = [dx_1, \cdots, dx_n]^T$ ein und nennt den Ausdruck

$$df_{\boldsymbol{a}}(d\boldsymbol{x}) = \operatorname{grad} f(\boldsymbol{a})\, d\boldsymbol{x} = \sum_{j=1}^{n} \frac{\partial f(\boldsymbol{a})}{\partial x_j}\, dx_j$$

das **totale Differential** von f in $\boldsymbol{a}$.

Das totale Differential gibt approximativ (in erster Näherung) an, um wie viel sich der Funktionswert von f ändert, wenn die Variablen $x_1, \ldots, x_n$ um $dx_1, \ldots, dx_n$ geändert werden.

Meist vernachlässigt man die Stelle $\boldsymbol{a}$ und schreibt für das totale Differential einfach

$$df = \sum_{i=1}^{n} \frac{\partial f}{\partial x_i}\, dx_i = \frac{\partial f}{\partial x_1}\, dx_1 + \ldots + \frac{\partial f}{\partial x_n}\, dx_n \,.$$

Für $n = 2$ veranschaulicht Abbildung 5.2 die approximative Änderung des Funktionswerts von f. Ausgehend vom Punkt (x_1, x_2) steigt der Funktionswert der Tangentenfunktion in x_1-Richtung um $\frac{\partial f}{\partial x_1} dx_1$ Einheiten wenn x_1 um dx_1 und in x_2-Richtung um $\frac{\partial f}{\partial x_2} dx_2$ Einheiten wenn x_2 um dx_2 Einheiten erhöht werden. Insgesamt steigt die Tangentialebene[2] um $\frac{\partial f}{\partial x_1} dx_1 + \frac{\partial f}{\partial x_2} dx_2$ Einheiten.

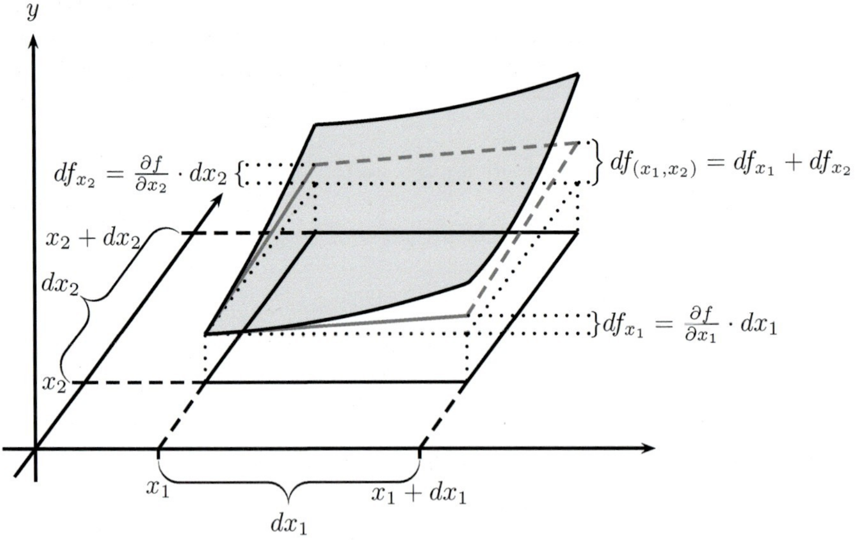

Abbildung 5.2: Die approximative Änderung des Funktionswerts von f: das totale Differential.

Beispiel 5.4. Die Funktion in Beispiel 5.3 hat beispielsweise im Punkt $\boldsymbol{a} = (2, -1, 0)$ den Funktionswert $f(\boldsymbol{a}) = 3$ und das Differential

$$df_{(2,-1,0)}(dx_1, dx_2, dx_3) = dx_1 - 4\, dx_2 + 5\, dx_3 \,.$$

[2] Die multivariate Tangentenfunktion wird auf Seite 185 formal definiert. Für Funktionen zweier Variabler nennt man den Graphen der Tangentenfunktion Tangentialebene.

Wenn man alle drei Variablen um jeweils 0.1 Einheiten erhöht werden, steigt der Funktionswert um ungefähr

$$df_{(2,-1,0)}(0.1, 0.1, 0.1) = 0.1 - 0.4 + 0.5 = 0.2$$

Einheiten von 3 auf circa 3.2. Wenn man die erste Variable um 0.2 erhöht und die zweite und dritte um 0.1 verringert, erhält man die approximative Änderung des Funktionswerts um $df_{(2,-1,0)}(0.2, -0.1, -0.1) = 0.2 + 0.4 - 0.5 = 0.1$ Einheiten von 3 auf 3.1. Natürlich kann man die Werte dieser einfachen Funktion auch direkt ausrechnen. Sie lauten $f(2.1, -0.9, 0.1) = 3.3497$, $f(2.2, -1.1, -0.1) = 3.2685$ und unterscheiden sich um $+0.1497$ bzw. um $+0.1685$ von den approximativen Werten.

Elastizitäten Bislang haben wir *absolute Änderungen* eines Funktionswerts y betrachtet, wenn sich eine der Variablen oder mehrere zugleich um einen bestimmten Betrag ändern. Häufig ist man jedoch mehr an den *relativen* Änderungen interessiert. Etwa: Um wie viel Prozent steigt oder fällt y, wenn die Variablen sich um einen bestimmten Prozentsatz ändern? So wie die absolute Änderung von y durch die partiellen Ableitungen der Funktion approximiert wird, bestimmt man die relative Änderung von y durch die partiellen Elastizitäten der Funktion:[3]

Definition 5.4: Partielle Elastizitäten

Die Funktion $y = f(\boldsymbol{x})$ besitze partielle Ableitungen $\frac{\partial f}{\partial x_1}(\boldsymbol{x}), \ldots, \frac{\partial f}{\partial x_n}(\boldsymbol{x})$ im Punkt $\boldsymbol{x} = (x_1, \ldots, x_n)$. Dann ist

$$\varepsilon_{f,x_j}(\boldsymbol{x}) = \frac{x_j}{f(\boldsymbol{x})} \frac{\partial f(\boldsymbol{x})}{\partial x_j} = \frac{x_j}{y} \frac{\partial y}{\partial x_j}$$

die **partielle Elastizität** von f bezüglich x_j im Punkt $\boldsymbol{x}$.

Die partielle Elastizität lässt sich rein formal so schreiben:

$$\varepsilon_{f,x_j}(\boldsymbol{x}) = \frac{\frac{\partial f(\boldsymbol{x})}{f(\boldsymbol{x})}}{\frac{\partial x_j}{x_j}}$$

Sie kann demnach als *approximativer relativer Zuwachs* des Funktionswerts angesehen werden, wenn das Argument x_j einen relativen Zuwachs um eine Einheit erfährt. Einfacher ausgedrückt: Wird das Argument x_j um 1%

[3] Im Folgenden bezeichnen wir, wenn keine Verwechslungen möglich sind, den Punkt, an dem eine Funktion differenziert wird, mit $\boldsymbol{x}$ statt mit $\boldsymbol{a}$ (bzw. mit $\boldsymbol{y}$ statt mit $\boldsymbol{b}$).

erhöht, so ändert sich der Funktionswert (approximativ) um ε_{f,x_j}%. Siehe auch Beispiel 4.7 für die Elastizität von Funktionen einer Variablen.

Partielle Elastizitäten sind von großer Bedeutung in der ökonomischen Theorie und Empirie. Da sie relative Änderungen des Funktionswerts zu relativen Änderungen eines Arguments in Beziehung setzen, haben sie den Vorteil, dass sie im Gegensatz zu Ableitungen dimensionslos sind. Sie hängen nicht von den für den Funktionswert und die Argumente gewählten Einheiten ab. Dies sei an je einem Beispiel aus der Mikro- und der Makroökonomie illustriert.

Beispiel 5.5. (Cobb-Douglas-Produktionsfunktion). Die Produktion eines Outputs in Abhängigkeit von zwei Inputs kann man durch die folgende Funktion beschreiben (vgl. Beispiel 1.21, $n = 2$),

$$f(x_1, x_2) = c\, x_1^\alpha x_2^\beta\,, \quad x_1, x_2 \in \mathbb{R}_+, \alpha > 0, \beta > 0\,.$$

Die partiellen Ableitungen einer Produktionsfunktion heißen **Grenzproduktivitäten**. Sie geben jeweils an, um wie viele Einheiten der Output näherungsweise steigt, wenn ein Faktorinput um eine Einheit erhöht wird. Die Grenzproduktivitäten der Cobb-Douglas-Funktion lauten

$$\frac{\partial f}{\partial x_1}(x_1, x_2) = \alpha\, c\, x_1^{\alpha-1} x_2^\beta\,, \qquad \frac{\partial f}{\partial x_2}(x_1, x_2) = \beta\, c\, x_1^\alpha x_2^{\beta-1}\,.$$

Die partiellen Differentiale einer Produktionsfunktion bezeichnet man als **Grenzprodukte**. Bei der Cobb-Douglas-Funktion lauten sie

$$\frac{\partial f}{\partial x_1}(x_1, x_2)\, dx_1 = \alpha\, c\, x_1^{\alpha-1} x_2^\beta\, dx_1\,, \qquad \frac{\partial f}{\partial x_2}(x_1, x_2)\, dx_2 = \beta\, c\, x_1^\alpha x_2^{\beta-1}\, dx_2\,.$$

Die Elastizitäten ε_{f,x_1} und ε_{f,x_2} einer Produktionsfunktion nennt man **Outputelastizitäten**. Sie sind bei der Cobb-Douglas-Produktionsfunktion konstant und positiv. Es gilt nämlich

$$\begin{aligned}
\varepsilon_{f,x_1}(x_1, x_2) &= \frac{x_1}{c\, x_1^\alpha x_2^\beta}\, \alpha\, c\, x_1^{\alpha-1} x_2^\beta = \alpha\,,\\
\varepsilon_{f,x_2}(x_1, x_2) &= \frac{x_2}{c\, x_1^\alpha x_2^\beta}\, \beta\, c\, x_1^\alpha x_2^{\beta-1} = \beta\,.
\end{aligned}$$

Die Parameter α und β einer Cobb-Douglas-Produktionsfunktion sind also gleich den Outputelastizitäten.

Umgekehrt lässt sich zeigen: Sind die Outputelastizitäten einer Produktionsfunktion konstant, so hat sie die Form einer Cobb-Douglas-Produktionsfunktion.

Auf Grund ihrer einfachen funktionalen Form und der Interpretation ihrer Parameter als Elastizitäten ist die Cobb-Douglas-Produktionsfunktion eine der wichtigsten und am häufigsten verwendeten speziellen Produktionsfunktionen. Die allgemeine Cobb-Douglas-Produktionsfunktion mit n Inputs (vgl. Beispiel 1.21) hat die Gestalt

$$f(x_1, x_2, \dots, x_n) = c\, x_1^{\alpha_1} x_2^{\alpha_2} \cdot \ldots \cdot x_n^{\alpha_n}\,.$$

Hier ist die Outputelastizität jedes Inputs i konstant und gleich α_i.

Beispiel 5.6. (Gesamtwirtschaftliche Produktionsfunktion). Natürlich lässt sich auch das Volkseinkommen als Ergebnis einer Produktion auffassen, in der die insgesamt geleistete Menge an Arbeit, die Höhe des Kapitalstocks und der technische Fortschritt als Inputs eingehen. Dabei steht Y für das Volkseinkommen, L für die Arbeitsmenge, K für den Kapitalstock und t für die Zeit, letztere stellvertretend für den technischen Fortschritt, also

$$Y = f(L, K, t)\,.$$

Die ersten beiden Grenzproduktivitäten

$$\frac{\partial Y}{\partial L} = \frac{\partial f}{\partial L}(L, K, t) \quad \text{und} \quad \frac{\partial Y}{\partial K} = \frac{\partial f}{\partial K}(L, K, t)$$

geben näherungsweise den Wert an, den eine zusätzliche Einheit des Faktors Arbeit bzw. des Faktors Kapital erbringt. In der ökonomischen Theorie zeigt man, dass bei vollständiger Konkurrenz auf den Faktormärkten die Grenzproduktivität eines Faktors gleich der Entlohnung des Faktors, also gleich dem **Lohnsatz** bzw. der **Kapitalrendite** ist. Der Lohnsatz $\partial Y/\partial L$ multipliziert mit der Arbeitsmenge L ist gleich der gesamten Entlohnung des Faktors Arbeit; geteilt durch den Output Y erhält man die **Lohnquote**

$$\frac{\partial Y}{\partial L}\frac{L}{Y} = \varepsilon_L(L, K, t)\,.$$

Die Lohnquote ist also gleich der Outputelastizität der gesamtwirtschaftlichen Produktionsfunktion in Bezug auf den Faktor Arbeit. Entsprechend ist die Outputelastizität des Faktors Kapital die **Profitquote**,

$$\frac{\partial Y}{\partial K}\frac{K}{Y} = \varepsilon_K(L, K, t)\,.$$

5.2 Ableitungsregeln

Für die Ableitung von reellen Funktionen in mehreren Variablen gelten ähnliche Regeln wie im Fall nur einer Variablen. In diesem Abschnitt behandeln wir multivariate Versionen der Summen-, der Produkt- und der Quotientenregel. Wie bei differenzierbaren Funktionen einer Variablen kann man die Summanden einer Summe einzeln ableiten und einen konstanten Faktor „vor die Ableitung ziehen“:

Satz 5.2: Summenregel, Faktorenregel

Seien $f, g : A \to \mathbb{R}$ differenzierbar in einem Punkt $\boldsymbol{x} \in A$. Dann ist

(i) $f + g$ differenzierbar in $\boldsymbol{x}$ mit

$$(f+g)'(\boldsymbol{x}) = f'(\boldsymbol{x}) + g'(\boldsymbol{x}),$$

(ii) αf differenzierbar in $\boldsymbol{x}$ mit

$$(\alpha f)'(\boldsymbol{x}) = \alpha f'(\boldsymbol{x}).$$

Zum Beweis mache man sich klar, dass der Gradient $(f + g)'(\boldsymbol{x})$ aus n partiellen Ableitungen besteht, für die jeweils die univariate Summenregel gilt. Ebenso besteht der Gradient $(\alpha f)'$ aus n partiellen Ableitungen, die den konstanten Faktor α enthalten.

Für univariate differenzierbare Funktionen hat die Produktregel die Form $(f \cdot g)' = gf' + fg'$, und die Quotientenregel lautet $(\frac{f}{g})' = \frac{1}{g^2}[gf' - fg']$. Beide Regeln lassen sich wörtlich auf multivariate Funktionen übertragen, wobei allerdings zu beachten ist, dass f' und g' sowie $(fg)'$ und $(\frac{f}{g})'$ Gradienten, also Vektoren darstellen:

Satz 5.3: Produktregel, Quotientenregel

Seien $f, g : A \to \mathbb{R}$ differenzierbar in einem Punkt $\boldsymbol{x} \in A$. Dann ist

(i) $f \cdot g$ differenzierbar in $\boldsymbol{x}$ mit

$$(f \cdot g)'(\boldsymbol{x}) = g(\boldsymbol{x})f'(\boldsymbol{x}) + f(\boldsymbol{x})g'(\boldsymbol{x}),$$

(ii) $\dfrac{f}{g}$ differenzierbar in $\boldsymbol{x}$ mit

$$\left(\frac{f}{g}\right)'(\boldsymbol{x}) = \frac{1}{(g(\boldsymbol{x}))^2}\Big[g(\boldsymbol{x})f'(\boldsymbol{x}) - f(\boldsymbol{x})g'(\boldsymbol{x})\Big],$$

sofern $g(\boldsymbol{x}) \neq 0$ ist.

Auch hier mache man sich klar, dass der Gradient $(fg)'$ aus n partiellen Ableitungen besteht, die nach der univariaten Produktregel bestimmt werden können. Es gilt nämlich

$$\begin{aligned}(f \cdot g)'(\boldsymbol{x}) &= \left[g(\boldsymbol{x})\frac{\partial f(\boldsymbol{x})}{\partial x_1} + f(\boldsymbol{x})\frac{\partial g(\boldsymbol{x})}{\partial x_1}, \ldots, g(\boldsymbol{x})\frac{\partial f(\boldsymbol{x})}{\partial x_n} + f(\boldsymbol{x})\frac{\partial g(\boldsymbol{x})}{\partial x_n}\right] \\ &= g(\boldsymbol{x}) \operatorname{grad} f(\boldsymbol{x}) + f(\boldsymbol{x}) \operatorname{grad} g(\boldsymbol{x}).\end{aligned}$$

Den Gradienten $\left(\frac{f}{g}\right)'(\boldsymbol{x})$ erhält man analog. Ein Beispiel soll diese Regeln verdeutlichen:

Beispiel 5.7. Sei

$$\begin{aligned}f(x_1, x_2, x_3) &= x_1^2 + x_2^3 x_3, \\ g(x_1, x_2, x_3) &= x_1 x_2 - x_3, \qquad x_1, x_2, x_3 \in \mathbb{R}.\end{aligned}$$

Dann ist im Punkt $\boldsymbol{x} = (x_1, x_2, x_3)$

$$\begin{aligned}(f+g)'(\boldsymbol{x}) &= f'(\boldsymbol{x}) + g'(\boldsymbol{x}) \\ &= [2x_1, 3x_2^2 x_3, x_2^3] + [x_2, x_1, -1] \\ &= [2x_1 + x_2, 3x_2^2 x_3 + x_1, x_2^3 - 1] \\ (f \cdot g)'(\boldsymbol{x}) &= \underbrace{(x_1 x_2 - x_3)}_{g(\boldsymbol{x})} \cdot \underbrace{[2x_1\,,\ 3x_2^2 x_3\,,\ x_2^3]}_{f'(\boldsymbol{x})} + \underbrace{(x_1^2 + x_2^3 x_3)}_{f(\boldsymbol{x})} \underbrace{[x_2\,,\ x_1\,,\ -1]}_{g'(\boldsymbol{x})} \\ \left(\frac{f}{g}\right)'(\boldsymbol{x}) &= \frac{1}{(x_1 x_2 - x_3)^2} \\ &\quad \cdot \Big(\underbrace{(x_1 x_2 - x_3)}_{g(\boldsymbol{x})} \cdot \underbrace{[2x_1\,,\ 3x_2^2 x_3\,,\ x_2^3]}_{f'(\boldsymbol{x})} - \underbrace{(x_1^2 + x_2^3 x_3)}_{f(\boldsymbol{x})} \underbrace{[x_2\,,\ x_1\,,\ -1]}_{g'(\boldsymbol{x})}\Big)\end{aligned}$$

Speziell für $\boldsymbol{x} = (1, 0, 1)$ erhält man $(f \cdot g)'(1, 0, 1) = [-2\,,\ 1\,,\ -1]$ und $(\frac{f}{g})'(1, 0, 1) = [-2\,,\ -1\,,\ 1]$.

5.3 Ableitung vektorwertiger Funktionen

Gelegentlich ist es nötig, mehrere reelle Funktionen, die von denselben Variablen abhängen, simultan zu untersuchen.

Beispiel 5.8 (Nachfrage nach mehreren Gütern). Betrachtet wird die Nachfrage nach verschiedenen Gütern in Abhängigkeit von ihren Preisen und dem Einkommen. Sei y das Einkommen, q_i die Nachfrage nach Gut i und p_i sein Preis für $i = 1, 2, \ldots, n$. Die Nachfrage nach dem i-ten Gut hängt sowohl von dem Preis dieses Gutes als auch von den Preisen der anderen Güter und dem Einkommen ab. Also wird die Nachfrage nach Gut i durch eine reelle Funktion f_i,

$$q_i = f_i(p_1, p_2, \ldots, p_n, y)\,,$$

dargestellt. Insgesamt wird die Nachfrage nach den n Gütern durch n reelle Funktionen $f_1, \ldots, f_n$ beschrieben. Um diese n Funktionen nicht separat, sondern simultan zu untersuchen, fasst man sie in einem Spaltenvektor zusammen und betrachtet dann die vektorwertige Funktion $f : \mathbb{R}^{n+1} \to \mathbb{R}^n$,

$$\boldsymbol{q} = \begin{bmatrix} q_1 \\ q_2 \\ \vdots \\ q_n \end{bmatrix} = \begin{bmatrix} f_1(p_1, p_2, \ldots, p_n, y) \\ f_2(p_1, p_2, \ldots, p_n, y) \\ \vdots \\ f_n(p_1, p_2, \ldots, p_n, y) \end{bmatrix} = f(p_1, p_2, \ldots, p_n, y)\,.$$

Formal fasst man m reelle Funktionen $f_1, \ldots, f_m$ zu einer **vektorwertigen Funktion** zusammen, die dann den $\mathbb{R}^m$ als Wertebereich und eine Teilmenge $A \subset \mathbb{R}^n$ als Definitionsbereich hat. Die reellen Funktionen $f_1, \ldots, f_m : A \to \mathbb{R}$ bezeichnet man als **Komponentenfunktionen** der vektorwertigen Funktion f. Die Ableitung einer solchen vektorwertigen Funktion ist eine Matrix, deren Einträge partielle Ableitungen sind. In diesem Abschnitt definieren und berechnen wir die Matrix; sie wird im Folgenden auch für eine „Kettenregel“ zur Ableitung zusammengesetzter multivariater reeller Funktionen benötigt.

Definition 5.5: Jacobi-Matrix, Differenzierbarkeit

Betrachtet wird eine Funktion $f : A \to \mathbb{R}^m$,

$$f(\boldsymbol{x}) = \begin{bmatrix} f_1(\boldsymbol{x}) \\ \vdots \\ f_m(\boldsymbol{x}) \end{bmatrix}.$$

Wenn in einem Punkt $\boldsymbol{x} \in A$ jede Komponentenfunktion f_j partielle Ableitungen besitzt, nennt man f partiell differenzierbar in $\boldsymbol{x}$. Die Matrix der partiellen Ableitungen

$$J_f(\boldsymbol{x}) = \begin{bmatrix} \frac{\partial f_1}{\partial x_1}(\boldsymbol{x}) & \cdots & \frac{\partial f_1}{\partial x_n}(\boldsymbol{x}) \\ \vdots & & \vdots \\ \frac{\partial f_m}{\partial x_1}(\boldsymbol{x}) & \cdots & \frac{\partial f_m}{\partial x_n}(\boldsymbol{x}) \end{bmatrix}$$

wird als **Jacobi-Matrix** von f in $\boldsymbol{x}$ bezeichnet. f heißt **(total) differenzierbar** im Punkt $\boldsymbol{x}$, wenn jede Komponente f_j total differenzierbar ist, d.h. wenn alle partiellen Ableitungen stetig sind.

Mit $y_i = f_i(\boldsymbol{x})$ schreibt man kürzer

$$J_f(\boldsymbol{x}) = \begin{bmatrix} \frac{\partial y_1}{\partial x_1} & \cdots & \frac{\partial y_1}{\partial x_n} \\ \vdots & & \vdots \\ \frac{\partial y_m}{\partial x_1} & \cdots & \frac{\partial y_m}{\partial x_n} \end{bmatrix}.$$

Weitere Schreibweisen für die Jacobi[4]-Matrix sind

$$f'(\boldsymbol{x}) = \frac{df}{d\boldsymbol{x}}(\boldsymbol{x}) = J_f(\boldsymbol{x}).$$

Im Fall $m = 1$ ist die Jacobi-Matrix gleich dem Gradienten. Allgemein kann man sich den Aufbau der Jacobi-Matrix gut wie folgt merken:

Merkregel: Jacobi-Matrix

In den Zeilen der Jacobi-Matrix stehen die Gradienten der Komponentenfunktionen.

Beispiel 5.9. Wir betrachten die Funktion $f : \mathbb{R}^3 \to \mathbb{R}^2$ mit

$$f(x_1, x_2, x_3) = \begin{bmatrix} x_1 x_2^2 \\ x_1 e^{x_2} \end{bmatrix}.$$

Hier ist die Jacobi-Matrix

$$J_f(\boldsymbol{x}) = \begin{bmatrix} x_2^2 & 2x_1x_2 & 0 \\ e^{x_2} & x_1 e^{x_2} & 0 \end{bmatrix}.$$

Satz 5.4: Summenregel, Faktorenregel

Seien $f, g : A \to \mathbb{R}^m$ differenzierbar in einem Punkt $\boldsymbol{x} \in A$. Dann ist

(i) $f + g$ differenzierbar in $\boldsymbol{x}$ mit

$$(f+g)'(\boldsymbol{x}) = f'(\boldsymbol{x}) + g'(\boldsymbol{x}),$$

(ii) αf differenzierbar in $\boldsymbol{x}$ mit

$$(\alpha f)'(\boldsymbol{x}) = \alpha f'(\boldsymbol{x}).$$

Dieser Satz stimmt fast wörtlich mit Satz 5.2 überein. Zu beachten ist, dass die Ableitung $f'(\boldsymbol{x})$ hier eben nicht der Gradient, sondern die Jacobi-Matrix $J_f(\boldsymbol{x})$ ist.

[4] Carl Gustav Jacob Jacobi (1804-1851)

Als besonders einfach erweist sich die Berechnung der Jacobi-Matrix einer affin-linearen Funktion. Eine solche Funktion ist durch eine $m \times n$-Matrix $\boldsymbol{B}$ und einen Vektor $\boldsymbol{c} \in \mathbb{R}^m$ gegeben und hat die Form

$$f(\boldsymbol{x}) = \boldsymbol{c} + \boldsymbol{B}\boldsymbol{x} = \begin{bmatrix} c_1 + b_{11}x_1 + \ldots + b_{1n}x_n \\ \vdots \\ c_m + b_{m1}x_1 + \ldots + b_{mn}x_n \end{bmatrix},$$

wobei das Argument $\boldsymbol{x}$ als Spaltenvektor $[x_1, \cdots, x_n]^T$ aufgefasst wird. Wenn $\boldsymbol{c}$ der Nullvektor ist, nennt man die Funktion **linear**, ansonsten **affin-linear**. Der folgende Satz sagt, dass die partiellen Ableitungen einer solchen Funktion gerade gleich den Einträgen der Matrix $\boldsymbol{B}$ sind und deshalb die Jacobi-Matrix mit der Matrix $\boldsymbol{B}$ übereinstimmt:

Satz 5.5: Ableitung einer affin-linearen Funktion

Sei $\boldsymbol{c} \in \mathbb{R}^m$, $\boldsymbol{B} \in \mathbb{R}^{m \times n}$, $f(\boldsymbol{x}) = \boldsymbol{c} + \boldsymbol{B}\boldsymbol{x}$ für $\boldsymbol{x} \in \mathbb{R}^n$. Dann ist f differenzierbar und $f'(\boldsymbol{x}) = \boldsymbol{B}$ für alle $\boldsymbol{x} \in \mathbb{R}^n$.

Beispielsweise ist durch

$$g(\boldsymbol{x}) = g(x_1, x_2, x_3) = \begin{bmatrix} x_1 + x_2 \\ 3x_3 \end{bmatrix}$$

eine Funktion $g : \mathbb{R}^3 \to \mathbb{R}^2$ gegeben. Sie ist linear, $g(\boldsymbol{x}) = \boldsymbol{B}\boldsymbol{x}$, mit der Matrix $\boldsymbol{B} = \begin{bmatrix} 1 & 1 & 0 \\ 0 & 0 & 3 \end{bmatrix}$, und ihre Ableitung ist $J_g = \boldsymbol{B}$.

Auch die **Identität** auf $\mathbb{R}^n$, $id(\boldsymbol{x}) = \boldsymbol{x}$, die jeden Punkt auf sich selbst abbildet, ist eine lineare Funktion, nämlich mit $\boldsymbol{B} = \boldsymbol{I}_n$, der Einheitsmatrix des Formats $n \times n$. Ihre Ableitung ist $J_{id} = \boldsymbol{I}_n$.

Beispiel 5.10. (Fortsetzung: Nachfrage nach mehreren Gütern). Betrachtet wird die Nachfrage nach verschiedenen Gütern wie in Beispiel 5.8. Die Elastizität

$$\varepsilon_{ii} = \frac{p_i}{q_i} \frac{\partial q_i}{\partial p_i}$$

ist dann die **Nachfrageelastizität** von Gut i in Bezug auf den eigenen Preis. Die Größe

$$\varepsilon_{ij} = \frac{p_j}{q_i} \frac{\partial q_i}{\partial p_j}$$

wird als **Kreuzpreiselastizität** von Gut i in Bezug auf den Preis von Gut j bezeichnet. Wenn die Kreuzpreiselastizität positiv ist, bedeutet dies, dass eine Preiserhöhung für Gut j zu einer zusätzlichen Nachfrage nach Gut i führt; die beiden Güter i und j sind dann **Bruttosubstitute**. Man kann bei solchen

substitutionellen Gütern eine Menge des Gutes j durch eine Menge des Gutes i ersetzen, z.B. Kartoffeln durch Nudeln: Bei steigenden Kartoffelpreisen nimmt die Nachfrage nach Nudeln zu. Andererseits bedeutet eine negative Kreuzpreiselastizität, dass bei steigendem Preis für Gut j die Nachfrage nach Gut i sinkt; die beiden Güter sind dann **komplementär**, und man kann Gut j nicht durch i ersetzen. Z.B. wird, wenn die Benzinpreise im Sommer ansteigen, weniger Benzin nachgefragt, aber auch weniger Urlaubsunterkünfte. Die Nachfrageelastizität von Gut i in Bezug auf das Einkommen,

$$\varepsilon_i = \frac{y}{q_i}\frac{\partial q_i}{\partial y},$$

wird als **Einkommenselastizität** des i-ten Gutes bezeichnet.

5.4 Kettenregel und totale Ableitung

Auch für multivariate Funktionen gilt analog zu Satz 4.2 eine Kettenregel, die es erlaubt, die Ableitung zusammengesetzter Funktionen zu berechnen. Sie hat die gleiche Form wie die univariate Kettenregel,

$$(g \circ f)'(x) = [g(f(x))]'(x) = g'(f(x))f'(x),$$

nur handelt es sich bei den Ableitungen nicht um Zahlen, sondern um Matrizen.

Satz 5.6: Kettenregel

Wir betrachten die **zusammengesetzte Abbildung**

$$g \circ f : A \xrightarrow{f} C \xrightarrow{g} \mathbb{R}^k,$$
$$\boldsymbol{x} \mapsto f(\boldsymbol{x}) = \boldsymbol{y} \mapsto g(\boldsymbol{y}) = g(f(\boldsymbol{x})) = \boldsymbol{z},$$

und einen Punkt $\boldsymbol{x} \in A$. Wenn f in $\boldsymbol{x}$ und g in $\boldsymbol{y} = f(\boldsymbol{x})$ differenzierbar ist, dann ist $g \circ f$ differenzierbar in $\boldsymbol{x}$ und hat die Ableitung

$$\underbrace{(g \circ f)'(\boldsymbol{x})}_{\in \mathbb{R}^{k\times n}} = \underbrace{g'(f(\boldsymbol{x}))}_{\in \mathbb{R}^{k\times m}} \underbrace{f'(\boldsymbol{x})}_{\in \mathbb{R}^{m\times n}}.$$

Man beachte, dass diese Kettenregel eine Gleichung zwischen Matrizen ist. Auf der linken Seite steht eine Jacobi-Matrix des Formats $k \times n$; auf der rechten Seite steht das Produkt einer $k \times m$-Matrix mit einer $m \times n$-Matrix, welches wiederum das Format $k \times n$ aufweist. Mit $\boldsymbol{y} = f(\boldsymbol{x})$ und $\boldsymbol{z} = g(\boldsymbol{y})$ schreibt man die Kettenregel kurz als *Merksatz*:

Merkregel

$$\frac{dz}{dx} = \frac{dz}{dy}\frac{dy}{dx}$$

Beispiel 5.11. Gegeben seien die Funktionen $f : \mathbb{R} \to \mathbb{R}^3$ und $g : \mathbb{R}^3 \to \mathbb{R}$ mit

$$f : x \mapsto \begin{bmatrix} x^2 \\ x-1 \\ e^{-2x} \end{bmatrix}, \qquad g : \begin{bmatrix} y_1 \\ y_2 \\ y_3 \end{bmatrix} \mapsto y_1 y_2 - y_3 \,.$$

Hier ist also $n = 1$, $m = 3$ und $k = 1$. Die Jacobi-Matrizen von f und g sind

$$f'(x) = \begin{bmatrix} 2x \\ 1 \\ -2e^{-2x} \end{bmatrix} \qquad \text{und} \qquad g'(\boldsymbol{y}) = [y_2\,,\ y_1\,,\ -1]\,.$$

Mit $\boldsymbol{y} = f(x)$ erhält man

$$g'(\boldsymbol{y}) = g'(f(x)) = g'\left(x^2, x-1, e^{-2x}\right) = [x-1\,,\ x^2\,,\ -1]\,.$$

Daraus folgt dann

$$\begin{aligned} (g \circ f)'(x) &= g'(f(x)) \cdot f'(x) \\ &= [x-1\,,\ x^2\,,\ -1]\begin{bmatrix} 2x \\ 1 \\ -2e^{-2x} \end{bmatrix} \\ &= 2x^2 - 2x + x^2 + 2e^{-2x} \\ &= 3x^2 - 2x + 2e^{-2x}\,. \end{aligned}$$

Alternativ kann man hier den Funktionswert $f(x)$ in g einsetzen,

$$g(f(x)) = x^2(x-1) - e^{-2x} = x^3 - x^2 - e^{-2x}\,,$$

und dessen Ableitung nach x direkt ausrechnen,

$$\frac{d}{dx}(x^3 - x^2 - e^{-2x}) = 3x^2 - 2x + 2e^{-2x}\,.$$

Dies ist sicherlich einfacher als die Anwendung der Kettenregel. Doch oftmals muss man solche zusammengesetzten Abbildungen allgemein ableiten, ohne dass die Funktionen numerisch spezifiziert sind; dann ist die Anwendung der Kettenregel notwendig.

Wir haben die Kettenregel allgemein für eine k-wertige zusammengesetzte

Funktion in n Variablen formuliert, wobei k und n beliebige natürliche Zahlen sind. Wichtig, da häufig vorkommend, ist der Spezialfall $k = n = 1$. Bei ihm handelt es sich um eine Funktion $h : \mathbb{R} \to \mathbb{R}$, $x \mapsto z$, die *indirekt* über m weitere Variable $y_1, \ldots, y_m$ von ihrer eigentlichen Variablen x abhängt. Das vorige Beispiel enthielt eine solche Funktion $h = g \circ f$ mit $m = 3$. Die Ableitung von h nach x nennt man **totale Ableitung**, da sie die über die Variablen $y_1, \ldots, y_m$ vermittelte indirekte Abhängigkeit des Funktionswerts z von x berücksichtigt. Entsprechend wird dieser Spezialfall der Kettenregel als Satz von der totalen Ableitung bezeichnet.

Satz 5.7: Satz von der totalen Ableitung

Wir betrachten die Abbildung $g \circ f : A \xrightarrow{f} C \xrightarrow{g} \mathbb{R}$, wobei $A \subset \mathbb{R}$ und $C \subset \mathbb{R}^m$. Sei f differenzierbar an einer Stelle $x \in A$ und g differenzierbar in $f(x)$. Dann ist $g \circ f$ differenzierbar in x und

$$
\begin{aligned}
(g \circ f)'(x) = \frac{d}{dx} g(f(x)) &= \left[\frac{\partial g}{\partial y_1}(f(x)), \cdots, \frac{\partial g}{\partial y_m}(f(x))\right] \cdot \begin{bmatrix} f_1'(x) \\ \vdots \\ f_m'(x) \end{bmatrix} \\
&= \sum_{i=1}^{m} \frac{\partial g}{\partial y_i}(f(x)) \cdot f_i'(x) \\
&= \operatorname{grad} g(f(x)) f'(x) .
\end{aligned}
$$

Mit $\boldsymbol{y} = f(x)$ und $z = g(\boldsymbol{y})$ erhält man folgenden Merksatz:

Merkregel

$$
\frac{dz}{dx} = \sum_{i=1}^{m} \frac{\partial z}{\partial y_i} \frac{dy_i}{dx} .
$$

Beispiel 5.12. Gegeben sind die Funktionen $f(x, y) = xe^y + x^2 y$ sowie $x(t) = t^3$ und $y(t) = t^2$. Deren erste Ableitungen sind $f_x(x, y) = e^y + 2xy$, $f_y(x, y) = xe^y + x^2$ sowie $x'(t) = 3t^2$ und $y'(t) = 2t$. Mit Hilfe des Satzes von der totalen Ableitung kann man die Ableitung von $z(t) := f(x(t), y(t))$ berechnen:

$$
\begin{aligned}
z'(t) &= f_x(x(t), y(t)) \cdot x'(t) + f_y(x(t), y(t)) \cdot y'(t) \\
&= (e^{y(t)} + 2x(t)y(t)) \cdot 3t^2 + \left(x(t)e^{y(t)} + (x(t))^2\right) \cdot 2t \\
&= (e^{t^2} + 2t^3 t^2) \cdot 3t^2 + (t^3 e^{t^2} + (t^3)^2) \cdot 2t \\
&= 3t^2 e^{t^2} + 2t^4 e^{t^2} + 8t^7 .
\end{aligned}
$$

Wie in Beispiel 5.11 bereits beschrieben, hätte man hier, da die Funktionen konkret angegeben sind, auch die verkettete Funktion $z(t)$ aufschreiben und diese dann ganz normal nach t ableiten können.

5.5 Homogenität

Eine der eingangs gestellten Fragen war, wie sich der Wert einer Funktion ändert, wenn sämtliche Variable verdoppelt oder, allgemeiner, mit einer Zahl $\lambda \in \mathbb{R}$ multipliziert werden. Wir führen hierzu den Begriff der (positiven) Homogenität ein.

Definition 5.6: Homogene Funktion

Eine Funktion f von n Variablen heißt **positiv homogen vom Grade** r, wobei r eine reelle Zahl ist, kurz **positiv r-homogen**, wenn für jede Zahl $\lambda > 0$ und alle $\boldsymbol{x}$ gilt

$$f(\lambda \boldsymbol{x}) = \lambda^r f(\boldsymbol{x})\,.$$

Bemerkungen

1. Eine Funktion f heißt **homogen vom Grade** r, wenn die angegebene Bedingung nicht nur für alle $\lambda > 0$, sondern sogar für alle $\lambda \in \mathbb{R}$, d.h. auch für negative Zahlen λ erfüllt ist. Hier muss r ganzzahlig sein.

2. In der ökonomischen Literatur spricht man statt von positiv homogenen Funktionen meist etwas ungenau von homogenen Funktionen, unterschlägt also das Attribut „positiv". Wir schließen uns dieser Konvention an und werden im Folgenden von homogenen Funktionen sprechen, dabei aber positiv homogene Funktionen meinen.

3. Der Definitionsbereich A einer positiv homogenen Funktion $f : A \to \mathbb{R}^n$ muss die Eigenschaft besitzen, dass mit jedem Punkt $\boldsymbol{x} \in A$ auch jedes positive Vielfache $\lambda \boldsymbol{x}$, $\lambda > 0$, in A liegt. Eine solche Menge bezeichnet man als **Kegel**. In den meisten Anwendungen wird der Definitionsbereich entweder $\mathbb{R}^n$, $\mathbb{R}^n_+$ oder $\mathbb{R}^n_{++} = \{(x_1, \ldots, x_n) \in \mathbb{R}^n \,|\, x_1, \ldots, x_n > 0\}$ sein. Man überzeugt sich leicht davon, dass jede dieser Mengen in der Tat ein Kegel ist.

Bei einer homogenen Funktion vom Grade r führt also beispielsweise eine Verdopplung der Werte aller Variablen (also $\lambda = 2$) zu einer Erhöhung des Funktionswerts auf das 2^r-fache. Eine Funktion, die homogen ersten Grades ist, nennt man auch **linear homogen**. Beispielsweise ist die Funktion $f : \mathbb{R}^2 \to \mathbb{R}$, $f(\boldsymbol{x}) = f(x_1, x_2) = 5x_1 - 2x_2$, linear homogen. Für jede Zahl $\lambda > 0$

gilt nämlich

$$f(\lambda \boldsymbol{x}) = f(\lambda x_1, \lambda x_2) = 5\lambda x_1 - 2\lambda x_2 = \lambda(5x_1 - 2x_2) = \lambda f(\boldsymbol{x}).$$

Wenn alle Variablen mit dem gleichen Faktor λ multipliziert werden, vervielfacht sich der Funktionswert ebenfalls mit λ. Allgemeiner gilt: Jede reellwertige lineare Funktion $f : \mathbb{R}^n \to \mathbb{R}$, $f(\boldsymbol{x}) = \alpha_1 x_1 + \ldots + \alpha_n x_n$ mit Konstanten $\alpha_i \in \mathbb{R}$, $i = 1, \ldots, n$, ist linear homogen.

Homogenität vom Grade $r = 0$ bedeutet, dass der Funktionswert unverändert bleibt, wenn die Variablen mit einem Faktor λ multipliziert werden. Eine solche Funktion heißt auch **skaleninvariant**. Beispielsweise ist die Funktion $f(\boldsymbol{x}) = f(x_1, x_2) = \ln\left(\frac{x_1}{x_2}\right), x_1, x_2 > 0$, homogen vom Grade 0, denn für jedes $\lambda > 0$ ist

$$f(\lambda \boldsymbol{x}) = f(\lambda x_1, \lambda x_2) = \ln\left(\frac{\lambda x_1}{\lambda x_2}\right) = \ln\left(\frac{x_1}{x_2}\right) = 1 \cdot f(\boldsymbol{x}) = \lambda^0 f(\boldsymbol{x}).$$

Beispiel 5.13. (Homogenität der Cobb-Douglas-Funktion). Die Cobb-Douglas-Produktionsfunktion, $f : \mathbb{R}_+^2 \to \mathbb{R}$, $f(\boldsymbol{x}) = f(x_1, x_2) = c\,x_1^\alpha x_2^\beta$, ist homogen vom Grade $r = \alpha + \beta$. Es ist nämlich für jedes $\lambda > 0$

$$f(\lambda \boldsymbol{x}) = f(\lambda x_1, \lambda x_2) = c(\lambda x_1)^\alpha (\lambda x_2)^\beta = \lambda^\alpha \lambda^\beta c\,x_1^\alpha x_2^\beta = \lambda^{\alpha+\beta} f(\boldsymbol{x}).$$

In der Regel lässt sich auch leicht erkennen, wenn eine Funktion nicht homogen ist:

Beispiel 5.14. Die Funktion $f(x_1, x_2) = x_1 + x_1 x_2$ ist nicht homogen, denn

$$f(\lambda \boldsymbol{x}) = \lambda x_1 + \lambda x_1 \lambda x_2 = \lambda x_1 + \lambda^2 x_1 x_2 \neq \lambda^r f(\boldsymbol{x}) \quad \text{für alle } r \in \mathbb{R}.$$

Beim ersten Summanden müsste man nämlich λ, beim zweiten aber λ^2 ausklammern. Beides zusammen ist natürlich nicht möglich.

Der folgende Satz stellt eine wichtige Charakterisierung homogener Funktionen dar.

Satz 5.8: Eulersches Theorem

Eine differenzierbare Funktion $f : \mathbb{R}^n \to \mathbb{R}$ ist dann und nur dann positiv homogen vom Grade r, wenn

$$\sum_{i=1}^{n} x_i \frac{\partial f}{\partial x_i}(\boldsymbol{x}) = r f(\boldsymbol{x}) \tag{5.1}$$

für alle $\boldsymbol{x} = (x_1, \ldots, x_n) \in \mathbb{R}^n$ erfüllt ist.

Beweis: Wenn f r-homogen ist, so gilt $f(\lambda \boldsymbol{x}) = \lambda^r f(\boldsymbol{x})$ für alle $\boldsymbol{x}$ und alle $\lambda > 0$. Wir leiten beide Seiten dieser Gleichung nach λ ab. Für die linke Seite erhalten wir (gemäß dem Satz von der totalen Ableitung angewandt auf die zusammengesetzte Abbildung $\lambda \mapsto \lambda \boldsymbol{x} \mapsto f(\lambda \boldsymbol{x})$)

$$\frac{d}{d\lambda} f(\lambda \boldsymbol{x}) = \sum_{i=1}^{n} \frac{\partial f}{\partial x_i}(\lambda \boldsymbol{x})\, x_i\,,$$

und für die rechte Seite $r\lambda^{r-1} f(\boldsymbol{x})$. Speziell für $\lambda = 1$ folgt

$$\sum_{i=1}^{n} \frac{\partial f}{\partial x_i}(\boldsymbol{x}) x_i = r f(\boldsymbol{x})\,.$$

Umgekehrt kann man auch zeigen, dass, wenn diese Gleichung gilt, die Funktion f r-homogen ist. □

Wenn man Gleichung (5.1) durch $f(\boldsymbol{x})$ dividiert, erhält man

$$\sum_{i=1}^{n} \varepsilon_{f,x_i}(\boldsymbol{x}) = r\,.$$

Wir formulieren das Eulersche[5] Theorem als Merksatz:

Merkregel: Eulersches Theorem

Bei einer homogenen Funktion ist die Summe der partiellen Elastizitäten gleich dem Homogenitätsgrad.

Die folgenden zwei Beispiele illustrieren das Eulersche Theorem.

Beispiel 5.15. Die Funktion $f(x_1, x_2) = x_1^2 x_2$ ist homogen vom Grad 3. Die partiellen Elastizitäten sind

$$\varepsilon_{f,x_1}(x_1, x_2) = \frac{x_1}{f(x_1, x_2)} f_{x_1}(x_1, x_2) = \frac{x_1}{x_1^2 x_2} 2x_1 x_2 = 2$$

und

$$\varepsilon_{f,x_2}(x_1, x_2) = \frac{x_2}{f(x_1, x_2)} f_{x_2}(x_1, x_2) = \frac{x_2}{x_1^2 x_2} x_1^2 = 1\,.$$

Die Summe der partiellen Elastizitäten ist $\varepsilon_{f,x_1}(x_1, x_2) + \varepsilon_{f,x_2}(x_1, x_2) = 2 + 1 = 3$, also gleich dem Homogenitätsgrad.

[5] Leonhard Euler (1707-1783)

Beispiel 5.16. Die Funktion $f(x_1, x_2) = x_1 + x_2^2$ besitzt die Elastizitäten

$$\varepsilon_{f,x_1}(x_1, x_2) = \frac{x_1}{x_1 + x_2^2} \quad \text{und} \quad \varepsilon_{f,x_2}(x_1, x_2) = \frac{2x_2^2}{x_1 + x_2^2},$$

und deren Summe beträgt

$$\varepsilon_{f,x_1}(x_1, x_2) + \varepsilon_{f,x_2}(x_1, x_2) = \frac{x_1 + 2x_2^2}{x_1 + x_2^2} = 1 + \frac{x_2^2}{x_1 + x_2^2}.$$

Die Summe der partiellen Elastizitäten hängt von (x_1, x_2) ab, ist also nicht konstant. Darum ist die Funktion f nach dem Eulerschen Theorem nicht homogen.

Bei einer r-homogenen Produktionsfunktion führt also eine proportionale Erhöhung aller Inputs zu einer überproportionalen Erhöhung des Outputs, falls $r > 1$ ist, und zu einer unterproportionalen Erhöhung des Outputs, wenn $r < 1$ ist. Aber auch bei nicht homogenen Produktionsfunktionen ist von Interesse, wie sich eine proportionale Erhöhung aller Inputs auf den Output auswirkt. Dies wird im Allgemeinen natürlich auch davon abhängen, wie hoch das gegenwärtige Niveau der Inputs ist. Zur Untersuchung dieser Fragestellung betrachten wir die Funktion

$$\tilde{f} : [0, \infty] \to \mathbb{R}, \quad t \mapsto f(tx_1, tx_2, \ldots, tx_n) = f(t\boldsymbol{x}).$$

Dabei seien $x_1, \ldots, x_n$ die gegenwärtigen Niveaus der einzelnen Inputs. Für $t = 1$ liefert $\tilde{f}(1)$ somit den gegenwärtigen Output. Bei einer proportionalen Erhöhung aller Inputs um beispielsweise 5% ist $t = 1.05$ und man erhält den zugehörigen Output durch $\tilde{f}(1.05) = f(1.05x_1, \ldots, 1.05x_n)$. Um also die relative Veränderung des Outputs bei einer proportionalen Erhöhung aller Inputs (näherungsweise) zu ermitteln, muss man die Elastizität der Funktion $\tilde{f}$ an der Stelle $t = 1$ bestimmen, d.h.

$$\varepsilon_{\tilde{f}}(1) = \frac{1}{\tilde{f}(1)} \tilde{f}'(1).$$

Diese Größe nennt man **Skalenelastizität** und bezeichnet sie mit $\varepsilon_{f,t}(\boldsymbol{x})$. Um sie allgemein zu berechnen, verwenden wir den Satz von der totalen Ableitung. Es ist nämlich

$$\tilde{f}(t) = f(tx_1, tx_2, \ldots, tx_n) = f(g(t)) \qquad \text{mit} \qquad g(t) = \begin{bmatrix} tx_1 \\ \vdots \\ tx_n \end{bmatrix}.$$

Wegen $g_i'(t) = x_i$ erhält man mit dem Satz von der totalen Ableitung

$$\tilde{f}'(t) = \sum_{i=1}^{n} \frac{\partial f}{\partial x_i}(g(t)) \cdot g_i'(t) = \sum_{i=1}^{n} \frac{\partial f}{\partial x_i}(t\boldsymbol{x}) \cdot x_i \,.$$

Für $t = 1$ ist dann

$$\tilde{f}'(1) = \sum_{i=1}^{n} \frac{\partial f}{\partial x_i}(\boldsymbol{x}) x_i \,.$$

Damit ist die Skalenelastizität

$$\varepsilon_{f,t}(\boldsymbol{x}) = \frac{1}{\tilde{f}(1)} \tilde{f}'(1) = \frac{1}{f(\boldsymbol{x})} \sum_{i=1}^{n} \frac{\partial f}{\partial x_i}(\boldsymbol{x}) x_i = \sum_{i=1}^{n} \frac{x_i}{f(\boldsymbol{x})} \frac{\partial f}{\partial x_i}(\boldsymbol{x}) = \sum_{i=1}^{n} \varepsilon_{f,x_i}(\boldsymbol{x}) \,.$$

Satz 5.9: Skalenelastizität

Die Skalenelastizität $\varepsilon_{f,t}(\boldsymbol{x})$ ist gleich der Summe der partiellen Elastizitäten:

$$\varepsilon_{f,t}(\boldsymbol{x}) = \sum_{i=1}^{n} \varepsilon_{f,x_i}(\boldsymbol{x}) \,.$$

für allgemeine

Ist die Skalenelastizität größer als eins, so bewirkt eine proportionale Erhöhung aller Inputs eine überproportionale Steigerung des Outputs. Man spricht dann von **steigenden Skalenerträgen**. Ist die Skalenelastizität hingegen kleiner als eins, so steigt der Output bei einer proportionalen Erhöhung aller Inputs nur unterproportional. In diesem Fall spricht man von **sinkenden Skalenerträgen**. Ist die Skalenelastizität gleich eins, so liegen **konstante Skalenerträge** vor.

Bei einer homogenen Funktion ist nach dem Eulerschen Theorem die Summe der partiellen Elastizitäten und damit auch die Skalenelastizität an jeder Stelle $\boldsymbol{x}$ gleich dem Homogenitätsgrad r. Homogene Funktionen haben also eine konstante Skalenelastizität. Hat umgekehrt eine Funktion überall die gleiche Skalenelastizität r, so ist auch die Summe der partiellen Elastizitäten überall gleich r und nach dem Eulerschen Theorem ist die Funktion dann homogen vom Grad r.

Merkregel

Die Funktionen mit konstanter Skalenelastizität r sind gerade die r-homogenen Funktionen.

5.6 Implizite Funktionen

Der Zusammenhang zwischen zwei ökonomischen Größen x und y ist häufig durch eine Gleichung der Form

$$F(x, y) = 0$$

gegeben. Dabei interessiert die Abhängigkeit der Größe y von der Größe x.

Beispiel 5.17. Ein Unternehmen hat den Auftrag 100 Einheiten eines Produkts gemäß der Produktionsfunktion $P(x, y)$ herzustellen. Es muss also gelten

$$P(x, y) = 100\,, \quad \text{d.h.} \quad P(x, y) - 100 = 0\,.$$

Ändert sich z.B. der Preis des ersten Inputs, möchte das Unternehmen die Abhängigkeit der Menge y des zweiten Inputs von der eingesetzten Menge x des ersten Inputs kennen. Damit soll bestimmt werden, wie viele Einheiten des zweiten Inputs mehr eingesetzt werden müssen, um eine bestimmte Reduzierung des teurer gewordenen ersten Inputs durchführen zu können.

Durch eine Gleichung $F(x, y) = 0$ kann lokal ein funktionaler Zusammenhang $y = f(x)$ definiert sein oder auch nicht. Abbildung 5.3 veranschaulicht dieses erste Problem.

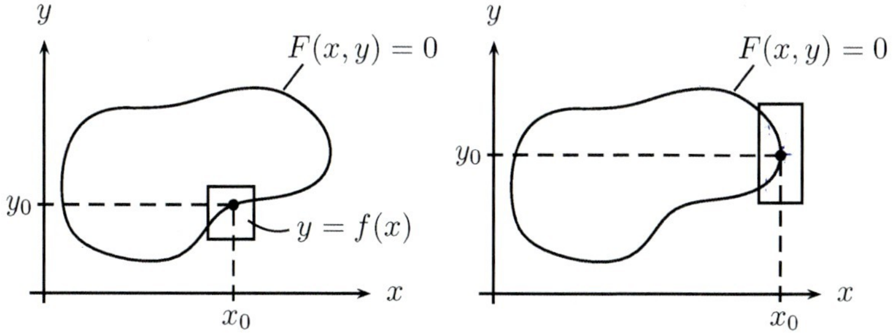

Abbildung 5.3: Bei (x_0, y_0) gibt es links lokal eine Funktion $y = f(x)$, rechts nicht.

Gegeben ist eine Gleichung $F(x, y) = 0$. In beiden Skizzen ist die Menge aller Punkte dargestellt, die diese Gleichung erfüllen, sowie jeweils ein spezieller Punkt (x_0, y_0) der Menge. In der linken Abbildung erkennt man, dass Intervalle A und B um x_0 bzw. um y_0 existieren, sodass die Gleichung $F(x, y) = 0$ eine Funktion $f : A \to B$ definiert. Eine Zahl $x \in A$ wird dabei auf den (eindeutig bestimmten) Wert $y = f(x) \in B$ abgebildet, für den $F(x, y) = 0$ gilt. In der rechten Abbildung hingegen erkennt man, dass sich um x_0 und y_0 keine Intervalle A und B angeben lassen, sodass durch $F(x, y) = 0$ eine

Funktion $f : A \to B$ definiert würde. Links von x_0 ist der Wert y, für den $F(x, y) = 0$ gilt, nicht eindeutig, während rechts von x_0 überhaupt kein y existiert, für dass $F(x, y) = 0$ ist. Dies liegt offenbar daran, dass die durch $F(x, y) = 0$ definierte Kurve an der Stelle (x_0, y_0) eine senkrechte Tangente besitzt. Sofern diese Situation jedoch nicht eintritt, d.h. in (x_0, y_0) die Tangente an die Kurve nicht senkrecht verläuft, wird durch die Beziehung $F(x, y) = 0$ zumindest lokal eine Funktion $f : A \to B$ definiert. Im Weiteren gehen wir immer davon aus, dass dies der Fall ist.

Ein zweites Problem besteht darin, dass sich diese **implizite**, also durch die Gleichung $F(x, y) = 0$ definierte, Funktion nicht immer **explizit** in der Form $y = f(x)$ aufschreiben lässt. Als Beispiele betrachten wir die beiden Gleichungen

$$x \ln y - 1 = 0 \qquad \text{und} \qquad y + \ln y - x^2 + 5 = 0\,.$$

Die erste Gleichung lässt sich explizit nach y als Funktion von x auflösen, $y = f(x) = \exp(\frac{1}{x})$, die zweite dagegen nicht. Dennoch kann man mit Hilfe der Differentialrechnung bestimmte Aussagen über diese Abhängigkeit treffen, insbesondere die Ableitung von y nach x berechnen. Eine Funktion $x \mapsto y$, die nicht explizit, d.h. durch eine Funktionsvorschrift $y = f(x)$, sondern nur durch eine Gleichung in x und y gegeben ist, nennt man **implizit definierte Funktion** oder kurz **implizite Funktion**. In diesem Abschnitt leiten wir eine Formel für die Ableitung von impliziten Funktionen her und wenden sie auf das Problem der Substitution von Produktionsfaktoren an.

Definition 5.7: Implizite Funktion

Wir betrachten eine differenzierbare Funktion $F : A \times B \to \mathbb{R}$, wobei A und B offene Intervalle in $\mathbb{R}$ sind, und die Gleichung

$$F(x, y) = 0\,.$$

Wenn es für jedes $x \in A$ genau ein $y \in B$ gibt mit $F(x, y) = 0$, dann heißt $F(x, y) = 0$ **implizite Darstellung** der Funktion $x \mapsto y = f(x)$ oder **implizite Funktion**.

Auch wenn sich y nicht explizit als Funktion von x darstellen lässt, ist es möglich, Informationen über das Verhalten der implizit definierten Funktion $x \mapsto y = f(x)$ zu gewinnen. Der folgende Satz zeigt, wie man die Ableitung einer implizit definierten Funktion ermitteln kann.

Satz 5.10: Ableitung einer impliziten Funktion

Sei F differenzierbar in (x_0, y_0),

$$F(x_0, y_0) = 0 \quad \text{und} \quad \frac{\partial F}{\partial y}(x_0, y_0) \neq 0\,.$$

Dann existieren offene Intervalle A um x_0 und B um y_0, sodass durch die Gleichung $F(x, y) = 0$ eine Funktion $f : A \to B$ definiert wird. Ferner ist f differenzierbar und es gilt

$$f'(x) = \frac{dy}{dx} = -\frac{\frac{\partial F}{\partial x}(x, y)}{\frac{\partial F}{\partial y}(x, y)}\,.$$

Der Satz über die Ableitung einer impliziten Funktion lässt sich leicht einsehen: Mit dem Ansatz $y = f(x)$ lautet die Gleichung $F(x, f(x)) = 0$. Beide Seiten der Gleichung leiten wir nun nach x ab. Rechts erhalten wir die Ableitung 0. Links wenden wir auf die Funktion $x \mapsto F(x, f(x))$ den Satz von der totalen Ableitung an. Es folgt

$$\frac{\partial F}{\partial x}(x, y) \cdot 1 + \frac{\partial F}{\partial y}(x, y) \cdot f'(x) = 0\,,$$

und daraus

$$f'(x) = -\frac{\frac{\partial F}{\partial x}(x, y)}{\frac{\partial F}{\partial y}(x, y)}\,.$$

Beispiel 5.18. Gegeben ist die Gleichung $y + \ln y = -x^3 + 9$ für $x \in \mathbb{R}$, $y > 0$. Sie wird zu $F(x, y) = y + \ln y + x^3 - 9 = 0$ umgeformt. Die Gleichung lässt sich offenbar nicht explizit nach y auflösen. Um die Ableitung der implizit definierten Funktion $y = f(x)$ zu bestimmen, berechnet man die partiellen Ableitungen von F,

$$\frac{\partial F}{\partial x}(x, y) = 3x^2 \quad \text{und} \quad \frac{\partial F}{\partial y}(x, y) = 1 + \frac{1}{y}\,,$$

und erhält

$$f'(x) = -\frac{\frac{\partial F}{\partial x}(x, y)}{\frac{\partial F}{\partial y}(x, y)} = -\frac{3x^2}{1 + \frac{1}{y}}\,.$$

Damit lässt sich zwar die Ableitung bestimmen, diese hängt aber nicht nur von x, sondern auch von y ab. Will man daher beispielsweise $f'(2)$ berechnen, benötigt man auch den Funktionswert $y = f(2)$. In diesem Beispiel erkennt man, dass $(x, y) = (2, 1)$ oben genannte Gleichung erfüllt,

$$1 + \ln(1) = -2^3 + 9 \iff 1 = 1\,,$$

also $f(2) = 1$ ist.

Damit kann man die Ableitung von f an der Stelle $x = 2$ berechnen:

$$f'(2) = -\frac{3 \cdot 2^2}{1 + \frac{1}{1}} = -6\,.$$

Wir fassen nun die oben genannte Gleichung als Isoquante der Produktionsfunktion $z = P(x, y) = y + \ln(y) + x^3$ für den Output $z = 9$ auf. Wie wir gesehen haben, liegt die Inputkombination $(x, y) = (2, 1)$ auf dieser Isoquante, liefert also den Output $z = 9$. Die gerade berechnete Ableitung gibt an, dass, wenn der Input y ungefähr um sechs Einheiten sinkt und der Input x um eine Einheit steigt, weiterhin der Output neun erreicht wird. Soll hingegen von Input x eine Einheit weniger eingesetzt werden, müssten ca. sechs Einheiten mehr von Input y verwendet werden, um die Produktionsmenge von neun Einheiten aufrecht zu erhalten. Allgemein müsste eine Änderung von x um dx durch eine Änderung von y um $dy = f'(x)\,dx$ kompensiert werden.

Faktorsubstitution Wir betrachten eine Produktionsfunktion und zwei ihrer Produktionsfaktoren, beispielsweise die aus Beispiel 5.6 bekannte gesamtwirtschaftliche Produktionsfunktion $Y = f(L, K, t)$ mit ihren Faktoren Arbeit L und Kapital K. Die Höhenlinie der Produktionsfunktion zum Niveau y_0 ist durch

$$f(L, K) = y_0$$

gegeben. Sie wird auch **Isoquante** genannt. Mit Hilfe des Satzes über implizite Funktionen wollen wir nun die Substitutionsmöglichkeiten zwischen den Faktoren bestimmen. Hier ist $F(L, K) = f(L, K) - y_0 = 0$. Die Ableitung lautet

$$\frac{dK}{dL} = -\frac{\frac{\partial f}{\partial L}}{\frac{\partial f}{\partial K}}\,.$$

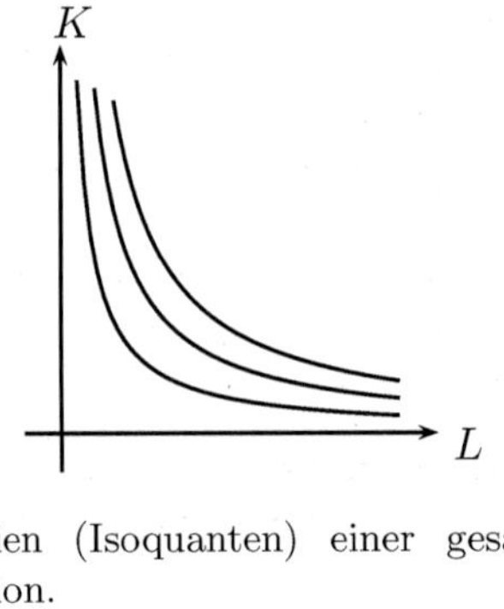

Abbildung 5.4: Höhenlinien (Isoquanten) einer gesamtwirtschaftlichen Cobb-Douglas-Produktionsfunktion.

Diese Ableitung ist bei den üblicherweise verwendeten Produktionsfunktionen immer negativ. Ihren Betrag $\left|\frac{dK}{dL}\right|$ bezeichnet man als **Grenzrate der Substitution (GRS)**.

Bei vollständiger Konkurrenz ist die Grenzrate der Substitution demnach der Quotient aus den Entlohnungen der Faktoren (Lohnsatz geteilt durch Kapitalrendite). Diesen Quotienten nennt man auch das **Faktorpreisverhältnis**.

Speziell für die **Cobb-Douglas-Produktionsfunktion** $g(K, L) = c\,K^\alpha L^\beta$ folgt, dass die zugehörige Ableitung

$$\frac{dK}{dL} = -\frac{\beta}{\alpha}\frac{K}{L} < 0$$

ist. Die Grenzrate der Substitution bestimmt sich als

$$\left|\frac{dK}{dL}\right| = \frac{\beta}{\alpha}\frac{K}{L}\,.$$

Sie wächst mit K und fällt mit L. Das heißt: Je höher der Kapitaleinsatz (und je niedriger der Arbeitseinsatz) bereits ist, umso mehr Kapitaleinheiten müssen zusätzlich eingesetzt werden, um den Arbeitseinsatz um eine Einheit verringern und trotzdem den gleichen Output erzeugen zu können.

Die **Substitutionselastizität** σ einer Produktionsfunktion $g(K, L)$ ist die Elastizität von $\frac{K}{L}$ bezüglich der Grenzrate der Substitution,

$$\sigma = \frac{d\left(\frac{K}{L}\right)}{d\,GRS}\,\frac{GRS}{\frac{K}{L}}\,.$$

Die Substitutionselastizität beschreibt also, wie sich das Faktoreinsatzverhältnis verändert, wenn sich die Grenzrate der Substitution – d.h. bei vollständiger Konkurrenz das Faktorpreisverhältnis – ändert. Dazu betrachten wir Abbildung 5.5. Dort ist für zwei verschiedene Produktionsfunktionen jeweils eine Isoquante eingezeichnet. Beide Isoquanten haben im Punkt A die Grenzrate der Substitution $|-1| = 1$ und das Faktoreinsatzverhältnis 1. Nun ändere sich bei beiden Isoquanten die Grenzrate der Substitution in gleicher Weise. Dies führt bei der dunkelgrauen Isoquante zu Punkt B, bei der hellgrauen zu Punkt C. Nun ist das Faktoreinsatzverhältnis K/L in Punkt C größer als in Punkt B. Also verändert sich das Faktoreinsatzverhältnis bei der hellgrauen Isoquante stärker als auf der dunkelgrauen Isoquante. Die Substitutionselastizität σ ist bei der hellgrauen Isoquante größer, die Faktoren sind dort leichter zu substituieren.

Die praktische Berechnung der Substitutionselastizität soll am Beispiel der Cobb-Douglas-Produktionsfunktion illustriert werden. Man betrachtet die Grenzrate der Substitution

$$GRS = \frac{\beta}{\alpha}\frac{K}{L}$$

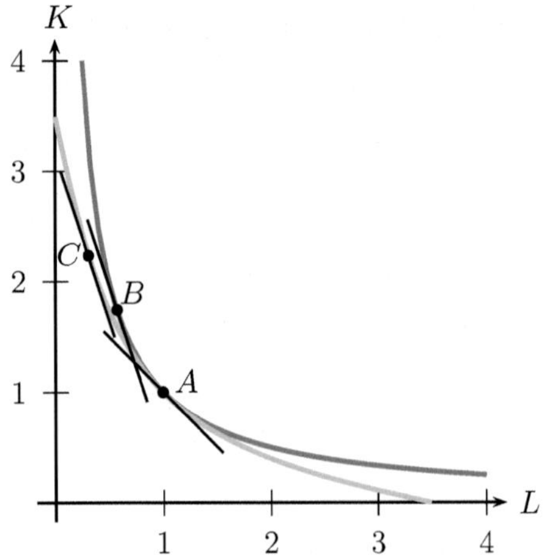

Abbildung 5.5: Isoquanten zweier Produktionsfunktionen.

und drückt diese als Funktion des Faktoreinsatzverhältnisses $z = K/L$ aus,

$$GRS(z) = \frac{\beta}{\alpha} z\,.$$

Die Ableitung der Grenzrate der Substitution nach dem Faktoreinsatzverhältnis ist

$$\frac{d\,GRS}{dz}(z) = \frac{d}{dz}\left(\frac{\beta}{\alpha} z\right) = \frac{\beta}{\alpha}\,.$$

Umgekehrt kann man auch das Faktoreinsatzverhältnis $z = \frac{K}{L} = \frac{\alpha}{\beta} GRS$ nach GRS ableiten,

$$\frac{dz}{d\,GRS} = \frac{\alpha}{\beta}\,.$$

Für die Substitutionselastizität erhält man so schließlich

$$\sigma = \frac{d\left(\frac{K}{L}\right)}{d\,GRS}\,\frac{GRS}{\frac{K}{L}} = \frac{dz}{d\,GRS}\,\frac{GRS}{z} = \frac{\alpha}{\beta}\,\frac{\frac{\beta}{\alpha} z}{z} = \frac{\alpha}{\beta}\,\frac{\beta}{\alpha} = 1\,.$$

Die Substitutionselastizität der Cobb-Douglas-Produktionsfunktion beträgt also konstant eins.

Eine Klasse von Produktionsfunktionen, deren Substitutionselastizität ebenfalls konstant, aber nicht notwendig gleich eins ist, ist die Klasse der CES-Produktionsfunktionen. Eine **CES-Funktion** (Constant Elasticity of Substitution) hat allgemein die Form

$$Y = g(K, L) = c\left[\alpha K^{-\varrho} + (1-\alpha) L^{-\varrho}\right]^{\frac{-\gamma}{\varrho}}$$

mit $c > 0$, $\varrho > -1, 0 < \alpha < 1, \gamma > 0, \varrho \neq 0$. Sie besitzt

- positive Grenzproduktivitäten,
- die Produktions- bzw. Outputelastizitäten

$$\varepsilon_{Y,K} = \frac{\alpha}{c^{\varrho}} \left(\frac{Y}{K}\right)^{\varrho} \quad \text{und} \quad \varepsilon_{Y,L} = \frac{1-\alpha}{c^{\varrho}} \left(\frac{Y}{L}\right)^{\varrho},$$

- die Substitutionselastizität

$$\sigma = \frac{1}{1+\varrho}.$$

Im Grenzfall $\varrho \to 0$ wird die CES-Funktion zur Cobb-Douglas-Produktionsfunktion. Für $\varrho \to \infty$ erhält man die sogenannte **Leontief-Produktionsfunktion**. Zur besseren Interpretation der Substitutionselastizität sind in Abbildung 5.6 die Isoquanten fünf verschiedener Produktionsfunktionen mit konstanten – jeweils verschiedenen – Substitutionselastizitäten dargestellt. Im Einzelnen handelt es sich um die folgenden fünf Produktionsfunktionen:

(1) $\sigma = 0$: $\quad Y = \min\{L, K\}$

(2) $\sigma = \frac{1}{2}$: $\quad Y = \left[L^{-1} + K^{-1}\right]^{-1}$

(3) $\sigma = 1$: $\quad Y = LK$

(4) $\sigma = 2$: $\quad Y = \left[\sqrt{L} + \sqrt{K}\right]^{2}$

(5) $\sigma = \infty$: $\quad Y = L + K$

Die Funktion (1) ist eine **Leontief-Produktionsfunktion**. Hier müssen die Produktionsfaktoren in einem konstanten Verhältnis zueinander stehen. Es ist keine Substitution zwischen den Faktoren möglich. Bei der Produktionsfunktion (2) sind die Faktoren **peripher substituierbar**. Die Faktoren können begrenzt substituiert werden, allerdings kann auf keinen Faktor vollständig verzichtet werden. Es werden also gewisse Mindestmengen jedes Faktors benötigt. Die Produktionsfunktion (3) ist eine Cobb-Douglas-Produktionsfunktion. Auch hier liegt periphere Substituierbarkeit der Faktoren vor, d.h. auf keinen Faktor kann vollständig verzichtet werden. Jedoch sind zur Produktion eines gegebenen Outputs – im Gegensatz zu (2) – keine feste Mindestmengen der Faktoren erforderlich. Bei der Funktion (4) sind die Faktoren **alternativ substituierbar**, d.h. auf jeden der Faktoren kann vollständig verzichtet werden. Bei der linearen Produktionsfunktion in (5) schließlich sind die Faktoren **vollkommen substituierbar**. Die Grenzrate der Substitution ist konstant.

Die Substitutionselastizität gibt also an, wie leicht die Faktoren gegenseitig substituiert werden können. Je größer σ ist, desto „flacher" sind die Isoquanten und desto langsamer ändert sich die Grenzrate der Substitution, wenn K durch L ersetzt wird.

$\sigma = 0$	keine Substitution
$0 < \sigma \leq 1$	periphere Substitution
$1 < \sigma < \infty$	alternative Substitution
$\sigma = \infty$	vollkommene Substitution

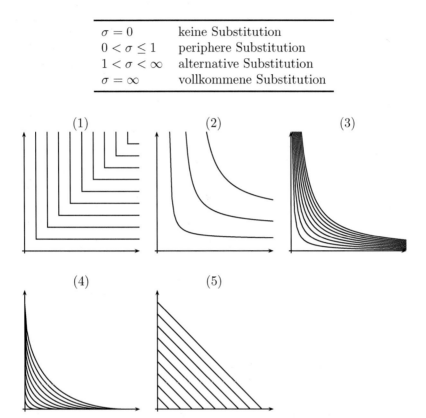

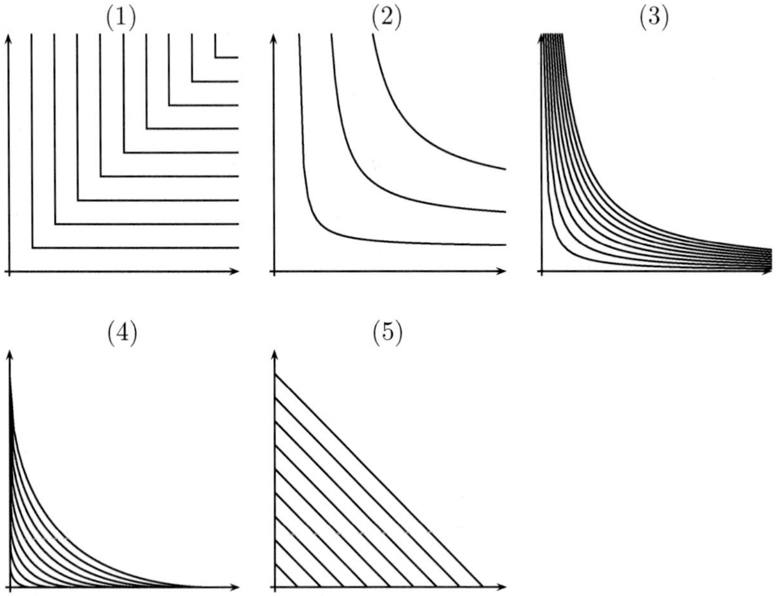

Abbildung 5.6: Isoquanten der Produktionsfunktionen (1) bis (5).

5.7 Richtungsableitung

Die partiellen Ableitungen einer multivariaten Funktion geben die jeweiligen Steigungen in Richtung der Koordinatenachsen an. Stellt man sich den Graphen einer bivariaten Funktion f als „Gebirge" über der x_1-x_2-Ebene vor, so gibt $f_{x_1}(\boldsymbol{x})$ die Steigung an, wenn man – ausgehend von der Stelle $\boldsymbol{x}$ – in x_1-Richtung „wandert". Entsprechend gibt $f_{x_2}(\boldsymbol{x})$ die Steigung in x_2-Richtung an. Wie groß ist aber die Steigung, wenn man von $\boldsymbol{x}$ in eine beliebige andere Richtung „loswandert", und in welche Richtung ist die Steigung am größten?

Um diese und ähnliche Fragen zu beantworten, benötigt man den Begriff der **Richtungsableitung**.

Eine Richtung im $\mathbb{R}^n$ wird durch einen Spaltenvektor $\boldsymbol{p} = [p_1, \cdots, p_n]^T$ der Länge $\|\boldsymbol{p}\| = 1$ definiert. Wandert man von einer Stelle $\boldsymbol{x}$ in eine Richtung $\boldsymbol{p}$, so bewegt man sich entlang der Geraden $\{\boldsymbol{x} + t\boldsymbol{p} : t \in \mathbb{R}\}$. Die Höhen (Funktionswerte), die man auf diesem Weg erreicht, sind dann durch $f(\boldsymbol{x} + t\boldsymbol{p})$ gegeben. Um also die eingangs gestellte Frage der Steigung in einer beliebigen Richtung zu beantworten, müssen wir die Steigung (= Ableitung) der Funktion

$$\tilde{f} : \mathbb{R} \to \mathbb{R}, \quad t \mapsto f(\boldsymbol{x} + t\boldsymbol{p}),$$

an der Stelle $t = 0$ berechnen. Wie bei der Berechnung der Skalenelastizität verwenden wir auch hier den Satz von der totalen Ableitung. Es ist nämlich

$$\tilde{f}(t) = f(x_1 + tp_1, \ldots, x_n + tp_n) = f(g(t)) \quad \text{mit} \quad g(t) = \begin{bmatrix} x_1 + tp_1 \\ \vdots \\ x_n + tp_n \end{bmatrix}.$$

Wegen $g_i'(t) = p_i$ erhält man mit dem Satz von der totalen Ableitung

$$\tilde{f}'(t) = \sum_{i=1}^{n} \frac{\partial f}{\partial x_i}(g(t)) \cdot g_i'(t) = \sum_{i=1}^{n} \frac{\partial f}{\partial x_i}(\boldsymbol{x} + t\boldsymbol{p}) \cdot p_i .$$

Für $t = 0$ ist dann

$$\tilde{f}'(0) = \sum_{i=1}^{n} \frac{\partial f}{\partial x_i}(\boldsymbol{x}) \cdot p_i = \operatorname{grad} f(\boldsymbol{x})\, \boldsymbol{p},$$

das ist das innere Produkt des Gradienten mit dem Richtungsvektor $\boldsymbol{p}$.

Definition 5.8: Richtungsableitung

Sei $f : A \to \mathbb{R}$ differenzierbar, $\boldsymbol{x} \in A$ und $\boldsymbol{p} \in \mathbb{R}^n$ mit $\|p\| = 1$. Der Ausdruck

$$\frac{\partial f}{\partial \boldsymbol{p}}(\boldsymbol{x}) = \sum_{i=1}^{n} \frac{\partial f}{\partial x_i}(\boldsymbol{x}) \cdot p_i = \operatorname{grad} f(\boldsymbol{x})\, \boldsymbol{p}$$

heißt **Richtungsableitung** von f an der Stelle $\boldsymbol{x}$ in Richtung $\boldsymbol{p}$.

Der Begriff der Richtungsableitung führt zu einer wichtigen Interpretation des Gradienten. Das innere Produkt zweier Vektoren $\boldsymbol{x}, \boldsymbol{y} \in \mathbb{R}^n$ ist

$$\boldsymbol{x}^T \boldsymbol{y} = \|\boldsymbol{x}\| \cdot \|\boldsymbol{y}\| \cdot \cos\left(\alpha(\boldsymbol{x}, \boldsymbol{y})\right),$$

wobei $\alpha(\boldsymbol{x}, \boldsymbol{y})$ den Öffnungswinkel zwischen $\boldsymbol{x}$ und $\boldsymbol{y}$ bezeichnet (vgl. Abschnitt 2.6). Daher ist die Richtungsableitung gleich

$$\begin{aligned}\frac{\partial f}{\partial \boldsymbol{p}}(\boldsymbol{x}) &= \operatorname{grad} f(\boldsymbol{x})\, \boldsymbol{p} \\ &= \|\operatorname{grad} f(\boldsymbol{x})\| \cdot \|\boldsymbol{p}\| \cdot \cos\big(\alpha(\operatorname{grad} f(\boldsymbol{x}), \boldsymbol{p})\big) \\ &= \|\operatorname{grad} f(\boldsymbol{x})\| \cdot \cos\big(\alpha(\operatorname{grad} f(\boldsymbol{x}), \boldsymbol{p})\big)\,.\end{aligned}$$

Wegen $-1 \leq \cos(x) \leq 1$ wird die Richtungsableitung genau dann maximal, wenn $\cos\big(\alpha(\operatorname{grad} f(\boldsymbol{x}), \boldsymbol{p})\big) = 1$ ist, d.h. wenn der Öffnungswinkel zwischen dem Gradienten und der Richtung $\boldsymbol{p}$ gleich null ist. Dies bedeutet aber, dass die Steigung in der Richtung des Gradienten maximal wird. In dieser Richtung ist die Steigung gleich der Norm des Gradienten.

Eine weitere wichtige Eigenschaft des Gradienten erhält man aus der folgenden Überlegung. Die Richtungen, in denen die Steigung null ist, sind all jene Richtungen, die orthogonal zum Gradienten sind. Sie definieren im Fall $n = 2$ die Tangente der Höhenlinie, die durch den Punkt $\boldsymbol{x}$ geht. Die Höhenlinie ist ja gerade dadurch gekennzeichnet, dass sich auf ihr der Funktionswert nicht ändert. Dies bedeutet aber, dass ein Gradient immer senkrecht auf seiner Höhenlinie steht.[6]

Merkregel: Interpretation des Gradienten

Der Gradient gibt die Richtung des steilsten Anstiegs an. Die Norm des Gradienten ist die Steigung in dieser Richtung.

Der Gradient in einem Punkt steht senkrecht auf der Höhenlinie, die durch diesen Punkt verläuft.

5.8 Lokale lineare Approximation

Mit Hilfe der Differentialrechnung kann man eine reelle Funktion lokal, d.h. in der Umgebung eines gegebenen Punktes approximieren. Die Tangente an den Graph einer univariaten Funktion f hat im Berührpunkt die gleiche Ableitung wie f. In der Nähe des Berührpunkts kann f durch eine lineare Funktion, die Tangentenfunktion, angenähert werden. Da die Tangentenfunktion ein Polynom erster Ordnung ist, sagt man, sie sei in **erster Näherung** gleich f. Gleiches gilt für eine differenzierbare Funktion f in mehreren Variablen. Auch sie kann in jedem festen Punkt lokal durch eine multivariate Tangentenfunktion approximiert werden. Die Tangentenfunktion ist linear und ihr

[6] Im Fall $n = 3$ sind die Niveaumengen (d.h. die Mengen aller Punkte, die den gleichen Funktionswert c haben) Flächen im $\mathbb{R}^3$. Auch in diesem Fall gilt, dass der Gradient senkrecht auf diesen „Höhenflächen“ steht. Analoges gilt für höhere Dimensionen.

Gradient ist gleich dem Gradienten von f. Man kann dies aus der folgenden Darstellung einer differenzierbaren Funktion $\mathbb{R}^n \to \mathbb{R}$ ablesen:

Satz 5.11: Lineare Approximation durch die Tangentenfunktion

Sei A eine offene Menge im $\mathbb{R}^n$, $f : A \to \mathbb{R}$, $\boldsymbol{a} \in A$. Wenn f (total) differenzierbar im Punkt $\boldsymbol{a}$ ist, dann gibt es eine Funktion $r : A \to \mathbb{R}$, sodass

$$\lim_{\boldsymbol{x}\to\boldsymbol{a}} r(\boldsymbol{x}) = 0$$

ist und für alle $\boldsymbol{x} \in A$

$$f(\boldsymbol{x}) = f(\boldsymbol{a}) + \operatorname{grad} f(\boldsymbol{a}) \cdot (\boldsymbol{x} - \boldsymbol{a}) + r(\boldsymbol{x})||\boldsymbol{x} - \boldsymbol{a}||\,. \tag{5.2}$$

Ausführlicher geschrieben: Für alle $(x_1, x_2, \ldots, x_n) \in A$ gilt

$$f(\boldsymbol{x}) = f(\boldsymbol{a}) + \sum_{i=1}^{n} \frac{\partial f(\boldsymbol{a})}{\partial x_i}(x_i - a_i) + r(x_1, \ldots, x_n)\sqrt{\sum_{i=1}^{n}(x_i - a_i)^2}\,.$$

Die Funktion

$$t_{f,\boldsymbol{a}}(\boldsymbol{x}) = f(\boldsymbol{a}) + \operatorname{grad} f(\boldsymbol{a})(\boldsymbol{x} - \boldsymbol{a}) = f(\boldsymbol{a}) + \sum_{i=1}^{n} \frac{\partial f}{\partial x_i}(\boldsymbol{a})(x_i - a_i)\,, \quad \boldsymbol{x} \in \mathbb{R}^n\,,$$

heißt **Tangentenfunktion** von f im Punkt $\boldsymbol{a}$. Der Graph von $t_{f,\boldsymbol{a}}$ heißt **Tangentialhyperebene**. Durch $t_{f,\boldsymbol{a}}(\boldsymbol{x})$ wird f im Punkt $\boldsymbol{a}$ lokal approximiert. Dies bedeutet, dass im Punkt $\boldsymbol{a}$ der Funktionswert gleich dem Wert der Tangentenfunktion ist, $f(\boldsymbol{a}) = t_{f,\boldsymbol{a}}(\boldsymbol{a})$, während die beiden Werte in einem Punkt $\boldsymbol{x} \neq \boldsymbol{a}$ grundsätzlich voneinander abweichen, und zwar um so mehr, je größer $||\boldsymbol{x} - \boldsymbol{a}||$ ist, d.h. je weiter $\boldsymbol{x}$ von $\boldsymbol{a}$ entfernt ist. Die Näherung ist in $\boldsymbol{a}$ exakt; für Anwendungen ist sie in einer nicht zu großen Umgebung von $\boldsymbol{a}$ ausreichend genau.

Beispiel 5.19. Sei $f(x_1, x_2) = 2 - x_1 + 3x_2$ für $(x_1, x_2) \in \mathbb{R}^2$. Die Tangentenfunktion von f an der Stelle $\boldsymbol{a} = (1, 0)$ ist dann

$$\begin{aligned}
t_{f,(1,0)}(\boldsymbol{x}) &= f(\boldsymbol{a}) + \operatorname{grad} f(\boldsymbol{a})(\boldsymbol{x} - \boldsymbol{a}) \\
&= f(1,0) + \operatorname{grad} f(1,0) \begin{bmatrix} x_1 - 1 \\ x_2 - 0 \end{bmatrix} \\
&= 1 + \begin{bmatrix} -1 & 3 \end{bmatrix} \begin{bmatrix} x_1 - 1 \\ x_2 \end{bmatrix} \\
&= 1 - (x_1 - 1) + 3x_2 \\
&= 2 - x_1 + 3x_2\,.
\end{aligned}$$

Der Graph der Funktion stimmt also mit der Tangentialhyperebene überein. Mit der Wahl $r(x_1, x_2) \equiv 0$ ist hier Gleichung (5.2) erfüllt.

Beispiel 5.20. Für die Funktion $f(x_1, x_2) = -x_1^2 - x_2^2$ sind die partiellen Ableitungen $f_{x_1}(x_1, x_2) = -2x_1$ und $f_{x_2}(x_1, x_2) = -2x_2$. Im Punkt $\boldsymbol{a} = (1, 1)$ lautet die Tangentenfunktion

$$\begin{aligned} t_{f,(1,1)}(x_1, x_2) &= f(1,1) + f_{x_1}(1,1)(x_1 - 1) + f_{x_2}(1,1)(x_2 - 1) \\ &= -2 + (-2)(x_1 - 1) + (-2)(x_2 - 1) \\ &= 2 - 2x_1 - 2x_2 \,. \end{aligned}$$

Mit $r(x_1, x_2) = -\sqrt{(x_1 - 1)^2 + (x_2 - 1)^2}$ ist Gleichung (5.2) erfüllt:

$$\begin{aligned} & t_{f,\boldsymbol{a}}(\boldsymbol{x}) + r(\boldsymbol{x})\|\boldsymbol{x} - \boldsymbol{a}\| \\ &= \big(2 - 2x_1 - 2x_2\big) - \sqrt{(x_1 - 1)^2 + (x_2 - 1)^2}\|\boldsymbol{x} - \boldsymbol{a}\| \\ &= \big(2 - 2x_1 - 2x_2\big) - \sqrt{(x_1 - 1)^2 + (x_2 - 1)^2}\sqrt{(x_1 - 1)^2 + (x_2 - 1)^2} \\ &= 2 - 2x_1 - 2x_2 - \big((x_1 - 1)^2 + (x_2 - 1)^2\big) \\ &= 2 - 2x_1 - 2x_2 - x_1^2 + 2x_1 - 1 - x_2^2 + 2x_2 - 1 \\ &= -x_1^2 - x_2^2 = f(\boldsymbol{x}) \end{aligned}$$

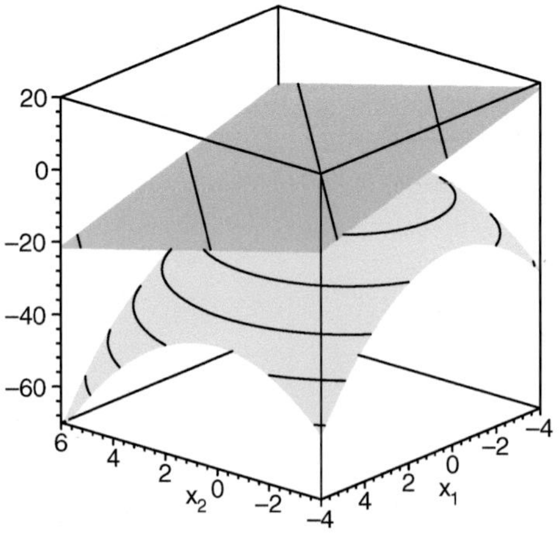

Abbildung 5.7: Graph der Funktion $f(x_1, x_2) = -x_1^2 - x_2^2$ und ihrer Tangentenfunktion im Punkt $(1, 1)$.

Vektorwertige Funktionen, die differenzierbar sind, lassen sich in gleicher Weise lokal durch eine affin-lineare Funktion, die Tangentenfunktion, approximieren:

Satz 5.12: Lineare Approximation einer vektorwertigen Funktion

Sei $A \subset \mathbb{R}^n$ offen, $\boldsymbol{a} \in A$. Die Funktion $f : A \to \mathbb{R}^m$ sei differenzierbar im Punkt $\boldsymbol{a}$. Dann gibt es eine Funktion $r : A \to \mathbb{R}^m$, sodass

$$\lim_{\boldsymbol{x} \to \boldsymbol{a}} r(\boldsymbol{x}) = \mathbf{0}$$

und für alle $\boldsymbol{x} \in A$

$$f(\boldsymbol{x}) = f(\boldsymbol{a}) + J_f(\boldsymbol{a})(\boldsymbol{x} - \boldsymbol{a}) + r(\boldsymbol{x})||\boldsymbol{x} - \boldsymbol{a}||$$

gilt, wobei $J_f(\boldsymbol{a})$ die Jacobi-Matrix von f im Punkt $\boldsymbol{a}$ bezeichnet.

Die vektorwertige Funktion

$$\begin{array}{rccl} t_{f,\boldsymbol{a}}: & \mathbb{R}^n & \to & \mathbb{R}^m \\ & \boldsymbol{x} & \mapsto & f(\boldsymbol{a}) + J_f(\boldsymbol{a})(\boldsymbol{x} - \boldsymbol{a}) \end{array}$$

ist die **Tangentenfunktion** von f im Punkt $\boldsymbol{a}$. In einem beliebigen Punkt $\boldsymbol{x}$ weicht ihr Wert um $r(\boldsymbol{x})||\boldsymbol{x} - \boldsymbol{a}||$ von $f(\boldsymbol{x})$ ab.

Wichtige Begriffe zur Wiederholung

Nach der Lektüre dieses Kapitels sollten folgende Begriffe geläufig sein:

- Partielle Ableitung, Gradient
- total differenzierbar
- totales Differential, partielles Differential
- partielle Elastizität
- Skalenelastizität
- Jacobi-Matrix
- Kettenregel, totale Ableitung
- Homogenität vom Grade r, Eulersches Theorem
- implizite Funktion
- Grenzrate der Substitution, Substitutionselastizität, CES-Funktion

Selbsttest

Anhand folgender Ankreuzaufgaben können Sie Ihre Kenntnisse zu diesem Kapitel überprüfen. Beurteilen Sie dazu, ob die Aussagen jeweils wahr (W) oder falsch (F) sind. Kurzlösungen zu diesen Aufgaben finden Sie in Anhang H.

I. Beurteilen Sie folgende Aussagen zum Änderungsverhalten beliebiger stetig differenzierbarer reellwertiger Funktionen.

	W	F
Das totale Differential ist die Summe der partiellen Differentiale.	☐	☐
Die Skalenelastizität ist die Summe der partiellen Elastizitäten.	☐	☐
Der Gradient ist die Summe der partiellen Ableitungen.	☐	☐

II. Die Jacobi-Matrix …

	W	F
… einer reellwertigen differenzierbaren Funktion ist der Gradient.	☐	☐
… der Funktion $f(x,y,z) = \left[x+3y+z^2\,,\,y^{42}+z\,,\,z\right]^T$ ist eine untere Dreiecksmatrix	☐	☐
… der Funktion $f(x,y,z) = \left[x+3y+z^2\,,\,y^{42}+z\,,\,z\right]^T$ ist eine obere Dreiecksmatrix	☐	☐
… der Funktion $f(x,y,z)+g(x,y,z)$, wobei gilt $f,g:\mathbb{R}^3\to\mathbb{R}^3$, ist die Summe der Jacobi-Matrizen von $f(x,y,z)$ und $g(x,y,z)$.	☐	☐

III. Gegeben sind die Funktionen $f:\mathbb{R}\to\mathbb{R}^2$, $f(x) = \left[x^3, 2x\right]^T$, und $g:\mathbb{R}^2\to\mathbb{R}$, $g(y_1,y_2) = y_1 - y_2$. Prüfen Sie folgende Aussagen.

	W	F
Die Jacobi-Matrix von f ist $f'(x) = \left[3x^2, 2\right]^T$.	☐	☐
Die Gradient von f ist $f'(x) = \left[3x^2, 2\right]$.	☐	☐
Die Jacobi-Matrix von g ist $g'(x) = [1,-1]^T$.	☐	☐
Die Gradient von g ist $g'(x) = [1,-1]$.	☐	☐
Die Ableitung der verketteten Funktion $g\circ f$ ist nach der Kettenregel $(g\circ f)'(x) = [1,-1]\left[3x^2,2\right]^T$.	☐	☐
Die Ableitung der verketteten Funktion $g\circ f$ ist nach der Kettenregel $(g\circ f)'(x) = [1,-1]^T\left[3x^2,2\right]$.	☐	☐

IV. Betrachten Sie folgende Aussagen zur Homogenität von Funktionen?

	W	F
Die Summe endlich vieler r-homogener Funktionen ist wieder r-homogen.	☒	☐
Eine Funktion der Form $e^{f(x,y)}$ kann nicht homogen sein.	■	☒
Eine Cobb-Douglas-Produktionsfunktion mit n Inputs ist homogen und der Homogenitätsgrad ist gerade die Summe der Exponenten.	☒	☐

z.B. $e^{\ln(x^2+y^2)}$

V. Sind folgende Aussagen wahr oder falsch?

	W	F
Berechnet man die Ableitung einer durch $F(x,y) = 0$ implizit definierten Funktion $y = f(x)$, so hängt diese in der Regel noch von y ab und man benötigt eine Angabe $b = f(a)$ um $f'(a)$ ausrechnen zu können.	☒	☐
Je größer die Substitutionselastizität ist, desto weniger lässt sich ein Input durch den anderen ersetzen.	☐	☐
Betrachtet man die Tangentenfunktion einer differenzierbaren Funktion $f : \mathbb{R}^2 \to \mathbb{R}$ an der Stelle $\boldsymbol{a}$, so gibt das totale Differential der Funktion f an der Stelle $\boldsymbol{a}$ die exakte Änderung des Funktionswerts der Tangentenfunktion an.	☒	☐

Aufgaben

Aufgabe 1

Bestimmen Sie für die folgenden Funktionen $f : A \to \mathbb{R}$ den Gradienten:

a) $f(x,y,z) = x^3yz^2 + 2x^2y^2z + 5z^3$, $A = \mathbb{R}^3$,

b) $f(x,y,z) = e^{-x}\cos(yz)$, $A = \mathbb{R}^3$,

c) $f(x,y,z) = x\ln(y^2 + 2z^3 + 1)$, $A = \{(x,y,z)^T \in \mathbb{R}^3 : z \geq 0\}$.

Aufgabe 2

Bestimmen Sie die partiellen Elastizitäten der folgenden Funktionen:

a) $f : \mathbb{R}^2 \to \mathbb{R}$, $f(x,y) = xy$,

b) $f : \mathbb{R}^2 \to \mathbb{R}$, $f(x,y) = x^2y^5$,

c) $f : \mathbb{R}^2 \to \mathbb{R}$, $f(x,y) = x^ne^xy^ne^y$.

Aufgabe 3
Untersuchen Sie, an welchen Stellen die Funktion $f : \mathbb{R}^2 \to \mathbb{R}$ mit

$$f(x, y) = y\sqrt{2x^2 + y^2}$$

partiell differenzierbar ist und berechnen Sie dort die partiellen Ableitungen.

Aufgabe 4
Gegeben sei die Funktion $f : \mathbb{R}^2 \to \mathbb{R}$, $f(x, y) = x^3 - 4xy^2 - y^3 + x^2$.

a) Bestimmen Sie das partielle Differential nach y.

b) Bestimmen Sie das totale Differential.

c) Bestimmen Sie das totale Differential am Punkt $(x, y) = (3, 1)$.

Aufgabe 5
Gegeben sei die Produktionsfunktion

$$q = f(x, y, z) = \sqrt[3]{2x^2y + 3xz^2 + 4y^2z}\,.$$

Gegenwärtig wird mit dem Inputvektor $(x, y, z) = (80, 100, 120)$ produziert.

a) Bestimmen Sie approximativ die Steigerung des Outputs, wenn alle Inputfaktoren jeweils um zwei Mengeneinheiten erhöht werden.

b) Um wie viel Prozent wächst der Output, wenn die Menge jedes Inputfaktors um 30% erhöht wird?

Aufgabe 6
Gegeben sei die Funktion $f : \mathbb{R}^2 \to \mathbb{R}$, $f(x, y) = x^2 - 4y^2$. Skizzieren Sie die Höhenlinien zu den Höhen -9, -4, -1, 0, 1, 4 und 9. Bestimmen Sie die Tangentenfunktion $t_{f,\widetilde{\boldsymbol{x}}}$ für $\widetilde{\boldsymbol{x}} = (0, 1)^T$ und $\widetilde{\boldsymbol{x}} = (2, 1)^T$.

Aufgabe 7
Welche der folgenden Funktionen sind homogen? Bestimmen Sie ggf. den Homogenitätsgrad?

a) $f(x, y) = x^2 + xy - y^2$

b) $g(x, y, z) = xyz + 1$

c) $h(x, y) = \sqrt{x}y + \sqrt{y^3}$

d) $i(x, y, z) = z \cdot e^{\frac{x}{y}} - \sqrt{\frac{xy^2}{z}}$

e) $j(x, y) = \ln(\frac{x}{y})^x$

Aufgabe 8

Gegeben sei die Produktionsfunktion $f : \mathbb{R}^2 \to \mathbb{R}$, $f(x, y) = x^2y + 2xy^2$.

a) Ist f homogen? Bestimmen Sie ggf. den Homogenitätsgrad.

b) Um wie viel Prozent sinkt der Output der Produktion, wenn der Einsatz jedes Produktionsfaktors um 10% verringert wird?

Aufgabe 9

Gegeben sei die Funktion $f : \mathbb{R}^2 \to \mathbb{R}$, $f(x, y) = 3x^2y^3 + 1$.

a) Bestimmen Sie die partiellen Elastizitäten sowie die Skalenelastizität.

b) Prüfen Sie die Funktion auf Homogenität und bestimmen Sie ggf. den Homogenitätsgrad.

c) Um wie viel Prozent erhöht sich approximativ der Funktionswert, wenn beide Argumente – ausgehend von $x = 2$ und $y = 1$ – um 2% erhöht werden?

Aufgabe 10

Gegeben sind die Funktionen

a) $F(x, y) = x^3 - 2xy + y^2$ bzw.

b) $F(x, y) = e^{xy} + 2xy^2$.

Die Funktion $y = f(x)$ sei jeweils durch $F(x, y) = c$ implizit definiert, wobei $c \in \mathbb{R}$ sei. Bestimmen Sie jeweils die Ableitung von f.

Aufgabe 11

Bestimmen Sie in den folgenden Fällen die Ableitung $\frac{dz}{dt}$, indem Sie den Satz von der totalen Ableitung verwenden, also zunächst f partiell nach x und y ableiten:

a) $z = f(x, y) = x + xy + y$, wobei $x = t$ und $y = t^3$,

b) $z = f(x, y) = xe^{2y}$, wobei $x = t^2$ und $y = \ln t$,

c) $z = f(x, y) = x^2y + y^2x$, wobei $x = e^t$ und $y = 2t$.

Aufgabe 12

Die Nachfrage q eines Haushaltes nach einem bestimmten Gut sei in Abhängigkeit vom Preis p und dem Einkommen y gegeben durch $q = 100p^{-0.3}y^{0.35}$. Nehmen Sie an, dass der Preis des Gutes je Zeiteinheit um 2% und das Einkommen je Zeiteinheit um 3% wächst. Dann ist $p = p_0 \cdot 1.02^t$ und $y = y_0 \cdot 1.03^t$, wobei p_0 und y_0 Preis und Einkommen zur Zeit $t = 0$ bezeichnen. Berechnen Sie mit dem Satz von der totalen Ableitung approximativ die relative Änderung der Nachfrage je Zeiteinheit.

Aufgabe 13

Bestimmen Sie die Jacobi-Matrix der Funktion

$$f : \mathbb{R}^2 \to \mathbb{R}^3, \qquad f(x,y) = \begin{bmatrix} x^2 + y \\ x - y^2 \\ 2 - xy \end{bmatrix}.$$

Welchen Wert hat die Ableitung von f an der Stelle $(2, 1)$?

Aufgabe 14

Gegeben seien die Funktionen $f : \mathbb{R}^2 \to \mathbb{R}^2$, $g : \mathbb{R}^3 \to \mathbb{R}^2$ mit

$$f(\boldsymbol{x}) = \begin{bmatrix} x_1^2 - x_2^2 \\ 2x_1x_2 \end{bmatrix}, \qquad g(\boldsymbol{x}) = \begin{bmatrix} x_1 + x_2 \\ 2x_3 \end{bmatrix}.$$

Welche der Verknüpfungen $f \circ f$, $f \circ g$, $g \circ f$ und $g \circ g$ sind definiert, welche nicht? Berechnen Sie für die definierten Verknüpfungen die Ableitung im Punkt $\boldsymbol{x} = [0, 1]^T$ bzw. im Punkt $\boldsymbol{x} = [1, 0, -1]^T$.

Aufgabe 15

a) Berechnen Sie für die Funktion $f(x,y) = \frac{\sqrt{3}}{2}x^2 + y$ und die Richtung $\boldsymbol{p} = (\frac{3}{5}, \frac{4}{5})$ die Richtungsableitung $\frac{\partial f}{\partial \boldsymbol{p}}(x,y)$ in einem beliebigen Punkt $(x,y) \in \mathbb{R}^2$.

b) Eine Kugel wird im Punkt $(1, 1, 1 + \frac{1}{2}\sqrt{3})$ auf die Fläche $z = \frac{\sqrt{3}}{2}x^2 + y$ aufgesetzt. In welcher Richtung beginnt die Kugel loszurollen?

Kapitel 6

Optimierung von Funktionen mehrerer Variablen

In diesem Kapitel bestimmen wir mit Hilfe der Differentialrechnung Maxima und Minima von Funktionen mehrerer Variablen.

Beispiel 6.1. (Maximaler Gewinn). Der Gewinn eines Unternehmens hängt von einer Vielzahl von Entscheidungsvariablen ab, etwa von produzierten Mengen, eingesetzten Inputs und Werbeaufwendungen. Gesucht ist ein globales Maximum der Gewinnfunktion. Die Entscheidungsvariablen können in der Regel nicht beliebige Werte annehmen, sondern unterliegen gewissen Schranken. Ein Gewinnmaximum muss deshalb sowohl im Innern des zulässigen Bereichs als auch an dessen Rand gesucht werden.

Beispiel 6.2. (Produktion zu minimalen Kosten). Der Output einer Produktion sei vorgegeben. Er soll zu minimalen Kosten erstellt werden. Die Kostenfunktion ist bezüglich der eingesetzten Inputs zu minimieren, und zwar beschränkt auf solche Inputkombinationen, die den vorgegebenen Output liefern. Hier handelt es sich um ein Problem der Minimierung unter einer Nebenbedingung.

Die folgenden Abschnitte behandeln nacheinander die Bestimmung von Extrema im Innern des Definitionsbereichs, am Rand des Definitionsbereichs, und unter Nebenbedingungen. Im Innern des Bereichs werden lokale Maxima und Minima ähnlich wie bei Funktionen einer Variablen durch die beiden ersten Ableitungen der Funktion charakterisiert. Die Suche nach Extrema auf dem Rand erfordert spezielle Überlegungen. Maxima und Minima unter Nebenbedingungen werden mit der Lagrange-Methode oder der Eliminationsmethode bestimmt.

6.1 Extrema im Innern des Definitionsbereichs

Sei $A \subset \mathbb{R}^n$ und $f : A \to \mathbb{R}$. Maxima und Minima von f sind fast wörtlich wie im univariaten Fall definiert:

Definition 6.1: Maximum, Minimum

Sei $\boldsymbol{a} \in A$.

- f hat ein **globales Maximum** in $\boldsymbol{a}$, falls $f(\boldsymbol{a}) \geq f(\boldsymbol{x})$ für alle $\boldsymbol{x} \in A$ gilt.
- f hat ein **globales Minimum** in $\boldsymbol{a}$, falls $f(\boldsymbol{a}) \leq f(\boldsymbol{x})$ für alle $\boldsymbol{x} \in A$ gilt.
- f hat ein **lokales Maximum** in $\boldsymbol{a}$, falls ein $\varepsilon > 0$ existiert, sodass $f(\boldsymbol{a}) \geq f(\boldsymbol{x})$ für alle $\boldsymbol{x} \in A$, die um weniger als ε von $\boldsymbol{a}$ entfernt sind, d.h. für die $||\boldsymbol{x} - \boldsymbol{a}|| < \varepsilon$ gilt.
- f hat ein **lokales Minimum** in $\boldsymbol{a}$, falls ein $\varepsilon > 0$ existiert, sodass $f(\boldsymbol{a}) \leq f(\boldsymbol{x})$ für alle $\boldsymbol{x} \in A$, die um weniger als ε von $\boldsymbol{a}$ entfernt sind.

Ein Extremum nennt man statt lokal auch **relativ**, statt global auch **absolut**.

Jedes globale Maximum bzw. Minimum ist zugleich ein lokales Maximum bzw. Minimum. Umgekehrt gilt dies jedoch nicht.

Wir untersuchen eine gegebene Funktion $f : A \to \mathbb{R}$ zunächst auf Extrema im Innern ihres Definitionsbereichs, das heißt in allen Punkten von A mit Ausnahme der Randpunkte.[1]

Im Folgenden werden wir uns auf Definitionsbereiche $A \subset \mathbb{R}^n$ beschränken, die n-dimensionale Intervalle sind. Im Fall $n = 2$ ist A ein Rechteck, im Fall $n = 3$ ein Quader. Ein n-dimensionales Intervall kann endliche oder unendliche Grenzen haben; so sind etwa auch $A = \mathbb{R}^n_+ = [0, \infty[\times \ldots \times [0, \infty[$ und $A = \mathbb{R}^n$ zugelassen. Das Intervall kann offen, abgeschlossen oder halboffen sein. Beispielsweise hat ein oben halboffenes Intervall die Form

$$A = [\boldsymbol{b}, \boldsymbol{c}[= [b_1, c_1[\times \ldots \times [b_n, c_n[\quad \text{mit} \quad \boldsymbol{b}, \boldsymbol{c} \in \mathbb{R}^n .$$

Das Innere von A ist das zugehörige offene Intervall,

$$]\boldsymbol{b}, \boldsymbol{c}[=]b_1, c_1[\times \ldots \times]b_n, c_n[.$$

Die Funktion $f : A \to \mathbb{R}$ sei als (total) differenzierbar vorausgesetzt. Wenn f ein lokales Maximum in einem Punkt des Innern, $\boldsymbol{a} = (a_1, \cdots, a_n)$, besitzt,

[1]Eine allgemeine Definition der Begriffe „Inneres“ und „Randpunkte“ findet man in Abschnitt 2.7.

muss f dort insbesondere bezüglich jeder einzelnen Variablen $x_1, \ldots, x_n$ maximal sein und eine waagerechte Tangente aufweisen. Es folgt, dass die partiellen Ableitungen in $\boldsymbol{a}$ alle null sind. Das Gleiche gilt, wenn f ein lokales Minimum in $\boldsymbol{a}$ hat. Es gilt deshalb der Satz:

Satz 6.1: Notwendige Bedingung für ein Extremum

Hat f ein lokales Maximum oder Minimum an der Stelle $\boldsymbol{a}$ im Inneren des Definitionsbereichs, so ist

$$\frac{\partial f}{\partial x_i}(\boldsymbol{a}) = 0 \text{ für alle } i = 1, \ldots, n, \quad \text{d.h.} \quad \operatorname{grad} f(\boldsymbol{a}) = \mathbf{0}.$$

Die Bedingung des Satzes ist notwendig, aber im Allgemeinen nicht hinreichend für ein Extremum von f an der Stelle $\boldsymbol{a}$. Wenn die partiellen Ableitungen in $\boldsymbol{a}$ alle null sind, nennt man $\boldsymbol{a}$ **stationären Punkt**. Dort kann ein Maximum oder Minimum vorhanden sein, es kann aber auch ein **Sattelpunkt** vorliegen. $\boldsymbol{a}$ ist ein Sattelpunkt von f, wenn $\operatorname{grad} f(\boldsymbol{a}) = \mathbf{0}$ ist und es für jeden Abstand $\varepsilon > 0$ Punkte $\boldsymbol{x}_-$ und $\boldsymbol{x}_+$ gibt, die um höchstens ε von $\boldsymbol{a}$ entfernt sind und für die $f(\boldsymbol{x}_-) < f(\boldsymbol{a}) < f(\boldsymbol{x}_+)$ gilt.

Beispiel 6.3 (Gewinnfunktion). Die Funktion $g(x_1, x_2) = 4x_1x_2 - x_1^4 - x_2^4$ beschreibe den Gewinn eines Unternehmens. Die Variablen x_1 und x_2 können beliebige Werte in $\mathbb{R}$ annehmen und sind so zu wählen, dass der Gewinn maximal wird. Wir untersuchen zunächst die notwendigen Bedingungen für ein lokales Extremum. Der Gradient von g lautet

$$\operatorname{grad} g(\boldsymbol{x}) = \operatorname{grad} g(x_1, x_2) = [4x_2 - 4x_1^3\,,\ 4x_1 - 4x_2^3]\,.$$

Nullsetzen des Gradienten liefert die beiden Gleichungen $4x_2 - 4x_1^3 = 0$ und $4x_1 - 4x_2^3 = 0$, welche drei Lösungen besitzen: $(0, 0), (1, 1)$ und $(-1, -1)$. Die zugehörigen Funktionswerte sind $g(0, 0) = 0$ und $g(1, 1) = g(-1, -1) = 2$.

Man sieht leicht, dass $g(0, 0)$ weder ein Maximum noch ein Minimum sein kann, da g in einer Umgebung des Nullpunkts sowohl positive als auch negative Werte aufweist: Für jede Zahl $\varepsilon \in]0, \sqrt{2}[$ gilt nämlich einerseits $g(\varepsilon, \varepsilon) = 2\varepsilon^2(2 - \varepsilon^2) > 0$, andererseits $g(-\varepsilon, \varepsilon) = -4\varepsilon^2 - 2\varepsilon^4 < 0$.

Ob in den Punkten $(1, 1)$ und $(-1, -1)$ lokale Extrema vorliegen, werden wir später anhand eines hinreichenden Kriteriums überprüfen, das wie im univariaten Fall auf der zweiten Ableitung beruht. Dort gibt die zweite Ableitung die Krümmung der Funktion an der möglichen Extremstelle an, und man kann dann auf ein Minimum oder Maximum schließen. Die zweite Ableitung einer Funktion in n Variablen besteht aus n^2 partiellen Ableitungen, die wie folgt als Matrix geschrieben werden.

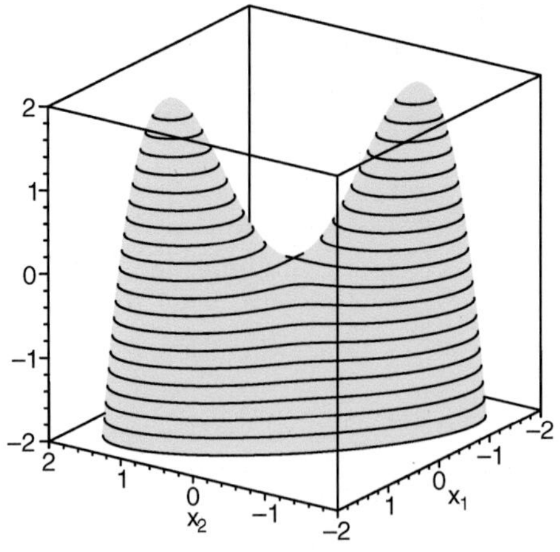

Abbildung 6.1: Graph der bivariaten Funktion $g(x_1, x_2) = 4x_1x_2 - x_1^4 - x_2^4$.

Definition 6.2: Höhere partielle Ableitungen, Hesse-Matrix

Ist $f : A \longrightarrow \mathbb{R}$ partiell differenzierbar und sind die partiellen Ableitungen von f selbst wieder partiell differenzierbar, so kann man die partiellen Ableitungen zweiter Ordnung bilden. Für $i, j = 1, 2, \ldots, n$ bezeichnet man sie mit

$$\frac{\partial^2 f}{\partial x_i \partial x_j}(\boldsymbol{a}) = \frac{\partial}{\partial x_i} \frac{\partial f}{\partial x_j}(\boldsymbol{a}), \quad \frac{\partial^2 f}{\partial x_i^2}(\boldsymbol{a}) = \frac{\partial^2 f}{\partial x_i \partial x_i}(\boldsymbol{a}).$$

Die zweiten partiellen Ableitungen werden in einer Matrix zusammengefasst, der **Hesse[2]-Matrix** im Punkt $\boldsymbol{a}$,

$$H_f(\boldsymbol{a}) = \left[\frac{\partial^2 f}{\partial x_i \partial x_j}(\boldsymbol{a})\right]_{i,j=1,\ldots,n}.$$

Existieren alle zweiten partiellen Ableitungen und sind diese stetige Funktionen, so nennen wir f **zweimal stetig differenzierbar** oder auch kurz: **zweimal differenzierbar**.

Zur Vereinfachung lassen wir, wenn dadurch keine Unklarheit entsteht, das Argument $\boldsymbol{a}$ weg und schreiben für die partiellen Ableitungen kurz

$$f_{x_i} = \frac{\partial f}{\partial x_i}, \qquad f_{x_i x_j} = \frac{\partial^2 f}{\partial x_i \partial x_j}$$

[2]Ludwig Otto Hesse (1811-1874)

sowie für die Hesse-Matrix

$$H_f = \begin{bmatrix} f_{x_1 x_1} & \cdots & f_{x_1 x_n} \\ \vdots & & \vdots \\ f_{x_n x_1} & \cdots & f_{x_n x_n} \end{bmatrix}.$$

Falls die Funktion $\boldsymbol{x} \mapsto \frac{\partial^2 f}{\partial x_i \partial x_j}(\boldsymbol{x})$ in A stetig ist, kommt es auf die Reihenfolge der zwei Ableitungen nicht an. Dann gilt in jedem Punkt $\boldsymbol{a}$

$$f_{x_i x_j} = f_{x_j x_i},$$

und die Hesse-Matrix $H_f(\boldsymbol{a})$ ist symmetrisch.

Satz 6.2: Hinreichende Bedingung für ein lokales Extremum

Sei $f : A \longrightarrow \mathbb{R}$ und $\boldsymbol{a}$ ein Punkt im Inneren von A, in dem f zweimal stetig differenzierbar ist. Es gelte $f_{x_i}(\boldsymbol{a}) = 0$ für $i = 1, 2, \ldots, n$.

(i) Im Fall $n = 2$ betrachten wir die Ausdrücke

$$\Delta_1 := f_{x_1 x_1} \quad \text{und} \quad \Delta_2 := f_{x_1 x_1} f_{x_2 x_2} - (f_{x_1 x_2})^2.$$

Ist im Punkt $\boldsymbol{a}$

$\Delta_1 > 0$ und $\Delta_2 > 0$, so hat f in $\boldsymbol{a}$ ein lokales Minimum;
$\Delta_1 < 0$ und $\Delta_2 > 0$, so hat f in $\boldsymbol{a}$ ein lokales Maximum.

(ii) Im Fall $n = 3$ betrachten wir zusätzlich den Ausdruck

$$\begin{aligned} \Delta_3 \quad := \quad & f_{x_1 x_1} f_{x_2 x_2} f_{x_3 x_3} + 2 f_{x_1 x_2} f_{x_2 x_3} f_{x_3 x_1} \\ & - f_{x_1 x_1} (f_{x_2 x_3})^2 - f_{x_2 x_2} (f_{x_3 x_1})^2 - f_{x_3 x_3} (f_{x_1 x_2})^2. \end{aligned}$$

Ist im Punkt $\boldsymbol{a}$

$\Delta_1 > 0$, $\Delta_2 > 0$ und $\Delta_3 > 0$, so hat f in $\boldsymbol{a}$ ein lokales Minimum,
$\Delta_1 < 0$, $\Delta_2 > 0$ und $\Delta_3 < 0$, so hat f in $\boldsymbol{a}$ ein lokales Maximum.

(iii) Für $n \geq 2$ gilt: Ist $\Delta_2 < 0$ im Punkt $\boldsymbol{a}$, so hat f in $\boldsymbol{a}$ einen Sattelpunkt.

Beispiel 6.4 (Gewinnfunktion). In Beispiel 6.3 berechnen wir die Hesse-Matrix $H_g(\boldsymbol{x})$ der Gewinnfunktion zunächst für allgemeines $\boldsymbol{x}$:

$$H_g(\boldsymbol{x}) = \begin{bmatrix} -12x_1^2 & 4 \\ 4 & -12x_2^2 \end{bmatrix}.$$

Einsetzen der Punkte $\boldsymbol{x} = (1, 1)$ und $\boldsymbol{x} = (-1, -1)$ ergibt

$$H_g(1, 1) = H_g(-1, -1) = \begin{bmatrix} -12 & 4 \\ 4 & -12 \end{bmatrix}.$$

In beiden Punkten gilt $\Delta_1 = -12 < 0$ und $\Delta_2 = (-12)^2 - 4^2 = 128 > 0$. Damit ist die hinreichende Bedingung des Satzes erfüllt. In $(1,1)$ und in $(-1,-1)$ liegt jeweils ein lokales Maximum der Gewinnfunktion vor.

Für $\boldsymbol{x} = (0,0)$ erhält man

$$H_g(0,0) = \begin{bmatrix} 0 & 4 \\ 4 & 0 \end{bmatrix}.$$

Im Punkt $\boldsymbol{x} = (0,0)$ ist also $\Delta_2 = 0^2 - 4^2 = -16 < 0$. Also hat g dort kein Extremum, sondern einen Sattelpunkt.

Beispiel 6.5. Sei $f : \mathbb{R}^2 \to \mathbb{R}$, $f(x_1, x_2) = x_1 x_2$. Im Punkt $(x_1, x_2) = (0,0)$ gilt zwar

$$f_{x_1}(0,0) = f_{x_2}(0,0) = 0,$$

aber da $\Delta_2(0,0) = -1 < 0$ ist, liegt dort kein Extremum, sondern ein Sattelpunkt vor (siehe Abbildung 6.2).

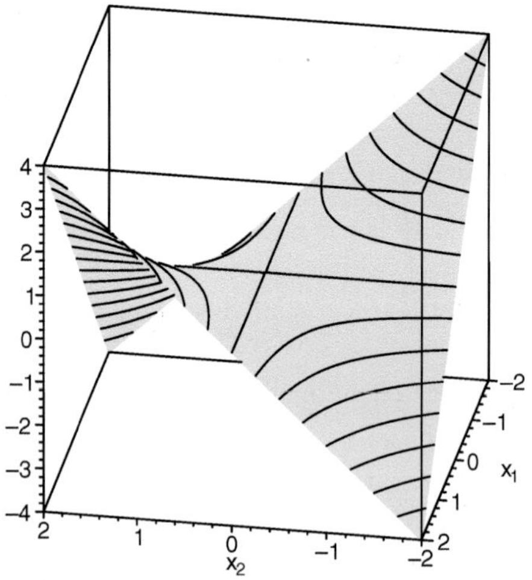

Abbildung 6.2: Graph und Höhenlinien der Funktion $f(x_1, x_2) = x_1 x_2$.

In den Fällen $n = 2$ und $n = 3$ ist Δ_2 bzw. Δ_3 die Determinante (siehe Kapitel 10) der Hesse-Matrix von f. Allgemein ist Δ_i die Determinante einer Teilmatrix, die den Einträgen der ersten i Zeilen- und Spaltenindizes der Hesse-Matrix entspricht. Für $n \geq 4$ formuliert man zu Satz 6.2 (i) und (ii) analoge hinreichende Bedingungen mit entsprechenden Determinanten Δ_i, $i \leq n$; siehe Abschnitt 6.6.

6.2 Extrema am Rand des Definitionsbereichs

Ökonomische Variable dürfen in den meisten Anwendungen nicht beliebige reelle Zahlen als Werte annehmen. Wenn der Definitionsbereich A einer Funktion f nicht den ganzen $\mathbb{R}^n$ umfasst, können lokale und globale Extrema auch am Rand von A auftreten. Durch die notwendige und die hinreichende Bedingung an die Ableitungen von f werden jedoch lediglich die lokalen Extrema *im Innern* des Definitionsbereichs A erfasst. Lokale Extrema, die *am Rand* auftreten, findet man so in der Regel nicht.

Ihre Bestimmung erfordert eine eigene Untersuchung der Werte, die die Funktion an den Randpunkten und in deren Nähe annimmt. Je nachdem, welche Form der Rand von A besitzt, kommen hierfür sehr unterschiedliche Vorgehensweisen in Betracht.

Wenn A ein n-dimensionales Intervall ist, lässt sich sein Rand relativ einfach beschreiben. Beispielsweise besteht der Rand eines endlichen abgeschlossenen Rechtecks im $\mathbb{R}^2$, $[b_1, c_1] \times [b_2, c_2]$, aus vier geraden Stücken.

Beispiel 6.6. Gegeben ist der folgende unendliche offene Quader A im $\mathbb{R}^3$, $A =]b_1, c_1[\times]b_2, \infty[\times]b_3, c_3[$. Sein Rand besteht aus fünf Seitenflächen, vier davon sind Rechtecke, die sich bis ins Unendliche erstrecken.

Wir erläutern die Untersuchung auf Randextrema am folgenden Beispiel.

Beispiel 6.7. Sei $f(x_1, x_2) = x_1^3 x_2 - x_1^2 - x_2$, $(x_1, x_2) \in \mathbb{R}_+^2$. Die ersten partiellen Ableitungen lauten

$$f_{x_1}(x_1, x_2) = 3x_1^2 x_2 - 2x_1 , \quad f_{x_2}(x_1, x_2) = x_1^3 - 1 .$$

Nullsetzen liefert die eindeutige Lösung $x_1 = 1, x_2 = \frac{2}{3}$. Wenn ein Extremum im Innern von $\mathbb{R}^2$ existiert, dann muss es im Punkt $\left(1, \frac{2}{3}\right)$ liegen. Die Hesse-Matrix gibt näheren Aufschluss:

$$H_f(x_1, x_2) = \begin{bmatrix} 6x_1 x_2 - 2 & 3x_1^2 \\ 3x_1^2 & 0 \end{bmatrix}, \quad H_f\left(1, \tfrac{2}{3}\right) = \begin{bmatrix} 2 & 3 \\ 3 & 0 \end{bmatrix},$$

$$\Delta_1 = 2 > 0 , \quad \Delta_2 = -9 < 0 .$$

Also existiert kein Extremum im Innern von $\mathbb{R}^2$. Als Nächstes untersuchen wir den Rand des Definitionsbereiches $A = \mathbb{R}_+^2$: Der Rand $\mathrm{rd}(A)$ besteht aus den beiden positiven Halbachsen,

$$\mathrm{rd}(A) = \{(x_1, x_2) \in \mathbb{R}_+^2 \ : \ x_1 = 0 \text{ oder } x_2 = 0\} .$$

Auf dem Teil des Randes mit $x_2 = 0$ sucht man mögliche Extrema der Funktion f, indem man für die zweite Variable $x_2 = 0$ einsetzt und die lokalen

Extrema der univariaten Funktion $[0, \infty[\to \mathbb{R},\ x \mapsto f(x,0)$ wie in Abschnitt 4.4 bestimmt. Auf diese Weise erhält man allerdings nur *Kandidaten* für Extrema. Um zu entscheiden, ob ein solcher Kandidat wirklich ein lokales Extremum darstellt, muss man auch das Verhalten der Funktion im angrenzenden Innern des Definitionsbereichs untersuchen.

Auf der waagerechten Halbachse ($x_2 = 0$) nimmt $f(x_1, 0) = -x_1^2 \leq 0$ sein Maximum an der Stelle $x_1 = 0$ an. Auf der senkrechten Halbachse gilt $x_1 = 0$ und $f(0, x_2) = -x_2 \leq 0$ ist in $x_2 = 0$ maximal.

Als einziger Kandidat für ein Extremum bleibt also der Punkt $(0,0)$. Man prüft dort, ob wirklich ein Maximum vorliegt, indem man die Funktionswerte in der Nähe des Punkts $(0,0)$ in den Vergleich einbezieht. Es gilt

$$f(x_1, x_2) = \underbrace{x_2}_{\geq 0} \underbrace{(x_1^3 - 1)}_{\substack{<0 \\ \text{für } x_1 < 1}} - \underbrace{x_1^2}_{\geq 0} \leq 0 \quad \text{für } 0 \leq x_1 < 1,\ 0 \leq x_2\,.$$

Also liegt im Punkt $(0,0)$ ein lokales Maximum vor; es hat den Funktionswert $f(0,0) = 0$.

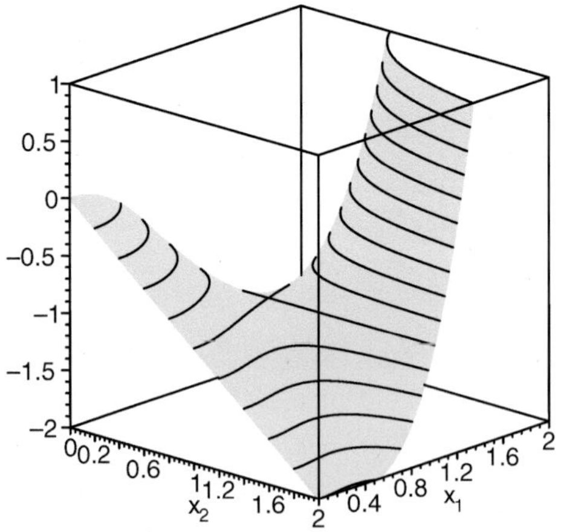

Abbildung 6.3: Die Funktion $f(x_1, x_2) = x_1^3 x_2 - x_1^2 - x_2$, $(x_1, x_2) \in \mathbb{R}_+^2$ hat ein lokales Maximum im Randpunkt $(0,0)$.

6.3 Globale Extrema

Mit den bisher beschriebenen Methoden werden *lokale* Maxima und Minima der Funktion berechnet. In den meisten Anwendungen ist man jedoch an *globalen* Extrema interessiert.

Wie bisher sei f eine differenzierbare Funktion $A \to \mathbb{R}$ und A ein n-dimensionales Intervall im $\mathbb{R}^n$. Wir bestimmen zunächst die globalen Extrema der Funktionen aus den Beispielen 6.3 und 6.7.

Beispiel 6.8 (Gewinnfunktion). Betrachtet wird wieder die Gewinnfunktion $g(x_1, x_2) = 4x_1x_2 - x_1^4 - x_2^4$ des Beispiels 6.3. Wie wir bereits berechnet haben, liegt in den Punkten $(1, 1)$ und $(-1, -1)$ jeweils ein lokales Maximum der Gewinnfunktion vor. Der Funktionswert ist $g(1, 1) = g(-1, -1) = 2$. Da der Gradient außer an den bereits untersuchten Punkten nirgends verschwindet, können im $\mathbb{R}^2$ keine weiteren lokalen Maxima von g vorkommen. Funktionswerte auf dem Rand müssen hier nicht betrachtet werden, da der $\mathbb{R}^2$ keine Randpunkte besitzt. Jedoch ist das Verhalten von $g(\boldsymbol{x})$ zu untersuchen, wenn $\boldsymbol{x}$ in irgendeiner Richtung über alle Maßen wächst. Für $||\boldsymbol{x}|| \to \infty$, d.h. wenn der Abstand zum Nullpunkt gegen unendlich geht, erhalten wir hier $g(\boldsymbol{x}) \to -\infty$. Die beiden lokalen Maxima sind daher auch globale Maxima. Lokale Minima gibt es nicht, und folglich keine globalen Minima.

Beispiel 6.9. In Beispiel 6.7 liegt in $(0, 0)$ ein lokales Maximum vor; es hat den Funktionswert $f(0, 0) = 0$. Dies ist kein globales Maximum, da z.B. $f(2, 1) = 3 > 0$ ist.
Insgesamt besitzt die Funktion auf $\mathbb{R}^2_+$ weder ein globales Maximum noch ein globales Minimum. Die Funktion nimmt nämlich beliebig große und kleine Werte an, so ist z.B. $\lim_{x_1 \to \infty} f(x_1, 0) = -\infty$ und $\lim_{x_1 \to \infty} f(x_1, 1) = \infty$. Sie besitzt auch kein lokales Minimum, sondern lediglich ein lokales Maximum in $(0, 0)$.

Allgemein geht man, um die globalen Extrema von f zu bestimmen, so vor:

- Untersuche mit Hilfe der ersten beiden Ableitungen, ob lokale Extrema im Innern des Definitionsbereichs A vorliegen.
- Betrachte die Einschränkung der Funktion auf den Rand von A (oder auf Teile des Rands) und bestimme die dort vorliegenden lokalen Extrema.
- Überprüfe, ob diese Extrema auch bezüglich der angrenzenden Punkte des Innern von A extremal sind.
- Wenn der Definitionsbereich (wie in Beispiel 6.3) unbeschränkt ist, untersuche das Verhalten der Funktion für $||\boldsymbol{x}|| \to \infty$.
- Falls es ein globales Maximum gibt, ist es unter den lokalen Maxima zu finden. Es ist das lokale Maximum, das den größten Funktionswert aufweist.
- Analoges gilt für die globalen Minima der Funktion.

In Beispiel 6.7 existiert weder ein globales Maximum noch ein globales Minimum, während es in Beispiel 6.3 zwei globale Maxima, jedoch kein solches Minimum gibt. Allgemein stellt sich die Frage, unter welchen Umständen eine Funktion globale Extrema besitzt. Es gilt der folgende Satz (vgl. Satz 3.32):

Satz 6.3: Hinreichende Bedingung für die Existenz globaler Extrema

Wenn A beschränkt und abgeschlossen[3] ist, so besitzt eine stetige Funktion auf A mindestens ein globales Maximum und ein globales Minimum.

Jede differenzierbare Funktion ist nach Satz 5.1 auch stetig. Deshalb besitzt eine differenzierbare Funktion, die auf einer beschränkten abgeschlossenen Menge definiert ist, sowohl ein globales Maximum als auch ein globales Minimum.

Insbesondere, wenn A ein beschränktes abgeschlossenes Intervall ist, d.h. die Form

$$A = [b_1, c_1] \times [b_2, c_2] \times \ldots \times [b_n, c_n]$$

hat, nimmt f auf A ein globales Minimum und Maximum an, und zwar entweder in einem Punkt $\boldsymbol{a}$ im Innern mit $\operatorname{grad} f(\boldsymbol{a}) = 0$ oder in einem Punkt des Randes von A.

Die Bestimmung der globalen Maxima und Minima vereinfacht sich beträchtlich, wenn f eine konkave oder eine konvexe Funktion ist. Wie bei univariaten Funktionen (Satz 4.8) genügt es in diesem Fall, die lokalen Maxima bzw. Minima aufzusuchen. Die Konkavität bzw. Konvexität von Funktionen mehrerer Veränderlicher ist wörtlich wie bei Funktionen einer Veränderlichen definiert; vgl. Definition 1.4 und Abschnitt 1.5. Der folgende Satz charakterisiert die Lage der globalen Extrema bei konkaven und konvexen Funktionen.

Satz 6.4: Globale Extrema bei Konkavität und Konvexität

Sei A ein n-dimensionales Intervall, $\boldsymbol{a} \in A$, und sei $f : A \to \mathbb{R}$ entweder eine konkave oder eine konvexe Funktion. Dann gelten die folgenden Aussagen:

(i) Ist f konkav, so ist jedes lokale Maximum auch globales Maximum.

(ii) Ist f konvex, so ist jedes lokale Minimum auch globales Minimum.

(iii) Ist f konkav und besitzt ein globales Minimum, so besitzt es eines auf dem Rand von A.

(iv) Ist f konvex und besitzt ein globales Maximum, so besitzt es eines auf dem Rand von A.

[3] D.h. alle Randpunkte sind in A enthalten; vgl. Abschnitt 2.7.

Abbildung 1.14 zeigt den Graphen einer bivariaten konvexen Funktion, die genau ein lokales, und damit globales Minimum besitzt. Die in Abbildung 6.4 dargestellte Funktion ist ebenfalls konvex, hat jedoch mehr als ein lokales (und globales) Minimum: Sie besitzt in allen Punkten, in denen $x_1^2 + x_2^2 \leq 1$ ist globale Minima. Außerdem besitzt sie vier globale Maxima in den Ecken des Definitionsbereichs, also z.B. im Punkt $(2, 2)$.

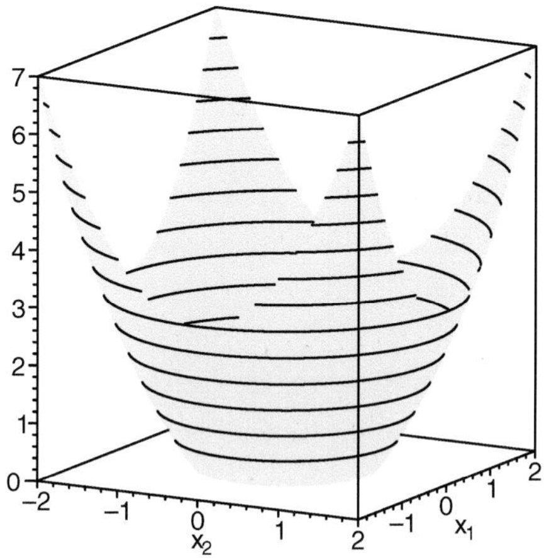

Abbildung 6.4: Graph der Funktion $f(x_1, x_2) = \max\{(x_1^2 + x_2^2 - 1), 0\}$.

Wenn eine gegebene Funktion konkav oder konvex ist, braucht man sie also, um globale Extrema zu erhalten, nur lokal zu maximieren und zu minimieren. Ob aber eine Funktion konkav oder konvex oder keines von beiden ist, lässt sich mit der Hesse-Matrix überprüfen:

Satz 6.5: Konvexität, Konkavität einer differenzierbaren Funktion

Sei $f : A \to \mathbb{R}$ zweimal stetig differenzierbar, wobei A konvex ist.

(i) Falls $n = 2$ ist, gilt:

- Wenn $\Delta_1 > 0$, $\Delta_2 > 0$ in jedem $\boldsymbol{x} \in A$ gilt, dann ist f konvex.
- Wenn $\Delta_1 < 0$, $\Delta_2 > 0$ in jedem $\boldsymbol{x} \in A$ gilt, dann ist f konkav.

(ii) Falls $n = 3$ ist, gilt:

- Wenn $\Delta_1 > 0$, $\Delta_2 > 0$, $\Delta_3 > 0$ in jedem $\boldsymbol{x} \in A$ gilt, dann ist f konvex.
- Wenn $\Delta_1 < 0$, $\Delta_2 > 0$, $\Delta_3 < 0$ in jedem $\boldsymbol{x} \in A$ gilt, dann ist f konkav.

Beispiel 6.10. Wir betrachten die Funktion $f : \mathbb{R}^2 \to \mathbb{R}$,

$$f(x_1, x_2) = \frac{(x_1+2)^2}{4} + \frac{(x_2+1)^2}{9} - 1$$

aus Beispiel 1.19 (Abbildung 1.14). Sie hat den Gradienten

$$\operatorname{grad} f(\boldsymbol{x}) = \left[\frac{x_1+2}{2}, \quad \frac{2(x_2+1)}{9}\right]$$

und die Hesse-Matrix

$$H_f(\boldsymbol{x}) = \begin{bmatrix} \frac{1}{2} & 0 \\ 0 & \frac{2}{9} \end{bmatrix} \quad \text{für alle } \boldsymbol{x} \in \mathbb{R}^2 .$$

In jedem Punkt $\boldsymbol{x} \in \mathbb{R}^2$ gilt

$$\Delta_1 = f_{x_1x_1} = \frac{1}{2} > 0 , \qquad \Delta_2 = f_{x_1x_1} f_{x_2x_2} - (f_{x_1x_2})^2 = \frac{1}{2} \cdot \frac{2}{9} - 0^2 = \frac{1}{9} > 0 ,$$

also ist f konvex. Nullsetzen des Gradienten liefert genau eine Lösung, $\boldsymbol{x} = (-2, -1)$. Wegen der Konvexität von f ist dies das einzige lokale und damit auch globale Minimum. Es gilt: $f(-2, 1) = -1 \leq f(x_1, x_2)$ für alle $(x_1, x_2) \in \mathbb{R}^2$.

Findet man mit Satz 6.2 ein lokales Minimum (lokales Maximum) und kann man mit Hilfe von Satz 6.5 nachweisen, dass die Funktion konvex (konkav) ist, dann kann man mit Satz 6.4 folgern, dass das lokale Minimum (lokale Maximum) ein globales ist. Dies lässt sich somit zu einer hinreichenden Bedingung für globale Extrema im Inneren des Definitionsbereichs zusammenfassen:

Satz 6.6: Hinreichende Bedingung für ein globales Extremum

Sei $f : A \longrightarrow \mathbb{R}$ zweimal stetig differenzierbar, wobei A konvex ist, weiter sei $\boldsymbol{a}$ ein Punkt im Inneren von A. Es gelte $f_{x_i}(\boldsymbol{a}) = 0$ für $i = 1, 2, \ldots, n$.

(i) Ist im Fall $n = 2$ für alle $\boldsymbol{x} \in A$

$\Delta_1 > 0$ und $\Delta_2 > 0$, so hat f in $\boldsymbol{a}$ ein globales Minimum;
$\Delta_1 < 0$ und $\Delta_2 > 0$, so hat f in $\boldsymbol{a}$ ein globales Maximum.

(ii) Ist im Fall $n = 3$ für alle $\boldsymbol{x} \in A$

$\Delta_1 > 0$, $\Delta_2 > 0$ und $\Delta_3 > 0$, so hat f in $\boldsymbol{a}$ ein globales Minimum,
$\Delta_1 < 0$, $\Delta_2 > 0$ und $\Delta_3 < 0$, so hat f in $\boldsymbol{a}$ ein globales Maximum.

Beispiel 6.11. Wir betrachten die Funktion $f : \mathbb{R}^2 \to \mathbb{R}^2$,

$$f(x_1, x_2) = x_1^4 + x_1^2 + x_2^2 .$$

Für diese ist

$$\operatorname{grad} f(\boldsymbol{x}) = \left[4x_1^3 + 2x_1\,,\, 2x_2\right] \quad \text{und} \quad H_f(\boldsymbol{x}) = \begin{bmatrix} 12x_1^2 + 2 & 0 \\ 0 & 2 \end{bmatrix}.$$

Setzt man die partiellen Ableitungen gleich Null, erhält man

$$\begin{aligned} &4x_1^3 + 2x_1 \overset{!}{=} 0 \iff 2x_1(2x_1^2+1) = 0 \iff x_1 = 0 \\ &2x_2 \overset{!}{=} 0 \iff x_2 = 0 \end{aligned}$$

und damit den einzigen stationären Punkt $\boldsymbol{a} = (0,0)$. Da

$$\begin{aligned} \Delta_1 &= 12x_1^2 + 2 > 0 \quad \text{für alle } \boldsymbol{x} \in \mathbb{R}^2\,, \\ \Delta_2 &= 24x_1^2 + 4 > 0 \quad \text{für alle } \boldsymbol{x} \in \mathbb{R}^2 \end{aligned}$$

gilt, liegt nach Satz 6.6 in $\boldsymbol{a} = (0,0)$ ein globales Minimum.

6.4 Extrema unter Nebenbedingungen

Häufig sucht man eine Lösung $\boldsymbol{x}$ des Maximierungs- oder Minimierungsproblems, die nicht nur im Definitionsbereich A der gegebenen Funktion f liegt, sondern zusätzlich bestimmte Bedingungen erfüllt. Eine solche Bedingung an $\boldsymbol{x}$ wird als **Nebenbedingung** bezeichnet. Die Punkte des Definitionsbereichs, die die Nebenbedingung erfüllen, heißen **zulässige Lösungen** des Optimierungsproblems. Wenn Nebenbedingungen vorliegen, liefert das bisherige Vorgehen im Allgemeinen keine zulässige Lösung des Maximierungs- bzw. Minimierungsproblems.

In diesem Abschnitt stellen wir eine Methode vor, die **Lagrange[4]-Methode**, mit der man Extrema unter Nebenbedingungen bestimmen kann: Anstelle des Gradienten der Zielfunktion f wird der Gradient einer erweiterten Zielfunktion, der **Lagrange-Funktion**, welche die Nebenbedingung berücksichtigt, gleich null gesetzt. Dadurch erreicht man, dass nur zulässige Lösungen in die Optimierung einbezogen werden. Wir formulieren zunächst die Methode, um sie dann auf das eingangs gestellte Problem der Kostenminimierung bei gegebenem Output und auf weitere Beispiele anzuwenden.

Wir suchen wieder die Extrema einer Funktion $f : A \subset \mathbb{R}^n \to \mathbb{R}$. Allerdings sind nun m Nebenbedingungen $g_j(\boldsymbol{x}) = 0$, $j = 1, \ldots, m$, vorgegeben, wobei $m \leq n$ sein muss. Gesucht sind jetzt nicht mehr die Extrema der Funktion f im gesamten Definitionsbereich A, sondern nur die Extrema von f bezüglich

[4] Joseph Louis de Lagrange (1736-1813)

der Punkte, die die Nebenbedingungen $g_j(\boldsymbol{x}) = 0$, $j = 1, \ldots, m$, erfüllen. Wenn $n = 2$ und $m = 1$ ist, kann man sich diese Suche am Graphen von f veranschaulichen: Man bestimmt nicht den höchsten Punkt im Gebirge des Graphen, sondern den höchsten Punkt auf einem durch die Nebenbedingung bestimmten „Wanderweg", der durch das Gebirge führt.

Um das Optimierungsproblem zu lösen, bildet man aus der Funktion f und den Nebenbedingungen eine Hilfsfunktion, die sogenannte **Lagrange-Funktion** L. Sie hat die Form

$$L(x_1, \ldots, x_n, \lambda_1, \ldots, \lambda_m) = f(\boldsymbol{x}) + \lambda_1 g_1(\boldsymbol{x}) + \ldots + \lambda_m g_m(\boldsymbol{x})$$

und enthält außer den ursprünglichen Variablen $x_1, \ldots, x_n$ die Hilfsvariablen $\lambda_1, \ldots, \lambda_m$; sie werden **Lagrange-Multiplikatoren** genannt. Man bestimmt die Extrema der Lagrange-Funktion bezüglich ihrer sämtlichen Variablen und erhält daraus die Extrema der ursprünglichen Funktion f unter Berücksichtigung der Nebenbedingungen. Wie bei der Optimierung ohne Nebenbedingungen gibt es auch hier eine notwendige Bedingung, die auf den ersten Ableitungen basiert, und eine hinreichende Bedingung, die die zweiten Ableitungen einschließt. Die notwendige Bedingung für ein lokales Extremum unter Nebenbedingungen lautet:

Satz 6.7: Methode von Lagrange: Notwendige Bedingung

Sei $f(\boldsymbol{a})$ ein lokales Minimum oder Maximum der differenzierbaren Funktion $f(\boldsymbol{x})$ unter den Nebenbedingungen $g_j(\boldsymbol{x}) = 0$ für $j = 1, \ldots, m$. Die Jacobi-Matrix von $[g_1, \cdots, g_m]^T$ besitze im Punkt $\boldsymbol{a}$ den Rang[5] m. Dann gibt es Zahlen $\lambda_1^*, \ldots, \lambda_m^* \in \mathbb{R}$, sodass

$$L_{x_i}(\boldsymbol{a}, \lambda_1^*, \ldots, \lambda_m^*) = \frac{\partial L}{\partial x_i}(a_1, \ldots, a_n, \lambda_1^*, \ldots, \lambda_m^*) = 0 \quad \text{für } i = 1, \ldots, n$$

und

$$L_{\lambda_j}(\boldsymbol{a}, \lambda_1^*, \ldots, \lambda_m^*) = \frac{\partial L}{\partial \lambda_j}(a_1, \ldots, a_n, \lambda_1^*, \ldots, \lambda_m^*) = 0 \quad \text{für } j = 1, \ldots, m\,.$$

Einen Punkt, in dem diese notwendige Bedingung erfüllt ist, nennt man einen **stationären** oder **kritischen Punkt**.

Da $L_{\lambda_j}(x_1, \ldots, x_n, \lambda_1, \ldots, \lambda_m) = g_j(\boldsymbol{x})$ ist, bedeutet das Nullsetzen von L_{λ_j}, dass die j-te Nebenbedingung $g_j(\boldsymbol{x}) = 0$ im Punkt $\boldsymbol{a}$ erfüllt sein muss. Man beachte, dass die Nebenbedingungen vor dem Aufstellen der Lagrange-Funktion immer auf die Form $g_j(\boldsymbol{x}) = 0$ zu bringen sind. Ist z.B. als j-te

[5] Zum Rang einer Matrix siehe Definition 9.4.

Nebenbedingung $x_1 = 2x_3$ angegeben, formt man diese zu $x_1 - 2x_3 = 0$ um. Damit ist $g_j(\boldsymbol{x}) = x_1 - 2x_3$. Ebenso gut kann man diese Nebenbedingung in die Form $\widetilde{g}_j(\boldsymbol{x}) = 2x_3 - x_1$ bringen. Dies entspricht einem Wechsel des Vorzeichens von λ_j, führt aber zu denselben optimalen Werten der $x_1, \ldots, x_n$. Solange man sich nur für die Werte der ursprünglichen Variablen interessiert, spielen die Vorzeichen der Lagrange-Multiplikatoren keine Rolle.

Zusammenfassend geht man also wie folgt vor:

- Die Nebenbedingungen werden in die Form $g_j(\boldsymbol{x}) = 0$ gebracht.
- Die Lagrange-Funktion wird aufgestellt.
- Die partiellen Ableitungen der Lagrange-Funktion werden berechnet und gleich null gesetzt.
- Das entstandene Gleichungssystem in den Variablen $x_1, \ldots, x_n, \lambda_1, \ldots, \lambda_m$ wird gelöst. Die Lösungen $(x_1, \ldots, x_n)$ sind die stationären Punkte.

Beispiel 6.12 (Produktion zu minimalen Kosten). Bei einer Produktion soll aus zwei Inputs ein vorgegebener Output hergestellt werden. Seien

x_1, x_2	die Inputs,
p_1, p_2	die Inputpreise,
F	die Produktionsfunktion und
q_0	der vorgegebene Output.

Wir nehmen an, dass sowohl die Inputs als auch der vorgegebene Output nichtnegativ sind, $x_1, x_2, q_0 \geq 0$, und dass die Inputpreise positiv sind, p_1, $p_2 > 0$.

Die Inputs x_1 und x_2 sind so zu bestimmen, dass einerseits der vorgegebene Output q_0 produziert wird, d.h. die Nebenbedingung

$$F(x_1, x_2) = q_0$$

erfüllt ist, andererseits die Kosten des Inputeinsatzes,

$$c(x_1, x_2) = p_1 x_1 + p_2 x_2 ,$$

minimiert werden. Hier ist die Anzahl der Variablen $n = 2$ und die Anzahl der Nebenbedingungen $m = 1$.

Nach der Lagrange-Methode formen wir als erstes die Nebenbedingung zur Bedingung

$$g(x_1, x_2) = q_0 - F(x_1, x_2) = 0$$

um und stellen die Lagrange-Funktion auf,

$$L(x_1, x_2, \lambda) = p_1 x_1 + p_2 x_2 + \lambda(q_0 - F(x_1, x_2)) .$$

Dann berechnen wir die partiellen Ableitungen der Lagrange-Funktion und setzen sie gleich null,

$$L_{x_1}(x_1, x_2, \lambda) = p_1 - \lambda F_{x_1}(x_1, x_2) \overset{!}{=} 0\,,$$

$$L_{x_2}(x_1, x_2, \lambda) = p_2 - \lambda F_{x_2}(x_1, x_2) \overset{!}{=} 0\,,$$

$$L_{\lambda}(x_1, x_2, \lambda) = q_0 - F(x_1, x_2) \overset{!}{=} 0\,.$$

Die letzte Gleichung (partielle Ableitung nach λ) entspricht der Nebenbedingung. Wir lösen die beiden ersten Gleichungen nach λ auf und erhalten

$$\lambda = \frac{p_1}{F_{x_1}(x_1, x_2)} \quad \text{sowie} \quad \lambda = \frac{p_2}{F_{x_2}(x_1, x_2)}\,.$$

Gleichsetzen dieser beiden Gleichungen liefert

$$\frac{p_1}{F_{x_1}(x_1, x_2)} = \frac{p_2}{F_{x_2}(x_1, x_2)}\,,$$

und wir erhalten als notwendige Bedingung

$$\frac{p_1}{p_2} = \frac{F_{x_1}(x_1, x_2)}{F_{x_2}(x_1, x_2)} = \frac{\text{Grenzproduktivität des ersten Inputs}}{\text{Grenzproduktivität des zweiten Inputs}}\,,$$

$$\lambda = \frac{p_1}{F_{x_1}(x_1, x_2)}\,.$$

Dies ist eine wichtige Aussage der mikroökonomischen Theorie: Im Kostenminimum verhalten sich die Grenzproduktivitäten der beiden Inputs wie deren Preise. Mit anderen Worten: **Das Verhältnis der Grenzproduktivitäten ist gleich dem Preisverhältnis.**

Die allgemeine Aussage wenden wir nun auf eine konkret spezifizierte Produktionsfunktion und numerisch bezifferte Preise an. Gegeben sei die Produktionsfunktion $F(x_1, x_2) = x_1 \cdot x_2$, $x_1, x_2 \geq 0$, ferner der Output $q_0 = 1$ sowie die Inputpreise $p_1 = 1$ und $p_2 = 2$. Wir minimieren die Kosten $c(x_1, x_2) = x_1 + 2x_2$ unter der Nebenbedingung $1 = x_1 \cdot x_2$.

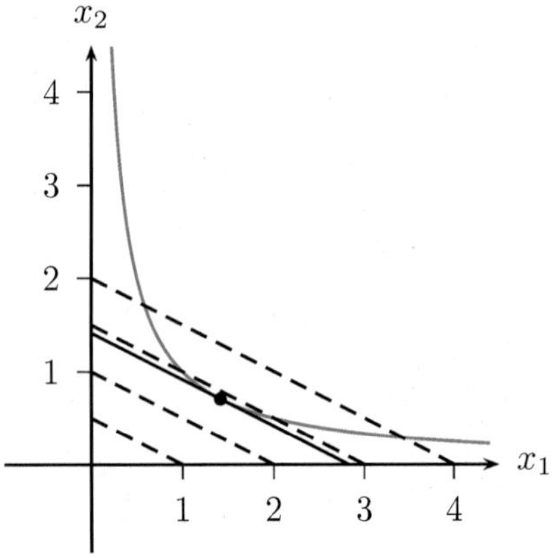

Die Hyperbel in obiger Abbildung entspricht der Nebenbedingung. Jeder Punkt der Hyperbel bezeichnet eine Faktoreinsatzkombination, mit der ein Output der Höhe 1 produziert werden kann. Die Geraden sind Isokostenlinien, $x_1 + 2x_2 = c$, für verschiedene c. Je weiter rechts oben die Isokostenlinie liegt, desto höher sind die Kosten. Gesucht ist die Isokostenlinie, die bei kleinstem Wert c die Isoquante der Produktionsfunktion trifft. Die in der Nebenbedingung vorgegebene Menge kann dort zu den geringsten Kosten produziert werden.

Es ist $F_{x_1} = x_2$ und $F_{x_2} = x_1$, also gelten im Kostenoptimum die Gleichungen

$$\frac{p_1}{p_2} = \frac{1}{2} = \frac{x_2}{x_1} = \frac{F_{x_1}}{F_{x_2}}\,.$$

Aus $x_2 = \frac{x_1}{2}$ und $x_1 \cdot x_2 = 1$ erhält man die optimalen, d.h. kostenminimalen Inputs,

$$x_1 = \sqrt{2}, \qquad x_2 = \frac{\sqrt{2}}{2} = \frac{1}{\sqrt{2}}\,.$$

Die Bedingung in Satz 6.7, dass die Jacobi-Matrix im Punkt $\boldsymbol{a}$ vollen Rang besitzt, bedeutet bei Aufgaben mit *einer* Nebenbedingung g, dass $\operatorname{grad} g(\boldsymbol{a}) \neq \boldsymbol{0}$ gilt. Ist dies nicht der Fall, so sind in einem Extremum die partiellen Ableitungen der Lagrange-Funktion nicht notwendigerweise alle gleich null. In diesem Fall können Extrema existieren, für die der Gradient der Lagrange-Funktion nicht null wird, wie das folgende Beispiel illustriert:

Beispiel 6.13. Zu optimieren ist die Funktion $f(x_1, x_2) = x_1 + 2$ unter der Nebenbedingung $(x_1^2 + x_2^2 - 1)^2 = 0$. Anhand folgender Abbildung erkennt man direkt, dass im Punkt $(1, 0)$ ein Maximum und im Punkt $(-1, 0)$ ein Minimum vorliegt.

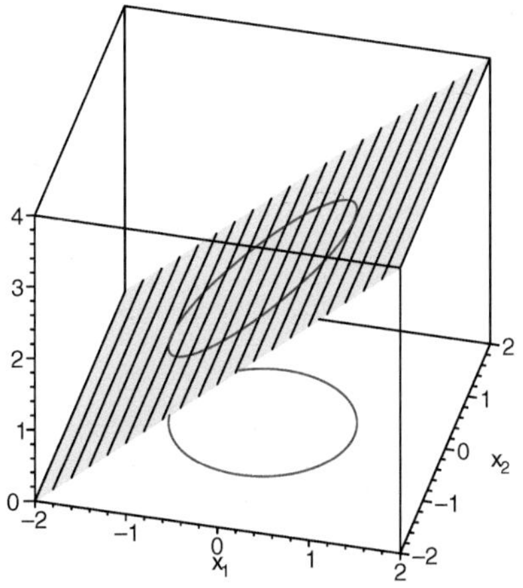

Stellt man jedoch die Lagrange-Funktion auf, findet man durch Nullsetzen der partiellen Ableitungen die beiden Extrema nicht. Es ist

$$L(x_1, x_2, \lambda) = x_1 + 2 + \lambda(x_1^2 + x_2^2 - 1)^2 \,,$$

und die ansonsten notwendigen Bedingungen lauten

$$\begin{aligned} 1 + 4x_1\lambda(x_1^2 + x_2^2 - 1) &= 0\,, \\ 4x_2\lambda(x_1^2 + x_2^2 - 1) &= 0\,, \\ (x_1^2 + x_2^2 - 1)^2 &= 0\,. \end{aligned}$$

Die letzte Gleichung ist erfüllt, wenn $x_1^2+x_2^2-1 = 0$ ist. Setzt man dies in die erste Gleichung ein, so erhält man $1 = 0$. Daher lässt sich das Gleichungssystem nicht lösen.

Die Methode funktioniert hier nicht, da der Gradient von $(x_1^2+x_2^2-1)^2$ gleich $[4x_1(x_1^2+x_2^2-1), 4x_2(x_1^2+x_2^2-1)]$ ist. Für alle Punkte, die die Nebenbedingung erfüllen, ist er gleich $\mathbf{0}$. Damit ist die oben genannte Bedingung nicht erfüllt.

Es sei an dieser Stelle darauf hingewiesen, dass die im vorigem Beispiel beschriebene Problematik lediglich durch die Formulierung der Nebenbedingung verursacht wird. Formuliert man die Nebenbedingung in äquivalenter Weise als $x_1^2 + x_2^2 - 1 = 0$, so liefert die Lagrange-Methode beide Extrema.

Lösung durch Elimination Bei numerisch spezifizierten Funktionen kann man (falls sich jede Nebenbedingung nach einer anderen Variable auflösen lässt) anstatt den Lagrange-Ansatz zu verwenden, mit Hilfe jeder Nebenbedingung jeweils eine Variable in der zu optimierenden Funktion eliminieren. Anschließend kann man dann bezüglich der verbleibenden Variablen optimieren. Wir kehren zu Beispiel 6.12 zurück und minimieren die Funktion $c(x_1, x_2) = x_1 + 2x_2$ unter der Nebenbedingung $1 = x_1 \cdot x_2$.

Aufgelöst nach x_1 lautet die Nebenbedingung $x_1 = \frac{1}{x_2}$. Durch Einsetzen in $c(x_1, x_2)$ erhalten wir eine Kostenfunktion, die nur noch von x_2 abhängt,

$$\tilde{c}(x_2) = c\Big(\frac{1}{x_2}, x_2\Big) = x_1 + 2x_2 = \frac{1}{x_2} + 2x_2 \,,$$

und deren Ableitung $\tilde{c}'(x_2) = -\frac{1}{x_2^2} + 2$ wir gleich null setzen. Die Lösung lautet $x_2 = \frac{1}{\sqrt{2}}$ und $x_1 = \frac{1}{x_2} = \sqrt{2}$ wie zuvor. Man beachte jedoch, dass im allgemeinen Fall, wenn die Funktion nicht numerisch spezifiziert ist, keine solche Elimination möglich ist.

Um die notwendige Bedingung des Lagrange-Ansatzes auszuwerten, ist ein im Allgemeinen nichtlineares Gleichungssystem in $\lambda_1, \ldots, \lambda_m$ und $x_1, \ldots, x_n$ zu lösen. Meistens empfiehlt es sich, zunächst die Lagrange-Multiplikatoren λ_j zu eliminieren, da diese nur in linearer Form in den Gleichungen vorkommen.

Falls Nebenbedingungen vom Typ „$\leq$" statt „$=$" vorliegen, liefern die Karush-Kuhn-Tucker-Bedingungen eine notwendige Charakterisierung der Lösung; sie sind in Abschnitt 6.7 beschrieben.

Wie bei der Optimierung ohne Nebenbedingungen gibt es auch hier hinreichende Bedingungen, die auf zweiten Ableitungen basieren. Wir geben diese zunächst für den Fall zweier Variablen und einer Nebenbedingung an. Der allgemeine Fall von n Variablen und m Nebenbedingungen wird in Abschnitt 6.6 behandelt.

Satz 6.8: Hinreichende Bedingungen, falls $n = 2, m = 1$

Sei $n = 2$ und $m = 1$, seien f und g zweimal stetig differenzierbar und sei die notwendige Bedingung aus Satz 6.7 erfüllt. Hinreichend für ein lokales Minimum bzw. Maximum von f im Punkt (a_1, a_2) unter der Nebenbedingung $g(x_1, x_2) = 0$ ist:

$$\Delta := 2L_{x_1x_2}g_{x_1}g_{x_2} - L_{x_1x_1}(g_{x_2})^2 - L_{x_2x_2}(g_{x_1})^2 \begin{cases} < 0 & \text{(Minimum)} \\ > 0 & \text{(Maximum)} \end{cases}$$

im Punkt (λ^*, a_1, a_2).

Der Ausdruck Δ ist eine Determinante (siehe Kapitel 10), nämlich die Determinante der Hesse-Matrix der Lagrange-Funktion $L(\lambda, x_1, x_2)$

$$\Delta = \det \begin{bmatrix} 0 & g_{x_1} & g_{x_2} \\ g_{x_1} & L_{x_1x_1} & L_{x_1x_2} \\ g_{x_2} & L_{x_1x_2} & L_{x_2x_2} \end{bmatrix}$$

im Punkt (λ^*, a_1, a_2).

Beispiel 6.14. Gegeben sind eine Zielfunktion in drei Variablen sowie zwei Nebenbedingungen $(n = 3, m = 2)$,

$$\begin{aligned} f(x_1, x_2, x_3) &= x_1^2 + x_2 - 2x_3\,, \\ g_1(x_1, x_2, x_3) &= x_1 + x_2 = 0\,, \\ g_2(x_1, x_2, x_3) &= 2x_2 + x_3 = 0\,. \end{aligned}$$

Gesucht sind die Minima und Maxima von f unter den beiden Nebenbedingungen. Die zugehörige Lagrange-Funktion lautet

$$L(x_1, x_2, x_3, \lambda_1, \lambda_2) = x_1^2 + x_2 - 2x_3 + \lambda_1(x_1 + x_2) + \lambda_2(2x_2 + x_3)\,.$$

Ihre partiellen Ableitungen werden null gesetzt,

$$\begin{aligned}
L_{x_1} &= 2x_1 + \lambda_1 &&\stackrel{!}{=} 0\,,\\
L_{x_2} &= 1 + \lambda_1 + 2\lambda_2 &&\stackrel{!}{=} 0\,,\\
L_{x_3} &= -2 + \lambda_2 &&\stackrel{!}{=} 0\,,\\
L_{\lambda_1} &= x_1 + x_2 &&\stackrel{!}{=} 0\,,\\
L_{\lambda_2} &= 2x_2 + x_3 &&\stackrel{!}{=} 0\,.
\end{aligned}$$

Aus der dritten Gleichung erhält man $\lambda_2 = 2$. Eingesetzt in die zweite Gleichung liefert dies $\lambda_1 = -5$. Aus der ersten Gleichung erhält man dann $x_1 = \frac{5}{2}$. Setzt man dies in die vierte Gleichung ein, folgt $x_2 = -\frac{5}{2}$ und schließlich aus der fünften Gleichung $x_3 = 5$.

Alternative Lösung mit Elimination und nachfolgendem Lagrange-Ansatz Wir verwenden zunächst die zweite Nebenbedingung $2x_2 + x_3 = 0$, um x_3 zu eliminieren. Durch Einsetzen von $x_3 = -2x_2$ erhalten wir

$$\widetilde{f}(x_1, x_2) := f(x_1, x_2, -2x_2) = x_1^2 + x_2 + 4x_2 = x_1^2 + 5x_2\,,$$

und die Aufgabe reduziert sich zu einer Minimierung bzw. Maximierung in zwei Variablen unter einer Nebenbedingung:

$$\begin{aligned}
\widetilde{f}(x_1, x_2) &= x_1^2 + 5x_2\,,\\
\widetilde{g}_1(x_1, x_2) &= x_1 + x_2\,.
\end{aligned}$$

Wir lösen diese reduzierte Aufgabe mit einem Lagrange-Ansatz. Die Lagrange-Funktion lautet

$$\widetilde{L}(x_1, x_2, \lambda_1) = x_1^2 + 5x_2 + \lambda_1(x_1 + x_2)\,,$$

und die partiellen Ableitungen der Lagrange-Funktion sind

$$\begin{aligned}
\widetilde{L}_{x_1} &= 2x_1 + \lambda_1 &&\stackrel{!}{=} 0\,,\\
\widetilde{L}_{x_2} &= 5 + \lambda_1 &&\stackrel{!}{=} 0\,,\\
\widetilde{L}_{\lambda_1} &= x_1 + x_2 &&\stackrel{!}{=} 0\,.
\end{aligned}$$

Als Lösung ergibt sich wie oben $\lambda_1 = -5$, $x_1 = \frac{5}{2}$, $x_2 = -\frac{5}{2}$, $x_3 = 5$. Um die hinreichende Bedingung auszuwerten, berechnen wir die zweiten Ableitungen der Lagrange-Funktion und die ersten Ableitungen der Nebenbedingungsfunktion,

$$L_{x_1x_1} = 2\,, \quad L_{x_1x_2} = 0\,, \quad L_{x_2x_2} = 0\,, \quad g_{x_1} = 1\,, \quad g_{x_2} = 1\,.$$

Es gilt $\Delta = 2L_{x_1x_2}g_{x_1}g_{x_2} - L_{x_1x_1}(g_{x_2})^2 - L_{x_2x_2}(g_{x_1})^2 = -2 \cdot 1^2 = -2 < 0$, also liegt im Punkt $(\frac{5}{2}, -\frac{5}{2}, 5)$ ein lokales Minimum vor.

Wir kommen nun zurück auf das allgemeine Problem der Produktion eines vorgegebenen Outputs zu minimalen Kosten (vgl. Beispiel 6.12) und stellen die Frage, welche Bedingungen eine Funktion F erfüllen muss, um als eine ökonomisch sinnvolle Produktionsfunktion zu gelten.

Dabei beschränken wir uns auf zwei Inputs, x_1 und $x_2 \in \mathbb{R}_+$. Als erstes nehmen wir an, dass beide Inputs knapp sind und der Output mit jedem Input wächst. Mit anderen Worten, die Grenzproduktivitäten von F sollen überall positiv sein,

$$F_{x_1} > 0\,, \quad F_{x_2} > 0\,. \tag{6.1}$$

Weiter soll an einer Nullstelle des Gradienten der Lagrange-Funktion

$$L(x_1, x_2, \lambda) = p_1 x_1 + p_2 x_2 + \lambda(q_0 - F(x_1, x_2))$$

nicht etwa ein Maximum oder ein Sattelpunkt der Kosten, sondern ein Minimum vorliegen. Die hinreichenden Bedingungen für ein lokales Minimum sind genau dann erfüllt, wenn $\Delta < 0$ ist. Hier gilt (vgl. Beispiel 6.12)

$$g_{x_1} = -F_{x_1} < 0\,, \quad g_{x_2} = -F_{x_2} < 0 \quad \text{und} \quad L_{x_i x_j} = -\lambda F_{x_i x_j}\,.$$

Daher ist

$$\begin{aligned}\Delta &= 2L_{x_1x_2} g_{x_1} g_{x_2} - L_{x_1x_1}(g_{x_2})^2 - L_{x_2x_2}(g_{x_1})^2\\ &= -2\lambda F_{x_1x_2} F_{x_1} F_{x_2} + \lambda F_{x_1x_1}(F_{x_2})^2 + \lambda F_{x_2x_2}(F_{x_1})^2\\ &= \lambda\big(-2F_{x_1x_2} F_{x_1} F_{x_2} + F_{x_1x_1}(F_{x_2})^2 + F_{x_2x_2}(F_{x_1})^2\big)\,.\end{aligned}$$

Da man im Kostenminimum $\lambda = \frac{p_1}{F_{x_1}} > 0$ erhält, ist die Bedingung $\Delta < 0$ genau dann erfüllt, wenn

$$\boxed{F_{x_1x_1}(F_{x_2})^2 + F_{x_2x_2}(F_{x_1})^2 - 2F_{x_1x_2} F_{x_1} F_{x_2} < 0\,.} \tag{6.2}$$

Wenn die Ungleichung (6.2) im ganzen Definitionsbereich von F erfüllt ist, heißt F **streng quasikonkav**. Dies ist damit gleichbedeutend, dass die Höhenlinien von F eine bestimmte Form haben (siehe Abbildung 1.17 links): Für je zwei Punkte ein und derselben Höhenlinie verläuft die Verbindungsstrecke „nordöstlich" der Höhenlinie. Eine Produktionsfunktion, die den Bedingungen (6.1) und (6.2) genügt, wird als **neoklassische Produktionsfunktion** bezeichnet.

Speziell betrachten wir die Cobb-Douglas-Produktionsfunktion,

$$F(x_1, x_2) = c x_1^{\alpha} x_2^{\beta}, \qquad x_1 \geq 0,\ x_2 \geq 0\,,$$

und diskutieren zunächst die Vorzeichen der drei Parameter α, β und c. Da positive Inputs einen positiven Output ergeben sollen, muss $c > 0$ sein. Die

Grenzproduktivitäten sind $F_{x_1} = c\alpha x_1^{\alpha-1}x_2^{\beta}$ und $F_{x_2} = c\beta x_1^{\alpha}x_2^{\beta-1}$. Damit sie positiv sind, muss $\alpha > 0$ und $\beta > 0$ gelten. Es folgt für alle $x_1, x_2 \in \mathbb{R}_+$

$$\begin{aligned} &F_{x_1x_1}(F_{x_2})^2 + F_{x_2x_2}(F_{x_1})^2 - 2F_{x_1x_2}F_{x_1}F_{x_2} \\ &= \underbrace{c^3\,\alpha\beta\,x_1^{3\alpha-2}x_2^{3\beta-2}}_{>0}\,\underbrace{(\beta(\alpha-1)+\alpha(\beta-1)-2\alpha\beta)}_{=-\alpha-\beta<0} < 0\,, \end{aligned}$$

also gilt (6.2). Folglich ist die Cobb-Douglas-Funktion eine neoklassische Produktionsfunktion.

6.5 Enveloppentheorem

In vielen Anwendungen hängen die Zielfunktion eines Optimierungsproblems und/oder die Nebenbedingungen von einem Parameter ab. Von Interesse ist dann, wie der Optimalwert sowie die Stelle, an dem dieser erreicht wird, sich ändern, wenn der Parameter variiert. Im Produktionsbeispiel 6.12 kann man sich beispielsweise fragen, welche zusätzlichen Kosten durch eine Erhöhung der geforderten Produktionsmenge q_0 verursacht werden, oder wie sich eine Änderung der Inputpreise auf die optimale Faktorkombination und damit auf die Kosten der Produktion auswirken.

Allgemein betrachtet man das folgende Optimierungsproblem unter Nebenbedingungen:

$$\boxed{\min_{\boldsymbol{x}} f(\boldsymbol{x},\alpha) \quad \text{unter} \quad g_j(\boldsymbol{x},\alpha) = 0 \quad \text{für } j = 1,\dots,m\,.}$$

Hierbei ist α ein Parameter der Zielfunktion f. Die Stelle, an der sie ein Extremum annimmt, hängt nun auch vom Wert des Parameters α ab. Man bezeichnet diese Stelle mit $\boldsymbol{x}^*(\alpha)$ und den optimalen Wert der Zielfunktion mit

$$y^*(\alpha) = f(\boldsymbol{x}^*(\alpha),\alpha)\,.$$

Die Funktion $y^* : \alpha \mapsto y^*(\alpha)$ wird als **Optimalwertfunktion** bezeichnet.[6] Die Lagrange-Funktion des Optimierungsproblems ist

$$\begin{aligned} L(\boldsymbol{x},\boldsymbol{\lambda},\alpha) &= L(x_1,\dots,x_n,\lambda_1,\dots,\lambda_m,\alpha) \\ &= f(x_1,\dots,x_n,\alpha) + \sum_{j=1}^{m}\lambda_j g_j(x_1,\dots,x_n,\alpha)\,. \end{aligned}$$

[6] Wir nehmen im Folgenden an, dass die Funktionen $\alpha \mapsto \boldsymbol{x}^*(\alpha)$ und $\alpha \mapsto y^*(\alpha)$ für alle α eines Intervalls definiert und dort stetig differenzierbar sind.

Da an der Stelle $\boldsymbol{x}^*(\alpha)$ ein Extremum vorliegt, gibt es Lagrange-Multiplikatoren $\boldsymbol{\lambda}^*(\alpha) = (\lambda_1^*(\alpha), \cdots, \lambda_m^*(\alpha))$, sodass die partiellen Ableitungen der Lagrange-Funktion für $\boldsymbol{x} = \boldsymbol{x}^*(\alpha)$, $\boldsymbol{\lambda} = \boldsymbol{\lambda}^*(\alpha)$ null werden, d.h. für alle $i = 1, \ldots, n$ gilt[7]

$$\frac{\partial L}{\partial x_i} = \frac{\partial f}{\partial x_i} + \sum_{j=1}^{m} \lambda_j^* \frac{\partial g_j}{\partial x_i} = 0$$

bzw.

$$\frac{\partial f}{\partial x_i} = -\sum_{j=1}^{m} \lambda_j^* \frac{\partial g_j}{\partial x_i}. \tag{6.3}$$

Da in $\boldsymbol{x}^*(\alpha)$ alle Nebenbedingungen erfüllt sind, ist $g_j\big(\boldsymbol{x}^*(\alpha), \alpha\big) = 0$ für alle j. Die Ableitung der Funktion $\alpha \mapsto g_j\big(\boldsymbol{x}^*(\alpha), \alpha\big)$ nach α ergibt also ebenfalls null. Mit dem Satz von der totalen Ableitung folgt

$$\frac{d}{d\alpha} g_j\big(\boldsymbol{x}^*(\alpha), \alpha\big) = \sum_{i=1}^{n} \frac{\partial g_j}{\partial x_i} \frac{dx_i^*}{d\alpha} + \frac{\partial g_j}{\partial \alpha} = 0,$$

oder äquivalent dazu

$$\sum_{i=1}^{n} \frac{\partial g_j}{\partial x_i} \frac{dx_i^*}{d\alpha} = -\frac{\partial g_j}{\partial \alpha}. \tag{6.4}$$

Um die approximative Änderung der Optimalwertfunktion bei einer Änderung des Parameters α zu bestimmen, berechnen wir die Ableitung von $y^*(\alpha) = f(\boldsymbol{x}^*(\alpha), \alpha)$ nach dem Parameter α. Dazu verwenden wir wieder den Satz von der totalen Ableitung:

$$\frac{dy^*(\alpha)}{d\alpha} = \frac{d}{d\alpha} f(\boldsymbol{x}^*(\alpha), \alpha) = \sum_{i=1}^{n} \frac{\partial f}{\partial x_i} \frac{dx_i^*}{d\alpha} + \frac{\partial f}{\partial \alpha}.$$

Mit Gleichung (6.3) erhält man

$$\frac{dy^*(\alpha)}{d\alpha} = \sum_{i=1}^{n} \left(-\sum_{j=1}^{m} \lambda_j^* \frac{\partial g_j}{\partial x_i} \right) \frac{dx_i^*}{d\alpha} + \frac{\partial f}{\partial \alpha} = -\sum_{j=1}^{m} \lambda_j^* \left(\sum_{i=1}^{n} \frac{\partial g_j}{\partial x_i} \frac{dx_i^*}{d\alpha} \right) + \frac{\partial f}{\partial \alpha}.$$

Unter Verwendung von Gleichung (6.4) ergibt sich schließlich

$$\frac{dy^*(\alpha)}{d\alpha} = -\sum_{j=1}^{m} \lambda_j^* \left(-\frac{\partial g_j}{\partial \alpha} \right) + \frac{\partial f}{\partial \alpha} = \sum_{j=1}^{m} \lambda_j^* \frac{\partial g_j}{\partial \alpha} + \frac{\partial f}{\partial \alpha}.$$

[7] Der besseren Übersichtlichkeit halber schreiben wir im Folgenden kurz $\frac{\partial L}{\partial x_i}$ anstelle von $\frac{\partial L}{\partial x_i}(\boldsymbol{x}^*(\alpha), \boldsymbol{\lambda}^*(\alpha), \alpha)$.

Das ist aber nichts anderes als die partielle Ableitung der Lagrange-Funktion nach dem Parameter α,

$$\frac{dy^*(\alpha)}{d\alpha} = \frac{\partial f}{\partial \alpha} + \sum_{j=1}^{m} \lambda_j^* \frac{\partial g_j}{\partial \alpha} = \frac{\partial L}{\partial \alpha}\,.$$

Wir formulieren dieses Ergebnis als Satz:

Satz 6.9: Enveloppentheorem

Falls die Funktionen f und g_j, $j = 1, \ldots, m$, sowie die Optimalwertfunktion y^* differenzierbar sind, gilt

$$\frac{dy^*(\alpha)}{d\alpha} = \frac{\partial f(\boldsymbol{x}^*(\alpha), \alpha)}{\partial \alpha} + \sum_{j=1}^{m} \lambda_j^*(\alpha) \frac{\partial g_j(\boldsymbol{x}^*(\alpha), \alpha)}{\partial \alpha} = \frac{\partial L}{\partial \alpha}(\boldsymbol{x}^*(\alpha), \boldsymbol{\lambda}^*(\alpha), \alpha)\,.$$

Kürzer (und einprägsamer) schreibt man

$$\boxed{\frac{dy^*}{d\alpha} = \frac{\partial L}{\partial \alpha}\,.}$$

Die Formel und ihre Herleitung gelten auch, wenn *keine Nebenbedingung* zu berücksichtigen ist ($m = 0$). In diesen Fall vereinfacht sich die Formel zu

$$\boxed{\frac{dy^*}{d\alpha} = \frac{\partial f}{\partial \alpha}\,.}$$

Variiert man den Parameter α, so ändert sich der Optimalwert $y^*(\alpha)$ aus zwei Gründen. Erstens ändert sich die Zielfunktion selbst, sodass sich dadurch auch der Zielfunktionswert ändert; dies ist der *direkte* Effekt von α auf den Optimalwert. Zweitens tritt ein *indirekter* Effekt auf: Durch die Änderung der Zielfunktion wird das Optimum an einer anderen Stelle angenommen, was ebenfalls einen veränderten Zielfunktionswert zur Folge hat. Das Enveloppentheorem (für Probleme ohne Nebenbedingungen) besagt nun, dass man bei der Berechnung der Ableitung des Optimalwerts den indirekten Effekt ignorieren kann.

Beispiel 6.15. (Produktion eines gegebenen Outputs zu minimalen Kosten) Wir betrachten wieder die Situation aus Beispiel 6.12:

$$\text{Minimiere } c(x_1, x_2) = p_1 x_1 + p_2 x_2 \quad \text{unter} \quad q - F(x_1, x_2) = 0\,.$$

Zunächst wollen wir untersuchen, wie sich die Kosten verändern, wenn die vorgegebene Outputmenge q verändert wird. Da die Zielfunktion nicht direkt von der produzierten Menge abhängt, ist $\frac{\partial c}{\partial q} = 0$. Für die Ableitung der Nebenbedingung nach q ergibt sich $\frac{\partial g}{\partial q} = 1$, sodass gilt

$$\frac{dy^*(q)}{dq} = \frac{\partial c}{\partial q} + \lambda^* \frac{\partial g}{\partial q} = \lambda^* .$$

Das Enveloppentheorem liefert hier eine interessante Interpretation des Lagrange-Multiplikators. Er gibt (in erster Näherung) die Änderung der Minimalkosten je zusätzlich produzierter Einheit an. Diese Größe wird als **Schattenpreis** des Gutes bezeichnet. Damit sich bei kostenoptimaler Produktion die Herstellung einer zusätzlichen Einheit für das Unternehmen lohnt, muss auf dem Markt also mindestens der Schattenpreis des Gutes erzielt werden.

Als Nächstes betrachten wir, wie die Minimalkosten von den Preisen der beiden Inputs abhängen. Die Ableitung der Zielfunktion nach dem Preis p_i ist $\frac{\partial c}{\partial p_1} = x_1$; ferner ist $\frac{\partial g}{\partial p_i} = 0$. Mit dem Enveloppentheorem erhält man somit

$$\frac{dy^*(p_i)}{dp_i} = \frac{\partial c}{\partial p_i} + \lambda^* \frac{\partial g}{\partial p_i} = x_i .$$

Da die Nebenbedingung unabhängig von den Preisen ist, muss man hier nur den direkten Effekt einer Preisänderung berücksichtigen.

Beispiel 6.16. (Produktion eines gegebenen Outputs zu minimalen Kosten) Gegeben sei wieder die Situation aus Beispiel 6.12 mit Preisen $p_1 = 1$, $p_2 = 2$, einer vorgegebenen Outputmenge $q = 1$ und einer Produktionsfunktion $F(x_1, x_2) = x_1 x_2$.

Wir haben bereits gesehen, dass in diesem Fall die Minimalkostenkombination $x_1^* = \sqrt{2}$, $x_2^* = \frac{\sqrt{2}}{2}$ ist. Der Lagrange-Multiplikator ist dann $\lambda^* = \sqrt{2}$ und die minimalen Kosten betragen $2\sqrt{2} = 2.8284$.

Möchte man wissen, wie sich die minimalen Kosten bei einer Änderung der vorgegebenen Outputmenge verändern, Betrachtet man die zu produzierende Menge als Parameter q. Die Lagrangefunktion ist dann

$$L(x_1, x_2, \lambda, q) = x_1 + 2x_2 + \lambda(q - x_1 x_2)$$

und deren partielle Ableitung nach q ist

$$\frac{\partial L}{\partial q}(x_1, x_2, \lambda, q) = \lambda .$$

Soll die vorgegebene Outputmenge von 1 ME auf 1.1 ME erhöht werden, so steigen die Kosten also approximativ um $\lambda^* dq$ Einheiten. Mit $\lambda^* = \sqrt{2}$ und

$dq = 0.1$ erhält man $\lambda^* dq = \sqrt{2} \cdot 0.1 \approx 0.1414$, d.h. die Kosten steigen um ungefähr 0.1414 GE.

Ist man daran interessiert, wie die minimalen Kosten auf einer Änderung des Preises p_2 reagieren, so betrachte man p_2 als Parameter. Damit erhält man die Lagrange-Funktion

$$L(x_1, x_2, \lambda, p_2) = x_1 + p_2 x_2 + \lambda(1 - x_1 x_2)$$

und deren partielle Ableitung nach p_2 ist

$$\frac{\partial L}{\partial p_2}(x_1, x_2, \lambda, p_2) = x_2 \,.$$

Steigt der Preis des zweiten Gutes von 2 GE auf 2.1 GE, d.h. um $dp_2 = 0.1$ GE, so steigen die Kosten approximativ um $x_2^* dp_2$. Mit $x_2^* = \frac{\sqrt{2}}{2}$ und $dp_2 = 0.1$ erhält man $x_2^* dp_2 = \frac{\sqrt{2}}{2} \cdot 0.1 \approx 0.07071$, d.h. die Kosten steigen um ungefähr 0.07071 GE.

Ebenso kann interessieren, wie sich eine Änderung der Produktionsfunktion auf die Minimalkosten auswirkt. Ändert sich durch eine Optimierung im Produktionsprozess die Produktionsfunktion zu $\tilde{F}(x_1, x_2) = x_1^{1.1} x_2$, so kann man den Exponenten von x_1 in der Produktionsfunktion als Parameter auffassen. Die Lagrangefunktion lautet dann

$$L(x_1, x_2, \lambda, \alpha) = x_1 + 2x_2 + \lambda(1 - x_1^\alpha x_2)$$

und deren partielle Ableitung nach α ist

$$\frac{\partial L}{\partial p_2}(x_1, x_2, \lambda, \alpha) = -\lambda x_1^\alpha \ln(x_1) x_2 \,.$$

Ändert sich wie oben angegeben die Produktionsfunktion von $F(x_1, x_2) = x_1 x_2$ zu $\tilde{F}(x_1, x_2) = x_1^{1.1} x_2$, so steigt der Exponent um $d\alpha = 0.1$. Die minimalen Kosten ändern sich approximativ um $-\lambda^*(x_1^*)^\alpha \ln(x_1^*) x_2^* d\alpha$. Mit $x_1^* = \sqrt{2}$, $x_2^* = \frac{\sqrt{2}}{2}$, $\lambda^* = \sqrt{2}$ und $\alpha = 1$ erhält man

$$-\lambda^*(x_1^*)^\alpha \ln(x_1^*) x_2^* \, d\alpha = -\sqrt{2}(\sqrt{2})^1 \ln(\sqrt{2}) \frac{\sqrt{2}}{2} \cdot 0.1 = -0.04901 \,,$$

d.h. die Kosten fallen approximativ um 0.04901 GE.

Treten alle beschriebenen Änderungen simultan ein, so hängt die Optimalwertfunktion nicht nur von einem, sondern von mehreren (hier von drei) Parametern ab. Die oben berechneten approximativen Änderungen der Minimalkosten stellen in diesem Fall die zugehörigen partiellen Differentiale dar. Bei simultaner Änderung aller drei Parameter muss dann das totale

Differential der Optimalwertfunktion berechnet werden, d.h. die Summe der entsprechenden drei Differentiale. In diesem Fall ist also

$$\begin{aligned} dy^* &= \frac{\partial L}{\partial q}\,dq + \frac{\partial L}{\partial x_2}\,dx_2 + \frac{\partial L}{\partial \alpha}\,d\alpha \\ &= \lambda^* dq + x_2^* dp_2 - \lambda^*(x_1^*)^\alpha \ln(x_1^*) x_2^*\, d\alpha \\ &= 0.1414 + 0.07071 - 0.04901 \\ &= 0.1631\,, \end{aligned}$$

d.h. die Minimalkosten steigen approximativ um 0.1631 GE.

6.6 Hinreichende Bedingungen für Extrema unter Nebenbedingungen

Zu optimieren ist wieder die Funktion $f : \mathbb{R}^n \to \mathbb{R}$ unter den m Nebenbedingungen $g_j(\boldsymbol{x}) = 0$, $j = 1, \ldots, m$. Eine für das Vorliegen eines Extremums notwendige Bedingung haben wir in Satz 6.7 kennengelernt: Der Extremalpunkt muss ein stationärer Punkt der Lagrange-Funktion[8]

$$L(\boldsymbol{\lambda}, \boldsymbol{x}) = f(\boldsymbol{x}) + \sum_{j=1}^{m} \lambda_j g_j(\boldsymbol{x})$$

sein. Eine hinreichende Bedingung wurde jedoch nur für $m = 1$ und $n = 2$, also für eine Nebenbedingung angegeben. Im Fall mehrerer Nebenbedingungen betrachten wir die Hesse-Matrix von $L(\boldsymbol{\lambda}, \boldsymbol{x})$,

$$H_L(\boldsymbol{\lambda}, \boldsymbol{x}) = \begin{bmatrix} 0 & \cdots & 0 & \frac{\partial g_1}{\partial x_1} & \cdots & \frac{\partial g_1}{\partial x_n} \\ \vdots & & \vdots & \vdots & & \vdots \\ 0 & \cdots & 0 & \frac{\partial g_m}{\partial x_1} & \cdots & \frac{\partial g_m}{\partial x_n} \\ \frac{\partial g_1}{\partial x_1} & \cdots & \frac{\partial g_m}{\partial x_1} & \frac{\partial^2 L}{\partial x_1^2} & \cdots & \frac{\partial^2 L}{\partial x_1 \partial x_n} \\ \vdots & & \vdots & \vdots & & \vdots \\ \frac{\partial g_1}{\partial x_n} & \cdots & \frac{\partial g_m}{\partial x_n} & \frac{\partial^2 L}{\partial x_n \partial x_1} & \cdots & \frac{\partial^2 L}{\partial^2 x_n} \end{bmatrix},$$

sowie deren linke obere $i \times i$-Teilmatrizen. Die Determinanten[9] dieser Teilmatrizen heißen **Hauptminoren** der Matrix und werden mit Δ_i bezeichnet.

[8] Wir schreiben hier $L(\boldsymbol{\lambda}, \boldsymbol{x})$ statt $L(\boldsymbol{x}, \boldsymbol{\lambda})$, da sich dadurch der folgende Satz übersichtlicher formulieren lässt.

[9] Siehe hierzu und zum Begriff der Hauptminoren Kapitel 10.

Satz 6.10: Hinreichende Bedingungen

Sei $(\boldsymbol{\lambda}^*, \boldsymbol{a})$ ein stationärer Punkt der Lagrange-Funktion

$$L(\boldsymbol{\lambda}, \boldsymbol{x}) = f(\boldsymbol{x}) + \sum_{j=1}^{m} \lambda_j g_j(\boldsymbol{x}) .$$

Dann hat f unter den Nebenbedingungen $g_1(\boldsymbol{x}) = 0, \ldots, g_m(\boldsymbol{x}) = 0$ im Punkt $\boldsymbol{a}$ ein

(i) lokales Minimum, falls $(-1)^m \Delta_i(\boldsymbol{\lambda}^*, \boldsymbol{a}) > 0$ für $i = 2m+1, \ldots, m+n$,

(ii) lokales Maximum, falls $(-1)^{i-m} \Delta_i(\boldsymbol{\lambda}^* \boldsymbol{a}) > 0$ für $i = 2m+1, \ldots, m+n$.

Mit anderen Worten: Es kommt auf die Vorzeichen der letzten $n-m$-Determinanten Δ_i an. Hinreichend für ein lokales Minimum bei einer geraden (bzw. ungeraden) Anzahl von Nebenbedingungen ist es, dass sie alle das gleiche positive (bzw. negative) Vorzeichen besitzen. Hinreichend für ein lokales Maximum bei einer geraden (bzw. ungeraden) Anzahl von Variablen ist, dass das Vorzeichen so abwechselt, dass die letzte Determinante ein positives (bzw. negatives) Vorzeichen aufweist.

Speziell bei $n = 2$ Variablen und $m = 1$ Nebenbedingung erhält man ein Minimum bzw. Maximum in $\boldsymbol{a}$, wenn $-\Delta_3(\boldsymbol{a}) > 0$ bzw. $-\Delta_3(\boldsymbol{a}) < 0$ erfüllt ist. Diesen Spezialfall betrifft Satz 6.8.

Im Fall $m = 0$ erhält man die bekannten hinreichenden Bedingungen für **Extrema ohne Nebenbedingungen**. Die Δ_i sind dann die Hauptminoren der Hesse-Matrix:

Satz 6.11: Hinreichende Bedingungen

Sei $\boldsymbol{a}$ ein stationärer Punkt von f. Dann hat f im Punkt $\boldsymbol{a}$ ein

(i) lokales Minimum, falls $\Delta_i(\boldsymbol{a}) > 0$ für $i = 1, \ldots, n$,

(ii) lokales Maximum, falls $(-1)^i \Delta_i(\boldsymbol{a}) > 0$ für $i = 1, \ldots, n$.

Sind alle Hauptminoren positiv, so hat f ein lokales Minimum. Sind die ungeraden negativ und die geraden Hauptminoren positiv, so hat f ein lokales Maximum.

Leider kann man sich die hinreichenden Bedingungen aus Satz 6.10 nicht sonderlich gut merken, da die Vorzeichenbedingung für die Hauptminoren Δ_i noch von der Anzahl der Nebenbedingungen abhängt. Um die hinreichenden Bedingungen in einer einprägsameren Form zu formulieren, betrachten wir die sogenannte **modifizierte Hesse-Matrix**. Diese entsteht aus der Hesse-Matrix von $L(\boldsymbol{\lambda}, \boldsymbol{x})$, indem in den Spalten, die zu den Lagrange-

Multiplikatoren gehören, das Vorzeichen umgedreht wird. Bezeichnet man die modifizierte Hesse-Matrix mit $\widetilde{H}_L$, so gilt

$$\widetilde{H}_L(\boldsymbol{\lambda}, \boldsymbol{x}) = \begin{bmatrix} 0 & \cdots & 0 & \frac{\partial g_1}{\partial x_1} & \cdots & \frac{\partial g_1}{\partial x_n} \\ \vdots & & \vdots & \vdots & & \vdots \\ 0 & \cdots & 0 & \frac{\partial g_m}{\partial x_1} & \cdots & \frac{\partial g_m}{\partial x_n} \\ -\frac{\partial g_1}{\partial x_1} & \cdots & -\frac{\partial g_m}{\partial x_1} & \frac{\partial^2 L}{\partial x_1^2} & \cdots & \frac{\partial^2 L}{\partial x_1 \partial x_n} \\ \vdots & & \vdots & \vdots & & \vdots \\ -\frac{\partial g_1}{\partial x_n} & \cdots & -\frac{\partial g_m}{\partial x_n} & \frac{\partial^2 L}{\partial x_n \partial x_1} & \cdots & \frac{\partial^2 L}{\partial^2 x_n} \end{bmatrix}.$$

Bezeichnet man ferner den i-ten Hauptminor (d.h. die Determinante der linken oberen $i \times i$-Teilmatrix) der modifizierten Hesse-Matrix mit $\widetilde{\Delta}_i$, so kann man Satz 6.10 wie folgt formulieren.

Satz 6.12: Hinreichende Bedingungen (alternative Formulierung)

Sei $(\boldsymbol{\lambda}^*, \boldsymbol{a})$ ein stationärer Punkt der Lagrange-Funktion

$$L(\boldsymbol{\lambda}, \boldsymbol{x}) = f(\boldsymbol{x}) + \sum_{j=1}^{m} \lambda_j g_j(\boldsymbol{x}).$$

Dann hat f unter den Nebenbedingungen $g_1(\boldsymbol{x}) = 0, \ldots, g_m(\boldsymbol{x}) = 0$ im Punkt $\boldsymbol{a}$ ein

(i) lokales Minimum, falls $\widetilde{\Delta}_i(\boldsymbol{\lambda}^*, \boldsymbol{a}) > 0$ für $i = 2m+1, \ldots, m+n$,

(ii) lokales Maximum, falls $(-1)^i \widetilde{\Delta}_i(\boldsymbol{\lambda}^*, \boldsymbol{a}) > 0$ für $i = 2m+1, \ldots, m+n$.

Diese Formulierung hat den Vorteil, dass die Vorzeichenbedingungen an die Hauptminoren $\widetilde{\Delta}_i(\boldsymbol{\lambda}^*, \boldsymbol{a})$ unabhängig von der Anzahl der Nebenbedingungen sind. Insbesondere ergibt sich sowohl bei Optimierungsproblemen ohne Nebenbedingungen als auch bei Optimierungsproblemen mit Nebenbedingungen dasselbe Vorgehen zur Überprüfung der hinreichenden Bedingungen. Wir formulieren diese Vorgehen als Merkregel.

Merkregel: Überprüfen der hinreichenden Bedingungen

1. Berechne die Hesse-Matrix $H_L(\boldsymbol{\lambda}^*, \boldsymbol{a})$.
2. Drehe in den Spalten der Hesse-Matrix, die zu den Lagrange-Multiplikatoren gehören, das Vorzeichen um. Dies liefert die modifizierte Hesse-Matrix $\widetilde{H}_L(\boldsymbol{\lambda}^*, \boldsymbol{a})$.
3. Berechne die letzten $n-m$ Hauptminoren $\widetilde{\Delta}_i(\boldsymbol{\lambda}^*, \boldsymbol{a})$.

4. Sind diese $n-m$ Hauptminoren alle positiv, so liegt ein lokales Minimum vor.
5. Sind die ungeraden Hauptminoren negativ und die geraden Hauptminoren positiv, so liegt ein lokales Maximum vor.

Als Illustration betrachten wir an dieser Stelle noch einmal das Beispiel 6.14.

Beispiel 6.17. In Beispiel 6.14 haben wir das folgende Optimierungsproblem in drei Variablen sowie zwei Nebenbedingungen ($n = 3, m = 2$) betrachtet:

$$\begin{array}{rcccl} f(x_1, x_2, x_3) &=& x_1^2 + x_2 - 2x_3\,, && \\ g_1(x_1, x_2, x_3) &=& x_1 + x_2 &=& 0\,, \\ g_2(x_1, x_2, x_3) &=& 2x_2 + x_3 &=& 0\,. \end{array}$$

Als einziger stationärer Punkt wurde $(x_1, x_2, x_3) = (\frac{5}{2}, -\frac{5}{2}, 5)$ mit den zugehörigen Lagrange-Multiplikatoren $\lambda_1 = -5$ und $\lambda_2 = 2$ identifiziert. Als Hesse-Matrix der Lagrange-Funktion erhält man

$$H_L(\boldsymbol{\lambda}, \boldsymbol{x}) = \begin{bmatrix} 0 & 0 & 1 & 1 & 0 \\ 0 & 0 & 0 & 2 & 1 \\ 1 & 0 & 2 & 0 & 0 \\ 1 & 2 & 0 & 0 & 0 \\ 0 & 1 & 0 & 0 & 0 \end{bmatrix}.$$

Da die Hesse-Matrix hier konstant ist, erhält man auch an der Stelle $(\boldsymbol{\lambda}, \boldsymbol{x}) = (-5, 2, \frac{5}{2}, -\frac{5}{2}, 5)$ die oben angegebene Hesse-Matrix. Da zwei Nebenbedingungen vorliegen, müssen zur Bestimmung der modifizierten Hesse-Matrix die Vorzeichen in den ersten beiden Spalten umgedreht werden. Somit ist die modifizierte Hesse-Matrix

$$\widetilde{H}_L(\boldsymbol{\lambda}, \boldsymbol{x}) = \begin{bmatrix} 0 & 0 & 1 & 1 & 0 \\ 0 & 0 & 0 & 2 & 1 \\ -1 & 0 & 2 & 0 & 0 \\ -1 & -2 & 0 & 0 & 0 \\ 0 & -1 & 0 & 0 & 0 \end{bmatrix}.$$

Da im Beispiel die Anzahl der Variablen $n = 3$ und die Anzahl der Nebenbedingungen $m = 2$ ist, müssen $n - m = 3 - 2 = 1$ Minoren überprüft werden, d.h. es ist lediglich der größte Minor $\widetilde{\Delta}_5$ zu berechnen. Entwickelt man die Determinante nach „günstigen“ Spalten, so erhält man

$$\det \begin{bmatrix} 0 & 0 & 1 & 1 & 0 \\ 0 & 0 & 0 & 2 & 1 \\ -1 & 0 & 2 & 0 & 0 \\ -1 & -2 & 0 & 0 & 0 \\ 0 & -1 & 0 & 0 & 0 \end{bmatrix} = (-1) \cdot \det \begin{bmatrix} 0 & 0 & 1 & 1 \\ -1 & 0 & 2 & 0 \\ -1 & -2 & 0 & 0 \\ 0 & -1 & 0 & 0 \end{bmatrix}$$

$$= (-1)\cdot(-1)\cdot \det\begin{bmatrix}-1 & 0 & 2\\ -1 & -2 & 0\\ 0 & -1 & 0\end{bmatrix} = (-1)\cdot(-1)\cdot 2\cdot \det\begin{bmatrix}-1 & -2\\ 0 & -1\end{bmatrix}$$
$$= (-1)\cdot(-1)\cdot 2\cdot(-1)^2 = 2\,.$$

Somit ist $\widetilde{\Delta}_5 = 2 > 0$. Da alle Hauptminoren positiv sind, liegt an der Stelle $(\frac{5}{2}, -\frac{5}{2}, 5)$ also ein lokales Minimum vor.

6.7 Karush-Kuhn-Tucker-Bedingungen

In manchen Optimierungsproblemen sind außer Nebenbedingungen in Form von Gleichungen auch solche in Form von Ungleichungen zu berücksichtigen. Wir untersuchen im Folgenden das **allgemeine Minimierungsproblem** mit Gleichungs-Nebenbedingungen der Form $g_i(\boldsymbol{x}) = 0$ und Ungleichungs-Nebenbedingungen der Form $h_j(\boldsymbol{x}) \leq 0$:

$$\begin{array}{rl} \min & f(\boldsymbol{x}) \\ \text{NB} & g_i(\boldsymbol{x}) = 0\,,\ i = 1,\ldots,m\,, \\ & h_j(\boldsymbol{x}) \leq 0\,,\ j = 1,\ldots,l\,. \end{array} \tag{6.5}$$

Dabei nehmen wir an, dass sämtliche auftretenden Funktionen f, $g_1,\ldots,g_m$, $h_1,\ldots,h_l : \mathbb{R}^n \to \mathbb{R}$ differenzierbar sind.

Das **allgemeine Maximierungsproblem** lautet entsprechend

$$\begin{array}{rl} \max & f(\boldsymbol{x}) \\ \text{NB} & g_i(\boldsymbol{x}) = 0\,,\ i = 1,\ldots,m\,, \\ & h_j(\boldsymbol{x}) \leq 0\,,\ j = 1,\ldots,l\,. \end{array} \tag{6.6}$$

In der Tat kann jedes Optimierungsproblem, dessen Nebenbedingungen in Gleichungs- oder Ungleichungsform gegeben sind, als allgemeines Minimierungsproblem (6.5) dargestellt werden. Treten nämlich Nebenbedingungen der Form $h_j(\boldsymbol{x}) \geq 0$ auf, so können diese durch Multiplikation mit -1 in die Form $-h_j(\boldsymbol{x}) \leq 0$ gebracht werden. Ebenso kann das Problem der Maximierung einer Funktion durch Multiplikation mit -1 auf ein Minimierungsproblem zurückgeführt werden, da $\max_{\boldsymbol{x}} f(\boldsymbol{x}) = -\min_{\boldsymbol{x}}(-f(\boldsymbol{x}))$ ist. Es genügt also, im Folgenden Lösungskriterien für das Minimierungsproblem (6.5) zu entwickeln.

Man definiert die Lagrange-Funktion des Minimierungsproblems (6.5) (und ebenso des Maximierungsproblems (6.6)) durch

$$L(\boldsymbol{x}, \boldsymbol{\lambda}, \boldsymbol{\mu}) = f(\boldsymbol{x}) + \sum_{i=1}^{m} \lambda_i g_i(\boldsymbol{x}) + \sum_{j=1}^{l} \mu_j h_j(\boldsymbol{x}) .$$

Ist $\boldsymbol{x}$ eine zulässige Lösung, so gilt $g_i(\boldsymbol{x}) = 0$ für alle $i = 1, \ldots, l$. Bei den $\leq$-Nebenbedingungen gibt es solche, für die $h_j(\boldsymbol{x}) = 0$ und solche, für die $h_j(\boldsymbol{x}) < 0$ ist. Man bezeichnet eine Nebenbedingung, für die $h_j(\boldsymbol{x}) = 0$ gilt, als eine in $\boldsymbol{x}$ **aktive Nebenbedingung**, die übrigen Nebenbedingungen als in $\boldsymbol{x}$ **inaktiv**. Die Indizes der an einem zulässigen Punkt $\boldsymbol{x}$ aktiven Ungleichheitsbedingungen werden im Folgenden mit $I(\boldsymbol{x})$ bezeichnet,

$$I(\boldsymbol{x}) = \{j \, : \, h_j(\boldsymbol{x}) = 0\} .$$

Der folgende Satz, das sogenannte **Karush-Kuhn-Tucker-Theorem**[10] oder kurz KKT-Theorem, gibt eine notwendige Bedingung für die Existenz eines lokalen Minimums.

Satz 6.13: KKT-Theorem

Ist $\boldsymbol{a}$ ein lokales Minimum des Problems (6.5) und sind die Gradienten der aktiven Nebenbedingungen linear unabhängig, so gibt es Konstanten $\boldsymbol{\lambda}^* = (\lambda_1^*, \ldots, \lambda_m^*), \boldsymbol{\mu}^* = (\mu_1^*, \ldots, \mu_l^*)$, sodass die folgenden Bedingungen erfüllt sind:

(1) $f'(\boldsymbol{a}) + \sum_{i=1}^{m} \lambda_i^* g_i'(\boldsymbol{a}) + \sum_{j=1}^{l} \mu_j^* h_j'(\boldsymbol{a}) = \boldsymbol{0}$, **Stationarität**

(2) $g_i(\boldsymbol{a}) = 0,\, i = 1, \ldots, m,\, h_j(\boldsymbol{a}) \leq 0,\, j = 1, \ldots, l$, **primale Zulässigkeit**

(3) $\mu_j^* \geq 0,\, j = 1, \ldots, l$, **duale Zulässigkeit**

(4) $\mu_j^* h_j(\boldsymbol{a}) = 0\,,\, j = 1, \ldots, l$. **komplementärer Schlupf**

Für das Maximierungsproblem (6.6) gilt eine entsprechende Aussage, bei der an die Stelle der Bedingung (3) die Bedingung

(3′) $\mu_j^* \leq 0,\, j = 1, \ldots, l$ tritt.

Die Bedingungen (1) bis (4) bezeichnet man als Karush-Kuhn-Tucker-Bedingungen oder kurz KKT-Bedingungen. Die Bedingung der **Stationarität** (1) besagt, dass in einem Minimum $\boldsymbol{a}$ die partiellen Ableitungen der Lagrange-Funktion nach den Variablen $x_1, \ldots, x_n$ null sind, dass $\boldsymbol{a}$ also ein

[10] William Karush (1917-1997), Harold W. Kuhn (1925-2014) und Albert William Tucker (1905-1995)

stationärer Punkt der Lagrange-Funktion ist. Die zweite Bedingung, die auch als **primale Zulässigkeit** bezeichnet wird, bedeutet, dass alle Nebenbedingungen erfüllt sind. Liegen alle Nebenbedingungen in Gleichungsform vor, d.h. ist $l = 0$, so entfallen die Bedingungen (3) und (4). Die Bedingungen (1) und (2) stimmen dann mit der notwendigen Bedingung aus Satz 6.7 überein. Für Minimierungsprobleme mit Nebenbedingungen in Ungleichungsform kommen die Bedingungen (3) und (4) hinzu. Die Bedingung (3) besagt, dass die Lagrange-Multiplikatoren der Ungleichungsrestriktionen nichtnegativ sein müssen. Diese Bedingung wird auch als **duale Zulässigkeit** bezeichnet. Bedingung (4) bezeichnet man als **Bedingung des komplementären Schlupfs** (engl.: complementary slackness condition). Sie besagt, dass jede der Ungleichungs-Nebenbedingungen entweder aktiv ist oder einen Lagrange-Multiplikator gleich null aufweist.

Mit dem KKT-Theorem lässt sich auch das Problem der Randextrema elegant lösen. Wir greifen dazu das Beispiel 6.7 auf.

Beispiel 6.18. Gesucht sind die Extrema der Funktion $f : \mathbb{R}^2_+ \to \mathbb{R}$ mit $f(x_1, x_2) = x_1^3 x_2 - x_1^2 - x_2$. Man formuliert dieses Problem als Optimierungsproblem unter Nebenbedingungen: Zu bestimmen sind die Extrema von f unter den Nebenbedingungen $x_1, x_2 \geq 0$. Um auf die allgemeine Form des Minimierungsproblems zu kommen, formt man die Nebenbedingungen zu $-x_1 \leq 0$ und $-x_2 \leq 0$ um. Die Lagrange-Funktion ist dann

$$L(x_1, x_2, \mu_1, \mu_2) = x_1^3 x_2 - x_1^2 - x_2 - \mu_1 x_1 - \mu_2 x_2 \,,$$

und die KKT-Bedingungen für ein lokales *Minimum* lauten:

$$\begin{aligned} \text{Stationarität:} \quad & 3x_1^2 x_2 - 2x_1 - \mu_1 = 0\,, \\ & x_1^3 - 1 - \mu_2 = 0\,, \\ \text{primale Zulässigkeit:} \quad & x_1 \geq 0\,, \quad x_2 \geq 0\,, \\ \text{duale Zulässigkeit:} \quad & \mu_1 \geq 0\,, \quad \mu_2 \geq 0\,, \\ \text{komplementärer Schlupf:} \quad & \mu_1 x_1 = 0\,, \quad \mu_2 x_2 = 0\,. \end{aligned}$$

Ist $\mu_2 > 0$, so folgt aus dem komplementären Schlupf, dass $x_2 = 0$ ist. Die erste Stationaritätsbedingung impliziert dann $-2x_1 - \mu_1 = 0$. Da sowohl x_1 als auch μ_1 größer oder gleich null sein müssen, schließt man hieraus $x_1 = \mu_1 = 0$. Aus der zweiten Stationaritätsbedingung folgt dann aber $-1 - \mu_2 = 0$, was im Widerspruch zu $\mu_2 > 0$ steht.

Somit muss $\mu_2 = 0$ sein. Dann folgt aus der zweiten Stationaritätsbedingung $x_1^3 - 1 = 0$ und somit $x_1 = 1$. Wegen des komplementären Schlupfes muss nun $\mu_1 = 0$ sein. Die erste Stationaritätsbedingung liefert $3x_2 - 2 = 0$ und somit $x_2 = \frac{2}{3}$. Für den Punkt $(x_1, x_2) = (1, \frac{2}{3})$ und $\mu_1 = \mu_2 = 0$ sind die

KKT-Bedingungen erfüllt. Die einzige mögliche Stelle eines Minimums ist also $(1, \frac{2}{3})$.

Will man Kandidaten für ein lokales *Maximum* ermitteln, lautet die Bedingung der dualen Zulässigkeit: $\mu_1 \leq 0$, $\mu_2 \leq 0$. Ist $\mu_2 = 0$, so folgt wie oben, dass der Punkt $(x_1, x_2) = (1, \frac{2}{3})$ auch ein Kandidat für ein Maximum ist.

Ist $\mu_2 < 0$, so folgt wieder aus dem komplementären Schlupf, dass $x_2 = 0$ ist. Die erste Stationaritätsbedingung liefert dann $-2x_1 - \mu_1 = 0$ bzw. $\mu_1 = -2x_1$. Da aber wegen des komplementären Schlupfes mindestens eine der Größen μ_1 und x_1 gleich null sein muss, erhält man $x_1 = \mu_1 = 0$. Mit der zweiten Stationaritätsbedingung folgt $-1 - \mu_2 = 0$ bzw. $\mu_2 = -1$. Für $(x_1, x_2) = (0, 0)$ und $\mu_1 = 0$, $\mu_2 = -1$ sind demnach die KKT-Bedingungen erfüllt. Kandidaten für Maxima sind die beiden Punkte $(1, \frac{2}{3})$ und $(0, 0)$.

Hinreichende Bedingungen Auch für allgemeine Optimierungsprobleme kann man hinreichende Bedingungen für die Existenz eines Extremums in einem gegebenen Punkt $\boldsymbol{a}$ angeben. Diese ähneln den in Satz 6.10 bzw. Satz 6.12 angegebenen Bedingungen. Im Wesentlichen geht man dabei so vor: Man ignoriert die in $\boldsymbol{a}$ inaktiven Nebenbedingungen vom Typ Ungleichheit und stellt eine Lagrange-Funktion auf, die nur die in $\boldsymbol{a}$ aktiven Nebenbedingungen berücksichtigt. Dann wendet man die Bedingungen aus Satz 6.10 bzw. aus Satz 6.12 auf das so modifizierte Problem an. Dieses „Rezept“ versagt allerdings, wenn für gewisse aktive Nebenbedingungen der zugehörige Lagrange-Multiplikator ebenfalls null ist. Aktive $\leq$-Nebenbedingungen, deren zugehöriger Lagrange-Multiplikator ungleich null ist, bezeichnet man als **strikt aktiv**; solche mit Lagrange-Multiplikator null werden als **schwach aktiv** bezeichnet. In einem gegebenen Punkt $\boldsymbol{a}$ können offenbar höchstens $n-m$ Nebenbedingungen strikt aktiv sein. Die Menge aller in $\boldsymbol{a}$ strikt aktiven Nebenbedingungen wird mit $I^*(\boldsymbol{a})$ bezeichnet: $I^*(\boldsymbol{a}) = \{j \in I(\boldsymbol{a}) \, : \, \mu_j \neq 0\}$.

Unter der **eingeschränkten Lagrange-Funktion** $\widetilde{L}$ versteht man eine Lagrange-Funktion, die außer den Gleichungs-Nebenbedingungen nur die strikt aktiven $\leq$-Nebenbedingungen berücksichtigt,

$$\widetilde{L}(\boldsymbol{\lambda}, \boldsymbol{\mu}, \boldsymbol{x}) = f(\boldsymbol{x}) + \sum_{i=1}^{m} \lambda_i g_i(\boldsymbol{x}) + \sum_{j \in I^*(\boldsymbol{x})} \mu_j h_j(\boldsymbol{x}) \, .$$

Wenn in $\boldsymbol{x}$ genau die ersten k $\leq$-Nebenbedingungen strikt aktiv sind, d.h. $I^*(\boldsymbol{x}) = \{1, \ldots, k\}$, so lautet die Hesse-Matrix der eingeschränkten Lagrange-Funktion

$$H_{\tilde{L}}(\boldsymbol{\lambda}, \boldsymbol{\mu}, \boldsymbol{x}) = \begin{bmatrix} 0 & \cdots & 0 & 0 & \cdots & 0 & \frac{\partial g_1}{\partial x_1} & \cdots & \frac{\partial g_1}{\partial x_n} \\ \vdots & & \vdots & \vdots & & \vdots & \vdots & & \vdots \\ 0 & \cdots & 0 & 0 & \cdots & 0 & \frac{\partial g_m}{\partial x_1} & \cdots & \frac{\partial g_m}{\partial x_n} \\ 0 & \cdots & 0 & 0 & \cdots & 0 & \frac{\partial h_1}{\partial x_1} & \cdots & \frac{\partial h_1}{\partial x_n} \\ \vdots & & \vdots & \vdots & & \vdots & \vdots & & \vdots \\ 0 & \cdots & 0 & 0 & \cdots & 0 & \frac{\partial h_k}{\partial x_1} & \cdots & \frac{\partial h_k}{\partial x_n} \\ \frac{\partial g_1}{\partial x_1} & \cdots & \frac{\partial g_m}{\partial x_1} & \frac{\partial h_1}{\partial x_1} & \cdots & \frac{\partial h_k}{\partial x_1} & \frac{\partial^2 L}{\partial x_1^2} & \cdots & \frac{\partial^2 L}{\partial x_1 \partial x_n} \\ \vdots & & \vdots & \vdots & & \vdots & \vdots & & \vdots \\ \frac{\partial g_1}{\partial x_n} & \cdots & \frac{\partial g_m}{\partial x_n} & \frac{\partial h_1}{\partial x_n} & \cdots & \frac{\partial h_k}{\partial x_n} & \frac{\partial^2 L}{\partial x_n \partial x_1} & \cdots & \frac{\partial^2 L}{\partial^2 x_n} \end{bmatrix}.$$

Wenn andere als die ersten k Ungleichungs-Nebenbedingungen strikt aktiv sind, bildet man $H_{\tilde{L}}$ mit $h_j, j \in I^*(\boldsymbol{x})$, anstelle von $h_j, j \in \{1, \ldots, k\}$. Wie bisher bezeichnen wir mit Δ_i die Determinante der linken oberen $i \times i$-Teilmatrix von $H_{\tilde{L}}$.

Satz 6.14: Hinreichende Bedingungen

Es gilt:

(i) Für den Punkt $\boldsymbol{a}$ und die Lagrange-Multiplikatoren $\boldsymbol{\lambda}^*$, $\boldsymbol{\mu}^*$ seien die notwendigen KKT-Bedingungen für das **Minimierungsproblem** (6.5) erfüllt. Die Anzahl der in $\boldsymbol{a}$ strikt aktiven Nebenbedingungen sei k. Dann hat f an der Stelle $\boldsymbol{a}$ ein lokales **Minimum** unter den Nebenbedingungen $g_i(\boldsymbol{x}) = 0$, $i = 1, \ldots, m$, $h_j(\boldsymbol{x}) \leq 0$, $j = 1, \ldots, l$, wenn

$$(-1)^{m+k} \Delta_i(\boldsymbol{\lambda}^*, \boldsymbol{\mu}^*, \boldsymbol{a}) > 0 \quad \text{für} \quad i = 2(m+k)+1, \ldots, m+k+n\,.$$

(ii) Für den Punkt $\boldsymbol{a}$ und die Lagrange-Multiplikatoren $\boldsymbol{\lambda}^*$, $\boldsymbol{\mu}^*$ seien die notwendigen KKT-Bedingungen für das **Maximierungsproblem** (6.6) erfüllt. Die Anzahl der in $\boldsymbol{a}$ strikt aktiven Nebenbedingungen sei k. Dann hat f an der Stelle $\boldsymbol{a}$ ein lokales **Maximum** unter den Nebenbedingungen $g_i(\boldsymbol{x}) = 0$, $i = 1, \ldots, m$, $h_j(\boldsymbol{x}) \leq 0$, $j = 1, \ldots, l$, wenn

$$(-1)^{i-(m+k)} \Delta_i(\boldsymbol{\lambda}^*, \boldsymbol{\mu}^*, \boldsymbol{a}) > 0 \quad \text{für} \quad i = 2(m+k)+1, \ldots, m+k+n\,.$$

Wie in Abschnitt 6.6 kann man die hinreichenden Bedingungen auch mit der modifizierten Hesse-Matrix $\widetilde{H}_{\tilde{L}}$ formulieren. Wie dort erhält man auch hier die modifizierte Hesse-Matrix, indem man in den zu den Lagrange-Multiplikatoren gehörigen Spalten das Vorzeichen umdreht. Die Determinanten der Teilmatrizen der modifizierten Hesse-Matrix bezeichnen wir wieder mit $\widetilde{\Delta}_i$. Die alternative Formulierung lautet dann wie folgt:

Satz 6.15: Hinreichende Bedingungen (alternative Formulierung)

Es gilt:

(i) Für den Punkt $\boldsymbol{a}$ und die Lagrange-Multiplikatoren $\boldsymbol{\lambda}^*, \boldsymbol{\mu}^*$ seien die notwendigen KKT-Bedingungen für das **Minimierungsproblem** (6.5) erfüllt. Die Anzahl der in $\boldsymbol{a}$ strikt aktiven Nebenbedingungen sei k. Dann hat f an der Stelle $\boldsymbol{a}$ ein lokales **Minimum** unter den Nebenbedingungen $g_i(\boldsymbol{x}) = 0$, $i = 1, \ldots, m$, $h_j(\boldsymbol{x}) \leq 0$, $j = 1, \ldots, l$, wenn

$$\widetilde{\Delta}_i(\boldsymbol{\lambda}^*, \boldsymbol{\mu}^*, \boldsymbol{a}) > 0 \quad \text{für} \quad i = 2(m+k)+1, \ldots, m+k+n\,.$$

(ii) Für den Punkt $\boldsymbol{a}$ und die Lagrange-Multiplikatoren $\boldsymbol{\lambda}^*, \boldsymbol{\mu}^*$ seien die notwendigen KKT-Bedingungen für das **Maximierungsproblem** (6.6) erfüllt. Die Anzahl der in $\boldsymbol{a}$ strikt aktiven Nebenbedingungen sei k. Dann hat f an der Stelle $\boldsymbol{a}$ ein lokales **Maximum** unter den Nebenbedingungen $g_i(\boldsymbol{x}) = 0$, $i = 1, \ldots, m$, $h_j(\boldsymbol{x}) \leq 0$, $j = 1, \ldots, l$, wenn

$$(-1)^i \widetilde{\Delta}_i(\boldsymbol{\lambda}^*, \boldsymbol{\mu}^*, \boldsymbol{a}) > 0 \quad \text{für} \quad i = 2(m+k)+1, \ldots, m+k+n\,.$$

Auch die in Abschnitt 6.6 formulierte Merkregel zur Überprüfung der hinreichenden Bedingungen ist *mutatis mutandis* weiterhin gültig.

Wir illustrieren die hinreichenden Bedingungen an Beispiel 6.18.

Beispiel 6.19. In Beispiel 6.18 haben wir zwei Punkte als Kandidaten für Extrema der Funktion $f(x_1, x_2) = x_1^3 x_2 - x_1^2 - x_2$ unter den Nebenbedingungen $x_1, x_2 \geq 0$ erhalten. An der Stelle $(1, \frac{2}{3})$ kann ein lokales Minimum oder Maximum vorliegen, an der Stelle $(0, 0)$ lediglich ein lokales Maximum.

Wir überprüfen zunächst den Punkt $(1, \frac{2}{3})$. An dieser Stelle sind beide Lagrange-Multiplikatoren inaktiv. Die eingeschränkte Lagrange-Funktion $\widetilde{L}$ ist also gerade die Zielfunktion selbst. Daher ist auch die Hesse-Matrix von $\widetilde{L}$ die Hesse-Matrix H_f der Zielfunktion und die Bedingungen aus Satz 6.14 stimmen mit den hinreichenden Bedingungen aus Satz 6.2 überein. Diese haben wir aber bereits in Beispiel 6.7 überprüft mit dem Ergebnis, dass an der Stelle $(1, \frac{2}{3})$ weder ein Minimum noch eine Maximum vorliegt.

Es bleibt die Überprüfung des Punktes $(0, 0)$, an dem möglicherweise ein lokales Maximum vorliegt. Die Lagrange-Multiplikatoren sind $\mu_1 = 0$ und $\mu_2 = -1$. Da also nur die zweite Ungleichung strikt aktiv ist, muss bei der eingeschränkten Lagrange-Funktion nur die Nebenbedingung $-x_2 \leq 0$ berücksichtigt werden:

$$\widetilde{L}(\mu_2, x_1, x_2) = x_1^3 x_2 - x_1^2 - x_2 - \mu_2 x_2\,.$$

Die Hesse-Matrix der eingeschränkten Lagrange-Funktion lautet dann

$$H_{\widetilde{L}}(\mu_2, x_1, x_2) = \begin{bmatrix} 0 & 0 & -1 \\ 0 & 6x_1x_2 - 2 & 3x_1^2 \\ -1 & 3x_1^2 & 0 \end{bmatrix}.$$

Da nur eine Nebenbedingung strikt aktiv ist, erhält man die modifizierte Hesse-Matrix, indem man in der ersten Spalte das Vorzeichen umkehrt:

$$\widetilde{H}_{\widetilde{L}}(\mu_2, x_1, x_2) = \begin{bmatrix} 0 & 0 & -1 \\ 0 & 6x_1x_2 - 2 & 3x_1^2 \\ 1 & 3x_1^2 & 0 \end{bmatrix}.$$

An der Stelle $(\mu_2, x_1, x_2) = (-1, 0, 0)$ ist dann

$$\widetilde{H}_{\widetilde{L}}(-1, 0, 0) = \begin{bmatrix} 0 & 0 & -1 \\ 0 & -2 & 0 \\ 1 & 0 & 0 \end{bmatrix}.$$

Gemäß Satz 6.15 ergibt sich die Anzahl der zu überprüfenden Hauptminoren als Differenz aus der Anzahl n der Variablen und der Anzahl $m + k$ der in der eingeschränkten Lagrange-Funktion berücksichtigten Nebenbedingungen, hier also $n - (m + k) = 2 - (0 + 1) = 1$. Somit ist nur der größte Hauptminor, also $\widetilde{\Delta}_3$ zu überprüfen. Wegen $\widetilde{\Delta}_3(-1, 0, 0) = -2 < 0$ sind alle zu berücksichtigenden ungeraden Minoren negativ und alle zu berücksichtigenden geraden Minoren positiv. Nach der Merkregel auf Seite 221 befindet sich also an der Stelle $(0, 0)$ ein lokales Maximum.

Beispiel 6.20. Gesucht sind alle Extrema der Funktion $f(x_1, x_2) = x_1^2 + x_2^2$ unter den Nebenbedingungen $2x_1 + x_2 + 1 \geq 0$ und $x_1 + 4x_2 + 2 \geq 0$.

Zunächst bringt man die Nebenbedingungen durch Multiplikation mit -1 in die Form von $\leq$-Nebenbedingungen und erhält

$$\begin{array}{rrcl} \text{Zielfunktion} & f(x_1, x_2) & = & x_1^2 + x_2^2\,, \\ \text{NB} & -2x_1 - x_2 - 1 & \leq & 0\,, \\ & -x_1 - 4x_2 - 2 & \leq & 0\,. \end{array}$$

Die Lagrange-Funktion ist

$$L(x_1, x_2, \mu_1, \mu_2) = x_1^2 + x_2^2 - \mu_1(2x_1 + x_2 + 1) - \mu_2(x_1 + 4x_2 + 2)\,,$$

und die KKT-Bedingungen für ein lokales *Minimum* lauten:

$$\begin{aligned} \text{Stationarität:}\quad & 2x_1 - 2\mu_1 - \mu_2 = 0\,, \\ & 2x_2 - \mu_1 - 4\mu_2 = 0\,, \end{aligned}$$

$$\begin{aligned}
\text{primale Zulässigkeit:}\quad & 2x_1 + x_2 + 1 \geq 0\,,\\
& x_1 + 4x_2 + 2 \geq 0\,,\\
\text{duale Zulässigkeit:}\quad & \mu_1 \geq 0\,,\quad \mu_2 \geq 0\,,\\
\text{komplementärer Schlupf:}\quad & \mu_1(-2x_1 - x_2 - 1) = 0\,,\\
& \mu_2(-x_1 - 4x_2 - 2) = 0\,.
\end{aligned}$$

Die KKT-Bedingungen für ein Maximum erhält man, indem man bei der dualen Zulässigkeit die Ungleichungszeichen umkehrt.

In Abhängigkeit von den aktiven Nebenbedingungen unterscheiden wir vier Fälle:

Fall 1: Keine Nebenbedingung ist aktiv, d.h. $\mu_1 = \mu_2 = 0$.

Dann sind die duale Zulässigkeit und der komplementäre Schlupf erfüllt. Aus der Stationarität folgt, dass $(x_1, x_2) = (0, 0)$ ist. Dieser Punkt ist auch primal zulässig. Der Punkt $(0, 0)$ ist also ein Kandidat für ein Maximum oder Minimum.

Fall 2: Nur die erste Nebenbedingung ist aktiv, d.h. $\mu_2 = 0$.

Die Stationaritätsbedingungen vereinfachen sich dann zu

$$2x_1 - 2\mu_1 = 0 \qquad \text{und} \qquad 2x_2 - \mu_1 = 0\,,$$

woraus $\mu_1 = x_1 = 2x_2$ folgt. Da die erste Nebenbedingung aktiv ist, folgt

$$2x_1 + x_2 + 1 = 2 \cdot (2x_2) + x_2 + 1 = 5x_2 + 1 = 0\,,$$

und somit ist $x_2 = -\frac{1}{5}$ und $x_1 = -\frac{2}{5}$. Der Punkt $(-\frac{2}{5}, -\frac{1}{5})$ erfüllt auch die zweite Nebenbedingung, ist also primal zulässig. Ferner ist $\mu_1 = x_1 = -\frac{2}{5} \leq 0$, der Punkt ist also ein Kandidat für ein Maximum.

Fall 3: Nur die zweite Nebenbedingung ist aktiv, d.h. $\mu_1 = 0$.

In diesem Fall ergeben die Stationaritätsbedingungen

$$2x_1 - \mu_2 = 0 \qquad \text{und} \qquad 2x_2 - 4\mu_2 = 0\,,$$

woraus $\mu_2 = 2x_1 = \frac{1}{2}x_2$ folgt, d.h. $x_2 = 4x_1$. Da die zweite Nebenbedingung aktiv ist, erhält man

$$x_1 + 4x_2 + 2 = x_1 + 4 \cdot (4x_1) + 2 = 17x_1 + 2 = 0$$

und daraus $x_1 = -\frac{2}{17}$ und $x_2 = -\frac{8}{17}$. Der Punkt $(-\frac{2}{17}, -\frac{8}{17})$ ist primal zulässig, da er auch die erste Nebenbedingung erfüllt. Ferner gilt $\mu_2 = 2x_1 = -\frac{4}{17} \leq 0$, sodass der Punkt für ein Maximum in Frage kommt.

Fall 4: Beide Nebenbedingungen sind aktiv.

Dann ist $2x_1+x_2+1=0$ und $x_1+4x_2+2=0$. Lösen des Gleichungssystems ergibt $x_1=-\frac{2}{7}$ und $x_2=-\frac{3}{7}$. Wegen der Stationarität gilt

$$2\cdot\left(-\frac{2}{7}\right)-2\mu_1-\mu_2=0 \quad \text{und} \quad 2\cdot\left(-\frac{3}{7}\right)-\mu_1-4\mu_2=0\,,$$

d.h.

$$2\mu_1+\mu_2+\frac{4}{7}=0 \quad \text{und} \quad \mu_1+4\mu_2+\frac{6}{7}=0\,.$$

Auflösen des Gleichungssystems liefert die Lagrange-Multiplikatoren $\mu_1 = -\frac{10}{49}$ und $\mu_2=-\frac{8}{49}$. Da beide Lagrange-Multiplikatoren negativ sind, ist der Punkt $(-\frac{2}{7},-\frac{3}{7})$ ein Kandidat für ein Maximum.

Es gibt also vier Kandidaten für Extremstellen, an denen die hinreichenden Bedingungen zu überprüfen sind.

Fall 1: Da keine Nebenbedingung aktiv ist, stimmt die eingeschränkte Lagrange-Funktion mit der Zielfunktion überein. Die Hesse-Matrix ist also

$$H_{\widetilde{L}}(x_1,x_2)=\begin{bmatrix} 2 & 0 \\ 0 & 2 \end{bmatrix}=H_f(0,0)\,.$$

Wegen $\Delta_1(0,0)=2>0$ und $\Delta_2(0,0)=4>0$ befindet sich an der Stelle $(0,0)$ ein lokales Minimum.

Fall 2: Da im Punkt $(-\frac{2}{5},-\frac{2}{5},-\frac{1}{5})$ nur die erste Nebenbedingung strikt aktiv ist, lautet dort die eingeschränkte Lagrange-Funktion

$$\widetilde{L}(\mu_1,x_1,x_2)=x_1^2+x_2^2-\mu_1(2x_1+x_2+1)\,.$$

Deren modifizierte Hesse-Matrix ist

$$\widetilde{H}_{\widetilde{L}}(\mu_1,x_1,x_2)=\begin{bmatrix} 0 & -2 & -1 \\ 2 & 2 & 0 \\ 1 & 0 & 2 \end{bmatrix}=\widetilde{H}_{\widetilde{L}}\left(-\frac{2}{5},-\frac{2}{5},-\frac{1}{5}\right).$$

Dieser Punkt ist lediglich ein Kandidat für ein Maximum. Da ein Optimierungsproblem mit $n=2$ Variablen vorliegt und in der eingeschränkten Lagrange-Funktion nur eine Nebenbedingung betrachtet wird, sind nur $2-1=1$ Minoren zu überprüfen. Wegen $\widetilde{\Delta}_3=10>0$ ist die hinreichende Bedingung für ein Maximum nicht erfüllt.

Fall 3: Der Punkt $(-\frac{4}{17},-\frac{2}{17},-\frac{8}{17})$ ist ein weiterer Kandidat für ein Maximum. Da dort lediglich die zweite Nebenbedingung strikt aktiv ist, lautet die eingeschränkte Lagrange-Funktion

$$\widetilde{L}(\mu_2,x_1,x_2)=x_1^2+x_2^2-\mu_2(x_1+4x_2+2)$$

und ihre modifizierte Hesse-Matrix

$$\widetilde{H}_{\widetilde{L}}(\mu_2, x_1, x_2) = \begin{bmatrix} 0 & -1 & -4 \\ 1 & 2 & 0 \\ 4 & 0 & 2 \end{bmatrix} = \widetilde{H}_{\widetilde{L}}\Big(-\frac{4}{17}, -\frac{2}{17}, -\frac{8}{17}\Big).$$

Hinreichend für ein Maximum an dieser Stelle ist $\widetilde{\Delta}_3 < 0$. Hier gilt jedoch $\widetilde{\Delta}_3 = 34 > 0$, und die Bedingung für ein Maximum ist nicht erfüllt.

Fall 4: Da beide Nebenbedingungen strikt aktiv sind, liegt nach Satz 6.15 an der Stelle $(-\frac{2}{7}, -\frac{3}{7})$ ein Maximum, wenn für die $\widetilde{\Delta}_i$ der eingeschränkten Lagrange-Funktion gilt

$$(-1)^i \widetilde{\Delta}_i(\boldsymbol{\lambda}^*, \boldsymbol{\mu}^*, \boldsymbol{a}) > 0 \quad \text{für} \quad i = 2 \cdot 2 + 1, \ldots, 2 + 2\,.$$

Wegen $n = 2$ und da in der eingeschränkten Lagrange-Funktionen zwei Nebenbedingungen berücksichtigt werden, sind $2 - 2 = 0$ Minoren zu überprüfen. Die hinreichende Bedingung ist also ohne Weiteres erfüllt. An der Stelle $(-\frac{2}{7}, -\frac{3}{7})$ befindet sich deshalb ein lokales Maximum.

Das Optimierungsproblem hat demnach zwei lokale Extrema: Ein lokales Minimum in $(0, 0)$ – das offenbar auch globales Minimum ist – und ein lokales Maximum an der Stelle $(-\frac{2}{7}, -\frac{3}{7})$.

Für bestimmte Optimierungsprobleme sind die KKT-Bedingungen nicht nur notwendig, sondern auch bereits hinreichend. Dies ist dann der Fall, wenn im Minimierungsproblem die Zielfunktion f und die die Ungleichheitsrestriktionen definierenden Funktionen $h_1, \ldots, h_l$ konvex sowie die die Gleichheitsrestriktionen definierenden Funktionen $g_1, \ldots, g_m$ affin-linear[11] sind.

Satz 6.16: Hinreichende KKT-Bedingungen

Es gilt:

(i) Seien im Minimierungsproblem (6.5)

- die Zielfunktion f konvex,
- die Nebenbedingungen g_i affin-linear,
- die Nebenbedingungen h_j konvex,

und sei $\boldsymbol{a}$ ein Punkt, an dem die KKT-Bedingungen aus Satz 6.13 erfüllt sind. Dann hat f an der Stelle $\boldsymbol{a}$ ein **globales Minimum** unter den gegebenen Nebenbedingungen.

[11] Eine Funktion $g : \mathbb{R}^n \to \mathbb{R}$ ist affin-linear, wenn sie die Gestalt $f(x_1, \ldots, x_n) = a + b_1 x_1 + \ldots + b_n x_n$ hat; siehe auch Abschnitt 2.5.

(ii) Seien im Maximierungsproblem (6.6)

- die Zielfunktion f konkav,
- die Nebenbedingungen g_i affin-linear,
- die Nebenbedingungen h_j konvex,

und sei $\boldsymbol{a}$ ein Punkt, an dem die KKT-Bedingungen aus Satz 6.13 erfüllt sind. Dann hat f an der Stelle $\boldsymbol{a}$ ein **globales Maximum** unter den gegebenen Nebenbedingungen.

Da eine affin-lineare Funktion sowohl konvex als auch konkav ist, sind die Bedingungen in Teil (i) und (ii) des obigen Satzes insbesondere dann erfüllt, wenn sowohl die Zielfunktion als auch alle Nebenbedingungen affin-linear sind. Ein solches Optimierungsproblem bezeichnet man als **lineares Optimierungsproblem** oder **lineares Programm**. Zusammen mit Satz 6.13 folgt aus Satz 6.16 also, dass für lineare Programme die KKT-Bedingungen sowohl notwendig als auch hinreichend für die Existenz globaler Extrema sind. Bei der Untersuchung linearer Programme in Kapitel 11 werden wir darauf zurückkommen.

6.8 Taylor-Polynom

Eine multivariate differenzierbare Funktion f kann man lokal durch ihre Tangentenfunktion approximieren, doch ist diese Approximation manchmal zu ungenau. Die Tangentenfunktion ist linear und basiert auf dem Gradienten, also den ersten partiellen Ableitungen. Man nennt die Näherung durch die Tangentenfunktion deshalb auch **Approximation erster Ordnung**.

Um die Qualität der Näherung zu verbessern, kann man – wie bei univariaten Funktionen (Abschnitt 4.7) – zusätzlich höhere Ableitungen einbeziehen und f durch ein multivariates Taylor-Polynom zweiter oder höherer Ordnung approximieren. Dieses ist ein Polynom in den Variablen $x_1, \ldots, x_n$, dessen Koeffizienten von den partiellen Ableitungen der Funktion f abhängen.

Ein Taylor-Polynom dritter Ordnung etwa enthält die Variablen $x_1, \ldots, x_n$ bis zur dritten Potenz, was auch gemischte Terme der Form $x_i x_j x_k$ und $x_i^2 x_j$ einschließt. Wir geben die Formel für das Taylor-Polynom zweiten Grades an:

Definition 6.3: Taylor-Polynom zweiten Grades

Sei A eine offene Menge im $\mathbb{R}^n$, $f : A \to \mathbb{R}$, $\boldsymbol{a} \in A$. f sei zweimal stetig differenzierbar. Das Polynom

$$T_{f,\boldsymbol{a},3}(\boldsymbol{x}) = f(\boldsymbol{a}) + \sum_{i=1}^{n} \frac{\partial f(\boldsymbol{a})}{\partial x_i}(x_i - a_i) + \frac{1}{2} \sum_{i,j=1}^{n} \frac{\partial^2 f(\boldsymbol{a})}{\partial x_i \partial x_j}(x_i - a_i)(x_j - a_j)$$

heißt **Taylor-Polynom zweiten Grades** von f im Punkt $\boldsymbol{a}$.

Die hinreichenden Kriterien für die Existenz von Extrema beruhen darauf, dass die Funktion lokal durch das Taylor-Polynom zweiten Grades approximiert werden kann.

Wenn man die zweite Summe weglässt, bleibt die Tangentenfunktion übrig, das ist das Taylor-Polynom ersten Grades.

Mit Hilfe der Matrizen- und Vektornotation lassen sich Taylor-Polynome kompakter schreiben. So lautet das Taylor-Polynom zweiten Grades

$$f(\boldsymbol{x}) = f(\boldsymbol{a}) + \operatorname{grad} f(\boldsymbol{a})(\boldsymbol{x} - \boldsymbol{a}) + \frac{1}{2}(\boldsymbol{x} - \boldsymbol{a})^T H_f(\boldsymbol{a})(\boldsymbol{x} - \boldsymbol{a}) .$$

Beispiel 6.21. Wir berechnen das Taylor-Polynom zweiten Grades der Funktion aus Beispiel 5.3 ,

$$f(\boldsymbol{x}) = f(x_1, x_2, x_3) = x_1 x_2^2 + \exp(5x_3) , \quad \boldsymbol{x} \in \mathbb{R}^3 ,$$

im Punkt $\boldsymbol{a} = (1, 1, 0)$. Es ist $f(1, 1, 0) = 2$. Der Gradient von f beträgt

$$\left[\frac{\partial f(\boldsymbol{a})}{\partial x_1}, \frac{\partial f(\boldsymbol{a})}{\partial x_2}, \frac{\partial f(\boldsymbol{a})}{\partial x_3}\right] = \left[a_2^2 ,\ 2a_1 \cdot a_2 ,\ 5\exp(5a_3)\right] = \left[1, 2, 5\right] .$$

Die Hesse-Matrix ist gleich

$$\left[\frac{\partial^2 f(\boldsymbol{a})}{\partial x_i \partial x_j}\right]_{ij} = \begin{bmatrix} 0 & 2a_2 & 0 \\ 2a_2 & 2a_1 & 0 \\ 0 & 0 & 25e^{5a_3} \end{bmatrix} = \begin{bmatrix} 0 & 2 & 0 \\ 2 & 2 & 0 \\ 0 & 0 & 25 \end{bmatrix} .$$

Das Taylor-Polynom zweiten Grades am Punkt $\boldsymbol{a} = (1, 1, 0)$ lautet daher

$$\begin{aligned} T_{f,\boldsymbol{a},2}(\boldsymbol{x}) &= 2 + 1 \cdot (x_1 - 1) + 2 \cdot (x_2 - 1) + 5 \cdot (x_3 - 0) \\ &\quad + \frac{1}{2}[2 \cdot 2 \cdot (x_1 - 1)(x_2 - 1) + 2 \cdot (x_2 - 1)^2 + 25 \cdot x_3^2] . \end{aligned}$$

Wichtige Begriffe zur Wiederholung

Nach der Lektüre dieses Kapitels sollten folgende Begriffe geläufig sein:

- Extremum im Innern des Definitionsbereichs
- Extremum auf dem Rand
- höhere partielle Ableitungen, Hesse-Matrix
- notwendige und hinreichende Bedingung für ein lokales Extremum im Innern
- Extrema unter Nebenbedingungen
- Methode von Lagrange, Lagrange-Multiplikatoren, Lagrange-Funktion
- stationärer Punkt, Sattelpunkt
- Enveloppentheorem
- Karush-Kuhn-Tucker-Bedingungen

Selbsttest

Anhand folgender Ankreuzaufgaben können Sie Ihre Kenntnisse zu diesem Kapitel überprüfen. Beurteilen Sie dazu, ob die Aussagen jeweils wahr (W) oder falsch (F) sind. Kurzlösungen zu diesen Aufgaben finden Sie in Anhang H.

I. Sind die folgenden Aussagen wahr oder falsch?

	W	F
Bei zweimal differenzierbaren Funktionen stimmt die Hesse-Matrix mit der Jacobi-Matrix überein.	□	□
Ist die Hesse-Matrix einer Funktion $f : \mathbb{R}^3 \to \mathbb{R}$ eine Diagonal-Matrix, mit nur positiven Einträgen auf der Hauptdiagonalen, so ist die Funktion konvex.	□	□
Ist die Hesse-Matrix einer Funktion $f : \mathbb{R}^3 \to \mathbb{R}$ eine Diagonal-Matrix, mit nur positiven Einträgen auf der Hauptdiagonalen, so kann die Funktion als globale Extremstellen nur globale Maxima besitzen.	□	□
Betrachtet man $f(x, y)$ unter der Nebenbedingung $g(x, y) = 0$, so erhält man mit Hilfe der Lagrange-Funktion $L(x, y) = f(x, y) + \lambda g(x, y)$ dieselben lokalen Extremstellen (x, y) wie mit $\widetilde{L}(x, y) = f(x, y) - \lambda g(x, y)$.	□	□

II. Betrachten Sie das Enveloppentheorem und das Beispiel 6.14 (Produktion eines gegebenen Outputs zu minimalen Kosten). Nehmen Sie an, dass die Produktion um eine Einheit ausgeweitet wird. Sind die folgenden Aussagen wahr oder falsch?

	W	F
Der Schattenpreis gibt approximativ die zusätzlichen Kosten an.	☐	☐
Steigt der Preis p_1 des Inputs x_1, so steigt auch der Schattenpreis.	☐	☐
Steigt der Preis p_1 des Inputs x_1, so gibt es Produktionsfunktionen bei denen die minimalen Kosten unverändert bleiben.	☐	☐

III. Sind die folgenden Aussagen zu den Extrema einer multivariaten Funktion jeweils wahr oder falsch?

	W	F
Lokale Extrema auf dem Rand des Definitionsbereichs lassen sich mit Satz 6.1 und 6.2 nicht immer finden.	☐	☐
Jede konvexe Funktion besitzt ein globales Minimum.	☐	☐
Da die Funktion $f(x, y) = x^2 + y^2$, $-1 \leq x, y \leq 1$, konvex ist, besitzt sie keine lokalen Maxima.	☐	☐
Betrachtet man die Funktion $f(x, y) = x^2 + y^2$ auf dem Definitionsbereich $[-1, 1] \times [-1, 1]$, so gibt es vier globale Maxima, die auf den Ecken des Randes des Definitionsbereichs liegen.	☐	☐
Die Funktion $f : \mathbb{R}^3 \to \mathbb{R}$ mit $f(x, y, z) = x^2y^4z^6$ besitzt keine globalen Extremstellen.	☐	☐
Die Funktion $f : \mathbb{R}^3 \to \mathbb{R}$ mit $f(x, y, z) = x^2y^4z^6$ besitzt unendlich viele globale Extremstellen.	☐	☐
Die Funktion $f : \mathbb{R}^3 \to \mathbb{R}$ mit $f(x, y, z) = x^2 + y^4 + z^6$ besitzt keine globalen Extremstellen.	☐	☐
Die Funktion $f : \mathbb{R}^3 \to \mathbb{R}$ mit $f(x, y, z) = x^2 + y^4 + z^6$ besitzt unendlich viele globale Extremstellen.	☐	☐

IV. Betrachten Sie das KKT-Theorem (Satz 6.13, die notwendige Bedingung für das Vorliegen eines lokalen Minimums). Sind die folgenden Aussagen wahr oder falsch?

	W	F
Die KKT-Bedingungen der Stationarität und der primalen Zulässigkeit sind genau die notwendigen Bedingungen bei Extrema mit Nebenbedingungen, die nur in Gleichungsform vorliegen.	☐	☐
Die duale Zulässigkeit besagt, dass die Lagrange-Multiplikatoren der Nebenbedingungen in Ungleichungsform negativ sein müssen.	☐	☐

Aufgaben

√ **Aufgabe 1**

Bestimmen Sie die lokalen Extrema Funktion $f : \mathbb{R}^2 \to \mathbb{R}$,

$$f(x, y) = \frac{1}{4}y^4 + \frac{1}{3}x^3 - \frac{1}{2}y^2 - x\,.$$

Sind diese lokalen Extrema auch globale Extrema?

X **Aufgabe 2**

Bestimmen Sie die lokalen Extrema der Funktion $f : \mathbb{R}^2 \to \mathbb{R}$,

$$f(x, y) = x^6 - \frac{3}{2}x^4 + y^2\,.$$

Aufgabe 3

X Bestimmen Sie alle lokalen und globalen Extrema der Funktion $f : \mathbb{R}^2 \to \mathbb{R}$,

$$f(x_1, x_2) = \frac{1}{3}x_1^3 - 4x_1 + x_1x_2^2 + x_1^2x_2\,.$$

X **Aufgabe 4**

Bestimmen Sie alle lokalen und globalen Extrema der Funktion $f : \mathbb{R}_+^2 \to \mathbb{R}$,

$$f(x, y) = x^3 - 27x - 4y + y^2\,.$$

Untersuchen Sie insbesondere auch den Rand des Definitionsbereichs.

Aufgabe 5

An welchen Stellen hat die Funktion $f(x_1, x_2, x_3) = -x_1^2 x_2^2 x_3^4$ lokale Extrema? Handelt es sich dabei um Minima oder Maxima? Prüfen Sie auch, ob die Funktion globale Extrema besitzt.

X **Aufgabe 6**

Ein Monopolist produziert zwei Güter. Die Nachfragemengen x_1 und x_2 für die beiden Güter sind in Abhängigkeit von den Preisen p_1 und p_2 gegeben durch

$$x_1 = 135 - 3p_1 + 2p_2 \quad \text{bzw.} \quad x_2 = 110 + 2p_1 - 4p_2 \, .$$

Die Produktionskosten des Monopolisten sind gegeben durch $K(x_1, x_2) = 3x_1 + 5x_2$. Bei welcher Preiskombination wird der Gewinn (= Erlös − Produktionskosten) maximal? Wie viele Mengeneinheiten der beiden Güter müssen dann produziert werden, und wie hoch ist der entsprechende Gewinn?

Aufgabe 7

Prüfen Sie, ob die Funktion $f : \mathbb{R}_+^2 \to \mathbb{R}$,

$$f(x, y) = x^3 + 2x^2y + \frac{3}{2}xy^2 + 2y^3 + y^2 - 2x - 3y \, ,$$

konvex bzw. konkav ist. Ändert sich das Ergebnis, wenn die Funktion f auf dem gesamten $\mathbb{R}^2$ definiert ist?

Aufgabe 8

Prüfen Sie die folgenden Funktionen $f : \mathbb{R}^2 \to \mathbb{R}$ auf Konvexität bzw. Konkavität:

a) $f(x, y) = x^2 + 4xy + 8y^2 - 4x - 6y + 10$,

b) $f(x, y) = -2x^2 + 4xy - 8y^2 + 4x - 6y - 12$,

c) $f(x, y) = x^2 + 4xy + y^2 + 2x + 2y + 20$.

Aufgabe 9

Bestimmen Sie mit der Methode von Lagrange die stationären Punkte der Funktion $f : \mathbb{R}^2 \to \mathbb{R}$, $f(x, y) = xy$, unter der Nebenbedingung $\frac{1}{8}x^2 + \frac{1}{2}y^2 = 1$.

Aufgabe 10

Bestimmen Sie die möglichen Extrema der Funktion

$$f(x, y, z) = x + y + z$$

unter den Nebenbedingungen

$$x^2 + y^2 = 2\,, \qquad x + z = 1\,.$$

Aufgabe 11

Bestimmen Sie alle Extrema der Funktion $f(x, y, z) = x^2 + 3y^2 + 2z^2$ unter den Nebenbedingungen $x + 3y = 30$ und $y + 2z = 20$.

Aufgabe 12

Es wird ein Produktionsprozess betrachtet, bei dem ein Gut mit zwei Produktionsfaktoren hergestellt wird. Die Produktionsfunktion sei $F(x_1, x_2) = 5x_1^2 x_2$. Die Kosten der Produktion betragen $K(x_1, x_2) = 6x_1 + 12x_2$.

a) Bestimmen Sie die Minimalkostenkombination für eine Produktion von 80 Einheiten des Gutes.

b) Um welchen Betrag ändern sich näherungsweise die Kosten der Minimalkostenkombination, wenn die Produktionsmenge um eine Einheit erhöht werden soll?

Aufgabe 13

Bestimmen Sie alle Extrema der Funktion $f(x, y) = x^2 + 2y$ unter den Nebenbedingungen $x^2 + y^2 \leq 5$ und $y \geq 0$.

Aufgabe 14

Bestimmen Sie alle Extrema der Funktion $f(x, y) = x^3 - 27x - 4y + y^2$ unter den Nebenbedingungen $x \geq 0$ und $y \geq 0$. (Vgl. hierzu auch Aufgabe 4.)

Kapitel 7

Integralrechnung

Die Integralrechnung hat zwei wesentliche Aufgaben. Zum einen stellt das Integrieren einer Funktion die Umkehrung des Differenzierens dar. Die Integralrechnung dient daher in erster Linie dazu, aus dem Steigungsverhalten einer Funktion – beschrieben durch ihre erste Ableitung – die Funktion selbst zu bestimmen. Zum anderen dient die Integralrechnung der Berechnung von Flächen und Volumina.

Untersucht wird beispielsweise der zeitliche Verlauf einer Größe y, von der bekannt ist, dass sie stets um einen bestimmten Prozentsatz pro Zeiteinheit anwächst. Die Größe y kann ein Kapital sein, das stetig verzinst wird, oder eine Bevölkerung, die sich entsprechend vermehrt. Gesucht ist der Wert von y als Funktion der Zeit.

Alternativ mag man lediglich nach dem Zuwachs von y von einem bestimmten Zeitpunkt α zu einem anderen Zeitpunkt β fragen.

Die erste Frage führt auf das Problem der Bestimmung einer Stammfunktion oder eines unbestimmten Integrals, die zweite auf das der Berechnung eines bestimmten Integrals in den Grenzen α und β.

Das bestimmte Integral dient auch zur Berechnung von Flächeninhalten. Gesucht ist der Inhalt einer Fläche in der x-y-Ebene, deren Rand durch Geraden oder Kurven beschrieben wird. Beispielsweise sei die Fläche durch den Graph der Funktion $f(x) = \frac{1}{x}$, die x-Achse sowie die senkrechten Geraden bei $x = 1$ und $x = 3$ begrenzt. Man berechnet ihren Inhalt mit Hilfe des bestimmten Integrals der Funktion $\frac{1}{x}$ in den Grenzen 1 und 3. Flächeninhalte wie dieser sind unter anderem bei der Analyse von Produktion und Konsum zu ermitteln.

7.1 Stammfunktionen

Sei A ein Intervall in $\mathbb{R}$ und $f : A \to \mathbb{R}$ eine Funktion. Gesucht sind Funktionen $A \to \mathbb{R}$, deren Ableitung f ist.

Definition 7.1: Stammfunktion

$F : A \to \mathbb{R}$ heißt **Stammfunktion** von f, wenn

(i) F an allen Stellen $x \in A$ stetig ist und

(ii) $F'(x) = f(x)$ für alle x bis auf höchstens endlich oder abzählbar unendlich[1] viele Zahlen $x \in A$ gilt.

Wenn F eine Stammfunktion von f ist, also $F'(x) = f(x)$ bis auf Ausnahmestellen gilt, dann ist die Funktion

$$\widetilde{F}(x) = F(x) + c\,, \quad x \in A\,,$$

ebenfalls eine Stammfunktion von f. Hier stellt c eine beliebig gewählte reelle Konstante dar, die sogenannte Integrationskonstante. $\widetilde{F}$ ist nämlich stetig und für alle $x \in A$ (bis auf dieselben Ausnahmestellen) gilt $\widetilde{F}'(x) = F'(x) = f(x)$. Offenbar kann man zu einer gegebenen Stammfunktion F eine beliebige Konstante addieren und erhält wiederum eine Stammfunktion.

Viele Stammfunktionen sind an allen Stellen ihres Definitionsbereichs differenzierbar und erfüllen so die Bedingung $F'(x) = f(x)$ für alle $x \in A$. Andere erfüllen die Bedingung an bestimmten Ausnahmestellen nicht. Dies können endlich oder auch abzählbar unendlich viele Stellen sein. Es folgen zunächst Beispiele von Stammfunktionen, die überall differenzierbar sind.

Beispiel 7.1.

a) Für $n \in \mathbb{Z}$, $n \neq -1$, betrachten wir die Potenzfunktion

$$f(x) = x^n\,, \quad x \in \mathbb{R}\,.$$

Eine Stammfunktion der Potenzfunktion ist

$$F(x) = \frac{1}{n+1}x^{n+1}\,, \quad x \in \mathbb{R}\,.$$

Sie ist überall differenzierbar. Aber auch $\widetilde{F}(x) = \frac{1}{n+1}x^{n+1} + c$ ist eine Stammfunktion von f, wobei c eine beliebig gewählte konstante Zahl darstellt.

[1]Eine Menge von Zahlen nennt man **abzählbar unendlich**, wenn sich ihre Elemente als eine unendliche Folge aufschreiben lassen; siehe Anhang B.

b) Zur Funktion

$$f(x) = \frac{1}{x}, \quad x \in \mathbb{R} \setminus \{0\},$$

erhält man die Stammfunktionen

$$F(x) = \ln(|x|) + c,$$

die ebenfalls für alle $x \neq 0$ definiert sind; dabei stellt c eine beliebige reelle Zahl dar. Zum Beweis bilde man die Ableitung von F, und zwar getrennt für $x > 0$ und $x < 0$.

c) Die Funktion

$$f(x) = \begin{cases} 2x, & \text{falls } x \leq 1, \\ 2x^2, & \text{falls } x > 1, \end{cases}$$

weist zwei Äste auf. Die Stammfunktion wird zunächst für jeden Ast getrennt bestimmt,

$$F(x) = \begin{cases} x^2 + c_1, & \text{falls } x \leq 1, \\ \frac{2}{3}x^3 + c_2, & \text{falls } x > 1, \end{cases}$$

mit Integrationskonstanten c_1 und c_2. Da F als Stammfunktion stetig ist, müssen sich an der Stelle $x = 1$ beide Äste treffen. Es folgt

$$F(1) = 1 + c_1 \overset{!}{=} \frac{2}{3} + c_2 = \lim_{x \to 1, x > 1} F(x), \quad \text{also} \quad c_2 = \frac{1}{3} + c_1.$$

Die Konstante c_1 bleibt frei zu wählen. Man erhält demnach die Stammfunktion

$$F(x) = \begin{cases} x^2 + c_1, & \text{falls } x \leq 1, \\ \frac{2}{3}x^3 + \frac{1}{3} + c_1, & \text{falls } x > 1. \end{cases}$$

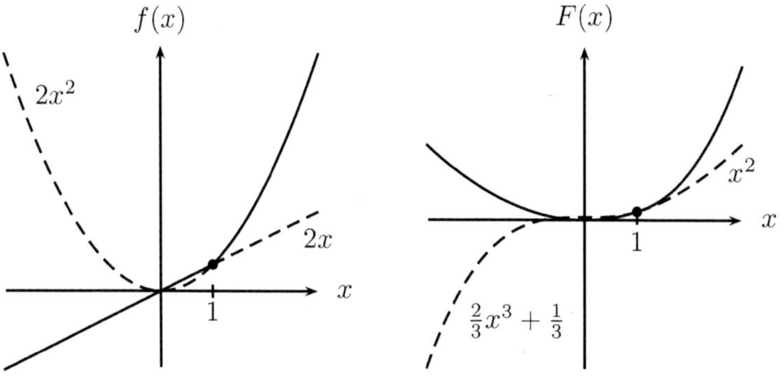

Abbildung 7.1: Funktion f und Stammfunktion F (mit $c_1 = 0$).

Es folgen nun zwei Beispiele von Stammfunktionen, die Ausnahmepunkte aufweisen.

Beispiel 7.2.

a) Die Funktion

$$f(x) = 1_{]a,b]}(x) = \begin{cases} 0 & \text{für } x \leq a\,, \\ 1 & \text{für } a < x \leq b\,, \\ 0 & \text{für } x > b\,, \end{cases}$$

nimmt auf dem Intervall $]a,b]$ den Wert 1 an; ansonsten ist sie gleich 0. Die Funktion zeigt demnach an, ob eine Zahl x in $]a,b]$ liegt oder nicht. Man nennt sie deshalb **Indikatorfunktion** des Intervalls $]a,b]$.[2] Eine Stammfunktion von $1_{]a,b]}$ ist

$$F(x) = \begin{cases} 0 & \text{für } x \leq a\,, \\ x-a & \text{für } a < x \leq b\,, \\ b-a & \text{für } x > b\,. \end{cases}$$

F ist stetig und stückweise linear, jedoch an den beiden Knickstellen $x = a$ und $x = b$ nicht differenzierbar.

b) Sei f die **Gauß-Klammer** aus Beispiel 1.8. Sie ordnet jedem $x \in \mathbb{R}$ die größte ganze Zahl $f(x) = \lfloor x \rfloor$ zu, die kleiner oder gleich x ist. Für jede ganze Zahl $n \in \mathbb{Z}$ haben wir deshalb

$$\begin{array}{rcll} f(x) & = & n\,, & \text{falls } n \leq x < n+1\,, \quad \text{also} \\ F(x) & = & nx + c_n\,, & \text{falls } n \leq x < n+1\,, \end{array}$$

wobei die Konstanten c_n noch so bestimmt werden, dass F auch an den Stellen $x = n$ stetig ist, das heißt, dass dort der Funktionswert $F(n) = n^2 + c_n$ mit dem linksseitigen Limes $F(n-) = (n-1)n + c_{n-1}$ übereinstimmt,

$$n^2 + c_n = (n-1)n + c_{n-1}\,, \quad \text{also } c_n = c_{n-1} - n\,.$$

Es folgt[3]

$$c_n = c_{n-1} + n = \ldots = c_0 - 1 - 2 - \ldots - n = c_0 - \frac{n(n+1)}{2}$$

und damit

$$F(x) = nx - \frac{n(n+1)}{2} + c_0\,, \quad \text{falls } n \leq x < n+1\,, \quad n \in \mathbb{Z}\,.$$

---

[2] Die Indikatorfunktion eines Intervalls ist eine spezielle Treppenfunktion, siehe Definition 7.4.

[3] Die Gleichung $\sum_{i=1}^{n} i = n(n+1)/2$ zeigt man durch vollständige Induktion; vgl. etwa den Beweis zu Satz 3.11 in Kapitel 3.

Dies ist ein Beispiel einer Stammfunktion mit abzählbar unendlich vielen Ausnahmestellen.

Allgemein stellen sich zwei Fragen: Wie unterscheiden sich die verschiedenen Stammfunktionen einer gegebenen Funktion f, und welche Funktionen f besitzen überhaupt eine Stammfunktion? Es gilt:

- Die Stammfunktion einer Funktion $f : A \to \mathbb{R}$ ist *eindeutig bis auf eine Konstante*. Das heißt, wenn F und $\widetilde{F}$ Stammfunktionen von f sind, dann gibt es ein $c \in \mathbb{R}$, sodass

$$\widetilde{F}(x) = F(x) + c \quad \text{für alle } x \in A\,.$$

- Eine auf einem endlichen Intervall definierte Funktion f besitzt eine Stammfunktion F, wenn f **sprungstetig** ist, d.h. wenn an allen Stellen x des Intervalls die einseitigen Grenzwerte existieren.[4]

Beispiel für ein sprungstetiges f:

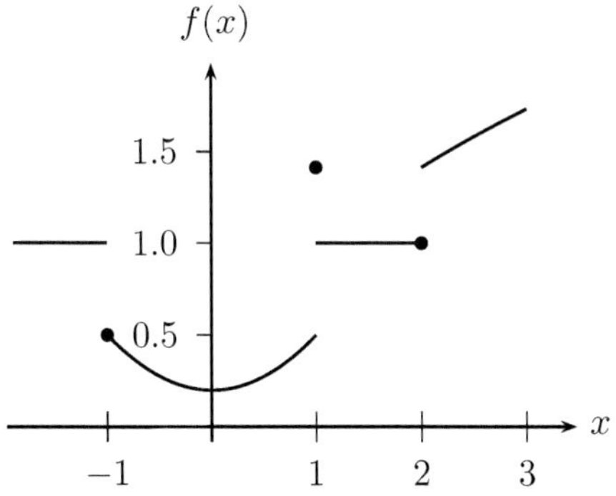

Abbildung 7.2: Sprungstetige Funktion mit Sprüngen an den Stellen $-1, 1$ und 2.

Insbesondere hat jede stetige Funktion eine Stammfunktion. Praktisch alle den Anwender interessierenden Funktionen sind stetig oder zumindest sprungstetig, besitzen also eine Stammfunktion. Dabei kommt es nicht darauf an, welche Werte f an etwaigen Sprungstellen annimmt. Offenbar ändert sich F nicht, wenn man f an endlich vielen Stellen abändert. Das Gleiche gilt für Abänderungen an abzählbar unendlich vielen Stellen, solange f dabei sprungstetig bleibt.

Stammfunktion und Ableitung stehen in wechselseitiger Beziehung: F ist Stammfunktion von f, wenn f Ableitung von F ist, und umgekehrt. Eine

[4]Man kann zeigen, dass eine solche Funktion, wenn überhaupt, nur an endlich oder höchstens abzählbar unendlich vielen Punkten des Intervalls Sprünge aufweist.

Tabelle von Funktionen und ihren Ableitungen wie die Übersicht in Abschnitt 4.3 lässt sich daher ebenso *rückwärts* als Tabelle von Funktionen und ihren Stammfunktionen lesen. Wichtige Stammfunktionen sind:

$f(x)$	definiert für	$F(x)$
b	$x \in \mathbb{R}$	$bx + c$
x^n	$x \in \mathbb{R},\ n \in \mathbb{N}$	$\frac{1}{n+1}x^{n+1} + c$
x^n	$x \neq 0,\ n \in \mathbb{Z} \setminus \{-1\}$	$\frac{1}{n+1}x^{n+1} + c$
x^α	$x > 0,\ \alpha \neq -1$	$\frac{1}{\alpha+1}x^{\alpha+1} + c$
x^{-1}	$x \neq 0$	$\ln(\lvert x\rvert) + c$
$\exp(x)$	$x \in \mathbb{R}$	$\exp(x) + c$
a^x	$x \in \mathbb{R},\ a > 0$	$\frac{a^x}{\ln a} + c$
$\sin(x)$	$x \in \mathbb{R}$	$-\cos(x) + c$
$\cos(x)$	$x \in \mathbb{R}$	$\sin(x) + c$
$\tan(x)$	$x \neq (2n-1)\frac{\pi}{2}, n \in \mathbb{Z}$	$-\ln(\lvert\cos(x)\rvert) + c$
$\cot(x)$	$x \neq 2n\frac{\pi}{2}, n \in \mathbb{Z}$	$\ln(\lvert\sin(x)\rvert) + c$
$\frac{1}{\cos^2(x)}$	$x \neq (2n-1)\frac{\pi}{2}, n \in \mathbb{Z}$	$\tan(x) + c$
$\frac{1}{\sin^2(x)}$	$x \neq 2n\frac{\pi}{2}, n \in \mathbb{Z}$	$-\cot(x) + c$
$\frac{1}{\sqrt{1-x^2}}$	$x \in [0,1]$	$\arcsin(x) + c$
$\frac{1}{1+x^2}$	$x \in \mathbb{R}$	$\arctan(x) + c$

7.2 Unbestimmte Integrale

Definition 7.2: Unbestimmtes Integral

Sei F eine Stammfunktion von f. Die Funktion

$$x \mapsto \int f(x)\,dx = F(x)\,, \quad x \in A\,,$$

heißt **unbestimmtes Integral** von f. Die Funktion f wird dabei als **Integrand** bezeichnet, x als **Integrationsvariable**.

Das unbestimmte Integral einer Funktion f ist also nichts anderes als eine Stammfunktion von f. Es ist bis auf die **Integrationskonstante** c eindeutig bestimmt. Das Symbol $\int f(x)dx$ bezeichnet immer *eine* Version des unbestimmten Integrals.

Zur Berechnung unbestimmter Integrale kommen Regeln zur Anwendung, die den Regeln des Differenzierens entsprechen. Für auf A definierte reelle Funktionen f und g gilt

Satz 7.1: Rechenregeln für Integrale

$$\int \big(f(x) + g(x)\big)\,dx = \int f(x)\,dx + \int g(x)\,dx\,,$$

$$\int \lambda f(x)\,dx = \lambda \int f(x)\,dx\,, \quad \lambda \in \mathbb{R}\,.$$

Das Integral einer Summe von Funktionen ist also gleich der Summe der Integrale, und das Integral eines Vielfachen einer Funktion ist gleich dem Vielfachen des Integrals.[5]

Beispiel 7.3. Es gilt

$$\int \left(x^2 + \frac{3}{x}\right) dx = \int x^2 dx + 3 \int \frac{1}{x}\,dx = \frac{x^3}{3} + 3\ln(|x|)\,.$$

[5] Genau genommen können sich die rechte und die linke Seite der Gleichungen um eine Konstante unterscheiden; doch lässt sich dies durch eine geeignete Wahl der Integrationskonstanten vermeiden.

Beispiel 7.4 (Integration eines Quotienten von Polynomen). Gesucht ist das unbestimmte Integral

$$\int \underbrace{\frac{x^4 - 2x^2 + 2}{x^2 + 1}}_{f(x)} dx\,.$$

Der Integrand wird durch Polynomdivision vereinfacht:

$$\begin{array}{l} (\,x^4 - 2x^2 + 2) : (x^2 + 1) = x^2 - 3 + \dfrac{5}{x^2+1} = f(x) \\ \underline{-x^4 - \;x^2} \\ \quad\; -3x^2 + 2 \\ \quad\;\; \underline{3x^2 + 3} \\ \qquad\quad 5 \end{array}$$

Mit $\int \frac{1}{x^2+1} dx = \arctan x$ (siehe Tabelle) folgt

$$\int f(x)dx = \frac{x^3}{3} - 3x + 5\arctan x\,.$$

Wenn g eine differenzierbare Funktion und nirgends null ist, bezeichnet man den Ausdruck

$$\boxed{\frac{d}{dx}\ln\left(|g(x)|\right) = \frac{g'(x)}{g(x)}}$$

als **logarithmische Ableitung** von g. Diese Ableitung liefert eine nützliche Integrationsformel,

$$\boxed{\int \frac{g'(x)}{g(x)} dx = \ln(|g(x)|) + c\,.}$$

Beispiel 7.5. Es gilt

$$\int \frac{2x}{x^2+5} dx = \ln(|x^2 + 5|) = \ln(x^2 + 5)$$

mit $g(x) = x^2 + 5$ und $g'(x) = 2x$.

Beispiel 7.6 (Stetige Verzinsung eines Kapitals). Ein Kapital K werde stetig verzinst. Dabei werden die Zinsen dem Konto laufend und nicht erst am Ende einer Periode gut geschrieben.Wie entwickelt sich K als Funktion der Zeit? Sei $K_x = g(x)$ das Kapital zur Zeit x, und $p > 0$ der Zinssatz pro

Zeiteinheit, beispielsweise $p = 0.05$ per annum. Die marginale Veränderung des Kapitals ist dann

$$\frac{d}{dx}g(x) = p \cdot g(x) \quad \text{bzw.} \quad \frac{g'(x)}{g(x)} = p\,.$$

Offenbar gilt $g(x) > 0$, also liefert obige Integrationsformel für beliebiges c die Gleichung

$$\ln(g(x)) + c = \ln(|g(x)|) + c = \int \frac{g'(x)}{g(x)} dx = \int p\, dx = px\,.$$

Es folgt $K_x = g(x) = \exp(px - c)$. Bezeichnet man das Anfangskapital mit K_0, so gilt $K_0 = g(0) = e^{-c}$ und das Kapital zur Zeit x beträgt

$$K_x = K_0\, e^{px}\,.$$

Löst man nach K_0 auf, erhält man den **Barwert** des zur Zeit x vorhandenen Kapitals K bei stetiger Verzinsung, das ist der **Gegenwartswert** von K_x zum Zeitpunkt 0,

$$K_0 = e^{-px} K_x\,.$$

Beispielsweise betrage ein Anfangskapital $K_0 = 12000$ €. Es werde mit fünf Prozent per annum (d.h. $p = 0.05$) stetig verzinst. Nach sieben Jahren beläuft sich das Kapital auf

$$K_7 = 12000 \cdot e^{0.05 \cdot 7} = 17028.81 \text{ €}.$$

Als Nächstes vergleichen wir die stetige Verzinsung mit einer **periodischen Verzinsung** des Kapitals, bei der der Zins jeweils erst am Ende der Zinsperiode zufließt. Welcher Zins muss bei periodischer Verzinsung gezahlt werden, um das gleiche Endkapital wie bei stetiger Verzinsung zu erzielen? Seien $\overline{p}$ und p die Zinssätze bei periodischer bzw. stetiger Verzinsung. Nach n Perioden soll demnach gelten

$$K_0 e^{pn} = K_0(1 + \overline{p})^n\,.$$

Es folgt $e^p = 1 + \overline{p}$ und

$$\overline{p} = e^p - 1\,.$$

Man kann zeigen, dass stets $p < \overline{p}$ gilt: Der äquivalente stetige Zinssatz p ist immer niedriger als der periodische Zinssatz $\overline{p}$.

Weitere Methoden zur Berechnung unbestimmter Integrale sind die partielle Integration und die Integration durch Substitution. Sie werden in den Abschnitten 7.6 und 7.7 behandelt.

7.3 Bestimmte Integrale

Angenommen, es interessiert nicht die gesamte Entwicklung eines Kapitals über die Zeit, sondern nur die Frage, um welchen Betrag das Kapital von einem bestimmten Zeitpunkt zu einem anderen wächst. Diese Frage führt uns auf die Berechnung eines bestimmten Integrals.

Definition 7.3: Bestimmtes Integral

Sei F eine Stammfunktion von f. Für $\alpha, \beta \in A$ heißt die Zahl

$$\int_{\alpha}^{\beta} f(x)dx = F(\beta) - F(\alpha)$$

bestimmtes Integral von f in den Grenzen α und β.

Während ein unbestimmtes Integral eine Funktion ist, stellt ein bestimmtes Integral eine Zahl dar. Um ein bestimmtes Integral zu berechnen, ermittelt man zunächst eine Stammfunktion, das heißt das unbestimmte Integral, und setzt dann die Grenzen ein.

Beispiel 7.7. Es gilt

$$\begin{aligned} \int_0^2 \underbrace{(6x^2 - 1 + e^x)}_{f(x)} dx &= \underbrace{\frac{6}{3}x^3 - x + e^x}_{F(x)} \Bigg|_0^2 \\ &= F(2) - F(0) \\ &= (16 - 2 + e^2) - (0 - 0 + e^0) \\ &= 13 + e^2 . \end{aligned}$$

Ein bestimmtes Integral hängt nicht von der gewählten Stammfunktion F ab, da jede andere Stammfunktion $\widetilde{F}$ sich von F nur um eine Konstante c unterscheidet, $\widetilde{F}(x) = F(x) + c$ für alle x, und deshalb $\widetilde{F}(\beta) - \widetilde{F}(\alpha) = F(\beta) - F(\alpha)$ gilt. Bei der Berechnung bestimmter Integrale spielt die Integrationskonstante also keine Rolle. Sie wird deshalb im Folgenden zumeist weggelassen.

Außer den obigen Regeln für das unbestimmte Integral sind die folgenden Regeln für das bestimmte Integral nützlich. (Man beachte, dass die untere Grenze eines bestimmten Integrals auch größer als die obere Grenze sein darf.)

Satz 7.2: Rechenregeln für bestimmte Integrale

Für $\alpha, \beta, \delta \in A$ gilt

$$\int_\alpha^\beta f(x)dx = -\int_\beta^\alpha f(x)dx\,,$$

$$\int_\alpha^\alpha f(x)dx = 0\,,$$

$$\int_\alpha^\beta f(x)dx = \int_\alpha^\delta f(x)dx + \int_\delta^\beta f(x)dx\,.$$

Betrachtet man die obere Grenze des bestimmten Integrals als variabel, so erhält man eine Funktion h_1, die auf A definiert ist,

$$h_1 : z \mapsto \int_\alpha^z f(x)dx = F(z) - F(\alpha)\,, \quad z \in A\,.$$

h_1 ist eine stetige Funktion und offenbar eine Stammfunktion von f. Ebenso erhält man in Abhängigkeit von der unteren Grenze eine stetige Funktion h_2,

$$h_2 : z \mapsto \int_z^\beta f(x)dx = F(\beta) - F(z)\,, \quad z \in A\,.$$

Sie stellt das Negative einer Stammfunktion von f dar. Umgekehrt gilt für die Ableitung der beiden Funktionen[6]

$$\frac{d}{dx}\int_\alpha^x f(t)\,dt = f(x)\,,$$

$$\frac{d}{dx}\int_x^\beta f(t)\,dt = -f(x)\,.$$

7.4 Weitere Rechenregeln für bestimmte Integrale

Seien F und G wieder Stammfunktionen von f bzw. g. Neben den bisher vorgestellten Rechenregeln für bestimmte Integrale sind die folgenden Regeln nützlich. Die erste Regel besagt, dass das bestimmte Integral einer nichtnegativen Funktion immer größer oder gleich null ist.

[6] Auf den Namen der Integrationsvariablen kommt es nicht an!

Satz 7.3: Nichtnegativer Integrand

Falls $f(x) \geq 0$ für $\alpha < x < \beta$ gilt, ist

$$\int_{\alpha}^{\beta} f(x)\,dx \geq 0\,.$$

Beweis: Wenn $f(x)$ für $\alpha < x < \beta$ nichtnegativ ist, dann wächst seine Stammfunktion $F(x)$ monoton auf dem Intervall $]\alpha, \beta[$. Also ist $F(\beta) \geq F(\alpha)$ und damit $\int_{\alpha}^{\beta} f(x)\,dx = F(\beta) - F(\alpha) \geq 0$. □

Daraus folgt, dass das bestimmte Integral monoton ist. Wenn zwei Funktionen punktweise geordnet sind, dann sind auch ihre Integrale geordnet:

Satz 7.4: Monotonie des Integrals

Falls $f(x) \leq g(x)$ für alle $x \in]\alpha, \beta[$ gilt, ist

$$\int_{\alpha}^{\beta} f(x)\,dx \leq \int_{\alpha}^{\beta} g(x)\,dx\,.$$

Beweis: Für $x \in]\alpha, \beta[$ ist nach Voraussetzung die Differenz $h(x) = g(x) - f(x) \geq 0$. Aus Satz 7.3 folgt, dass

$$\int_{\alpha}^{\beta} g(x)dx - \int_{\alpha}^{\beta} f(x)dx = \int_{\alpha}^{\beta} (g(x) - f(x))\,dx = \int_{\alpha}^{\beta} h(x)\,dx \geq 0\,.$$ □

Weiter folgt, dass der Betrag des Integrals einer Funktion immer kleiner oder gleich dem Integral des Betrags der Funktions ist.

Satz 7.5: Betrag eines Integrals

Stets gilt

$$\left|\int_{\alpha}^{\beta} f(x)\,dx\right| \leq \int_{\alpha}^{\beta} |f(x)|\,dx\,.$$

Beweis: Für alle x gilt offenbar $f(x) \leq |f(x)|$ sowie $-f(x) \leq |f(x)|$. Aus

$$\begin{array}{rrcll} & f(x) & \leq & |f(x)| & \text{folgt} & \int_{\alpha}^{\beta} f(x)\,dx & \leq & \int_{\alpha}^{\beta} |f(x)|\,dx\,, \\ \text{und aus} & -f(x) & \leq & |f(x)| & \text{folgt} & -\int_{\alpha}^{\beta} f(x)dx & \leq & \int_{\alpha}^{\beta} |f(x)|\,dx\,. \end{array}$$

Nun ist der Betrag des Integrals $\left|\int_{\alpha}^{\beta} f(x)\,dx\right|$ entweder gleich $\int_{\alpha}^{\beta} f(x)\,dx$ oder gleich $-\int_\alpha^\beta f(x)\,dx$. In beiden Fällen wird er nach oben durch das Integral des Betrags $\int_\alpha^\beta |f(x)|\,dx$ beschränkt. □

7.5 Berechnung von Flächen

Eine zentrale Aufgabe der Integralrechnung ist die Berechnung von Flächen. Das in Abbildung 7.3 grau dargestellte Rechteck hat offenbar den Flächeninhalt $v = (\beta - \alpha) \cdot \gamma$ (= Grundseite mal Höhe). Der obere Rand der Rechteckfläche wird durch die konstante Funktion $f(x) = \gamma, x \in \mathbb{R}$, beschrieben. Unten wird die Fläche durch die x-Achse und seitlich durch die Geraden $x = \alpha$ und $x = \beta$ begrenzt. Die Stammfunktion von $f(x)$ ist $F(x) = \gamma x + c$, und das bestimmte Integral von f in den Grenzen α und β beträgt

$$\int_\alpha^\beta f(x)dx = F(\beta) - F(\alpha) = \gamma \cdot (\beta - \alpha)\,,$$

es ist also gleich dem Inhalt des Rechtecks.

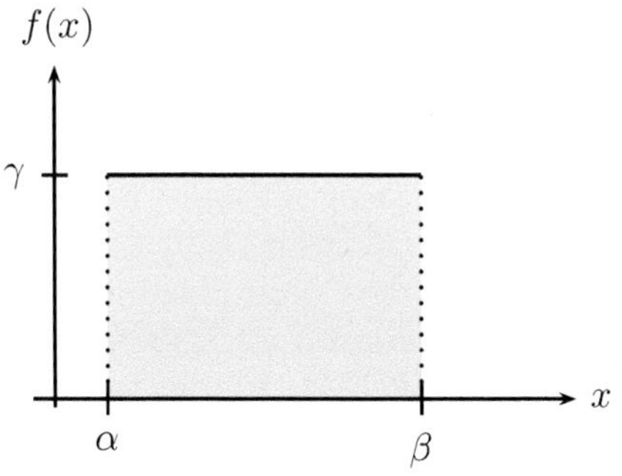

Abbildung 7.3: Flächeninhalt eines Rechtecks.

Entsprechendes gilt auch für Flächen, die oben durch eine beliebige sprungstetige Funktion $f(x) \geq 0$ begrenzt sind:

Merkregel: Flächenberechnung durch Integration

Falls $f(x) \geq 0$ für $\alpha \leq x \leq \beta$ ist, gilt

$$\int_\alpha^\beta f(x)\,dx = \text{Fläche zwischen dem Graph von } f \text{ und der } x\text{-Achse in den Grenzen } \alpha \text{ und } \beta\,.$$

Diesen Sachverhalt machen wir uns als Nächstes an Treppenfunktionen klar.

Definition 7.4: Treppenfunktion

Seien $\alpha_0, \ldots, \alpha_k \in \mathbb{R}$, $\alpha_0 < \alpha_1 < \alpha_2 < \ldots < \alpha_k$ und $\gamma_1, \ldots, \gamma_k \in \mathbb{R}_+$. Die Funktion

$$f(x) = \begin{cases} 0\,, & \text{falls } x \leq \alpha_0\,, \\ \gamma_i\,, & \text{falls } \alpha_{i-1} < x \leq \alpha_i\,, \quad i = 1, \ldots, k\,, \\ 0\,, & \text{falls } x > \alpha_k\,. \end{cases}$$

heißt **Treppenfunktion**.

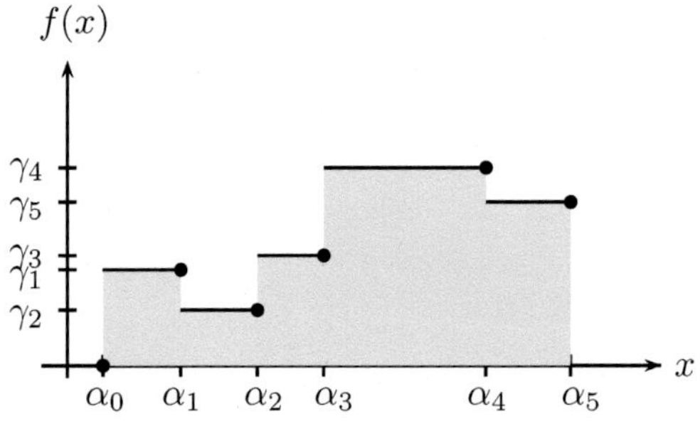

Abbildung 7.4: Treppenfunktion mit $k = 5$.

Aus Beispiel 7.2 kennen wir bereits die Indikatorfunktion eines Intervalls. Sie ist eine spezielle Treppenfunktion. $1_{]a_{i-1},a_i]}$ ist die Indikatorfunktion des Intervalls $]a_{i-1}, a_i]$. Mit ihrer Hilfe lässt sich die Treppenfunktion als Summe schreiben,

$$f(x) = \sum_{i=1}^{k} \gamma_i \, 1_{]\alpha_{i-1},\alpha_i]}(x)\,.$$

Eine Stammfunktion der Indikatorfunktion $1_{]a_{i-1},a_i]}$ lautet

$$F_i(x) = \begin{cases} 0 & \text{für } x \leq a_{i-1}\,, \\ x - a_{i-1} & \text{für } a_{i-1} < x \leq a_i\,, \\ a_i - a_{i-1} & \text{für } x > a_i\,. \end{cases}$$

Das bestimmte Integral der Treppenfunktion f in den Grenzen α_0 und α_k beträgt deshalb

$$\int_{\alpha_0}^{\alpha_k} f(x)dx = \int_{\alpha_0}^{\alpha_1} \gamma_1 dx + \int_{\alpha_1}^{\alpha_2} \gamma_2 dx + \ldots + \int_{\alpha_{k-1}}^{\alpha_k} \gamma_n dx$$

$$= \sum_{i=1}^{k} \gamma_i(\alpha_i - \alpha_{i-1}) \,.$$

Es ist gleich der schraffierten Fläche in Abbildung 7.4. Wir haben gezeigt, dass der Inhalt der Fläche „unter“ dem Graphen einer Treppenfunktion gleich dem bestimmten Integral der Treppenfunktion ist. Allgemein gilt: Eine auf einem beschränkten Intervall definierte sprungstetige nichtnegative Funktion f lässt sich so durch eine Folge von Treppenfunktionen – mit wachsender Zahl k von Stufen – annähern, dass der Flächeninhalt unter dem Graphen von f gleich dem Limes der Flächeninhalte unter den Treppenfunktionen ist.

Eine Fläche in der x-y-Ebene, die nach unten nicht durch die x-Achse, sondern durch eine zweite Funktion $g(x) \geq 0$ begrenzt ist, berechnet man als Differenz der beiden Flächen bezüglich f und g. Auf diese Weise erhält man den Inhalt von Flächen, die sich vollständig oberhalb der x-Achse erstrecken; siehe Abbildung 7.5.

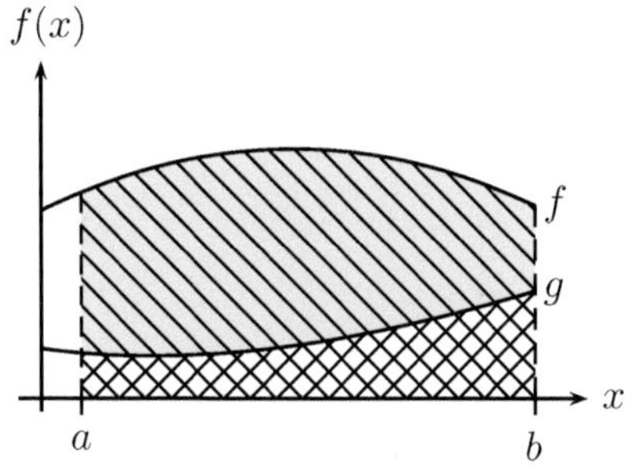

Abbildung 7.5: Fläche zwischen den Graphen von f und g über dem Intervall $[a, b]$.

Um Flächen zwischen der x-Achse und dem Graphen einer Funktion $f(x) \leq 0$ zu berechnen, verwendet man das bestimmte Integral des Negativen $-f(x)$ der Funktion. Nimmt eine Funktion f sowohl positive, als auch negative Werte an, so werden Teilflächen oberhalb und unterhalb der x-Achse jeweils für sich integriert und die Teilflächen zur Gesamtfläche aufaddiert.

Beispiel 7.8.

$$\int_{-1}^{1} x^3 \, dx = \left. \frac{x^4}{4} \right|_{-1}^{1} = \frac{1}{4} - \frac{1}{4} = 0$$

Hier ist die Fläche zwischen f und der x-Achse im Bereich $[0, 1]$ so groß wie im Bereich $[-1, 0]$ (Punksymmetrie zu $(0, 0)$). Da letztere Fläche aber unterhalb der x-Achse liegt, wird sie bei der Berechnung des Integrals abgezogen. Um tatsächlich die Fläche zwischen der x-Achse und der Funktion im Bereich $[-1, 1]$ zu erhalten, muss man von $x = -1$ zur Nullstelle $x = 0$ und dann von $x = 0$ bis $x = 1$ integrieren und die Summe der einzelnen Flächen, d.h. die Summe der Beträge der Teilintegrale berechnen. Hier erhält man

$$\left|\int_{-1}^{0} x^3\,dx\right| + \left|\int_{0}^{1} x^3\,dx\right| = \left|\frac{x^4}{4}\Big|_{-1}^{0}\right| + \left|\frac{x^4}{4}\Big|_{0}^{1}\right| = \left|0 - \frac{1}{4}\right| + \left|\frac{1}{4} - 0\right| = \frac{1}{2}\,.$$

Beispiel 7.9 (Konsumentenrente und Produzentenrente). Auf einem Markt für ein homogenes Gut (zum Beispiel Rapsöl) hängen sowohl die insgesamt nachgefragten Mengen als auch das Marktangebot vom Preis p ab. Bezeichne $p_D(q)$ den Preis, zu dem die Kunden insgesamt die Menge q nachfragen, und $p_S(q)$ den Preis, zu dem die Verkäufer insgesamt die Menge q anbieten. In der Regel ist die **Nachfragefunktion** p_D monoton fallend, während die **Angebotsfunktion** p_S monoton wächst. Gleichgewichtspreis ist der Preis p_0, bei dem der Markt geräumt wird; dies ist dort der Fall, wo sich Angebots- und Nachfragekurve schneiden (Abbildung 7.6).

Beispielsweise seien die folgenden Angebots- und Nachfragefunktionen gegeben,

$$\begin{aligned} p_D(q) &= 10 - 0.5q\,, \quad & q \geq 0\,,\\ p_S(q) &= 4 + 0.02q^2\,, \quad & q \geq 0\,. \end{aligned}$$

Gleichgewichtspreis und -menge werden durch Gleichsetzen der beiden Funktionen bestimmt:

$$\begin{aligned} 10 - 0.5q &= 4 + 0.02q^2\,,\\ q_0 &= -12.5 \pm \sqrt{456.25} = 8.86 \text{ bzw. } -33.86\,,\\ p_0 &= 10 - 0.5q_0 = 5.57\,. \end{aligned}$$

Die negative Lösung für q_0 entfällt, da sie ökonomisch nicht sinnvoll ist. Das Marktgleichgewicht stellt sich im Punkt $(q_0, p_0) = (8.86, 5.57)$ ein.

Zum Marktpreis p_0 kaufen alle Konsumenten, deren Zahlungsbereitschaft mindestens p_0 ist. Die strikt fallende Nachfragekurve zeigt, dass dadurch fast alle Konsumenten weniger zahlen, als sie zu zahlen bereit wären. Diese Differenz nennt man **Konsumentenrente** K_R. Die gesamte Konsumentenrente ergibt sich als die hellgraue Fläche in Abbildung 7.6. Ebenso verkaufen alle Produzenten zum Marktpreis und nicht zu einem niedrigeren Preis, zu dem fast alle von ihnen bereits zu verkaufen bereit wären. Die sich daraus für die Produzenten ergebende Zahlungsdifferenz heißt **Produzentenrente** P_R. Sie entspricht der dunkelgrauen Fläche in Abbildung 7.6.

Die Konsumentenrente ermittelt man durch

$$K_R = \int_0^{q_0} p_D(q)\,dq - p_0 q_0\,.$$

Die Produzentenrente berechnet sich als

$$P_R = p_0 q_0 - \int_0^{q_0} p_S(q)\,dq\,.$$

Für die gegebenen Nachfrage- und Angebotsfunktionen erhalten wir mit kleinen Zwischenrechnungen

$$K_R = \int_0^{8.86} (10 - 0.5q)\,dq - 5.57 \cdot 8.86 = 19.63\,,$$

$$P_R = 5.57 \cdot 8.86 - \int_0^{8.86} (4 + 0.02q^2)\,dq = 9.27\,.$$

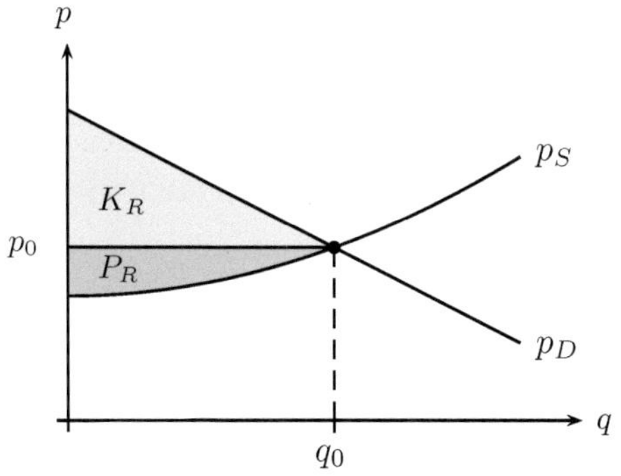

Abbildung 7.6: Marktgleichgewicht mit Konsumenten- und Produzentenrente.

7.6 Partielle Integration

Die folgenden beiden Abschnitte behandeln weitere Techniken, mit denen man sowohl unbestimmte als auch bestimmte Integrale berechnet. Sie basieren auf zwei Regeln des Differenzierens, der Produktregel und der Kettenregel.

Seien F, G Stammfunktionen von f bzw. $g : A \to \mathbb{R}$. Dann gilt folgende Formel[7] der **partiellen Integration**,

[7] Auch hier können sich rechte und linke Seite der Formel um eine Konstante unterscheiden, was man durch eine geeignete Wahl der Integrationskonstanten vermeidet.

$$\int f(x)G(x)dx = F(x)G(x) - \int F(x)g(x)dx\,.$$

Die Formel folgt unmittelbar aus der Produktregel des Differenzierens. Es gilt nämlich (bis auf Ausnahmepunkte) $(F \cdot G)'(x) = f(x)G(x) + F(x)g(x)$.

Die partielle Integration wird eingesetzt, um ein Produkt der Form $f(x)G(x)$ zu integrieren, wenn die Stammfunktion F von f sowie $\int F(x)g(x)dx$ bekannt sind oder leicht berechnet werden können.

Durch Einsetzen von Grenzen α, β erhält man die entsprechende Formel für bestimmte Integrale,

$$\int_\alpha^\beta f(x)G(x)dx = F(x)G(x)\Big|_\alpha^\beta - \int_\alpha^\beta F(x)g(x)dx\,.$$

Beispiel 7.10.

a) Gesucht ist das bestimmte Integral $\int_\alpha^\beta x\,e^x dx$ in den Grenzen $\alpha < \beta$.

Der eine Faktor des Integranden, x, hat die konstante Ableitung 1, der andere Faktor, e^x, ist gleich seiner Stammfunktion e^x. Wir verwenden deshalb die Formel der partiellen Integration mit $G(x) = x$ und $f(x) = e^x$ und erhalten zunächst das unbestimmte Integral

$$\int e^x \cdot x\,dx = e^x \cdot x - \int e^x \cdot 1\,dx \qquad \left|\begin{array}{rcl} f(x) & = & e^x \\ G(x) & = & x \end{array}\right| \begin{array}{rcl} F(x) & = & e^x \\ g(x) & = & 1 \end{array} \Bigg|$$

$$= e^x x - e^x$$

$$= e^x(x-1)\,,$$

und sodann das bestimmte Integral

$$\int_\alpha^\beta xe^x\,dx = e^\beta(\beta - 1) - e^\alpha(\alpha - 1)\,.$$

Falls die Grenzen beispielsweise $\alpha = 0$ und $\beta = 1$ lauten, folgt

$$\int_0^1 xe^x dx = e^1(1-1) - e^0(0-1) = 1\,.$$

(Man könnte auch versucht sein, $f(x) = x$ und $G(x) = e^x$ zu setzen. Dann ergäbe sich jedoch auf der rechten Seite der Formel das Integral $\int \frac{x^2}{2} e^x dx$, was sich nicht ohne Weiteres auflösen lässt.)

b) Man berechne $\int \ln x\,dx$ und $\int_1^5 \ln x\,dx$.

Auch dieser Integrand lässt sich als Produkt schreiben, nämlich in der Form $\ln x = 1 \cdot \ln x$, und partiell integrieren:

$$\int \ln x\,dx = \int 1 \cdot \ln x\,dx \qquad \left|\begin{array}{lcl} f(x) & = & 1 \\ G(x) & = & \ln x \end{array}\right| \begin{array}{lcl} F(x) & = & x \\ g(x) & = & \frac{1}{x} \end{array}\Bigg|$$

$$= x\ln x - \int x \cdot \frac{1}{x}dx$$

$$= x\ln x - x \;=\; x(\ln x - 1)\,.$$

Das bestimmte Integral in den Grenzen von 1 bis 5 lautet

$$\int_1^5 \ln x\,dx = 5(\ln 5 - 1) - 1 \cdot (0 - 1) = 5\ln 5 - 4\,.$$

c) Zu berechnen ist $\int_0^{2\pi} \sin^2 x\,dx$ durch partielle Integration.

Es gilt

$$\int \sin^2 x\,dx = \int \sin x \cdot \sin x\,dx \qquad \left|\begin{array}{lcl} f(x) & = & \sin x \\ F(x) & = & -\cos x \\ G(x) & = & \sin x \\ g(x) & = & \cos x \end{array}\right|$$

$$= -\sin x \cos x + \int \underbrace{\cos^2 x}_{1-\sin^2 x}\,dx$$

$$= -\sin x \cos x + \int 1dx - \int \sin^2 x\,dx\,.$$

$$= -\sin x \cos x + x - \int \sin^2 x\,dx\,.$$

Durch Umordnen erhält man

$$2\int \sin^2 x\,dx = -\sin x \cos x + x\,,$$

$$\int \sin^2 x\,dx = \frac{1}{2}(x - \sin x \cos x)\,,$$

und speziell in den gegebenen Grenzen

$$\int_0^{2\pi} \sin^2 x\,dx = \frac{1}{2}(2\pi - 0 - 0 + 0) \;=\; \pi\,.$$

7.7 Integration durch Substitution

Eine weitere wichtige Technik des Integrierens ist die Integration durch Substitution. Sie basiert auf der Kettenregel des Differenzierens und dient zur Integration verketteter Funktionen. Gegeben sei eine zusammengesetzte Funktion, die auf einem Intervall $A \in \mathbb{R}$ definiert ist,

$$x \mapsto f(x) \mapsto g(f(x)), \quad x \in A.$$

g besitze die Stammfunktion G, und f sei differenzierbar. Dann gilt die erste Formel der **Integration durch Substitution (I)**,

$$\boxed{\int g(f(x))f'(x)dx = G(f(x)) = \int g(y)dy\bigg|_{y=f(x)}.}$$

Die rechte Seite der Formel besagt, dass erst die Stammfunktion $G(y) = \int g(y)dy$ von g gebildet und dann $y = f(x)$ als Argument eingesetzt wird. Man erhält so eine Funktion von x. Die Formel ist eine unmittelbare Folge der Kettenregel des Differenzierens. Nach der gewöhnlichen Kettenregel gilt nämlich $(G \circ f)'(x) = g(f(x)) \cdot f'(x)$ für alle $x \in A$. Daraus folgt für die Stammfunktion

$$\begin{aligned}\int g(f(x))f'(x)dx + c &= (G \circ f)(x) = G(f(x)) = G(y)|_{y=f(x)} \\ &= \int g(y)dy\bigg|_{y=f(x)}.\end{aligned}$$

Beispiel 7.11. Gesucht ist das bestimmte Integral $\int_{-1}^{2} 2x\sqrt{x^2+1}\,dx$.

Wir berechnen zunächst das unbestimmte Integral durch Substitution,

$$\begin{aligned}\int \underbrace{2x}_{f'(x)}\underbrace{\sqrt{x^2+1}}_{g(f(x))}\,dx &= \int g(y)dy = \int \sqrt{y}\,dy \\ &= \int y^{\frac{1}{2}}dy = \frac{2}{3}y^{\frac{3}{2}} = \frac{2}{3}\sqrt{(x^2+1)^3}.\end{aligned}$$

Das bestimmte Integral beträgt dann

$$\int_{-1}^{2} 2x\sqrt{x^2+1}\,dx = \frac{2}{3}\left(\sqrt{125} - \sqrt{8}\right) = 5.5679.$$

Falls die *innere Funktion* f umkehrbar ist, gilt auch die folgende zweite Formel der **Integration durch Substitution (II)**,

$$\boxed{\int g(f(x))dx = \int g(y)\frac{1}{f'(f^{-1}(y))}dy\,.}$$

Zur Herleitung verwendet man, dass die Ableitung der Umkehrfunktion f^{-1} durch

$$\frac{d}{dy}f^{-1}(y) = \frac{1}{f'(f^{-1}(y))} \tag{7.1}$$

gegeben ist, wofür man auch einfach $\frac{dx}{dy}$ schreibt. Die Substitutionsformel (II) vereinfacht sich so zu

$$\boxed{\int g(f(x))dx = \int g(y)\frac{d}{dy}f^{-1}(y)dy = \int g(y)\frac{dx}{dy}dy\,.}$$

Diese Formel folgt aus der ersten Formel der Substitution (I), indem man auf deren rechten Seite $h(y) = g(y)\frac{d}{dy}f^{-1}(y)$ anstelle von $g(y)$ einsetzt:

$$\begin{aligned}\int \underbrace{g(y)\frac{d}{dy}f^{-1}(y)}_{h(y)}\,dy\bigg|_{y=f(x)} &= \int h(y)\,dy\bigg|_{y=f(x)} \stackrel{(I)}{=} \int h(f(x))f'(x)dx \\ &\stackrel{(7.1)}{=} \int g(f(x))\cdot \underbrace{\frac{d}{dy}\left(f^{-1}(f(x))\right)\cdot f'(x)}_{=1 \text{ für alle } x}\,dx \\ &= \int g(f(x))dx\end{aligned}$$

Die Substitutionsregeln für unbestimmte Integrale führen zu entsprechenden Regeln für bestimmte Integrale in den Grenzen α und β:

$$\boxed{\int_\alpha^\beta g(f(x))f'(x)\,dx = \int_{f(\alpha)}^{f(\beta)} g(y)\,dy\,,}$$

$$\boxed{\int_\alpha^\beta g(f(x))\,dx = \int_{f(\alpha)}^{f(\beta)} g(y)\frac{dx}{dy}\,dy\,, \quad \text{falls } f^{-1} \text{ existiert.}}$$

Beispiel 7.12.

a) Gesucht ist das unbestimmte Integral $\int e^{-px}\,dx$.

Wir verwenden die zweite Formel mit $g(y) = e^y$ und $y = f(x) = -px$. Es ist $f^{-1}(y) = -\frac{y}{p}$, $\frac{d}{dy}f^{-1}(y) = -\frac{1}{p}$, also

$$\int \underbrace{e^{-px}}_{g(f(x))}\,dx = \int e^y\left(-\frac{1}{p}\right)dy = -\frac{1}{p}\int e^y dy = -\frac{1}{p}e^y = -\frac{1}{p}e^{-px}.$$

Praktisch geht man bei dieser Aufgabe wie folgt vor: Man weiß, dass e^x integriert $e^x + c$ ergibt. Da der gegebene Integrand nicht e^x, sondern e^{-px} ist, substituiert man $-px$ durch die neue Variable y. Deren Ableitung bezüglich x lautet $\frac{dy}{dx} = -p$, woraus man die „Gleichung" $dx = -\frac{1}{p}dy$ folgert und in das Integral einsetzt. Auf diese Weise erhält man die Gleichung $\int e^{-px}dx = \int e^y(-\frac{1}{p})dy$, aus der sich das Integral leicht berechnen lässt.

b) Gesucht ist das bestimmte Integral $\int_0^1 e^{2x+1}dx$.

Man substituiert $y = 2x + 1$ und bildet die Ableitung von y nach x. Es ist $\frac{dy}{dx} = 2$, also $dx = \frac{1}{2}dy$. Einsetzen in das Integral (einschließlich seiner Grenzen) ergibt

$$\int_0^1 e^{2x+1}dx = \int_{2\cdot 0+1}^{2\cdot 1+1} e^y\frac{1}{2}dy = \frac{1}{2}\int_1^3 e^y dy = \frac{1}{2}(e^3 - e^1).$$

7.8 Uneigentliche Integrale

In zahlreichen Anwendungen der Integralrechnung, etwa in der Finanzmathematik und in der Wahrscheinlichkeitsrechnung, treten Integrationsbereiche auf, die nicht beschränkt sind, also bis plus oder minus unendlich reichen. Solche Integrale nennt man – mit einem seltsamen Namen – **uneigentliche Integrale**. Wir beginnen mit einem Anwendungsbeispiel:

Beispiel 7.13 (Barwert eines monetären Stroms). Einem Konto werden a Geldeinheiten pro Zeiteinheit stetig zugeschrieben und mit dem Zinssatz p verzinst (von der Zeit 0 bis zur Zeit T). Der Barwert zur Zeit 0 beträgt dann (siehe Abbildung 7.7)

$$B(T) = \int_0^T e^{-py}a\,dy = -\frac{a}{p}e^{-py}\Big|_0^T = \frac{a}{p}\left[1 - e^{-pT}\right].$$

Der zur Zeit y eintreffende monetäre Zufluss a wird dabei mit dem Faktor e^{-py} diskontiert. Wenn man nun den Zeithorizont T gegen unendlich gehen lässt, erhält man

$$\lim_{T\to\infty} B(T) = \lim_{T\to\infty} \frac{a}{p}\left[1 - e^{-pT}\right] = \frac{a}{p}.$$

Dies ist der Barwert der „ewigen Rente“ a bei stetigem Zinssatz p.

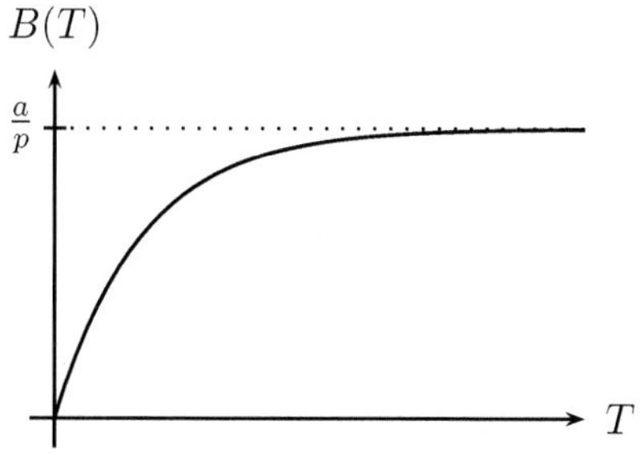

Abbildung 7.7: Barwert eines monetären Stroms bei stetiger Verzinsung.

Allgemein definiert man ein bestimmtes Integral, dessen obere und/oder untere Grenze unendlich ist, als Grenzwert entsprechender Integrale mit endlichen Grenzen.

Definition 7.5: Uneigentliche Integrale

Sei $f : A \to \mathbb{R}$, und f besitze eine Stammfunktion F. Man definiert

$$\int_{\alpha}^{\infty} f(x)dx = \lim_{\beta\to\infty} F(\beta) - F(\alpha),$$

falls $[\alpha,\infty[\, \subset A$ und der Limes in $\mathbb{R} \cup \{-\infty, \infty\}$ existiert, d.h. Konvergenz gegen eine reelle Zahl oder bestimmte Divergenz gegen $+\infty$ oder $-\infty$ vorliegt.[8] Weiter definiert man

$$\int_{-\infty}^{\beta} f(x)dx = F(\beta) - \lim_{\alpha\to-\infty} F(\alpha),$$

falls $]-\infty,\beta] \subset A$ und der Limes in $\mathbb{R} \cup \{-\infty, \infty\}$ existiert.

Außerdem sei

$$\int_{-\infty}^{\infty} f(x)dx = \lim_{\beta\to\infty} F(\beta) - \lim_{\alpha\to-\infty} F(\alpha),$$

falls $A = \mathbb{R}$ und beide Limites in $\mathbb{R} \cup \{-\infty, \infty\}$ existieren, aber nicht beide

[8] Zur bestimmten Divergenz siehe Definition 3.3.

mit dem gleichen Vorzeichen unendlich sind.[9] Dann gilt für jedes $\gamma \in \mathbb{R}$ (insbesondere für $\gamma = 0$)

$$\int_{-\infty}^{\infty} f(x)dx = \int_{-\infty}^{\gamma} f(x)dx + \int_{\gamma}^{\infty} f(x)dx\,.$$

Beispiel 7.14.

a) Berechne das Integral $\int_{-1}^{\infty} x dx$.

Für $f(x) = x$ ist $F(x) = \frac{x^2}{2}$, also

$$\int_{-1}^{\infty} x dx = \lim_{\beta\to\infty} \frac{\beta^2}{2} - \frac{(-1)^2}{2} = \infty\,.$$

Dieses uneigentliche Integral ist bestimmt divergent.

b) Berechne das Integral $\int_{-\infty}^{0} xe^x dx = \lim_{\alpha\to-\infty} \int_{\alpha}^{0} xe^x dx$.

$F(x) = e^x(x-1)$ ist eine Stammfunktion von $f(x) = xe^x$, siehe Beispiel 7.10 a). Also ist

$$\int_{\alpha}^{0} xe^x dx = -1 - e^{\alpha}(\alpha - 1)\,.$$

Für $\alpha \to -\infty$ ergibt sich als Grenzwert zunächst ein „unbestimmter Ausdruck" $-\infty/\infty$, der sich aber nach der Regel von L'Hospital[10] auflösen lässt:

$$\lim_{\alpha\to-\infty} e^{\alpha}(\alpha-1) = \lim_{\alpha\to-\infty} \frac{\alpha-1}{e^{-\alpha}} = \lim_{\alpha\to-\infty} \frac{1}{-e^{-\alpha}} = 0\,.$$

Somit ergibt sich $\int_{-\infty}^{0} xe^x dx = -1$.

c) Man berechne das Integral $\int_1^{\infty} \frac{1}{x^2} dx$.

Eine Stammfunktion von $f(x) = \frac{1}{x^2}$ ist $F(x) = -\frac{1}{x}$. Also ist (vgl. Abbildung 7.8 links)

$$\int_1^{\infty} \frac{1}{x^2} dx = \lim_{\beta\to\infty} -\frac{1}{x}\Big|_1^{\beta} = \lim_{\beta\to\infty} -\frac{1}{\beta} + 1 = 1\,.$$

[9] Wenn einer oder beide Grenzwerte unendlich sind, bestimmt man die Differenz wie folgt: $\infty - c = \infty, c - \infty = -\infty, \infty - (-\infty) = \infty$, usw. Nicht definiert sind $\infty - \infty$ und $-\infty - (-\infty)$.

[10] Siehe Abschnitt 4.8.

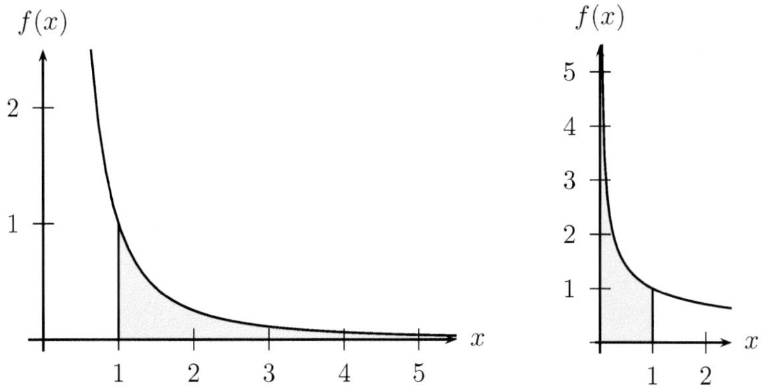

Abbildung 7.8: Zu Beispiel 7.14 c) und Beispiel 7.15 a).

Als uneigentliche Integrale werden auch solche bestimmten Integrale betrachtet, deren Grenzen zwar endlich sind, deren Integrand jedoch am Rand des Bereichs gegen plus oder minus unendlich geht, wie es im folgenden Beispiel der Fall ist.

Beispiel 7.15.

a) Man berechne das Integral $\int_0^1 \frac{1}{\sqrt{x}} dx$.

Hier geht der Integrand $f(x) = \frac{1}{\sqrt{x}}$ gegen unendlich, wenn x sich der unteren Grenze 0 nähert. Es gibt jedoch eine Stammfunktion, $F(x) = 2\sqrt{x}$, und diese hat an beiden Grenzen endliche Werte. Wir erhalten (vgl. Abbildung 7.8 rechts)

$$\int_0^1 \frac{1}{\sqrt{x}} dx = 2\sqrt{x}\Big|_0^1 = 2 - 0 = 2\,.$$

b) Allgemein soll das Integral $\int_1^\infty x^q dx$ für beliebiges $q \in \mathbb{R}$ berechnet werden.

Wir unterscheiden zunächst die beiden Fälle $q = -1$ und $q \neq -1$. Für $q = -1$ erhält man

$$\int_1^\beta x^{-1} dx = \ln\beta - \ln 1 = \ln\beta \overset{\beta\to\infty}{\longrightarrow} \infty\,.$$

Für $q \neq -1$ ist $F(x) = \frac{1}{q+1}x^{q+1}$ eine Stammfunktion von $f(x) = x^q$, und man erhält

$$\int_1^\beta x^q dx = \frac{1}{q+1}\beta^{q+1} - \frac{1}{q+1}1^{q+1} = \frac{1}{q+1}(\beta^{q+1} - 1)\,.$$

Für $q > -1$ ist $q+1 > 0$ und $\lim_{\beta\to\infty} \beta^{q+1} = \infty$.
Für $q < -1$ ist $q+1 < 0$ und $\lim_{\beta\to\infty} \beta^{q+1} = 0$.
Die drei Fälle $q = -1$, $q < -1$ und $q > -1$ fassen wir wie folgt zusammen:

$$\int_1^\infty x^q dx = \begin{cases} -\frac{1}{q+1}, & \text{falls } q < -1\,, \\ \infty, & \text{falls } q \geq -1\,. \end{cases}$$

Im Fall $q \geq -1$ ist das Integral bestimmt divergent.

Die folgende allgemeine Definition des bestimmten Integrals schließt beide Arten von uneigentlichen Integralen sowie die gewöhnlichen („eigentlichen“) bestimmten Integrale ein.

Definition 7.6: Bestimmtes Integral, Existenz, Integrierbarkeit

Seien $a, b \in \mathbb{R} \cup \{-\infty, \infty\}$, $f :]a,b[\to \mathbb{R}$, und f besitze eine Stammfunktion F. Man definiert

$$\int_a^b f(x)dx := \lim_{\beta\to b} F(\beta) - \lim_{\alpha\to a} F(\alpha)\,,$$

falls die beiden Grenzwerte in $\mathbb{R} \cup \{-\infty, \infty\}$ existieren und nicht beide mit gleichem Vorzeichen unendlich sind. Man sagt in diesem Fall, dass das **Integral existiert**. Eine Funktion f heißt **integrierbar** über $]a,b[$, falls das Integral $\int_a^b f(x)dx$ existiert und endlich ist.

Beispiel 7.16.

a) Man berechne das Integral $\int_0^\infty \frac{1}{x^2} dx$.

$F(x) = -\frac{1}{x}$ ist eine Stammfunktion von $f(x) = \frac{1}{x^2}$. Jedoch sind $f(x)$ und $F(x)$ für $x = 0$ nicht definiert. Es gilt

$$\int_\alpha^\beta \frac{1}{x^2} dx = -\frac{1}{\beta} + \frac{1}{\alpha} \to \infty \quad \text{für } \beta \to \infty \text{ und } \alpha \to 0\,,$$

da $-\frac{1}{\beta} \xrightarrow{\beta\to\infty} 0$ und $\frac{1}{\alpha} \xrightarrow{\alpha\to 0} \infty$. Das Integral existiert, ist aber bestimmt divergent.

b) Man berechne das Integral $\int_{-1}^0 \frac{1}{\sqrt{x+1}} dx$.

Offenbar ist der Integrand $f(x) = \frac{1}{\sqrt{x+1}}$ für $x = -1$ nicht definiert. Es ist $F(x) = 2\sqrt{x+1}$ eine Stammfunktion von $f(x)$. Also gilt

$$\int_\alpha^0 \frac{1}{\sqrt{x+1}} dx = 2 - 2\sqrt{\alpha+1} \overset{\alpha\to-1}{\longrightarrow} 2\,,$$

und somit $\int_{-1}^{0} \frac{1}{\sqrt{x+1}} dx = 2$. Das Integral existiert und ist endlich, demnach ist die Funktion f über dem Intervall $]-1,0[$ integrierbar.

c) Das Integral $\int_0^1 x^q dx$ existiert und ist endlich, falls $q > -1$. Man kann zeigen, dass es bestimmt divergent ist, falls $q \leq -1$.

7.9 Integralrechnung in mehreren Variablen

In vielen Anwendungen treten Funktionen mehrerer Variablen auf, die innerhalb bestimmter Grenzen zu integrieren sind. Sei $A \subset \mathbb{R}^2$, $f : A \to \mathbb{R}$, $(x_1, x_2) \mapsto f(x_1, x_2)$ stetig. Wir betrachten ein Rechteck $[\alpha_1, \beta_1] \times [\alpha_2, \beta_2] \subset A$ und die univariaten Funktionen

$$\begin{aligned} g_1 : \; [\alpha_1, \beta_1] &\to \mathbb{R}, \quad x_1 \mapsto \int_{\alpha_2}^{\beta_2} f(x_1, x_2) dx_2\,, \\ g_2 : \; [\alpha_2, \beta_2] &\to \mathbb{R}, \quad x_2 \mapsto \int_{\alpha_1}^{\beta_1} f(x_1, x_2) dx_1\,. \end{aligned}$$

Dann sind g_1 und g_2 stetig. So wie das bestimmte Integral einer univariaten Funktion über ein Intervall berechnet wird, lässt sich das bestimmte Integral einer multivariaten Funktion über ein Rechteck berechnen, wobei allerdings die Funktion bezüglich jeder der Variablen zu integrieren ist. Im Fall einer Funktion zweier Variablen führt dies auf ein Doppelintegral, das wie folgt definiert ist.

Definition 7.7: Doppelintegral

$$\int_{\alpha_2}^{\beta_2} \int_{\alpha_1}^{\beta_1} f(x_1, x_2) dx_1 dx_2 = \int_{\alpha_2}^{\beta_2} g_2(x_2) dx_2$$

heißt **(Doppel-)Integral** von f über dem Rechteck $[\alpha_1, \beta_1] \times [\alpha_2, \beta_2]$.

Bemerkungen

- Ein Doppelintegral wird von innen nach außen berechnet. Man hält x_2 fest und berechnet das innere Integral $\int_{\alpha_1}^{\beta_1} f(x_1, x_2) dx_1$. Dessen Wert ist eine Funktion von x_2, nämlich die Funktion $g_2(x_2)$. Dann berechnet man das äußere Integral $\int_{\alpha_2}^{\beta_2} g_2(x_2) dx_2$.

- Die Reihenfolge der Integration kann vertauscht werden,[11]

$$\int_{\alpha_2}^{\beta_2} \int_{\alpha_1}^{\beta_1} f(x_1, x_2) dx_1 dx_2 = \int_{\alpha_1}^{\beta_1} \int_{\alpha_2}^{\beta_2} f(x_1, x_2) dx_2 dx_1\,.$$

[11] Dies funktioniert allerdings nur so einfach, wenn über ein Rechteck integriert wird, die Integrationsgrenzen also konstant sind. Bei anderen Integrationsbereichen ändern sich beim Vertauschen der Reihenfolge i.d.R. auch die Integrationsgrenzen.

- Das Doppelintegral einer nichtnegativen Funktion f auf dem Rechteck $[\alpha_1, \beta_1] \times [\alpha_2, \beta_2]$ stellt ein **Volumen** dar, und zwar das Volumen der „rechteckigen Säule", deren Grundfläche das Rechteck $[\alpha_1, \beta_1] \times [\alpha_2, \beta_2]$ ist und die nach oben durch die Fläche $z = f(x_1, x_2)$ begrenzt ist; siehe Abbildung 7.9.

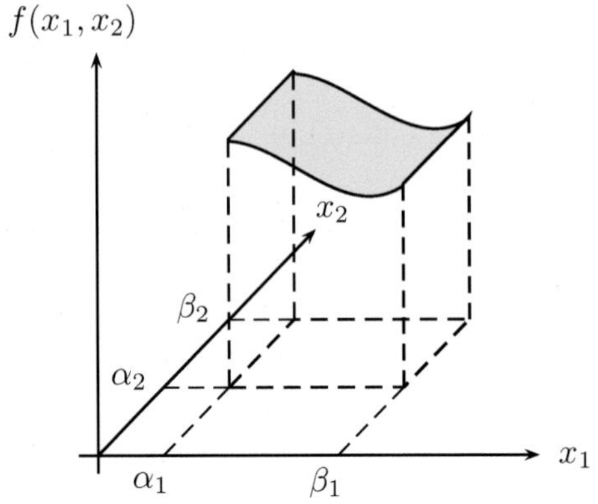

Abbildung 7.9: Das Volumen der rechteckigen Säule bis zum Graph von f ist das Doppelintegral von f auf dem Rechteck $[\alpha_1, \beta_1] \times [\alpha_2, \beta_2]$.

- Auch wenn f unstetig ist, kann man Doppelintegrale gemäß Definition 7.7 bilden. Sprungstellen auf endlich oder abzählbar vielen isolierten Geraden parallel zu den Koordinatenachsen sind erlaubt.
- Für eine Funktion f in n Variablen, $n > 2$, definiert man in gleicher Weise das n-fache Integral

$$\underbrace{\int_{\alpha_n}^{\beta_n} \cdots \int_{\alpha_2}^{\beta_2} \int_{\alpha_1}^{\beta_1}}_{n} f(x_1, x_2, \ldots, x_n) dx_1 dx_2 \ldots dx_n \,.$$

Es wird in n Schritten von innen nach außen berechnet.

Beispiel 7.17.

a) Berechne $\int_{-1}^{0} \int_{2}^{3} (x_1 - x_2)^2 dx_1 dx_2 \,.$

Wir formen den Integranden nach der binomischen Formel um,

$$\int_{-1}^{0} \int_{2}^{3} (x_1 - x_2)^2 dx_1 dx_2 = \int_{-1}^{0} \int_{2}^{3} (x_1^2 - 2x_1x_2 + x_2^2) dx_1 dx_2 \,,$$

berechnen zunächst das innere Integral

$$\int_2^3 (x_1^2 - 2x_1x_2 + x_2^2)dx_1 = \frac{x_1^3}{3} - 2\frac{x_1^2 x_2}{2} + x_1 x_2^2 \Big|_{x_1=2}^{x_1=3}$$
$$= 9 - 9x_2 + 3x_2^2 - \frac{8}{3} + 4x_2 - 2x_2^2$$
$$= \frac{19}{3} - 5x_2 + x_2^2 = g_2(x_2)\,,$$

und setzen es dann in das äußere Integral ein:

$$\int_{-1}^0 \int_2^3 (x_1 - x_2)^2 dx_1 dx_2 = \int_{-1}^0 \left(\frac{19}{3} - 5x_2 + x_2^2\right) dx_2$$
$$= \frac{19}{3}x_2 - \frac{5}{2}x_2^2 + \frac{x_2^3}{3}\Big|_{x_2=-1}^{x_2=0}$$
$$= \frac{19}{3} + \frac{5}{2} + \frac{1}{3} = \frac{55}{6}\,.$$

b) Berechne $\int_0^3 \int_0^2 e^{3x_1+2x_2} dx_1 dx_2$.

Der Integrand wird zunächst umgeformt,

$$\int_0^3 \int_0^2 e^{3x_1+2x_2} dx_1 dx_2 = \int_0^3 \int_0^2 e^{3x_1} e^{2x_2} dx_1 dx_2\,,$$

und sodann das innere Integral berechnet,

$$\int_0^2 e^{3x_1} e^{2x_2} dx_1 = e^{2x_2} \cdot \frac{1}{3} e^{3x_1} \Big|_{x_1=0}^{x_1=2}$$
$$= \frac{1}{3} e^{2x_2} [e^6 - e^0] = g_2(x_2)\,.$$

Einsetzen in das äußere Integral liefert die Lösung:

$$\int_0^3 \int_0^2 e^{3x_1} e^{2x_2} dx_1 dx_2 = \int_0^3 \frac{1}{3}(e^6 - 1) e^{2x_2} dx_2$$
$$= \frac{1}{3}(e^6 - 1)\frac{1}{2} e^{2x_2} \Big|_{x_2=0}^{x_2=3}$$
$$= \frac{1}{6}(e^6 - 1)(e^6 - 1)$$
$$= \frac{1}{6}(e^6 - 1)^2$$
$$= 26991.49\,.$$

Wenn sich der Integrand wie im vorigen Beispiel als Produkt von Funktionen schreiben lässt, die jeweils nur von einer der Variablen abhängen, vereinfacht sich das Doppelintegral durch Trennung der Variablen.

Trennung der Variablen: Falls es reelle Funktionen h_1, h_2 mit $f(x_1, x_2) = h_1(x_1) \cdot h_2(x_2)$ gibt, gilt

$$\begin{aligned}\int_{\alpha_2}^{\beta_2} \int_{\alpha_1}^{\beta_1} f(x_1, x_2) dx_1 dx_2 &= \int_{\alpha_2}^{\beta_2} \int_{\alpha_1}^{\beta_1} h_1(x_1) h_2(x_2) dx_1 dx_2 \\ &= \int_{\alpha_2}^{\beta_2} h_2(x_2) dx_2 \cdot \int_{\alpha_1}^{\beta_1} h_1(x_1) dx_1 \,.\end{aligned}$$

Beispiel 7.18. Der Integrand in Beispiel 7.17b) erlaubt eine Trennung der Variablen mit $h_1(x_1) = e^{3x_1}, h_2(x_2) = e^{2x_2}$, sodass gilt

$$\int_0^2 \underbrace{e^{3x_1}}_{h_1(x_1)} dx_1 = \frac{1}{3}(e^6 - e^0)\,,$$

$$\int_0^3 \underbrace{e^{2x_2}}_{h_2(x_2)} dx_2 = \frac{1}{2}(e^6 - e^0)\,,$$

$$\int_0^3 \int_0^2 e^{3x_1} e^{2x_2} dx_1 dx_2 = \frac{1}{3}(e^6 - e^0) \cdot \frac{1}{2}(e^6 - e^0)\,.$$

Mehrfache uneigentliche Integrale kommen insbesondere in der Wahrscheinlichkeitsrechnung vor. Man berechnet sie als Grenzwerte gewöhnlicher mehrfacher Integrale.

Beispiel 7.19.

a) Vgl. Beispiel 7.17 b). Wir berechnen das uneigentliche Integral

$$\begin{aligned}&\int_{-\infty}^{3} \int_{-\infty}^{2} e^{3x_1+2x_2} dx_1 dx_2 \\ &\qquad = \lim_{\alpha_2 \to -\infty} \int_{\alpha_2}^{3} \left(\lim_{\alpha_1 \to -\infty} \int_{\alpha_1}^{2} e^{3x_1+2x_2}\, dx_1 \right) dx_2 \\ &\qquad = \lim_{\alpha_2 \to -\infty} \int_{\alpha_2}^{3} e^{2x_2} \left(\lim_{\alpha_1 \to -\infty} \int_{\alpha_1}^{2} e^{3x_1}\, dx_1 \right) dx_2 \\ &\qquad = \lim_{\alpha_2 \to -\infty} \int_{\alpha_2}^{3} e^{2x_2} \left(\lim_{\alpha_1 \to -\infty} \frac{1}{3} \left[e^{3\cdot 2} - e^{3\cdot\alpha_1} \right] \right) dx_2 \\ &\qquad = \lim_{\alpha_2 \to -\infty} \int_{\alpha_2}^{3} e^{2x_2} \frac{1}{3} \left[e^6 - 0 \right] dx_2\end{aligned}$$

$$= \frac{1}{3}e^6 \lim_{\alpha_2 \to -\infty} \frac{1}{2}\left[e^{2\cdot 3} - e^{2\cdot \alpha_2}\right] dx_2$$
$$= \frac{1}{6}e^6\left[e^6 - 0\right] = \frac{1}{6}e^{12}.$$

b) Man berechne

$$\int_{-\infty}^{\infty}\int_{-\infty}^{\infty} f(x_1, x_2) dx_1 dx_2$$

mit

$$f(x_1, x_2) = \begin{cases} \frac{1}{72}\, x_1 x_2^2\,, & \text{falls} \quad 0 \le x_1 \le 4 \text{ und } 0 \le x_2 \le 3\,, \\ 0\,, & \text{sonst}\,. \end{cases}$$

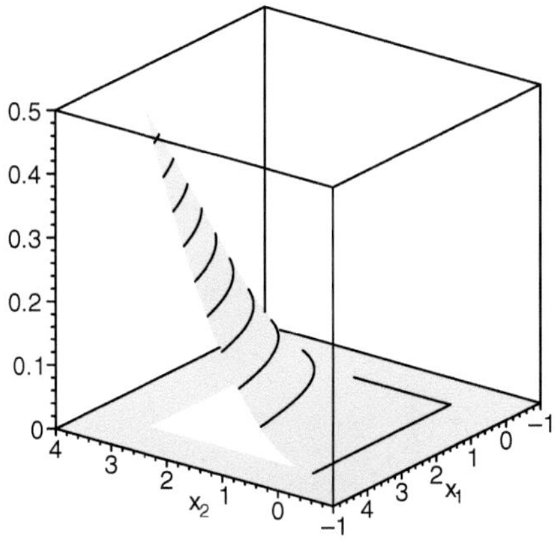

Da außerhalb des Rechtecks $[0, 4] \times [0, 3]$ der Integrand gleich null ist, gilt

$$\int_{-\infty}^{\infty}\int_{-\infty}^{\infty} f(x_1, x_2) dx_1 dx_2 = \int_0^3\int_0^4 f(x_1, x_2) dx_1 dx_2$$
$$= \frac{1}{72}\int_0^3\int_0^4 x_1 x_2^2 dx_1 dx_2$$
$$= \frac{1}{72}\int_0^3 \left(\frac{4^2}{2} - 0\right) x_2^2 dx_2$$
$$= \frac{1}{72}\frac{4^2}{2}\left(\frac{3^3}{3} - 0\right) = 1\,.$$

Statt über einem Rechteck kann auch über einer allgemeineren Menge, etwa

$$B = \left\{ \begin{pmatrix} x_1 \\ x_2 \end{pmatrix} \in \mathbb{R}^2 \, : \, u(x_1) \leq x_2 \leq v(x_1), \alpha_1 \leq x_1 \leq \beta_1 \right\}$$

integriert werden.

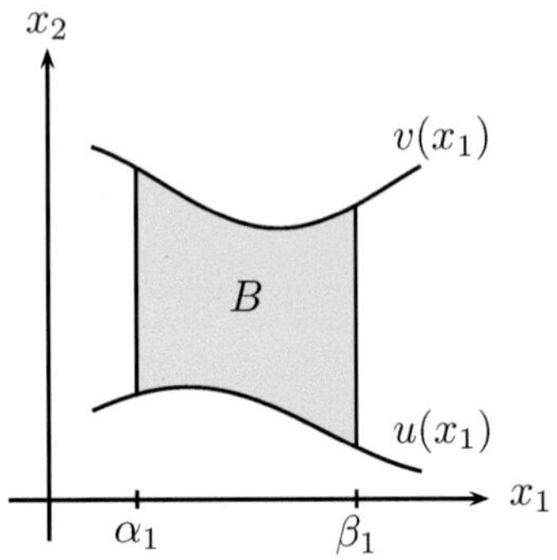

Hier seien u und v stetige Funktionen. Dann wählt man als inneres Integral den Ausdruck

$$g_1(x_1) = \int_{u(x_1)}^{v(x_1)} f(x_1, x_2) dx_2$$

mit von x_1 abhängenden Grenzen. Das Integral über der Menge B ist dann gleich

$$\iint\limits_B f(x_1, x_2) dx_1 dx_2 = \int_{\alpha_1}^{\beta_1} g_1(x_1) dx_1 = \int_{\alpha_1}^{\beta_1} \int_{u(x_1)}^{v(x_1)} f(x_1, x_2) dx_2 dx_1 \, .$$

Beispiel 7.20. Sei B ein Dreieck wie abgebildet. Dann ist $u(x_1) \equiv 0, v(x_1) = \beta_2 - \frac{\beta_2}{\beta_1} x_1$ und x_1 wird integriert von 0 bis β_1.

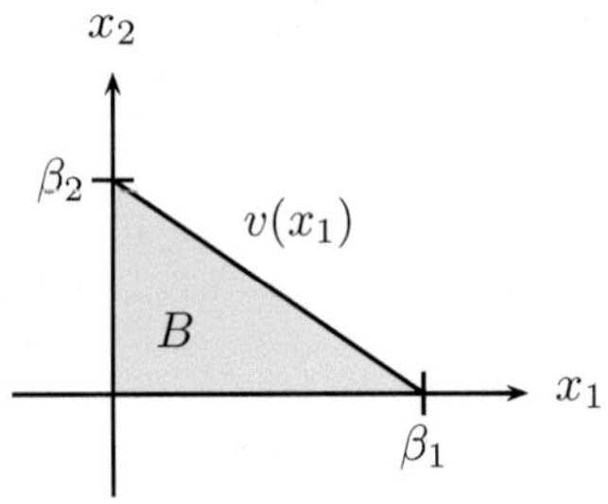

Man berechnet also das Integral

$$\iint\limits_B f(x_1, x_2) dx_1 dx_2 = \int_0^{\beta_1} \int_0^{\beta_2 - \frac{\beta_2}{\beta_1} x_1} f(x_1, x_2) dx_2 dx_1 \, .$$

Für $\beta_1, \beta_2 = 1$ und $f(x_1, x_2) = 2x_1x_2$ erhält man

$$\begin{aligned}\int_0^1 \int_0^{1-x_1} 2x_1x_2\,dx_2\,dx_1 &= \int_0^1 2x_1 \left(\frac{x_2^2}{2}\bigg|_{x_2=0}^{x_2=1-x_1} \right) dx_1 = \int_0^1 x_1(1-x_1)^2 dx_1 \\ &= \int_0^1 (x_1 - 2x_1^2 + x_1^3)\,dx_1 = \frac{x_1^2}{2} - \frac{2x_1^3}{3} + \frac{x_1^4}{4}\bigg|_{x_1=0}^{x_1=1} \\ &= \frac{1}{2} - \frac{2}{3} + \frac{1}{4} = \frac{1}{12}\,.\end{aligned}$$

Beispiel 7.21. Sei B die Kreisfläche mit Radius r. Es ist

$$B = \left\{(x_1, x_2) \in \mathbb{R}^2 : x_1^2 + x_2^2 \leq r^2\right\}\,.$$

B lässt sich beschreiben als Fläche zwischen den beiden Funktionen $v(x_1) = \sqrt{r^2 - x_1^2}$ und $u(x_1) = -\sqrt{r^2 - x_1^2}$, wobei x_1 zwischen $-r$ und r verläuft.

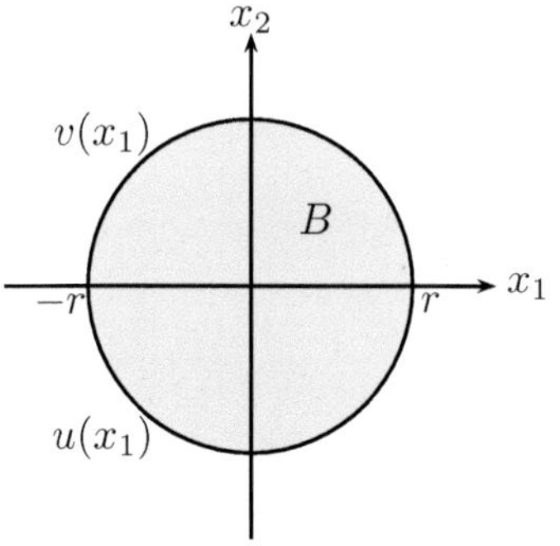

Berechnet wird hier

$$\iint\limits_B f(x_1, x_2)dx_1dx_2 = \int_{-r}^{r} \int_{-\sqrt{r^2-x_1^2}}^{\sqrt{r^2-x_1^2}} f(x_1, x_2)dx_2dx_1\,.$$

Bemerkung: Eventuell muss der Integrationsbereich in mehrere Teilbereiche $B_1, B_2, \ldots$ zerlegt werden, die sich jeweils wie B darstellen lassen.

Beispiel 7.22. Der in der folgenden Abbildung dargestellte Integrationsbereich B muss in zwei Teile zerlegt werden.

$$B_1 \text{ mit } u(x_1) = x + 1\,,\; v(x_1) = \sqrt{1 - x_1^2}\,,$$

$$B_2 \text{ mit } \tilde{v}(x_1) = -x - 1\,,\; \tilde{u}(x_1) = -\sqrt{1 - x_1^2}\,,$$

wobei x_1 anschließend von -1 bis 0 integriert wird.

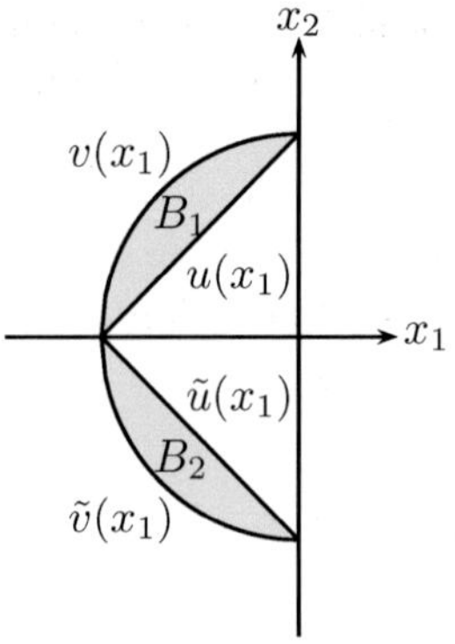

Man berechnet also

$$\iint_B f(x_1,x_2)dx_1dx_2 = \iint_{B_1} f(x_1,x_2)dx_1dx_2 + \iint_{B_2} f(x_1,x_2)dx_1dx_2$$
$$= \int_{-1}^{0}\int_{x+1}^{\sqrt{1-x_1^2}} f(x_1,x_2)dx_2dx_1 + \int_{-1}^{0}\int_{-\sqrt{1-x_1^2}}^{-x-1} f(x_1,x_2)dx_2dx_1 \,.$$

7.10 Ableitung unter dem Integral

Unter gewissen Umständen – aber nicht immer! – darf man ein Integral mit einem Limes oder einer Ableitung vertauschen. Man kann zeigen: Wenn eine Folge von Funktionen punktweise gegen null geht, so konvergiert auch die Folge der bestimmten Integrale gegen null. Etwas allgemeiner gilt der folgende Satz.

Satz 7.6: Monotoner Limes

Sei $(f_k)_{k\in\mathbb{N}}$ eine monotone (fallende oder wachsende) Folge von Funktionen mit Stammfunktionen $(F_k)_{k\in\mathbb{N}}$, sei f_0 eine Funktion mit Stammfunktion F_0, und seien α und $\beta \in \mathbb{R}$. Wenn

$$\lim_{k\to\infty} f_k(x) = f_0(x) \qquad \text{für alle } x \in]\alpha,\beta[$$

gilt, dann ist

$$\lim_{k\to\infty}\int_\alpha^\beta f_k(x)\,dx = \int_\alpha^\beta \lim_{k\to\infty} f_k(x)\,dx = \int_\alpha^\beta f_0(x)\,dx = F_0(\beta) - F_0(\alpha)\,.$$

Die nächste Aussage bezieht sich auf eine mögliche Vertauschung von Integration und Differentiation. Sie ist immer dann erlaubt, wenn der Integrand stetig partiell differenzierbar ist.

Satz 7.7: Ableitung unter dem Integral

Wenn der Integrand f stetig partiell differenzierbar nach x_1 ist, ist auch das Integral $g_1 = \int_{\alpha_2}^{\beta_2} f(x_1, x_2)dx_2$ nach x_1 differenzierbar und es gilt

$$\frac{d}{dx_1} \int_{\alpha_2}^{\beta_2} f(x_1, x_2)dx_2 = \int_{\alpha_2}^{\beta_2} \frac{\partial f}{\partial x_1}(x_1, x_2)dx_2 \, .$$

Die Ableitung unter dem Integral erfolgt nach dem „Parameter“ x_1. Analog ist für x_2 vorzugehen.

Wichtige Begriffe zur Wiederholung

Nach der Lektüre dieses Kapitels sollten folgende Begriffe geläufig sein:

- Stammfunktion
- unbestimmtes Integral, Integrationskonstante
- bestimmtes Integral
- Flächenberechnung
- partielle Integration
- Integration durch Substitution
- uneigentliche Integrale
- Integrierbarkeit, Existenz, bestimmt divergentes Integral
- Doppelintegral
- Volumenberechnung
- Integration durch Trennung der Variablen

Selbsttest

Anhand folgender Ankreuzaufgaben können Sie Ihre Kenntnisse zu diesem Kapitel überprüfen. Beurteilen Sie dazu, ob die Aussagen jeweils wahr (W) oder falsch (F) sind. Kurzlösungen zu diesen Aufgaben finden Sie in Anhang H.

I. Sind folgende Aussagen wahr oder falsch?

	W	F
Es gibt unendlich viele Stammfunktionen einer Funktion, die sich jeweils durch eine Integrationskonstante unterscheiden.	☐	☐
Zur Berechnung eines bestimmten Integrals der Funktion f kann man jede beliebige Stammfunktion der Funktion f benutzen.	☐	☐
Der Betrag des Integrals $\int_a^b f(x)dx$ ist größer als die Fläche zwischen dem Graphen der Funktion f und der x-Achse auf dem Bereich $[a, b]$.	☐	☐
Man berechnet ein uneigentliches Integral, indem man ein bestimmtes Integral berechnet und dann einen Grenzwert bildet, durch den der Integrationsbereich immer kleiner wird.	☐	☐

II. Sind folgende Aussagen wahr oder falsch?

	W	F
$\int_0^1 (e^x + \sin(x) + x^5)dx = \int_0^1 e^x dx - \int_1^0 (\sin(x) - x^5)dx + 2\int_0^1 x^5 dx$	☐	☐
Ist der Integrand das Produkt zweier Funktionen (der selben Variablen), so verwendet man partielle Integration, wenn dadurch ein „einfacher" zu bestimmendes Integral entsteht.	☐	☐
$\int_3^4 (x^2 - 1)dx \geq \int_3^4 x^2 dx$	☐	☐
Die Grenzen eines bestimmten Integrals nach Substitution der Integrationsvariablen durch eine monoton wachsende Funktion stimmen mit den ursprünglichen Grenzen überein.	☐	☐

III. Sind folgende Aussagen wahr oder falsch?

	W	F
Um $\int_0^1 \frac{6x^2+4x}{\sqrt{x^3+x^2}}\,dx$ mittels Substitution zu integrieren, ist $u := 6x^2 + 4x$ die geeignete Substitution.	☐	☐
Um $\int_0^1 \frac{6x^2+4x}{\sqrt{x^3+x^2}}\,dx$ mittels Substitution zu integrieren, ist $u := x^3 + x^2$ die geeignete Substitution.	☐	☐
$\int_0^n \lfloor x \rfloor\,dx = \sum_{i=0}^{n-1} i$	☐	☐
Jede stetige Funktion ist auch sprungstetig.	☐	☐

IV. Sind folgende Aussagen wahr oder falsch?

	W	F
Beim Doppelintegral rechnet man die beiden Integrale nacheinander von außen nach innen aus.	☐	☐
$\int_0^1 \int_{-1}^1 f(x,y)\,dy\,dx = \int_{-1}^1 \int_0^1 f(x,y)\,dx\,dy$	☐	☐
Das Integral $\int_0^4 \int_0^5 6\,dy\,dx$ lässt sich als Volumen des Quaders mit Grundfläche vier mal fünf und Höhe sechs interpretieren.	☐	☐
Das Integral $\int_{-1}^1 \int_{-1}^1 x^3y^3\,dy\,dx$ lässt sich interpretieren als Volumen zwischen dem Rechteck $[-1,1] \times [-1,1]$ und dem Graphen der Funktion x^3y^3.	☐	☐

Aufgaben

Aufgabe 1

Bestimmen Sie jeweils alle Stammfunktionen zu den Funktionen $f_i : A_i \to \mathbb{R}$, $i = 1, \ldots, 5$, wobei

$$f_1(x) = x^3 - 2x + 5, \qquad A_1 = \mathbb{R}\,,$$

$$f_2(x) = \frac{1}{x^2} + \frac{3}{2x} - (x+1)^2, \qquad A_2 = \mathbb{R} \setminus \{0\}\,,$$

$$f_3(x) = \sqrt{x+1} + \frac{1}{\sqrt{x}}, \qquad A_3 = \mathbb{R}_+ \setminus \{0\}\,,$$

$$f_4(x) = \frac{x^2}{1+x^2}, \qquad A_4 = \mathbb{R},$$

$$f_5(x) = 2xe^{x^2}, \qquad A_5 = \mathbb{R}\,.$$

Aufgabe 2

Berechnen Sie mittels (eventuell mehrfacher) partieller Integration die folgenden bestimmten und unbestimmten Integrale:

a) $\int_0^2 xe^{-x}\,dx$,

b) $\int_1^e \frac{\ln(x)}{x}\,dx$,

c) $\int \sin(x)e^x\,dx$.

Aufgabe 3

Bestimmen Sie mittels Integration durch Substitution die folgenden bestimmten und unbestimmten Integrale:

a) $\int_{-1}^8 x\sqrt{1+x}\,dx$,

b) $\int_0^{\frac{\pi}{2}} \sin^2(x)\cos(x)\,dx$,

c) $\int \frac{x+3}{(x^2+6x)^4}\,dx$.

Aufgabe 4

Berechnen Sie, sofern möglich, die folgenden uneigentlichen Integrale:

a) $\int_0^\infty \frac{x}{(1+x^2)^2}\,dx$,

b) $\int_0^1 \ln x\,dx$,

c) $\int_{-\infty}^1 (e^x+1)^2e^x\,dx$,

d) $\int_0^\infty \frac{e^x}{x}\,dx$.

Aufgabe 5

Berechnen Sie die folgenden mehrfachen Integrale:

a) $\int_1^2 \left[\int_{-1}^1 (x^2y - xy^2)\,dx\right] dy$,

b) $\int_0^\infty \left[\int_0^\infty e^{-x-2y}\,dy\right] dx$,

c) $\displaystyle\int_{-1}^{1}\left[\int_{0}^{x}(xy^2+x)\,dy\right]dx,$

d) $\displaystyle\int_{-\pi}^{\pi}\left[\int_{-y}^{y}\sin(x)\,dx\right]dy.$

Aufgabe 6

Berechnen Sie die folgenden mehrfachen Integrale:

a) $\displaystyle\int_{0}^{\infty}\int_{0}^{x}e^{-x-y}\,dy\,dx,$

b) $\displaystyle\int_{-2}^{2}\int_{0}^{\sqrt{4-x^2}}x^2y\,dy\,dx.$

Kapitel 8

Lineare Gleichungen

In diesem Kapitel behandeln wir die Lösung linearer Gleichungen. Ein System von m linearen Gleichungen in n Unbekannten lässt sich als eine Gleichung zwischen Vektoren des $\mathbb{R}^m$ auffassen, $\boldsymbol{Ax} = \boldsymbol{b}$, wobei $\boldsymbol{A}$ eine $m \times n$-Matrix und $\boldsymbol{b} \in \mathbb{R}^m$ ist; die n Unbekannten sind zum Vektor $\boldsymbol{x} \in \mathbb{R}^n$ zusammengefasst.

8.1 Lösung einer linearen Gleichung

Gegeben sei $\boldsymbol{A} = (a_{ij}) \in \mathbb{R}^{m \times n}$ und $\boldsymbol{b} \in \mathbb{R}^m$. Gesucht ist die Menge

$$L(\boldsymbol{A}, \boldsymbol{b}) = \{\boldsymbol{x} \in \mathbb{R}^n \,:\, \boldsymbol{Ax} = \boldsymbol{b}\}\,.$$

$L(\boldsymbol{A}, \boldsymbol{b})$ heißt **Lösungsmenge** der **linearen Gleichung** $\boldsymbol{Ax} = \boldsymbol{b}$ oder auch **vollständige Lösung** von $\boldsymbol{Ax} = \boldsymbol{b}$. Jedes Element $\boldsymbol{x} \in L(\boldsymbol{A}, \boldsymbol{b})$ heißt **Lösung** von $\boldsymbol{Ax} = \boldsymbol{b}$. Die $m \times n$-Matrix $\boldsymbol{A}$ und den Spaltenvektor $\boldsymbol{b}$ mit m Komponenten fügt man zu einer $m \times (n+1)$-Matrix zusammen; sie heißt **erweiterte Matrix** der linearen Gleichung.

Beispiel 8.1. Gegeben sei das lineare Gleichungssystem

$$\begin{array}{lccccccc}
\text{I:} & 3x_1 & + & 5x_2 & + & 1x_3 & = & 1 \\
\text{II:} & 2x_1 & + & 4x_2 & + & 5x_3 & = & 2 \\
\text{III:} & 1x_1 & + & 2x_2 & + & 2x_3 & = & 0 \\
\text{IV:} & 1x_1 & + & 2x_2 & + & 3x_3 & = & 2
\end{array}$$

In Matrix-Vektor-Schreibweise kann man das Gleichungssystem als lineare Gleichung schreiben,

$$\begin{bmatrix} 3 & 5 & 1 \\ 2 & 4 & 5 \\ 1 & 2 & 2 \\ 1 & 2 & 3 \end{bmatrix} \begin{bmatrix} x_1 \\ x_2 \\ x_3 \end{bmatrix} = \begin{bmatrix} 1 \\ 2 \\ 0 \\ 2 \end{bmatrix}.$$

Die erweiterte Matrix dieser linearen Gleichung lautet dann

$$\left[\begin{array}{ccc|c} 3 & 5 & 1 & 1 \\ 2 & 4 & 5 & 2 \\ 1 & 2 & 2 & 0 \\ 1 & 2 & 3 & 2 \end{array}\right].$$

Der Vektor der rechten Seite wird der besseren Übersichtlichkeit halber durch einen vertikalen Strich abgetrennt.

8.2 Elementare Zeilenumformungen

Man löst eine lineare Gleichung, indem man die Gleichung durch „einfache" Umformungen so transformiert, dass die Lösung der transformierten Gleichung leicht abzulesen ist. Wesentlich dabei ist natürlich, dass die gewählten Umformungen die Lösung der Gleichung nicht ändern. Gehen wir zunächst von einem linearen Gleichungssystem aus. Offensichtlich ändern die folgenden Umformungen des Gleichungssystems nicht die Lösung des Gleichungssystems:

- Vertauschen zweier Zeilen des Gleichungssystems,
- Ersetzen einer Gleichung durch ihre Summe (Differenz) mit einem Vielfachen einer zweiten Gleichung,
- Multiplikation einer Gleichung mit einer Zahl ungleich null.

Führt man diese Umformungen an der erweiterten Matrix des Gleichungssystems durch, so spricht man von **elementaren Zeilenumformungen**. Elementare Zeilenumformungen – oder kurz EZU – einer Matrix sind also die folgenden Transformationen:

EZU 1: Vertauschen zweier Zeilen,
EZU 2: Ersetzen einer Zeile durch ihre Summe (Differenz) mit dem Vielfachen einer anderen Zeile,
EZU 3: Multiplikation einer Zeile mit einer Zahl ungleich null.

Wenn eine $m \times n$-Matrix $\widetilde{\boldsymbol{A}}$ durch endlich viele EZU aus einer Matrix $\boldsymbol{A}$ gebildet werden kann, schreiben wir $\boldsymbol{A} \stackrel{EZU}{\longrightarrow} \widetilde{\boldsymbol{A}}$.

Ganz analog kann man natürlich auch **elementare Spaltenumformungen** einer Matrix $\boldsymbol{A}$ definieren. Diese sind jedoch – abgesehen vom Vertauschen zweier Spalten – für das Folgende nicht von Bedeutung.

Man überlegt sich leicht, dass die Umkehrung jeder EZU ebenfalls eine EZU ist. So wird die Vertauschung zweier Zeilen rückgängig gemacht, indem dieselben Zeilen erneut vertauscht werden. Entsprechend wird die Addition des Vielfachen einer Zeile zu einer zweiten Zeile durch die Subtraktion des gleichen Vielfachen der ersten Zeile umgekehrt, und die Multiplikation einer Zeile mit $\alpha \neq 0$ durch die Multiplikation mit $1/\alpha$. Wenn also aus der erweiterten Matrix $[\boldsymbol{A} \mid \boldsymbol{b}]$ durch EZU die Matrix $[\widetilde{\boldsymbol{A}} \mid \widetilde{\boldsymbol{b}}]$ entsteht, so entsteht auch $[\boldsymbol{A} \mid \boldsymbol{b}]$ durch EZU aus $[\widetilde{\boldsymbol{A}} \mid \widetilde{\boldsymbol{b}}]$ und umgekehrt, d.h.

$$[\boldsymbol{A} \mid \boldsymbol{b}] \overset{EZU}{\longrightarrow} [\widetilde{\boldsymbol{A}} \mid \widetilde{\boldsymbol{b}}] \quad \Longleftrightarrow \quad [\widetilde{\boldsymbol{A}} \mid \widetilde{\boldsymbol{b}}] \overset{EZU}{\longrightarrow} [\boldsymbol{A} \mid \boldsymbol{b}].$$

Da eine einzelne EZU der erweiterten Matrix die Lösungsmenge der entsprechenden Gleichung nicht ändert, gilt dies auch für eine Folge nacheinander ausgeführter EZU. Dieses wichtige Ergebnis formulieren wir als Satz.

Satz 8.1: Lösungsmenge bei Elementare Zeilenumformungen

Formt man die erweiterte Matrix $[\boldsymbol{A} \mid \boldsymbol{b}]$ einer linearen Gleichung $\boldsymbol{A}\boldsymbol{x} = \boldsymbol{b}$ durch EZU um, so ändert sich die Lösungsmenge der zugehörigen linearen Gleichung nicht:

$$[\boldsymbol{A} \mid \boldsymbol{b}] \overset{EZU}{\longrightarrow} [\widetilde{\boldsymbol{A}} \mid \widetilde{\boldsymbol{b}}] \quad \Longrightarrow \quad L(\boldsymbol{A}, \boldsymbol{b}) = L(\widetilde{\boldsymbol{A}}, \widetilde{\boldsymbol{b}}).$$

8.3 Das Gauß-Jordan-Verfahren

Wir beschreiben ein systematisches Verfahren zur Lösung einer linearen Gleichung, das sogenannte **Gauß-Jordan[1]-Verfahren**. Dieses Verfahren kann nicht nur zur Lösung linearer Gleichungen verwendet werden, sondern auch zur Berechnung der Inversen einer Matrix und zur rechnerischen Lösung vieler weiterer Probleme, die uns in späteren Kapiteln begegnen werden. Die erweiterte Matrix wird beim Gauß-Jordan-Verfahren durch elementare Zeilenumformungen so weit umgeformt, dass die Lösung der linearen Gleichung direkt ablesbar ist.

Gegeben sei die lineare Gleichung $\boldsymbol{A}\boldsymbol{x} = \boldsymbol{b}$, wobei $\boldsymbol{A}$ eine $m \times n$-Matrix ist und $\boldsymbol{x}$ bzw. $\boldsymbol{b}$ Spaltenvektoren mit n bzw. m Komponenten sind.

[1] Wilhelm Jordan (1842-1899)

Gauß-Jordan-Verfahren

1. Im ersten Schritt werden die elementaren Zeilenumformungen so gewählt, dass die erste Spalte von $\boldsymbol{A}$ von

$$\begin{bmatrix} a_{11} \\ a_{21} \\ \vdots \\ a_{m1} \end{bmatrix} \quad \text{zu} \quad \begin{bmatrix} 1 \\ 0 \\ \vdots \\ 0 \end{bmatrix} = \boldsymbol{e}_1$$

   umgeformt wird.

   Falls $a_{11} \neq 0$ ist, wird dies erreicht, indem zunächst die erste Zeile der erweiterten Matrix durch a_{11} dividiert wird. Das Element a_{11} heißt dann **Pivot-Element**. Danach wird für $i = 2, \ldots, m$ das a_{i1}-fache der ersten Zeile von der i-ten Zeile subtrahiert. War bereits vorher $a_{i1} = 0$, muss man diese Umformung natürlich nicht durchführen.

2. Dieser Schritt wird für die weiteren Spalten von $\boldsymbol{A}$ wiederholt. Im zweiten Schritt wird also a_{22} als Pivot-Element gewählt, im dritten Schritt a_{33} usw. Die zweite Spalte wird anschließend zum zweiten Einheitsvektor umgeformt usw.

2a. Falls ein Diagonal-Element $a_{jj} = 0$ ist, kann der Eliminationsschritt für diese Spalte nicht wie oben beschrieben durchgeführt werden. Falls jedoch von den Elementen $a_{j+1,j}, \ldots, a_{mj}$ *unterhalb der Diagonalen* ein Element ungleich null ist, vertauscht man zunächst die entsprechende *Zeile* mit der j-ten Zeile und führt dann den Eliminationsschritt für die j-te Zeile wie gewohnt durch.

2b. Falls a_{jj} und auch die Elemente der j-ten Spalte unterhalb der Diagonalen alle gleich null sind, prüft man, ob in den folgenden Spalten von $\boldsymbol{A}$ ein Element in den Zeilen $j+1, \ldots, m$ ungleich null ist. In diesem Fall vertauscht man die entsprechende **Spalte** mit der $(j+1)$-ten Spalte und führt dann Schritt 2a. durch. In diesem Fall muss aber über die Spaltenvertauschungen Buch geführt werden, denn Spaltenvertauschungen entsprechen Vertauschungen der Variablen x_i, vgl. Beispiel 8.4.

2c. Das Verfahren endet, wenn kein weiteres Pivot-Element gewählt werden kann. Die dann erreichte erweiterte Matrix $[\widetilde{\boldsymbol{A}}, \widetilde{\boldsymbol{b}}]$ wird zusammen mit den Variablen $x_1, \ldots, x_n$ in einem **Endtableau** dargestellt.

Allgemein hat ein Endtableau die folgende Gestalt, wenn bei k Spalten der Eliminationsschritt durchgeführt werden konnte:

$$
\begin{array}{ccc|ccc|c}
x_1 & \cdots & x_k & x_{k+1} & \cdots & x_n & \widetilde{\boldsymbol{b}} \\
\hline
1 & \cdots & 0 & * & \cdots & * & * \\
\vdots & \ddots & \vdots & \vdots & & \vdots & \vdots \\
0 & \cdots & 1 & * & \cdots & * & * \\
\hline
0 & \cdots & 0 & 0 & \cdots & 0 & * \\
\vdots & & \vdots & \vdots & & \vdots & \vdots \\
0 & \cdots & 0 & 0 & \cdots & 0 & *
\end{array}
$$

Die Matrix $\widetilde{\boldsymbol{A}}$ des Endtableaus (ohne $\widetilde{\boldsymbol{b}}$) besteht also aus drei Teilmatrizen. Links oben befindet sich eine $k \times k$-Einheitsmatrix, rechts daneben eine Matrix des Formats $k \times (n-k)$, darunter die Nullmatrix $\mathbf{0}_{m-k,n}$.

Wie kann man von einem solchen Endtableau die Lösung der linearen Gleichung ablesen? Dazu muss man mehrere Fälle unterscheiden. Wir erläutern diese anhand von Beispielen.

Fall 1 ($k = m = n$): In diesem Fall ist $\widetilde{\boldsymbol{A}}$ eine Einheitsmatrix. Das Endtableau laute beispielsweise

x_1	x_2	x_3	$\widetilde{\boldsymbol{b}}$
1	0	0	18
0	1	0	−11
0	0	1	2

.

Dann hat die lineare Gleichung $\boldsymbol{A}\boldsymbol{x} = \boldsymbol{b}$ eine **eindeutige Lösung** $L(\widetilde{\boldsymbol{A}}, \widetilde{\boldsymbol{b}}) = L(\boldsymbol{A}, \boldsymbol{b}) = \{\, [18, -11, 2]^T \,\}$. Die erste Gleichung lautet jetzt nämlich $1 \cdot x_1 + 0 \cdot x_2 + 0 \cdot x_3 = 18$, also $x_1 = 18$. Entsprechend erhält man $x_2 = -11$ und $x_3 = 2$.

Fall 2 ($k = m < n$): In diesem Fall bilden die ersten m Spalten von $\widetilde{\boldsymbol{A}}$ eine Einheitsmatrix, danach folgen noch weitere Spalten. Beispiel eines solchen Endtableaus:

x_1	x_2	x_3	x_4	$\widetilde{\boldsymbol{b}}$
1	0	0	4	18
0	1	0	0	−11
0	0	1	−2	2

Dann ist die Lösung der linearen Gleichung **nicht eindeutig**. Hier ist die Variablen x_4 frei wählbar. Für jede Wahl von x_4 erhält man eindeutig bestimmte Werte für die Variablen x_1, x_2 und x_3. Setzt man $x_4 = \lambda \in \mathbb{R}$, so ist die Lösung gegeben durch $x_1 + 4\lambda = 18 \iff x_1 = 18 - 4\lambda$, $x_2 = -11$,

$x_3 - 2\lambda = 2 \iff x_3 = 2 + 2\lambda$. Die Lösungsmenge ist dann

$$L(\boldsymbol{A}, \boldsymbol{b}) = \left\{ \begin{bmatrix} 18 - 4\lambda \\ -11 \\ 2 + 2\lambda \\ \lambda \end{bmatrix} : \lambda \in \mathbb{R} \right\}.$$

Schöner schreibt man die Lösung in der Form

$$L(\boldsymbol{A}, \boldsymbol{b}) = \left\{ \begin{bmatrix} 18 \\ -11 \\ 2 \\ 0 \end{bmatrix} + \lambda \begin{bmatrix} -4 \\ 0 \\ 2 \\ 1 \end{bmatrix} : \lambda \in \mathbb{R} \right\}.$$

Für jedes $\lambda \in \mathbb{R}$ erhält man also eine spezielle Lösung der linearen Gleichung. Z.B. erhält man für $\lambda = 0$ die Lösung $[18, -11, 2, 0]^T$, für $\lambda = 1$ die spezielle Lösung $[14, -11, 4, 1]^T$ und für $\lambda = 5$ die spezielle Lösung $[-2, -11, 12, 5]^T$.

Im allgemeinen Fall 2 ($k = m < n$) können die letzten $n - k$ Spalten nicht zu Einheitsvektoren umgeformt werden. Dann sind die letzten $n - k$ Variablen frei wählbar, und man schreibt die Lösung analog zu oben auf; vgl. Beispiel 8.3.

Fall 3 ($k < m$)**:** Hier sind die letzten $m - k$ Zeilen von $\widetilde{\boldsymbol{A}}$ Nullzeilen. Ob eine Lösung existiert oder nicht hängt dann davon ab, wie die letzten $m - k$ Komponenten von $\widetilde{\boldsymbol{b}}$ aussehen. Wenn diese alle gleich null sind, so kann man die letzten $m-k$ Zeilen von $[\widetilde{\boldsymbol{A}}, \widetilde{\boldsymbol{b}}]$ komplett streichen und ermittelt die Lösung gemäß Fall 1 oder 2. Wenn eine der letzten $m-k$ Komponenten von $\widetilde{\boldsymbol{b}}$ ungleich null ist, so hat die lineare Gleichung **keine Lösung**.

Beispielsweise sind im Endtableau

x_1	x_2	x_3	x_4	$\widetilde{\boldsymbol{b}}$
1	0	0	4	18
0	1	0	0	−11
0	0	1	−2	2
0	0	0	0	0
0	0	0	0	0

die letzten beiden Zeilen von $[\widetilde{\boldsymbol{A}}, \widetilde{\boldsymbol{b}}]$ Nullzeilen, die komplett gestrichen werden. Man erhält dann das Tableau

x_1	x_2	x_3	x_4	$\widetilde{\boldsymbol{b}}$
1	0	0	4	18
0	1	0	0	−11
0	0	1	−2	2

,

dessen Lösung wir bereits im Fall 2 besprochen haben.

Im Endtableau

x_1	x_2	x_3	x_4	$\widetilde{\boldsymbol{b}}$
1	0	0	4	18
0	1	0	0	−11
0	0	1	−2	2
0	0	0	0	0
0	0	0	0	1

entspricht die letzte Zeile der Gleichung $0 \cdot x_1 + 0 \cdot x_2 + 0 \cdot x_3 + 0 \cdot x_4 = 1$, d.h. $0 = 1$, die keine Lösung hat. Die Lösungsmenge der linearen Gleichung ist somit leer.

Beispiel 8.2. Gegeben sei die lineare Gleichung

$$\begin{bmatrix} 1 & 2 & 4 \\ 3 & 6 & 13 \\ 1 & 5 & 7 \end{bmatrix} \begin{bmatrix} x_1 \\ x_2 \\ x_3 \end{bmatrix} = \begin{bmatrix} 20 \\ 63 \\ 35 \end{bmatrix}.$$

Wir lösen die lineare Gleichung mit Hilfe des Gauß-Jordan-Verfahrens. Zunächst subtrahieren wir das Dreifache der ersten Zeile von der zweiten Zeile sowie die erste Zeile von der dritten Zeile:

x_1	x_2	x_3	$\widetilde{\boldsymbol{b}}$
1	2	4	20
3	6	13	63
1	5	7	35

$\xrightarrow[\text{III}-\text{I}]{\text{II}-3\cdot\text{I}}$

x_1	x_2	x_3	$\widetilde{\boldsymbol{b}}$
1	2	4	20
0	0	1	3
0	3	3	15

Da an der Position $(2, 2)$ eine Null steht, vertauschen wir die zweite und die dritte Zeile um das Verfahren fortsetzen zu können. Danach formen wir die zweite Spalte durch elementare Zeilenumformungen um:

x_1	x_2	x_3	$\widetilde{\boldsymbol{b}}$
1	2	4	20
0	0	1	3
0	3	3	15

$\xrightarrow[\text{II}\leftrightarrow\text{III}]{}$

x_1	x_2	x_3	$\widetilde{\boldsymbol{b}}$
1	2	4	20
0	3	3	15
0	0	1	3

$\xrightarrow[\text{II}/3]{\text{I}-2/3\cdot\text{II}}$

x_1	x_2	x_3	$\widetilde{\boldsymbol{b}}$
1	0	2	10
0	1	1	5
0	0	1	3

Im nächsten Schritt formen wir die dritte Spalte um und erhalten das Endtableau:

x_1	x_2	x_3	$\widetilde{\boldsymbol{b}}$
1	0	2	10
0	1	1	5
0	0	1	3

$\xrightarrow[\text{II}-\text{III}]{\text{I}-2\cdot\text{III}}$

x_1	x_2	x_3	$\widetilde{\boldsymbol{b}}$
1	0	0	4
0	1	0	2
0	0	1	3

Die lineare Gleichung hat somit die eindeutige Lösung

$$L(A, b) = \left\{ \begin{bmatrix} 4 \\ 2 \\ 3 \end{bmatrix} \right\}.$$

Beispiel 8.3. Als nächstes Beispiel betrachten wir die lineare Gleichung

$$\begin{bmatrix} 1 & 2 & 4 & 8 & 9 \\ 3 & 6 & 13 & 25 & 29 \\ 1 & 5 & 7 & 14 & 15 \end{bmatrix} \begin{bmatrix} x_1 \\ x_2 \\ x_3 \\ x_4 \\ x_5 \end{bmatrix} = \begin{bmatrix} 20 \\ 63 \\ 35 \end{bmatrix}.$$

Wie im vorherigen Beispiel wird die lineare Gleichung mit dem Gauß-Jordan-Verfahren umgeformt:

$$\begin{array}{ccccc|c} x_1 & x_2 & x_3 & x_4 & x_5 & \widetilde{\boldsymbol{b}} \\ \hline 1 & 2 & 4 & 8 & 9 & 20 \\ 3 & 6 & 13 & 25 & 29 & 63 \\ 1 & 5 & 7 & 14 & 15 & 35 \end{array} \xrightarrow[\text{III}-\text{I}]{\text{II}-3\cdot\text{I}} \begin{array}{ccccc|c} x_1 & x_2 & x_3 & x_4 & x_5 & \widetilde{\boldsymbol{b}} \\ \hline 1 & 2 & 4 & 8 & 9 & 20 \\ 0 & 0 & 1 & 1 & 2 & 3 \\ 0 & 3 & 3 & 6 & 6 & 15 \end{array}$$

$$\xrightarrow[\text{II}\leftrightarrow\text{III}]{} \begin{array}{ccccc|c} x_1 & x_2 & x_3 & x_4 & x_5 & \widetilde{\boldsymbol{b}} \\ \hline 1 & 2 & 4 & 8 & 9 & 20 \\ 0 & 3 & 3 & 6 & 6 & 15 \\ 0 & 0 & 1 & 1 & 2 & 3 \end{array}$$

$$\xrightarrow[\text{II}/3]{\text{I}-2/3\cdot\text{II}} \begin{array}{ccccc|c} x_1 & x_2 & x_3 & x_4 & x_5 & \widetilde{\boldsymbol{b}} \\ \hline 1 & 0 & 2 & 4 & 5 & 10 \\ 0 & 1 & 1 & 2 & 2 & 5 \\ 0 & 0 & 1 & 1 & 2 & 3 \end{array}$$

$$\xrightarrow[\text{II}-\text{III}]{\text{I}-2\cdot\text{III}} \begin{array}{ccccc|c} x_1 & x_2 & x_3 & x_4 & x_5 & \widetilde{\boldsymbol{b}} \\ \hline 1 & 0 & 0 & 2 & 1 & 4 \\ 0 & 1 & 0 & 1 & 0 & 2 \\ 0 & 0 & 1 & 1 & 2 & 3 \end{array}$$

Hier sind die Variablen x_4 und x_5 frei wählbar und man erhält die Lösung

$$L(\boldsymbol{A}, \boldsymbol{b}) = \left\{ \begin{bmatrix} 4 \\ 2 \\ 3 \\ 0 \\ 0 \end{bmatrix} + \lambda \begin{bmatrix} 2 \\ 1 \\ 1 \\ -1 \\ 0 \end{bmatrix} + \mu \begin{bmatrix} 1 \\ 0 \\ 2 \\ 0 \\ -1 \end{bmatrix} : \lambda, \mu \in \mathbb{R} \right\}.$$

Beispiel 8.4. In diesem Beispiel ist die lineare Gleichung

$$\begin{bmatrix} 1 & 2 & 4 & 8 \\ 3 & 6 & 13 & 25 \\ 1 & 2 & 7 & 11 \end{bmatrix} \begin{bmatrix} x_1 \\ x_2 \\ x_3 \\ x_4 \end{bmatrix} = \begin{bmatrix} 20 \\ 63 \\ 29 \end{bmatrix}.$$

Im ersten Schritt erhält man

x_1	x_2	x_3	x_4	$\widetilde{\boldsymbol{b}}$		x_1	x_2	x_3	x_4	$\widetilde{\boldsymbol{b}}$
1	2	4	8	20	$\longrightarrow$	1	2	4	8	20
3	6	13	25	63	II−3·I, III−I	0	0	1	1	3
1	2	7	11	29		0	0	3	3	9

In der zweiten Spalte befinden sich Nullen in der zweiten und dritten Zeile. Somit kann die zweite Spalte nicht zum zweiten Einheitsvektor umgeformt werden. Hier liegt also der Fall vor, in dem eine Vertauschung von Spalten notwendig wird. Wir vertauschen die zweite und die dritte Spalte:

x_1	x_2	x_3	x_4	$\widetilde{\boldsymbol{b}}$		x_1	x_3	x_2	x_4	$\widetilde{\boldsymbol{b}}$
1	2	4	8	20	$\longrightarrow$	1	4	2	8	20
0	0	1	1	3	$x_2 \leftrightarrow x_3$	0	1	0	1	3
0	0	3	3	9		0	3	0	3	9

Da sich an der Position $(2, 2)$ jetzt eine Zahl ungleich null befindet, können wir mit dem Eliminationsverfahren wie gewohnt fortfahren:

x_1	x_3	x_2	x_4	$\widetilde{\boldsymbol{b}}$		x_1	x_3	x_2	x_4	$\widetilde{\boldsymbol{b}}$
1	4	2	8	20	$\longrightarrow$	1	0	2	4	8
0	1	0	1	3	I−4·II, III−3·II	0	1	0	1	3
0	3	0	3	9		0	0	0	0	0

Da die letzte Zeile nur Nullen enthält, wird sie weggelassen, und man erhält das Endtableau

x_1	x_3	x_2	x_4	$\widetilde{\boldsymbol{b}}$
1	0	2	4	8
0	1	0	1	3

.

Da im Endtableau die dritte und vierte Spalte zu den Variablen x_2 und x_4 gehören, sind diese frei wählbar. Man erhält die Lösung

$$L(\boldsymbol{A}, \boldsymbol{b}) = \left\{ \begin{bmatrix} 8 \\ 0 \\ 3 \\ 0 \end{bmatrix} + \lambda \begin{bmatrix} 2 \\ -1 \\ 0 \\ 0 \end{bmatrix} + \mu \begin{bmatrix} 4 \\ 0 \\ 1 \\ -1 \end{bmatrix} : \lambda, \mu \in \mathbb{R} \right\} .$$

Beispiel 8.5. Als letztes Beispiel modifizieren wir Beispiel 8.4, indem wir die dritte Komponente des Vektors $\boldsymbol{b}$ statt 29 gleich 30 setzen,

$$\begin{bmatrix} 1 & 2 & 4 & 8 \\ 3 & 6 & 13 & 25 \\ 1 & 2 & 7 & 11 \end{bmatrix} \begin{bmatrix} x_1 \\ x_2 \\ x_3 \\ x_4 \end{bmatrix} = \begin{bmatrix} 20 \\ 63 \\ 30 \end{bmatrix} .$$

Wie im vorhergehenden Beispiel werden die folgenden Umformungen durchgeführt:

x_1	x_2	x_3	x_4	$\widetilde{\boldsymbol{b}}$
1	2	4	8	20
3	6	13	25	63
1	2	7	11	30

$\xrightarrow[\text{II}-3\cdot\text{I},\ \text{III}-\text{I}]{}$

x_1	x_2	x_3	x_4	$\widetilde{\boldsymbol{b}}$
1	2	4	8	20
0	0	1	1	3
0	0	3	3	10

$\xrightarrow[x_2 \leftrightarrow x_3]{}$

x_1	x_3	x_2	x_4	$\widetilde{\boldsymbol{b}}$
1	4	2	8	20
0	1	0	1	3
0	3	0	3	10

$\xrightarrow[\text{I}-4\cdot\text{II},\ \text{III}-3\cdot\text{II}]{}$

x_1	x_3	x_2	x_4	$\widetilde{\boldsymbol{b}}$
1	0	2	4	8
0	1	0	1	3
0	0	0	0	1

In der letzten Zeile hat man nun auf der linken Seite eine Nullzeile, die entsprechende Komponente auf der rechten Seite ist hingegen ungleich null. Da dies der Gleichung $0 = 1$ entspricht, ist die Lösungsmenge leer,

$$L(\boldsymbol{A}, \boldsymbol{b}) = \emptyset\,.$$

Ein wichtiger Aspekt des Gauß-Jordan-Verfahrens ist, dass die durchzuführenden Zeilenumformungen lediglich von der Koeffizientenmatrix $\boldsymbol{A}$ abhängen. Hat man also mehrere lineare Gleichungen $\boldsymbol{Ax} = \boldsymbol{b}$, $\boldsymbol{Ax} = \boldsymbol{c}$, $\boldsymbol{Ax} = \boldsymbol{d}$ mit *derselben Koeffizientenmatrix* $\boldsymbol{A}$, aber verschiedenen rechten Seiten zu lösen, so kann man dies bequem „in einem Aufwasch" erledigen.

Beispiel 8.6. Zu lösen sind die linearen Gleichungen $\boldsymbol{Ax} = \boldsymbol{b}$ und $\boldsymbol{Ax} = \boldsymbol{c}$ mit

$$\boldsymbol{A} = \begin{bmatrix} 1 & 4 & 2 \\ 2 & 2 & 10 \\ 1 & 3 & 0 \end{bmatrix}, \quad \boldsymbol{b} = \begin{bmatrix} 1 \\ 8 \\ 5 \end{bmatrix}, \quad \boldsymbol{c} = \begin{bmatrix} 2 \\ -2 \\ 7 \end{bmatrix}.$$

Die Lösung erfolgt simultan mit dem Gauß-Jordan-Verfahren:

x_1	x_2	x_3	$\widetilde{\boldsymbol{b}}$	$\widetilde{\boldsymbol{c}}$
1	4	2	1	2
2	2	10	8	−2
1	3	0	5	7

$\xrightarrow[\text{II}-2\cdot\text{I},\ \text{III}-\text{I}]{}$

x_1	x_2	x_3	$\widetilde{\boldsymbol{b}}$	$\widetilde{\boldsymbol{c}}$
1	4	2	1	2
0	−6	6	6	−6
0	−1	−2	4	5

$\xrightarrow[\text{II}/(-6)]{}$

x_1	x_2	x_3	$\widetilde{\boldsymbol{b}}$	$\widetilde{\boldsymbol{c}}$
1	4	2	1	2
0	1	−1	−1	1
0	−1	−2	4	5

$$\xrightarrow[\text{III+II}]{\text{I}-4\cdot\text{II}} \begin{array}{ccc|cc} x_1 & x_2 & x_3 & \widetilde{\boldsymbol{b}} & \widetilde{\boldsymbol{c}} \\ \hline 1 & 0 & 6 & 5 & -2 \\ 0 & 1 & -1 & -1 & 1 \\ 0 & 0 & -3 & 3 & 6 \end{array}$$

$$\xrightarrow[\text{III}/(-3)]{} \begin{array}{ccc|cc} x_1 & x_2 & x_3 & \widetilde{\boldsymbol{b}} & \widetilde{\boldsymbol{c}} \\ \hline 1 & 0 & 6 & 5 & -2 \\ 0 & 1 & -1 & -1 & 1 \\ 0 & 0 & 1 & -1 & -2 \end{array}$$

$$\xrightarrow[\text{II+III}]{\text{I}-6\cdot\text{III}} \begin{array}{ccc|cc} x_1 & x_2 & x_3 & \widetilde{\boldsymbol{b}} & \widetilde{\boldsymbol{c}} \\ \hline 1 & 0 & 0 & 11 & 10 \\ 0 & 1 & 0 & -2 & -1 \\ 0 & 0 & 1 & -1 & -2 \end{array}$$

Also lauten die Lösungen der beiden lineare Gleichungen

$$L(\boldsymbol{A}, \boldsymbol{b}) = \left\{ \begin{bmatrix} 11 \\ -2 \\ -1 \end{bmatrix} \right\} \quad \text{und} \quad L(\boldsymbol{A}, \boldsymbol{c}) = \left\{ \begin{bmatrix} 10 \\ -1 \\ -2 \end{bmatrix} \right\}.$$

8.4 Inversion einer Matrix

Das Gauß-Jordan-Verfahren kann auch dazu verwendet werden, die Inverse einer Matrix, sofern diese existiert, zu berechnen. Der Schlüssel dazu liegt in Beispiel 8.6. Dort haben wir simultan zwei lineare Gleichungen $\boldsymbol{Ax} = \boldsymbol{b}$ und $\boldsymbol{Ax} = \boldsymbol{c}$ mit gleicher Koeffizientenmatrix $\boldsymbol{A}$ gelöst. Fasst man die beiden rechten Seiten $\boldsymbol{b}$ und $\boldsymbol{c}$ zu einer Matrix $\boldsymbol{B}$ zusammen, $\boldsymbol{B} = [\boldsymbol{b}, \boldsymbol{c}]$, so hat man auf diese Weise auch die Lösung der **Matrixgleichung** $\boldsymbol{AX} = \boldsymbol{B}$ gefunden. Die Lösung der Matrixgleichung

$$\begin{bmatrix} 1 & 4 & 2 \\ 2 & 2 & 10 \\ 1 & 3 & 0 \end{bmatrix} \begin{bmatrix} x_{11} & x_{12} \\ x_{21} & x_{22} \\ x_{31} & x_{32} \end{bmatrix} = \begin{bmatrix} 1 & 2 \\ 8 & -2 \\ 5 & 7 \end{bmatrix}$$

ist also gegeben durch

$$\boldsymbol{X} = [x_{ij}] = \begin{bmatrix} 11 & 10 \\ -2 & -1 \\ -1 & -2 \end{bmatrix}.$$

Mit dem Gauß-Jordan-Verfahren kann man daher auch die Lösung einer Matrixgleichung ermitteln. Das ist aber genau das Problem, das sich bei der

Berechnung der Inversen stellt. Will man die Inverse einer quadratischen $n \times n$-Matrix $\boldsymbol{A}$ bestimmen, so hat man die Matrixgleichung $\boldsymbol{AX} = \boldsymbol{I}_n$ zu lösen. Dazu werden simultan die n linearen Gleichungen $\boldsymbol{Ax} = \boldsymbol{e}_i$, $i = 1, \ldots, n$ gelöst. Im Anfangstableau steht auf der linken Seite die zu invertierende Matrix $\boldsymbol{A}$; auf der rechten Seite stehen nebeneinander die n Einheitsvektoren $\boldsymbol{e}_1, \ldots, \boldsymbol{e}_n$, zusammen genommen also die $n \times n$-Einheitsmatrix. Man führt das Gauß-Jordan-Verfahren durch, bis auf der linken Seite die Einheitsmatrix steht; auf der rechten Seite steht dann die Inverse von $\boldsymbol{A}$. Wir illustrieren dieses Vorgehen wieder an einem Beispiel.

Beispiel 8.7. Gesucht ist die Inverse der Matrix

$$\boldsymbol{A} = \begin{bmatrix} 1 & 4 & 2 \\ 2 & 2 & 10 \\ 1 & 3 & 0 \end{bmatrix} .$$

Die Bestimmung der Inversen mit dem Gauß-Jordan-Verfahren wird wie folgt durchgeführt.

$$\begin{array}{rrr|rrrl}
1 & 4 & 2 & 1 & 0 & 0 & \\
2 & 2 & 10 & 0 & 1 & 0 & \\
1 & 3 & 0 & 0 & 0 & 1 & \\
\hline
1 & 4 & 2 & 1 & 0 & 0 & \\
0 & -6 & 6 & -2 & 1 & 0 & \text{II} - 2 \cdot \text{I} \\
0 & -1 & -2 & -1 & 0 & 1 & \text{III} - \text{I} \\
\hline
1 & 4 & 2 & 1 & 0 & 0 & \\
0 & 1 & -1 & \frac{1}{3} & -\frac{1}{6} & 0 & \text{II}/(-6) \\
0 & -1 & -2 & -1 & 0 & 1 & \\
\hline
1 & 0 & 6 & -\frac{1}{3} & \frac{2}{3} & 0 & \text{I} - 4 \cdot \text{II} \\
0 & 1 & -1 & \frac{1}{3} & -\frac{1}{6} & 0 & \\
0 & 0 & -3 & -\frac{2}{3} & -\frac{1}{6} & 1 & \text{III} + \text{II} \\
\hline
1 & 0 & 6 & -\frac{1}{3} & \frac{2}{3} & 0 & \\
0 & 1 & -1 & \frac{1}{3} & -\frac{1}{6} & 0 & \\
0 & 0 & 1 & \frac{2}{9} & \frac{1}{18} & -\frac{1}{3} & \text{III}/(-3) \\
\hline
1 & 0 & 0 & -\frac{5}{3} & \frac{1}{3} & 2 & \text{I} - 6 \cdot \text{III} \\
0 & 1 & 0 & \frac{5}{9} & -\frac{1}{9} & -\frac{1}{3} & \text{II} + \text{III} \\
0 & 0 & 1 & \frac{2}{9} & \frac{1}{18} & -\frac{1}{3} & \\
\hline
\end{array}$$

Somit ist die Inverse von $\boldsymbol{A}$ gleich

$$\boldsymbol{A}^{-1} = \begin{bmatrix} -\frac{5}{3} & \frac{1}{3} & 2 \\ \frac{5}{9} & -\frac{1}{9} & -\frac{1}{3} \\ \frac{2}{9} & \frac{1}{18} & -\frac{1}{3} \end{bmatrix}.$$

Offensichtlich liefert das eben beschriebene Verfahren die Inverse einer Matrix $\boldsymbol{A}$, sofern diese regulär ist. Was passiert aber, wenn die Matrix $\boldsymbol{A}$ singulär ist, d.h. überhaupt keine Inverse besitzt? Muss man vielleicht erst prüfen, ob die Matrix $\boldsymbol{A}$ regulär ist, bevor man mit dem Gauß-Jordan-Verfahren die Inverse berechnet? Glücklicherweise ist dies nicht der Fall. Versucht man mit dem Gauß-Jordan-Verfahren eine singuläre Matrix zu invertieren, so wird irgendwann im Verfahren auf der linken Seite eine Nullzeile entstehen, sodass die linke Seite nicht zu einer Einheitsmatrix umgeformt werden kann. Das Gauß-Jordan-Verfahren leistet also zweierlei. Erstens ermöglicht es, festzustellen, ob eine Matrix $\boldsymbol{A}$ regulär oder singulär ist, und zweitens kann damit die Inverse einer regulären Matrix berechnet werden.

Wir fassen dies der Übersichtlichkeit halber noch einmal kurz zusammen:

- **$\boldsymbol{A}$ singulär:** In einem Tableau tritt auf der linken Seite eine Nullzeile auf und das Verfahren bricht ab.
- **$\boldsymbol{A}$ regulär:** Die linke Seite kann in eine Einheitsmatrix transformiert werden. Auf der rechten Seite des Endtableaus steht dann die Inverse von $\boldsymbol{A}$.

Kennt man bereits die Inverse von $\boldsymbol{A}$, lässt sich die lineare Gleichung $\boldsymbol{Ax} = \boldsymbol{b}$ vom Beginn dieses Kapitels leicht lösen. Man muss dann nur mittels Matrizenmultiplikation $\boldsymbol{x} = \boldsymbol{A}^{-1}\boldsymbol{b}$ berechnen, denn

$$\boldsymbol{Ax} = \boldsymbol{b} \iff \boldsymbol{A}^{-1}\boldsymbol{Ax} = \boldsymbol{A}^{-1}\boldsymbol{b} \iff \boldsymbol{Ix} = \boldsymbol{A}^{-1}\boldsymbol{b} \iff \boldsymbol{x} = \boldsymbol{A}^{-1}\boldsymbol{b}.$$

Allerdings ist es nicht sinnvoll, zur Lösung einer linearen Gleichung erst die Inverse zu bestimmen, da dies aufwendiger ist als die direkte Lösung der linearen Gleichung mit dem Gauß-Jordan-Algorithmus.

Wichtige Begriffe zur Wiederholung

Nach der Lektüre dieses Kapitels sollten folgende Begriffe geläufig sein:

- Lineare Gleichung
- vollständige Lösung einer linearen Gleichung
- Existenz einer Lösung

- Eindeutigkeit einer Lösung
- Gauß-Jordan-Verfahren zur Lösung einer linearen Gleichung
- Gauß-Jordan-Verfahren zur Inversion einer Matrix
- reguläre Matrix, singuläre Matrix

Selbsttest

Anhand folgender Ankreuzaufgaben können Sie Ihre Kenntnisse zu diesem Kapitel überprüfen. Beurteilen Sie dazu, ob die Aussagen jeweils wahr (W) oder falsch (F) sind. Kurzlösungen zu diesen Aufgaben finden Sie in Anhang H.

I. Betrachtet wird ein lineares Gleichungssystem mit n Unbekannten $x_1, x_2, \ldots, x_n$, das in Matrix-Vektorschreibweise durch $\boldsymbol{Ax} = \boldsymbol{b}$ notiert ist, $\boldsymbol{A} \in \mathbb{R}^{n\times n}$, $\boldsymbol{b} \in \mathbb{R}^n$. Sind die folgenden Aussagen wahr oder falsch?

	W	F
Ist $\boldsymbol{A}$ invertierbar, so erhält man eine eindeutige Lösung.	☐	☐
Ist $\boldsymbol{A}$ nicht invertierbar, so ist die Gleichung nicht lösbar.	☐	☐
Sind $\boldsymbol{c}$ und $\boldsymbol{d}$ zwei unterschiedliche Lösungen der Gleichung, so ist $\frac{1}{2}\boldsymbol{c} + \frac{1}{2}\boldsymbol{d}$ eine weitere Lösung der Gleichung.	☐	☐
Ist $\boldsymbol{c}$ eine Lösung von $\boldsymbol{Ax} = \boldsymbol{b}$ und $\boldsymbol{d}$ eine Lösung von $\boldsymbol{Ax} = \boldsymbol{0}$, so ist $\boldsymbol{c} + \boldsymbol{d}$ eine Lösung von $\boldsymbol{Ax} = \boldsymbol{b}$.	☐	☐

II. Beurteilen Sie folgende Aussagen zum Gauß-Jordan-Verfahren zur Lösung einer allgemeinen linearen Gleichung $\boldsymbol{Ax} = \boldsymbol{b}$, $\boldsymbol{A} \in \mathbb{R}^{m\times n}$, $\boldsymbol{b} \in \mathbb{R}^m$.

	W	F
Führt man das Gauß-Jordan-Verfahren an $\boldsymbol{A}\vert\boldsymbol{b}$ durch und erhält nach einigen Umformungen der linken Seite eine Zeile mit nur Nullen als Einträgen, so ist die Gleichung auf keinen Fall lösbar.	☐	☐
Führt man die elementaren Zeilenumformungen unsystematisch durch, kann es sein, dass man nach einigen Schritten wieder beim Ausgangstableau ankommt.	☐	☐
Ist die Matrix $\boldsymbol{A}$ nicht invertierbar, so kann durch elementare Zeilenumformungen der Matrix niemals die Einheitsmatrix entstehen.	☐	☐
Enthält bei der linearen Gleichung $\boldsymbol{Ax} = \boldsymbol{b}$ der Vektor $\boldsymbol{x}$ mehr Einträge als $\boldsymbol{A}$ Zeilen hat, so ist das Gleichungssystem auf keinen Fall lösbar.	☐	☐

Aufgaben

Aufgabe 1

Bestimmen Sie die vollständige Lösung der linearen Gleichung $\boldsymbol{Ax} = \mathbf{0}$ mit

$$\boldsymbol{A} = \begin{bmatrix} 1 & 0 & 3 & -1 & 2 \\ 3 & -2 & 1 & 0 & 1 \\ -1 & 2 & 5 & -2 & 5 \end{bmatrix}.$$

Aufgabe 2

Lösen Sie die linearen Gleichungen

$$\text{a)} \begin{bmatrix} 2 & 12 & 6 \\ 2 & 6 & 4 \\ 2 & 0 & 2 \end{bmatrix} \begin{bmatrix} x_1 \\ x_2 \\ x_3 \end{bmatrix} = \begin{bmatrix} 12 \\ 9 \\ 6 \end{bmatrix} \quad \text{und} \quad \text{b)} \begin{bmatrix} 2 & 12 & 6 \\ 2 & 6 & 4 \\ 2 & 0 & 2 \end{bmatrix} \begin{bmatrix} x_1 \\ x_2 \\ x_3 \end{bmatrix} = \begin{bmatrix} 6 \\ 3 \\ 3 \end{bmatrix}.$$

Aufgabe 3

Im Folgenden sind einige Schlusstableaus des Gauß-Jordan-Verfahrens $\boldsymbol{Ax} = \boldsymbol{b}$ gegeben. Geben Sie jeweils die vollständige Lösung an.

a)

x_1	x_2	x_3	x_4	
1	0	0	−2	1
0	1	0	1	4
0	0	1	4	0

b)

x_1	x_2	x_3	x_4	x_5	
1	0	0	−1	4	0
0	1	0	2	1	3
0	0	1	0	1	1

c)

x_3	x_5	x_1	x_4	x_2	
1	0	0	3	2	2
0	1	0	0	−6	4
0	0	1	−1	3	8

Aufgabe 4

Bestimmen Sie die Inverse der folgenden Matrix $\boldsymbol{A}$, und lösen Sie die Gleichung $\boldsymbol{Ax} = [1, 3, 3]^T$, wobei gilt:

$$\boldsymbol{A} = \begin{bmatrix} 2 & 1 & 1 \\ 0 & 1 & 1 \\ 1 & 0 & 1 \end{bmatrix}$$

Aufgabe 5

Sind die folgenden Matrizen invertierbar? Wenn ja, berechnen Sie die Inverse.

$$\boldsymbol{A} = \begin{bmatrix} 1 & 1 & 2 \\ 2 & 0 & 2 \\ 4 & -6 & 0 \end{bmatrix} \qquad \boldsymbol{B} = \begin{bmatrix} 1 & -6 & -7 \\ 2 & -3 & -5 \\ 1 & 2 & 1 \end{bmatrix}$$

Kapitel 9

Grundbegriffe der linearen Algebra

Die lineare Algebra ist ein Teilgebiet der Mathematik, das sich mit der Struktur sogenannter Vektorräume beschäftigt. Ein Vektorraum ist eine Struktur, in der sich „im Wesentlichen" so rechnen lässt, wie wir es vom $\mathbb{R}^n$ her kennen. In diesem Kapitel werden wir die grundlegenden Begriffe der linearen Algebra einführen. Der Einfachheit halber und weil es für unsere Zwecke völlig ausreicht, beschränken wir uns dabei weitgehend auf den Fall, dass der Vektorraum der n-dimensionale Euklidische Raum $\mathbb{R}^n$ ist. Lediglich in Abschnitt 9.7 werden wir allgemeinere Vektorräume betrachten.

Zahlreiche Eigenschaften des Euklidische Raums $\mathbb{R}^n$ haben wir bereits in Kapitel 2 kennengelernt. Dort wurden die Begriffe Matrix und Vektor eingeführt und gezeigt, dass man die Punkte des $\mathbb{R}^n$ als Vektoren mit n Komponenten ansehen kann.

9.1 Linearkombinationen und Erzeugnis

Die grundlegenden Rechenoperationen, die man mit Vektoren durchführen kann, sind die Addition von Vektoren und die Skalarmultiplikation eines Vektors mit einer reellen Zahl (vgl. Kapitel 2). Mit diesen beiden Rechenoperationen kann man jeden beliebigen Vektor des $\mathbb{R}^2$ aus den beiden Einheitsvektoren $\boldsymbol{e}_1$ und $\boldsymbol{e}_2$ erzeugen. Es ist nämlich

$$\boldsymbol{z} = \begin{bmatrix} z_1 \\ z_2 \end{bmatrix} = z_1 \begin{bmatrix} 1 \\ 0 \end{bmatrix} + z_2 \begin{bmatrix} 0 \\ 1 \end{bmatrix} = z_1\boldsymbol{e}_1 + z_2\boldsymbol{e}_2 \,.$$

Sind die Vektoren $\boldsymbol{x}_1, \boldsymbol{x}_2, \ldots, \boldsymbol{x}_n$ gegeben, so bezeichnet man einen Vektor der Form

$$\lambda_1\boldsymbol{x}_1 + \lambda_2\boldsymbol{x}_2 + \ldots + \lambda_n\boldsymbol{x}_n \,,$$

wobei $\lambda_1, \ldots, \lambda_n$ reelle Zahlen sind, als **Linearkombination** der Vektoren $\boldsymbol{x}_1, \ldots, \boldsymbol{x}_n$. Das obige Resultat kann man also auch so formulieren, dass jeder Vektor des $\mathbb{R}^2$ eine Linearkombination der Vektoren $\boldsymbol{e}_1$ und $\boldsymbol{e}_2$ ist. Umgekehrt kann man sich natürlich bei gegebenen Vektoren $\boldsymbol{x}_1, \ldots, \boldsymbol{x}_n$ auch fragen, welche Vektoren durch Linearkombination aus diesen erzeugt werden können. Die Menge aller Linearkombinationen einer gegebenen **Familie**[1] von Vektoren bezeichnet man als **lineare Hülle**, **lineares Erzeugnis** oder kurz **Erzeugnis** dieser Vektoren. Das Erzeugnis einer Familie M von Vektoren bezeichnen wir mit $E(M)$. Dabei kann M endlich oder unendliche viele Vektoren umfassen. Wir wollen uns hier aber immer auf den Fall beschränken, dass M endlich viele Vektoren $\boldsymbol{x}_1, \boldsymbol{x}_2, \ldots, \boldsymbol{x}_n$ enthält. Dann schreiben wir statt $E(M)$ einfacher $E(\boldsymbol{x}_1, \boldsymbol{x}_2, \ldots, \boldsymbol{x}_n)$,

$$\begin{aligned} E(\boldsymbol{x}_1, \boldsymbol{x}_2, \ldots, \boldsymbol{x}_n) &= \{\, \lambda_1\boldsymbol{x}_1 + \ldots + \lambda_n\boldsymbol{x}_n \;:\; \lambda_1, \ldots, \lambda_n \in \mathbb{R} \,\} \\ &= \left\{ \sum_{i=1}^{n} \lambda_i\boldsymbol{x}_i \;:\; \lambda_1, \ldots, \lambda_n \in \mathbb{R} \right\}. \end{aligned}$$

Beispiel 9.1. Für die Einheitsvektoren $\boldsymbol{e}_1$ und $\boldsymbol{e}_2$ im $\mathbb{R}^2$ gilt

$$E(\boldsymbol{e}_1, \boldsymbol{e}_2) = \mathbb{R}^2 \,.$$

Allgemeiner gilt für jedes n

$$E(\boldsymbol{e}_1, \ldots, \boldsymbol{e}_n) = \mathbb{R}^n \,.$$

Beispiel 9.2. Für den Vektor $[2, 1]^T$ gilt

$$E\left(\begin{bmatrix} 2 \\ 1 \end{bmatrix}\right) = \left\{ \lambda \begin{bmatrix} 2 \\ 1 \end{bmatrix} \;:\; \lambda \in \mathbb{R} \right\}.$$

[1] Unter einer Familie von Vektoren versteht man (im Gegensatz zu einer Menge von Vektoren) eine Zusammenfassung von Vektoren, bei der die einzelnen Vektoren nicht unterschiedlich sein müssen, d.h. mehrfach vorkommen dürfen. Jede Menge von Vektoren ist also eine Familie von Vektoren. Die Umkehrung gilt i.A. aber nicht.

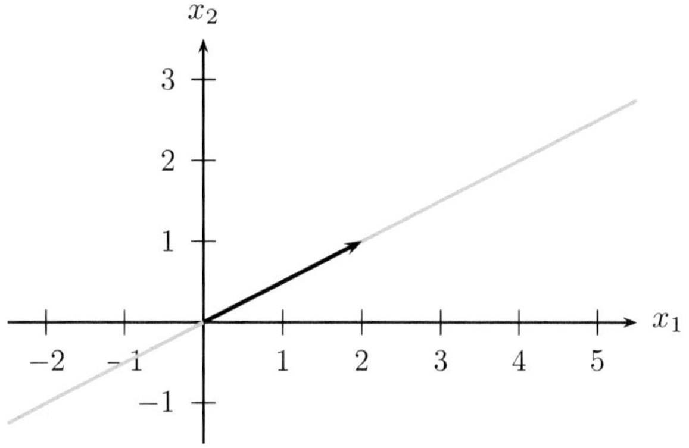

Abbildung 9.1: Darstellung des Erzeugnisses $E\left(\left[\begin{smallmatrix}2\\1\end{smallmatrix}\right]\right)$.

Allgemein gilt für einen Vektor $\boldsymbol{x} \in \mathbb{R}^n$

$$E(\boldsymbol{x}) = \{\, \lambda \boldsymbol{x} \,:\, \lambda \in \mathbb{R} \,\}.$$

In diesem Fall ist das Erzeugnis also die Menge aller Vielfachen des Vektors. Geometrisch entspricht dies einer Ursprungsgeraden.

Beispiel 9.3. Für die zwei Vektoren $[1,0,1]^T$ und $[0,1,1]^T$ ist das Erzeugnis

$$E\left(\begin{bmatrix}1\\0\\1\end{bmatrix}, \begin{bmatrix}0\\1\\1\end{bmatrix}\right) = \left\{\lambda \begin{bmatrix}1\\0\\1\end{bmatrix} + \mu \begin{bmatrix}0\\1\\1\end{bmatrix} : \lambda, \mu \in \mathbb{R}\right\} = \left\{\begin{bmatrix}\lambda\\ \mu\\ \lambda+\mu\end{bmatrix} : \lambda, \mu \in \mathbb{R}\right\}.$$

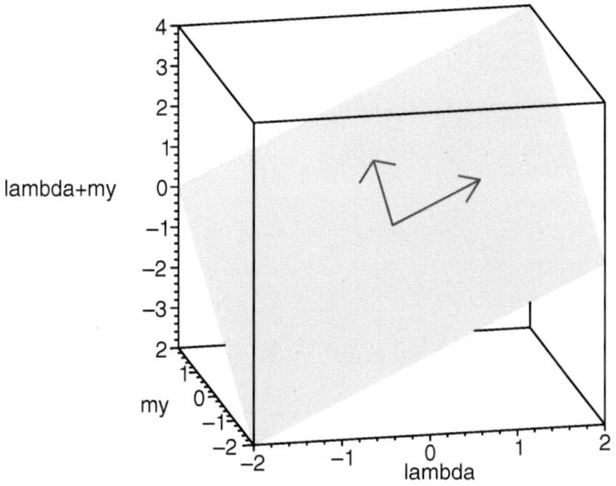

Abbildung 9.2: Die von $[1,0,1]^T$ und $[0,1,1]^T$ erzeugte Ebene.

Geometrisch entspricht dies einer Ebene, die durch den Ursprung und die beiden Punkte $[1,0,1]^T$ und $[0,1,1]^T$ geht, siehe Abbildung 9.2.

9.2 Lineare Unterräume

Im Folgenden zeigen wir, dass das Erzeugnis einer Familie von Vektoren im $\mathbb{R}^n$ immer ein sogenannter linearer Unterraum des $\mathbb{R}^n$ ist. Ein **linearer Unterraum** oder kurz **Unterraum** des $\mathbb{R}^n$ ist eine nichtleere Teilmenge U des $\mathbb{R}^n$, innerhalb derer man „rechnen" kann, genauer, die die folgenden beiden Eigenschaften besitzt:

U1: Liegen $\boldsymbol{x}$ und $\boldsymbol{y}$ in U, so liegt auch deren Summe $\boldsymbol{x} + \boldsymbol{y}$ in U.

U2: Liegt $\boldsymbol{x}$ in U, so liegt für jede reelle Zahl λ auch $\lambda\boldsymbol{x}$ in U.

Mit anderen Worten: Addition und Skalarmultiplikation führen nicht aus dem Unterraum heraus. Man sagt dazu auch, ein Unterraum sei abgeschlossen bezüglich Vektoraddition und Skalarmultiplikation. Jeder Unterraum enthält den Ursprung $\mathbf{0}$. Dies ergibt sich sofort aus Eigenschaft **U2**, wenn man für λ den Wert null wählt.

Im $\mathbb{R}^n$ unterscheidet man zwei sogenannte triviale Unterräume, nämlich den $\mathbb{R}^n$ selbst und die Menge $\{\mathbf{0}\}$, die nur aus dem Nullvektor besteht. Ein wichtiges Ergebnis ist der folgende Satz.

Satz 9.1: Erzeugnis ist Unterraum

Sind $\boldsymbol{z}_1, \ldots, \boldsymbol{z}_k$ Vektoren im $\mathbb{R}^n$, so ist das Erzeugnis $E(\boldsymbol{z}_1, \ldots, \boldsymbol{z}_k)$ ein Unterraum des $\mathbb{R}^n$.

Sind nämlich $\boldsymbol{x}, \boldsymbol{y}$ zwei Vektoren in $E(\boldsymbol{z}_1, \ldots, \boldsymbol{z}_k)$, so sind beide Vektoren Linearkombinationen der Vektoren $\boldsymbol{z}_1, \ldots, \boldsymbol{z}_k$, d.h. es gibt Zahlen $\mu_1, \ldots, \mu_k$ und $\lambda_1, \ldots, \lambda_k$, sodass

$$\begin{aligned} \boldsymbol{x} &= \mu_1 \boldsymbol{z}_1 + \ldots + \mu_k \boldsymbol{z}_k \, , \\ \boldsymbol{y} &= \lambda_1 \boldsymbol{z}_1 + \ldots + \lambda_k \boldsymbol{z}_k \, . \end{aligned}$$

Dann gilt aber

$$\boldsymbol{x} + \boldsymbol{y} = (\mu_1 + \lambda_1)\boldsymbol{z}_1 + \ldots + (\mu_k + \lambda_k)\boldsymbol{z}_k \, ,$$

und $\boldsymbol{x} + \boldsymbol{y}$ ist somit eine Linearkombination der Vektoren $\boldsymbol{z}_1, \ldots, \boldsymbol{z}_k$. $\boldsymbol{x} + \boldsymbol{y}$ liegt also auch in $E(\boldsymbol{z}_1, \ldots, \boldsymbol{z}_k)$.

Für den Vektor $\lambda\boldsymbol{x}$ gilt

$$\lambda\boldsymbol{x} = (\lambda\mu_1)\boldsymbol{z}_1 + \ldots + (\lambda\mu_k)\boldsymbol{z}_k \, .$$

Demnach ist auch $\lambda\boldsymbol{x}$ eine Linearkombination der Vektoren $\boldsymbol{z}_1, \ldots, \boldsymbol{z}_k$. $\lambda\boldsymbol{x}$ liegt somit in $E(\boldsymbol{z}_1, \ldots, \boldsymbol{z}_k)$.

9.3 Lineare Unabhängigkeit

Wir betrachten das Erzeugnis der ersten beiden Einheitsvektoren im $\mathbb{R}^3$. Es ist

$$E(\boldsymbol{e}_1, \boldsymbol{e}_2) = E\left(\begin{bmatrix}1\\0\\0\end{bmatrix}, \begin{bmatrix}0\\1\\0\end{bmatrix}\right) = \left\{\begin{bmatrix}\lambda\\\mu\\0\end{bmatrix} : \lambda, \mu \in \mathbb{R}\right\}.$$

Nimmt man nun z.B. den Vektor $[1,1,0]^T$ hinzu, so ist das Erzeugnis der drei Vektoren $\boldsymbol{e}_1$, $\boldsymbol{e}_2$ und $[1,1,0]^T$ offenbar mindestens so groß wie das Erzeugnis von $\boldsymbol{e}_1$ und $\boldsymbol{e}_2$. Andererseits kann es aber auch nicht größer sein. Eine Linearkombination der drei Vektoren hat ja die Gestalt

$$\lambda \begin{bmatrix}1\\0\\0\end{bmatrix} + \mu \begin{bmatrix}0\\1\\0\end{bmatrix} + \nu \begin{bmatrix}1\\1\\0\end{bmatrix} = \begin{bmatrix}\lambda+\nu\\\mu+\nu\\0\end{bmatrix}.$$

Jede Linearkombination der drei Vektoren hat also in der dritten Komponente eine Null, und jeder Vektor dieser Art kann auch schon durch die Vektoren $\boldsymbol{e}_1$ und $\boldsymbol{e}_2$ erzeugt werden. Also gilt

$$E(\boldsymbol{e}_1, \boldsymbol{e}_2) = E(\boldsymbol{e}_1, \boldsymbol{e}_2, [1,1,0]^T).$$

Was ist nun der Grund dafür, dass durch die Hinzunahme von $[1,1,0]^T$ das Erzeugnis nicht größer wird? Offensichtlich liegt dies daran, dass $[1,1,0]^T$ selbst eine Linearkombination von $\boldsymbol{e}_1$ und $\boldsymbol{e}_2$ ist. Gilt für eine Familie von Vektoren, dass einer der Vektoren eine Linearkombination der anderen Vektoren ist, so sagt man, dass die Familie der Vektoren **linear abhängig** ist, oder kurz, dass die Vektoren linear abhängig sind. Im umgekehrten Fall, d.h. wenn keiner der Vektoren eine Linearkombination der anderen ist, nennt man die Vektoren **linear unabhängig**. Meist definiert man den Begriff der linearen Unabhängigkeit wie folgt:

Definition 9.1: Lineare Unabhängigkeit

Eine Familie $\boldsymbol{z}_1, \ldots, \boldsymbol{z}_k$ von Vektoren, $k \geq 1$, heißt **linear unabhängig**, wenn die Gleichung

$$\lambda_1 \boldsymbol{z}_1 + \ldots + \lambda_k \boldsymbol{z}_k = \boldsymbol{0} \tag{9.1}$$

nur für $\lambda_1 = \ldots = \lambda_k = 0$ erfüllt wird.

Sie heißt **linear abhängig**, wenn sie nicht linear unabhängig ist.

Bemerkung: Die obige Definition besagt nicht, dass die Vektoren linear unabhängig sind, wenn für $\lambda_1 = \ldots = \lambda_k = 0$ die Gleichung (9.1) erfüllt ist. (Das ist ja immer der Fall.) Gefordert wird vielmehr, dass dies die **einzige** Lösung von (9.1) ist.

Im Fall $k = 1$ ergibt die Definition: $\boldsymbol{z}$ ist linear unabhängig, wenn $\boldsymbol{z} \neq \boldsymbol{0}$ ist; $\boldsymbol{0}$ ist dagegen linear abhängig.

Sind nun die Vektoren $\boldsymbol{z}_1, \ldots, \boldsymbol{z}_k$ linear abhängig und ist $k \geq 2$, dann gibt es Zahlen $\lambda_1, \ldots, \lambda_k$, die nicht alle null sind, sodass

$$\lambda_1 \boldsymbol{z}_1 + \ldots + \lambda_k \boldsymbol{z}_k = \boldsymbol{0}$$

ist. Ist beispielsweise $\lambda_1 \neq 0$, so kann man diese Gleichung nach $\boldsymbol{z}_1$ auflösen und erhält

$$\boldsymbol{z}_1 = -\frac{\lambda_2}{\lambda_1}\boldsymbol{z}_2 - \ldots - \frac{\lambda_k}{\lambda_1}\boldsymbol{z}_k .$$

Also ist $\boldsymbol{z}_1$ Linearkombination von $\boldsymbol{z}_2, \ldots, \boldsymbol{z}_k$. Genauso kann man jedes $\boldsymbol{z}_j$ als Linearkombination der anderen Vektoren ausdrücken, sofern der zugehörige Koeffizient $\lambda_j \neq 0$ ist. Bei linear abhängigen Vektoren ist demnach mindestens *einer* der Vektoren eine Linearkombination der anderen. Im Allgemeinen muss aber *nicht jeder* der Vektoren eine Linearkombination der anderen sein. Umgekehrt gilt: Ist mindestens einer der Vektoren Linearkombination der anderen, so sind die Vektoren linear abhängig.

Beispiel 9.4. Die Einheitsvektoren $\boldsymbol{e}_1, \boldsymbol{e}_2, \ldots, \boldsymbol{e}_n$ im $\mathbb{R}^n$ sind linear unabhängig.

Beispiel 9.5. Gegeben seien die Vektoren

$$\boldsymbol{x} = \begin{bmatrix} 1 \\ 1 \\ 0 \end{bmatrix}, \quad \boldsymbol{y} = \begin{bmatrix} 1 \\ 2 \\ 0 \end{bmatrix}, \quad \boldsymbol{z} = \begin{bmatrix} 2 \\ 1 \\ 0 \end{bmatrix} \quad \text{und} \quad \boldsymbol{u} = \begin{bmatrix} 1 \\ 1 \\ 1 \end{bmatrix}.$$

Sie sind linear abhängig, denn

$$3\boldsymbol{x} + (-1)\boldsymbol{y} + (-1)\boldsymbol{z} + 0\boldsymbol{u} = \boldsymbol{0}.$$

Hier ist $\boldsymbol{u}$ keine Linearkombination der ersten drei Vektoren. Jedoch ist jeder der ersten drei Vektoren Linearkombination der anderen.

Betracht man nur $\boldsymbol{x}$, $\boldsymbol{y}$ und $\boldsymbol{z}$ sind diese ebenfalls linear abhängig. Dies sieht man, wenn man „$+0\boldsymbol{u}$“ in der obigen Gleichung weglässt.

$\boldsymbol{x}$, $\boldsymbol{y}$, $\boldsymbol{u}$ sind linear unabhängig. Es ist nämlich $\lambda\boldsymbol{x} + \mu\boldsymbol{y} + \nu\boldsymbol{u} = \boldsymbol{0}$ genau dann, wenn

$$\begin{aligned} \lambda + \mu + \nu &= 0, \\ \lambda + 2\mu + \nu &= 0, \\ \nu &= 0. \end{aligned}$$

Aus der dritten Gleichung folgt direkt $\nu = 0$. Subtraktion der ersten Gleichung von der zweiten ergibt $\mu = 0$ und damit folgt auch $\lambda = 0$. $\lambda = \mu = \nu = 0$ ist also die einzige Lösung der Gleichung.

Ebenso sind $\boldsymbol{x}$, $\boldsymbol{z}$ und $\boldsymbol{u}$ sowie $\boldsymbol{y}$, $\boldsymbol{z}$ und $\boldsymbol{u}$ jeweils linear unabhängig. Dasselbe gilt wenn man jeweils nur einen oder nur zwei der obigen vier Vektoren betrachtet.

Sei $\{\boldsymbol{v}_1, \ldots, \boldsymbol{v}_k\}$ eine Menge von Vektoren, sodass alle Vektoren die Norm eins haben und je zwei dieser Vektoren orthogonal sind, so heißt die Menge dieser Vektoren **orthonormal** oder auch **Orthonormalsystem**. Ein Orthonormalsystem von Vektoren ist immer linear unabhängig. Ist nämlich

$$\lambda_1 \boldsymbol{v}_1 + \ldots + \lambda_k \boldsymbol{v}_k = 0\,,$$

so folgt durch Multiplikation mit $\boldsymbol{v}_i^T$

$$\begin{aligned}\boldsymbol{v}_i^T(\lambda_1 \boldsymbol{v}_1 + \ldots + \lambda_i \boldsymbol{v}_i + \ldots + \lambda_k \boldsymbol{v}_k) \\ = \lambda_1 \underbrace{\boldsymbol{v}_i^T \boldsymbol{v}_1}_{=0} + \ldots + \lambda_i \underbrace{\boldsymbol{v}_i^T \boldsymbol{v}_i}_{=1} + \ldots + \lambda_k \underbrace{\boldsymbol{v}_i^T \boldsymbol{v}_k}_{=0} = \lambda_i = 0\,,\end{aligned}$$

d.h. alle λ_i müssen gleich null sein.

9.4 Basis und Dimension

Wir haben bereits gesehen, dass das Erzeugnis einer endlichen Familie von Vektoren ein linearer Unterraum ist. Man kann sich nun die Frage stellen, ob vielleicht auch umgekehrt jeder Unterraum des $\mathbb{R}^n$ das Erzeugnis endlich vieler Vektoren ist. Wir werden in diesem Abschnitt sehen, dass dies in der Tat der Fall ist. Dazu benötigen wir zunächst den Begriff der Basis.

Definition 9.2: Basis

Sei U ein Unterraum des $\mathbb{R}^n$. Eine Menge $\{\boldsymbol{z}_1, \ldots, \boldsymbol{z}_k\}$ von Vektoren heißt **Basis** von U, wenn

- $\{\boldsymbol{z}_1, \ldots, \boldsymbol{z}_k\}$ linear unabhängig ist, und
- $E(\boldsymbol{z}_1, \ldots, \boldsymbol{z}_k) = U$ ist.

Beispiel 9.6. Offensichtlich bilden die Einheitsvektoren $\boldsymbol{e}_1, \ldots, \boldsymbol{e}_n$ eine Basis des $\mathbb{R}^n$. Diese Basis heißt **kanonische Basis** des $\mathbb{R}^n$.

Beispiel 9.7. Wir betrachten wieder die Vektoren $\boldsymbol{x}$, $\boldsymbol{y}$, $\boldsymbol{z}$ und $\boldsymbol{u}$ aus Beispiel 9.5. Sie bildet keine Basis des $\mathbb{R}^3$, da diese Vektoren linear abhängig sind.

Wir wissen bereits, dass $\boldsymbol{x}, \boldsymbol{y}, \boldsymbol{u}$ linear unabhängig sind. Um zu prüfen, ob $\boldsymbol{x}, \boldsymbol{y}, \boldsymbol{u}$ eine Basis des $\mathbb{R}^3$ bildet, müssen wir noch untersuchen, ob $E(\boldsymbol{x}, \boldsymbol{y}, \boldsymbol{u}) = \mathbb{R}^3$ ist, d.h. ob jeder Vektor des $\mathbb{R}^3$ als Linearkombination dieser drei Vektoren darstellbar ist. Sei also $\boldsymbol{a} = [a_1, a_2, a_3]^T$ ein beliebiger Vektor des $\mathbb{R}^3$. Wir müssen zeigen, dass $\boldsymbol{a}$ eine Linearkombination von $\boldsymbol{x}, \boldsymbol{y}, \boldsymbol{u}$ ist. Es gilt $\lambda \boldsymbol{x} + \mu \boldsymbol{y} + \nu \boldsymbol{u} = \boldsymbol{a}$ genau dann, wenn

$$\begin{aligned} \lambda + \mu + \nu &= a_1 \, , \\ \lambda + 2\mu + \nu &= a_2 \, , \\ \nu &= a_3 \, . \end{aligned}$$

Aus der dritten Gleichung folgt unmittelbar, dass $\nu = a_3$ ist. Subtraktion der ersten Gleichung von der zweiten ergibt $\mu = a_2 - a_1$, und damit folgt sofort $\lambda = 2a_1 - a_2 - a_3$. Also ist

$$(2a_1 - a_2 - a_3)\boldsymbol{x} + (a_2 - a_1)\boldsymbol{y} + a_3 \boldsymbol{u} = \boldsymbol{a} \, ,$$

d.h. $E(\boldsymbol{x}, \boldsymbol{y}, \boldsymbol{u}) = \mathbb{R}^3$. Die Menge $\{\boldsymbol{x}, \boldsymbol{y}, \boldsymbol{u}\}$ erfüllt also beide Bedingungen aus Definition 9.2 und ist somit eine Basis.

Die Menge $\boldsymbol{x}, \boldsymbol{y}$ sind linear unabhängig. Das Erzeugnis von $\{\boldsymbol{x}, \boldsymbol{y}\}$ ist aber nicht der $\mathbb{R}^3$, da z.B. der Vektor $[0, 0, 1]^T$ keine Linearkombination von $\boldsymbol{x}$ und $\boldsymbol{y}$ ist. Hier ist also die zweite Forderung aus Definition 9.2 verletzt. Somit ist $\{\boldsymbol{x}, \boldsymbol{y}\}$ keine Basis des $\mathbb{R}^3$.

Es stellen sich nun mehrere Fragen. Besitzt jeder Unterraum des $\mathbb{R}^n$ eine Basis oder gibt es Unterräume, die keine Basis haben? Ist die Basis eindeutig oder kann man zu einem Unterraum auch mehrere Basen angeben? Die zweite Frage ist bereits durch die beiden vorhergehenden Beispiele beantwortet. Der $\mathbb{R}^3$ hat die kanonische Basis, aber z.B. auch die Basis $\{\boldsymbol{x}, \boldsymbol{y}, \boldsymbol{u}\}$ aus Beispiel 9.7. Somit kann ein Unterraum mehrere verschiedene Basen haben. Die beiden hier angegebenen Basen des $\mathbb{R}^3$ bestehen aber beide aus drei Elementen. Dass dies kein Zufall ist, ist die Aussage des folgenden Satzes, der außerdem eine Antwort auf unsere erste Frage gibt.

Satz 9.2: Existenz einer Basis

Jeder Unterraum U des $\mathbb{R}^n$ besitzt eine Basis. Ferner haben alle Basen von U dieselbe Anzahl von Vektoren.

Man kann sogar zeigen, dass jeder Unterraum eine **orthonormale Basis** besitzt, d.h. eine Basis, deren Vektoren ein Orthonormalsystem bilden.

Die Anzahl der Vektoren, die eine Basis enthält, ist eine wichtige Kenngröße eines Unterraumes. Sie heißt **Dimension**.

Definition 9.3: Dimension

Sei U ein Unterraum des $\mathbb{R}^n$. Dann heißt die Anzahl k der Elemente einer Basis **Dimension** des Unterraumes. Man schreibt $\dim U = k$.

Beispiel 9.8. Es ist $\dim \mathbb{R}^3 = 3$. Allgemeiner gilt $\dim \mathbb{R}^n = n$, da der $\mathbb{R}^n$ z.B. die kanonische Basis $\boldsymbol{e}_1, \ldots, \boldsymbol{e}_n$ hat.

Beispiel 9.9. Der Vektor $\mathbf{0}$ ist linear abhängig, da aus $\lambda\mathbf{0} = \mathbf{0}$ nicht $\lambda = 0$ folgt. Der Unterraum $\{\mathbf{0}\}$ enthält also keine linear unabhängige Teilmenge. Er hat als Basis die leere Menge. Somit ist $\dim\{\mathbf{0}\} = 0$.

Warum verlangt man bei der Definition einer Basis eigentlich, dass die Basis linear unabhängig ist? Wenn man die Forderung 1 aus Definition 9.2 weglassen würde, dann wäre immer noch jeder Vektor aus U als Linearkombination der Basisvektoren darstellbar. Allerdings wäre diese Darstellung nicht eindeutig. Fordert man hingegen auch die lineare Unabhängigkeit der Basis, so erhält man den folgenden Satz.

Satz 9.3: Eindeutigkeit der Basisdarstellung

Sei $\{\boldsymbol{z}_1, \ldots, \boldsymbol{z}_k\}$ eine Basis von U. Dann hat jeder Vektor $\boldsymbol{x}$ aus U eine (bis auf die Reihenfolge der Summanden) eindeutige Darstellung $\boldsymbol{x} = \lambda_1\boldsymbol{z}_1 + \ldots + \lambda_k\boldsymbol{z}_k$ als Linearkombination der Basisvektoren. λ_i heißt **Koordinate** von $\boldsymbol{x}$ bezüglich des Basisvektors $\boldsymbol{z}_i$.

Sind nämlich $\lambda_1\boldsymbol{z}_1 + \ldots + \lambda_k\boldsymbol{z}_k$ und $\mu_1\boldsymbol{z}_1 + \ldots + \mu_k\boldsymbol{z}_k$ zwei Darstellungen eines Vektors $x \in U$, so gilt

$$\begin{aligned} \mathbf{0} = \boldsymbol{x} - \boldsymbol{x} &= (\lambda_1\boldsymbol{z}_1 + \ldots + \lambda_k\boldsymbol{z}_k) - (\mu_1\boldsymbol{z}_1 + \ldots + \mu_k\boldsymbol{z}_k) \\ &= (\lambda_1 - \mu_1)\boldsymbol{z}_1 + \ldots + (\lambda_k - \mu_k)\boldsymbol{z}_k \,. \end{aligned}$$

Wegen der linearen Unabhängigkeit der Basis muss dann aber $\lambda_i - \mu_i = 0$, d.h. $\lambda_i = \mu_i$ für alle i sein; die beiden Darstellungen sind gleich.

Der folgende Satz enthält nützliche Aussagen über die Dimension von Unterräumen.

Satz 9.4: Dimension von Unterräumen

Es gilt:

(i) Sind U_1, U_2 Unterräume mit $U_1 \subset U_2$, so ist $\dim U_1 \leq \dim U_2$.

(ii) Sind U_1, U_2 Unterräume mit $U_1 \subset U_2$ und ist $\dim U_1 = \dim U_2$, so ist $U_1 = U_2$.

(iii) Sind U_1, U_2 Unterräume mit $U_1 \subset U_2$ und ist $\dim U_1 < \dim U_2$, so ist $U_1 \neq U_2$.

(iv) Ist U Unterraum des $\mathbb{R}^n$, so ist $\dim U \leq n$.

(v) Für beliebige $\boldsymbol{z}_1, \ldots, \boldsymbol{z}_k \in \mathbb{R}^n$ ist $\dim E(\boldsymbol{z}_1, \ldots, \boldsymbol{z}_k) \leq k$.

(vi) Genau dann ist $\dim E(\boldsymbol{z}_1, \ldots, \boldsymbol{z}_k) = k$, wenn $\{\boldsymbol{z}_1, \ldots, \boldsymbol{z}_k\}$ linear unabhängig ist.

(vii) Ist $k > \dim U$, so sind k Vektoren aus U immer linear abhängig.

(viii) Ist $\dim U = k$, so sind k linear unabhängige Vektoren aus U immer eine Basis von U.

Um also eine Basis eines k-dimensionalen Unterraumes zu bestimmen, genügt es, k beliebige linear unabhängige Vektoren in diesem Unterraum zu finden.

Satz 9.4 (vii) gibt uns ein einfaches Kriterium an die Hand, um zu prüfen, ob Vektoren linear unabhängig sind oder nicht. Im $\mathbb{R}^n$ sind k Vektoren, wenn $k > n$ ist, *immer* linear abhängig. Im Fall $k > n$ entfällt also die doch etwas mühselige Prüfung, die wir in Beispiel 9.5 durchgeführt haben.

9.5 Rang einer Matrix

Wir haben im vorigen Abschnitt gesehen, dass die Dimension eines Erzeugnisses $E(\boldsymbol{z}_1, \ldots, \boldsymbol{z}_k)$ höchstens gleich k ist. Um ihren genauen Wert zu bestimmen, muss man feststellen, wie groß die maximale Anzahl linear unabhängiger Vektoren in der Familie $\{\boldsymbol{z}_1, \ldots, \boldsymbol{z}_k\}$ ist. Diese Frage steht in einem engen Zusammenhang mit dem Begriff des Rangs einer Matrix.

Definition 9.4: Rang einer Matrix

Sei $\boldsymbol{A}$ eine $m \times n$-Matrix. Wir betrachten $\boldsymbol{A}$ als Zusammenfassung von Spaltenvektoren,

$$\boldsymbol{A} = [\boldsymbol{a}_1, \cdots, \boldsymbol{a}_n],$$

wobei $\boldsymbol{a}_i$ die i-te Spalte von $\boldsymbol{A}$ bezeichnet. Der **Rang** von $\boldsymbol{A}$ ist die maximale Anzahl linear unabhängiger Spalten von A. Wir bezeichnen den Rang einer Matrix $\boldsymbol{A}$ mit $\operatorname{rg} \boldsymbol{A}$.

Beispiel 9.10. Gegeben sei die Matrix

$$\boldsymbol{A} = \begin{bmatrix} 2 & 1 & 4 \\ 0 & 1 & 2 \end{bmatrix}.$$

Dann sind die drei Spalten von $\boldsymbol{A}$ linear abhängig, weil es sich um drei Vektoren im $\mathbb{R}^2$ handelt; es gilt

$$\begin{bmatrix} 2 \\ 0 \end{bmatrix} + 2\begin{bmatrix} 1 \\ 1 \end{bmatrix} = \begin{bmatrix} 4 \\ 2 \end{bmatrix}.$$

Da aber die ersten beiden Spalten linear unabhängig sind, ist $\operatorname{rg} \boldsymbol{A} = 2$.

Beispiel 9.11. Der Rang der $n \times n$-Einheitsmatrix $\boldsymbol{I}_n$ ist $\operatorname{rg} \boldsymbol{I}_n = n$. Der Rang einer $m \times n$-Nullmatrix $\mathbf{0}_{m \times n}$ ist $\operatorname{rg} \mathbf{0}_{m \times n} = 0$.

Offenbar gilt der Satz:

Satz 9.5: Rang und Dimension

Sei $\boldsymbol{A} = [\boldsymbol{a}_1, \cdots, \boldsymbol{a}_n]$ eine $m \times n$-Matrix. Dann ist

$$\operatorname{rg} \boldsymbol{A} = \dim E(\boldsymbol{a}_1, \ldots, \boldsymbol{a}_n)\,.$$

Man kann sich natürlich auch fragen, wie groß bei einer gegebenen Matrix die maximale Anzahl linear unabhängiger **Zeilen** ist. Da die Zeilen von $\boldsymbol{A}$ die Spalten der transponierten Matrix $\boldsymbol{A}^T$ sind, ist diese Anzahl gleich $\operatorname{rg} \boldsymbol{A}^T$. Welcher Zusammenhang besteht aber zwischen $\operatorname{rg} \boldsymbol{A}$ und $\operatorname{rg} \boldsymbol{A}^T$? Eine Antwort gibt der folgende Satz.

Satz 9.6: Rang der Transponierten

Sei $\boldsymbol{A}$ eine $m \times n$-Matrix. Dann ist

$$\operatorname{rg} \boldsymbol{A} = \operatorname{rg} \boldsymbol{A}^T\,.$$

Daher kann der Rang einer Matrix also weder größer als die Spaltenanzahl noch größer als die Zeilenanzahl sein. Mit anderen Worten: Ist $\boldsymbol{A}$ eine $m \times n$-Matrix, so ist

$$\operatorname{rg} \boldsymbol{A} \leq \min\{m, n\}\,.$$

Hat eine Matrix den maximal möglichen Rang, d.h. ist $\operatorname{rg} \boldsymbol{A} = \min\{m, n\}$, so sagt man, dass $\boldsymbol{A}$ **vollen Rang** hat.

Gibt es ein systematisches Verfahren, mit dem man den Rang einer Matrix $\boldsymbol{A}$ ermitteln kann? Ja, dieses Verfahren haben wir bereits kennengelernt. Es handelt sich dabei um das Gauß-Jordan-Verfahren aus Kapitel 8. Dies liegt daran, dass sich bei einer elementaren Zeilenumformung der Rang einer Matrix nicht ändert. Formt man also mit dem Gauß-Jordan-Verfahren (wobei man natürlich ohne rechte Seite $\boldsymbol{b}$ arbeitet) eine Matrix um, so ändert sich dabei der Rang der Matrix nicht. Am Endtableau kann man den Rang einer Matrix unmittelbar ablesen. Wir illustrieren dies an einigen Beispielen.

Beispiel 9.12. Gegeben sei die Matrix

$$\boldsymbol{A} = \begin{bmatrix} 1 & 2 & 4 \\ 3 & 6 & 13 \\ 1 & 5 & 7 \end{bmatrix}.$$

Wir formen die Matrix A mit dem Gauß-Jordan-Verfahren um:

$\boldsymbol{a}_1$	$\boldsymbol{a}_2$	$\boldsymbol{a}_3$
1	2	4
3	6	13
1	5	7

$\xrightarrow[\text{III}-\text{I}]{\text{II}-3\cdot\text{I}}$

$\boldsymbol{a}_1$	$\boldsymbol{a}_2$	$\boldsymbol{a}_3$
1	2	4
0	0	1
0	3	3

$\xrightarrow{\text{II}\leftrightarrow\text{III}}$

$\boldsymbol{a}_1$	$\boldsymbol{a}_2$	$\boldsymbol{a}_3$
1	2	4
0	3	3
0	0	1

$\xrightarrow[\text{II}/3]{\text{I}-2/3\cdot\text{II}}$

$\boldsymbol{a}_1$	$\boldsymbol{a}_2$	$\boldsymbol{a}_3$
1	0	2
0	1	1
0	0	1

$\xrightarrow[\text{II}-\text{III}]{\text{I}-2\cdot\text{III}}$

$\boldsymbol{a}_1$	$\boldsymbol{a}_2$	$\boldsymbol{a}_3$
1	0	0
0	1	0
0	0	1

Da der Rang der 3×3-Einheitsmatrix gleich drei ist, gilt also $\operatorname{rg} \boldsymbol{A} = 3$.

Bei der Bestimmung des Rangs kann man sich die Arbeit etwas erleichtern. Man verringert den Rechenaufwand, indem man im Beispiel 9.12 die letzten beiden Tableaus weglässt. Dass drittletzte Tableau enthält nämlich bereits nur Nullen unterhalb der Hauptdiagonalen und Nichtnullen in der Hauptdiagonalen. Es ist klar, dass sich in dieser Situation das Gauß-Jordan-Verfahren bis zur Einheitsmatrix fortführen lässt.

Beispiel 9.13. Gegeben sei die Matrix

$$\boldsymbol{A} = \begin{bmatrix} 1 & 2 & 4 & 8 \\ 3 & 6 & 13 & 25 \\ 1 & 2 & 7 & 11 \end{bmatrix} .$$

Das Gauß-Jordan-Verfahren wird wie folgt durchgeführt:

$\boldsymbol{a}_1$	$\boldsymbol{a}_2$	$\boldsymbol{a}_3$	$\boldsymbol{a}_4$
1	2	4	8
3	6	13	25
1	2	7	11

$\xrightarrow[\text{III}-\text{I}]{\text{II}-3\cdot\text{I}}$

$\boldsymbol{a}_1$	$\boldsymbol{a}_2$	$\boldsymbol{a}_3$	$\boldsymbol{a}_4$
1	2	4	8
0	0	1	1
0	0	3	3

$\xrightarrow{\text{a}_2\leftrightarrow\text{a}_3}$

$\boldsymbol{a}_1$	$\boldsymbol{a}_3$	$\boldsymbol{a}_2$	$\boldsymbol{a}_4$
1	4	2	8
0	1	0	1
0	3	0	3

$\xrightarrow[\text{III}-3\cdot\text{II}]{\text{I}-4\cdot\text{II}}$

$\boldsymbol{a}_1$	$\boldsymbol{a}_3$	$\boldsymbol{a}_2$	$\boldsymbol{a}_4$
1	0	2	4
0	1	0	1
0	0	0	0

Hier sind die ersten beiden Spalten linear unabhängig und die letzten beiden Spalten Linearkombinationen der ersten beiden. Somit ist $\operatorname{rg} \boldsymbol{A} = 2$. Zusätzlich kann man am Endtableau auch ablesen, dass die Spalten $\boldsymbol{a}_1$ und $\boldsymbol{a}_3$ der ursprünglichen Matrix A linear unabhängig sind und dass die Spalten $\boldsymbol{a}_2$ und $\boldsymbol{a}_4$ die folgenden Linearkombinationen von $\boldsymbol{a}_1$ und $\boldsymbol{a}_3$ sind, nämlich $\boldsymbol{a}_2 = 2\boldsymbol{a}_1$ und $\boldsymbol{a}_4 = 4\boldsymbol{a}_1 + 1\boldsymbol{a}_3$.

Mit dem Gauß-Jordan-Verfahren kann man auch prüfen, ob Vektoren linear unabhängig sind oder nicht. Es gilt ja

$$\{\boldsymbol{a}_1, \ldots, \boldsymbol{a}_k\} \text{ linear unabhängig} \qquad \Longleftrightarrow \qquad \operatorname{rg}[\boldsymbol{a}_1, \cdots, \boldsymbol{a}_k] = k\,.$$

Die Vektoren sind also linear unabhängig, wenn der Rang der aus ihnen als Spalten gebildeten Matrix gleich k ist. Sie sind linear abhängig, wenn der Rang kleiner als k ist.

9.6 Mehr über lineare Gleichungen

Wir haben uns bereits in Kapitel 8 mit der Frage beschäftigt, wie die Lösung einer linearen Gleichung bestimmt werden kann. In diesem Abschnitt wollen wir klären, welche Struktur die Lösung besitzt, und Kriterien für die Lösbarkeit einer linearen Gleichung $\boldsymbol{A}\boldsymbol{x} = \boldsymbol{b}$ sowie für die Invertierbarkeit einer Matrix $\boldsymbol{A}$ erarbeiten.

Lösung einer homogenen linearen Gleichung

Wir beschäftigen uns zunächst mit der Lösung einer **homogenen** linearen Gleichung. Darunter versteht man eine Gleichung der Form $\boldsymbol{A}\boldsymbol{x} = \boldsymbol{0}$, bei der $\boldsymbol{A}$ eine $m \times n$-Matrix und $\boldsymbol{0}$ der Nullvektor des $\mathbb{R}^m$ ist.

Satz 9.7: Lösung der homogenen Gleichung ist Unterraum

Sei $\boldsymbol{A}$ eine $m \times n$-Matrix. Dann ist die Lösung der homogenen linearen Gleichung $\boldsymbol{A}\boldsymbol{x} = \boldsymbol{0}$, $L(\boldsymbol{A}, \boldsymbol{0}) = \{\boldsymbol{x} \in \mathbb{R}^n : \boldsymbol{A}\boldsymbol{x} = \boldsymbol{0}\}$, ein Unterraum des $\mathbb{R}^n$.

Beweis: Offensichtlich gilt $\boldsymbol{A}\boldsymbol{0} = \boldsymbol{0}$, d.h. die Lösung ist nicht leer. Sind $\boldsymbol{x}$ und $\boldsymbol{y}$ zwei Lösungen der linearen Gleichung, so ist

$$\boldsymbol{A}(\boldsymbol{x} + \boldsymbol{y}) = \boldsymbol{A}\boldsymbol{x} + \boldsymbol{A}\boldsymbol{y} = \boldsymbol{0} + \boldsymbol{0} = \boldsymbol{0}\,,$$

d.h. auch $\boldsymbol{x} + \boldsymbol{y}$ ist eine Lösung. Ist weiterhin $\boldsymbol{x}$ eine Lösung, so ist für jede reelle Zahl λ

$$\boldsymbol{A}(\lambda\boldsymbol{x}) = \lambda(\boldsymbol{A}\boldsymbol{x}) = \lambda\boldsymbol{0} = \boldsymbol{0}\,,$$

d.h. auch $\lambda\boldsymbol{x}$ ist eine Lösung. □

Da $L(\boldsymbol{A}, \boldsymbol{0})$ ein Unterraum ist, stellen sich zwei Fragen. Was kann man über die Dimension des Lösungsraumes sagen und wie erhält man eine Basis des Lösungsraumes? Wir beantworten zunächst die Frage nach der Dimension.

Satz 9.8: Dimensionsformel

Sei $\boldsymbol{A}$ eine $m \times n$-Matrix. Dann gilt

$$n = \operatorname{rg} \boldsymbol{A} + \dim L(\boldsymbol{A}, \boldsymbol{0}) .$$

Für die Dimension des Lösungsraumes gilt also

$$\boxed{\dim L(\boldsymbol{A}, \boldsymbol{0}) = n - \operatorname{rg} \boldsymbol{A} .}$$

Die Lösung der homogenen linearen Gleichung ist eindeutig, wenn der Nullvektor des $\mathbb{R}^n$ die einzige Lösung darstellt. Dann ist $L(\boldsymbol{A}, \boldsymbol{0}) = \{\boldsymbol{0}\}$, d.h. $\dim L(\boldsymbol{A}, \boldsymbol{0}) = 0$. Wegen der Dimensionsformel ist dies genau dann der Fall, wenn $n = \operatorname{rg} \boldsymbol{A}$ ist. Wir formulieren dieses wichtige Ergebnis als Satz.

Satz 9.9: Eindeutigkeit der Lösung der homogenen Gleichung

Sei $\boldsymbol{A}$ eine $m \times n$-Matrix. Dann sind die folgenden Aussagen äquivalent:

(i) Die Lösung der homogenen linearen Gleichung $\boldsymbol{Ax} = \boldsymbol{0}$ ist eindeutig.

(ii) Der Rang von $\boldsymbol{A}$ ist gleich der Anzahl der Spalten von $\boldsymbol{A}$, d.h. $\operatorname{rg} \boldsymbol{A} = n$.

(iii) Die Spalten von $\boldsymbol{A}$ sind linear unabhängig.

Wie man eine Basis des Lösungsraumes einer homogenen linearen Gleichung findet, haben wir bereits gesehen. Dies geschieht mit dem Gauß-Jordan-Verfahren. Dabei erübrigt es sich natürlich, die rechte Seite $\boldsymbol{b} = \boldsymbol{0}$ mit umzuformen, da diese durch die elementaren Zeilenumformungen nicht verändert wird. Erhält man z.B. das Endtableau

x_1	x_2	x_3	x_4	x_5
1	0	0	2	1
0	1	0	1	0
0	0	1	1	2

,

so erkennt man, dass der Rang der Matrix $\boldsymbol{A}$ gleich drei ist. Die Dimension des Lösungsraumes ist dann offensichtlich gleich zwei. Wie man leicht nachprüft, sind die beiden Vektoren

$$\begin{bmatrix} 2 \\ 1 \\ 1 \\ -1 \\ 0 \end{bmatrix} \quad \text{und} \quad \begin{bmatrix} 1 \\ 0 \\ 2 \\ 0 \\ -1 \end{bmatrix}$$

Lösungen der linearen Gleichung. Außerdem sind sie offenbar linear unabhängig und bilden deshalb, da $\dim L(\boldsymbol{A}, \boldsymbol{0}) = 2$ ist, eine Basis des Lösungsraums.

Man erhält diese Basisvektoren, indem man im Endtableau rechts unten das Negative einer Einheitsmatrix anfügt:

x_1	x_2	x_3	x_4	x_5
1	0	0	2	1
0	1	0	1	0
0	0	1	1	2
			−1	0
			0	−1

Mit den Basisvektoren schreibt man den Lösungsraum in der Form

$$L(\boldsymbol{A}, \boldsymbol{0}) = \left\{ \lambda \begin{bmatrix} 2 \\ 1 \\ 1 \\ -1 \\ 0 \end{bmatrix} + \mu \begin{bmatrix} 1 \\ 0 \\ 2 \\ 0 \\ -1 \end{bmatrix} \ : \ \lambda, \mu \in \mathbb{R} \right\} .$$

Diese Darstellung heißt **vollständige Lösung in Basisform**.

Lösung einer inhomogenen linearen Gleichung

Von einer **inhomogenen** linearen Gleichung $\boldsymbol{Ax} = \boldsymbol{b}$ spricht man, wenn die rechte Seite $\boldsymbol{b}$ ungleich $\boldsymbol{0}$ ist. Gesucht ist ihre **allgemeine Lösung** $L(\boldsymbol{A}, \boldsymbol{b}) = \{\boldsymbol{x} \in \mathbb{R}^n : \boldsymbol{Ax} = \boldsymbol{b}\}$. Ein beliebiges Element $\boldsymbol{x}^{sp} \in L(\boldsymbol{A}, \boldsymbol{b})$ bezeichnet man als **spezielle Lösung**.

Satz 9.10: Allgemeine Lösung der inhomogenen Gleichung

Sei $\boldsymbol{A}$ eine $m \times n$-Matrix, $\boldsymbol{b} \neq \boldsymbol{0}$ und $\boldsymbol{x}^{sp} \in L(\boldsymbol{A}, \boldsymbol{b})$ eine spezielle Lösung der inhomogenen Gleichung. Dann ist die allgemeine Lösung der inhomogenen Gleichung gegeben durch

$$L(\boldsymbol{A}, \boldsymbol{b}) = \{\boldsymbol{x}^{sp} + \boldsymbol{z} \ : \ \boldsymbol{z} \in L(\boldsymbol{A}, \boldsymbol{0})\} ,$$

d.h. jede Lösung von $\boldsymbol{Ax} = \boldsymbol{b}$ erhält man als Summe aus der speziellen Lösung $\boldsymbol{x}^{sp}$ und einer Lösung $\boldsymbol{z}$ der homogenen linearen Gleichung $\boldsymbol{Az} = \boldsymbol{0}$.

Beweis: Ist $\boldsymbol{z}$ eine Lösung der homogenen Gleichung, so gilt

$$\boldsymbol{A}(\boldsymbol{x}^{sp} + \boldsymbol{z}) = \boldsymbol{Ax}^{sp} + \boldsymbol{Az} = \boldsymbol{b} + \boldsymbol{0} = \boldsymbol{b} .$$

Also ist jeder Vektor der Form $\boldsymbol{x}^{sp} + \boldsymbol{z}$ eine Lösung der inhomogenen Gleichung.

Ist umgekehrt $\boldsymbol{x}$ eine beliebige Lösung der inhomogenen Gleichung, so setzt man $\boldsymbol{z} = \boldsymbol{x} - \boldsymbol{x}^{sp}$. Dann ist

$$\boldsymbol{A}\boldsymbol{z} = \boldsymbol{A}(\boldsymbol{x} - \boldsymbol{x}^{sp}) = \boldsymbol{A}\boldsymbol{x} - \boldsymbol{A}\boldsymbol{x}^{sp} = \boldsymbol{b} - \boldsymbol{b} = \boldsymbol{0}.$$

Also ist $\boldsymbol{z} = \boldsymbol{x} - \boldsymbol{x}^{sp}$ eine Lösung der homogenen Gleichung und $\boldsymbol{x} = \boldsymbol{x}^{sp} + \boldsymbol{z}$ ist die Summe aus der speziellen Lösung $\boldsymbol{x}^{sp}$ und einer Lösung der homogenen Gleichung. □

Ist $\boldsymbol{x}^{sp}$ eine spezielle Lösung der inhomogenen Gleichung und $\{\boldsymbol{v}_1, \ldots, \boldsymbol{v}_k\}$ eine Basis des Lösungsraumes der homogenen Gleichung, so schreibt man die allgemeine Lösung der inhomogenen Gleichung in der Form

$$L(\boldsymbol{A}, \boldsymbol{b}) = \{\boldsymbol{x}^{sp} + \lambda_1 \boldsymbol{v}_1 + \ldots + \lambda_k \boldsymbol{v}_k : \lambda_1, \ldots, \lambda_k \in \mathbb{R}\}.$$

Wie bei der homogenen Gleichung heißt diese Darstellung **vollständige Lösung in Basisform.**

Wir wollen uns jetzt noch mit der Frage beschäftigen, unter welchen Bedingungen eine lineare Gleichung $\boldsymbol{A}\boldsymbol{x} = \boldsymbol{b}$ überhaupt eine Lösung $\boldsymbol{x} \in \mathbb{R}^n$ besitzt und unter welchen zusätzlichen Bedingungen diese Lösung eindeutig ist, d.h. der Lösungsraum $L(\boldsymbol{A}, \boldsymbol{b})$ aus genau einem Vektor besteht. Offenbar lässt sich die linke Seite der Gleichung so schreiben:

$$\boldsymbol{A}\boldsymbol{x} = x_1 \boldsymbol{a}_1 + \ldots + x_n \boldsymbol{a}_n.$$

Hierbei bezeichnen $\boldsymbol{a}_1, \ldots, \boldsymbol{a}_n$ die Spalten der Matrix $\boldsymbol{A}$. Somit existiert genau dann eine Lösung, wenn reelle Zahlen $x_1, \ldots, x_n$ existieren, sodass

$$x_1 \boldsymbol{a}_1 + \ldots + x_n \boldsymbol{a}_n = \boldsymbol{b}$$

ist. In diesem Fall ist also $\boldsymbol{b}$ eine Linearkombination der Spalten von $\boldsymbol{A}$. Das bedeutet nichts anderes, als dass der Rang von $\boldsymbol{A}$ gleich dem Rang der erweiterten Koeffizientenmatrix $[\boldsymbol{A}, \boldsymbol{b}]$ ist.

Unter welchen Bedingungen ist die Lösung einer inhomogenen linearen Gleichung aber nun eindeutig? Nach Satz 9.10 ist die Lösung einer inhomogenen Gleichung – sofern überhaupt eine Lösung existiert – genau dann eindeutig, wenn die Lösung der zugehörigen homogenen Gleichung eindeutig ist. Wir haben bereits gesehen, dass dies genau dann der Fall ist, wenn der Rang von $\boldsymbol{A}$ gleich der Anzahl n der Unbekannten ist. Zusammenfassend erhalten wir also den folgenden Satz:

Satz 9.11: Lösungskriterien für inhomogene lineare Gleichungen

Sei $\boldsymbol{A}$ eine $m \times n$-Matrix und $\boldsymbol{b} \in \mathbb{R}^m$.

(i) Die lineare Gleichung $\boldsymbol{Ax} = \boldsymbol{b}$ besitzt genau dann mindestens eine Lösung, wenn der Rang der erweiterten Matrix $[\boldsymbol{A}, \boldsymbol{b}]$ gleich dem Rang der Matrix $\boldsymbol{A}$ ist:

$$L(\boldsymbol{A}, \boldsymbol{b}) \neq \emptyset \quad \Longleftrightarrow \quad \operatorname{rg} \boldsymbol{A} = \operatorname{rg} [\boldsymbol{A}, \boldsymbol{b}] .$$

(ii) Die lineare Gleichung $\boldsymbol{Ax} = \boldsymbol{b}$ besitzt genau dann eine **eindeutige** Lösung, wenn der Rang der erweiterten Matrix $[\boldsymbol{A}, \boldsymbol{b}]$ und der Rang von $\boldsymbol{A}$ gleich der Anzahl n der Unbekannten sind:

$$L(\boldsymbol{A}, \boldsymbol{b}) = \{\boldsymbol{x}\} \quad \Longleftrightarrow \quad \operatorname{rg} \boldsymbol{A} = \operatorname{rg} [\boldsymbol{A}, \boldsymbol{b}] = n .$$

Existenz der inversen Matrix

Zum Abschluss dieses Abschnitts geben wir noch ein Kriterium an, mit dem man entscheiden kann, ob eine gegebene quadratische Matrix $\boldsymbol{A}$ regulär oder singulär ist.

Satz 9.12: Regularitätskriterium

Sei $\boldsymbol{A}$ eine $n \times n$-Matrix. Dann gilt:

- Ist $\operatorname{rg} \boldsymbol{A} = n$, so ist $\boldsymbol{A}$ regulär.
- Ist $\operatorname{rg} \boldsymbol{A} < n$, so ist $\boldsymbol{A}$ singulär.

Beweis: Ist $\operatorname{rg} \boldsymbol{A} = n$, so sind die linearen Gleichungen $\boldsymbol{Ax} = \boldsymbol{e}_i$, $i = 1, \ldots, n$, und damit auch die Matrixgleichung $\boldsymbol{AX} = \boldsymbol{I}_n$ eindeutig lösbar, d.h. die Inverse $\boldsymbol{A}^{-1}$ existiert. Mit anderen Worten: $\boldsymbol{A}$ ist regulär.

Ist umgekehrt $\operatorname{rg} \boldsymbol{A} < n$, so hat die homogene lineare Gleichung $\boldsymbol{Ax} = \boldsymbol{0}$ eine nichttriviale Lösung $\boldsymbol{x} \neq \boldsymbol{0}$. Hätte $\boldsymbol{A}$ eine Inverse, so wäre aber

$$\boldsymbol{x} = \boldsymbol{I}_n \boldsymbol{x} = (\boldsymbol{A}^{-1}\boldsymbol{A})\boldsymbol{x} = \boldsymbol{A}^{-1}(\boldsymbol{Ax}) = \boldsymbol{A}^{-1}\boldsymbol{0} = \boldsymbol{0} ,$$

was im Widerspruch zu $\boldsymbol{x} \neq \boldsymbol{0}$ steht. $\boldsymbol{A}$ kann in diesem Fall also keine Inverse besitzen, d.h. $\boldsymbol{A}$ ist singulär. □

9.7 Vektorräume

Die Elemente des $\mathbb{R}^n$ sind Spaltenvektoren, d.h. Matrizen des Formats $n \times 1$. Für Vektoren (als spezielle Matrizen) gelten bekanntermaßen die Rechenregeln aus Satz 2.1. Diese Rechenregeln gelten aber nicht nur für die Elemente des $\mathbb{R}^n$. Man findet viele weitere Beispiele von Mengen, auf denen eine Addition und eine Skalarmultiplikation definiert sind und für die die obigen Rechenregeln gelten. Eine dieser Mengen haben wir bereits kennengelernt, nämlich die Menge aller $m \times n$-Matrizen. Jede Menge, in der die Rechenregeln aus Satz 2.1 gelten, bezeichnet man als **Vektorraum**.

Definition 9.5: Vektorraum

Ein **Vektorraum** ist eine Menge V mit zwei Verknüpfungen „+“: $V \times V \to \mathbb{R}$ („Addition“) und „·“: $\mathbb{R} \times V \to V$ („Skalarmultiplikation“), für die die folgenden Rechenregeln gelten:

(i) Für alle $\boldsymbol{x}, \boldsymbol{y} \in V$ gilt $\boldsymbol{x} + \boldsymbol{y} = \boldsymbol{y} + \boldsymbol{x}$.

(ii) Für alle $\boldsymbol{x}, \boldsymbol{y}, \boldsymbol{z} \in V$ gilt $(\boldsymbol{x} + \boldsymbol{y}) + \boldsymbol{z} = \boldsymbol{x} + (\boldsymbol{y} + \boldsymbol{z})$.

(iii) Es gibt ein Element $\mathbf{0} \in V$, sodass $\boldsymbol{x} + \mathbf{0} = \boldsymbol{x}$ für alle $\boldsymbol{x} \in V$.

(iv) Zu jedem $\boldsymbol{x} \in V$ gibt es $-\boldsymbol{x} \in V$, sodass $\boldsymbol{x} + (-\boldsymbol{x}) = \mathbf{0}$.

(v) Für alle $\boldsymbol{x}, \boldsymbol{y} \in V$, $\lambda \in \mathbb{R}$ gilt $\lambda(\boldsymbol{x} + \boldsymbol{y}) = \lambda\boldsymbol{x} + \lambda\boldsymbol{y}$.

(vi) Für alle $\boldsymbol{x} \in V$, $\lambda, \mu \in \mathbb{R}$ gilt $(\lambda + \mu)\boldsymbol{x} = \lambda\boldsymbol{x} + \mu\boldsymbol{x}$.

(vii) Für alle $\boldsymbol{x} \in V$, $\lambda, \mu \in \mathbb{R}$ gilt $\lambda(\mu\boldsymbol{x}) = (\lambda\mu)\boldsymbol{x}$.

(viii) Für alle $\boldsymbol{x} \in V$ gilt $1 \cdot \boldsymbol{x} = \boldsymbol{x}$.

Das Element $\mathbf{0}$ aus (iii) bezeichnet man als **Nullelement** oder **neutrales Element**. Das Element $-\boldsymbol{x}$ heißt **negatives Element** von $\boldsymbol{x}$. Alle Begriffe diese Kapitels wie beispielsweise lineare Unabhängigkeit, Basis oder Dimension sind in gleicher Weise auf allgemeine Vektorräume anwendbar.

Zwei Beispiele für Vektorräume kennen wir bereits:

Beispiel 9.14. Die Menge aller Vektoren im $\mathbb{R}^n$ bildet (zusammen mit der Vektoraddition und der Skalarmultiplikation) einen Vektorraum. Nullelement ist der Nullvektor $\mathbf{0}_n$.

Beispiel 9.15. Die Menge aller $m \times n$-Matrizen bildet (zusammen mit der Matrixaddition und der Skalarmultiplikation) einen Vektorraum. Das Nullelement dieses Vektorraums ist die Nullmatrix $\mathbf{0}_{m,n}$.

Wir kommen nun zu einem neuen, aber wichtigen Beispiel eines Vektorraumes: Sei D eine Teilmenge von $\mathbb{R}^n$ und $\mathcal{F}(D,\mathbb{R})$ die Menge aller Funktionen $f : D \to \mathbb{R}$ mit Definitionsbereich D und Wertebereich $\mathbb{R}$. Wir haben in Kapitel 1 gesehen, dass man zwei Funktionen auf gemeinsamem Definitionsbereich addieren kann. Ebenso kann man eine reelle Funktion mit einer reellen Zahl λ multiplizieren:

$$(\lambda f) : D \to \mathbb{R}, \quad x \mapsto \lambda f(x) .$$

Das Nullelement in der Menge aller Funktionen $f : D \to \mathbb{R}$ ist die **Nullfunktion**

$$\mathbf{0} : D \to \mathbb{R}, \quad x \mapsto 0 ,$$

die für beliebige Argumente den Funktionswert null hat. Die zu f negative Funktion ist $-f : D \to \mathbb{R}$, $x \mapsto -f(x)$. Man rechnet leicht nach, dass für $\mathcal{F}(D,\mathbb{R})$ die Bedingungen aus Definition 9.5 erfüllt sind.

Satz 9.13: Funktionenvektorraum

Die Menge $\mathcal{F}(D,\mathbb{R})$ aller Funktionen mit Definitionsbereich D und Wertebereich $\mathbb{R}$ bildet einen Vektorraum.

Ein Teilmenge U eines Vektorraums heißt **Unterraum**, wenn U selbst ein Vektorraum ist. Man kann leicht nachprüfen, ob eine Teilmenge U eines Vektorraums einen Unterraum bildet. U ist nämlich genau dann ein Unterraum, wenn U nicht leer ist und die Eigenschaften **U1** und **U2** (vgl. Abschnitt 9.2) erfüllt sind:

U1: Liegen $\boldsymbol{x}$ und $\boldsymbol{y}$ in U, so liegt auch deren Summe $\boldsymbol{x} + \boldsymbol{y}$ in U.

U2: Liegt $\boldsymbol{x}$ in U, so liegt für jede reelle Zahl λ auch $\lambda\boldsymbol{x}$ in U.

Wichtige Unterräume von $\mathcal{F}(D,\mathbb{R})$ sind beispielsweise

- die Menge aller beschränkten Funktionen von D nach $\mathbb{R}$,
- die Menge aller stetigen Funktionen von D nach $\mathbb{R}$,
- die Menge aller differenzierbaren Funktionen von D nach $\mathbb{R}$.

Beispiel 9.16 (Vektorraum der Polynome). Die Menge $\mathcal{P}(\mathbb{R},\mathbb{R})$ aller **Polynome** bildet ebenfalls einen Unterraum von $\mathcal{F}(\mathbb{R},\mathbb{R})$. Im Gegensatz zu den vorhergehenden Beispielen von Unterräumen ist es für den Raum der Polynome einfach, eine Basis anzugeben, nämlich die Menge $\{1, x, x^2, x^3, \ldots\}$. Diese Funktionen sind linear unabhängig, da keine Linearkombination von ihnen die Nullfunktion ergibt. Gleichzeitig ist jedes Polynom als Linearkombination dieser Funktionen darstellbar. Beim Raum der Polynome (und ebenso bei allen vorhergehenden Funktionenräumen) handelt es sich also um unendlichdimensionale Vektorräume, da die Basis jeweils unendlich viele Elemente enthält.

In den Kapiteln 12 und 13 werden wir weitere Beispiele von Funktionenvektorräumen kennenlernen. Dort wird sich herausstellen, dass die Lösungsmengen linearer Differential- bzw. Differenzengleichungen einen Vektorraum bilden.

Wichtige Begriffe zur Wiederholung

Nach der Lektüre dieses Kapitels sollten folgende Begriffe geläufig sein:

- Linearkombination, lineare Hülle, Erzeugnis
- linearer Unterraum
- lineare Abhängigkeit bzw. Unabhängigkeit
- orthonormal
- Basis, kanonische Basis, orthonormale Basis
- Dimension
- Rang einer Matrix
- homogene und inhomogene lineare Gleichungen
- Dimensionsformel
- vollständige Lösung in Basisform
- Vektorraum

Selbsttest

Anhand folgender Ankreuzaufgaben können Sie Ihre Kenntnisse zu diesem Kapitel überprüfen. Beurteilen Sie dazu, ob die Aussagen jeweils wahr (W) oder falsch (F) sind. Kurzlösungen zu diesen Aufgaben finden Sie in Anhang H.

I. Beurteilen Sie folgende Aussagen zur linearen Unabhängigkeit.

	W	F
Es gibt eine Familie von vier Vektoren des $\mathbb{R}^3$ die linear unabhängig ist.	☐	☐
$\left\{[1,0,0]^T, [1,1,0]^T, [1,1,1]^T\right\}$ ist linear unabhängig.	☐	☐
$\left\{[1,0,1]^T, [2,0,1]^T, [1,0,2]^T\right\}$ ist linear unabhängig.	☐	☐
Liegen drei Vektoren in einer Ebene des $\mathbb{R}^3$, so sind diese Vektoren linear unabhängig.	☐	☐

II. Beurteilen Sie folgende Aussagen zum Rang einer Matrix.

	W	F
Sind alle Spalten einer Matrix linear unabhängig, so besitzt die Matrix vollen Rang.	☐	☐
Ist $\boldsymbol{A}$ nicht symmetrisch, so ist $rg(\boldsymbol{A}) \neq rg(\boldsymbol{A}^T)$.	☐	☐
Eine Gleichung $\boldsymbol{Ax} = \boldsymbol{b}$ ist lösbar, falls $\boldsymbol{A}$ den gleichen Rang hat wie $[\boldsymbol{A}, \boldsymbol{b}]$.	☐	☐

III. Sind folgende Aussagen wahr oder falsch?

	W	F
Das Erzeugnis von $\left\{[1,0,0]^T, [0,1,0]^T\right\}$ ist eine Ebene im $\mathbb{R}^3$.	☐	☐
Bezüglich der Matrizenmultiplikation ist die Einheitsmatrix das neutrale Element.	☐	☐
Die Menge aller quadratischen Matrizen mit n Zeilen bildet mit der Matrizenaddition und der Skalarmultiplikation einen Vektorraum.	☐	☐

Aufgaben

Aufgabe 1

Bestimmen Sie das Erzeugnis und prüfen Sie auf lineare Unabhängigkeit der angegebenen Vektoren

a)

$$\begin{bmatrix}1\\1\\1\\1\end{bmatrix}, \begin{bmatrix}2\\2\\2\\0\end{bmatrix}, \begin{bmatrix}3\\3\\0\\0\end{bmatrix}, \begin{bmatrix}4\\0\\0\\0\end{bmatrix},$$

b)

$$\begin{bmatrix}1\\0\\1\\0\end{bmatrix}, \begin{bmatrix}2\\2\\0\\0\end{bmatrix}, \begin{bmatrix}0\\3\\0\\0\end{bmatrix}.$$

Aufgabe 2

Gegeben seien drei Vektoren $\boldsymbol{x}, \boldsymbol{y}, \boldsymbol{z}$ mit

a) $\boldsymbol{x} = [0, 2, 1]^T$, $\boldsymbol{y} = [1, 3, 3]^T$, und $\boldsymbol{z} = [1, 3, 0]^T$,

b) $\boldsymbol{x} = [1, 2, 7]^T$, $\boldsymbol{y} = [0, 2, 3]^T$, und $\boldsymbol{z} = [2, 0, 8]^T$,

c) $\boldsymbol{x} = [1, 0, 1]^T$, $\boldsymbol{y} = [4, 1, -2]^T$, und $\boldsymbol{z} = [9, 3, -6]^T$.

Sind die Vektoren jeweils linear unabhängig?

Aufgabe 3

Für welche Werte a, b, c sind die Vektoren $\boldsymbol{x}, \boldsymbol{y}, \boldsymbol{z}$ linear unabhängig?

a) $\boldsymbol{x} = [a, 0, 0]^T$, $\boldsymbol{y} = [b, b, 0]^T$, und $\boldsymbol{z} = [c, c, c]^T$,

b) $\boldsymbol{x} = [a, 0, -c]^T$, $\boldsymbol{y} = [a, b, 0]^T$, und $\boldsymbol{z} = [0, b, c]^T$.

Aufgabe 4

Gegeben seien drei Vektoren im $\mathbb{R}^4$:

$$\boldsymbol{x}_1 = \begin{bmatrix} 1 \\ -2 \\ 0 \\ 1 \end{bmatrix}, \quad \boldsymbol{x}_2 = \begin{bmatrix} 0 \\ 0 \\ 2 \\ 5 \end{bmatrix}, \quad \boldsymbol{x}_3 = \begin{bmatrix} -2 \\ 4 \\ 2 \\ 3 \end{bmatrix}.$$

a) Welche Dimension hat $E(\boldsymbol{x}_1, \boldsymbol{x}_2, \boldsymbol{x}_3)$?

b) Geben Sie eine Basis von $E(\boldsymbol{x}_1, \boldsymbol{x}_2, \boldsymbol{x}_3)$ an.

c) Falls die Vektoren linear abhängig sind, stellen Sie einen der Vektoren als Linearkombination der anderen dar.

Aufgabe 5

Gegeben seien die Matrizen

$$\boldsymbol{A} = \begin{bmatrix} 1 & 0 & 1 & -1 \\ 1 & 2 & 1 & 0 \\ 1 & 2 & 3 & -4 \\ 2 & 0 & 2 & 1 \end{bmatrix}, \qquad \boldsymbol{B} = \begin{bmatrix} 1 & 0 & 3 & -1 & 2 \\ 3 & -2 & 1 & 0 & -1 \\ -1 & 2 & 5 & -2 & 5 \end{bmatrix}.$$

a) Bestimmen Sie den Rang der beiden Matrizen.

b) Welche Dimension hat der Lösungsraum der homogenen linearen Gleichungen $\boldsymbol{Ax} = \boldsymbol{0}$ und $\boldsymbol{Bx} = \boldsymbol{0}$?

c) Geben Sie für die homogenen linearen Gleichungen $\boldsymbol{Ax} = \boldsymbol{0}$ und $\boldsymbol{Bx} = \boldsymbol{0}$ jeweils die vollständige Lösung in Basisdarstellung an.

Kapitel 10

Determinanten und Eigenwerte von Matrizen

Jeder quadratischen Matrix wird eine Zahl, ihre Determinante, zugeordnet. Determinanten von Matrizen haben vielfältige Anwendungen. Anhand der Determinante kann man u.a. feststellen, ob die Matrix eine Inverse besitzt. Determinanten werden im Folgenden benötigt, um die Eigenwerte und Eigenvektoren einer Matrix zu bestimmen. Außerdem lassen sich die hinreichenden Bedingungen für Extrema einer Funktion mit und ohne Nebenbedingungen (siehe Kapitel 6) mit Hilfe von Determinanten beschreiben. Ferner ist die Determinante für die Integration von Funktionen mehrerer Variablen wichtig, da sie eng mit dem Begriff des Volumens zusammenhängt.

10.1 Determinanten

Die Determinante einer 2×2-Matrix $\boldsymbol{A}$ ist wie folgt definiert

$$\det \boldsymbol{A} = \det \begin{bmatrix} a_{11} & a_{12} \\ a_{21} & a_{22} \end{bmatrix} = a_{11}a_{22} - a_{12}a_{21} ,$$

kurz: als das Produkt der Hauptdiagonalelemente minus dem Produkt der Nebendiagonalelemente.

Beispiel 10.1. Gegeben sei die 2×2-Matrix

$$\boldsymbol{A} = \begin{bmatrix} 2 & 1 \\ -1 & 3 \end{bmatrix} .$$

Dann ist

$$\det \boldsymbol{A} = 2 \cdot 3 - 1 \cdot (-1) = 7\,.$$

Geometrisch kann die Determinante wie folgt interpretiert werden. Das Einheitsquadrat $[0,1]^2$ wird durch die lineare Abbildung $f_{\boldsymbol{A}} : \boldsymbol{x} \mapsto \boldsymbol{A}\boldsymbol{x}$ auf das von den Vektoren $[2,-1]^T$ und $[1,3]^T$ aufgespannte Parallelogramm abgebildet. Der Absolutbetrag der Determinante von $\boldsymbol{A}$ ist gleich dem Flächeninhalt dieses Parallelogramms.

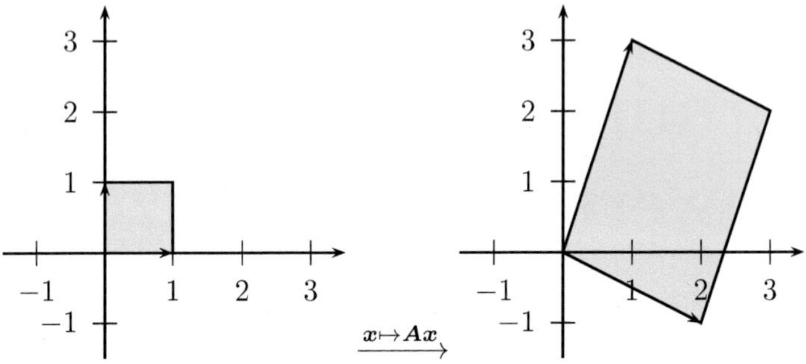

Abbildung 10.1: Interpretation der Determinante.

Das Bild des Einheitsquadrats unter der linearen Abbildung $f_{\boldsymbol{A}}$ hat also den siebenfachen Flächeninhalt des Einheitsquadrats. Man kann zeigen, dass dies nicht nur für das Einheitsquadrat sondern für jede Teilmenge des $\mathbb{R}^2$ gilt: Ist $\boldsymbol{A}$ eine 2×2-Matrix und S eine beliebige[1] Teilmenge des $\mathbb{R}^2$, so ist der Flächeninhalt des Bildes $f_{\boldsymbol{A}}(S)$ der Menge S gleich dem $|\det \boldsymbol{A}|$-fachen des Flächeninhalts von S.

Analoge Aussagen gelten auch für höhere Dimensionen: Ist $\boldsymbol{A}$ eine 3×3-Matrix und S eine Teilmenge des $\mathbb{R}^3$, so ist das Volumen der Menge $f_{\boldsymbol{a}}(S)$ gleich dem $|\det \boldsymbol{A}|$-fachen des Volumens von S. Auch in Dimension $n > 3$ kann die Determinante auf diese Art interpretiert werden.

Um die Determinante allgemein für quadratische Matrizen beliebiger Dimension zu definieren, benötigen wir eine spezielle Bezeichnung. Sei $\boldsymbol{A}$ eine $n \times n$-Matrix. Dann bezeichnet $\boldsymbol{A}_{ij}$ die Matrix, die durch Streichen der i-ten Zeile und der j-ten Spalte aus $\boldsymbol{A}$ entsteht.

Beispiel 10.2. Sei $\boldsymbol{A}$ die Matrix

$$\boldsymbol{A} = \begin{bmatrix} 1 & 2 & 3 \\ 4 & 5 & 6 \\ 7 & 8 & 9 \end{bmatrix}.$$

[1]Genauer müsste man hier sagen „messbare Teilmenge“, da es Teilmengen des $\mathbb{R}^2$ gibt, denen kein Flächeninhalt zugewiesen werden kann. Dies führt aber weit über den Rahmen dieses Buches hinaus.

Dann ist beispielsweise

$$A_{11} = \begin{bmatrix} 5 & 6 \\ 8 & 9 \end{bmatrix}, \quad A_{12} = \begin{bmatrix} 4 & 6 \\ 7 & 9 \end{bmatrix} \text{ und } A_{23} = \begin{bmatrix} 1 & 2 \\ 7 & 8 \end{bmatrix}.$$

Die Determinante wird wie folgt definiert.

Definition 10.1: Determinante einer Matrix

Sei $\boldsymbol{A}$ eine $n \times n$-Matrix. Die **Determinante** einer 1×1-Matrix ist gegeben durch

$$\det[a_{11}] = a_{11}.$$

Für $n > 1$ ist die **Determinante** einer $n \times n$-Matrix definiert durch

$$\begin{aligned} \det \boldsymbol{A} &= a_{11} \det \boldsymbol{A}_{11} - a_{12} \det \boldsymbol{A}_{12} + \ldots + (-1)^{n+1} a_{1n} \det \boldsymbol{A}_{1n} \\ &= \sum_{j=1}^{n} (-1)^{j+1} a_{1j} \det \boldsymbol{A}_{1j}. \end{aligned}$$

Man beachte, dass die Summanden in obiger Formel alternierende Vorzeichen besitzen.

Im Folgenden sagen wir statt „Determinante einer $n \times n$-Matrix" kürzer $n \times n$-Determinante.

Bei unserer Definition der Determinante handelt es sich um eine sogenannte **rekursive Definition**. Die Berechnung der Determinante einer $n \times n$-Matrix wird auf die Berechnung von $(n-1) \times (n-1)$-Determinanten zurückgeführt. Die Berechnung dieser Determinanten kann man dann genauso auf die Berechnung von $(n-2) \times (n-2)$-Determinanten zurückführen usw. Schließlich landet man damit bei der Berechnung von 1×1-Determinanten und wie diese zu berechnen sind, weiß man ja bereits.

Insbesondere ergibt sich für die Berechnung von 2×2-Determinanten die eingangs angegebene Formel,

$$\det \begin{bmatrix} a_{11} & a_{12} \\ a_{21} & a_{22} \end{bmatrix} = a_{11}a_{22} - a_{12}a_{21}.$$

Für 3×3-Determinanten erhält man die Formel

$$\begin{aligned} &\det \begin{bmatrix} a_{11} & a_{12} & a_{13} \\ a_{21} & a_{22} & a_{23} \\ a_{31} & a_{32} & a_{33} \end{bmatrix} \\ &= a_{11} \cdot \det \begin{bmatrix} a_{22} & a_{23} \\ a_{32} & a_{33} \end{bmatrix} - a_{12} \cdot \det \begin{bmatrix} a_{21} & a_{23} \\ a_{31} & a_{33} \end{bmatrix} + a_{13} \cdot \det \begin{bmatrix} a_{21} & a_{22} \\ a_{31} & a_{32} \end{bmatrix} \end{aligned}$$

$$= a_{11}a_{22}a_{33} - a_{11}a_{23}a_{32} - a_{12}a_{21}a_{33} + a_{12}a_{23}a_{31} + a_{13}a_{21}a_{32} - a_{13}a_{22}a_{31}\,.$$

Die Determinante einer 3×3-Matrix $\boldsymbol{A}$ lässt sich auch bequem mit der sogenannten **Sarrusschen**[2] **Regel** ausrechnen. Man schreibt rechts neben die Matrix zusätzlich ihre ersten beiden Spalten,

$$\begin{array}{ccc|cc} a_{11} & a_{12} & a_{13} & a_{11} & a_{12} \\ a_{21} & a_{22} & a_{23} & a_{21} & a_{22} \\ a_{31} & a_{32} & a_{33} & a_{31} & a_{32} \end{array}$$

und bildet für jede der insgesamt sechs Diagonalen (drei von links oben nach rechts unten, drei von links unten nach rechts oben) das Produkt der drei Diagonalelemente. Dann addiert man die Produkte der drei links oben beginnenden Diagonalen und subtrahiert die Produkte der drei links unten beginnenden Diagonalen. Damit erhält man wie oben die Formel

$$\det \boldsymbol{A} = a_{11}a_{22}a_{33} + a_{12}a_{23}a_{31} + a_{13}a_{21}a_{32} - a_{31}a_{22}a_{13} - a_{32}a_{23}a_{11} - a_{33}a_{21}a_{12}\,.$$

Beispiel 10.3. Für

$$\boldsymbol{A} = \begin{bmatrix} 1 & 0 & 5 \\ 0 & 2 & 7 \\ -1 & 2 & 3 \end{bmatrix}$$

ist nach der Sarrusschen Regel

$$\det \boldsymbol{A} = 1\cdot 2\cdot 3 + 0\cdot 7\cdot(-1) + 5\cdot 0\cdot 2 - (-1)\cdot 2\cdot 5 - 2\cdot 7\cdot 1 - 3\cdot 0\cdot 0 = 6 + 10 - 14 = 2\,.$$

Die Sarrussche Regel funktioniert jedoch **ausschließlich** bei 3×3-Determinanten. Die Determinanten größerer Matrizen ($n > 3$) muss man rekursiv aus den Determinanten kleinerer Matrizen berechnen.

Die Formel in Definition 10.1 bezeichnet man auch als **Entwicklung** der Determinante nach der ersten Zeile. Genauso kann man die Determinante nach **jeder** anderen Zeile entwickeln.

Satz 10.1: Entwicklung nach der i-ten Zeile

Sei $\boldsymbol{A}$ eine $n \times n$-Matrix und $1 \le i \le n$. Dann ist

$$\det \boldsymbol{A} = \sum_{j=1}^{n} (-1)^{i+j} a_{ij} \det \boldsymbol{A}_{ij}\,.$$

[2]Pierre Frédéric Sarrus (1798-1861)

Ferner gilt:

Satz 10.2: Determinante der Transponierten

Für jede quadratische Matrix $\boldsymbol{A}$ gilt

$$\det \boldsymbol{A} = \det \boldsymbol{A}^T .$$

Analog zur Entwicklung nach einer Zeile von $\boldsymbol{A}$ kann man die Determinante deshalb auch nach einer Spalte von $\boldsymbol{A}$, d.h. einer Zeile von $\boldsymbol{A}^T$, entwickeln.

Satz 10.3: Entwicklung nach der j-ten Spalte

Sei $\boldsymbol{A}$ eine $n \times n$-Matrix und $1 \leq j \leq n$. Dann ist

$$\det \boldsymbol{A} = \sum_{i=1}^{n} (-1)^{i+j} a_{ij} \det \boldsymbol{A}_{ij} .$$

Offenbar ist es sinnvoll, die Spalte oder Zeile, nach der man die Determinante entwickelt, so zu wählen, dass in ihr möglichst viele Nullen vorkommen. Wir geben dazu ein Beispiel.

Beispiel 10.4. Für

$$\boldsymbol{A} = \begin{bmatrix} 4 & 0 & 1 & 0 \\ 2 & 1 & 2 & 5 \\ 0 & 2 & 0 & 1 \\ 5 & 0 & 2 & 0 \end{bmatrix}$$

wählt man zunächst die Entwicklung nach der ersten Zeile und erhält

$$\det \boldsymbol{A} = 4 \cdot \det \begin{bmatrix} 1 & 2 & 5 \\ 2 & 0 & 1 \\ 0 & 2 & 0 \end{bmatrix} + 1 \cdot \det \begin{bmatrix} 2 & 1 & 5 \\ 0 & 2 & 1 \\ 5 & 0 & 0 \end{bmatrix} .$$

Die beiden 3×3-Determinanten entwickelt man jeweils nach der dritten Zeile.

$$\det \begin{bmatrix} 1 & 2 & 5 \\ 2 & 0 & 1 \\ 0 & 2 & 0 \end{bmatrix} = (-2) \cdot \det \begin{bmatrix} 1 & 5 \\ 2 & 1 \end{bmatrix} = (-2) \cdot (1 \cdot 1 - 2 \cdot 5) = 18 ,$$

$$\det \begin{bmatrix} 2 & 1 & 5 \\ 0 & 2 & 1 \\ 5 & 0 & 0 \end{bmatrix} = 5 \cdot \det \begin{bmatrix} 1 & 5 \\ 2 & 1 \end{bmatrix} = 5 \cdot (1 \cdot 1 - 2 \cdot 5) = -45 .$$

Damit erhält man

$$\det \boldsymbol{A} = 4 \cdot 18 - 45 = 27 .$$

Die Entwicklung der Determinante war im obigen Beispiel deshalb relativ einfach, weil die Matrix $\boldsymbol{A}$ „viele“ Nullen enthielt. Besonders einfach lässt sich die Determinante berechnen, wenn die Matrix $\boldsymbol{A}$ eine Dreiecksmatrix ist.

Satz 10.4: Determinante einer Dreiecksmatrix

Sei $\boldsymbol{A}$ eine (obere oder untere) Dreiecksmatrix. Dann ist die Determinante von $\boldsymbol{A}$ gleich dem Produkt der Hauptdiagonalelemente,

$$\det \boldsymbol{A} = a_{11} \cdot a_{22} \cdot \ldots \cdot a_{nn} = \prod_{i=1}^{n} a_{ii} \,.$$

Da eine Diagonalmatrix auch eine Dreiecksmatrix ist, gilt obiger Satz natürlich auch für Diagonalmatrizen. Insbesondere gilt $\det \boldsymbol{I}_n = 1$ sowie $\det \lambda \boldsymbol{I}_n = \lambda^n$.

Da die Determinante einer Dreiecksmatrix sehr einfach zu berechnen ist, liegt es nahe, eine gegebene Matrix durch elementare Zeilen- oder Spaltenumformungen auf Dreiecksgestalt zu bringen, dann die Determinante der transformierten Matrix zu berechnen und hieraus schließlich auf die Determinante der ursprünglichen Matrix zurückzuschließen. Dazu muss man allerdings wissen, wie sich die Determinante einer Matrix bei elementaren Zeilenumformungen ändert.

Satz 10.5: Determinanten bei elementaren Umformungen

(i) Entsteht $\widetilde{\boldsymbol{A}}$ aus $\boldsymbol{A}$ durch Vertauschen zweier Zeilen (oder Spalten), so ist $\det \widetilde{\boldsymbol{A}} = -\det \boldsymbol{A}$.

(ii) Entsteht $\widetilde{\boldsymbol{A}}$ aus $\boldsymbol{A}$ durch Addition oder Subtraktion des λ-fachen einer Zeile (oder Spalte) zu einer anderen Zeile (bzw. Spalte), so ist $\det \widetilde{\boldsymbol{A}} = \det \boldsymbol{A}$.

(iii) Entsteht $\widetilde{\boldsymbol{A}}$ aus $\boldsymbol{A}$ durch Multiplikation einer Zeile (oder Spalte) mit λ, so ist $\det \widetilde{\boldsymbol{A}} = \lambda \det \boldsymbol{A}$.

Dieser Satz ermöglicht es, mittels des Gauß-Jordan-Verfahrens die Determinante einer Matrix zu berechnen. Im Gegensatz zum Gauß-Jordan-Verfahren, wie wir es bisher kennengelernt haben, empfiehlt es sich hier jedoch, die Matrix $\boldsymbol{A}$ nicht zu einer Einheitsmatrix zu transformieren, sondern sie lediglich auf Dreiecksgestalt zu bringen. Dies liegt daran, dass die Determinante einer Dreiecksmatrix genauso einfach zu berechnen ist wie die einer Diagonalmatrix. Begnügt man sich also mit der Transformation zu einer Dreiecksmatrix, so verringert dies den Rechenaufwand erheblich. Ferner empfiehlt es sich, bei der Transformation auf Dreiecksgestalt lediglich die elementaren Zeilenumformungen EZU1 und EZU2 zu verwenden, also keine Multiplikation von Zeilen mit reellen Zahlen durchzuführen. Dann erhält man zwar in der Regel keine Einsen auf der Hauptdiagonalen, die Transformation auf Dreiecksgestalt ist aber trotzdem möglich, sofern die Matrix nicht singulär ist. Wir illustrieren das Vorgehen an einem Beispiel:

Beispiel 10.5. Zu berechnen ist die Determinante der 4×4-Matrix

$$\boldsymbol{A} = \begin{bmatrix} 2 & 2 & 4 & 6 \\ 1 & 1 & 3 & 7 \\ 4 & 6 & 2 & 9 \\ 2 & 0 & 6 & 1 \end{bmatrix} .$$

Wir bestimmen die Determinante mit dem Gauß-Jordan-Verfahren. Zur besseren Übersichtlichkeit werden Nullen unter der Hauptdiagonalen direkt weggelassen:

$$\begin{bmatrix} 2 & 2 & 4 & 6 \\ 1 & 1 & 3 & 7 \\ 4 & 6 & 2 & 9 \\ 2 & 0 & 6 & 1 \end{bmatrix} \xrightarrow[\substack{\text{II}-(1/2)\cdot\text{I} \\ \text{III}-2\cdot\text{I} \\ \text{IV}-\text{I}}]{} \begin{bmatrix} 2 & 2 & 4 & 6 \\ & 0 & 1 & 4 \\ & 2 & -6 & -3 \\ & -2 & 2 & -5 \end{bmatrix}$$

$$\xrightarrow[\text{II}\leftrightarrow\text{III}]{} \begin{bmatrix} 2 & 2 & 4 & 6 \\ & 2 & -6 & -3 \\ & 0 & 1 & 4 \\ & -2 & 2 & -5 \end{bmatrix}$$

$$\xrightarrow[\text{IV}+\text{II}]{} \begin{bmatrix} 2 & 2 & 4 & 6 \\ & 2 & -6 & -3 \\ & & 1 & 4 \\ & & -4 & -8 \end{bmatrix}$$

$$\xrightarrow[\text{IV}+4\cdot\text{III}]{} \begin{bmatrix} 2 & 2 & 4 & 6 \\ & 2 & -6 & -3 \\ & & 1 & 4 \\ & & & 8 \end{bmatrix}$$

Das Produkt der Hauptdiagonalelemente im Endtableau ist 32. Da **eine** Zeilenvertauschung durchgeführt wurde, ist $\det \boldsymbol{A} = (-1)^1 \cdot 32 = -32$.

Wenn $\boldsymbol{A}$ invertierbar ist, kann man mit dem Gauß-Jordan-Verfahren $\boldsymbol{A}$ immer zu einer Einheitsmatrix transformieren. In diesem Fall muss die Determinante also ungleich null sein. Ist umgekehrt $\boldsymbol{A}$ nicht invertierbar, so entsteht im Laufe des Gauß-Jordan-Verfahrens irgendwann eine Nullzeile. Die Determinante einer quadratischen Matrix, die eine Nullzeile besitzt, ist aber auf jeden Fall gleich null. (Entwicklung nach der Nullzeile!) Somit ergibt sich das folgende Kriterium für die Invertierbarkeit einer Matrix.

Satz 10.6: Determinante und Invertierbarkeit

Sei $\boldsymbol{A}$ eine $n \times n$-Matrix. Dann gilt

$$\boldsymbol{A} \text{ ist invertierbar} \iff \operatorname{rg} \boldsymbol{A} = n \iff \det \boldsymbol{A} \neq 0\,.$$

Zum Schluss dieses Abschnitts geben wir noch einige weitere Rechenregeln für Determinanten an.

Satz 10.7: Rechenregeln für Determinanten

Seien $\boldsymbol{A}$, $\boldsymbol{B}$ zwei $n \times n$-Matrizen und λ eine reelle Zahl. Dann gilt

(i) $\det(\lambda \boldsymbol{A}) = \lambda^n \det \boldsymbol{A}\,.$

(ii) $\det(\boldsymbol{A}\boldsymbol{B}) = \det \boldsymbol{A} \cdot \det \boldsymbol{B}\,,$

(iii) Ist $\boldsymbol{A}$ invertierbar, so gilt $\det \boldsymbol{A}^{-1} = (\det \boldsymbol{A})^{-1}\,.$

Eine letzte Bemerkung betrifft orthogonale Matrizen. Ist $\boldsymbol{Q}$ orthogonal, so ist ja $\boldsymbol{Q}^T\boldsymbol{Q} = \boldsymbol{I}_n$. Nach Satz 10.7 gilt dann aber

$$1 = \det \boldsymbol{I}_n = \det(\boldsymbol{Q}^T\boldsymbol{Q}) = \det \boldsymbol{Q}^T \cdot \det \boldsymbol{Q} = (\det \boldsymbol{Q})^2\,,$$

und somit muss $\det \boldsymbol{Q}$ entweder $+1$ oder -1 sein.

Satz 10.8: Determinante einer orthogonalen Matrix

Sei $\boldsymbol{Q}$ eine orthogonale Matrix. Dann ist $|\det \boldsymbol{Q}| = 1$.

Orthogonale Abbildungen lassen also nicht nur Längen und Winkel unverändert, sondern auch das Volumen von Mengen. Bei orthogonalen 2×2-Matrizen (vgl. Satz 2.11) kann man mit Hilfe der Determinante unterscheiden, ob die Matrix eine Drehung oder eine Spiegelung darstellt: Ist $\boldsymbol{A}$ eine orthogonale 2×2-Matrix und ist $\det \boldsymbol{A} = 1$, so ist $\boldsymbol{A}$ eine Drehung, ist $\det \boldsymbol{A} = -1$, so ist $\boldsymbol{A}$ eine Spiegelung.

Wir kehren am Ende dieses Abschnitts zu den hinreichenden Bedingungen für die Existenz eines Extremums aus Kapitel 6 zurück. Dort hatten wir diese Bedingungen anhand der Hesse-Matrix lediglich für die Fälle $n = 2$ und $n = 3$ angegeben. Wir wollen diese Bedingungen jetzt allgemein definieren. Dazu benötigen wir zunächst den Begriff der **Definitheit**.

Definition 10.2: Definitheit

Sei $\boldsymbol{A}$ eine symmetrische $n \times n$-Matrix. Dann heißt $\boldsymbol{A}$

- **positiv definit**, wenn $\boldsymbol{x}^T \boldsymbol{A}\boldsymbol{x} > 0$ für alle $\boldsymbol{x} \neq \boldsymbol{0}$ ist,
- **positiv semidefinit**, wenn $\boldsymbol{x}^T \boldsymbol{A}\boldsymbol{x} \geq 0$ für alle $\boldsymbol{x} \neq \boldsymbol{0}$ ist,
- **negativ definit**, wenn $\boldsymbol{x}^T \boldsymbol{A}\boldsymbol{x} < 0$ für alle $\boldsymbol{x} \neq \boldsymbol{0}$ ist,
- **negativ semidefinit**, wenn $\boldsymbol{x}^T \boldsymbol{A}\boldsymbol{x} \leq 0$ für alle $\boldsymbol{x} \neq \boldsymbol{0}$ ist,
- **indefinit**, wenn $\boldsymbol{x}^T \boldsymbol{A}\boldsymbol{x}$ sowohl Werte größer null als auch Werte kleiner null annehmen kann.

Die hinreichenden Bedingungen für die Existenz eines Extremums lauten dann wie folgt:

Satz 10.9: Hinreichende Bedingung für die Existenz eines Extremums

Sei $f : A \to \mathbb{R}$, $A \subset \mathbb{R}^n$, zweimal stetig differenzierbar, und sei $\boldsymbol{a}$ ein Punkt im Inneren von A. Ist $\operatorname{grad} f(\boldsymbol{a}) = \boldsymbol{0}$, so gilt:

- Ist die Hesse-Matrix $H_f(\boldsymbol{a})$ an der Stelle $\boldsymbol{a}$ **positiv definit**, so hat f an der Stelle $\boldsymbol{x}$ ein **lokales Minimum**.
- Ist die Hesse-Matrix $H_f(\boldsymbol{a})$ an der Stelle $\boldsymbol{a}$ **negativ definit**, so hat f an der Stelle $\boldsymbol{x}$ ein **lokales Maximum**.
- Ist die Hesse-Matrix $H_f(\boldsymbol{a})$ an der Stelle $\boldsymbol{a}$ **indefinit**, so hat f an der Stelle $\boldsymbol{a}$ **kein lokales Extremum**.

Auch Satz 6.5, in dem hinreichende Bedingungen für die Konvexität bzw. Konkavität einer Funktion mehrerer Veränderlicher angegeben werden, kann mit Hilfe des Begriffs der Definitheit einfacher (und genauer) formuliert werden.

Satz 10.10: Konvexität, Konkavität einer differenzierbaren Funktion

Sei $f : A \to \mathbb{R}$, $A \subset \mathbb{R}^n$, zweimal stetig differenzierbar, wobei A offen und konvex ist. Dann gelten die folgenden Aussagen:

- f ist genau dann konvex, wenn $H_f(\boldsymbol{x})$ an jeder Stelle $\boldsymbol{x} \in A$ positiv semidefinit ist.
- f ist genau dann konkav, wenn $H_f(\boldsymbol{x})$ an jeder Stelle $\boldsymbol{x} \in A$ negativ semidefinit ist.

Die beiden obigen Sätze geben uns zwar allgemeine Kriterien für die Existenz lokaler Extrema bzw. für Konvexität oder Konkavität einer Funktion, allerdings besteht jetzt das Problem, dass die Definitheit einer symmetrischen

Matrix untersucht werden muss. Für Diagonalmatrizen ist dies einfach zu entscheiden. Ist nämlich $\boldsymbol{A}$ eine Diagonalmatrix, so ist

$$\begin{aligned}\boldsymbol{x}^T\boldsymbol{A}\boldsymbol{x} &= [x_1, x_2, \dots, x_n]\begin{bmatrix} a_{11} & 0 & \dots & 0 \\ 0 & a_{22} & \dots & 0 \\ \vdots & \vdots & \ddots & \vdots \\ 0 & 0 & \dots a_{nn} & \end{bmatrix}\begin{bmatrix} x_1 \\ x_2 \\ \vdots \\ x_n \end{bmatrix} \\ &= [x_1, x_2, \dots, x_n]\begin{bmatrix} a_{11}x_1 \\ a_{22}x_2 \\ \vdots \\ a_{nn}x_n \end{bmatrix} \\ &= a_{11}x_1^2 + a_{22}x_2^2 + \dots + a_{nn}x_n^2 = \sum_{i=1}^{n} a_{ii}x_i^2 \,. \end{aligned}$$

Setzt man $\boldsymbol{x} = \boldsymbol{e}_i$, so erhält man insbesondere

$$\boldsymbol{e}_i^T\boldsymbol{A}\boldsymbol{e}_i = a_{ii} \,.$$

Damit $\boldsymbol{A}$ positiv definit ist, müssen also alle Diagonalelemente a_{ii} größer als null sein. Dies ist aber offensichtlich auch hinreichend für die positive Definitheit von $\boldsymbol{A}$. Entsprechende Überlegungen zeigen, dass der folgende Satz gilt.

Satz 10.11: Definitheit bei Diagonalmatrizen

Eine **Diagonalmatrix** $\boldsymbol{A}$ ist genau dann

- positiv definit, wenn $a_{ii} > 0$ für alle i ist,
- positiv semidefinit, wenn $a_{ii} \geq 0$ für alle i ist,
- negativ definit, wenn $a_{ii} < 0$ für alle i ist,
- negativ semidefinit, wenn $a_{ii} \leq 0$ für alle i ist,
- indefinit, wenn die Diagonale sowohl Werte kleiner als Null als auch Werte größer als Null enthält.

Bei beliebigen symmetrischen Matrizen ist es deutlich schwieriger zu entscheiden, ob eine gegebene Matrix definit ist oder nicht. Ein einfach anzuwendendes Kriterium ist das sogenannte **Minorenkriterium**. Der k-te **Hauptminor** Δ_k einer symmetrischen $n \times n$-Matrix ist für $k = 1, \dots, n$ definiert durch

$$\Delta_k = \det\begin{bmatrix} a_{11} & \cdots & a_{1k} \\ \vdots & \ddots & \vdots \\ a_{k1} & \cdots & a_{kk} \end{bmatrix} .$$

Der k-te Hauptminor[3] ist also die Determinante der linken oberen $k \times k$-Teilmatrix von $\boldsymbol{A}$. Mit Hilfe der Vorzeichen der Hauptminoren kann man die Definitheit einer gegebenen symmetrischen Matrix überprüfen. Die hinreichenden Bedingungen für die Existenz eines Extremums in Kapitel 6 folgen aus Satz 10.9 und dem nachfolgenden Minorenkriterium:

Satz 10.12: Minorenkriterium

Sei $\boldsymbol{A}$ eine symmetrische $n \times n$-Matrix. Dann gelten die folgenden Aussagen:

(1) $\boldsymbol{A}$ **positiv definit** $\iff \Delta_i > 0$ für $i = 1, \ldots, n$

(2) $\boldsymbol{A}$ **negativ definit** $\iff (-1)^i \Delta_i > 0$ für $i = 1, \ldots, n$

(3) $\boldsymbol{A}$ **positiv semidefinit** $\Longrightarrow \Delta_i \geq 0$ für $i = 1, \ldots, n$

(4) $\boldsymbol{A}$ **negativ semidefinit** $\Longrightarrow (-1)^i \Delta_i \geq 0$ für $i = 1, \ldots, n$

Die Bedingung $(-1)^i \Delta_i > 0$ besagt, dass die **ungeraden** Minoren Δ_1, $\Delta_3, \ldots$ **kleiner** als null und die **geraden** Minoren Δ_2, $\Delta_4, \ldots$ **größer** als null sind.

Zu bemerken ist, dass in den Aussagen (3) und (4) die umgekehrte Implikation nicht gültig ist. Auch wenn alle Hauptminoren größer oder gleich null sind, muss die Matrix $\boldsymbol{A}$ nicht positiv semidefinit sein. Dies sieht man leicht am Beispiel der Matrix

$$\boldsymbol{A} = \begin{bmatrix} 1 & 0 & 0 \\ 0 & 0 & 0 \\ 0 & 0 & -1 \end{bmatrix}.$$

Für $\boldsymbol{A}$ ist offensichtlich $\Delta_1 = 1$, $\Delta_2 = 0$ und $\Delta_3 = 0$, die Hauptminoren sind also alle größer oder gleich null. Trotzdem ist $\boldsymbol{A}$ nach Satz 10.11 nicht positiv semidefinit, sondern indefinit, da das dritte Diagonalelement negativ ist.

Speziell in den Fällen $n = 2$ und $n = 3$ erhält man aus diesem Satz in Verbindung mit Satz 10.9 das hinreichende Kriterium für ein lokales Extremum (Satz 6.2) aus Kapitel 6.

Aus dem Minorenkriterium (Satz 10.12) kann ein einfaches hinreichendes Kriterium für die Indefinitheit abgeleitet werden:

Satz 10.13: Indefinitheitskriterium

Sei $\boldsymbol{A}$ eine symmetrische $n \times n$-Matrix. Dann gelten die folgenden Aussagen:

- Gibt es eine **gerade** Zahl i mit $\Delta_i < 0$, so ist $\boldsymbol{A}$ indefinit.
- Gibt es **ungerade** Zahlen i und j mit $\Delta_i < 0$ und $\Delta_j > 0$, so ist $\boldsymbol{A}$ indefinit.

[3] Man nennt diese Hauptminoren genauer **führende Hauptminoren**, da üblicherweise Hauptminoren allgemeiner als hier definiert werden.

10.2 Eigenwerte und Eigenvektoren

In diesem Abschnitt beschäftigen wir uns mit den sogenannten **Eigenwerten** und **Eigenvektoren** einer Matrix. Eigenwerte und Eigenvektore haben vielfältige Anwendungen. Sie spielen eine wichtige Rolle bei der Analyse von Input-Output-Modellen (siehe Beispiel 10.6 weiter unten), in der multivariaten Statistik im Rahmen der Hauptkomponenten- bzw. Faktoranalyse, in der Zeitreihenanalyse bei den sogenannten vektorautoregressiven Modellen sowie bei der Untersuchung von Systemen von linearen Differential- bzw. Differenzengleichungen (siehe Abschnitte 12.4 bzw. 13.4).

Gegeben sei die Diagonalmatrix

$$\boldsymbol{A} = \begin{bmatrix} 2 & 0 & 0 \\ 0 & \frac{1}{2} & 0 \\ 0 & 0 & -2 \end{bmatrix}.$$

Für diese Matrix gilt

$$\boldsymbol{A}\boldsymbol{e}_1 = 2\boldsymbol{e}_1\,, \quad \boldsymbol{A}\boldsymbol{e}_2 = \frac{1}{2}\boldsymbol{e}_2 \quad \text{und} \quad \boldsymbol{A}\boldsymbol{e}_3 = -2\boldsymbol{e}_3\,.$$

Die Multiplikation mit der Diagonalmatrix $\boldsymbol{A}$ bewirkt bei den drei Einheitsvektoren also lediglich eine **Streckung** (Multiplikation mit einem Skalar größer eins) bzw. **Stauchung** (Multiplikation mit einem Skalar kleiner eins). Die durch den Vektor gegebene Richtung wird dabei aber nicht geändert. Im Gegensatz dazu ist z.B. für $\boldsymbol{x} = [1, 1, 0]^T$

$$\boldsymbol{A}\boldsymbol{x} = \left[2, \frac{1}{2}, 0\right]^T,$$

d.h. $\boldsymbol{A}\boldsymbol{x}$ ist kein Vielfaches von $\boldsymbol{x}$. Bei der Untersuchung einer gegebenen Matrix $\boldsymbol{A}$ sind Vektoren, die die Eigenschaft besitzen, dass die Multiplikation mit $\boldsymbol{A}$ lediglich eine Streckung bzw. Stauchung des Vektors bewirkt, von besonderem Interesse. Sie heißen **Eigenvektoren** von $\boldsymbol{A}$.

Definition 10.3: Eigenwert, Eigenvektor, Eigenraum

Sei $\boldsymbol{A}$ eine $n \times n$-Matrix. Gilt für einen Vektor $\boldsymbol{x} \neq \boldsymbol{0}$

$$\boldsymbol{A}\boldsymbol{x} = \lambda\boldsymbol{x}$$

mit einer reellen Zahl λ, so heißt $\boldsymbol{x}$ **Eigenvektor** von $\boldsymbol{A}$ zum **Eigenwert** λ.

Die Menge

$$V(\lambda) = \{\boldsymbol{x} : \boldsymbol{A}\boldsymbol{x} = \lambda\boldsymbol{x}\}$$

heißt **Eigenraum** zum Eigenwert λ von $\boldsymbol{A}$.

Beispiel 10.6. (Geschlossenes Input-Output-Modell von Leontief). Gibt es im offenen Input-Output-Modell von Leontief (s. Beispiel 2.2) keine exogene Nachfrage, so spricht man vom **geschlossenen** Input-Output-Modell. In einem geschlossenen Input-Output-Modell muss der Output x_i des i-ten Sektors mindestens so groß sein, wie die Menge des Gutes, die als Input insgesamt für alle Sektoren verwendet wird, die sogenannte endogene Nachfrage. Mit den Bezeichnungen aus Beispiel 2.2 muss also gelten

$$a_{i1}x_1 + a_{i2}x_2 + \ldots + a_{in}x_n \leq x_i \qquad \text{für alle } i,$$

bzw. in Matrixschreibweise

$$\boldsymbol{A}\boldsymbol{x} \leq \boldsymbol{x}\,,$$

wobei das Ungleichheitszeichen komponentenweise zu verstehen ist. Ein Outputvektor $\boldsymbol{x}$, der die obige Bedingung erfüllt, heißt zulässig. Gilt für einen Vektor $\boldsymbol{x}$ sogar

$$\boldsymbol{A}\boldsymbol{x} = \boldsymbol{x}\,,$$

so nennt man $\boldsymbol{x}$ einen **Gleichgewichtsoutput**.

Ein Gleichgewichtsoutput ist also ein Eigenvektor der Produktionsmatrix $\boldsymbol{A}$ zum Eigenwert eins.

Bemerkung: Die Gleichung $\boldsymbol{A}\boldsymbol{x} = \lambda\boldsymbol{x}$ lässt sich auch in der folgenden Form schreiben:

$$\boxed{(\boldsymbol{A} - \lambda\boldsymbol{I}_n)\boldsymbol{x} = \boldsymbol{0}\,.}$$

Der Eigenraum ist also Lösung einer homogenen linearen Gleichung. Insbesondere ist der Eigenraum zu einem Eigenwert λ ein Unterraum. Er besteht aus allen Eigenvektoren zum Eigenwert λ sowie dem Nullvektor.

Ist $\operatorname{rg}(\boldsymbol{A} - \lambda\boldsymbol{I}_n) = n$, d.h. ist $(\boldsymbol{A} - \lambda\boldsymbol{I}_n)$ regulär, so ist $\boldsymbol{0}$ die einzige Lösung dieser Gleichung, d.h. λ ist **kein** Eigenwert. Ist umgekehrt $\operatorname{rg}(\boldsymbol{A} - \lambda\boldsymbol{I}_n) < n$, d.h. ist $(\boldsymbol{A} - \lambda\boldsymbol{I}_n)$ singulär, so existieren Lösungen $\boldsymbol{x} \neq \boldsymbol{0}$. In diesem Fall ist λ ein Eigenwert von $\boldsymbol{A}$. Mit anderen Worten:

$$\lambda \text{ ist Eigenwert von } \boldsymbol{A} \quad \Longleftrightarrow \quad \boldsymbol{A} - \lambda\boldsymbol{I}_n \text{ ist singulär.}$$

Nach Satz 10.6 ist $\boldsymbol{A} - \lambda\boldsymbol{I}_n$ genau dann singulär, wenn $\det(\boldsymbol{A} - \lambda\boldsymbol{I}_n) = 0$ ist. Man kann zeigen, dass $\det(\boldsymbol{A} - \lambda\boldsymbol{I}_n)$ ein Polynom n-ten Grades in λ ist. Dieses Polynom ist von grundlegender Bedeutung bei der Bestimmung der Eigenwerte einer Matrix.

Satz 10.14: Charakteristisches Polynom, charakteristische Gleichung

Ist $\boldsymbol{A}$ eine $n \times n$-Matrix, so ist $\det(\boldsymbol{A} - \lambda \boldsymbol{I}_n)$ ein Polynom n-ten Grades in $\lambda \in \mathbb{R}$. Es heißt **charakteristisches Polynom** von $\boldsymbol{A}$.

Die Gleichung $\det(\boldsymbol{A} - \lambda \boldsymbol{I}_n) = 0$ heißt **charakteristische Gleichung**. Ihre Lösungen λ_i sind die Eigenwerte von $\boldsymbol{A}$.

Der Eigenraum zum Eigenvektor λ_i ist $V(\lambda_i) = L(\boldsymbol{A} - \lambda_i \boldsymbol{I}_n, \boldsymbol{0})$.

Beispiel 10.7. Zu bestimmen sind die Eigenwerte der Matrix

$$\boldsymbol{A} = \begin{bmatrix} 1 & -2 \\ 1 & 4 \end{bmatrix}.$$

Das charakteristische Polynom ist

$$\det(\boldsymbol{A} - \lambda \boldsymbol{I}_2) = \det \begin{bmatrix} 1-\lambda & -2 \\ 1 & 4-\lambda \end{bmatrix} = (1-\lambda)(4-\lambda) + 2 = \lambda^2 - 5\lambda + 6.$$

Die charakteristische Gleichung ist somit $\lambda^2 - 5\lambda + 6 = 0$. Ihre Lösungen erhält man mit der p-q-Formel:

$$\lambda_{1,2} = \frac{5}{2} \pm \sqrt{\frac{25}{4} - 6} = \frac{5}{2} \pm \sqrt{\frac{1}{4}} = \frac{5}{2} \pm \frac{1}{2}.$$

Somit besitzt $\boldsymbol{A}$ die beiden Eigenwerte $\lambda_1 = 3$ und $\lambda_2 = 2$.

Um den Eigenraum zum Eigenwert $\lambda_1 = 3$ zu bestimmen, löst man die Gleichung $(\boldsymbol{A} - 3\boldsymbol{I}_2)\boldsymbol{x} = \boldsymbol{0}$. Wegen

$$\boldsymbol{A} - 3\boldsymbol{I}_2 = \begin{bmatrix} -2 & -2 \\ 1 & 1 \end{bmatrix}$$

erhält man den Eigenraum

$$V(\lambda_1) = V(3) = \left\{ \alpha \begin{bmatrix} 1 \\ -1 \end{bmatrix} : \alpha \in \mathbb{R} \right\}.$$

Ebenso erhält man

$$V(\lambda_2) = V(2) = \left\{ \alpha \begin{bmatrix} 2 \\ -1 \end{bmatrix} : \alpha \in \mathbb{R} \right\}.$$

Nützlich sind jetzt Kenntnisse über die Nullstellen von Polynomen. Das für uns wichtigste Ergebnis lautet:

Merkregel

Jedes Polynom n-ten Grades mit reellen Koeffizienten hat höchstens n verschiedene Nullstellen in $\mathbb{R}$. Ist n ungerade, so gibt es mindestens eine Nullstelle in $\mathbb{R}$.

Dies ist eine direkte Konsequenz aus dem Fundamentalsatz der Algebra (Satz E.2 im Anhang).

Einige Bemerkungen über die sogenannte Vielfachheit einer Nullstelle sind hier am Platz. Ist λ eine Nullstelle eines Polynoms $p_n(x)$, so kann man $p_n(x)$ in der Form

$$p_n(x) = (x - \lambda)p_{n-1}(x)$$

darstellen, wobei $p_{n-1}(x)$ ein Polynom $(n-1)$-ten Grades ist. $p_{n-1}(x)$ erhält man durch die Polynomdivision $p_n(x)/(x-\lambda)$. Ist nun λ auch wieder Nullstelle von $p_{n-1}(x)$, so kann man das Verfahren fortsetzen und erhält

$$p_n(x) = (x - \lambda)[(x - \lambda)p_{n-2}(x)] = (x - \lambda)^2 p_{n-2}(x)\,.$$

Dieses Verfahren kann man solange fortsetzen, bis λ keine Nullstelle von $p_{n-k}(x)$ mehr ist. Man erhält dann

$$p_n(x) = (x - \lambda)^k p_{n-k}(x)\,, \quad \text{wobei } p_{n-k}(\lambda) \neq 0 \text{ ist.}$$

In diesem Fall heißt λ **k-fache Nullstelle** von $p_n(x)$.

Satz 10.15: Eigenschaften von Eigenwerten und Eigenvektoren

Sei $\boldsymbol{A}$ eine $n \times n$-Matrix. Dann gelten die folgenden Aussagen:

(i) $\boldsymbol{A}$ besitzt höchstens n verschiedene reelle Eigenwerte.

(ii) Ist der Eigenwert $\lambda \in \mathbb{R}$ eine k-fache Nullstelle des charakteristischen Polynoms, so ist die Dimension des zugehörigen Eigenraumes $V(\lambda)$ höchstens k, d.h. $\dim V(\lambda) \leq k$.

(iii) Sind $\lambda_1, \ldots, \lambda_m$ die verschiedenen Eigenwerte von $\boldsymbol{A}$ und $\boldsymbol{v}_1, \ldots, \boldsymbol{v}_m$ zugehörige Eigenvektoren, d.h. $\boldsymbol{v}_i$ ist Eigenvektor zum Eigenwert λ_i, $i = 1, \ldots, m$, so ist $\{\boldsymbol{v}_1, \ldots, \boldsymbol{v}_m\}$ linear unabhängig.

Bemerkungen:

1. Ist der Eigenwert λ eine k-fache Nullstelle des charakteristischen Polynoms, so bezeichnet man λ als **k-fachen Eigenwert** und k als **algebraische Vielfachheit** von λ.

2. Die Dimension des Eigenraumes $V(\lambda)$ zu einem Eigenwert λ wird auch als **geometrische Vielfachheit** des Eigenwerts bezeichnet. Aussage

(ii) des obigen Satzes kann man damit auch so formulieren: Die geometrische Vielfachheit eines Eigenwerts ist **höchstens** so groß wie seine algebraische Vielfachheit.

3. In den komplexen Zahlen (vgl. Anhang E) hat ein Polynom n-ten Grades immer genau n Nullstellen (wenn die Nullstellen jeweils mit ihrer Vielfachheit gezählt werden). Ist λ eine komplexe Nullstelle des charakteristischen Polynoms mit von Null verschiedenem Imaginärteil, so sagt man, λ sei ein komplexer Eigenwert. Komplexe Eigenwerte sind vor allem im Zusammenhang mit Systemen von Differential- bzw Differenzengleichungen (siehe Abschnitt 12.4 bzw. 13.4) von Bedeutung. Wir werden daher in Abschnitt 10.4 auf komplexe Eigenwerte zurückkommen.

Im Allgemeinen muss eine Matrix allerdings keine reellen Eigenwerte besitzen, wie das folgende Beispiel zeigt.

Beispiel 10.8. Die Matrix

$$\boldsymbol{A} = \begin{bmatrix} 0 & 1 \\ -1 & 0 \end{bmatrix}$$

hat das charakteristische Polynom λ^2+1. Dieses besitzt keine reelle Nullstelle, d.h. $\boldsymbol{A}$ hat keine reellen Eigenwerte.

Auch die Dimension eines Eigenraumes muss nicht gleich der Vielfachheit des entsprechenden Eigenwertes sein.

Beispiel 10.9. Für die Matrix

$$\boldsymbol{A} = \begin{bmatrix} 4 & 1 \\ 0 & 4 \end{bmatrix}$$

lautet das charakteristische Polynom $(4-\lambda)^2$, d.h. $\lambda = 4$ ist zweifache Nullstelle. Für $\lambda = 4$ ist

$$(\boldsymbol{A} - 4\boldsymbol{I}_2) = \begin{bmatrix} 0 & 1 \\ 0 & 0 \end{bmatrix} .$$

Offenbar ist x_1 frei wählbar, während $x_2 = 0$ sein muss. Der Eigenraum ist also $V(4) = \{\alpha[1,0]^T : \alpha \in \mathbb{R}\}$ und hat damit die Dimension eins. Die geometrische Vielfachheit von $\lambda = 4$ ist hier also kleiner als die algebraische Vielfachheit.

Wir illustrieren die Berechnung der Eigenwerte und Eigenräume einer Matrix an einem weiteren Beispiel.

Beispiel 10.10. Gesucht sind Eigenwerte und Eigenräume der Matrix

$$\boldsymbol{A} = \begin{bmatrix} 7 & 1 & 1 & 0 \\ 0 & 2 & 1 & 3 \\ 0 & 0 & -1 & 0 \\ 0 & 0 & 0 & -1 \end{bmatrix}.$$

Es ist

$$\boldsymbol{A} - \lambda \boldsymbol{I}_4 = \begin{bmatrix} 7-\lambda & 1 & 1 & 0 \\ 0 & 2-\lambda & 1 & 3 \\ 0 & 0 & -1-\lambda & 0 \\ 0 & 0 & 0 & -1-\lambda \end{bmatrix}.$$

Folglich ist die charakteristische Gleichung

$$\det(\boldsymbol{A} - \lambda \boldsymbol{I}_4) = (7-\lambda)(2-\lambda)(-1-\lambda)^2 = 0\,.$$

Die Lösungen der charakteristischen Gleichung und somit die Eigenwerte erhält man hier unmittelbar zu $\lambda_1 = 7$, $\lambda_2 = 2$ und $\lambda_3 = -1$. λ_3 ist hier ein zweifacher Eigenwert, da $\lambda_3 = -1$ eine zweifache Nullstelle des charakteristischen Polynoms ist.

Wir berechnen nun die Eigenräume. Für $\lambda_1 = 7$ ist

$$\boldsymbol{A} - 7\boldsymbol{I}_4 = \begin{bmatrix} 0 & 1 & 1 & 0 \\ 0 & -5 & 1 & 3 \\ 0 & 0 & -8 & 0 \\ 0 & 0 & 0 & -8 \end{bmatrix}.$$

Offenbar lässt sich x_1 beliebig wählen, während x_2, x_3 und x_4 gleich null sein müssen. Also ist

$$V(\lambda_1) = V(7) = \left\{ \alpha \begin{bmatrix} 1 \\ 0 \\ 0 \\ 0 \end{bmatrix} : \alpha \in \mathbb{R} \right\}.$$

Analog erhält man für $\lambda_2 = 2$

$$\boldsymbol{A} - 2\boldsymbol{I}_4 = \begin{bmatrix} 5 & 1 & 1 & 0 \\ 0 & 0 & 1 & 3 \\ 0 & 0 & -3 & 0 \\ 0 & 0 & 0 & -3 \end{bmatrix}.$$

Es folgt $x_3 = x_4 = 0$ sowie $x_2 = -5x_1$. Der Eigenraum zu $\lambda_2 = 2$ ist also

$$V(\lambda_2) = V(2) = \left\{ \alpha \begin{bmatrix} 1 \\ -5 \\ 0 \\ 0 \end{bmatrix} : \alpha \in \mathbb{R} \right\}.$$

Für $\lambda_3 = -1$ ist

$$\boldsymbol{A} - (-1)\boldsymbol{I}_4 = \boldsymbol{A} + \boldsymbol{I}_4 = \begin{bmatrix} 8 & 1 & 1 & 0 \\ 0 & 3 & 1 & 3 \\ 0 & 0 & 0 & 0 \\ 0 & 0 & 0 & 0 \end{bmatrix}.$$

Hier ist die Lösung der linearen Gleichung nicht so offensichtlich. Wir bestimmen den Eigenraum daher mit dem Gauß-Jordan-Verfahren. Zunächst können wir die beiden Nullzeilen direkt streichen und erhalten

$$\begin{array}{cccc} x_1 & x_2 & x_3 & x_4 \\ \hline 8 & 1 & 1 & 0 \\ 0 & 3 & 1 & 3 \end{array} \xrightarrow[\text{II}/3]{\text{I}/8} \begin{array}{cccc} x_1 & x_2 & x_3 & x_4 \\ \hline 1 & \frac{1}{8} & \frac{1}{8} & 0 \\ 0 & 1 & \frac{1}{3} & 1 \end{array} \xrightarrow[\text{I}-\frac{1}{8}\cdot\text{II}]{} \begin{array}{cccc} x_1 & x_2 & x_3 & x_4 \\ \hline 1 & 0 & \frac{1}{12} & -\frac{1}{8} \\ 0 & 1 & \frac{1}{3} & 1 \end{array}$$

Der Eigenraum $V(\lambda_3)$ hat somit die Dimension zwei. Es ist

$$V(\lambda_3) = V(-1) = \left\{ \alpha \begin{bmatrix} \frac{1}{12} \\ \frac{1}{3} \\ -1 \\ 0 \end{bmatrix} + \beta \begin{bmatrix} -\frac{1}{8} \\ 1 \\ 0 \\ -1 \end{bmatrix} : \alpha, \beta \in \mathbb{R} \right\}.$$

Wir kommen nun zu einem weiteren wichtigen Begriff, der sogenannten **Diagonalisierbarkeit**.

Definition 10.4: Diagonalisierbarkeit

Eine $n \times n$-Matrix $\boldsymbol{A}$ heißt (reell) **diagonalisierbar**, wenn es eine reguläre Matrix $\boldsymbol{S}$ und eine Diagonalmatrix $\boldsymbol{D}$ gibt, sodass

$$\boldsymbol{S}^{-1}\boldsymbol{A}\boldsymbol{S} = \boldsymbol{D}.$$

Diese Definition legt natürlich die Frage nahe, unter welchen Bedingungen eine Matrix diagonalisierbar ist. Die Bedingung der Diagonalisierbarkeit ist äquivalent zu $\boldsymbol{A}\boldsymbol{S} = \boldsymbol{S}\boldsymbol{D}$. Bezeichnet man mit $\boldsymbol{s}_i$ die i-te Spalte von $\boldsymbol{S}$ und mit d_i das i-te Diagonalelement von $\boldsymbol{D}$, so ist

$$\boldsymbol{A}\boldsymbol{S} = \boldsymbol{A}[\boldsymbol{s}_1, \ldots, \boldsymbol{s}_n] = [\boldsymbol{A}\boldsymbol{s}_1, \ldots, \boldsymbol{A}\boldsymbol{s}_n]$$

und

$$\boldsymbol{S}\boldsymbol{D} = [\boldsymbol{s}_1, \ldots, \boldsymbol{s}_n] \begin{bmatrix} d_1 & & \\ & \ddots & \\ & & d_n \end{bmatrix} = [d_1\boldsymbol{s}_1, \ldots, d_n\boldsymbol{s}_n].$$

Somit ist $\boldsymbol{AS} = \boldsymbol{SD}$ genau dann, wenn

$$\boldsymbol{A}\boldsymbol{s}_i = d_i\boldsymbol{s}_i\,, \quad i = 1, \ldots, n.$$

Ist also eine Matrix $\boldsymbol{A}$ diagonalisierbar, so sind die Diagonalelemente von $\boldsymbol{D}$ Eigenwerte von $\boldsymbol{A}$ und die Spalten von $\boldsymbol{S}$ zugehörige Eigenvektoren. Hieraus folgt unmittelbar, dass eine Matrix $\boldsymbol{A}$ genau dann diagonalisierbar ist, wenn es n linear unabhängige Eigenvektoren von $\boldsymbol{A}$ gibt. Da n linear unabhängige Vektoren eine Basis des $\mathbb{R}^n$ bilden, formuliert man diese Ergebnis kurz und prägnant wie folgt:

Merkregel: Diagonalisierbarkeit

Eine Matrix $\boldsymbol{A}$ ist genau dann **diagonalisierbar**, wenn es eine Basis aus Eigenvektoren gibt.

Aus Satz 10.15 folgt damit insbesondere der folgende Satz.

Satz 10.16: Diagonalisierbarkeit von Matrizen

Eine $n \times n$-Matrix $\boldsymbol{A}$ ist genau dann (reell) diagonalisierbar, wenn sie

1. n reelle Eigenwerte besitzt, wobei vielfache Eigenwerte mit ihrer algebraischen Vielfachheit zu zählen sind, und
2. für jeden Eigenwert algebraische und geometrische Vielfachheit übereinstimmen.

Beispiel 10.11. Die 2×2-Matrix $\boldsymbol{A}$ aus Beispiel 10.7 ist diagonalisierbar, da sie zwei einfache Eigenwerte besitzt und die zugehörigen Eigenräume ebenfalls jeweils die Dimension eins haben. Mit den Matrizen

$$\boldsymbol{S} = \begin{bmatrix} 1 & 2 \\ -1 & -1 \end{bmatrix} \quad \text{und} \quad \boldsymbol{D} = \begin{bmatrix} 3 & 0 \\ 0 & 2 \end{bmatrix}$$

gilt dann $\boldsymbol{S}^{-1}\boldsymbol{AS} = \boldsymbol{D}$.

Die 2×2-Matrix aus Beispiel 10.8 ist nicht diagonalisierbar, da sie keine reellen Eigenwerte besitzt.

Die 2×2-Matrix $\boldsymbol{A}$ aus Beispiel 10.9 ist nicht diagonalisierbar, da die algebraische Vielfachheit des Eigenwerts $\lambda = 4$ gleich zwei, seine geometrische Vielfachheit aber nur eins ist.

Die 4×4-Matrix $\boldsymbol{A}$ aus Beispiel 10.10 ist diagonalisierbar, da sie die beiden einfachen Eigenwerte 7 und 2 sowie den zweifachen Eigenwert -1 besitzt und die zugehörigen Eigenräume die Dimensionen 1, 1 und 2 haben. Die Transformationsmatrix S bildet man aus den Basisvektoren der Eigenräume und die Diagonalmatrix $\boldsymbol{D}$ aus den Eigenwerten,

$$\boldsymbol{S} = \begin{bmatrix} 1 & 1 & \frac{1}{12} & -\frac{1}{8} \\ 0 & -5 & \frac{1}{3} & 1 \\ 0 & 0 & -1 & 0 \\ 0 & 0 & 0 & -1 \end{bmatrix} \quad \text{und} \quad \boldsymbol{D} = \begin{bmatrix} 7 & 0 & 0 & 0 \\ 0 & 2 & 0 & 0 \\ 0 & 0 & -1 & 0 \\ 0 & 0 & 0 & -1 \end{bmatrix}.$$

Wie man leicht nachrechnet gilt damit dann $\boldsymbol{S}^{-1}\boldsymbol{A}\boldsymbol{S} = \boldsymbol{D}$.

Da sich bei Dreiecksmatrizen (und ebenso bei Diagonalmatrizen) die Determinante sehr einfach berechnen lässt, kann man in diesem Fall auch die Eigenwerte sehr einfach bestimmen. Wir haben dies bereits im vorigen Beispiel 10.10 gesehen.

Satz 10.17: Eigenwerte von Dreiecksmatrizen

Sei $\boldsymbol{A}$ eine (obere oder untere) $n \times n$-Dreiecksmatrix. Dann sind die Eigenwerte von $\boldsymbol{A}$ gerade die Diagonalelemente von $\boldsymbol{A}$.

Beweis: Die Aussage folgt direkt aus der Tatsache, dass auch $\boldsymbol{A} - \lambda \boldsymbol{I}_n$ eine Dreiecksmatrix ist und der Tatsache, dass nach Satz 10.4 gilt:

$$\det(\boldsymbol{A} - \lambda \boldsymbol{I}_n) = \prod_{i=1}^{n} (a_{ii} - \lambda)\,.$$

□

Bemerkungen:

1. Aufgrund dieses Satzes kann man versucht sein, zur Bestimmung der Eigenwerte einer Matrix diese durch elementare Zeilen- oder Spaltenumformungen zu einer Dreiecksmatrix umzuformen und dann einfach die Diagonalelemente als Eigenwerte der ursprünglichen Matrix anzugeben. Dieses Vorgehen **funktioniert jedoch nicht!** Durch die elementaren Umformungen verändern sich die Eigenwerte, und es ist nicht ohne Weiteres möglich, von den Eigenwerten der transformierten Matrix auf die der ursprünglichen Matrix zurückzuschließen.

2. Im Gegensatz zu den Eigenwerten kann man die Eigenvektoren bei Dreiecksmatrizen nicht einfach ablesen. In aller Regel muss hier jeweils eine homogene lineare Gleichung gelöst werden. Lediglich bei Diagonalmatrizen kann man die Eigenvektoren ablesen. Diese sind die entsprechenden Einheitsvektoren bzw. alle Vielfache davon.

Eine orthogonale Matrix hat – wenn überhaupt – nur die reellen Eigenwerte $+1$ oder -1. Für eine orthogonale Matrix gilt ja $\|\boldsymbol{Q}\boldsymbol{x}\| = \|\boldsymbol{x}\|$. Ist nun $\boldsymbol{Q}\boldsymbol{x} =$

$\lambda \boldsymbol{x}$, so folgt daraus

$$\|\boldsymbol{x}\| = \|\boldsymbol{Q}\boldsymbol{x}\| = \|\lambda \boldsymbol{x}\| = |\lambda| \cdot \|\boldsymbol{x}\|$$

und weiter $\lambda = 1$ oder $\lambda = -1$. Wir formulieren diese Ergebnis als Satz.

Satz 10.18: Eigenwerte orthogonaler Matrizen

Sei $\boldsymbol{Q}$ eine orthogonale $n \times n$-Matrix. Ist λ ein (reeller) Eigenwert von $\boldsymbol{Q}$, so ist $\lambda = 1$ oder $\lambda = -1$.

10.3 Eigenwerte symmetrischer Matrizen

Von großer Bedeutung ist die Untersuchung der Eigenwerte symmetrischer Matrizen. Dies rührt daher, dass in vielen Anwendungen symmetrische Matrizen eine Rolle spielen. So ist z.B. die Hesse-Matrix, die man bei der Untersuchung der hinreichenden Kriterien für die Existenz eines Extremums (siehe Kapitel 6) benötigt, symmetrisch. In der Statistik ist die Kovarianzmatrix eines Zufallsvektors eine symmetrische Matrix.

In Satz 10.15 hatten wir gesehen, dass Eigenvektoren zu **verschiedenen** Eigenwerten linear unabhängig sind. Bei symmetrischen Matrizen gilt aber noch viel mehr, wie der folgende Satz besagt.

Satz 10.19: Orthogonalität der Eigenvektoren symmetrischer Matrizen

Sei $\boldsymbol{A}$ eine symmetrische $n \times n$-Matrix. Sind λ_1 und λ_2 zwei verschiedene Eigenwerte und $\boldsymbol{v}_1$ und $\boldsymbol{v}_2$ zugehörige Eigenvektoren, so sind $\boldsymbol{v}_1$ und $\boldsymbol{v}_2$ orthogonal.

Beweis: Wir müssen zeigen, dass $\boldsymbol{v}_1^T \boldsymbol{v}_2 = 0$ ist. Unter Verwendung der Tatsache, dass $\boldsymbol{A}^T = \boldsymbol{A}$ ist, folgt

$$\begin{aligned}
\lambda_1(\boldsymbol{v}_1^T \boldsymbol{v}_2) &= (\lambda_1 \boldsymbol{v}_1)^T \boldsymbol{v}_2 \\
&= (\boldsymbol{A}\boldsymbol{v}_1)^T \boldsymbol{v}_2 \\
&= (\boldsymbol{v}_1^T \boldsymbol{A}^T) \boldsymbol{v}_2 \\
&= \boldsymbol{v}_1^T (\boldsymbol{A}\boldsymbol{v}_2) \\
&= \boldsymbol{v}_1^T (\lambda_2 \boldsymbol{v}_2) \\
&= \lambda_2 (\boldsymbol{v}_1^T \boldsymbol{v}_2)\,.
\end{aligned}$$

Da aber $\lambda_1 \neq \lambda_2$ ist, kann diese Gleichung nur erfüllt sein, wenn $\boldsymbol{v}_1^T \boldsymbol{v}_2 = 0$ ist, was zu zeigen war. □

Es folgt eine Verschärfung von Satz 10.15 für symmetrische Matrizen.

Satz 10.20: Eigenwerte und Eigenvektoren symmetrischer Matrizen

Sei $\boldsymbol{A}$ eine symmetrische $n \times n$-Matrix. Dann gelten die folgenden Aussagen.

(i) $\boldsymbol{A}$ besitzt genau n reelle Eigenwerte, wobei mehrfache Eigenwerte mit ihrer Vielfachheit gezählt werden.

(ii) Ist λ ein k-facher Eigenwert, so ist die Dimension des zugehörigen Eigenraumes $V(\lambda)$ genau k, $\dim V(\lambda) = k$.

(iii) Sind $\lambda_1, \ldots, \lambda_n$ die Eigenwerte von $\boldsymbol{A}$ (wobei mehrfache Eigenwerte gemäß ihrer Vielfachheit auftreten), so kann man zu jedem Eigenwert λ_i einen Eigenvektor $\boldsymbol{v}_i$ wählen, sodass die Vektoren $\boldsymbol{v}_1, \ldots, \boldsymbol{v}_n$ ein Orthonormalsystem (und damit auch eine Basis des $\mathbb{R}^n$) bilden.

Insbesondere gibt es bei symmetrischen Matrizen immer **genau** n reelle Eigenwerte und die algebraische und die geometrische Vielfachheit jedes Eigenwerts stimmen überein. Damit sind aber für symmetrische Matrizen die Bedingungen für (reelle) Diagonalisierbarkeit immer erfüllt. Mit anderen Worten: Jede symmetrische Matrix ist diagonalisierbar. Es gilt aber sogar noch etwas mehr. Teil (iii) dieses Satzes kann man – etwas ungenau – nämlich auch so formulieren:

> Ist $\boldsymbol{A}$ eine symmetrische $n \times n$-Matrix, so gibt es eine orthonormale Basis des $\mathbb{R}^n$ aus Eigenvektoren von $\boldsymbol{A}$.

Hieraus folgt aber, dass bei symmetrischen Matrizen die Transformationsmatrix $\boldsymbol{S}$ immer als orthogonale Matrix gewählt werden kann. Wir formulieren dieses Ergebnis als Satz.

Satz 10.21: Diagonalisierbarkeit symmetrischer Matrizen

Sei $\boldsymbol{A}$ eine **symmetrische** $n \times n$-Matrix. Dann gibt es eine Diagonalmatrix $\boldsymbol{\Lambda}$ und eine orthogonale Matrix $\boldsymbol{Q}$, sodass

$$\boldsymbol{Q}^T \boldsymbol{A} \boldsymbol{Q} = \boldsymbol{\Lambda}\,.$$

Insbesondere ist $\boldsymbol{A}$ diagonalisierbar.

Beweis: Wählt man $\boldsymbol{\Lambda} = \operatorname{diag}(\lambda_1, \ldots, \lambda_n)$ als Diagonalmatrix der Eigenwerte von $\boldsymbol{A}$ und $\boldsymbol{Q}$ als Matrix, deren Spalten die Eigenvektoren $\boldsymbol{v}_1, \ldots, \boldsymbol{v}_n$ aus Aussage (iii) von Satz 10.20 sind, so gilt

$$\boldsymbol{A}\boldsymbol{Q} = \boldsymbol{A}[\boldsymbol{v}_1, \cdots, \boldsymbol{v}_n] = [\lambda_1 \boldsymbol{v}_1, \cdots, \lambda_n \boldsymbol{v}_n] = [\boldsymbol{v}_1, \cdots, \boldsymbol{v}_n]\boldsymbol{\Lambda} = \boldsymbol{Q}\boldsymbol{\Lambda}\,.$$

Da $\boldsymbol{Q}$ offensichtlich orthogonal ist, ist $\boldsymbol{Q}^{-1} = \boldsymbol{Q}^T$ und Multiplikation von links bzw. rechts mit $\boldsymbol{Q}^T$ liefert die Behauptung. □

Zum Ende dieses Abschnitts kommen wir noch einmal auf den Begriff der Definitheit zurück und geben ein weiteres Kriterium für die Definitheit einer Matrix an. Nach Satz 10.21 gibt es zu jeder symmetrischen Matrix $\boldsymbol{A}$ eine orthogonale Matrix $\boldsymbol{Q}$ und eine Diagonalmatrix $\boldsymbol{\Lambda}$, sodass

$$\boldsymbol{A} = \boldsymbol{Q}\boldsymbol{\Lambda}\boldsymbol{Q}^T .$$

Dann gilt für $\boldsymbol{x} \neq \boldsymbol{0}$

$$\boldsymbol{x}^T\boldsymbol{A}\boldsymbol{x} = \boldsymbol{x}^T\boldsymbol{Q}\boldsymbol{\Lambda}\boldsymbol{Q}^T\boldsymbol{x} = (\boldsymbol{Q}^T\boldsymbol{x})^T\boldsymbol{\Lambda}(\boldsymbol{Q}^T\boldsymbol{x}) = \boldsymbol{y}^T\boldsymbol{\Lambda}\boldsymbol{y} ,$$

wobei im letzten Schritt zur Abkürzung $\boldsymbol{y} = \boldsymbol{Q}^T\boldsymbol{x}$ gesetzt wurde. Hieraus erkennt man aber, dass $\boldsymbol{A}$ genau dann positiv definit ist, wenn $\boldsymbol{\Lambda}$ positiv definit ist. Nun ist aber $\boldsymbol{\Lambda}$ eine Diagonalmatrix, auf deren Diagonale die Eigenwerte von $\boldsymbol{A}$ stehen. Mit Satz 10.11 erhält man den folgenden Satz, der die Definitheit einer Matrix durch ihre Eigenwerte charakterisiert.

Satz 10.22: Definitheit und Eigenwerte

Sei $\boldsymbol{A}$ eine symmetrische $n \times n$-Matrix. Dann ist $\boldsymbol{A}$ genau dann

- **positiv definit**, wenn alle Eigenwerte von $\boldsymbol{A}$ größer als null sind,
- **positiv semidefinit**, wenn alle Eigenwerte von $\boldsymbol{A}$ größer oder gleich null sind,
- **negativ definit**, wenn alle Eigenwerte von $\boldsymbol{A}$ kleiner als null sind,
- **negativ semidefinit**, wenn alle Eigenwerte von $\boldsymbol{A}$ kleiner oder gleich null sind,
- **indefinit**, wenn $\boldsymbol{A}$ sowohl Eigenwerte größer null als auch Eigenwerte kleiner null besitzt.

Dieser Satz ist vor allem von theoretischem Interesse, da er zeigt, dass Definitheit eine Eigenschaft der Eigenwerte einer Matrix ist. Sofern die Eigenwerte nicht bekannt sind, ist er als praktisches Kriterium jedoch nur von geringer Bedeutung, da die Berechnung der Eigenwerte im Allgemeinen recht aufwändig ist. Wesentlich einfacher überprüft man die Definitheit einer Matrix daher meist mit dem Minorenkriterium.

10.4 Komplexe Eigenwerte

Die Lektüre dieses Abschnitts setzt Grundkenntnisse über komplexe Zahlen voraus. Eine kurze Einführung in die komplexen Zahlen und deren wichtigste Eigenschaften findet man in Abschnitt E im Anhang.

Erweitert man den Zahlbereich zu den komplexen Zahlen, so sagt der Fundamentalsatz der Algebra (Satz E.2), dass jedes Polynom n-ten Grades genau n Nullstellen in den komplexen Zahlen hat, wobei jede Nullstelle mit ihrer Vielfachheit zu zählen ist. Das charakteristische Polynom einer Matrix kann also auch komplexe Nullstellen[4] besitzen. Dementsprechend kann eine Matrix nicht nur reelle sondern auch komplexe Eigenwerte besitzen. Wir diskutieren jetzt, welche Änderungen der Theorie sich ergeben, wenn man auch komplexe Eigenwerte in die Betrachtung einbezieht.

Satz 10.23: Komplexe Eigenwerte

Sei $\boldsymbol{A}$ eine reelle $n \times n$-Matrix. Dann gelten die folgenden Aussagen.

(i) $\boldsymbol{A}$ besitzt genau n Eigenwerte in den komplexen Zahlen.

(ii) Ist $\lambda = a + bi$ mit $b \neq 0$ ein komplexer Eigenwert, so ist auch $\overline{\lambda} = a - bi$ ein komplexer Eigenwert. Ist $\boldsymbol{u} + i\boldsymbol{v}$ ein Eigenvektor zum Eigenwert λ, so ist $\boldsymbol{u} - i\boldsymbol{v}$ ein Eigenwert zu $\overline{\lambda}$.

Beispiel 10.12 (Fortsetzung von Beispiel 10.8). Die Matrix

$$\boldsymbol{A} = \begin{bmatrix} 0 & 1 \\ -1 & 0 \end{bmatrix}$$

hat das charakteristische Polynom $\lambda^2 + 1$. Diese besitzt die komplexen Nullstellen $\lambda_1 = i$ und $\lambda_2 = -i$.

Zur Berechnung des Eigenraums zu $\lambda_1 = i$ bilden wir

$$\boldsymbol{A} - i\boldsymbol{I} = \begin{bmatrix} -i & 1 \\ -1 & -i \end{bmatrix} .$$

Die Lösung der linearen Gleichung $(\boldsymbol{A} - i\boldsymbol{I})\boldsymbol{x} = \boldsymbol{0}$ ist dann gegeben durch

$$V(i) = \left\{ \alpha \begin{bmatrix} 1 \\ i \end{bmatrix} : \alpha \in \mathbb{C} \right\} .$$

Entsprechend gilt

$$V(-i) = \left\{ \alpha \begin{bmatrix} 1 \\ -i \end{bmatrix} : \alpha \in \mathbb{C} \right\} .$$

Lässt man auch komplexe Eigenwerte zu, so sind auch Matrizen diagonalisierbar, die bei der Betrachtung lediglich reeller Eigenwerte nicht diagonalisierbar

[4] Wenn wir im Folgenden von komplexen Nullstellen oder komplexen Eigenwerten sprechen, verstehen wir darunter immer Nullstellen $z = a + bi$ bzw Eigenwerte $\lambda = a + bi$ bei denen $b \neq 0$, d.h. der Imaginärteil ungleich null ist.

sind. Man muss dann aber in Kauf nehmen, dass die Transformationsmatrix $\boldsymbol{S}$ und die Diagonalmatrix $\boldsymbol{D}$ auch komplexe Komponenten haben dürfen.

Definition 10.5: Komplexe Diagonalisierbarkeit

Eine $n \times n$-Matrix $\boldsymbol{A}$ heißt **komplex diagonalisierbar**, wenn es eine reguläre Matrix $\boldsymbol{S}$ und eine Diagonalmatrix $\boldsymbol{D}$, beide mit ggf. komplexen Komponenten, gibt, sodass

$$\boldsymbol{S}^{-1}\boldsymbol{A}\boldsymbol{S} = \boldsymbol{D}\,.$$

Offensichtlich ist jede reell diagonalisierbare Matrix auch komplex diagonalisierbar. Die Umkehrung hiervon gilt jedoch nicht.

Ein Polynom n-ten Grades hat immer genau n (ggf. komplexe) Nullstellen, wenn jede Nullstelle mit ihrer Vielfachheit gezählt wird. Daher hat jede $n \times n$ Matrix $\boldsymbol{A}$ auch immer genau n (ggf. komplexe) Eigenwerte, wenn jeder Eigenwert mit seiner algebraischen Vielfachheit gezählt wird. Da bei der komplexen Diagonalisierbarkeit die Bedingung 1) aus Satz 10.16 immer erfüllt ist, erhalten wir das folgende einfache Kriterium für komplexe Diagonalisierbarkeit.

Satz 10.24: Komplexe Diagonalisierbarkeit von Matrizen

Eine $n \times n$-Matrix $\boldsymbol{A}$ ist genau dann komplex diagonalisierbar, wenn für jeden (ggf. komplexen) Eigenwert algebraische und geometrische Vielfachheit übereinstimmen.

Beispiel 10.13. (Fortsetzung von Beispiel 10.8 und 10.12). Die Matrix

$$\boldsymbol{A} = \begin{bmatrix} 0 & 1 \\ -1 & 0 \end{bmatrix}$$

hat die Eigenwerte i und $-i$ mit zugehörigen Eigenvektoren $[1, i]^T$ bzw. $[1, -i]^T$.

Die Matrix $\boldsymbol{A}$ ist nicht reell diagonalisierbar, da sie keine reellen Eigenwerte besitzt. Dagegen ist $\boldsymbol{A}$ komplex diagonalisierbar mit

$$\boldsymbol{S} = \begin{bmatrix} 1 & 1 \\ i & -i \end{bmatrix} \quad \text{und} \quad \boldsymbol{D} = \begin{bmatrix} i & 0 \\ 0 & -i \end{bmatrix}.$$

Die Potenzen einer Matrix $\boldsymbol{A}$ definiert man für natürliche Exponenten in der naheliegenden Weise, d.h. $\boldsymbol{A}^2 = \boldsymbol{A} \cdot \boldsymbol{A}$, $\boldsymbol{A}^3 = \boldsymbol{A} \cdot \boldsymbol{A} \cdot \boldsymbol{A}$ und allgemein $\boldsymbol{A}^n = \boldsymbol{A} \cdot \ldots \cdot \boldsymbol{A}$, wobei das Produkt aus n identischen Faktoren $\boldsymbol{A}$ gebildet wird. Zusätzlich definiert man noch $\boldsymbol{A}^0 = \boldsymbol{I}$ und $\boldsymbol{A}^1 = \boldsymbol{A}$. Entsprechend versteht man dann unter einem Matrixpolynom m-ten Grades einen Ausdruck der Form $p_m(\boldsymbol{A}) = a_m\boldsymbol{A}^m + a_{m-1}\boldsymbol{A}^{m-1} + \dots + a_1\boldsymbol{A} + a_0\boldsymbol{I}$, wobei $a_0, \dots, a_m$ reelle Zahlen sind und $a_m \neq 0$ ist.

Satz 10.25: Cayley-Hamilton

Sei $\boldsymbol{A}$ eine $n \times n$-Matrix und $p_{\boldsymbol{A}}(x) = (-1)^n x^n + a_{n-1}x^{n-1} + \dots + a_1 x + a_0$ ihr charakteristisches Polynom. Dann ist $\boldsymbol{A}$ Nullstelle von $p_{\boldsymbol{A}}$, d.h. es gilt

$$p_{\boldsymbol{A}}(\boldsymbol{A}) = (-1)^n\boldsymbol{A}^n + a_{n-1}\boldsymbol{A}^{n-1} + \dots + a_1\boldsymbol{A} + a_0\boldsymbol{I} = \boldsymbol{0}\,.$$

Kurz und prägnant lautet die Aussage des Satzes von Cayley[5]-Hamilton[6]: „Jede Matrix ist Nullstelle ihres charakteristischen Polynoms."

Beispiel 10.14. Die Matrix

$$\boldsymbol{A} = \begin{bmatrix} 3 & 2 & -1 \\ -1 & 0 & 2 \\ 1 & 2 & -1 \end{bmatrix}$$

hat das charakteristische Polynom $p_{\boldsymbol{A}}(\lambda) = -\lambda^3 + 2\lambda^2 + 4\lambda - 8$. Nach dem Satz von Cayley-Hamilton gilt daher

$$-\boldsymbol{A}^3 + 2\boldsymbol{A}^2 + 4\boldsymbol{A} - 8\boldsymbol{I} = \boldsymbol{0}\,.$$

Aus dem Satz von Cayley-Hamilton folgt insbesondere, dass die Matrixpotenz $\boldsymbol{A}^n$ als Linearkombination der Matrixpotenzen $\boldsymbol{I}, \boldsymbol{A}, \boldsymbol{A}^2, \dots, \boldsymbol{A}^{n-1}$ dargestellt werden kann. Mit vollständiger Induktion zeigt man, dass auch jede höhere Potenz $\boldsymbol{A}^k$, $k \geq n$, als Linearkombination der Matrixpotenzen $\boldsymbol{I}, \boldsymbol{A}, \boldsymbol{A}^2, \dots, \boldsymbol{A}^{n-1}$ darstellbar ist. Dies gilt dann auch allgemein für jedes Matrixpolynom.

Satz 10.26: Matrixpolynome

Sei $\boldsymbol{A}$ eine $n \times n$-Matrix und $p(\boldsymbol{A})$ ein Polynom in $\boldsymbol{A}$. Dann gibt es Konstanten $a_0, \dots, a_{n-1} \in \mathbb{R}$, sodass

$$p(\boldsymbol{A}) = a_0\boldsymbol{I} + a_1\boldsymbol{A} + a_2\boldsymbol{A}^2 + \dots + a_{n-1}\boldsymbol{A}^{n-1}\,.$$

Wir wollen nun die Frage klären, wie man zu einem gegebenen Polynom $p(\boldsymbol{A})$ die Konstanten $a_0, \dots, a_{n-1}$ berechnen kann. Sei also p ein gegebenes

[5] Arthur Cayley (1821–1895)
[6] William Rowan Hamilton (1805–1865)

Polynom. Dividiert man das Polynom p mittels Polynomdivision durch das charakteristische Polynom $p_{\boldsymbol{A}}$ der Matrix $\boldsymbol{A}$, so erhält man

$$\frac{p(x)}{p_{\boldsymbol{A}}(x)} = q(x) + \frac{r(x)}{p_{\boldsymbol{A}}(x)}$$

bzw.

$$p(x) = q(x)p_{\boldsymbol{A}}(x) + r(x)\,, \tag{10.1}$$

wobei $q(x)$ das Divisionsergebnis und $r(x)$ das Restpolynom mit einem Grad kleiner als n ist. Wegen des Satzes von Cayley-Hamilton ist $\boldsymbol{A}$ eine Nullstelle seines charakteristischen Polynoms und man erhält

$$p(\boldsymbol{A}) = q(\boldsymbol{A})p_{\boldsymbol{A}}(\boldsymbol{A}) + r(\boldsymbol{A}) = r(\boldsymbol{A})\,,$$

Die Koeffizienten des Polynoms $r(x)$ sind also die gesuchten Koeffizienten $a_0, \ldots, a_{n-1}$.

Eine weitere Möglichkeit zur Berechnung der Koeffizienten $a_0, \ldots, a_{n-1}$ liefern die folgenden Überlegungen. Da die Eigenwerte der Matrix $\boldsymbol{A}$ ebenfalls Nullstellen des charakteristischen Polynoms $p_{\boldsymbol{A}}(x)$ sind, gilt aber auch

$$p(\lambda) = q(\lambda)p_{\boldsymbol{A}}(\lambda) + r(\lambda) = r(\lambda)$$

für jeden Eigenwert λ von $\boldsymbol{A}$. Gibt es n verschiedene Eigenwerte, so erhält man damit n Gleichungen

$$p(\lambda_i) = a_0 + a_1\lambda_i + a_2\lambda_i^2 + \cdots + a_{n-1}\lambda_i^{n-1}\,, \qquad i = 1, \ldots, n,$$

aus denen die Koeffizienten $a_0, \ldots, a_{n-1}$ eindeutig bestimmt werden können.

Treten mehrfache Eigenwerte auf, so liefert dieser Ansatz weniger als n Gleichungen zur Bestimmung der Koeffizienten, sodass man keine eindeutige Lösung mehr erhält. Ist aber λ_i ein m-facher Eigenwert, so ist λ_i auch Nullstelle der Polynome $p'_{\boldsymbol{A}}, p''_{\boldsymbol{A}}, \ldots, p^{(m-1)}_{\boldsymbol{A}}$. Differenziert man Gleichung (10.1), so erhält man

$$p'(x) = q'(x)p_{\boldsymbol{A}}(x) + q(x)p'_{\boldsymbol{A}}(x) + r'(x)\,.$$

Da ein zweifacher Eigenwert λ_i sowohl Nullstelle von $p_{\boldsymbol{A}}$ als auch von $p'_{\boldsymbol{A}}$ ist, erhält man durch Einsetzen von λ_i

$$p'(\lambda_i) = q'(\lambda_i)p_{\boldsymbol{A}}(\lambda_i) + q(\lambda_i)p'_{\boldsymbol{A}}(\lambda_i) + r'(\lambda_i) = r'(\lambda_i)\,.$$

Ein zweifacher Eigenwert λ_i liefert also die zweite Gleichung

$$p'(\lambda_i) = a_1 + 2a_2\lambda_i + \cdots + (n-1)a_{n-1}\lambda_i^{n-2}\,.$$

Analog erhält man für einen m-fachen Eigenwert λ_i die m Gleichungen

$$p(\lambda_i) = r(\lambda_i), \quad p'(\lambda_i) = r'(\lambda_i), \quad \ldots, \quad p^{(m-1)}(\lambda_i) = r^{(m-1)}(\lambda_i),$$

aus denen die Koeffizienten $a_0, \ldots, a_{n-1}$ eindeutig bestimmt werden können.

Beispiel 10.15 (Fortsetzung von Beispiel 10.14). Die Matrix

$$\boldsymbol{A} = \begin{bmatrix} 3 & 2 & -1 \\ -1 & 0 & 2 \\ 1 & 2 & -1 \end{bmatrix}$$

hat das charakteristische Polynom $p_{\boldsymbol{A}}(\lambda) = -\lambda^3 + 2\lambda^2 + 4\lambda - 8$. Somit ist $\lambda_1 = -2$ ein einfacher und $\lambda_{2,3} = 2$ ein zweifacher Eigenwert. Wir wollen jetzt $\boldsymbol{A}^5$ als Polynom zweiten Grades in $\boldsymbol{A}$ darstellen. Zur Bestimmung der Koeffizienten a_0, a_1, a_2 erhält man das Gleichungssystem.

$$\begin{array}{rclclcl} (-2)^5 & = & a_0 & + & a_1 \cdot (-2) & + & a_2 \cdot (-2)^2 \\ 2^5 & = & a_0 & + & a_1 \cdot 2 & + & a_2 \cdot 2^2 \\ 5 \cdot 2^4 & = & & & a_1 & + & 2a_2 \cdot 2 \end{array}$$

Lösen des Gleichungssystems mit dem Gauß-Jordan-Algorithmus ergibt $a_0 = -64$, $a_1 = 16$ und $a_2 = 16$. Also ist

$$\boldsymbol{A}^5 = -64\boldsymbol{I} + 16\boldsymbol{A} + 16\boldsymbol{A}^2 .$$

Man kann auch allgemein $\boldsymbol{A}^n$ als Polynom zweiten Grades in $\boldsymbol{A}$ darstellen. Dann ist das Gleichungssystem

$$\begin{array}{rclclcl} (-2)^n & = & a_0 & + & a_1 \cdot (-2) & + & a_2 \cdot (-2)^2 \\ 2^n & = & a_0 & + & a_1 \cdot 2 & + & a_2 \cdot 2^2 \\ n \cdot 2^{n-1} & = & & & a_1 & + & 2a_2 \cdot 2 \end{array}$$

zu lösen. Als Lösung erhält man

$$\begin{aligned} a_0 &= 3 \cdot 2^{n-2} + (-2)^{n-2} - n \cdot 2^{n-1} , \\ a_1 &= 2^{n-2} - (-2)^{n-2} , \\ a_2 &= -2^{n-4} + (-2)^{n-4} + n \cdot 2^{n-3} . \end{aligned}$$

Mit diesen Koeffizienten gilt dann

$$\boldsymbol{A}^n = a_o\boldsymbol{I} + a_1\boldsymbol{A} + a_2\boldsymbol{A}^2 .$$

Wichtige Begriffe zur Wiederholung

Nach der Lektüre dieses Kapitels sollten folgende Begriffe geläufig sein:

- Determinante
- Entwicklung einer Determinante nach einer Zeile bzw. einer Spalte
- Sarrussche Regel
- Eigenwert und Eigenvektor
- charakteristisches Polynom, charakteristische Gleichung
- k-fache Nullstelle, k-facher Eigenwert
- algebraische und geometrische Vielfachheit
- positiv und negativ (semi-)definite Matrix
- k-ter Hauptminor
- Diagonalisierbarkeit

Selbsttest

Anhand folgender Ankreuzaufgaben können Sie Ihre Kenntnisse zu diesem Kapitel überprüfen. Beurteilen Sie dazu, ob die Aussagen jeweils wahr (W) oder falsch (F) sind. Kurzlösungen zu diesen Aufgaben finden Sie in Anhang H.

I. Sind die folgenden Aussagen bezüglich Determinanten wahr oder falsch?

	W	F
Die Determinante einer quadratischen Matrix ist eine Zahl.	☐	☐
Die Determinante ist null, falls die Matrix invertierbar ist.	☐	☐
Die Determinante einer Dreiecksmatrix ist gleich der Summe der Hauptdiagonalelemente.	☐	☐
$\det((\boldsymbol{AB})^{-1}) = \frac{1}{\det(\boldsymbol{A})\det(\boldsymbol{B})}$, falls $\boldsymbol{AB}$ invertierbar ist.	☐	☐
Entwickelt man die Determinante der Einheitsmatrix $\boldsymbol{I}_n$ $(n \geq 2)$ nach einer beliebigen Zeile oder Spalte, erhält man die Determinante von $\boldsymbol{I}_{n-1}$.	☐	☐

II. Überprüfen Sie folgende Aussagen zu Eigenwerten und Eigenvektoren.

	W	F
Multipliziert man eine Matrix von rechts mit einem ihrer Eigenvektoren, so erhält man als Ergebnis ein Vielfaches des Eigenvektors (d.h. den Eigenvektor multipliziert mit einer reellen Zahl).	☐	☐
Der einzige Eigenwert der Einheitsmatrix ist gleich 1.	☐	☐
Jede Matrix besitzt genau so viele reelle Eigenwerte wie Zeilen.	☐	☐
Eine Matrix, die keine reellen Eigenwerte besitzt, ist auf jeden Fall singulär.	☐	☐

III. Beurteilen Sie folgende Aussagen zur Definitheit von Matrizen.

	W	F
Ist eine Matrix positiv semidefinit, so ist sie auch positiv definit.	☐	☐
Die Einheitsmatrix ist positiv definit.	☐	☐
Eine Diagonalmatrix, die nur negative Einträge auf der Hauptdiagonalen besitzt, ist negativ definit.	☐	☐

Aufgaben

Aufgabe 1

Bestimmen Sie die Determinanten der folgenden Matrizen:

$$\boldsymbol{A} = \begin{bmatrix} 1 & 2 & 3 \\ 8 & 9 & 4 \\ 7 & 6 & 5 \end{bmatrix}, \quad \boldsymbol{B} = \begin{bmatrix} 1 & 4 & 7 \\ -2 & 3 & -5 \\ 1 & 0 & 1 \end{bmatrix}, \quad \boldsymbol{C} = \begin{bmatrix} 4 & 3 & 9 \\ 4 & 2 & 1 \\ 1 & 2 & -1 \end{bmatrix}$$

Aufgabe 2

Betrachten Sie wieder die Matrizen aus Aufgabe 1. Lösen Sie die folgenden Teilaufgaben mit Hilfe der Ergebnisse aus Aufgabe 1.

a) Bestimmen Sie die Determinante von $\boldsymbol{ABC}$.

b) Sind die Matrizen invertierbar? Wenn ja, bestimmen Sie die Determinante von $\boldsymbol{A}^{-1}\boldsymbol{B}\boldsymbol{C}^{-1}$.

c) Bestimmen Sie die Determinante von $-\frac{1}{2}\boldsymbol{A}^T$.

Aufgabe 3

Berechnen Sie die Determinanten der Matrizen

$$\boldsymbol{A} = \begin{bmatrix} 1 & 0 & 0 & 2 \\ 0 & 2 & 1 & 0 \\ 0 & -1 & 4 & 1 \\ 3 & 0 & 1 & 1 \end{bmatrix} \quad \text{und} \quad \boldsymbol{B} = \begin{bmatrix} 2 & 0 & 0 & 4 & 9 \\ 4 & -1 & 0 & 3 & -2 \\ 4 & 6 & 2 & -1 & -3 \\ 0 & 0 & 0 & 0 & 4 \\ 1 & 0 & 0 & 3 & -3 \end{bmatrix}.$$

Aufgabe 4

Bestimmen Sie die Eigenwerte und die zugehörigen Eigenräume der Matrizen

$$\boldsymbol{A} = \begin{bmatrix} 4 & -1 & 0 \\ 1 & 2 & 0 \\ 1 & -1 & 3 \end{bmatrix}, \quad \boldsymbol{B} = \begin{bmatrix} 5 & 12 & -12 \\ 0 & 2 & 0 \\ 1 & 4 & -2 \end{bmatrix} \quad \text{und} \quad \boldsymbol{C} = \begin{bmatrix} 9 & -5 & -5 \\ 4 & -3 & -4 \\ 6 & -3 & -2 \end{bmatrix}.$$

Aufgabe 5

Berechnen Sie jeweils alle Hauptminoren der folgenden Matrizen. Welche der Matrizen sind positiv, welche negativ definit?

$$\boldsymbol{A} = \begin{bmatrix} -9 & -2 & -1 \\ -2 & -4 & -2 \\ -1 & -2 & -5 \end{bmatrix}, \quad \boldsymbol{B} = \begin{bmatrix} 4 & 1 & 1 \\ 1 & 4 & 2 \\ 1 & 2 & 4 \end{bmatrix}, \quad \boldsymbol{C} = \begin{bmatrix} -2 & 1 & -4 \\ 1 & -3 & 2 \\ -4 & 2 & 1 \end{bmatrix}.$$

Aufgabe 6

Gegeben sei die Matrix

$$\boldsymbol{A} = \begin{bmatrix} c & 0 & d \\ 0 & c & 0 \\ d & 0 & c \end{bmatrix},$$

mit $c, d \in \mathbb{R}$. Für welche Werte von c und d ist die Matrix $\boldsymbol{A}$ positiv definit?

Aufgabe 7

Geben Sie eine 2×2-Matrix $\boldsymbol{A}$ mit den folgenden Eigenschaften an: $\boldsymbol{A}$ hat die Eigenwerte 4 und -2; die zugehörigen Eigenvektoren sind $[2, 4]^T$ und $[2, 5]^T$.

Aufgabe 8

Betrachten Sie die Matrizen aus Aufgabe 4. Welche der drei Matrizen sind (reell) diagonalisierbar? Geben Sie (für die diagonalisierbaren Matrizen) jeweils eine Matrix $\boldsymbol{S}$ an, sodass $\boldsymbol{S}^{-1}\boldsymbol{A}\boldsymbol{S}$ eine Diagonalmatrix ist.

Kapitel 11

Lineare Optimierung

Wir beginnen dieses Kapitel mit einem Beispiel.

Beispiel 11.1 (Produktionsprogrammplanung). Ein Betrieb fertigt die beiden Produkte Milchtrunk und Speiseeis aus den Inputs Sahne, Milchpulver und Erdbeeraroma. Zur Herstellung einer Einheit Milchtrunk werden fünf Einheiten Sahne sowie jeweils drei Einheiten Milchpulver und Erdbeeraroma benötigt. Entsprechend benötigt man für eine Einheit Speiseeis 10 Einheiten Sahne, drei Einheiten Milchpulver und eine Einheit Erdbeeraroma. Die drei Inputs sind nicht beliebig verfügbar. Dem Betrieb stehen nur 100 Einheiten Sahne, 36 Einheiten Milchpulver sowie 30 Einheiten Erdbeeraroma zur Verfügung. Die Deckungsbeiträge der beiden Produkte seien 50 bzw. 33 Geldeinheiten pro produzierter Einheit. Gesucht ist das Produktionsprogramm mit dem maximalen Gesamtdeckungsbeitrag.

Im Folgenden bezeichnen wir die Produkte kurz mit P1 und P2 sowie die Inputs mit I1, I2 und I3. Ferner seien x_1 und x_2 die Anzahl der zu produzierenden Einheiten der Produkte P1 und P2. Der Gesamtdeckungsbeitrag ist dann $50x_1 + 33x_2$. Die benötigte Menge des Inputs I1 ist $5x_1 + 10x_2$. Entsprechend erhält man die benötigten Mengen der Inputs I2 bzw. I3 zu $3x_1 + 3x_2$ bzw. $3x_1 + x_2$. Aus den vorgegebenen Kapazitäten der drei Inputs erhält man die zu berücksichtigenden **Kapazitätsrestriktionen** $5x_1 + 10x_2 \leq 100$ (Input I1), $3x_1 + 3x_2 \leq 36$ (Input I2) bzw. $3x_1 + x_2 \leq 30$ (Input I3). Ferner sind natürlich nur nichtnegative Produktionsmengen sinnvoll, sodass zusätzlich die **Vorzeichenrestriktionen** $x_1, x_2 \geq 0$ zu berücksichtigen sind. Formal ist also das folgende Optimierungsproblem zu lösen:

$$\begin{array}{ll} \text{Maximiere} & 50\,x_1 + 33\,x_2 \\ \text{unter den Nebenbedingungen} & 5\,x_1 + 10\,x_2 \le 100\,, \\ & 3\,x_1 + 3\,x_2 \le 36\,, \\ & 3\,x_1 + x_2 \le 30\,, \\ & x_1, x_2 \ge 0\,. \end{array} \tag{11.1}$$

Statt „Maximiere“ und „unter den Nebenbedingungen“ schreibt man meist kürzer „max“ und „NB“.

Bei dem vorliegenden Optimierungsproblem werden sowohl die Zielfunktion als auch die Nebenbedingungen durch **lineare Funktionen** beschrieben. Ein solches Optimierungsproblem bezeichnet man als **Lineares Programm**, kurz LP oder oft auch als **Lineares Optimierungsproblem**. Lineare Programme können in vielen Varianten auftreten.

- Im obigen Beispiel ist die **Zielfunktion** $50x_1 + 33x_2$ zu maximieren. In anderen Anwendungen ist die Zielfunktion zu minimieren.
- Die Nebenbedingungen im obigen Beispiel haben die Form von Kleiner-oder-gleich-Ungleichungen. Allgemein können die Nebenbedingungen auch in Größer-oder-gleich-Form oder auch in Form von Gleichungen vorliegen.
- Im obigen Beispiel sind alle Variable vorzeichenbeschränkt. Allgemein können auch Variable vorkommen, die als kleiner oder gleich null vorausgesetzt sind, sowie Variable, die keine Vorzeichenrestriktionen aufweisen.

Allerdings können die verschiedenen Varianten von LPs ineinander überführt werden:

- Wegen
$$\min \sum_{j=1}^{n} c_j x_j = -\max\left(-\sum_{j=1}^{n} c_j x_j\right)$$
kann ein Minimierungsproblem in ein Maximierungsproblem überführt werden, indem die Zielfunktion mit -1 multipliziert wird.
- Betrachten wir eine Nebenbedingung der Form $\sum_{j=1}^{n} a_{ij}x_j \le b_i$. Durch die Einführung einer sogenannten **Schlupfvariablen** s_i kann diese Nebenbedingung in Gleichungsform überführt werden, nämlich in
$$\sum_{j=1}^{n} a_{ij}x_j + s_i = b_i\,, \quad \text{mit } s_i \ge 0\,.$$

- Ebenso wird die Nebenbedingung $\sum_{j=1}^{n} a_{ij}x_j \geq b_i$ durch Einführung der Schlupfvariablen s_i in die Gleichungsform $\sum_{j=1}^{n} a_{ij}x_j - s_i = b_i$ transformiert, wobei $s_i \geq 0$ ist.
- Die Nebenbedingung $\sum_{j=1}^{n} a_{ij}x_j = b_i$ ist äquivalent zu den beiden Ungleichungen $\sum_{j=1}^{n} a_{ij}x_j \leq b_i$ und $\sum_{j=1}^{n} a_{ij}x_j \geq b_i$.
- Aus der Ungleichung $\sum_{j=1}^{n} a_{ij}x_j \leq b_i$ wird durch Multiplikation mit -1 die Ungleichung $\sum_{j=1}^{n}(-a_{ij})x_j \geq -b_i$ und umgekehrt.
- Soll eine Variable x_j beliebige reelle Werte annehmen, so kann man x_j durch $x_j' - x_j''$ ersetzen, wobei $x_j', x_j'' \geq 0$ sind.

Bei der Betrachtung von LPs kann man sich deshalb auf zwei Grundformen, die sogenannte **Standardform** und die **kanonische Form**, beschränken.

Ein LP liegt in **Standardform** vor, wenn alle Nebenbedingungen in Gleichungsform und alle Variablen nichtnegativ sind. Ein Maximierungsproblem ist in **kanonischer Form**, wenn alle Nebenbedingungen Ungleichungen vom $\leq$-Typ und alle Variablen nichtnegativ sind. Analog liegt ein Minimierungsproblem in **kanonischer Form** vor, wenn alle Nebenbedingungen Ungleichungen vom $\geq$-Typ und alle Variablen nichtnegativ sind.

Maximierungsproblem in Standardform	Maximierungsproblem in kanonischer Form
$\max \sum_{j=1}^{n} c_jx_j$	$\max \sum_{j=1}^{n} c_jx_j$
NB $\sum_{j=1}^{n} a_{ij}x_j = b_i,\ i = 1, \ldots, m$	NB $\sum_{j=1}^{n} a_{ij}x_j \leq b_i,\ i = 1, \ldots, m$
$x_j \geq 0,\ j = 1, \ldots, n$	$x_j \geq 0,\ j = 1, \ldots, n$

Minimierungsproblem in Standardform	Minimierungsproblem in kanonischer Form
$\min \sum_{j=1}^{n} c_jx_j$	$\min \sum_{j=1}^{n} c_jx_j$
NB $\sum_{j=1}^{n} a_{ij}x_j = b_i,\ i = 1, \ldots, m$	NB $\sum_{j=1}^{n} a_{ij}x_j \geq b_i,\ i = 1, \ldots, m$
$x_j \geq 0,\ j = 1, \ldots, n$	$x_j \geq 0,\ j = 1, \ldots, n$

Beispiel 11.2 (Fortsetzung: Beispiel 11.1). Bei der Darstellung (11.1) des LP in Beispiel 11.1 handelt es sich um ein Maximierungsproblem in kanonischer Form. Um dieses LP in die Standardform zu transformieren, müssen wir für die drei Kapazitätsrestriktionen Schlupfvariablen s_1, s_2, s_3 einführen. Damit erhält man:

$$\begin{array}{ll} \max & 50x_1 + 33x_2 \\ \text{NB} & \begin{array}{rcl} 5x_1 + 10x_2 + s_1 & = & 100 \\ 3x_1 + 3x_2 + s_2 & = & 36 \\ 3x_1 + x_2 + s_3 & = & 30 \\ x_1, x_2, s_1, s_2, s_3 & \geq & 0 \end{array} \end{array} \tag{11.2}$$

Die i-te Schlupfvariable s_i gibt hier gerade die freie Kapazität bezüglich des i-ten Inputs an.

11.1 Grafische Lösung

Hat das LP lediglich zwei Variablen, so ist eine grafische Lösung möglich. Wir illustrieren dies an unserem Beispiel der Produktionsplanung. Zunächst zeichnet man in ein Koordinatensystem die drei Geraden $5x_1 + 10x_2 = 100$, $3x_1 + 3x_2 = 36$ sowie $3x_1 + x_2 = 30$ ein. Diese Geraden repräsentieren diejenigen Produktionsprogramme, bei denen die Kapazitäten der einzelnen Inputs genau ausgeschöpft werden. In Abbildung 11.1 sind diese Geraden schwarz dargestellt. Die Menge derjenigen Produktionsprogramme, bei denen die Kapazität eines bestimmten Inputs nicht überschritten wird, ist durch die Halbebene gegeben, die von der entsprechenden Gerade begrenzt wird. In unserem Beispiel sind dies genau die Halbebenen, die „links unterhalb" der entsprechenden Geraden liegen. Die Menge der zulässigen Produktionsprogramme ergibt sich dann als Schnittmenge der entsprechenden Halbebenen. Aufgrund der Nichtnegativitätsbedingungen an die Variablen müssen die zulässigen Produktionsprogramme natürlich alle im ersten Quadranten liegen. Allgemein nennt man die Menge aller Punkte, die die Nebenbedingungen erfüllen, den **zulässigen Bereich**.

Die Menge der zulässigen Produktionsprogramme ist in Abbildung 11.2 hellgrau dargestellt. Die in der Abbildung schwarz dargestellten Geraden sind die Isoquanten des Gesamtdeckungsbeitrags. Dabei ist der Gesamtdeckungsbeitrag umso größer, je weiter „rechts oben" diese Gerade verläuft. Die in Abbildung 11.2 am weitesten links liegende Gerade verläuft noch durch das Innere des zulässigen Bereichs. Offenbar ist hier eine Erhöhung des Gesamtdeckungsbeitrags möglich, indem man die Gerade parallel nach „rechts oben" verschiebt. Die am weitesten rechts liegende Gerade schneidet den zulässigen

Bereich nicht, d.h. keines der auf dieser Geraden liegenden Produktionsprogramme ist mit den bestehenden Kapazitäten realisierbar.

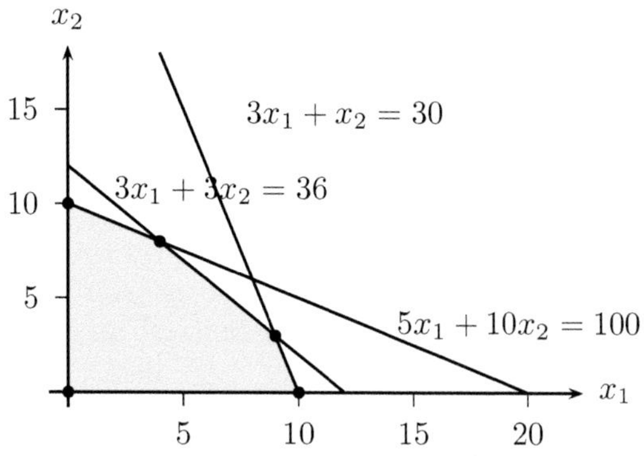

Abbildung 11.1: Bestimmung des zulässigen Bereichs aus Beispiel 11.1.

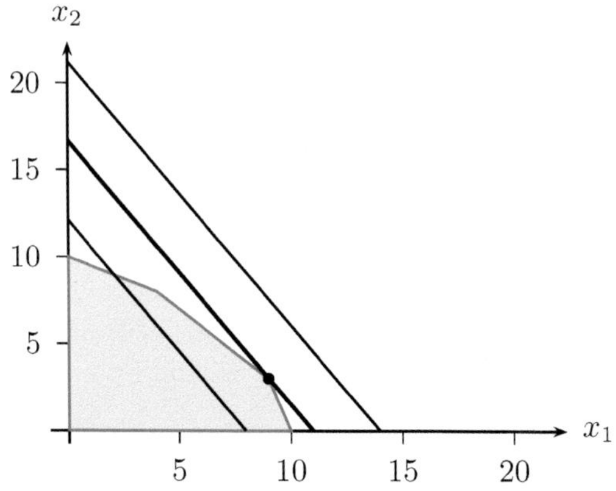

Abbildung 11.2: Bestimmung des optimalen Produktionsprogrammes aus Beispiel 11.1.

Um ein optimales Produktionsprogramm zu finden, verschiebt man die linke Gerade so lange nach rechts oben, wie sie den zulässigen Bereich noch in mindestens einem Punkt schneidet. Natürlich kann man auch, von rechts oben kommend, die Gerade so lange nach links unten verschieben, bis sie erstmals den Bereich der zulässigen Produktionsprogramme in mindestens einem Punkt schneidet. Die resultierende Gerade ist unten in Fettdruck dargestellt. Alle Schnittpunkte der Geraden mit dem zulässigen Bereich stellen optimale Produktionsprogramme mit maximalem Deckungsbeitrag dar. In unserem Beispiel erhält man einen einzigen Schnittpunkt mit dem zulässigen Bereich, nämlich den Punkt $(x_1, x_2) = (9, 3)$. Dieses Produktionsprogramm liefert den maximalen Deckungsbeitrag 549 .

11.2 Das Simplexverfahren

Eine grafische Lösung eines LP ist offenbar nur bei Problemen mit zwei Variablen und nicht zu vielen Nebenbedingungen möglich. Somit ist es wichtig, eine Methode zur Verfügung zu haben, die auch die Lösung linearer Programme mit einer großen Anzahl von Variablen (und Nebenbedingungen) ermöglicht. Ein solches Verfahren ist das sogenannte **Simplexverfahren** von Dantzig[1]. Die Grundidee des Simplexverfahrens ist die Folgende.

Aus den Überlegungen zur grafischen Lösung eines LP ist klar, dass das Optimum immer an einer Ecke des zulässigen Bereichs angenommen wird. Bei $n = 2$ Variablen liegt das Optimum offenbar meist an einer Ecke des zulässigen Bereichs; doch kann es auch vorkommen, dass alle Punkte auf einer Kante des zulässigen Bereichs optimal sind, nämlich dann, wenn die Geraden die zu den einzelnen Zielfunktionswerten gehören parallel zu dieser Kante liegen. In höheren Dimensionen kann das Optimum entsprechend auf einer gesamten Fläche bzw. einer sogenannten Hyperfläche des zulässigen Bereichs angenommen werden. In jedem Fall existiert aber eine Ecke mit optimalem Zielfunktionswert. Das Simplexverfahren zur Lösung linearer Programme ist ein Verfahren, das sich diese Eigenschaft zunutze macht. Das Simplexverfahren startet an einer Ecke des zulässigen Bereichs und durchläuft eine Folge von benachbarten Ecken des zulässigen Bereichs. Dabei wird die Folge der Ecken so gewählt, dass sich der Zielfunktionswert bei jedem Schritt nicht verschlechtert. Nach einer endlichen Anzahl von Schritten erreicht das Simplexverfahren dabei im Allgemeinen eine Ecke, an der der optimale Zielfunktionswert angenommen wird. Wir zeigen zunächst an unserem Produktionsbeispiel, wie man die Lösung eines linearen Programms rechnerisch ermitteln kann.

Wir gehen bei der rechnerischen Lösung des LP aus Beispiel 11.1 von der Standardform (11.2) aus. Zunächst können wir die Nebenbedingungen des LP in der folgenden Form schreiben:

$$\boxed{\begin{array}{rcrcrcr} s_1 &=& 100 &-& 5x_1 &-& 10x_2 \\ s_2 &=& 36 &-& 3x_1 &-& 3x_2 \\ s_3 &=& 30 &-& 3x_1 &-& x_2 \end{array}} \tag{11.3}$$

Sind die Werte der Variablen x_1 und x_2 bekannt, so sind die Variablen s_1, s_2 und s_3 dadurch in eindeutiger Weise festgelegt. So erhält man z.B. für $x_1 = x_2 = 0$ die Werte $s_1 = 100$, $s_2 = 36$ und $s_3 = 30$. Diese Lösung entspricht offensichtlich einem zulässigen (wenn auch wenig sinnvollen) Produktionsprogramm: alle Nebenbedingungen sowie die Nichtnegativitätsbedingungen sind erfüllt. Der Gesamtdeckungsbeitrag dieser Lösung ist null.

[1] George Bernard Dantzig (1914-2005)

Was passiert nun, wenn wir an den Variablen x_1 und x_2 „drehen“? Betrachten wir dazu die zu maximierende Zielfunktion: $50x_1 + 33x_2$. Bei einer Erhöhung von x_1 um eine Einheit erhöht sich der Gesamtdeckungsbeitrag um 50 Einheiten, bei einer Erhöhung von x_2 um eine Einheit hingegen nur um 33 Einheiten. Man wird also bestrebt sein, zunächst x_1 soweit wie möglich zu erhöhen. Wir belassen also x_2 auf dem Wert null und erhöhen x_1. Setzt man oben in (11.3) $x_2 = 0$, so erhält man:

$$\begin{aligned} s_1 &= 100 - 5x_1 \\ s_2 &= 36 - 3x_1 \\ s_3 &= 30 - 3x_1 \end{aligned}$$

Durch die Erhöhung von x_1 werden die Variablen s_1, s_2, s_3 sämtlich kleiner. Da aber alle Variablen größer oder gleich null sein müssen, können wir x_1 nicht beliebig erhöhen. Ab $x_1 = 20$ wird s_1 negativ, ab $x_1 = 12$ wird s_2 negativ, und bereits ab $x_1 = 10$ wird s_3 negativ. Da alle Variablen nichtnegativ bleiben sollen, können wir x_1 maximal auf den Wert 10 erhöhen. Dies führt dann auf die folgende Lösung des Systems: $x_1 = 10$, $x_2 = 0$, $s_1 = 50$, $s_2 = 6$ und $s_3 = 0$.

Löst man nun die dritte Gleichung in (11.3) nach x_1 auf und setzt dies in der ersten und zweiten Gleichung in (11.3) ein, so erhält man:

$$\begin{aligned} s_1 &= 50 + \frac{5}{3}s_3 - \frac{25}{3}x_2 \\ s_2 &= 6 + s_3 - 2x_2 \\ x_1 &= 10 - \frac{1}{3}s_3 - \frac{1}{3}x_2 \end{aligned} \tag{11.4}$$

Wir haben nun s_1, s_2 und x_1 in Abhängigkeit von s_3 und x_2 dargestellt. Als Nächstes drücken wir die Zielfunktion in Abhängigkeit von s_3 und x_2 aus und erhalten

$$500 - \frac{50}{3}s_3 + \frac{49}{3}x_2\,.$$

Bei der gegenwärtigen Lösung $x_1 = 10$, $x_2 = 0$, $s_1 = 50$, $s_2 = 6$ und $s_3 = 0$ ist der Wert der Zielfunktion 500. Was bewirkt nun eine Erhöhung einer der beiden Variablen, die den Wert null haben? Eine Erhöhung von s_3 würde eine Verringerung des Zielfunktionswertes bedeuten, da der entsprechende Koeffizient negativ ist. Dagegen bewirkt eine Erhöhung von x_2 eine weitere Verbesserung des Zielfunktionswertes. Wir lassen also s_3 auf dem Wert null und prüfen, wie weit wir x_2 erhöhen können, ohne die Nebenbedingungen zu verletzen. Dazu setzen wir in (11.4) speziell $s_3 = 0$ und erhalten:

$$\begin{aligned} s_1 &= 50 - \frac{25}{3}x_2 \\ s_2 &= 6 - 2x_2 \\ x_1 &= 10 - \frac{1}{3}x_2 \end{aligned}$$

Die Variable s_1 wird ab $x_2 = 6$ negativ, die Variable s_2 ab $x_2 = 3$, und die Variable x_1 ab $x_2 = 30$. Also kann man x_2 maximal auf den Wert 3 erhöhen, ohne die Nichtnegativitätsbedingungen zu verletzen. Dies führt zu der Lösung $x_1 = 9$, $x_2 = 3$, $s_1 = 25$ sowie $s_2 = s_3 = 0$. Drückt man – analog zu oben – die Variablen x_1, x_2 und s_1 durch s_2 und s_3 aus, so erhält man aus (11.4):

$$\begin{aligned} s_1 &= 25 + \frac{25}{6}s_2 - \frac{5}{2}s_3 \\ x_2 &= 3 - \frac{1}{2}s_2 + \frac{1}{2}s_3 \\ x_1 &= 9 + \frac{1}{6}s_2 - \frac{1}{2}s_3 \end{aligned}$$

Drückt man jetzt wieder die Zielfunktion durch die Variablen s_2 und s_3 aus, so ergibt sich

$$549 - \frac{49}{6}s_2 - \frac{17}{2}s_3 .$$

Hier sieht man sofort, dass die gegenwärtige Lösung $x_1 = 9$, $x_2 = 3$, $s_1 = 25$ sowie $s_2 = s_3 = 0$ wirklich die optimale Lösung unseres LP darstellt. Für diese Lösung hat die Zielfunktion nämlich den Wert 549. Eine Erhöhung einer der freien Variablen s_2 und s_3 würde jetzt zu einer Verringerung des Zielfunktionswertes führen.

Das Maximum der Zielfunktion wird demnach erreicht, wenn neun Einheiten des Produktes P1 und drei Einheiten des Produktes P2 produziert werden. Dies liefert einen Gesamtdeckungsbeitrag von 549. Gleichzeitig erkennt man an den Werten der Schlupfvariablen im Optimum, dass die Inputs I2 und I3 vollständig verbraucht werden ($s_2 = s_3 = 0$), während vom Input I1 eine Restmenge von 25 Einheiten verbleibt ($s_1 = 25$).

Die obigen Rechenschritte sind genau die Schritte, die bei der Lösung des LP mit dem Simplexverfahren durchgeführt werden. Wir sind dort über eine Folge von Ecken zur Lösung des LP gelangt. Gestartet sind wir mit der Ecke $(0, 0)$. Im ersten Schritt gelangten wir zur Ecke $(10, 0)$, und dann im letzten Schritt zur optimalen Lösung $(9, 3)$.

11.3 Die Mathematik des Simplexverfahrens

Im Folgenden betrachten wir ein Maximierungsproblem in Standardform. Wir bezeichnen mit $\boldsymbol{A} = [a_{ij}]$ die $m \times n$-Matrix der Nebenbedingungskoeffizienten sowie mit $\boldsymbol{b} = [b_i]$ den Spaltenvektor der rechten Seiten der Nebenbedingungen. Weiter sei $\boldsymbol{c} = [c_j]$ der Zeilenvektor der Zielfunktionskoeffizienten und $\boldsymbol{x}$ der Spaltenvektor der Variablen $x_1, \ldots, x_n$. Damit schreibt sich das Maximierungsproblem in Standardform als:

$$\begin{array}{|ll|}\hline \max & \boldsymbol{cx} \\ \text{NB} & \boldsymbol{Ax} = \boldsymbol{b} \\ & \boldsymbol{x} \geq \boldsymbol{0} \\ \hline \end{array}$$

Im obigen Beispiel ist

$$\boldsymbol{A} = \begin{bmatrix} 5 & 10 & 1 & 0 & 0 \\ 3 & 3 & 0 & 1 & 0 \\ 3 & 1 & 0 & 0 & 1 \end{bmatrix}, \quad \boldsymbol{b} = \begin{bmatrix} 100 \\ 36 \\ 30 \end{bmatrix}, \quad \text{und} \quad \boldsymbol{c} = \begin{bmatrix} 50 & 33 & 0 & 0 & 0 \end{bmatrix}.$$

Die Menge aller $\boldsymbol{x} \in \mathbb{R}^n$, die die Nebenbedingungen $\boldsymbol{Ax} = \boldsymbol{b}$ sowie die Nichtnegativitätsbedingungen $\boldsymbol{x} \geq \boldsymbol{0}$ erfüllen, heißt **zulässiger Bereich**. Man kann zeigen, dass der zulässige Bereich eines LP ein sogenanntes **konvexes Polyeder**[2] ist. Ein konvexes Polyeder hat eine endliche Anzahl von Ecken.

Der zulässige Bereich eines LP kann leer sein. In diesem Fall gibt es keine Punkte, die alle Nebenbedingungen erfüllen und das LP hat offensichtlich keine Lösung.

Um das Simplexverfahren zu verstehen, müssen wir wissen, wie die Ecken des zulässigen Bereichs charakterisiert werden können. Betrachten wir den zulässigen Bereich unseres Eingangsbeispiels (vgl. Abbildung 11.3), so erkennen wir folgende zwei Eigenschaften:

- An jeder Ecke sind genau zwei der fünf Variablen gleich null.
- An zwei benachbarten Ecken sind jeweils die gleichen Variablen bis auf eine gleich null.

Diese beiden Eigenschaften gelten nicht nur in unserem Beispiel, sondern ganz allgemein: Ist $\boldsymbol{x}_0$ eine Ecke des zulässigen Bereichs $\boldsymbol{Ax} = \boldsymbol{b}$, $\boldsymbol{x} \geq \boldsymbol{0}$, so sind $n - m$ der n Variablen $x_1, \ldots, x_n$ gleich null. Um also eine Ecke des zulässigen Bereichs zu erhalten, kann man $n - m$ Variablen gleich null setzen

[2] Ein konvexes Polyeder ist der Durchschnitt endlich vieler **Halbräume**. Unter einem Halbraum versteht man eine Teilmenge des $\mathbb{R}^n$, die durch eine Ungleichung der Form $\boldsymbol{a}^T\boldsymbol{x} \leq b$, für gegebenes $\boldsymbol{a} \in \mathbb{R}^n$, $b \in \mathbb{R}$, beschrieben wird.

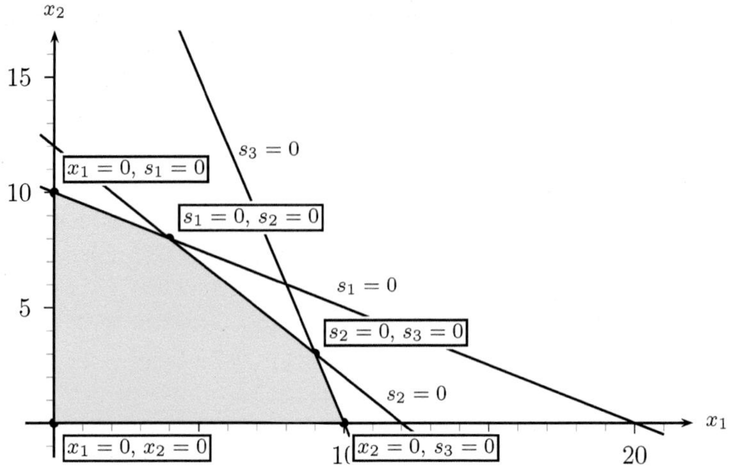

Abbildung 11.3: Ecken des zulässigen Bereichs aus Beispiel 11.1.

und das Gleichungssystem $\boldsymbol{Ax} = \boldsymbol{b}$ nach den verbleibenden m Variablen auflösen. Wenn die Werte dieser m Variablen dann alle nichtnegativ sind, stellt eine solche Lösung eine Ecke des zulässigen Bereichs dar und wird als **zulässige Basislösung** bezeichnet. Wir präzisieren diesen Begriff in der folgenden Definition.

Definition 11.1: Zulässige Basislösung, Basismatrix

Wir betrachten das System $\boldsymbol{Ax} = \boldsymbol{b}$, $\boldsymbol{x} \geq \boldsymbol{0}$, wobei $\boldsymbol{A}$ eine $m \times n$-Matrix mit $\operatorname{rg} \boldsymbol{A} = m$ ist. Nach eventuellen Spaltenvertauschungen kann man $\boldsymbol{A}$ in der Form $\boldsymbol{A} = [\boldsymbol{B}, \boldsymbol{N}]$ schreiben, wobei $\boldsymbol{B}$ eine invertierbare $m \times m$-Matrix und $\boldsymbol{N}$ eine $m \times (n-m)$-Matrix ist. $\boldsymbol{B}$ heißt **Basismatrix**, $\boldsymbol{N}$ heißt **Nichtbasismatrix**. Die zu den Spalten von $\boldsymbol{B}$ gehörenden Variablen bezeichnen wir als **abhängige Variable** oder **Basisvariable**, die übrigen Variablen als **unabhängige Variable** oder **Nichtbasisvariable**. Die Menge der Basisvariablen bezeichnen wir als **Basis**. Sei $\boldsymbol{x}_B$ der Vektor der Basis- und $\boldsymbol{x}_N$ der Vektor der Nichtbasisvariablen. Offensichtlich erhält man für

$$\boldsymbol{x}_B = \boldsymbol{B}^{-1}\boldsymbol{b} \quad \text{und} \quad \boldsymbol{x}_N = \boldsymbol{0}$$

eine Lösung des Systems $\boldsymbol{Ax} = \boldsymbol{b}$. Eine solche Lösung heißt **Basislösung**. Sind alle Komponenten von $\boldsymbol{x}_B = \boldsymbol{B}^{-1}\boldsymbol{b}$ größer oder gleich null, so heißt die Lösung **zulässige Basislösung**. Sind alle Komponenten von $\boldsymbol{x}_B$ echt größer als null, so spricht man von einer **nichtdegenerierten** zulässigen Basislösung. Ist dagegen bei einer zulässigen Basislösung mindestens eine der Komponenten von $\boldsymbol{x}_B$ gleich null, so heißt sie **degeneriert**.

Wie oben bereits angedeutet, ist der Begriff einer zulässigen Basislösung deshalb von so großer Bedeutung, weil die zulässigen Basislösungen gerade die Ecken des zulässigen Bereichs sind. Dies ist die Aussage des nun folgenden Satzes:

Satz 11.1: Ecken und zulässige Basislösungen

Ist $\boldsymbol{x}$ eine Ecke des zulässigen Bereichs, so gibt es (mindestens) eine Basis, sodass $\boldsymbol{x}$ die zugehörige zulässige Basislösung ist. Ist umgekehrt $\boldsymbol{x}$ eine zulässige Basislösung, so ist $\boldsymbol{x}$ eine Ecke des zulässigen Bereichs.

Was kann man über die Lösbarkeit eines LP aussagen? Grundsätzlich können beim Maximierungsproblem drei verschiedene Fälle eintreten:

- Der zulässige Bereich eines LP kann leer sein. In diesem Fall hat das LP keine Lösung.
- Ist der zulässige Bereich nicht leer, so kann es vorkommen, dass die Zielfunktion auf dem zulässigen Bereich beliebig große Werte annimmt. In diesem Fall existiert ebenfalls keine Lösung.
- Ist die Zielfunktion auf dem zulässigen Bereich nach oben beschränkt, so hat das LP mindestens eine Lösung. In diesem Fall existiert eine zulässige Basislösung (d.h. Ecke), an der das Maximum angenommen wird.

Das Simplexverfahren prüft, ob sich, ausgehend von einer Ecke des zulässigen Bereichs, der Zielfunktionswert an einer benachbarten Ecke weiter verbessern lässt. Eine benachbarte Ecke ist dabei dadurch charakterisiert, dass sich die Menge der Basisvariablen (und damit auch die Menge der Nichtbasisvariablen) an genau einer Position von der Menge der aktuellen Basisvariablen unterscheidet. Der Übergang zu einer benachbarten Ecke (zulässigen Basislösung) bedeutet also, dass eine der bisherigen Nichtbasisvariablen zu einer Basisvariablen wird und dafür eine der bisherigen Basisvariablen die Basis verlässt.

Auswahl der Nichtbasisvariablen, die in die Basis eintritt

Angenommen, wir haben eine zulässige Basislösung mit Basismatrix $\boldsymbol{B}$ und Nichtbasismatrix $\boldsymbol{N}$, dann gilt $\boldsymbol{B}\boldsymbol{x}_B + \boldsymbol{N}\boldsymbol{x}_N = \boldsymbol{b}$. Multipliziert man diese Gleichung von links mit der Inversen von $\boldsymbol{B}$, so erhält man

$$\boldsymbol{x}_B = \boldsymbol{B}^{-1}\boldsymbol{b} - \boldsymbol{B}^{-1}\boldsymbol{N}\boldsymbol{x}_N \,.$$

Mit der Bezeichnung $\overline{\boldsymbol{b}} = \boldsymbol{B}^{-1}\boldsymbol{b}$ gilt dann

$$\boxed{\boldsymbol{x}_B = \overline{\boldsymbol{b}} - \boldsymbol{B}^{-1}\boldsymbol{N}\boldsymbol{x}_N \,.} \tag{11.5}$$

Die zugehörige zulässige Basislösung ist $\boldsymbol{x}_B = \overline{\boldsymbol{b}}$, $\boldsymbol{x}_N = \boldsymbol{0}$. Ersetzt man in der Zielfunktion $\boldsymbol{x}_B$ durch den entsprechenden Ausdruck aus (11.5), so ergibt sich

$$\begin{aligned} \boldsymbol{c}\boldsymbol{x} &= \boldsymbol{c}_B\boldsymbol{x}_B + \boldsymbol{c}_N\boldsymbol{x}_N \\ &= \boldsymbol{c}_B(\overline{\boldsymbol{b}} - \boldsymbol{B}^{-1}\boldsymbol{N}\boldsymbol{x}_N) + \boldsymbol{c}_N\boldsymbol{x}_N \\ &= \boldsymbol{c}_B\overline{\boldsymbol{b}} + (\boldsymbol{c}_N - \boldsymbol{c}_B\boldsymbol{B}^{-1}\boldsymbol{N})\boldsymbol{x}_N \,. \end{aligned} \tag{11.6}$$

Zur Vereinfachung schreiben wir z_0 für $\boldsymbol{c}_B\overline{\boldsymbol{b}}$ sowie z_j für $\boldsymbol{c}_B\boldsymbol{B}^{-1}\boldsymbol{a}_j$, wobei $\boldsymbol{a}_j$ die j-te Spalte von $\boldsymbol{A}$ ist. Damit erhält man für die Zielfunktion

$$\boxed{\boldsymbol{c}\boldsymbol{x} = z_0 + \sum_{j\in N}(c_j - z_j)x_j \,,}$$

wobei sich die Summe über alle Indizes j von Nichtbasisvariablen erstreckt. Wir haben in dieser Form die Zielfunktion durch die Nichtbasisvariablen ausgedrückt. Sind alle Nichtbasisvariablen gleich null, so ist der Wert der Zielfunktion z_0. Ebenso erkennt man, dass eine Erhöhung der Nichtbasisvariablen x_j um eine Einheit eine Erhöhung der Zielfunktion um den Wert $c_j - z_j$ bewirkt.

Interessant ist an dieser Stelle die Interpretation der Größen $c_j - z_j$, die wir hier kurz diskutieren wollen. Die Größe c_j ist der Koeffizient der Variablen x_j in der Zielfunktion und gibt somit die Änderung des Zielfunktionswertes an, wenn x_j um eine Einheit erhöht wird. Da die Basisvariablen über die Beziehung (11.5) von den Nichtbasisvariablen abhängen, bewirkt eine Erhöhung einer Nichtbasisvariablen aber automatisch eine Veränderung der Basisvariablen, sodass sich dadurch ebenfalls der Wert der Zielfunktion ändert. Eine Erhöhung einer Nichtbasisvariablen hat also einen *direkten Einfluss* auf den Zielfunktionswert, der durch den Koeffizienten c_j ausgedrückt wird, sowie einen *indirekten Einfluss* über die Veränderung der Basisvariablen. Dieser indirekte Einfluss wird durch den Koeffizienten z_j beschrieben. Eine Erhöhung einer Nichtbasisvariablen x_j bewirkt eine Änderung der Basisvariablen, die in einer Verringerung des Zielfunktionswertes um den Wert z_j resultiert. Der Wert $c_j - z_j$ stellt also den direkten Einfluss der Nichtbasisvariablen x_j reduziert um den indirekten Einfluss dieser Variablen dar. Daher bezeichnet man die Größe $c_j - z_j$ auch als **reduzierten Zielfunktionsbeitrag**, je nach Kontext auch als **reduzierten Deckungsbeitrag** (wie etwa in unserem Eingangsbeispiel) oder als **reduzierte Kosten** (wenn z.B. eine lineare Kostenfunktion zu minimieren ist). $c_j - z_j$ stellt somit den **Nettobeitrag** von x_j zur Zielfunktion dar.

Ist x_j eine Basisvariable, so gilt offensichtlich $c_j - z_j = c_j - \boldsymbol{c}_B \boldsymbol{B}^{-1} \boldsymbol{a}_j = c_j - c_j = 0$, d.h. die reduzierten Zielfunktionsbeiträge der Basisvariablen sind gleich null.

Was bedeuten diese Überlegungen nun für die Lösung eines LP? Generell können zwei Fälle eintreten:

1. Sind alle reduzierten Zielfunktionsbeiträge $c_j - z_j$ der Nichtbasisvariablen kleiner oder gleich null, so ist keine weitere Verbesserung des Zielfunktionswertes möglich. Die gegenwärtig zulässige Basislösung ist optimal. Der optimale Wert der Zielfunktion ist z_0.
2. Ist hingegen der reduzierte Zielfunktionsbeitrag einer Nichtbasisvariablen größer als null, so kann durch eine Erhöhung dieser Variablen der Zielfunktionswert weiter verbessert werden. Typischerweise versucht man dann, diejenige Nichtbasisvariable weiter zu erhöhen, deren reduzierter Zielfunktionsbeitrag maximal (unter allen möglichen positiven Zielfunktionsbeiträgen) ist. Gilt also
$$c_{j^*} - z_{j^*} = \max\{c_j - z_j \,:\, c_j - z_j > 0\}\ ,$$
wird im folgenden Schritt die Nichtbasisvariable x_{j^*} in die Basis aufgenommen.

Auswahl der Basisvariablen, die die Basis verlässt

Wird die Nichtbasisvariable x_{j^*} mit positivem reduziertem Zielfunktionsbeitrag in die Basis aufgenommen, so muss eine der bisherigen Basisvariablen die Basis verlassen. Erhöht man x_{j^*} und lässt alle anderen Nichtbasisvariablen auf dem Wert null, so erhält man

$$\boldsymbol{x}_B = \overline{\boldsymbol{b}} - \boldsymbol{B}^{-1} \boldsymbol{a}_{j^*} x_{j^*} = \overline{\boldsymbol{b}} - \boldsymbol{y}_{j^*} x_{j^*}\ ,$$

also

$$\begin{bmatrix} x_{B_1} \\ x_{B_2} \\ \vdots \\ x_{B_m} \end{bmatrix} = \begin{bmatrix} \overline{b}_1 \\ \overline{b}_2 \\ \vdots \\ \overline{b}_m \end{bmatrix} - x_{j^*} \begin{bmatrix} y_{1j^*} \\ y_{2j^*} \\ \vdots \\ y_{mj^*} \end{bmatrix},$$

wobei zur Vereinfachung $\boldsymbol{B}^{-1} \boldsymbol{a}_{j^*} = \boldsymbol{y}_{j^*} = [y_{1j^*} \cdots y_{mj^*}]^T$ gesetzt wurde. Die i-te Basisvariable x_{B_i} ändert sich somit zu

$$x_{B_i} = \overline{b}_i - x_{j^*} y_{ij^*}\ .$$

Ist $y_{ij^*} \leq 0$, so kann man x_{j^*} beliebig erhöhen, ohne dass die Basisvariable x_{B_i} null wird. Ist jedoch umgekehrt $y_{ij^*} > 0$, so bewirkt eine Erhöhung von x_{j^*} eine Verringerung von x_{B_i}. Für $x_{j^*} = \overline{b}_i / y_{ij^*}$ wird x_{B_i} schließlich gleich null. Da aber alle Variablen nichtnegativ sein müssen, kann man x_{j^*} nur so weit erhöhen, bis eine Basisvariable null wird. Um zu bestimmen, wie weit x_{j^*} erhöht werden kann, muss man für alle positiven Werte y_{ij^*} die Quotienten $\overline{b}_i / y_{ij^*}$ bilden. Der kleinste dieser Quotienten gibt dann den Wert an, bis zu dem die Variable x_{j^*} erhöht werden kann. Insgesamt können also zwei Situationen auftreten:

1. Sind alle Werte y_{ij^*} kleiner als null, so kann x_{j^*} beliebig erhöht werden, ohne dass die Nebenbedingungen verletzt werden. Dadurch kann der Wert der Zielfunktion beliebig groß gemacht werden. In diesem Fall ist die *Zielfunktion auf dem zulässigen Bereich unbeschränkt*. Es existiert keine Lösung des LP.

2. Ist mindestens einer der Werte y_{ij^*} größer als null, so bestimmt man
$$\frac{\overline{b}_{i^*}}{y_{i^*j^*}} = \min_i \left\{ \frac{\overline{b}_i}{y_{ij^*}} : y_{ij^*} > 0 \right\} .$$
Dies ist der Wert, auf den x_{j^*} erhöht werden kann. Die Variable $x_{B_{i^*}}$ fällt dann auf den Wert null, d.h. sie verlässt die Basis und die Variable x_{j^*} wird in die Basis aufgenommen. Es wird also ein Übergang zu einer neuen Basis durchgeführt, indem die Variablen $x_{B_{i^*}}$ und x_{j^*} ausgetauscht werden.

Auf diese Weise bestimmt das Simplexverfahren eine neue Basis, bei der sich der Zielfunktionswert zumindest nicht verschlechtert. Bei dieser neuen Basis wird erneut geprüft, ob eine Verbesserung der Lösung möglich ist. So wird fortgefahren, bis entweder ein Optimum erreicht ist oder festgestellt wird, dass die Zielfunktion auf dem zulässigen Bereich unbeschränkt ist.

11.4 Das Simplexverfahren in Tableauform

Das Simplexverfahren in Tableauform kann mit einem **langen Tableau** oder in der sogenannten **verkürzten Tableauform** durchgeführt werden. Wir beschreiben in diesem Abschnitt zunächst das lange Tableau und zeigen danach, wie der Algorithmus in kompakter Form mit dem verkürzten Tableau durchgeführt werden kann.

Simplexverfahren mit langem Tableau

Das Simplexverfahren in Tableauform geht von einem Maximierungsproblem in Standardform aus. Zusätzlich wird hier noch die Variable $z = \boldsymbol{cx}$ eingeführt, die den Wert der Zielfunktion darstellt. Haben wir eine zulässige

Basislösung mit Basismatrix $\boldsymbol{B}$ vorliegen, so kann man das LP wie folgt aufschreiben:

$$\begin{array}{ll} \max & z \\ \text{NB} & z - \boldsymbol{c}_B\boldsymbol{x}_B - \boldsymbol{c}_N\boldsymbol{x}_N = 0 \\ & \qquad \boldsymbol{B}\boldsymbol{x}_B + \boldsymbol{N}\boldsymbol{x}_N = \boldsymbol{b} \\ & \qquad \boldsymbol{x}_B, \qquad \boldsymbol{x}_N \geq \boldsymbol{0} \end{array}$$

Auflösen der Nebenbedingungen nach den Basisvariablen und Umrechnen der Zielfunktion auf die Nichtbasisvariablen ergibt wie im vorigen Abschnitt:

$$\begin{array}{lllr} \max & z & & \\ \text{NB} & z & + (\boldsymbol{c}_B\boldsymbol{B}^{-1}\boldsymbol{N} - \boldsymbol{c}_N)\boldsymbol{x}_N = & \boldsymbol{c}_B\overline{\boldsymbol{b}} \\ & \boldsymbol{x}_B & + \qquad \boldsymbol{B}^{-1}\boldsymbol{N}\boldsymbol{x}_N = & \overline{\boldsymbol{b}} \\ & \boldsymbol{x}_B, & \qquad\qquad \boldsymbol{x}_N \geq & \boldsymbol{0} \end{array}$$

Die Nebenbedingungen stellen ein lineares Gleichungssystem mit m Gleichungen und $n+1$ Variablen dar, das wir wie beim Gauß-Algorithmus in Tableauform schreiben:

	z	$\boldsymbol{x}_B$	$\boldsymbol{x}_N$	
z	1	$\boldsymbol{0}$	$\boldsymbol{c}_B\boldsymbol{B}^{-1}\boldsymbol{N} - \boldsymbol{c}_N$	$\boldsymbol{c}_B\overline{\boldsymbol{b}}$
$\boldsymbol{x}_B$	$\boldsymbol{0}$	$\boldsymbol{I}$	$\boldsymbol{B}^{-1}\boldsymbol{N}$	$\overline{\boldsymbol{b}}$

Zur besseren Übersichtlichkeit notiert man oben und links im Tableau die Variablen. Hier stehen die Zielfunktionsvariable, die Basisvariablen sowie die Nichtbasisvariablen. Unter den ersten $m+1$ Variablen (Zielfunktionsvariable sowie Basisvariablen) steht eine Einheitsmatrix. Unter den folgenden $n-m$ Variablen (Nichtbasisvariablen) stehen in der Zielfunktionszeile die negativen reduzierten Zielfunktionsbeiträge sowie in den weiteren Zeilen die Matrix $\boldsymbol{B}^{-1}\boldsymbol{N}$. In der letzten Spalte stehen die Einträge der rechten Seite, d.h. der der Basislösung entsprechende Zielfunktionswert sowie in den folgenden m Zeilen die Werte der Basisvariablen der aktuellen zulässigen Basislösung. Sinnvollerweise führt man links vom Tableau noch einmal die Zielfunktionsvariable und die Basisvariablen auf.

Bemerkung: Da in der Zielfunktionszeile nicht die reduzierten Zielfunktionsbeiträge selbst, sondern deren negative Werte stehen, muss bei der Bestimmung der Variablen, die in die Basis eintritt, nicht das Maximum der Einträge in der Zielfunktionszeile, sondern das Minimum der Einträge in der Zielfunktionszeile des Tableaus ermittelt werden.

Um unser Beispiel 11.1 mit dem Simplexverfahren zu lösen, gehen wir also von folgendem LP aus:

$$
\begin{array}{llr}
\max & z & \\
\text{NB} & z - 50x_1 - 33x_2 & = \ 0 \\
& 5x_1 + 10x_2 + s_1 & = 100 \\
& 3x_1 + \ 3x_2 \qquad + s_2 & = \ 36 \\
& 3x_1 + \quad x_2 \qquad\qquad + s_3 & = \ 30 \\
& x_1, x_2, s_1, s_2, s_3 & \geq \ 0
\end{array}
\tag{11.7}
$$

Um ein Simplextableau zu erstellen, muss eine zulässige Basislösung bekannt sein. In unserem Beispiel bilden die zu den Schlupfvariablen gehörenden Spalten bereits eine Basis, die zugehörige Basismatrix $\boldsymbol{B}$ ist dann die Einheitsmatrix $\boldsymbol{I}$. Damit schreibt sich das Ausgangstableau unseres LP wie folgt. In der ersten Zeile des Tableaus stehen die *negativen* Koeffizienten der Zielfunktion sowie ganz rechts der augenblickliche Wert der Zielfunktion. Darunter schreibt man die Koeffizientenmatrix $\boldsymbol{A}$ und in die letzte Spalte die Werte der Basisvariablen:

	z	s_1	s_2	s_3	x_1	x_2	
z	1				−50	−33	0
s_1		1			5	10	100
s_2			1		3	3	36
s_3				1	$\boxed{3}$	1	30

Man erkennt hier die Ausgangssituation des obigen Beispiels. Die Basisvariablen sind s_1, s_2 und s_3, die zugehörigen Werte 100, 36 und 30. Die Nichtbasisvariablen sind x_1 und x_2. Der zugehörige Wert der Zielfunktion ist null.

Im nächsten Schritt suchen wir unter den positiven Zielfunktionskoeffizienten denjenigen Wert heraus, der am größten ist. Da in der Zielfunktionszeile jeweils das Negative des entsprechenden Koeffizienten steht, muss der kleinste Wert in der Zielfunktionszeile gesucht werden. In unserem Beispiel ist dies -50, die zugehörige Variable x_1. Die zugehörige Spalte im Simplextableau bezeichnet man als **Pivotspalte**. Die Variable x_1 wird also in die Basis aufgenommen, eine der bisherigen Basisvariablen muss dafür aber nun die Basis verlassen. Diese Variable wird bestimmt, indem das Minimum der Quotienten $\overline{b}_i/y_{ij^*}$, für die $y_{ij^*} > 0$ ist, gebildet wird. Die Werte y_{ij^*} sind dabei gerade die Einträge in der Pivotspalte. Durch Bilden der Quotienten $100/5 = 20$, $36/3 = 12$ sowie $30/3 = 10$ erkennt man, dass als erstes die bisherige Basisvariable s_3 den Wert null annimmt. Die entsprechende Zeile bezeichnet man als **Pivotzeile**, das Element am Schnittpunkt von Pivotzeile und -spalte als **Pivotelement**. Im folgenden, sogenannten Simplexschritt verlässt also s_3 die

Basis und x_1 tritt in die Basis ein. Diesen Basistausch kann man wie beim Gauß-Jordan-Verfahren durch elementare Zeilenumformungen durchführen. Das Tableau wird dabei so umgeformt, dass in der Pivotspalte (bei der Variablen, die in die Basis eintritt) nur noch eine Eins und sonst lauter Nullen stehen. Die Eins muss im neuen Tableau an der Stelle des Pivotelements stehen, d.h. in unserem Beispiel in der dritten Zeile. Man muss also die dritte Zeile durch drei dividieren und die so entstandene neue dritte Zeile danach 50 mal zur Zielfunktionszeile addieren und fünf- bzw. dreimal von der ersten bzw. zweiten Zeile subtrahieren. Damit erhält man das neue Tableau:

	z	s_1	s_2	s_3	x_1	x_2	
z	1			$\frac{50}{3}$		$-\frac{49}{3}$	500
s_1		1		$-\frac{5}{3}$		$\frac{25}{3}$	50
s_2			1	-1		$\boxed{2}$	6
x_1				$\frac{1}{3}$	1	$\frac{1}{3}$	10

Die neuen Basisvariablen sind jetzt s_1, s_2 und x_1 mit den zugehörigen Werten 50, 6 und 10. Die Nichtbasisvariablen sind x_2 und s_3, der zugehörige Wert der Zielfunktion ist 500. Nun ist in der Zielfunktionszeile lediglich ein Eintrag negativ, nämlich der zu x_2 gehörige. Um den Zielfunktionswert weiter zu verbessern, muss also x_2 in die Basis eintreten. Die Variable, die die Basis verlässt, berechnet man, indem man die Quotienten $50/\frac{25}{3} = 6$, $6/2 = 3$ sowie $10/\frac{1}{3} = 30$ bildet. Den kleinsten Quotienten erhält man in der zu s_2 gehörigen Zeile. Also verlässt s_2 die Basis und x_2 tritt in die Basis ein. Wie oben erreicht man dies durch elementare Zeilenumformungen, indem man das Tableau so umformt, dass in der Pivotspalte in der Pivotzeile eine Eins und sonst lauter Nullen stehen.

	z	s_1	s_2	s_3	x_1	x_2	
z	1		$\frac{49}{6}$	$\frac{17}{2}$			549
s_1		1	$-\frac{25}{6}$	$\frac{5}{2}$			25
x_2			$\frac{1}{2}$	$-\frac{1}{2}$		1	3
x_1			$-\frac{1}{6}$	$\frac{1}{2}$	1		9

Dieses Tableau entspricht nun der zulässigen Basislösung, bei der die Basisvariablen s_1, x_2 und x_1 die Werte 25, 3 und 9 haben. Die Nichtbasisvariablen sind s_2 und s_3, der Wert der Zielfunktion ist 549. Da die Einträge in der Zielfunktionszeile alle nichtnegativ sind, ist eine weitere Erhöhung des Zielfunktionswertes durch Erhöhen der Nichtbasisvariablen nicht möglich. Der Optimalwert unseres LP ist also 549. Diese Lösung erhält man für $x_1 = 9$ und $x_2 = 3$.

Simplexverfahren mit verkürztem Tableau

Alle Tableaus des vorhergehenden Abschnitts haben die Eigenschaften, dass jeweils vier der Spalten gleich den Einheitsvektoren sind. Dies sind genau diejenigen Spalten, die zu der Zielfunktionsvariablen sowie den drei Basisvariablen gehören. Man kann nun das Tableau auch verkürzt darstellen, indem man diese Spalten einfach weglässt. Dadurch geht keine Information verloren, man muss sich aber genau merken, welche Nichtbasisvariablen zu den einzelnen Spalten bzw. welche Basisvariablen zu welchen Zeilen gehören. Das Anfangstableau unseres obigen Beispiels sieht dann in der verkürzten Form wie folgt aus:

	z	s_1	s_2	s_3	x_1	x_2	
z	1				-50	-33	0
s_1		1			5	10	100
s_2			1		3	3	36
s_3				1	3	1	30

$\xrightarrow[\text{Form}]{\text{verkürzte}}$

	x_1	x_2	
z	-50	-33	0
s_1	5	10	100
s_2	3	3	36
s_3	3	1	30

In diesem Beispiel wurde jetzt die Variable x_1 in die Basis aufgenommen, während s_3 die Basis verließ. Im langen Tableau wird die x_1-Spalte so umgeformt, dass dort ein Einheitsvektor steht. Da wir im verkürzten Tableau die Spalten, die zu Basisvariablen gehören, nicht notieren, tritt hier die s_3-Spalte (neu aufgenommene Basisvariable) an die Stelle der x_1-Spalte. Wir illustrieren dies wieder durch Gegenüberstellung der entsprechenden Tableaus:

	z	s_1	s_2	s_3	x_1	x_2	
z	1			$\frac{50}{3}$		$-\frac{49}{3}$	500
s_1		1		$-\frac{5}{3}$		$\frac{25}{3}$	50
s_2			1	-1		2	6
x_1				$\frac{1}{3}$	1	$\frac{1}{3}$	10

$\xrightarrow[\text{Form}]{\text{verkürzte}}$

	s_3	x_2	
z	$\frac{50}{3}$	$-\frac{49}{3}$	500
s_1	$-\frac{5}{3}$	$\frac{25}{3}$	50
s_2	-1	2	6
x_1	$\frac{1}{3}$	$\frac{1}{3}$	10

Im nächsten Schritt findet ein Basistausch zwischen den Variablen x_2 und s_2 statt. Im verkürzten Tableau tritt daher die neue s_2-Spalte an die Stelle der x_2-Spalte:

	z	s_1	s_2	s_3	x_1	x_2	
z	1		$\frac{49}{6}$	$\frac{17}{2}$			549
s_1		1	$-\frac{25}{6}$	$\frac{5}{2}$			25
x_2			$\frac{1}{2}$	$-\frac{1}{2}$		1	3
x_1			$-\frac{1}{6}$	$\frac{1}{2}$	1		9

$\xrightarrow[\text{Form}]{\text{verkürzte}}$

	s_3	s_2	
z	$\frac{17}{2}$	$\frac{49}{6}$	549
s_1	$\frac{5}{2}$	$-\frac{25}{6}$	25
x_2	$-\frac{1}{2}$	$\frac{1}{2}$	3
x_1	$\frac{1}{2}$	$-\frac{1}{6}$	9

Allgemein geht man bei der Verwendung des verkürzten Tableaus wie folgt vor: Liegt eine zulässige Basislösung mit Basismatrix $\boldsymbol{B}$ vor, so beginnt man beim Simplexverfahren mit verkürztem Tableau wie folgt:

	$\boldsymbol{x}_N$	
z	$\boldsymbol{c}_B\boldsymbol{B}^{-1}\boldsymbol{N} - \boldsymbol{c}_N$	$\boldsymbol{c}_B\overline{\boldsymbol{b}}$
$\boldsymbol{x}_B$	$\boldsymbol{B}^{-1}\boldsymbol{N}$	$\overline{\boldsymbol{b}}$

Zur Vereinfachung bezeichnen wir in Abweichung von unserer bisherigen Notation die Einträge des Tableaus wie folgt:

	x_1	$\ldots$	x_n	
z	$-c_1$	$\ldots$	$-c_n$	z_0
s_1	a_{11}	$\ldots$	a_{1n}	b_1
$\vdots$	$\vdots$		$\vdots$	$\vdots$
s_m	a_{m1}	$\ldots$	a_{mn}	b_m

Bei einem Simplexschritt wird eine Basisvariable gegen eine Nichtbasisvariable ausgetauscht. Dies entspricht dem Übergang zu einer benachbarten Ecke. Ein Simplexschritt läuft wie folgt ab:

Bestimmung der Variablen, die in die Basis eintritt. Bestimme das Minimum

$$-c_{j^*} = \min\{-c_1, \ldots, -c_n\}.$$

Ist das Minimum größer oder gleich null, so ist keine weitere Verbesserung der Zielfunktion möglich; die gegenwärtige Lösung ist optimal.

Ist das Minimum kleiner als null, so tritt die zugehörige Variable x_{j^*} in die Basis ein. Die entsprechende Spalte heißt **Pivotspalte**.

Bestimmung der Variablen, die die Basis verlässt. Sind alle Einträge a_{ij^*} in der Pivotspalte kleiner oder gleich null, so ist die Zielfunktion auf dem zulässigen Bereich unbeschränkt; das LP hat keine Lösung.

Andernfalls bestimme

$$\frac{b_{i^*}}{a_{i^*j^*}} = \min_i \left\{ \frac{b_i}{a_{ij^*}} \,\middle|\, a_{ij^*} > 0 \right\}.$$

Die Variable s_{i^*} verlässt die Basis. Die entsprechende Zeile heißt **Pivotzeile**.

Aktualisierung des Tableaus Das Element am Schnittpunkt von Pivotzeile und -spalte heißt **Pivotelement**. Aktualisiere das Tableau wie folgt:

$$
\begin{array}{|c|ccccc|c|}
\hline
 & \dots & x_j & \dots & x_{j^*} & \dots & \\
\hline
z & \dots & k_j & \dots & k_{j^*} & \dots & z_0 \\
\hline
\vdots & & \vdots & & \vdots & & \vdots \\
s_i & \dots & a_{ij} & \dots & a_{ij^*} & \dots & b_i \\
\vdots & & \vdots & & \vdots & & \vdots \\
s_{i^*} & \dots & a_{i^*j} & \dots & \boxed{a_{i^*j^*}} & \dots & b_{i^*} \\
\vdots & & \vdots & & \vdots & & \vdots \\
\hline
\end{array}
\longrightarrow
\begin{array}{|c|ccccc|c|}
\hline
 & \dots & x_j & \dots & s_{i^*} & \dots & \\
\hline
z & \dots & \hat{k}_j & \dots & \hat{k}_{j^*} & \dots & \hat{z}_0 \\
\hline
\vdots & & \vdots & & \vdots & & \vdots \\
s_i & \dots & \hat{a}_{ij} & \dots & \hat{a}_{ij^*} & \dots & \hat{b}_i \\
\vdots & & \vdots & & \vdots & & \vdots \\
x_{j^*} & \dots & \hat{a}_{i^*j} & \dots & \boxed{\hat{a}_{i^*j^*}} & \dots & \hat{b}_{i^*} \\
\vdots & & \vdots & & \vdots & & \vdots \\
\hline
\end{array}
$$

Hierbei wurde zur Vereinfachung $k_j = -c_j$ gesetzt. Im aktualisierten Tableau sind die Variablen x_{j^*} und s_i^* gegeneinander ausgetauscht. Die anderen Einträge werden wie folgt aktualisiert:

a) $\hat{a}_{i^*j^*} = \dfrac{1}{a_{i^*j^*}}$,

b) $\hat{a}_{i^*j} = \dfrac{a_{i^*j}}{a_{i^*j^*}}$, $j \neq j^*$, sowie $\hat{b}_{i^*} = \dfrac{b_{i^*}}{a_{i^*j^*}}$,

c) $\hat{a}_{ij^*} = -\dfrac{a_{ij^*}}{a_{i^*j^*}}$, $i \neq i^*$, sowie $\hat{k}_{j^*} = -\dfrac{k_{j^*}}{a_{i^*j^*}}$,

d) $\hat{a}_{ij} = a_{ij} - \dfrac{a_{ij^*}a_{i^*j}}{a_{i^*j^*}}$, $i \neq i^*, j \neq j^*$,

$$\hat{b}_i = b_i - \frac{a_{ij^*}b_{i^*}}{a_{i^*j^*}}, \; i \neq i^*,$$

$$\hat{k}_j = k_j - \frac{k_{j^*}a_{i^*j}}{a_{i^*j^*}}, \; j \neq j^*,$$

$$\hat{z}_0 = z_0 - \frac{b_{i^*}k_{j^*}}{a_{i^*j^*}}.$$

Nach der Aktualisierung des Tableaus wird mit dem nächsten Simplexschritt fortgefahren.

Zu beachten ist hierbei, dass sowohl die rechte Spalte als auch die Zielfunktionszeile auf dieselbe Weise aktualisiert werden wie die Koeffizientenmatrix. Die Umformungen zur Aktualisierung des Tableaus kann man sich wie folgt merken:

- Das Pivotelement wird durch seinen Kehrwert ersetzt.
- Der Rest der Pivotzeile wird durch das Pivotelement dividiert.

- Der Rest der Pivotspalte wird durch das Negative des Pivotelements dividiert.
- Von allen anderen Einträgen wird das Produkt aus den entsprechenden Werten in Pivotzeile und -spalte, dividiert durch das Pivotelement, abgezogen.

11.5 Die Zweiphasenmethode zur Gewinnung einer Anfangslösung

Liegt ein Maximierungsproblem in kanonischer Form vor und sind die Werte $b_1, \ldots, b_m$ alle nichtnegativ, so kann man unmittelbar das Simplexverfahren mit verkürztem Tableau beginnen. Dann ist das LP durch

$$\begin{array}{rl} \max & \boldsymbol{cx} \\ \text{NB} & \boldsymbol{Ax} \leq \boldsymbol{b} \\ & \boldsymbol{x} \geq \boldsymbol{0} \end{array}$$

gegeben, und man startet mit dem folgenden Tableau:

	x_1	$\ldots$	x_n	
z	$-c_1$	$\ldots$	$-c_n$	0
s_1	a_{11}	$\ldots$	a_{1n}	b_1
$\vdots$	$\vdots$		$\vdots$	$\vdots$
s_m	a_{m1}	$\ldots$	a_{mn}	b_m

Dies entspricht der zulässigen Basislösung, bei der die Schlupfvariablen die Basisvariablen und die ursprünglichen Modellvariablen die Nichtbasisvariablen sind.

Das Simplexverfahren setzt voraus, dass wir eine zulässige Basislösung kennen. Bei linearen Programmen, deren Nebenbedingungen die Form $\boldsymbol{Ax} \leq \boldsymbol{b}$ mit nichtnegativer rechter Seite $\boldsymbol{b}$ besitzen, ist dies immer direkt möglich. Durch Einführen von Schlupfvariablen erhält man das System $\boldsymbol{Ax} + \boldsymbol{s} = \boldsymbol{b}$, in dem die Schlupfvariablen unmittelbar eine Basis mit der Einheitsmatrix als Basismatrix bilden. In diesem Fall kann sofort mit dem Simplexverfahren begonnen werden.

Bei allgemeinen Nebenbedingungen, die bereits in Gleichungsform $\boldsymbol{Ax} = \boldsymbol{b}$ vorliegen, ist dies jedoch nicht so einfach möglich. Zwar kann man versuchen

„per Hand“ eine zulässige Basislösung zu finden. Dies kann allerdings sehr aufwändig sein. Außerdem versagt diese Methode, wenn der zulässige Bereich leer ist, d.h. überhaupt keine zulässige Basislösung existiert. Wir benötigen also ein systematisches Verfahren, das uns eine erste zulässige Basislösung liefert bzw. ermittelt, dass keine zulässige Basislösung existiert.

Es gibt mehrere systematische Verfahren zur Gewinnung einer ersten zulässigen Basislösung. Am bekanntesten sind die sogenannte **Zweiphasenmethode** sowie die **Groß-M-Methode**. Wir wollen hier lediglich auf die Zweiphasenmethode eingehen.

Bei der Zweiphasenmethode verschafft man sich durch die Einführung sogenannter **künstlicher Variablen** eine erste zulässige Basislösung. In der **Phase I** wird versucht, diese künstlichen Variablen aus der Basis zu entfernen, sodass am Ende von Phase I eine zulässige Basislösung vorliegt, die keine künstlichen Variablen mehr enthält. In **Phase II** wird, ausgehend von dieser zulässigen Basislösung, das LP gelöst. Wir gehen im Folgenden von einem Maximierungsproblem in Standardform aus:

$$\begin{array}{ll} \max & \boldsymbol{c}\boldsymbol{x} \\ \text{NB} & \boldsymbol{A}\boldsymbol{x} = \boldsymbol{b} \\ & \boldsymbol{x} \geq \boldsymbol{0} \end{array}$$

In Phase I führt man m künstliche Variablen $\boldsymbol{x}_a = [x_{a1}, \cdots, x_{am}]^T$ ein und betrachtet das folgende Hilfsproblem, bei dem als Zielfunktion die Summe der künstlichen Variablen verwendet wird[3]:

$$\begin{array}{ll} \min & \boldsymbol{1}^T\boldsymbol{x}_a \\ \text{NB} & \boldsymbol{A}\boldsymbol{x} + \boldsymbol{x}_a = \boldsymbol{b} \\ & \boldsymbol{x}, \boldsymbol{x}_a \geq \boldsymbol{0} \end{array}$$

Jetzt sind wir in der angenehmen Situation, dass die künstlichen Variablen eine Basis mit der Einheitsmatrix als Basismatrix bilden. Die zugehörige zulässige Basislösung ist $\boldsymbol{x}_a = \boldsymbol{b}$, $\boldsymbol{x} = \boldsymbol{0}$. Wir können also sofort ein Ausgangstableau für das Simplexverfahren hinschreiben. Dabei ist lediglich zu beachten, dass jetzt ein Minimierungsproblem vorliegt. Durch Multiplikation der Zielfunktion mit -1 können wir dieses jedoch in ein Maximierungsproblem umwandeln.

Wenn das ursprüngliche LP eine zulässige Basislösung besitzt, dann existiert auch eine zulässige Basislösung des LP der Phase I, bei der alle künstlichen

[3] $\boldsymbol{1}$ bezeichnet hier den Spaltenvektor, dessen Einträge alle gleich eins sind, d.h. $\boldsymbol{1} = [1, \cdots, 1]^T$.

Variablen Nichtbasisvariablen sind und somit den Wert null haben. Der minimale Wert der Zielfunktion des Hilfsproblems ist dann ebenfalls null.

Im Folgenden bezeichnen wir mit z_{opt} den optimalen Zielfunktionswert des LP der Phase I. Hat man ein z_{opt} ermittelt, so können verschiedene Fälle auftreten:

Fall 1: $z_{opt} > 0$. Wie bereits dargelegt, hat das ursprüngliche LP in diesem Fall keine zulässige Basislösung, der zulässige Bereich ist also leer.

Fall 2: $z_{opt} = 0$. Hier unterscheiden wir zwei weitere Fälle:

Fall 2a: Alle künstlichen Variablen haben die Basis verlassen. In diesem Fall streicht man die Spalten, die zu den künstlichen Variablen gehören, und erhält eine zulässige Basislösung des ursprünglichen LP. Man setzt das Verfahren mit Phase II (s. unten) fort.

Fall 2b: In der Basis befinden sich noch künstliche Variablen. Dann entfernt man die künstlichen Variablen aus der Basis, indem man mit jeder künstlichen Variablen in der Basis einen Simplexschritt mit einer beliebigen echten Nichtbasisvariablen ausführt. Ist dies nicht möglich, weil alle Einträge in der entsprechenden Zeile gleich null sind, kann die Zeile einfach gestrichen werden. Auf diese Weise werden alle künstlichen Variablen aus der Basis entfernt und es liegt Fall 2a vor.

Bei der Durchführung des Verfahrens werden künstliche Variablen, die die Basis verlassen, sofort weggelassen. Dies erreicht man, indem die entsprechende Spalte im Tableau gestrichen wird.

Um bei Beendigung von Phase I die Zielfunktionszeile nicht neu berechnen zu müssen, verwendet man in Phase I zwei Zielfunktionszeilen. Die Rechenschritte orientieren sich in Phase I lediglich an der Zielfunktion des Hilfsproblems. Die eigentliche Zielfunktionszeile wird dabei wie jede andere Zeile im Simplextableau umgeformt. Sind alle künstlichen Variablen aus der Basis entfernt, wird die Zielfunktionszeile des Hilfsproblems ebenfalls gestrichen. Die weiteren Rechenschritte in Phase II orientieren sich dann lediglich an der eigentlichen Zielfunktion.

Beispiel 11.3. Ein Unternehmen produziert drei Produkte mit Hilfe zweier Produktionsfaktoren. Sei x_1 die Einsatzmenge von Faktor 1 und x_2 die Einsatzmenge von Faktor 2. Die Kostenfunktion sei gegeben durch $K(x_1, x_2) = 5x_1 + 8x_2$, und die Produktionsfunktion durch

$$q\begin{pmatrix} x_1 \\ x_2 \end{pmatrix} = \begin{pmatrix} 2x_1 + 4x_2 \\ 6x_1 + 2x_2 \\ 5x_1 + 2x_2 \end{pmatrix} .$$

Von Produkt 1 und Produkt 3 sollen mindestens 100 Einheiten, von Produkt 2 mindestens 200 Einheiten gefertigt werden. Für welche Faktoreinsatzmengen sind die Kosten der Produktion minimal?

Dies führt auf das folgende LP:

$$\begin{array}{ll} \min & 5x_1 + 8x_2 \\ \text{NB} & 2x_1 + 4x_2 \geq 100 \\ & 6x_1 + 2x_2 \geq 200 \\ & 5x_1 + 2x_2 \geq 100 \\ & \quad x_1, x_2 \geq \ \ 0 \end{array}$$

Da wir mit dem Simplexverfahren Maximierungsaufgaben lösen, multiplizieren wir die Zielfunktion mit -1. Nach Einführung von Schlupfvariablen erhalten wir dann:

$$\begin{array}{ll} \max & -5x_1 - 8x_2 \\ \text{NB} & 2x_1 + 4x_2 - s_1 = 100 \\ & 6x_1 + 2x_2 - s_2 = 200 \\ & 5x_1 + 2x_2 - s_3 = 100 \\ & x_1, x_2, s_1, s_2, s_3 \geq 0 \end{array}$$

Da man bei diesem LP nicht unmittelbar eine zulässige Basislösung ablesen kann, führen wir künstliche Variablen a_1, a_2 und a_3 ein. In Phase I ist dann als Zielfunktion die Summe der künstlichen Variablen zu minimieren bzw. die negative Summe zu maximieren:

$$\begin{array}{ll} \max & -a_1 - a_2 - a_3 \\ \text{NB} & 2x_1 + 4x_2 - s_1 + a_1 = 100 \\ & 6x_1 + 2x_2 - s_2 + a_2 = 200 \\ & 5x_1 + 2x_2 - s_3 + a_3 = 100 \\ & x_1, x_2, s_1, s_2, s_3, a_1, a_2, a_3 \geq 0 \end{array}$$

Die künstlichen Variablen sind jetzt die Basisvariablen. Um mit dem Simplexverfahren beginnen zu können, müssen wir noch die Zielfunktion auf die Nichtbasisvariablen umrechnen. Dies erreicht man, indem man jede Zeile einmal zur Zielfunktionszeile addiert. Dies ergibt dann das folgende LP für Phase I:

$$\begin{array}{llr}
\max & 13x_1 + 8x_2 - s_1 - s_2 - s_3 & -\ 400 \\
\text{NB} & 2x_1 + 4x_2 - s_1 \qquad\qquad + a_1 & = 100 \\
 & 6x_1 + 2x_2 \quad - s_2 \qquad\qquad + a_2 & = 200 \\
 & 5x_1 + 2x_2 \qquad - s_3 \qquad\qquad + a_3 & = 100 \\
 & x_1, x_2, s_1, s_2, s_3, a_1, a_2, a_3 & \geq\ 0
\end{array}$$

Das Ausgangstableau lautet somit:

	x_1	x_2	s_1	s_2	s_3	
z_a	−13	−8	1	1	1	−400
z	5	8	0	0	0	0
a_1	2	4	−1	0	0	100
a_2	6	2	0	−1	0	200
a_3	[5]	2	0	0	−1	100

Hier ist die Zielfunktion für das eigentliche LP bereits als zweite Zielfunktionszeile enthalten. Das Pivotelement für den nächsten Simplexschritt ist wie immer durch einen Rahmen gekennzeichnet. Im ersten Simplexschritt verlässt also a_3 die Basis. Die entsprechende Spalte im neuen Tableau kann gestrichen werden:

	a_3	x_2	s_1	s_2	s_3	
z_a	2.6	−2.8	1	1	−1.6	−140
z	−1	6	0	0	1	−100
a_1	−0.4	[3.2]	−1	0	0.4	60
a_2	−1.2	−0.4	0	−1	1.2	80
x_1	0.2	0.4	0	0	−0.2	20

Im zweiten Schritt verlässt a_1 die Basis:

	a_1	s_1	s_2	s_3	
z_a	0.875	0.125	1	−1.25	−87.5
z	−1.875	1.875	0	0.25	−212.5
x_2	0.3125	−0.3125	0	0.125	18.75
a_2	0.125	−0.125	−1	[1.25]	87.5
x_1	−0.125	0.125	0	−0.25	12.5

Im dritten Simplexschritt verlässt die letzte künstliche Variable a_2 die Basis und wird gegen s_3 ausgetauscht:

	s_1	s_2	a_2	
z_a	0	0	1	0
z	1.9	0.2	−0.2	−230
x_2	−0.3	0.1	−0.1	10
s_3	−0.1	−0.8	0.8	70
x_1	0.1	−0.2	0.2	30

Der Wert der Zielfunktion des Phase I-Problems ist null und alle künstlichen Variablen sind aus der Basis entfernt. Wir streichen die zu a_2 gehörige Spalte sowie die Zielfunktionszeile des Hilfsproblems und erhalten unser Ausgangstableau für Phase II.

	s_1	s_2	
z	1.9	0.2	−230
x_2	−0.3	0.1	10
s_3	−0.1	−0.8	70
x_1	0.1	−0.2	30

An dieser Stelle ist das Optimum bereits erreicht, da die reduzierten Zielfunktionskoeffizienten von s_1 und s_2 beide positiv sind. Zur kostenoptimalen Produktion werden 30 Einheiten des ersten Faktors und 10 Einheiten des zweiten Faktors benötigt. Die geforderten Mengen für das erste und zweite Produkt werden exakt produziert, vom dritten Produkt werden 70 Einheiten mehr als benötigt produziert. Die Kosten dieses Produktionsplans betragen 230 Einheiten.

Bemerkung: Im obigen Beispiel hat in Phase I in jedem Simplexschritt eine künstliche Variable die Basis verlassen, sodass Phase I nach drei Schritten beendet war. Im Allgemeinen können jedoch auch mehr Simplexschritte nötig sein, bis alle künstlichen Variablen die Basis verlassen haben.

Ferner war im obigen Beispiel zu Beginn von Phase II bereits ein Optimaltableau erreicht, sodass in Phase II keine Simplexschritte mehr nötig waren. Im Allgemeinen ist zu Beginn der Phase II das Optimaltableau jedoch noch nicht erreicht.

11.6 Dualität

Betrachten wir wieder das Produktionsbeispiel 11.1. Nehmen wir an, unser Produzent erwägt, seine Produktion einzustellen und seine vorhandenen Inputs I1, I2 und I3 zu verkaufen. Welche Preise sollte er dann für diese Inputs verlangen? Die Preise sollten so bemessen sein, dass er sich durch den Verkauf der Inputs nicht schlechter stellt, als wenn er selber mit diesen Inputs produzieren würde. Da zur Produktion einer Einheit des Produktes P1 fünf Einheiten des Inputs I1 sowie jeweils drei Einheiten der Inputs I2 und I3 benötigt werden und der Deckungsbeitrag von P1 den Wert 50 hat, muss gelten $5p_1 + 3p_2 + 3p_3 \geq 50$. Andernfalls wäre es nämlich günstiger, mit den vorhandenen Inputs das Produkt P1 zu produzieren. Entsprechend muss auch $10p_1 + 3p_2 + p_3 \geq 33$ sein, da es andernfalls günstiger wäre, mit den vorhandenen Inputs das Produkt P2 zu produzieren. Für den Produzenten sind also nur Preise akzeptabel, für die die Ungleichungen

$$\begin{aligned} 5p_1 + 3p_2 + 3p_3 &\geq 50\,, \\ 10p_1 + 3p_2 + p_3 &\geq 33 \end{aligned}$$

erfüllt sind. Ein potenzieller Käufer möchte für die drei Inputs so wenig wie möglich bezahlen. Welche Preise soll er also dem Produzenten anbieten, damit das Geschäft zustande kommt und er möglichst wenig zu zahlen hat? Dazu muss er das folgende LP lösen:

$$\begin{array}{lrcrcrl} \min & 100\,p_1 & + & 36\,p_2 & + & 30\,p_3 & \\ \text{NB} & 5\,p_1 & + & 3\,p_2 & + & 3\,p_3 & \geq 50 \\ & 10\,p_1 & + & 3\,p_2 & + & p_3 & \geq 33 \\ & & & & & p_1, p_2, p_3 & \geq \ \ 0 \end{array}$$

Um dieses LP mit dem Simplexverfahren zu lösen, müssen zunächst Schlupfvariablen eingeführt werden und aus dem Minimierungsproblem ein Maximierungsproblem gemacht werden:

$$\begin{array}{lrcrcrcrcrl} \max & -100p_1 & - & 36p_2 & - & 30p_3 & & & & & \\ \text{NB} & 5p_1 & + & 3p_2 & + & 3p_3 & - & s_1 & & & = 50 \\ & 10p_1 & + & 3p_2 & + & p_3 & & & - & s_2 & = 33 \\ & & & & & & & & p_1, p_2, p_3, & s_1, s_2 & \geq \ \ 0 \end{array}$$

Wir lösen dieses LP mit der Zweiphasenmethode. Das Anfangstableau lautet:

	p_1	p_2	p_3	s_1	s_2	
z_a	−15	−6	−4	1	1	−83
z	100	36	30	0	0	0
a_1	5	3	3	−1	0	50
a_2	**10**	3	1	0	−1	33

Nach einem Schritt hat die künstliche Variable a_2 die Basis verlassen. Die entsprechende Spalte kann danach gestrichen werden:

	a_2	p_2	p_3	s_1	s_2	
z_a	1.5	−1.5	−2.5	1	−0.5	−33.5
z	−10	6	20	0	10	−330
a_1	−0.5	1.5	**2.5**	−1	0.5	33.5
p_1	0.1	0.3	0.1	0	−0.1	3.3

Nach dem zweiten Schritt hat auch die zweite künstliche Variable die Basis verlassen, d.h. wir haben eine zulässige Basislösung des ursprünglichen LP gefunden. Die Spalte mit der künstlichen Variable sowie die Zielfunktionszeile für das Hilfsproblem können gestrichen werden, und es kann mit Phase II fortgefahren werden:

	p_2	a_1	s_1	s_2	
z_a	0	1	0	0	0
z	−6	−8	8	6	−598
p_3	0.6	0.4	−0.4	0.2	13.4
p_1	**0.24**	−0.04	0.04	−0.12	1.96

Nach einem Schritt in Phase II ist dann das Optimum des LP ermittelt:

	p_1	s_1	s_2	
z	25	9	3	−549
p_3	−2.5	−0.5	0.5	8.5
p_2	4.1667	0.1667	−0.5	8.1667

Man liest aus dem Endtableau die gesuchte Lösung ab: $p_1 = 0$, $p_2 = 8.1667$ und $p_3 = 8.5$. Die Schlupfvariablen s_1 und s_2 sind beide null. Ferner erkennt man, dass der Produzent für seine drei Inputs denselben Betrag erhält, den er auch erhalten würde, wenn er selbst mit dem optimalen Produktionsprogramm produzieren würde. Betrachtet man das Endtableau weiter, so erkennt man, dass das Tableau auch das optimale Produktionsprogramm enthält. Die reduzierten Zielfunktionsbeiträge der Schlupfvariablen s_1 und s_2 entsprechen gerade den optimalen Produktionsmengen unseres Eingangsbeispiels; der reduzierte Zielfunktionsbeitrag von p_1 entspricht gerade der freien Kapazität bezüglich des ersten Inputs.

Die Preise p_1, p_2 und p_3 werden als **Schattenpreise** der drei Inputs bezeichnet.

Vielleicht noch interessanter ist die Tatsache, dass das Endtableau unseres Produktionsbeispiels (vgl. Seite 368) auch bereits die optimalen Preise für die drei Inputs enthält. Diese entsprechen nämlich genau den reduzierten Zielfunktionsbeiträgen der dortigen Schlupfvariablen s_1, s_2, s_3. Wir werden im Folgenden sehen, dass dies kein Zufall ist, sondern dass wir mit jedem dieser beiden LPs auch gerade das andere lösen.

Zu jedem LP gehört ein zweites LP, das als das **duale LP** des ursprünglichen LP bezeichnet wird. Gehen wir von dem Maximierungsproblem in kanonischer Form

$$\boxed{\begin{array}{rr} \max & \boldsymbol{cx} \\ \text{NB} & \boldsymbol{Ax} \leq \boldsymbol{b} \\ & \boldsymbol{x} \geq \boldsymbol{0} \end{array}} \tag{P}$$

aus, so ist das dazu duale LP das Minimierungsproblem in kanonischer Form:

$$\boxed{\begin{array}{rr} \min & \boldsymbol{b}^T\boldsymbol{y} \\ \text{NB} & \boldsymbol{A}^T\boldsymbol{y} \geq \boldsymbol{c}^T \\ & \boldsymbol{y} \geq \boldsymbol{0} \end{array}}$$

Wir können es auch wie folgt schreiben:

$$\boxed{\begin{array}{rr} \min & \boldsymbol{yb} \\ \text{NB} & \boldsymbol{yA} \geq \boldsymbol{c} \\ & \boldsymbol{y} \geq \boldsymbol{0} \end{array}} \tag{D}$$

Hier wird mit $\boldsymbol{y}$ der Zeilenvektor der Variablen $y_1, \ldots, y_m$ bezeichnet. Das ursprüngliche LP (P) bezeichnet man in diesem Zusammenhang als das **primale LP**.

Welches LP erhalten wir nun, wenn wir das duale LP von (D) bilden? Dazu schreiben wir (D) als Maximierungsproblem in kanonischer Form. Dies erhält man, wenn man sowohl die Zielfunktionskoeffizienten $\boldsymbol{b}^T$ als auch die Koeffizientenmatrix $\boldsymbol{A}^T$ und die rechte Seite $\boldsymbol{c}^T$ mit -1 multipliziert. Damit erhalten wir:

$$\begin{array}{ll} \max & (-\boldsymbol{b}^T)\boldsymbol{y} \\ \text{NB} & (-\boldsymbol{A}^T)\boldsymbol{y} \leq (-\boldsymbol{c}^T) \\ & \boldsymbol{y} \geq \boldsymbol{0} \end{array}$$

Das Duale dieses LP ist nun offensichtlich

$$\begin{array}{ll} \min & (-\boldsymbol{c})\boldsymbol{z} \\ \text{NB} & (-\boldsymbol{A})\boldsymbol{z} \geq (-\boldsymbol{b}) \\ & \boldsymbol{z} \geq \boldsymbol{0} \end{array} \quad \text{also} \quad \begin{array}{ll} \max & \boldsymbol{c}\boldsymbol{z} \\ \text{NB} & \boldsymbol{A}\boldsymbol{z} \leq \boldsymbol{b} \\ & \boldsymbol{z} \geq \boldsymbol{0} \end{array},$$

d.h. gleich dem ursprünglichen LP (P). Wir halten dies in einem Satz fest.

Satz 11.2: Zweifaches Dualisieren

Das duale LP des dualen LP ist das primale LP.

Da man grundsätzlich jedes LP als Maximierungsproblem in kanonischer Form schreiben kann, ist es auf diese Art möglich, zu jedem beliebigen LP das duale LP anzugeben. Für das Maximierungsproblem in Standardform erhält man z.B.

$$\begin{array}{ll} \text{(P): } \max & \boldsymbol{c}\boldsymbol{x} \\ \text{NB} & \boldsymbol{A}\boldsymbol{x} = \boldsymbol{b}\,, \\ & \boldsymbol{x} \geq \boldsymbol{0}\,, \end{array} \quad \longleftrightarrow \quad \begin{array}{ll} \text{(D): } \min & \boldsymbol{y}\boldsymbol{b} \\ \text{NB} & \boldsymbol{y}\boldsymbol{A} \geq \boldsymbol{c}\,, \\ & \boldsymbol{y} \quad \text{unbeschränkt}\,. \end{array}$$

In einem allgemeinen LP können die Nebenbedingungen als Ungleichungen in $\leq$- oder $\geq$-Form sowie als Gleichungen vorliegen. Ferner können die Variablen vorzeichenbeschränkt (≤ 0 oder ≥ 0) oder unbeschränkt sein. Die allgemeine Form des Maximierungsproblems lautet:

$$\begin{array}{ll} \text{(P): } \max & \boldsymbol{c}_1\boldsymbol{x}_1 + \boldsymbol{c}_2\boldsymbol{x}_2 + \boldsymbol{c}_3\boldsymbol{x}_3 \\ \text{NB} & \boldsymbol{A}_{11}\boldsymbol{x}_1 + \boldsymbol{A}_{12}\boldsymbol{x}_2 + \boldsymbol{A}_{13}\boldsymbol{x}_3 \leq \boldsymbol{b}_1\,, \\ & \boldsymbol{A}_{21}\boldsymbol{x}_1 + \boldsymbol{A}_{22}\boldsymbol{x}_2 + \boldsymbol{A}_{23}\boldsymbol{x}_3 \geq \boldsymbol{b}_2\,, \\ & \boldsymbol{A}_{31}\boldsymbol{x}_1 + \boldsymbol{A}_{32}\boldsymbol{x}_2 + \boldsymbol{A}_{33}\boldsymbol{x}_3 = \boldsymbol{b}_3\,, \\ & \boldsymbol{x}_1 \geq \boldsymbol{0}\,,\ \boldsymbol{x}_2 \leq \boldsymbol{0}\,,\ \boldsymbol{x}_3 \text{ unbeschränkt.} \end{array}$$

Sie besitzt das folgende duale LP:

$$\begin{array}{rl} \text{(D): min} & \boldsymbol{y}_1\boldsymbol{b}_1 + \boldsymbol{y}_2\boldsymbol{b}_2 + \boldsymbol{y}_3\boldsymbol{b}_3 \\ \text{NB} & \boldsymbol{y}_1\boldsymbol{A}_{11} + \boldsymbol{y}_2\boldsymbol{A}_{21} + \boldsymbol{y}_3\boldsymbol{A}_{31} \geq \boldsymbol{c}_1\,, \\ & \boldsymbol{y}_1\boldsymbol{A}_{12} + \boldsymbol{y}_2\boldsymbol{A}_{22} + \boldsymbol{y}_3\boldsymbol{A}_{32} \leq \boldsymbol{c}_2\,, \\ & \boldsymbol{y}_1\boldsymbol{A}_{13} + \boldsymbol{y}_2\boldsymbol{A}_{23} + \boldsymbol{y}_3\boldsymbol{A}_{33} = \boldsymbol{c}_3\,, \\ & \boldsymbol{y}_1 \geq \boldsymbol{0}\,,\ \boldsymbol{y}_2 \leq \boldsymbol{0}\,,\ \boldsymbol{y}_3 \text{ unbeschränkt.} \end{array}$$

Die folgende Tabelle gibt einen Überblick, wie man im allgemeinen Fall das duale LP erhält:

ZF	max	$\longleftrightarrow$	min	ZF
NB	$\leq$	$\longleftrightarrow$	$\geq$	Var.
	$\geq$	$\longleftrightarrow$	$\leq$	
	$=$	$\longleftrightarrow$	unbeschr.	
Var.	$\geq$	$\longleftrightarrow$	$\geq$	NB
	$\leq$	$\longleftrightarrow$	$\leq$	
	unbeschr.	$\longleftrightarrow$	$=$	

Zusammenhang zwischen den Lösungen von (P) und (D)

Wir wollen in diesem Abschnitt untersuchen, in welchem Zusammenhang die Lösungen von primalem und dualem LP stehen. Dazu beschränken wir uns der Einfachheit halber auf die kanonische Form der Dualität, d.h. wir gehen aus von den folgenden LPs:

$$\begin{array}{rl} \text{(P): max} & \boldsymbol{cx} \\ \text{NB} & \boldsymbol{Ax} \leq \boldsymbol{b} \\ & \boldsymbol{x} \geq \boldsymbol{0} \end{array} \quad \longleftrightarrow \quad \begin{array}{rl} \text{(D): min} & \boldsymbol{yb} \\ \text{NB} & \boldsymbol{yA} \geq \boldsymbol{c} \\ & \boldsymbol{y} \geq \boldsymbol{0} \end{array}$$

Sind $\boldsymbol{x}$ und $\boldsymbol{y}$ zulässig in den jeweiligen LPs, so gilt

$$\boldsymbol{cx} \leq (\boldsymbol{yA})\boldsymbol{x} = \boldsymbol{y}(\boldsymbol{Ax}) \leq \boldsymbol{yb}\,,$$

d.h. für je zwei zulässige Lösungen der jeweiligen LPs ist der Wert der Zielfunktion des dualen LP mindestens so groß wie der Zielfunktionswert des primalen LP. Dies ist die Aussage des sogenannten **schwachen Dualitätssatzes**.

Als einfache Folgerung aus dem schwachen Dualitätssatz erhalten wir

Satz 11.3: Folgerung aus dem schwachen Dualitätssatz

- Sind $\boldsymbol{x}$ und $\boldsymbol{y}$ zwei zulässige Lösungen von (P) und (D) und gilt $\boldsymbol{cx} = \boldsymbol{yb}$, dann besitzen sowohl (P) als auch (D) eine Lösung und die Optimalwerte der Zielfunktionen sind gleich. $\boldsymbol{x}$ und $\boldsymbol{y}$ sind dann Optimallösungen der LPs (P) bzw. (D).
- Ist die Zielfunktion eines der LPs unbeschränkt über dem zulässigen Bereich, so ist der zulässige Bereich des anderen LP leer.

Hier stellt sich nun die Frage, ob aus der Tatsache, dass der zulässige Bereich eines der LPs leer ist, umgekehrt auch folgt, dass die Zielfunktion des anderen LP unbeschränkt ist. Dies ist jedoch nicht so. In der Tat kann auch der Fall eintreten, dass die zulässigen Bereiche beider LPs leer sind.

Um eine stärkere Aussage zu erhalten, betrachten wir die KKT-Bedingungen (vgl. dazu Abschnitt 6.7) für unser LP (P). Um ein Minimierungsproblem zu erhalten, multiplizieren wir den Vektor $\boldsymbol{c}$ der Zielfunktionskoeffizienten mit -1 und erhalten das LP:

$$\begin{array}{ll} \min & (-\boldsymbol{c})\boldsymbol{x} \\ \text{NB} & \boldsymbol{Ax} \leq \boldsymbol{b} \\ & \boldsymbol{x} \geq \boldsymbol{0} \end{array}$$

Die Lagrange-Funktion für dieses LP lautet

$$L(\boldsymbol{x}, \boldsymbol{y}, \boldsymbol{v}) = -\boldsymbol{cx} + \boldsymbol{y}(\boldsymbol{Ax} - \boldsymbol{b}) - \boldsymbol{vx}\,.$$

Hierbei bezeichnet $\boldsymbol{y}$ den Zeilenvektor der zu den Nebenbedingungen $\boldsymbol{Ax} - \boldsymbol{b} \leq 0$ gehörenden Lagrange-Multiplikatoren und $\boldsymbol{v}$ den Zeilenvektor der zu den Nebenbedingungen $-\boldsymbol{x} \leq \boldsymbol{0}$ gehörenden Lagrange-Multiplikatoren. Die KKT-Bedingungen lauten dann:

Stationarität	$-\boldsymbol{c} + \boldsymbol{yA} - \boldsymbol{v} = \boldsymbol{0}\,,$
primale Zulässigkeit	$\boldsymbol{Ax} - \boldsymbol{b} \leq \boldsymbol{0}\,,\ -\boldsymbol{x} \leq \boldsymbol{0}\,,$
duale Zulässigkeit	$\boldsymbol{y} \geq \boldsymbol{0}\,,\ \boldsymbol{v} \geq \boldsymbol{0}\,,$
komplementärer Schlupf	$\boldsymbol{y}(\boldsymbol{Ax} - \boldsymbol{b}) = \boldsymbol{0}\,,\ \boldsymbol{vx} = \boldsymbol{0}\,.$

Aus der Stationarität erhält man $\boldsymbol{v} = \boldsymbol{yA} - \boldsymbol{c}$. Setzt man dies bei der dualen Zulässigkeit und beim komplementären Schlupf ein, erhält man

$$\begin{aligned} \boldsymbol{yA} - \boldsymbol{c} \geq \boldsymbol{0} \iff \boldsymbol{yA} \geq \boldsymbol{c} \quad \text{sowie} \\ (\boldsymbol{yA} - \boldsymbol{c})\boldsymbol{x} = \boldsymbol{0}\,. \end{aligned}$$

Damit vereinfachen sich die KKT-Bedingungen zu

Primale Zulässigkeit	$\boldsymbol{Ax} \le \boldsymbol{b}\,,\ \boldsymbol{x} \ge \boldsymbol{0}\,,$
duale Zulässigkeit	$\boldsymbol{yA} \ge \boldsymbol{c}\,,\ \boldsymbol{y} \ge \boldsymbol{0}\,,$
komplementärer Schlupf	$\boldsymbol{y}(\boldsymbol{Ax} - \boldsymbol{b}) = \boldsymbol{0}\,,\ (\boldsymbol{yA} - \boldsymbol{c})\boldsymbol{x} = \boldsymbol{0}\,.$

Primale Zulässigkeit bedeutet, dass $\boldsymbol{x}$ zulässig im LP (P) ist. Duale Zulässigkeit bedeutet, dass $\boldsymbol{y}$ zulässig im LP (D) ist. Da die KKT-Bedingungen bei linearen Programmen notwendig und hinreichend für die Existenz eines globalen Extremums sind (vgl. Satz 6.16), gilt: Ein Vektor $\boldsymbol{x}$ ist genau dann Optimallösung von (P), wenn es einen Vektor $\boldsymbol{y}$ gibt, sodass die obigen KKT-Bedingungen erfüllt sind.

Ist $\boldsymbol{x}$ also eine Optimallösung von (P), so ist $\boldsymbol{y}$ offensichtlich zulässig im dualen LP (D). Aus dem komplementären Schlupf erhält man ferner, dass

$$\boldsymbol{yb} = \boldsymbol{y}(\boldsymbol{Ax}) = (\boldsymbol{yA})\boldsymbol{x} = \boldsymbol{cx}$$

ist. Aus dem schwachen Dualitätssatz folgt, dass $\boldsymbol{y}$ eine Optimallösung des dualen LP (D) ist. Zusammenfassend bedeutet dies: Existiert eine Lösung des primalen Problems (P), so hat auch (D) eine Lösung und die Optimalwerte der beiden Zielfunktionen sind gleich. Da zweimaliges Dualisieren zum primalen Problem zurückführt, gilt der vorhergehende Satz auch dann, wenn man jeweils (P) und (D) austauscht.

Satz 11.4: Starker Dualitätssatz

Besitzt eines der LPs (P) und (D) eine Optimallösung, so besitzt auch das andere LP eine Optimallösung und die Optimalwerte der Zielfunktionen sind gleich.

Fasst man die oben gewonnenen Aussagen zusammen, so erhält man den folgenden Satz, der die Frage nach der Lösbarkeit der beiden LPs vollständig beantwortet.

Satz 11.5: Fundamentaler Dualitätssatz

Für die Lösungen der LPs (P) und (D) gilt genau eine der folgenden drei Aussagen:

1. Beide LPs besitzen Optimallösungen und die Optimalwerte der Zielfunktionen sind gleich.
2. Die Zielfunktion eines der LPs ist unbeschränkt und der zulässige Bereich des anderen LP ist leer.
3. Die zulässigen Bereiche beider LPs sind leer.

Identifizierung der Lösung des dualen Problems im Endtableau

Wir wenden uns nun der Frage zu, wie man eine Optimallösung $\boldsymbol{y}$ des dualen Problems (D) aus dem Endtableau des Simplexverfahrens zur Lösung der primalen Aufgabe erhält.

Um das primale LP „max $\boldsymbol{cx}$ unter den Nebenbedingungen $\boldsymbol{Ax} \leq \boldsymbol{b}$, $\boldsymbol{x} \geq \boldsymbol{0}$" zu lösen, führt man Schlupfvariablen $s_1, \ldots, s_m$ ein. Damit erhält man die erweiterte Koeffizientenmatrix $\widetilde{\boldsymbol{A}} = [\boldsymbol{A}, \boldsymbol{I}]$ und den erweiterten Zielfunktionsvektor $\widetilde{\boldsymbol{c}} = [\boldsymbol{c}, \boldsymbol{0}]$. Die zu den Schlupfvariablen gehörenden Spalten der Koeffizientenmatrix sind gerade die Einheitsvektoren $\boldsymbol{e}_1, \ldots, \boldsymbol{e}_m$, und die zu den Schlupfvariablen gehörigen Zielfunktionskoeffizienten sind alle gleich null.

Sei nun $(\boldsymbol{x}, \boldsymbol{s})$ eine optimale zulässige Basislösung mit zugehöriger Basismatrix $\boldsymbol{B}$. Wir wollen uns klarmachen, dass $\boldsymbol{w} = \boldsymbol{c}_B\boldsymbol{B}^{-1}$ eine Optimallösung des dualen LP ist. Dazu müssen wir zeigen, dass $\boldsymbol{w} = \boldsymbol{c}_B\boldsymbol{B}^{-1}$ die KKT-Bedingungen erfüllt.

Die $n + m$ Spalten der erweiterten Koeffizientenmatrix sind $a_1, \ldots, a_n$ sowie $e_1, \ldots, e_m$. Man erhält

$$\boldsymbol{wa}_j = \boldsymbol{c}_B\boldsymbol{B}^{-1}\boldsymbol{a}_j = z_j \quad \text{und} \quad \boldsymbol{we}_j = \boldsymbol{c}_B\boldsymbol{B}^{-1}\boldsymbol{e}_j = z_{n+j}\,.$$

Für die Basisvariablen gilt, wie auf Seite 363 bemerkt wurde, immer $z_j = c_j$.

Da die zu den Schlupfvariablen gehörenden Spalten gerade die Einheitsvektoren $\boldsymbol{e}_1, \ldots, \boldsymbol{e}_m$ sind und da die zugehörigen Zielfunktionskoeffizienten $c_{n+1} = \ldots = c_{n+m} = 0$ sind, gilt ferner

$$w_i = \boldsymbol{we}_i = z_{n+i} = z_{n+i} - c_{n+i}\,.$$

Primale Zulässigkeit ist offensichtlich gegeben, wenn $\boldsymbol{x}$ eine Optimallösung von (P) ist.

Duale Zulässigkeit: Es ist $\boldsymbol{wa}_j = z_j$. Im Optimum ist für alle Nichtbasisvariablen $z_j - c_j \geq 0$, d.h. $z_j \geq c_j$. Für Basisvariablen x_j ist $z_j = c_j$. Somit ist $\boldsymbol{wa}_j \geq c_j$ für alle $j = 1, \ldots, n$, d.h. es ist $\boldsymbol{wA} \geq \boldsymbol{c}$.

Ferner gilt $w_i = z_{n+i} - c_{n+i} \geq 0$, d.h. es ist $\boldsymbol{w} \geq \boldsymbol{0}$.

Komplementärer Schlupf: Es ist $\boldsymbol{w}(\boldsymbol{b} - \boldsymbol{Ax}) = \boldsymbol{ws}$. Ist s_i eine Nichtbasisvariable, so ist $s_i = 0$. Ist umgekehrt s_i eine Basisvariable, so ist $w_i = z_{n+i} - c_{n+i} = 0$, da die reduzierten Zielfunktionsbeiträge von Basisvariablen gleich null sind. Somit ist $\boldsymbol{w}(\boldsymbol{b} - \boldsymbol{Ax}) = 0$.

Ist x_j eine Basisvariable, so ist $\boldsymbol{wa}_j - c_j = z_j - c_j = 0$, da die reduzierten Zielfunktionsbeiträge von Basisvariablen gleich null sind. Ist umgekehrt x_j eine Nichtbasisvariable, so ist $x_j = 0$. Somit ist $(\boldsymbol{wA} - \boldsymbol{c})\boldsymbol{x} = 0$.

Die vorhergehenden Ausführungen zeigen, dass der Vektor $\boldsymbol{w} = \boldsymbol{c}_B\boldsymbol{B}^{-1}$ die KKT-Bedingungen erfüllt. Ferner sieht man, dass der Wert der i-ten dualen Variablen im Optimum gleich dem reduzierten Zielfunktionsbeitrag der i-ten Schlupfvariable ist. Ist s_i eine Basisvariable, so ist dieser Wert null. Der Wert der j-ten dualen Schlupfvariable ist der reduzierte Zielfunktionsbeitrag der Variablen x_j. Ist x_j eine Basisvariable, so ist dieser Wert null.

Das Endtableau des Simplexverfahrens enthält also in der ersten Zeile die Optimalwerte der dualen Variablen. Dabei entsprechen die reduzierten Zielfunktionsbeiträge der Variablen x_i den Werten der dualen Schlupfvariablen und die reduzierten Zielfunktionsbeiträge der Schlupfvariablen den Werten der dualen Variablen y_j.

Beispiel 11.4. Wir betrachten das verkürzte Endtableau unseres Eingangsbeispiels:

	s_3	s_2	
z	$\frac{17}{2}$	$\frac{49}{6}$	549
s_1	$\frac{5}{2}$	$-\frac{25}{6}$	25
x_2	$-\frac{1}{2}$	$\frac{1}{2}$	3
x_1	$\frac{1}{2}$	$-\frac{1}{6}$	9

Die Schlupfvariable s_1 ist eine Basisvariable. Daher ist der Optimalwert der dualen Aufgabe $y_1 = 0$. Die reduzierten Zielfunktionsbeiträge der Schlupfvariablen s_2 und s_3 sind $\frac{49}{6} = 8.1667$ und $\frac{17}{2} = 8.5$. Daher sind die Optimalwerte der dualen Variablen $y_2 = 8.1667$ und $y_3 = 8.5$. Dies sind genau die Werte, die wir im Beispiel zu Beginn dieses Abschnitts erhalten haben. Ferner sieht man, dass die Werte der dualen Schlupfvariablen null sind, da die entsprechenden Variablen des primalen Problems Basisvariablen sind.

Eine weitere wichtige Interpretation der dualen Variablen $\boldsymbol{w}$ liefert die folgende Beobachtung: Sei $\boldsymbol{B}$ die Basismatrix der Optimallösung. Der optimale Wert der Zielfunktion ist dann nach (11.6) gegeben durch $z_0 = \boldsymbol{c}_B\boldsymbol{B}^{-1}\boldsymbol{b}$. Wegen $\boldsymbol{w} = \boldsymbol{c}_B\boldsymbol{B}^{-1}$ kann man dies als

$$z_0 = \boldsymbol{w}\boldsymbol{b} = \sum_{i=1}^{m} w_i b_i$$

schreiben. Interpretiert man die Nebenbedingungen $\boldsymbol{A}\boldsymbol{x} \leq \boldsymbol{b}$ als Kapazitätsrestriktionen, so kann man an dieser Gleichung ablesen, wie sich eine Ausweitung der Kapazitäten auf den Optimalwert der Zielfunktion auswirkt. Erhöht man beispielsweise b_1 um einen Betrag Δb_1, so ändert sich der Wert der Zielfunktion um den Betrag $w_1\Delta b_1$. Entsprechendes gilt für die anderen Kapazitäten. Dies gilt natürlich nur, wenn die Änderungen Δb_i nicht so groß sind, dass der Optimalwert für eine andere Basis angenommen wird, d.h. an einer anderen Ecke des zulässigen Bereichs. Wir notieren dies noch als Merksatz:

Merkregel: Interpretation der dualen Variablen

Erhöht man die Kapazität b_i der i-ten Nebenbedingung geringfügig um Δb_i, so ändert sich der Optimalwert der Zielfunktion um $w_i \Delta b_i$, wobei w_i der Optimalwert der i-ten dualen Variablen ist.

Wir illustrieren dies an einem Beispiel.

Beispiel 11.5. Wir betrachten wieder unser Produktionsbeispiel 11.1. Unser Produzent möchte die Produktion ausweiten und dazu die Kapazitäten an Sahne (I1), Milchpulver (I2) und Erdbeeraroma (I3) erhöhen. Wie hoch dürfen die Preise für die drei Inputs sein, damit sich eine entsprechende Ausweitung lohnt? Im vorhergehenden Beispiel haben wir gesehen, dass die Optimalwerte der dualen Variablen $w_1 = 0$, $w_2 = 8.1667$ und $w_3 = 8.5$ sind. Demnach lohnt sich eine Ausweitung der Kapazität I1 nicht, da sich der Wert der Zielfunktion nicht ändern würde. Dies ist nicht überraschend; beim optimalen Produktionsprogramm wurde die Kapazität an I1 ja ohnehin nicht vollständig ausgenutzt. Eine Erhöhung der Kapazität von Input I2 bewirkt hingegen eine Erhöhung des Gesamtdeckungsbeitrags um 8.1667 je Einheit, entsprechend für Input I3. Der Preis für diese Inputs darf also die Werte 8.1667 (für Input I2) und 8.5 (für Input I3) nicht überschreiten, damit sich eine Ausweitung der Kapazität lohnt. Hieraus erklärt sich auch die Bezeichnung **Schattenpreise** für die Optimalwerte der dualen Variablen.

Wichtige Begriffe zur Wiederholung

Nach der Lektüre dieses Kapitels sollten folgende Begriffe geläufig sein:

- Lineares Optimierungsproblem
- lineares Programm (LP)
- Standardform eines LP, kanonische Form eines LP
- Schlupfvariable
- Standardform, kanonische Form
- Simplexverfahren
- zulässiger Bereich
- Basisvariable, Nichtbasisvariable
- zulässige Basislösung

- langes Tableau, verkürztes Tableau
- Pivot-Element, Pivot-Spalte, Pivot-Zeile
- Dualität, duales LP
- primale und duale Zulässigkeit
- komplementärer Schlupf

Selbsttest

Anhand folgender Ankreuzaufgaben können Sie Ihre Kenntnisse zu diesem Kapitel überprüfen. Beurteilen Sie dazu, ob die Aussagen jeweils wahr (W) oder falsch (F) sind. Kurzlösungen zu diesen Aufgaben finden Sie in Anhang H.

I. Betrachten Sie das Simplex-Verfahren. Sind die folgenden Aussagen wahr oder falsch?

	W	F
Sind alle Einträge in der Zielfunktionszeile negativ, so hat man das Optimum des LP gefunden.	☐	☐
Beim Simplextableau in verkürzter Form werden die Spalten der Basisvariablen weggelassen.	☐	☐
Das Pivotelement befindet sich in der Zeile der Variablen, die die Basis verlässt, und in der Spalte der Variablen, die in die Basis eintritt.	☐	☐
Das Pivotelement befindet sich in der Spalte der Variablen, die die Basis verlässt, und in der Zeile der Variablen, die in die Basis eintritt.	☐	☐
Kennt man zu Beginn des Simplexverfahren keine zulässige Basislösung, so kann man eine solche mit der ersten Phase der Zweiphasenmethode bestimmen.	☐	☐

II. Beurteilen Sie folgende Aussagen zu LPs.

	W	F
Damit ein LP in Standardform vorliegt, müssen die Nebenbedingungen in Gleichungsform vorliegen.	☐	☐
Durch Einführung einer Schlupfvariablen lässt sich eine Nebenbedingung in Ungleichungsform in eine Nebenbedingung in Gleichungsform umwandeln.	☐	☐
Jede Optimalstelle eines LP ist eine Ecke des zulässigen Bereichs.	☐	☐

III. Sind die folgenden Aussagen bezüglich des dualen LPs wahr oder falsch?

	W	F
Enthält ein LP nur Gleichungs-Nebenbedingungen, so ist es identisch zu seinem dualen Problem.	☐	☐
Das duale LP eines Minimierungsproblems ist ein Maximierungsproblem.	☐	☐
Enthält ein LP nur Gleichungs-Nebenbedingungen, so sind beim dualen Problem alle Variablen unbeschränkt.	☐	☐
Besitzt das primale Problem eine Lösung, so ist die Zielfunktion des dualen Problems unbeschränkt.	☐	☐

Aufgaben

Aufgabe 1

Gegeben ist das Optimierungsproblem

$$\begin{array}{lrcrcl} \max & x_1 & + & x_2 & & \\ \text{NB} & \frac{1}{2}x_1 & + & x_2 & \leq & 4 \\ & x_1 & + & \frac{2}{5}x_2 & \leq & 4 \\ & & & x_2 & \leq & 3 \\ & & & x_1, x_2 & \geq & 0 \end{array}$$

Lösen Sie das Problem graphisch.

Aufgabe 2

Der Wirtschaftsminister einer Koalitionsregierung aus drei Parteien (A, B und C) möchte drei Branchen in Höhe von $x_1 \geq 0$, $x_2 \geq 0$, bzw. $x_3 \geq 0$ (jeweils in Mrd. Taler) subventionieren. Die unterschiedlichen Koalitionsparteien möchten, dass in einem Teil der Branchen die Subventionen beschränkt werden. Partei A möchte, dass für die Branchen 1 und 2 insgesamt höchstens 2 Mrd. Taler ausgegeben werden. Partei B möchte das gleiche, allerdings bezüglich der Branchen 1 und 3. Partei C möchte für die Branchen 2 und 3 insgesamt höchstens 2 Mrd. Taler ausgeben, allerdings für Branche 3 davon höchstens 1 Mrd. Taler.

In Branche 3 werden neben den Subventionen Verwaltungsgebühren in gleicher Höhe fällig. In Branche 1 und 2 werden die Subventionen direkt an den jeweiligen Monopolisten ausbezahlt; dabei entstehen keine Verwaltungsgebühren. Der Wirtschaftsminister möchte es allen Parteien recht machen und gleichzeitig die Subventionen (samt Verwaltungsgebühren) maximieren.

Bestimmen Sie (unter Verwendung des Simplexalgorithmus) die optimale Höhe der Subventionen. Wie viel Geld benötigt der Wirtschaftsminister dafür vom Schatzkanzler?

Aufgabe 3

Ein Unternehmen stellt ein Produkt aus drei Rohstoffen her. Die Mengen dieser Rohstoffe werden mit x_1, x_2 und x_3 (in Tonnen) bezeichnet. Die Funktion der Tagesproduktion (in hl) ist $f(x_1, x_2, x_3) = 2x_1 + x_2 + x_3$. Die Lieferanten können täglich (vor Beginn der Produktion) vom Rohstoff 1, 2 bzw. 3 bis zu 3, 4 bzw. 3 Tonnen liefern. Diese werden bis zur Produktion zwischengelagert, wobei die Lagerkapazität durch $x_1 + 2x_2 + 2x_3 \leq 14$ beschränkt ist. Die Rohstoffe müssen am Tag der Anlieferung komplett verarbeitet werden.

Welche Mengen der Rohstoffe muss der Einkäufer des Unternehmens täglich bestellen, damit der Tagesoutput maximal wird? Wie hoch ist der maximale Output?

Aufgabe 4

Ein Unternehmen möchte ein neues Produkt herstellen. Dabei entstehen von zwei Treibhausgasen die Mengen x_1 und x_2 (jeweils in Tonnen). Das Unternehmen hat die Verschmutzung von zwei Gutachtern prognostizieren lassen. Diese kommen zu den Ergebnissen, dass $3x_1 + x_2 \geq 8$, bzw. dass $3x_1 + 9x_2 \geq 24$ sein wird. Die zuständige Genehmigungsbehörde möchte dem Unternehmen gemäß der Prognose der Gutachter nur die geringstmöglichen Verschmutzung erlauben, wobei das Treibhausgas 2 einen doppelt so starken Effekt wie Treibhausgas 1 besitzt. Welche Emissionsgrenzen wird die Behörde festsetzen?

a) Lösen Sie das Problem mit dem Simplex-Algorithmus, indem Sie die Zweiphasenmethode verwenden, um eine erste zulässige Basislösung zu bestimmen.

b) Lösen Sie das Problem, indem Sie mit dem Simplex-Algorithmus das zu dem angegebenen LP duale LP lösen.

Aufgabe 5

Ein großer Konzern gründet eine neue Sparte, in der Angestellte mit den Qualifikationen 1 und 2 eingestellt werden sollen. Die Anzahl der Angestellten mit Qualifikation 1 bzw. 2 sei x_1 bzw. x_2. Die drei Vorstandsmitglieder des Konzerns schätzen den Bedarf an Mitarbeitern recht unterschiedlich und zwar mit $x_1 + 2x_2 \geq 50$, $2x_1 + x_2 \geq 40$ und $5x_1 + 2x_2 \geq 10$. Der Personalverantwortliche muss nun festlegen, wie viele Angestellte jeweils eingestellt werden sollen, wobei die Personalkosten für Angestellte mit Qualifikation 1 doppelt so hoch sind wie die für Angestellte mit Qualifikation 2. Man nimmt vereinfachend an, dass bei allen Angestellten einer Qualifikationsstufe die gleichen Personalkosten entstehen. Wie viele Personen werden jeweils eingestellt, wenn die Personalkosten minimiert werden sollen?

a) Lösen Sie das Problem mit dem Simplex-Algorithmus, indem Sie die Zweiphasenmethode verwenden, um eine erste zulässige Basislösung zu bestimmen.

b) Lösen Sie das Problem, indem Sie mit dem Simplex-Algorithmus das zu dem angegebenen LP duale LP lösen.

Aufgabe 6

Gegeben sei das Optimierungsproblem

$$\begin{array}{ll} \max & x_1 + 7x_2 \\ \text{NB} & -x_1 + x_2 \geq 1 \\ & x_1 + x_2 \geq 1 \\ & x_1 \leq 0\,,\ x_2 \geq 0 \end{array}$$

a) Formulieren Sie das entsprechende duale Problem.

b) Skizzieren Sie die Nebenbedingungen des dualen Problems. Was können Sie damit über den zulässigen Bereich sagen?

Aufgabe 7

Gegeben sei das Optimierungsproblem

$$\begin{array}{ll} \max & 3x_1 + 4x_2 + 5x_3 + x_4 \\ \text{NB} & 5x_1 + 7x_2 + 3x_3 + 2x_4 \leq 12 \\ & x_1 + x_2 + x_3 + x_4 \geq 1 \\ & x_1 + 2x_2 + 3x_3 + x_4 \leq 5 \\ & x_1 + 2x_2 + x_3 + x_4 = 3 \\ & x_1, x_2, x_3 \geq 0\,,\ x_4 \text{ unbeschränkt} \end{array}$$

Formulieren Sie hierzu das duale Problem.

Kapitel 12

Differentialgleichungen

Differential- und Differenzengleichungen spielen eine wichtige Rolle in vielen ökonomischen Modellen, besonders in solchen, in denen die zeitliche Entwicklung ökonomischer Größen modelliert wird, etwa in der Wachstumstheorie oder bei der Beschreibung von Marktprozessen. Man spricht dann von sogenannten **dynamischen ökonomischen Modellen**. Dynamische Modelle unterscheidet man danach, ob man die Entwicklung der relevanten ökonomischen Größen lediglich zu einzelnen Zeitpunkten bzw. in einzelnen Zeitperioden betrachtet oder ob man ihre Entwicklung zu beliebigen reellen Zeitpunkten betrachtet. Im ersten Fall spricht man von **Modellen in diskreter Zeit** oder **Periodenmodellen**, im zweiten Fall von **Modellen in stetiger Zeit**. Modelle in diskreter Zeit formuliert man als **Differenzengleichungen**, Modelle in stetiger Zeit als **Differentialgleichungen**.

Ein weiteres wichtiges Anwendungsgebiet sind ökonomische Funktionen wie Nachfrage- oder Produktionsfunktionen, nämlich dann, wenn solche Funktionen über ihr Wachstumsverhalten definiert werden sollen. So kann z.B. die Elastizität einer Nachfragefunktion bekannt sein, ohne dass man die Funktion selbst kennt. Gesucht ist dann eine Nachfragefunktion, die die bekannte Elastizität besitzt. Da Differentialgleichungen meist einfacher zu untersuchen sind, beginnen wir mit der Untersuchung von Differentialgleichungen und wenden uns dann im folgenden Kapitel den Differenzengleichungen zu.

Wir beginnen dieses Kapitel mit einigen Beispielen, die die Relevanz von Differentialgleichungen für die Wirtschaftswissenschaften unterstreichen sollen.

Beispiel 12.1 (Nachfragefunktion). Von einer Nachfragefunktion $q = f(p)$ sei bekannt, dass die Preiselastizität einen konstanten Wert besitzt, d.h.

es sei $\varepsilon_q(p) = -\delta$. Da ein steigender Preis meistens eine verminderte Nachfrage zur Folge hat, gehen wir davon aus, dass $\delta > 0$ ist. Gesucht ist also eine Nachfragefunktion, für die

$$\varepsilon_q(p) = \frac{p}{q} q' = -\delta$$

ist[1]. Löst man die Gleichung nach q' auf, so erhält man

$$\boxed{q' = -\delta \frac{q}{p}\,.}$$

Es ist also eine Gleichung zu lösen, in der die gesuchte Funktion sowie ihre erste Ableitung vorkommen.

Beispiel 12.2. (Preisfestsetzung nach Evans[2]). Es bezeichne $d(t)$ die Nachfrage nach einem Gut zur Zeit t sowie $s(t)$ das Angebot an diesem Gut zur Zeit t, und zwar für alle t in einem gegebenen Zeitintervall. Ferner sei $p(t)$ der Preis dieses Gutes zur Zeit t. Wir gehen davon aus, dass sowohl die Nachfrage wie auch das Angebot linear vom Preis abhängen, d.h. es sei

$$d(t) = \alpha - \beta p(t)\,,$$
$$s(t) = \gamma + \delta p(t)\,.$$

Ferner wird angenommen, dass die Änderung des Preises proportional zum Nachfrageüberschuss ist, d.h.

$$p'(t) = \lambda(d(t) - s(t))\,.$$

Wir setzen voraus, dass β und δ größer als null sind. Weiter nehmen wir an, dass auch λ größer als null ist, sodass ein Nachfrageüberschuss zu einem Steigen des Preises und ein Angebotsüberschuss zu einem Fallen des Preises führt. Gesucht ist hier eine Funktion $p(t)$, die die Anpassung des Preises im zeitlichen Verlauf beschreibt.

Setzt man die Definition von $d(t)$ und $s(t)$ in die letzte Gleichung ein, erhält man

$$p'(t) = \lambda\Big((\alpha - \beta p(t)) - (\gamma + \delta p(t))\Big)$$

bzw.

$$p'(t) = \lambda(\alpha - \gamma) - \lambda(\beta + \delta)p(t)\,.$$

[1]Bei Differentialgleichungen verwendet man üblicherweise die Kurzschreibweisen y und y' für die Funktionen $f(x)$ und $f'(x)$. Hier bei $q = f(p)$ also q und q' für $f(p)$ und $f'(p)$.

[2]Griffith Conrad Evans (1887–1973)

Setzt man zur Abkürzung noch $a = \lambda(\alpha - \gamma)$ bzw. $b = \lambda(\beta + \delta)$, so ergibt sich die Gleichung

$$\boxed{p'(t) = a - bp(t)\,.}$$

Wie im vorhergehenden Beispiel erhalten wir eine Gleichung für eine Funktion (hier $p(t)$), in der neben der gesuchten Funktion auch deren Ableitung vorkommt.

Beispiel 12.3. (Harrod[3]-Domar[4]-Modell in stetiger Zeit) Das Wachstumsmodell von Harrod und Domar beschreibt das Wachstum einer Volkswirtschaft im zeitlichen Verlauf. Wir verwenden hierzu die folgenden Bezeichnungen: Für t in einem gegebenen Zeitintervall seien

$K(t)$	der Kapitalstock zur Zeit t,
$Y(t)$	das Volkseinkommen (Sozialprodukt) zur Zeit t,
$S(t)$	die Ersparnis zur Zeit t,
$I(t)$	die Nettoinvestition zur Zeit t.

Von Interesse ist hier die Frage, wie sich die betrachteten ökonomischen Größen im zeitlichen Ablauf ändern. Das Wachstumsmodell von Harrod und Domar beruht auf den folgenden Grundannahmen:

- Gemäß Definition ist die Nettoinvestition gleich der Änderung des Kapitalstocks, d.h. es ist
$$I(t) = K'(t)\,.$$
- Das Volkseinkommen ist proportional zur Höhe des Kapitalstocks, d.h. es ist
$$Y(t) = \frac{1}{v}K(t)\,.$$
Die Konstante v bezeichnet man als **Kapitalkoeffizient**, ihren Kehrwert $1/v$ als **Kapitalproduktivität**.
- Die Ersparnis ergibt sich als konstanter Anteil s des Volkseinkommens, d.h
$$S(t) = sY(t)\,.$$
Die Konstante s bezeichnet man als **Sparquote**.
- Die Ersparnis ist gleich der Nettoinvestition, d.h.
$$I(t) = S(t)\,.$$

[3] Sir Roy Forbes Harrod (1900–1978)
[4] Evsey David Domar (1914–1997)

Aus den ersten beiden Gleichungen folgt

$$I(t) = vY'(t)\,.$$

Man bezeichnet dies als **Kapazitätseffekt** der Investition. Aus der dritten und vierten Gleichung oben erhält man den sogenannten **Einkommenseffekt** der Investition,

$$I(t) = sY(t)\,.$$

Gleichsetzen der letzten beiden Gleichungen und Auflösen nach $Y'(t)$ liefert schließlich

$$\boxed{Y'(t) = \frac{s}{v}Y(t)\,.}$$

Wie in den vorangegangenen beiden Beispielen führt uns auch das Harrod-Domar-Modell wieder zu einer Gleichung, in der sowohl die gesuchte Funktion als auch deren Ableitung auftritt.

In den drei genannten ökonomischen Anwendungen müssen wir jeweils eine Gleichung lösen, in der eine Funktion einer Variablen und eine Ableitung dieser Funktion vorkommt, daneben ggf. auch (wie in Beispiel 12.1) die Variable selbst. Eine solche Gleichung bezeichnet man als Differentialgleichung.

Definition 12.1: Differentialgleichung

Eine **(gewöhnliche) Differentialgleichung** ist eine Gleichung zwischen einer unabhängigen Variablen, einer Funktion dieser Variablen und mindestens einer Ableitung dieser Funktion. Wenn die höchste vorkommende Ableitung die Ordnung m hat, spricht man von einer **Differentialgleichung m-ter Ordnung**. Eine Differentialgleichung hat die Form

$$F\big(x\,,\, y(x)\,,\, y'(x)\,,\, \dots\,,\, y^{(m)}(x)\big) = 0\,,$$

wobei F eine Funktion mehrerer Variablen ist.

Eine auf einem Intervall A definierte Funktion $f : A \to \mathbb{R}$ heißt **Lösung** der Differentialgleichung, wenn

$$F\big(x\,,\, f(x)\,,\, f'(x)\,,\, \dots\,,\, f^{(m)}(x)\big) = 0 \text{ für alle } x \in A\,.$$

Die Menge aller Lösungen einer Differentialgleichung bezeichnet man als **vollständige** oder **allgemeine Lösung**.

Bemerkung: Lösungen von Differentialgleichungen sind also Funktionen, die, eingesetzt in die Differentialgleichung, für alle Werte der Variablen im Intervall A zu einer wahren Gleichung führen. Dies ist ein wesentlicher Unterschied zum Lösen linearer Gleichungen oder zur Bestimmung stationärer Punkte. Dort sucht man nämlich „nur“ einzelne Werte für die Variablen, sodass die Gleichungen beim Einsetzen dieser Werte wahr sind.

12.1 Differentialgleichungen erster Ordnung

Wir beschäftigen uns in diesem Abschnitt mit Differentialgleichungen erster Ordnung. Oft kann man eine solche Differentialgleichung nach $y'(x)$ auflösen und schreibt sie dann in der Form

$$\boxed{y'(x) = g\big(x, y(x)\big)\,.}$$

Geometrische Interpretation einer Differentialgleichung

Eine Differentialgleichung der Form $y' = g(x,y)$ kann man sich geometrisch wie folgt veranschaulichen. Durch die Differentialgleichung $y' = g(x,y)$ wird zu jedem Punkt der x-y-Ebene eine Steigung vorgegeben. Zeichnet man an jedem Punkt der x-y-Ebene (oder besser für jeden Punkt eines feinen Punktgitters) ein kleines Geradenstück, dessen Steigung die durch die Differentialgleichung vorgegebene Steigung ist, so erhält man ein sogenanntes **Richtungsfeld**. Die Lösung der Differentialgleichung besteht darin, alle Funktionen $y = f(x)$ zu finden, deren Steigung in jedem Punkt mit der durch das Richtungsfeld der Differentialgleichung vorgegebenen Steigung übereinstimmt. Die folgende Abbildung 12.1 zeigt das Richtungsfeld der Differentialgleichung $y' = -\frac{x}{y}$, $y \neq 0$.

Wie man durch Einsetzen in die Differentialgleichung sieht, ist die Funktion $f : [-3,3] \to \mathbb{R}$, $x \mapsto \sqrt{9-x^2}$ offenbar eine Lösung der Differentialgleichung. Sie ist in der Abbildung eingezeichnet.

Wir geben im Folgenden einfache Beispiele von Differentialgleichungen sowie deren Lösungen an. In diesen Beispielen kann die Lösung bequem durch Ableiten und Einsetzen in die Differentialgleichung überprüft werden.

Beispiel 12.4. Die Differentialgleichung

$$y' = y$$

hat als eine Lösung die Exponentialfunktion $y = e^x$, $x \in \mathbb{R}$. Aber auch $y = 5e^x$ oder allgemein $y = \gamma e^x$ mit einer beliebigen Konstanten $\gamma \in \mathbb{R}$ ist Lösung. Abbildung 12.2 zeigt das Richtungsfeld der Differentialgleichung $y' = y$ sowie eine Lösung $y = \frac{1}{4}e^x$.

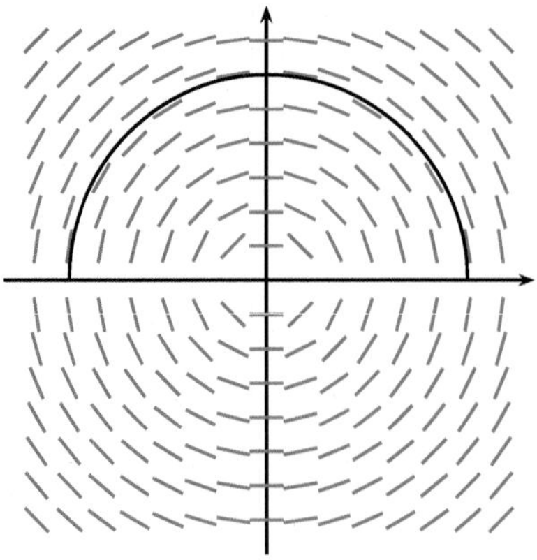

Abbildung 12.1: Richtungsfeld der Differentialgleichung $y' = -\frac{x}{y}$.

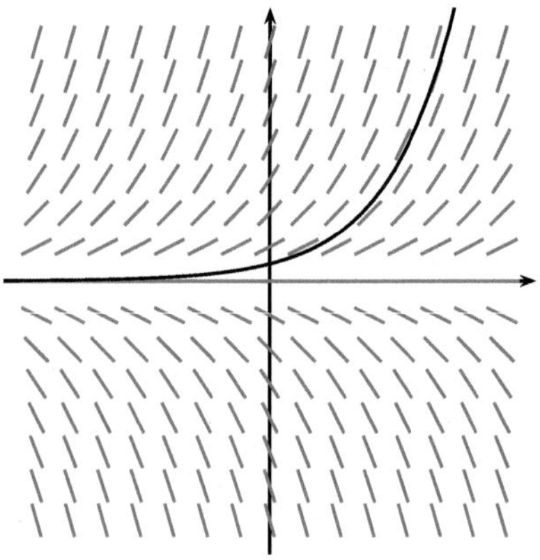

Abbildung 12.2: Richtungsfeld der Differentialgleichung $y' = y$.

Beispiel 12.5. Sei $\lambda \in \mathbb{R}$. Die Differentialgleichung

$$y' = \lambda y$$

hat als Lösung die Funktion $y = e^{\lambda x}$, $x \in \mathbb{R}$. Wie im vorhergehenden Beispiel ist auch hier die Lösung nicht eindeutig. Allgemein ist jede Funktion $y = \gamma e^{\lambda x}$, $\gamma \in \mathbb{R}$, Lösung der Differentialgleichung.

Beispiel 12.6. Gegeben sei die Differentialgleichung

$$y' = xy\,.$$

Dann ist jede Funktion $y = \gamma e^{\frac{1}{2}x^2}$, $x \in \mathbb{R}$, Lösung dieser Differentialgleichung. Hierbei ist wieder γ eine beliebige reelle Konstante. Das Richtungsfeld dieser Differentialgleichung sowie eine spezielle Lösung $y = -\frac{1}{100}e^{\frac{1}{2}x^2}$ sind in Abbildung 12.3 dargestellt.

Beispiel 12.7. Die Differentialgleichung

$$y' = \frac{y}{x}$$

hat als Lösung alle Funktionen $y = \gamma x$, $x \in \mathbb{R} \setminus \{0\}$, mit einer beliebigen reellen Konstanten γ. Eine spezielle Lösung $y = \frac{1}{4}x$ ist zusammen mit dem Richtungsfeld der Differentialgleichung in Abbildung 12.4 skizziert.

Wie man an den obigen Beispielen erkennt, ist die Lösung einer Differentialgleichung im Allgemeinen nicht eindeutig. Es gibt vielmehr unendlich viele

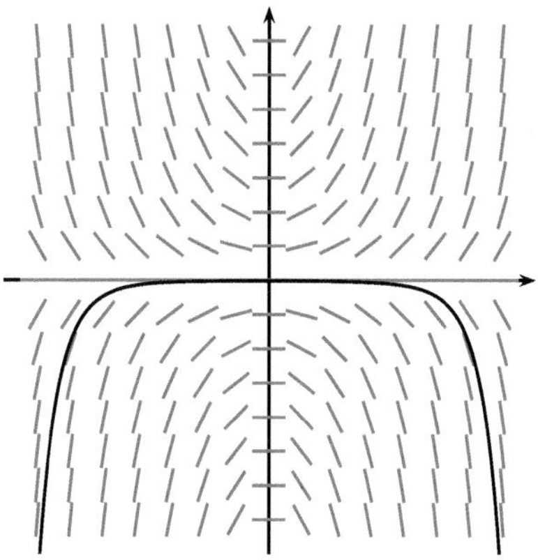

Abbildung 12.3: Richtungsfeld der Differentialgleichung $y' = xy$.

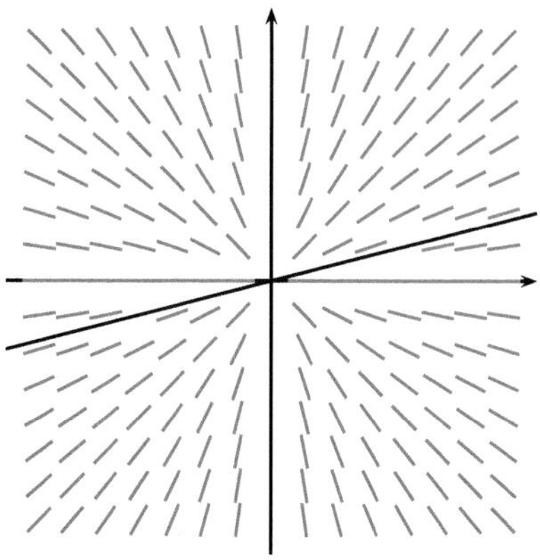

Abbildung 12.4: Richtungsfeld der Differentialgleichung $y' = \frac{y}{x}$.

Funktionen, die die Differentialgleichung erfüllen. Oft fordert man deshalb zusätzlich die Gültigkeit einer sogenannten **Anfangsbedingung**, d.h. man gibt für ein Argument x_0 den Funktionswert $y_0 = f(x_0)$ vor. In diesem Fall ist die Lösung einer Differentialgleichung erster Ordnung meist eindeutig.

Beispiel 12.8. Gesucht ist die Lösung der Differentialgleichung

$$y' = 2y$$

zur Anfangsbedingung $y(0) = 5$. Die allgemeine Lösung der Differentialgleichung ist $y = \gamma e^{2x}$, $x \in \mathbb{R}$. Um die Lösung zur Anfangsbedingung $y(0) = 5$ zu bestimmen, berechnen wir für die allgemeine Lösung den Funktionswert an der Stelle $x_0 = 0$. Es ist

$$y(0) = \gamma e^{2 \cdot 0} = \gamma\,.$$

Damit die Anfangsbedingung erfüllt ist, muss also $\gamma = 5$ sein. Die eindeutige Lösung der Differentialgleichung zur Anfangsbedingung ist daher $y = 5e^{2x}$.

In den obigen Beispielen war es relativ einfach, eine Lösung der Differentialgleichung zu finden. Wie ist es aber jetzt bei komplizierteren Differentialgleichungen? Existiert vielleicht ein allgemeines Rezept, um eine bzw. alle Lösungen einer Differentialgleichung zu finden? Leider ist dies nicht der Fall. Für bestimmte Typen von Differentialgleichungen kann die Lösung jedoch allgemein angegeben werden. Wir werden daher im folgenden einige Typen von Differentialgleichungen vorstellen und angeben, wie diese gelöst werden können.

Der einfachste Fall einer Differentialgleichung liegt vor, wenn man die Differentialgleichung in der Form $y' = g(x)$ schreiben kann, d.h. wenn die rechte Seite überhaupt nicht von y abhängt. In diesem Fall ist jede Stammfunktion von g eine Lösung der Differentialgleichung.

Satz 12.1: Differentialgleichung der Form $y' = g(x)$

Gegeben sei eine Differentialgleichung der Form

$$y' = g(x).$$

Ist G eine Stammfunktion von g, so erhält man alle Lösungen dieser Differentialgleichung gemäß

$$y = \int g(x)\,dx = G(x) + C\,, \qquad C \in \mathbb{R}.$$

Die Konstante C bestimmt man ggf. aus einer Anfangsbedingung.

Beispiel 12.9. Gegeben sei die Differentialgleichung $y' = 5x^4 + 1$. Dann ist

$$y = \int \left(5x^4 + 1\right)\,dx = x^5 + x + C\,, \qquad C \in \mathbb{R}\,,$$

die allgemeine Lösung der Differentialgleichung.

Eine wichtige Klasse von Differentialgleichungen bilden die sogenannten linearen Differentialgleichungen.

Definition 12.2: Lineare Differentialgleichung erster Ordnung

Eine Differentialgleichung der Form

$$y' + a(x)y = b(x)$$

bezeichnet man als **lineare Differentialgleichung erster Ordnung**. Hier sind $a(x)$ und $b(x)$ gegebene Funktionen von x.

Ist $b(x) = 0$ für alle x, so spricht man von einer **homogenen** linearen Differentialgleichung, sonst von einer **inhomogenen** linearen Differentialgleichung. Die Funktion $b(x)$ wird auch als **Störfunktion** bezeichnet.

Man spricht hier von einer linearen Differentialgleichung, da die linke Seite der Gleichung linear in y und y' ist.

Die Lösung einer homogenen linearen Differentialgleichung erster Ordnung lässt sich im Gegensatz zu einer inhomogenen linearen Differentialgleichung erster Ordnung im Prinzip sehr einfach finden.

Satz 12.2: Homogene lineare Differentialgleichung erster Ordnung

Die homogene lineare Differentialgleichung erster Ordnung $y' + a(x)y = 0$ hat die Lösung

$$y = \gamma \exp\left(-\int a(x)dx\right) = \gamma e^{-A(x)},$$

wobei γ eine reelle Konstante ist und $A(x)$ eine Stammfunktion von $a(x)$ bezeichnet.

Die eindeutige Lösung zur Anfangsbedingung $y_0 = f(x_0)$ ist gegeben durch[5]

$$y = y_0 \exp\left(-\int_{x_0}^{x} a(t)dt\right) = y_0 e^{-(A(x)-A(x_0))}.$$

Man überzeugt sich leicht davon, dass die angegebene Funktion tatsächlich eine Lösung der Differentialgleichung ist, indem man die Funktion nach x ableitet und in die Differentialgleichung einsetzt. Zu beachten ist dabei, dass die Ableitung eines bestimmten Integrals nach der oberen Integrationsgrenze gerade der Integrand ist, wie wir in Abschnitt 7.3 gesehen haben. Auch dass die angegebene Funktion die Anfangsbedingung erfüllt, ist unmittelbar ersichtlich, wenn man $x = x_0$ einsetzt.

Bemerkung: Bei der Berechnung des unbestimmten Integrals $\int a(x)\,dx$ in Satz 12.2 kann man die Integrationskonstante getrost ignorieren. Diese ist bereits in dem multiplikativen Faktor γ enthalten. Verwendet man nämlich statt $A(x)$ die Stammfunktion $A(x) + C$, so erhält man

$$y = \gamma e^{-(A(x)+C)} = \gamma e^{-C} e^{-A(x)} = \tilde{\gamma} e^{-A(x)},$$

wobei $\tilde{\gamma} = \gamma e^{-C}$ gesetzt wurde.

Bei den Differentialgleichungen aus den Beispielen 12.1 bis 12.8 handelt es sich ausnahmslos um lineare Differentialgleichungen erster Ordnung. Mit Ausnahme des Beispiels 12.2 sind es homogene lineare Differentialgleichungen, lediglich die Differentialgleichung aus Beispiel 12.2 ist inhomogen.

Wir zeigen nun, wie man mit Hilfe von Satz 12.2 die Lösung der Differentialgleichungen aus den Beispielen 12.1 und 12.3 findet.

Beispiel 12.10 (Nachfragefunktion). In Beispiel 12.1 führte uns die dortige Fragestellung auf die Differentialgleichung $q' = -\delta \frac{q}{p}$ bzw. $q' + \frac{\delta}{p} q = 0$. Dies ist eine homogene lineare Differentialgleichung, wobei q die Rolle von y und p die Rolle von x spielt. Die Funktion a aus Satz 12.1 ist hierbei durch

[5] Da die Variable x hier die obere Integrationsgrenze darstellt, muss für die Integrationsvariable eine andere Bezeichnung – hier t – gewählt werden.

$a(p) = \delta/p$ gegeben. Die allgemeine Lösung erhält man somit gemäß

$$q = \gamma \exp\left(-\int \frac{\delta}{p}\,dp\right) = \gamma \exp\Big(-\delta \ln(p)\Big) = \gamma \cdot p^{-\delta} = \frac{\gamma}{p^{\delta}}\,.$$

Sucht man eine Lösung zur Anfangsbedingung $q(p_0) = q_0$, so ergibt sich $\gamma = q_0 \cdot p_0^{\delta}$ und damit

$$q = \frac{q_0 \cdot p_0^{\delta}}{p^{\delta}} = q_0 \left(\frac{p_0}{p}\right)^{\delta}.$$

Die in Beispiel 12.1 gesuchte Nachfragefunktion ist also eine **Cobb-Douglas-Funktion**. Allgemein kann man zeigen, dass auch eine Funktion mehrerer Variablen, deren partielle Elastizitäten alle konstant sind, eine Cobb-Douglas-Funktion ist.

Beispiel 12.11 (Harrod-Domar-Modell). Im Harrod-Domar-Modell erhält man die Differentialgleichung $Y'(t) = \frac{s}{v}Y(t)$ bzw. $Y'(t) - \frac{s}{v}Y(t) = 0$. Dies ist eine homogene lineare Differentialgleichung, wobei Y die Rolle von y und t die Rolle von x spielt. Die Funktion a ist hier durch $a(t) = -s/v$ gegeben. Die allgemeine Lösung erhält man gemäß

$$Y(t) = \gamma \exp\left(\int \frac{s}{v}\,dt\right) = \gamma \exp\left(\frac{s}{v}t\right) = \gamma e^{\frac{s}{v}t}\,.$$

Sucht man eine Lösung zur Anfangsbedingung $Y(t_0) = Y_0$, so ergibt sich $\gamma = Y_0\, e^{-\frac{s}{v}t_0}$ und damit

$$Y(t) = Y_0\, e^{-\frac{s}{v}t_0} e^{\frac{s}{v}t} = Y_0\, e^{\frac{s}{v}(t-t_0)}\,.$$

Im Harrod-Domar-Modell erhält man also für die Entwicklung des Volkseinkommens ein exponentielles Wachstum. Die Wachstumsrate ist dabei abhängig vom Verhältnis der Sparquote zum Kapitalkoeffizienten. Eine größere Sparquote führt zu einem stärkeren Wachstum, ein größerer Kapitalkoeffizient zu einem geringeren Wachstum.

Wir kommen jetzt zur Lösung der inhomogenen linearen Differentialgleichung. Für je zwei spezielle Lösungen y_1 und y_2 einer inhomogenen Differentialgleichung gilt

$$\begin{aligned} y_1' + a(x)y_1 &= b(x)\,, \\ y_2' + a(x)y_2 &= b(x)\,. \end{aligned}$$

Subtrahiert man diese beiden Gleichungen voneinander, so folgt

$$(y_1' - y_2') + a(x)(y_1 - y_2) = b(x) - b(x) = 0\,,$$

also

$$(y_1 - y_2)' + a(x)(y_1 - y_2) = 0\,.$$

Das bedeutet, dass die Differenz zweier Lösungen der inhomogenen Gleichung eine Lösung der homogenen Differentialgleichung darstellt. Jede Lösung der inhomogenen Differentialgleichung erhält man also als Summe einer speziellen Lösung der inhomogenen Differentialgleichung und einer Lösung der homogenen Differentialgleichung. Umgekehrt ist aber auch jede Summe aus einer speziellen Lösung der inhomogenen Differentialgleichung und einer Lösung der homogenen Differentialgleichung wieder eine Lösung der inhomogenen Gleichung. Um also die allgemeine Lösung der inhomogenen Differentialgleichung zu bestimmen, muss man lediglich die **allgemeine Lösung der homogenen Gleichung** und **eine spezielle Lösung der inhomogenen Gleichung** finden.

Wie findet man aber jetzt eine spezielle Lösung der inhomogenen Differentialgleichung? Wir beginnen mit dem Spezialfall, dass die Funktionen $a(x)$ und $b(x)$ konstant sind. Dann lautet die Differentialgleichung

$$y' + ay = b\,.$$

Ist $a \neq 0$ und wählt man $y(x) = b/a$, so sieht man durch Einsetzen sofort, dass diese konstante Funktion eine Lösung der Differentialgleichung darstellt. Man bezeichnet diese Lösung auch als **Gleichgewichtslösung**, da diese eine für alle x konstante Funktion ist. Die allgemeine Lösung der homogenen linearen Differentialgleichung ist nach dem vorhergehenden Satz gegeben durch $y = \gamma e^{-ax}$ mit $\gamma \in \mathbb{R}$. Damit erhält man den folgenden Satz über die allgemeine Lösung der inhomogenen linearen Differentialgleichung mit konstanten Koeffizienten.

Satz 12.3: Inhomogene lineare Differentialgleichung

Die inhomogene lineare Differentialgleichung **mit konstanten Koeffizienten**, $y' + ay = b$, hat (für $a \neq 0$) die Lösung

$$y = \frac{b}{a} + \gamma e^{-ax}\,,$$

wobei γ eine reelle Konstante ist.

Die eindeutige Lösung zur Anfangsbedingung $y_0 = f(x_0)$ ist gegeben durch

$$y = \frac{b}{a} + \left(y_0 - \frac{b}{a}\right) e^{-a(x-x_0)}\,.$$

Wir verwenden jetzt Satz 12.3, um die im Preismodell von Evans (Beispiel 12.2) auftretende Differentialgleichung zu lösen.

Beispiel 12.12. (Preisfestsetzung nach Evans). Das Preismodell von Evans führte zu der Differentialgleichung $p'(t) = a - bp(t)$ bzw. $p'(t) + bp(t) = a$. Dabei handelt es sich um eine inhomogene lineare Differentialgleichung mit konstanten Koeffizienten. Gemäß Satz 12.3 erhält man die allgemeine Lösung

$$p(t) = \frac{a}{b} + \gamma e^{-bt}$$

und zur Anfangsbedingung $p(t_0) = p_0$ die eindeutige Lösung

$$p(t) = \frac{a}{b} + \left(p_0 - \frac{a}{b}\right) e^{-b(t-t_0)} .$$

Interessant war hier die Frage, wie sich der Preis auf längere Sicht entwickelt. Zur Berechnung des folgenden Grenzwertes ist das Vorzeichen der Konstante b von Interesse. Da λ, β und δ größer als null sind, ist natürlich auch $b = \lambda(\beta+\delta)$ größer als null. Damit erhält man den Grenzwert des Preises für t gegen unendlich:

$$\begin{aligned} \lim_{t\to\infty} p(t) &= \lim_{t\to\infty} \left(\frac{a}{b} + \left(p_0 - \frac{a}{b}\right) e^{-b(t-t_0)}\right) \\ &= \frac{a}{b} + \left(p_0 - \frac{a}{b}\right) \lim_{t\to\infty} e^{-b(t-t_0)} = \frac{a}{b} + \left(p_0 - \frac{a}{b}\right) \cdot 0 = \frac{a}{b} , \end{aligned}$$

die Gleichgewichtslösung. Setzt man für a und b wieder $a = \lambda(\alpha - \gamma)$ bzw. $b = \lambda(\beta + \delta)$ ein, so erhält man

$$\lim_{t\to\infty} p(t) = \frac{\lambda(\alpha - \gamma)}{\lambda(\beta + \delta)} = \frac{\alpha - \gamma}{\beta + \delta} = \overline{p} .$$

Dies ist der sogenannte **Gleichgewichtspreis** $\overline{p}$, bei dem Angebot und Nachfrage genau gleich sind. Im Preisfestsetzungsmodell von Evans konvergiert also der Preis mit zunehmender Zeit gegen den Gleichgewichtspreis.

Für nicht konstante Störfunktionen kann die Lösung einer inhomogenen linearen Differentialgleichung mittels der sogenannten **Variation der Konstanten** ermittelt werden. Dabei ersetzt man in der allgemeinen Lösung der homogenen Gleichung, $y = \gamma \exp(-A(x))$, die Konstante γ durch eine Funktion $\gamma(x)$, d.h. man macht den Ansatz $y = \gamma(x) \exp(-A(x))$. Dann ist die Ableitung

$$y' = \gamma'(x)e^{-A(x)} - \gamma(x)a(x)e^{-A(x)} .$$

Setzt man diese in die inhomogene Differentialgleichung ein, erhält man

$$\begin{aligned} y' + a(x)y &= \left(\gamma'(x)e^{-A(x)} - \gamma(x)a(x)e^{-A(x)}\right) + a(x)\gamma(x)e^{-A(x)} \\ &= \gamma'(x)e^{-A(x)} . \end{aligned}$$

Somit muss gelten

$$y' + a(x)y = b(x) \iff \gamma'(x)e^{-A(x)} = b(x) \iff \gamma'(x) = b(x)e^{A(x)}.$$

Die Funktion $\gamma(x)$ erhält man dann durch Integrieren,

$$\gamma(x) = \int b(x)e^{A(x)}dx.$$

Eine spezielle Lösung der inhomogenen Differentialgleichung ist also

$$y = \left(\int b(x)e^{A(x)}dx\right) e^{-A(x)}.$$

Die allgemeine Lösung der inhomogenen Gleichung erhält man dann wie oben als Summe aus einer speziellen Lösung der inhomogenen Gleichung und der allgemeinen Lösung der homogenen Gleichung.

Satz 12.4: Inhomogene lineare Differentialgleichung erster Ordnung

Die **inhomogene lineare Differentialgleichung erster Ordnung**

$$y' + a(x)y = b(x)$$

hat die allgemeine Lösung

$$y = \left(\int b(x)e^{A(x)}dx + \gamma\right) e^{-A(x)}$$

wobei γ eine reelle Konstante und $A(x)$ eine Stammfunktion von $a(x)$ ist.

Die eindeutige Lösung zur Anfangsbedingung $y_0 = f(x_0)$ ist

$$y = \left(\int_{x_0}^{x} b(t)e^{A(t)}dt + y_0e^{A(x_0)}\right) e^{-A(x)}$$

Wie in Satz 12.2 reicht es auch hier aus, **eine** Stammfunktion $A(x)$ zu finden. Die Integrationskonstante kann also wieder ignoriert werden.

Wir illustrieren die **Variation der Konstanten** an einem Beispiel.

Beispiel 12.13 (Variation der Konstanten). Gegeben sei die Differentialgleichung

$$y' + 2xy = 3x$$

Die allgemeine Lösung der homogenen Differentialgleichung ist

$$y = \gamma e^{-x^2}.$$

Die Berechnung einer speziellen Lösung mittels **Variation der Konstanten** führt auf das Integral

$$\gamma(x) = \int 3xe^{(x^2)} dx = \frac{3}{2}\int e^u\, du = \frac{3}{2}e^u = \frac{3}{2}e^{(x^2)}.$$

Hierbei wurde zur Lösung die Substitution $u = x^2$, $du = 2x\,dx$ verwendet. Eine spezielle Lösung der inhomogenen Differentialgleichung ist also

$$y = \gamma(x)e^{-x^2} = \frac{3}{2}e^{x^2}e^{-x^2} = \frac{3}{2}.$$

Die allgemeine Lösung der inhomogenen Differentialgleichung ist somit

$$y = \frac{3}{2} + \gamma e^{-x^2}.$$

Wir wenden uns nun den sogenannten **exakten Differentialgleichungen** zu. Man bezeichnet eine Differentialgleichung als **exakt**, wenn sie sich in der Form

$$g(x,y) + h(x,y)y' = 0$$

darstellen lässt und

$$g(x,y)\,dx + h(x,y)\,dy$$

das **totale Differential** einer differenzierbaren Funktion F ist. Daher schreibt man exakte Differentialgleichungen oft in der Form

$$g(x,y)\,dx + h(x,y)\,dy = 0.$$

Der folgende Satz beschreibt die allgemeine Lösung einer exakten Differentialgleichung.

Satz 12.5: Exakte Differentialgleichung

Die allgemeine Lösung einer exakten Differentialgleichung ist implizit gegeben durch

$$F(x,y) = C, \quad C \in \mathbb{R}.$$

In diesem Zusammenhang stellen sich jetzt natürlich zwei Fragen.

1. Wie kann man denn nun feststellen, ob eine gegebene Differentialgleichung tatsächlich exakt ist, d.h. ob eine Funktion F existiert, deren partielle Ableitungen gerade durch $g(x,y)$ bzw. $h(x,y)$ gegeben sind?
2. Wie kann im Fall einer exakten Differentialgleichung die Funktion F ermittelt werden?

Eine notwendige Bedingung für die erste Frage lässt sich leicht angeben. Existiert nämlich eine Funktion F, sodass $F_x = g$ und $F_y = h$ ist, und ist F zweimal stetig differenzierbar, so muss wegen $F_{xy} = F_{yx}$ auch

$$\frac{\partial g}{\partial y} = F_{yx} = F_{xy} = \frac{\partial h}{\partial x}$$

gelten. Dass diese Bedingung auch hinreichend ist, ist der Inhalt des folgenden Satzes:

Satz 12.6: Exakte Differentialgleichung

Gegeben sei die Differentialgleichung $g(x, y) + h(x, y)y' = 0$. Sind die Funktionen g und h differenzierbar, so ist die Differentialgleichung genau dann exakt, wenn gilt:

$$\frac{\partial g}{\partial y} = \frac{\partial h}{\partial x}.$$

Die zweite Frage wird durch den folgenden Satz beantwortet, der eine explizite Darstellung der Funktion F liefert.

Satz 12.7: Lösung einer exakten Differentialgleichung

Gegeben sei die exakte Differentialgleichung $g(x, y) + h(x, y)y' = 0$. Eine Lösung zur Anfangsbedingung $y_0 = f(x_0)$ ist implizit gegeben durch

$$F(x, y) = 0,$$

wobei F gegeben ist durch

$$F(x, y) = \int_{x_0}^{x} g(s, y_0)\, ds + \int_{y_0}^{y} h(x, t)\, dt$$

oder auch durch

$$F(x, y) = \int_{x_0}^{x} g(s, y)\, ds + \int_{y_0}^{y} h(x_0, t)\, dt.$$

Wir illustrieren die Lösung einer exakten Differentialgleichung an einem Beispiel.

Beispiel 12.14 (Exakte Differentialgleichung). Gesucht sei eine Lösung der Differentialgleichung

$$8xy\, dx + 4x^2\, dy = 0$$

zur Anfangsbedingung $y_0 = f(1) = 2$. Die Differentialgleichung ist exakt, da

$$\frac{\partial}{\partial y} 8xy = 8x = \frac{\partial}{\partial x} 4x^2 .$$

Die Funktion F ist nach Satz 12.7 gegeben durch

$$\begin{aligned} F(x,y) = \int_1^x 16s\,ds + \int_2^y 4x^2\,dt &= \Big[8s^2\Big]_1^x + \Big[4x^2t\Big]_2^y \\ &= (8x^2 - 8) + (4x^2y - 8x^2) = 4x^2y - 8 . \end{aligned}$$

Somit ist die Lösung der Differentialgleichung implizit gegeben durch

$$4x^2y - 8 = 0 .$$

Man kann diese Gleichung sogar explizit nach y auflösen und erhält dann

$$y = \frac{2}{x^2} .$$

Offensichtlich ist die Lösung für $x \neq 0$ nicht definiert. Da eine Lösung einer Differentialgleichung aber auf einem Intervall definiert sein muss und in der Anfangsbedingung $x_0 = 1 > 0$ ist, stellt diese Funktion nur für $x > 0$ eine Lösung der Differentialgleichung dar.

Eine weitere wichtige Klasse von Differentialgleichungen sind sogenannte **Differentialgleichungen mit getrennten Variablen**. Darunter versteht man Differentialgleichungen der Form

$$y' = g(x)h(y) .$$

Deren rechte Seite lässt sich als Produkt zweier Funktionen schreiben, von denen die eine Funktion nur von x, die andere Funktion nur von y abhängt.

Gesucht sind nun wieder alle Funktionen $y = f(x)$ für die die oben genannte Differentialgleichung erfüllt ist.

Satz 12.8: Differentialgleichung mit getrennten Variablen

Seien g, h auf offenen Intervallen A bzw. B definierte stetige Funktionen und zusätzlich sei $h(y) \neq 0$ für alle $y \in B$. Die allgemeine Lösung der Differentialgleichung mit getrennten Variablen, $y' = g(x)h(y)$, ist implizit definiert durch die Gleichung

$$\int \frac{dy}{h(y)} = \int g(x)\,dx + C \qquad \text{mit } C \in \mathbb{R} .$$

Die eindeutige Lösung zur Anfangsbedingung $f(x_0) = y_0$ ist implizit definiert durch die Gleichung

$$\int_{y_0}^{y} \frac{ds}{h(s)} = \int_{x_0}^{x} g(t)\,dt\,.$$

Man kann sich diese Lösungsmethode gut merken, indem man $\frac{dy}{dx}$ für y' schreibt und dann die Gleichung durch Multiplikation mit dx und Division durch $h(y)$ so umformt, dass die Variablen y und x „getrennt" sind, d.h. auf unterschiedlichen Seiten des Gleichheitszeichens stehen. Dabei geht man also wie folgt vor:

$$\frac{dy}{dx} = g(x)h(y) \quad\Longleftrightarrow\quad \frac{dy}{h(y)} = g(x)dx \quad\Longleftrightarrow\quad \int \frac{dy}{h(y)} = \int g(x)dx$$

Nachdem man auf beiden Seiten integriert hat, erhält man eine implizit durch eine Gleichung gegebene Funktion. Diese versucht man anschließend noch nach y aufzulösen, also explizit aufzuschreiben.

Beispiel 12.15. (Differentialgleichung mit getrennten Variablen). Die Gleichung $y' = xy^2$ ist eine Differentialgleichung mit getrennten Variablen. Daher löst man

$$\int \frac{1}{y^2}\,dy = \int x\,dx \iff -y^{-1} = \frac{x^2}{2} + C$$
$$\iff y = -\frac{1}{\frac{x^2}{2} + C} = -\frac{2}{x^2 + 2C}\,, \qquad C \in \mathbb{R}\,.$$

Ist beispielsweise die Anfangsbedingung $y(0) = 1$ gegeben, so bestimmt man die Anfangsbedingung durch Einsetzen von $x = 0$ und $y = 1$:

$$1 = -\frac{2}{0^2 + 2C} \quad\Longleftrightarrow\quad C = -1\,.$$

Die eindeutige Lösung zur Anfangsbedingung $y(0) = 1$ ist also

$$y = \frac{2}{2 - x^2}\,.$$

Diese Funktion ist für $x \neq \pm\sqrt{2}$ nicht definiert. Da eine Lösung einer Differentialgleichung auf einem Intervall definiert sein muss und in der Anfangsbedingung $x = 0$ ist, stellt diese Funktion nur für $|x| < \sqrt{2}$ eine Lösung der Differentialgleichung dar.

Beispiel 12.16 (Logistisches Wachstum). Wir untersuchen das Wachstum einer Größe y in Abhängigkeit von der Zeit t. Ein einfaches Wachstumsmodell haben wir bereits in Beispiel 12.5 betrachtet. Es führte auf die

Differentialgleichung $y' = \lambda y$. Man kann diese so interpretieren, dass die (absolute) Änderung von y zu jedem Zeitpunkt proportional zum Wert von y ist, bzw. dass die relative Änderung (y'/y) konstant gleich λ ist. Das ist das Modell des sogenannten **exponentiellen Wachstums**. Es besitzt die Lösung $y(t) = y_0 e^{\lambda t}$, wobei y_0 den Wert von y zur Zeit $t = 0$ bezeichnet. Das exponentielle Wachstum einer ökonomischen Größe über längere Zeiträume ist (für positive λ) wenig realistisch, da die Größe $y(t)$ im Zeitverlauf über alle Grenzen wächst. Exponentielles Wachstum wird somit in der Praxis nur über „kurze" Zeiträume beobachtet. Viele natürliche Wachstumsprozesse können in der Anfangsphase gut durch ein exponentielles Wachstum beschrieben werden. Dann setzt aber oft ein Sättigungseffekt ein und die relative Änderung der Größe ist rückläufig. Als Beispiel denke man z.B. an den Bestand an DVD-Spielern in Deutschland. Zu Beginn zeigte sich hier ein exponentielles Wachstum des Bestandes. Früher oder später besitzen aber fast alle Haushalte in Deutschland einen DVD-Spieler und die Wachstumsraten des Bestandes gehen zurück.

Ein realistischeres Modell für solche Wachstumsprozesse mit Sättigung ist das sogenannte **logistische Wachstum**. Diesem liegt die Differentialgleichung

$$\frac{y'}{y} = \lambda(G - y) \quad \text{bzw.} \quad y' = \lambda y(G - y)\,.$$

zugrunde. Sie besagt, dass der relative Zuwachs von y proportional (mit Proportionalitätsfaktor λ) zum Abstand von y zur Sättigungsgrenze G ist. Wir bestimmen jetzt die Lösung dieser Differentialgleichung zur Anfangsbedingung $y(0) = y_0$. Trennung der Variablen liefert

$$\frac{dy}{dt} = \lambda y(G - y) \quad \Longleftrightarrow \quad \frac{dy}{y(G - y)} = \lambda dt\,.$$

Unter Berücksichtigung der Anfangsbedingung $y(0) = y_0$ führt dies auf die Gleichung

$$\int_{y_0}^{y} \frac{ds}{s(G - s)} = \int_0^t \lambda du\,.$$

Als Lösung des rechten Integrals erhält man sofort $\int_0^t \lambda du = \lambda t$. Zur Lösung des linken Integrals schreiben wir den Integranden als

$$\frac{1}{s(G - s)} = \frac{1}{sG} + \frac{1}{G(G - s)}\,.$$

Setzen wir $0 < y_0, y < G$ voraus, so erhalten wir

$$\int_{y_0}^{y} \frac{1}{sG}\, ds = \frac{1}{G} \ln\left(\frac{y}{y_0}\right)$$

sowie mittels Integration durch Substitution

$$\int_{y_0}^{y} \frac{1}{G(G-s)}\,ds = \frac{1}{G}\Big[-\ln(G-s)\Big]_{y_0}^{y} = \frac{1}{G}\ln\left(\frac{G-y_0}{G-y}\right).$$

Damit erhält man

$$\int_{y_0}^{y} \frac{ds}{s(G-s)} = \frac{1}{G}\ln\left(\frac{y}{y_0}\right) + \frac{1}{G}\ln\left(\frac{G-y_0}{G-y}\right) = \frac{1}{G}\ln\left(\frac{y}{y_0}\cdot\frac{G-y_0}{G-y}\right).$$

Somit erhält man die Lösung der Differentialgleichung aus der Gleichung

$$\frac{1}{G}\ln\left(\frac{y}{y_0}\cdot\frac{G-y_0}{G-y}\right) = \lambda t \quad \text{bzw.} \quad \ln\left(\frac{y}{y_0}\cdot\frac{G-y_0}{G-y}\right) = \lambda G t\,.$$

Anwendung der Exponentialfunktion auf beiden Seiten liefert

$$\frac{y}{y_0}\cdot\frac{G-y_0}{G-y} = e^{\lambda G t} \quad \text{bzw.} \quad \frac{y}{G-y} = \frac{y_0}{G-y_0}e^{\lambda G t}\,.$$

Auflösen nach y ergibt

$$y = G\,\frac{\frac{y_0}{G-y_0}e^{\lambda G t}}{1+\frac{y_0}{G-y_0}e^{\lambda G t}} = G\,\frac{1}{\frac{G-y_0}{y_0}e^{-\lambda G t}+1} = G\,\frac{1}{1+\left(\frac{G}{y_0}-1\right)e^{-\lambda G t}}\,.$$

Die Funktion

$$\boxed{y = \frac{G}{1+\left(\frac{G}{y_0}-1\right)e^{-\lambda G t}}}$$

bezeichnet man als **logistische Funktion**. Sie beschreibt Wachstumsprozesse mit Sättigungseffekten gemäß obiger Differentialgleichung. Hierbei bezeichnet y_0 den Anfangsbestand zur Zeit $t = 0$, G die Sättigungsgrenze und λ den Proportionalitätsfaktor der Wachstumsrate.

Die Abbildung 12.5 zeigt das Richtungsfeld der Differentialgleichung für $\lambda = 0.2$ sowie $G = 4$. Ferner ist die Lösung zur Anfangsbedingung $y_0 = 1.5$ eingezeichnet.

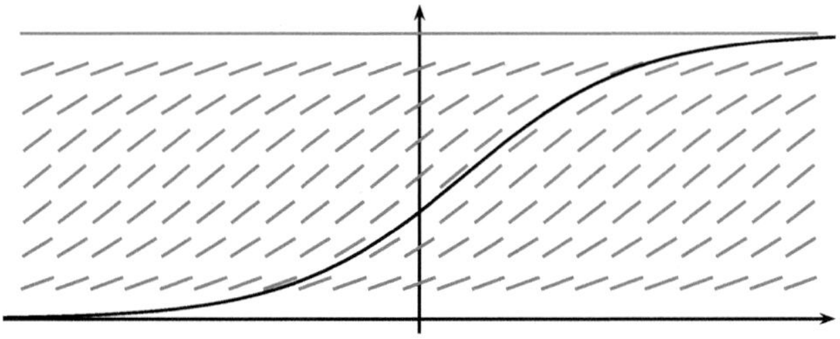

Abbildung 12.5: Richtungsfeld beim logistischen Wachstum

Homogene lineare Differentialgleichungen erster Ordnung sind spezielle Differentialgleichungen mit getrennten Variablen, denn

$$y' + a(x)y = 0 \iff y' = -a(x)y\,.$$

Verwendet man nun den Ansatz für Differentialgleichungen mit getrennten Variablen und integriert nur die linke Seite, erhält man nach einigen Umformungen den allgemeinen Lösungsansatz für homogene lineare Differentialgleichungen erster Ordnung aus Satz 12.2.

12.2 Lineare Differentialgleichungen m-ter Ordnung mit konstanten Koeffizienten

Wir beschäftigen uns in diesem Abschnitt mit einer wichtigen Klasse von Differentialgleichungen, den **linearen Differentialgleichungen mit konstanten Koeffizienten**.

Definition 12.3: Lineare Differentialgleichung m-ter Ordnung

Eine **lineare Differentialgleichung m-ter Ordnung mit konstanten Koeffizienten** ist eine Differentialgleichung der Form

$$y^{(m)} + a_{m-1}y^{(m-1)} + \ldots + a_1y' + a_0y = b(x)\,.$$

Hierbei ist $y = f(x)$, $x \in A \subset \mathbb{R}$, eine **unbekannte Funktion**. Die Koeffizienten $a_1, \ldots, a_m$ sind reelle Zahlen und $b : A \to \mathbb{R}$, $t \mapsto b(x)$, ist eine gegebene Funktion, die sogenannte **Störfunktion**.

Ist $b(x) = 0$ für alle $x \in A$, so bezeichnet man die Differentialgleichung als **homogen**, ansonsten als **inhomogen**.

Wir beginnen mit dem Fall **homogener** linearer Differentialgleichungen und wenden uns danach dem allgemeine Fall **inhomogener** linearer Differentialgleichungen zu.

Struktur des Lösungsraumes der homogenen Gleichung

Wir wollen zunächst die Struktur der Lösungsmengen homogener linearer Differentialgleichungen näher untersuchen. Dazu benötigen wir einige Ergebnisse der linearen Algebra, die in Kapitel 9 dargelegt sind.

Wir haben bereits bei den linearen Differentialgleichungen erster Ordnung im vorherigen Abschnitt gesehen, dass die Lösung einer homogenen linearen

Differentialgleichung nicht eindeutig ist. Wie aber verhalten sich die verschiedenen Lösungen zueinander? Aufschluss darüber geben die folgenden zwei Beobachtungen, die aus der Linearität der Differentialgleichung folgen.

Beobachtung 1: Ist $y = f(x)$ eine Lösung der homogenen Differentialgleichung, so ist für jede reelle Zahl γ auch $y_t = \gamma f(x)$ eine Lösung der homogenen Differentialgleichung.

Setzt man nämlich $\gamma f(x)$ für y ein, so erhält man

$$\begin{aligned}&\gamma f^{(m)}(x) + a_{m-1}\gamma f^{(m-1)}(x) + \ldots + a_1\gamma f'(x) + a_0\gamma f(x)\\ &= \gamma\underbrace{\big(f^{(m)}(x) + a_{m-1}f^{(m-1)}(x) + \ldots + a_1 f'(x) + a_0 f(x)\big)}_{=0} = \gamma\cdot 0 = 0\,.\end{aligned}$$

Beobachtung 2: Sind $y = f_1(x)$ und $y_2 = f_2(x)$ zwei Lösungen der homogenen Differentialgleichung, so ist auch $y = f_1(x) + f_2(x)$ eine Lösung der homogenen Differentialgleichung.

Setzt man nämlich $y = f_1(x)+f_2(x)$ in die Differentialgleichung ein, so erhält man

$$\begin{aligned}&\big(f_1^{(m)}(x) + f_2^{(m)}(x)\big) + a_{m-1}\big(f_1^{(m-1)}(x) + f_2^{(m-1)}(x)\big) + \ldots\\ &\qquad \ldots + a_1\big(f_1'(x) + f_2'(x)\big) + a_0\big(f_1(x) + f_2(x)\big)\\ &= \underbrace{\big(f_1^{(m)}(x) + a_{m-1}f_1^{(m-1)}(x) + \ldots + a_1 f_1'(x) + a_0 f_1(x)\big)}_{=0}\\ &\quad + \underbrace{\big(f_2^{(m)}(x) + a_{m-1}f_2^{(m-1)}(x) + \ldots + a_1 f_2'(x) + a_0 f_2(x)\big)}_{=0} = 0\,.\end{aligned}$$

Aus diesen beiden Beobachtungen folgt nun unmittelbar der folgende Satz, das sogenannte Superpositionsprinzip.

Satz 12.9: Superpositionsprinzip

Seien $y = f_1(x)$ und $y = f_2(x)$ zwei Lösungen der homogenen linearen Differentialgleichung m-ter Ordnung

$$y^{(m)} + a_{m-1}y^{(m-1)} + \ldots + a_1 y' + a_0 y = 0\,.$$

Dann ist für beliebige reelle Zahlen $\gamma_1, \gamma_2 \in \mathbb{R}$ auch

$$y = \gamma_1 f_1(x) + \gamma_2 f_2(x)$$

eine Lösung der Differentialgleichung.

Aus dem Superpositionsprinzip folgt, dass die Bedingungen U1 und U2 aus Abschnitt 9.2 für die Lösungsmenge einer homogenen linearen Differentialgleichung m-ter Ordnung erfüllt sind. Da die Nullfunktion $y(x) = 0$ für alle x immer eine Lösung ist, ist die Lösungsmenge nicht leer. Die Lösungsmenge ist daher ein Unterraum im Vektorraum $\mathcal{F}(A, \mathbb{R})$ aller Funktionen mit Definitionsbereich A und Wertebereich $\mathbb{R}$. Man kann sogar zeigen, dass die Dimension des Lösungsraumes immer gleich der Ordnung der Differentialgleichung ist. Dies ist der Inhalt des folgenden Satzes:

Satz 12.10: Struktur des Lösungsraums der homogenen Gleichung

Die Lösungsmenge der **homogenen** linearen Differentialgleichung m-ter Ordnung,

$$y^{(m)} + a_{m-1}y^{(m-1)} + \ldots + a_1 y' + a_0 y = 0\,,$$

ist ein **m-dimensionaler Unterraum** von $\mathcal{F}(A, \mathbb{R})$.

Ist $f_1, \ldots, f_m$ eine **Basis des Lösungsraums**, so ist die allgemeine Lösung

$$y = \gamma_1 f_1(x) + \cdots + \gamma_m f_m(x)\,, \quad \gamma_1, \ldots, \gamma_m \in \mathbb{R}\,.$$

Eine Basis des Lösungsraums $f_1, \ldots, f_m$ bezeichnet man auch als **Fundamentalsystem** der Differentialgleichung.

Um die Lösung einer homogenen linearen Differentialgleichung m-ter Ordnung anzugeben, reicht es also, ein Fundamentalsystem, d.h. m linear unabhängige Lösungen, anzugeben. Somit stellt sich die Frage, wie man auf einfache Weise feststellen kann, ob Funktionen linear unabhängig sind oder nicht. Ein einfaches Kriterium, um die lineare Unabhängigkeit von Funktionen zu überprüfen, liefert die sogenannte **Wronski[6]-Determinante**. Seien $f_1, \ldots, f_m \in \mathcal{F}(A, \mathbb{R})$. Dann heißt die Determinante

$$W(x) := \det \begin{bmatrix} f_1(x) & f_2(x) & \ldots & f_m(x) \\ f_1'(x) & f_2'(x) & \ldots & f_m'(x) \\ \vdots & \vdots & & \vdots \\ f_1^{(m-1)}(x) & f_2^{(m-1)}(x) & \ldots & f_m^{(m-1)}(x) \end{bmatrix}$$

Wronski-Determinante von $f_1, \ldots, f_m$. Der folgende Satz zeigt, wie mit Hilfe der Wronski-Determinante die lineare Unabhängigkeit der Funktionen $f_1, \ldots, f_m$ überprüft werden kann.

[6] Jósef Maria Hoëné-Wroński (1776–1853)

Satz 12.11: Wronski-Determinante

Sind $f_1, \dots, f_m \in \mathcal{F}(A, \mathbb{R})$ $(m-1)$-fach differenzierbar, so gilt

$$W(x) \neq 0 \text{ für } \mathbf{ein}\ x \quad \Longrightarrow \quad f_1, \dots, f_m \text{ sind linear unabhängig.}$$

Sind $f_1, \dots, f_m$ **Lösungen** einer homogenen linearen Differentialgleichung m-ter Ordnung, so gilt sogar

$$W(x) \neq 0 \text{ für } \mathbf{alle}\ x \quad \Longleftrightarrow \quad f_1, \dots, f_m \text{ sind linear unabhängig.}$$

Der Satz besagt insbesondere, dass für Lösungen einer homogenen linearen Differentialgleichung die Wronski-Determinante entweder für alle x ungleich null ist (nämlich dann, wenn die Lösungen linear unabhängig sind) oder für alle x gleich null ist (nämlich dann, wenn die Lösungen linear abhängig sind). Um zu entscheiden, ob m Lösungen linear unabhängig sind oder nicht, reicht es also in jedem Fall aus, die Wronski-Determinante für einen einzigen Wert von x zu berechnen.

Lösung der homogenen linearen Differentialgleichung

Die Lösung einer homogenen linearen Differentialgleichung erster Ordnung hat die Form $y = \gamma \exp(-a_0 x)$. Wir verwenden deshalb für die Lösung einer homogenen linearen Differentialgleichung m-ter Ordnung ebenfalls den Ansatz $y = \exp(\lambda x)$. Setzt man dies in die Differentialgleichung ein, erhält man

$$\begin{aligned} & \lambda^m e^{\lambda x} + a_{m-1}\lambda^{m-1}e^{\lambda x} + \ldots + a_1 \lambda e^{\lambda x} + a_0 e^{\lambda x} = 0 \\ \Longleftrightarrow \quad & \lambda^m + a_{m-1}\lambda^{m-1} + \ldots + a_1\lambda + a_0 = 0\,. \end{aligned}$$

Man bezeichnet diese Gleichung als **charakteristische Gleichung** der Differentialgleichung. Entsprechend heißt das Polynom auf der linken Seite der Gleichung **charakteristisches Polynom**. Die Lösung der Differentialgleichung reduziert sich daher im Wesentlichen auf das Problem, alle Nullstellen des charakteristischen Polynoms zu finden. Haben wir nämlich eine solche Nullstelle λ_0 gefunden, so ist $y(x) = \exp(\lambda_0 x)$ eine Lösung der Differentialgleichung.

Ein Polynom m-ten Grades kann bekanntlich höchstens m verschiedene reelle Nullstellen haben. Gibt es nun tatsächlich m verschiedene reelle Nullstellen, so liefern diese Nullstellen auch m verschiedene Lösungen der Differentialgleichung. Mit Hilfe der Wronski-Determinante lässt sich zeigen, dass diese m Lösungen auch linear unabhängig sind, sodass sie ein Fundamentalsystem, d.h. eine Basis des Lösungsraumes bilden.

Satz 12.12: Homogene lineare Differentialgleichung m-ter Ordnung

Besitzt die charakteristische Gleichung

$$\lambda^m + a_{m-1}\lambda^{m-1} + \ldots + a_1\lambda + a_0 = 0$$

der homogenen linearen Differentialgleichung m-ter Ordnung genau m verschiedene reelle Lösungen $\lambda_1, \lambda_2, \ldots, \lambda_m$, so ist die allgemeine Lösung durch

$$y_t = \gamma_1 e^{\lambda_1 x} + \gamma_2 e^{\lambda_2 x} + \ldots + \gamma_m e^{\lambda_m x}$$

gegeben, wobei $\gamma_1, \gamma_2, \ldots, \gamma_m \in \mathbb{R}$ beliebige reelle Konstanten sind.

Beispiel 12.17. Die homogene lineare Differentialgleichung 2. Ordnung

$$y'' - 4y = 0$$

hat die charakteristische Gleichung $\lambda^2 - 4 = 0$. Diese hat die Lösungen $\lambda_1 = 2$ und $\lambda_2 = -2$. Die allgemeine Lösung der homogenen Differentialgleichung lautet somit

$$y = \gamma_1 e^{2x} + \gamma_2 e^{-2x}, \qquad \gamma_1, \gamma_2 \in \mathbb{R}.$$

Lösung bei mehrfachen oder komplexen Nullstellen

Hat das charakteristische Polynom m verschiedene Nullstellen $\lambda_1, \ldots, \lambda_m$, so bilden gemäß Satz 12.12 die Funktionen $\exp(\lambda_1 x), \ldots, \exp(\lambda_m x)$ eine Basis des Lösungsraumes. Allerdings hat ein Polynom m-ten Grades, wie wir wissen, nicht immer m verschiedene reelle Nullstellen. Beispielsweise kann ein Polynom zweiten Grades auch nur eine (doppelte) Nullstelle oder sogar keine reelle Nullstelle besitzen.

Erweitert man aber den Zahlbereich von den reellen zu den komplexen Zahlen, so sagt der Fundamentalsatz der Algebra (Satz E.2), dass jedes Polynom m-ten Grades genau m Nullstellen in den komplexen Zahlen hat, wobei jede Nullstelle mit ihrer Vielfachheit zu zählen ist. Ein Polynom kann also sowohl reelle als auch komplexe Nullstellen besitzen. Ferner können sowohl reelle als auch komplexe Nullstellen als mehrfache Nullstellen auftreten. Wir werden nun darlegen, wie die Basis des Lösungsraumes einer homogenen linearen Differentialgleichung im allgemeinen Fall bestimmt werden kann.

Die Lektüre dieses Abschnitts setzt Grundkenntnisse über komplexe Zahlen voraus. Eine kurze Einführung in die komplexen Zahlen und deren wichtigste Eigenschaften findet man in Abschnitt E im Anhang.

Mehrfache Nullstellen Wie im vorherigen Abschnitt erwähnt, kann eine Nullstelle des charakteristischen Polynoms eine mehrfache Nullstelle sein. In diesem Fall gewinnt man aus der Nullstelle nicht nur eine Lösung, sondern so viele, wie die Vielfachheit der Nullstelle angibt.

Satz 12.13: Lösung bei mehrfachen Nullstellen

Sei λ eine reelle k-fache Nullstelle des charakteristischen Polynoms einer homogenen linearen Differentialgleichung mit reellen Koeffizienten. Dann sind

$$e^{\lambda x}, xe^{\lambda x}, \ldots, x^{k-1}e^{\lambda x}$$

linear unabhängige Lösungen der Differentialgleichung.

Eine k-fache reelle Nullstelle liefert also auch k linear unabhängige Lösungen der Differentialgleichung.

Beispiel 12.18. Die homogene lineare Differentialgleichung 2. Ordnung

$$y'' + 4y' + 4y = 0$$

hat die charakteristische Gleichung $\lambda^2 + 4\lambda + 4 = 0$. Mit der p-q-Formel erhält man die Lösungen

$$\lambda_{1,2} = -\frac{4}{2} \pm \sqrt{\frac{16}{4} - 4} = -2 \pm \sqrt{4-4} = -2\,.$$

Also ist $\lambda_{1,2} = -2$ eine zweifache Nullstelle des charakteristischen Polynoms. Die allgemeine Lösung der homogenen Differentialgleichung lautet somit

$$y = \gamma_1 e^{-2x} + \gamma_2 x e^{-2x} = (\gamma_1 + \gamma_2 x)e^{-2x}\,.$$

Komplexe Nullstellen Wenn wir im Folgenden von komplexen Nullstellen des charakteristischen Polynoms sprechen, dann verstehen wir darunter immer solche Nullstellen $\lambda = a + bi$, bei denen $b \neq 0$ ist, d.h., bei denen der Imaginärteil nicht null ist. Grundsätzlich unterscheiden sich solche Nullstellen nicht von reellen Nullstellen. Ist also die komplexe Zahl λ Nullstelle des charakteristischen Polynoms, so ist $e^{\lambda x}$ eine Lösung der Differentialgleichung. Genauso gilt: Ist die komplexe Zahl λ eine k-fache Nullstelle des charakteristischen Polynoms, so sind die Funktionen $e^{\lambda x}$, $\lambda e^{\lambda x}$, …, $\lambda^{k-1}e^{\lambda x}$ Lösungen der Differentialgleichung.

Jedoch macht man sich leicht klar, dass bei einer linearen Differentialgleichung mit reellen Koeffizienten und reellen Anfangsbedingungen alle Lösungen $y = f(x)$ ebenfalls reell sein müssen. Daher scheint es etwas unbefriedigend, komplexe Zahlen zur Lösung einer solchen Differentialgleichung verwenden zu müssen. Wir werden im Folgenden zeigen, dass dies in der Tat nicht nötig ist.

Wir gehen von einer homogenen linearen Differentialgleichung

$$y^{(m)} + a_{m-1}y^{(m-1)} + \ldots + a_1 y' + a_0 y = 0$$

mit reellen Koeffizienten $a_0, \ldots, a_{m-1}$ aus. Ist $\lambda = a + bi$ eine komplexe Nullstelle des charakteristischen Polynoms, so ist auch die komplex konjugierte Zahl $\overline{\lambda} = a - bi$ Nullstelle des charakteristischen Polynoms (vgl. Satz E.2 im Anhang). Somit sind die Funktionen $y = e^{(a+bi)x}$ und $y = e^{(a-bi)x}$ Lösungen der Differentialgleichung. Aufgrund der Eulerschen Formel (Gleichung (E.1)) gilt

$$\begin{aligned} \gamma_1 e^{(a+bi)x} + \gamma_2 e^{(a-bi)x} &= \gamma_1 \big[e^{ax}\cos(bx) + ie^{ax}\sin(bx)\big] \\ &\quad + \gamma_2 \big[e^{ax}\cos(bx) - ie^{ax}\sin(bx)\big] \\ &= (\gamma_1 + \gamma_2)e^{ax}\cos(bx) + i(\gamma_1 - \gamma_2)e^{ax}\sin(bx) \\ &= C_1\, e^{ax}\cos(bx) + C_2\, e^{ax}\sin(bx)\,, \end{aligned}$$

wobei $C_1 = \gamma_1 + \gamma_2$ und $C_2 = i(\gamma_1 - \gamma_2)$ gesetzt wurde. Diese Gleichung zeigt uns, dass wir jede Linearkombination der Lösungen $e^{(a+bi)x}$ und $e^{(a+bi)x}$ auch als Linearkombination (mit ggf. komplexen Koeffizienten) der reellen Lösungen $e^{ax}\cos(bx)$ und $e^{ax}\sin(bx)$ darstellen können. Umgekehrt kann man auch jede Linearkombination von $e^{ax}\cos(bx)$ und $e^{ax}\sin(bx)$ als Linearkombination von $e^{(a+bi)x}$ und $e^{(a-bi)x}$ darstellen, indem man $\gamma_1 = \frac{1}{2}(C_1 - iC_2)$ und $\gamma_2 = \frac{1}{2}(C_1 + iC_2)$ setzt.

Es ist also völlig egal, ob man die Linearkombinationen von $e^{(a+bi)x}$ und $e^{(a+bi)x}$ oder von $e^{ax}\cos(bx)$ und $e^{ax}\sin(bx)$ betrachtet. Wir fassen dieses Ergebnis in dem folgenden Satz zusammen.

Satz 12.14: Lösung bei komplexen Nullstellen

Ist $\lambda = a + bi$ eine komplexe Nullstelle des charakteristischen Polynoms einer homogenen linearen Differentialgleichung mit reellen Koeffizienten, so ist auch $\overline{\lambda} = a - bi$ eine Nullstelle des charakteristischen Polynoms und die Funktionen

$$e^{ax}\cos(bx) \qquad \text{und} \qquad e^{ax}\sin(bx)$$

sind linear unabhängige Lösungen der Differentialgleichung.

Beispiel 12.19. Die homogene lineare Differentialgleichung 2. Ordnung

$$y'' + 4y = 0$$

hat die charakteristische Gleichung $\lambda^2 + 4 = 0$. Deren Lösungen sind $\lambda_1 = 2i$ und $\lambda_2 = -2i$. Die allgemeine Lösung der homogenen Differentialgleichung lautet somit

$$y = \gamma_1 \cos(2x) + \gamma_2 \sin(2x)\,.$$

Wie geht man aber mit mehrfachen komplexen Nullstellen um? Die Antwort auf diese Frage gibt der folgende Satz.

Satz 12.15: Lösung bei mehrfachen komplexen Nullstellen

Ist $\lambda = a + bi$ eine komplexe k-fache Nullstelle des charakteristischen Polynoms einer homogenen linearen Differentialgleichung mit reellen Koeffizienten, so ist auch $\overline{\lambda}$ eine k-fache Nullstelle des charakteristischen Polynoms und die Funktionen

$$e^{ax}\cos(bx)\,,\ xe^{ax}\cos(bx)\,,\ x^2e^{ax}\cos(bx)\,,\ldots,\ x^{k-1}e^{ax}\cos(bx)\,,$$
$$e^{ax}\sin(bx)\,,\ xe^{ax}\sin(bx)\,,\ x^2e^{ax}\sin(bx)\,,\ldots,\ x^{k-1}e^{ax}\sin(bx)$$

sind linear unabhängige Lösungen der Differentialgleichung.

Da ein Polynom m-ten Grades immer m (komplexe) Nullstellen hat, wenn jede Nullstelle mit ihrer Vielfachheit gezählt wird, ist es mit den Sätzen 12.13 und 12.15 möglich, m linear unabhängigen Lösungen der Differentialgleichung und somit ein Fundamentalsystem zu finden. Wir illustrieren dies an einem Beispiel.

Beispiel 12.20. Gegeben sei die homogene lineare Differentialgleichung vierter Ordnung

$$y^{(4)} - 3y''' + 0.5y'' + 2y' + 2y = 0\,.$$

Die charakteristische Gleichung lautet dann

$$\lambda^4 - 3\lambda^3 + 0.5\lambda^2 + 2\lambda + 2 = 0\,.$$

Durch Probieren oder durch Anwendung der Verfahren zur Nullstellensuche aus Abschnitt 4.10 findet man die Lösung $\lambda_1 = 2$. Polynomdivision liefert dann

$$(\lambda^4 - 3\lambda^3 + 0.5\lambda^2 + 2\lambda + 2) : (\lambda - 2) = \lambda^3 - \lambda^2 - 1.5\lambda - 1\,.$$

Das Polynom, das man hier als Ergebnis der Polynomdivision erhält, hat ebenfalls eine Nullstelle bei $\lambda_2 = 2$. Dividiert man auch diese heraus, erhält man das quadratische Polynom

$$(\lambda^3 - \lambda^2 - 1.5\lambda - 1) : (\lambda - 2) = \lambda^2 + \lambda + 0.5\,.$$

Die Nullstellen diese Polynoms findet man mit der p-q-Formel:

$$\lambda_{3,4} = -\frac{1}{2} \pm \sqrt{\frac{1}{4} - \frac{1}{2}} = -\frac{1}{2} \pm \sqrt{-\frac{1}{4}} = -\frac{1}{2} \pm i\frac{1}{2}$$

Wir haben somit die folgenden Nullstellen des charakteristischen Polynoms,

$$\lambda_1 = 2\,,\quad \lambda_2 = 2\,,\quad \lambda_3 = -\frac{1}{2} + i\frac{1}{2}\,,\quad \lambda_4 = -\frac{1}{2} - i\frac{1}{2}\,.$$

$\lambda_{1,2} = 2$ ist eine zweifache Nullstelle und liefert die Lösungen e^{2x} und xe^{2x}. Die komplex konjugierten Nullstellen $\lambda_{3,4} = -\frac{1}{2} \pm \frac{1}{2}i$ liefern die beiden Lösungen

$$e^{-\frac{1}{2}x} \cos\left(\frac{1}{2}x\right) \quad \text{und} \quad e^{-\frac{1}{2}x} \sin\left(\frac{1}{2}x\right).$$

Die allgemeine Lösung der Differentialgleichung lautet daher

$$y = \gamma_1 e^{2x} + \gamma_2 x e^{2x} + \gamma_3 e^{-\frac{1}{2}x} \cos\left(\frac{1}{2}x\right) + \gamma_4 e^{-\frac{1}{2}x} \sin\left(\frac{1}{2}x\right).$$

Setzt man beispielsweise $\gamma_1, \gamma_2 = 0$ und fordert zusätzlich die Anfangsbedingungen $y(0) = 1$ und $y'(0) = 0$, erhält man die Lösung

$$y = e^{-\frac{1}{2}x} \cos\left(\frac{1}{2}x\right) - e^{-\frac{1}{2}x} \sin\left(\frac{1}{2}x\right),$$

die in Abbildung 12.6 dargestellt ist. Die Lösung zu den gegebenen Anfangsbedingungen ist eine gedämpfte Schwingung; für x gegen unendlich konvergiert diese Lösung gegen null.

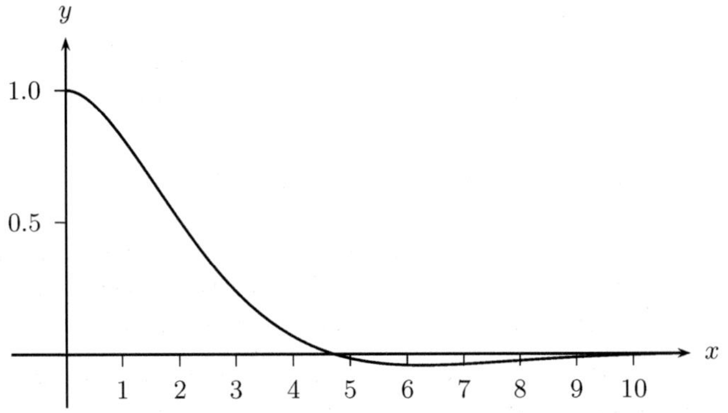

Abbildung 12.6: Eine Lösung der Differentialgleichung aus Beispiel 12.20

Setzt man andererseits $\gamma_3, \gamma_4 = 0$ und fordert die Anfangsbedingung $y(0) = 1$ und $y'(0) = 0$, so ergibt sich die Lösung

$$y_t = e^{2x} - 2xe^{2x} = e^{2x}(1 - 2x).$$

Diese Lösung der Differentialgleichung ist nicht konvergent, sondern divergent. Je nach Wahl der Anfangsbedingungen treten bei dieser Differentialgleichung qualitativ unterschiedliche Lösungen auf.

Wir beenden diesen Abschnitt mit einer Diskussion der Lösungen einer **homogenen linearen Differentialgleichung 2. Ordnung**, $y''+a_1y'+a_0 = 0$.

Die charakteristische Gleichung lautet dann $\lambda^2 + a_1\lambda + a_0 = 0$. Deren Lösungen sind

$$\lambda_{1,2} = -\frac{a_1}{2} \pm \sqrt{\frac{a_1^2}{4} - a_0}\,.$$

Hier können nun die folgenden Fälle auftreten:

Zwei reelle Lösungen λ_1 und λ_2, falls $a_0 < \frac{a_1^2}{4}$. In diesem Fall lautet die vollständige Lösung

$$\boxed{y = \gamma_1 e^{\lambda_1 x} + \gamma_2 e^{\lambda_2 x}\,.}$$

Eine zweifache Lösung $\lambda_1 = \lambda_2$, falls $a_0 = \frac{a_1^2}{4}$. Dann ist die Lösung

$$\boxed{y = \gamma_1 e^{\lambda_1 x} + \gamma_2 x e^{\lambda_1 x}\,.}$$

Zwei komplexe Lösungen $\lambda_{1,2} = a \pm bi$, falls $a_0 > \frac{a_1^2}{4}$. Die vollständige Lösung hat dann die Gestalt

$$\boxed{y = \gamma_1 e^{ax}\cos(bx) + \gamma_2 e^{ax}\sin(bx)\,.}$$

Lösung der inhomogenen Differentialgleichung

Wir beginnen diesen Abschnitt mit der Untersuchung der Struktur der Lösungsmenge einer inhomogenen linearen Differentialgleichung. Die folgenden beiden Beobachtungen setzen die Beobachtungen 1 und 2 der Seiten 411f fort.

Beobachtung 3: Ist $y = f_h(x)$ eine Lösung der **homogenen** und $y = f_{sp}(x)$ eine Lösung der **inhomogenen** Differentialgleichung, so ist $y = f_h(x) + f_{sp}(x)$ eine Lösung der **inhomogenen** Differentialgleichung.

Setzt man nämlich $y = f_h(x) + f_{sp}(x)$ in die Differentialgleichung ein, so erhält man

$$\begin{aligned}
&\big(f_h^{(m)}(x) + f_{sp}^{(m)}(x)\big) + a_{m-1}\big(f_h^{(m-1)}(x) + f_{sp}^{(m-1)}(x)\big) + \ldots \\
&\qquad\qquad \ldots + a_1\big(f_h'(x) + f_{sp}'(x)\big) + a_0\big(f_h(x) + f_{sp}(x)\big) \\
&\quad = \underbrace{\big(f_h^{(m)}(x) + a_{m-1}f_h^{(m-1)}(x) + \ldots + a_1 f_h'(x) + a_0 f_h(x)\big)}_{=0} \\
&\quad + \underbrace{\big(f_{sp}^{(m)}(x) + a_{m-1}f_{sp}^{(m-1)}(x) + \ldots + a_1 f_{sp}'(x) + a_0 f_{sp}(x)\big)}_{=b(x)} = b(x)\,.
\end{aligned}$$

Beobachtung 4: Sind $y_t = f_1(x)$ und $y_t = f_2(x)$ zwei Lösungen der **inhomogenen** Differentialgleichung, so ist $y_t = f_1(x) - f_2(x)$ eine Lösung der **homogenen** Differentialgleichung.

Setzt man nämlich $y = f_1(x) - f_2(x)$ in die Differentialgleichung ein, so erhält man

$$\begin{aligned}
&\big(f_1^{(m)}(x) - f_2^{(m)}(x)\big) + a_{m-1}\big(f_1^{(m-1)}(x) - f_2^{(m-1)}(x)\big) + \ldots \\
&\qquad\qquad \ldots + a_1\big(f_1'(x) - f_2'(x)\big) + a_0\big(f_1(x) - f_2(x)\big) \\
&= \underbrace{\big(f_1^{(m)}(x) + a_{m-1}f_1^{(m-1)}(x) + \ldots + a_1 f_1'(x) + a_0 f_1(x)\big)}_{= b(x)} \\
&\quad - \underbrace{\big(f_2^{(m)}(x) + a_{m-1}f_2^{(m-1)}(x) + \ldots + a_1 f_2'(x) + a_0 f_2(x)\big)}_{= b(x)} = 0\,.
\end{aligned}$$

Aus den beiden Beobachtungen folgt unmittelbar, dass sich die allgemeine Lösung der inhomogenen Differentialgleichung als Summe **einer speziellen Lösung** der inhomogenen Gleichung und der **allgemeinen Lösung** der homogenen Differentialgleichung schreiben lässt.

Satz 12.16: Struktur des Lösungsraums der inhomogenen Gleichung

Sei $y = f_{sp}(x)$ eine Lösung der **inhomogenen** linearen Differentialgleichung m-ter Ordnung,

$$y^{(m)} + a_{m-1}y^{(m-1)} + \ldots + a_1 y' + a_0 y = b(x)\,,$$

und seien $f_1, \ldots, f_m$ eine Basis des Lösungsraums der homogenen Gleichung.

Dann ist die **allgemeine Lösung der inhomogenen Gleichung**

$$y = f_{sp}(x) + \gamma_1 f_1(x) + \cdots + \gamma_m f_m(x)\,, \qquad \gamma_1, \ldots, \gamma_m \in \mathbb{R}\,.$$

Der Satz besagt, dass man zur allgemeinen Lösung der inhomogenen Differentialgleichung lediglich die allgemeine Lösung der homogenen Gleichung und eine **einzige spezielle Lösung** der inhomogenen Gleichung benötigt.

Lösung bei konstanter Störfunktion

Wir kommen nun zur Lösung der inhomogenen linearen Differentialgleichung m-ter Ordnung. Dabei beschränken wir uns zunächst auf den Fall einer konstanten Störfunktion, d.h. $b(x) = b$ für alle $x \in A$. Die Differentialgleichung hat dann die Gestalt

$$y^{(m)} + a_{m-1}y^{(m-1)} + \ldots + a_1 y' + a_0 y = b\,.$$

Der Ansatz einer konstanten Lösung, $y_t = c$, führt auf die Gleichung $a_0 c = b$. Für $a_0 \neq 0$ ist die sogenannte **Gleichgewichtslösung**

$$y(x) = \frac{b}{a_0} = y^* \qquad \text{für alle } x$$

eine spezielle Lösung der inhomogenen Differentialgleichung.

Gemäß Satz 12.16 gilt der folgende Satz.

Satz 12.17: Inhomogene lineare Differentialgleichung m-ter Ordnung

Ist $a_0 \neq 0$, so besitzt die inhomogene lineare Differentialgleichung

$$y^{(m)} + a_{m-1}y^{(m-1)} + \ldots + a_1 y' + a_0 y = b$$

die allgemeine Lösung

$$y = y_h(x) + \frac{b}{a_0} = y_h(x) + y^*,$$

wobei $y_h(x)$ die allgemeine Lösung der zugehörigen homogenen linearen Differentialgleichung bezeichnet.

Ist $a_0 = 0$, so ist $\lambda = 0$ eine Nullstelle des charakteristischen Polynoms. Die Funktion $y(x) = e^{0 \cdot x} = 1$ (und damit auch $y(x) = c$) ist in diesem Fall bereits eine Lösung der homogenen Gleichung. Dann kann aber $y(x) = c$ keine Lösung der inhomogenen Gleichung sein. Man spricht in diesen Fall von **Resonanz**. Anstelle von $y(x) = c$ verwendet man beim Vorliegen von Resonanz den Ansatz $y(x) = cx$ und versucht erneut c geeignet zu bestimmen. Schlägt auch dieser Ansatz fehl, versucht man $y(x) = cx^2$, $y(x) = cx^3$, usw. Allgemein gilt: Ist $\lambda = 0$ eine **k-fache Nullstelle** des charakteristischen Polynoms, so führt der Ansatz $y(x) = cx^k$ zum Ziel.

Beispiel 12.21. Gegeben sei die Differentialgleichung $y'' + 2y' = 5$. Der Ansatz $y(x) = c$ führt auf $0 = 5$, d.h. einen Widerspruch. Es liegt also **Resonanz** vor. Daher multipliziert man die Versuchslösung mit x und erhält die neue Versuchslösung $y(x) = cx$. Dieser Ansatz führt auf $2c = 5$, d.h. $c = \frac{5}{2}$. Also ist $y = \frac{5}{2}x$ eine spezielle Lösung der inhomogenen Gleichung.

Ansatz vom Typ der rechten Seite

Während mit den Ergebnissen aus den Sätzen 12.12 bis 12.15 das Problem der Bestimmung der Lösung einer homogenen linearen Differentialgleichung vollständig gelöst ist, existiert keine vergleichbare Theorie für die Lösung einer inhomogenen linearen Differentialgleichung. Für den Fall einer konstanten Störfunktion haben wir die Lösung der inhomogenen Differentialgleichung bereits in Satz 12.17 angegeben. Wir wollen in diesem Abschnitt einen Ansatz vorstellen, mit dem sich für eine große Klasse von Störfunktionen eine Lösung der inhomogenen Differentialgleichung bestimmen lässt. Diesem Ansatz liegt die Beobachtung zugrunde, dass für gewisse Störfunktionen Lösungen der Differentialgleichung existieren, die vom selben Typ sind wie die Störfunktion selbst. Beim sogenannten **Ansatz vom Typ der rechten Seite** verwendet man daher eine Versuchslösung, die von derselben Gestalt wie die Störfunktion ist. Ist die Störfunktion beispielsweise $b(x) = e^{ax}$, so verwendet man zur Bestimmung einer speziellen Lösung den Ansatz $y(x) = ce^{ax}$ und versucht, die Konstante c geeignet zu bestimmen.

Die folgende Tabelle gibt einen Überblick über Störfunktionen und zu verwendende Versuchslösungen:

Störfunktion	Versuchslösung
e^{ax}	ce^{ax}
$\sin(bx)$ oder $\cos(bx)$	$c_1 \sin(bx) + c_2 \cos(bx)$
$p_0 + p_1 x + \cdots + p_n x^n$	$c_0 + c_1 x + \cdots + c_n x^n$
$(p_0 + p_1 x + \cdots + p_n x^n)e^{ax}$	$(c_0 + c_1 x + \cdots + c_n x^n)e^{ax}$
$e^{ax} \sin(bx)$ oder $e^{ax} \cos(bx)$	$e^{ax}(c_1 \sin(bx) + c_2 \cos(bx))$

Auf den ersten Blick mag dieses Vorgehen zwar nach blindem Probieren aussehen. Man kann jedoch zeigen, dass mit dem Ansatz vom Typ der rechten Seite für eine große Klasse von Störfunktionen eine Lösung der inhomogenen Differentialgleichung bestimmt werden kann.

Satz 12.18: Ansatz vom Typ der rechten Seite

Gegeben sei die inhomogene lineare Differentialgleichung

$$y^{(m)} + a_{m-1}y^{(m-1)} + \ldots + a_1 y' + a_0 y = b(x)\,.$$

Hat die Störfunktion die Gestalt

$$b(x) = p_1(x)e^{ax} \sin(bx) + p_2(x)e^{ax} \cos(bx)\,,$$

wobei p_1 und p_2 Polynome vom Grad n_1 bzw. n_2 sind und ist $\lambda = a + bi$ **keine Nullstelle des charakteristischen Polynoms**, so hat die inhomogene Differentialgleichung eine spezielle Lösung der Form

$$y(x) = q_1(x)e^{ax} \sin(bx) + q_2(x)e^{ax} \cos(bx)\,,$$

wobei q_1 und q_2 Polynome vom Grad $n = \max\{n_1, n_2\}$ sind.

Bemerkung: Ist $\lambda = a + bi$ eine Nullstelle des charakteristischen Polynoms, so spricht man von **Resonanz**. Wie in diesem Fall zu verfahren ist, werden wir in Satz 12.19 diskutieren.

Die Störfunktionen und Versuchslösungen der Tabelle auf Seite 422 erhält man alle als Spezialfälle der in Satz 12.18 angegebenen allgemeinen Störfunktion. Beispielsweise erhält man für $b = 0$ die Störfunktion $b(x) = p_2(x)e^{ax}$, wobei $p_2(x)$ ein Polynom in x ist. Setzt man weiter $a = 0$, so erhält man die Störfunktion $b(x) = p_2(x)$, also ein Polynom. Wählt man in der allgemeinen Formulierung speziell Polynome vom Grad null, d.h. Konstanten, so erhält man als Störfunktion $b(x) = c_1e^{ax}\sin(bx) + c_2e^{ax}\cos(bx)$.

Wir illustrieren den Ansatz vom Typ der rechten Seite an zwei Beispielen.

Beispiel 12.22. Gegeben sei die inhomogene lineare Differentialgleichung

$$y'' - 3y' + 2y = e^{3x}\,.$$

Der Ansatz $y(x) = ce^{3x}$ führt auf die Gleichung

$$9ce^{3x} - 3 \cdot 3ce^{3x} + 2ce^{3x} = e^{3x}$$

Division durch e^{3x} liefert

$$9c - 3 \cdot 3c + 2c = 1 \quad\Longleftrightarrow\quad 2c = 1 \quad\Longleftrightarrow\quad c = \frac{1}{2}$$

Also ist $y(x) = 0.5 \cdot e^{3x}$ eine spezielle Lösung der inhomogenen Differentialgleichung.

Beispiel 12.23. Gegeben sei die inhomogene lineare Differentialgleichung

$$y'' - 3y' + 2y = x^2 + x\,.$$

Da die Störfunktion ein Polynom zweiten Grades ist, verwendet man als Versuchslösung ein allgemeines Polynom zweiten Grades, $y(x) = ax^2 + bx + c$. Einsetzen in die Differentialgleichung führt auf

$$\begin{aligned} &2a - 3(2ax + b) + 2(ax^2 + bx + c) = x^2 + x \\ &\qquad\Longleftrightarrow\quad 2ax^2 + (2b - 6a)x + (2c - 3b + 2a) = x^2 + x\,. \end{aligned}$$

Hier steht auf beiden Seiten des Gleichheitszeichens ein Polynom zweiten Grades. Da zwei Polynome genau dann gleich sind, wenn ihre Koeffizienten gleich sind, erhält man die drei Gleichungen[7]

$$2a = 1, \quad 2b - 6a = 1 \quad \text{und} \quad 2c - 3b + 2a = 0\,.$$

Hieraus folgt $a = 1/2$, $b = 2$ und $c = 5/2$. Also ist $y(x) = 0.5x^2 + 2x + 2.5$ eine spezielle Lösung der inhomogenen Differentialgleichung.

[7] Für diese Überlegung sagt man oft kurz: „Koeffizientenvergleich liefert ...“.

Die in Satz 12.18 betrachteten Störfunktionen sind sämtlich Funktionen, die auch als Lösungen homogener linearer Differentialgleichung auftreten können. Tritt nun der Fall ein, dass die Störfunktion bereits eine Lösung der zugehörigen homogenen Differentialgleichung ist, so führt der Ansatz vom Typ der rechten Seite nicht zum Erfolg.

Beispiel 12.24. Wir betrachten die inhomogene Differentialgleichung

$$y'' - 3y' + 2y = e^{2x}.$$

Macht man den Ansatz $y(x) = ce^{2x}$, so erhält man

$$4ce^{2x} - 3 \cdot 2ce^{2x} + 2ce^{2x} = e^{2x} \quad \Longleftrightarrow \quad 0 = e^{2x},$$

also einen Widerspruch. Der Grund hierfür ist, dass $y(x) = ce^{2x}$ bereits eine Lösung der homogenen Differentialgleichung $y'' - 3y' + 2y = 0$ ist, bzw. dass $z = 2$ eine Nullstelle des charakteristischen Polynoms ist.

Der Ansatz vom Typ der rechten Seite gemäß Satz 12.18 schlägt also fehl, wenn die Störfunktion (oder ein Summand derselben) bereits eine Lösung der homogenen Differentialgleichung ist. Man spricht dann von **Resonanz**. Liegt Resonanz vor, multipliziert man die Versuchslösung mit x und verwendet diese Funktion als neue Versuchslösung. Schlägt auch dieser Ansatz fehl, multipliziert man erneut mit x. Bei Differentialgleichungen 2. Ordnung hat man spätestens dann eine geeignete Versuchslösung gefunden. Bei Differentialgleichungen höherer Ordnung muss das Verfahren unter Umständen weiter fortgesetzt werden.

Beispiel 12.25 (Fortsetzung von Beispiel 12.24). Wir haben gesehen, dass bei der inhomogenen Differentialgleichung $y'' - 3y' + 2y = e^{2x}$ Resonanz vorliegt. Daher multipliziert man die Versuchslösung $y(x) = ce^{2x}$ mit x und erhält die neue Versuchslösung $y(x) = cxe^{2x}$. Die ersten beiden Ableitungen dieser Funktion sind

$$y' = c[1 + 2x]e^{2x} \quad \text{und} \quad y'' = c[4 + 4x]e^{2x}.$$

Einsetzen in die Differentialgleichung liefert dann

$$c[4 + 4x]e^{2x} - 3c[1 + 2x]e^{2x} + 2cxe^{2x} = e^{2x}$$
$$\Longleftrightarrow \quad ce^{2x}[4 + 4x - 3 - 6x + 2x] = e^{2x} \quad \Longleftrightarrow \quad ce^{2x} = e^{2x}.$$

Division durch e^{2x} liefert $c = 1$. Somit ist $y(x) = xe^{2x}$ eine spezielle Lösung der inhomogenen Differentialgleichung.

Der folgende Satz präzisiert das Vorgehen im Resonanzfall.

Satz 12.19: Ansatz vom Typ der rechten Seite, Resonanzfall

Gegeben sei die inhomogene lineare Differentialgleichung

$$y^{(m)} + a_{m-1}y^{(m-1)} + \ldots + a_1 y' + a_0 y = b(x)\,.$$

Hat die Störfunktion die Gestalt

$$b(x) = p_1(x)e^{ax}\sin(bx) + p_2(x)e^{ax}\cos(bx)\,,$$

wobei p_1 und p_2 Polynome vom Grad n_1 bzw. n_2 sind, und ist $\lambda = a + bi$ eine **k-fache Nullstelle des charakteristischen Polynoms**, so hat die inhomogene Differentialgleichung eine spezielle Lösung der Form

$$y(x) = x^k\left[q_1(x)e^{ax}\sin(bx) + q_2(x)e^{ax}\cos(bx)\right]\,,$$

wobei q_1 und q_2 Polynome vom Grad $n = \max\{n_1, n_2\}$ sind.

Bemerkung: Die Störfunktionen und Versuchslösungen der Tabelle auf Seite 422 erhält man wieder als Spezialfälle aus diesem Resultat. Entsprechend sind auch die dort angegebenen Versuchslösungen mit x^k zu multiplizieren.

Wenn bekannt ist, dass $\lambda = a + bi$ eine k-fache Nullstelle des charakteristischen Polynoms ist, kann man natürlich die Versuchslösung direkt mit x^k multiplizieren und sich damit das Ausprobieren sparen. Ist die rechte Seite ein Polynom, $b(x) = p(x)$, so liegt Resonanz vor, wenn $\lambda = 0$ eine Nullstelle des charakteristischen Polynoms ist. Ist die Störfunktion von der Form $b(x) = e^{ax}$ oder $b(x) = p(x)e^{ax}$, so muss man überprüfen, ob $\lambda = a$ eine Nullstelle ist. Kommen in der Störfunktion trigonometrische Funktionen $\sin(bx)$, $\cos(bx)$ vor, muss auf die komplexe Nullstellen $\lambda = a \pm bi$ geprüft werden.

Die folgende Tabelle zeigt, wie man die Funktionen der Tabelle auf Seite 422 als Spezialfälle des allgemeinen Resultats erhält und welches die kritische Nullstelle ist.

Störfunktion	erhält man für	kritische Nullestelle
$p(x)$	$a = 0,\ b = 0$	$z = 0$
e^{ax}, $p(x)e^{ax}$	$a \neq 0,\ b = 0$	$z = a$
$\sin(bx)$, $p(x)\sin(bx)$ $\cos(bx)$, $p(x)\cos(bx)$	$a = 0,\ b \neq 0$	$z = bi$
$e^{ax}\sin(bx)$, $p(x)e^{ax}\sin(bx)$ $e^{ax}\cos(bx)$, $p(x)e^{ax}\cos(bx)$	$a \neq 0,\ b \neq 0$	$z = a + bi$

Beispiel 12.26. Gegeben sei die inhomogene Differentialgleichung

$$y''' - 3y'' = x\,.$$

Da die rechte Seite ein Polynom ersten Grades ist, verwendet man für den Ansatz vom Typ der rechten Seite ein allgemeines Polynom ersten Grades, $y(x) = a + bx$. Da das charakteristische Polynom $\lambda^3 - 3\lambda^2$ die zweifache Nullstelle $\lambda = 0$ besitzt, multipliziert man diese Versuchslösung mit x^2 und erhält die neue Versuchslösung $y(x) = ax^2 + bx^3$. Die Ableitungen der Versuchslösung sind

$$y'(x) = 2ax + 3bx^2\,, \quad y''(x) = 2a + 6bx \quad \text{und} \quad y'''(x) = 6b\,.$$

Einsetzen in die Differentialgleichung führt auf

$$6b - 3(2a + 6bx) = x \quad \Longleftrightarrow \quad -18bx + (6b - 6a) = x\,.$$

Koeffizientenvergleich liefert dann $-18b = 1$ und $6b - 6a = 0$, woraus $b = -\frac{1}{18}$ und $a = -\frac{1}{18}$ folgt. Also ist

$$y(x) = -\frac{1}{18}x^2 - \frac{1}{18}x^3$$

eine spezielle Lösung der inhomogenen Gleichung.

Bemerkung: Ist die Störfunktion $b(x)$ eine Summe von Funktionen geeigneten Typs, so kann man für jeden Summanden einen separaten Ansatz machen und die erhaltenen Lösungen einfach addieren. Wir illustrieren dies wieder an einem Beispiel.

Beispiel 12.27. (Fortsetzung der Beispiele 12.23 bis 12.25). Gegeben sei die inhomogene Differentialgleichung

$$y'' - 3y' + 2y = e^{2x} + x^2 + x\,.$$

Die Differentialgleichung $y'' - 3y' + 2y = e^{2x}$ hat als spezielle Lösung $y(x) = xe^{2x}$.

Entsprechend hat die Differentialgleichung $y'' - 3y' + 2y = x^2 + x$ als spezielle Lösung $y(x) = 0.5x^2 + 2x + 2.5$. Somit ist

$$y(x) = xe^{2x} + 0.5x^2 + 2x + 2.5$$

eine spezielle Lösung der Differentialgleichung $y'' - 3y' + 2y = e^{2x} + x^2 + x$.

12.3 Stabilität von Differentialgleichungen

Oftmals ist es gar nicht erforderlich, die genaue Lösung einer Differentialgleichung zu kennen, sondern es interessiert vor allem das Grenzverhalten der Lösung für große Werte von x. Insbesondere möchte man wissen, ob die Lösung einer Differentialgleichung mit wachsendem x gegen eine Gleichgewichtslösung konvergiert. Bei der Differentialgleichung aus Beispiel 12.20 haben wir gesehen, dass für gewisse Anfangsbedingungen die Lösung gegen null konvergiert, während für andere Anfangsbedingungen die Lösung divergiert. Konvergiert **jede** Lösung einer homogenen linearen Differentialgleichung gegen null, so bezeichnet man die Differentialgleichung als stabil. Etwas allgemeiner definiert man:

Definition 12.4: Stabilität

Eine lineare Differentialgleichung heißt (asymptotisch) **stabil**, wenn für je zwei beliebige Lösungen $y = f_1(x)$, $y = f_2(x)$ der Differentialgleichung

$$\lim_{x\to\infty} (f_1(x) - f_2(x)) = 0$$

gilt.

Besitzt die Differentialgleichung eine konstante Gleichgewichtslösung y^*, so ist obige Definition gleichbedeutend damit, dass **jede** Lösung der Differentialgleichung für x gegen unendlich gegen die Gleichgewichtslösung y^* konvergiert,

$$\lim_{x\to\infty} y(x) = y^* \,.$$

Da die Differenz zweier Lösungen der inhomogenen Gleichung eine Lösung der homogenen Gleichung ist, ist eine inhomogene Differentialgleichung genau dann stabil, wenn für jede Lösung $y(x)$ der homogenen Differentialgleichung

$$\lim_{x\to\infty} y(x) = 0$$

gilt. Da man jede Lösung der homogenen Differenzengleichung als Linearkombination der Basisfunktionen erhält, muss also insbesondere für jede Basislösung der Grenzwert für x gegen unendlich null sein.

Ist $\lambda = a + bi$ eine k-fache Nullstelle (reell oder komplex) des charakteristischen Polynoms, so sind $e^{\lambda x}, xe^{\lambda x}, \ldots, x^{k-1}e^{\lambda x}$ linear unabhängige Lösungen. Es gilt

$$\lim_{x\to\infty} x^l e^{(a+bi)x} = 0 \quad \Longleftrightarrow \quad \lim_{x\to\infty} \left| x^l e^{(a+bi)x} \right| = 0 \,.$$

Für $x > 0$ ist wegen $|e^{ibx}| = 1$

$$\left| x^l e^{(a+bi)x} \right| = \left| x^l e^{ax} e^{ibx} \right| = \left| x^l \right| \cdot \left| e^{ax} \right| \cdot \left| e^{ibx} \right| = x^l e^{ax} \,.$$

Daher gilt für beliebiges $l \in \mathbb{N}_0$

$$\lim_{x\to\infty} \left| x^l e^{(a+bi)x} \right| = \lim_{x\to\infty} x^l e^{ax} .$$

Für $a > 0$ sowie für $a = 0$ und $l > 0$ ist der Grenzwert unendlich, und für $a = 0$ und $l = 0$ ist der Grenzwert gleich eins. Für $a < 0$ erhält man durch l-fache Anwendung der Regeln von l'Hospital

$$\lim_{x\to\infty} x^l e^{ax} = \lim_{x\to\infty} \frac{x^l}{e^{-ax}} = \lim_{x\to\infty} \frac{l x^{l-1}}{(-a)e^{-ax}} = \lim_{x\to\infty} \frac{l(l-1)x^{l-2}}{(-a)^2 e^{-ax}} = \dots$$
$$\dots = \lim_{x\to\infty} \frac{l!}{(-a)^l e^{-ax}} = 0 .$$

Anschaulich formuliert man dies auch so: Die Exponentialfunktion e^x geht schneller gegen unendlich als jedes Polynom.

Hieraus folgt, dass eine lineare Differentialgleichung (mit konstanten Koeffizienten) genau dann stabil ist, wenn alle Nullstellen des charakteristischen Polynoms einen negativen Realteil haben. Wir formulieren dieses Ergebnis als Satz.

Satz 12.20: Stabilität einer Differentialgleichung

Eine lineare Differentialgleichung m-ter Ordnung (mit konstanten Koeffizienten) ist genau dann stabil, wenn für jede Nullstelle λ (reell oder komplex) des charakteristischen Polynoms $\mathrm{Re}(\lambda) < 0$ gilt, d.h. wenn λ einen negativen Realteil besitzt.

Natürlich wäre es schön, wenn man nicht erst die Nullstellen des charakteristischen Polynoms bestimmen müsste, um zu entscheiden, ob eine gegebene Differentialgleichung stabil ist oder nicht, sondern dies direkt anhand der Koeffizienten der Differentialgleichung entscheiden könnte. Für Differentialgleichungen zweiter Ordnung kann man diese Bedingungen an die Koeffizienten relativ einfach formulieren. Wir wollen daher im Folgenden die lineare Differentialgleichung zweiter Ordnung näher betrachten. Die homogene Gleichung hat die Form

$$y'' + a_1 y' + a_0 y = 0 .$$

Das charakteristische Polynom ist demnach $\lambda^2 + a_1\lambda + a_0$ und hat die Nullstellen

$$\lambda_{1,2} = -\frac{a_1}{2} \pm \sqrt{\frac{a_1^2}{4} - a_0} .$$

Wir unterscheiden nun drei Fälle:

Fall 1 ($a_0 < \frac{a_1^2}{4}$): Dann hat das charakteristische Polynom zwei verschiedene reelle Nullstellen, nämlich

$$\lambda_1 = -\frac{a_1}{2} + \sqrt{\frac{a_1^2}{4} - a_0} \quad \text{und} \quad \lambda_2 = -\frac{a_1}{2} - \sqrt{\frac{a_1^2}{4} - a_0}\,.$$

Ist $a_1 \leq 0$, so ist $\lambda_1 > 0$. Damit beide Nullstellen kleiner als null sein können, muss also $a_1 > 0$ sein. In diesem Fall ist die größere Nullstelle genau dann kleiner als null, wenn

$$\begin{aligned} -\frac{a_1}{2} + \sqrt{\frac{a_1^2}{4} - a_0} < 0 \quad &\Longleftrightarrow \quad \sqrt{\frac{a_1^2}{4} - a_0} < \frac{a_1}{2} \\ &\Longleftrightarrow \quad \frac{a_1^2}{4} - a_0 < \frac{a_1^2}{4} \quad \Longleftrightarrow \quad a_0 > 0\,. \end{aligned}$$

In Fall 1 sind also beide Nullstellen kleiner als null, wenn $a_0, a_1 > 0$ gilt.

Fall 2 ($a_0 = \frac{a_1^2}{4}$): Dann hat das charakteristische Polynom eine zweifache reelle Nullstelle bei $\lambda = -\frac{a_1}{2}$. Diese ist genau dann kleiner als null, wenn $a_1 > 0$ ist. In diesem Fall ($a_0 = \frac{a_1^2}{4}$) ist dann auch $a_0 > 0$.

Fall 3 ($a_0 > \frac{a_1^2}{4}$): Dann hat das charakteristische Polynom zwei komplexe Nullstellen, nämlich

$$\lambda_1 = -\frac{a_1}{2} + i\sqrt{a_0 - \frac{a_1^2}{4}} \quad \text{und} \quad \lambda_2 = -\frac{a_1}{2} - i\sqrt{a_0 - \frac{a_1^2}{4}}\,.$$

Der Realteil ist $-a_1/2$ und dieser ist genau dann kleiner als null, wenn $a_1 > 0$ ist. In diesem Fall ($a_0 > \frac{a_1^2}{4}$) ist dann ebenfalls $a_0 > 0$.

Fasst man die drei Fälle zusammen, erkennt man dass die Differentialgleichung genau dann stabil ist, wenn a_0 und a_1 größer als null sind. Wir formulieren dies als Satz.

Satz 12.21: Stabilität einer Differentialgleichung zweiter Ordnung

Die lineare Differentialgleichung zweiter Ordnung,

$$y'' + a_1 y' + a_0 y = b(x)\,,$$

ist genau dann stabil, wenn $a_0 > 0$ und $a_1 > 0$ gilt.

Auch für Differentialgleichungen höherer Ordnung kann die Stabilität durch Bedingungen an die Differentialgleichung charakterisiert werden. Wir benötigen dazu den Begriff der **Hurwitz[8]-Matrix**. Zu einem Polynom

$$a_m z^m + a_{m-1} z^{m-1} + \ldots + a_1 z + a_0$$

[8] Adolf Hurwitz (1859–1919)

bildet man die $m \times m$-Matrix

$$\boldsymbol{H}_m = \begin{bmatrix} a_1 & a_0 & 0 & 0 & \dots & 0 \\ a_3 & a_2 & a_1 & a_0 & \dots & 0 \\ a_5 & a_4 & a_3 & a_2 & \dots & 0 \\ a_7 & a_6 & a_5 & a_4 & \dots & 0 \\ \vdots & \vdots & \vdots & \vdots & \ddots & \vdots \\ 0 & 0 & 0 & 0 & \dots & a_m \end{bmatrix}$$

Das Bildungsgesetz der Hurwitz-Matrix lautet dabei wie folgt:

1. Auf der Hauptdiagonalen stehen die Koeffizienten $a_1, \dots, a_m$.
2. In jeder Zeile stehen Koeffizienten, deren Indizes von links nach rechts um jeweils eins absteigen.
3. Koeffizienten mit Index kleiner als null oder größer als m werden auf null gesetzt.

Mit Hilfe der Hurwitz-Matrix lässt sich nun das folgende Kriterium formulieren.

Satz 12.22: Hurwitz-Kriterium, Polynome

Genau dann hat das Polynom

$$a_m z^m + a_{m-1} z^{m-1} + \dots + a_1^z + a_0$$

nur Nullstellen mit negativem Realteil, wenn

1. $a_0, a_1, \dots, a_m > 0$ sind und
2. die Hauptminoren der Hurwitz-Matrix $\Delta_1, \Delta_2, \dots, \Delta_m > 0$ sind.

Wir wenden jetzt das Hurwitz-Kriterium auf das Problem an, zu entscheiden, ob eine lineare Differentialgleichung m-ter Ordnung stabil ist oder nicht. Wie üblich setzen wir voraus, dass der Koeffizient der höchsten Ableitung gleich eins ist, die Differentialgleichung also die Gestalt

$$y^{(m)} + a_{m-1} y^{(m-1)} + \dots + a_1 y' + a_0 y = b(x)$$

hat. Dann gilt nämlich für den m-ten Hauptminor $\Delta_m = \Delta_{m-1}$, wie man leicht durch Entwicklung nach der m-ten Zeile sieht. Man kann also auf die Überprüfung des höchsten Hauptminors verzichten. Das Hurwitz-Kriterium für die Stabilität einer Differentialgleichung lautet dann wie folgt.

Satz 12.23: Hurwitz-Kriterium, lineare Differentialgleichungen

Die lineare Differentialgleichung

$$y^{(m)} + a_{m-1}y^{(m-1)} + \ldots + a_1y' + a_0y = b(x)\,.$$

ist genau dann stabil, wenn

1. $a_0, a_1, \ldots, a_{m-1} > 0$ sind und
2. die ersten $m-1$ Hauptminoren der Hurwitz-Matrix $\Delta_1, \ldots, \Delta_{m-1} > 0$ sind.

Satz 12.23 liefert natürlich auch eine einfach zu überprüfende notwendige Bedingung für die Stabilität der Differentialgleichung, nämlich, dass alle Koeffizienten positiv sind. Ist also einer der Koeffizienten negativ oder gleich null, so ist die Differentialgleichung jedenfalls nicht stabil.

Beispiel 12.28 (Hurwitz-Kriterium). Gegeben sei die Differentialgleichung $y''' + 0.8y' + 0.3y = 0$. Da der Koeffizient der zweiten Ableitung y'' gleich null ist und damit natürlich auch $a_2 \leq 0$ gilt, ist die Differentialgleichung **nicht stabil**.

Beispiel 12.29 (Hurwitz-Kriterium). Gegeben sei die Differentialgleichung $y''' + 0.5y'' + 0.8y' + 0.3y = 0$. Alle Koeffizienten sind positiv, und die Hurwitz-Matrix ist

$$\boldsymbol{H}_3 = \begin{bmatrix} 0.8 & 0.3 & 0 \\ 1 & 0.5 & 0.8 \\ 0 & 0 & 1 \end{bmatrix}.$$

Wegen $\Delta_1 = 0.8 > 0$ und $\Delta_2 = 0.8 \cdot 0.5 - 1 \cdot 0.3 = 0.1 > 0$ ist die Differentialgleichung **stabil**.

Beispiel 12.30 (Hurwitz-Kriterium). Gegeben sei die Differentialgleichung $y''' + 0.3y'' + 0.8y' + 0.5y = 0$. Alle Koeffizienten sind positiv, und die Hurwitz-Matrix ist

$$\boldsymbol{H}_3 = \begin{bmatrix} 0.8 & 0.5 & 0 \\ 1 & 0.3 & 0.8 \\ 0 & 0 & 1 \end{bmatrix}.$$

Wegen $\Delta_2 = 0.8 \cdot 0.3 - 1 \cdot 0.5 = -0.26 \leq 0$ ist die Differentialgleichung **nicht stabil**.

12.4 Systeme von Differentialgleichungen erster Ordnung

Definition 12.5: System linearer Differentialgleichungen 1. Ordnung

Ein System **linearer Differentialgleichungen erster Ordnung mit konstanten Koeffizienten** ist eine Gleichung der Form

$$\boldsymbol{y}' = \boldsymbol{A}\boldsymbol{y} + \boldsymbol{b}(x) .$$

Hierbei ist $\boldsymbol{A}$ eine reelle $n \times n$-Matrix und $\boldsymbol{b} : A \to \mathbb{R}^n$, $x \mapsto \boldsymbol{b}(x) \in \mathbb{R}^n$, eine gegebene Funktion, die sogenannte **Störfunktion**. Hierbei ist $A \subset \mathbb{R}$ ein Intervall.

Ist $\boldsymbol{b}(x) = \boldsymbol{0}$ für alle $x \in A$, so bezeichnet man das System als **homogen**, ansonsten als **inhomogen**.

Die **Lösung** eines Systems von Differentialgleichungen besteht darin, alle vektorwertigen Funktionen $\boldsymbol{y} = \boldsymbol{f}(x)$ zu bestimmen, für die das System von Differentialgleichungen erfüllt ist.

Zwischen den Differentialgleichungssystemen erster Ordnung und den linearen Differentialgleichungen m-ter Ordnung besteht ein enger Zusammenhang, da jede lineare Differentialgleichung m-ter Ordnung auch als System von Differentialgleichungen erster Ordnung dargestellt werden kann. Ist die lineare Differentialgleichung m-ter Ordnung,

$$y^{(m)} + a_{m-1}y^{(m-1)} + \ldots + a_1 y' + a_0 y = b(x) ,$$

gegeben, so definiert man

$$z_1(x) = y(x) , z_2(x) = y'(x) , \ldots , z_m(x) = y^{(m-1)}(x) .$$

Damit ist

$$\begin{aligned} z_m'(x) = y^{(m)}(x) &= -a_0 y(x) - a_1 y'(x) - \cdots - a_{m-1} y^{(m-1)}(x) + b(x) , \\ &= -a_0 z_1(x) - a_1 z_2(x) - \cdots - a_{m-1} z_m(x) + b(x) . \end{aligned}$$

Ferner erhält man für $1 \leq i \leq m-1$ die Gleichungen $z_i'(x) = z_{i+1}(x)$. Damit erhält man also das System

$$\begin{aligned} z_1'(x) &= z_2(x) \\ z_2'(x) &= z_3(x) \\ \vdots\ & \quad \vdots \\ z_{m-1}'(x) &= z_m(x) \\ z_m'(x) &= -a_0 z_1(x) - a_1 z_2(x) - \cdots - a_{m-1} z_m(x) + b(x) . \end{aligned}$$

oder in Matrixnotation

$$\begin{bmatrix} z_1'(x) \\ z_2'(x) \\ \vdots \\ z_{m-2}'(x) \\ z_{m-1}'(x) \\ z_m'(x) \end{bmatrix} = \begin{bmatrix} 0 & 1 & 0 & \dots & 0 & 0 \\ 0 & 0 & 1 & \dots & 0 & 0 \\ \vdots & & & \ddots & & \vdots \\ 0 & 0 & 0 & \dots & 1 & 0 \\ 0 & 0 & 0 & \dots & 0 & 1 \\ -a_0 & -a_1 & -a_2 & \dots & -a_{m-2} & -a_{m-1} \end{bmatrix} \begin{bmatrix} z_1(x) \\ z_2(x) \\ z_3(x) \\ \vdots \\ z_{m-1}(x) \\ z_m(x) \end{bmatrix} + \begin{bmatrix} 0 \\ 0 \\ 0 \\ \vdots \\ 0 \\ b(x) \end{bmatrix}$$

bzw. kurz $\boldsymbol{z}'(x) = \boldsymbol{A}\boldsymbol{z}(x) + \boldsymbol{b}(x)$.

Satz 12.24: Struktur des Lösungsraums

Gegeben sei ein System linearer Differentialgleichungen erster Ordnung mit konstanten Koeffizienten,

$$\boldsymbol{y}'(x) = \boldsymbol{A}\boldsymbol{y}(x) + \boldsymbol{b}(x).$$

Die Lösungsmenge des **homogenen** Systems ist ein **n-dimensionaler Unterraum** von $\mathcal{F}(A, \mathbb{R}^n)$.

Ist $\boldsymbol{f}_1, \dots, \boldsymbol{f}_n$ eine **Basis des Lösungsraums**, so ist die allgemeine Lösung

$$\boldsymbol{y} = \gamma_1 \boldsymbol{f}_1(x) + \dots + \gamma_n \boldsymbol{f}_n(x), \quad \gamma_1, \dots, \gamma_n \in \mathbb{R}.$$

Eine Basis $\boldsymbol{f}_1, \dots, \boldsymbol{f}_n$ des Lösungsraums des homogenen Systems bezeichnet man auch als **Fundamentalsystem**.

Sei $y = \boldsymbol{f}_{sp}(x)$ eine Lösung des **inhomogenen** Systems und sei $\boldsymbol{f}_1, \dots, \boldsymbol{f}_n$ eine Basis des Lösungsraums des homogenen Systems. Dann ist die **allgemeine Lösung des inhomogenen Systems**

$$\boldsymbol{y} = \boldsymbol{f}_{sp}(x) + \gamma_1 \boldsymbol{f}_1(x) + \dots + \gamma_n \boldsymbol{f}_n(x), \quad \gamma_1, \dots, \gamma_n \in \mathbb{R}.$$

Bemerkung: Fasst man die Basisfunktionen $\boldsymbol{f}_1(x), \dots, \boldsymbol{f}_n(x)$ zu einer Matrix $\boldsymbol{F}(x)$ und die Konstanten $\gamma_1, \dots, \gamma_n$ zu einem Spaltenvektor $\boldsymbol{\gamma}$ zusammen, so schreibt sich die allgemeine Lösung des homogenen Systems auch als

$$\boldsymbol{y}(x) = \boldsymbol{F}(x)\boldsymbol{\gamma}.$$

Hier ist $\boldsymbol{F}(x)$ eine **matrixwertige Funktion** einer Variablen. Deren Ableitung $\boldsymbol{F}'(x)$ soll im Folgenden komponentenweise zu verstehen sein. $\boldsymbol{F}(x)$ heißt **Fundamentalmatrix**. Da jede Basisfunktion $\boldsymbol{f}_i(x)$ eine Lösung des homogenen Systems ist, gilt $\boldsymbol{f}_i'(x) = \boldsymbol{A}\boldsymbol{f}_i(x)$, $i = 1, \dots, n$. Dann gilt aber auch die Matrixgleichung $\boldsymbol{F}'(x) = \boldsymbol{A}\boldsymbol{F}(x)$.

Wir beschäftigen uns nun zunächst mit der Lösung des homogenen Systems. Bei der Untersuchung von linearen Differentialgleichungen mit konstanten Koeffizienten hat sich gezeigt, dass häufig Exponentialfunktionen als Lösungen linearer Differentialgleichungen auftreten. Daher machen wir den Ansatz $\boldsymbol{y}(x) = \boldsymbol{a}e^{\lambda x}$ mit $\boldsymbol{a} \in \mathbb{R}^n$ und $\lambda \in \mathbb{R}$. Für die Ableitung erhält man dann

$$\boldsymbol{y}'(x) = \lambda \boldsymbol{a} e^{\lambda x} .$$

Einsetzen in die Differentialgleichung $\boldsymbol{y}'(x) = \boldsymbol{A}\boldsymbol{y}(x)$ liefert dann

$$\lambda \boldsymbol{a} e^{\lambda x} = \boldsymbol{A}\boldsymbol{a} e^{\lambda x}$$

bzw. nach Division durch $e^{\lambda x}$

$$\lambda \boldsymbol{a} = \boldsymbol{A}\boldsymbol{a} .$$

Somit ist $\boldsymbol{y}(x) = \boldsymbol{a}e^{\lambda x}$ genau dann eine Lösung der Differentialgleichung, wenn λ ein Eigenwert von $\boldsymbol{A}$ und $\boldsymbol{a}$ ein Eigenvektor von $\boldsymbol{A}$ zum Eigenwert λ ist.

Für die allgemeine Lösung des Systems müssen wir ein Fundamentalsystem, d.h. n linear unabhängige Lösungen, bestimmen.

Setzt man $x = 0$, so sieht man, dass m Lösungen $\boldsymbol{a}_1 e^{\lambda_1 x}, \ldots, \boldsymbol{a}_m e^{\lambda_m x}$ linear unabhängig sind, wenn die Vektoren $\boldsymbol{a}_1, \ldots, \boldsymbol{a}_m$ linear unabhängig sind. Da Eigenvektoren zu unterschiedlichen Eigenwerten linear unabhängig sind (Satz 10.15), liefert der obige Ansatz also zumindest dann die vollständige Lösung, wenn $\boldsymbol{A}$ n linear unabhängige (ggf. komplexe) Eigenvektoren besitzt, mit anderen Worten, wenn $\boldsymbol{A}$ komplex diagonalisierbar (siehe Definition 10.5) ist.

Wie bei einfachen linearen Differentialgleichungen möchte man zur Darstellung der Lösung gern reelle Basisfunktionen verwenden. Ist $\lambda = a + bi$ ein komplexer Eigenwert, so ist auch die komplex konjugierte Zahl $\overline{\lambda} = a - bi$ ein komplexer Eigenwert. Ebenso gilt, dass die zugehörigen Eigenvektoren komplex konjugiert zueinander sind. Ist also $\boldsymbol{u} + i\boldsymbol{v}$ ein Eigenvektor zu λ, so ist $\boldsymbol{u} - i\boldsymbol{v}$ ein Eigenvektor zu $\overline{\lambda}$. Ein Paar komplex konjugierter Eigenwerte liefert also die beiden Basisfunktionen

$$\begin{aligned}(\boldsymbol{u} + i\boldsymbol{v})e^{(a+bi)x} &= (\boldsymbol{u} + i\boldsymbol{v})e^{ax}\,(\cos(bx) + i\sin(bx))\\ &= e^{ax}\,[(\cos(bx)\boldsymbol{u} - \sin(bx)\boldsymbol{v}) + i\,(\sin(bx)\boldsymbol{u} + \cos(bx)\boldsymbol{v})]\end{aligned}$$

und

$$\begin{aligned}(\boldsymbol{u} - i\boldsymbol{v})e^{(a-bi)x} &= (\boldsymbol{u} - i\boldsymbol{v})e^{ax}\,(\cos(bx) - i\sin(bx))\\ &= e^{ax}\,[(\cos(bx)\boldsymbol{u} - \sin(bx)\boldsymbol{v}) - i\,(\sin(bx)\boldsymbol{u} + \cos(bx)\boldsymbol{v})]\ .\end{aligned}$$

Somit gilt

$$\begin{aligned}&\gamma_1(\boldsymbol{u}+i\boldsymbol{v})e^{(a+bi)x}+\gamma_2(\boldsymbol{u}-i\boldsymbol{v})e^{(a-bi)x}\\&\qquad=C_1e^{ax}\left(\cos(bx)\boldsymbol{u}-\sin(bx)\boldsymbol{v}\right)+C_2e^{ax}\left(\sin(bx)\boldsymbol{u}+\cos(bx)\boldsymbol{v}\right)\end{aligned}$$

mit $C_1=\gamma_1+\gamma_2$ und $C_2=i(\gamma_1-\gamma_2)$. Anstelle der beiden komplexen Basisfunktionen kann man also auch die beiden reellen Basisfunktionen

$$e^{ax}\left(\cos(bx)\boldsymbol{u}-\sin(bx)\boldsymbol{v}\right)\quad\text{und}\quad e^{ax}\left(\sin(bx)\boldsymbol{u}+\cos(bx)\boldsymbol{v}\right)$$

zur Darstellung der allgemeinen Lösung verwenden.

Satz 12.25: Lösung des homogenen Systems (A diagonalisierbar)

Gegeben sei das homogene System linearer Differentialgleichungen $\boldsymbol{y}'=\boldsymbol{A}\boldsymbol{y}$. Die Matrix $\boldsymbol{A}$ sei komplex diagonalisierbar und besitze die (nicht notwendigerweise verschiedenen) Eigenwerte

$$\lambda_1,\ldots,\lambda_m,(\lambda_{m+1},\overline{\lambda}_{m+1}),\ldots,(\lambda_{m+r},\overline{\lambda}_{m+r}),$$

wobei λ_i, $i=1,\ldots,m$, reelle Eigenwerte und $\lambda_{m+j},\overline{\lambda}_{m+j}=a_{m+j}\pm b_{m+j}i$, $j=1,\ldots,r$, Paare konjugiert komplexer Eigenwerte sind, $m+2r=n$. Ferner seien $\boldsymbol{u}_1,\ldots,\boldsymbol{u}_m$ sowie $\boldsymbol{u}_{m+1}\pm i\boldsymbol{v}_{m+1},\ldots,\boldsymbol{u}_{m+r}\pm i\boldsymbol{v}_{m+r}$ zugehörige linear unabhängige Eigenvektoren. Dann bilden die Funktionen

$$\begin{aligned}&\boldsymbol{u}_ie^{\lambda_ix}, && i=1,\ldots,m,\\&e^{a_{m+j}x}\left(\cos(b_{m+j}x)\boldsymbol{u}_{m+j}-\sin(b_{m+j}x)\boldsymbol{v}_{m+j}\right), && j=1\ldots,r,\\&e^{a_{m+j}x}\left(\sin(b_{m+j}x)\boldsymbol{u}_{m+j}+\cos(b_{m+j}x)\boldsymbol{v}_{m+j}\right), && j=1\ldots,r,\end{aligned}$$

eine Basis des Lösungsraums des homogenen Systems.

Diese sogenannte **Eigenwert-Eigenvektor-Methode** soll an zwei Beispielen verdeutlicht werden.

Beispiel 12.31. Gesucht sei die Lösung des Systems von Differentialgleichungen $\boldsymbol{y}'=\boldsymbol{A}\boldsymbol{y}$ mit

$$\boldsymbol{A}=\begin{bmatrix}2&4\\1&-1\end{bmatrix}$$

zur Anfangsbedingung $\boldsymbol{y}(0)=[2,1]^T$.

Das charakteristische Polynom von $\boldsymbol{A}$ ist $\lambda^2-\lambda-6$. Mit der p-q-Formel erhält man die beiden Eigenwerte $\lambda_1=3$ und $\lambda_2=-2$. Zur Bestimmung des Eigenraums zu $\lambda_1=3$ löst man die lineare Gleichung $(\boldsymbol{A}-3\boldsymbol{I})\boldsymbol{x}=\boldsymbol{0}$. Wegen

$$\boldsymbol{A}-3\boldsymbol{I}=\begin{bmatrix}-1&4\\1&-4\end{bmatrix}$$

ist $\boldsymbol{u}_1 = [4,1]^T$ ein Eigenvektor zu $\lambda_1 = 3$. Entsprechend erhält man für $\lambda_2 = -2$, dass

$$\boldsymbol{A} + 2\boldsymbol{I} = \begin{bmatrix} 4 & 4 \\ 1 & 1 \end{bmatrix}.$$

Also ist $\boldsymbol{u}_2 = [1,-1]^T$ ein Eigenvektor zu $\lambda_2 = -2$. Die vollständige Lösung ist also

$$\boldsymbol{y} = \gamma_1 e^{3x} \begin{bmatrix} 4 \\ 1 \end{bmatrix} + \gamma_2 e^{-2x} \begin{bmatrix} 1 \\ -1 \end{bmatrix}, \quad \gamma_1, \gamma_2 \in \mathbb{R}.$$

Somit ist

$$\boldsymbol{F}(x) = \begin{bmatrix} 4e^{3x} & e^{-2x} \\ e^{3x} & -e^{-2x} \end{bmatrix}$$

eine Fundamentalmatrix des Systems.

Einsetzen der Anfangsbedingung in die vollständige Lösung liefert die lineare Gleichung

$$\boldsymbol{y}(0) = \boldsymbol{F}(0)\boldsymbol{\gamma} = \begin{bmatrix} 4 & 1 \\ 1 & -1 \end{bmatrix} \begin{bmatrix} \gamma_1 \\ \gamma_2 \end{bmatrix} = \begin{bmatrix} 2 \\ 1 \end{bmatrix}.$$

Lösen mit dem Gauß-Jordan-Algorithmus liefert die Lösung $\gamma_1 = 3/5$ und $\gamma_2 = -2/5$ und somit die Lösung

$$\boldsymbol{y} = e^{3x} \begin{bmatrix} \frac{12}{5} \\ \frac{3}{5} \end{bmatrix} + e^{-2x} \begin{bmatrix} -\frac{2}{5} \\ \frac{2}{5} \end{bmatrix} = \begin{bmatrix} \frac{12}{5}e^{3x} - \frac{2}{5}e^{-2x} \\ \frac{3}{5}e^{3x} + \frac{2}{5}e^{-2x} \end{bmatrix}.$$

Beispiel 12.32. Gesucht sei die Lösung des Systems von Differentialgleichungen $\boldsymbol{y}' = \boldsymbol{A}\boldsymbol{y}$ mit

$$\boldsymbol{A} = \begin{bmatrix} 4 & -1 \\ 5 & 2 \end{bmatrix}$$

zur Anfangsbedingung $\boldsymbol{y}(0) = [1,-1]^T$.

Das charakteristische Polynom von $\boldsymbol{A}$ ist $\lambda^2 - 6\lambda + 13$. Mit der p-q-Formel erhält man die beiden komplexen Nullstellen $\lambda_{1,2} = 3 \pm 2i$. Es gibt also zwei komplex konjugierte Eigenwerte. Zur Bestimmung des Eigenraums zu $\lambda_1 = 3 + 2i$ löst man die lineare Gleichung $(\boldsymbol{A} - (3+2i)\boldsymbol{I})\boldsymbol{x} = \boldsymbol{0}$ mit dem Gauß-Jordan-Verfahren[9]. Wegen

$$\boldsymbol{A} - (3+2i)\boldsymbol{I} = \begin{bmatrix} 1-2i & -1 \\ 5 & -1-2i \end{bmatrix}$$

ist $\boldsymbol{u}_1 + i\boldsymbol{v}_1 = [1,1]^T + i[0,-2]^T$ ein Eigenvektor zu $\lambda_1 = 3+2i$. Entsprechend ist dann $\boldsymbol{u}_1 - i\boldsymbol{v}_1 = [1,1]^T - i[0,-2]^T$ ein Eigenvektor zu $\lambda_2 = 3 - 2i$.

[9] Die Lösung der homogenen linearen Gleichung erfolgt auch bei Koeffizientenmatrizen mit komplexen Einträgen mit dem Gauß-Jordan-Verfahren.

Die vollständige Lösung ist also

$$\begin{aligned}\boldsymbol{y} = \gamma_1 e^{3x}&\left(\cos(2x)\begin{bmatrix}1\\1\end{bmatrix} - \sin(2x)\begin{bmatrix}0\\-2\end{bmatrix}\right)\\ +\gamma_2 e^{3x}&\left(\sin(2x)\begin{bmatrix}1\\1\end{bmatrix} + \cos(2x)\begin{bmatrix}0\\-2\end{bmatrix}\right), \quad \gamma_1, \gamma_2 \in \mathbb{R}\,.\end{aligned}$$

Einsetzen der Anfangsbedingung in die vollständige Lösung liefert wegen $e^0 = 1$, $\cos(0) = 1$ und $\sin(0) = 0$ die lineare Gleichung

$$\boldsymbol{y}(0) = \gamma_1\begin{bmatrix}1\\1\end{bmatrix} + \gamma_2\begin{bmatrix}0\\-2\end{bmatrix} = \begin{bmatrix}1 & 0\\1 & -2\end{bmatrix}\begin{bmatrix}\gamma_1\\\gamma_2\end{bmatrix} = \begin{bmatrix}1\\-1\end{bmatrix}.$$

Der Gauß-Jordan-Algorithmus liefert $\gamma_1 = \gamma_2 = 1$ und somit die Lösung

$$\begin{aligned}\boldsymbol{y} &= e^{3x}\left(\cos(2x)\begin{bmatrix}1\\1\end{bmatrix} - \sin(2x)\begin{bmatrix}0\\-2\end{bmatrix}\right) + e^{3x}\left(\sin(2x)\begin{bmatrix}1\\1\end{bmatrix} + \cos(2x)\begin{bmatrix}0\\-2\end{bmatrix}\right)\\ &= e^{3x}\left(\cos(2x)\begin{bmatrix}1\\-1\end{bmatrix} + \sin(2x)\begin{bmatrix}1\\3\end{bmatrix}\right)\\ &= \begin{bmatrix}e^{3x}\big(\cos(2x)+\sin(2x)\big)\\ -e^{3x}\big(\cos(2x) - 3\sin(2x)\big)\end{bmatrix}.\end{aligned}$$

Ein homogenes System linearer Differentialgleichungen 1. Ordnung,

$$\boldsymbol{y}' = \boldsymbol{A}\boldsymbol{y}$$

nennt man **entkoppelt**, wenn $\boldsymbol{A} = \operatorname{diag}(d_1, \ldots, d_n)$ eine Diagonalmatrix ist. In diesem Fall besteht das System $\boldsymbol{y}' = \boldsymbol{A}\boldsymbol{y}$ aus n unabhängigen Differentialgleichungen, die separat gelöst werden können:

$$\begin{aligned}y_1' &= d_1 y_1 &\Longrightarrow\quad y_1 &= \gamma_1 e^{d_1 x},\\ y_2' &= d_2 y_2 &\Longrightarrow\quad y_2 &= \gamma_2 e^{d_2 x},\\ &&\vdots\quad&\\ y_n' &= d_n y_n &\Longrightarrow\quad y_n &= \gamma_n e^{d_n x}.\end{aligned}$$

Ist $\boldsymbol{A}$ keine Diagonalmatrix, so heißt das System **gekoppelt**.

Ist die Matrix $\boldsymbol{A}$ komplex diagonalisierbar, so ist es möglich, ein gekoppeltes Differentialgleichungssystem zu entkoppeln, d.h. in ein entkoppeltes und damit einfacher zu lösendes System zu transformieren. Ist nämlich $\boldsymbol{A} = \boldsymbol{S}\boldsymbol{D}\boldsymbol{S}^{-1}$

mit einer invertierbaren Matrix $\boldsymbol{S}$ und einer Diagonalmatrix $\boldsymbol{D}$, so gilt

$$\boldsymbol{y}' = \boldsymbol{A}\boldsymbol{y} = \boldsymbol{S}\boldsymbol{D}\boldsymbol{S}^{-1}\boldsymbol{y} \quad \text{bzw.} \quad \boldsymbol{S}^{-1}\boldsymbol{y}' = \boldsymbol{D}\boldsymbol{S}^{-1}\boldsymbol{y}\,.$$

Setzt man nun $\boldsymbol{z} = \boldsymbol{S}^{-1}\boldsymbol{y}$, so ist $\boldsymbol{z}' = \boldsymbol{S}^{-1}\boldsymbol{y}'$, und man erhält ein entkoppeltes Differentialgleichungssystem für $\boldsymbol{z}$,

$$\boldsymbol{z}' = \boldsymbol{D}\boldsymbol{z}\,,$$

das unmittelbar gelöst werden kann. Die Lösung des ursprünglichen Systems $\boldsymbol{y}' = \boldsymbol{A}\boldsymbol{y}$ erhält man dann aus der Rücktransformation $\boldsymbol{y} = \boldsymbol{S}\boldsymbol{z}$.

Schwieriger ist die Lösung des Systems, wenn die Matrix $\boldsymbol{A}$ nicht komplex diagonalisierbar ist. Dann treten neben Basisfunktionen der Form $\boldsymbol{u}_i e^{\lambda_i x}$ auch Basisfunktionen der Form

$$\boldsymbol{p}_i(x)e^{\lambda_i x}$$

auf. Hierbei ist $\boldsymbol{p}_i(x)$ ein **vektorwertiges Polynom** in x, d.h. eine Funktion der Form

$$\boldsymbol{p}(x) = \sum_{j=0}^{k} \boldsymbol{a}_j x^j = \boldsymbol{a}_0 + \boldsymbol{a}_1 x + \cdots + \boldsymbol{a}_k x^k\,,$$

wobei $\boldsymbol{a}_0, \ldots, \boldsymbol{a}_k$ Vektoren sind, $\boldsymbol{a}_k \neq \boldsymbol{0}$. Der Grad k des Polynoms $\boldsymbol{p}_i$ ist dabei höchstens so groß wie die Vielfachheit des zugehörigen Eigenwerts λ_i minus eins. Für Eigenwerte λ, bei denen die Dimension des Eigenraums kleiner ist als die Vielfachheit des Eigenwerts, macht man dann den Ansatz

$$\boldsymbol{y}(x) = \boldsymbol{p}(x)e^{\lambda x}$$

mit einem vektorwertigen Polynom $\boldsymbol{p}(x)$ vom Grad der Vielfachheit des Eigenwertes und setzt dies in das Differentialgleichungssystem ein, um daraus die unbestimmten Koeffizienten des Polynoms $\boldsymbol{p}(x)$ zu bestimmen. Wir illustrieren die **Methode der unbestimmten Koeffizienten** wieder an zwei Beispielen.

Beispiel 12.33. Gesucht sei die allgemeine Lösung des Systems von Differentialgleichungen $\boldsymbol{y}' = \boldsymbol{A}\boldsymbol{y}$ mit

$$\boldsymbol{A} = \begin{bmatrix} 5 & -3 \\ 3 & -1 \end{bmatrix}.$$

Das charakteristische Polynom von $\boldsymbol{A}$ ist $\lambda^2 - 4\lambda + 4 = (\lambda - 2)^2$. Somit hat $\boldsymbol{A}$ einen zweifachen Eigenwert $\lambda_{1,2} = 2$. Daher macht man den Ansatz mit einem Polynom ersten Grades, d.h.

$$\boldsymbol{y} = (\boldsymbol{a} + \boldsymbol{b}x)e^{2x}\,.$$

Die Ableitung ist dann

$$\boldsymbol{y}' = \boldsymbol{b}e^{2x} + 2(\boldsymbol{a} + \boldsymbol{b}x)e^{2x} = \Big[(2\boldsymbol{a} + \boldsymbol{b}) + 2\boldsymbol{b}x\Big]e^{2x} .$$

Einsetzen in das System ergibt

$$\Big[(2\boldsymbol{a} + \boldsymbol{b}) + 2\boldsymbol{b}x\Big]e^{2x} = \boldsymbol{A}(\boldsymbol{a} + \boldsymbol{b}x)e^{2x}$$

bzw. nach Division durch e^{2x} und Auflösen der Klammer auf der rechten Seite

$$(2\boldsymbol{a} + \boldsymbol{b}) + 2\boldsymbol{b}x = \boldsymbol{A}\boldsymbol{a} + \boldsymbol{A}\boldsymbol{b}x .$$

Koeffizientenvergleich ergibt dann die beiden Gleichungen

$$2\boldsymbol{a} + \boldsymbol{b} = \boldsymbol{A}\boldsymbol{a} \quad \text{und} \quad 2\boldsymbol{b} = \boldsymbol{A}\boldsymbol{b} .$$

Aus der zweiten Gleichung folgt, dass $\boldsymbol{b}$ ein Eigenvektor zum Eigenwert $\lambda = 2$ ist. Die Berechnung des Eigenraums liefert $\boldsymbol{b} = \gamma_1[1,1]^T$, $\gamma_1 \in \mathbb{R}$. Zur Bestimmung von $\boldsymbol{a}$ löst man die lineare Gleichung $\boldsymbol{A}\boldsymbol{a} - 2\boldsymbol{a} = \boldsymbol{b}$ bzw. $(\boldsymbol{A} - 2\boldsymbol{I})\boldsymbol{a} = \gamma_1[1,1]^T$ und erhält als Lösung

$$\boldsymbol{a} = \gamma_1 \begin{bmatrix} \frac{1}{3} \\ 0 \end{bmatrix} + \gamma_2 \begin{bmatrix} 1 \\ 1 \end{bmatrix} \quad \text{mit } \gamma_1, \gamma_2 \in \mathbb{R}.$$

Die allgemeine Lösung des Systems ist somit

$$\begin{aligned} \boldsymbol{y} &= \left(\gamma_1 \begin{bmatrix} \frac{1}{3} \\ 0 \end{bmatrix} + \gamma_2 \begin{bmatrix} 1 \\ 1 \end{bmatrix} + \gamma_1 \begin{bmatrix} 1 \\ 1 \end{bmatrix} x\right) e^{2x} \\ &= \gamma_1 \left(\begin{bmatrix} \frac{1}{3} \\ 0 \end{bmatrix} + \begin{bmatrix} 1 \\ 1 \end{bmatrix} x\right) e^{2x} + \gamma_2 \begin{bmatrix} 1 \\ 1 \end{bmatrix} e^{2x}, \quad \text{wobei } \gamma_1, \gamma_2 \in \mathbb{R}. \end{aligned}$$

Beispiel 12.34. Gesucht ist die vollständige Lösung des Systems linearer Differentialgleichungen $\boldsymbol{y}' = \boldsymbol{A}\boldsymbol{y}$ mit

$$\boldsymbol{A} = \begin{bmatrix} 3 & 2 & -1 \\ -1 & 0 & 2 \\ 1 & 2 & -1 \end{bmatrix} .$$

$\boldsymbol{A}$ hat das charakteristische Polynom $p_{\boldsymbol{A}}(\lambda) = -\lambda^3 + 2\lambda^2 + 4\lambda - 8$. Berechnet man die Eigenwerte, so ergibt sich, dass $\lambda_1 = -2$ ein einfacher und $\lambda_{2,3} = 2$ ein zweifacher Eigenwert ist.

Für den einfachen Eigenwert $\lambda_1 = -2$ bestimmt man den Eigenraum und erhält $V(-2) = \{\gamma_1 [2, -3, 4]^T \mid \gamma_1 \in \mathbb{R}\}$. Somit ist

$$\boldsymbol{y} = \gamma_1 \begin{bmatrix} 2 \\ -3 \\ 4 \end{bmatrix} e^{-2x}$$

für jedes $\gamma_1 \in \mathbb{R}$ eine Lösung des homogenen Systems.

Für den zweifachen Eigenwert $\lambda_{2,3} = 2$ macht man den Ansatz mit einem Polynom ersten Grades, d.h.

$$\boldsymbol{y} = (\boldsymbol{a} + \boldsymbol{b}x)e^{2x}.$$

Die Ableitung ist dann

$$\boldsymbol{y}' = \boldsymbol{b}e^{2x} + 2(\boldsymbol{a} + \boldsymbol{b}x)e^{2x} = \Big[(2\boldsymbol{a} + \boldsymbol{b}) + 2\boldsymbol{b}x\Big]e^{2x}.$$

Einsetzen in das System ergibt dann

$$\Big[(2\boldsymbol{a} + \boldsymbol{b}) + 2\boldsymbol{b}x\Big]e^{2x} = \boldsymbol{A}(\boldsymbol{a} + \boldsymbol{b}x)e^{2x}$$

bzw. nach Division durch e^{2x} und anschließendem Auflösen der Klammer auf der rechten Seite

$$(2\boldsymbol{a} + \boldsymbol{b}) + 2\boldsymbol{b}x = \boldsymbol{A}\boldsymbol{a} + \boldsymbol{A}\boldsymbol{b}x.$$

Koeffizientenvergleich ergibt dann die beiden Gleichungen

$$2\boldsymbol{a} + \boldsymbol{b} = \boldsymbol{A}\boldsymbol{a} \quad \text{und} \quad 2\boldsymbol{b} = \boldsymbol{A}\boldsymbol{b}.$$

Aus der zweiten Gleichung folgt, dass $\boldsymbol{b}$ ein Eigenvektor zum Eigenwert $\lambda = 2$ ist. Die Berechnung des Eigenraums liefert $\boldsymbol{b} = \gamma_2[2, -1, 0]^T$. Zur Bestimmung von $\boldsymbol{a}$ löst man die lineare Gleichung $\boldsymbol{A}\boldsymbol{a} - 2\boldsymbol{a} = \boldsymbol{b}$ bzw. $(\boldsymbol{A} - 2\boldsymbol{I})\boldsymbol{a} = \gamma_2[2, -1, 0]^T$ und erhält als Lösung

$$\boldsymbol{a} = \gamma_2 \begin{bmatrix} 3 \\ 0 \\ 1 \end{bmatrix} + \gamma_3 \begin{bmatrix} 2 \\ -1 \\ 0 \end{bmatrix} \quad \text{mit } \gamma_2, \gamma_3 \in \mathbb{R}.$$

Die allgemeine Lösung des Systems ist somit

$$\begin{aligned} \boldsymbol{y} &= \gamma_1 \begin{bmatrix} 2 \\ -3 \\ 4 \end{bmatrix} e^{-2x} + \left(\gamma_2 \begin{bmatrix} 3 \\ 0 \\ 1 \end{bmatrix} + \gamma_3 \begin{bmatrix} 2 \\ -1 \\ 0 \end{bmatrix} + \gamma_2 \begin{bmatrix} 2 \\ -1 \\ 0 \end{bmatrix} x \right) e^{2x} \\ &= \gamma_1 \begin{bmatrix} 2 \\ -3 \\ 4 \end{bmatrix} e^{-2x} + \gamma_2 \left(\begin{bmatrix} 3 \\ 0 \\ 1 \end{bmatrix} + \begin{bmatrix} 2 \\ -1 \\ 0 \end{bmatrix} x \right) e^{2x} + \gamma_3 \begin{bmatrix} 2 \\ -1 \\ 0 \end{bmatrix} e^{2x}, \end{aligned}$$

wobei $\gamma_1, \gamma_2, \gamma_3 \in \mathbb{R}$.

Eine weitere Alternative zur Lösung der homogenen Gleichung, die auch bei nicht diagonalisierbaren Koeffizientenmatrizen funktioniert, beruht auf der sogenannten **Matrix-Exponentialfunktion**. Die homogene lineare Differentialgleichung erster Ordnung $y' = ay$ hat die allgemeine Lösung $y(x) = \gamma e^{ax}$. Rein formal könnte man also erwarten, dass die allgemeine Lösung des Systems $\boldsymbol{y}' = \boldsymbol{A}\boldsymbol{y}$ durch $\boldsymbol{y}(x) = e^{\boldsymbol{A}x}\boldsymbol{\gamma}$ gegeben ist. Dazu muss man natürlich sagen, was unter $e^{\boldsymbol{A}x}$ zu verstehen ist, d.h., wie eine Matrix-Exponentialfunktion definiert werden kann. Bekanntlich (siehe Definition 3.7) wird ja die Exponentialfunktion $e^x = \exp(x)$ durch eine unendliche Reihe definiert,

$$\exp(x) = \sum_{k=0}^{\infty} \frac{x^k}{k!} .$$

Es liegt nun nahe, in dieser Definition einfach x durch eine Matrix $\boldsymbol{A}$ zu ersetzen. In der Tat kann man zeigen, dass die entsprechende Reihe für jede (komplexe) Matrix konvergiert und somit eine matrixwertige Funktion definiert.

Satz 12.26: Matrix-Exponentialfunktion

Für jede (komplexe) $n \times n$-Matrix $\boldsymbol{A}$ konvergiert die unendliche Reihe

$$e^{\boldsymbol{A}} = \exp(\boldsymbol{A}) = \sum_{k=0}^{\infty} \frac{\boldsymbol{A}^k}{k!} .$$

Die dadurch definierte Funktion auf der Menge der (komplexen) $n \times n$-Matrizen heißt **Matrix-Exponentialfunktion**.

Viele Eigenschaften der Matrix-Exponentialfunktion stimmen mit denen der Exponentialfunktion überein. Wir geben im Folgenden die wichtigsten Eigenschaften an.

Satz 12.27: Eigenschaften der Matrix-Exponentialfunktion

Es gelten die folgenden Eigenschaften:

(i) $\exp(\boldsymbol{0}) = \boldsymbol{I}$,

(ii) $\boldsymbol{B}\exp(\boldsymbol{A}x) = \exp(\boldsymbol{A}x)\boldsymbol{B}$, falls $\boldsymbol{AB} = \boldsymbol{BA}$,

(iii) $\exp(\boldsymbol{A}x)\exp(\boldsymbol{B}x) = \exp\big((\boldsymbol{A}+\boldsymbol{B})x\big)$, falls $\boldsymbol{AB} = \boldsymbol{BA}$,

(iv) $\exp(\boldsymbol{A}x)\exp(\boldsymbol{A}y) = \exp\big(\boldsymbol{A}(x+y)\big)$,

(v) $\big(\exp(\boldsymbol{A}x)\big)^{-1} = \exp(-\boldsymbol{A}x)$,

(vi) $\dfrac{d}{dx}\exp(\boldsymbol{A}x) = \boldsymbol{A}\exp(\boldsymbol{A}x)$.

Wichtig ist in unserem Kontext natürlich die letzte Eigenschaft, denn sie zeigt, dass $\boldsymbol{y}(x) = \exp(\boldsymbol{A}x)\boldsymbol{\gamma}$ für beliebiges $\gamma \in \mathbb{R}^n$ tatsächlich die allgemeine Lösung des homogenen Differentialgleichungssystems $\boldsymbol{y}' = \boldsymbol{A}\boldsymbol{y}$ darstellt.

Satz 12.28: Lösung des homogenen Systems (Exponentialfunktion)

Gegeben sei das homogene System linearer Differentialgleichungen $\boldsymbol{y}' = \boldsymbol{A}\boldsymbol{y}$. Die allgemeine Lösung des Systems ist gegeben durch

$$\boldsymbol{y}(x) = \exp(\boldsymbol{A}x)\boldsymbol{\gamma}\,, \qquad \gamma \in \mathbb{R}^n\,.$$

Die eindeutige Lösung zur Anfangsbedingung $\boldsymbol{y}(x_0) = \boldsymbol{y}_0$ ist gegeben durch

$$\boldsymbol{y}(x) = \exp(\boldsymbol{A}(x - x_0))\boldsymbol{y}_0\,.$$

Nach wie vor fehlt uns aber eine Möglichkeit die Matrix-Exponentialfunktion tatsächlich zu berechnen. Wir beschreiben im Folgenden die sogenannte **Cayley-Hamilton-Methode** zur Berechnung der Matrix-Exponentialfunktion. Wir haben in Satz 10.26 gesehen, dass sich jede Potenz $\boldsymbol{A}^k$ einer $n \times n$-Matrix $\boldsymbol{A}$ als Polynom höchstens $(n-1)$-ten Grades in $\boldsymbol{A}$ darstellen lässt,

$$\boldsymbol{A}^k = r_k(\boldsymbol{A}) = a_{k,0}\boldsymbol{I} + a_{k,1}\boldsymbol{A} + a_{k,2}\boldsymbol{A}^2 + \cdots + a_{k,n-1}\boldsymbol{A}^{n-1}\,.$$

Einsetzen in die Definition der Matrix-Exponentialfunktion liefert[10]

$$\begin{aligned}\exp(\boldsymbol{A}x) &= \sum_{k=0}^{\infty} \frac{x^k}{k!}\boldsymbol{A}^k \\ &= \sum_{k=0}^{\infty} \frac{x^k}{k!} r_k(\boldsymbol{A}) \\ &= \sum_{k=0}^{\infty} \frac{x^k}{k!} \sum_{l=0}^{n-1} a_{k,l}\boldsymbol{A}^l \\ &= \sum_{l=0}^{n-1} \left(\sum_{k=0}^{\infty} \frac{x^k}{k!} a_{k,l} \right) \boldsymbol{A}^l \\ &= \sum_{l=0}^{n-1} \alpha_l(x)\boldsymbol{A}^l\,,\end{aligned}$$

wobei zur Abkürzung $\alpha_l(x) = \sum_{k=0}^{\infty} \frac{x^k}{k!} a_{k,l}$ gesetzt wurde. Die Matrix-Exponentialfunktion kann also als Matrixpolynom vom Grad $n-1$ berechnet

[10] Dass bei den in dieser Gleichung auftretenden unendlichen Reihen die Reihenfolge der Summation vertauscht werden kann, ist nicht selbstverständlich. Es folgt hier aber aus der sogenannten absoluten Konvergenz der Exponentialreihe.

werden. Es bleibt nun noch die Frage, wie die Koeffizienten $\alpha_l(x)$ bestimmt werden können. Da die Eigenwerte Nullstellen des charakteristischen Polynoms sind, besitzen die Potenzen der Eigenwerte dieselbe Darstellung wie die Matrixpotenzen, d.h. es gilt

$$\lambda^k = r_k(\lambda) = a_{k,0}\boldsymbol{I} + a_{k,1}\lambda + a_{k,2}\lambda^2 + \cdots + a_{k,n-1}\lambda^{n-1}$$

für jeden Eigenwert λ. Dann gilt aber auch

$$\exp(\lambda x) = \sum_{l=0}^{n-1} \alpha_l(x)\lambda^l \,.$$

Hat $\boldsymbol{A}$ n verschiedene Eigenwerte $\lambda_1, \ldots, \lambda_n$, so erhält man daraus n Gleichungen, aus denen die Koeffizienten $\alpha_l(x)$ eindeutig bestimmt werden können. Treten mehrfache Eigenwerte auf, so liefert dieser Ansatz nicht genügend Gleichungen, um die Koeffizienten eindeutig bestimmen zu können. Man kann zeigen, dass in diesem Fall λ_i zusätzlich die Gleichungen

$$\frac{d^j}{d\lambda^j}\exp(\lambda x) = \frac{d^j}{d\lambda^j}\sum_{k=0}^{n-1} \alpha_l(x)\lambda^l \,, \quad j = 1, \ldots, m-1,$$

erfüllt. Ein zweifacher Eigenwert liefert also zusätzlich die Gleichung

$$xe^{\lambda x} = \sum_{k=1}^{n-1} l\alpha_l(x)\lambda^{l-1} \,,$$

ein dreifacher Eigenwert darüber hinaus die Gleichung

$$x^2e^{\lambda x} = \sum_{k=2}^{n-1} l(l-1)\alpha_l(x)\lambda^{l-2} \,.$$

Ein m-facher Eigenwert liefert also auch m Bestimmungsgleichungen, sodass die Koeffizienten $\alpha_0(x), \ldots, \alpha_{n-1}(x)$ eindeutig bestimmt werden können.

Wir illustrieren die Cayley-Hamilton-Methode an mehreren Beispielen:

Beispiel 12.35 (vgl. Beispiel 12.31). Gesucht sei die Lösung des Systems von Differentialgleichungen $\boldsymbol{y}' = \boldsymbol{A}\boldsymbol{y}$ mit

$$\boldsymbol{A} = \begin{bmatrix} 2 & 4 \\ 1 & -1 \end{bmatrix}$$

zur Anfangsbedingung $\boldsymbol{y}(0) = [2, 1]^T$.

Das charakteristische Polynom von $\boldsymbol{A}$ ist $\lambda^2 - \lambda - 6$. Daher hat $\boldsymbol{A}$ die einfachen Eigenwerte $\lambda_1 = 3$ und $\lambda_2 = -2$. Damit erhält man die beiden Gleichungen

$$\begin{array}{rcrcl} e^{3x} & = & \alpha_0(x) & + & \alpha_1(x) \cdot 3 \,, \\ e^{-2x} & = & \alpha_0(x) & + & \alpha_1(x) \cdot (-2) \,. \end{array}$$

Subtraktion der beiden Gleichungen liefert

$$5\alpha_1(x) = e^{3x} - e^{-2x} \quad \text{bzw.} \quad \alpha_1(x) = \frac{1}{5}\left(e^{3x} - e^{-2x}\right) .$$

Damit folgt dann

$$\alpha_0(x) = e^{3x} - \frac{3}{5}\left(e^{3x} - e^{-2x}\right) = \frac{2}{5}e^{3x} + \frac{3}{5}e^{-2x} .$$

Somit ist

$$\begin{aligned}\exp(\boldsymbol{A}x) &= \left(\frac{2}{5}e^{3x} + \frac{3}{5}e^{-2x}\right)\boldsymbol{I} + \frac{1}{5}\left(e^{3x} - e^{-2x}\right)\boldsymbol{A} \\ &= \begin{bmatrix} \frac{4}{5}e^{3x} + \frac{1}{5}e^{-2x} & \frac{4}{5}e^{3x} - \frac{4}{5}e^{-2x} \\ \frac{1}{5}e^{3x} - \frac{1}{5}e^{-2x} & \frac{1}{5}e^{3x} + \frac{4}{5}e^{-2x} \end{bmatrix} .\end{aligned}$$

Die eindeutige Lösung zur Anfangsbedingung $\boldsymbol{y}(0) = [2, 1]^T$ ist gegeben durch

$$\boldsymbol{y} = \exp(\boldsymbol{A}x)\begin{bmatrix} 2 \\ 1 \end{bmatrix} = \begin{bmatrix} \frac{12}{5}e^{3x} - \frac{2}{5}e^{-2x} \\ \frac{3}{5}e^{3x} + \frac{2}{5}e^{-2x} \end{bmatrix} .$$

Beispiel 12.36 (vgl. Beispiel 12.33). Gesucht sei die Lösung des Systems von Differentialgleichungen $\boldsymbol{y}' = \boldsymbol{A}\boldsymbol{y}$ mit

$$\boldsymbol{A} = \begin{bmatrix} 5 & -3 \\ 3 & -1 \end{bmatrix}$$

zur Anfangsbedingung $\boldsymbol{y}(0) = [1, 3]^T$.

Das charakteristische Polynom von $\boldsymbol{A}$ ist $\lambda^2 - 4\lambda + 4 = (\lambda - 2)^2$. Somit hat $\boldsymbol{A}$ einen zweifachen Eigenwert $\lambda_{1,2} = 2$. Mit der Cayley-Hamilton-Methode erhält man die Gleichungen

$$\begin{aligned} e^{2x} &= \alpha_0(x) + \alpha_1(x) \cdot 2 , \\ xe^{2x} &= \alpha_1(x) . \end{aligned}$$

Die zweite Gleichung liefert direkt $\alpha_1(x)$. Setzt man dies in die erste Gleichung ein, folgt

$$\alpha_0(x) = e^{2x} - 2xe^{2x} = (1 - 2x)e^{2x} .$$

Somit ist

$$\begin{aligned}\exp(\boldsymbol{A}x) &= (1 - 2x)e^{2x}\boldsymbol{I} + xe^{2x}\boldsymbol{A} \\ &= \begin{bmatrix} e^{2x} + 3xe^{2x} & -3xe^{2x} \\ 3xe^{2x} & e^{2x} - 3xe^{2x} \end{bmatrix} .\end{aligned}$$

Die eindeutige Lösung zur Anfangsbedingung $\boldsymbol{y}(0) = [1, 3]^T$ ist gegeben durch

$$\boldsymbol{y} = \exp(\boldsymbol{A}x) \begin{bmatrix} 1 \\ 3 \end{bmatrix} = \begin{bmatrix} e^{2x} - 6xe^{2x} \\ 3e^{2x} - 6xe^{2x} \end{bmatrix}.$$

Beispiel 12.37 (vgl. Beispiel 12.32). Gesucht sei die Lösung des Systems von Differentialgleichungen $\boldsymbol{y}' = \boldsymbol{A}\boldsymbol{y}$ mit

$$\boldsymbol{A} = \begin{bmatrix} 4 & -1 \\ 5 & 2 \end{bmatrix}$$

zur Anfangsbedingung $\boldsymbol{y}(0) = [1, -1]^T$.

Das charakteristische Polynom von $\boldsymbol{A}$ ist $\lambda^2 - 6\lambda + 13$. mit den Nullstellen $\lambda_{1,2} = 3 \pm 2i$. Es gibt also zwei komplex konjugierte Eigenwerte. Mit der Cayley-Hamilton-Methode erhält man die Gleichungen

$$\begin{aligned} e^{(3+2i)x} &= \alpha_0(x) + \alpha_1(x)(3+2i), \\ e^{(3-2i)x} &= \alpha_0(x) + \alpha_1(x)(3-2i). \end{aligned}$$

Mit der Eulerschen Formel und unter Ausnutzung der Symmetriebeziehungen $\cos(-x) = \cos(x)$ und $\sin(-x) = -\sin(x)$ erhält man

$$\begin{aligned} e^{3x}\cos(2x) + ie^{3x}\sin(2x) &= (\alpha_0(x) + 3\alpha_1(x)) + i \cdot 2\alpha_1(x), \\ e^{3x}\cos(2x) - ie^{3x}\sin(2x) &= (\alpha_0(x) + 3\alpha_1(x)) - i \cdot 2\alpha_1(x). \end{aligned}$$

Gleichsetzen der Real- und Imaginärteile ergibt die beiden Gleichungen

$$e^{3x}\cos(2x) = \alpha_0(x) + 3\alpha_1(x) \quad \text{und} \quad e^{3x}\sin(2x) = 2\alpha_1(x).$$

Somit ist $\alpha_1(x) = \frac{1}{2}e^{3x}\sin(2x)$ und

$$\alpha_0(x) = e^{3x}\cos(2x) - \frac{3}{2}e^{3x}\sin(2x) = e^{3x}\left(\cos(2x) - \frac{3}{2}\sin(2x)\right).$$

Somit ist

$$\begin{aligned} \exp(\boldsymbol{A}x) &= e^{3x}\left(\cos(2x) - \frac{3}{2}\sin(2x)\right)\boldsymbol{I} + \frac{1}{2}e^{3x}\sin(2x)\boldsymbol{A} \\ &= \begin{bmatrix} e^{3x}\left(\cos(2x) + \frac{1}{2}\sin(2x)\right) & -\frac{1}{2}e^{3x}\sin(2x) \\ \frac{5}{2}e^{3x}\sin(2x) & e^{3x}\left(\cos(2x) - \frac{1}{2}\sin(2x)\right) \end{bmatrix}. \end{aligned}$$

Die eindeutige Lösung zur Anfangsbedingung $\boldsymbol{y}(0) = [1, -1]^T$ ist gegeben durch

$$\boldsymbol{y} = \exp(\boldsymbol{A}x) \begin{bmatrix} 1 \\ -1 \end{bmatrix} = \begin{bmatrix} e^{3x}\left(\cos(2x) + \sin(2x)\right) \\ -e^{3x}\left(\cos(2x) - 3\sin(2x)\right) \end{bmatrix}.$$

Beispiel 12.38 (vgl. Beispiele 12.34 und 10.15). Gesucht ist die vollständige Lösung des Systems linearer Differentialgleichungen $\boldsymbol{y}' = \boldsymbol{A}\boldsymbol{y}$ mit

$$\boldsymbol{A} = \begin{bmatrix} 3 & 2 & -1 \\ -1 & 0 & 2 \\ 1 & 2 & -1 \end{bmatrix}.$$

$\boldsymbol{A}$ hat das charakteristische Polynom $p_{\boldsymbol{A}}(\lambda) = -\lambda^3 + 2\lambda^2 + 4\lambda - 8$. Somit ist $\lambda_1 = -2$ ein einfacher und $\lambda_{2,3} = 2$ ein zweifacher Eigenwert. Wir machen den oben beschriebenen Ansatz und erhalten das Gleichungssystem

$$\begin{array}{rclclcl} e^{-2x} & = & \alpha_0(x) & + & \alpha_1(x)\cdot(-2) & + & \alpha_2(x)\cdot(-2)^2\,, \\ e^{2x} & = & \alpha_0(x) & + & \alpha_1(x)\cdot 2 & + & \alpha_2(x)\cdot 2^2\,, \\ xe^{2x} & = & & & \alpha_1(x) & + & 2\alpha_2(x)\cdot 2\,. \end{array}$$

Lösen des Gleichungssystems mit dem Gauß-Jordan-Algorithmus ergibt

$$\begin{aligned} \alpha_0(x) &= \frac{3}{4}e^{2x} + \frac{1}{4}e^{-2x} - xe^{2x}\,, \\ \alpha_1(x) &= \frac{1}{4}\left(e^{2x} - e^{-2x}\right)\,, \\ \alpha_2(x) &= \frac{1}{4}xe^{2x} - \frac{1}{16}\left(e^{2x} - e^{-2x}\right)\,. \end{aligned}$$

Die vollständige Lösung ist daher gegeben durch

$$\begin{aligned} \boldsymbol{y} = \Bigg[\left(\frac{3}{4}e^{2x} + \frac{1}{4}e^{-2x} - xe^{2x}\right)\boldsymbol{I} + \left(\frac{1}{4}\left(e^{2x} - e^{-2x}\right)\right)\boldsymbol{A} \\ + \left(\frac{1}{4}xe^{2x} - \frac{1}{16}\left(e^{2x} - e^{-2x}\right)\right)\boldsymbol{A}^2\Bigg]\boldsymbol{\gamma}\,, \quad \boldsymbol{\gamma} \in \mathbb{R}^n\,. \end{aligned}$$

Mit den hyperbolischen Funktionen $\cosh(x) = \frac{1}{2}(e^x + e^{-x})$ und $\sinh(x) = \frac{1}{2}(e^x - e^{-x})$ schreibt man die Lösung noch etwas einfacher als

$$\begin{aligned} \boldsymbol{y} = \Bigg[\left(\cosh(2x) + \frac{1}{2}\sinh(2x) - xe^{2x}\right)\boldsymbol{I} + \frac{1}{2}\sinh(2x)\boldsymbol{A} \\ + \left(\frac{1}{4}xe^{2x} - \frac{1}{8}\sinh(2x)\right)\boldsymbol{A}^2\Bigg]\boldsymbol{\gamma}\,, \quad \boldsymbol{\gamma} \in \mathbb{R}^n\,. \end{aligned}$$

Wir haben gesehen, dass man jede lineare Differentialgleichung höherer Ordnung auch als System von Differentialgleichungen erster Ordnung schreiben kann. Bei der sogenannten **Eliminationsmethode** geht man nun umgekehrt vor und versucht ein System von Differentialgleichungen erster Ordnung in eine lineare Differentialgleichung höherer Ordnung zu überführen. Diese Methode ist oft bei kleinen Systemen, insbesondere bei zweidimensionalen Systemen, sehr einfach anzuwenden. Wir illustrieren sie anhand eines Beispiels.

Beispiel 12.39. (vgl. Beispiele 12.33 und 12.36). Gesucht sei die Lösung des Systems von Differentialgleichungen

$$\boldsymbol{y}' = \begin{bmatrix} 5 & -3 \\ 3 & -1 \end{bmatrix} \boldsymbol{y}\,, \quad \text{d.h.} \quad \begin{aligned} y_1' &= 5y_1 - 3y_2 \\ y_2' &= 3y_1 - y_2 \end{aligned}$$

zur Anfangsbedingung $\boldsymbol{y}(0) = [1, 3]^T$. Differenziert man die erste Gleichung und setzt dann die zweite Gleichung darin ein, so erhält man

$$y_1'' = 5y_1' - 3y_2' = 5y_1' - 3(3y_1 - y_2) = 5y_1' - 9y_1 + 3y_2\,.$$

Auflösen der ersten Gleichung nach $3y_2$ ergibt $3y_2 = 5y_1 - y_1'$. Setzt man nun dies für $3y_2$ in die obige Gleichung ein, so ergibt sich

$$y_1'' = 5y_1' - 9y_1 + (5y_1 - y_1') = 4y_1' - 4y_1 \qquad \Longleftrightarrow \qquad y_1'' - 4y_1' + 4y_1 = 0\,,$$

also eine Differentialgleichung zweiter Ordnung für y_1. Deren charakteristisches Polynom ist $\lambda^2 - 4\lambda + 4 = (\lambda - 2)^2$ mit der doppelten Nullstelle $\lambda_{1,2} = 2$. Somit ist

$$y_1 = \gamma_1 e^{2x} + \gamma_2 x e^{2x}\,.$$

Die Lösung für y_2 erhält man, indem man die erste Differentialgleichung nach y_2 auflöst und die für y_1 erhaltenen Lösung einsetzt:

$$\begin{aligned} y_2 = \frac{5}{3}y_1 - \frac{1}{3}y_1' &= \frac{5}{3}(\gamma_1 e^{2x} + \gamma_2 x e^{2x}) - \frac{1}{3}(2\gamma_1 e^{2x} + \gamma_2(1 + 2x)e^{2x}) \\ &= \left(\frac{5}{3}\gamma_1 - \frac{2}{3}\gamma_1 - \frac{1}{3}\gamma_2\right) e^{2x} + \left(\frac{5}{3}\gamma_2 - \frac{2}{3}\gamma_2\right) x e^{2x} \\ &= \left(\gamma_1 - \frac{1}{3}\gamma_2\right) e^{2x} + \gamma_2 x e^{2x}\,. \end{aligned}$$

Die eindeutige Lösung zu den gegebenen Anfangsbedingungen erhält man, indem man die Anfangsbedingungen $y_1(0) = 1$ und $y_2(0) = 3$ in die gefundene Lösung einsetzt. Dann ist nämlich $y_1(0) = \gamma_1 = 1$ und damit

$$y_2(0) = \gamma_1 - \frac{1}{3}\gamma_2 = 1 - \frac{1}{3}\gamma_2 \stackrel{!}{=} 3\,,$$

also $\gamma_2 = -6$. Die eindeutige Lösung zu den gegebenen Anfangsbedingungen ist also

$$\begin{aligned} y_1 &= e^{2x} - 6xe^{2x}\,, \\ y_2 &= 3e^{2x} - 6xe^{2x}\,. \end{aligned}$$

Lösung des inhomogenen Systems

Wir beschreiben drei Verfahren zur Lösung inhomogener linearer Differentialgleichungssystem erster Ordnung. Das einfachste Verfahren ist die sogenannte **Entkopplungsmethode**. Allerdings funktioniert diese nur bei diagonalisierbaren Koeffizientenmatrizen. Der **Ansatz vom Typ der rechten Seite** ist ebenfalls vergleichsweise einfach anzuwenden, ist aber nur möglich, wenn die Störfunktion eine bestimmte Gestalt hat. Die **Variation der Konstanten** schließlich ist zwar immer anwendbar, hat dafür aber den höchsten Rechenaufwand.

Entkopplungsmethode

Ist die Koeffizientenmatrix $\boldsymbol{A}$ diagonalisierbar, d.h. $\boldsymbol{A} = \boldsymbol{S}\boldsymbol{D}\boldsymbol{S}^{-1}$, so schreibt sich das System $\boldsymbol{y}' = \boldsymbol{A}\boldsymbol{y} + \boldsymbol{b}(x)$ als

$$\boldsymbol{y}' = \boldsymbol{S}\boldsymbol{D}\boldsymbol{S}^{-1}\boldsymbol{y} + \boldsymbol{b}(x)\,.$$

Multiplikation mit $\boldsymbol{S}^{-1}$ ergibt dann

$$\boldsymbol{S}^{-1}\boldsymbol{y}' = \boldsymbol{D}\boldsymbol{S}^{-1}\boldsymbol{y} + \boldsymbol{S}^{-1}\boldsymbol{b}(x)\,.$$

Substituiert man nun $\boldsymbol{z} = \boldsymbol{S}^{-1}\boldsymbol{y}$ und $\boldsymbol{c}(x) = \boldsymbol{S}^{-1}\boldsymbol{b}(x)$, erhält man für $\boldsymbol{z}$ das **entkoppelte** System

$$\boldsymbol{z}' = \boldsymbol{D}\boldsymbol{z} + \boldsymbol{c}(x)\,,$$

das aus n inhomogenen linearen Differentialgleichungen erster Ordnung besteht, $z_i' = d_i z_i + c_i(x)$, $i = 1, \ldots, n$. Diese Differentialgleichungen können z.B. mittels Variation der Konstanten (Satz 12.4) oder auch mit Hilfe des Ansatzes vom Typ der rechten Seite gelöst werden. Die Lösung des ursprünglichen Systems $\boldsymbol{y}' = \boldsymbol{A}\boldsymbol{y} + \boldsymbol{b}(x)$ erhält man dann mit der Rücktransformation $\boldsymbol{y} = \boldsymbol{S}\boldsymbol{z}$.

Beispiel 12.40. (vgl. Beispiele 12.31 und 12.35). Gesucht werde eine spezielle Lösung des Systems von Differentialgleichungen

$$\begin{aligned} y_1' &= 2y_1 + 4y_2 + e^{3x} \\ y_2' &= y_1 - y_2 + 2e^{3x}\,. \end{aligned}$$

Dann ist

$$\boldsymbol{A} = \begin{bmatrix} 2 & 4 \\ 1 & -1 \end{bmatrix} \quad \text{und} \quad \boldsymbol{b}(x) = \begin{bmatrix} 1 \\ 2 \end{bmatrix} e^{3x}\,.$$

Die Matrix $\boldsymbol{A}$ hat die Eigenwerte $\lambda_1 = 3$ und $\lambda_2 = -2$ mit zugehörigen Eigenvektoren $\boldsymbol{v}_1 = [4,1]^T$ und $\boldsymbol{v}_2 = [1,-1]^T$. Die Matrizen $\boldsymbol{S}$ und $\boldsymbol{D}$ sind daher

$$\boldsymbol{S} = \begin{bmatrix} 4 & 1 \\ 1 & -1 \end{bmatrix} \quad \text{und} \quad \boldsymbol{D} = \begin{bmatrix} 3 & 0 \\ 0 & -2 \end{bmatrix}.$$

Die Inverse von $\boldsymbol{S}$ ist dann

$$\boldsymbol{S}^{-1} = \frac{1}{5}\begin{bmatrix} 1 & 1 \\ 1 & -4 \end{bmatrix},$$

und es ist

$$\boldsymbol{c}(x) = \boldsymbol{S}^{-1}\boldsymbol{b}(x) = \frac{1}{5}\begin{bmatrix} 1 & 1 \\ 1 & -4 \end{bmatrix}\begin{bmatrix} 1 \\ 2 \end{bmatrix} e^{3x} = \begin{bmatrix} 0.6 \\ -1.4 \end{bmatrix} e^{3x}.$$

Für die transformierten Variablen $\boldsymbol{z} = \boldsymbol{S}^{-1}\boldsymbol{y}$ erhält man daher das entkoppelte System

$$\begin{bmatrix} z_1' \\ z_2' \end{bmatrix} = \begin{bmatrix} 3 & 0 \\ 0 & -2 \end{bmatrix}\begin{bmatrix} z_1 \\ z_2 \end{bmatrix} + \begin{bmatrix} 0.6 \\ -1.4 \end{bmatrix} e^{3x},$$

d.h. die beiden linearen Differentialgleichungen erster Ordnung

$$z_1' = 3z_1 + 0.6e^{3x} \quad \text{und} \quad z_2' = -2z_2 - 1.4e^{3x}.$$

Für die erste Gleichung erhält man mit dem Ansatz $z_1 = axe^{3x}$ vom Typ der rechten Seite (bei Resonanz) die spezielle Lösung $z_1 = 0.6xe^{3x}$. Entsprechend erhält man für die zweite Gleichung mit dem Ansatz $z_2 = ae^{3x}$ vom Typ der rechten Seite die spezielle Lösung $z_2 = -0.28e^{3x}$.

Eine Lösung des ursprünglichen Systems erhält man dann mit der Rücktransformation

$$\boldsymbol{y} = \boldsymbol{S}\boldsymbol{z} = \begin{bmatrix} 4 & 1 \\ 1 & -1 \end{bmatrix}\begin{bmatrix} 0.6x \\ -0.28 \end{bmatrix} e^{3x} = \begin{bmatrix} 2.4x - 0.28 \\ 0.6x + 0.28 \end{bmatrix} e^{3x}.$$

Ansatz vom Typ der rechten Seite

Auch bei Systemen von Differentialgleichungen kann der Ansatz vom Typ der rechten Seite verwendet werden. Im Folgenden verstehen wir unter einem **vektorwertigen Polynom** (vgl. S. 438) eine vektorwertige Funktion, deren Komponenten sämtlich Polynome sind, d.h. eine Funktion der Form $\boldsymbol{p}(x) = \sum_{i=0}^{k} \boldsymbol{a}_i x^i$, wobei die $\boldsymbol{a}_0, \ldots, \boldsymbol{a}_k$ Vektoren sind.

Satz 12.29: Ansatz vom Typ der rechten Seite, Systeme

Gegeben sei das System linearer Differentialgleichungen erster Ordnung

$$\boldsymbol{y}' = \boldsymbol{A}\boldsymbol{y} + \boldsymbol{b}(x).$$

Hat die Störfunktion die Gestalt

$$\boldsymbol{b}(x) = \boldsymbol{p}_1(x)e^{ax}\sin(bx) + \boldsymbol{p}_2(x)e^{ax}\cos(bx),$$

wobei $\boldsymbol{p}_1$ und $\boldsymbol{p}_2$ vektorwertige Polynome vom Grad n_1 bzw. n_2 sind, und ist $\lambda = a + bi$ **kein Eigenwert** von $\boldsymbol{A}$, so existiert eine spezielle Lösung der Form

$$\boldsymbol{y}(x) = \boldsymbol{q}_1(x)e^{ax}\sin(bx) + \boldsymbol{q}_2(x)e^{ax}\cos(bx)\,,$$

wobei $\boldsymbol{q}_1$ und $\boldsymbol{q}_2$ Polynome vom Grad $n = \max\{n_1, n_2\}$ sind.

Ist $\lambda = a + bi$ ein **k-facher Eigenwert** von $\boldsymbol{A}$, so existiert eine spezielle Lösung der Form

$$\boldsymbol{y}(x) = \boldsymbol{q}_1(x)e^{ax}\sin(bx) + \boldsymbol{q}_2(x)e^{ax}\cos(bx)\,,$$

wobei $\boldsymbol{q}_1$ und $\boldsymbol{q}_2$ Polynome vom Grad $n = \max\{n_1, n_2\} + k$ sind.

Wir illustrieren die Methode an zwei Beispielen.

Beispiel 12.41. (vgl. Beispiele 12.31, 12.35 und 12.40). Gesucht werde eine spezielle Lösung des Systems von Differentialgleichungen

$$\begin{aligned} y_1' &= 2y_1 + 4y_2 + e^{2x}\,,\\ y_2' &= y_1 - y_2 + 2e^{2x}\,. \end{aligned}$$

Dann ist

$$\boldsymbol{A} = \begin{bmatrix} 2 & 4 \\ 1 & -1 \end{bmatrix} \quad \text{und} \quad \boldsymbol{b}(x) = \begin{bmatrix} 1 \\ 2 \end{bmatrix} e^{2x}\,.$$

Da $\lambda = 2$ kein Eigenwert von $\boldsymbol{A}$ ist, verwendet man den Ansatz $\boldsymbol{y} = \boldsymbol{c}e^{2x}$. Einsetzen in die Differentialgleichung liefert

$$\begin{bmatrix} 2c_1 \\ 2c_2 \end{bmatrix} e^{2x} = \begin{bmatrix} 2c_1 + 4c_2 + 1 \\ c_1 - c_2 + 2 \end{bmatrix} e^{2x}\,.$$

Division durch e^{2x} ergibt dann

$$\left.\begin{aligned} 2c_1 &= 2c_1 + 4c_2 + 1 \\ 2c_2 &= c_1 - c_2 + 2 \end{aligned}\right\} \quad \text{bzw.} \quad \left\{\begin{aligned} 4c_2 &= -1 \\ c_1 - 3c_2 &= -2\,. \end{aligned}\right.$$

Aus der ersten Gleichung erhält man $c_2 = -0.25$ und damit dann aus der zweiten Gleichung $c_1 = -2.75$. Eine spezielle Lösung des inhomogenen Systems ist somit

$$\boldsymbol{y} = -\begin{bmatrix} 2.75 \\ 0.25 \end{bmatrix} e^{2x}\,.$$

Beispiel 12.42. (vgl. Beispiele 12.31, 12.35, 12.40 und 12.41). Gesucht werde eine spezielle Lösung des Systems von Differentialgleichungen

$$\begin{aligned} y_1' &= 2y_1 + 4y_2 + e^{3x}, \\ y_2' &= y_1 - y_2 + 2e^{3x}. \end{aligned}$$

Dann ist

$$\boldsymbol{A} = \begin{bmatrix} 2 & 4 \\ 1 & -1 \end{bmatrix} \quad \text{und} \quad \boldsymbol{b}(x) = \begin{bmatrix} 1 \\ 2 \end{bmatrix} e^{3x}.$$

Da $\lambda = 3$ ein einfacher Eigenwert von $\boldsymbol{A}$ ist, macht man den Ansatz $\boldsymbol{y} = (\boldsymbol{c} + \boldsymbol{d}x)e^{3x}$. Dann erhält man für die Ableitung

$$\boldsymbol{y}' = \boldsymbol{d}e^{3x} + 3(\boldsymbol{c} + \boldsymbol{d}x)e^{3x} = \big[(3\boldsymbol{c} + \boldsymbol{d}) + 3\boldsymbol{d}x\big]e^{3x} = \begin{bmatrix} (3c_1 + d_1) + 3d_1x \\ (3c_2 + d_2) + 3d_2x \end{bmatrix} e^{3x}.$$

Für die rechte Seite der Gleichung, also $\boldsymbol{Ay} + \boldsymbol{b}(x)$, erhält man

$$\begin{bmatrix} (2c_1 + 4c_2) + (2d_1 + 4d_2)x + 1 \\ (c_1 - c_2) + (d_1 - d_2)x + 2 \end{bmatrix} e^{3x}.$$

Gleichsetzen mit $\boldsymbol{y}'$ und Division durch e^{3x} ergibt

$$\begin{aligned} (3c_1 + d_1) + 3d_1x &= (2c_1 + 4c_2) + (2d_1 + 4d_2)x + 1, \\ (3c_2 + d_2) + 3d_2x &= (c_1 - c_2) + (d_1 - d_2)x + 2. \end{aligned}$$

Koeffizientenvergleich liefert die vier Gleichungen

$$\left.\begin{aligned} 3c_1 + d_1 &= 2c_1 + 4c_2 + 1 \\ 3c_2 + d_2 &= c_1 - c_2 + 2 \\ 3d_1 &= 2d_1 + 4d_2 \\ 3d_2 &= d_1 - d_2 \end{aligned}\right\} \quad \text{bzw.} \quad \left\{\begin{aligned} c_1 - 4c_2 + d_1 \phantom{{}+ d_2} &= 1 \\ -c_1 + 4c_2 \phantom{{}+ d_1} + d_2 &= 2 \\ d_1 - 4d_2 &= 0 \\ -d_1 + 4d_2 &= 0. \end{aligned}\right.$$

Aus den letzten beiden Gleichungen folgt $d_1 = 4d_2$. Addition der ersten beiden Gleichungen ergibt unter Berücksichtigung von $d_1 = 4d_2$ die Gleichung $5d_2 = 3$ und somit $d_2 = 3/5 = 0.6$ sowie $d_1 = 12/5 = 2.4$. Einsetzen in die ersten beiden Gleichungen ergibt

$$\begin{aligned} c_1 - 4c_2 &= -1.4, \\ -c_1 + 4c_2 &= 1.4. \end{aligned}$$

Da beide Gleichungen übereinstimmen, kann c_1 oder c_2 frei gewählt werden. Wir setzen $c_2 = 0$ und erhalten dann $c_1 = -1.4$.

Eine spezielle Lösung des inhomogenen Systems ist somit

$$\boldsymbol{y} = \begin{bmatrix} -1.4 + 2.4x \\ 0.6x \end{bmatrix} e^{3x}.$$

Das vorangehende Beispiel illustriert sehr schön die beiden folgenden Beobachtungen.

Bemerkungen:

1. Bei Systemen müssen die Polynome $\boldsymbol{q}_1(x)$ und $\boldsymbol{q}_2(x)$ auch im Resonanzfall immer **alle Potenzen niedriger Ordnung** enthalten. Ist $a + bi$ eine k-fache Nullstelle des charakteristischen Polynoms, so schlägt ein Ansatz der Form

$$\boldsymbol{y}(x) = x^k \left[\boldsymbol{q}_1(x)e^{ax}\sin(bx) + \boldsymbol{q}_2(x)e^{ax}\cos(bx)\right] ,$$

   mit Polynomen $\boldsymbol{q}_1(x)$, $\boldsymbol{q}_2(x)$ vom Grad $n = \max\{n_1, n_2\}$ im Allgemeinen fehl.

2. Das auftretende Gleichungssystem hat im Resonanzfall in der Regel keine eindeutige Lösung. Im obigen Beispiel konnten wir für c_2 eine beliebige reelle Zahl wählen. Der Einfachheit halber setzt man frei wählbare Konstanten, wie in obigem Beispiel, oft gleich null.

Variation der Konstanten

Während die Methode des Ansatzes vom Typ der rechten Seite nur für bestimmte Störfunktionen einsetzbar ist, kann die nachfolgend beschriebene Methode der **Variation der Konstanten** universell eingesetzt werden. Hier ersetzt man in der allgemeinen Lösung $\boldsymbol{y}(x) = \boldsymbol{F}(x)\boldsymbol{\gamma}$ den konstanten Vektor $\boldsymbol{\gamma}$ durch eine Funktion $\boldsymbol{\gamma}(x)$, d.h. man verwendet den Ansatz $\boldsymbol{y}(x) = \boldsymbol{F}(x)\boldsymbol{\gamma}(x)$. Die Ableitung ist dann gegeben durch

$$\boldsymbol{y}'(x) = \boldsymbol{F}'(x)\boldsymbol{\gamma}(x) + \boldsymbol{F}(x)\boldsymbol{\gamma}'(x) .$$

Setzt man dies in das inhomogene System $\boldsymbol{y}'(x) = \boldsymbol{A}\boldsymbol{y}(x) + \boldsymbol{b}(x)$ ein, so erhält man

$$\boldsymbol{F}'(x)\boldsymbol{\gamma}(x) + \boldsymbol{F}(x)\boldsymbol{\gamma}'(x) = \boldsymbol{A}\boldsymbol{F}(x)\boldsymbol{\gamma}(x) + \boldsymbol{b}(x) .$$

Wegen $\boldsymbol{F}'(x) = \boldsymbol{A}\boldsymbol{F}(x)$ (siehe Seite 433) erhält man

$$\boldsymbol{A}\boldsymbol{F}(x)\boldsymbol{\gamma}(x) + \boldsymbol{F}(x)\boldsymbol{\gamma}'(x) = \boldsymbol{A}\boldsymbol{F}(x)\boldsymbol{\gamma}(x) + \boldsymbol{b}(x)$$

und somit

$$\boldsymbol{F}(x)\boldsymbol{\gamma}'(x) = \boldsymbol{b}(x) .$$

Da die Fundamentalmatrix $\boldsymbol{F}(x)$ für jedes $x \in \mathbb{R}$ invertierbar ist, ergibt sich schließlich

$$\boldsymbol{\gamma}'(x) = \boldsymbol{F}(x)^{-1}\boldsymbol{b}(x)$$

bzw.

$$\boldsymbol{\gamma}(x) = \int \boldsymbol{F}(x)^{-1}\boldsymbol{b}(x)\, dx ,$$

wobei das Integral einer vektorwertigen Funktion komponentenweise zu verstehen ist. Eine spezielle Lösung des inhomogenen Systems erhält man daher durch

$$\boldsymbol{y}(x) = \boldsymbol{F}(x) \int \boldsymbol{F}(x)^{-1} \boldsymbol{b}(x)\, dx\,.$$

Beispiel 12.43. (vgl. Beispiele 12.31, 12.35, 12.40, 12.41 und 12.42). Gesucht werde eine spezielle Lösung des Systems von Differentialgleichungen

$$\begin{aligned} y_1' &= 2y_1 + 4y_2 + \; e^{2x}\,, \\ y_2' &= \; y_1 - \; y_2 + 2e^{2x}\,. \end{aligned}$$

Es ist

$$\boldsymbol{A} = \begin{bmatrix} 2 & 4 \\ 1 & -1 \end{bmatrix} \quad \text{und} \quad \boldsymbol{b}(x) = \begin{bmatrix} 1 \\ 2 \end{bmatrix} e^{2x}\,.$$

Eine Fundamentalmatrix ist dann

$$\boldsymbol{F}(x) = \begin{bmatrix} 4e^{3x} & e^{-2x} \\ e^{3x} & -e^{-2x} \end{bmatrix}.$$

Deren Inverse ist

$$\boldsymbol{F}(x)^{-1} = -\frac{1}{5} e^{-x} \begin{bmatrix} -e^{-2x} & -e^{-2x} \\ -e^{3x} & 4e^{3x} \end{bmatrix} = \frac{1}{5} \begin{bmatrix} e^{-3x} & e^{-3x} \\ e^{2x} & -4e^{2x} \end{bmatrix}.$$

Für $\boldsymbol{F}(x)^{-1}\boldsymbol{b}(x)$ erhält man

$$\boldsymbol{F}(x)^{-1}\boldsymbol{b}(x) = \frac{1}{5} \begin{bmatrix} e^{-3x} & e^{-3x} \\ e^{2x} & -4e^{2x} \end{bmatrix} \begin{bmatrix} 1 \\ 2 \end{bmatrix} e^{2x} = \frac{1}{5} \begin{bmatrix} 3e^{-x} \\ -7e^{4x} \end{bmatrix}.$$

Integration ergibt

$$\int \boldsymbol{F}(x)^{-1}\boldsymbol{b}(x)\, dx = \frac{1}{5} \begin{bmatrix} -3e^{-x} \\ -\frac{7}{4}e^{4x} \end{bmatrix}.$$

Eine spezielle Lösung ist dann schließlich

$$\begin{aligned} \boldsymbol{y}(x) = \boldsymbol{F}(x) \int \boldsymbol{F}(x)^{-1}\boldsymbol{b}(x)\, dx &= \begin{bmatrix} 4e^{3x} & e^{-2x} \\ e^{3x} & -e^{-2x} \end{bmatrix} \frac{1}{5} \begin{bmatrix} -3e^{-x} \\ -\frac{7}{4}e^{4x} \end{bmatrix} \\ &= \frac{1}{5} \begin{bmatrix} -12e^{2x} - \frac{7}{4}e^{2x} \\ -3e^{2x} + \frac{7}{4}e^{2x} \end{bmatrix} = -\begin{bmatrix} 2.75 \\ 0.25 \end{bmatrix} e^{2x}\,. \end{aligned}$$

12.5 Stabilität von Differentialgleichungssystemen

Wir haben uns in Abschnitt 12.3 bereits mit der Stabilität von einfachen Differentialgleichungen beschäftigt. Auch bei Systemen interessiert oft vor allem das Grenzverhalten der Lösung für große Werte von x bzw. die Abhängigkeit der Lösung von gegebenen Anfangsbedingungen.

Definition 12.6: Stabilität

Eine System linearer Differentialgleichungen erster Ordnung heißt (asymptotisch) **stabil**, wenn für je zwei Lösungen $\boldsymbol{y} = \boldsymbol{f}_1(x)$, $\boldsymbol{y} = \boldsymbol{f}_2(x)$ des Systems

$$\lim_{x\to\infty} (\boldsymbol{f}_1(x) - \boldsymbol{f}_2(x)) = \boldsymbol{0}$$

gilt.

Besitzt die Differentialgleichung eine konstante Gleichgewichtslösung $\boldsymbol{y}^*$, so ist obige Definition gleichbedeutend damit, dass **jede** Lösung der Differentialgleichung für x gegen unendlich gegen die Gleichgewichtslösung $\boldsymbol{y}^*$ konvergiert,

$$\lim_{x\to\infty} \boldsymbol{y}(x) = \boldsymbol{y}^* .$$

Da die Differenz zweier Lösungen der inhomogenen Gleichung eine Lösung der homogenen Gleichung ist, ist ein inhomogenes System genau dann stabil, wenn für jede Lösung $\boldsymbol{y}(x)$ des homogenen Systems

$$\lim_{x\to\infty} \boldsymbol{y}(x) = \boldsymbol{0}$$

gilt.

Aus Satz 12.25 folgt unmittelbar, dass im Fall einer komplex diagonalisierbaren Koeffizientenmatrix $\boldsymbol{A}$ alle Lösungen des homogenen Systems genau dann gegen null konvergieren, wenn alle Eigenwerte einen negativen Realteil besitzen. In der Tat kann man zeigen, dass dieses Ergebnis auch bei Systemen mit nicht diagonalisierbarer Koeffizientenmatrix $\boldsymbol{A}$ gilt. Wir formulieren dieses Ergebnis als Satz.

Satz 12.30: Stabilität eines Systems linearer Differentialgleichungen

Ein lineares Differentialgleichungssystem erster Ordnung (mit konstanten Koeffizienten), $\boldsymbol{y}' = \boldsymbol{A}\boldsymbol{y} + \boldsymbol{b}(x)$, ist genau dann stabil, wenn alle (reellen oder komplexen) Eigenwerte λ von $\boldsymbol{A}$ einen negativen Realteil besitzen, d.h. $\text{Re}(\lambda) < 0$.

Es wäre natürlich schön, einfache Kriterien zu haben, mit denen sich die Entscheidung, ob ein System von Differentialgleichungen stabil ist oder nicht, leicht treffen lässt, ohne die Eigenwerte tatsächlich berechnen zu müssen. Eine Vereinfachung ergibt sich bereits durch das Hurwitz-Kriterium, Satz 12.22. Es reicht nämlich aus, das charakteristische Polynom der Matrix $\boldsymbol{A}$ zu berechnen. Mit Hilfe des Hurwitz-Kriteriums kann man dann leicht entscheiden, ob alle Nullstellen des charakteristischen Polynoms, d.h. alle Eigenwerte, einen negativen Realteil besitzen.

Ein einfaches anzuwendendes, allerdings nur notwendiges Kriterium für die Stabilität eines Systems liefert der folgende Satz.

Satz 12.31: Stabilität eines Systems, notwendige Bedingung

Ist das System $\boldsymbol{y}' = \boldsymbol{A}\boldsymbol{y} + \boldsymbol{b}(x)$ stabil, so ist die Summe der Diagonalelemente von $\boldsymbol{A}$ negativ,

$$\sum_{i=1}^{n} a_{ii} < 0\,.$$

Beispiel 12.44. Gegeben sei das System linearer Differentialgleichungen $\boldsymbol{y}' = \boldsymbol{A}\boldsymbol{y}$ mit

$$\boldsymbol{A} = \begin{bmatrix} -1 & -0.5 & -1 \\ 1 & 2.5 & -1 \\ -0.5 & 0.75 & -1.5 \end{bmatrix}.$$

Da die Summe der Diagonalelemente gleich null und somit nicht negativ ist, ist das System nicht stabil. In der Tat hat $\boldsymbol{A}$ die Eigenwerte $\lambda_1 = 2$, $\lambda_2 = 0$ und $\lambda_3 = -2$.

Für eine quadratische Matrix $\boldsymbol{A}$ bezeichnet man die Matrix

$$\boldsymbol{A}_s = \frac{1}{2}\left(\boldsymbol{A} + \boldsymbol{A}^T\right)$$

als **symmetrischen Anteil** von $\boldsymbol{A}$. Der folgende Satz liefert ein hinreichendes Kriterium für die Stabilität eines Systems von Differentialgleichungen, das auf der Definitheit von $\boldsymbol{A}_s$ beruht.

Satz 12.32: Stabilität eines Systems, hinreichende Bedingung

Gegeben sei das System linearer Differentialgleichungen erster Ordnung, $\boldsymbol{y}' = \boldsymbol{A}\boldsymbol{y} + \boldsymbol{b}(x)$. Ist der symmetrische Anteil $\boldsymbol{A}_s$ der Koeffizientenmatrix $\boldsymbol{A}$ negativ definit, so ist das System $\boldsymbol{y}' = \boldsymbol{A}\boldsymbol{y} + \boldsymbol{b}(x)$ stabil.

Ob der symmetrische Anteil $\boldsymbol{A}_s$ negativ definit ist, kann natürlich einfach mit Hilfe des Minorenkriteriums überprüft werden.

Beispiel 12.45. Gegeben sei das System linearer Differentialgleichungen $\boldsymbol{y}' = \boldsymbol{A}\boldsymbol{y}$ mit

$$\boldsymbol{A} = \begin{bmatrix} -1 & -0.5 & -1 \\ 1 & -1.5 & -1 \\ -0.5 & 0.75 & -1.5 \end{bmatrix}.$$

Die Summe der Diagonalelemente ist -4 und somit negativ. Das notwendige Kriterium ist also erfüllt. Der symmetrische Anteil der Matrix $\boldsymbol{A}$ ist

$$\boldsymbol{A}_s = \begin{bmatrix} -1 & 0.25 & -0.75 \\ 0.25 & -1.5 & -0.125 \\ -0.75 & -0.125 & -1.5 \end{bmatrix}.$$

Für die Hauptminoren erhält man $\Delta_1 = -1 < 0$, $\Delta_2 = 1.4375 > 0$ und $\Delta_3 = -1.25 < 0$. Somit ist $\boldsymbol{A}_s$ negativ definit und das System daher stabil. In der Tat kann man zeigen, dass $\boldsymbol{A}$ die Eigenwerte $\lambda_1 = -2$ und $\lambda_{2,3} = -1 \pm i$ hat.

Wichtige Begriffe zur Wiederholung

Nach der Lektüre dieses Kapitels sollten folgende Begriffe geläufig sein:

- Differentialgleichung
- Ordnung einer Differentialgleichung
- Anfangsbedingung
- Homogene und inhomogene lineare Differentialgleichung
- Exakte Differentialgleichung
- Differentialgleichung mit getrennten Variablen
- Charakteristisches Polynom, charakteristische Gleichung
- Lösung von linearen Differentialgleichungen beliebiger Ordnung
- Ansatz vom Typ der rechten Seite
- Stabilität
- Systeme von Differentialgleichungen erster Ordnung
- Matrix-Exponentialfunktion
- Entkopplung von Differentialgleichungssystemen
- Ansatz vom Typ der rechten Seite für Differentialgleichungssysteme

Selbsttest

Anhand folgender Ankreuzaufgaben können Sie Ihre Kenntnisse zu diesem Kapitel überprüfen. Beurteilen Sie dazu, ob die Aussagen jeweils wahr (W) oder falsch (F) sind. Kurzlösungen zu diesen Aufgaben finden Sie in Anhang H.

I. Sind folgende Aussagen zu Differentialgleichungen wahr oder falsch?

	W	F
In einer Differentialgleichung m-ter Ordnung kommen alle ersten m Ableitungen vor.	☐	☐
$y = f(x) = x^4$ ist eine Lösung der Differentialgleichung $y = \frac{1}{4}xy'$.	☐	☐
Die Summe der Lösung einer inhomogenen Differentialgleichung und einer Lösung der entsprechenden homogenen Differentialgleichung ist eine Lösung der inhomogenen Differentialgleichung.	☐	☐
Lösungen von Differentialgleichungen der Form $y' = g(x)h(y)$ erhält man durch Gleichsetzen des Integrals $\int g(x)\,dx$ mit $\int h(y)\,dy$.	☐	☐
Beim Lösen einer Differentialgleichung mit getrennten Variablen erhält man nach dem ersten Schritt, dem Integrieren, eine implizit durch eine Gleichung gegebene Lösung für die Funktion.	☐	☐

Aufgaben

Aufgabe 1

Die Elastizität einer Nachfragefunktion $q = f(p)$ sei gegeben durch

$$\varepsilon_q(p) = -0.5 - 2p\,.$$

Ferner sei bekannt, dass bei einem Preis von $p_0 = 2$ die Nachfrage $q_0 = 100$ besteht. Bestimmen Sie die Nachfragefunktion $q = f(p)$. Wie hoch ist die Nachfrage bei einem Preis von $p = 2.5$?

Aufgabe 2

Die Elastizität einer Nachfragefunktion $q = f(p)$ sei eine lineare Funktion, d.h. es sei $\varepsilon_q(p) = a - bp$, wobei $a, b \in \mathbb{R}$ reelle Konstanten sind. Bestimmen Sie die Nachfragefunktion zur Anfangsbedingung $q_0 = f(p_0)$. Welche Nachfragefunktion erhält man für $a = -2$, $b = \ln(2)$, $p_0 = 1$ und $q_0 = 5$?

Aufgabe 3

Die bei der Produktion von q Mengeneinheiten eines bestimmten Gutes anfallenden Kosten K werden durch eine Funktion $K = f(q)$ beschrieben. Es sei bekannt, dass die Grenzkosten gleich den halben Durchschnittskosten sind, d.h, dass

$$\frac{dK}{dq} = \frac{1}{2}\frac{K}{q}$$

gilt. Ferner sei bekannt, dass bei der Produktion von 9 Mengeneinheiten des Gutes Kosten in Höhe von 6 Geldeinheiten entstehen. Bestimmen Sie die Kostenfunktion $K = f(q)$.

Aufgabe 4

Gegeben sei die lineare Differentialgleichung 1. Ordnung

$$y' - \frac{x}{1+x^2}y = 2x$$

mit der Anfangsbedingung $y(0) = 1$.

a) Bestimmen Sie die allgemeine Lösung der homogenen Differentialgleichung.

b) Bestimmen Sie mittels Variation der Konstanten eine spezielle Lösung der inhomogenen Gleichung.

c) Wie lautet die allgemeine Lösung der inhomogenen Differentialgleichung.

d) Bestimmen Sie die Lösung der Differentialgleichung zur angegebenen Anfangsbedingung.

Aufgabe 5

Bestimmen Sie die allgemeine Lösung der Differentialgleichung $y' = 2xy + x^3$.

Aufgabe 6

Gegeben sei die Differentialgleichung $9y' = x^2 e^{-y}$. Bestimmen Sie die allgemeine Lösung sowie die Lösung zur Anfangsbedingung $y(3) = 0$.

Aufgabe 7

Bestimmen Sie die Lösung der Differentialgleichung

$$x^3 + y^3 + 3xy^2y' = 0$$

zu der Anfangsbedingungen $y(1) = 2$.

Aufgabe 8

Bestimmen Sie jeweils die allgemeine Lösung der folgenden homogenen Differentialgleichungen sowie die Lösung zu den gegebenen Anfangsbedingungen. Geben Sie jeweils auch an, ob die Differentialgleichung stabil ist.

a) $y'' - 1.2y' + 0.32y = 0$, wobei $y(0) = 0$ und $y'(0) = 0.8$,

b) $y'' + 4y = 0$, wobei $y(0) = 4$ und $y'(0) = -4$,

c) $y'' - 0.4y' + 0.04y = 0$, wobei $y(0) = 4$ und $y(2) = 0$,

d) $y'' - 4y' + 5y = 0$, wobei $y(0) = 2$ und $y(\pi/2) = -e^{\pi}$.

Aufgabe 9

Bestimmen Sie unter Verwendung Ihrer Ergebnisse aus Aufgabe 8 jeweils die allgemeine Lösung der folgenden inhomogenen Differentialgleichungen:

a) $y'' - 1.2y' + 0.32y = 8 + 3e^{2x}$,

b) $y'' + 4y = x^2$,

c) $y'' - 0.4y' + 0.04y = 6e^{0.2x}$,

d) $y'' - 4y' + 5y = 10x^2$.

Aufgabe 10

Prüfen Sie, ob die beiden folgenden Differentialgleichungen stabil sind:

a) $y^{(4)} + 2y''' - 2y'' + 4y' + 5y = 0$,

b) $y^{(4)} + 2y''' + 4y'' + 4y' + 2y = 0$.

Aufgabe 11

Betrachten Sie das folgende homogene System von Differentialgleichungen

$$\boldsymbol{y}' = \begin{bmatrix} 1 & 9 \\ -1 & -5 \end{bmatrix} \boldsymbol{y}\,.$$

Bestimmen Sie die allgemeine Lösung mit der Methode der unbestimmten Koeffizienten.

Kapitel 13

Differenzengleichungen

Wir haben im vorherigen Kapitel das Preisfestsetzungsmodell von Evans und das Harrod-Domar-Modell als Modelle in stetiger Zeit betrachtet, d.h. der Zeitparameter t durchlief ein Intervall reeller Zahlen. In diesem Kapitel betrachten wir sogenannte **Periodenmodelle** oder **Modelle in diskreter Zeit**. Wir betrachten die relevanten ökonomischen Größen nur zu bestimmten Zeitpunkten bzw. in bestimmten Zeitperioden. Der Zeitparameter t kann dann lediglich diskrete Werte annehmen, typischerweise alle natürlichen oder auch alle ganzen Zahlen. Im Folgenden nehmen wir an, dass t eine Menge T durchläuft, wobei T ein zusammenhängender Abschnitt der ganzen Zahlen ist.

Beispiel 13.1 (Harrod-Domar-Modell in diskreter Zeit). Das Wachstumsmodell von Harrod und Domar beschreibt das Wachstum einer Volkswirtschaft im zeitlichen Verlauf. Wir verwenden die folgenden Bezeichnungen: Für $t \in T$ seien

K_t der Kapitalstock in Periode t,
Y_t das Volkseinkommen (Sozialprodukt) in Periode t,
S_t die Ersparnis in Periode t,
I_t die Nettoinvestition in Periode t.

Wie beim Harrod-Domar-Modell in stetiger Zeit (vgl. Beispiel 12.3) ist auch hier von Interesse, wie sich die betrachteten ökonomischen Größen im zeitlichen Ablauf entwickeln. Man geht von folgenden Grundannahmen aus:

- Gemäß Definition ist die Nettoinvestition gleich der Änderung des Kapitalstocks, d.h. es ist
$$I_t = K_t - K_{t-1}\,.$$

- Das Volkseinkommen ist proportional zur Höhe des Kapitalstocks, d.h. es ist
$$Y_t = \frac{1}{v} K_t \,.$$
Die Konstante v bezeichnet man als **Kapitalkoeffizient**, ihren Kehrwert $1/v$ als **Kapitalproduktivität**.

- Die Ersparnis ergibt sich als konstanter Anteil s des Volkseinkommens, d.h
$$S_t = sY_t \,.$$
Die Konstante s bezeichnet man als **Sparquote**.

- Da definitorisch die Ersparnis gleich der Nettoinvestition ist, erhält man als weitere Gleichung dieses Modells
$$I_t = S_t \,.$$

Aus den ersten beiden Gleichungen folgt, dass
$$I_t = v(Y_t - Y_{t-1}) \,.$$

Man bezeichnet diese Gleichung als **Kapazitätseffekt** der Investition. Aus der dritten und vierten Gleichung oben erhält man den sogenannten **Einkommenseffekt** der Investition, das ist die Gleichung
$$I_t = sY_t \,.$$

Gleichsetzen der letzten beiden Gleichungen und Auflösen nach Y_t liefert schließlich
$$\boxed{Y_t = \frac{v}{v-s} Y_{t-1} \,.}$$

Das Harrod-Domar-Modell führt auf eine Gleichung, die eine Beziehung zwischen den Werten einer ökonomischen Variablen zu verschiedenen Zeitpunkten darstellt. Gesucht ist hier eine Folge $Y_0, Y_1, Y_2, \ldots$, die die obige Gleichung erfüllt. Eine solche Folge schreibt man auch als Funktion $Y : \mathbb{N}_0 \to \mathbb{R}$.

Beispiel 13.2 (Spinnweb-Modell). Wir betrachten nochmals das Spinnweb-Modell, das bereits in Abschnitt 3.1 und 3.10 diskutiert wurde. Für $t \in T$ bezeichne

d_t	die Nachfrage nach dem Gut in Periode t,
s_t	das Angebot an dem Gut in Periode t,
p_t	den Preis des Gutes in Periode t.

Über den Zusammenhang dieser Größen treffen wir die folgenden Annahmen:

- Die Nachfrage in einer Periode hängt linear vom Preis des Gutes in dieser Periode ab, d.h. es ist
$$d_t = a - bp_t .$$
Hierbei setzt man $b > 0$ voraus, sodass die Nachfrage mit steigendem Preis sinkt.
- Das Angebot reagiert verzögert auf Preisänderungen. Genauer nehmen wir an, dass das Angebot in einer Periode linear vom Preis der Vorperiode abhängt, d.h. es ist
$$s_t = c + dp_{t-1} .$$
Hierbei setzt man $d > 0$ voraus, sodass das Angebot mit steigendem Preis steigt.
- In jeder Periode bestimmt sich der Preis so, dass sich Angebot und Nachfrage genau ausgleichen, d.h. es ist
$$d_t = s_t .$$

Einsetzen der ersten beiden Gleichungen in die letzte Gleichung liefert
$$a - bp_t = c + dp_{t-1}$$
bzw.
$$\boxed{p_t + \frac{d}{b}p_{t-1} = \frac{a-c}{b} .}$$

Auch hier erhalten wir eine Gleichung, die die Werte einer ökonomischen Größe zu verschiedenen Zeitpunkten zueinander in Beziehung setzt. Gesucht ist eine Funktion $p : \mathbb{N}_0 \to \mathbb{R}$, die diese Gleichung erfüllt.

Beispiel 13.3. (Multiplikator-Akzelerator-Modell von Samuelson[1]). Das Multiplikator-Akzelerator-Modell von Samuelson ist wie das Harrod-Domar-Modell ein makroökonomisches Modell, welches das Wachstum einer Volkswirtschaft beschreibt. Für $t \in T$ sei

Y_t das Volkseinkommen in Periode t,
C_t den Konsum in Periode t,
I_t die Investition in Periode t,
G_t die Staatsausgaben in Periode t.

[1]Paul Anthony Samuelson (1915-2009); Wirtschaftsnobelpreis 1970.

Es liegen die folgenden Annahmen zugrunde:

- Das Volkseinkommen setzt sich definitionsgemäß aus dem Konsum, der Investition und den Staatsausgaben zusammen, d.h.

$$Y_t = C_t + I_t + G_t\,.$$

- Der Konsum ergibt sich als konstanter Anteil des Volkseinkommens der Vorperiode, d.h.

$$C_t = cY_{t-1}\,.$$

  Die Konstante c bezeichnet man als **Konsumquote**. Man nimmt an, dass $0 < c < 1$.

- Die Investitionen sind proportional zur Änderung des Konsums gegenüber der Vorperiode, d.h.

$$I_t = k(C_t - C_{t-1})\,.$$

  Die Konstante k bezeichnet man als **Akzelerator**. Man setzt voraus, dass $k > 0$ ist, sodass ein Anstieg des Konsums zu positiven Investitionen führt.

- Die Staatsausgaben sind konstant, d.h. es ist $G_t = G$ für alle $t \in T$.

Aus den Gleichungen ergibt sich

$$\begin{aligned} Y_t &= cY_{t-1} + k(C_t - C_{t-1}) + G \\ &= cY_{t-1} + ck(Y_{t-1} - Y_{t-2}) + G \\ &= c(1+k)Y_{t-1} - ckY_{t-2} + G \end{aligned}$$

und somit

$$\boxed{Y_t - c(1+k)Y_{t-1} + ckY_{t-2} = G\,.}$$

Wie in den beiden vorhergehenden Modellen erhalten wir eine Gleichung, die die Werte einer ökonomischen Variablen (hier das Volkseinkommen Y_t) zu verschiedenen Zeitpunkten zueinander in Beziehung setzt. Gesucht ist eine Funktion $Y : \mathbb{N}_0 \to \mathbb{R}$, die diese Gleichung erfüllt.

In den vorhergehenden drei Beispielen ist jeweils eine Gleichung zu lösen, die die Werte einer (ökonomischen) Variablen an verschiedenen (diskreten) Zeitpunkten zueinander in Beziehung setzt. Solche Gleichungen bezeichnet man als **Differenzengleichungen**. Wir werden uns nur mit einer speziellen – für die Anwendung aber zentralen – Klasse von Differenzengleichungen befassen, den sogenannten **linearen Differenzengleichungen mit konstanten Koeffizienten**.

Definition 13.1: Lineare Differenzengleichung m-ter Ordnung

Eine **lineare Differenzengleichung m-ter Ordnung mit konstanten Koeffizienten** ist eine Gleichung der Form

$$y_t + a_1 y_{t-1} + \ldots + a_m y_{t-m} = b_t \,.$$

Hierbei ist $y_t = f(t)$, $t \in T \subset \mathbb{Z}$, eine **unbekannte Funktion**. Die Koeffizienten $a_1, \ldots, a_m$ sind reelle Zahlen und $b : T \to \mathbb{R}$, $t \mapsto b_t$, ist eine gegebene Funktion, die sogenannte **Störfunktion**.

Ist $b_t = 0$ für alle $t \in T$, so bezeichnet man die Differenzengleichung als **homogen**, ansonsten als **inhomogen**.

Jede Funktion $y_t = f(t)$, die die Differenzengleichung erfüllt, heißt **Lösung** der Differenzengleichung. Die Menge aller Lösungen einer Differenzengleichung bezeichnet man als **vollständige** oder **allgemeine Lösung**.

Wir geben im Folgenden einfache Beispiele von Differenzengleichungen sowie deren Lösungen an. In allen diesen Beispielen kann die Lösung durch Einsetzen in die Differenzengleichung überprüft werden.

Beispiel 13.4. Die Differenzengleichung $y_t - y_{t-1} = 5$ hat als spezielle Lösung die Funktion $y_t = 5t$, $t \in \mathbb{Z}$. Aber auch $y_t = 5t + 2$ oder allgemeiner $y_t = 5t + \gamma$ mit einer beliebigen Konstanten $\gamma \in \mathbb{R}$ sind Lösungen der Differenzengleichung.

Beispiel 13.5. Die Differenzengleichung $y_t = 5y_{t-1}$ hat als spezielle Lösung die Funktion $y_t = 5^t$, $t \in \mathbb{Z}$. Wie im vorhergehenden Beispiel ist auch hier die Lösung nicht eindeutig. Allgemein ist jede Funktion $y_t = \gamma 5^t$ mit einer beliebigen Konstanten $\gamma \in \mathbb{R}$ Lösung der Differenzengleichung.

Beispiel 13.6. Die Differenzengleichung $y_t + 4y_{t-1} = 5$ hat als allgemeine Lösung die Funktion $y_t = 1 + \gamma(-4)^t$, $t \in \mathbb{Z}$. Hierbei ist γ wieder eine beliebige reelle Konstante.

Wir sehen, dass wie bei den Differentialgleichungen die Lösung einer Differenzengleichung im Allgemeinen nicht eindeutig ist. Gibt man jedoch – je nach Ordnung der Differenzengleichung – eine bzw. mehrere Anfangsbedingungen vor, so erhält man eine eindeutige Lösung. Wir illustrieren dies an einem Beispiel.

Beispiel 13.7. Die allgemeine Lösung der homogenen linearen Differenzengleichung zweiter Ordnung $y_t = 3y_{t-1} - 2y_{t-2}$ ist $y_t = \gamma_1 + \gamma_2 2^t$ mit reellen Konstanten γ_1, γ_2. Fordert man zusätzlich, dass $y_0 = 5$ und $y_1 = 8$ ist, so ist die eindeutige Lösung durch $y_t = 2 + 3 \cdot 2^t$ gegeben. Dies erhält man durch

Lösen der Gleichungen $\gamma_1 + \gamma_2 2^0 = 5$ und $\gamma_1 + \gamma_2 2^1 = 8$. Die Angabe nur einer Anfangsbedingung reicht hier nicht aus, um eine eindeutige Lösung zu erhalten. Fordert man lediglich, dass $y_0 = 2$ ist, so erfüllen alle Funktionen $y_t = \gamma + (2-\gamma)2^t$ die Differenzengleichung.

Im vorhergehenden Beispiel mussten wir für eine Differenzengleichung zweiter Ordnung zwei Anfangsbedingungen für aufeinanderfolgende Werte der Lösung vorgeben, um eine eindeutige Lösung zu erhalten. Dass dies allgemein so ist, zeigt der folgende Satz.

Satz 13.1: Vorgabe von Anfangsbedingungen

Werden bei einer linearen Differenzengleichung m-ter Ordnung m *aufeinanderfolgende* Werte (z.B. $y_0, y_1, \ldots, y_{m-1}$) vorgegeben, so existiert immer genau eine Lösung y_t, die diese vorgegebenen Werte annimmt.

13.1 Lineare Differenzengleichungen 1.Ordnung

Wir beschäftigen uns zunächst mit der Lösung linearer Differenzengleichungen erster Ordnung und werden uns danach mit der Lösung allgemeiner linearer Differenzengleichungen befassen.

Die homogene lineare Differenzengleichung erster Ordnung hat die allgemeine Form $y_t + a_1 y_{t-1} = 0$ bzw. $y_t = (-a_1)y_{t-1}$. Ist $y_0 = \gamma$ gegeben, so ist $y_1 = \gamma(-a_1)$. Dann ist aber $y_2 = (-a_1)y_1 = \gamma(-a_1)^2$. Im nächsten Schritt erhält man dann $y_3 = \gamma(-a_1)^3$ usw. Die allgemeine Lösung der homogenen Gleichung beschreibt daher der folgende Satz.

Satz 13.2: Homogene Differenzengleichung erster Ordnung

Die **homogene** lineare Differenzengleichung erster Ordnung $y_t + a_1 y_{t-1} = 0$ hat die Lösung

$$y_t = \gamma(-a_1)^t ,$$

wobei γ eine reelle Konstante ist.

Die eindeutige Lösung bei gegebenem Wert y_0 zur Zeit $t = 0$ ist

$$y_t = y_0(-a_1)^t .$$

Beispiel 13.8 (Harrod-Domar-Modell in diskreter Zeit). Das Modell von Harrod und Domar führt auf die Differenzengleichung

$$Y_t = \frac{v}{v-s} Y_{t-1} \quad \text{bzw.} \quad Y_t - \frac{v}{v-s} Y_{t-1} = 0 .$$

Hierbei handelt es sich um eine homogene lineare Differenzengleichung erster Ordnung. Deren Lösung ist

$$Y_t = \left(\frac{v}{v-s}\right)^t Y_0 .$$

Im ökonomisch relevanten Fall $0 < s < v$ ist $v/(v-s)$ größer als eins. Das Volkseinkommen wächst also in jeder Periode um einen festen Prozentsatz, d.h. es liegt exponentielles Wachstum vor. Auch im Fall diskreter Zeit impliziert das Harrod-Domar-Modell somit eine exponentiell expandierende Volkswirtschaft.

Wir kommen nun zur Lösung der inhomogenen linearen Differenzengleichung. Dabei beschränken wir uns auf den Fall einer konstanten Störfunktion, d.h. $b_t = b$ für alle $t \in T$. Die Differenzengleichung hat dann die Gestalt

$$y_t + a_1 y_{t-1} = b .$$

Ist $a_1 \neq -1$, so ist offensichtlich die sogenannte **Gleichgewichtslösung**,

$$y_t = \frac{b}{1+a_1} \qquad \text{für alle } t,$$

eine spezielle Lösung der inhomogenen Differenzengleichung, wie man leicht durch Einsetzen nachprüft. Im Fall $a_1 = -1$ vereinfacht sich die Gleichung zu $y_t - y_{t-1} = b$. Man sieht, dass in diesem Fall $y_t = bt$ eine spezielle Lösung der inhomogenen Differenzengleichung ist.

Wir haben bei den linearen Differentialgleichungen gesehen, dass sich die vollständige Lösung der inhomogenen linearen Differentialgleichung als Summe aus einer speziellen Lösung der inhomogenen Gleichung und der vollständigen Lösung der homogenen Gleichung ergibt. Bei den linearen Differenzengleichung verhält sich dies genauso. Sind nämlich $y_t^{(1)}$ und $y_t^{(2)}$ zwei verschiedene Lösungen der inhomogenen Differenzengleichung, so gilt

$$\begin{aligned} y_t^{(1)} + a_1 y_{t-1}^{(1)} &= b , \\ y_t^{(2)} + a_1 y_{t-1}^{(2)} &= b . \end{aligned}$$

Subtraktion der Gleichungen ergibt

$$(y_t^{(1)} - y_t^{(2)}) + a_1 (y_{t-1}^{(1)} - y_{t-1}^{(2)}) = b - b = 0 .$$

Die Differenz der beiden Lösungen ist also eine Lösung der zugehörigen homogenen Differenzengleichung. Jede Lösung der inhomogenen Gleichung erhält man somit als Summe aus einer speziellen Lösung der inhomogenen Gleichung und einer Lösung der homogenen Differenzengleichung. Wir fassen nun unsere

Ergebnisse über die Lösung der inhomogenen linearen Differenzengleichung erster Ordnung in einem Satz zusammen:

Satz 13.3: Inhomogene Differenzengleichung erster Ordnung

Die **inhomogene** lineare Differenzengleichung erster Ordnung $y_t + a_1 y_{t-1} = b$ hat die Lösung

$$y_t = \begin{cases} \dfrac{b}{1+a_1} + \gamma(-a_1)^t, & \text{falls } a_1 \neq -1, \\ bt + \gamma, & \text{falls } a_1 = -1, \end{cases}$$

wobei γ eine reelle Konstante ist.

Die eindeutige Lösung bei gegebenem Wert y_0 zur Zeit $t = 0$ ist

$$y_t = \begin{cases} \dfrac{b}{1+a_1} + \left(y_0 - \dfrac{b}{1+a_1}\right)(-a_1)^t, & \text{falls } a_1 \neq -1, \\ bt + y_0, & \text{falls } a_1 = -1. \end{cases}$$

Beispiel 13.9 (Spinnweb-Modell). Das Spinnweb-Modell führt auf die inhomogene Differenzengleichung erster Ordnung

$$p_t + \frac{d}{b} p_{t-1} = \frac{a-c}{b}.$$

Da $b, d > 0$ sind, ist $\frac{d}{b} \neq -1$. Es existiert daher eine Gleichgewichtslösung

$$p_t = \frac{\frac{a-c}{b}}{1 + \frac{d}{b}} = \frac{a-c}{b+d} = p^*.$$

p^* ist der sogenannte **Gleichgewichtspreis**. Liegt in einer Periode der Preis bei p^*, so ist auch in allen folgenden Perioden der Preis gleich p^*. Das System befindet sich also in einem Gleichgewicht.

Die allgemeine Lösung für das Spinnweb-Modell erhält man dann als

$$p_t = \frac{a-c}{b+d} + \gamma\left(-\frac{d}{b}\right)^t = p^* + \gamma\left(-\frac{d}{b}\right)^t.$$

Der Ausdruck $\gamma\left(-\frac{d}{b}\right)^t$ beschreibt also die Abweichung des Preises in Periode t vom Gleichgewichtspreis. Da $-d/b < 0$ ist, liegt der aktuelle Preis abwechselnd über bzw. unter dem Gleichgewichtspreis.

Interessant ist weiter vor allem, wie sich der Preis im Laufe der Zeit verändert. Daher wollen wir nun das Grenzverhalten des Preises betrachten, wenn t gegen unendlich geht. Dazu unterscheiden wir drei Fälle:

Fall 1 ($d < b$)**:** In diesem Fall ist $\left|\frac{d}{b}\right| < 1$ und es gilt $\lim_{t\to\infty}\left(-\frac{d}{b}\right)^t = 0$. Damit erhält man

$$\lim_{t\to\infty} p_t = \frac{a-c}{b+d} = p^* .$$

Der Preis konvergiert also in diesem Fall gegen den Gleichgewichtspreis. Es liegt eine gedämpfte Oszillation um den Gleichgewichtspreis vor.

Fall 2 ($d = b$)**:** Dann ist $p_t = p^* + \gamma(-1)^t$. Der Preis liegt also abwechselnd um γ Einheiten über und unter dem Gleichgewichtspreis, d.h. es findet eine konstante Oszillation um den Gleichgewichtspreis statt.

Fall 3 ($d > b$)**:** Hier ist $\left|\frac{d}{b}\right| > 1$. Dies bedeutet, dass sich der Preis in jeder Periode weiter vom Gleichgewichtspreis entfernt. Es liegt eine explodierende Oszillation um den Gleichgewichtspreis vor.

Die möglichen Preisentwicklungen im Spinnweb-Modell sind in Abbildung 13.1 dargestellt.

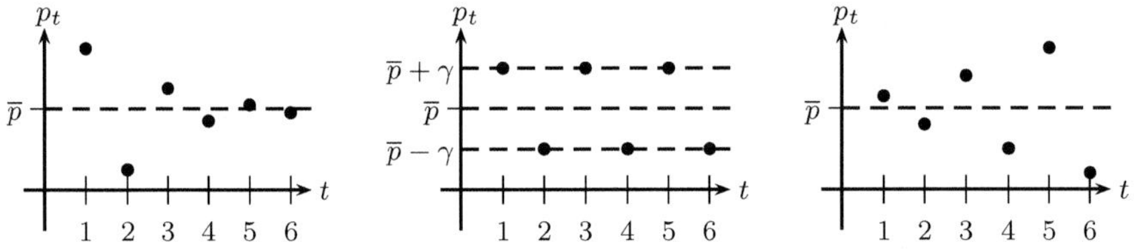

Abbildung 13.1: Preisentwicklung im Spinnweb-Modell für $d < b$, $d = b$, $d > b$.

Das langfristige Verhalten der Lösungen von Differenzengleichungen höherer Ordnung werden wir weiter unten in Abschnitt 13.3 untersuchen.

13.2 Lineare Differenzengleichungen m-ter Ordnung

Wir beschäftigen uns in diesem Abschnitt mit der Theorie der Lösungen linearer Differenzengleichungen von beliebiger Ordnung. Dabei beginnen wir mit dem Fall **homogener** linearer Differenzengleichungen und betrachten danach den allgemeinen Fall **inhomogener** lineare Differenzengleichungen.

Struktur des Lösungsraumes der homogenen Gleichung

Wir wollen zunächst die Struktur der Lösungsmengen homogener linearer Differenzengleichungen näher untersuchen. Dazu benötigen wir einige Ergebnisse der linearen Algebra, die in Kapitel 9 dargelegt sind.

Die Lösung einer homogenen linearen Differenzengleichung

$$y_t + a_1 y_{t-1} + \ldots + a_m y_{t-m} = 0\,, \quad t \in T\,,$$

ist nicht eindeutig. Wie aber verhalten sich die verschiedenen Lösungen zueinander? Aufschluss darüber geben die folgenden zwei Beobachtungen, die aus der Linearität der Differenzengleichung folgen (vgl. hierzu auch die entsprechenden Beobachtungen bei Differentialgleichungen auf Seite 411).

Beobachtung 1: Ist $y_t = f(t)$ eine Lösung der homogenen Differenzengleichung, so ist für jede reelle Zahl γ auch $y_t = \gamma f(t)$ eine Lösung der homogenen Differenzengleichung.

Setzt man nämlich $\gamma f(t)$ für y_t ein, so erhält man

$$\begin{aligned} &\gamma f(t) + a_1 \gamma f(t-1) + \ldots + a_m \gamma f(t-m) \\ &\qquad = \gamma \underbrace{\big(f(t) + a_1 f(t-1) + \ldots + a_m f(t-m)\big)}_{=0} = \gamma \cdot 0 = 0\,. \end{aligned}$$

Beobachtung 2: Sind $y_t = f_1(t)$ und $y_t = f_2(t)$ zwei Lösungen der homogenen Differenzengleichung, so ist auch $y_t = f_1(t) + f_2(t)$ eine Lösung der homogenen Differenzengleichung.

Setzt man nämlich $f_1(t) + f_2(t)$ für y_t ein, so erhält man

$$\begin{aligned} &\big(f_1(t) + f_2(t)\big) + a_1\big(f_1(t-1) + f_2(t-1)\big) + \ldots + a_m\big(f_1(t-m) + f_2(t-m)\big) \\ &\qquad = \underbrace{\big(f_1(t) + a_1 f_1(t-1) + \ldots + a_m f_1(t-m)\big)}_{=0} \\ &\qquad\qquad + \underbrace{\big(f_2(t) + a_1 f_2(t-1) + \ldots + a_m f_2(t-m)\big)}_{=0} = 0\,. \end{aligned}$$

Aus diesen beiden Beobachtungen folgt nun unmittelbar der folgende Satz, das sogenannte Superpositionsprinzip.

Satz 13.4: Superpositionsprinzip

Seien $y_t = f_1(t)$ und $y_t = f_2(t)$ zwei Lösungen der homogenen linearen Differenzengleichung m-ter Ordnung

$$y_t + a_1 y_{t-1} + \ldots + a_m y_{t-m} = 0\,.$$

Dann ist für beliebige reelle Zahlen $\gamma_1, \gamma_2 \in \mathbb{R}$ auch

$$y_t = \gamma_1 f_1(t) + \gamma_2 f_2(t)$$

eine Lösung der Differenzengleichung.

Aus dem Superpositionsprinzip folgt, dass die Bedingungen U1 und U2 aus Abschnitt 9.2 für die Lösungsmenge einer homogenen linearen Differenzengleichung m-ter Ordnung erfüllt sind. Da die Nullfunktion $y_t = 0$ für alle t immer eine Lösung ist, ist die Lösungsmenge nicht leer. Die Lösungsmenge ist daher ein Unterraum im Vektorraum $\mathcal{F}(T, \mathbb{R})$ aller Funktionen mit Definitionsbereich T und Wertebereich $\mathbb{R}$. Man kann sogar zeigen, dass die Dimension des Lösungsraumes immer gleich der Ordnung der Differenzengleichung ist. Dies ist der Inhalt des folgenden Satzes:

Satz 13.5: Struktur des Lösungsraums der homogenen Gleichung

Die Lösungsmenge der **homogenen** linearen Differenzengleichung m-ter Ordnung,

$$y_t + a_1 y_{t-1} + a_2 y_{t-2} + \cdots + a_m y_{t-m} = 0\,,$$

ist ein **m-dimensionaler Unterraum** von $\mathcal{F}(T, \mathbb{R})$.

Ist $f_1, \ldots, f_m$ eine **Basis des Lösungsraums**, so ist die allgemeine Lösung

$$y_t = \gamma_1 f_1(t) + \cdots + \gamma_m f_m(t)\,, \quad \gamma_1, \ldots, \gamma_m \in \mathbb{R}\,.$$

Eine Basis des Lösungsraums $f_1, \ldots, f_m$ bezeichnet man auch als **Fundamentalsystem** der Differenzengleichung.

Um die Lösung einer homogenen linearen Differenzengleichung m-ter Ordnung anzugeben, reicht es also, ein Fundamentalsystem, d.h. m linear unabhängige Lösungen, anzugeben. Somit stellt sich die Frage, wie man auf einfache Weise feststellen kann, ob Funktionen linear unabhängig sind oder nicht. Ein einfaches Kriterium, um die lineare Unabhängigkeit von Funktionen zu überprüfen, liefert die sogenannte **Casorati[2]-Determinante**. Seien $f_1, \ldots, f_m \in \mathcal{F}(T, \mathbb{R})$. Dann heißt die Determinante

$$C(t) := \det \begin{bmatrix} f_1(t) & f_2(t) & \ldots & f_m(t) \\ f_1(t+1) & f_2(t+1) & \ldots & f_m(t+1) \\ \vdots & \vdots & & \vdots \\ f_1(t+m-1) & f_2(t+m-1) & \ldots & f_m(t+m-1) \end{bmatrix}$$

Casorati-Determinante von $f_1, \ldots, f_m$. Der folgende Satz zeigt, wie mit Hilfe der Casorati-Determinante die lineare Unabhängigkeit der Funktionen $f_1, \ldots, f_m$ überprüft werden kann.

[2]Felice Casorati (1835–1890)

Satz 13.6: Casorati-Determinante

Sind $f_1, f_2, \ldots, f_m : T \to \mathbb{R}$. Dann gilt

$$C(t) \neq 0 \text{ für } \textbf{ein } t \quad \Longrightarrow \quad f_1, \ldots, f_m \text{ sind linear unabhängig.}$$

Sind $f_1(t), f_2(t), \ldots, f_m(t)$ **Lösungen** einer homogenen linearen Differenzengleichung m-ter Ordnung, so gilt sogar

$$C(t) \neq 0 \text{ für } \textbf{alle } t \quad \Longleftrightarrow \quad f_1, \ldots, f_m \text{ sind linear unabhängig.}$$

Der Satz besagt insbesondere, dass für Lösungen einer homogenen linearen Differenzengleichung die Casorati-Determinante entweder für alle t ungleich null ist (nämlich dann, wenn die Lösungen linear unabhängig sind) oder für alle t gleich null ist (nämlich dann, wenn die Lösungen linear abhängig sind). Um zu entscheiden, ob m Lösungen linear unabhängig sind oder nicht, reicht es also in jedem Fall aus, die Casorati-Determinante für einen einzigen Wert von t zu berechnen.

Lösung der homogenen linearen Differenzengleichung

Die Lösung einer homogenen linearen Differenzengleichung erster Ordnung hat die Form $y_t = \gamma(-a_1)^t$. Wir verwenden deshalb für die Lösung einer homogenen linearen Differenzengleichung m-ter Ordnung ebenfalls den Ansatz $y_t = z^t$. Setzt man dies in die Differenzengleichung ein, erhält man

$$z^t + a_1 z^{t-1} + \ldots + a_{m-1} z^{t-m+1} + a_m z^{t-m} = 0\,.$$

Für $z = 0$ ist diese Gleichung offensichtlich immer erfüllt. Dies liefert aber nur die triviale Lösung $y_t = 0$, die Lösung jeder homogenen linearen Gleichung ist. Für $z \neq 0$ führt die Division durch z^{t-m} auf die Gleichung

$$z^m + a_1 z^{m-1} + \ldots + a_{m-1} z + a_m = 0\,.$$

Man bezeichnet diese Gleichung als **charakteristische Gleichung** der Differenzengleichung. Entsprechend heißt das Polynom auf der linken Seite der Gleichung **charakteristisches Polynom**. Die Lösung der Differenzengleichung reduziert sich daher im Wesentlichen auf das Problem, alle Nullstellen des charakteristischen Polynoms zu finden. Haben wir nämlich eine solche Nullstelle z_0 gefunden, so ist $y_t = z_0^t$ eine Lösung der Differenzengleichung.

Ein Polynom m-ten Grades kann bekanntlich höchstens m verschiedene reelle Nullstellen haben. Gibt es nun tatsächlich m verschiedene reelle Nullstellen, so liefern diese Nullstellen auch m verschiedene Lösungen der Differenzengleichung. Mit Hilfe der Casorati-Determinante lässt sich zeigen, dass diese

m Lösungen auch linear unabhängig sind, sodass sie eine Basis des Lösungsraumes bilden.

Satz 13.7: Homogene lineare Differenzengleichung m-ter Ordnung

Besitzt die charakteristische Gleichung

$$z^m + a_1 z^{m-1} + \ldots + a_{m-1} z + a_m = 0$$

der homogenen linearen Differenzengleichung m-ter Ordnung genau m verschiedene reelle Lösungen $z_1, z_2, \ldots, z_m$, so ist die allgemeine Lösung durch

$$y_t = \gamma_1 z_1^t + \gamma_2 z_2^t + \ldots + \gamma_m z_m^t$$

gegeben, wobei $\gamma_1, \gamma_2, \ldots, \gamma_m \in \mathbb{R}$ beliebige reelle Konstanten sind.

Beispiel 13.10. (Fibonacci-Folge). Bei der sogenannten **Fibonacci-Folge** ist jedes Folgenglied die Summe der beiden vorhergehenden Folgenglieder, wobei die ersten beiden Folgenglieder gleich null bzw. eins gesetzt werden:

$$0,\ 1,\ 1,\ 2,\ 3,\ 5,\ 8,\ 12,\ 21,\ 34,\ \ldots$$

Diese Folge wurde von Leonardo Fibonacci[3] als Modell einer Kaninchenpopulation betrachtet. Formal gilt also

$$y_n = y_{n-1} + y_{n-2}\,, \qquad n \geq 2; \qquad y_0 = 0;\ y_1 = 1\,.$$

Offensichtlich stellt die Fibonacci-Folge eine homogene lineare Differenzengleichung zweiter Ordnung dar. Wegen $y_n - y_{n-1} - y_{n-2} = 0$ ist das charakteristische Polynom gegeben durch $z^2 - z - 1$. Dessen Nullstellen findet man mit der p-q-Formel als

$$z_{1,2} = \frac{1}{2} \pm \sqrt{\frac{1}{4} + 1} = \frac{1 \pm \sqrt{5}}{2}\,.$$

Die allgemeine Lösung der Differenzengleichung ist somit

$$y_n = \gamma_1 \left(\frac{1+\sqrt{5}}{2}\right)^n + \gamma_2 \left(\frac{1-\sqrt{5}}{2}\right)^n\,.$$

Wegen der Anfangsbedingungen $y_0 = 0$ und $y_1 = 1$ muss gelten

[3] Leonardo Fibonacci, eigentlich Leonardo da Pisa (ca. 1170 - ca. 1240)

$$\gamma_1 \left(\frac{1+\sqrt{5}}{2}\right)^0 + \gamma_2 \left(\frac{1-\sqrt{5}}{2}\right)^0 \stackrel{!}{=} 0\,,$$

$$\gamma_1 \left(\frac{1+\sqrt{5}}{2}\right)^1 + \gamma_2 \left(\frac{1-\sqrt{5}}{2}\right)^1 \stackrel{!}{=} 1\,.$$

Aus der ersten Gleichung folgt $\gamma_1 + \gamma_2 = 0$, d.h. $\gamma_2 = -\gamma_1$. Einsetzen in die zweite Gleichung liefert

$$\gamma_1 \frac{1+\sqrt{5}}{2} - \gamma_1 \frac{1-\sqrt{5}}{2} = \frac{1}{2}\gamma_1(1+\sqrt{5}-1+\sqrt{5}) = \gamma_1\sqrt{5} \stackrel{!}{=} 1$$

und daher $\gamma_1 = 1/\sqrt{5}$. Die Lösung der Differenzengleichung ergibt somit die folgende explizite Formel für die Fibonacci-Zahlen

$$y_n = \frac{1}{\sqrt{5}} \left[\left(\frac{1+\sqrt{5}}{2}\right)^n - \left(\frac{1-\sqrt{5}}{2}\right)^n \right].$$

Die Formel kann sogar noch weiter vereinfacht werden, wenn man berücksichtigt, dass alle Fibonacci-Zahlen ja ganzzahlig sein müssen. Da

$$\left| \frac{1}{\sqrt{5}} \left(\frac{1-\sqrt{5}}{2}\right)^n \right| < 0.5 \quad \text{für alle } n \in \mathbb{N}_0$$

ist, erhält man die n-te Fibonacci-Zahl, wenn man in obiger Formel lediglich den ersten Summanden in der eckigen Klammer berücksichtigt und das so erhaltene Ergebnis einfach auf die nächste ganze Zahl ab- bzw. aufrundet.

Lösung bei mehrfachen oder komplexen Nullstellen

Hat das charakteristische Polynom m verschiedene Nullstellen $z_1, \ldots, z_m$, so bilden gemäß Satz 13.7 die Funktionen $z_1^t, z_2^t, \ldots, z_m^t$ eine Basis des Lösungsraumes. Allerdings hat ein quadratisches Polynom, wie wir wissen, nicht immer zwei verschiedene reelle Nullstellen. Vielmehr kann auch der Fall eintreten, dass es nur eine (doppelte) reelle Nullstelle oder keine reellen Nullstellen besitzt.

Erweitert man aber den Zahlbereich von den reellen zu den komplexen Zahlen, so besagt der Fundamentalsatz der Algebra (Satz E.2), dass jedes Polynom m-ten Grades genau m Nullstellen in den komplexen Zahlen hat, wobei jede Nullstelle mit ihrer Vielfachheit zu zählen ist. Ein Polynom kann demnach sowohl mehrfache als auch komplexe Nullstellen haben. Wir werden nun darlegen, wie die Basis des Lösungsraumes einer homogenen linearen Differenzengleichung aussieht, wenn mehrfache und komplexe Nullstellen auftreten.

Die Lektüre dieses Abschnitts setzt Grundkenntnisse über komplexe Zahlen voraus. Eine kurze Einführung in die komplexen Zahlen und deren wichtigste Eigenschaften findet man in Anhang E.

Mehrfache Nullstellen Wie im vorherigen Abschnitt erwähnt, kann eine Nullstelle des charakteristischen Polynoms eine mehrfache Nullstelle sein. In diesem Fall gewinnt man aus der Nullstelle nicht nur eine Lösung, sondern so viele, wie die Vielfachheit der Nullstelle angibt.

Satz 13.8: Lösung bei mehrfachen Nullstellen

Sei z eine reelle k-fache Nullstelle des charakteristischen Polynoms einer homogenen linearen Differenzengleichung mit reellen Koeffizienten. Dann sind

$$z^t,\ tz^t,\ t^2z^t, \ldots, t^{k-1}z^t$$

linear unabhängige Lösungen der Differenzengleichung.

Eine k-fache reelle Nullstelle liefert also auch k linear unabhängige Lösungen der Differenzengleichung.

Komplexe Nullstellen Etwaige komplexe Nullstellen führen in gleicher Weise wie reelle Nullstellen zu Lösungen der Differenzengleichung. Ist also die komplexe Zahl z Nullstelle des charakteristischen Polynoms, so ist z^t eine Lösung der Differenzengleichung. Genauso gilt: Ist die komplexe Zahl z eine k-fache Nullstelle des charakteristischen Polynoms, so sind die Funktionen z^t, tz^t, ..., $t^{k-1}z^t$ Lösungen der Differenzengleichung.

Jedoch weiß man, dass bei einer linearen Differenzengleichung mit reellen Koeffizienten und reellen Anfangsbedingungen alle Folgenglieder y_t ebenfalls reell sein müssen. Daher scheint es etwas unbefriedigend, komplexe Zahlen zur Lösung einer solchen Differenzengleichung verwenden zu müssen. Wir werden im Folgenden zeigen, dass dies auch in der Tat nicht nötig ist.

Wir gehen von einer homogenen linearen Differenzengleichung

$$y_t + a_1 y_{t-1} + \ldots + a_m y_{t-m} = 0$$

mit reellen Koeffizienten $a_1, \ldots, a_m$ aus. Ist z eine komplexe Nullstelle des charakteristischen Polynoms, so ist auch die komplex konjugierte Zahl $\overline{z}$ Nullstelle des charakteristischen Polynoms (vgl. Satz E.2 im Anhang). Somit sind die Funktionen $y_t = z^t$ und $y_t = \overline{z}^t$ Lösungen der Differenzengleichung. In Polarform gilt $z = re^{i\varphi}$ und $\overline{z} = re^{-i\varphi}$. Wegen der Tatsache, dass jede Linearkombination zweier Lösungen wieder eine Lösung der Differenzengleichung ist, ist also auch

$$\gamma_1 z^t + \gamma_2 \overline{z}^t = \gamma_1 (re^{i\varphi})^t + \gamma_2 (re^{-i\varphi})^t = \gamma_1 r^t e^{it\varphi} + \gamma_2 r^t e^{-it\varphi}$$

eine Lösung der Differenzengleichung. Aufgrund der Eulerschen Formel (Gleichung (E.1)) gilt

$$\begin{aligned}\gamma_1 z^t + \gamma_2 \overline{z}^t &= \gamma_1 r^t \big[\cos(t\varphi) + i\sin(t\varphi)\big] + \gamma_2 r^t \big[\cos(-t\varphi) + i\sin(-t\varphi)\big] \\ &= r^t \big[\gamma_1 \cos(t\varphi) + i\gamma_1 \sin(t\varphi) + \gamma_2 \cos(t\varphi) - i\gamma_2 \sin(t\varphi)\big] \\ &= r^t \big[(\gamma_1 + \gamma_2)\cos(t\varphi) + i(\gamma_1 - \gamma_2)\sin(t\varphi)\big] \\ &= (\gamma_1 + \gamma_2) r^t \cos(t\varphi) + i(\gamma_1 - \gamma_2) r^t \sin(t\varphi) \\ &= C_1\, r^t \cos(t\varphi) + C_2\, r^t \sin(t\varphi)\,,\end{aligned}$$

wobei $C_1 = \gamma_1 + \gamma_2$ und $C_2 = i(\gamma_1 - \gamma_2)$ gesetzt wurde. Diese Gleichung zeigt uns, dass wir jede Linearkombination der Lösungen z^t und $\overline{z}^t$ auch als Linearkombination (mit ggf. komplexen Koeffizienten) der reellen Lösungen $r^t \cos(t\varphi)$ und $r^t \sin(t\varphi)$ darstellen können. Umgekehrt kann man auch jede Linearkombination von $r^t \cos(t\varphi)$ und $r^t \sin(t\varphi)$ als Linearkombination von z^t und $\overline{z}^t$ darstellen, indem man $\gamma_1 = \frac{1}{2}(C_1 - iC_2)$ und $\gamma_2 = \frac{1}{2}(C_1 + iC_2)$ setzt.

Es ist also völlig egal, ob man die Linearkombinationen von z^t und $\overline{z}^t$ oder von $r^t \cos(t\varphi)$ und $r^t \sin(t\varphi)$ betrachtet. Wir fassen dieses Ergebnis in dem folgenden Satz zusammen.

Satz 13.9: Lösung bei komplexen Nullstellen

Ist z eine komplexe Nullstelle des charakteristischen Polynoms einer homogenen linearen Differenzengleichung mit reellen Koeffizienten, so ist auch $\overline{z}$ eine Nullstelle des charakteristischen Polynoms. Ist $z = re^{i\varphi}$ die Polarform von z, so sind

$$y_t = r^t \cos(t\varphi) \qquad \text{und} \qquad y_t = r^t \sin(t\varphi)$$

linear unabhängige Lösungen der Differenzengleichung.

Beispiel 13.11. Gegeben sei die Differenzengleichung

$$y_t + 2y_{t-1} + 5y_{t-2} = 0\,.$$

Die charakteristische Gleichung lautet dann $z^2 + 2z + 5 = 0$. Deren Lösungen erhält man mit der p-q-Formel gemäß

$$z_{1,2} = -1 \pm \sqrt{(-1)^2 - 5} = -1 \pm \sqrt{-4} = -1 \pm 2i\,.$$

Um eine Darstellung der Lösung mit reellen Basisfunktionen zu erhalten, muss die Polarform von $z_1 = -1 + 2i$ berechnet werden. Dazu berechnet man zunächst den Betrag

$$r = |z_1| = \sqrt{(-1)^2 + 2^2} = \sqrt{5}\,.$$

Das Argument φ einer komplexen Zahl $z = x + iy$ erhält man aus

$$\varphi = \arg(z) = \begin{cases} \arccos \frac{x}{r}\,, & \text{falls } y \geq 0\,, \\ -\arccos \frac{x}{r}\,, & \text{falls } y < 0\,. \end{cases}$$

Damit erhält man als Argument von $z_1 = -1 + 2i$

$$\varphi = \arg(z_1) = \arccos\left(\frac{-1}{\sqrt{5}}\right) = 2.0334\,.$$

Die beiden Nullstellen $-1 \pm 2i$ liefern also die beiden Lösungen

$$\left(\sqrt{5}\right)^t \cos(2.0344t) \quad \text{und} \quad \left(\sqrt{5}\right)^t \sin(2.0344t)\,.$$

Die allgemeine Lösung der Differenzengleichung ist dann

$$y_t = \gamma_1 \left(\sqrt{5}\right)^t \cos(2.0344t) + \gamma_2 \left(\sqrt{5}\right)^t \sin(2.0344t)\,.$$

Wie geht man aber mit mehrfachen komplexen Nullstellen um? Die Antwort auf diese Frage gibt der folgende Satz.

Satz 13.10: Lösung bei mehrfachen komplexen Nullstellen

Ist z eine komplexe k-fache Nullstelle des charakteristischen Polynoms einer homogenen linearen Differenzengleichung mit reellen Koeffizienten, so ist auch $\overline{z}$ (die zu z konjugiert komplexe Zahl) eine k-fache Nullstelle des charakteristischen Polynoms. Ist $z = re^{i\varphi}$ die Polarform von z, so sind

$$\begin{gathered} r^t \cos(t\varphi)\,,\ tr^t \cos(t\varphi)\,,\ t^2 r^t \cos(t\varphi)\,, \ldots, t^{k-1} r^t \cos(t\varphi)\,, \\ r^t \sin(t\varphi)\,,\ tr^t \sin(t\varphi)\,,\ t^2 r^t \sin(t\varphi)\,, \ldots, t^{k-1} r^t \sin(t\varphi) \end{gathered}$$

linear unabhängige Lösungen der Differenzengleichung.

Ein Polynom m-ten Grades hat immer m (ggf. komplexe) Nullstellen, wenn jede Nullstelle mit ihrer Vielfachheit gezählt wird. Mit den Sätzen 13.8 und 13.10 ist es daher möglich, m linear unabhängige Lösungen der Differenzengleichung und somit ein Fundamentalsystem, d.h. eine Basis des Lösungsraumes, zu finden. Wir illustrieren dies an einem Beispiel.

Beispiel 13.12. Gegeben sei die homogene lineare Differenzengleichung vierter Ordnung

$$y_t - 5y_{t-1} + 8.5y_{t-2} - 6y_{t-3} + 2y_{t-4} = 0\,.$$

Die charakteristische Gleichung lautet dann

$$z^4 - 5z^3 + 8.5z^2 - 6z + 2 = 0\,.$$

Durch Probieren oder durch Anwendung der Verfahren zur Nullstellensuche aus Abschnitt 4.10 findet man die Lösung $z_1 = 2$. Polynomdivision liefert dann

$$(z^4 - 5z^3 + 8.5z^2 - 6z + 2) : (z - 2) = z^3 - 3z^2 + 2.5z - 1\,.$$

Dieses Polynom hat ebenfalls eine Nullstelle bei $z_2 = 2$. Dividiert man auch diese heraus, erhält man das quadratische Polynom

$$(z^3 - 3z^2 + 2.5z - 1) : (z - 2) = z^2 - z + 0.5\,.$$

Die Nullstellen diese Polynoms findet man mit der p-q-Formel:

$$z_{3,4} = \frac{1}{2} \pm \sqrt{\frac{1}{4} - \frac{1}{2}} = \frac{1}{2} \pm \sqrt{-\frac{1}{4}} = \frac{1}{2} \pm i\frac{1}{2}$$

Wir haben somit die folgenden Nullstellen des charakteristischen Polynoms,

$$z_1 = 2\,, \quad z_2 = 2\,, \quad z_3 = \frac{1}{2} + i\frac{1}{2}\,, \quad z_4 = \frac{1}{2} - i\frac{1}{2}\,.$$

$z_{1,2} = 2$ ist eine zweifache Nullstelle und liefert die Lösungen 2^t und $t2^t$. Die Nullstellen z_3 und z_4 sind komplex konjugiert. Um die Polarform zu bestimmen, berechnen wir zunächst den Betrag

$$r = \sqrt{\left(\frac{1}{2}\right)^2 + \left(\frac{1}{2}\right)^2} = \sqrt{\frac{1}{2}} = \frac{1}{\sqrt{2}}\,.$$

Damit erhält man als Argument von $\frac{1}{2} + i\frac{1}{2}$

$$\varphi = \arccos \frac{\frac{1}{2}}{\frac{1}{\sqrt{2}}} = \arccos \frac{1}{\sqrt{2}} = \frac{\pi}{4}\,.$$

Die beiden Nullstellen $\frac{1}{2} \pm i\frac{1}{2}$ liefern also die beiden Lösungen

$$\frac{1}{\sqrt{2}^t} \cos\left(\frac{\pi}{4}t\right) \quad \text{und} \quad \frac{1}{\sqrt{2}^t} \sin\left(\frac{\pi}{4}t\right)\,.$$

Die allgemeine Lösung der Differenzengleichung lautet daher

$$y_t = \gamma_1 2^t + \gamma_2 t 2^t + \gamma_3 \frac{1}{\sqrt{2}^t} \cos\left(\frac{\pi}{4}t\right) + \gamma_4 \frac{1}{\sqrt{2}^t} \sin\left(\frac{\pi}{4}t\right)\,.$$

Setzt man beispielsweise $\gamma_1, \gamma_2 = 0$ und fordert die Anfangsbedingungen $y_0 = y_1 = 1$, erhält man die Lösung

$$y_t = \frac{1}{\sqrt{2}^t} \cos\left(\frac{\pi}{4}t\right) + \frac{1}{\sqrt{2}^t} \sin\left(\frac{\pi}{4}t\right),$$

die in der folgenden Abbildung dargestellt ist. Die Lösung zu den gegebenen Anfangsbedingungen ist eine gedämpfte Schwingung; für t gegen unendlich konvergiert diese Lösung gegen null.

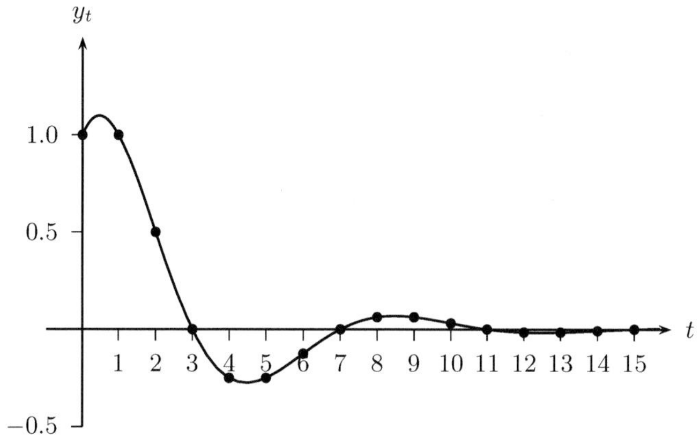

Für $\gamma_3, \gamma_4 = 0$ und die Anfangsbedingungen $y_0 = 1$ und $y_1 = 0$ ergibt sich die Lösung

$$y_t = 2^t - t2^t = (1-t)2^t.$$

Diese Lösung der Differenzengleichung ist nicht konvergent, sondern divergent. Je nach Wahl der Anfangsbedingungen treten bei dieser Differenzengleichung also qualitativ unterschiedliche Lösungen auf.

Wir beenden diesen Abschnitt mit einer kurzen Diskussion der Lösungen, die bei einer homogenen linearen Differenzengleichung 2. Ordnung auftreten können. Die Differenzengleichung $y_t + a_1 y_{t-1} + a_2 y_{t-2} = 0$ besitzt die charakteristische Gleichung $z^2 + a_1 z + a_2 = 0$. Deren Lösungen sind

$$z_{1,2} = -\frac{a_1}{2} \pm \sqrt{\frac{a_1^2}{4} - a_2}.$$

Es können dann die folgenden Fälle auftreten:

Zwei reelle Lösungen z_1 und z_2, falls $\frac{a_1^2}{4} > a_2$. Dann ist die Lösung

$$\boxed{y_t = \gamma_1 z_1^t + \gamma_2 z_2^t.}$$

Eine zweifache Lösung $z_1 = z_2$, falls $\frac{a_1^2}{4} = a_2$: In diesem Fall ist die Lösung

$$\boxed{y_t = \gamma_1 z_1^t + \gamma_2 t z_1^t\,.}$$

Zwei konjugiert komplexe Lösungen $z_{1,2}$, falls $\frac{a_1^2}{4} < a_2$. Mit $z_{1,2} = \alpha \pm \beta i$ setzt man dann

$$r = |z_{1,2}| = \sqrt{\alpha^2 + \beta^2} \quad \text{und} \quad \varphi = \arccos \frac{\alpha}{r}$$

und erhält die allgemeine Lösung

$$\boxed{y_t = \gamma_1 r^t \cos(\varphi t) + \gamma_2 r^t \sin(\varphi t)\,.}$$

Lösung der inhomogenen Differenzengleichung

Wir beginnen diesen Abschnitt mit der Untersuchung der Struktur der Lösungsmenge einer inhomogenen linearen Differenzengleichung. Die folgenden beiden Beobachtungen setzen die Beobachtungen 1 und 2 von Seite 470 fort. Vergleiche hierzu auch die entsprechenden Ausführungen für Differentialgleichungen auf Seite 419.

Beobachtung 3: Ist $y_t = f_h(t)$ eine Lösung der **homogenen** und $y_t = f_{sp}(t)$ eine Lösung der **inhomogenen** Differenzengleichung, so ist $y_t = f_h(t) + f_{sp}(t)$ eine Lösung der **inhomogenen** Differenzengleichung.

Setzt man nämlich $f_h(t) + f_{sp}(t)$ für y_t ein, so erhält man

$$\begin{aligned}
&\big(f_h(t) + f_{sp}\big) + a_1\big(f_h(t-1) + f_{sp}(t-1)\big) + \ldots + a_m\big(f_h(t-m) + f_{sp}(t-m)\big) \\
&\quad = \underbrace{\big(f_h(t) + a_1 f_h(t-1) + \ldots + a_m f_h(t-m)\big)}_{=0} \\
&\qquad + \underbrace{\big(f_{sp}(t) + a_1 f_{sp}(t-1) + \ldots + a_m f_{sp}(t-m)\big)}_{=b_t} = b_t\,.
\end{aligned}$$

Beobachtung 4: Sind $y_t = f_1(t)$ und $y_t = f_2(t)$ zwei Lösungen der **inhomogenen** Differenzengleichung, so ist $y_t = f_1(t) - f_2(t)$ eine Lösung der **homogenen** Differenzengleichung.

Setzt man nämlich $f_1(t) - f_2(t)$ für y_t ein, so erhält man

$$\begin{aligned}
&\big(f_1(t) - f_2(t)\big) + a_1\big(f_1(t-1) - f_2(t-1)\big) + \ldots + a_m\big(f_1(t-m) - f_2(t-m)\big) \\
&\quad = \underbrace{\big(f_1(t) + a_1 f_1(t-1) + \ldots + a_m f_1(t-m)\big)}_{=b_t} \\
&\qquad - \underbrace{\big(f_2(t) + a_1 f_2(t-1) + \ldots + a_m f_2(t-m)\big)}_{=b_t} = 0\,.
\end{aligned}$$

Aus den beiden Beobachtungen folgt unmittelbar, dass sich die allgemeine Lösung der inhomogenen Differenzengleichung als Summe **einer speziellen Lösung** der inhomogenen Gleichung und der **allgemeinen Lösung** der homogenen Differenzengleichung schreiben lässt.

Satz 13.11: Struktur des Lösungsraums der inhomogenen Gleichung

Sei $y_t = f_{sp}(t)$ eine Lösung der **inhomogenen** linearen Differenzengleichung m-ter Ordnung,

$$y_t + a_1 y_{t-1} + a_2 y_{t-2} + \cdots + a_m y_{t-m} = b_t\,,$$

und sei $f_1, \ldots, f_m$ ein Fundamentalsystem der homogenen Gleichung.

Dann ist die **allgemeine Lösung der inhomogenen Gleichung**

$$y_t = f_{sp}(t) + \gamma_1 f_1(t) + \cdots + \gamma_m f_m(t)\,, \qquad \gamma_1, \ldots, \gamma_m \in \mathbb{R}\,.$$

Der Satz besagt, dass man zur allgemeinen Lösung der inhomogenen Differenzengleichung lediglich die allgemeine Lösung der homogenen Gleichung und **eine einzige spezielle Lösung** der inhomogenen Gleichung benötigt.

Lösung bei konstanter Störfunktion

Wir betrachten in diesem Abschnitt den Spezialfall einer konstanten Störfunktion, d.h. $b_t = b$ für alle $t \in T$. Die Differenzengleichung hat dann die Gestalt

$$y_t + a_1 y_{t-1} + \ldots + a_m y_{t-m} = b\,.$$

Der Ansatz einer konstanten Lösung, $y_t = c$, führt auf die Gleichung

$$c + a_1 c + \ldots + a_m c = c(1 + a_1 + \ldots + a_m) = b\,.$$

Ist $1 + a_1 + \ldots + a_m \neq 0$, so ist die sogenannte **Gleichgewichtslösung**

$$y_t = \frac{b}{1 + a_1 + \ldots + a_m} = y^* \qquad \text{für alle } t$$

eine spezielle Lösung der inhomogenen Differenzengleichung.

Gemäß Satz 13.11 erhält man die allgemeine Lösung als Summe aus einer speziellen Lösung der inhomogenen Gleichung und der vollständigen Lösung der homogenen Gleichung. Somit gilt der folgende Satz.

Satz 13.12: Inhomogene lineare Differenzengleichung m-ter Ordnung

Ist $1+a_1+\ldots+a_m \neq 0$, so besitzt die inhomogene lineare Differenzengleichung

$$y_t + a_1 y_{t-1} + \ldots + a_m y_{t-m} = b$$

die allgemeine Lösung

$$y_t = y_t^{hom} + \frac{b}{1 + a_1 + \ldots + a_m} = y_t^{hom} + y^* ,$$

wobei y_t^{hom} die allgemeine Lösung der zugehörigen homogenen linearen Differenzengleichung bezeichnet.

Die Lösung einer inhomogenen linearen Differenzengleichung erhält man also als Summe der Gleichgewichtslösung und der allgemeinen Lösung der homogenen Differenzengleichung.

Ist $1 + a_1 + \ldots + a_m = 0$, so ist $z = 1$ eine Nullstelle des charakteristischen Polynoms. Die Funktion $y_t = 1$ (und damit auch $y_t = c$) ist in diesem Fall bereits eine Lösung der homogenen Gleichung. Dann kann aber $y_t = c$ keine Lösung der inhomogenen Gleichung sein. Man spricht in diesen Fall von **Resonanz**. Anstelle von $y_t = c$ verwendet man beim Vorliegen von Resonanz den Ansatz $y_t = ct$ und versucht erneut c geeignet zu bestimmen. Schlägt auch dieser Ansatz fehl, versucht man $y_t = ct^2$, $y_t = ct^3$, usw. Allgemein gilt: Ist $z = 1$ eine **k-fache Nullstelle** des charakteristischen Polynoms, so führt der Ansatz $y_t = ct^k$ zum Ziel.

Beispiel 13.13. Gegeben sei die inhomogene Differenzengleichung

$$y_t - 3y_{t-1} + 2y_{t-2} = 5 .$$

Der Ansatz $y_t = c$ führt auf

$$c - 3c + 2c = 5 \quad \Longleftrightarrow \quad 0 = 5 ,$$

d.h. einen Widerspruch. Es liegt also **Resonanz** vor. Daher multipliziert man die Versuchslösung mit t und erhält die neue Versuchslösung $y_t = ct$. Dieser Ansatz führt auf

$$ct - 3c(t-1) + 2c(t-2) = 5 \quad \Longleftrightarrow \quad -c = 5 \quad \Longleftrightarrow \quad c = -5 .$$

Also ist $y_t = -5t$ eine spezielle Lösung der inhomogenen Gleichung.

Ansatz vom Typ der rechten Seite

Während mit den Ergebnissen aus den Sätzen 13.7 bis 13.10 das Problem der Bestimmung der Lösung einer homogenen linearen Differenzengleichung vollständig gelöst ist, existiert keine vergleichbare Theorie für die Lösung einer inhomogenen linearen Differenzengleichung. Für den Fall einer konstanten Störfunktion haben wir die Lösung der inhomogenen Differenzengleichung bereits in Satz 13.12 angegeben. Wir wollen in diesem Abschnitt einen Ansatz vorstellen, mit dem sich für eine große Klasse von Störfunktionen eine Lösung der inhomogenen Differenzengleichung bestimmen lässt. Diesem Ansatz liegt die Beobachtung zugrunde, dass für gewisse Störfunktionen Lösungen der Differenzengleichung existieren, die vom selben Typ sind wie die Störfunktion selbst. Beim sogenannten **Ansatz vom Typ der rechten Seite** verwendet man daher eine Versuchslösung, die von derselben Gestalt wie die Störfunktion ist. Ist die Störfunktion beispielsweise $b_t = u^t$, so macht man zur Bestimmung einer speziellen Lösung den Ansatz $y_t = cu^t$ und versucht, die Konstante c geeignet zu bestimmen.

Die folgende Tabelle gibt einen Überblick über Störfunktionen und zu verwendende Versuchslösungen:

Störfunktion	Versuchslösung
u^t	cu^t
$\sin(\varphi t)$ oder $\cos(\varphi t)$	$c_1 \sin(\varphi t) + c_2 \cos(\varphi t)$
$p_0 + p_1 t + \cdots + p_n t^n$	$c_0 + c_1 t + \cdots + c_n t^n$
$(p_0 + p_1 t + \cdots + p_n t^n)u^t$	$(c_0 + c_1 t + \cdots + c_n t^n)u^t$
$u^t \sin(\varphi t)$ oder $u^t \cos(\varphi t)$	$u^t(c_1 \sin(\varphi t) + c_2 \cos(\varphi t))$

Auf den ersten Blick mag dieses Vorgehen zwar nach blindem Probieren aussehen; man kann jedoch zeigen, dass mit dem Ansatz vom Typ der rechten Seite für eine große Klasse von Störfunktionen eine Lösung der inhomogenen Differenzengleichung bestimmt werden kann:

Satz 13.13: Ansatz vom Typ der rechten Seite

Gegeben sei die inhomogene lineare Differenzengleichung

$$y_t + a_1 y_{t-1} + \ldots + a_m y_{t-m} = b_t \,.$$

Hat die Störfunktion die Gestalt

$$b_t = p_1(t) u^t \sin(\varphi t) + p_2(t) u^t \cos(\varphi t)\,,$$

wobei $u, \varphi \in \mathbb{R}$ und p_1, p_2 Polynome vom Grad n_1 bzw. n_2 sind, und ist $z = ue^{i\varphi}$ **keine Nullstelle des charakteristischen Polynoms**, so hat die inhomogene Gleichung eine spezielle Lösung der Form

$$y_t = q_1(t)u^t \sin(\varphi t) + q_2(t)u^t \cos(\varphi t)\,,$$

wobei q_1 und q_2 Polynome vom Grad $n = \max\{n_1, n_2\}$ sind.

Bemerkung: Ist $ue^{i\varphi}$ eine Nullstelle des charakteristischen Polynoms, so spricht man von **Resonanz**. Wie in diesem Fall zu verfahren ist, werden wir weiter unten in Satz 13.14 darstellen.

Die Störfunktionen und Versuchslösungen der Tabelle auf Seite 483 erhält man alle als Spezialfälle der in Satz 13.13 angegebenen allgemeinen Störfunktion. Beispielsweise erhält man für $\varphi = 0$ die Störfunktion $b_t = p_2(t)u^t$, wobei $p_2(t)$ ein Polynom in t ist. Setzt man weiter $u = 1$, so erhält man die Störfunktion $b_t = p_2(t)$, also ein Polynom. Wählt man in der allgemeinen Formulierung speziell Polynome vom Grad null, d.h. Konstanten, so erhält man als Störfunktion $b_t = c_1u^t \sin(\varphi t) + c_2u^t \cos(\varphi t)$.

Wir illustrieren den Ansatz vom Typ der rechten Seite an zwei Beispielen.

Beispiel 13.14. Wir betrachten die inhomogene Differenzengleichung

$$y_t - 3y_{t-1} + 2y_{t-2} = 3^t\,.$$

Der Ansatz $y_t = c3^t$ führt auf die Gleichung

$$c3^t - 3c3^{t-1} + 2c3^{t-2} = 3^t\,.$$

Division durch 3^{t-2} liefert

$$9c - 9c + 2c = 9 \quad\Longleftrightarrow\quad 2c = 9 \quad\Longleftrightarrow\quad c = \frac{9}{2}\,.$$

Also ist $y_t = 4.5 \cdot 3^t$ eine spezielle Lösung der inhomogenen Gleichung.

Die in Satz 13.13 betrachteten Störfunktionen sind sämtlich Funktionen, die auch als Lösungen homogener linearer Differenzengleichung auftreten können. Liegt Resonanz. vor, d.h. ist die Störfunktion (oder ein Summand derselben) bereits eine Lösung der zugehörigen homogenen Differenzengleichung ist, so führt der Ansatz vom Typ der rechten Seite nicht zum Erfolg.

Beispiel 13.15. Wir betrachten die inhomogene Differenzengleichung

$$y_t - 3y_{t-1} + 2y_{t-2} = 2^t\,.$$

Verwendet man den Ansatz $y_t = c2^t$, so erhält man auf der linken Seite

$$c2^t - 3c2^{t-1} + 2c2^{t-2} = 2^{t-2}(4c - 6c + 2c) = 0\,.$$

Die linke Seite ist also für alle c ungleich 2^t, d.h. der Ansatz $y_t = c2^t$ liefert keine Lösung der inhomogenen Differenzengleichung. Der Grund hierfür ist, dass $y_t = c2^t$ bereits eine Lösung der homogenen Differenzengleichung $y_t - 3y_{t-1} + 2y_{t-2} = 0$ ist, da $z = 2$ eine Nullstelle des charakteristischen Polynoms ist.

Wie bereits weiter oben beschrieben, multipliziert man im Falle von Resonanz die Versuchslösung mit t und verwendet diese Funktion als neue Versuchslösung. Schlägt auch dieser Ansatz fehl, multipliziert man erneut mit t. Bei Differenzengleichungen 2. Ordnung hat man spätestens dann eine geeignete Versuchslösung gefunden. Bei Differenzengleichungen höherer Ordnung muss das Verfahren unter Umständen weiter fortgesetzt werden.

Beispiel 13.16 (Fortsetzung von Beispiel 13.15). Wir haben gesehen, dass bei der inhomogenen Differenzengleichung $y_t - 3y_{t-1} + 2y_{t-2} = 2^t$ Resonanz vorliegt. Daher multipliziert man die Versuchslösung $y_t = c2^t$ mit t und erhält die neue Versuchslösung $y_t = ct2^t$. Dieser Ansatz führt auf

$$ct2^t - 3c(t-1)2^{t-1} + 2c(t-2)2^{t-2} = 2^t\,.$$

Division durch 2^{t-2} liefert dann

$$4ct - 6c(t-1) + 2c(t-2) = 4 \quad\Longleftrightarrow\quad 2c = 4 \quad\Longleftrightarrow\quad c = 2\,.$$

Also ist $y_t = 2t2^t = t2^{t+1}$ eine spezielle Lösung der inhomogenen Gleichung.

Der folgende Satz präzisiert das Vorgehen im Resonanzfall.

Satz 13.14: Ansatz vom Typ der rechten Seite, Resonanzfall

Gegeben sei die inhomogene lineare Differenzengleichung

$$y_t + a_1 y_{t-1} + \ldots + a_m y_{t-m} = b_t\,.$$

Hat die Störfunktion die Gestalt

$$b_t = p_1(t)u^t \sin(\varphi t) + p_2(t)u^t \cos(\varphi t)\,,$$

wobei $u, \varphi \in \mathbb{R}$ und p_1, p_2 Polynome vom Grad n_1 bzw. n_2 sind, und ist $z = ue^{i\varphi}$ eine **k-fache Nullstelle des charakteristischen Polynoms**, so hat die inhomogene Differenzengleichung eine spezielle Lösung der Form

$$y_t = t^k\left[q_1(t)u^t \sin(\varphi t) + q_2(t)u^t \cos(\varphi t)\right]\,,$$

wobei q_1 und q_2 Polynome vom Grad $n = \max\{n_1, n_2\}$ sind.

Bemerkung: Die Störfunktionen und Versuchslösungen der Tabelle auf Seite 483 erhält man als Spezialfälle aus diesem Resultat. Entsprechend sind auch die dort angegebenen Versuchslösungen mit t^k zu multiplizieren.

Beispiel 13.17. Gegeben sei die inhomogene Differenzengleichung

$$y_t - 3y_{t-1} + 2y_{t-2} = t\,.$$

Da die rechte Seite ein Polynom ersten Grades ist, verwendet man für den Ansatz vom Typ der rechten Seite ein allgemeines Polynom ersten Grades, d.h. man macht den Ansatz $y_t = a + bt$. Einsetzen in die Differenzengleichung führt auf

$$(a+bt) - 3(a+b(t-1)) + 2(a+b(t-2)) = t \qquad \Longleftrightarrow \qquad -b = t$$

und somit einen Widerspruch, da die Gleichung ja für alle t erfüllt sein muss.

Dies zeigt, dass auch in diesem Beispiel **Resonanz** vorliegt. Daher multipliziert man die Versuchslösung mit t und erhält als neue Versuchslösung $y_t = at + bt^2$. Dieser Ansatz führt auf

$$\begin{aligned}(at+bt^2) - 3(a(t-1) + b(t-1)^2) + 2(a(t-2) + b(t-2)^2) &= t \\ \Longleftrightarrow \qquad -2bt - a + 5b &= t\end{aligned}$$

Koeffizientenvergleich liefert dann $-2b = 1$ und $-a+5b = 0$, woraus $b = -1/2$ und $a = -5/2$ folgt. Also ist $y_t = -2.5t - 0.5t^2$ eine spezielle Lösung der inhomogenen Gleichung.

Wenn bekannt ist, dass $z = ue^{i\varphi}$ eine k-fache Nullstelle des charakteristischen Polynoms ist, kann man natürlich die Versuchslösung direkt mit t^k multiplizieren und sich damit das Ausprobieren sparen. Ist die rechte Seite ein Polynom, $b_t = p(t)$, so liegt Resonanz vor, wenn $z = 1$ eine Nullstelle des charakteristischen Polynoms ist, da $b_t = p(t)$ der Spezialfall von $b_t = p(t)u^t$ mit $u = 1$ ist. Ist die Störfunktion von der Form $b_t = u^t$ oder $b_t = p(t)u^t$, so muss man überprüfen, ob $z = u$ eine Nullstelle ist. Kommen in der Störfunktion trigonometrische Funktionen $\sin(\varphi t)$, $\cos(\varphi t)$ vor, muss auf die komplexe Nullstelle $z = ue^{i\varphi}$ geprüft werden.

Die folgende Tabelle zeigt, wie man die Funktionen der Tabelle auf Seite 483 als Spezialfälle des allgemeinen Resultats erhält und welches jeweils die kritische Nullstelle ist. Hierbei bezeichnet $p(t)$ immer ein beliebiges Polynom.

Störfunktion	erhält man für	kritische Nullstelle
$p(t)$	$u = 1,\ \varphi = 0$	$z = 1$
u^t, $p(t)u^t$	$u \neq 1,\ \varphi = 0$	$z = u$
$\sin(\varphi t)$, $p(t)\sin(\varphi t)$ $\cos(\varphi t)$, $p(t)\cos(\varphi t)$	$u = 1,\ \varphi \neq 0$	$z = e^{i\varphi}$
$u^t\sin(\varphi t)$, $p(t)u^t\sin(\varphi t)$ $u^t\cos(\varphi t)$, $p(t)u^t\cos(\varphi t)$	$u \neq 1,\ \varphi \neq 0$	$z = ue^{i\varphi}$

Bemerkung: Ist die Störfunktion b_t eine Summe von Funktionen geeigneten Typs, so kann man für jeden Summanden einen separaten Ansatz machen und die erhaltenen Lösungen einfach addieren. Wir illustrieren dies wieder an einem Beispiel.

Beispiel 13.18. (Fortsetzung von Beispiel 13.14 und 13.17) Gegeben sei die inhomogene Differenzengleichung

$$y_t - 3y_{t-1} + 2y_{t-2} = 3^t + t\,.$$

Die Differenzengleichung $y_t - 3y_{t-1} + 2y_{t-2} = 3^t$ hat als spezielle Lösung $y_{t,1} = 4.5 \cdot 3^t$ (vgl. Beispiel 13.14).

Entsprechend hat die Differenzengleichung $y_t - 3y_{t-1} + 2y_{t-2} = t$ als spezielle Lösung $y_{t,2} = -2.5t - 0.5t^2$ (vgl. Beispiel 13.17).

Somit ist

$$y_t = y_{t,1} + y_{t,2} = 4.5 \cdot 3^t - 2.5t - 0.5t^2$$

eine spezielle Lösung der Differenzengleichung $y_t - 3y_{t-1} + 2y_{t-2} = 3^t + t$.

13.3 Stabilität von Differenzengleichungen

Oftmals ist es gar nicht erforderlich, die genaue Lösung einer Differenzengleichung zu kennen, sondern es interessiert vor allem das Grenzverhalten der Lösung für große Werte von t. Insbesondere möchte man wissen, ob die Lösung einer Differenzengleichung mit wachsendem t gegen die Gleichgewichtslösung konvergiert. Bei der Differenzengleichung aus Beispiel 13.12 haben wir gesehen, dass für gewisse Anfangsbedingungen die Lösung gegen null konvergiert, während für andere Anfangsbedingungen die Lösung divergiert. Konvergiert *jede* Lösung einer homogenen linearen Differenzengleichung gegen null, so bezeichnet man die Differenzengleichung als stabil. Etwas allgemeiner definiert man:

Definition 13.2: Stabilität

Eine lineare Differenzengleichung heißt **stabil**, wenn für je zwei beliebige Lösungen $y_t^{(1)}$, $y_t^{(2)}$ der Differenzengleichung

$$\lim_{t\to\infty}\left(y_t^{(1)}-y_t^{(2)}\right)=0$$

gilt.

Besitzt die Differenzengleichung eine konstante Gleichgewichtslösung y^*, so ist obige Definition gleichbedeutend damit, dass *jede* Lösung der Differenzengleichung für t gegen unendlich gegen die Gleichgewichtslösung y^* konvergiert,

$$\lim_{t\to\infty} y_t = y^*\,.$$

Da die Differenz zweier Lösungen der inhomogenen Gleichung eine Lösung der homogenen Gleichung ist, ist eine inhomogene Differenzengleichung genau dann stabil, wenn für jede Lösung y_t der homogenen Differenzengleichung

$$\lim_{t\to\infty} y_t = 0$$

gilt. Da man jede Lösung als Linearkombination der Basisfunktionen erhält, muss also insbesondere für jede Basislösung der Grenzwert für t gegen unendlich null sein.

Ist z eine k-fache Nullstelle (reell oder komplex) des charakteristischen Polynoms, so sind $z^t, tz^t, \ldots, t^{k-1}z^t$ linear unabhängige Lösungen. Es gilt

$$\lim_{t\to\infty} z^t = 0 \quad\Longleftrightarrow\quad \lim_{t\to\infty}|z^t| = \lim_{t\to\infty}|z|^t = 0 \quad\Longleftrightarrow\quad |z|<1\,.$$

Ist $|z|<1$, so gilt aber auch

$$\lim_{t\to\infty} t^l z^t = 0 \qquad \text{für alle } l\in\mathbb{N},$$

wie man durch mehrfache Anwendung der Regel von L'Hospital zeigen kann.

Hieraus folgt, dass eine lineare Differenzengleichung nur dann stabil sein kann, wenn alle Nullstellen des charakteristischen Polynoms betragsmäßig kleiner als eins sind. Umgekehrt überlegt man sich aber leicht, dass dies auch hinreichend für die Stabilität einer Differenzengleichung ist. Wir formulieren dieses Ergebnis als Satz.

Satz 13.15: Stabilität einer Differenzengleichung

Eine lineare Differenzengleichung ist genau dann stabil, wenn für jede Nullstelle z (reell oder komplex) des charakteristischen Polynoms gilt

$$|z|<1\,.$$

Man formuliert dies oft auch so: Alle Nullstellen des charakteristischen Polynoms müssen im Innern des Einheitskreises in der komplexen Zahlenebene liegen.

Natürlich wäre es schön, wenn man nicht erst die Nullstellen des charakteristischen Polynoms bestimmen müsste, um zu entscheiden, ob eine gegebene Differenzengleichung stabil ist oder nicht, sondern dies direkt anhand der Koeffizienten der Differenzengleichung entscheiden könnte. Für Differenzengleichungen zweiter Ordnung kann man diese Bedingungen an die Koeffizienten relativ einfach formulieren. Wir wollen daher im Folgenden die lineare Differenzengleichung zweiter Ordnung näher betrachten (vgl. hierzu auch die entsprechenden Ausführungen für lineare Differentialgleichungen zweiter Ordnung auf Seite 428). Die homogene Gleichung hat die Form

$$y_t + a_1 y_{t-1} + a_2 y_{t-2} = 0\,.$$

Das charakteristische Polynom ist demnach $z^2 + a_1 z + a_2$ und hat die Nullstellen

$$z_{1,2} = -\frac{a_1}{2} \pm \sqrt{\frac{a_1^2}{4} - a_2}\,.$$

Wir unterscheiden nun drei Fälle:

Fall 1 ($\frac{a_1^2}{4} > a_2$): Dann hat das charakteristische Polynom zwei verschiedene reelle Nullstellen, nämlich

$$z_1 = -\frac{a_1}{2} + \sqrt{\frac{a_1^2}{4} - a_2} \quad \text{und} \quad z_2 = -\frac{a_1}{2} - \sqrt{\frac{a_1^2}{4} - a_2}\,.$$

Die allgemeine Lösung lautet also

$$y_t = \gamma_1 \left(-\frac{a_1}{2} + \sqrt{\frac{a_1^2}{4} - a_2} \right)^t + \gamma_2 \left(-\frac{a_1}{2} - \sqrt{\frac{a_1^2}{4} - a_2} \right)^t .$$

Die Differenzengleichung ist genau dann stabil, wenn $|z_1| < 1$ und $|z_2| < 1$ ist, d.h. wenn

$$-1 < -\frac{a_1}{2} + \sqrt{\frac{a_1^2}{4} - a_2} < 1 \quad \text{und} \quad -1 < -\frac{a_1}{2} - \sqrt{\frac{a_1^2}{4} - a_2} < 1$$

ist. Multipliziert man die Ungleichungen mit zwei und addiert man a_1, erhält man als Stabilitätsbedingung die vier Ungleichungen

$$-2 + a_1 < \sqrt{a_1^2 - 4a_2} < 2 + a_1 \quad \text{und} \quad -2 + a_1 < -\sqrt{a_1^2 - 4a_2} < 2 + a_1\,.$$

Aus $|z_1|, |z_2| < 1$, folgt wegen $z_1 + z_2 = -a_1$, dass $|a_1| < 2$ sein muss. Dann gilt auch $-2 + a_1 < 0$ und $2 + a_1 > 0$, und die erste und vierte der obigen

Ungleichungen sind durch $|a_1| < 2$ erfüllt. Die beiden übrigen Ungleichungen sind äquivalent zu

$$\sqrt{a_1^2 - 4a_2} < 2 + a_1 \quad \text{und} \quad -2 + a_1 < -\sqrt{a_1^2 - 4a_2}\,.$$

Aus der ersten Ungleichung folgt durch Quadrieren

$$a_1^2 - 4a_2 < (2 + a_1)^2 = 4 + 4a_1 + a_1^2 \quad \Longleftrightarrow \quad 1 + a_1 + a_2 > 0\,.$$

Die zweite Ungleichung ist äquivalent zu $\sqrt{a_1^2 - 4a_2} < 2 - a_1$. Durch Quadrieren folgt

$$a_1^2 - 4a_2 < (2 - a_1)^2 = 4 - 4a_1 + a_1^2 \quad \Longleftrightarrow \quad 1 - a_1 + a_2 > 0\,.$$

Stabil ist die Differenzengleichung deshalb im Fall 1 genau dann, wenn $a_2 > -1 - a_1$, $a_2 > -1 + a_1$ sowie $|a_1| < 2$ ist. In Abbildung 13.2 ist der Bereich, in dem das charakteristische Polynom zwei reelle Nullstellen hat, hellgrau und weiß eingezeichnet. Im weißen Bereich ist die Differenzengleichung darüber hinaus stabil.

Fall 2 ($a_2 = \frac{a_1^2}{4}$): Dann hat das charakteristische Polynom eine zweifache reelle Nullstelle bei $z = -\frac{a_1}{2}$. Die allgemeine Lösung lautet

$$y_t = (\gamma_1 + \gamma_2 t)\left(-\frac{a_1}{2}\right)^t\,.$$

Die Differenzengleichung ist genau dann stabil, wenn $|a_1| < 2$ ist.

Fall 3 ($a_2 > \frac{a_1^2}{4}$): Dann hat das charakteristische Polynom zwei komplexe Nullstellen, nämlich

$$z_1 = -\frac{a_1}{2} + i\sqrt{a_2 - \frac{a_1^2}{4}} = re^{i\varphi} \quad \text{und} \quad z_2 = -\frac{a_1}{2} - i\sqrt{a_2 - \frac{a_1^2}{4}} = re^{-i\varphi}\,.$$

Die allgemeine Lösung lautet

$$y_t = r^t\big(\gamma_1 \cos(\varphi t) + \gamma_2 \sin(\varphi t)\big)\,.$$

Der Betrag der Nullstellen ist

$$|z_{1,2}| = r = \sqrt{\left(-\frac{a_1}{2}\right)^2 + \left(a_2 - \frac{a_1^2}{4}\right)} = \sqrt{\frac{a_1^2}{4} + a_2 - \frac{a_1^2}{4}} = \sqrt{a_2}\,.$$

Die Differenzengleichung ist also genau dann stabil, wenn $a_2 < 1$ ist.

Der Bereich, in dem das charakteristische Polynom zwei komplexe Nullstellen hat, ist in Abbildung 13.2 mittel- und dunkelgrau eingezeichnet. Der dunkelgraue Teil kennzeichnet dabei jene Koeffizientenkonstellationen, für die die Differenzengleichung stabil ist.

Aus der Abbildung 13.2 erkennt man, dass die drei Bedingungen $1+a_1+a_2 > 0$, $1-a_1+a_2 > 0$ und $1-a_2 > 0$ auch hinreichend für die Stabilität der Differenzengleichung sind. Wir formulieren die soeben gewonnenen Erkenntnisse über die Stabilität einer Differenzengleichung zweiter Ordnung als Satz.

Satz 13.16: Stabilität einer Differenzengleichung zweiter Ordnung

Die lineare Differenzengleichung zweiter Ordnung,

$$y_t + a_1 y_{t-1} + a_2 y_{t-2} = b_t \,,$$

ist genau dann stabil, wenn die folgenden Bedingungen erfüllt sind:

$$\begin{aligned} 1 + a_1 + a_2 &> 0 \,, \\ 1 - a_1 + a_2 &> 0 \,, \\ 1 - a_2 &> 0 \,. \end{aligned}$$

Der Bereich der Koeffizientenkonstellationen, in denen die Differenzengleichung stabil ist, bildet in der a_1-a_2-Ebene ein Dreieck. Es besteht aus den in Abbildung 13.2 weiß und dunkelgrau eingezeichneten Flächen.

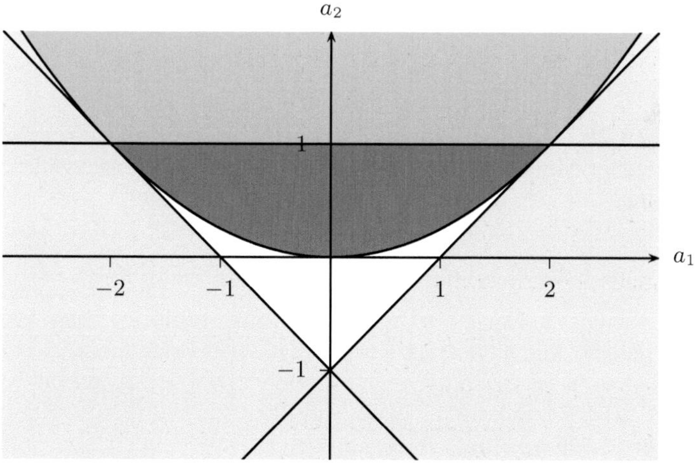

Abbildung 13.2: Stabilität und Typ der Lösung bei der linearen Differenzengleichung zweiter Ordnung.

Für Differenzengleichungen höherer Ordnung können Stabilitätskriterien wie in Satz 13.16 nicht mehr so einfach formuliert werden. Es existieren jedoch notwendige und hinreichende Kriterien für die Stabilität einer linearen Differenzengleichung.

Satz 13.17: Stabilitätskriterien

Betrachtet werde die lineare Differenzengleichung

$$y_t + a_1 y_{t-1} + \cdots + a_m y_{t-m} = b_t \,.$$

Dann gelten die folgenden Aussagen:

Hinreichendes Stabilitätskriterium (Sato[4]): Sind $a_1, a_2, \ldots, a_n$ alle positiv und gilt

$$1 > a_1 > a_2 > \cdots > a_{n-1} > a_n \,,$$

so ist die Differenzengleichung stabil.

Hinreichendes Stabilitätskriterium (Smithies[5]): Gilt

$$1 - |a_1| - |a_2| - \cdots - |a_{n-1}| - |a_n| > 0 \,,$$

so ist die Differenzengleichung stabil.

Notwendiges Stabilitätskriterium (Smithies): Ist die Differenzengleichung stabil, so ist

$$1 + a_1 + a_2 + \cdots + a_{n-1} + a_n > 0 \,.$$

Wir wollen zum Abschluss dieses Abschnitts noch einmal das Multiplikator-Akzelerator-Modell von Samuelson aufgreifen.

Beispiel 13.19. (Multiplikator-Akzelerator-Modell). Das Multiplikator-Akzelerator-Modell führt auf die inhomogene Differenzengleichung zweiter Ordnung,

$$Y_t - c(1+k)Y_{t-1} + ckY_{t-2} = G \,,$$

wobei $0 < c < 1$ die Konsumquote und $k > 0$ der Akzelerator ist.

Wir untersuchen zunächst die Bedingungen für Stabilität. Diese sind in Satz 13.16 formuliert. Mit $a_1 = -c(1+k)$ und $a_2 = ck$ erhält man

$$1 + a_1 + a_2 = 1 - c(1+k) + ck = 1 - c > 0 \,, \quad \text{da } 0 < c < 1 \,.$$

Ebenso gilt für die zweite Bedingung

$$1 - a_1 + a_2 = 1 + c(1+k) + ck = 1 + c + 2ck > 0 \,, \quad \text{da } 0 < c < 1,\ k > 0 \,.$$

Die dritte Bedingung schließlich ist genau dann erfüllt, wenn

$$1 - a_2 = 1 - ck > 0 \quad \Longleftrightarrow \quad ck < 1 \quad \Longleftrightarrow \quad c < \frac{1}{k} \,.$$

[4] Ryuzo Sato (1931–)
[5] Arthur Smithies (1907–1981)

Die beiden ersten Bedingungen sind also aufgrund der Annahmen an die Koeffizienten immer erfüllt, die dritte Bedingung genau dann, wenn $c < \frac{1}{k}$ ist. Das Multiplikator-Akzelerator-Modell ist also genau dann stabil, wenn die Konsumquote kleiner als der Kehrwert des Akzelerators ist.

Wir überlegen nun, unter welchen Bedingungen das charakteristische Polynom reelle bzw. komplexe Nullstellen hat. Nach den obigen Überlegungen hat die Differenzengleichung genau dann zwei reelle Lösungen, wenn $a_2 < \frac{a_1^2}{4}$ ist. Für das Multiplikator-Akzelerator-Modell bedeutet dies

$$ck < \frac{c^2(1+k)^2}{4} \quad \Longleftrightarrow \quad k < \frac{c(1+k)^2}{4} \quad \Longleftrightarrow \quad c > \frac{4k}{(1+k)^2}\,.$$

In Abbildung 13.3 ist der Bereich in der k-c-Ebene, in dem die Lösung des Modells durch Potenzfunktionen (zwei reelle Lösungen) beschrieben wird, weiß und hellgrau gefärbt. Im mittel- und dunkelgrauen Bereich wird die Lösung des Modells hingegen durch Sinus- bzw. Kosinusschwingungen (zwei komplexe Lösungen) beschrieben. Die weiß bzw. dunkelgrau eingefärbten Bereiche zeigen an, für welche Werte von c und k das Modell stabil ist.

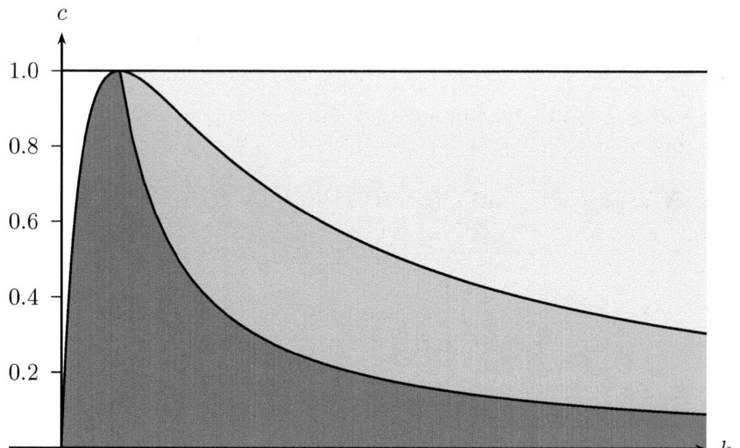

Abbildung 13.3: Stabilität und Typ der Lösung beim Multiplikator-Akzelerator-Modell.

Nimmt man beispielsweise an, dass $c = 0.75$ und $k = 1.2$ ist, so ist die Differenzengleichung stabil, da $c < \frac{1}{k} = 0.8333$ ist. Ferner hat das charakteristische Polynom zwei komplexe Lösungen, da $c < \frac{4k}{(1+k)^2} = 0.9917$. Die Lösung des Multiplikator-Akzelerator-Modells wird in diesem Fall durch eine gedämpfte Schwingung beschrieben.

Für die Parameterwerte $c = 0.75$, $k = 1.2$ und $G = 25$ erhält man die Differenzengleichung

$$Y_t - 1.65Y_{t-1} + 0.9Y_{t-2} = 25\,.$$

Die charakteristische Gleichung lautet

$$z^2 - 1.65z + 0.9 = 0\,.$$

Mit der p-q-Formel erhält man die beiden komplexen Lösungen

$$z_{1,2} = 0.825 \pm \sqrt{0.825^2 - 0.9} = 0.825 \pm \sqrt{-0.219375} = 0.825 \pm 0.4684i\,.$$

Zur Bestimmung der Polarform berechnen wir zunächst den Betrag

$$r = |z_{1,2}| = \sqrt{0.825^2 + 0.4684^2} = \sqrt{0.9}\,.$$

Das Argument φ erhält man aus

$$\varphi = \arccos\left(\frac{0.825}{\sqrt{0.9}}\right) = 0.5164\,.$$

Die allgemeine Lösung der homogenen Differenzengleichung ist also

$$Y_t = \gamma_1\big(\sqrt{0.9}\big)^t\cos(0.5164t) + \gamma_2\big(\sqrt{0.9}\big)^t\sin(0.5164t)\,.$$

Für die inhomogene Differenzengleichung findet man die Gleichgewichtslösung

$$Y^* = \frac{25}{1 - 1.65 + 0.9} = 100\,.$$

Die vollständige Lösung der inhomogenen Differenzengleichung ist also

$$Y_t = 100 + \big(\sqrt{0.9}\big)^t\big(\gamma_1\cos(0.5164t) + \gamma_2\sin(0.5164t)\big)\,.$$

Für die Anfangsbedingungen $Y_0 = 102$ und $Y_1 = 101.1815$ erhält man dann beispielsweise die Lösung

$$Y_t = 100 + \big(\sqrt{0.9}\big)^t\big(2\cos(0.5164t) - \sin(0.5164t)\big)\,,$$

die in Abbildung 13.4 dargestellt ist. Man erkennt schön, dass es sich um eine gedämpfte Schwingung um die Gleichgewichtslösung $y^* = 100$ handelt.

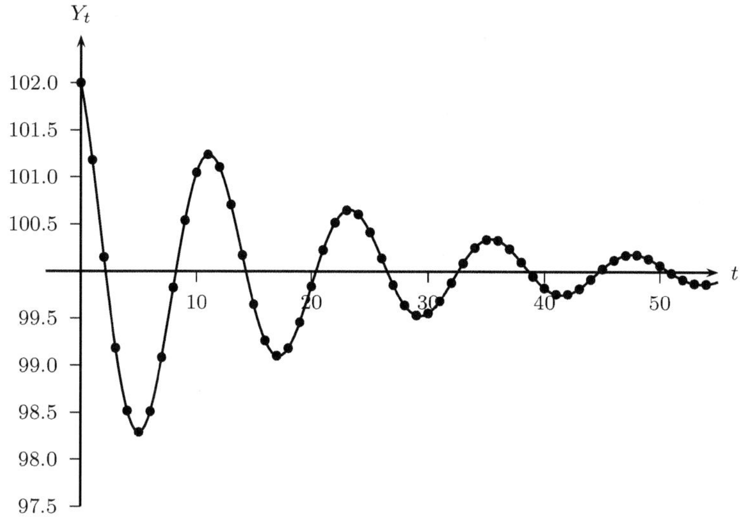

Abbildung 13.4: Eine Lösung des Multiplikator-Akzelerator-Modells

13.4 Systeme linearer Differenzengleichungen erster Ordnung

Als Einführung in diesen Abschnitt betrachten wir als Anwendung zunächst ein einfaches Bevölkerungsmodell.

Beispiel 13.20. (Bevölkerungsmodell nach Leslie[6]). Betrachtet werde eine Population von höchstens n-jährigen Individuen. Für $t \in T$ bezeichne

$y_{i,t}$	die Anzahl der Individuen im i-ten Lebensjahr am Ende von Jahr t,
f_i	die Geburtenrate im i-ten Lebensjahr,
d_i	die Sterberate im i-ten Lebensjahr.

Um auf eine Unterteilung der Individuen in weibliche und männliche verzichten zu können, verstehen wir hier unter der Geburtenrate f_i einfach die mittlere Anzahl von Geburten im Laufe eines Jahres je Individuum (männlich oder weiblich), das sich zu Beginn dieses Jahres im i-ten Lebensjahr befindet. Entsprechend ist die Sterberate d_i der Anteil, der i-jährigen Individuen, die im Laufe eines Jahres sterben.

Für die Entwicklung der Bevölkerung gilt dann das Folgende: Die Gesamtzahl der Individuen im ersten Lebensjahr am Ende des Jahres t ergibt sich aus

[6] Patrick H. Leslie (1900–1974)

der Anzahl der Geburten im letzten Jahr, d.h.

$$y_{1,t} = f_1 y_{1,t-1} + f_2 y_{2,t-1} + \cdots + f_n y_{n,t-1} \,.$$

Weiter ergibt sich für $i \geq 2$ die Anzahl der Individuen im i-ten Lebensjahr am Ende des Jahres t aus der Anzahl der Individuen im $(i-1)$-ten Lebensjahr zum Ende des Jahres $t-1$, die im letzten Jahr nicht gestorben sind, d.h.

$$y_{i,t} = (1 - d_{i-1})\, y_{i-1,t-1}\,, \qquad i \geq 2\,.$$

Zusammenfassend gilt also für die Entwicklung der Population

$$\begin{aligned}
y_{1,t} &= f_1 y_{1,t-1} + f_2 y_{2,t-1} + \cdots + f_n y_{n,t-1}\\
y_{2,t} &= (1 - d_1)\, y_{1,t-1}\\
y_{3,t} &= (1 - d_2)\, y_{2,t-1}\\
\vdots \quad & \quad \vdots\\
y_{n,t} &= (1 - d_{n-1}) y_{n-1,t-1}
\end{aligned}$$

Hierbei handelt es sich um ein sogenanntes **System von Differenzengleichungen**. Fasst man die Größen $y_{1,t}, \ldots, y_{n,t}$ zu einem Vektor $\boldsymbol{y}_t$ zusammen, so schreibt sich das System als

$$\boldsymbol{y}_t = \boldsymbol{A} \boldsymbol{y}_{t-1}\,,$$

wobei die Matrix $\boldsymbol{A}$ gegeben ist durch

$$\boldsymbol{A} = \begin{bmatrix} f_1 & f_2 & \ldots & f_{n-1} & f_n \\ 1-d_1 & 0 & \ldots & 0 & 0 \\ 0 & 1-d_2 & & 0 & 0 \\ \vdots & \vdots & & \vdots & \vdots \\ 0 & 0 & \ldots & 1-d_{n-1} & 0 \end{bmatrix}.$$

Definition 13.3: System linearer Differenzengleichungen 1. Ordnung

Ein System **linearer Differenzengleichungen erster Ordnung mit konstanten Koeffizienten** ist eine Gleichung der Form

$$\boldsymbol{y}_t = \boldsymbol{A} \boldsymbol{y}_{t-1} + \boldsymbol{b}_t\,.$$

Hierbei ist $\boldsymbol{y}_t = \boldsymbol{f}(t) \in \mathbb{R}^n$, $t \in T \subset \mathbb{Z}$, eine **unbekannte vektorwertige Funktion**, $\boldsymbol{A}$ eine reelle $n \times n$-Matrix und $\boldsymbol{b} : T \to \mathbb{R}^n$, $t \mapsto \boldsymbol{b}_t$, eine gegebene Funktion, die sogenannte **Störfunktion**.

Ist $\boldsymbol{b}_t = 0$ für alle $t \in T$, so bezeichnet man das System als **homogen**, ansonsten als **inhomogen**.

Die **Lösung** einer Systems von Differenzengleichungen besteht darin, alle Funktionen $\boldsymbol{y}_t = \boldsymbol{f}(t)$ zu bestimmen, für die das System von Differenzengleichungen erfüllt ist.

Bemerkung: Die Gleichung $\boldsymbol{y}_t = \boldsymbol{A}\boldsymbol{y}_{t-1} + \boldsymbol{b}_t$ lässt sich natürlich auch als $\boldsymbol{y}_t - \boldsymbol{A}\boldsymbol{y}_{t-1} = \boldsymbol{b}_t$ schreiben. Dementsprechend bezeichnet man die Störfunktion $\boldsymbol{b}_t$ oft als rechte Seite des Systems (beispielsweise beim Ansatz vom Typ der rechten Seite), auch wenn $\boldsymbol{A}\boldsymbol{y}_{t-1}$ oft ebenfalls auf der rechten Seite steht.

Interessanterweise kann man jede lineare Differenzengleichung m-ter Ordnung auch als System von Differenzengleichungen erster Ordnung darstellen. Ist die lineare Differenzengleichung m-ter Ordnung,

$$y_t + a_1 y_{t-1} + \ldots + a_m y_{t-m} = b_t \,.$$

gegeben, so definiert man

$$z_{1,t} = y_t \,, z_{2,t} = y_{t-1} \,, \ldots, z_{m,t} = y_{t-(m-1)} \,.$$

Damit ist

$$\begin{aligned} z_{1,t} = y_t &= -a_1 y_{t-1} - a_2 y_{t-2} - \cdots - a_m y_{t-m} + b_t \\ &= -a_1 z_{1,t-1} - a_2 z_{2,t-1} - \cdots - a_m z_{m,t-1} + b_t \,. \end{aligned}$$

Ferner erhält man für $2 \leq i \leq m$ die Gleichungen $z_{i,t} = z_{i-1,t-1}$. Damit erhält man also das System

$$\begin{aligned} z_{1,t} &= -a_1 z_{1,t-1} - a_2 z_{2,t-1} - \cdots - a_{m-1} z_{m-1,t-1} - a_m z_{m,t-1} + b_t \\ z_{2,t} &= z_{1,t-1} \\ &\;\vdots \\ z_{m,t} &= z_{m-1,t-1} \,. \end{aligned}$$

oder in Matrixnotation

$$\begin{bmatrix} z_{1,t} \\ z_{2,t} \\ z_{3,t} \\ \vdots \\ z_{m,t} \end{bmatrix} = \begin{bmatrix} -a_1 & -a_2 & \ldots & -a_{m-1} & -a_m \\ 1 & 0 & \ldots & 0 & 0 \\ 0 & 1 & \ldots & 0 & 0 \\ \vdots & & \ddots & & \vdots \\ 0 & 0 & \ldots & 1 & 0 \end{bmatrix} \begin{bmatrix} z_{1,t-1} \\ z_{2,t-1} \\ \vdots \\ z_{m-1,t-1} \\ z_{m,t-1} \end{bmatrix} + \begin{bmatrix} b_t \\ 0 \\ 0 \\ \vdots \\ 0 \end{bmatrix}$$

bzw. kurz $\boldsymbol{z}_t = \boldsymbol{A}\boldsymbol{z}_{t-1} + \boldsymbol{b}_t$.

Satz 13.18: Struktur des Lösungsraums

Gegeben sei ein System linearer Differenzengleichungen erster Ordnung mit konstanten Koeffizienten,

$$\boldsymbol{y}_t = \boldsymbol{A}\boldsymbol{y}_{t-1} + \boldsymbol{b}_t \,.$$

Die Lösungsmenge des **homogenen** Systems ist ein **n-dimensionaler Unterraum** von $\mathcal{F}(T, \mathbb{R}^n)$.

Ist $\boldsymbol{f}_1, \dots, \boldsymbol{f}_n$ eine **Basis des Lösungsraums**, so ist die allgemeine Lösung

$$\boldsymbol{y}_t = \gamma_1 \boldsymbol{f}_1(t) + \dots + \gamma_n \boldsymbol{f}_n(t)\,, \quad \gamma_1, \dots, \gamma_n \in \mathbb{R}\,.$$

Eine Basis des Lösungsraums $\boldsymbol{f}_1, \dots, \boldsymbol{f}_m$ bezeichnet man auch als **Fundamentalsystem**.

Sei $\boldsymbol{y}_t = \boldsymbol{f}_{sp}(t)$ eine Lösung des **inhomogenen** Systems und sei $\boldsymbol{f}_1, \dots, \boldsymbol{f}_n$ ein Fundamentalsystem des homogenen Systems. Dann ist die **allgemeine Lösung des inhomogenen Systems**

$$\boldsymbol{y}_t = \boldsymbol{f}_{sp}(t) + \gamma_1 \boldsymbol{f}_1(t) + \dots + \gamma_n \boldsymbol{f}_n(t)\,, \quad \gamma_1, \dots, \gamma_n \in \mathbb{R}\,.$$

Bemerkung: Fasst man die Basisfunktionen $\boldsymbol{f}_1(t), \dots, \boldsymbol{f}_n(t)$ spaltenweise zu einer Matrix $\boldsymbol{F}_t$ und die Konstanten $\gamma_1, \dots, \gamma_n$ zu einem Spaltenvektor $\boldsymbol{\gamma}$ zusammen, so schreibt sich die allgemeine Lösung des homogenen Systems auch als

$$\boldsymbol{y}_t = \boldsymbol{F}_t \boldsymbol{\gamma}\,.$$

Die Matrix $\boldsymbol{F}_t$ bezeichnet man als **Fundamentalmatrix**. Da jede Basisfunktion $\boldsymbol{f}_i(t)$ eine Lösung des homogenen Systems ist, gilt $\boldsymbol{f}_i(t) = \boldsymbol{A}\boldsymbol{f}_i(t-1)$, $i = 1, \dots, n$. Dann gilt aber auch $\boldsymbol{F}_t = \boldsymbol{A}\boldsymbol{F}_{t-1}$.

Wir beschäftigen uns nun zunächst mit der Lösung des homogenen Systems. Bei der Untersuchung von linearen Differenzengleichungen mit konstanten Koeffizienten hat sich gezeigt, dass häufig Exponentialfunktionen als Lösungen linearer Differenzengleichungen auftreten. Daher verwenden wir den Ansatz $\boldsymbol{y}_t = \boldsymbol{a}\lambda^t$ mit $\boldsymbol{a} \in \mathbb{R}^n$ und $\lambda \in \mathbb{R}$. Einsetzen in die Differenzengleichung $\boldsymbol{y}_t = \boldsymbol{A}\boldsymbol{y}_{t-1}$ liefert dann

$$\boldsymbol{a}\lambda^t = \boldsymbol{A}\boldsymbol{a}\lambda^{t-1}$$

bzw. nach Division durch λ^{t-1}

$$\lambda \boldsymbol{a} = \boldsymbol{A}\boldsymbol{a}\,.$$

Also ist $\boldsymbol{y}_t = \boldsymbol{a}\lambda^t$ genau dann eine Lösung des Systems von Differenzengleichungen, wenn λ Eigenwert von $\boldsymbol{A}$ und $\boldsymbol{a}$ ein zugehöriger Eigenvektor ist.

Für die allgemeine Lösung des Systems müssen wir ein Fundamentalsystem, d.h. n linear unabhängige Lösungen, bestimmen.

Setzt man $t = 0$, so sieht man, dass m Lösungen $\boldsymbol{a}_1\lambda_1^t, \ldots, \boldsymbol{a}_m\lambda_m^t$ linear unabhängig sind, wenn die Vektoren $\boldsymbol{a}_1, \ldots, \boldsymbol{a}_m$ linear unabhängig sind. Somit liefert der obige Ansatz also zumindest dann die vollständige Lösung, wenn $\boldsymbol{A}$ n linear unabhängige (ggf. komplexe) Eigenvektoren besitzt, mit anderen Worten, wenn $\boldsymbol{A}$ komplex diagonalisierbar ist.

Wie bei linearen Differenzengleichungen höherer Ordnung möchte man zur Darstellung der Lösung gern reelle Basisfunktionen verwenden. Ist $\lambda = re^{i\varphi}$ ein komplexer Eigenwert, so ist auch die komplex konjugierte Zahl $\overline{\lambda} = re^{-i\varphi}$ ein komplexer Eigenwert. Ebenso gilt, dass die zugehörigen Eigenvektoren komplex konjugiert zueinander sind. Ist also $\boldsymbol{u} + i\boldsymbol{v}$ ein Eigenvektor zu λ, so ist $\boldsymbol{u} - i\boldsymbol{v}$ ein Eigenvektor zu $\overline{\lambda}$. Ein Paar komplex konjugierter Eigenwerte liefert also die beiden Basisfunktionen

$$\begin{aligned}(\boldsymbol{u} + i\boldsymbol{v})r^t e^{i\varphi t} &= (\boldsymbol{u} + i\boldsymbol{v})r^t \left(\cos(\varphi t) + i\sin(\varphi t)\right)\\ &= r^t \left[(\cos(\varphi t)\boldsymbol{u} - \sin(\varphi t)\boldsymbol{v}) + i\left(\sin(\varphi t)\boldsymbol{u} + \cos(\varphi t)\boldsymbol{v}\right)\right]\end{aligned}$$

und

$$\begin{aligned}(\boldsymbol{u} - i\boldsymbol{v})r^t e^{-i\varphi t} &= (\boldsymbol{u} - i\boldsymbol{v})r^t \left(\cos(-\varphi t) + i\sin(-\varphi t)\right)\\ &= (\boldsymbol{u} - i\boldsymbol{v})r^t \left(\cos(\varphi t) - i\sin(\varphi t)\right)\\ &= r^t \left[(\cos(\varphi t)\boldsymbol{u} - \sin(\varphi t)\boldsymbol{v}) - i\left(\sin(\varphi t)\boldsymbol{u} + \cos(\varphi t)\boldsymbol{v}\right)\right].\end{aligned}$$

Somit gilt

$$\begin{aligned}&\gamma_1(\boldsymbol{u} + i\boldsymbol{v})r^t e^{i\varphi t} + \gamma_2(\boldsymbol{u} - i\boldsymbol{v})r^t e^{-i\varphi t}\\ &\qquad = C_1 r^t \left(\cos(\varphi t)\boldsymbol{u} - \sin(\varphi t)\boldsymbol{v}\right) + C_2 r^t \left(\sin(\varphi t)\boldsymbol{u} + \cos(\varphi t)\boldsymbol{v}\right)\end{aligned}$$

mit $C_1 = \gamma_1 + \gamma_2$ und $C_2 = i(\gamma_1 - \gamma_2)$. Anstelle der beiden komplexen Basisfunktionen kann man also auch die beiden reellen Basisfunktionen

$$r^t \left(\cos(\varphi t)\boldsymbol{u} - \sin(\varphi t)\boldsymbol{v}\right) \quad \text{und} \quad r^t \left(\sin(\varphi t)\boldsymbol{u} + \cos(\varphi t)\boldsymbol{v}\right)$$

zur Darstellung der allgemeinen Lösung verwenden.

Satz 13.19: Lösung des homogenen Systems ($\boldsymbol{A}$ diagonalisierbar)

Gegeben sei das homogene System linearer Differenzengleichungen $\boldsymbol{y}_t = \boldsymbol{A}\boldsymbol{y}_{t-1}$. Die Matrix $\boldsymbol{A}$ sei komplex diagonalisierbar und besitze die Eigenwerte

$$\lambda_1, \ldots, \lambda_m, (\lambda_{m+1}, \overline{\lambda}_{m+1}), \ldots, (\lambda_{m+r}, \overline{\lambda}_{m+r}),$$

wobei λ_i, $i = 1, \ldots, m$, reelle Eigenwerte und $\lambda_{m+j}, \overline{\lambda}_{m+j} = r_{m+j}e^{\pm i\varphi_{m+j}}$,

$j = 1, \ldots, r$, Paare konjugiert komplexer Eigenwerte sind, $m + 2r = n$, und Eigenwerte gemäß ihrer Vielfachheit aufgeführt sind. Ferner seien $\boldsymbol{u}_1, \ldots, \boldsymbol{u}_m$ sowie $\boldsymbol{u}_{m+1} \pm i\boldsymbol{v}_{m+1}, \ldots, \boldsymbol{u}_{m+r} \pm i\boldsymbol{v}_{m+r}$ zugehörige linear unabhängige Eigenvektoren. Dann bilden die Funktionen

$$\begin{aligned}
&\boldsymbol{u}_i \lambda_i^t\,, && i = 1, \ldots, m,\\
&r_{m+j}^t \left(\cos(\varphi_{m+j} t) \boldsymbol{u}_{m+j} - \sin(\varphi_{m+j} t) \boldsymbol{v}_{m+j}\right), && j = 1 \ldots, r,\\
&r_{m+j}^t \left(\sin(\varphi_{m+j} t) \boldsymbol{u}_{m+j} + \cos(\varphi_{m+j} t) \boldsymbol{v}_{m+j}\right), && j = 1 \ldots, r,
\end{aligned}$$

eine Basis des Lösungsraums des homogenen Systems.

Wie illustrieren diese sogenannte **Eigenwert-Eigenvektor-Methode** an zwei Beispielen.

Beispiel 13.21. Gesucht sei die Lösung des Systems von Differenzengleichungen $\boldsymbol{y}_t = \boldsymbol{A}\boldsymbol{y}_{t-1}$ mit

$$\boldsymbol{A} = \begin{bmatrix} 2 & 4 \\ 1 & -1 \end{bmatrix}$$

zur Anfangsbedingung $\boldsymbol{y}_0 = [2, 1]^T$.

Das charakteristische Polynom von $\boldsymbol{A}$ ist $\lambda^2 - \lambda - 6$. Mit der p-q-Formel erhält man die beiden Eigenwerte $\lambda_1 = 3$ und $\lambda_2 = -2$. Zur Bestimmung des Eigenraums zu $\lambda_1 = 3$ löst man die lineare Gleichung $(\boldsymbol{A} - 3\boldsymbol{I})\boldsymbol{x} = \boldsymbol{0}$. Wegen

$$(\boldsymbol{A} - 3\boldsymbol{I}) = \begin{bmatrix} -1 & 4 \\ 1 & -4 \end{bmatrix}$$

ist $\boldsymbol{u}_1 = [4, 1]^T$ ein Eigenvektor zu $\lambda_1 = 3$. Entsprechend erhält man für $\lambda_2 = -2$, dass

$$(\boldsymbol{A} + 2\boldsymbol{I}) = \begin{bmatrix} 4 & 4 \\ 1 & 1 \end{bmatrix}.$$

Also ist $\boldsymbol{u}_2 = [1, -1]^T$ ein Eigenvektor zu $\lambda_2 = -2$. Die vollständige Lösung ist also

$$\boldsymbol{y}_t = \gamma_1 3^t \begin{bmatrix} 4 \\ 1 \end{bmatrix} + \gamma_2 (-2)^t \begin{bmatrix} 1 \\ -1 \end{bmatrix}, \qquad \gamma_1, \gamma_2 \in \mathbb{R}.$$

Somit ist

$$\boldsymbol{F}_t = \begin{bmatrix} 4 \cdot 3^t & (-2)^t \\ 3^t & -(-2)^t \end{bmatrix}$$

eine Fundamentalmatrix des Systems.

Einsetzen der Anfangsbedingung in die vollständige Lösung liefert die lineare Gleichung

$$\boldsymbol{y}_0 = \gamma_1 \begin{bmatrix} 4 \\ 1 \end{bmatrix} + \gamma_2 \begin{bmatrix} 1 \\ -1 \end{bmatrix} = \begin{bmatrix} 4 & 1 \\ 1 & -1 \end{bmatrix} \begin{bmatrix} \gamma_1 \\ \gamma_2 \end{bmatrix} = \begin{bmatrix} 2 \\ 1 \end{bmatrix}.$$

Lösen mit dem Gauß-Jordan-Algorithmus liefert die Lösung $\gamma_1 = 3/5$ und $\gamma_2 = -2/5$ und somit die Lösung

$$\boldsymbol{y}_t = 3^t \begin{bmatrix} \frac{12}{5} \\ \frac{3}{5} \end{bmatrix} + (-2)^t \begin{bmatrix} -\frac{2}{5} \\ \frac{2}{5} \end{bmatrix} = \begin{bmatrix} \frac{12}{5} \cdot 3^t - \frac{2}{5} \cdot (-2)^t \\ \frac{3}{5} \cdot 3^t + \frac{2}{5} \cdot (-2)^t \end{bmatrix} .$$

Beispiel 13.22. Gesucht sei die Lösung des Systems von Differenzengleichungen $\boldsymbol{y}_t = \boldsymbol{A}\boldsymbol{y}_{t-1}$ mit

$$\boldsymbol{A} = \begin{bmatrix} 4 & -1 \\ 5 & 2 \end{bmatrix}$$

zur Anfangsbedingung $\boldsymbol{y}_0 = [1, -1]^T$.

Das charakteristische Polynom von $\boldsymbol{A}$ ist $\lambda^2 - 6\lambda + 13$. Mit der p-q-Formel erhält man die beiden komplexen Nullstellen $\lambda_{1,2} = 3 \pm 2i$. In Polarform ist somit $\lambda_{1,2} = \sqrt{13}\, e^{\pm 0.5880 i}$. Es gibt also zwei komplex konjugierte Eigenwerte. Zur Bestimmung des Eigenraums zu $\lambda_1 = 3+2i$ löst man die lineare Gleichung $(\boldsymbol{A} - (3+2i)\boldsymbol{I})\boldsymbol{x} = \boldsymbol{0}$. Wegen

$$(\boldsymbol{A} - (3+2i)\boldsymbol{I}) = \begin{bmatrix} 1-2i & -1 \\ 5 & -1-2i \end{bmatrix}$$

ist $\boldsymbol{u}_1 + i\boldsymbol{v}_1 = [1,1]^T + i[0,-2]^T$ ein Eigenvektor zu $\lambda_1 = 3+2i$. Entsprechend ist dann $\boldsymbol{u}_1 - i\boldsymbol{v}_1 = [1,1]^T - i[0,-2]^T$ ein Eigenvektor zu $\lambda_2 = 3 - 2i$.

Dia vollständige Lösung ist also

$$\begin{aligned} \boldsymbol{y}_t = \gamma_1(\sqrt{13})^t & \left(\cos(0.5880\,t) \begin{bmatrix} 1 \\ 1 \end{bmatrix} - \sin(0.5880\,t) \begin{bmatrix} 0 \\ -2 \end{bmatrix} \right) \\ + \gamma_2(\sqrt{13})^t & \left(\sin(0.5880\,t) \begin{bmatrix} 1 \\ 1 \end{bmatrix} + \cos(0.5880\,t) \begin{bmatrix} 0 \\ -2 \end{bmatrix} \right) , \quad \gamma_1, \gamma_2 \in \mathbb{R} . \end{aligned}$$

Einsetzen der Anfangsbedingung in die vollständige Lösung liefert wegen $\cos(0) = 1$ und $\sin(0) = 0$ die lineare Gleichung

$$\boldsymbol{y}_0 = \gamma_1 \begin{bmatrix} 1 \\ 1 \end{bmatrix} + \gamma_2 \begin{bmatrix} 0 \\ -2 \end{bmatrix} = \begin{bmatrix} 1 & 0 \\ 1 & -2 \end{bmatrix} \begin{bmatrix} \gamma_1 \\ \gamma_2 \end{bmatrix} = \begin{bmatrix} 1 \\ -1 \end{bmatrix} .$$

Der Gauß-Jordan-Algorithmus liefert $\gamma_1 = \gamma_2 = 1$ und somit die Lösung

$$\begin{aligned} \boldsymbol{y}_t &= (\sqrt{13})^t \left(\cos(0.5880\,t) \begin{bmatrix} 1 \\ 1 \end{bmatrix} - \sin(0.5880\,t) \begin{bmatrix} 0 \\ -2 \end{bmatrix} \right) \\ &\quad + (\sqrt{13})^t \left(\sin(0.5880\,t) \begin{bmatrix} 1 \\ 1 \end{bmatrix} + \cos(0.5880\,t) \begin{bmatrix} 0 \\ -2 \end{bmatrix} \right) \\ &= (\sqrt{13})^t \left(\cos(0.5880\,t) \begin{bmatrix} 1 \\ -1 \end{bmatrix} + \sin(0.5880\,t) \begin{bmatrix} 1 \\ 3 \end{bmatrix} \right) \end{aligned}$$

$$= \begin{bmatrix} (\sqrt{13})^t\big(\cos(0.5880\,t) + \sin(0.5880\,t)\big) \\ -(\sqrt{13})^t\big(\cos(0.5880\,t) - 3\sin(0.5880\,t)\big) \end{bmatrix}.$$

Schwieriger ist die Lösung eines Systems von Differenzengleichungen, wenn die Matrix $\boldsymbol{A}$ nicht komplex diagonalisierbar ist. Dann treten neben Basisfunktionen der Form $\boldsymbol{u}_i\lambda_i^t$ auch Basisfunktionen der Form

$$\boldsymbol{p}_i(t)\lambda_i^t$$

auf. Hierbei ist $\boldsymbol{p}_i(t)$ ein **vektorwertiges Polynom** in t, d.h. eine Funktion der Form

$$\boldsymbol{p}(t) = \sum_{j=0}^{k} \boldsymbol{a}_j t^j = \boldsymbol{a}_0 + \boldsymbol{a}_1 t + \cdots + \boldsymbol{a}_k t^k\,,$$

wobei die $\boldsymbol{a}_0, \ldots, \boldsymbol{a}_k$ Vektoren sind. Der Grad des Polynoms $\boldsymbol{p}_i$ ist dabei höchstens so groß wie die Vielfachheit des zugehörigen Eigenwerts λ_i minus eins. Für Eigenwerte λ, bei denen die Dimension des Eigenraums kleiner ist als die Vielfachheit des Eigenwerts, macht man dann den Ansatz

$$\boldsymbol{y}_t = \boldsymbol{p}(t)\lambda^t$$

mit einem vektorwertigen Polynom $\boldsymbol{p}(t)$ vom Grad der Vielfachheit des Eigenwertes und setzt dies in das Differenzengleichungssystem ein, um daraus die unbestimmten Koeffizienten des Polynoms $\boldsymbol{p}(t)$ zu bestimmen. Wir illustrieren die **Methode der unbestimmten Koeffizienten** wieder an zwei Beispielen.

Beispiel 13.23. Gesucht sei die allgemeine Lösung des Systems von Differenzengleichungen $\boldsymbol{y}_t = \boldsymbol{A}\boldsymbol{y}_{t-1}$ mit

$$\boldsymbol{A} = \begin{bmatrix} 5 & -3 \\ 3 & -1 \end{bmatrix}.$$

Das charakteristische Polynom von $\boldsymbol{A}$ ist $\lambda^2 - 4\lambda + 4 = (\lambda - 2)^2$. Somit hat $\boldsymbol{A}$ einen zweifachen Eigenwert $\lambda_{1,2} = 2$. Daher verwendet man den Ansatz mit einem Polynom ersten Grades, d.h.

$$\boldsymbol{y}_t = (\boldsymbol{a} + \boldsymbol{b}t)2^t\,.$$

Einsetzen in das System ergibt dann

$$(\boldsymbol{a} + \boldsymbol{b}t)2^t = \boldsymbol{A}\big(\boldsymbol{a} + \boldsymbol{b}(t-1)\big)2^{t-1}$$

bzw. nach Division durch 2^{t-1}

$$2\boldsymbol{a} + 2\boldsymbol{b}t = \boldsymbol{A}\big(\boldsymbol{a} + \boldsymbol{b}(t-1)\big) = \boldsymbol{A}(\boldsymbol{a} - \boldsymbol{b}) + \boldsymbol{A}\boldsymbol{b}t\,.$$

Koeffizientenvergleich ergibt dann die beiden Gleichungen

$$2\boldsymbol{a} = \boldsymbol{A}(\boldsymbol{a} - \boldsymbol{b}) \quad \text{und} \quad \boldsymbol{A}\boldsymbol{b} = 2\boldsymbol{b}\,.$$

Aus der zweiten Gleichung folgt, dass $\boldsymbol{b}$ ein Eigenvektor zum Eigenwert $\lambda = 2$ ist. Die Berechnung des Eigenraums liefert $\boldsymbol{b} = \gamma_1[1,1]^T$. Zur Bestimmung von $\boldsymbol{a}$ löst man die lineare Gleichung $\boldsymbol{A}\boldsymbol{a} - 2\boldsymbol{a} = \boldsymbol{A}\boldsymbol{b}$ bzw. $(\boldsymbol{A} - 2\boldsymbol{I})\boldsymbol{a} = \gamma_1[2,2]^T$ und erhält als Lösung

$$\boldsymbol{a} = \gamma_1 \begin{bmatrix} \frac{2}{3} \\ 0 \end{bmatrix} + \gamma_2 \begin{bmatrix} 1 \\ 1 \end{bmatrix} \quad \text{mit } \gamma_1, \gamma_2 \in \mathbb{R}.$$

Die allgemeine Lösung des Systems ist somit

$$\begin{aligned} \boldsymbol{y}_t &= \left(\gamma_1 \begin{bmatrix} \frac{2}{3} \\ 0 \end{bmatrix} + \gamma_2 \begin{bmatrix} 1 \\ 1 \end{bmatrix} + \gamma_1 \begin{bmatrix} 1 \\ 1 \end{bmatrix} t \right) 2^t \\ &= \gamma_1 \left(\begin{bmatrix} \frac{2}{3} \\ 0 \end{bmatrix} + \begin{bmatrix} 1 \\ 1 \end{bmatrix} t \right) 2^t + \gamma_2 \begin{bmatrix} 1 \\ 1 \end{bmatrix} 2^t\,, \quad \text{wobei } \gamma_1, \gamma_2 \in \mathbb{R}. \end{aligned}$$

Beispiel 13.24. Gesucht ist die vollständige Lösung des Systems linearer Differenzengleichungen $\boldsymbol{y}_t = \boldsymbol{A}\boldsymbol{y}_{t-1}$ mit

$$\boldsymbol{A} = \begin{bmatrix} 3 & 2 & -1 \\ -1 & 0 & 2 \\ 1 & 2 & -1 \end{bmatrix}.$$

$\boldsymbol{A}$ hat das charakteristische Polynom $p_{\boldsymbol{A}}(\lambda) = -\lambda^3 + 2\lambda^2 + 4\lambda - 8$. Somit ist $\lambda_1 = -2$ ein einfacher und $\lambda_{2,3} = 2$ ein zweifacher Eigenwert.

Für den einfachen Eigenwert $\lambda_1 = -2$ bestimmt man den Eigenraum und erhält $V(-2) = \{\gamma_1[2,-3,4]^T \mid \gamma_1 \in \mathbb{R}\}$. Somit ist

$$\boldsymbol{y}_t = \gamma_1 \begin{bmatrix} 2 \\ -3 \\ 4 \end{bmatrix} (-2)^t$$

für jedes $\gamma_1 \in \mathbb{R}$ eine Lösung des Systems.

Für den zweifachen Eigenwert $\lambda_{2,3} = 2$ macht man den Ansatz $\boldsymbol{y}_t = (\boldsymbol{a}+\boldsymbol{b}t)2^t$ und erhält wie im vorigen Beispiel durch Koeffizientenvergleich die beiden Gleichungen $2\boldsymbol{a} = \boldsymbol{A}(\boldsymbol{a} - \boldsymbol{b})$ und $2\boldsymbol{b} = \boldsymbol{A}\boldsymbol{b}$. Aus der zweiten Gleichung folgt, dass $\boldsymbol{b}$ ein Eigenvektor zum Eigenwert $\lambda = 2$ ist. Die Berechnung des Eigenraums liefert $\boldsymbol{b} = \gamma_2[2,-1,0]^T$. Zur Bestimmung von $\boldsymbol{a}$ löst man die lineare Gleichung $\boldsymbol{A}\boldsymbol{a} - 2\boldsymbol{a} = \boldsymbol{A}\boldsymbol{b}$ bzw. $(\boldsymbol{A} - 2\boldsymbol{I})\boldsymbol{a} = \gamma_2[4,-2,0]^T$ und erhält als Lösung

$$\boldsymbol{a} = \gamma_2 \begin{bmatrix} 6 \\ 0 \\ 2 \end{bmatrix} + \gamma_3 \begin{bmatrix} 2 \\ -1 \\ 0 \end{bmatrix} \quad \text{mit } \gamma_2, \gamma_3 \in \mathbb{R}.$$

Die allgemeine Lösung des Systems ist somit

$$\begin{aligned} \boldsymbol{y}_t &= \gamma_1 \begin{bmatrix} 2 \\ -3 \\ 4 \end{bmatrix} (-2)^t + \left(\gamma_2 \begin{bmatrix} 6 \\ 0 \\ 2 \end{bmatrix} + \gamma_3 \begin{bmatrix} 2 \\ -1 \\ 0 \end{bmatrix} + \gamma_2 \begin{bmatrix} 2 \\ -1 \\ 0 \end{bmatrix} t \right) 2^t \\ &= \gamma_1 \begin{bmatrix} 2 \\ -3 \\ 4 \end{bmatrix} (-2)^t + \gamma_2 \left(\begin{bmatrix} 6 \\ 0 \\ 2 \end{bmatrix} + \begin{bmatrix} 2 \\ -1 \\ 0 \end{bmatrix} t \right) 2^t + \gamma_3 \begin{bmatrix} 2 \\ -1 \\ 0 \end{bmatrix} 2^t, \end{aligned}$$

wobei $\gamma_1, \gamma_2, \gamma_3 \in \mathbb{R}$.

Eine weitere Alternative zur Lösung der homogenen Gleichung, die auch bei nicht diagonalisierbaren Koeffizientenmatrizen funktioniert, ist die **Lösung mittels Matrixpotenzen**. Durch Einsetzen überzeugt man sich leicht davon, dass die allgemeine Lösung eines Systems erster Ordnung durch $\boldsymbol{y}_t = \boldsymbol{A}^t \boldsymbol{y}_0$ gegeben ist, wobei die Anfangsbedingung $\boldsymbol{y}_0$ beliebig gewählt werden kann[7]. Wir formulieren dieses Ergebnis als Satz.

Satz 13.20: Lösung des homogenen Systems (Matrixpotenzen)

Gegeben sei das homogene System linearer Differenzengleichungen $\boldsymbol{y}_t = \boldsymbol{A}\boldsymbol{y}_{t-1}$. Die allgemeine Lösung des Systems ist gegeben durch

$$\boldsymbol{y}_t = \boldsymbol{A}^t \boldsymbol{\gamma}, \quad \boldsymbol{\gamma} \in \mathbb{R}^n.$$

Die eindeutige Lösung zur Anfangsbedingung $\boldsymbol{y}_0$ ist gegeben durch

$$\boldsymbol{y}_t = \boldsymbol{A}^t \boldsymbol{y}_0.$$

Das eigentliche Problem besteht hier natürlich darin, die Potenzen $\boldsymbol{A}^t$ tatsächlich zu berechnen, da die Bildung hoher Matrixpotenzen aufwendig ist. Bei einer Diagonalmatrix $\boldsymbol{D} = \operatorname{diag}(d_1, \ldots, d_n)$ sind Matrixpotenzen jedoch einfach zu berechnen. Es gilt nämlich

$$\boldsymbol{D}^t = \operatorname{diag}(d_1^t, \ldots, d_n^t).$$

Ist nun aber A diagonalisierbar, so gilt $\boldsymbol{A} = \boldsymbol{S}\boldsymbol{D}\boldsymbol{S}^{-1}$ mit einer invertierbaren

[7] Hierbei steht $\boldsymbol{A}^t$ für das Produkt $\boldsymbol{A} \cdot \boldsymbol{A} \cdot \ldots \cdot \boldsymbol{A}$ mit t identischen Faktoren $\boldsymbol{A}$ und nicht etwa für die transponierte Matrix $\boldsymbol{A}^T$ von $\boldsymbol{A}$.

Matrix $\boldsymbol{S}$ und einer Diagonalmatrix $\boldsymbol{D}$. Dann ist

$$\boldsymbol{A}^t = \boldsymbol{S}\boldsymbol{D}^t\boldsymbol{S}^{-1},$$

wie man leicht mit vollständiger Induktion zeigt.

Satz 13.21: Lösung mittels Matrixpotenzen (A diagonalisierbar)

Gegeben sei das homogene System linearer Differenzengleichungen $\boldsymbol{y}_t = \boldsymbol{A}\boldsymbol{y}_{t-1}$. Ist $\boldsymbol{A} = \boldsymbol{S}\boldsymbol{D}\boldsymbol{S}^{-1}$ diagonalisierbar, so ist die allgemeine Lösung des Differenzengleichungssystems $\boldsymbol{y}_t = \boldsymbol{A}\boldsymbol{y}_{t-1}$ gegeben durch

$$\boldsymbol{y}_t = \boldsymbol{S}\boldsymbol{D}^t\boldsymbol{S}^{-1}\boldsymbol{y}_0,$$

wobei $\boldsymbol{y}_0$ beliebig gewählt werden kann.

Beispiel 13.25 (vgl. Beispiel 13.21). Gesucht sei die Lösung des Systems von Differenzengleichungen $\boldsymbol{y}_t = \boldsymbol{A}\boldsymbol{y}_{t-1}$ mit

$$\boldsymbol{A} = \begin{bmatrix} 2 & 4 \\ 1 & -1 \end{bmatrix}$$

zur Anfangsbedingung $\boldsymbol{y}_0 = [2, 1]^T$.

Wie bereits in Beispiel 13.21 berechnet, hat $\boldsymbol{A}$ die Eigenwerte $\lambda_1 = 3$ und $\lambda_2 = -2$ mit zugehörigen Eigenvektoren $\boldsymbol{u}_1 = [4, 1]^T$ und $\boldsymbol{u}_2 = [1, -1]^T$. Die Transformationsmatrix $\boldsymbol{S}$ und deren Inverse sind somit

$$\boldsymbol{S} = \begin{bmatrix} 4 & 1 \\ 1 & -1 \end{bmatrix} \quad \text{und} \quad \boldsymbol{S}^{-1} = \frac{1}{5}\begin{bmatrix} 1 & 1 \\ 1 & -4 \end{bmatrix}.$$

Ferner ist $\boldsymbol{D} = \operatorname{diag}(3, -2)$. Die Lösung zur gesuchten Anfangsbedingung ist dann

$$\begin{aligned}
\boldsymbol{y}_t &= \boldsymbol{S}\boldsymbol{D}^t\boldsymbol{S}^{-1}\boldsymbol{y}_0 \\
&= \frac{1}{5}\begin{bmatrix} 4 & 1 \\ 1 & -1 \end{bmatrix}\begin{bmatrix} 3^t & 0 \\ 0 & (-2)^t \end{bmatrix}\begin{bmatrix} 1 & 1 \\ 1 & -4 \end{bmatrix}\begin{bmatrix} 2 \\ 1 \end{bmatrix} \\
&= \frac{1}{5}\begin{bmatrix} 4 & 1 \\ 1 & -1 \end{bmatrix}\begin{bmatrix} 3^t & 0 \\ 0 & (-2)^t \end{bmatrix}\begin{bmatrix} 3 \\ -2 \end{bmatrix} \\
&= \frac{1}{5}\begin{bmatrix} 4 & 1 \\ 1 & -1 \end{bmatrix}\begin{bmatrix} 3 \cdot 3^t \\ (-2)(-2)^t \end{bmatrix} \\
&= \frac{1}{5}\begin{bmatrix} 12 \cdot 3^t - 2(-2)^t \\ 3 \cdot 3^t + 2(-2)^t \end{bmatrix} \\
&= \begin{bmatrix} \frac{12}{5} \cdot 3^t - \frac{2}{5} \cdot (-2)^t \\ \frac{3}{5} \cdot 3^t + \frac{2}{5} \cdot (-2)^t \end{bmatrix}.
\end{aligned}$$

Ein homogenes System linearer Differenzengleichungen 1. Ordnung,

$$\boldsymbol{y}_t = \boldsymbol{A}\boldsymbol{y}_{t-1}$$

nennt man **entkoppelt**, wenn $\boldsymbol{A} = \operatorname{diag}(a_{11}, \ldots, a_{nn})$ eine Diagonalmatrix ist. In diesem Fall besteht das System aus n unabhängigen Differenzengleichungen, die separat gelöst werden können:

$$\begin{aligned} y_{1,t} &= a_{11} y_{1,t-1} &\Longrightarrow&& y_{1,t} &= \gamma_1 a_{11}^t, \\ y_{2,t} &= a_{22} y_{2,t-1} &\Longrightarrow&& y_{2,t} &= \gamma_2 a_{22}^t, \\ &&\vdots&&& \\ y_{n,t} &= a_{nn} y_{n,t-1} &\Longrightarrow&& y_{n,t} &= \gamma_n a_{nn}^t. \end{aligned}$$

Ist $\boldsymbol{A}$ keine Diagonalmatrix, so heißt das System **gekoppelt**.

Der gerade vorgestellte Ansatz zur Lösung eines Systems homogener linearer Differenzengleichungen hat in diesem Kontext eine hübsche Interpretation, ermöglicht er es doch, ein gekoppeltes Differenzengleichungssystem zu entkoppeln, d.h. in ein entkoppeltes System zu transformieren. Ist nämlich $\boldsymbol{A} = \boldsymbol{S}\boldsymbol{D}\boldsymbol{S}^{-1}$, so gilt

$$\boldsymbol{y}_t = \boldsymbol{A}\boldsymbol{y}_{t-1} = \boldsymbol{S}\boldsymbol{D}\boldsymbol{S}^{-1}\boldsymbol{y}_{t-1}$$

bzw.

$$\boldsymbol{S}^{-1}\boldsymbol{y}_t = \boldsymbol{D}\boldsymbol{S}^{-1}\boldsymbol{y}_{t-1}\,.$$

Mit der Substitution $\boldsymbol{z}_t = \boldsymbol{S}^{-1}\boldsymbol{y}_t$ erhält man dann

$$\boldsymbol{z}_t = \boldsymbol{D}\boldsymbol{z}_{t-1}\,,$$

d.h. ein **entkoppeltes** Differenzengleichungssystem in den **transformierten Variablen** $\boldsymbol{z}_t = \boldsymbol{S}^{-1}\boldsymbol{y}_t$, das unmittelbar gelöst werden kann. Die Lösung des ursprünglichen Systems enthält man dann aus der Rücktransformation $\boldsymbol{y}_t = \boldsymbol{S}\boldsymbol{z}_t$.

Beispiel 13.26 (vgl. Beispiele 13.21 und 13.25). Gesucht sei die allgemeine Lösung des Systems von Differenzengleichungen $\boldsymbol{y}_t = \boldsymbol{A}\boldsymbol{y}_{t-1}$ mit

$$\boldsymbol{A} = \begin{bmatrix} 2 & 4 \\ 1 & -1 \end{bmatrix}.$$

Wie bereits in Beispiel 13.21 berechnet, hat $\boldsymbol{A}$ die Eigenwerte $\lambda_1 = 3$ und $\lambda_2 = -2$ mit zugehörigen Eigenvektoren $\boldsymbol{u}_1 = [4, 1]^T$ und $\boldsymbol{u}_2 = [1, -1]^T$. Die Transformationsmatrix $\boldsymbol{S}$ ist somit

$$\boldsymbol{S} = \begin{bmatrix} 4 & 1 \\ 1 & -1 \end{bmatrix}.$$

Ferner ist $\boldsymbol{D} = \text{diag}(3, -2)$. Die allgemeine Lösung des entkoppelten Systems ist also $\boldsymbol{z}_t = [\gamma_1 3^t, \gamma_2(-2)^t]^T$. Die Lösung des ursprünglichen Systems ist dann

$$\boldsymbol{y}_t = \boldsymbol{S}\boldsymbol{z}_t = \begin{bmatrix} 4 & 1 \\ 1 & -1 \end{bmatrix} \begin{bmatrix} \gamma_1 3^t \\ \gamma_2(-2)^t \end{bmatrix} = \gamma_1 \begin{bmatrix} 4 \\ 1 \end{bmatrix} 3^t + \gamma_2 \begin{bmatrix} 1 \\ -1 \end{bmatrix} (-2)^t .$$

Komplizierter ist die Berechnung der Matrixpotenzen, wenn $\boldsymbol{A}$ nicht diagonalisierbar ist. Wir beschreiben im Folgenden die sogenannte **Cayley-Hamilton-Methode** zur Berechnung von Matrixpotenzen. Wir haben bereits in Satz 10.26 gesehen, dass jedes Matrixpolynom $p(\boldsymbol{A})$ (insbesondere also auch jede Matrixpotenz) einer $n \times n$-Matrix $\boldsymbol{A}$ als Linearkombination der Matrixpotenzen $\boldsymbol{I}, \boldsymbol{A}, \boldsymbol{A}^2, \ldots, \boldsymbol{A}^{n-1}$ dargestellt werden kann,

$$p(\boldsymbol{A}) = a_0\boldsymbol{I} + a_1\boldsymbol{A} + a_2\boldsymbol{A}^2 + \cdots + a_{n-1}\boldsymbol{A}^{n-1} = r(\boldsymbol{A}) .$$

Hierbei bezeichnet $r(\boldsymbol{A})$ das Restpolynom, das man bei der Division von $p(\boldsymbol{A})$ durch das charakteristische Polynom $p_{\boldsymbol{A}}(\boldsymbol{A})$ erhält. Im Anschluss an Satz 10.26 haben wir auch gesehen, wie die Koeffizienten $a_0, a_1, \ldots, a_{n-1}$ des Polynoms $r(\boldsymbol{A})$ berechnet werden können. Wir rekapitulieren hier kurz das Verfahren: Für jeden (reellen oder komplexen) Eigenwert der Vielfachheit m erhält man die m Gleichungen

$$p(\lambda) = r(\lambda), \quad p'(\lambda) = r'(\lambda), \quad \ldots, \quad p^{(m-1)}(\lambda) = r^{(m-1)}(\lambda) .$$

Insgesamt erhält man so n Gleichungen, aus denen sich die Koeffizienten $a_0, a_1, \ldots, a_{n-1}$ eindeutig berechnen lassen.

Wir verwenden die Cayley-Hamilton-Methode in den folgenden Beispielen, um die allgemeine Matrixpotenz $\boldsymbol{A}^t$ als Linearkombination der Matrixpotenzen $\boldsymbol{I}, \boldsymbol{A}, \boldsymbol{A}^2, \ldots, \boldsymbol{A}^{n-1}$ darzustellen. In den folgenden Beispielen wird somit immer $p(\boldsymbol{A}) = \boldsymbol{A}^t$ sein. Die Koeffizienten des Polynoms $r(\boldsymbol{A})$ sind dann die gesuchten, von t abhängigen Koeffizienten der Linearkombination.

Beispiel 13.27 (vgl. Beispiel 13.23). Gesucht sei die Lösung des Systems von Differenzengleichungen $\boldsymbol{y}_t = \boldsymbol{A}\boldsymbol{y}_{t-1}$ mit

$$\boldsymbol{A} = \begin{bmatrix} 5 & -3 \\ 3 & -1 \end{bmatrix}$$

zur Anfangsbedingung $\boldsymbol{y}_0 = [1, 3]^T$.

Das charakteristische Polynom von $\boldsymbol{A}$ ist $\lambda^2 - 4\lambda + 4 = (\lambda - 2)^2$. Somit hat $\boldsymbol{A}$ einen zweifachen Eigenwert $\lambda_{1,2} = 2$. Mit der Cayley-Hamilton-Methode erhält man die Gleichungen

$$\begin{aligned} 2^t &= a_0 + a_1 \cdot 2 , \\ t2^{t-1} &= \phantom{a_0 + {}} a_1 . \end{aligned}$$

Die zweite Gleichung liefert direkt a_1. Setzt man dies in die erste Gleichung ein, folgt

$$a_0 = 2^t - 2 \cdot t2^{t-1} = (1-t)2^t\,.$$

Somit ist

$$\begin{aligned} \boldsymbol{A}^t &= (1-t)2^t \boldsymbol{I} + t2^{t-1}\boldsymbol{A} \\ &= \begin{bmatrix} 2^t + \frac{3}{2}t2^t & -\frac{3}{2}t2^t \\ \frac{3}{2}t2^t & 2^t - \frac{3}{2}t2^t \end{bmatrix} \end{aligned}$$

Die eindeutige Lösung zur Anfangsbedingung $\boldsymbol{y}_0 = [1,3]^T$ ist gegeben durch

$$\boldsymbol{y}_t = \boldsymbol{A}^t \begin{bmatrix} 1 \\ 3 \end{bmatrix} = \begin{bmatrix} 2^t - 3 \cdot t2^t \\ 3 \cdot 2^t - 3 \cdot t2^t \end{bmatrix} = \begin{bmatrix} 1-3t \\ 3-3t \end{bmatrix} 2^t\,.$$

Beispiel 13.28 (vgl. Beispiel 13.22). Gesucht sei die Lösung des Systems von Differenzengleichungen $\boldsymbol{y}_t = \boldsymbol{A}\boldsymbol{y}_{t-1}$ mit

$$\boldsymbol{A} = \begin{bmatrix} 4 & -1 \\ 5 & 2 \end{bmatrix}$$

zur Anfangsbedingung $\boldsymbol{y}_0 = [1,-1]^T$.

Das charakteristische Polynom von $\boldsymbol{A}$ ist $\lambda^2 - 6\lambda + 13$ mit den Nullstellen $\lambda_{1,2} = 3 \pm 2i$. In Polarform erhält man $\lambda_{1,2} = (\sqrt{13})^t e^{\pm 0.5880i}$. Es gibt also zwei komplex konjugierte Eigenwerte. Mit der Cayley-Hamilton-Methode erhält man die Gleichungen

$$\begin{aligned} (\sqrt{13})^t e^{0.5880it} &= a_0 + a_1(3+2i)\,, \\ (\sqrt{13})^t e^{-0.5880it} &= a_0 + a_1(3-2i)\,. \end{aligned}$$

Die beiden Gleichungen sind offensichtlich äquivalent, da sie durch komplexe Konjugation ineinander übergehen. Wir beschränken uns also auf die erste Gleichung. Mit der Eulerschen Formel erhält man

$$(\sqrt{13})^t\big(\cos(0.5880\,t) + i\sin(0.5880\,t)\big) = (a_0 + 3a_1) + i \cdot 2a_1$$

Gleichsetzen der Real- und Imaginärteile ergibt die beiden Gleichungen

$$(\sqrt{13})^t\cos(0.5880\,t) = a_0 + 3a_1 \quad \text{und} \quad (\sqrt{13})^t\sin(0.5880\,t) = 2a_1\,.$$

Somit ist $a_1 = \frac{1}{2}(\sqrt{13})^t\sin(0.5880\,t)$ und

$$a_0 = (\sqrt{13})^t\cos(0.5880\,t) - \frac{3}{2}(\sqrt{13})^t\sin(0.5880\,t)\,.$$

Also ist

$$\begin{aligned}
\boldsymbol{A}^t &= \left[(\sqrt{13})^t \cos(0.5880\,t) - \frac{3}{2}(\sqrt{13})^t \sin(0.5880\,t)\right] \boldsymbol{I} \\
&\quad + \frac{1}{2}(\sqrt{13})^t \sin(0.5880\,t)\boldsymbol{A} \\
&= \begin{bmatrix} \cos(0.5880\,t) + \frac{1}{2}\sin(0.5880\,t) & -\frac{1}{2}\sin(0.5880\,t) \\ \frac{5}{2}\sin(0.5880\,t) & \cos(0.5880\,t) - \frac{1}{2}\sin(0.5880\,t) \end{bmatrix} (\sqrt{13})^t
\end{aligned}$$

Die eindeutige Lösung zur Anfangsbedingung $\boldsymbol{y}_0 = [1, -1]^T$ ist gegeben durch

$$\boldsymbol{y}_t = \boldsymbol{A}^t \begin{bmatrix} 1 \\ -1 \end{bmatrix} = \begin{bmatrix} \cos(0.5880\,t) + \sin(0.5880\,t) \\ -\cos(0.5880\,t) + 3\sin(0.5880\,t) \end{bmatrix} (\sqrt{13})^t$$

Beispiel 13.29 (vgl. Beispiele 13.24 und 10.15). Gesucht ist die vollständige Lösung des Systems linearer Differenzengleichungen $\boldsymbol{y}_t = \boldsymbol{A}\boldsymbol{y}_{t-1}$ mit

$$\boldsymbol{A} = \begin{bmatrix} 3 & 2 & -1 \\ -1 & 0 & 2 \\ 1 & 2 & -1 \end{bmatrix}.$$

Wir haben bereits in Beispiel 10.15 gesehen, dass für die gesuchten Koeffizienten gilt:

$$\begin{aligned}
a_0 &= 3 \cdot 2^{t-2} + (-2)^{t-2} - t \cdot 2^{t-1}, \\
a_1 &= 2^{t-2} - (-2)^{t-2}, \\
a_2 &= -2^{t-4} + (-2)^{t-4} + t \cdot 2^{t-3}.
\end{aligned}$$

Die vollständige Lösung ist daher gegeben durch

$$\begin{aligned}
\boldsymbol{y}_t = \big[&\left(3 \cdot 2^{t-2} + (-2)^{t-2} - t \cdot 2^{t-1}\right) \boldsymbol{I} + \left(2^{t-2} - (-2)^{t-2}\right) \boldsymbol{A} \\
&+ \left(-2^{t-4} + (-2)^{t-4} + t \cdot 2^{t-3}\right) \boldsymbol{A}^2\big]\, \boldsymbol{\gamma}, \quad \boldsymbol{\gamma} \in \mathbb{R}^n.
\end{aligned}$$

Wir haben gesehen, dass man jede lineare Differenzengleichung höherer Ordnung auch als System von Differenzengleichungen erster Ordnung schreiben kann. Bei der sogenannten **Eliminationsmethode** geht man nun umgekehrt vor und versucht ein System von Differenzengleichungen erster Ordnung in eine lineare Differenzengleichung höherer Ordnung zu überführen. Diese Methode ist oft bei kleinen Systemen, insbesondere bei zweidimensionalen Systemen, sehr einfach anzuwenden. Wir illustrieren sie anhand eines Beispiels.

Beispiel 13.30 (vgl. Beispiel 13.23 und 13.27). Gesucht sei die Lösung des Systems von Differenzengleichungen

$$\boldsymbol{y}_t = \begin{bmatrix} 5 & -3 \\ 3 & -1 \end{bmatrix} \boldsymbol{y}_{t-1} \quad \text{bzw.} \quad \begin{aligned} y_{1,t} &= 5y_{1,t-1} - 3y_{2,t-1} \\ y_{2,t} &= 3y_{1,t-1} - y_{2,t-1} \end{aligned}$$

zur Anfangsbedingung $\boldsymbol{y}_0 = [1, 3]^T$. Löst man die erste Gleichung nach $y_{2,t-1}$ auf, so erhält man

$$y_{2,t-1} = -\frac{1}{3}y_{1,t} + \frac{5}{3}y_{1,t-1}\,.$$

Einsetzen in die zweite Gleichung liefert

$$y_{2,t} = 3y_{1,t-1} - \left(-\frac{1}{3}y_{1,t} + \frac{5}{3}y_{1,t-1}\right) = \frac{1}{3}y_{1,t} + \frac{4}{3}y_{1,t-1}\,.$$

Setzt man dies (um eins verzögert) wieder in die erste Gleichung ein, erhält man

$$y_{1,t} = 5y_{1,t-1} - 3\left(\frac{1}{3}y_{1,t-1} + \frac{4}{3}y_{1,t-2}\right) = 4y_{1,t-1} - 4y_{1,t-2}$$

bzw.

$$y_{1,t} - 4y_{1,t-1} + 4y_{1,t-2} = 0\,,$$

d.h. eine lineare Differenzengleichung zweiter Ordnung für $y_{1,t}$. Deren charakteristisches Polynom ist $z^2 - 4z + 4 = (z-2)^2$ mit der doppelten Nullstelle $z_{1,2} = 2$. Somit ist

$$y_{1,t} = \gamma_1 2^t + \gamma_2\, t\, 2^t\,.$$

Die Lösung für $y_{2,t}$ erhält man, indem man dies in $y_{2,t} = \frac{1}{3}y_{1,t} + \frac{4}{3}y_{1,t-1}$ einsetzt. Also ist

$$\begin{aligned} y_{2,t} &= \frac{1}{3}\left(\gamma_1 2^t + \gamma_2 t\, 2^t\right) + \frac{4}{3}\left(\gamma_1 2^{t-1} + \gamma_2 (t-1) 2^{t-1}\right) \\ &= \gamma_1 2^t + \gamma_2 \left(t - \frac{2}{3}\right) 2^t\,. \end{aligned}$$

Die eindeutige Lösung zu den gegebenen Anfangsbedingungen erhält man, indem man die Anfangsbedingungen $y_{1,0} = 1$ und $y_{2,0} = 3$ in die gefundene Lösung einsetzt. Dann ist nämlich $y_{1,0} = \gamma_1 = 1$ und damit dann

$$y_{2,0} = \gamma_1 - \frac{2}{3}\gamma_2 = 1 - \frac{2}{3}\gamma_2 = 3\,,$$

also $\gamma_2 = -3$. Die eindeutige Lösung zu den gegebenen Anfangsbedingungen ist also

$$\begin{aligned} y_{1,t} &= \quad\; 2^t - 3\,t\,2^t = (1 - 3t)2^t\,, \\ y_{2,t} &= 3 \cdot 2^t - 3\,t\,2^t = (3 - 3t)2^t\,. \end{aligned}$$

Lösung des inhomogenen Systems

Wir beschreiben zwei Verfahren zur Lösung inhomogener linearer Differenzengleichungssystem erster Ordnung. Das einfachste Verfahren ist die **Entkopplungsmethode**. Allerdings funktioniert diese nur bei diagonalisierbaren Koeffizientenmatrizen. Der **Ansatz vom Typ der rechten Seite** ist ebenfalls vergleichsweise einfach anzuwenden, ist aber nur möglich, wenn die Störfunktion eine bestimmte Gestalt hat.

Entkopplungsmethode

Ist die Koeffizientenmatrix $\boldsymbol{A}$ diagonalisierbar, $\boldsymbol{A} = \boldsymbol{SDS}^{-1}$, so schreibt sich das System $\boldsymbol{y}_t = \boldsymbol{A}\boldsymbol{y}_{t-1} + \boldsymbol{b}_t$ als

$$\boldsymbol{y}_t = \boldsymbol{SDS}^{-1}\boldsymbol{y}_{t-1} + \boldsymbol{b}_t\,.$$

Multiplikation mit $\boldsymbol{S}^{-1}$ ergibt dann

$$\boldsymbol{S}^{-1}\boldsymbol{y}_t = \boldsymbol{DS}^{-1}\boldsymbol{y}_{t-1} + \boldsymbol{S}^{-1}\boldsymbol{b}_t\,.$$

Substituiert man nun $\boldsymbol{z}_t = \boldsymbol{S}^{-1}\boldsymbol{y}_t$ und $\boldsymbol{c}_t = \boldsymbol{S}^{-1}\boldsymbol{b}_t$, erhält man für $\boldsymbol{z}_t$ das **entkoppelte** System

$$\boldsymbol{z}_t = \boldsymbol{D}\boldsymbol{z}_{t-1} + \boldsymbol{c}_t\,,$$

das aus n inhomogenen linearen Differenzengleichungen erster Ordnung besteht, $z_{i,t} = d_i z_{i,t-1} + c_{i,t}$, $i = 1, \ldots, n$. Diese Differenzengleichungen können z.B. mit Hilfe des Ansatzes vom Typ der rechten Seite gelöst werden. Die Lösung des ursprünglichen Systems $\boldsymbol{y}_t = \boldsymbol{A}\boldsymbol{y}_{t-1} + \boldsymbol{b}_t$ erhält man dann mit der Rücktransformation $\boldsymbol{y}_t = \boldsymbol{S}\boldsymbol{z}_t$.

Beispiel 13.31 (vgl. Beispiel 13.21, 13.25 und 13.26). Gesucht werde eine spezielle Lösung des Systems von Differenzengleichungen

$$\begin{aligned} y_{1,t} &= 2y_{1,t-1} + 4y_{2,t-1} + 3^t\,, \\ y_{2,t} &= y_{1,t-1} - y_{2,t-1} + 2\cdot 3^t\,. \end{aligned}$$

Dann ist

$$\boldsymbol{A} = \begin{bmatrix} 2 & 4 \\ 1 & -1 \end{bmatrix} \quad \text{und} \quad \boldsymbol{b}_t = \begin{bmatrix} 1 \\ 2 \end{bmatrix} 3^t\,.$$

Die Matrix $\boldsymbol{A}$ hat die Eigenwerte $\lambda_1 = 3$ und $\lambda_2 = -2$ mit zugehörigen Eigenvektoren $\boldsymbol{v}_1 = [4, 1]^T$ und $\boldsymbol{v}_2 = [1, -1]^T$. Die Matrizen $\boldsymbol{S}$ und $\boldsymbol{D}$ sind daher

$$\boldsymbol{S} = \begin{bmatrix} 4 & 1 \\ 1 & -1 \end{bmatrix} \quad \text{und} \quad \boldsymbol{D} = \begin{bmatrix} 3 & 0 \\ 0 & -2 \end{bmatrix}.$$

Die Inverse von $\boldsymbol{S}$ ist dann

$$\boldsymbol{S}^{-1} = \frac{1}{5}\begin{bmatrix} 1 & 1 \\ 1 & -4 \end{bmatrix}$$

und es ist

$$\boldsymbol{c}_t = \boldsymbol{S}^{-1}\boldsymbol{b}_t = \frac{1}{5}\begin{bmatrix} 1 & 1 \\ 1 & -4 \end{bmatrix}\begin{bmatrix} 1 \\ 2 \end{bmatrix} 3^t = \begin{bmatrix} 0.6 \\ -1.4 \end{bmatrix} 3^t .$$

Für die transformierten Variablen $\boldsymbol{z}_t = \boldsymbol{S}^{-1}\boldsymbol{y}_t$ erhält man daher das entkoppelte System

$$\begin{bmatrix} z_{1,t} \\ z_{2,t} \end{bmatrix} = \begin{bmatrix} 3 & 0 \\ 0 & -2 \end{bmatrix}\begin{bmatrix} z_{1,t-1} \\ z_{2,t-1} \end{bmatrix} + \begin{bmatrix} 0.6 \\ -1.4 \end{bmatrix} 3^t ,$$

d.h. die beiden linearen Differenzengleichungen erster Ordnung

$$z_{1,t} = 3z_{1,t-1} + 0.6 \cdot 3^t \quad \text{und} \quad z_{2,t} = -2z_{2,t-1} - 1.4 \cdot 3^t .$$

Für die erste Gleichung erhält man mit dem Ansatz $z_{1,t} = ct \cdot 3^t$ vom Typ der rechten Seite (bei Resonanz) die spezielle Lösung $z_{1,t} = 0.6\,t \cdot 3^t$. Entsprechend erhält man für die zweite Gleichung mit dem Ansatz $z_{2,t} = c \cdot 3^t$ vom Typ der rechten Seite die spezielle Lösung $z_{2,t} = -0.84 \cdot 3^t$.

Eine Lösung des ursprünglichen Systems erhält man dann mit der Rücktransformation

$$\boldsymbol{y}_t = \boldsymbol{S}\boldsymbol{z}_t = \begin{bmatrix} 4 & 1 \\ 1 & -1 \end{bmatrix}\begin{bmatrix} 0.6\,t \\ -0.84 \end{bmatrix} 3^t = \begin{bmatrix} 2.4\,t - 0.84 \\ 0.6\,t + 0.84 \end{bmatrix} 3^t .$$

Ansatz vom Typ der rechten Seite

Auch bei Systemen von Differenzengleichungen kann der Ansatz vom Typ der rechten Seite verwendet werden. Im Folgenden verstehen wir unter einem **vektorwertigen Polynom** vom Grad k eine vektorwertige Funktion, deren Komponenten sämtlich Polynome sind, d.h. eine Funktion der Form $\boldsymbol{p}(t) = \sum_{i=0}^{k} \boldsymbol{a}_i t^i$, wobei die $\boldsymbol{a}_0, \ldots, \boldsymbol{a}_k$ Vektoren sind und $\boldsymbol{a}_k \neq \boldsymbol{0}$ ist.

Satz 13.22: Ansatz vom Typ der rechten Seite, Systeme

Gegeben sei das System linearer Differenzengleichungen erster Ordnung

$$\boldsymbol{y}_t = \boldsymbol{A}\boldsymbol{y}_{t-1} + \boldsymbol{b}_t .$$

Hat die Störfunktion die Gestalt

$$\boldsymbol{b}_t = \boldsymbol{p}_1(t)u^t \sin(\varphi t) + \boldsymbol{p}_2(t)u^t \cos(\varphi t) ,$$

wobei $\boldsymbol{p}_1$ und $\boldsymbol{p}_2$ vektorwertige Polynome vom Grad n_1 bzw. n_2 sind, und ist $z = ue^{i\varphi}$ **kein Eigenwert** von $\boldsymbol{A}$, so existiert eine spezielle Lösung der Form

$$\boldsymbol{y}_t = \boldsymbol{q}_1(t)u^t \sin(\varphi t) + \boldsymbol{q}_2(t)u^t \cos(\varphi t)\,,$$

wobei $\boldsymbol{q}_1$ und $\boldsymbol{q}_2$ Polynome vom Grad $n = \max\{n_1, n_2\}$ sind.

Ist $z = ue^{i\varphi}$ ein **k-facher Eigenwert** von $\boldsymbol{A}$, so existiert eine spezielle Lösung der Form

$$\boldsymbol{y}_t = \boldsymbol{q}_1(t)u^t \sin(\varphi t) + \boldsymbol{q}_2(t)u^t \cos(\varphi t)\,,$$

wobei $\boldsymbol{q}_1$ und $\boldsymbol{q}_2$ Polynome vom Grad $n = \max\{n_1, n_2\} + k$ sind.

Wir illustrieren die Methode an zwei Beispielen.

Beispiel 13.32. (vgl. Beispiel 13.21, 13.25, 13.26 und 13.31). Gesucht werde eine spezielle Lösung des Systems von Differenzengleichungen

$$\begin{aligned} y_{1,t} &= 2y_{1,t-1} + 4y_{2,t-1} + 2^t\,,\\ y_{2,t} &= y_{1,t-1} - y_{2,t-1} + 2\cdot 2^t\,. \end{aligned}$$

Dann ist

$$\boldsymbol{A} = \begin{bmatrix} 2 & 4 \\ 1 & -1 \end{bmatrix} \quad \text{und} \quad \boldsymbol{b}_t = \begin{bmatrix} 1 \\ 2 \end{bmatrix} 2^t\,.$$

Da $\lambda = 2$ kein Eigenwert von $\boldsymbol{A}$ ist, macht man den Ansatz $\boldsymbol{y}_t = \boldsymbol{c}2^t$. Einsetzen in die Differenzengleichung liefert

$$\begin{bmatrix} c_1 \\ c_2 \end{bmatrix} 2^t = \begin{bmatrix} 2c_1 + 4c_2 \\ c_1 - c_2 \end{bmatrix} 2^{t-1} + \begin{bmatrix} 1 \\ 2 \end{bmatrix} 2^t\,.$$

Division durch 2^{t-1} ergibt dann

$$\left.\begin{aligned} 2c_1 &= 2c_1 + 4c_2 + 2 \\ 2c_2 &= c_1 - c_2 + 4 \end{aligned}\right\} \quad \text{bzw.} \quad \left\{\begin{aligned} 4c_2 &= -2 \\ c_1 - 3c_2 &= -4\,. \end{aligned}\right.$$

Aus der ersten Gleichung erhält man $c_2 = -2/4 = -0.5$ und damit dann aus der zweiten Gleichung $c_1 = -11/2 = -5.5$. Eine spezielle Lösung des inhomogenen Systems ist somit

$$\boldsymbol{y}_t = -\begin{bmatrix} 5.5 \\ 0.5 \end{bmatrix} 2^t\,.$$

Beispiel 13.33. (vgl. Beispiel 13.21, 13.25, 13.26, 13.31 und 13.32). Gesucht werde eine spezielle Lösung des Systems von Differenzengleichungen

$$\begin{aligned} y_{1,t} &= 2y_{1,t-1} + 4y_{2,t-1} + 3^t\,, \\ y_{1,t} &= y_{1,t-1} - y_{2,t-1} + 2\cdot 3^t\,. \end{aligned}$$

Dann ist

$$\boldsymbol{A} = \begin{bmatrix} 2 & 4 \\ 1 & -1 \end{bmatrix} \quad \text{und} \quad \boldsymbol{b}_t = \begin{bmatrix} 1 \\ 2 \end{bmatrix} 3^t\,.$$

Da $\lambda = 3$ ein einfacher Eigenwert von $\boldsymbol{A}$ ist, macht man den Ansatz $\boldsymbol{y}_t = (\boldsymbol{c} + \boldsymbol{d}t)3^t$. Einsetzen in die Differenzengleichung liefert

$$\begin{bmatrix} c_1 + d_1 t \\ c_2 + d_2 t \end{bmatrix} 3^t = \begin{bmatrix} 2 & 4 \\ 1 & -1 \end{bmatrix} \begin{bmatrix} c_1 + d_1(t-1) \\ c_2 + d_2(t-1) \end{bmatrix} 3^{t-1} + \begin{bmatrix} 1 \\ 2 \end{bmatrix} 3^t$$

und nach Division durch 3^{t-1}

$$\begin{bmatrix} 3c_1 + 3d_1 t \\ 3c_2 + 3d_2 t \end{bmatrix} = \begin{bmatrix} 2 & 4 \\ 1 & -1 \end{bmatrix} \begin{bmatrix} c_1 + d_1(t-1) \\ c_2 + d_2(t-1) \end{bmatrix} + \begin{bmatrix} 3 \\ 6 \end{bmatrix}.$$

Dies liefert die beiden Gleichungen

$$\begin{aligned} 3c_1 + 3d_1 t &= 2c_1 + 4c_2 + (2d_1 + 4d_2)t - 2d_1 - 4d_2 + 3\,, \\ 3c_2 + 3d_2 t &= c_1 - c_2 + (d_1 - d_2)t - d_1 + d_2 + 6\,. \end{aligned}$$

Koeffizientenvergleich liefert die vier Gleichungen:

$$\left.\begin{aligned} 3c_1 &= 2c_1 + 4c_2 - 2d_1 - 4d_2 + 3 \\ 3c_2 &= c_1 - c_2 - d_1 + d_2 + 6 \\ 3d_1 &= 2d_1 + 4d_2 \\ 3d_2 &= d_1 - d_2 \end{aligned}\right\} \text{bzw.} \left\{\begin{array}{rcrcrcrcl} c_1 &-& 4c_2 &+& 2d_1 &+& 4d_2 &=& 3 \\ -c_1 &+& 4c_2 &+& d_1 &-& d_2 &=& 6 \\ && && d_1 &-& 4d_2 &=& 0 \\ && && -\ d_1 &+& 4d_2 &=& 0 \end{array}\right.$$

Aus den letzten beiden Gleichungen folgt $d_1 = 4d_2$. Addition der ersten beiden Gleichungen ergibt unter Berücksichtigung von $d_1 = 4d_2$ die Gleichung $15d_2 = 9$ und somit $d_2 = 3/5 = 0.6$ sowie $d_1 = 12/5 = 2.4$. Einsetzen in die ersten beiden Gleichungen ergibt

$$\begin{aligned} c_1 - 4c_2 &= -4.2\,, \\ -c_1 + 4c_2 &= 4.2\,. \end{aligned}$$

Somit kann c_1 oder c_2 frei gewählt werden. Wir setzen $c_2 = 0$ und erhalten dann $c_1 = -4.2$.

Eine spezielle Lösung des inhomogenen Systems ist daher

$$\boldsymbol{y}_t = \begin{bmatrix} -4.2 + 2.4t \\ 0.6t \end{bmatrix} 3^t\,.$$

Das vorangehende Beispiel illustriert auch sehr schön die beiden folgenden Beobachtungen.

Bemerkungen:

1. Bei Systemen müssen die Polynome $\boldsymbol{q}_1(t)$ und $\boldsymbol{q}_2(t)$ auch im Resonanzfall immer **alle Potenzen niedriger Ordnung** enthalten. Ein Ansatz der Form
$$\boldsymbol{b}_t = t^k \left[\boldsymbol{q}_1(t)u^t \sin(\varphi t) + \boldsymbol{q}_2(t)u^t \cos(\varphi t)\right]$$
mit Polynomen $\boldsymbol{q}_1(t)$, $\boldsymbol{q}_2(t)$ vom Grad $n = \max\{n_1, n_2\}$ schlägt im Allgemeinen fehl. Dabei würden nämlich wegen der Multiplikation mit t^k die Potenzen mit Exponent kleiner k nicht vorkommen.

2. Das auftretende Gleichungssystem hat im Resonanzfall in der Regel keine eindeutige Lösung. Im obigen Beispiel konnten wir für c_2 eine beliebige reelle Zahl wählen. Der Einfachheit halber setzt man frei wählbare Konstanten, wie in obigem Beispiel, oft gleich null.

13.5 Stabilität von Differenzengleichungssystemen

Auch bei Systemen interessiert oft vor allem das Grenzverhalten der Lösung für große Werte von t bzw. die Abhängigkeit der Lösung von gegebenen Anfangsbedingungen.

Definition 13.4: Stabilität

Eine System linearer Differenzengleichungen erster Ordnung heißt **stabil**, wenn für je zwei Lösungen $\boldsymbol{y}_t = \boldsymbol{f}_1(t)$, $\boldsymbol{y}_t = \boldsymbol{f}_2(t)$ des Systems
$$\lim_{t\to\infty} (\boldsymbol{f}_1(t) - \boldsymbol{f}_2(t)) = \boldsymbol{0}$$
gilt.

Besitzt die Differenzengleichung eine konstante Gleichgewichtslösung $\boldsymbol{y}^*$, so ist obige Definition gleichbedeutend damit, dass **jede** Lösung der Differenzengleichung für t gegen unendlich gegen die Gleichgewichtslösung $\boldsymbol{y}^*$ konvergiert[8],
$$\lim_{t\to\infty} \boldsymbol{y}_t = \boldsymbol{y}^* .$$
Da die Differenz zweier Lösungen der inhomogenen Gleichung eine Lösung der homogenen Gleichung ist, ist ein inhomogenes System genau dann stabil,

[8] Zur Definition der Konvergenz von Vektoren vgl. Abschnitt 3.2.

wenn für jede Lösung $\boldsymbol{y}_t$ des homogenen Systems

$$\lim_{t\to\infty} \boldsymbol{y}_t = \mathbf{0}$$

gilt.

Aus Satz 13.19 folgt unmittelbar, dass im Fall einer komplex diagonalisierbaren Koeffizientenmatrix $\boldsymbol{A}$ alle Lösungen des homogenen Systems genau dann gegen null konvergieren, wenn alle Eigenwerte einen negativen Realteil besitzen. In der Tat kann man zeigen, dass dieses Ergebnis auch bei Systemen mit nicht diagonalisierbarer Koeffizientenmatrix $\boldsymbol{A}$ gilt. Wir formulieren dieses Ergebnis als Satz.

Satz 13.23: Stabilität eines Systems linearer Differenzengleichungen

Ein lineares Differenzengleichungssystem erster Ordnung (mit konstanten Koeffizienten), $\boldsymbol{y}_t = \boldsymbol{A}\boldsymbol{y}_{t-1} + \boldsymbol{b}_t$, ist genau dann stabil, wenn alle (reellen oder komplexen) Eigenwerte λ von $\boldsymbol{A}$ vom Betrag kleiner als eins sind, d.h. $|\lambda| < 1$.

Es wäre natürlich schön, einfache Kriterien zu haben, mit denen es möglich ist, zu entscheiden, ob ein System von Differenzengleichungen stabil ist oder nicht, ohne die Eigenwerte tatsächlich berechnen zu müssen.

Wie geben im Folgenden zwei einfach zu überprüfende Kriterien an, die notwendig bzw. hinreichend für die Stabilität eines Systems von Differenzengleichungen erster Ordnung sind.

Satz 13.24: Stabilität eines Systems, notwendige Bedingung

Ist das System $\boldsymbol{y}_t = \boldsymbol{A}\boldsymbol{y}_{t-1} + \boldsymbol{b}_t$ stabil, so ist der Betrag der Summe der Diagonalelemente der $n \times n$-Koeffizientenmatrix $\boldsymbol{A}$ kleiner als n,

$$\left|\sum_{i=1}^{n} a_{ii}\right| < n\,.$$

Satz 13.25: Stabilität eines Systems, hinreichende Bedingung

Gegeben sei das System linearer Differenzengleichungen erster Ordnung, $\boldsymbol{y}_t = \boldsymbol{A}\boldsymbol{y}_{t-1} + \boldsymbol{b}_t$. Gilt

$$\sum_{j=1}^{n} |a_{ij}| < 1 \quad \text{für alle } i = 1, \ldots, n,$$

oder

$$\sum_{i=1}^{n} |a_{ij}| < 1 \quad \text{für alle } j = 1, \ldots, n,$$

so ist das System $\boldsymbol{y}_t = \boldsymbol{A}\boldsymbol{y}_{t-1} + \boldsymbol{b}_t$ stabil.

Wir illustrieren die beiden Kriterien anhand zweier Beispiele.

Beispiel 13.34. Gegeben sei das System linearer Differenzengleichungen $\boldsymbol{y}' = \boldsymbol{A}\boldsymbol{y}$ mit

$$\boldsymbol{A} = \begin{bmatrix} 1 & -0.5 & -1 \\ 1 & 2.5 & -1 \\ -0.5 & 0.75 & -0.5 \end{bmatrix}.$$

Da der Betrag der Summe der Diagonalelemente gleich drei und damit gleich n ist, ist die notwendige Bedingung nicht erfüllt und das System somit nicht stabil.

Beispiel 13.35. Gegeben sei das System linearer Differenzengleichungen $\boldsymbol{y}' = \boldsymbol{A}\boldsymbol{y}$ mit

$$\boldsymbol{A} = \begin{bmatrix} 0.4 & -0.2 & 0.3 \\ 0.6 & 0.2 & -0.1 \\ 0.2 & 0.5 & -0.1 \end{bmatrix}.$$

Da in jeder Zeile die Summe der Beträge der Elemente kleiner als eins ist (nämlich 0.9, 0.9 und 0.8), ist das hinreichende Kriterium erfüllt, und das System daher stabil.

Wichtige Begriffe zur Wiederholung

Nach der Lektüre dieses Kapitels sollten folgende Begriffe geläufig sein:

- Homogene und inhomogene lineare Differenzengleichungen
- Ordnung einer Differenzengleichung
- Anfangsbedingung
- Charakteristisches Polynom, charakteristische Gleichung
- Lösung von linearen Differenzengleichungen beliebiger Ordnung
- Ansatz vom Typ der rechten Seite
- Stabilität
- Systeme von Differenzengleichungen erster Ordnung
- Entkopplung von Differenzengleichungssystemen
- Ansatz vom Typ der rechten Seite für Differenzengleichungssysteme

Selbsttest

Anhand folgender Ankreuzaufgaben können Sie Ihre Kenntnisse zu diesem Kapitel überprüfen. Beurteilen Sie dazu, ob die Aussagen jeweils wahr (W) oder falsch (F) sind. Kurzlösungen zu diesen Aufgaben finden Sie in Anhang H.

I. Beurteilen Sie folgende Aussagen zu Differenzengleichungen.

	W	F
Differenzengleichungen verwendet man bei dynamischen ökonomischen Modellen in stetiger Zeit.	☐	☐
Die periodische nachschüssige Verzinsung lässt sich durch eine homogene lineare Differenzengleichung erster Ordnung beschreiben.	☐	☐
Ist eine Differenzengleichung lösbar, so stellt sich auf lange Sicht immer ein stabiles Gleichgewicht ein, unabhängig davon welche Anfangsbedingung gegeben ist.	☐	☐
Zum Lösen einer homogen linearen Differenzengleichung m-ter Ordnung verwendet man ein charakteristisches Polynom der Ordnung $m-1$.	☐	☐
Im Fall einer Differenzengleichung erster Ordnung genügt eine Anfangsbedingung, um eine eindeutige Lösung der Differenzengleichung zu erhalten.	☐	☐

Aufgaben

Aufgabe 1
Lösen Sie die Differenzengleichungen

a) $y_t = 5y_{t-1}$, wobei $y_2 = 100$,

b) $y_t = 2y_{t-1}$, wobei $y_0 = 0$,

c) $y_t - 3 = -4y_{t-1}$, wobei $y_0 = \frac{8}{5}$,

d) $y_t = 4 - 3y_{t-1}$, wobei $y_3 = -26$.

Aufgabe 2
Im Spinnweb-Modell sei die Nachfragefunktion durch $d_t = 100 - 2p_t$ und die Angebotsfunktion durch $s_t = 40 + p_{t-1}$ gegeben. Zur Zeit $t = 0$ beträgt der Preis $p_0 = 50$.

a) Bestimmen Sie den Gleichgewichtspreis.

b) Bestimmen Sie die Lösung der Differenzengleichung zur gegebenen Anfangsbedingung.

c) Ab welcher Periode weicht der Preis um weniger als 0.01 vom Gleichgewichtspreis ab?

Aufgabe 3

Bestimmen Sie zu den folgenden Differenzengleichungen jeweils die allgemeine Lösung sowie die Lösung zu den angegebenen Anfangsbedingungen.

a) $y_t - 4y_{t-2} = 0$, wobei $y_0 = 0$ und $y_1 = 1$,

b) $y_t + 4y_{t-2} = 0$, wobei $y_0 = 1$ und $y_1 = -2$,

c) $y_t - 0.4y_{t-1} + 0.04y_{t-2} = 0$, wobei $y_0 = 1$ und $y_1 = 2$,

d) $y_t + y_{t-1} - 6y_{t-2} = 0$, wobei $y_0 = 0$ und $y_1 = 2$,

e) $y_t - 4y_{t-1} + 5y_{t-2} = 0$, wobei $y_0 = y_1 = 2$,

f) $y_t - 2y_{t-1} - y_{t-2} + 2y_{t-3} = 0$, wobei $y_0 = 0$, $y_1 = 0$ und $y_2 = 1$,

g) $y_t - 3y_{t-1} + 2.25y_{t-2} - 0.5y_{t-3} = 0$, wobei $y_0 = -3$, $y_1 = 1$ und $y_2 = 4$.

Aufgabe 4

Gegeben ist die lineare Differenzengleichung 2. Ordnung

$$y_t - 1.2y_{t-1} + 0.32y_{t-2} = 3$$

mit den Anfangsbedingungen $y_0 = 37$ und $y_1 = 33$.

a) Bestimmen Sie die Lösung der Differenzengleichung.

b) Bestimmen Sie den Grenzwert von y_t für t gegen unendlich.

c) Gegen welchen Grenzwert konvergiert die Lösung der Differenzengleichung für t gegen unendlich, wenn die Anfangsbedingungen $y_0 = 0$ und $y_1 = 10$ lauten?

d) Ist die Differenzengleichung stabil?

Aufgabe 5

Gegeben ist die lineare Differenzengleichung 2. Ordnung

$$y_t - 3.2y_{t-1} + 2.56y_{t-2} = 1.8\,.$$

a) Bestimmen Sie die allgemeine Lösung der zugehörigen **homogenen** Differenzengleichung.

b) Wie lautet eine Gleichgewichtslösung der **inhomogenen** Differenzengleichung.

c) Bestimmen Sie die allgemeine Lösung der **inhomogenen** Differenzengleichung?

d) Wie lautet die Lösung der **inhomogenen** Differenzengleichung zu den Anfangsbedingungen $y_0 = 13$ und $y_1 = 21$?

e) Konvergiert die in d) gefundene Lösung der Differenzengleichung? Wenn ja, gegen welchen Grenzwert?

Aufgabe 6

Betrachten Sie das Multiplikator-Akzelerator-Modell von Samuelson:

$$Y_t - c(1+k)Y_{t-1} + ckY_{t-2} = G\,.$$

Sei speziell $c = 0.8$ und $k = 3$. In den ersten beiden Perioden sei das Volkseinkommen $Y_0 = 12G$ und $Y_1 = 15G$. Untersuchen Sie die zeitliche Entwicklung des Volkseinkommens, indem Sie die entsprechende Differenzengleichung lösen. Ist diese Differenzengleichung stabil?

Aufgabe 7

Bestimmen Sie jeweils eine spezielle Lösung der folgenden inhomogenen Differenzengleichungen. Geben Sie jeweils auch die allgemeine Lösung der Differenzengleichung an.

a) $y_t - 1.2y_{t-1} + 0.32y_{t-2} = 3 + 3 \cdot 2^t$ (vgl. Aufgabe 4),

b) $y_t - 4y_{t-2} = t\,2^t$ (vgl. Aufgabe 3 a),

c) $y_t - 0.4y_{t-1} + 0.04y_{t-2} = 0.2^t$ (vgl. Aufgabe 3 c),

d) $y_t + y_{t-1} - 6y_{t-2} = 2^t$ (vgl. Aufgabe 3 d),

e) $y_t - 4y_{t-1} + 5y_{t-2} = 10 + 2t^2$ (vgl. Aufgabe 3 e).

Aufgabe 8

Betrachten Sie die Differenzengleichungen aus Aufgabe 3. Welche dieser Differenzengleichungen sind stabil?

Aufgabe 9

Untersuchen Sie, ohne die Nullstellen des charakteristischen Polynoms zu berechnen, ob die folgenden Differenzengleichungen stabil sind oder nicht.

a) $y_t + 0.4y_{t-1} - 0.7y_{t-2} - 0.7y_{t-3} - 0.2y_{t-4} = 0$,

b) $y_t - 0.2y_{t-1} + 0.5y_{t-2} - 0.1y_{t-3} + 0.1y_{t-4} = 0$,

c) $y_t + 0.9y_{t-1} + 0.6y_{t-2} + 0.3y_{t-3} + 0.2y_{t-4} = 0$.

Aufgabe 10

Betrachten Sie das folgende System von Differenzengleichungen

$$\begin{aligned} x_t &= -x_{t-1} + 4y_{t-1}\,, \\ y_t &= x_{t-1} + 2y_{t-1}\,. \end{aligned}$$

Bestimmen Sie die allgemeine Lösung des Systems sowie die Lösung zu den Anfangsbedingungen $x_0 = 2$ und $y_0 = 1$.

Aufgabe 11

Betrachten Sie das folgende homogene System von Differenzengleichungen

$$\boldsymbol{y}_t = \begin{bmatrix} 3 & -2 & -2 \\ -4 & 7 & 8 \\ 4 & -5 & -6 \end{bmatrix} \boldsymbol{y}_{t-1}\,.$$

a) Bestimmen Sie die allgemeine Lösung mit der Eigenwert-Eigenvektor-Methode.

b) Bestimmen Sie die Lösung zur Anfangsbedingung $\boldsymbol{x}_0 = [1, 1, 1]^T$ mittels Matrixpotenzen.

Aufgabe 12

Betrachten Sie das folgende inhomogene System von Differenzengleichungen

$$\boldsymbol{y}_t = \begin{bmatrix} 3 & -2 & -2 \\ -4 & 7 & 8 \\ 4 & -5 & -6 \end{bmatrix} \boldsymbol{y}_{t-1} + \begin{bmatrix} 2+4t \\ 1-2t \\ 4 \end{bmatrix}\,.$$

Bestimmen Sie eine spezielle Lösung mit Hilfe des Ansatzes vom Typ der rechten Seite.

Anhang A

Das griechische Alphabet

Name	klein	groß
Alpha	α	A
Beta	β	B
Gamma	γ	Γ
Delta	δ	Δ
Epsilon	ε	E
Zeta	ζ	Z
Eta	η	H
Theta	θ	Θ
Jota	ι	I
Kappa	κ	K
Lambda	λ	Λ
My	μ	M
Ny	ν	N
Xi	ξ	Ξ
Omikron	o	O
Pi	π	Π
Rho	ρ	P
Sigma	σ	Σ
Tau	τ	T
Ypsilon	υ	Υ
Phi	φ	Φ
Chi	χ	X
Psi	ψ	Ψ
Omega	ω	Ω

Anhang B

Mengen

Eine **Menge** ist eine Gesamtheit von verschiedenen Objekten, genannt **Elemente**. Die Elemente können Zahlen, aber auch Objekte anderer Art sein. Wesentlich für den Mengenbegriff ist, dass man für jedes mögliche Objekt entscheiden kann, ob es Element der Menge ist oder nicht.

Schreib- und Sprechweisen: Mengen bezeichnet man mit Großbuchstaben $A, B, C, A_1, A_2, A_3, \ldots$, usw., ihre Elemente mit kleinen Buchstaben, x, y, z, x_1, x_2, $x_3, \ldots$, usw. Die symbolische Schreibweise

$$x \in A$$

bedeutet, dass x Element der Menge A ist. Man sagt dafür auch kurz: „x in A" oder „x aus A".

Eine Menge ist durch ihre Elemente charakterisiert. Es gibt zwei Arten, sie mathematisch zu notieren. Entweder man zählt die Elemente explizit auf oder man beschreibt die Elemente durch eine Bedingung. Bei der expliziten Aufzählung werden die Elemente in geschweifte Klammern eingeschlossen. Die Aufzählung kann vollständig oder unvollständig sein, beispielsweise

$$\begin{aligned} A_1 &= \{\text{rot}, \text{gelb}, \text{blau}\}, \\ A_2 &= \{2, 4, 6, 8, 10\}, \\ A_3 &= \{2, 4, 6, 8, \ldots, 80\}, \\ \mathbb{N}_0 &= \{0, 1, 2, 3, \ldots\}. \end{aligned}$$

Alternativ notiert man diese Mengen mittels einer oder mehrerer Bedingungen, die an eine Elementvariable gestellt werden, etwa so:

$$A_1 = \{F : F \text{ ist Grundfarbe}\},$$

$$\begin{aligned} A_2 &= \{x : x \text{ ist gerade Zahl}, 2 \le x \le 10\}, \\ A_3 &= \{x : x \text{ ist gerade Zahl}, 2 \le x \le 80\}, \\ \mathbb{N}_0 &= \{n : n \text{ ist natürliche Zahl oder } n = 0\}. \end{aligned}$$

Auch hier werden die Elemente der Menge durch geschweifte Klammern umschlossen. Links vom Doppelpunkt steht eine Variable, die die Elemente der Menge allgemein darstellt; rechts vom Doppelpunkt stehen Bedingungen an die Elemente, die darüber entscheiden, ob ein Element zur Menge gehört oder nicht.

Die Anzahl der (verschiedenen!) Elemente einer Menge A nennt man **Mächtigkeit** von A; sie wird mit dem Symbol $|A|$ bezeichnet. In den vorigen Beispielen gilt

$$|A_1| = 3, \quad |A_2| = 5, \quad |A_3| = 40.$$

Entsprechend der Anzahl der Elemente spricht man von einer **endlichen Menge** bzw. einer **unendlichen Menge**.

Wichtige Mengen von Zahlen sind die Menge der **natürlichen Zahlen**,

$$\mathbb{N} = \{1, 2, 3, 4, \ldots\},$$

die Menge der **ganzen Zahlen**,

$$\mathbb{Z} = \{\ldots, -3, -2, -1, 0, 1, 2, 3, \ldots\},$$

und die Menge der **rationalen Zahlen**,

$$\mathbb{Q} = \left\{ \frac{p}{q} : p \in \mathbb{Z}, q \in \mathbb{N} \right\}.$$

Die Menge $\mathbb{Q}$ der rationalen Zahlen besteht aus allen Brüchen, die ganzzahlige Zähler und Nenner aufweisen. Eine rationale Zahl kann immer als endlicher oder periodischer Dezimalbruch geschrieben werden. Beispielsweise ist $\frac{1}{8} = 0.125$ ein endlicher Dezimalbruch und $\frac{1}{7} = 0.\overline{142857}$ ein periodischer Dezimalbruch. Im Gegensatz dazu versteht man unter den **irrationalen Zahlen** all jene Zahlen, deren Dezimalbruchentwicklung unendlich und nichtperiodisch ist. Hierzu zählen z.B. $\sqrt{2} = 1.4142135623730950488\ldots$, die Eulersche Zahl $e = 2.71828182845904523536\ldots$ und $\pi = 3.14159265358979323846\ldots$. Die rationalen Zahlen bilden zusammen mit den irrationalen Zahlen die Menge der **reellen Zahlen**, $\mathbb{R}$. Geometrisch veranschaulicht man sie als **Zahlengerade**.

Die Mengen $\mathbb{N}, \mathbb{Z}, \mathbb{Q}$ und $\mathbb{R}$ sind unendliche Mengen. Dabei enthalten $\mathbb{N}, \mathbb{Z}$ und $\mathbb{Q}$ jeweils **abzählbar unendlich** viele Elemente: Man kann deren Elemente als Folge aufschreiben, etwa

$$\mathbb{Z} = \{0, 1, -1, 2, -2, 3, -3, \ldots\},$$

sodass sich die Elemente prinzipiell nacheinander aufzählen lassen. $\mathbb{R}$ hingegen enthält sehr viel mehr Elemente, die man nicht mehr abzählen kann. In einem solchen Fall spricht man von **überabzählbar** vielen Elementen.

Im Folgenden skizzieren wir einige Begriffe und Rechenregeln, die für beliebige Mengen zutreffen. Seien A und B Mengen. Wenn jedes Element von B auch in A enthalten ist, so nennt man B eine **Teilmenge** von A (und A eine **Obermenge** von B) und schreibt

$$B \subset A .$$

Beispielsweise ist $\{2,4,6\} \subset \{1,2,3,4,5,6\}$, aber auch $\{2,4,6\} \subset \{2,4,6\}$. Es gilt

$$\mathbb{N} \subset \mathbb{Z} \subset \mathbb{Q} \subset \mathbb{R} .$$

Gleichheit von Mengen: Zwei Mengen A und B nennt man gleich (A = B), wenn $A \subset B$ und $B \subset A$ gilt, d.h. jedes Element von A auch Element von B ist und umgekehrt. Die Menge der Elemente, die in einer der beiden Mengen A und B oder in beiden enthalten sind, nennt man **Vereinigung** von A und B und schreibt[1]

$$A \cup B := \{x \,:\, x \in A \vee x \in B\} .$$

Die Menge der Elemente, die sowohl in A als auch in B enthalten ist, nennt man **Durchschnitt** von A und B und schreibt

$$A \cap B := \{x \,:\, x \in A \wedge x \in B\} .$$

Falls A und B kein gemeinsames Element haben, heißen sie **disjunkt**; ihren Durchschnitt nennt man dann **leere Menge** und symbolisiert ihn mit $\emptyset$, $A \cap B = \emptyset$. Die leere Menge ist die Menge, die kein Element enthält; hierdurch ist sie eindeutig bestimmt. Offenbar ist die leere Menge Teilmenge jeder beliebigen Menge A, $\emptyset \subset A$.

Beispiel B.1. Betrachtet man die Mengen $A = \{1,2,3,4,5\}$, $B = \{3,4,5,6,7\}$ und $C = \{6,7,8\}$, so ist $A \cap B = \{3,4,5\}$, $A \cup B = \{1,2,3,4,5,6,7\}$. Die Mengen A und C sind disjunkt, $A \cap C = \emptyset$.

Für das Rechnen mit Mengen gelten die folgenden Regeln:

Satz B.1

Seien A, B, C Mengen. Es gilt:

(i) $A \subset B$ und $B \subset C \quad \Longrightarrow \quad A \subset C$,

[1] Die Zeichen $\wedge$ und $\vee$ bedeuten „und“ bzw. „oder“.

(ii) $A = B$ und $B = C \implies A = C$,

(iii) $A \cup B = B \cup A$,

(iv) $A \cap B = B \cap A$,

(v) $A \cap (B \cup C) = (A \cap B) \cup (A \cap C)$,

(vi) $A \cup (B \cap C) = (A \cup B) \cap (A \cup C)$.

Wenn man die Menge der Elemente angeben will, die in einer Menge B, nicht aber in einer anderen Menge A enthalten sind, bildet man die **Mengendifferenz**

$$B \setminus A = \{x \in B : x \notin A\}.$$

Man sagt dann kurz „B ohne A“. Ist insbesondere $A \subset B$, so schreibt man

$$\bar{A} = B \setminus A$$

und nennt $\bar{A}$ das **Komplement**[2] von A bezüglich B.

Satz B.2

Seien A, B Mengen. Dann gilt:

(i) $A \setminus A = \emptyset, \quad A \setminus \emptyset = A$,

(ii) $\overline{\overline{A}} = A$,

(iii) $\overline{A \cap B} = \overline{A} \cup \overline{B}$,

(iv) $\overline{A \cup B} = \overline{A} \cap \overline{B}$.

Die Regeln (iii) und (iv) nennt man **De Morgansche**[3] **Regeln**.

Die **Potenzmenge** $\mathcal{P}(A)$ einer Menge A ist die Menge aller Teilmengen von A. Ihre Elemente sind also Mengen von Elementen von A. In jedem Fall sind die leere Menge $\emptyset$ und die ganze Menge A Elemente der Potenzmenge von A.

Beispiel B.2. Die Potenzmenge der Menge $A = \{1, 2, 3\}$ ist

$$\mathcal{P}(A) = \{\emptyset, \{1\}, \{2\}, \{3\}, \{1,2\}, \{1,3\}, \{2,3\}, \{1,2,3\}\}.$$

Sie umfasst acht Elemente.

Wenn A eine endliche Menge ist, kann man die Mächtigkeit der Potenzmenge leicht angeben:

[2] Man beachte: Das Komplement einer Menge bezieht sich immer auf eine bestimmte Obermenge.

[3] Augustus De Morgan (1806-1871)

Satz B.3

Sei A eine endliche Menge, dann ist $|\mathcal{P}(A)| = 2^{|A|}$.

Das **kartesische**[4] **Produkt** zweier Mengen A und B ist durch

$$A \times B = \{(a, b) \,:\, a \in A \text{ und } b \in B\}$$

definiert. Man versteht darunter die Menge aller Paare zweier Elemente, deren erstes ein Element aus A und deren zweites ein Element aus B ist.

Beispiel B.3.

a) Seien $A = \{1, 3, 5\}$ und $B = \{2, 4\}$. Dann ist

$$A \times B = \{(1,2), (1,4), (3,2), (3,4), (5,2), (5,4)\}\,.$$

b) $\mathbb{R} \times \mathbb{R} = \mathbb{R}^2$ ist die Menge aller Punkte (x_1, x_2) mit $x_1, x_2 \in \mathbb{R}$.

Satz B.4

Für beliebige Mengen A, B, C gilt:

(i) A, B endlich $\implies$ $|A \times B| = |A| \cdot |B|$,

(ii) $A \times \emptyset = \emptyset, \quad \emptyset \times A = \emptyset,$
$(A \times B) \cap (C \times B) = (A \cap C) \times B,$
$(B \times A) \cap (B \times C) = B \times (A \cap C).$

Analoge Aussagen gelten für das Rechnen mit Vereinigungen „$\cup$“.

Neben den erwähnten Zahlenmengen $\mathbb{N}, \mathbb{Z}, \mathbb{Q}$ und $\mathbb{R}$ erwähnen wir noch weitere wichtige Teilmengen von $\mathbb{R}$, die Intervalle:

Seien $a, b \in \mathbb{R} \cup \{\infty, -\infty\}$. Die Menge aller Elemente zwischen a und b nennt man **Intervall**. Falls a und b in $\mathbb{R}$ liegen, spricht man, abhängig davon, ob diese Randpunkte zum Intervall gehören oder nicht, von einem **abgeschlossenen**, einem **halboffenen** oder **offenen Intervall**. Ist ein Intervall nach einer bzw. beiden Seiten nicht durch endliche Randpunkte beschränkt, erhält man eine **Halbgerade** bzw. die ganze Zahlengerade $\mathbb{R}$. Man unterscheidet so die folgenden Arten von Intervallen:

$[a, b] = \{x \in \mathbb{R} \,:\, a \le x \le b\}$ (abgeschlossenes Intervall),

$]a, b[= \{x \in \mathbb{R} \,:\, a < x < b\}$ (offenes Intervall),

$[a, b[= \{x \in \mathbb{R} \,:\, a \le x < b\}$ (rechts halboffenes Intervall),

[4] René Descartes (1596-1650)

$]a, b] = \{x \in \mathbb{R} : a < x \leq b\}$ (links halboffenes Intervall),

$[a, \infty[= \{x \in \mathbb{R} : a \leq x\}$ (Halbgerade),

$]a, \infty[= \{x \in \mathbb{R} : a < x\}$ (Halbgerade),

$]-\infty, b] = \{x \in \mathbb{R} : x \leq b\}$ (Halbgerade),

$]-\infty, b[= \{x \in \mathbb{R} : x < b\}$ (Halbgerade),

$]-\infty, \infty[= \mathbb{R}$ (Zahlengerade),

$[0, \infty[= \mathbb{R}_+$ (Halbgerade).

Anhang C

Summen und Produkte

Formeln, in denen Summen vorkommen, lassen sich häufig übersichtlicher schreiben und einfacher umformen, indem man eine abkürzende Schreibweise für die Summen verwendet. Dabei werden die Summanden mit Hilfe eines Index beschrieben, der bestimmte Werte durchläuft. Die Summe wird durch ein großes griechisches Sigma symbolisiert. Beispielsweise schreibt man, um die ersten zwölf Quadratzahlen zu addieren,

$$\sum_{i=1}^{12} i^2 = 1^2 + 2^2 + \ldots + 12^2 .$$

Definition C.1: Summenzeichen

Allgemein schreibt man eine endliche Summe in der Form

$$\sum_{i=m}^{n} a_i = a_m + a_{m+1} + \ldots + a_n .$$

Dabei sind $a_m, a_{m+1}, \ldots, a_n$ reelle Zahlen, m und n ganze Zahlen, $m \leq n$. Der Index i heißt **Summationsindex**, m und n heißen untere bzw. obere **Summationsgrenze**.

Beispiel C.1.

$$\sum_{i=-2}^{3} a_i = a_{-2} + a_{-1} + a_0 + a_1 + a_2 + a_3 .$$

Auf den Namen des Summationsindex kommt es dabei nicht an. So ist

$$\sum_{j=-2}^{3} a_j = \sum_{i=-2}^{3} a_i \,.$$

Nicht immer wird über benachbarte ganze Zahlen summiert. Um beispielsweise über alle geraden Indizes zwischen -4 und 6 zu summieren, indiziert man die einzelnen Summanden mit $2i$ und summiert dann über i von -2 bis 3,

$$\sum_{i=-2}^{3} a_{2i} = a_{-4} + a_{-2} + a_0 + a_2 + a_4 + a_6 \,.$$

Anstatt einer unteren und einer oberen Summationsgrenze kann man auch eine Indexmenge angeben. So schreibt man mit der **Indexmenge** $I_1 = \{-2, -1, 0, 1, 2, 3\}$

$$\sum_{i \in I_1} a_i = a_{-2} + a_{-1} + a_0 + a_1 + a_2 + a_3 \,,$$

und mit der Indexmenge $I_2 = \{-4, -2, 0, 2, 4, 6\}$

$$\sum_{i \in I_2} a_i = a_{-4} + a_{-2} + a_0 + a_2 + a_4 + a_6 \,.$$

Wenn die Indexmenge I leer oder die untere Summationsgrenze größer als die obere Summationsgrenze ist, erhält man eine sogenannte **leere Summe**,

$$\sum_{i=m}^{n} a_i = \sum_{i \in \emptyset} a_i = 0 \,, \quad \text{falls } m > n \,.$$

Die leere Summe hat den Wert null. Addiert man zu einer Summe eine leere Summe, so ändert sich die erste Summe nicht. Für das Rechnen mit endlichen Summen gelten die folgenden *Regeln.*[1]

Satz C.1

Seien $a_1, \ldots, a_n$ und $b_1, \ldots, b_n \in \mathbb{R}$. Dann gilt

a)

$$\sum_{i=1}^{n} (\alpha a_i + \beta b_i) = \sum_{i=1}^{n} \alpha a_i + \sum_{i=1}^{n} \beta b_i = \alpha \sum_{i=1}^{n} a_i + \beta \sum_{i=1}^{n} b_i \,, \quad \alpha, \beta \in \mathbb{R} \,.$$

[1] Der Einfachheit halber summieren wir hier von $i = 1, \ldots, n$.

b) Falls alle Summanden einer Summe gleich sind, $a_1 = a_2 = \ldots = a_n = a$, so gilt

$$\sum_{i=1}^{n} a_i = \sum_{i=1}^{n} a = na\,.$$

c) Für jedes ganzzahlige m, $1 \leq m < n$, lässt sich die Summe wie folgt aufspalten:

$$\sum_{i=1}^{n} a_i = \sum_{i=1}^{m} a_i + \sum_{i=m+1}^{n} a_i\,.$$

d) Für jedes ganzzahlige m gilt die Indexverschiebungsformel

$$\sum_{i=1}^{n} a_i = \sum_{i=m+1}^{m+n} a_{i-m}\,.$$

Als Nächstes betrachte man ein zweidimensionales Schema von reellen Zahlen:

$$\begin{matrix} a_{11} & \cdots & a_{1m} \\ a_{21} & \cdots & a_{2m} \\ \vdots & \ddots & \vdots \\ a_{n1} & \cdots & a_{nm} \end{matrix}$$

Die Summe über alle diese Zahlen lässt sich als **Doppelsumme** schreiben:

$$\begin{aligned} \sum_{i=1}^{n}\sum_{j=1}^{m} a_{ij} &= a_{11} + \ldots + a_{1m} \\ &+ a_{21} + \ldots + a_{2m} \\ &\vdots \\ &+ a_{n1} + \ldots + a_{nm} \end{aligned}$$

Hierbei wird zunächst das innere Summenzeichen $\sum_{j=1}^{m}$ berücksichtigt. Man bildet also die Summe der Elemente in der ersten Zeile $\sum_{j=1}^{m} a_{1j}$, danach der zweiten Zeile $\sum_{j=1}^{m} a_{2j}$, und so weiter. Das äußere Summenzeichen bewirkt sodann, dass die Zeilensummen addiert werden.

Da die Addition reeller Zahlen kommutativ ist, macht es keinen Unterschied, ob beim Summieren zuerst die Zeilen oder zuerst die Spalten addiert werden. Die Summenzeichen endlicher Summen lassen sich vertauschen. (Achtung: Für unendliche Summen gilt dies nicht ohne Weiteres!) Doppelsummen lassen sich auch mit Hilfe von Indexmengen notieren:

$$\sum_{i=1}^{n}\sum_{j=1}^{m} a_{ij} = \sum_{j=1}^{m}\sum_{i=1}^{n} a_{ij} = \sum_{i\in I}\sum_{j\in J} a_{ij} = \sum_{j\in J}\sum_{i\in I} a_{ij}\,,$$

mit $I = \{1,\ldots,n\}$ und $J = \{1,\ldots,m\}$.

Aufpassen muss man allerdings, wenn der Bereich des zweiten Indexes vom ersten Index abhängt. Beispiel: Man berechne die Summe

$$\begin{array}{rcccccccccc} \sum_{i=1}^{n}\sum_{j=i}^{n} a_{ij} = & a_{11} & + & \ldots & + & \ldots & + & \ldots & + & a_{1n} \\ & & + & a_{22} & + & \ldots & + & \ldots & + & a_{2n} \\ & & & & + & a_{33} & + & \ldots & + & a_{3n} \\ & & & & & & & & & \vdots \\ & & & & & & & & + & a_{nn}\,. \end{array}$$

Auch diese Summe lässt sich berechnen, indem man zunächst die Zeilensummen und dann deren Summen bestimmt. Alternativ kann man zuerst die Spaltensummen und dann deren Summen berechnen. Die Summenzeichen lassen sich offenbar wie folgt vertauschen:

$$\sum_{i=1}^{n}\sum_{j=i}^{n} a_{ij} = \sum_{j=1}^{n}\sum_{i=1}^{j} a_{ij}$$

Ähnlich wie endliche Summen kann man auch endliche Produkte abkürzend schreiben. Dazu verwendet man Π, das große griechische Pi.

Definition C.2: Produktzeichen

Das Produkt von n reellen Zahlen $a_1, a_2, \ldots, a_n$ wird wie folgt geschrieben:

$$\prod_{i=1}^{n} a_i = a_1 \cdot a_2 \cdot a_3 \cdot \ldots \cdot a_n\,.$$

Mit der Indexmenge $I = \{1,\ldots,n\}$ schreibt man auch

$$\prod_{i\in I} a_i = a_1 \cdot a_2 \cdot a_3 \cdot \ldots \cdot a_n\,.$$

Ist die Indexmenge I leer oder ist $m > n$, so erhält man ein leeres Produkt,

$$\prod_{i=m}^{n} a_i = \prod_{i\in\emptyset} a_i = 1\,, \quad \text{falls } m > n\,.$$

Das **leere Produkt** ist gleich 1, da die Multiplikation eines Produktes mit dem leeren Produkt das Produkt nicht verändern soll.

Für das Rechnen mit endlichen Produkten gelten analoge *Regeln* wie für das Rechnen mit endlichen Summen:[2]

Satz C.2

Seien $a_1, \ldots, a_n$ und $b_1, \ldots, b_n \in \mathbb{R}$. Es gilt

a)

$$\prod_{i=1}^{n} \alpha a_i \beta b_i = \alpha^n \beta^n \prod_{i=1}^{n} a_i \prod_{i=1}^{n} b_i\,, \qquad \alpha, \beta \in \mathbb{R}\,.$$

b) Sind alle Faktoren eines Produkts gleich, $a_1 = a_2 = \ldots = a_n = a$, so gilt

$$\prod_{i=1}^{n} a_i = \prod_{i=1}^{n} a = a^n\,.$$

c) Für jedes ganzzahlige m, $1 \leq m < n$, lässt sich das Produkt wie folgt aufspalten:

$$\prod_{i=1}^{n} a_i = \prod_{i=1}^{m} a_i \cdot \prod_{i=m+1}^{n} a_i\,.$$

d) Für jedes ganzzahlige m gilt die Indexverschiebungsformel

$$\prod_{i=1}^{n} a_i = \prod_{i=m+1}^{m+n} a_{i-m}\,.$$

Im Folgenden geben wir die Werte einiger spezieller Summen und Produkte an.

a) Für die Summe $1 + 2 + \ldots + n$ gilt

$$\sum_{i=1}^{n} i = \frac{n(n+1)}{2}\,.$$

b) Für die Summe $1^2 + 2^2 + \ldots + n^2$ gilt

$$\sum_{i=1}^{n} i^2 = \frac{n(n+1)(2n+1)}{6}\,.$$

[2] Auch hier wird der Einfachheit halber als Indexmenge $\{1, 2, \ldots, n\}$ verwendet.

c) Für die Summe $1^3 + 2^3 + \ldots + n^3$ gilt

$$\sum_{i=1}^{n} i^3 = \frac{n^2(n+1)^2}{4}.$$

d) Seien $a_1, b \in \mathbb{R}$, $a_i = a_1 + (i-1)b$ für $i = 2, \ldots, n$. Dann heißt $a_1, a_2, \ldots, a_n$ **endliche arithmetische Folge erster Ordnung**. Es gilt

$$\sum_{i=1}^{n} a_i = \frac{n}{2}(2a_1 + (n-1)b).$$

e) Seien $a_1, q \in \mathbb{R}$, $a_i = a_1 q^{i-1}$ für $i = 2, \ldots n$. Dann heißt $a_1, a_2, \ldots, a_n$ **endliche geometrische Folge**. Für $q \neq 1$ gilt

$$\sum_{i=1}^{n} a_i = a_1 \frac{q^n - 1}{q - 1}.$$

In zahlreichen Formeln findet das Produkt $\prod_{i=1}^{n} i = 1 \cdot 2 \cdot \ldots \cdot n$ Verwendung. Man schreibt dafür abkürzend

$$n! = \prod_{i=1}^{n} i,$$

gesprochen „n **Fakultät**“.

Anhang D

Kombinatorik

Die Kombinatorik beschäftigt sich mit der Anzahl der möglichen Anordnungen und Auswahlen von Objekten, wie sie beispielsweise für Berechnungen von Wahrscheinlichkeiten in der Wahrscheinlichkeitsrechnung benötigt werden.

Werden n verschiedene Objekte angeordnet, spricht man bei den

$$\boxed{n!}$$

Anordnungen von **Permutationen**. Es gibt nämlich n Möglichkeiten das erste der n Objekte auszuwählen. Für jede dieser n Auswahlen gibt es dann $n-1$ Möglichkeiten (denn eines der n Objekte wurde bereits ausgewählt) das zweite Objekt auszuwählen, also $n \cdot (n-1)$ Möglichkeiten die ersten zwei Objekte auszuwählen. Für jede dieser Möglichkeiten gibt es nun $n-2$ Möglichkeiten das dritte Objekt auszuwählen usw. Insgesamt gibt es also

$$n \cdot (n-1) \cdot (n-2) \cdot \ldots \cdot 2 \cdot 1 = n!$$

Möglichkeiten.

Beispiel D.1. Ein Museum möchte drei verschiedene Bilder (A, B und C) in einer Reihe an einer Wand aufhängen. Dafür gibt es

$$3! = 6 \text{ Möglichkeiten:}$$

ABC, ACB, BAC, BCA, CAB und CBA.

Wählt man nicht alle, sondern nur k Objekte ($k < n$) aus, gibt es

$$\boxed{\frac{n!}{(n-k)!} = n \cdot (n-1) \cdot \ldots \cdot (n-k+1)}$$

Möglichkeiten dafür. Vor der Auswahl des k-ten Objekts wurden nämlich bereits $k-1$ Objekte ausgewählt, somit stehen dann nur noch $n-(k-1) = n-k+1$ Objekte zur Auswahl. Diese Auswahlen nennt man **Variationen ohne Zurücklegen**.

Beispiel D.2. Ein Museum möchte 2 von 4 Bildern (A, B, C und D) nebeneinander an eine Wand hängen. Dafür gibt es

$$\frac{4!}{(4-2)!} = 4 \cdot 3 = 12 \text{ Möglichkeiten:}$$

AB, AC, AD, BA, BC, BD, CA, CB, CD, DA, DB und DC.

Als Nächstes betrachten wir den Fall, dass die Reihenfolge bei der Auswahl von k aus n Objekten keine Rolle spielt. Dann gibt es, wenn man wie oben die Auswahl mit Berücksichtigung der Reihenfolge getroffen hat, für die k ausgewählten Objekte $k!$ verschiedene Anordnungen, die man nun nicht mehr unterscheiden möchte, also insgesamt nur noch

$$\boxed{\binom{n}{k} = \frac{n!}{(n-k)! \cdot k!}}$$

Möglichkeiten. Diese Auswahlen nennt man **Kombinationen ohne Zurücklegen.** $\binom{n}{k}$ nennt man **Binomialkoeffizienten.**

Beispiel D.3. Ein Museum möchte 2 von 4 Bildern (A, B, C und D) eines Künstler zeigen. Dafür gibt es

$$\binom{4}{2} = \frac{4!}{(4-2)! \cdot 2!} = 6 \text{ Möglichkeiten:}$$

AB, AC, AD, BC, BD und CD. Jetzt ist z.B. BA keine zusätzliche Möglichkeit, da die Reihenfolge, in der zwei der vier Bilder ausgewählt (an die Wand gehängt) werden, nicht mehr von Interesse ist. Es interessiert hier nur noch, welche Bilder überhaupt zu sehen sind.

Für den Binomialkoeffizienten gilt

$$\binom{n}{k} = \binom{n}{n-k},$$

denn $\binom{n}{n-k} = \frac{n!}{(n-(n-k))!(n-k)!} = \frac{n!}{k!(n-k)!} = \binom{n}{k}$.

Bisher wurden einmal ausgewählte Objekte nicht erneut ausgewählt. Die Objekte wurden also **ohne Zurücklegen gezogen**. Nun betrachten wir die Fälle, bei denen Objekte mehrfach ausgewählt werden können. Dann spricht man vom **Ziehen mit Zurücklegen**.

Berücksichtigt man die Reihenfolge beim k-maligem Auswählen der Objekte und hat man, da einmal ausgewählte Objekte erneut ausgewählt werden können, für jede Auswahl n Objekte zur Auswahl, dann gibt es dafür

$$\boxed{n^k}$$

Möglichkeiten. Diese nennt man von **Variationen mit Zurücklegen**.

Beispiel D.4. Es gibt $10^4 = 10000$ Möglichkeiten für die vierstellige ($k = 4$) PIN eines Handys, bei der jede Stelle aus einer der $n = 10$ Ziffern besteht: 0000, 0001, 0002, ... 9998, 9999.

Sollen k aus n Objekten mit Zurücklegen ausgewählt werden, spricht man von **Kombinationen mit Zurücklegen**. Hierfür gibt es

$$\boxed{\binom{n+k-1}{k} = \binom{n+k-1}{n-1}}$$

Möglichkeiten. Dass dem so ist, lässt sich am Leichtesten anhand eines Beispiels erläutern:

Beispiel D.5. Für eine Party möchte eine Studentin eine Kiste mit $k = 12$ Flaschen Softdrinks kaufen. Im Laden stehen $n = 3$ Sorten, nämlich Cola (C), Orangenlimonade (O) und Zitronenlimonade (Z) zur Auswahl. Wie viele Möglichkeiten gibt es die Kiste mit Flaschen der drei Sorten Softdrinks zu füllen?

Die Reihenfolge in welcher die Studentin die Flaschen in der Kiste anordnet, ist nicht relevant. Es handelt sich um eine Auswahl mit Zurücklegen, da sie jede Sorte Getränk mehrfach auswählen kann. Legt sie nun an der Kasse alle Flaschen sortiert auf das Band und legt zwischen jede Sorte einen Warentrenner, so liegen die $k = 12$ Flaschen und $n - 1 = 3 - 1 = 2$ Warentrenner auf dem Band:

$$\underbrace{C \cdots C \,|\, O \cdots O \,|\, Z \cdots Z}_{n+k-1=14 \text{ Objekte}}$$

Je nachdem wie viele Flaschen der einzelnen Softdrinks ausgewählt wurden, liegen die Warentrenner an verschiedenen der $n + k - 1 = 14$ Stellen. (Liegen beispielsweise die Warentrenner an siebter und elfter Stelle, dann liegen an den ersten sechs Stellen Cola-Flaschen, an den Stellen 8 bis 10 Orangenlimonade und an den Stellen 12 bis 14 Zitronenlimonade, also wurden 6 Flaschen Cola und jeweils 3 Flaschen Orangen- und Zitronenlimonade ausgewählt.) Damit kann man also die Anzahl der Möglichkeiten dadurch bestimmen, dass man aus den $n + k - 1$ Stellen $n - 1$ Stellen für die Warentrenner ohne Zurücklegen auswählt. Also erhält man hier

$$\binom{n+k-1}{n-1} = \binom{14}{2} = 91$$

Möglichkeiten.

Fassen wir die Anzahlen an Möglichkeiten für die verschiedenen Auswahlen von k aus n unterscheidbaren Objekten übersichtlich zusammen:

	Berücksichtigung der Reihenfolge	
	ja	nein
ohne Zurücklegen	$\frac{n!}{(n-k)!}$	$\binom{n}{k}$
mit Zurücklegen	n^k	$\binom{n+k-1}{k}$

Anhang E

Komplexe Zahlen

In den reellen Zahlen kann man bekanntermaßen keine Quadratwurzel aus negativen Zahlen ziehen, da das Quadrat einer jeden reellen Zahl größer oder gleich null ist. Um zu ermöglichen, auch für negative Zahlen eine Quadratwurzel zu definieren, muss man den Zahlbereich der reellen Zahlen erweitern. Dies geschieht, indem man eine Zahl i definiert, die sogenannte **imaginäre Einheit**, deren Quadrat definitionsgemäß gleich -1 gesetzt wird. Mit dieser Definition ist es möglich, nicht nur aus -1, sondern aus jeder negativen Zahl eine Quadratwurzel zu ziehen. Wenn man sich also fragt, welche Zahl mit sich selbst multipliziert -9 ergibt, erhält man

$$-9 = 9 \cdot (-1) = 3^2 \cdot i^2 = (3i)^2$$

und natürlich auch

$$-9 = (-3i)^2 .$$

Damit ist $\sqrt{-9} = \pm 3i$. Eine solche Zahl, die ein reelles Vielfaches der imaginären Einheit i ist, nennt man **imaginäre Zahl**.

Betrachten wir nun die quadratische Gleichung $z^2 - 6z + 10 = 0$. Versucht man diese Gleichung mittels der p-q-Formel zu lösen, so erhält man

$$z_{1,2} = 3 \pm \sqrt{3^2 - 10} = 3 \pm \sqrt{-1} = 3 \pm i .$$

Die Lösung dieser quadratischen Gleichung ergibt sich also formal als die Summe einer reellen Zahl und einer rein imaginären Zahl. Zahlen dieser Form nennt man **komplexe Zahlen**. Die Menge aller komplexen Zahlen bezeichnet man mit $\mathbb{C}$,

$$\mathbb{C} = \{\, a + bi \,:\, a, b \in \mathbb{R} \,\} .$$

Auf den ersten Blick erscheint diese Konstruktion ausgesprochen seltsam und es drängt sich einem der Eindruck auf, dass es sich bei den komplexen Zahlen um keine „richtigen“ Zahlen handelt und dass sie keine praktische Relevanz besitzen. Auf den zweiten Blick muss man allerdings zugeben, dass der Schritt von den reellen zu den komplexen Zahlen nichts anderes ist als eine Erweiterung des Zahlbereichs, die jedem von uns in seiner Schulzeit schon oft begegnet ist:

- In der Grundschule beginnt man zunächst (ohne diese so zu nennen) mit den natürlichen Zahlen $\mathbb{N}$.

- Aufgrund der Beobachtung, dass z.B. die Operation $4-10$ in den natürlichen Zahlen nicht ausführt werden kann, „erfindet“ man die negativen Zahlen, die zusammen mit den natürlichen Zahlen (und der Null) die Menge der ganzen Zahlen $\mathbb{Z}$ bilden.

- Aber auch in den ganzen Zahlen sind nicht alle Grundrechenarten durchführbar. So kann man z.B. nicht den Quotienten $4/7$ bilden. Um diese Schwäche der ganzen Zahlen zu beheben, „erfindet“ man die Brüche. Zusammen mit den ganzen Zahlen bilden diese die Menge der rationalen Zahlen $\mathbb{Q}$.

- In den rationalen Zahlen sind zwar alle vier Grundrechenarten (mit Ausnahme der Division der Null) durchführbar, allerdings ist es nicht möglich, z.B. $\sqrt{2}$ zu bestimmen. In der Folge „erfindet“ man die sogenannten irrationalen Zahlen, die zusammen mit den rationalen Zahlen die Menge der reellen Zahlen $\mathbb{R}$ bilden.

Man sieht also, dass die Erweiterung des Zahlbereichs eine durchaus übliche Methode in der Mathematik ist, an die jeder von uns vielfach gewohnt ist, und nicht anders verhält es sich auch mit den komplexen Zahlen.

Bei einer komplexen Zahl $z = a + bi$ bezeichnet man a als **Realteil** und b als **Imaginärteil**. Man schreibt $\mathrm{Re}(a + ib) = a$ und $\mathrm{Im}(a + bi) = b$. Die reellen Zahlen lassen sich als Teilmenge der komplexen Zahlen auffassen, da sich jede reelle Zahl a als komplexe Zahl $a = a + 0 \cdot i$ schreiben lässt. Komplexe Zahlen mit Realteil null bezeichnet man, wie oben erwähnt, als **imaginäre Zahlen**. Geometrisch kann man sich die komplexen Zahlen in der sogenannten **Gaußschen Zahlenebene** oder **komplexen Ebene** veranschaulichen, siehe Abbildung E.1. Jede komplexe Zahl $z = a + bi$ wird als Punkt mit Abszisse a und Ordinate b eingezeichnet. Die Abszisse bezeichnet man daher als reelle Achse (dort liegen alle reellen Zahlen) und die Ordinate als imaginäre Achse (dort liegen alle imaginären Zahlen). Bezeichnet man mit $r = \sqrt{a^2 + b^2}$ den euklidischen Abstand von $a + ib$ zum Nullpunkt und mit φ den Winkel zwischen der positiven reellen Achse und dem Strahl vom Nullpunkt zur

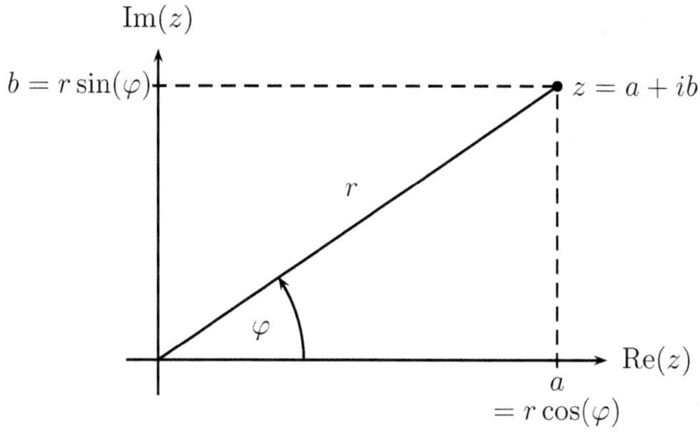

Abbildung E.1: Die komplexe Zahlenebene

komplexen Zahl $a + ib$, so ist offensichtlich

$$\text{Re}(a + ib) = a = r\cos(\varphi) \quad \text{und} \quad \text{Im}(a + ib) = b = r\sin(\varphi)\,.$$

Man kann die komplexe Zahl $z = a + ib$ daher auch in der sogenannten **Polarform**

$$z = r\cos(\varphi) + ir\sin(\varphi)$$

schreiben. Dabei bezeichnet man r als **Betrag** der komplexen Zahl $z = a + ib$ und schreibt $r = |z| = \sqrt{a^2 + b^2}$. Ferner bezeichnet man φ als **Argument** (oder auch **Winkel**) der komplexen Zahl $z = a + ib$ und schreibt $\varphi = \arg(z)$. Wegen $\cos(\varphi) = \cos(\varphi + 2\pi)$ und $\sin(\varphi) = \sin(\varphi + 2\pi)$ ist der Winkel einer komplexen Zahl zunächst nicht eindeutig. Man fordert daher, dass der Winkel einer komplexen Zahl immer im Intervall $]-\pi, \pi]$ liegt.[1] Das Argument einer komplexen Zahl $z = a + bi$ berechnet man am einfachsten gemäß

$$\varphi = \arg(z) = \begin{cases} \arccos\left(\frac{a}{|z|}\right), & \text{falls } b \geq 0, \\ -\arccos\left(\frac{a}{|z|}\right), & \text{falls } b < 0. \end{cases}$$

Die Grundrechenarten für komplexe Zahlen

Um mit komplexen Zahlen zu rechnen, muss man keine speziellen Rechenregeln erlernen. Man muss lediglich beachten, das $i^2 = -1$ ergibt. Im einzelnen führt man die vier Grundrechenarten mit komplexen Zahlen wie folgt durch.

$$(a_1 + b_1 i) + (a_2 + b_2 i) = (a_1 + a_2) + (b_1 + b_2)i\,,$$

[1] Genauso gut hätte man natürlich fordern können, dass φ im Intervall $[0, 2\pi[$ liegt. Die Forderung $\varphi \in\,]-\pi, \pi]$ stellt aber die übliche Konvention dar.

$$(a_1 + b_1 i) - (a_2 + b_2 i) = (a_1 - a_2) + (b_1 - b_2)i\,,$$

$$\begin{aligned}(a_1 + b_1 i) \cdot (a_2 + b_2 i) &= a_1 a_2 + a_1 b_2 i + b_1 a_2 i + b_1 b_2 i^2 \\ &= (a_1 a_2 - b_1 b_2) + (a_1 b_2 + b_1 a_2)i\,,\end{aligned}$$

$$\begin{aligned}\frac{a_1 + b_1 i}{a_2 + b_2 i} &= \frac{a_1 + b_1 i}{a_2 + b_2 i} \cdot \frac{a_2 - b_2 i}{a_2 - b_2 i} \\ &= \frac{a_1 a_2 - a_1 b_2 i + b_1 a_2 i - b_1 b_2 i^2}{a_2 a_2 - a_2 b_2 i + b_2 a_2 i - b_2 b_2 i^2} \\ &= \frac{(a_1 a_2 + b_1 b_2) + (b_1 a_2 - a_1 b_2)i}{a_2^2 + b_2^2} \\ &= \frac{a_1 a_2 + b_1 b_2}{a_2^2 + b_2^2} + \frac{b_1 a_2 - a_1 b_2}{a_2^2 + b_2^2}\, i\,,\end{aligned}$$

falls $a_2 + b_2 i \neq 0$, d.h. $a_2 = b_2 = 0$ ist.

Addition und Subtraktion komplexer Zahlen entsprechen offensichtlich der üblichen Vektoraddition und -subtraktion in der Gaußschen Zahlenebene. Eine geometrische Interpretation von Multiplikation und Division werden wir im folgenden Abschnitt geben.

Die Exponentialfunktion für komplexe Zahlen

Die bislang nur für reelle Zahlen definierte Exponentialfunktion lässt sich auch für komplexe Zahlen wie folgt definieren:

$$\exp(z) = e^z = e^{a+ib} = e^a \cos(b) + ie^a \sin(b)\,.$$

Offenbar stimmt diese Definition mit der für reelle Zahlen überein: Wenn $\mathrm{Im}(z) = b = 0$, also $z \in \mathbb{R}$ ist, gilt $e^z = e^a$.

Mit Hilfe der komplexen Exponentialfunktion kann man die Polarform einer komplexen Zahl auch kürzer schreiben als

$$z = r\cos(\varphi) + ir\sin(\varphi) = re^{i\varphi}\,.$$

Die Gleichung

$$re^{i\varphi} = r\cos(\varphi) + ir\sin(\varphi) \tag{E.1}$$

bezeichnet man als **Eulersche Formel**.

Für komplexe Zahlen $z_1 = r_1 e^{i\varphi_1}$ und $z_2 = r_2 e^{i\varphi_2}$ erhält man für das Produkt von z_1 und z_2

$$z_1 z_2 = r_1 e^{i\varphi_1} \cdot r_2 e^{i\varphi_2} = r_1 r_2 e^{i(\varphi_1 + \varphi_2)}\,.$$

Entsprechend gilt für den Quotienten zweier komplexer Zahlen

$$\frac{z_1}{z_2} = \frac{r_1 e^{i\varphi_1}}{r_2 e^{i\varphi_2}} = \frac{r_1}{r_2} e^{i(\varphi_1 - \varphi_2)} .$$

Man erhält also das Produkt zweier komplexer Zahlen, indem man die Beträge der Zahlen multipliziert und ihre Winkel addiert. Entsprechend lässt sich der Quotient zweier komplexer Zahlen geometrisch deuten.

Auch reelle Potenzen komplexer Zahlen kann man mit Hilfe der Polarform einfach berechnen. So ist für eine reelle Zahl x die x-te Potenz von $z = re^{i\varphi}$ durch

$$z^x = \left(re^{i\varphi}\right)^x = r^x e^{ix\varphi}$$

gegeben.

Konjugiert komplexe Zahlen

Zu einer gegebenen komplexen Zahl $z = a + ib$ definiert man die **konjugiert komplexe** Zahl durch $\overline{z} = a - ib$. In der komplexen Ebene entsteht $\overline{z}$ aus z durch Spiegelung an der reellen Achse.

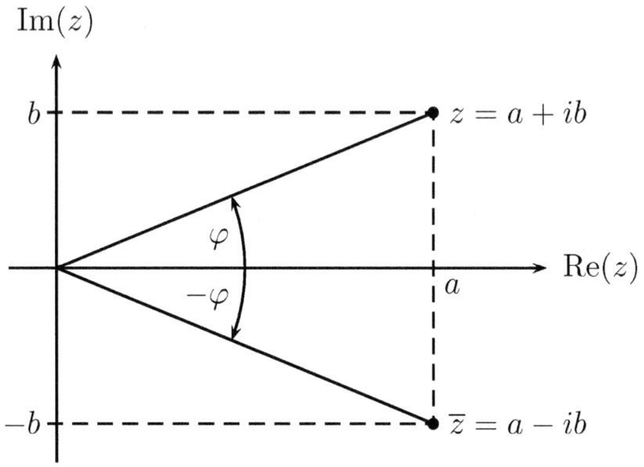

Für komplexe Zahlen in Polarform gilt: Ist $z = re^{i\varphi}$, so ist die konjugiert komplexe Zahl $\overline{z} = re^{-i\varphi}$.

Man rechnet leicht nach, dass

$$z + \overline{z} = 2a , \qquad z - \overline{z} = 2ib , \qquad z\overline{z} = a^2 + b^2 .$$

Daher ist

$$\mathrm{Re}(z) = \frac{1}{2}(z + \overline{z}) , \qquad \mathrm{Im}(z) = \frac{1}{2i}(z - \overline{z}) , \qquad |z| = \sqrt{z\overline{z}} .$$

Für reelle Zahlen gilt $z = \overline{z}$ und somit $|z| = \sqrt{z^2}$; das ist der gewöhnliche Betrag einer reellen Zahl.

Fundamentalsatz der Algebra

Wir betrachten das Polynom $z^3 - 4z^2 + 5z - 2$. Wie man durch Einsetzen nachprüft, hat dieses Polynom eine Nullstelle bei $z = 1$. Dividiert man mittels Polynomdivision den Linearfaktor $(z - 1)$ heraus, so erhält man das quadratische Polynom

$$\frac{z^3 - 4z^2 + 5z - 2}{z - 1} = z^2 - 3z + 2\,.$$

Mit Hilfe der p-q-Formel findet man die Nullstellen des Polynoms $z^2 - 3z + 2$,

$$z_{1,2} = \frac{3}{2} \pm \sqrt{\frac{9}{4} - 2} = \frac{3}{2} \pm \frac{1}{2}\,, \quad \text{d.h.} \quad z_1 = 1\,,\ z_2 = 2\,.$$

Man kann also das quadratische Polynom als $z^2 - 3z + 2 = (z - 1)(z - 2)$ schreiben. Damit erhält man für das ursprüngliches Polynom

$$z^3 - 4z^2 + 5z - 2 = (z - 1)(z - 1)(z - 2) = (z - 1)^2(z - 2)\,.$$

Da das Polynom den Linearfaktor $(z-1)$ zweimal enthält, bezeichnet man $z = 1$ als **zweifache Nullstelle**. Die Nullstelle $z = 2$ ist dagegen eine **einfache Nullstelle**, da der Linearfaktor $(z - 2)$ lediglich einmal in dem Polynom enthalten ist. Allgemein heißt eine Nullstelle z_0 **k-fache Nullstelle** eines Polynoms n-ten Grades $p_n(z)$, wenn der Linearfaktor $(z - z_0)$ k-mal in $p_n(z)$ enthalten ist, d.h., wenn

$$p_n(z) = (z - z_0)^k q_{n-k}(z)$$

ist, wobei $q_{n-k}(z)$ ein Polynom vom Grad $n - k$ darstellt, das keine Nullstelle bei $z = z_0$ besitzt. Dies ist gleichbedeutend damit, dass $p_n(z)$ ohne Rest durch $(z - z_0)^k$, nicht aber durch $(z - z_0)^{k+1}$ teilbar ist.

Es ist bekannt, dass ein Polynom n-ten Grades $z^n + a_{n-1}z^{n-1} + \cdots + a_1 z + a_0$ mit reellen Koeffizienten $a_0, a_1, \ldots, a_{n-1}$ *höchstens* n reelle Nullstellen hat, wobei jede Nullstelle mit ihrer Vielfachheit gezählt wird. Im Allgemeinen kann ein Polynom n-ten Grades aber durchaus weniger als n reelle Nullstellen haben. Dies sieht man z.B. an dem Polynom $z^2 + 1$, das keine reelle Nullstelle hat. Ebenso besitzt z.B. das Polynom $z^2 - 6z - 10$ keine reellen Nullstellen. Dehnt man die Suche jedoch auf komplexe Nullstellen aus, so hat das Polynom $z^2 + 1$ zwei Nullstellen, nämlich $z_{1,2} = \pm i$, und ebenso hat das Polynom $z^2 - 6z + 10$ zwei Nullstellen, nämlich $z_{1,2} = 3 \pm i$. Dass dies kein Zufall ist, ist die Aussage des **Fundamentalsatzes der Algebra**, eines der wichtigsten Resultate der Mathematik.

Satz E.1: Fundamentalsatz der Algebra (komplexe Version)

Das Polynom n-ten Grades $p_n(z) = z^n + a_{n-1}z^{n-1} + \ldots + a_1 z + a_0$ mit beliebigen Koeffizienten $a_0, a_1, \ldots, a_{n-1} \in \mathbb{C}$ hat genau n Nullstellen in den komplexen Zahlen $\mathbb{C}$, wobei jede Nullstelle mit ihrer Vielfachheit gezählt wird. Somit gibt es n – nicht notwendigerweise verschiedene – komplexe Zahlen $z_1, z_2, \ldots, z_n \in \mathbb{C}$, sodass für alle $z \in \mathbb{C}$ gilt:

$$z^n + a_{n-1}z^{n-1} + \ldots + a_1 z + a_0 = (z - z_1)(z - z_2) \cdot \ldots \cdot (z - z_n).$$

Betrachtet man nur Polynome mit **reellen Koeffizienten**, so erhält man das folgende Resultat.

Satz E.2: Fundamentalsatz der Algebra (reelle Version)

Das Polynom n-ten Grades $p_n(z) = z^n + a_{n-1}z^{n-1} + \ldots + a_1 z + a_0$ mit reellen Koeffizienten $a_0, a_1, \ldots, a_{n-1} \in \mathbb{R}$ hat genau n Nullstellen in den komplexen Zahlen $\mathbb{C}$, wobei jede Nullstelle mit ihrer Vielfachheit gezählt wird.

Ist $z = a + ib$ mit $b \neq 0$ eine echt komplexe Nullstelle der Vielfachheit k, so ist auch die konjugiert komplexe Zahl $\overline{z} = a - ib$ eine Nullstelle der Vielfachheit k.

Etwas kürzer (und ungenauer) kann man diesen Satz so zusammenfassen:

Merkregel

Ein reelles Polynom n-ten Grades hat genau n Nullstellen in den komplexen Zahlen. Echt komplexe Nullstellen treten dabei immer nur paarweise zusammen mit der dazu konjugiert komplexen Nullstelle auf.

Anhang F

Aussagenlogik

Eine **Aussage** ist ein Satz, der prinzipiell als wahr oder falsch bezeichnet werden kann.

Beispiel F.1. a) A : „$3 \cdot 2 = 6$“

b) B : „$3 \cdot 2 = 7$“

c) C : „Morgen regnet es.“

d) D : „Der Wegfall von Zöllen im Außenhandel erhöht den Wohlstand der beteiligten Länder.“

Hier ist die Aussage A offenbar wahr, die Aussage B offenbar falsch. Ob C wahr oder falsch ist, entscheidet sich erst am nächsten Tag. Über Aussage D kann man verschiedener Meinung sein und wissenschaftlich streiten, etwa indem man Bedingungen nennt, unter denen D zutrifft oder auch nicht. Im Folgenden geht es um Aussagen über mathematische Sachverhalte und ihre mögliche Begründung.

Die **Negation** $\neg A$ (sprich „nicht A“) einer Aussage A ist eine Aussage, die genau dann wahr ist, wenn A nicht zutrifft. Ihren **Wahrheitswert** „wahr“ bzw. „falsch“ stellt man tabellarisch in einer **Wahrheitstafel** dar:

A	$\neg A$
wahr	falsch
falsch	wahr

Beispiel F.2. Wenn aus dem „ist gleich“ im vorangegangenen Beispiel „ist nicht gleich“, also ungleich, wird, erhält man die Negationen der Aussagen:

a) $\neg A$: „$3 \cdot 2 \neq 6$"

b) $\neg B$: „$3 \cdot 2 \neq 7$"

Offenbar ist $\neg A$ falsch und $\neg B$ wahr.

Zwei Aussagen A und B lassen sich mit **und** bzw. **oder** zu einer neuen Aussage verknüpfen. Die Aussage „A und B" nennt man **Konjunktion** und schreibt dafür

$$\boxed{A \wedge B\,.}$$

Die Aussage $A \wedge B$ ist wahr, wenn sowohl A als auch B wahr sind, ansonsten ist sie falsch. Dies wird durch eine Wahrheitstafel so ausgedrückt:

A	B	$A \wedge B$
wahr	wahr	wahr
wahr	falsch	falsch
falsch	wahr	falsch
falsch	falsch	falsch

Beispiel F.3. Sei A_x : „x ist eine gerade Zahl", B_x : „x ist eine Primzahl". Die Aussage $A_x \wedge B_x$ ist

- wahr, wenn $x = 2$; denn 2 ist gerade und 2 ist eine Primzahl,
- falsch, wenn $x = 4$; hier stimmt nur die erste Teilaussage, und die zweite ist falsch,
- falsch, wenn $x = 7$; es stimmt nur die zweite Teilaussage, und die erste ist falsch,
- falsch, wenn $x = 9$; hier sind sogar beide Teilaussagen falsch.

In diesem Beispiel sind A_x und B_x Aussagen, die von einer Variablen x abhängen. Ihr Wahrheitswert und damit der ihrer Konjunktion $A_x \wedge B_x$ hängt davon ab, welchen Wert x annimmt. Man macht sich leicht klar, dass $A_x \wedge B_x$ dann und nur dann wahr ist, wenn $x = 2$ gilt; denn es gibt keine gerade Primzahl außer der Zahl 2.

Verknüpft man zwei Aussagen mit **oder** spricht man von einer **Disjunktion** und schreibt

$$\boxed{A \vee B\,.}$$

$A \vee B$ ist eine wahre Aussage, wenn die Aussage A oder die Aussage B oder alle beide wahr sind, ansonsten ist sie falsch:

A	B	$A \vee B$
wahr	wahr	wahr
wahr	falsch	wahr
falsch	wahr	wahr
falsch	falsch	falsch

Beispiel F.4. Sei wieder A_x : „x ist eine gerade Zahl" und B_x: „x ist eine Primzahl". Die Aussage $A_x \vee B_x$ ist

- wahr, wenn $x = 2$; denn 2 ist gerade und 2 ist eine Primzahl,
- wahr, wenn $x = 4$; denn hier stimmt die erste Teilaussage,
- wahr, wenn $x = 7$; es stimmt die zweite Teilaussage,
- falsch, wenn $x = 9$; hier ist weder die erste noch die zweite Teilaussage wahr.

Man beachte, dass die Disjunktion $A \vee B$ das **nicht ausschließende** Oder bezeichnet: sie hat auch dann den Wert „wahr", wenn beide Teilaussagen zutreffen. Zu unterscheiden ist die Aussage von dem in der normalen Sprache oft gebrauchten ausschließenden Oder: „entweder A oder B", das sich so ausdrücken lässt,

$$\boxed{(A \vee B) \wedge (\neg(A \wedge B)),}$$

oder auch durch

$$\boxed{(A \wedge \neg B) \vee (\neg A \wedge B).}$$

Dies sind zwei Beispiele von **zusammengesetzten Aussagen**; sie bestehen aus wiederholten Verknüpfungen der **Elementaraussagen** A und B.

Eine weitere Verknüpfung zweier Aussagen ist die **Folgerung** „wenn A, dann B",

$$\boxed{A \Rightarrow B\,.}$$

Sie wird auch **Subjunktion** oder **Implikation** genannt. $A \Rightarrow B$ hat den Wert „falsch", wenn A wahr und B falsch ist, d.h. aus der wahren Aussage A die falsche Aussage B gefolgert wird; ansonsten hat $A \Rightarrow B$ den Wert „wahr". A nennt man **Prämisse**, B **Konklusion**.

A	B	$A \Rightarrow B$
wahr	wahr	wahr
wahr	falsch	falsch
falsch	wahr	wahr
falsch	falsch	wahr

Man beachte: Ist A keine wahre Aussage, darf B wahr oder falsch sein; dennoch ist die Subjunktion wahr. Aus einer falschen Prämisse kann man alles (Wahres und Falsches) folgern!

Beispiel F.5. Sei A_x : „$x \in \mathbb{N}$". B_x : „$x \in \mathbb{Z}$". Bekanntlich ist jede natürliche Zahl eine ganze Zahl. Deshalb gilt: Wenn A_x wahr ist, dann auch B_x. Wenn nun x keine natürliche Zahl, also A_x nicht wahr ist, dann kann x eine ganze Zahl (beispielsweise $x = -3$) sein oder auch nicht (beispielsweise $x = \frac{3}{2}$). In jedem Fall ist hier $A_x \Rightarrow B_x$ wahr.

Zahlreiche Aussagen in der Mathematik sind Wenn-Dann-Sätze vom Typ $A \Rightarrow B$. Es heißt dann, dass A ein **hinreichender Grund** für B sei. Umgekehrt nennt man B einen **notwendigen Grund** für A. Man beachte den Unterschied und merke sich: Wenn A zutrifft, trifft auch B zu, d.h. das Zutreffen von A **reicht hin** für das Zutreffen von B. Umgekehrt gilt: Wenn B nicht zutrifft, kann auch A nicht zutreffen; das Zutreffen von B ist also **notwendig** für das Zutreffen von A.

Gilt sowohl $A \Rightarrow B$ als auch die umgekehrte Folgerung $B \Rightarrow A$, sagt man die Aussagen A und B seien **äquivalent** und schreibt

$$\boxed{A \iff B\,.}$$

Die Aussage $A \iff B$ ist genau dann wahr, wenn die Wahrheitswerte von A und B übereinstimmen:

A	B	$A \iff B$
wahr	wahr	wahr
wahr	falsch	falsch
falsch	wahr	falsch
falsch	falsch	wahr

Statt „A äquivalent zu B" sagt man auch „A genau dann, wenn B" oder „A dann und nur dann, wenn B".

Beispiel F.6. Wenn $2x = 6$ wahr ist, dann ist auch $x = 3$ wahr, also $2x = 6 \Rightarrow x = 3$. Andererseits: Wenn $x = 3$ wahr ist, dann ist auch $2x = 6$ wahr, also $x = 3 \Rightarrow 2x = 6$. Also: $2x = 6$ ist genau dann wahr, wenn $x = 3$ wahr ist,

$$2x = 6 \iff x = 3\,.$$

Eine zusammengesetzte Aussage, die immer wahr ist, heißt **Tautologie**. Eine zusammengesetzte Aussage, die immer falsch ist, nennt man **Widerspruch**. Dass eine gegebene zusammengesetzte Aussage eine Tautologie ist, erkennt man an Hand einer Wahrheitstafel, indem man für die darin enthaltenen

Elementaraussagen alle möglichen Werte „wahr (w)“ und „falsch (f)“ einsetzt. Ebenso weist man einen Widerspruch nach.

Beispiel F.7. Die Aussage $A \vee \neg A$ ist eine Tautologie, die Aussage $A \wedge \neg A$ ist ein Widerspruch, wie die folgende Wahrheitstafel zeigt:

A	$\neg A$	$A \vee \neg A$	$A \wedge \neg A$
wahr	falsch	wahr	falsch
wahr	falsch	wahr	falsch
falsch	wahr	wahr	falsch
falsch	wahr	wahr	falsch

Beispiel F.8. Die Aussage $\neg(A \vee B) \iff (\neg A \wedge \neg B)$ ist eine Tautologie:

A	B	$A \vee B$	$\neg(A \vee B)$	$\neg A \wedge \neg B$	$\neg(A \vee B) \Leftrightarrow (\neg A \wedge \neg B)$
w	w	wahr	falsch	falsch	wahr
w	f	wahr	falsch	falsch	wahr
f	w	wahr	falsch	falsch	wahr
f	f	falsch	wahr	wahr	wahr

Die im vorigen Beispiel gezeigte Tautologie ist eine der beiden Regeln von De Morgan zur Umformung von Aussagen. Die **Regeln von De Morgan** lauten

$$\neg A \wedge \neg B \iff \neg(A \vee B), \qquad \neg A \vee \neg B \iff \neg(A \wedge B).$$

Anhang G

Beweistechnik

Um eine mathematische Aussage der Form $A \Rightarrow B$ zu beweisen, stehen drei logisch unterschiedliche Ansätze zur Verfügung: der direkte Beweis, der Umkehrschluss und der indirekte Beweis.

Direkter Beweis: Ein direkter Beweis besteht aus einer Kette von Folgerungen, die sukzessive von A nach B führen.

Beispiel G.1. Man möchte zeigen, dass die Formel

$$\sum_{i=1}^{n} i = \frac{n(n+1)}{2}$$

für alle $n \in \mathbb{N}$ gilt. Diese Aussage hat die Form $A_x \Rightarrow B_x$ mit A_x : „$x = n \in \mathbb{N}$" und B_x : „$\sum_{i=1}^{n} i = (n(n+1))/2$ mit $x = n$".

Nehmen wir an, dass die Aussage A_x wahr, also $x = n$ eine natürliche Zahl ist. Die Summanden $1, 2, 3, \ldots, n$ lassen sich einmal aufsteigend und einmal absteigend aufschreiben:

aufsteigend	absteigend	Zeilensumme
1	n	$n+1$
2	$n-1$	$n+1$
$\vdots$	$\vdots$	$\vdots$
$n-1$	2	$n+1$
n	1	$n+1$

Wie man sieht, ist jede Zeilensumme gleich $n+1$. Addiert man die n Zeilen, folgt

$$2\sum_{i=1}^{n} i = n(n+1)\,.$$

Multipliziert man die Gleichung auf beiden Seiten mit $\frac{1}{2}$, erhält man Aussage B_x. Also gilt die Behauptung.

Umkehrschluss: Die Folgerung $A \Rightarrow B$ ist äquivalent mit

$$\boxed{\neg B \Rightarrow \neg A\,;}$$

denn bei der folgenden Wahrheitstafel stimmt die dritte mit der sechsten Spalte überein.

A	B	$A \Rightarrow B$	$\neg B$	$\neg A$	$\neg B \Rightarrow \neg A$
w	w	**wahr**	falsch	falsch	**wahr**
w	f	**falsch**	wahr	falsch	**falsch**
f	w	**wahr**	falsch	wahr	**wahr**
f	f	**wahr**	wahr	wahr	**wahr**

Beispiel G.2. Wir betrachten die notwendige Bedingung dafür, dass ein lokales Extremum im Inneren des Definitionsbereichs einer differenzierbaren Funktion f vorliegt. Sie ist von der Form $A \Rightarrow B$ und lautet:

$$f \text{ besitzt ein lokales Extremum an der Stelle } a \quad \Rightarrow \quad f'(a) = 0$$

Die logisch äquivalente Umkehrung der Aussage ist:

$$f'(a) \neq 0 \quad \Rightarrow \quad \text{Es liegt kein lokales Extremum an der Stelle } a \text{ vor.}$$

Sie besagt, dass man sich bei der Suche nach lokalen Extrema im Inneren des Definitionsbereichs auf die Punkte a beschränken kann, an denen $f'(a) = 0$ gilt.

Der **Beweis durch Umkehrschluss** besteht darin, dass man anstatt $A \Rightarrow B$ die logisch äquivalente Aussage $\neg B \Rightarrow \neg A$ beweist. Man unterstellt dazu, dass B nicht wahr ist, und konstruiert eine Kette von Folgerungen, die von $\neg B$ nach $\neg A$ führt.

Beispiel G.3. Wir wollen zeigen: Wenn n eine natürliche Zahl und n^2 eine gerade Zahl ist, dann ist auch n eine gerade Zahl. Hier ist A_x : „$x \in \mathbb{N}$ und x^2 ist eine gerade Zahl", B_x : „$x \in \mathbb{N}$ und x ist eine gerade Zahl". Anstatt $A_x \Rightarrow B_x$ zeigen wir $\neg B_x \Rightarrow \neg A_x$, das heißt: Wenn x ungerade ist, dann ist auch x^2 ungerade.

Gelte $\neg B_x$, das heißt, sei $x \in \mathbb{N}$ eine ungerade Zahl. Dann hat x die Form $x = 2m - 1$ mit einer natürlichen Zahl m. Es folgt $x^2 = (2m-1)^2 = 4m^2 - 4m + 1 = 2(2m^2 - 2m) + 1$, und dies ist offenbar eine ungerade Zahl. Wir erhalten die Aussage $\neg A_x$, die zu beweisen war.

Beweis durch Widerspruch Um $A \Rightarrow B$ zu beweisen, nimmt man hier an, dass A gilt, aber B nicht gilt. Der Beweis durch Widerspruch besteht darin, aus der Annahme $A \wedge \neg B$ einen Widerspruch herzuleiten. Ein solcher Widerspruch besteht aus irgendeiner Aussage C und ihrer Verneinung $\neg C$.

Beispiel G.4. Zu zeigen ist:

$$x = 2 \quad \Rightarrow \quad \sqrt{x} \text{ ist eine irrationale Zahl.}$$

Wir nehmen an: A_x : „$x = 2$" und $\neg B_x$: „$\sqrt{x}$ ist eine rationale Zahl." Dann lässt sich $\sqrt{2}$ als Bruch schreiben,

$$\sqrt{2} = \frac{p}{q},$$

mit natürlichen Zahlen p und q, die teilerfremd sind, d.h. für die der Bruch vollständig gekürzt ist. Quadriert man diese Gleichung, erhält man

$$2 = \frac{p^2}{q^2} \iff 2q^2 = p^2 .$$

Also ist p^2 und damit auch p eine gerade Zahl, und folglich ist p^2 durch vier teilbar. Wegen $2q^2 = p^2$ muss deshalb q^2 und damit auch q eine gerade Zahl sein. Es folgt: p und q sind beide durch zwei teilbar. Somit war der Bruch $\frac{p}{q}$ nicht so weit wie möglich gekürzt, was ein Widerspruch zur Annahme ist. Folglich ist $\sqrt{2}$ keine rationale Zahl. Die Aussage, die hier den Widerspruch liefert, ist C : „p und q sind teilerfremd".

Eine behauptete **Äquivalenz zweier Aussagen**, $A \iff B$, beweist man, indem man nacheinander sowohl $A \Rightarrow B$ als auch $A \Leftarrow B$ (d.h. $B \Rightarrow A$) zeigt. Oft kann man jedoch auch einen direkten Beweis der Äquivalenz führen, indem man eine Kette von Äquivalenzen konstruiert, die von A nach B (und dann natürlich auch umgekehrt) führt.

Beispiel G.5. Man zeige, dass für jede natürliche Zahl n gilt: n ist gerade $\iff n^2$ ist gerade.

Die Richtung $A \Leftarrow B$ haben wir bereits im Beispiel G.3 gezeigt. Die andere Richtung $A \Rightarrow B$ wird so bewiesen: Sei n eine gerade natürliche Zahl, dann ist $m = n/2$ ebenfalls eine natürliche Zahl. Es folgt $n^2 = (2m)^2 = 2 \cdot 2 \cdot m^2$

und daraus, dass n^2 ebenfalls eine gerade Zahl ist. Damit ist die behauptete Äquivalenz bewiesen.

Die **Äquivalenz von mehr als zwei Aussagen**, etwa $A \iff B \iff C$, lässt sich manchmal durch einen sogenannten **Ringschluss** beweisen. Er besteht aus einer Kette von zu beweisenden Folgerungen, die sich schließt, beispielsweise der Form $A \Rightarrow B \Rightarrow C \Rightarrow A$. Wenn eine solche Kette gezeigt ist, folgt offenbar aus jeder der drei Aussagen A, B und C jede andere.

Beispiel G.6. Wir betrachten eine Menge von N Personen und interessieren uns für zwei mögliche Eigenschaften. Sei M_1 die Teilmenge der Personen, die Eigenschaft 1 (z.B. „männlich") aufweist, und M_2 die Teilmenge, die Eigenschaft 2 (z.B. „rothaarig") besitzt. Man sagt, dass die beiden Eigenschaften voneinander **unabhängig** sind, wenn $\frac{1}{N}|M_1| \cdot \frac{1}{N}|M_2| = \frac{1}{N}|M_1 \cap M_2|$, d.h. $|M_1| \cdot |M_2| = N|M_1 \cap M_2|$ ist, wobei $|\cdot|$ die Anzahl der Elemente einer Menge bezeichnet. Anschaulich: Wenn von hundert Personen fünfzig männlich sind und zehn Personen rote Haare haben, andererseits fünf Personen rothaarige Männer sind, dann tritt in der Population die Eigenschaft „rothaarig" offenbar unabhängig von der Eigenschaft „männlich" auf.

Es wird behauptet, dass folgende Aussagen alle äquivalent sind:

a) $A : |M_1| \cdot |M_2| = N|M_1 \cap M_2|$

b) $B : |\overline{M_1}| \cdot |M_2| = N|\overline{M_1} \cap M_2|$

c) $C : |\overline{M_1}| \cdot |\overline{M_2}| = N|\overline{M_1} \cap \overline{M_2}|$

d) $D : |M_1| \cdot |\overline{M_2}| = N|M_1 \cap \overline{M_2}|$

Anschaulich: Es ist logisch gleichbedeutend für welches der folgenden Eigenschaftspaare man die Unabhängigkeit feststellt: männlich und rothaarig, weiblich und rothaarig, weiblich und nicht rothaarig, männlich und nicht rothaarig.

Um die Äquivalenzen zu beweisen, beginnen wir mit „$A \Rightarrow B$": Sei $|M_1| \cdot |M_2| = N|M_1 \cap M_2|$. Es ist $|\overline{M_1}| = N - |M_1|$ und $|\overline{M_1}| \cdot |M_2| = N|M_2| - |M_1| \cdot |M_2| = N|M_2| - N|M_1 \cap M_2| = N|M_2 \setminus M_1| = N|\overline{M}_1 \cap M_2|$; also folgt aus A die Aussage B.

Um als Nächstes $B \Rightarrow C$ zu zeigen, verwenden wir die bereits bewiesene Implikation $A \Rightarrow B$ und vertauschen in A und B die Mengen M_1 und M_2 und ersetzen dann M_1 durch sein Komplement $\overline{M_1}$. Dies ist erlaubt, weil die Implikation für beliebige Teilmengen gilt. Es folgt so aus B die Aussage C.

Ebenso wie im vorigen Schritt zeigt man $C \Rightarrow D$, indem man in A und B die Mengen M_1 und M_2 durch ihre Komplemente $\overline{M_1}$ und $\overline{M_2}$ ersetzt. Wegen $\overline{\overline{M_1}} = M_1$ gilt somit $C \Rightarrow D$.

Der Beweis wird durch $D \Rightarrow A$ vervollständigt. Hierzu ersetzt man in B und C die Mengen M_1 und M_2 durch ihre Komplemente $\overline{M_1}$ und $\overline{M_2}$. Wegen $\overline{\overline{M_1}} = M_1$ und $\overline{\overline{M_2}} = M_2$ folgt hieraus $D \Rightarrow A$. Hiermit ist der Ringschluss gelungen: Alle vier Behauptungen A, B, C und D sind äquivalent.

Beweis durch vollständige Induktion: Viele mathematische Aussagen haben die Form

$$x \in \mathbb{N} \quad \Rightarrow \quad A_x \,.$$

Eine solche Aussage A_x, die für alle natürlichen Zahl $x = n$ gelten soll, beweist man in der Regel durch vollständige Induktion. Sie besteht aus zwei Schritten. Im ersten Schritt, dem **Induktionsanfang** zeigt man, dass die Aussage für $n = 1$, d.h. A_1 wahr ist. Im zweiten Schritt, dem **Induktionsschluss** beweist man unter der Voraussetzung, dass die Aussage für ein bestimmtes $n = k$ wahr ist, ihre Gültigkeit für $n = k + 1$, d.h. man beweist, dass die Aussage $A_k \Rightarrow A_{k+1}$ für beliebige $k \in \mathbb{N}$ zutrifft.

Anschaulich macht man sich diese Beweismethode am Besteigen einer Leiter klar: Mit dem Induktionsanfang wird gezeigt, dass man auf der ersten Stufe der Leiter stehen kann ($n = 1$). Mit dem Induktionsschluss wird bewiesen, dass man von jeder Stufe k auf die nächste Stufe $k + 1$ steigen kann. Folglich erreicht man, startend bei der ersten, jede weitere Stufe der Leiter. Mit anderen Worten, die Aussage gilt für alle $n \in \mathbb{N}$.

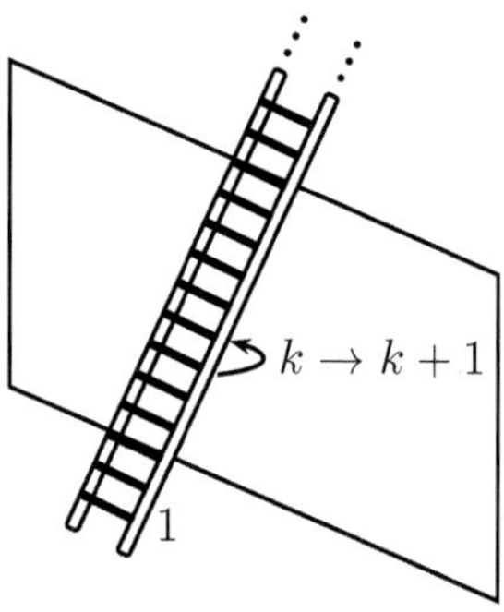

Beispiel G.7. Zu zeigen ist, dass die Formel

$$A_n: \sum_{i=1}^{n} i = \frac{n(n+1)}{2}$$

für alle $n \in \mathbb{N}$ gilt.

Induktionsanfang ($n = 1$): A_1 : $\sum_{i=1}^{1} i = \frac{1(1+1)}{2}$ ist wahr, da beide Seiten der Gleichung gleich 1 sind.

Induktionsschluss: Vorausgesetzt sei, dass die Behauptung für ein bestimmtes $n = k$ gilt, d.h. A_k : $\sum_{i=1}^{k} i = \frac{k(k+1)}{2}$. Daraus folgern wir

$$\sum_{i=1}^{k+1} i = \sum_{i=1}^{k} i + (k+1) = \frac{k(k+1)}{2} + (k+1)$$
$$= \frac{k(k+1)}{2} + \frac{2(k+1)}{2} = \frac{(k+2)(k+1)}{2},$$

also A_{k+1} :

$$\sum_{i=1}^{k+1} i = \frac{(k+1)(k+2)}{2}.$$

Damit ist der Beweis durch vollständige Induktion erbracht.

Anhang H

Kurzlösungen zu den Selbsttests

Zu Kapitel 1

I. W, F, F, F.

II. F, F, W, W, F, W.

III. W, F, W.

IV. W, F, F.

Zu Kapitel 2

I. W, F, W.

II. F, W, W, W.

III. W, F.

IV. F, F, W.

Zu Kapitel 3

I. W, W, F, W, F, F.

II. F, F, W, F.

III. W, F, W.

Zu Kapitel 4

I. F, F, F.

II. W, W, F.

III. F, W, F.

IV. W, F, W, F, F.

Zu Kapitel 5

I. W, W, F.

II. W, F, W, W.

III. W, F, F, W, W, F.

IV. W, F, W.

V. W, F, W.

Zu Kapitel 6

I. F, W, F, W.

II. W, F, W.

III. W, F, F, W, F, W, F, F.

IV. W, F.

Zu Kapitel 7

I. W, W, F, F.

II. W, W, F, F.

III. F, W, W, W.

IV. F, W, W, F.

Zu Kapitel 8

I. W, F, W, W.

II. F, W, W, F.

Zu Kapitel 9

I. F, W, F, F.

II. W, F, W.

III. W, W, W.

Zu Kapitel 10

I. W, F, F, W, W.

II. W, W, F, F.

III. F, W, W.

Zu Kapitel 11

I. F, W, W, F, W.

II. W, W, F.

III. F, W, W, F.

Zu Kapitel 12

I. F, W, W, F, W.

Zu Kapitel 13

I. F, W, F, F, W.

Anhang I

Kurzlösungen zu den Aufgaben

Zu Kapitel 1

Aufgabe 1

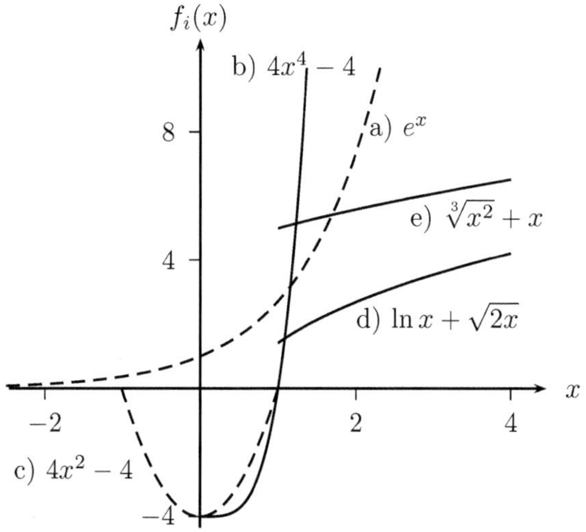

Teil	Bild	mon. steigend	konvex	beschränkt
a)	$\mathbb{R}_+ \setminus 0$	ja	ja	nein
b)	$[-4, \infty)$	ja	ja	nein
c)	$[-4, 0]$	nein	ja	ja
d)	$[\sqrt{2}, \infty)$	ja	nein	nein
e)	$[2, 2(\sqrt[3]{2}+2)]$	ja	nein	ja

Aufgabe 2

a) $f_1^{-1}(y) = \sqrt[3]{4y+8}, \quad y \in \mathbb{R}$

b) $f_2^{-1}(y) = e^{\frac{1}{2}y} - 1, \quad y \in \mathbb{R}_+$

c) Da f_3 eine nicht streng monoton steigende Funktion ist, bei der bestimmte Funktionswerte mehrfach vorkommen, ist sie nicht umkehrbar.

Aufgabe 3

Die Isoquante für einen bestimmen Output c besteht aus allen Punkten $(x, y) \in \mathbb{R}_+^2$ für die

$$\text{a) } y = \frac{c}{2x^2}, \qquad \text{b) } y = 2c - 4x \qquad \text{bzw.} \qquad \text{c) } \min\{2x, 4y\} = c$$

gilt.Für $c = 1, 2, 3$ erhält man bei Teil a), b) bzw. c):

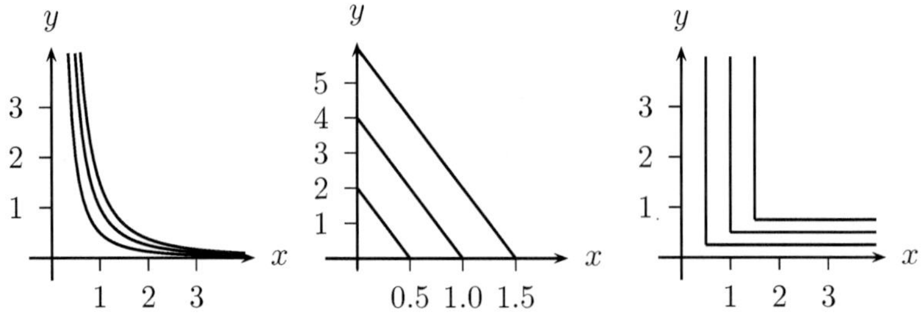

Aufgabe 4

Die Produktionsfunktion $f(x_1, x_2, x_3)$ [in hl] für die Inputs x_1 (Pilsener Malz), x_2 (Weizenmalz) und x_3 (Hopfen) ist

$$f(x_1, x_2, x_3) = \min\left\{\frac{1}{18}x_1, \frac{1}{4}x_2, 5x_3\right\}.$$

Zur Produktion von 5 [hl] Kölsch benötigt man hier 90 [kg] Pilsener Malz, 20 [kg] Weizenmalz und 1 [kg] Hopfen. Damit ergeben sich die gezeichneten möglichen Faktoreinsatzkombinationen für eine Produktion von 5 [hl] Kölsch:

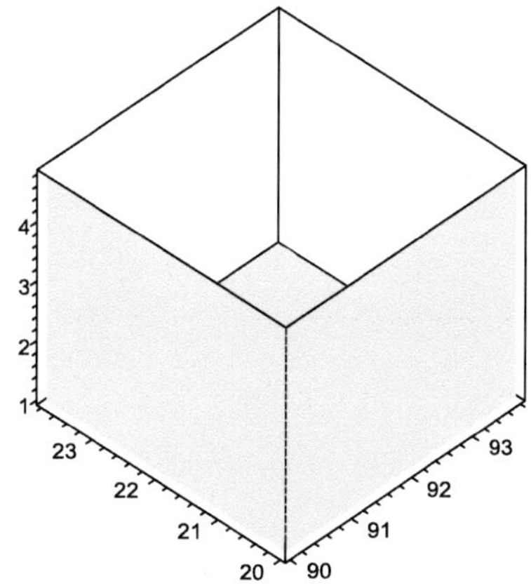

Zu Kapitel 2

Aufgabe 1

a) $[-1, 15, 15, -3]^T$

b) 0

c) $\sqrt{30} \approx 5,4772$

Aufgabe 2

a) $[\frac{1}{2}, 2, \frac{3}{2}, 3, \frac{5}{2}]^T$

b) nicht definiert

c) $[0, -6, -12, 18]^T$

d) nicht definiert

e) -7

Aufgabe 3

a) $\boldsymbol{AB} = \begin{bmatrix} 34 & -5 & 20 \\ 33 & -3 & 19 \\ 32 & -1 & 18 \end{bmatrix}$

b) $\boldsymbol{BA} = \begin{bmatrix} 12 & 37 \\ 12 & 37 \end{bmatrix}$

c) $\boldsymbol{ABC} = \begin{bmatrix} 104 & -113 & 132 \\ 96 & -107 & 124 \\ 88 & -101 & 116 \end{bmatrix}$

d) $3\boldsymbol{CAB} = \begin{bmatrix} 192 & -6 & 108 \\ -297 & 27 & -171 \\ 204 & -30 & 120 \end{bmatrix}$

e) $5\boldsymbol{de} = -65$

f) $\boldsymbol{e}^T\boldsymbol{A} = \begin{bmatrix} -6\,, & 13 \end{bmatrix}$

g) $\boldsymbol{dC} = \begin{bmatrix} 1\,, & 2\,, & -5 \end{bmatrix}$

h) $\boldsymbol{eC}$ ist nicht definiert.

i) $\boldsymbol{A} + \boldsymbol{B}^T = \begin{bmatrix} 5 & 11 \\ 3 & 4 \\ 5 & 7 \end{bmatrix}$

j) $\boldsymbol{AB} + \boldsymbol{C} - \boldsymbol{ed} = \begin{bmatrix} 45 & -7 & 18 \\ 29 & -2 & 18 \\ 29 & -3 & 22 \end{bmatrix}$

k) $\boldsymbol{C}(\boldsymbol{d}^T + \boldsymbol{e}) = \begin{bmatrix} -1 \\ -3 \\ 9 \end{bmatrix}$

Aufgabe 4

a) $(\boldsymbol{AB})^T(\boldsymbol{B}^{-1}\boldsymbol{A}^{-1})^T = \boldsymbol{I}$

b) $(\boldsymbol{A}(\boldsymbol{A}^{-1} + \boldsymbol{B}^{-1})\boldsymbol{B})(\boldsymbol{B} + \boldsymbol{A})^{-1} = \boldsymbol{I}$

c) $(\boldsymbol{I}^{-1})^T\boldsymbol{A} - (\boldsymbol{I}^T)^{-1}\boldsymbol{A} + 0 \cdot \boldsymbol{I} = \boldsymbol{0}$

Aufgabe 5

a) $\boldsymbol{A}^{-1} + \boldsymbol{B}^{-1} = \begin{bmatrix} -3 & 1 \\ \frac{5}{2} & -\frac{1}{2} \end{bmatrix}$

b) $(\boldsymbol{A}^{-1}\boldsymbol{B})^{-1} = \begin{bmatrix} -1 & -1 \\ 1 & \frac{3}{2} \end{bmatrix}$

c) $((\boldsymbol{A}^{-1}\boldsymbol{B})^T)^{-1} = \begin{bmatrix} -1 & 1 \\ -1 & \frac{3}{2} \end{bmatrix}$

Aufgabe 6

a) $\|\boldsymbol{x}\| + \|\boldsymbol{y}\| \geq \|\boldsymbol{x} + \boldsymbol{y}\| = \sqrt{27}\,, \quad \|\boldsymbol{x}\| \cdot \|\boldsymbol{z}\| \geq \|\boldsymbol{x}^T\boldsymbol{z}\| = 4\,,$
$\|\boldsymbol{x}\| + \|\boldsymbol{y}\| = \sqrt{14} + \sqrt{13}\,, \quad \|\boldsymbol{x}\| \cdot \|\boldsymbol{z}\| = \sqrt{14} \cdot \sqrt{3}\,.$

b) $\boldsymbol{x}^T\boldsymbol{y} = 0 \Rightarrow \boldsymbol{x} \perp \boldsymbol{y}$

Aufgabe 7

a) ja b) ja

Zu Kapitel 3

Aufgabe 1

a) $a_n = \dfrac{1}{e^n} + 1 \longrightarrow 1$

b) $a_n = \dfrac{4 - \frac{2}{n^{\frac{8}{3}}}}{1 + \frac{5}{n}} \longrightarrow 4$

c) $a_n = -n^{\frac{1}{2}} \longrightarrow -\infty$

d) $a_n = \dfrac{1}{n!}\dfrac{1}{n+1}\dfrac{1}{2^{n-10000}} \longrightarrow 0$

e) Da $\sin(n) \in [-1, 1]$ für alle $n \in \mathbb{N}$ gilt und $\frac{1}{n^2}$ eine Nullfolge ist, gilt $a_n \longrightarrow 0$.

Aufgabe 2

a) Der relativer Zinssatz je Monat beträgt $\frac{3}{12}\,\% = 0.25\,\%$. Es gibt $60 \cdot 12$ Verzinsungsperioden. Das Endkapital ist also 4225.25 €.

b) Bei vorschüssiger Verzinsung ergibt sich das Kapital am Ende der i–ten Periode zu $\widetilde{K}_i = \widetilde{K}_{i-1} + p\widetilde{K}_i$. Das Endkapital beträgt also 4244.31 €.

c) Effektivzins für a) bzw. b) ist 3.0416 bzw. 3.0493.

Aufgabe 3

Pro Quartal ergeben sich Gebühren von 40 €. D.h. 800 € werden pro Quartal für Zinsen und Tilgung aufgebracht. Zur Rückzahlung des Darlehens werden 94 Quartale, also 23.5 Jahre benötigt. Berücksichtigt man die Wartezeit von zwei Jahren, so ist das Darlehen nach 25.5 Jahren zurückgezahlt.

Aufgabe 4

Es ist $d^{-1}(q_n) = 100 - q_n$. Dann ist $p_n = 100 - \frac{p_{n-1}^2}{100}$. Nun prüft man, ob diese Funktion eine kontrahierende Selbstabbildung ist: Für beliebige Preise $x, y \in [0, 100]$ ist

$$\left|100 - \frac{x^2}{100} - \left(100 + \frac{y^2}{100}\right)\right| = \frac{1}{100}\left|y^2 - x^2\right| = \frac{1}{100}|y+x||y-x| \geq |y-x|,$$

falls $|x + y| \geq 100$. Da $x, y \in [0, 100]$ beliebig gewählt werden konnten, ist die obige Funktion keine kontrahierende Abbildung. Die folgende Graphik zeigt, dass die Folge der Preise divergent ist, also die Preise nicht gegen einen Gleichgewichtspreis konvergieren.

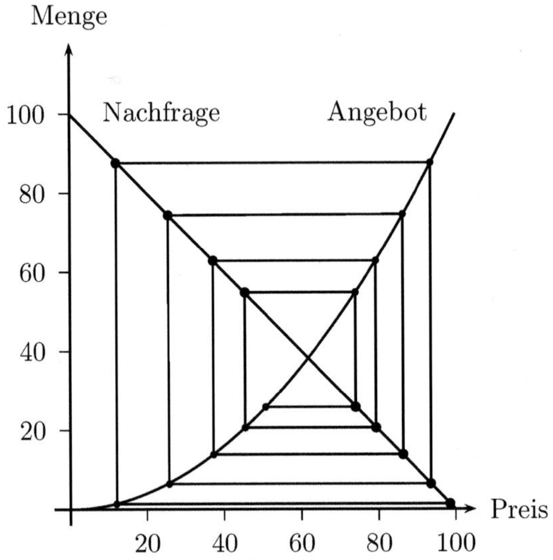

Aufgabe 5

f_1 ist stetig, falls $(x, y) \neq (0, 0)$. An der Stelle $(x, y) = (0, 0)$ ist f_1 jedoch nicht stetig.

f_2 ist stetig, falls $(x, y) \neq (0, 0)$. An der Stelle $(x, y) = (0, 0)$ ist f_2 ebenfalls stetig. Somit ist f_2 auf ganz $\mathbb{R}^2$ stetig.

Zu Kapitel 4

Aufgabe 1

a) $f_1'(x) = 8x - 7 - \frac{1}{x^2}$

b) $f_2'(x) = 20x^3 - 3$

c) $f_3'(x) = 4x^3 - 3x^2 - 18x + 9$

d) $f_4'(x) = 700x^{699} + 5000x^{-5001}$

e) $f_5'(x) = 4x^3 - 64x$

Aufgabe 2

a) $g_1'(x) = 1$

b) $g_2'(x) = \frac{2}{x+7}$

c) $g_3'(x) = -\frac{4}{(x+5)^5}$

d) $g_4'(x) = \frac{e^x}{e^x+2}$

e) $g_5'(x) = -\frac{2e^{(x-\ln x)}\left(1-\frac{1}{x}\right)}{(e^{(x-\ln x)}+2)^3}$

Aufgabe 3

a) $h_1'(x) = 2e^{-\frac{x}{2}}(-2+x)$

b) $h_2'(x) = -e^x\left(\ln(x-2) + \frac{1}{x-2}\right)$

c) $h_3'(x) = \frac{e^x\left(\ln x - \frac{1}{x}\right)}{(\ln x)^2}$

d) $h_4'(x) = \frac{3x-4}{x^5}$

Aufgabe 4

a) $g_1'(x) = f'(x)e^{f(x)}, g_1''(x) = f''(x)e^{f(x)} + (f'(x))^2 e^{f(x)}$

b) $g_2'(x) = \frac{1}{3}f'(x)\frac{1}{\sqrt[3]{(f(x)+7)^2}}$, für alle x mit $f(x) \neq -7$,

$g_2''(x) = \frac{1}{3}f''(x)\frac{1}{\sqrt[3]{(f(x)+7)^2}} - \frac{2}{9}(f'(x))^2\frac{1}{\sqrt[3]{(f(x)+7)^5}}$, für alle x mit $f(x) \neq -7$.

c) $g_3'(x) = \frac{2f'(x)}{(1-f(x))^2}$, für alle x mit $f(x) \neq 1$,

$g_2''(x) = \frac{2f''(x)(1-f(x))+4\left(f'(x)\right)^2}{(1-f(x))^3}$, für alle x mit $f(x) \neq 1$.

d) $g_4'(x) = 0$ und $g_4''(x) = 0$.

Aufgabe 5

Es muss gelten: $G(1000) = 0$, $G(4000) = 0$ und $G(0) = -1000000$. Die Gewinnfunktion ist dann $G(x) = -\frac{1}{4}x^2 + 1250x - 1000000$. Der Gewinn wird für eine Menge von 2500 (hl) maximal.

Aufgabe 6

a) Nullstellen: -1, 1, 3. Extremstellen: $1 - \frac{2}{\sqrt{3}}$ relatives Maximum, $1 + \frac{2}{\sqrt{3}}$ relatives Minimum. Wendestelle: 1.

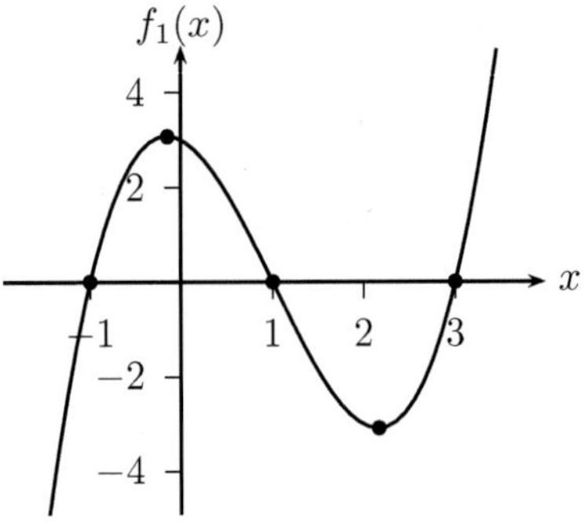

b) f_2 ist an der Stelle $x = 0$ nicht differenzierbar, daher führt man folgende Überlegungen durch: Die stetige Funktion e^x ist streng monoton steigend, e^{-x} ist streng monoton fallend. Also ist

$$e^{|x|} = \begin{cases} e^{-x} & \text{für } x < 0\,, \\ e^{x} & \text{für } x \geq 0 \end{cases}$$

auf $(-\infty, 0]$ bzw. $[0, \infty)$ streng monoton fallend bzw. streng monoton steigend mit absolutem Minimum an der Stelle 0. Die Nullstellen sind $-\ln 2$ und $\ln 2$. Es gilt außerdem $\lim_{x \longrightarrow -\infty} f_2(x) = -0{,}5$ und $\lim_{x \longrightarrow \infty} f_2(x) = -0{,}5$.

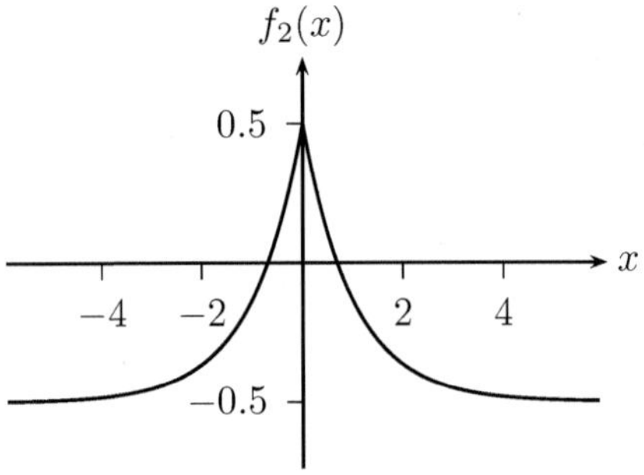

Aufgabe 7

a) $x_1 = -2$, $x_2 = -1$, $x_3 = 0$, $x_4 = 1$, $x_5 = 2$

b) $x_1 = -1$, $x_2 = 0$, $x_3 = 1$

c) keine Nullstellen

d) alle $x \in \mathbb{R}$

e) $x_1 = -1$, $x_1 = 0$

Aufgabe 8

a) $f'(x_1) = 12 \cdot x_1^2 \cdot b \cdot c + b^2 \cdot c^2$

b) $f'(x_2) = 4 \cdot a^3 \cdot c + 2 \cdot a \cdot x_2 \cdot c^2 + \frac{\ln c}{d}$

c) $f'(x_3) = 4 \cdot a^3 \cdot b + 2 \cdot a \cdot b^2 \cdot x_3 + \frac{b}{d \cdot x_3}$

d) $f'(x_4) = -\frac{b \cdot \ln c}{x_4^2}$

Bemerkung: Damit haben Sie schon die partiellen Ableitungen der Funktion

$$f(x_1, x_2, x_3, x_4) = 4x_1^3 x_2 x_3 + x_1 x_2^2 x_3^2 + \frac{x_2 \ln x_3}{x_4},$$

$x_1, x_2 \in \mathbb{R}$, $x_3 \in \mathbb{R}_+ \setminus \{0\}$, $x_3 \in \mathbb{R} \setminus \{0\}$, bestimmt, siehe Kapitel 5.

Aufgabe 9

a) $k'(x) = \frac{h'(x) \cdot g'(h(x)) \cdot f'(g(h(x))) \cdot g(f(x)) - f(g(h(x))) \cdot f'(x) \cdot g'(f(x))}{(g(f(x)))^2}$

b) $k(x) = \frac{e^{2 \cdot \sqrt{x}} - 4}{e^{x^2 - 4}}$

$k'(x) = \frac{\frac{1}{\sqrt{x}} e^{2\sqrt{x}} - 2x\left(e^{2\sqrt{x}} - 4\right)}{e^{x^2 - 4}}$

Aufgabe 10

a) $f_1'(x) = x^4 + 8x$

b) $f_2'(x) = 4x(x^2 - 1)^9 (2 - x^2)^5 (13 - 8x^2)$

c) $f_3'(x) = \frac{2(1 - x^2)}{(1 + x^2)^2}$

d) $f_4'(x) = -3 \cdot \cos^2(\sin(x)) \cdot \sin(\sin(x)) \cos(x)$

e) $f_5'(x) = \frac{2e^{x+1}}{(e^{x+1} + 1)^2}$

f) $f_6'(x) = x^x (\ln x + 1)$

Aufgabe 11

a) $\varepsilon_{f_1}(x) = 17$

b) $\varepsilon_{f_2}(x) = 5x$

c) $\varepsilon_{f_3}(x) = 17 + 5x$

d) $\varepsilon_{f_4}(x) = \frac{1}{\ln x}$

e) $\varepsilon_{f_5}(x) = -2$

f) $\varepsilon_{f_6}(x) = -\frac{2x^2}{x^2 + 5}$

Zu Kapitel 5

Aufgabe 1

a) $\operatorname{grad} f(x,y,z) = \left[3x^2yz^2 + 4xy^2z, x^3z^2 + 4x^2yz, 2x^3yz + 2x^2y^2 + 15z^2\right]$

b) $\operatorname{grad} f(x,y,z) = \left[-e^{-x}\cos(yz), -e^{-x}\sin(yz)\cdot z, -e^{-x}\sin(yz)\cdot y\right]$

c) $\operatorname{grad} f(x,y,z) = \left[\ln(y^2+2z^3+1), \frac{2xy}{y^2+2z^3+1}, \frac{6xz^2}{y^2+2z^3+1}\right]$

Aufgabe 2

a) $\varepsilon_{f,x}(x,y) = \dfrac{x}{xy}\cdot y = 1$ und $\varepsilon_{f,y}(x,y) = \dfrac{y}{xy}\cdot x = 1.$

b) $\varepsilon_{f,x}(x,y) = \dfrac{x}{x^2y^5}\cdot 2xy^5 = 2$ und $\varepsilon_{f,y}(x,y) = \dfrac{y}{x^2y^5}\cdot 5x^2y^4 = 5.$

c) $\varepsilon_{f,x}(x,y) = n + x$ und $\varepsilon_{f,y}(x,y) = n + y.$

Aufgabe 3

Für die partiellen Ableitungen erhält man:

$$\frac{\partial f}{\partial x}(x,y) = \begin{cases} \dfrac{2xy}{\sqrt{2x^2+y^2}}, & \text{falls } (x,y) \neq (0,0), \\ 0, & \text{falls } (x,y) = (0,0), \end{cases}$$

und

$$\frac{\partial f}{\partial y}(x,y) = \begin{cases} \dfrac{2x^2+2y^2}{\sqrt{2x^2+y^2}}, & \text{falls } (x,y) \neq (0,0), \\ 0, & \text{falls } (x,y) = (0,0). \end{cases}$$

Aufgabe 4

a) $\dfrac{\partial f}{\partial y}(x,y)\, dy = -(8xy + 3y^2)dy$

b) $df_{(x,y)} = (3x^2 - 4y^2 + 2x)dx - (8xy + 3y^2)dy$

c) $df_{(3,1)} = 29\,dx - 27\,dy$

Aufgabe 5

a) Das totale Differential im Punkt $(x,y,z) = (80, 100, 120)$ ist

$$df_{(80,100,120)}(dx, dy, dz) = 0,5574\,dx + 0,8065\,dy + 0,7235\,dz\,.$$

Für $dx = dy = dz = 2$ ist die approximative Änderung gleich $4,1748$.

b) f ist homogen vom Grad 1, also erhöht sich der Output um 30%.

Aufgabe 6

Für $c > 0$ sind die Höhenlinien gegeben durch

$$\left\{ (x,y) \in \mathbb{R}^2 \,:\, y = \pm\frac{1}{2}\sqrt{x^2 - c},\ |x| \geq \sqrt{c} \right\},$$

für $c \leq 0$ durch

$$\left\{ (x,y) \in \mathbb{R}^2 \,:\, y = \pm\frac{1}{2}\sqrt{x^2 - c} \right\}.$$

Für die Höhen $c = 0, 1, 4, 9$ (schwarz) bzw. $c = -1, -4, -9$ (grau) erhält man die folgende Skizze:

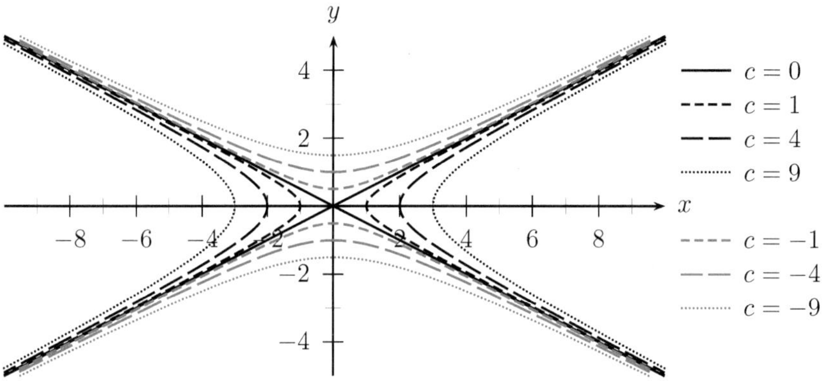

Die Tangentenfunktionen sind $t_{f,(0,1)}(x,y) = 4 - 8y$ bzw. $t_{f,(2,1)}(x,y) = 4x - 8y$.

Aufgabe 7

a) f ist homogen vom Grad $r = 2$.

b) g ist nicht homogen.

c) h ist homogen vom Grad $r = 1.5$.

d) i ist homogen vom Grad $r = 1$.

e) j ist homogen vom Grad $r = 1$.

Aufgabe 8

a) f ist homogen vom Grad 3.

b) Der Output sinkt um 27.1%.

Aufgabe 9

a) Partielle Elastizitäten und Skalenelastizität:

$$\varepsilon_{f,x} = \frac{6x^2y^3}{3x^2y^3+1} \quad \text{bzw.} \quad \varepsilon_{f,y} = \frac{9x^2y^3}{3x^2y^3+1} \quad \text{sowie} \quad \varepsilon_{f,t} = \frac{15x^2y^3}{3x^2y^3+1}.$$

b) f ist nicht homogen.

c) Der Output erhöht sich approximativ um 9.2308%.

Aufgabe 10

a) $\frac{dy}{dx} = -\frac{3x^2-2y}{-2x+2y}$ b) $\frac{dy}{dx} = -\frac{ye^{xy}+2y^2}{xe^{xy}+4xy}$

Aufgabe 11

a) $\frac{dz}{dt} = 4t^3+3t^2+1$ b) $\frac{dz}{dt} = 4t^3$ c) $\frac{dz}{dt} = 4te^{2t}+4t^2e^t+2e^{2t}+8te^t$

Aufgabe 12

$\frac{dq}{dt}/q = 0.004405$, d.h. die Nachfrage wächst approximativ um 0.4405% je Zeiteinheit.

Aufgabe 13

$$J_f(x,y) = \begin{bmatrix} 2x & 1 \\ 1 & -2y \\ -y & -x \end{bmatrix} \quad \text{und} \quad J_f(2,1) = \begin{bmatrix} 4 & 1 \\ 1 & -2 \\ -1 & -2 \end{bmatrix}$$

Aufgabe 14

Die Verknüpfungen $g \circ f$ und $g \circ g$ sind nicht definiert,

$$(f \circ f)'(0,1) = \begin{bmatrix} 0 & 4 \\ -4 & 0 \end{bmatrix}, \qquad (f \circ g)'(1,0,-1) = \begin{bmatrix} 2 & 2 & 8 \\ -4 & -4 & 4 \end{bmatrix}.$$

Aufgabe 15

a) Die Richtungsableitung ist $\frac{\partial f}{\partial \boldsymbol{p}} = \frac{3\sqrt{3}}{5}x + \frac{4}{5}$.

b) Die Kugel rollt in die Richtung $\left[-\frac{\sqrt{3}}{2}, -\frac{1}{2}\right]$.

Zu Kapitel 6

Aufgabe 1

An den kritischen Punkten $(1,0)$, $(-1,1)$ und $(-1,-1)$ liegen keine Extrema, an den Stellen $(1,1)$ und $(1,-1)$ liegen lokale Minima und an der Stelle $(-1,0)$ liegt ein lokales Maximum. Es gibt keine globalen Extremstellen.

Aufgabe 2

Mögliche Extrema liegen in $(0,0)$, $(1,0)$ und $(-1,0)$. An den Stellen $(1,0)$ und $(-1,0)$ liegen lokale Minima vor, an der Stelle $(0,0)$ kann man mit Hilfe der Hesse-Matrix keine Aussage treffen. Darum betrachtet man $f(t,0)$ und $f(0,t)$, wobei t nahe 0 sei und erhält so, dass im Punkt $(0,0)$ kein Extremum liegt.

Aufgabe 3

Von den möglichen Extrema in $(0,-2)$, $(0,2)$, $(-4,2)$ und $(4,-2)$ ist nur in $(-4,2)$ ein lokales Maximum und in $(4,-2)$ ein lokales Minimum. Es gibt keine globalen Extremstellen.

Aufgabe 4

Es gibt zwei lokale Extrema: Ein lokales Minimum bei $(3,2)$ und ein lokales Maximum bei $(0,0)$. Das Minimum an der Stelle $(3,2)$ ist sogar ein globales Minimum. Es gibt kein globales Maximum.

Aufgabe 5

An allen Stellen, an denen $x_1 = 0$ oder $x_2 = 0$ oder $x_3 = 0$ ist, hat f globale Maxima.

Aufgabe 6

Der Gewinn wird maximal für $p_1 = 49$ und $p_2 = 40$ und beträgt dann 4808. Dabei werden 68 Einheiten des ersten und 48 Einheiten des zweiten Gutes produziert.

Aufgabe 7

f ist auf $\mathbb{R}^2_+$ konvex, auf ganz $\mathbb{R}^2$ ist f weder konvex noch konkav.

Aufgabe 8

Auf $\mathbb{R}^2$ ist die Funktion f aus Teil a) konvex, aus Teil b) konkav und aus Teil c) weder konvex noch konkav.

Aufgabe 9

Die Stellen möglicher Extrema sind $(-2,-1)$, $(2,1)$, $(-2,1)$ und $(2,-1)$.

Aufgabe 10

Die Stellen möglicher Extrema sind $(0,\sqrt{2},1)$ und $(0,-\sqrt{2},1)$.

Aufgabe 11

An der Stelle $(6,8,6)$ hat die Funktion unter den angegebenen Nebenbedingungen ein Minimum.

Aufgabe 12

a) Die Minimalkostenkombination ist $(x_1,x_2)=(4,1)$.

b) Die Kosten steigen approximativ um $\frac{3}{20}=0.15$.

Aufgabe 13

Es gibt vier Kandidaten für Extrema:
$(0,0)$ ist Kandidat für ein Minimum, $\mu_1=0$, $\mu_2=2$.
$(0,\sqrt{5})$ ist Kandidat für ein Maximum, $\mu_1=-1/\sqrt{5}$, $\mu_2=0$.
$(\pm 2,1)$ sind Kandidaten für Maxima, $\mu_1=-1$, $\mu_2=0$.

Überprüfung der hinreichenden Bedingungen:
An der Stelle $(0,0)$ befindet sich ein Minimum.
An der Stelle $(0,\sqrt{5})$ liegt kein Extremum vor.
An den Stellen $(\pm 2,1)$ liegen jeweils Maxima vor.

Aufgabe 14

Es gibt vier Kandidaten für Extrema:
$(3,2)$ ist ein Kandidat für ein Minimum oder Maximum, $\mu_1=\mu_2=0$.
$(0,2)$ ist ein Kandidat für ein Maximum, $\mu_1=-27$, $\mu_2=0$.
$(3,0)$ ist ein Kandidat für ein Maximum, $\mu_1=0$, $\mu_2=-4$.
$(0,0)$ ist ein Kandidat für ein Maximum, $\mu_1=-27$, $\mu_2=-4$.

Überprüfung der hinreichenden Bedingungen:
An der Stelle $(3,2)$ befindet sich ein lokales Minimum.
An der Stelle $(0,2)$ befindet sich kein Extremum.
An der Stelle $(3,0)$ befindet sich kein Extremum.
An der Stelle $(0,0)$ befindet sich ein lokales Maximum.

Zu Kapitel 7

Aufgabe 1

$$F_1(x) = \frac{x^4}{4} - x^2 + 5x + C, \quad C \in \mathbb{R},$$

$$F_2(x) = -\frac{1}{x} + \frac{3}{2}\ln|x| - \frac{1}{3}(x+1)^3 + C, \quad C \in \mathbb{R},$$

$$F_3(x) = \frac{2}{3}(x+1)^{\frac{3}{2}} + 2x^{\frac{1}{2}} + C = \frac{2}{3}\sqrt{(x+1)^3} + 2\sqrt{x} + C, \quad C \in \mathbb{R},$$

$f_4(x) = \dfrac{1+x^2-1}{1+x^2} = 1 - \dfrac{1}{1+x^2}$, daher ist $F_4(x) = x - \arctan(x) + C$, $C \in \mathbb{R}$,

$$F_5(x) = e^{x^2} + C, \quad C \in \mathbb{R}.$$

Aufgabe 2

a) $1 - 3e^{-2}$ b) $\frac{1}{2}$ c) $\frac{1}{2}e^x(\sin(x) - \cos(x))$

Aufgabe 3

a) 79.2 b) $\frac{1}{3}$ c) $-\frac{1}{6(x^2-6x)^3} + C, \quad C \in \mathbb{R}$

Aufgabe 4

a) $\frac{1}{2}$ b) -1 c) $\frac{1}{3}e^3 + e^2 + e$ d) ∞

Aufgabe 5

a) 1 b) $\frac{1}{2}$ c) $\frac{4}{5}$ d) 0

Aufgabe 6

a) $\frac{1}{2}$ b) $\frac{64}{15}$

Zu Kapitel 8

Aufgabe 1

Die Lösungsmenge ist $\left\{ \lambda \begin{bmatrix} 3 \\ 4 \\ -1 \\ 0 \\ 0 \end{bmatrix} + \mu \begin{bmatrix} -1 \\ -1.5 \\ 0 \\ -1 \\ 0 \end{bmatrix} : \lambda, \mu \in \mathbb{R} \right\}$.

Aufgabe 2

Die Lösungsmengen sind a) $\left\{ \begin{bmatrix} 3 \\ \frac{1}{2} \\ 0 \end{bmatrix} + \lambda \begin{bmatrix} 1 \\ \frac{1}{3} \\ -1 \end{bmatrix} : \lambda \in \mathbb{R} \right\}$ und b) $\emptyset$.

Aufgabe 3

Die Lösungsmengen sind

a) $\left\{ \begin{bmatrix} 1 \\ 4 \\ 0 \\ 0 \end{bmatrix} + \lambda \begin{bmatrix} -2 \\ 1 \\ 4 \\ -1 \end{bmatrix} : \lambda \in \mathbb{R} \right\}$,

b) $\left\{ \begin{bmatrix} 0 \\ 3 \\ 1 \\ 0 \\ 0 \end{bmatrix} + \lambda \begin{bmatrix} -1 \\ 2 \\ 0 \\ -1 \\ 0 \end{bmatrix} + \mu \begin{bmatrix} 4 \\ 1 \\ 1 \\ 0 \\ -1 \end{bmatrix} : \lambda, \mu \in \mathbb{R} \right\}$,

c) $\left\{ \begin{bmatrix} 8 \\ 0 \\ 2 \\ 0 \\ 4 \end{bmatrix} + \lambda \begin{bmatrix} -1 \\ 0 \\ 3 \\ -1 \\ 0 \end{bmatrix} + \mu \begin{bmatrix} 3 \\ -1 \\ 2 \\ 0 \\ -6 \end{bmatrix} : \lambda, \mu \in \mathbb{R} \right\}$.

Aufgabe 4

$\boldsymbol{A}^{-1} = \frac{1}{2} \begin{bmatrix} 1 & -1 & 0 \\ 1 & 1 & -2 \\ -1 & 1 & 2 \end{bmatrix}$, $\quad \boldsymbol{x} = \begin{bmatrix} -1 \\ -1 \\ 4 \end{bmatrix}$.

Aufgabe 5

$\boldsymbol{A}^{-1} = \begin{bmatrix} -3 & 3 & -\frac{1}{2} \\ -2 & 2 & -\frac{1}{2} \\ 3 & -\frac{5}{2} & \frac{1}{2} \end{bmatrix}$, $\quad \boldsymbol{B}$ ist nicht invertierbar.

Zu Kapitel 9

Aufgabe 1

a) Das Erzeugnis ist $\mathbb{R}^4$; die Vektoren sind linear unabhängig.

b) Das Erzeugnis ist $\left\{[\lambda, \mu, \nu, 0]^T : \lambda, \mu, \nu \in \mathbb{R}\right\}$; die Vektoren sind linear unabhängig.

Aufgabe 2

a) ja b) nein c) ja

Aufgabe 3

a) $a, b, c \in \mathbb{R} \setminus \{0\}$ beliebig

b) Die Vektoren sind immer linear abhängig, egal welche Werte a, b und c annehmen.

Aufgabe 4

a) $\dim E(M) = 2$

b) Die Menge $\{[1, -2, 0, 1]^T, [0, 0, 2, 5]^T\}$ ist beispielsweise eine Basis.

c) Bezüglich dieser Basis lautet die Darstellung

$$\begin{bmatrix} -2 \\ 4 \\ 2 \\ 3 \end{bmatrix} = (-2) \cdot \begin{bmatrix} 1 \\ -2 \\ 0 \\ 1 \end{bmatrix} + 1 \cdot \begin{bmatrix} 0 \\ 0 \\ 2 \\ 5 \end{bmatrix}.$$

Aufgabe 5

a) $\operatorname{rg}(\boldsymbol{A}) = 4, \quad \operatorname{rg}(\boldsymbol{B}) = 2.$

b) $\dim L(\mathbf{A}, \mathbf{0}) = 0$, $\dim L(\mathbf{B}, \mathbf{0}) = 3$

c) $L(\mathbf{A}, \mathbf{0}) = \{\mathbf{0}\}$ und

$$L(\mathbf{B}, \mathbf{0}) = \left\{ \mathbf{x} = \lambda \begin{bmatrix} 3 \\ 4 \\ -1 \\ 0 \\ 0 \end{bmatrix} + \mu \begin{bmatrix} -1 \\ -\frac{3}{2} \\ 0 \\ -1 \\ 0 \end{bmatrix} + \nu \begin{bmatrix} 2 \\ \frac{7}{2} \\ 0 \\ 0 \\ -1 \end{bmatrix} : \lambda, \mu, \nu \in \mathbb{R} \right\}.$$

Zu Kapitel 10

Aufgabe 1

$\det(\boldsymbol{A}) = -48\,, \quad \det(\boldsymbol{B}) = -30\,, \quad \det(\boldsymbol{C}) = 53\,.$

Aufgabe 2

a) $\det(\boldsymbol{ABC}) = \det(\boldsymbol{A})\det(\boldsymbol{B})\det(\boldsymbol{C}) = 76320$

b) Da die Determinanten ungleich null sind, sind die Matrizen invertierbar, $\det(\boldsymbol{A}^{-1}\boldsymbol{B}\boldsymbol{C}^{-1}) = \frac{\det(\boldsymbol{B})}{\det(\boldsymbol{A})\det(\boldsymbol{C})} = 0{,}01179\,.$

c) $\det(-\frac{1}{2}\boldsymbol{A}) = (-\frac{1}{2})^3\det(\boldsymbol{A}^T) = 6$

Aufgabe 3

$\det \boldsymbol{A} = -47, \quad \det \boldsymbol{B} = 16$

Aufgabe 4

Die Matrix $\boldsymbol{A}$ hat den dreifachen Eigenwert $\lambda_{1,2,3} = 3$. Der zugehörige Eigenraum ist

$$V(3) = \left\{ c_1 \begin{bmatrix} 1 \\ 1 \\ 0 \end{bmatrix} + c_2 \begin{bmatrix} 0 \\ 0 \\ 1 \end{bmatrix} \; : \; c_1, c_2 \in \mathbb{R} \right\}.$$

Die Matrix $\boldsymbol{B}$ hat den zweifachen Eigenwert $\lambda_{1,2} = 2$ und den einfachen Eigenwert $\lambda_3 = 1$. Die zugehörigen Eigenräume sind

$$V(2) = \left\{ c_1 \begin{bmatrix} 4 \\ -1 \\ 0 \end{bmatrix} + c_2 \begin{bmatrix} 4 \\ 0 \\ 1 \end{bmatrix} \; : \; c_1, c_2 \in \mathbb{R} \right\} \text{ und } V(1) = \left\{ c \begin{bmatrix} 3 \\ 0 \\ 1 \end{bmatrix} \; : \; c \in \mathbb{R} \right\}.$$

Die Matrix $\boldsymbol{C}$ hat die einfachen Eigenwerte $\lambda_1 = 1$, $\lambda_2 = 4$ und $\lambda_3 = -1$. Die zugehörigen Eigenräume sind

$$\begin{aligned} V(1) &= \left\{ \boldsymbol{x} \in \mathbb{R}^3 \; : \; \boldsymbol{x} = c[0,1,-1]^T,\, c \in \mathbb{R} \right\}, \\ V(4) &= \left\{ \boldsymbol{x} \in \mathbb{R}^3 \; : \; \boldsymbol{x} = c[1,0,1]^T,\, c \in \mathbb{R} \right\}, \\ V(-1) &= \left\{ \boldsymbol{x} \in \mathbb{R}^3 \; : \; \boldsymbol{x} = c[1,2,0]^T,\, c \in \mathbb{R} \right\}. \end{aligned}$$

Aufgabe 5

Für die Matrix $\boldsymbol{A}$ ist $\Delta_1 = -9 < 0$, $\Delta_2 = 32 > 0$ und $\Delta_3 = -128 < 0$, also ist $\boldsymbol{A}$ negativ definit.

Für die Matrix $\boldsymbol{B}$ ist $\Delta_1 = 4 > 0$, $\Delta_2 = 15 > 0$ und $\Delta_3 = 44 > 0$, also ist $\boldsymbol{B}$ positiv definit.

Für die Matrix $\boldsymbol{C}$ ist $\Delta_1 = -2 < 0$, $\Delta_2 = 5 > 0$ und $\Delta_3 = 45 > 0$, also ist $\boldsymbol{C}$ indefinit.

Aufgabe 6

Die Matrix $\boldsymbol{A}$ ist positiv definit, wenn $c > |d|$ ist.

Aufgabe 7

Beispielsweise besitzt die Matrix

$$\boldsymbol{A} = \begin{bmatrix} 28 & -12 \\ 60 & -26 \end{bmatrix}$$

die geforderten Eigenschaften.

Aufgabe 8

Die Matrix $\boldsymbol{A}$ ist nicht diagonalisierbar, da für den Eigenwert $\lambda_{1,2,3} = 3$ algebraische und geometrische Vielfachheit nicht übereinstimmen.

Die Matrix $\boldsymbol{B}$ ist diagonalisierbar, da es einen zweifachen Eigenwert und einen einfachen Eigenwert gibt und für jeden Eigenwert algebraische und geometrische Vielfachheit übereinstimmen. $\boldsymbol{S}$ kann z.B. als

$$\boldsymbol{S} = \begin{bmatrix} 4 & 4 & 3 \\ -1 & 0 & 0 \\ 0 & 1 & 1 \end{bmatrix}$$

gewählt werden. Damit gilt dann $\boldsymbol{S}^{-1}\boldsymbol{B}\boldsymbol{S} = \text{diag}(2, 2, 1)$.

Die Matrix $\boldsymbol{C}$ ist diagonalisierbar, da es drei einfache Eigenwerte gibt und für jeden Eigenwert algebraische und geometrische Vielfachheit übereinstimmen. Für die Matrix $\boldsymbol{S}$ kann z.B.

$$\boldsymbol{S} = \begin{bmatrix} 1 & 0 & 1 \\ 2 & 1 & 0 \\ 0 & -1 & 1 \end{bmatrix}$$

gewählt werden. Damit gilt dann $\boldsymbol{S}^{-1}\boldsymbol{A}\boldsymbol{S} = \text{diag}(-1, 1, 4)$.

Zu Kapitel 11

Aufgabe 1

Aus der Skizze entnimmt man, dass $x_1 + x_2$ im Punkt $(3, 2.5)$ des zulässigen Bereichs (grau) maximal ist.

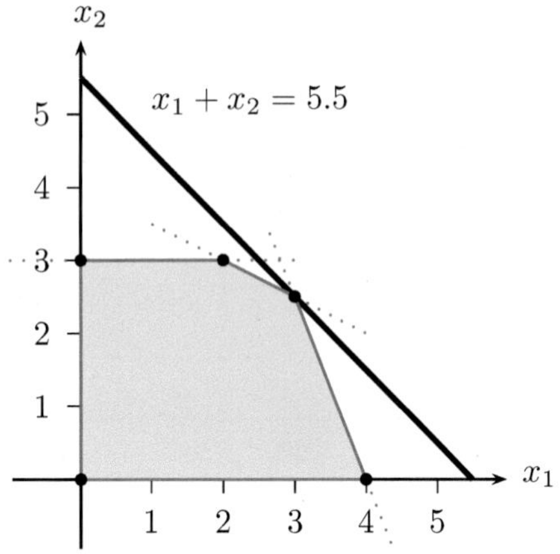

Aufgabe 2

Die Lösung ist $x_1 = x_2 = x_3 = 1$. Der Optimalwert ist 4.

Aufgabe 3

Als Lösung erhält man die Ecke $x_1 = 3$, $x_2 = 2.5$ und $x_3 = 3$ oder die Ecke $x_1 = 3$, $x_2 = 4$ und $x_3 = 1.5$, jeweils mit Optimalwert 11.5.

Aufgabe 4

Die Lösung ist $x_1 = x_2 = 2$.

Aufgabe 5

Eine Lösung ist $x_1 = 10$, $x_2 = 20$. Eine weitere Lösung ist $x_1 = 0$, $x_2 = 40$. In jedem Fall ist der Optimalwert der Zielfunktion gleich 40.

Aufgabe 6

a)

$$\begin{array}{lrl} \min & y_1 + y_2 & \\ \text{NB} & -y_1 + y_2 \leq & 1 \\ & y_1 + y_2 \geq & 7 \\ & y_1 \leq 0\,,\ y_2 \leq 0 & \end{array}$$

b) Der zulässige Bereich ist die leere Menge.

Aufgabe 7

$$
\begin{array}{llcl}
\min & 12y_1 + y_2 + 5y_3 + 3y_4 & & \\
\text{NB} & 5y_1 + y_2 + y_3 + y_4 & \geq & 3 \\
 & 7y_1 + y_2 + 2y_3 + 2y_4 & \geq & 4 \\
 & 3y_1 + y_2 + 3y_3 + y_4 & \geq & 5 \\
 & 2y_1 + y_2 + y_3 + y_4 & = & 1 \\
 & \multicolumn{3}{l}{y_1, y_3 \geq 0\,, y_2 \leq 0\,, y_4\,, \text{unbeschränkt}}
\end{array}
$$

Zu Kapitel 12

Aufgabe 1

Für die Werte $p_0 = 2$ und $q_0 = 100$ erhält man

$$q(p) = 100e^{-2p+4}\sqrt{\frac{2}{p}} \quad \text{und} \quad q(2,5) = 32.9041\,.$$

Aufgabe 2

Als Nachfragefunktion ergibt sich allgemein

$$q(p) = q_0 \left(\frac{p}{p_0}\right)^a \exp(-b(p - p_0))$$

und für die speziellen Werte

$$q(p) = \frac{10}{p^2 2^p}\,.$$

Aufgabe 3

$K(q) = 2\sqrt{q}$

Aufgabe 4

a) Allgemeine Lösung der homogenen DGL: $y = \gamma\sqrt{1 + x^2}$ mit $\gamma \in \mathbb{R}$

b) Spezielle Lösung der inhomogenen DGL: $y = 2(1 + x^2)$

c) Allgemeine Lösung der inhomogenen DGL: $y = 2(1 + x^2) + \gamma\sqrt{1 + x^2}$, $\gamma \in \mathbb{R}$

d) Lösung zur Anfangsbedingung: $y = 2(1 + x^2) - \sqrt{1 + x^2}$

Aufgabe 5

Allgemeine Lösung der DGL: $y = \gamma e^{(x^2)} - \frac{1}{2}(x^2+1)$, $\gamma \in \mathbb{R}$

Aufgabe 6

Allgemeine Lösung der DGL: $y = \ln\left(\frac{x^3}{27} + C\right)$, $C \in \mathbb{R}$

Lösung zur Anfangsbedingung: $y = 3\ln\left(\frac{x}{3}\right)$

Aufgabe 7

Lösung zur Anfangsbedingung: $y = \sqrt[3]{\frac{8.25}{x} - \frac{1}{4}x^3}$

Aufgabe 8

a) Allgemeine Lösung: $y(x) = \gamma_1 e^{0.8x} + \gamma_2 e^{0.4x}$, $\gamma_1, \gamma_2 \in \mathbb{R}$
Lösung zur Anfangsbedingung: $y(x) = 2e^{0.8x} - 2e^{0.4x}$
Die Differentialgleichung ist nicht stabil.

b) Allgemeine Lösung: $y(x) = \gamma_1 \cos(2x) + \gamma_2 \sin(2x)$, $\gamma_1, \gamma_2 \in \mathbb{R}$
Lösung zur Anfangsbedingung: $y(x) = 4\cos(2x) - 2\sin(2x)$
Die Differentialgleichung ist nicht stabil.

c) Allgemeine Lösung: $y(x) = (\gamma_1 + \gamma_2\, x)e^{0.2x}$, $\gamma_1, \gamma_2 \in \mathbb{R}$
Lösung zur Anfangsbedingung: $y(x) = (4 - 2x)e^{0.2x}$
Die Differentialgleichung ist nicht stabil.

d) Allgemeine Lösung: $y(x) = \gamma_1 e^{2x}\cos(x) + \gamma_2 e^{2x}\sin(x)$, $\gamma_1, \gamma_2 \in \mathbb{R}$
Lösung zur Anfangsbedingung: $y(x) = 2e^{2x}\cos(x) - e^{2x}\sin(x)$
Die Differentialgleichung ist nicht stabil.

Aufgabe 9

a) Spezielle Lösung: $y(x) = 25 + 1.5625\, e^{2x}$
Allgemeine Lösung: $y(x) = 25 + 1.5625\, e^{2x} + \gamma_1 e^{0.8x} + \gamma_2 e^{0.4x}$, $\gamma_1, \gamma_2 \in \mathbb{R}$

b) Spezielle Lösung: $y(x) = \frac{1}{4}x^2 - \frac{1}{8}$
Allgemeine Lösung: $y(x) = \frac{1}{4}x^2 - \frac{1}{8} + \gamma_1 \cos(2x) + \gamma_2 \sin(2x)$, $\gamma_1, \gamma_2 \in \mathbb{R}$

c) Spezielle Lösung: $y(x) = 3x^2 e^{0.2x}$
Allgemeine Lösung: $y(x) = 3x^2 e^{0.2x} + (\gamma_1 + \gamma_2\, x)e^{0.2x}$, $\gamma_1, \gamma_2 \in \mathbb{R}$

d) Spezielle Lösung: $y(x) = 2x^2 + 3.2x + 1.76$
Allgemeine Lösung: $y(x) = 2x^2 + 3.2x + 1.76 + \gamma_1 e^{2x}\cos(x) + \gamma_2 e^{2x}\sin(x)$, $\gamma_1, \gamma_2 \in \mathbb{R}$

Aufgabe 10

a) Nach dem Hurwitz-Kriterium ist die angegebene DGL nicht stabil.

b) Nach dem Hurwitz-Kriterium ist die angegebene DGL stabil.

Aufgabe 11

Die allgemeine Lösung der Differentialgleichung ist

$$\boldsymbol{y}(x) = \gamma_1 \left(\begin{bmatrix} 1 \\ 0 \end{bmatrix} + \begin{bmatrix} 3 \\ -1 \end{bmatrix} x \right) e^{-2x} + \gamma_2 \begin{bmatrix} 3 \\ -1 \end{bmatrix} e^{-2x} .$$

Zu Kapitel 13

Aufgabe 1

a) $y_t = 4 \cdot 5^t$

b) $y_t = 0$

c) $y_t = \frac{3}{5} + (-4)^t$

d) $y_t = 1 + (-3)^t$

Aufgabe 2

a) Der Gleichgewichtspreis ist $\overline{p} = 20$.

b) Allgemeine Lösung: $p_t = 20 + \gamma \left(-\frac{1}{2}\right)^t$, $\gamma \in \mathbb{R}$.

c) Ab Periode 12 ist der Abstand zum Gleichgewichtspreis kleiner als 0.01.

Aufgabe 3

a) Nullstellen des charakteristischen Polynoms: $z_{1,2} = \pm 2$
Allgemeine Lösung: $y_t = \gamma_1 2^t + \gamma_2 (-2)^t$
Lösung zu den Anfangsbedingungen: $y_t = \frac{1}{4} 2^t - \frac{1}{4}(-2)^t = 2^{t-2} - (-2)^{t-2}$

b) Nullstellen des charakteristischen Polynoms: $z_{1,2} = \pm 2i$
Allgemeine Lösung: $y_t = \gamma_1 2^t \cos\left(\frac{\pi}{2} t\right) + \gamma_2 2^t \sin\left(\frac{\pi}{2} t\right)$
Lösung zu den Anfangsbedingungen: $y_t = 2^t \left[\cos\left(\frac{\pi}{2} t\right) - \sin\left(\frac{\pi}{2} t\right)\right]$

c) Nullstellen des charakteristischen Polynoms: $z_{1,2} = 0.2$
Allgemeine Lösung: $y_t = \gamma_1\, 0.2^t + \gamma_2\, t\, 0.2^t$
Lösung zu den Anfangsbedingungen: $y_t = 0.2^t + 9 \cdot t \cdot 0.2^t = 0.2^t (1 + 9t)$

d) Nullstellen des charakteristischen Polynoms: $z_1 = 2$, $z_2 = -3$
Allgemeine Lösung: $y_t = \gamma_1 2^t + \gamma_2 (-3)^t$
Lösung zu den Anfangsbedingungen: $y_t = \frac{2}{5} 2^t - \frac{2}{5}(-3)^t = \frac{2}{5}\left(2^t - (-3)^t\right)$

e) Nullstellen des charakteristischen Polynoms: $z_{1,2} = 2 \pm i$
Allgemeine Lösung: $y_t = \gamma_1 (\sqrt{5})^t \cos(0.4636t) + \gamma_2 (\sqrt{5})^t \sin(0.4636t)$
Lösung zu den Anfangsbed.: $y_t = 2(\sqrt{5})^t \left[\cos(0.4636t) - \sin(0.4636t)\right]$

f) Nullstellen des charakteristischen Polynoms: $z_1 = 1$, $z_2 = 2$, $z_3 = -1$
Allgemeine Lösung: $y_t = \gamma_1 1^t + \gamma_2 2^t + \gamma_3(-1)^t$
Lösung zu den Anfangsbedingungen: $y_t = -\frac{1}{2} + \frac{1}{3}2^t + \frac{1}{6}(-1)^t$

g) Nullstellen des charakteristischen Polynoms: $z_{1,2} = \frac{1}{2}$, $z_3 = 2$
Allgemeine Lösung: $y_t = \gamma_1 \left(\frac{1}{2}\right)^t + \gamma_2 t \left(\frac{1}{2}\right)^t + \gamma_3 2^t$
Lösung zu den Anfangsbedingungen: $y_t = -4\left(\frac{1}{2}\right)^t + 2t\left(\frac{1}{2}\right)^t + 2^t$

Aufgabe 4

a) Nullstellen des charakteristischen Polynoms: $z_1 = 0.8$, $z_2 = 0.4$
Lösung: $y_t = 25 + 8 \cdot 0.8^t + 4 \cdot 0.4^t$

b) $\lim_{t\to\infty} y_t = 25$

c) Es gilt wie in b) $\lim_{t\to\infty} y_t = 25$.

d) Ja.

Aufgabe 5

a) $y_t^{hom} = (\gamma_1 + \gamma_2 \cdot t) \cdot 1.6^t$

b) $y^* = 5$

c) $y_t = 5 + (\gamma_1 + \gamma_2 \cdot t) \cdot 1.6^t$

d) $y_t = 5 + (8 + 2t) \cdot 1.6^t$

e) Die Lösung der Differenzengleichung konvergiert nicht, sondern ist bestimmt divergent gegen unendlich.

Aufgabe 6

Die Lösung der Differenzengleichung ist $Y_t = G\,(5 + 2 \cdot 2^t + 5 \cdot 1.2^t)$.
Die Differenzengleichung ist nicht stabil.

Aufgabe 7

a) Spezielle Lösung: $y_t = 25 + 6.25 \cdot 2^t$
Allgemeine Lösung: $y_t = 25 + 6.25 \cdot 2^t + \gamma_1 0.8^t + \gamma_2 0.4^t$

b) Spezielle Lösung: $y_t = \left(\frac{1}{2}t + \frac{1}{4}t^2\right)2^t$
Allgemeine Lösung: $y_t = \left(\frac{1}{2}t + \frac{1}{4}t^2\right)2^t + \gamma_1 2^t + \gamma_2(-2)^t$

c) Spezielle Lösung: $y_t = \frac{1}{2}t^2 0.2^t$
Allgemeine Lösung: $y_t = \gamma_1\, 0.2^t + \gamma_2\, t\, 0.2^t + \frac{1}{2}t^2\, 0.2^t$

d) Spezielle Lösung: $y_t = 0.4\,t\,2^t$
Allgemeine Lösung: $y_t = \gamma_1 2^t + \gamma_2(-3)^t + 0.4\,t\,2^t$

e) Spezielle Lösung: $y_t = 15 + 6t + t^2$
Allg. Lsg.: $y_t = 15 + 6t + t^2 + \gamma_1(\sqrt{5})^t \cos(0.4636t) + \gamma_2(\sqrt{5})^t \sin(0.4636t)$

Aufgabe 8

a) Nicht stabil.

b) Nicht stabil.

c) Stabil.

d) Nicht stabil.

e) Nicht stabil.

f) Nicht stabil.

g) Nicht stabil.

Aufgabe 9

a) Notwendiges Stabilitätskriterium von Smithies: nicht stabil.

b) Hinreichendes Stabilitätskriterium von Smithies: stabil.

c) Hinreichendes Stabilitätskriterium von Sato: stabil.

Aufgabe 10

Allgemeine Lösung:

$$\begin{bmatrix} x_t \\ y_t \end{bmatrix} = \gamma_1 \cdot 3^t \begin{bmatrix} 1 \\ 1 \end{bmatrix} + \gamma_2(-2)^t \begin{bmatrix} 4 \\ -1 \end{bmatrix}.$$

Lösung zu den Anfangsbedingungen:

$$x_t = 1.2 \cdot 3^t + 0.8 \cdot (-2)^t,$$
$$y_t = 1.2 \cdot 3^t - 0.2 \cdot (-2)^t.$$

Aufgabe 11

a)

$$\boldsymbol{y}_t = \gamma_1 \cdot 3^t \begin{bmatrix} 1 \\ -1 \\ 1 \end{bmatrix} + \gamma_2 \cdot 2^t \begin{bmatrix} 2 \\ 0 \\ 1 \end{bmatrix} + \gamma_3(-1)^t \begin{bmatrix} 0 \\ -1 \\ 1 \end{bmatrix}.$$

b)

$$\boldsymbol{y}_t = \begin{bmatrix} -3^{t+1} + 2^{t+2} \\ 3^{t+1} - 2(-1)^t \\ -3^{t+1} + 2^{t+1} + 2(-1)^t \end{bmatrix}$$

Aufgabe 12

Eine spezielle Lösung ist $\boldsymbol{y}_t^{sp} = [-4, 7t, -1 - 5t]^T$.

Ausgewählte Lehrbücher

Wiederholung von Schulwissen

CRAMER, E. und NEŠLEHOVÁ (2015). *Vorkurs Mathematik.* Springer-Verlag, Berlin, 6. Aufl.

SCHWARZE, J. (2015). *Mathematik für Wirtschaftswissenschaftler – Band 1: Grundlagen.* nwb, Herne, 14. Aufl.

TIETZE, J. 2015. *Terme, Gleichungen, Ungleichungen.* Springer Spektrum, Wiesbaden, 2. Aufl.

Lehrbücher

ALLEN, R. G. D. 1959. *Mathematical Economics.* Macmillan, London, 2. Aufl.

BÜNING, H., NAEVE, P., TRENKLER, G. und WALDMANN, K.-H. 2000. *Mathematik für Ökonomen im Hauptstudium.* Oldenbourg Verlag, München.

CHIANG, A. C. und WAINWRIGHT, K. 2005. *Fundamental Methods of Mathematical Economics.* McGraw-Hill, New York, 4. Aufl.

FLEMING, W. 1987. *Functions of Several Variables.* Springer-Verlag, New York, 2. Aufl.

FUENTE, A. D. L. 2000. *Mathematical Methods and Models for Economists.* Cambridge University Press, Cambridge.

OHSE, D. 2004. *Mathematik für Wirtschaftswissenschaftler I – Analysis.* Verlag Vahlen, München, 6. Aufl.

OHSE, D. 2005. *Mathematik für Wirtschaftswissenschaftler II – Lineare Wirtschaftsalgebra.* Verlag Vahlen, München, 5. Aufl.

Opitz, O. und Klein, R. 2014. *Mathematik – Lehrbuch.* De Gruyter Oldenbourg, Berlin, 11. Aufl.

Opitz, O., Klein, R. und Burkart, W. R. 2014. *Mathematik – Übungsbuch.* De Gruyter Oldenbourg, Berlin, 8. Aufl.

Schwarze, J. 2010. *Mathematik für Wirtschaftswissenschaftler – Band 2: Differential- und Integralrechnung.* nwb, Herne, 13. Aufl.

Schwarze, J. 2011. *Mathematik für Wirtschaftswissenschaftler – Band 3: Lineare Algebra, Lineare Optimierung und Graphentheorie.* nwb, Herne, 13. Aufl.

Simon, C. P. und Blume, L. 1994. *Mathematics for Economists.* Norton, New York.

Sydsæter, K. und Hammond, P. 2015. *Mathematik für Wirtschaftswissenschaftler – Basiswissen mit Praxisbezug.* Pearson, München, 4. Aufl.

Sydsæter, K., Hammond, P., Seierstad, A. und Strøm, A. 2008. *Further Mathematics for Economic Analysis.* Pearson Education, Harlow, 2. Aufl.

Tietze, J. 2014. *Einführung in die angewandte Wirtschaftsmathematik.* Springer Spektrum, Wiesbaden, 17. Aufl.

Tietze, J. 2014. *Übungsbuch zur angewandten Wirtschaftsmathematik.* Springer Spektrum, Wiesbaden, 9. Aufl.

Index

A

Abbildung
affin-lineare, 49
kontrahierende, 100, 105
lineare, 47
zusammengesetzte, 167
Ableitung, 111, 155 f.
einer impliziten Funktion, 177
erste, 122
logarithmische, 248
n-te, 134
partielle, 154, 156
Rechenregeln, 119, 161
Richtungs-, 182
totale, 169
zweite, 124
Ableitungsregeln, 119, 161
Abstand, 52
abzählbar unendlich, 526
Abzinsungsfaktor, 84
Addition von Matrizen, 37
Akzelerator, 464
Anfangsbedingung, 397, 466
Angebotsfunktion, 256
Annuität, 85
Ansatz vom Typ der rechten Seite, 421 f., 425, 448 f., 483, 485, 511 f.
Approximation
erster Ordnung, 233
lineare, 185, 187
äquivalent, 6, 25
Äquivalenzklasse, 25
Äquivalenzrelation, 25
Argument, 543
Asymptote
waagerechte, 133
Aufzinsungsfaktor, 83
Aussage, 549
Äquivalenz, 552
Disjunktion, 550
Folgerung, 551
Implikation, 551
Konjunktion, 550
Konklusion, 551
Negation, 549
Prämisse, 551
Subjunktion, 551
Wahrheitstafel, 549
Wahrheitswert, 549

B

babylonisches Wurzelziehen, 145
Barwert, 84, 249
Basis, 303
kanonische, 303
orthonormale, 304
Basislösung, 360
degenerierte, 360
nichtdegenerierte, 360
zulässige, 360
Basismatrix, 360
Basisvariable, 360, 363
Bedingung
hinreichende, 6
notwendige, 6
Bereich
zulässiger, 354, 359, 364

bestimmt divergent, 69
Betrag einer komplexen Zahl, 543
Betragsfunktion, 5
Bevölkerungsmodell nach Leslie, 495
Beweis
  direkter, 555
  durch Widerspruch, 557
  Ringschluss, 558
  vollständige Induktion, 559
Bild, 6
Binomialkoeffizient, 538
Bisektion, 139
Bruttosubstitut, 166

C

Casorati-Determinante, 471 f.
Cauchy-Kriterium
  für Folgen, 77
  für Reihen, 87
Cauchy-Schwarzsche Ungleichung, 52
Cayley-Hamilton-Methode, 442 f., 507
CES-Funktion, 180
Cobb-Douglas-Funktion, 4, 19 f., 160, 171, 179, 400

D

De Morgansche Regeln, 528, 553
Deckungsbeitrag
  reduzierter, 363
definit
  negativ, 327, 329, 341
  negativ semi-, 327, 341
  positiv, 327, 329, 341
  positiv semi-, 327, 341
Definitionsbereich, 2
Determinante, 319, 321
  einer Dreiecksmatrix, 324
  einer transponierten Matrix, 323
  elementare Umformungen, 324
  Entwicklung einer, 322
  Minor, 328
  Rechenregeln, 326
  rekursive Definition, 321
Dezimalbruch, 526
Diagonalisierbarkeit, 336 f.
  komplexe, 343
  symmetrische Matrix, 340
Diagonalmatrix, 36
Differential, 114
  partielles, 155
  totales, 155, 157, 404
Differentialfunktion, 114, 157
Differentialgleichung, 391, 394, 398
  Anfangsbedingung, 397
  exakte, 404 f.
  gewöhnliche, 394
  homogene, 398
  homogene lineare, 399, 410, 414
  homogenes System, 432
  inhomogene, 398
  inhomogene lineare, 410
  inhomogenes System, 432, 448
  lineare, 398
  lineare, mit konstanten Koeffizienten, 410
  mit getrennten Variablen, 406
  m-ter Ordnung, 394
  System von, 432
Differentialquotient, 111
Differenzengleichung, 391, 464
  homogene lineare, 465 f., 473
  homogenes System, 497
  inhomogene lineare, 465, 468
  inhomogenes System, 497, 511
  lineare, 464 f.
  System von, 496
Differenzenquotient, 110
differenzierbar, 122, 155 f., 164
  partiell, 156
  stetig, 122
  total, 155 f., 164
  zweimal, 196
  zweimal stetig, 196
Dimension, 304
Dimensionsformel, 310
Distanz, 52

Divergenz, 68, 76
Doppelintegral, 267
Doppelsumme, 533
Drehung, 58, 60
Dreiecksmatrix
    obere, 36
    untere, 36
Dreiecksungleichung, 51
Dualitätssatz
    fundamentaler, 383
    schwacher, 381
    starker, 383
dynamisches Modell, 391

E

Ebene
    komplexe, 542
Eigenraum, 330, 333
Eigenvektor, 330, 333
Eigenwert, 330, 333
    algebraische Vielfachheit, 333, 337, 340, 343
    Dreiecksmatrix, 338
    geometrische Vielfachheit, 333, 337, 340, 343
    k-facher, 333
    komplexer, 334, 341 f.
    orthogonale Matrix, 339
    symmetrische Matrix, 339
Eigenwert-Eigenvektor-Methode, 435, 500
einheitselastisch, 118
Einheitskugel, 54
Einheitsmatrix, 36
Einheitsvektor, 37
Einkommenseffekt, 394, 462
Einkommenselastizität, 167
Einschließungskriterium, 71
elastisch, 118
Elastizität, 115
    partielle, 159, 172, 174
Element, 525
    größtes, 28
    kleinstes, 28
    maximales, 28
    minimales, 28
Eliminationsmethode, 210, 446, 509
Endtableau, 284
Entkopplungsmethode, 448, 511
Enveloppentheorem, 214, 216
erste Näherung, 112, 184
Erzeugnis
    lineares, 298
Euklidische Norm, 50
Euklidischer Raum, 18
Eulersche Formel, 544
Eulersches Theorem, 171 f.
Exponentialfunktion, 13, 89, 95, 113
exponentielles Wachstum, 10
Extremum
    auf dem Rand, 199
    hinreichende Bedingung, 126, 197, 202, 204, 211, 220 f., 227 f., 327
    notwendige Bedingung, 126, 195
    unter Nebenbedingungen, 205, 211, 219 ff.

F

Faktorenregel, 162, 165
Faktorpreisverhältnis, 179
Faktorsubstitution, 178
Fakultät, 536
Familie, 298
Fibonacci-Folge, 473
Fixpunkt, 99, 101, 105
Flächenberechnung, 253
Folge, 67
    beschränkte, 70, 78
    divergente, 68, 76
    endliche arithmetische, 536
    endliche geometrische, 536
    Fibonacci-, 473
    geometrische, 71
    im $\mathbb{R}^d$, 75
    konvergente, 68, 70, 76, 78

monoton fallende, 70, 78
monoton wachsende, 70, 78
monotone, 70, 78
reeller Zahlen, 67
von Funktionen, 274
Folgenglied, 67
Fundamentalmatrix, 433, 498
Fundamentalsatz der Algebra, 547
Fundamentalsystem, 412, 433, 471, 498
Funktion, 2
additiv-logarithmische, 19
affin-lineare, 49, 117, 166
beschränkte, 9
bivariate, 15
differenzierbare, 157, 203, 327
Einschränkung, 7
Graph, 6, 22
Grenzwert, 92, 102
homogene, 170
identische, 15
implizite, 175 f.
integrierbare, 266
konkave, 8, 18, 20 f., 131, 202 f., 327
konstante, 94, 117
konvexe, 8, 18, 20, 131, 202 f., 327
Lagrange-, 205 f.
linear homogene, 170
lineare, 21, 47, 117, 352
linksstetige, 94
logistische, 11, 409
monoton fallende, 18
monoton wachsende, 18
monotone, 6, 20, 131
multivariate, 18
negativ-exponentielle, 9
Nullstelle, 125
positiv homogene, 170
quasikonkave, 21
rationale, 95
rechtsstetige, 93
reelle, 2
skaleninvariante, 171
stetig differenzierbare, 122
stetige, 90, 93, 95, 102 f., 157
streng monoton fallende, 18
streng monoton wachsende, 18
streng monotone, 6, 20
streng quasikonkave, 213
trigonometrische, 95
umkehrbare, 12
vektorwertige, 164, 186
verkettete, 14, 95, 103
zweimal stetig differenzierbare, 196

G

Gauß-Jordan-Verfahren, 283
Gauß-Klammer, 7, 244
Gegenwartswert, 249
Gewinn
maximaler, 193
Gleichgewicht, 99
Gleichgewichtslösung, 401, 421, 467, 481
Gleichgewichtspreis, 402, 468
Gleichheitsrelation, 22
Gleichung
charakteristische, 332, 413, 472
eindeutige Lösung, 285, 310, 313
homogene lineare, 309
inhomogene lineare, 311
lineare, 281
nicht eindeutige Lösung, 285
nicht lösbare, 286
Gleichungssystem, 33
Gradient, 155 f., 165, 184
Graph, 6, 22
Grenznutzen, 132
Grenzprodukt, 160
Grenzproduktivität, 160, 208
Grenzrate der Substitution, 179
Grenzwert, 68, 76
einer Funktion, 92, 102
einseitiger, 92
linksseitiger, 93
Rechenregeln, 72, 78, 92

rechtsseitiger, 93
griechisches Alphabet, 523
Grund
hinreichender, 552
notweniger, 552
Güter
komplementäre, 167
substitutionelle, 167

H

Halbgerade, 529
Halbraum, 359
Harrod-Domar-Modell, 393, 400, 461, 466
Hauptdiagonale, 35
Hauptminor, 219 ff., 328, 430 f.
Heron-Verfahren, 145
Hesse-Matrix, 196
modifizierte, 220
hinreichend, 6
Höhenlinie, 15
Homogenität, 170
Hülle
abgeschlossene, 56
lineare, 298
Hurwitz-Kriterium, 430 f.
Hurwitz-Matrix, 429
Hyperbelfunktion, 10

I

Identität, 94
imaginäre Einheit, 541
Imaginärteil, 542
Implikation, 6
indefinit, 327, 341
Indexmenge, 532
Indikatorfunktion, 244
Inneres einer Menge, 56
inneres Produkt, 49
Input, 33, 109
Integral
Ableitung unter dem, 275
bestimmtes, 250
Betrag, 252
Doppel-, 267
Existenz, 266
mehrfaches uneigentliches, 270
Monotonie, 252
Rechenregeln, 247, 251
unbestimmtes, 247
uneigentliches, 262 f.
Integrand, 247, 275
nichtnegativer, 252
Integration
durch Substitution, 260 f.
eines Quotienten, 248
partielle, 257
Integrationskonstante, 242
Integrationsvariable, 247
Integrierbarkeit, 266
Intervall, 529
abgeschlossenes, 529
halboffenes, 529
n-dimensionales, 19
offenes, 529
Inverse, 44 f.
Inversion einer Matrix
Rechenregeln, 46
Isoquante, 1, 15, 178

J

Jacobi-Matrix, 164

K

Kapazitätseffekt, 394, 462
Kapazitätsrestriktion, 351
Kapitalkoeffizient, 393, 462
Kapitalproduktivität, 393, 462
Kapitalrendite, 161
Karush-Kuhn-Tucker-Theorem, 224
Kegel, 170
Kettenregel, 120, 167
Kombinationen
mit Zurücklegen, 539

ohne Zurücklegen, 538
kompakt, 56
komplementärer Schlupf, 224 f., 382
Komponentenfunktion, 103
konkave Funktion, 8, 18, 20 f.
Konsumentenrente, 256
Konsumquote, 464
Konvergenz, 68, 76
konvexe Funktion, 8, 18, 20
Koordinate, 305
Kosten
minimale, 193, 207, 373
reduzierte, 363
Kreuzpreiselastizität, 166
Kugel, 55
Kurvendiskussion, 129

L

Lagrange-Funktion
eingeschränkte, 226
Lagrange-Methode, 205
Lagrange-Multiplikator, 206
längentreu, 58
Laufzeit, 85
Leslie
Bevölkerungsmodell, 495
linear abhängig, 301
linear unabhängig, 301, 309, 333
Lineares Programm, 352
duales, 379 ff.
grafische Lösung, 354
in kanonischer Form, 353
in Standardform, 353
primales, 379 f.
Linearkombination, 298
linksgekrümmt, 124
Logarithmus, 13, 95, 121, 135
Lohnquote, 161
Lohnsatz, 161
Lösung
allgemeine, 311
spezielle, 311
vollständige, 281
zulässige, 205
Lösungsmenge, 281

M

Mächtigkeit, 526
Majorantenkriterium, 89
Matrix, 33 f.
Basis-, 360
Diagonal-, 36
diagonalisierbare, 336 f.
Einheits-, 36
erweiterte, 281
Format, 34
Hesse-, 196
inverse, 44
invertierbare, 44, 326
Jacobi-, 164
komplex diagonalisierbare, 343
nicht invertierbare, 44
Nichtbasis-, 360
Null-, 35
obere Dreiecks-, 36
orthogonale, 57, 326
Potenz einer, 343, 442, 504 f.
quadratische, 35
Rang, 306, 310
Rechenregeln, 39, 43
reguläre, 44, 293, 313
singuläre, 44, 293, 313
Spalten, 34
symmetrische, 35, 340
symmetrischer Anteil, 455
transponierte, 34, 307
untere Dreiecks-, 36
Zeilen, 34
Matrix-Exponentialfunktion, 441 f.
Matrix-Vektor-Notation, 33
Matrixgleichung, 291
Matrixpolynom, 344, 442
Matrizenmultiplikation, 41
Rechenregeln, 43
Matrizenprodukt, 41
Maximierungsproblem, 227 f.

Maximum einer Funktion, 5, 98, 104
absolutes, 125
globales, 125, 133, 194, 200, 233
lokales, 125, 194, 220 f., 227 f., 327
relatives, 125
Menge, 525
abgeschlossene, 56
beschränkte, 55
disjunkte, 527
Durchschnitt, 527
endliche, 526
Komplement, 528
konvexe, 56
leere, 527
offene, 56
Potenz-, 528
Rechenregeln, 527
unendliche, 526
Vereinigung, 527
zusammenhängende, 104
Mengendifferenz, 528
Methode der unbestimmten Koeffizienten, 438, 502
Minimierungsproblem, 227 f.
Minimum einer Funktion, 5, 98, 104
absolutes, 125
globales, 125, 133, 194, 200, 232
lokales, 125, 194, 220 f., 227 f., 327
relatives, 125
Minor, 328
Minorenkriterium, 328 f.
Mittelwertsatz, 138
Modell
dynamisches, 391
Harrod-Domar-, 393, 400, 461, 466
in diskreter Zeit, 391, 461
in stetiger Zeit, 391
Multiplikator-Akzelerator-, 463, 492
Perioden-, 391
Spinnweb-, 65, 74, 76, 99, 101, 462, 468
Multiplikator-Akzelerator-Modell, 463, 492

N

Nachfrage, 163, 166
endogene, 34, 331
exogene, 33
Nachfrageelastizität, 166
Nachfragefunktion, 256, 391, 399
Nebenbedingung
aktive, 224
inaktive, 224
schwach aktive, 226
strikt aktive, 226
Nettobeitrag, 363
Newton-Verfahren, 143
Nichtbasismatrix, 360
Nichtbasisvariable, 360, 363
Norm, 50
Eigenschaften, 51
notwendig, 6
Nullfolge, 68, 73, 87
Nullmatrix, 35
Nullstelle, 15
doppelte, 130
einfache, 546
k-fache, 333, 546
komplexe, 342, 415 ff., 475 ff.
mehrfache, 414 f., 417, 421, 425, 475, 477, 482, 485
zweifache, 546
Nullvektor, 37
Nutzenfunktion, 132

O

Obermenge, 527
Öffnungswinkel, 52, 184
Optimallösung
des dualen Problems, 384
Optimalwertfunktion, 214, 216
Optimierungsproblem
lineares, 352
Ordnung, 26
gewöhnliche des $\mathbb{R}^n$, 27
lexikographische, 27

lineare, 26
totale, 26
vollständige, 26
Orthant, 19, 56
orthogonal, 53
orthonormal, 303
Orthonormalsystem, 303
Output, 33, 109
marginaler, 112
Outputelastizität, 160

P

Partialsumme, 79
Periodenmodell, 391, 461
Permutationen, 537
Phase I, 372, 376
Phase II, 372 f., 376
Pivotelement, 284, 366
Pivotspalte, 366, 369
Pivotzeile, 366, 369
Polarform, 543
Polyeder
konvexes, 359
Polynom, 6, 95, 119
charakteristisches, 332, 413, 425, 472, 483, 485
vektorwertiges, 438, 449, 502, 512
Potenz
einer Matrix, 343, 442, 504 f.
Potenzfunktion, 15, 96, 119, 242
allgemeine, 122
Präferenzrelation, 23
Präordnung, 26
Preiselastizität der Nachfrage, 117
Preisfestsetzung nach Evans, 392, 402
Preisverhältnis, 208
Produkt, 534
inneres, 49
kartesisches, 529
leeres, 535
Rechenregeln, 535
Produktion, 153, 207, 216 f., 373, 377
Produktionsfunktion, 109
CES-, 180
Cobb-Douglas-, 160, 171, 179
gesamtwirtschaftliche, 161
Leontief-, 181
lineare, 33, 47
neoklassische, 213
Produktionsmatrix, 47
Produktionsprogrammplanung, 351
Produktregel, 162
Produzentenrente, 256
Profitquote, 161
Prolongationsfaktor, 83
Punkt
stationärer, 195
Punkte
Addition, 39
kritische, 206
Skalarmultiplikation, 39
stationäre, 206

Q

Quadratfunktion, 119
Quelle, 2
Quotientenkriterium, 89
Quotientenregel, 162

R

Rand, 55
Randextremum, 199
Randpunkt, 55
Realteil, 542
rechtsgekrümmt, 124
Regel von L'Hospital, 136
Regula falsi, 141
regulär, 44, 293, 313
Reihe, 79
alternierende harmonische, 90
endliche geometrische, 80
geometrische, 80, 90
harmonische, 87
konvergente, 87
Rechenregeln, 88

unendliche, 79
Wert einer unendlichen, 79
Relation, 22
antisymmetrische, 26
reflexive, 24
symmetrische, 24
transitive, 24
Relationstabelle, 24
Resonanz, 421 f., 424 f., 482, 484 f.
Richtungsableitung, 182 f.
Richtungsfeld, 395

S

Sarrussche Regel, 322
Sattelpunkt, 128
Satz
Mittelwert-, 138
von Cayley-Hamilton, 344 f.
von der totalen Ableitung, 169
von Rolle, 138
Zwischenwert-, 97
Schattenpreis, 217, 379, 386
Schlupfvariable, 352
Sekantenverfahren, 146
Selbstabbildung, 100
semidefinit
negativ, 329
positiv, 329
senkrecht, 53
Simplexverfahren, 356
singulär, 44, 293, 313
Skalarmultiplikation, 38
Skalenelastizität, 173 f.
Skalenertrag, 174
Socke-Schuh-Regel, 46
Spalte, 284
Spaltenumformung
elementare, 283
Spaltenvektor, 36
Sparquote, 393, 462
Spiegelung, 58
Spinnweb-Modell, 65, 74, 76, 99, 101, 462, 468
sprungstetig, 245
Stabilität
einer Differentialgleichung, 427 ff.
einer Differenzengleichung, 487 f., 491
eines Differentialgleichungssystems, 454
eines Differenzengleichungssystems, 515
Stabilitätskriterium
hinreichendes, 431, 454 f., 492, 516
notwendiges, 431, 454 f., 492, 516
Stammfunktion, 242, 245
Stationarität, 224, 382
stetig differenzierbar, 122
zweimal, 196
Stetigkeit, 90, 93, 95, 102 f., 157
ε-δ-Bedingung, 96, 103
Störfunktion, 410, 432, 465, 496
Stückkostenfunktion, 127
substituierbar
alternativ, 181
peripher, 181
vollkommen, 181
Substitutionselastizität, 179
Subtraktion von Matrizen, 38
Summationsgrenze, 531
Summationsindex, 531
Summe, 531
Doppel-, 533
leere, 532
Rechenregeln, 532
von Funktionen, 4
Summenregel, 162, 165
Superpositionsprinzip, 411, 470
System
entkoppeltes, 437, 448, 506, 511
gekoppeltes, 437, 506
linearer Differentialgleichungen, 432
linearer Differenzengleichungen, 496

T

Tableau
  Aktualisierung des, 370
  langes, 364
  verkürztes, 364
Tangentenfunktion, 111, 185, 187
Tangentialhyperebene, 185
Tautologie, 552
Taylor-Polynom, 134, 233
Taylor-Reihenentwicklung, 136
Teilmenge, 527
Tilgung, 83
Time-Lag, 65
Trennung der Variablen, 270
Treppenfunktion, 7, 254

U

überabzählbar, 527
Umkehrfunktion, 12, 121
  Existenz, 121
Unabhängig
  Eigenschaften, 558
unelastisch, 118
Ungleichung
  Cauchy-Schwarzsche, 52
  Dreiecks-, 51
Unterraum, 305
  linearer, 300

V

Variable
  abhängige, 360
  Basis-, 360, 363
  die die Basis verlässt, 369
  die in die Basis eintritt, 369
  künstliche, 372
  Nichtbasis-, 360, 363
  unabhängige, 360
Variation der Konstanten, 402 f., 448, 452
Variationen
  mit Zurücklegen, 539
  ohne Zurücklegen, 538
Vektor, 36
  Komponente, 36
  orthogonaler, 53, 339
  Rechenregeln, 314
  Stauchung, 330
  Streckung, 330
Vektorraum, 314
  unendlichdimensionaler, 315
Verkettung von Funktionen, 14
Verzinsung, 82
  nachschüssige, 82
  periodische, 10, 249
  stetige, 10, 248
  vorschüssige, 82
Vielfachheit
  algebraische, 333, 337, 340, 343
  geometrische, 333, 337, 340, 343
vollständige Lösung in Basisform, 311 f.
Volumen, 268
Vorzeichenrestriktion, 351

W

Wachstum
  exponentielles, 408
  logistisches, 129, 407
  marginales, 113
Wachstum mit Sättigung, 11
Wendepunkt, 128
Wertebereich, 2
Widerspruch, 552
Winkel, 543
  zwischen Vektoren, 52
winkeltreu, 58
Wronski-Determinante, 412 f.
Wurzelfunktion, 3, 112

Z

Zahlen
  ganze, 2, 526
  imaginäre, 541 f.

irrationale, 526
komplexe, 541
konjugiert komplexe, 545
natürliche, 2, 526
rationale, 526
reelle, 526
Zahlenebene
Gaußsche, 542
Zahlenfolge, 67
Zahlengerade, 526
Zeilenumformung
elementare, 282
Zeilenvektor, 36
Ziehen
mit Zurücklegen, 539
ohne Zurücklegen, 539
Ziel, 2
Zielfunktion
reduzierte, 362
Zinseszinsformel, 82
Zinsperiode, 81
Zinssatz, 82
zulässig, 331
Zulässigkeit
duale, 224 f., 382
primale, 224 f., 382
Zweiphasenmethode, 371
Zwischenwertsatz, 97

Printed by Printforce, the Netherlands